现代兽医基础研究经典著作
世界兽医经典著作译丛

# 兽医流行病学

## 第3版

Veterinary Epidemiology（Third Edition）

[英]迈克尔·思拉斯菲尔德（Michael Thrusfield）编
王幼明　高　璐　徐全刚　主译

中国农业出版社
北　京

# 译 者 名 单


**主　译**　王幼明　高　璐　徐全刚

**参　译**　（以姓氏笔画为序）

韦欣捷　刘　平　刘丽蓉　刘雨萌　刘爱玲　刘瀚泽

孙向东　李　印　杨宏琳　沈朝建　张　毅　赵　雯

倪雪霞　高晟斌　康京丽

**校　译**　王幼明　高　璐　徐全刚　刘　平　杨宏琳　刘瀚泽

**To Marjory and Harriet, and in memory of David**

# 第 3 版前言

自从第 2 版发行以来的十年间，我们目睹了兽医流行病学应用范围的进一步扩大。定量分析方法日趋完善，应用范围日渐广泛。以证据为基础的临床兽医兽药被广泛认可，并很大程度上依赖于流行病学分析结果，包括观察研究、临床试验和诊断试验的定量解释。流行病学方法在牛瘟根除项目中得以成功实践并得到充分肯定，也在 2001 年欧盟（特别是英国）暴发的地方流行口蹄疫中接受了新的挑战。

我们对第 2 版的所有章节都进行了修订。根据本科生、研究生和同行提出的问题，我们在内容上就许多主题做了扩展（如因果关系，现在在第 3 章中做了明确阐述），目的是使流行病学原则和概念经得起验证并与时俱进。在第 10 章特别强调了监测。第 17 章增加了备受关注的关于诊断方法有效性和应用的内容。同时我们也借此次再版的机会对第 2 版排版印刷方面的错误给予了纠正。本书内容继续对兽医流行病学进行介绍，目标群体是对流行病学有兴趣的所有人员。

在此我再次向为第 3 版编写提出宝贵建议的同行们表示衷心感谢。Michael Campbell 和 Janet Wittes 就比较两组有序分类资料的样本量问题和第 14 章中现有的合理方法进行了激烈的邮件讨论。Bruce Gummow 为第 22 章中提到的慢性铜中毒事件提供了补充信息。Andrew Catley，Matthias Greiner，Sam Mansley，Andrew Paterson，Nick Taylor 和 David Whitaker 对本书很多内容提出了意见建议。我还要对 George Gettinby 和 Keith Howe 表示特别感谢，他们对本书第 3 版内容都给予了很好的学术意见和指导建议，我们也因此收获了丰厚的友谊。Sally Macaulay 整理了大量表格，Rhona Muirhead 制作了很多图片。Blackwell 出版社的 Susanna Baxter，Samantha Jackson，Emma Lonie 和 Mary Sayers 协助将手稿转换为出版稿。最后，非常感谢已故 Ronald A. Fisher 和 Frank Yates 先生的遗作管理人，感谢 Longman 有限公司同意我们翻印他们生物统计和农业医学研究（1974 年，第 6 版）书中的表Ⅲ、Ⅳ、Ⅴ、Ⅶ。

**作者对再版的声明**

本次再版为修正前版的排印错误提供了机会。许多章节也扩充了深入阅读的内容。按照读者要求，本版增加了风险分析的附录（附录 XXIV）。我也对 Stuart MacDiarmid 和前述的同行给予本版的建设性意见表示感谢。

Michael Thrusfield

2006 年 9 月

# 第 1 版前言

兽医各学科的共同目标是提高动物群体，特别是家畜和伴侣动物的健康水平。当单一病因引发动物或人感染性疾病，表现临床症状时，同时代的兽医学和人类医学实现这一目标的途径都是对个体进行诊断和治疗。

近 20 年来，在提升兽医信誉和完善疾病诊疗方面，出现了四种主要变化。第一，除传统的疾病控制措施，如扑杀和免疫外，一些疾病仍处于难以根治的水平，现在需要进行持续监测，以发现与生态和管理因素相关的变化水平。在英国有獾感染的区域牛结核的检测采用 pockets 方法就是一个例子。第二，传染病是动物的主要死因，因此传染病得到良好控制引发了非传染性疾病问题日渐显现，如犬的心脏、皮肤和肾脏疾病。许多类似的疾病病因和致病机理尚不清晰，有的还很复杂（例如，多因素致病）。第三，动物饲养企业密度大导致新的疾病的暴发，通常是管理不完善引发临床疾病，也与多因素致病有关。第四，经济评估变得越来越重要，疾病防控中的经济学优势突显出来。特别是对于主要动物瘟疫（如牛瘟），当疾病没有显著变化时就无法识别疾病。这四种方法上和兽医信誉上的变化，增添了兽医流行病学出现的动力，使其成为测定疾病数量和经济影响的工具，识别和量化疾病发生的相关影响因素，评估群体动物疾病预防和治疗措施的影响。

基础的统计学知识对于理解流行病学技术是至关重要的。到目前为止，大多数流行病学书籍或者已介绍假设统计学知识，或者对流行病学中常用数学知识进行描述。然而，不同兽医学校的统计学授课内容存在差异性。因此本书中包括两章基础统计学介绍，目的是使本书统计学内容足够使用（尽管不全面）。同时，还有一章是关于计算机操作的介绍，这也是在流行病学数据整理和分析中广泛应用的内容。

# 第 2 版前言

自从第 1 版发行以来，兽医兽药行业面临着许多新的问题，迫切需要对已出版的书籍进行严格评估。牛海绵状脑病的出现使英国的动物疫病防控面临重大问题。牛瘟仍然是全球根除项目的主要目标。从国内和国际看，动物疫病和畜牧生产中对综合性、高质量、技术性和经济性信息的需求越来越大，如美国国家动物卫生监测系统等信息系统在设计时就体现了满足上述需求的功能。在欧盟和国际间的动物流通交易，应该遵守乌拉圭回合关贸总协定，强调提供贸易国或区域动物卫生状况信息。多因素致病仍在密集型生产系统中占主导地位，许多伴侣动物疾病也同样复杂。解决这些问题和实现任务目标很大程度上需要依赖流行病学的原则和技术。

我们对第 1 版的所有章节都进行了修订。第 11 章的修改主要是考虑了微型计算机的普及和兽医信息系统的快速发展。临床试验和比较流行病学章节的内容主要是依据同事建议而新增的。更多的统计学方法包含在第 12～15 章和第 17 章中。不过本版的目标仍然与之前第 1 版的目标一致：为兽医大学本科学生、未接受或接受过有限流行病学培训的研究生以及执业兽医和其他学科中对流行病学有兴趣的成员介绍兽医流行病学基础知识。

# 目　　录

# 1　动物医学的发展

兽医流行病学是一门研究动物群体中疫病的学科，经过几个世纪的发展，已成为成功控制动物疫病的关键。此章节回顾了动物医学和人类医学相关领域的发展史，有关历史清晰表明了兽医流行病学的发展与动物医学及与此相关的人类医学紧密相连。

史前，人类就开始饲养动物，但动物医学在近代才成为一门学科，1762 年，法国在里昂建立了第一个兽医学校。家畜是重要的食物来源和劳动工具，经济价值高，早期动物医学的发展主要是由经济因素，而非人道主义推动的。随着工业革命和内燃机的发明，在发达国家役用动物的重要性开始下降。犬、猫作为伴侣动物已有几千年，但它们和其他伴侣动物成为人类社会的一部分后，才显得重要。

到 20 世纪上半叶，动物医学的重点仍是诊断和治疗个体动物疾病或缺陷。此后，在传染性和非传染性疾病防治中，除常规免疫和体内寄生虫的预防性治疗外，畜群健康和综合性预防用药开始逐步得到重视。

目前，所有发达国家传统的兽医临床实践正在改变。畜主接受过良好的教育，个体动物的价值与兽医费用相比下降，大动物兽医要顺应现代的需求，就必须重视畜群健康计划，预防疾病，提升动物生产效能，而不仅是治疗个体发病动物。

在发展中国家，传染病依然是动物生产效能降低的主要因素。基于临床表现和病理变化诊断的传统防治技术，难以降低部分动物疫病的发病水平。因此，亟须在研究动物群体发病模式的基础上发明新的疫病防治技术。

与此类似的是，宠物兽医和他们的同行一样，面对越来越多的慢性和难以治疗的疾病。调查疾病的群体特征有助于更好的治疗这些疾病。

本章概述了人类在动物疾病防治方面的技术的改进，介绍了一些流行病学解决动物疾病防治难题的事例。

# 发展简史

## 动物驯养和早期治疗方法

从驯养开始，动物就已经深受疾病的困扰（McNeill，1977），因此兽医的重要性广为人知。约14000年前，犬被驯化用以捕猎。它大概是第一种被人类驯化的动物。公元前9000年，尼罗河谷的人们驯化了山羊和绵羊，它们被认为是乡村文化的起源。少数类似的文化延续了下来（如犹太教），但更多的则被牛文化所取代；在另一些地区，猪在人类生活中更重要（Murray，1968）。公元前4000年，埃及的牛文化开始出现，并从近东传入欧洲（图1.1）。考古学证据表明，安纳托利亚牛神殿可追溯到公元前6000年（Mellaart，1967）。这表明了早期的文明中，动物崇拜与经济同等重要。公元前2000多年，苏美尔人带着他们的动物和信仰，在亚洲、北非和欧洲间迁徙，欧洲野牛是他们信仰的神之一。至今，印度依然保留着大量的牛文化。古埃及和早期尼罗河部落的交融，使得东北非部分地区也保存有牛文化，在苏丹的苏克人和丁卡人文化中，牛扮演重要角色，它们不仅是食物、同伴，还是身份和宗教的象征。

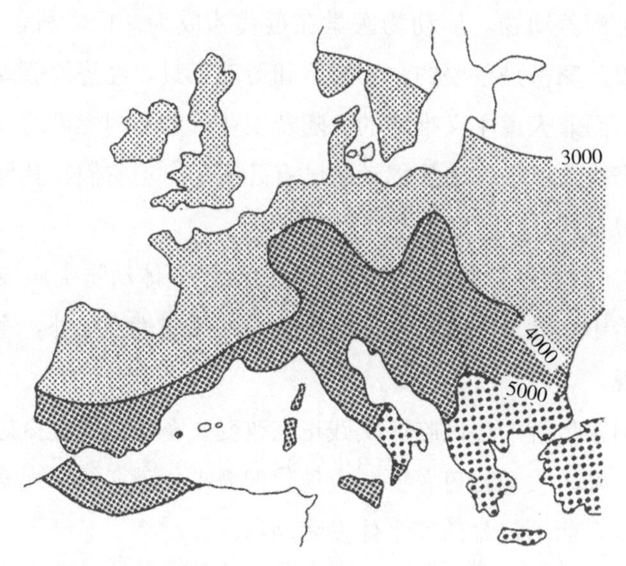


图1.1 家畜驯养从近东地区到欧洲示意图。来源：Dyer，1990

约在公元前2000年，欧亚草原和半干燥地区开始了第一次广泛的殖民。黑海、高加索和札格罗斯山脉北部（Barraclough，1984）地区，马是人类探索的主要工具。伴随着部落战争，欧亚出现马文化（Simpson，1951）。一些崇拜马的部落打败了崇拜牛的部落。伊朗人、希腊人和凯尔特人是马文化的代表。半人马喀戎是神话中希腊医学的创始人，也是兽医学的象征。

随着农业和社会的变迁，动物进行了几次大的迁移。公元前1世纪，骆驼进入非洲撒哈拉，公元400年左右，进入撒哈拉以南非洲地区（Spencer 和 Thomas，1978；Philipson 和 Reynolds，1996），随后牛羊在该地区建立了种群（Cain，1999；Tefera，2004）。16世纪，西班牙人将牛、绵羊、山羊和猪带进了北美。欧洲的奴隶商人将长毛羊带进了非洲。西班牙人将火鸡从北美带到了欧洲。

早期的埃及行医人员，通常也是神庙的祭司，他们将宗教和药物结合在一起。兽医文献《Papyrus of Kahun》中记载了他们的医疗记录。在其他国家也发现了同一时期类似的文字记载，如吠陀时期的印度梵文书籍。

## 病因理论的变迁

对疾病起因的认识在不断改变和进化[①]。古欧洲用咒语治疗疾病，这只是一种仪式，但反映了他们对病因的认知。病因理论的不同导致了治疗和预防手段的不同。20 世纪中期陆续产生了 5 种理论[②]，它们一个被一个取代，但至今仍能发现它们在世界各地残存的痕迹。

### 恶魔

早先的人类将疾病发生归因于上帝，疾病是万物有灵论的产物，万物都受精神的影响。在这个“精神世界”，疾病是由巫师[③]、上帝或死灵创造的（Valensin，1972）。治疗方法就此分为：抚慰，如祭司驱邪（强制驱邪）；躲避，播撒小米的种子来躲避吸血鬼（Summers，1961）；转移，即替罪羊[④]，其中最有名的例子就是加拿大猪（圣经：Mark 5，ⅰ～ⅷ）。类似的还有纪念仪式，悬挂、携带护身符，在建筑物内仿制信仰物（图腾）或神像，求助于巫婆等特殊人群，以及使用咒语等。印度语“Brahmin”的意思是治疗者，“Brahmin”是治疗者的一个分类。在新石器时代（公元前 4200—前 2100 年），头骨穿孔可能会释放出病人体内的恶魔。

19 世纪，许多欧洲农民相信，家畜疾病是由恶魔引起的，所以只要将发病动物绑在桂树上烧就可以治愈（Frazer，1890）。非洲努尔人部落至今在牛发生传染病时偶尔在献祭仪式中使用咒语（Evans-Pritchard，1956）[⑤]。在 19 世纪后期的英国还有祭司存在（Baker，1974）。

### 神的愤怒

恶魔理论导致了神灵的出现，后来发展为信仰上的一种理论，认为疾病是神灵的惩罚。旧约中有类似的记载，如埃及动物瘟疫（圣经：出埃及记 9，ⅲ），波斯和阿兹台克的文献中也有记载。驱邪和辟邪对神灵无效，因此安抚是唯一有效的治疗方法。这种观点一直持续到近代。英国兽医外科医生 Willian Youatt 在 1835 年的论文中提到，将燃烧的十字架绑在牛头上，可以治疗和预防疾病。1865 年，维多利亚女王认为当时英国牛瘟暴发是神的愤怒所致，因此下令在疾病流行时，所有英国教堂都必须念祈祷文。

---

① 本章简要地描述了病因，更多内容见第 3 章。

② 病因理论与物种起源的相似之处在于理性和神秘共存（Bullock，1992）。

③ 巫师最初是指与恶魔进行交易、意图达到目的的人（Bodin，1580）。12 到 18 世纪，欧洲巫术盛行。在审判巫师的证言中，有大量假定巫师造成人和动物发病死亡的描述（L'Estrange Ewen，1933）。

④ 无论是指平时还是在危机发生时，替罪羊都有两个目的，转移和魔法转化过失或罪恶，如瘟疫或农作物减产。替罪羊的名称来源于犹太人赎罪日的仪式，大祭司依据仪式要求公开有罪之人的罪行，并将他们变成羊，之后将一只羊赶进荒地。这种风俗从古巴比伦时期一直延续到现代，迄今在某些部落依然有类似的风俗（Cooper，1990）。

⑤ 近来，疫病的认知逐步趋同（Hutchinson，1996）。

### 神秘学

此后的发展中，超越自然的神秘学代替了神、上帝和恶魔。这种“神秘学”表述了一种自然法则理论，但与科学规律不同的是不具有观察和现象的可重复性。月亮、恒星和行星在天文学形成以前就被认为可影响健康（Whittaker，1960）。在欧洲的黑暗年代，相继暴发的几场瘟疫都被归因于地震、洪水和彗星。

治疗中经常采用一些特殊的物品，这些方法持续了几个世纪。一个典型的例子就是 17 世纪马破伤风的治疗，将活的蟾蜍、燕子、鼹鼠烘烤后与鞋底混合作为药物。巴比伦人预言时使用绵羊肝脏。“信号学说”提出了类似的疾病治疗方法，如用蟾蜍治疗肿瘤，但这已是形而上学的内容。

### 自然法则

公元前 6 世纪，希腊的知识革命取代了神和神秘学说。希腊人认为，疾病是体内 4 种元素紊乱所致，4 种性质（热、湿、干、冷）和 4 种元素（气、火、水、土）有关（图 1.2）。疾病是由外力因素导致的，包括影响人类的气候变化和地质变化。地方性疾病的暴发是因为当地火山爆发产生的瘴气[①]所致。“malaria”的字面意思为不好的空气，暗示了在 19 世纪，人们相信疾病是由不好的空气所致。

| 特性 | 湿 | 干 |
| --- | --- | --- |
| 热 | 体液 =血<br>元素 =气<br>来源 =心<br>过量 → 多血质 | 体液 =黄胆汁<br>元素 =火<br>来源 =肝<br>过量 → 胆汁质 |
| 冷 | 体液 =痰<br>元素 =水<br>来源 =脑下垂体<br>过量 → 黏液质 | 体液 =黑胆汁<br>元素 =土<br>来源 =脾<br>过量 → 抑郁质 |

图 1.2　体液病理学构成

十字军东征期间出现的体液紊乱观点，通过西西里进入中欧。食物也是通过同样的途径进入的（Trannahill，1968）。这种观点在几种文化中都持续了很长时间。印度本土兽医和兽医学都是在印度教经文的基础上发展的，包括风、胆汁、黏液质等 3 种元素，例如风的狂乱引发哮喘和腹泻。这一观念也是大乘佛教徒的医学思想中心。20 世纪早期，欧洲对有害空气理论的认可度开始下降，传染病的微生物理论开始得以推广。

① 这也解释了维多利亚时代城市居民使用厚窗帘以阻止疫病进入的原因。

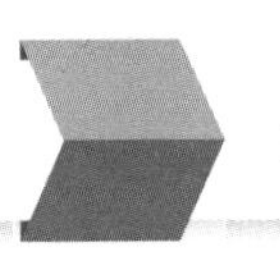



希腊人关于疾病的观点很容易受科学研究的影响。细心的观察和对特定影响因素的鉴别是公元前15世纪Cos地区医学院的特点，希波克拉底的文章《关于空气、水和地理环境的论述》(Jones，1923）重新定义了这种观点，并且支配了数个世纪的医学。相应的，治疗受到病因理论的影响，主要有净化浊气和改变饮食等方法。

### 传染病

自古就有疾病能从一个动物传染给另一个动物的概念，古代兽医学对疾病的认知为传染病治疗提供了坚实依据（Bodson，1994)。罗马人Galen和Lucretius认为疾病可由种子或动物通过空气，经由口鼻传播。犹太法典中描述恶魔在水、灰尘、空气中无所不在，暗示了可传播性。早先的印度教徒将人的瘟疫与病鼠联系起来，这是首次提出人畜共患病的概念。16世纪，维罗拉人Frascastorius提出，疾病是由细小的、不可见的微粒传播的（Wright，1930)。罗马教皇克莱门特一世的内科医生Lancisi，通过扑杀政策阻止了牛瘟在罗马的传播。18世纪，Thomas Lobb在其文章中提到，人的瘟疫与牛瘟是由染病个体中繁殖的微粒引起的，之后通过空气或接触传播又感染其他人（Lobb，1745)。18世纪，美国词典编纂者和散文家洛亚·韦伯斯特将疫病分为瘴气性的（如肺炎）和传染性的（如天花)，这代表了传染病理论进化的中间阶段（Winslow，1934)。

虽然对于传染病的概念在17世纪已经建立，但检测引发疾病的微生物在19世纪才得以推广。Edward Jenner利用牛痘接种推进了天花疫苗的发展。美国殖民者发动的生化战争中，印度成了天花的牺牲品。

Louis Pasteur对炭疽和狂犬病的调查（Walden，2003)，以及Robert Koch发现结核[①]和霍乱的致病菌，标志着微生物学的建立和瘴气理论的失败。科赫氏假设在细菌学早期鉴定多种疾病病原当中得到应用（见第3章)。

尽管20世纪30年代才发明出能够看见病毒的电子显微镜，但在19世纪末病毒已被发现。1892年，Iwanowsky证实烟草花叶病能够通过已过滤细菌的树汁传播（Witz，1998)。此后，Beijerinck验证了无细菌的滤液传播疾病实验，并采用术语“接触性传染物”描述感染性活病原。1898—1899年，Loeffler和Frosch发现第一个动物病毒——口蹄疫病毒。1911年，Rous报告了第一例病毒导致的传染性肿瘤。

19世纪末，Kilborne、Smith和Curtis在美国得克萨斯发热牛群调查中发现了第一种传染病的节肢动物宿主（扁虱)。

## 变革的动力

对病因的认知和相应预防治疗措施的改变是整个科学思想改变的一小部分。这些改变不是逐渐进行，而是革命性的变化，它终结了一个科学时期。每一个时期都有自己的模式引导着研究。随着时间的流逝，改变的积累，科学家们不停地修正着这些模式，但随着压力的积累，模

---

① 炭疽和结核由来已久，至少可以追溯到古埃及，极可能是许多圣经中提到的瘟疫的病原（Blaisdell，1994；Willcox，2002；Witowski和Parish，2002；Stembach，2003)。

式会产生革命性的变化（Kuhn，1970[①]）。例如，在天文学上，旧的托勒密理论过去通过增加新的行星轨迹一再被修正，以解释天体的运动，但模型最终不再被认可，哥白尼学说开始兴起。Kuhn 的理论不仅在政治、社会和神学革命中得以应用（Macquarrie，1978），在包括兽医学的科学中也同样如此[②]（Nordenstam 和 Tornebohm，1979）。

兽医学经历了 5 个较为稳定的时期，最近一次的变革是随 20 世纪中期疫病控制理论的出现而产生的（Schwabe，1982），它对病因观念改变的刺激作用在上文已有描述。在这几个时期中，最大的问题是大规模传染性疾病的暴发[③]（表 1.1）。军事战役经常成为这些疫病传播的助力（表 1.2，Karasszon，1988）。

**第一阶段：至公元 1 世纪**

早期的动物驯化和饲养拉近了人与动物的关系，同样也让人和动物疾病的距离更近。那时，恶魔理论相当盛行。然而，尽管采用了基于恶魔理论的系列控制措施，动物仍不断死亡。随着城市化进程，动物作为食物来源重要性不断增加，危机不断积累。这推进了兽医学在这一时期的发展。兽医专家不断出现，如埃及的牧师-医生和建立第一个动物医院的吠陀 Salihotriya；体液病理学说和瘴气理论致病说得以发展；按照希腊 Coan 的传统，治疗要建立在仔细识别临床表现的基础上；隔离（衍化自意大利语，字义是“四十”——中世纪的隔离天数）和扑杀成为预防性策略。这些治疗方法一直延续至公元前一世纪，但这些措施对马传染病的防治无能为力，而马在当时已是重要的军事物资。这一危机导致了第二阶段“军队医生”的产生。

**第二阶段：公元 1 世纪至 1762 年**

专门从事马医学和外科手术的兽医出现，反映了马的重要性和价值（Richards，1954）。重要的兽医学文献“Hippiarika”记录了自拜占庭时代早期以来的兽医与骑兵军官、阉割操作者的信件。这一工作的主要贡献者是 Apsyrtus，康斯坦丁部队的首席兽医。这一阶段一直持续到 18 世纪中叶，与马有关的事件受到持续关注证明了这一点。在这一时期出版了几个重要文献，包括 VegetiusRenatus 的《ArsVeterinaria》（1528 年出版）、Carlo Ruini 的《Anatomy of Horse》（1598 年出版）。类似的书籍还涉及其他动物，如 15 世纪的《Boke of Saint Albans》描述了猎鹰的疾病（Comben，1969），John Fitzherbert 的《Boke of Husbandrie》（1523 年出版）提及了牛羊疾病。但马依然是最重要的，直至 20 世纪早期，欧洲依然认为马医学要比其他动物医学重要。

病因学的瘴气学说和形而上学理论，以及体液病理学有着不同的研究重点。例如，阿拉伯人的医学基础是形而上学。

① Kuhn 哲学的批判性评估，见 Hoyningen-Huene（1993）。

② 理论发生戏剧性的变化并不一定对所有领域的思想和进程都适用，17 世纪德国哲学家 Leibnitz 对此有过评述（如在伦理和美学方面）。

③ 瘟疫传统上是指大范围传播并造成发病动物高死亡率的传染病。现在该术语是指对经济造成严重打击的大范围传播的疫病，不再强调死亡率高低（如口蹄疫）。在医学中，该术语通常指由细菌引发的传染，如鼠疫。

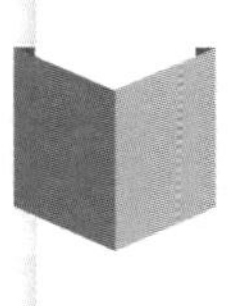

**表 1.1 部分动物瘟疫发生时间表**

| 日期 | 动物瘟疫 | | | | | | |
|---|---|---|---|---|---|---|---|
| | 牛瘟 | 胸膜肺炎 | 犬瘟热 | 炭疽 | 口蹄疫 | 马流感 | 其他 |
| 公元前 500 年<br>公元 | | | | | | | 埃及 公元前 500 年—基督时代<br>埃及 公元前 278 年 流产 |
| 公元 1400 | | | | 罗马 公元 500 | | | 罗马 4 世纪（牛）<br>法国 6 世纪（牛）<br>爱尔兰 8 世纪<br>法国 820，850，940—943（牛）<br>英国 1314（牛） |
| 公元 1700 | 英国 1490，1551 | | | | 意大利 1514 | 英国 1688 | |
| 公元 1800 | 法国 1710—1714<br>罗马 1713<br>英国 1714，1745—1746<br>法国 1750 | 欧洲 18 世纪 | 美国 1760<br>西班牙 1761<br>英国 1763 | | | 英国 1727<br>爱尔兰 1728<br>英国 1733，1737，1750<br>1760，1771，1788 | |
| 公元 1900 | 英国 1865<br>非洲 1890—1900 | 英国 1841—1898 | | | 英国 1839<br>英国 1870—1872，1877—1885 | 英国 1837<br>北美 1872<br>英国 1889—1890 | |
| 公元 2000 | 比利时 1920<br>中东 1969—1970<br>非洲 1979—1984<br>印度 1983—1985<br>土耳其 1991—1992 | | | | 英国 1922—1925，<br>1942，1952，1967—1968<br>加拿大 1951—1952<br>瑞士 1980<br>海峡群岛，法国，怀特岛，<br>意大利，西班牙 1981<br>丹麦，西班牙 1983<br>德国，希腊，爱尔兰，<br>葡萄牙 1984<br>意大利 1985，1988，1993<br>尼泊尔 1993—1994<br>土耳其 1995<br>阿尔巴尼亚，保加利亚，希腊，<br>马其顿，南斯拉夫 1996<br>中国台湾 1997<br>不丹 1998<br>中国 1999 | 捷克斯洛伐克 1957<br>英国 1963<br>美国 1963<br>欧洲 1965<br>波兰 1969<br>苏联 1976<br>法国，荷兰，瑞典 1978—1979<br>英国 1989 | |
| | | | | | 希腊，日本，蒙古，非洲 2000<br>法国，爱尔兰，荷兰，英国 2001 | | |

注：1960 年前的数据多来源于 Smithcors，1957。

表 1.2 促进牛瘟传播的战役一览表

| 世纪 | 战役 |
| --- | --- |
| 5 世纪 | 罗马衰亡（Fall of Rome） |
| 8—9 世纪 | 查理大帝征服欧洲 |
| 12—13 世纪 | 蒙古军西征 |
| 15—16 世纪 | 西班牙哈布斯堡王朝征服意大利 |
| 17 世纪 | 奥格斯堡联盟之战 |
| 18 世纪 | 奥地利继承权战争 |
| 18 世纪 | 七年战争 |
| 18—19 世纪 | 拿破仑战争 |
| 19—20 世纪 | 美国入侵菲律宾 |
| 19—20 世纪 | 意大利征服埃塞俄比亚 |
| 20 世纪 | 第一次世界大战 |
| 20 世纪 | 第二次世界大战 |
| 20 世纪 | 越南战争 |
| 20 世纪 | 黎巴嫩战争 |
| 20 世纪 | 斯里兰卡冲突 |
| 20 世纪 | 阿塞拜疆冲突 |
| 20 世纪 | 海湾战争 |

**第三阶段：1762—1884 年**

18 世纪中期，牛瘟从亚洲进入后，欧洲的动物瘟疫，尤其是牛瘟流行（Scott，1996）引发了又一个动物疫病危机。瘴气理论坚持认为，有害空气来自人排泄的污秽，而不是自然产生的。第三阶段在这一时期开始萌芽，标志是农场卫生、扑杀和治疗方法的改善成为主要控制措施。1714 年，当牛瘟从荷兰进入到英格兰，乔治一世的外科医生 Thomas Bates，建议通过烟熏建筑、扑杀、焚毁感染动物和污染草原、空舍、对牛主进行补偿等手段进行防治（Bates，1717—1719）。到 19 世纪中期，消毒（主要采用石炭酸和甲酚）也被应用到在疾病控制中（Brock，2002）。

1710—1714 年，法国一半的牛死于牛瘟，疫病断续发生到 1750 年，该病再次成为一个非常严重的问题。对疫病所知甚少，推进了 1762 年里昂首个永久性兽医学校的建立，这是与疾病斗争系列措施的开始（表 1.3）①。

1842 年，英国减少动物进口限制，增加了动物疫病的风险。1847 年，羊痘从德国进入英

① 当然，兽医学校的建立还有其他方面的压力，包括军方对马依赖、军队效能改进的需求，以及人口增长对农业生产力提升的需求等。

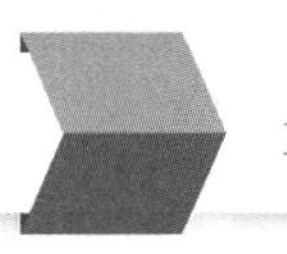


国，胸膜肺炎成为严重的问题。公众的高度关注和1865年暴发的牛瘟（Scott，1997），促使英联邦在同年设立了兽医机构。随后，其他国家也相继建立了类似机构，并通过法律赋予兽医机构权利，开展控制动物疫病。

**表1.3 对抗牛瘟建立的兽医学校**

| 建立时间 | 城市 | 国家或地区 |
|---|---|---|
| 1762 | 里昂 | 法国 |
| 1766 | 阿尔弗 | 法国 |
| 1767 | 维也纳 | 奥地利 |
| 1769 | 都灵 | 皮埃蒙特 |
| 1773 | 哥本哈根 | 丹麦 |
| 1777 | 吉森 | 黑森州 |
| 1778 | 汉诺威 | 汉诺威 |

**第四阶段：1884—1960年**

卫生运动未能阻止动物瘟疫，这一危机推进了微生物学说的形成，科赫氏假设认为疾病是由单一病原引起的，一系列针对病原的控制措施开始使用。

第四阶段的战役和大规模行动起始于20世纪80年代。基于病原分离、病理损伤认定的实验室诊断是疾病治疗基础。随着疫苗数量的增加①，扑灭计划开始采用大规模检测和免疫措施。病原宿主的发现推进了在预防中对病原宿主的控制。对病原生活史逐步深入的认知，使得通过改变环境切断病原循环成为可能，土壤排水防治肝片吸虫病就是一个典型例证。在20世纪发现合成抗生素前，细菌病仍然是医学临床的主要问题，致死疾病排位表明确地反映了这一现象。兽医也同样经历了这一过程。

19世纪后半叶至20世纪中期，发达国家综合应用革命性的微生物技术和传统技术，如隔离、进口限制、宰杀和卫生等措施，有效控制和扑灭了许多感染性疾病。1892年，在实施扑灭计划5年后，胸膜肺炎成为第一个美国扑灭的疾病。英国于1877年扑灭牛瘟，1898年扑灭胸膜肺炎，1928年扑灭马鼻疽和马疥癣。

## 医学中的定量

随着对病因定性理解的加深，疾病方面的定量术语逐渐产生，这起始于描述性研究。古代日本有文献记载了动物疾病的暴发。John Granunt（1662）出版了伦敦教区人口定量观察和“死亡率单据”。18世纪晚期，法国暴发的牛瘟促使流行病委员会建立，负责人是Marie Antoinette的私人内科医生Felix Vicq d'Azyr。皇家医学学会是最早开展动物和人类流行病、天气统计学数据收集的机构（Matthews，1995）。

---

① 还有更早模仿人使用疫苗预防天花进行的对抗牛瘟的免疫活动。第一次类似的牛瘟免疫试验在17世纪，由意大利帕多瓦大学的Bernardino Ramazzini完成（Koch，1891）。也有学者认为免疫试验最早是在中国开展的，见Bazin（2003）简史。

## 后文艺复兴思想和启迪

16 世纪开始的科学革命认为，自然是有序的，能够用数学进行解释（Dampier，1948）。这一观点延伸到生物学领域，认为“病死率法则”必然存在。Graunt 的病死率研究包括通过建立生存表尝试规律公式化（见第 4 章），Edmund Halley（1656—1742）构建了布雷斯劳生存表（Benjamin，1959），Daniel Bernoulli（1700—1782）应用生存表方法研究天花数据，证明接种天花疫苗免疫终身有效（Speiser，1982）。一百年后，William Farr（Halliday，2000）建立了英国 1865 年的牛瘟流行数学模型（见第 19 章）。

18 世纪启蒙运动时期，兴起了运用文献表述概率与科学社会客观情况之间关系的潮流（概率论革命），生物学领域定量分析随之发展起来。概率论的创始人 Jakob Bernoulli 在他的《Ars Conjectandi》（1713）一书中提出逆概率理论，即如果观察数量足够大，事件发生频率将接近发生概率。Simeon-Denis Poisson 修订了这一理论，称之为大数法则，如果一个事件被观察足够多次，就可以假定其发生概率与观察到的频率一致。依据这一理论，可以建立合理的预测机制。Pierre-Simon Laplace（1814）依据该理论建议，首选的治疗方法应证明其在措施中被应用的次数越来越多。

当 Pierre-Charles-Alexander Louis 发明了数值计算法后，比较统计技术开始兴起，要求系统的记录以及对多个案例的严格分析（Bollett，1973）。他关于巴黎伤寒的文献表明，疫病主要发生在青年人群，死亡病例的平均年龄高于康复人群的平均年龄，提示年轻病人的预后较好（Louis，1836）。他随后还证实，放血对伤寒病例毫无用处，他计算的均值被其他早期临床试验的专家采纳（如，Joseph Lister；见第 16 章）。均值还被用于正常人群的定量定义；如 Adolphe Quetelet（1835）记录的人心跳和呼吸次数范围。

英国和法国的医学统计学家对概率论在医学领域的应用谨慎而有选择性，他们更多地采用描述性统计而非统计性推断，来描述公共卫生问题（图 1.3）。然而，在 19 世纪，流行病学家、数学家和统计学家在 Louis 的影响下建立了紧密联系（Lilienfeld，1978）[①]，到 20 世纪，严谨的统计推断方法形成，并在医学和农业领域得以应用。这些方法需要观察群体而非个体事件，因此定量流行病学逐渐形成（见第 2 章）。

然而，要形成物理和生物学公式必须经过谨慎评估，有可能导致难以预期的错误（Gupta，2001）。此外，虽然分析现场数据的任务有时十分繁重，但并不总是被认为有社会价值[②]（经济学人，2002）。而且，人们倾向于使用可获取的数值型数据，而不考虑这些数据的关联性和质量（Gill，1993）[③]。

---

① Lilienfeld（1980）构建了一个有趣的“家谱”，描述了 18—20 世纪统计学家、关注公共卫生的内科医生和流行病学之间的关系。

② 例如，见 Gregory（2002）神学讨论概述。

③ Chambers（1997）总结了 Gupta 和 Gill 的在经济学上的某些观点：“定量和统计会错误地引导，分散精力，也可能毫无用处，甚至与大众价值观冲突……，然而专业人员，尤其是经济学家和咨询人员即使时间紧张，仍对统计有强烈的需求。最坏的情形是他们抓住一切能获取的数据，录入计算机，制作出更多漂亮的柱图、饼图和三维图……，在数据自身的限制性之上，表现出的可控制性、精确性和知识性能让人更安心……，另外一点，错误数据因为表现得很正确而更糟糕。”Porter（1995）对定量进行了哲学讨论。

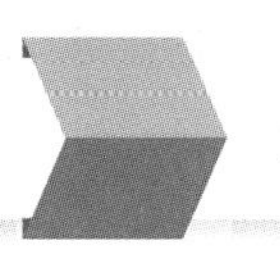

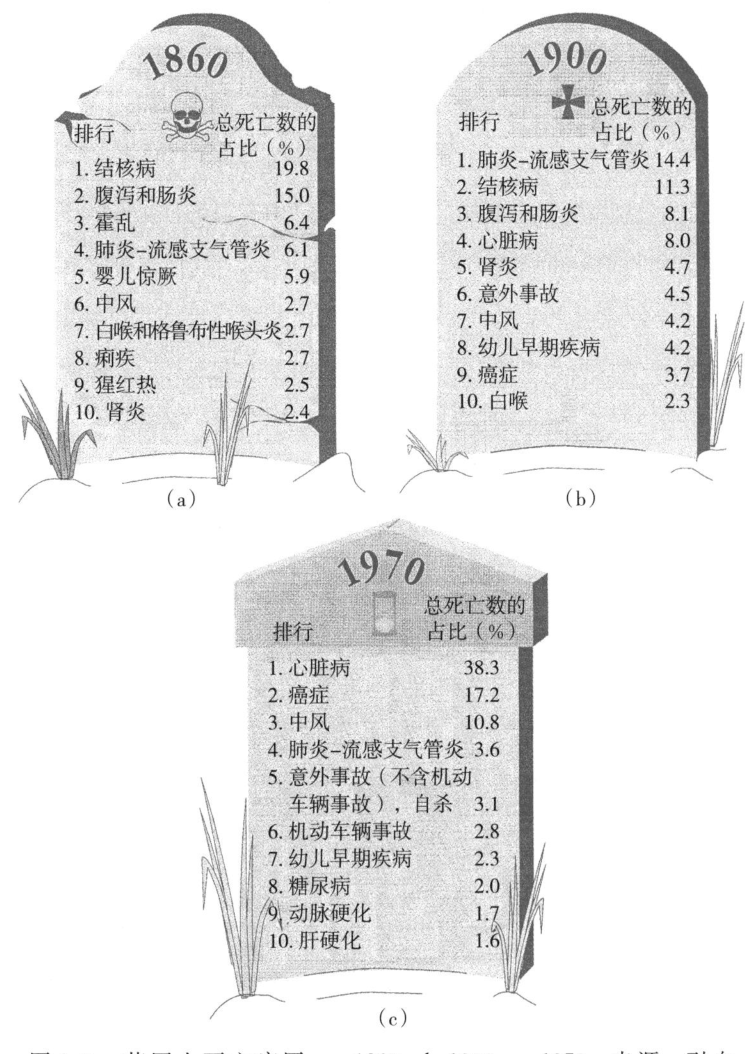


图 1.3 英国人死亡病因。a. 1860；b. 1900；c. 1970。来源：引自 Thrusfeild，2001

# 现代兽医学

## 当前观点

### 传染病

尽管传染病控制已取得显著成就，但在发展中国家和发达国家依然存在一些问题（表 1.4）。一些疫病一再复发，如最近在西欧国家（特别是在英国）2001 年造成灾难性后果的口蹄疫（表 1.5）。尽管有间接证据表明一些病原已存在一段时间（表 1.6），但这些疫病已成为 21 世纪的主要问题。其他疫病也偶有发生（表 1.7）[①]。军事冲突仍在疫病传播中起主要作用

① 突发和新发传染病都可纳入“突发疫病”的范畴（群体中新出现的感染或感染已经存在但在发病程度和空间分布上超出预期，Morse，1995）。突发疫病的发生可能与病原变异、宿主易感性改变，或生态环境改变有关（见第 7 章）。Schrag 和 Wiener（1995）认为，生态环境改变和病原变异都可能导致突发疫病发生，但生态环境改变可能对新的流行影响更大（可能是因为与畜主易感性改变和病原变异相比，生态环境更易改变）。

（表 1.2），如第二次世界大战后期，撤退的日本士兵将牛瘟从缅甸带到了泰国东北部地区。

传染病在发展中国家破坏力更大，全世界 50%的牲畜分布在这些国家，产生 80%的发展动力。在牧区，这些牲畜可以提供至少 50%的食物和收入来源（Swift，1988）（仅牛奶，即满足人们高达 75%的每日能量所需，Field 和 Simkin，1985）。当然发展中国家在传染病防控方面也取得了一些进展，如非洲消灭牛瘟的 JP15 战役（Lepissier 和 MacFarlane，1996），然而成绩随后就被内战和自满打破（Roeder 和 Taylor，2002），直到最近，在全球 2010 年消灭牛瘟计划的框架下，才最终消灭（FAO，1996）。一些有着复杂生活史的虫媒疫病，包括血液原虫，如锥虫病感染仍没有得到有效控制[①]。微生物技术革命使疫病诊断成为可能。然而，准确评估这些疫病的分布范围仍是控制计划的基础（如，泛太平洋地区扑灭牛瘟：IEAE，1991）。

一些传染病，如布鲁氏菌病和结核病，在发达国家实施传统的控制措施后，始终保持低发状态。这个问题可以归因于调查技术不适用和诊断方法不敏感（Martin，1977）。一些案例表明，传染病病原的自然史比最初认知的要复杂得多。如在英国，问题畜群中持续暴发的牛结核病与野生獾有关（Little 等，1982；Krebs，1997），这也是有争议的控制策略中包含扑杀獾的原因（Donnelly 等，2003；DEFRA，2004）。

在发达国家（除去机械化导致驮马数量下降的因素外）[②]，主要传染病得到有效控制，这使动物数量（表 1.8 和表 1.9）和生产性能都得以提高（表 1.10）。畜禽群的数量都有上升，特别是奶牛、猪（表 1.11）和家禽企业。动物卫生状况的改变推进了畜牧业的集约化发展。

**表 1.4　当前一些传染病在动物中分布趋势**

| 病名 | 宿主 | 趋势 |
|---|---|---|
| 炭疽 | 所有动物，尤其是牛 | 世界范围，现集中在热带和亚热带地区 |
| 伪狂犬病 | 猪 | 蔓延中，最近进入了日本 |
| 蓝舌病 | 羊 | 已传播了 100 多年 |
| 牛布鲁氏菌病 | 牛 | 很多发达国家在近几十年消灭了该病 |
| 牛肺疫 | 牛 | 欧洲的大部分地区消灭了该病 |
| 马鼻疽 | 马 | 绝大多数发达国家消灭了该病 |
| 牛副结核病 | 牛、绵羊、山羊 | 世界范围内都有分布，部分国家流行率上升，正在欧洲蔓延 |
| 牛结节疹 | 牛 | 从非洲扩散至中东 |
| 狂犬病 | 哺乳动物、部分鸟 | 消灭存在困难，地理上相对隔离（包括群岛）的国家基本处于无疫状态，但大多数国家有分布，部分国家还在扩散 |
| 裂谷热 | 牛、羊、人 | 从非洲扩散至中东 |
| 牛瘟 | 偶蹄目动物 | 只有局部存在感染，全球大规模免疫运动已结束 |
| 羊痘 | 羊 | 欧洲于 1951 年消灭，现分布于非洲、中东和印度 |
| 猪水疱病 | 猪 | 自 1982 年以来，重要程度不断下降 |
| 结核病 | 多种动物，牛尤为严重 | 消灭存在困难，但也取得了不小成绩。没有国家处于无疫状态 |

数据来源：Muhem 等，1962；Knight，1972；Blaha，1989；West，1995；Radostits 等，1999。

① 发展中国家动物疫病控制不力的原因很复杂，不仅仅是缺乏技术。对现场问题研究不充分、缺乏足够的信息、忽视养殖业主的需求，以及不重视养殖从业人员的参与都是问题所在（Huhn 和 Baumann，1996；Bourn 和 Blench，1999）。至 2020 年，发展中国家对家畜产品的需求将两倍于现在（Delgado 等，1999），包括兽医服务在内的家畜产业服务更显重要，一些如私有化（Holden 等，1996）、支付给穷人（Ahuja 和 Redmond，2004）等问题需要密切关注。

② 一些早期动物生产性能的提高与营养改善有关，如在 18 世纪，英国很多土地种植了高产的根茎类植物（如萝卜）和新型饲草，保证家畜全年都有充足的食物。英国伦敦史密斯菲尔德市场的公牛平均体重 1710 年约为 167.8kg，到 1795 年平均体重约 362.9kg。

表 1.5　1892—2001 年英国口蹄疫疫情一览表

| 年份 | 疫情起数 | 年 | 疫情起数 | 年 | 疫情起数 | 年 | 疫情起数 |
|---|---|---|---|---|---|---|---|
| 1892 | 95 | 1912 | 83 | 1932 | 25 | 1952 | 495 |
| 1893 | 2 | 1913 | 2 | 1933 | 87 | 1953 | 40 |
| 1894 | 3 | 1914 | 27 | 1934 | 79 | 1954 | 12 |
| 1895 | 0 | 1915 | 56 | 1935 | 56 | 1955 | 9 |
| 1896 | 0 | 1916 | 1 | 1936 | 67 | 1956 | 162 |
| 1897 | 0 | 1917 | 0 | 1937 | 187 | 1957 | 184 |
| 1898 | 0 | 1918 | 3 | 1938 | 190 | 1958 | 116 |
| 1899 | 0 | 1919 | 75 | 1939 | 99 | 1959 | 45 |
| 1900 | 21 | 1920 | 13 | 1940 | 100 | 1960 | 298 |
| 1901 | 12 | 1921 | 44 | 1941 | 264 | 1961 | 13 |
| 1902 | 1 | 1922 | 1 140 | 1942 | 670 | 1962 | 5 |
| 1903 | 0 | 1923 | 1 929 | 1943 | 27 | 1963 | 0 |
| 1904 | 0 | 1924 | 1 | 1944 | 181 | 1964 | 0 |
| 1905 | 0 | 1925 | 260 | 1945 | 129 | 1965 | 1 |
| 1906 | 0 | 1926 | 204 | 1946 | 64 | 1966 | 34 |
| 1907 | 0 | 1927 | 143 | 1947 | 104 | 1967 | 2 210 |
| 1908 | 3 | 1928 | 138 | 1948 | 15 | 1968 | 187 |
| 1909 | 0 | 1929 | 38 | 1949 | 15 | 1969—2000 | 1* |
| 1910 | 2 | 1930 | 8 | 1950 | 20 | 2001 | 2 030 |
| 1911 | 19 | 1931 | 97 | 1951 | 116 | | |

注：* 这起疫情 1981 年发生在怀特岛。

表 1.6　20 世纪突发动物疫病一览表

| 年份 | 国家/地区 | 病名 | 来源 |
|---|---|---|---|
| 1907 | 肯尼亚 | 非洲猪瘟 | Montgomery (1921) |
| 1910 | 肯尼亚 | 内罗毕羊病 | Montgomery (1917) |
| 1918 | 美国 | 猪流感 | Shope (1931) |
| 1929 | 南非 | 牛结节性皮肤病 | Thomas 和 Mare (1945) |
| 1929 | 美国 | 猪痘 | McNutt 等 (1929) |
| 1930 | 美国 | 东方型马脑（脊髓）炎 | Kissling 等 (1954) |
| 1930 | 美国 | 西方马脑炎 | Kissling (1958) |
| 1932 | 美国 | 猪水疱病 | Traum (1936) |
| 1933 | 冰岛 | 梅迪维斯纳病 | Sigurdsson (1954) |
| 1939 | 哥伦比亚 | 委内瑞拉马脑脊髓炎 | Kubes 和 Rios (1939) |
| 1946 | 加拿大 | 水貂肠炎 | Schofield (1949) |
| 1947 | 美国 | 貂传染性脑病 | Hartsough 和 Burger (1965) |
| 1953 | 美国 | 牛黏膜病 | Ramsey 和 Chivers (1953) |
| 1955 | 美国 | 牛传染性鼻气管炎 | Miller (1955) |
| 1956 | 捷克斯洛伐克 | 马流感 (H7N7) | Bryans (1964) |
| 1962 | 法国 | 西尼罗河马脑脊髓炎 | Panthier (1968) |
| 1963 | 美国 | 马流感 (H3N8) | Bryans (1964) |
| 1966 | 英国 | 牛溃疡性乳头炎 | Martin 等 (1966) |
| 1972 | 伊朗 | 骆驼痘 | Baxby (1972) |
| 1972 | 美国 | 莱姆病 | Steere 等 (1977) |
| 1974 | 肯尼亚 | 马痘 | Kaminjolo 等 (1974) |
| 1975 | 南非 | 出血裂谷热 | VanVelden 等 (1977) |

（续）

| 年份 | 国家/地区 | 病名 | 来源 |
|---|---|---|---|
| 1977 | 全世界 | 犬细小病毒病 | Eugster 等（1978） |
| 1977 | 苏联 | 猫痘 | Marennikova 等（1977） |
| 1980 | 英国 | 传染性 2 型黏液囊炎 | McFerran 等（1980） |
| 1981 | 津巴布韦 | 莫卡拉病毒感染 | Foggin（1983） |
| 1983 | 美国 | 暴发性禽流感（H5N2） | Buisch 等（1984） |
| 1985 | 丹麦 | 丹麦蝙蝠狂犬病 | Grauballe 等（1987） |
| 1986 | 英国 | 牛绵状脑病 | Wells 等（1987） |
| 1986 | 美国 | Cache 谷畸形 | Chung 等（1991） |

**表 1.7　20 世纪动物新发传染病和瘟疫一览表**

| 年份 | 国家 | 病名/病原 | 来源 |
|---|---|---|---|
| 1907 | 匈牙利 | 马立克氏病 | Marek（1907） |
| 1912 | 肯尼亚 | 裂谷热 | Daubney 等（1931） |
| 1923 | 荷兰 | 鸭瘟 | Baudet（1923） |
| 1925 | 美国 | 禽喉气管炎 | May 和 Tittsler（1925） |
| 1926 | 爪哇 | 新城疫 | Doyle（1927） |
| 1928 | 法国 | 猫瘟 | Verge 和 Cristoforoni（1928） |
| 1930 | 美国 | 禽传染性颤搐病 | jones（1932） |
| 1930 | 美国 | 禽传染性支气管炎 | Schalk 和 Hawn（1931） |
| 1932 | 美国 | 马病毒性流产 | Dimock 和 Edwards（1932） |
| 1937 | 美国 | 火鸡出血性肠炎 | Pomeroy 和 Fenstermacher（1937） |
| 1942 | 科特迪瓦 | 羊瘟（小反刍兽疫） | Gargadennec 和 Lalanne（1942） |
| 1945 | 美国 | 鸭病毒性肝炎-1 | Levine 和 Fabricant（1950） |
| 1945 | 美国 | 猪传染性胃肠炎 | Doyle 和 Hutchings（1946） |
| 1946 | 美国 | 牛病毒性腹泻 | Olafson 等（1946） |
| 1946 | 美国 | 水貂阿留申病 | Hartsough 和 Gorham（1956） |
| 1947 | 瑞典 | 犬传染性肝炎 | Rubarth（1947） |
| 1950 | 美国 | 禽腺病毒-1 | Olson（1950） |
| 1951 | 美国 | 火鸡蓝冠病 | Peterson 和 Hymas（1951） |
| 1953 | 美国 | 猫传染性贫血 | Flint 和 Moss（1953） |
| 1954 | 日本 | 赤羽病 | Miura 等（1974） |
| 1954 | 加拿大 | 禽呼肠孤病毒 | Fahey 和 Crawley（1954） |
| 1956 | 中国 | 鹅瘟 | Fang 和 Wang（1981） |
| 1957 | 美国 | 猫杯状病毒 | Fastier（1957） |
| 1958 | 美国 | 猫病毒性鼻气管炎 | Crandell 和 Maurer（1958） |
| 1959 | 加拿大 | 火鸡病毒性肝炎 | Mongeau 等（1959） |
| 1959 | 日本 | 茨城病 | Omori 等（1969） |
| 1960 | 以色列 | 火鸡脑膜脑炎 | Komarov 和 Kalmar（1960） |
| 1962 | 美国 | 牛腺病毒-1，2 | Klein（1962） |
| 1962 | 美国 | 禽传染性滑囊炎-1 | Cosgrove（1962） |

（续）

| 年份 | 国家 | 病名/病原 | 来源 |
| --- | --- | --- | --- |
| 1964 | 英国 | 猫白血病 | Jarrett 等（1964） |
| 1964 | 英国 | 猪腺病毒 | Haig 等（1964） |
| 1965 | 英国 | 鸭病毒性肝炎-2 | Asplin（1965） |
| 1965 | 美国 | 犬疱疹病毒病 | Carmichael 等（1965） |
| 1965 | 美国 | 猪肠道病毒 | Dunne 等（1965） |
| 1966 | 意大利 | 猪水疱病 | Nardelli 等（1968） |
| 1967 | 英国 | 猪细小病毒病 | Cartwright 和 Huck（1967） |
| 1967 | 英国 | 羊边界病 | Dickinson 和 Barlow（1967） |
| 1967 | 美国 | 鹿慢性消耗性疾病 | Williams 和 Young（1980） |
| 1968 | 加拿大 | 牛腺病毒-3 | Darbyshire（1968） |
| 1969 | 美国 | 鸭病毒性肝炎-3 | Toth（1969） |
| 1972 | 英国 | 火鸡组织增生症 | Biggs 等（1974） |
| 1973 | 美国 | 马腺病毒 | McChesney 等（1973） |
| 1974 | 美国 | 猫疱疹尿结石 | Fabricant 和 Gillespie（1974） |
| 1974 | 美国 | 山羊病毒性关节炎脑炎 | Cork 等（1974） |
| 1974 | 日本 | Kunitachi 病毒 | Yoshida 等（1977） |
| 1976 | 荷兰 | 产蛋综合征 | Van Eck 等（1976） |
| 1976 | 日本 | 鸡传染性肾炎 | Yamaguchi 等（1979） |
| 1977 | 美国 | 鸡细小病毒病 | Parker 等（1977） |
| 1977 | 爱尔兰 | 传染性马子宫炎 | O'Driscoll 等（1977） |
| 1978 | 伊拉克 | 鸽副黏病毒-1 | Kaleta 等（1985） |
| 1979 | 日本 | 鸡贫血病 | Yuasa 等（1979） |
| 1981 | 美国 | 犬杯状病毒 | Evermann 等（1981） |
| 1984 | 中国 | 兔出血病 | Liu 等（1984） |
| 1985 | 美国 | 马波托马克热 | Rikihisa 和 Perry（1985） |
| 1985 | 英国 | 火鸡鼻气管炎 | Anon.（1985） |
| 1985 | 日本 | 牛 Chuzon 病 | Miura 等（1990） |
| 1987 | 苏联 | 犬瘟热-2（贝加尔湖） | Grachev 等（1989） |
| 1987 | 美国 | 仔猪繁殖呼吸综合征 | Keffaber（1989） |
| 1987 | 美国 | 海豚麻疹病毒 | Lipscomb 等（1994） |
| 1988 | 荷兰 | 犬瘟热-1（北海） | Osterhaus 和 Vedder（1988） |
| 1990 | 荷兰 | 牛双 RNA 病毒 | Vanopdenbosch 和 Wellemans（1990） |
| 1994 | 澳大利亚 | 亨德拉病毒病（马麻疹病毒） | Murray 等（1995） |
| 1995 | 新西兰 | 负鼠摇摆病毒 | Anon（1997） |
| 1996 | 美国 | 仔猪消耗性综合征 | Daft 等（1996） |

**表 1.8　2001 年世界家畜存栏（单位：千动物）**

| | 牛 | 绵羊 | 山羊 | 猪 | 马 | 鸡 | 水牛 | 骆驼 |
| --- | --- | --- | --- | --- | --- | --- | --- | --- |
| 美国和加拿大 | 110 223 | 7 805 | 1 380 | 71 738 | 5 685 | 1 988 000 | — | — |
| 中美洲 | 50 453 | 7 522 | 12 308 | 25 707 | 8 453 | 71 600 | 5 | — |
| 南美洲 | 308 569 | 75 312 | 22 148 | 55 399 | 15 651 | 1 765 000 | 1 151 | — |

（续）

| | 牛 | 绵羊 | 山羊 | 猪 | 马 | 鸡 | 水牛 | 骆驼 |
|---|---|---|---|---|---|---|---|---|
| 欧洲 | 143 858 | 144 812 | 17 904 | 194 153 | 7 010 | 1 746 000 | 230 | 12 |
| 非洲 | 230 047 | 250 147 | 218 625 | 18 467 | 4 879 | 1 276 000 | 3 430 | 15 124 |
| 亚洲 | 470 920 | 406 584 | 406 584 | 552 372 | 16 032 | 7 250 000 | 160 892 | 4 198 |
| 大洋洲 | 37 722 | 164 001 | 684 | 5 094 | 376 | 119 000 | — | — |
| 全世界 | 1 351 792 | 1 056 184 | 738 246 | 922 929 | 58 244 | 14 859 000 | 165 724 | 19 334 |

来源：FAO，2002。

**表 1.9　1866—1997 年英国家畜存栏（单位：千动物）**

| 年 | 牛 | 羊 | 猪 | 马（农用） | 家禽 | 火鸡 |
|---|---|---|---|---|---|---|
| 1866 | 47 86 | 22048 | 24 78 | — | — | — |
| 1900 | 68 05 | 26 592 | 23 82 | 10 78 | — | — |
| 1925 | 73 68 | 23 094 | 27 99 | 910 | 39 036 | 730 |
| 1950 | 96 30 | 19 714 | 24 63 | 347 | 71 176 | 855 |
| 1965 | 10 826 | 28 837 | 67 31 | 21 | 101 956 | 4 323 |
| 1980 | 11 919 | 30 385 | 71 24 | — | 115 895 | 6 335 |
| 1989 | 10 51 0 | 38 869 | 73 91 | — | 121 279 | — |
| 1997 | 99 02 | 39 943 | 73 75 | — | 111 566* | — |

注：—无数据。

*1995 年数据（1997 年开始采用新的家禽信息采集方法，于之前的数据无法直接比较）。

来源：HMSO，1968，1982，1991，1998。

**表 1.10　世界牛生产性能一览表（2001）**

| | 屠宰动物数（千头） | 胴体重（kg/头） | 产奶量（kg/头） | 产奶量（1 000t） |
|---|---|---|---|---|
| 美国 | 36 690 | 327 | 8226 | 75 025 |
| 南美洲 | 55 369 | 213 | 1 580 | 47 055 |
| 亚洲 | 78 380 | 143 | 1 232 | 96 674 |
| 非洲 | 27 255 | 149 | 486 | 18 645 |
| 欧洲 | 53 447 | 219 | 4 149 | 210 193 |
| 大洋洲 | 12 408 | 214 | 4 232 | 24 623 |
| 全世界 | 277 353 | 204 | 2 206 | 493 828 |

来源：FAO，2002。

**表 1.11　英国和威尔士猪群结构**

| | 1965 | 1971 | 1975 | 1980 | 1991 | 1999 |
|---|---|---|---|---|---|---|
| 养殖户数 | 94 639 | 56 900 | 32 291 | 22 973 | 13 738 | 10 460 |
| 母猪数（1000） | 756.3 | 791 | 686 | 701.1 | 672.4 | 580.5 |
| 平均每群母猪数 | 10.4 | 18.5 | 27.6 | 41.4 | 70.4 | 86.3 |
| 不同规模群数（母猪）： | | | | | | |
| 1～49 | 56 560（75.4%） | 39 000（90.9%） | 20 873（84.0%） | 12 900（76.3%） | 6 471（67.8Yo） | 4 714（70.1%） |
| 50～99 | 10 445（13.9%） | 2 700（6.3%） | 2 401（9.7%） | 2 000（11.8%） | 1 050（11.0%） | 522（7.8%） |
| 100～199 | 8 034（1 0.7%） | 1 000（2.3%） | 1 141（4.6%） | 1 300（7.7%） | 1 115（11.7%） | 581（8.6%） |
| 200 及以上 | — | 200（0.5%） | 426（1.7%） | 700（4.1%） | 914（9.5%） | 911（13.5%） |
| 总计 | 75 039 | 42 900 | 24 841 | 16 900 | 9 550 | 6 728 |

来源：肉和家畜委员会。

### 复杂传染病

动物疫病是由“简单”病原引发的，也就是说，主要病因是单一的传染病病原。单一病原疫病在发达国家仍是个难题，如沙门氏菌病、钩端螺旋体病、焦虫病和球虫病等。然而，也发现了同时感染多种病原而致病（混合感染），以及病原与非传染性因素共同致病的现象。这种现象在集约化饲养的大型养殖企业较为常见。身体内表面（肠道和呼吸道）疾病是最常见的问题。单一病原不能解释这些复杂疾病的致病机理。

### 亚临床疾病

一些疫病没有明显的临床症状，但往往影响产量，我们称之为亚临床疾病。如蠕虫病和矿物质缺乏降低了料肉比。尽管没有临床症状，猪腺瘤病仍影响仔猪生长（Roberts 等，1979）。怀孕早期的母猪感染细小病毒会影响胎儿，唯一的表现是仔猪数量达不到预期。这些疾病是造成生产损失的主要原因，识别这些疫病通常需要实验室调查。

### 非传染性疾病

主要传染病被控制后，非传染性疾病的重要性不断上升，包括遗传性疾病（如犬髋关节发育不良）、代谢病（牛酮病）和肿瘤病（如牛乳腺癌）等。这些疾病的发生与多种因素有关，如猫尿结石病与育种、性别、年龄以及饮食有关（Willeberg，1977）。

一些致病因素与生产水平改善有关，如酮病；高产奶牛酮病的发病率高于低产奶牛。集约化饲养模式可能与一些致病因素直接相关，如笼养肉鸡的脚损伤（Pearson，1983）。

### 未知病因病

在多年实验和现场调查后，一些疾病的病因仍未知，如猫科动物神经异常（Edney 等，1987；Nunn 等，2004）和马草病（Hunter 等，1999；McCarthy 等，2001；Wlaschitz，2004）等。

在一些病例中能够分离到传染性病原，但没有充足的证据表明其与疾病有关。一个例子是溶血性曼氏杆菌（以前称为溶血性巴氏杆菌）与“船运热”（Martin 等，1982）。牲畜到达饲养场后很快出现这些综合征。病死动物剖检表明纤维素性肺炎是致死的主要原因。尽管经常从肺中分离到溶血性曼氏杆菌，但并不总能分离到。致病性实验也存在问题，如细菌经鼻腔很难建立感染过程（Whiteley 等，1992）。应该纳入其他因素（如与肾上腺皮质应激相关因素）（Radostits 等，1999），包括动物混群，大群动物在同一围栏内、饲喂青贮饲料、断角，以及看似与建立感染过程相矛盾的注射肺炎疫苗（含溶血性曼氏杆菌）（图 3.5b 和第 5 章）。

尽管很难明确地做出界定，但管理和环境看起来也在一些疾病的发生中扮演重要角色，如小牛的流行性肺炎和肠炎（Roy，1980）、哺乳仔猪肠道疾病、猪肺炎、牛大肠杆菌和链球菌乳腺炎（Blowey 和 Edmondson，2000b）和集约化饲养母猪乳腺炎（Muirhead，1976）等。

一些情况下，能够分离的病原体无处不在，甚至可以在健康动物中分离出来，如肠道微生物（Isaacson 等，1978）。这些被称为条件致病菌，只有在其他致病因素出现的情形下才会致病。

在以上所有情形中，确定病原满足科赫氏假设的尝试通常是失败的，除非采用非自然的技术，如非正常途径感染，使用无菌动物等。

## 第五阶段

20 世纪出现的动物健康问题和异常现象，引发了一场自 1960 年起，在疫病因果关系和防治方法上态度的巨变。

### 因果关系

科赫氏假说定义某些综合征的病因时并不适用，提示有时可能不止一种原因引发疾病。疾病的多因素理论得以进一步发展，它同样适用于非传染性和传染性疾病。20 世纪早期（Lane-Claypon，1926），对人类疾病复杂且匮乏的认知促使人们在这一方面兴趣的增加，也促进了分析风险因素新方法的发展，比如对吸烟与肺癌之间关系的研究（Doll，1959）。这些流行病学技术在兽医学中都得以强化（如猪呼吸道疾病风险因素调查；Stärk，2000）。

现在对于疾病原因的认识，涉及社会、地理、经济、政治以及生物和物理等因素（Hueston，2001）。如牛海绵状脑病（疯牛病）发源地在英国，但随后蔓延到欧洲大陆（表 1.6），这是由牛肉和骨粉循环感染导致的结果。这一行为的扩大是因为在一个国家中，植物蛋白有限，因此肉和骨粉是廉价高蛋白的来源。同样，牛肺结核问题也不断扩大。在美国东北密歇根州，为扶植狩猎业而建立的饲养计划促使鹿群数量上升，从而取代了经济贫困区牛养殖业的地位。

### 新控制策略

添加到早期疫病控制技术中的 2 个策略（Schwabe，1980a，b）：

- 结构化记录疾病信息；
- 群体疫病分析。

这些方法包括两个补充步骤：不断收集疫病数据——监测和监视——以及对特殊疾病的深入调查。未来在个体农业水平上应用的技术，对动物群体中每个动物的健康和产量都有记录，从而促进动物健康，提高产量。

## 发展趋势

现行的一些趋势与兽医学提供给客户的服务以及国内和国际的疫病报告有关。

### 兽医服务

兽医为家畜服务仍然是针对动物个体的疾病进行控制和治疗。分子生物学的发展优化了诊断程序（Gerlach，1990），并为疫苗生产提供了新方法（Report，1990）。而且，在集约化生产中，许多疾病的多原因特性使得动物饲养环境和管理方式比传染病防治更重要。

食源性动物疾病与它们的生产性能直接相关。产能下降可作为诊断指标，比如仔猪瘦弱就是感染细小病毒的表现。更重要的是，兽医学的重点从个体动物临床治疗转为亚健康评估，疾病定义变为群体动物的生产性能下降。这样需要检测所有与疾病发生相关的因素，以选择特定养殖模式下适合动物群体的性能指标（如牛产犊间隔时间）。之后就根据这些病例定义检测其他动物群体，称之为性能相关诊断（Morris，1982），不仅包括常规性能指标，如体重，还包括一些生化指标，如血液中的新陈代谢水平。如此，可将对特定生产体系正常预期中需要监控的临床疾病、亚临床疾病和生产指标一并纳入（Dohoo，1993）。

因此，兽医应比以往更加致力于畜牧业、经营和营养工作，减少参与到传统“消防队”似的临床患病动物治疗。然而，饲养人员依然认为兽医的作用仅是治疗疾病（Goodger 和 Ruppanner，1982），依然依赖饲料代表、奶制品专家和营养专家对饲养、营养和管理的建议。这一问题不同国家间有区别，但有一点，兽医在动物生产中作用的提升，不仅需要兽医态度的改变，还需要动物饲养者自身的改变。

相比于传统的传染病控制研究，官方兽医服务更聚焦于对不同种动物健康问题复杂原因的研究，比如乳腺炎。

主要动物传染病得到控制后，动物生产更加集约化，其他类疾病相对而言更为重要。这是如今发达国家面临的主要问题，同样，在一些发展中国家和地区的集约化养殖企业，如马来西亚、菲律宾和中国台湾的家禽和猪养殖场，传染病受到控制后，这些疾病在发展中国家和地区将越来越重要。

伴侣动物的健康日益成为关注焦点，尤其是在发达国家（Health，1998）[①]，这反映在兽医的就业趋势上（图 1.4）。许多伴侣动物的健康问题很复杂，只有在遗传和环境都可知的条件下，才能弄清楚原因，并进行控制。如母犬的尿路感染，并发症和近期采用的化疗方法都是

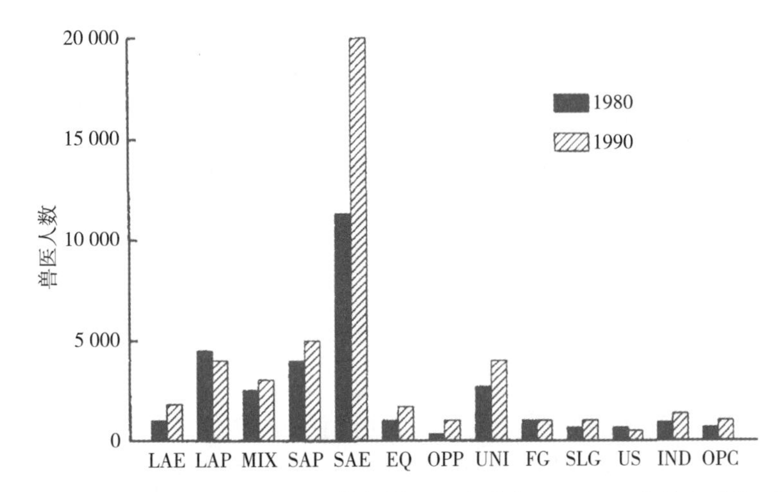


图 1.4 1980 和 1990 年美国兽医工作领域（初次就业）。LAE：多种大动物；LAP：特定大动物；MIX：混合；SAP：多种小动物；SAE：特定小动物；EQ：马；OPP：其他私人服务；UNI：大学；FG：联邦政府；SLG：地方政府；US：军警部门；IND：产业；OPC：其他公共机构或社团

① 在许多发展中国家，雇佣兽医治疗伴侣动物仍是少数行为（Turkson，2003）。

重要因素（Gresheman 等，1989），马疝气与年龄和品种有关（Morris 等，1989；Reeves 等，1989）。兽医学的研究领域已超越临床，关注更为广泛的社会问题，如孩子被犬咬伤（Gershmant 等，1994）、动物福利（见下述）等。

此外，兽医服务在公共卫生方面有更大的作用，包括预防和控制人畜共患病、解决抗生素耐药性问题（一个传统上称之为兽医公共卫生的、仍需努力的领域）以及保护环境和生态系统（Chomel，1998；Marabelli，2003；Pappaioanou，2004）。

### 食品质量

兽医公共卫生需要特别关注的一个领域是食品质量。公众关注自身所消费的物品并非新鲜事（图 1.5）。然而，20 世纪 80 年代至 21 世纪，因动物源性食品造成的数次食源性感染大暴发，致使公众对其关注度不断上升（Cohen，2000）。如 1994 年，美国暴发的沙门氏菌病感染 20 多万人。1996 年，日本暴发的 O157∶H7 大肠杆菌病，感染了 6 000 多名学生（WHO，1996）。其他食物源性疾病包括隐孢菌和弧状菌感染（Reilly，1996）、李氏杆菌单核细胞增生病（WHO，1996）等。另外，牛海绵状脑病作为人类致死性疾病——变种克雅氏病（Will，1997）的假定病因，引起了公众对食品安全的高度关注。为此，数个西方国家建立了食品标准机构保证食品质量。

图 1.5　一幅维多利亚时代的讽刺画：伦敦自来水公司的缩影“泰晤士河水是怪物浓汤”。来源：George Cruikshank（1792—1878），大英博物馆，英国伦敦布里奇曼艺术馆

如今，兽医的职责不仅在屠宰场，还在从农场到餐桌的不同生产链环节中保证食品质量（Smulders 和 Collins，2002，2004）。这需要建立农场食品质量保证计划，应用诸如危害分析和关键控制点等技术（HACCP）（Noordhuizen，2000）。这标志着从只关注畜群健康向确保食品生产链全程质量控制的转变（图 1.6）。通过食品链传播感染风险的定量评估强化了这一方式（见第 2 章）。

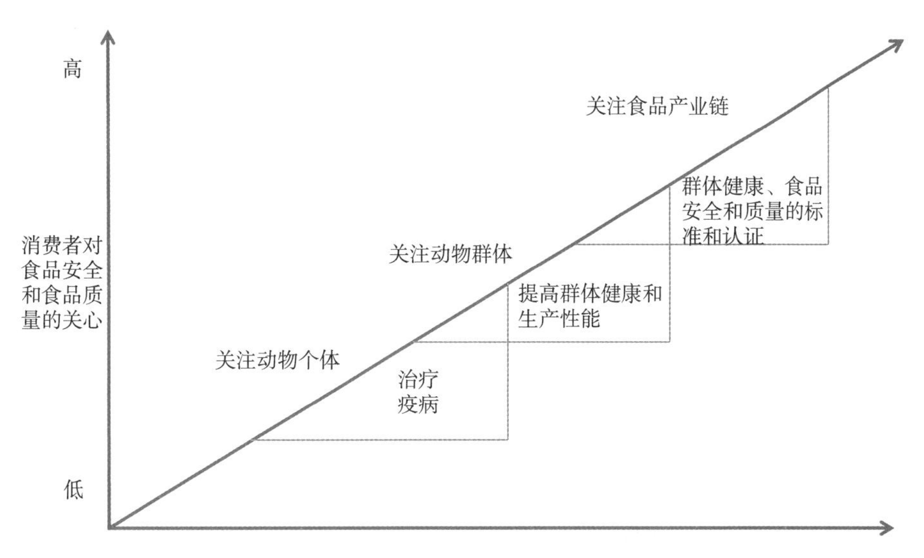


图 1.6 兽医学关注点的变化与消费者对食品安全的关注相关。来源：Preventive Veterinary Medicine，39，BLAHA，Th.，流行病学和质量控制在食品安全中的应用，1999

## 动物福利

科学团体（Moss，1994；Appleby 和 Hughes，1997）和社会大众（Bennett，1996）[①] 对动物福利的关注（特别是在发达国家），反映出公众对待动物的态度。动物福利包括健康和幸福（Ewbank，1986；Webster，2001）[②]。幸福很难定义，世界卫生组织对人健康的定义中也包括了幸福，表述为“健康不仅是没有疾病和虚弱，还包括身体健康、心理健康和有幸福感”（WHO，2003）。尽管这个定义并不是为形成卫生政策目标提出的，但说明了健康不仅仅是没有疾病。

动物福利的核心内容是不故意从身体上虐待（非偶然性损伤）和忽视动物。因此，一些手术切除成为争议的话题，如犬的断尾（Morton，1992）、马（Cregier，1990）和猪（Day 和 Webster，1998）的阉割、割取鹿茸（Pollard 等，1992）等。众所周知，伴侣动物会受到各种各样的身体上虐待（Munro 和 Thrusfield，2001a，b，c）和性虐待（Munro 和 Thrusfield，2001d），这些虐待与已发现的虐待儿童行为极其相似，其间的联系也正为人们所认知（Ascione 和 Arkow，1999）。另一些动物福利争议可能更加敏感，如牛乳腺炎和使用牛生长激素增加牛奶产量之间的联系（Willeberg，1993，1997）。

畜群动物福利通常通过以下“5 个自由”来评估：

- 免于饥渴和饥饿的自由；
- 免于不舒适的自由；
- 免于痛苦、伤害和疾病的自由；
- 表达天性行为的自由；

① 动物福利不仅是近来的事。1790 年，英国军队因疾病和缺乏管理，损失的马匹数量超过了战争损失，这引起了公愤。因此，1795 年军队规定每一个团必须有一名兽医（1796 年，John Shipps 成为在册的首位兽医军官）。科班出身的兽医很少，以致皇家兽医学院临时将培训时间从 3 年减为 3 个月。

② 通常认为动物福利关注的是生物学上的内容，这与关注伦理和哲学问题的动物权利不同（Singer，2000）。

• 免于恐惧和压力的自由。

行为问题可能与集约化生产模式相关，如蛋鸡相互残杀（Gunnarsson 等，1998）。还有一些隐性的问题（Ewbank，1986），如母猪栏舍限制母猪自由活动。在一些西方国家，有机饲养兴起的部分原因就是动物福利（Sundrum，2001）。兽医也因此开始关注疾病、生产性能和幸福感，在所有生产模式下，这三者都是相互联系相互作用的（Ewbank，1988）。

### 国家和国际疾病报告

为明确问题所在，确定研究和防治的优先病种，阻止传染病的跨国界传播，改进国家和国际动物疫病报告系统的呼声越来越高。此外，残留也需识别和消除（WHO，1993），包括污染肉类的杀虫剂、激素，以及一个由来已久的难题——抗生素残留与相伴的抗生素耐药性（Hugoson 和 Wallén，2000；Teal，2002）。

欧盟成员国内部市场的自由开放趋势（Anon，1992）和世界贸易组织（WTO）倡导的全球贸易自由化对全面疾病报告的需求越来越高，官方兽医应承担起这项职能（DEFRA，2002c）。实现市场自由开放，将对包括家畜及其产品在内的世界贸易有积极作用（Page 等，1991）。自由贸易的一个重要保障是开展进口动物及其产品的疫病和相关事件（如胴体污染）的风险评估（Moeley，1993）。类似 OIE 的组织正在修订目标、更新技术手段，以满足需求（Blajan 和 Chillaud，1991；Thiermann，2005）。

随着微电子革命，计算机的价格越来越低，为存储、分析和传播数据提供了有力支持。现代通信系统能快速传递信息。这些发展对报告疾病、分析疾病和次优生产相关因素很有帮助，而上述两个内容都要求兽医提高对统计的认知。流行病学能满足当代兽医的需求。

# 2 流行病学范围

通过调查动物群体可以解决当前很多疫病问题，研究群间分布可了解疫病的自然史，测算群体中感染和健康动物的数量有助于确定防控活动的重要性和有效性，研究不同动物组间疫病可阐明复杂或未知疫病的病因，估计疫病对动物生产性能的影响只能在群体水平，因此评估疫病影响和控制措施效果最好是在动物群中进行（从单个农场到整个国家）。调查群体中疫病情况是流行病学的基础。

## 流行病学定义

流行病学研究群体中的疫病及其决定因素，关键词是群体。兽医流行病学还包括对相关卫生事件的调查与评估，特别是动物生产性能方面。研究内容包括观察动物群体，并从中得出推断。

“流行病学”一词源于希腊语，原意是“基于人类的研究”，现代的说法是“群体疫病的研究”。传统而言，“流行病学”与人群的研究相关①，“兽医流行病学”也来源于希腊语，原意是关于动物群体的研究（不包括人）（Karstad，1962）。人群中疫病的暴发称流行病（epidemic），动物群体疫病的暴发称为动物流行病（epizootics），鸟类流行病称鸟疫（Montgomery 等，1979）。其他衍生词，如 epidemein（访问一个社区），暗示了流行病学和社区定期感染最初的关联，这种感染与群体中常出现的其他疫病不同。

不同的衍生词在不同的情境中使用。对只发生在动物群中疫病的研究，将不涉及人，如羊群感染绵羊布鲁氏菌。“epizootiology”一词专指对动物的研究。很多疫病是人和动物的共患

① “epidemiologic”和“epidemiological”这两个形容词，前者常见于北美出版物，后者常见于英国文献。由于人类一般倾向于简单的形式，于是出现了简化的版本。“-ic”和“-ical”可以互换，在希腊“-ic-”是将名词转化为形容词最普遍的后缀，而拉丁语多用“-al-”。英语引入了很多这种类型的形容词，英语为母语的人已经习惯使用这两个后缀，而不再考虑语言的起源，如源自希腊的“anecdote”，形容词为“anecdotic”，而不是“anecdotal”。此外，拉丁语和希腊语在语法上用形容词作为名词，英语也类似，导致“logic”（形容词）作为名词。加上拉丁语后缀“logical”即转为形容词。然而很多“-ic”格式仍然是形容词（如：“comic”和“classic”），出现成对的词“comic（al）”和“classic（al）”，这解释了为什么“epidemiologic”和“epidemiological”本质上是相同的。

病，称作人畜共患病，如牛布鲁氏菌病和钩端螺旋体病等，在研究时须考虑疫病在人和其他种群之间的传播机制。职业人群（兽医、屠宰场工人和农民）感染人畜共患病的一个重要因素是家畜中疫病的数量。牛场工人的布鲁氏菌病和钩端螺旋体病流行病学特征与发病牛的兽医流行病学特征密切相关。人类疾病和动物疫病用词在语义上的不同既没有根据也不合逻辑（Dohoo等，1994）。本书中，"流行病学"一词用来描述任何群体疫病的调查，不论这个群体是由人类、家畜还是野生动物组成的。

## 流行病学应用

流行病学的目标有5个：

- 确定某种已知病因疫病的来源；
- 调查和控制病因未知或知之甚少的疫病；
- 获得某种疫病生态学和自然史的相关信息；
- 计划、监视和评估疫病控制措施；
- 评估疫病对经济的影响，分析防控措施的成本和效益。

### 确定某种已知病因疫病的来源

很多已知病因的疫病通过感染动物临床症状、实验室检测和其他临床方法，如诊断影像，即可确诊。例如，口蹄疫的诊断，绝大部分易感动物（山羊例外）感染口蹄疫会表现明显的临床症状，实验室很容易确诊。然而，对控制其传播及消除疫病最重要的是确定疫病暴发的原因。例如，2001年英国的口蹄疫流行中，首个病例发生在英格兰东南部的一个屠宰场，流行病学调查表明，病原来自北部几百英里*外的一个猪场（Gibbens等，2001b）。在仔细追踪了疫源地受感染动物的流动后，才确定了病毒经羊交易市场传播的范围，并制定出了恰当的控制措施（Mansley等，2003）。

对已知病因的疫病调查，可直接回答"为什么暴发"或"病例数为什么上升"之类的问题。例如，牛群中放线杆菌病数量的增加可能与在烧焦的草地上放牧有关，粗糙的灰烬引发口腔黏膜磨损，增加动物对放线杆菌的易感性（Radostits等，1999）。同样，采食仙人掌可能与羊群中该病发病率增高有关。幼犬骨质疏松病的增加可能是由于当地宣传使用维生素，导致主人在饲喂平衡饮食时依然添加维生素，进而引发高维生素D症，引起骨硬化和骨质疏松（Jubb等，1993）。羊胴体pH偏高值的增加可能与送屠宰场前对动物过分冲洗有关（Petersen，1983）。这些假设只有通过流行病学调查才能验证。

### 调查和控制病因未知或知之甚少的疫病

在确定病因前根据流行病学调查结果，成功控制疫病的例子很多。传染性牛胸膜肺炎在致病因子丝状支原体被分离出之前，美国在了解感染特性的基础上根除该病（Schwabe，1984）。

* 英里（mile）为我国非法定计量单位，1mile=1 690.344m。——译者注

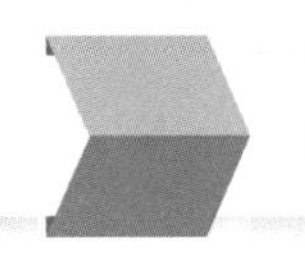


第一章中提到的 Lancisi 提出控制牛瘟的扑杀政策，就是基于疫病具有传染性的假设，而当时并未发现致病因子。18 世纪，Edward Jenner 观察到牛痘病毒可抗人类天花感染（Fisk，1959），在病毒分离前，为全世界消灭天花打下了基础。

最近，英国的流行病学研究表明，牛因食用含羊痒症因子的肉骨粉饲料感染牛海绵状脑病（Wilesmith 等，1988），为禁止使用反刍动物蛋白质饲料的立法提供了依据，尽管当时还未证实致病因子。

尽管尸体上“溅血”（肌肉瘀斑）的确切原因仍未知，但观察显示可能与“头部”电昏厥的方法相关（Blackmore，1983）。通过采取短暂的震荡将固定间隔动物打晕，或使用电击引发心脏机能紊乱可减少这种症状发生（Gracey 等，1999）。同样的，马的牧草病与放牧有关，尽管病因未知，但可在春夏季节将马拴进马厩预防疾病发生（Gilmour，1989）。

海福特牛（“癌症眼”）眼睛鳞状细胞癌的原因未知。流行病学研究表明，眼睑未着色的动物更容易患病（Anderson 等，1957）。此信息被牛饲养者用于筛选对该肿瘤低易感性的动物。

流行病学研究也用来发现病因（大多是多因素的，且最初知之甚少），从而采用恰当的疫病控制措施。引发猫尿结石的重要因素是水摄入量低（Willeberg，1981），提示可通过改善饮食控制疾病。调查也可用于识别动物染病的风险因素。例如，有不规则发情史、假孕和使用发情抑制药物的未经产母犬发生子宫积脓的风险高（Fidler 等，1966；Niskanen 和 Thrusfield，1998），有助于临床医生进行诊断，并向畜主提供繁育策略建议。

### 获取疫病生态学和自然史信息

能被致病因子感染的动物，即是这一致病因子的宿主。宿主和致病因子都生活在特定环境中，存在于包含其他有机体的群体中，所有与动植物相关因素的集合就是自然史。相关的群体和环境称为生态系统，对生态系统的研究称为生态学研究。

通过研究宿主生态系统可全面了解致病因子的自然史。同样，通过研究生态系统和受影响动物的生理特性获得非传染性疫病的相关知识。例如，生态系统的地质构造可影响植物的矿物质成分，因此可能是动物发生矿物质缺乏和过多的一个重要因素。

生态系统的地理环境会影响致病因子和宿主的存活率。肝片吸虫的部分生命周期在蜗牛体内，因此感染只在排水不良区域发生。

钩端螺旋体有 200 种抗原类型（血清型），每一种存在于一个或多个物种的宿主体内。Copenhageni 血清型主要寄生在大鼠内（Babudieri，1958）。因此，不论此血清型钩端螺旋体病存在于人还是家畜，疫病控制措施必然涉及鼠的生态学研究和受感染鼠的控制。同样，非洲牛羚感染无症状疱疹病毒与牛恶性卡他热有关（Plowright 等，1960），因此，试图控制牛恶性卡他热必须对牛羚进行疱疹病毒感染情况调查。

生态系统的气候也很重要，以节肢动物为媒介传播的致病因子的地理分布受限于节肢动物的分布。例如，传播锥虫病的采采蝇，受限于潮湿的撒哈拉以南非洲部分地区（Ford，1971）。

致病因子可能在传统宿主的生态系统之外。英国发生的牛结核病是很好的例子，獾是结核分枝杆菌的宿主之一（Little 等，1982；Wilesmith 等，1982）导致该病很难扑灭（Report，

2000）。同样，在新西兰某些地区，野生负鼠感染了该细菌，并成为牛感染的原因之一（Thorns 和 Morris，1983）。有针对性的常规观测为疫病和相关生态因素的变化提供了有价值的信息，并就此可提出控制策略的改变。

通过昆虫、蜱和其他节肢动物传播的传染病，可存在于野生动物，导致复杂的生态关系和更复杂的控制问题。对这些疫病的综合性流行病学研究有助于了解他们的生活史，提出适宜的防控措施。

### 计划、监视和评估疫病控制措施

控制或扑灭动物群体中某种疫病的计划必须基于以下几个因素，包括疫病分布、疫病的风险因素、控制疫病所需的设施及控制成本和收益等。这些信息对单一乳牛场乳腺炎防治计划和一个国家全体布鲁氏菌病根除计划同样重要。须依据包括在群体中定期收集数据（监视和监测）等流行病学技术，确定控制策略。

监测还用来确定疫病的发生是否受新因素的影响。例如，新西兰牛结核病根除计划期间，发现负鼠在某些地区受到感染，因此需制定新措施来控制这一问题（Julian，1981）。1967 年和 1968 年英国口蹄疫疫情期间，监测发现风传播病毒颗粒在疫病传播中的重要性（Smith 和 Hugh Jones，1969），这一信息与确定限制动物活动范围有关，从而推进了该病扑灭进程。

### 对疫病经济效果和控制进行评估

养殖业控制疫病的成本必须与疫病经济损失相平衡，因此经济学分析是大多数现代动物卫生计划的一个重要组成部分。对牛群或羊群中高流行率的疫病采取控制措施可能是经济的，但对低流行率的疫病采取控制措施是不经济的。如果牛群中 15%的牛患乳腺炎，生产力将受严重影响，控制计划可能获得经济利益。另一方面，如果对感染率低于 1%的牛群制定控制计划，降低疫病发生的成本可能高于生产力提高带来的效益。

流行病学应用概述表明，该学科与兽医学的许多领域有关。目前，从业者通常关注群体卫生，而伴侣动物饲养者正面临的是慢性疑难性疫病，如先天性皮肤病，此类疫病可以通过调查所有病例的共有因素提升控制的可能性。官方兽医不了解动物群体中疫病的分布，就不能履行职责。病理学家调查原因与结果之间的关联（如病变），这种从多组动物中的调查结果进行推论的方法同样属于流行病学。屠宰场和肉类加工厂的兽医试图了解和消除不合格产品发生的原因，以减少不合格产品的出现。同样，执业兽医通过设计临床试验，比较不同动物组间发病率与治疗效果，决定不同预防和治疗措施。

## 流行病学调查类型

流行病学调查有 4 种方式，传统上称之为流行病学类型，包括：描述流行病学、分析流行病学、实验流行病学和理论流行病学。

### 描述流行病学

描述流行病学包括观察、记录疫病及可能的发病因素。这通常是调查的第一步。观察有时是主观的，但与其他学科一样，通常依据观察可形成经过验证的假设。例如，达尔文进化论起源于主观观察，但稍加修改后便经得起动植物专家的严格检验。

### 分析流行病学

分析流行病学是采用合适的诊断和统计学方法对观察结果进行分析。

### 实验流行病学

实验流行病学是从动物群体中观察和分析数据，并从中选择可改变的相关因素。实验流行病学方法的一个重要组成部分是对实验组的控制。该方法建立于19世纪20—30年代，对寿命短的实验动物开展实验会更快地得到结果（见第18章）。托普莱（1942）用缺肢病毒和巴氏杆菌感染小鼠的工作是一个很好的例证，通过对不同大小的小鼠暴露后的不同结果可以推断与实验感染模式相似的疫病（MRC，1938），如麻疹、猩红热、百日咳、白喉等在人群中的流行模式，这项工作表明群体中易感个体的比例在疫病发展进程中的重要性（见第8章）。迄今，微生物毒力的变化被认为是影响流行模式的最重要因素，例如，18世纪英国牛瘟发病率的下降归因于牛瘟病毒毒力的下降（Spinage，2003）。

在极少数情况下，自然发生的疫病或其他偶然情况下接近理想设计的实验可被认为是“自然”实验。例如，英国海峡群岛（泽西岛和根西岛）暴发牛海绵状脑病时，通过隔离牛群，降低与感染动物接触传播的可能性，为研究该病提供了理想的条件（Wilesmith，1993），增加了该病通过污染饲料传播这个假设的可信度。

### 理论流行病学

理论流行病学应用数学模型模拟疫病自然发生的过程。

## 流行病学分支学科

各种流行病学分支学科[①]目前都已得到认可，这反映了兴趣领域的不同，而不是基本技术的不同。它们都应用了上述4种类型流行病学，也可能相互重叠，但各自特性被认为是合理的[②]。

### 临床流行病学

临床流行病学是流行病学原理、方法在个体诊断和预后中的应用（Last，2001）。它为传统临床医学提供了定量方法，但往往是零星和主观的（Grufferman和Kimm，1984）。临床流

---

① 分支学科的存在表明流行病学是一门学科。按照公众认可的Hirst（1965）标准（Howe和Christiansen，2004），一门学科应包括在特性和形成上比较特殊的特定核心理论。流行病学的核心是测量疫病在群体中的频率，并做出推断。

② 作者的倾向是不划分流行病学，这是一种狭隘的、专家的做法，并不是类似问题的通用做法。然而，分支学科名录被广泛引用，认为是正确的。

行病学涉及内容包括：疾病的频率及病因、影响预后的因素、诊断试验的效能、防治技术的效果（Fletcher 等，1988；Sackett 等，1991），因此它是依据现有研究结果改进病人治疗方案的循证医学的重要组成部分（Polzin 等，2000；Sackett 等，2000；Cockroft 和 Holmes，2003；Marr 等，2003）。

### 计算流行病学

计算流行病学是指计算机科学在流行病学研究中的应用（Habtemariam 等，1988），包括利用数学模型（见“定量调查”）和专家系统研究疫病。这些系统通常应用于疫病诊断，内容包括：详细的临床症状、病理变化、实验室检测结果及专家意见。如犬咳嗽的原因（Roudebush，1984）、牛乳腺炎的诊断（Hogeveen 等，1993）。专家系统也应用于疫病控制策略（如东海岸热：Gettinby 和 Byrom，1989）、预测动物生产性能（如奶牛群繁殖性能：McKay 等，1988）并提出经营决策建议（如更换母猪：Huirne 等，1991）。

### 遗传流行病学

遗传流行病学是对群体中有遗传缺陷个体的发病原因、分布及控制的研究（Morton，1982；Roberts，1985；Khoury 等，1993）。这表明，遗传学和流行病学之间没有明确界限。很多疫病包括遗传和非遗传因素（见第 5 章），越来越多的器官系统疫病涉及遗传因素（图 2.1）。因此，遗传学家和流行病学专家都关注遗传因素和非遗传因素的相互作用。

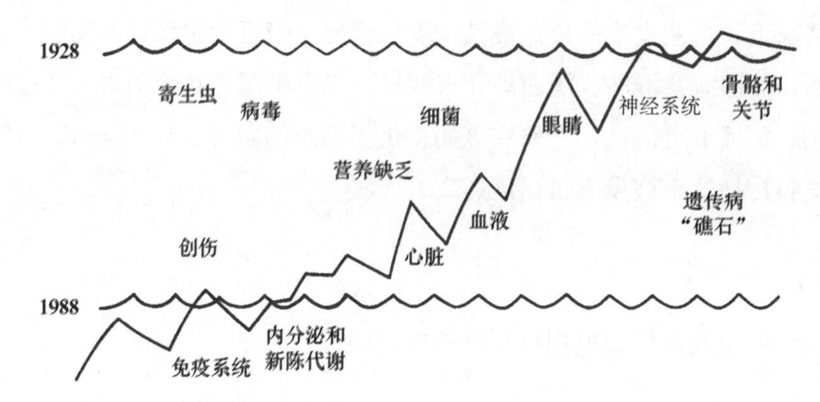


图 2.1　疫病发病机理中基因作用的发现。以大海和珊瑚礁做类比。大海代表环境因素（感染和非感染），珊瑚礁代表遗传因素。只有当珊瑚礁高于海平面时才是可知的，随着时间的推移，海平面降低，更多的遗传因素将被识别。来源：Thrusfield，1993；Patterson，1993

### 现场流行病学

现场流行病学是流行病学对重大事件做出快速及时反应时的应用（Good man 和 Buehler，2002）。例如，当暴发口蹄疫疫情时，现场流行病学专家及时跟踪潜在感染源，以控制疫病的扩散（见第 10 章和第 22 章）。现场流行病学具有时效性和判断性，基于描述、分析、常识和需求，设计控制策略。因为研究者为了研究疫病往往需要开展田间调查，有时也称为“皮鞋流行病学”[①]。

① 与“扶椅流行病学”不同。“扶椅流行病学”也是一个术语（有时带有嘲笑的口吻）是指在办公室内分析数据。

### 参与流行病学

20 世纪 80 年代，在部分发展中国家，因为动物在经济和社会中的重要性，人们想方设法保障动物健康，使得兽医服务得到初步发展（Catley 等，2002a）。采用的技术逐渐演变为社会科学，由简单的可视化方法形成定性资料。这种方法以“参与评估”闻名，在兽医学中的应用现在被称为“参与流行病学”。它是现场流行病学专家的工具，在发展中国家的应用日渐增多。

这一兴趣领域与“传统医学”密切相关（McCorkle 等，1996；Martin 等，2001；Fielding，2004），与当地对动物卫生的理解和实践有关。

第 10 章将会简要介绍参与流行病学。

### 分子流行病学

与传统的血清学技术相比，新的生化技术有更高的识别力，使得微生物学家和分子生物学家研究病毒和其他微生物的基因和抗原之间的差异成为可能。这些方法包括肽图谱，核酸“指纹”杂交（Keller 和 Manak，1989；Kricka，1992），限制性内切酶技术，单克隆抗体（Oxford，1985；Goldspink 和 Gerlach，1990；Goldspink，1993）和聚合酶链反应（Belák 和 Ballagi-Pordány，1993）等。例如，欧洲口蹄疫病毒核苷酸测序在一些疫病暴发中检出疫苗毒，表明疫苗生产厂家病毒灭活不当是暴发的主要原因（Beck 和 Strohmaier，1987）。测序还表明，在西非不限制活动物运输是疫病传播的主要因素（Sangare 等，2004）。

此外，一些难以识别的感染现在也可通过分子技术得以区分，例如感染分枝杆菌属副结核病（副结核病原因）（Murray 等，1989）和伪狂犬病病毒隐性感染（Belak 等，1989）。这些新的诊断技术的应用构成分子流行病学。Persing 等人（1993）对这些方法给出了一般性描述。

分子流行病学是生物标记被更广泛使用的体现（Hulka 等，1990）。细胞的、生化的或分子的变化在组织、细胞或体液中是可测量的，可能意味着致病因素的易感性或生物学反应，表明从暴露到发病一系列事件的发生（Perera 和 Weinstein，1982）。有的兽医已经使用该技术多年，例如血清镁水平作为临床低钙血症的指标（Whitaker 和 Kelley，1982；van de Braak 等，1987）、血清转氨酶水平作为肝脏疾病的指标，以及抗体作为传染性病原体暴露的指标（见第 17 章）等。

### 其他分支学科

其他几个流行病学分支学科也被定义过。慢性病流行病学包括持续时间长的疾病（如癌症），其中许多是非传染性。环境流行病学研究疾病与环境因素的关系，如工业污染，人医的职业危害。家畜可以作为环境危害的监视器，并能对人类疾病提供早期预警（见第 18 章）。微流行病学是在一较小群体中研究疾病的分布，揭示疫病在较大群体中发生的影响因素。例如，对几组小猫获得性免疫缺陷综合征（FAIOS）的研究，为研究在人间广为传播的艾滋病提供了思路（Torres Anjel 和 Tshikuka，1988；Bendinelli 等，1993）。经常使用动物疫病生物模型的微流行病学与比较流行病学密切相关（见第 18 章）。相反，宏观流行病学是研究疫病的国家模式，以及社会、经济和政治因素对疫病影响（Hueston 和 Walker，1993；Hueston，2001）。其他分支学科，如营养流行病学（Willett，1990；Slater 1996b）、亚临床流行病学（Evans，

1987)，以及人类医学中的社会流行病学（Kasl 和 Jones，2002）和社会心理流行病学（Martikainen 等，2002)，也有特定的研究领域。

## 流行病学组成部分

流行病学的组成见图 2.2。任何调查的第一阶段是收集相关数据。主要的信息来源在第 10 章中介绍。调查可以是定性或定量的，或是这两种方法相结合。

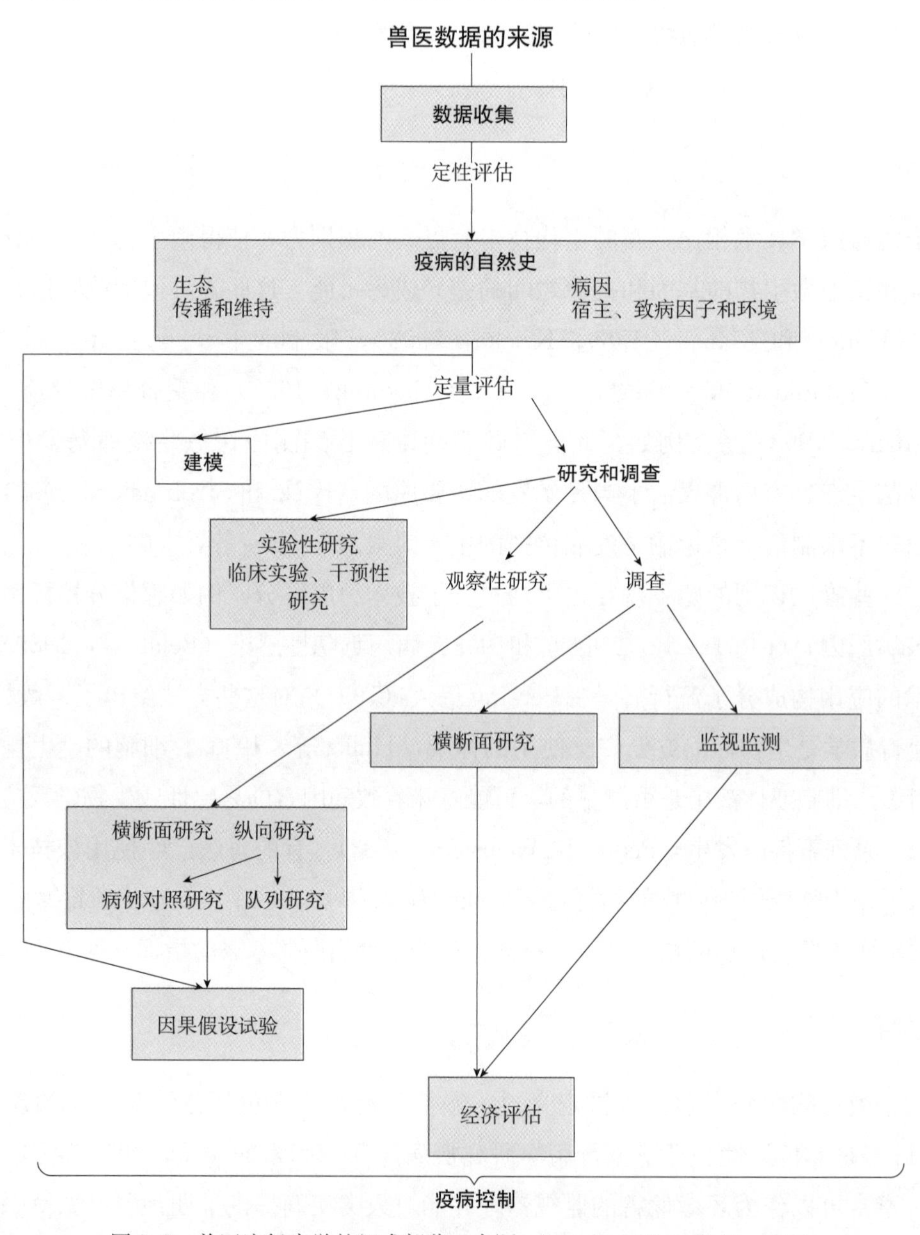


图 2.2　兽医流行病学的组成部分。来源：Based on Thrusfield，1985a

## 定性调查

### 疫病自然史

疫病生态学包括分布、传播方式和感染的维持，都可通过田间观测获得。第 7 章中概述了生态原则。第 6 章描述了疫病传播和维持，第 8 章描述了疫病发生模式。田间观测也可以发现直接或间接引发疫病的因素。疫病风险因素在第 5 章中有描述。

#### 因果关系假设的检验

如果现场观测表明某些因素可能与疫病有因果关系，则可形成因果假设，进行关联性评估。因果关系和形成假设在第 3 章中有所描述（因果相关）。

第二次世界大战前，流行病学专家主要开展定性调查，识别传染病的未知病因及确定感染来源。Roueche（1991）和 Ashton（1994）描述了一些关于流行病学专家作为医疗“侦探”的有趣例子。

### 定量调查

定量调查涉及测量（如病例数量）、数据的描述和分析。数据描述的基本方法在第 4 章和第 12 章中介绍。第 9 章描述了兽医学中测量的类型。定量调查包括调查、监视和监测、研究、建模和疫病控制中的生物和经济学评价。有些可能会受到研究机构功能的限制——“扶椅流行病学”。

#### 调查

调查是对多个群体集合开展的检测（Kendall 和 Buckland，1982），一组动物即可作为一个集合，检测通常包括计数集合成员及成员特性。在流行病学调查中，特性可是特定疫病的发生，也可以是如产奶量等生产性能参数。调查可基于总体的样本，少数情况下普查也可基于动物总体（例如结核菌素试验）。横断面研究记录在某一时点发生的事件。纵向调查记录某一时段发生的事件，这些事件可能发生在现在和未来，也可能是回顾性事件。

筛检是一种特殊类型的诊断性调查，在未确诊疫病情况下，用快速试验或检测方法区分健康动物和发病动物。筛检试验不是诊断，检测结果呈阳性的个体（即通过筛检试验归类为患病）通常需要进一步调查进行确诊。因此，筛检试验与疑似发病动物的诊断试验不同。

筛检通常用于整个群体的调查（大规模筛检），如牛群结核病筛检。筛检也可以发生疫病地区的动物为目标（策略筛检），如对口蹄疫疫点周边 3km 半径范围内的羊血清抽样检测（Donaldson，2000）。法定筛检意在早期识别疫病，以便在发病早期能很好地控制疫病（如乳腺 X 线摄片检测妇女乳腺癌）。

筛检也广泛应用于在群体中表现不明显的特性或健康问题的测量，如野生和家养动物中重金属含量的测量（Toma 等，1999）。

第 17 章主要描述诊断试验和筛检。调查设计在第 13 章中有所描述。

#### 监视和监测

监视是对卫生状况、生产性能和环境因素的例行观察，以及观察结果的记录和传播。因此，定期记录牛奶产量就是一种监视，屠宰场肉类检查结果的例行记录也是一种监视。但通常不记录个例患病动物。

与监视相比，监测的数据记录更为深入。最初，监测用来描述与传染病病例有过接触的人的跟踪和观察情况。现在监测被用于所有类型的疾病（Langmuir，1965），无论是传染病还是非传染病，内容包括整理和分析监视计划收集到的数据，进行个案记录，以及记录群体的卫生变化情况。监测通常是特定疾病控制计划的一部分。监测的一个例子是通过屠宰场结核损伤的记录，追踪感染动物的来源农场。“监视”和“监测”之前被当作同义词使用，但它们之间的区别目前被普遍接受。

监测部分详见第10章。

## 研究

“研究”是通用术语，它涉及所有类型的调查。然而，流行病学研究通常涉及不同动物组的比较，例如，比较饲喂不同饲料的动物体重。虽然调查也通常会被作为一种研究，但与流行病学研究不同的是，它仅涉及描述，而不进行比较和分析。流行病学研究主要有4种类型：

- 实验性研究；
- 横断面研究；
- 病例对照研究；
- 队列研究。

在实验性研究中，研究者根据需要将动物随机分组（如治疗方案、防护技术），因此，此类研究是实验流行病学的一部分。一个重要的例子是临床试验，在临床试验中，研究者分配动物进入预防或治疗组，或对照组，然后通过组间比较，评估预防或治疗的有效性。临床试验在第16章中讨论。

其他类型的研究，包括横断面研究、病例对照研究和队列研究都是观察性研究，与实验性研究类似的是，需将动物分配到某一特定组（如：特点，疾病或其他健康相关的因素）。不同的是，观察性研究关注现场自然情况下发生的疫病，研究者几乎无法控制研究因素，因而不能将动物随机分组。例如，奶牛乳腺炎与畜舍类型、饲养管理关系的研究，重点是调查在不同养殖条件下养殖场发病病例。

横断面研究是调查在特定群体中疫病和假定致病因素之间的关系。动物根据疫病和假定致病因素的有无进行分类，根据疫病和假定致病因素的关系得出结论。例如，心脏瓣膜功能不全（疫病）与繁育（假定致病因素）之间的关系。

病例对照研究是在暴露于假定致病因素条件下，对健康动物组与患病动物组进行比较。例如，在饲喂干猫粮条件（致病因素）下，将一组患尿路结石（疫病）的猫与一组健康的猫进行比较，来确定食物类型与疾病是否相关。

在队列研究中，分两组，一组暴露于风险因素，一组不暴露于风险因素，对两组疫病发生的风险水平进行比较。例如，比较一组绝育的年轻母犬与一组未绝育的年轻母犬的尿失禁发生情况，确定绝育是否是年轻母犬尿失禁的危险因素。

在人类医学研究中，广泛采用病例对照研究和队列研究方法，因为实验性研究通常是不符合医学伦理的。例如，不能为研究某种药物的可疑毒性作用而故意将药物施用于某组人群。然而，如果出现毒性症状，病例对照研究可以用来评价症状和疑似毒性药物之间的关联。一些观点认为，兽医学与人类医学相比，在实验性研究方面限制较少，因此危急情况下可采用实验性研究。然而，观察性研究在兽医流行病学中扮演着重要角色，如农场和伴侣动物群的疫病调查。此外，对动物福利（见第 1 章）越来越多的关注也将使这些技术比以前更具吸引力。

第 14 和第 15 章将阐述观察性研究中，评估疫病和假定风险因素之间关联的基本方法。

观察性研究是流行病学研究的主体。观察性研究和实验性研究有各自的优势和劣势，Trotter（1930）对其进行了详细的讨论。观察性研究的一大优势是研究自然发生的疫病。实验活动只考虑致病因素与发病之间的关联，而不考虑致病因素之间的交互作用。

### 模型

疫病动力学和不同疫病控制策略的效果可通过数学公式来呈现，这种表现形式即“模型”。现代的很多方法完全依赖计算机。另一种模型是进行生物模拟，用实验动物（通常是实验室动物）模拟动物和人的发病机理。此外，可通过研究（如通过观察性研究）动物疫病在自然情况下的发生来提高对人类疾病的了解。在第 19 章中概述了数学建模，第 18 章中阐述了自然发生疫病模型。

### 风险评估

对不利事件（如事故和灾难）发生风险的评估得到广泛关注（Report，1983，1992）。随着定性和定量风险评估方法的规范化，焦点集中在风险的分析、认知和管理上（Stewart，1992；Vose，2000）。

在兽医学中，疫病是不利事件，观察性研究提供了疫病发生风险因素的识别框架。兽医风险评估重在群体而不是个体，如疫病虽然流行率较低，且得到完全控制，但仍存在从其他国家引入的风险，完全禁止进口方能消除该风险。然而，当前世界的政治压力支持自由贸易活动，不会因疫病传入的不确定风险设置贸易壁垒，因此有必要客观评估家畜及其产品进口的风险。如牛胚胎移植传播疫病（Sutmoller 和 Wrathall，1995）和引入牛海绵状脑病（Wahlstrom 等，2002）的风险。同样，也会对动物间疫病传播的风险进行评估（如分枝杆菌属结核病从獾到牛的传播：Gallagher 等，2003）。

微生物风险评估（Kelly 等，2003）通常关注食品安全风险，涉及生产链各环节微生物暴露程度的估计（农场饲养、运输与加工、零售与储存、准备），评估食源性感染的风险。常应用于空肠弯曲杆菌（Rosenquist 等，2003）和沙门氏菌（Oscar，1998）的感染。该方法也用于评估动物生长促进剂对人类致病菌耐药性的影响（Kelly 等，2003）。

输入风险评估的内容见第 17 章。

### 疫病控制

流行病学目标是提高兽医的知识水平，有效控制疫病，提升生产力水平。通过治疗、预防或扑灭疫病来实现目标。疫病的经济学评估及控制见第 20 章，猪群健康计划见第 21 章，疫病控制的原则在第 22 章讲述。

流行病学的不同部分不同程度地应用了 4 种流行病学方法。调查和研究由描述和分析构成。此外，建模还涉及理论流行病学。

## 流行病学现场

### 流行病学和其他学科的相互影响

20 世纪早期，流行病学家介入传染病暴发的定性调查，说明大多数流行病学家最初是细菌学家。随后，基于传染病生态学，现代流行病学逐渐建立，并纳入权威的兽医和传染病教科书（Blood 和 Henderson，1960；Andrewes 和 Pereira，1964）。然而，兽医专家们应用流行病学方法研究的领域各不相同：遗传学家关注群体中的遗传缺陷，营养学家调查缺陷或毒性，临床医生关注非传染性疾病，如癌症的风险因素。

目前，各种其他科学的成员也参加流行病学研究：统计学家分析不同动物组的数据，数学家做疫病模型，经济学家评估疫病的经济学影响，生态学家研究疫病的自然史。每一学科都关注流行病学的不同方面，从纯粹的描述、定性，到定量分析。关于流行病学的定义有很多（Lilienfield，1978），这些定义各不相同，从生态学角度只关注传染病（“传染病的生态研究”：Cockburn，1963）从数学角度只关注人群（“人群中疾病的分布及动力学研究”：萨特韦尔，1973）。但是，这些研究的对象普遍都是群体，符合本章开头所列的宽泛定义。而且，好的流行病学研究须平衡使用定性和定量方法，而不是哪一种方法占主导[①]，据此可判断定性和定量研究的有效性（Park，1989；Maxwell，1992）。

### 流行病学和其他诊断学科的关系

生物科学形成了一个层级结构，从非自我复制的分子到核酸、细胞器、细胞、组织、器官、系统、个体、群体，最后到整个群体和生态系统（Wright，1959）。兽医学的不同学科在这一层级结构中处于不同的位置，组织学家和生理学家研究个体的结构和动力学；临床医生和病理学家关注的是个体的疾病过程：临床医生通过疾病的临床症状诊断疾病，病理学家通过病理变化形成诊断结果；流行病学家调查群体，利用疾病的发生频率和分布进行诊断。这三个诊断学科，在层级结构的不同位置具有互补性（Schwab 等，1977）。尽管在层级结构中流行病学位置较高，但研究人员层级结构中位置较低领域的知识，必须能同时看到“树木”和“森林”[②]。这意味着他们与其他学科的专家不同，必须具备宽广的视野，避免片面化，Konrad Lorenz（1977）在人类知识自然史一书中对此有所描述（带有几分嘲讽的口吻）。

专家从知道越来越多，到越来越少，直到最后，他知道一切都没有意义。关于专家存在着

---

① 共同兴趣下平衡不同学科的需求在某些领域是公认的。如哲学和宗教间的良好关系是有益的，哲学家能为神学家提供有用的论证方法。当学科间存在激烈争议时，就不会有共同利益，形成对立（Macquarrie，1998）。

② 尽管流行病学家（层级结构中位置较高）总是关注群体和生态系统中疫病的特性和影响，但最近已贴上了“保护医学”和“生态健康”的标签（Aguirre 等，2002）。

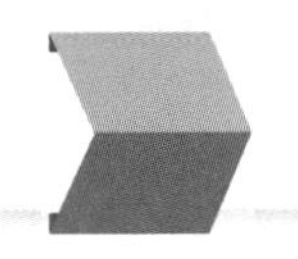



一个严重的危险，为与同事们竞争，需要获取越来越多的专业知识，却越来越忽视其他学科的知识，最终对自己研究领域在人类整体知识中的地位和作用无法做出准确的判断。

此外，专家可能会倾向于“实证”方法（见第3章），这需要将探索的目标从调查目标中严格分离出来（有时是调查者），一定程度上可能导致研究结果偏离了原定的深远的社会和经济效果。

因此，成为一个称职的兽医流行病学家需要好奇心、合乎逻辑的方法、兽医学知识，以及动物疫病防治实践经验。尽管前面我们对专家做出了一些评论，但在兽医学特定领域的兴趣和专长，在某些调查中也许是有用的，如经济学知识有助于开展疫病经济学影响评估。

## 兽医流行病学

Brandeis（1971）提出了一个与其他行业相区别的3个“特性”：

“首先，从业人员必须接受专业知识和相关领域知识的培训，而不仅仅是技能培训；其次，目标主要是为了公众而不是个人的自我追求；第三，金钱回报的数量不是衡量成功的标准”。

兽医学的临床应用完全符合这些特征，与兽医流行病学的5个目标基本一致。如前所述，重点是控制动物疫病，从而有利于动物、畜主和整个社会。

# 3 因果关系

第 1 章简述了对病因认知的变迁。本章从概述事因开始，讨论病因研究。

## 哲学背景

因果关系讨论的是原因和结果间的联系，在科学和哲学中都有涉及。科学家更关注对原因的识别，以解释自然现象，而哲学家则试图了解因果关系的本质，包括在人类行为中的作用（Vollmer，1999）。哲学家洞察知识的理论依据（术语叫“认识论”）。哲学中因果关系的基础理论，有助于科学家从人类整体认知的角度，评估其推论的准确性及不足。因果关系的概念随着人们感兴趣的新领域出现，逐步向前发展（例如，新近兴起的人工智能领域的因果关系：Shafer，1996）。

### 古典时期

古希腊时期，亚里士多德定义了四因说（Barnes，1984）。这四个“原因”是真正对“事件是什么”和“为什么发生”的解释：①质料因：即事物构成的材料（由四要素组成：土、空气、火和水，如图 1.2）；②形式因：事物构成的形式和模式，或者事物固有的特性；③动力因：事物的制造者（解释了真正的原因）；④目的因：事物存在的目的（对自然现象而言，与真正原因同义）。“宇宙自然法则”的病因解释与这一哲学观点一致（见第 1 章）。亚里士多德观点的重点是“目的”，这是事物为什么会这样唯一令人满意的解释，但他的观点对某些自然现象的解释不成立（如，物体降落时为什么会产生加速度）。

### 经院哲学

基督教哲学家（亦称为“经院哲学家”）通常支持亚里士多德的观点[①]，但把神作为一切

---

① 经院哲学的起源可追溯至 6 世纪古罗马哲学家 Boethius（Rand，1928），亚里士多德在中世纪的大学中影响甚大，是唯一被 14 世纪后期哲学圈认可的哲学家。这可能与拜占庭学者，1397 年应首席执政官 ColuccioSalutati 邀请到佛罗伦萨的赫里索洛拉斯讲学有关。

事物发生的直接原因（圣托马斯阿奎那在神学总论中提出的观点）[①]。这一哲学观点认为疾病的发生是由于神的愤怒（见第 1 章）。神是事物发生的第一原因，个体是第二原因，这一观点在多大程度上能够得到认可，是这一时期争论的主题。

### “现代”时期

在所谓的“现代”哲学时期，对因果关系的争论显著扩大。这场复杂的争论（是启蒙运动的组成部分，见第 1 章）起始于法国哲学家勒内·笛卡尔（1596—1650），其内容主要集中在古典和经院哲学中因果关系概念的简化和世俗化（Clatterbaugh，1999）。

主张在科学上废除古典和经院哲学的观点始于伽利略。在《关于两门新学科的谈话及数学证明》（1638 年出版）一书中，他强调应该用数学来解释事件“如何”（描述）和“为什么”（解释部分）。某种程度上，这是为应对机械化程度提高，工程师需预测不同设计的效果而提出的（例如，船的设计，航行遍布整个世界）。逐渐地，科学领域中开始寻求用物理和数学解释自然现象，因果的推断技术备受争议。

## 因果推理

得出科学结论有两种方法：演绎和归纳[②]。演绎是从一般到个别，换言之，确立一个一般性事件，与之相依从的事件都被论证为成立。例如，在欧氏几何中，先形成公理，再推导出定理（如毕氏定理）。因此，如果假设“犬是哺乳动物”为真，即可演绎出任何一只布鲁氏菌都是哺乳动物。如果演绎的前提是对的，它的结论也必然是对的。

与此相反，归纳法是从个别到一般。例如，一只犬注射犬瘟热疫苗能阻止病原感染，可以得出所有犬注射该疫苗能预防犬瘟热的结论。需指出的是，与演绎不同，归纳的前提是对的，但结论可能是错的。

归纳常与“实证主义”（哲学术语，指基于客观分析数据的科学研究）相联系，排除无法证实的推测。它推动了要求独立观察事物的现代科学调查的发展（Britannica，1992）[③]。英国神学家、哲学家托马斯·贝叶斯（1702—1761）是第一个应用概率统计进行归纳的人（Bayes，1763）。他运用计算的方法（贝叶斯推理），从一个事件先前发生的频率（先验概率），推测它未来发生的概率（后验概率）。贝叶斯概率是记录信念度的一种方式，可通过数值型数据来加强或削弱。贝叶斯方法的一个著名的例子是根据诊断试验结果计算个体疾病发生的概率（见第 17 章）。

19 世纪的英国哲学家约翰·斯图亚特·穆勒（1868 年）描述了归纳法的一些细节，这些

---

① 这一观点影响广泛，例如，“正确和错误是绝对的”观点在当时被认为是对的（命名为“因果关系”：Dewar，1968）。

② 这是简化说法，在简短的介绍里是必不可少的。简短但具有学术性，由梅达沃（1969）发起。

③ 这种方法形成“工具性知识”，成为现代科学方法的代名词，但是仅代表获取知识的一种途径（Feyeraband，1975；Giddens，1987；Uphoff，1992；Liamputton and Ezzy，2005），可能不代表“全图”。例如，2001 年英国流行口蹄疫期间，实地调查表明通过未知牲畜的运输导致可疑疾病的传播，从而为疾病的传播提供了更充分的证据（Gibbens 等，2001b），实证主义方法将是无情的。在社会科学中，需要定位自己的研究领域，作为基本的分析过程，正式称为“经验分析”（Reinharz，1983）。这类似于“互动式知识”的获得，是通过直接参与社会经验获得的（Habermas，1972）。此外，实证排除了道德和伦理判断（例如，特定疾病控制的社会和心理影响活动：Mepham，2001），只能通过所谓的“关键知识”（Habermas，1972）来反映。

“规则”如今仍被广泛应用于流行病学，本章后面内容将介绍和举例。然而，归纳作为证据的有效性受到18世纪苏格兰哲学家大卫•休谟（1739—1740）的质疑，至今这仍是有争议的话题（Strawson，1989）。休谟认为，观察到一个事件先于另一个事件发生不能证明前者就是后者的原因（如观察到一只犬注射犬瘟热疫苗产生免疫保护，就说免疫是有效的）。这是因为：第一，即使重复多次观察也不能排除巧合；第二，之前的模式不能保证在未来会继续。那么在逻辑上，归纳不能证明假设①。但是，观察到单次与假设冲突的事件就可拒绝假设②。哲学家卡尔•波普尔（1959）就此总结为消除假设是科学进步的阶梯③。

流行病学中，研究通常用于识别致病因素、发展应用防治措施，以及评估防治效果（Wynder，1985）。这些调查通常基于归纳形成的病因假设，忽略哲学上的缺陷，大多数结论是基于流行病学和其他科学形成的，以求务实，而可行的“证据”的定义也是基于这些结论得出的④。

## 接受假设的方法

人们可能通过以下四种方法接受（或拒绝）因果假设（Cohen 和 Nagel，1934）：

- 固执；
- 权威；
- 直觉；
- 科学探索。

### 固执

习惯很容易使人继续相信一个观点、排斥其他观点或与这个观点相矛盾的证据。因此，即使在 Doll（1959）提供了吸烟导致肺癌的证据之后，有些人仍然认为吸烟是有益的，因为烟“清洁了胸”。固执因为无视他人观点，很难让人满意。但如果考虑他人的观点，也就没有选择的框架。

### 权威

人们不时呼吁，用令人信服的信息证实观点。首先，是据称可靠的证据。如，宗教信仰的基础。然而，由于证据间存在冲突，这类观点并不会统一信仰⑤。

其次是权威专家的观点。这是合理且广泛使用的方法。然而，专家的观点可能会有所不

---

① 假设是不确定的理论，与法律和事实有区别（更全面的讨论请参见第 19 章）。

② 文献中最常引用的例子是公鸡和日出。公鸡报晓总是先于太阳初升。然而，通过在黎明前扼杀公鸡会否定它使太阳升起这一假设。20 世纪哲学家伯特兰•罗素，提供了另一个家禽的例子：“火鸡归纳法优越论”，解释了在过去的每一天，农民会在 9 点钟喂鸡，今天也会像往常一样在 9 点钟喂食，但今天是圣诞节前夕！

③ 科学上波普尔与库恩形成对比（见第 1 章）。对罕见的危机，刺激后者，保守主义和一致性不赞同当时流行科学假设的严厉批判；而波普尔坚持挑战当前科学信仰（Fuller，2003）。对波普尔著作的关键分析，请参阅 Notturno（1999）。

④ 哲学家也一直知道归纳法的效用。因此，虽然穆勒和休姆都对归纳法持怀疑态度，因为归纳法本身不能靠经验建立（即仅仅通过观察就是可靠的），但他们似乎都得出结论：归纳法尽管在哲学上是不合理的，但仍然是不可缺少的。

⑤ 这些不同可能不仅是信仰间的，也可能是信仰内部的，例如，正统和异端定义的转换（George，1995）。

同，且权威性只是相对的，因为观点可能会随着新知识的出现或更令人信服的论据而改变。

### 直觉

有些观点是不证自明的，无须证据支持。因此，很多兽医在确凿证据提出之前，就认为扑杀感染动物的速度对于口蹄疫的控制至关重要（Honhold 等，2004；Thrusfield 等，2005b）。直觉可通过培训、经验和经历来塑造。然而，直觉有时是错误的（例如，地球是平的），需经受考验。

固执、权威和直觉可在不同程度上，帮助建立个人对假设正确性的信念。但这种信念有时是有害的，会使科学调查带上色彩，伦敦国立医学研究所前主任彼得•梅达沃爵士（1979）强调了这种危害“……坚信假设正确的程度与它是真是假无关。”

### 科学探索

清晰、有序和坚定信仰的一致性、具有独立品质的人，这些都是科学探索的基础，包含开展很多研究者能重复进行的客观观察。科学提倡质疑（科学家的严谨性致使了这种自我怀疑的态度：Baker，1973），出现任何新的证据或疑虑，科学家都会将之整合进到已有的知识体系。因此，科学是不断前进的，且从来不会过于肯定它的结论[①]。因此，科学探索与固执、权威和直觉有根本上的不同，它们通常排除结论发生错误的可能，也无纠正的机制。

本章其余部分的重点是疾病的因果关系。

## 科赫氏假设

第 1 章表述了从单一病因向存在多种病因，但有一个是主要病因的思想转变过程[②]。前一个思想是假设的概括，19 世纪后期，罗伯特•科赫提出了疫病成因的假设（Cohen，1892）。这些基于归纳推理假定[③]，如果以下条件成立，则微生物是病因：

- 所有病例中都存在；
- 该类微生物不以偶尔或非致病性寄生虫的形式存在于其他疾病；
- 可从动物的纯培养物中分离到，经反复传代后，可在其他动物上引发相同的疾病。

科赫假设为传染病的研究制定了一个必要的秩序和纪律。很少有人会认为符合上述标准的生物不会导致疾病，但这是唯一且完整的病因吗？科赫提出了用于检测微生物因果重要性的刚性框架，却忽略了环境因素的影响，在当时的研究中，这个影响对损伤是次要的。微生物学家发现如果不关注复杂环境因素之间的相互作用，就很难满足假设。因此，微生物学家假定微生物是唯一病因。

双方的不满很明显（Stewart，1968）。一些微生物学家认为，假设很难满足，因为一些致

---

① 19 世纪生物学家 T. H. Huxley 简要总结了科学探索的必要性：“科学最大的悲哀是通过丑陋的事实把美丽的假设杀死”。

② 然而，当未调整时不应该提出复杂性，参考“简约原则”（Hamilton，1852），中世纪英语哲学家奥卡姆•威廉广为应用，且命名为“奥卡姆剃刀定律”：“Pluralitas non estponenda sine necessitate”：“没有必要提出多重性”。更普遍的是，应该选择符合事实的最简单的假设（Edwards，1967）。

③ 假设的全名为亨勒—科赫假设。科赫凭经验验证了假设，40 年前由他的老师雅各亨勒（Rosen，1938）通过推理详细论述的假设。

病的病原不能符合科赫假设（例如，有的病原可纯培养分离出，但不会使其他动物发病。具体见第 5 章）。另一些人则认为，因为没有阐述环境条件，把疫病发生的条件具体化，所以不足以形成假设。而且，假设并不适用于非传染性疾病。需要一个更国际化的病因理论。

## 埃文斯规则

阿尔弗雷德·埃文斯（1976）建立了一套符合现代因果关系理念的规则：

• 暴露于假定病因条件下发病个体的比例显著高于不暴露的；

• 当所有其他风险因素不变时，发病人群暴露于假定病因下的比例高于未发病人群；

• 前瞻性研究中，暴露于假定病因条件下新发病例的数量要远高于不暴露的；

• 从时间上看，暴露于假定病因条件下疫病的潜伏期呈现钟形曲线①；

• 宿主从轻微到严重的一系列反应，遵循暴露于假定病因条件的逻辑梯度；

• 可度量的宿主反应（例如抗体、肿瘤细胞），暴露前应该遵循暴露于假定病因条件下缺乏这种反应的个体，或者暴露前就存在，个体不暴露的话不会发生；

• 实验复制病例时，暴露于假定病因条件的动物或人发病频率更高；这种暴露既可以是实验性的，也可以是自然条件下的；

• 假定病因的消除（如特定感染因素的消除）或改变（如不良饮食的改变），会降低疾病发生的频率；

• 预防或改变宿主的反应（例如通过免疫或使用特异性淋巴细胞转移肿瘤因子）会降低或消除暴露于特定病因条件下疾病的发生；

• 所有的关联在生物逻辑和流行病学方面都是可信的。

埃文斯规则同时适用于传染性和非传染性疾病，该规则的一个重要特征是建立了假设病因和疫病统计学上的联系②。这要求在不同动物组间进行比较，而非调查个体动物间的关系。

然而，有统计学意义并不能证明该因素就是病因③。逻辑证据的规约要求在分子水平上从因到果描述整个事件，以解释病因致病机理，这是对统计学相关更深层次的理解（Lower，1983）。然而，缺乏实验证据时，流行病学的关联具有重要的预防价值，因为它可在具体的病因尚未确定的情况下，通过减少或去除因素来减少疫病的发生（见第 2 章）。一些研究关联的统计方法将在第 14 和 15 章中陈述。

## 变量

统计分析的目标是识别疫病风险因素。疫病和病因都可作为变量。

---

① 当横轴“时间”进行数学转换时，通常可获得钟形曲线（Sartwell，1950，1966；Armenian 和 Lilienfeld，1974；Armenian，1987）；如果时间呈线性变化，那么曲线通常呈现正偏倚，也就是潜伏期长的数量少于潜伏期短的数量。数学转换见第 12 章。

② 这样做时，埃文斯建立在亨勒-科克假设基础上，对于非感染性疾病因果关系的标准由 Yerushalmy 和 Palmer 建立（1959），Huebner's（1957）认为预防应该依靠标准。因果关系标准演变情况的详细讨论，请看 Lower 和 Kanarek（1983）。

③ 统计学家对于统计关联和因果关系之间关系的看法，以及统计关联的延伸，体现在单一研究或多个研究中（如荟萃分析，见第 16 章），表明原因有很大的不同（Pearson，1911；Cox 和 Wermuth，1996）。Pearl（2000）详细讨论过这个问题。

### 可变因素

可变因素是任何可观察且可变化的事件，如可变因素可以是动物的体重、年龄，以及病例数。

### 研究变量

研究变量是指在调查中所考虑的所有变量。

### 响应变量和解释变量

响应变量是受另一（解释）变量影响的变量。在流行病学调查中，疾病往往是响应变量。例如，当研究干猫粮对尿道结石发生的影响时，猫粮是解释变量，尿道结石是响应变量。

## 关联

关联是指两个变量之间依赖或独立的程度。

主要有两种类型的关联（图 3.1）：

- 非统计学关联；
- 统计学关联。

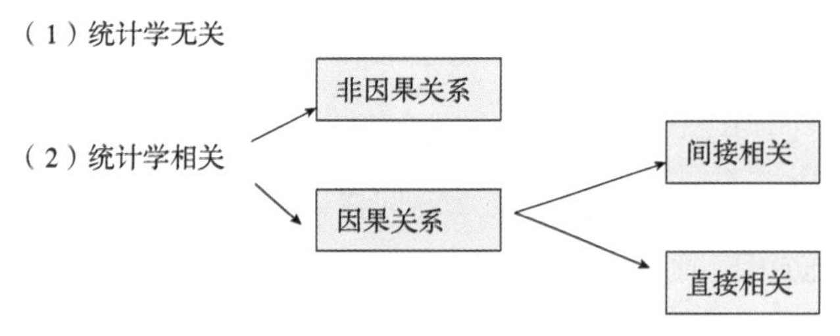


图 3.1　疫病和假定发病因素关联的类型

### 非统计学关联

在疾病和假设病因间的非统计学关联是指偶然出现的关联。也就是说，疾病和因素共同发生的频率不大于因偶然导致发生的频率。例如，从患结膜炎的猫眼睛中分离到猫支原体，这表明支原体和猫结膜炎间可能相关。但调查显示，80％正常猫的结膜中能分离到猫支原体（Blackmore 等，1971）。这表明结膜炎和猫支原体间的关系具偶然性。支原体可能存在于健康的猫身上，也可能存在于患有结膜炎的猫身上。这种情形就是非统计学关联，该因素不能被推断为病因。

### 统计学关联

当变量同时出现的频率比预期高时，是正统计相关。当变量同时出现的频率比预期低时，是负统计相关。

正统计相关表示可能存在因果联系。然而，并非所有与疾病呈正统计相关的因素都是病因。这个可以通过一个简单的路径图（图 3.2a）来帮助理解。解释变量 A 是病因。响应变量 B 和 C

是疫病的两种临床表现。在这种情况下，A和B之间，A和C之间有统计学上的因果关联。在两个反应变量B和C之间呈正统计相关，因为它们都与A关联，但这是一个非因果的关联。

图3.2b给出了这些关联的一个例子。如果调查牛感染血毛线虫病，那么可发现下面的正统计关联：

- 寄生虫的存在和真胃黏膜增生之间；
- 寄生虫的存在和贫血之间；
- 真胃黏膜增生和贫血之间。

前两个关联是因果关系，第三个是非因果关系。

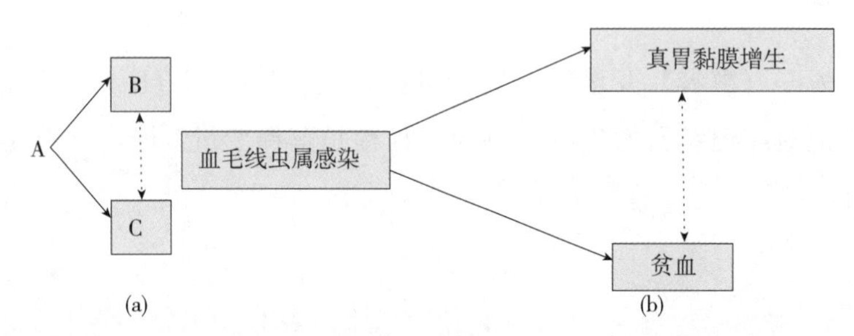


图3.2 路径图显示了范例（a）和因果关系与非因果关系统计学关联的例子（b）。A＝病因（解释变量）；B和C＝疾病临床表现（反应变量）；⟶因果关联；◂---非因果关联

真胃黏膜增生和感染血毛线虫是贫血的风险因素，也就是说，它们的存在增加了患贫血的风险。同样，猫类由于缺乏皮肤色素沉着所致的白皮毛也增加了皮肤暴露于紫外线照射风险。后者与皮肤鳞状细胞癌相关（Dorn等，1971），在这种情况下白皮毛是一个风险因素。

因此，风险因素可能与疫病呈因果或非因果关联（一些学者保留“风险因素”专指原因因素，使用“风险指标”或“风险标记”来形容因果和非因果关系相关因素：Last，2001）。风险因素的知识在识别总体方面是有用的，在这方面兽医应予以关注。高产奶量是奶牛酮症的一个风险因素。在制定预防措施时，很重要的一点是识别这些风险因素，采取应对措施，而那些非风险因素并不会影响疾病的发生。

解释变量和响应变量可是直接相关也可是间接相关（图3.3）。路径图1和2演示了直接相关。间接关联的特点是存在中间变量。路径图3说明了A和C之间的间接因果关系，在这里A的作用完全通过中间变量B，B直接作用于C。这等于说，A和B在不同层面运作，因此A或B都可以被描述为C的原因。例如，钩端螺旋体病通过溶解红细胞引起血红蛋白尿；临床医生会说，钩端螺旋体病引起血红蛋白尿，而病理学家可能认为是内血管性溶血。

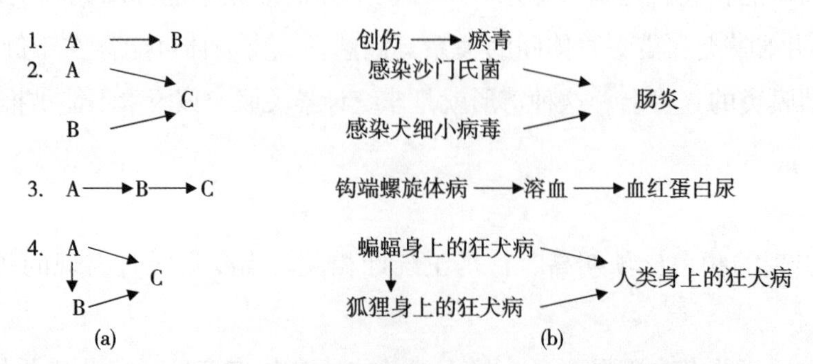


图3.3 范例路径图（a）和直接和间接因果关系例子（b）。1和2＝直接因果关系；3＝间接因果关系（A和C），直接因果关系（B和C）；4＝直接和间接因果关系（A和C）

在图 3.3 所示的路径图 4 说明了这种情况，解释变量 A，不仅与反应变量 C 是直接的因果关系，而且通过影响另一个变量 B，对 C 也有间接影响。例如，在美国，人感染狂犬病是因为进入感染狂犬病的蝙蝠栖息的洞穴吸入感染，他们也可能从住在蝙蝠侵扰的洞穴里的狐狸身上感染狂犬病。

## 混杂

混杂是指外扰变量的作用，它可全部或部分解释变量间的表面联系。混杂能使研究变量产生虚假的关联，也能掩盖真实的关联。产生混杂效应的变量称为混杂变量或混杂因素。

混杂变量呈非随机分布（即与研究的解释变量和响应变量呈正相关或负相关）。一个混杂变量通常必须[①]：

- 是目前被研究疾病的风险因素；
- 与解释变量关联，但不是暴露的结果。

### 对这一概念的举例

对新西兰奶牛养殖户钩端螺旋体病的调查（Mackintosh 等，1980）表明，挤奶时穿围裙是感染钩端螺旋体病的风险因素。进一步调查表明，挤奶牛群越大，感染钩端螺旋体病的概率越大。还发现，养殖牛群规模大的养殖户挤奶时穿围裙的频率比规模小的牛群高。穿围裙与钩端螺旋体病之间不是因果关系，而是牛群规模的混杂作用（图 3.4a），因为牛群的规模既与钩端螺旋体病有关，也与穿围裙有关。图 3.4b 说明了一个简单的、与猪呼吸道病相关的混杂（Willeberg，1980b）。风扇通风与呼吸系统疾病之间有统计学关联。这不是因为风扇通风引起了呼吸系统疾病，而是群体规模的混杂作用：大群体比小群体更易发生呼吸道疾病，也更可能采用风扇通风，而不是自然通风。

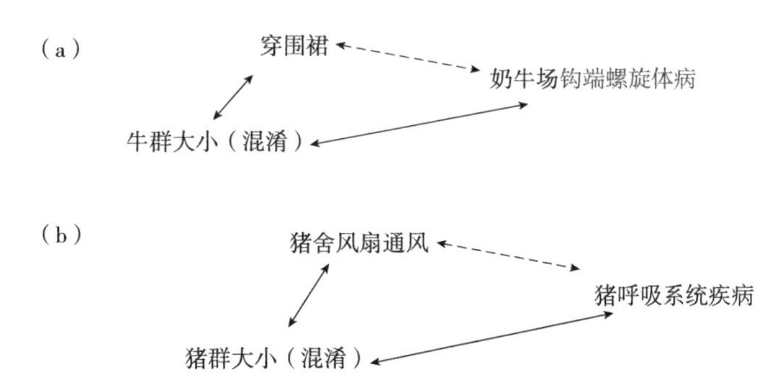


图 3.4 混淆的例子。(a) 大规模牛群与养殖户的钩端螺旋体病以及挤奶穿的围裙相关；(b) 大规模猪群与猪呼吸系统疾病以及风扇通风相关。⟷ 真相关；<- - -> 伪相关

上述两个说明混杂的例子中，伪关联显然是相当明确的。然而，在很多情况下，混杂并不那么明显，如在观察性研究中，检验病因假设时必须考虑混杂因素（见第 15 章）。

---

① 标准文本里有混杂变量的标准（如 Schlesselman，1982），但是关于混杂的定义和条件存在争议（Kass 和 Greenland，1991；Weinberg，1993；Shapiro，1997）。

## 因果关系模型

直接原因和间接原因之间的联系和相互作用可以通过两种方式观察，即有两种因果“模型”。

### 因果关系模型 1

根据原因到结果的关系，把原因分类为两种类型：“充分”和“必要”（Rothman，1976）。

如果一个原因不可避免地产生相应的结果，那么这个原因就是充分的（假设没有任何事情阻断结果的发展，如死亡或预防）。一个充分原因总是由一系列子原因构成的，因此疾病发生是多因素的，通常其中之一也称为原因①。例如，犬瘟热病毒作为犬瘟热的病因，充分原因是与病毒接触、缺乏免疫力，或其他原因等。无须鉴别出所有充分病因，因为去除其中一个就可使原因不充足。例如，即使没有鉴别出主要的化脓菌，改进地板设计也可以防止猪蹄发生脓肿。

不同的充分病因可能导致一种疾病。不同的充分病因可能有共同的原因组成，也可能不同。如果一个病因出现在每个充分病因中，那么它就是必要原因②。因此，必要原因是结果产生所必需的。

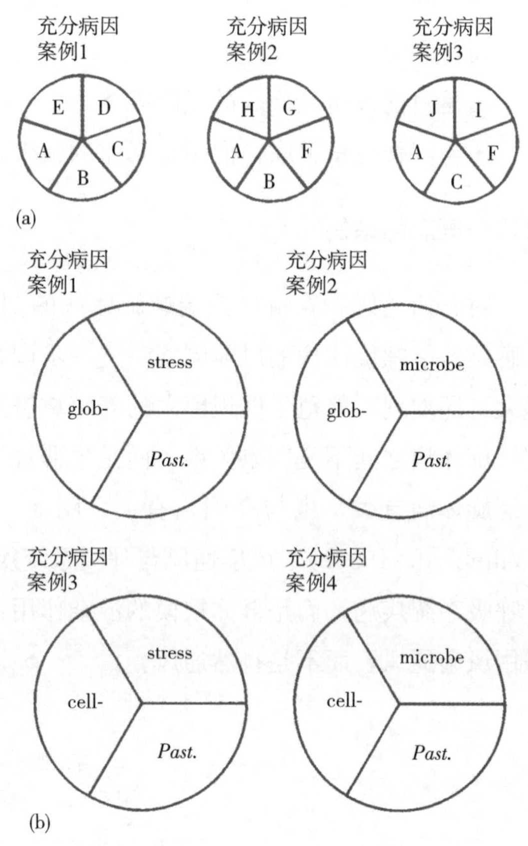


图 3.5　疾病成因图表（原因模型 1）。(a) 范例；(b) 假设案例，牛巴氏杆菌肺炎。glob-：缺乏特异性抗体；stress：环境造成的肾上腺皮质压力（如气候）；*Past.*：巴氏杆菌属的存在；microbe：病毒或支原体的存在；cell－：缺乏细胞免疫。来源：（a）摘自 Rothman，1976；（b）修改自 Martin 等，1987

在图 3.5a 中，A 是唯一的必要原因，因为它是唯一出现于所有原因中的组分。剩余的原因（B～J）都不是必要的，因为有的充分原因不包括它们。图 3.5 b 解释了这个概念，它描述了牛肺出血性败血症的假设充分原因，感染巴氏杆菌是必要原因，但其他成分如免疫力低下也是诱导发病的原因。

另一个必要不充分原因的例子是放线菌感染，放线菌是放线菌感染（木舌病）的必要原因。然而，发病前还必须有其他能损伤口腔黏膜的因素（如尖锐、粗糙的植被）存在，否则即

① 哲学家们对这一定义不满。例如 Mill 在“任性论点”中指出：一种疾病可以由不同的原因引起，有的是常见的原因，有的是特殊原因。如果某一因素在所有原因中都出现，那它就是必要原因 18。也就是说，必须存在致病的必需原因。

② 哲学家对这一概念同样存在争议。仅因为一个组分即使已出现在所有情形下，也不能证明它是病因的必要组成部分——如果下一个情形中没有改组分呢？

使存在细菌也不会发病。

很显然必要因素通常与病例定义相关，如铅是铅中毒的必要原因，多杀性巴氏杆菌是巴氏杆菌性肺炎的必要原因。

一个因素也许是必要原因，或充分原因，或两者都是或都不是，但通常一个原因不会既是必要又是充分。比如，暴露于大剂量的 $\gamma$ 射线会引起放射病的进一步发展。

因此，致病因素可分为以下几类：

- 前置因素，提高动物易感性（如年龄和免疫状态）；
- 促成因素，促成疾病的显现（如防护和营养）；
- 诱发因素，决定疾病的发生（例如，大量毒物、传染性病原体）；
- 强化因素，加重疾病发展趋势（例如，缺乏免疫应答的动物反复接触传染性病原体）。

以肺炎为例，它有很多充分原因，但没有一个是必要原因。在干燥、多尘环境下发生热应激，可使得颗粒物进入肺泡引起肺炎。冷应激也可能导致相似的临床症状。

多因素综合征（如肺炎）可能有许多充分原因，没有一个是必要原因。部分原因是可分类的：肺炎的分类（见第 9 章）是基于病变（肺部炎症），而不是具体病因，病变可能由不同原因造成。当某病根据病原（定义）分类时，通常只有一个主要原因，很可能是必要原因。比如上面提到的铅中毒、放线杆菌病、巴氏杆菌病和许多“简单”的感染性疾病，如结核病和布鲁氏杆菌病。

病因流行病学调查的目标是识别充分原因及其组分。从充分原因中去除一个或多个因素便可预防该病。

**因果关系模型 2**

直接和间接原因代表一个链式反应，间接原因作用于直接原因（例如，图 3.3，路径图 3）。当这样的关系发生时，许多因素在相同的水平共同作用（但不一定是相同的强度），并有可能在多个层次上产生“因果关系网”。再强调一次，疾病是多因素造成的，图 3.6 说明了牛低镁血症因果关系网。

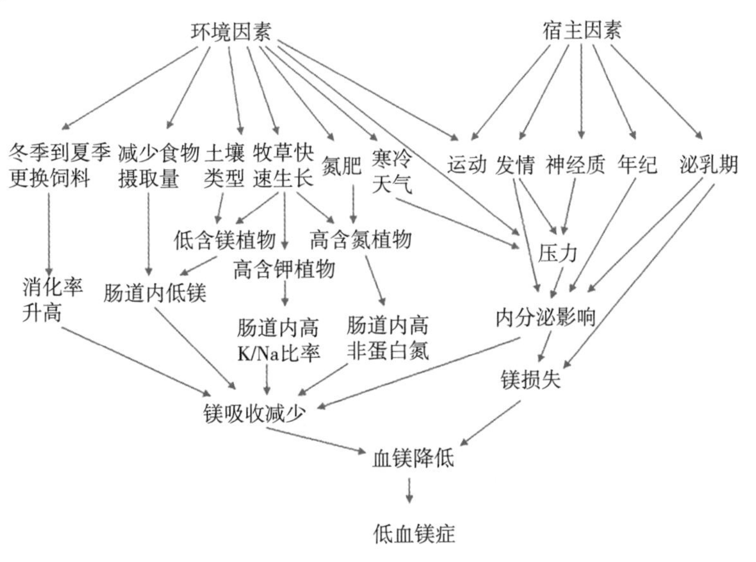


图 3.6　牛低血镁症的因果网络（因果模型 2）

## 形成病因假设

任何流行病学调查的第一步都是描述性的。描述时间、空间和群间的分布十分必要。

#### 时间

调查食物中毒应考虑年份、季节、月份、天，甚至小时。这些细节可能会提供气候影响、潜伏期和传染源的信息。例如，牛群中暴发沙门氏菌病与引进的感染牛饲料有关。

#### 空间

一种疾病的地理分布可能与当地的地质、管理、生态因素相关，如缺乏营养的土壤或节肢动物传播所致感染。流行病学地图（见第 4 章）对疫病的地理分布有重要借鉴意义。例如，南非在地图上标记了牛死亡地点，与气象数据关联后即得出结论，牛死亡是因摄入被附近铜矿污染的草引起的（Gummow 等，1991）。（见第 22 章）。

#### 群间

必须重视感染动物的种类。赫福特牛比其他品种牛更易患眼鳞状细胞癌，提示该病在一定程度上与遗传有关。在世界许多地方，从业肉制品加工的人员 Q 热发病率高于其他人群，提示肉制品加工场是感染来源。

确定主要事实后即可形成病因假设。流行病学调查就像侦探小说，揭露“犯罪嫌疑人”列表（可能的病因），有的与疫病无统计学关联，有的有统计学关联，它们或是因果关联或是非因果关联。

### 形成假设的方法

形成假设的方法有 4 种：

- 求异法；
- 求同法；
- 共变法；
- 类推法。

#### 求异法

求异法（Mill 准则 1）指出，如果一种疾病在两种不同情况下发生的频率不同，某一因素在一种情况下存在，在另一种情况下不存在，则该因素可视为可疑病因。例如，3 个产房中一个产房的猪死胎率高于其他，该产房和其他两个唯一的区别是使用了不同类型的取暖器（Wood，1978）。假设病因：使用不同类型的取暖器造成死胎。进一步调查表明，取暖器有缺陷，会产生大量一氧化碳，而一氧化碳可造成死胎。将发生故障的取暖器拆除，死胎减少，假设成立。

同样，海峡群岛（泽西岛和根西岛）发生了不同程度的牛海绵状脑病，岛上牛海绵状脑病高发地区使用肉类和骨粉饲料的频次高于其他地区（Wilesmith，1993），提高了疫病通过添加肉类和骨粉的浓缩料传播这一假设的可信度。

求异法形成假设的缺点在于同时存在几个不同的可疑病因。如果形成多个备择假设，那么这个方法形成假设的价值就会降低。例如，在非洲和丹麦，猪不同疾病模式的比较研究中会纳入许多变量，其中很多可假设为病因。而安格斯牛与其他品种相比更易发生甘露糖蓄积症（Jolly 和 Townsley，1980），有力地说明了遗传因素是病因。

### 求同法

求同法（Mill 准则 2）的原理是，如不同情况下发生的某种疫病都可见到某一因素，那么这个因素可能是病因。因此，如果一批肉骨粉与不同类型的猪场感染沙门氏菌相关，且这是各猪场唯一相同的地方，那么可假设该批污染的饲料是病因。

第二个例子是牛皮角化症，该病发现于美国（Schwabe 等，1977）。由于不知道疾病的病因，最初也称之为“X 病”。该病见于以下情形：

- 用切片面包喂牛；
- 小牛舔舐润滑油；
- 牛与含防腐剂的木材接触。

面包切片机上有类似润滑油的东西被小牛舔舐。润滑油和木材防腐剂都含有氯化萘。而这种化学物质常见于不同环境，会引起角化过度。

### 共变法

共变法（Mill 准则 5）要寻找一个随不同情况下疾病频率变化而发生频率或强度变化的因素。例如屠宰前，牛的运输距离与胴体上淤伤呈正相关（Meischke 等，1974）。同样，动物皮肤鳞状细胞癌可能与紫外线辐射强度有关，牛患低镁血症可能与牧草中镁含量低有关，感染钩端螺旋体的乳制品人员可能与奶牛的接触频率有关（表 3.1）。吸烟与肺癌间关联的经典卫生流行病学调查（Doll 和 Hill，1964a,b）阐明了这个推理方法（表 3.2），即因肺癌死亡的人数与每天的吸烟量成正比[①]。

**表 3.1　新西兰玛那瓦图地区奶牛场工作人员挤奶的频率和钩端螺旋体病的关系**

| 人工挤奶频率 | 血清钩端螺旋体病 | | 总人数 | 发病率 |
|---|---|---|---|---|
| | 有 | 无 | | |
| 9 次/周 | 61 | 116 | 177 | 34.5 |
| 1~8 次/周 | 4 | 11 | 15 | 26.7 |
| 很少或没有 | 0 | 20 | 20 | 0.0 |

① 这个有创意的调查共开展了 50 年（Doll 等，2004）。

表 3.2　每日吸烟量与肺癌死亡率的关系（1951—1961）

| 每日吸烟量（1951） | 每年肺癌死亡率/1 000（1951—1961） |
| --- | --- |
| 0 | 0.07 |
| 1～14 | 0.54 |
| 15～24 | 1.39 |
| ≥25 | 2.27 |

来源：Doll 和 Hill，1964a。

### 类推法

这个方法是比较已了解疾病的模式与待研究疾病的模式，因为已清楚的疾病病因可能与另一模式相同但知之甚少疾病的病因相同。例如，已确定病毒是一些小鼠乳腺肿瘤的病因，据此可推断有些犬乳腺肿瘤的病因也是病毒。因为气象条件与其他发生霉菌毒素中毒的类似，推测牛暴发狼尾草中毒与霉菌毒素有关（Bryson，1982）。肯尼亚局部地区出现因埃利希氏体引发的牛瘀斑热（Snodgrass，1974），该病的传播模式未知。然而，现在清楚的是埃利希氏体属的其他病原通过节肢动物传播，而节肢动物传播疾病的一个特点是地域限制性。因此，用类推法推断出 *C. ondiri* 可能通过节肢动物传播。

严格意义上讲，类推的证据不是事实上的证据，它能指出发生概率，并可通过其他方式证实；但有时它具有很强的误导性（Mill 将其作为规则是并没有充分考虑到这一点）。一个经典的案例是，19 世纪的医学流行病学家 John Snow 推断黄热病通过污水传播（Snow，1855）。他已经证实霍乱由污水传播，又观察到霍乱和黄热病联系都与过分拥挤有关，随后他推断霍乱和黄热病有相似的传播模式，而实际上后者是由节肢动物而不是污水传播的。

## 建立假设的原则：Hill 标准

英国医学统计学家 Austin Bradford Hill 提出了建立假设的几条原则（Hill，1965），包括：

- 事件的时间顺序；
- 关联的强度；
- 剂量反应关系；
- 一致性；
- 与现有知识的相容性。

### 时间序列

原因必须先于结果。在一次细菌学调查中，Millar 和 Francis（1974）发现不孕母马发生各种感染的情况比生殖功能正常的马多。然而，除非该细菌感染出现在母马不孕之前，否则推断细菌感染导致不孕不育是错误的。也可能是其他原因，即缺乏正常的生育能力导致之前的带菌不感染进一步发展为感染。

### 关联的强度

如果一个因素是病因，那么该因素与疾病之间需要有较强的统计学关联。

### 剂量反应关系

如果一个因素和疾病存在剂量—反应关系，则该因素是病因的合理性增加。这是共变法推理的基础。例如，钩端螺旋体病与挤奶频度有关（表 3.1），肺癌与吸烟有关（表 3.2）。

### 一致性

如果一个联系在不同的情况下都存在，那么它可能就是病因。这是求同法的基础，如上述的牛皮角化症。

### 与现有知识的相容性

与未知相比，大致知晓生物学机理更容易推断病因。因为已证实其他化学和环境污染物对实验动物有致癌作用，因此吸烟能被视为肺癌的疑似病因。同样，如果在动物饲料中发现霉菌毒素，那么推断它可能损害肝功能。另一方面，调查患钩端螺旋体病的奶牛养殖户时，发现穿围裙和钩端螺旋体滴度呈正相关关系。这一发现无论是与现有的知识还是常识都是不相容的，后来发现该因素是混杂因素。

Hill 标准中还包括了特异性反应（单个原因导致单一结果）和类推。然而，前者是错误的（Susser，1977），众所周知，有些原因不止诱导一个症状（见图 9.3d）。本章前述内容已经证明类推法是受到怀疑的推理方法。

Taylor（1967）、Pinto 和 Blair（1993）对推理及一般因果推理进行了全面的讨论，Buck（1975）、Maclure（1985）、Weed（1986）、Evans（1993），Rothman 和 Greenland（1998）在流行病学中也提到类似的问题。使用观察性研究检验假设的内容见第 15 章。

# 4　描述疾病的发生

本章将讨论兽医学中遇到的动物群体类型，介绍动物疫病在群间、时间和空间分布的描述方法。

## 常用术语

### 地方性流行

以下两种情况常用地方性流行来描述：

- 群体中疫病发生保持通常的频率；
- 群体中疫病稳定存在。

该术语表示一个稳定的状态。如果已经了解某种疫病，那么它的流行水平往往是可预测的。地方性流行一词不仅适用于可识别的疫病，也可用于无临床症状和只有循环抗体的疫病，因此，需在上下文中界定这一术语。如实验小鼠在“无隔离”（即无特定的预防措施来防止病原侵入和扩散）的日常环境中总是感染鼠管状线虫，感染率通常为100%，也称感染的地方性流行水平。当一种疫病感染各年龄段的动物，且持续较高水平，即称为高度地方流行性疾病。相反，奶牛放线杆菌病的地方性流行水平通常低于1%。

地方性流行一词不仅用于描述传染病，也可用于描述非传染性事件：与执业兽医师关注猪肺炎的地方流行性程度一样，肉品检疫员关注的是胴体擦伤的流行程度。

描述地方性疫病时，应明确感染群及其空间分布。在英格兰西南部獾感染牛结核呈地方性流行，但在整个英国显然不是（Little等，1982）。

### 流行

“流行”一词最初只用来描述在某一群体中突然出现、不可预测、有大量病例增加的传染性疾病。现代流行病学中，流行是指传染或非传染疫病超出预期水平。因此，无特定病原（SPF）小鼠应严格隔离，阻止*S. obvelata*进入和传播。如果感染的小鼠进入群体，病原即会进入并导致线虫感染流行。SPF小鼠群发生类似感染的频率很低，一旦发生即称之为流行。同样，如果牛在粗糙的草场上放牧，会造成口腔擦伤，从而增加放射杆菌病发生的概率。虽然只有2%的动物可能感染，但与地方病1%的水平相比（流行）要高得多。因此，流行病不一定发生在大群体中。

当群体流行病发生时，必然会有一个或多个之前没出现过的致病因素。在SPF小鼠感染*S. Obvelata*的例子中，致病因素突破防护屏障进入健康群的感染鼠。在牛群放线杆菌病的例子中，新的因素是可导致口腔擦伤的饲草消耗量增加。

流行通常是指可发现的疾病暴发。然而，有的流行病可能在发生一段时间后仍未被发现。1952年，伦敦4 000人的死亡被认为与特别严重的烟雾（因烟过大而致的雾）有关。死亡事件发生的时间与史密斯菲尔德肉畜展的时间相同（HMSO，1954）。尽管同期牛出现严重呼吸道疾病被立即发现与烟雾污染的空气有关，但直到人死亡事件出现一年多后，才确定烟雾是造成死亡的原因。

相反，一些流行病可能被夸大了。20世纪50年代末，英国发现狐狸死亡数有所增加。这一“新发”致命性疾病的流行被广泛宣传，每只狐狸的死都被归因于该病。随后的实验室分析表明，氯化烃类中毒是此次事件的病因，但只有40%的狐狸死于中毒，其余的60%死于以前并未受关注的地方病（Blackmore，1964）。这个例子说明，流行病确诊前需了解群体的地方病水平。

### 大流行

大流行是指大范围的流行，通常动物群体中大多数会受到感染，并会影响许多国家。牛瘟、口蹄疫和非洲猪瘟的大流行（见表1.1）造成了巨大的经济损失。到20世纪70年代，牛瘟只分布在非洲西北和印度次大陆。但到20世纪80年代初（Sasaki，1991），该病在非洲和中东大流行，成为全球扑灭计划的目标（Wojciechowski，1991），该计划取得令人瞩目的成功（见表1.4）。20世纪70年代末，犬细小病毒感染大流行波及世界各地（Carmichael和Binn，1981）。造成严重后果的人类大流行疫病有：1348年[①]，鼠疫（黑死病）在整个欧洲流行，19世纪的霍乱大流行，第一次世界大战后不久发生的流感大流行，以及目前的艾滋病大流行（尤其是在非洲）。

### 散发

散发意指疫病发生的不规则性和偶然性。这意味着疫病在合适的环境下小范围地发生。

在英国，口蹄疫不是地方流行病。1967年10月，最初在奥斯维斯散发的口蹄疫，被认为与食用进口的感染阿根廷羔羊肉有关（Hugh-Jones，1972）。不幸的是，此次事件和随后几次因进口羔羊肉导致的口蹄疫流行，直到1968年才被控制（图4.1a）。2001年，英国暴发了更大范围的口蹄疫疫情（图4.1b），疫情最初零星散发于诺森布里亚Heddon-on-the-wall的一个猪群中（DEFRA，2002b；Mansley等，2003），非法进口肉类的泔水造成的污染很可能是病因。然而，上述两次流行因兽医的干预，并未形成地方性流行。相反，1969年，英国发现了1例犬的狂犬病病例，经过法定的6个月隔离后（Haig，1977），没有其他动物受到感染，所以

① 此次大流行使得近1/3人死亡，随后人口持续下降。1450年，欧洲人口只有14世纪初的一半。农业劳动力变得稀缺，农民越来越强，地主越来越弱。因此，人们开始通过商业追求财富，阿姆斯特丹、佛罗伦萨、伦敦、巴黎、维也纳和威尼斯等大型城市迅速发展起来。在意大利，这造就了文艺复兴时期城市文化氛围的出现和繁荣（Holmes，1996）。所有这些表明疾病影响的不仅仅是健康。

此次散发只限于最初的病例。

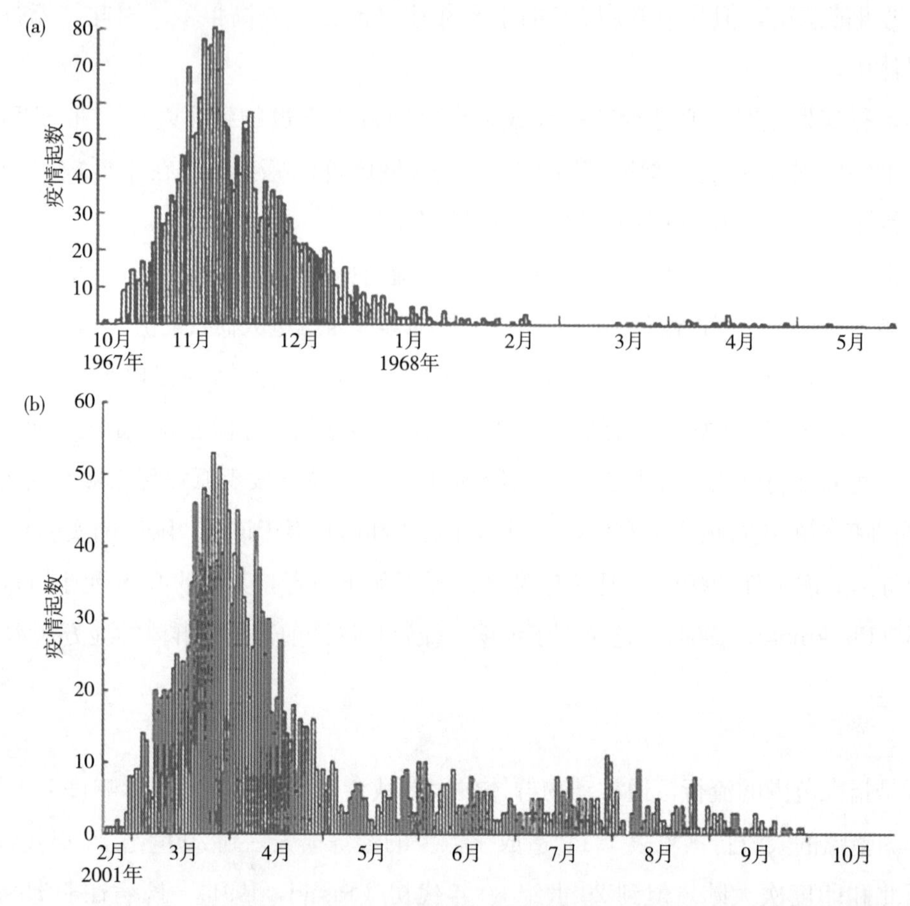


图 4.1　英国口蹄疫流行：每天疫情数起。来源：(a) 1967—1968 年数据出自 HMSO，1969；(b) 2001 年数据出自 DEFRA，2002b. © Crown copyright，转载自 DEFRA

因此，“散发”既可表示一个地区的单个病例，又可表示某病或感染（无明显表现）的一群病例。

在新西兰，家养猪群中流行的 pomona 型钩端螺旋体感染是地方病。这种病原通常也是牛散发性流产的原因。感染牛经尿排出病原的时间约为 3 个月，因而病原能长时间存在，也因此该病在牛群中成为地方病。如果一头牛通过直接或间接接触猪感染该病，就形成了散发性感染。这头牛在短期内可能感染群中其他怀孕牛，造成持续 3 或 4 个月的散发性流产。牛感染钩端螺旋体后产生的抗体可持续多年，因此散发的病例并不少见。有报道称，18%的新西兰牛可检测到钩端螺旋体感染抗体。因此，虽然感染和流产是散发的，但在牛群中抗体呈流行水平（Hathaway，1981）。

## 暴发

世界动物卫生组织（OIE）将暴发定义为：农场、育种场或养殖场畜舍，以及邻近养殖场内的动物发生疾病。该定义通常意味着只有部分动物受到影响。发达国家的牲畜通常分群饲养（见下文），因此“暴发”一词可以明确地用于单个农场疾病的发生。例如，2001 年英国口蹄疫疫情波及 2030 个养殖场，疫情起源于 1 个感染的猪场。有时，暴发也用于单一病因的疾病，而不论感染的数量或感染场的数量。因此，2002—2003 年美国加利福尼亚州的 21 个商业禽场，以及包括邻近的亚利桑那州和内华达州在内的 1 000 多个散养禽群暴发了新城疫，由于病因单一，仅被记录为一次暴发。随后的第 2 次暴发，只有得克萨斯州（与第一次暴发地距离较远）的 1 个农场发生，两次分离到的毒株基因序列存在差异，因而这被认为是另一起暴发。此外，“暴发”的定义中也可包含除出现临床病例外的其他标准，也可针对特定的感染定义（表 4.1）。

在发展中国家，动物群体间距离通常较近（见下文），很难界定一起暴发的范围。根据当地具体情况，将难以保证易感和非易感动物未与感染或疑似感染动物直接接触的地区划到暴发区域内。例如，在非洲的某些地区，即使疫病可能仅发生于 1/16 平方度内的几个地方，但疾病暴发仍是指在 1/16 平方度之内发生疫病。（需要注意的是 1/16 平方度不是常数，它随纬度的改变而改变。）

**表 4.1　宣布口蹄疫暴发的标准**

| 满足以下一个或多个标准将宣布疫病的暴发： |
| --- |
| 1. 从动物、动物产品或环境中分离到口蹄疫病毒； |
| 2. 易感动物符合口蹄疫的临床症状，并且检测到至少一个口蹄疫病毒特定血清型的病毒抗原或病毒核糖核酸（RNA），并从动物或其群体中收集到样本； |
| 3. 易感动物符合口蹄疫的临床症状，从动物或其群体中分离到结构蛋白或非结构蛋白口蹄疫病毒阳性，表明以前的疫苗接种，剩余的母源抗体或非特异性反应可排除血清阳性的可能原因； |
| 4. 易感动物样品中分离并鉴定出至少一个口蹄疫病毒特定血清型的病毒抗原或 RNA，且口蹄疫病毒结构蛋白或非结构蛋白阳性，表明以前的疫苗接种，剩余的母源抗体或非特异性反应可排除血清阳性的可能原因； |
| 5. 确诊口蹄疫暴发的流行病学关联，至少符合下列条件之一： |
| （a）至少一个动物口蹄疫病毒结构蛋白或非结构蛋白抗体阳性，表明以前的疫苗接种，剩余的母源抗体或非特异性反应可排除血清阳性的可能原因； |
| （b）至少一个易感动物样品中分离并鉴定出至少一个口蹄疫病毒特定血清型的病毒抗原或 RNA； |
| （c）血清学表明至少一个易感动物通过血清学检测主动感染口蹄疫病毒结构蛋白和非结构蛋白抗体由阴性转为阳性，以前的疫苗接种，剩余的母源抗体或非特异性反应可排除血清阳性的可能原因。 |
| 凡先前不能合理预期血清学阴性，则从同一动物收集 2 份样品进行检测，结构蛋白至少间隔 5d，非结构蛋白至少间隔 21d |

来源：欧洲委员会，2002。

## 疫病量化的基本概念

感染动物计数是群体疫病调查的一个必要内容，可据此描述疫病的数量。此外，也可据此描述疫病发生的时间与地点，将发病动物数与风险动物数相关联，还可评估疫病的重要性。例如，猫舍发生 10 例肠炎的报告，因未考虑猫舍动物的数量而不能反映问题的严重程度，可能猫舍只有 10 只猫，所有动物均感染，也可能有 100 只猫，只有很小的比例感染。

发病的量用发病率表述，死亡的量用死亡率表述。病例发生的时间构成了疫病的时间分布，发生的场所构成了疫病的空间分布，群体大小及其特性的构成了群间分布①。

## 动物群体的结构

动物群体的结构会影响风险动物群大小的确定，也影响疫病以何种方式在动物中发生和持续。通常用接触或者隔离来描述动物群的结构。

① 本书没有描述动物地理学和群间分布的区别，原因见第 2 章中动物流行病学和流行病学部分。

## 接触群

一个接触群指群中动物之间以及与其他群体的动物有频繁接触。接触群因其内部动物的混群及移动，有使疫病在大范围内传播或持续存在的倾向。

绝大多数人群间的接触是由于人出行所致。小家畜群体通常也是接触性群体。城里未被关在屋中的犬和猫活动自由，可与其他城市、郊区或乡下的同类或不同种类动物接触[①]。非洲游牧部落饲养的动物也是接触的。很多野生动物也属于这一分类。

### 评估接触群的规模

一般很难评估接触群的规模。关于家养小动物的统计数据不多，如犬俱乐部的登记资料（Tedor 和 Reif，1978；Wong 和 Lee，1985）。在一些发达国家，法律规定养犬必须注册，但类似的法律操作性差，很多犬都未注册。宠物注册可用来记录和识别动物，如通过耳部或腿部的标识（Anon，1984），但这种宠物注册是自愿的，大部分动物可能不注册。根据国际标准设计的“微芯片”（Anon，1995；Ingwersen，2000），正不断改进伴侣动物的计数和追踪方式[②]。截至 2000 年的十年间，英国已在 50 多万动物中植入了微芯片（Anon，2000）。

一些确定小动物群体规模和特性的研究已经得以开展（表 4.2）。然而，这些动物群体通常较小，每家只养一只动物。因而，要获取这些动物的信息，就需与很多畜主联系，完成难度大且花费高。往往还因缺乏流浪、半家养和野生动物的信息，造成调查结果的失真。从死亡动物登记（Hayashidani 等，1988，1989）或宠物保险公司（Bonnett 等，1997；Egenvall 等，2000）也能获取有限的统计数据。

表 4.2 犬和猫群统计研究

| 国家/地区 | 特性记录 | 来源 |
|---|---|---|
| 巴厘岛 | 城市养犬人的类型和特性* | Margawani 和 Robertson（1995） |
| 加拿大：安大略湖 | 品种、年龄、主人特性+ | Leslie 等（1994） |
| 塞浦路斯 | 群体大小 | Pappaioanou 等（1984） |
| 欧洲 | 群体大小 | Anderson（1983） |
|  | 英国：地域分布、主人特性 |  |
| 马来西亚 | 品种、性别、每窝大小、产仔的季节分布 | Wong 和 Lee（1985） |
| 荷兰 | 群大小* | Lumeij 等（1998） |
| 挪威 | 伯恩山犬、拳师犬、比熊犬：群大小、性别、年龄、特定年龄死亡率 | Moe 等（2001） |
| 菲律宾 | 农村犬密度 | Robinson 等（1996）；Childs 等（1998） |
| 瑞典 | 特定品种死亡率 | Bonnett 等（1997） |
|  | 品种、性别、年龄、主人特性 | Egenvall 等（1999）；Hedhammar 等（1999）；Sal lander 等（2001） |
| 英国 | 性别、年龄、饮食 | Fennell（1975） |
|  | 品种 | Edney 和 Smith（1986） |
|  | 品种、性别、年龄 | Thrusfield（1989） |

① 这一动物分类为“自由流浪”（Slater，2001），包括流浪的（最近丢失或遗弃的）和散养的动物。

② 如果正确的植入微芯片（Sorensen 等，1995；Fry 和 Green，1999），可准确的识别动物。然而在美国和欧洲，由于标准的不同，阻碍了植入芯片动物的国际化识别（Fearon，2004）。

（续）

| 国家/地区 | 特性记录 | 来源 |
| --- | --- | --- |
| 美国 | 年龄、卫生水平 | Lund 等（1999） |
| | 流浪群 | Levy 等（2003） |
| 美国：波士顿 | 死亡年龄、品种、性别 | Bronson（1981，1982） |
| 美国：加利福尼亚 | 品种、性别、年龄、主人特性 | Dorn 等（1967b）； |
| | 品种、性别、年龄++ | Franti 和 Kraus（1974） |
| | 主人特性 | Schneider 和 Vaida（1975） |
| | 品种、性别、年龄、主人特性 | Franti 等（1974） |
| 美国：伊利诺伊州 | 性别、年龄、繁殖史、主人特性 | Griffiths 和 Brenner（1977） |
| 美国：印第安纳州 | 群体大小 | Lengerich 等（1992） |
| | 性别、年龄、主人特性 | Teclaw 等（1992） |
| 美国：堪萨斯州 | 年龄、群体动力学 | Nasser 和 Mosier（1980） |
| 美国：内华达州 | 年龄、群体动力学 | Nasser 等（1984） |
| 美国：新泽西州 | 品种、性别、年龄 | Cohen 等（1959） |
| 美国：俄亥俄州 | 品种、性别、年龄、主人特性 | Schnurrenberger 等（1961） |
| 津巴布韦 | 群体大小、性别、年龄、主人特性 | Butler 和 Bingham（2000） |

注：* 也报道了鸟和外来物种的拥有者。

\+ 不同研究间的畜主特性不同，包括：年龄、职业、住所（城市还是乡下）、孩子的数量和年龄、居住的类型等。

++ 也报道了马的拥有者。

以娱乐为主的非纯种马和小马同样难以统计，因而常用间接方法估计它们的数量。例如，在英国，通过马兽医的数量（McClintock，1988）、生产的马蹄钢钉数量（Horse 和 Hound，1992），航空计数（Barr 等，1986），以及私人养驴调查（McClintock，1988；Horse 和 Hound，1992）来估计群体大小。这些方法都有缺点。首先是通过马医数来估计，假设每人钉 250 匹马，忽略了不钉钉的马；再假设每匹马每年钉 4 个新的马钉，同样忽略了不钉钉的马；通过航空计数来估计的方法忽略了圈养的马；私人养马户调查的方法，忽略了马术中心饲养的马。然而，每一种方法得出的统计结果都很类似（加上经过训练的马和未经过训练的马），马匹为 50 万～56 万头，说明该调查结果有效，但是是较为保守的估计值。在美国，一项关于马匹活动的抽样调查提供了马的年龄和品种信息（美国农业部，1998）。

欧盟要求马匹应有“马护照”（EUROPA，2000 年，2001 年；Sluyter，HMSO，2004 年）（虽然最初制定该政策是为了禁止在肉食马中使用违禁药物，以保护人类食物供应链的健康），这将有助于更好地了解马群特性。

野生动物群可以通过直接或间接的方法统计。直接法包括个体动物的观察，包括航空计数和陆地计数（Seber，1973；Norton-Griffiths，1978；Southwood，1978；Buckland 等，1993）。常见的方法是捕获-释放-再捕获，即抓获动物进行标记后释放，再捕获的动物作为二次样本。再捕获的标记动物数量与最初标记的动物数量是有关联的，最简单的估计个体数量的（Lincoln，1930）方法是：

$$N = \frac{an}{r}$$

$N$ = 群体大小的估计；

$a$ = 标记的动物数量；

$n$ = 再捕获的动物数量；

$r$ = 再捕获的标记动物数量。

捕获-释放-再捕获方法已用于犬群规模的估计（Beck，1973；Anvik等，1974；Heussner等，1978）。它和其他标记技术都提供家养动物的移动信息和野生动物活动范围等与疫病传播有关的信息（见第7章）。例如，英格兰西南部奶牛发生结核病，通过标记的饵料发现獾的活动范围与奶牛场重叠，提示感染的獾可能是该病的传染源（Cheeseman等，1981）。

这一方法的有效性基于几个假设，如标记动物在群中自由活动、群体大小不变、标记动物和未标记动物捕获概率相同、标记无丢失（Seber，1973；Southwood，1978）等。等距抽样（另一种类似的方法）的假设较少，测量-系列横线间的垂直距离，和此间观察到的动物，采用适当的数学模型即可计算动物密度（Buckland等，1993）。该方法的假设是动物呈随机分布（见第8章）、横线发现动物的概率为1，以及准确测量距离。Childs等（1998）提供了用标记方法评估农村养犬数量的例子。

当动物栖息地比较隐蔽时，直接法的准确性较差。如，直接法会低估森林中鹿群的数量（Ratcliffe，1987；Langbein，1996）。此时，间接法更适用。放牧对树木和植被影响的评估（“影响水平”）（Mayle等，1999）、粪虫调查（Dzieciolowski，1976）和雪地和软土上的痕迹调查（Marques等，2001）都采用了半定量技术。

## 隔离群

隔离群是指如牛群和羊群的离散单元。在采用集约化养殖，一个农场中有大量动物的国家（如许多发达国家）中更为常见。表4.3说明了英国多种养殖单元的规模，大多数动物的养殖规模都较大。

隔离群可以是封闭的，不允许动物进出（屠宰除外）。如自繁自养或依法隔离的奶牛场。隔离群的两个极端例子是无特定病原体动物群和实验室悉生菌落动物群。

隔离群也可是开放的，但动物活动有限。如从育肥场其他农场或市场引进牛育肥，奶牛场从其他场引进换代奶牛。

与接触群相比，隔离群，尤其是封闭群不易传入病原。但是，因隔离群养殖动物密度高，一旦病原传入，就会在群中快速传播。

### 估计隔离群的规模

与接触群相比，隔离群的规模更易知晓。集约化隔离饲养的大群动物通常只有一个畜主（动物/养殖户的比很高）。定期普查与估计产生的食用动物统计数据是有的（如，英国是按年度统计[①]）。内容最为全面的统计数据是FAO和OIE出版的动物卫生年鉴，表1.8和表1.10的数据就引自前者。

纯种马也是隔离饲养的（通常是开放的隔离群），主要饲养在训练场边的马厩中，很容易知晓其数量。但是公开的数据可能不全面。如，英国每年统计一次纯种马数量，但统计数据只涉及部分年龄段的马，通常包括公马、母马和马驹的信息，但数据可能不完整。

---

① 英国早在1086年就开始第一次家畜普查，作为“世界末日的调查”。但不幸的是，编辑数据的时候，出版文件遗漏了这个国家大部分地区家畜数量的数据（Morris，1976）。

表 4.3 英国 1997 年 6 月牛群和羊群饲养规模

| **种奶牛** | 1～10 | 10～30 | 30～40 | 40～50 | 50～70 | 70～100 | 100～200 | 200 以上 | 合计 |
|---|---|---|---|---|---|---|---|---|---|
| 群数 | 2 260 | 5 776 | 3 913 | 3 761 | 6 349 | 6 725 | 6 638 | 907 | 36 329 |
| 动物数 | 8 556 | 115 380 | 134 449 | 166 085 | 371 512 | 556 454 | 872 926 | 250 531 | 2 475 893 |
| **种肉牛** | 1～10 | 10～30 | 30～40 | 40～50 | 50～100 | 100 以上 | | | 合计 |
| 群数 | 26 648 | 24 588 | 5 802 | 3 876 | 7 401 | 2 799 | | | 71 114 |
| 动物数 | 117 719 | 431 979 | 196 459 | 169 690 | 502 693 | 421 978 | | | 1 840 518 |
| **牛和小牛** | 1～10 | 10～30 | 30～40 | 40～50 | 50～70 | 70～100 | 100～200 | 200 以上 | 合计 |
| 群数 | 13 815 | 27 613 | 9 853 | 8 391 | 13 849 | 15 338 | 26 123 | 14 517 | 129 499 |
| 动物数 | 71 890 | 521 571 | 337 099 | 371 439 | 816 578 | 1 282 243 | 3679 415 | 4 477 959 | 11 558 194 |
| **种猪** | 1～10 | 10～20 | 20～50 | 50～100 | 100～200 | 200～500 | 500～1 000 | 1 000 以上 | 合计 |
| 群数 | 4 583 | 1 206 | 1 260 | 864 | 979 | | 1 327 | | 10 219 |
| 动物数 | 16 168 | 16 549 | 39 553 | 61 618 | 139 810 | | 651 851 | | 925 529 |
| **猪** | 1～10 | 10～20 | 20～50 | 50～100 | 100～200 | 200～500 | 500～1 000 | 1 000 以上 | 合计 |
| 群数 | 4 039 | 1 329 | 1606 | 1 022 | 1 035 | 1 622 | 1 309 | 2 281 | 14 243 |
| 动物数 | 13 768 | 18 186 | 50 786 | 73 065 | 147 417 | 532 937 | 947 295 | 6 189 040 | 7 972 494 |
| **种羊** | 1～50 | 50～100 | 100～200 | 200～500 | 500～1 000 | 1 000 以上 | | | 合计 |
| 群数 | 22 446 | 14 861 | 16 138 | 18 204 | 7 903 | 3 008 | | | 82 560 |
| 动物数 | 516 765 | 1 065 407 | 2 284 127 | 5 732 217 | 5 428 889 | 4 480 397 | | | 19 507 802 |
| **羊** | 1～50 | 50～100 | 100～200 | 200～500 | 500～1 000 | 1 000 以上 | | | 合计 |
| 群数 | 15 740 | 10 658 | 14 463 | 20 608 | 13 367 | 12 301 | | | 87 137 |
| 动物数 | 341 880 | 778 980 | 2 095 656 | 6 674 783 | 9 518 316 | 22 786 386 | | | 42 196 001 |

来源：HMSO，1998。

# 疫病频率的测量

## 流行率（Prevalence）

流行率（$P$）是指在特定时间内，群体中所有病例（新旧病例合计）或有疾病相关属性（如感染或有抗体）的动物数量。当未界定时间段时，流行率通常指点流行率，即在特定时间点群体中的病例数。

期间流行率是指一段时间内出现的病例数，如时间段为一年（年流行率），等于期间开始的点流行率与期间新发病例数之和。期间开始时发病情况不明的情形下也可使用期间流行率（如：行为条件）。终身流行率指在生命过程中至少患病一次的个体数量。

尽管流行率可简单定义为感染动物数，但更有意义的表述是患病动物数与群体中有患该病风险的动物数比。

$$P=\frac{\text{特定时间点患病动物数}}{\text{特定时间点群体中有患病风险的动物数}}$$

例如，某场有 200 头奶牛，某天有 20 头变跛，那么该天群体变跛的流行率为 20/200，即 0.1。这一比例表示在给定时间动物发病的概率。流行率分布在 0～1，可无穷小。有时以百分比的形式表示，流行率 0.1 即 10%。另外，如果是罕见疫病，流行率可表示如下：

$$\frac{\text{病例数}}{\text{有患该病风险的动物数}}\times 10^{n}$$

$n$ 为整数，大小取决于疫病的罕见程度，因此，流行率可表达为每 10 000 个（$n=4$）风险动物中的病例数，或每 1 000 000（$n=6$）风险动物中的病例数。

## 发病（率）（Incidence）

发病（率）是特定时间段内群体中的新发病例数，有 2 个必要组成：

- 新发病例数；
- 新发病例出现的时间范围。

与流行率类似，发病（率）可简单定义为感染动物数量，但通常也表示为新发病例数与有患病风险的动物数比。

### 累积发病率（Cumulative incidence）

累积发病率（$CI$）也称发病风险，是指研究时段内群中发病动物的比例：

$$CI=\frac{\text{观察期内的发病数}}{\text{研究开始时群体中健康动物总数}}$$

该值介于 0～1 之间（或 0%～100%），可无穷小。

如，猫舍内有 100 只健康猫，一周后，有 20 只猫感染传染性牛气管炎病毒，那么：

$$CI=\frac{20}{100}=0.2$$

观察时间越长，风险越大。因此，如果观察的第 2 周又有 10 只猫发病，那么 2 周的累积发病率为 0.3。

如果某时段（$x$）的累积发病率已知，可推测另一时段（$y$）的累计发病率：

$$CI_y = 1 - (1 - CI_x)^{\frac{y}{x}}$$

假设风险不变（Martin 等，1987）。例如，如果 1 年内的累积发病率为 0.30，要求计算 3 年的累积发病率，那么 $x=1$，$y=3$，

$$\begin{aligned} CI &= 1 - (1 - 0.30)^{\frac{3}{1}} \\ &= 1 - 0.7^3 \\ &= 1 - 0.34 \\ &= 0.66 \end{aligned}$$

累积发病率是特定时间段内个体或群体发病的平均风险。通常只将第一次发病纳入计算范围（重复发病只计为 1 次）。当计算累积发病率时，观察期内新进入的风险动物不能计入最初风险动物数。然而，如果在观察期内从群体中调出健康动物，分母应通过减去移除动物数的一半来校正（Kleinbaum 等，1982）。如果风险时间短，且与特定事件相关（如奶牛难产），则整个观察期内可观察到所有风险动物，此时累积发病率也可用于动态群。

### 发病率（Incidence rate）

发病率（$I$）用于一定时期内病例发生速度的测量。

$$I = \frac{\text{观察期内的新发病例数}}{\text{观察对象经历的观察时间的总和}}$$

分母是风险动物-年，等于观察期内每一健康动物经历的观察时间之和，只要动物发病，就不再计算。例如，6 头牛在 1 年观察期内不发病，计为 6 风险动物-年。同样，1 头牛观察了 6 年未发病，也计为 6 风险动物-年。发病率计算见表 4.4。这说明发病率有时间尺度，单位为每动物-周、每动物-年等。这里的时间单位也称内部时间构成。

**表 4.4 发病率计算示例：牛流行性白血病（假设数据）**

| 序号 | 观察期 | 观察期开始发生牛流行性白血病的时间 | 贡献的动物-风险年 |
|---|---|---|---|
| 1 | 7 年 | 不发病 | 7 年 |
| 2 | 7 年 | 不发病 | 7 年 |
| 3 | 4 年 | 4 年 | 4 年 |
| 4 | 5 年 | 不发病 | 5 年 |
| 5 | 6 年 | 不发病 | 6 年 |
| 6 | 8 年 | 不发病 | 8 年 |
| 7 | 5 年 | 5 年 | 5 年 |
| 8 | 2 年 | 不发病 | 2 年 |
| 9 | 9 年 | 不发病 | 9 年 |
| 10 | 5 年 | 不发病 | 5 年 |
| 合计 | | | 58 年 |

注：总发病数=2。
发病率=2/58 风险动物-年=3.5/100 风险动物-年，即 0.035 风险动物-年。

如果一段时间（$x$）的发病率已知，可推测另一时间段（$y$）的发病率：

$$I_y = I_x\ (y/x)$$

假设比率是常数（Martin 等，1987）。如果发病率＝2 风险动物-年，求月发病率，那么 $y=1$，$x=12$（1 年＝12 个月），那么：

$I_y=2\ (1/12)$

　$=0.17$ 风险动物-月

同样，2 风险动物-月＝24 风险动物-年。

该方法的基础是疫病状态变动取决于：

- 群体大小；
- 观察期；
- 发病强度。

发病强度（也被称为“风险率”和“瞬时发病率”）是理论性测量在某一时点疾病发生风险的方法，通常根据发病率来估计。该方法适用于观察期内群体大小发生变化（如牛场引进小母牛，运出奶牛），以及不局限于特定时间疾病的发病率计算。因无法频繁记录动物个体的准确观察时间，发病率是难以精确计算的，近似计算方法是：

$$I=\frac{\text{观察期内群体中新发病例数}}{(\text{观察期初风险动物数}+\text{观察期末风险动物数})/2}$$

分母代表风险动物平均数（Martin 等，1987）。

如观察有 70 头奶牛的群 1 年，有 7 头患有肺炎，近似的发病率为：

7/70 风险动物-年

＝0.01 风险动物-年

当患病动物的平均风险期是观察期的一半时，准确值和近似值相等。例如：如果 5 个动物观察 1 年，其中 3 个发病：

第 72 天一个动物发病（0.20 年）

第 180 天一个动物发病（0.05 年）

第 290 天一个动物发病（0.80 年）

使用准确的分母：

$$I=3/\ (2+0.20+0.50+0.80)$$

$$=3/3.50=0.86;$$

使用近似分母：

$$I=3/\ \{\ (5+2)\ /2\}$$

$$=3/\ (7/2)\ =0.86.$$

因为患病动物的平均风险期是 6 个月：（0.20＋0.50＋0.80）/3 年＝0.50 年，准确等于近似发病率。

相比之下，如果观察了 5 个动物，3 个发病：

第 120 天 2 个动物发病（0.33 年）

第 240 天 1 个动物发病（0.67 年）

使用准确分母：

$$I = 3/(2+0.33+0.33+0.67) = 3/3.33 = 0.90;$$

使用近似分母，$I=0.86$。

因为患病动物的平均风险期不足 6 个月：(0.33+0.33 +0.67) /3 年=0.44 年，近似分母使发病率变低。

最后，如果观察了 5 个动物，3 个发病：

第 120 天 1 个动物发病（0.33 年）

第 240 天 2 个动物发病（0.67 年）

使用准确分母：

$$I = 3/(2+0.33+0.67+0.67) = 3/3.67 = 0.82;$$

使用近似分母 $I=0.86$。

因为患病动物的平均风险期超过 6 个月：(0.33+0.67 +0.67) /3 年=0.57 年，近似分母使发病率升高。

计算发病率时，观察期应短到每只动物只发病一次（之后动物不再处于风险状态）。因此，当计算牛乳腺炎发病率时，恰当的时间单位可以是 1 个月，发病率的单位是风险动物一月。然而，实践中在特定时间单位内，有的疾病可能复发（如受伤）。如果疾病持续时间短，随后的康复（免疫力）时间也短，感染动物数可继续计入风险动物（Kleinbaum 等，1982）。另外，康复期可定义为：感染期后动物再次成为易感动物的时间（Bendixen，1987）。

有时发病率也称为真实发病率，人-时发病率（卫生流行病学），或发病密度（Miettinen，1976）。发病率只与群体相关，不能从个体水平来解释。

可通过发病率来估计累积发病率：

$$CI = 1 - e^{-I}$$

$e$ 是自然对数的底数 2.718（见附录Ⅱ）。如年发病率为 0.03，那么一年累积发病率为：

$$CI = 1 - 2.718^{-0.03} = 1 - 1/2.718^{0.03} = 1 - 0.97 = 0.03$$

本例中，累积发病率和发病率相等，当 $I<0.10$ 时，两值近乎相等（Kleinbaum 等，1982）。（回想一下，累积发病率的分母是最初风险动物数，而发病率的分母是观察期内平均风险动物数，分母不同。随着观察的开展，病例出现，平均风险动物数减少，故发病率较高。）

针对同一疾病分别采用发病率和累积发病率两个参数进行研究时，把发病率转换为累积发病率就显得十分有意义。比如，英国研究母犬绝育导致尿失禁的例子中（Thrusfield 等，1998），估计的发病率为 0.017 4 风险动物-年，近似于 10 年的累积发病率 0.16，与瑞士文献记载的 0.20 不同（Arnold 等，1989）。

Kleinbaum 等（1982）和 Bendixen（1987）详细讨论了发病率。

### 袭击率

有时群体只在有限的时间内存在风险，要么因为暴露于病原的时间是短暂的，要么因为患此病的风险局限于某一年龄段，如新生儿期。第一种原因的典型例子是牛饲料受霉菌毒素污染（Griffiths 和 Done，1991）和核事故中遭受辐射。这种情况下，观察期长短与发病率无关，可用袭击率来描述动物发病的比例。

续发率（Lilienfeld 和 Lilienfeld，1980）是指接触最初病例而至新病例的占比：

$$\text{续发率}=\frac{\text{潜伏期内暴露于初始病例的新发病例数}}{\text{暴露于初始病例的全部动物数}}$$

（发生于潜伏期范围之外的病例，通常是与二代病例接触所致，称为三级病例。）如果疾病潜伏期是未知的，分子可用特定时间段表示。续发率通常用于隔离群体，如圈和马厩中的动物（针对人类，指家庭），描述接触性传染病时很有意义（见第 6 章）。

## 流行率和发病率的关系

横断面调查，病程长的疾病比病程短的疾病更易被检测到。比如，慢性关节炎可持续数月，在这数月中开展的屠宰场横断面调查随时都可检测到该病。然而，羊跳跃病只存在几天时间，如果想检测到该病，就只能在这数天中开展横断面调查。

流行率 $P$ 取决于疾病的病程 $D$ 和发病率 $I$：

$$P \propto I \times D$$

这就意味着流行率的变化取决于：

- 发病率的改变；
- 疾病平均病程的改变；
- 发病率和平均病程的改变。

疾病发病率降低，如牛慢性细菌性肠炎，最终会降低疾病的整体流行率。治疗可能会降低致死性疾病的死亡率，但会因为患病动物生命的延长提高流行率。如抗生素治疗急性细菌性肺炎可降低死亡率，但会增加患慢性肺炎的康复动物数量。

疾病的病程变短也会降低流行率。例如治疗可能会加速康复。

### 通过流行率计算发病率

流行率和发病率间的关系是复杂的（Kleinbaum 等，1982），但在稳定状态下（假定群体不变，发病率和死亡率是常量）通过数学公式表明两者间的关系：

$$P(1-P)=I \times D$$

当 $P$ 很小时，可简化为：

$$P=I \times D$$

因此，当等式中的两者已知时，可计算出第三者。例如，估计新西兰奶牛场工人因职业感染钩端螺旋体的年发病率（Blackmore 和 Schollum，1983），调查显示 34%的人钩端螺旋体血清学阳性（即流行率为 0.34），其他研究表明，10 年内钩端螺旋体的抗体滴度平均为 1/24 或更高（这一滴度抗体的持续期为 10 年），也就是说人感染钩端螺旋体病的数量会维持在相同水平超过 10 年。因此，可假设该病在人群中呈现稳定的流行病学水平，则：

$$P=0.34$$

$$D\text{（年数）}=10$$

因此：`

$$I=0.34/10$$

$$=0.034\ (3.4\%)\ /\text{年}$$

与官方通报的新西兰大型奶牛场工人的年发病率 2.1%相比，估计值略高，但官方通常会低估真实发病率（参见第 17 章中血清转化率部分）。

## 流行率和发病率的应用

流行率和发病率的用途不同。流行率关注已存在的疾病，如发现疾病问题、确定优先研究目标、制定长期疫病防控策略和诊断试验的评价（见第 17 章）等。

累积发病率是用来预测个体健康状况的变化，因为它表示个体在特定时间内发病的概率。而发病率不能直接用于个体，但在需要知道新病例在群中的发展速度时很适用。

### 因果研究

理想的致病因素调查需要了解发病率，这是因为发病率给出了特定时间内疾病发生的概率，流行病学家据此可确定不同群体和时间段疾病的发生是否与可疑因素有关（Lilienfeld 和 Lilienfeld，1980）。因果研究中选择恰当的发病测量方法（累积发病率与发病率）见第 15 章，详见 Kleinbaum 等（1982）的报告。

当试图确定因果关联时，可通过以下 2 种方式，对假设致病因素存在与否与疾病发生情况进行对比：

• 比较绝对差（比如，对群体进行 10 多年的研究，“暴露”组的累计发病率为 0.001 0，“不暴露”组为 0.000 1，绝对差为 0.000 9）；

• 比较相对差（上面例子中，相对差为 0.001 0/0.000 1=10）。

相对差清晰的表明了差异程度，常用于因果关系研究，详见第 15 章。

## 死亡（率）

死亡率类似于发病率，其相关的结果是死亡数而不是新病例。

### 累积死亡率（Cumulative mortality）

累积死亡率（$CM$）计算方法同累积发病率，但分子是特定时间内因某病死亡数，分母为观察期内的风险动物数，包括初始发病动物。

$$CM=\frac{\text{观察期内死亡动物数}}{\text{观察期始时群内动物数}}$$

**死亡率（Mortality rate）**

死亡率（也叫死亡密度，$M$）的计算方法同发病率。分子是死亡数。然而，由于动物从发病开始就处于死亡的风险，在所有发病但未死亡的动物也都应计入分母。

$$M=\frac{\text{观察期内因病死亡动物数}}{\text{所有活动物经历的观察时间的总和}}$$

**粗死亡率（Death rate）**

死亡率是指群体中所有病（不针对特定病种）的死亡率。（有的学者不区分死亡率和粗死亡率，而计算死亡专率。同样，粗死亡率指所有死亡，不论原因。）

**病死率（Case fatality）**

病死率（$CF$）反映的是特定时间内因特定原因死亡动物的趋势，也就是死亡动物在发病动物中的占比，为：

$$CF=\frac{\text{死亡动物数}}{\text{发病动物数}}$$

病死率测量的是发病动物的死亡概率，介于0～1之间（或者0～100％），无量纲。

病死率取决于观察时间，从短期至数年。如果观察期较长（慢性病，如癌症），则存活率更为适用。

## 存活（率）（Survial）

存活率（$S$）是指观察期内个体发病但仍存活的概率。

$$S=\frac{N-D}{N}$$

式中，$D$＝观察期内死亡动物数；$N$＝观察期内新发病例数。

存活率是病死率的补集。对于给定的观察期，病死率与存活率之和为1（100％）。

观察期内，动物会死亡、存活或被终检，这里的终检是指动物在死亡或研究完成前被结束观察（如动物无法追踪或研究终止）[①]。

癌症通常引用1年或2年存活期（对于人通常为5年或10年）的表述。这个时期为总结预后是否采取治疗措施提供了有益的方式。

家畜存活率不仅与疫病有关，也与一些主观因素有关，如出于人道和经济原因，对宠物和家畜执行安乐死。在评价治疗效果时，可通过只考虑因病致死或在观察期末被扑杀动物来消除这些因素的影响。

用图4.2中的数据计算1年以上的存活率：

---

① 每个领域未观察的事件都可有两种类型的终检值。例如，测试飞机引擎时，研究人员会终止对预定速度的观察，转对引擎部件进行测试。因此，在预定速度观察执行前，对这些部件而言，速度瓦解是唯一已知原因，这就构成了Ⅰ型终检。另外，当故障发生给定次数时，研究人员会终止观察，这个数值可能比观察到的数值小，这就是Ⅱ型终检。流行病学研究中，终检通常由时间限制引起，即Ⅰ型终检。

$$S=\frac{6}{7}=0.86\ (86\%)$$

因两次终检观察（动物 D 和 E），2 年期的存活率很难计算。如果这些动物至少存活 2 年，那么 2 年期的存活率为 6/7（86%）。然而，如果这 2 个动物在 2 年内死亡，存活率为 4/7＝0.57。统计上称为“生存分析”的技术被用于处理类似不完整的数据，常见方法是使用寿命表。

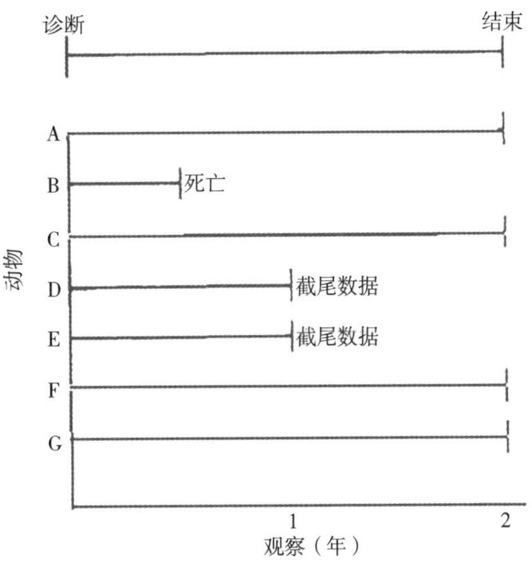

图 4.2　27 只发病动物的存活率（假设数据）

寿命表最初由人口学家和保险员共同开发，通过对实际人群的观察，估计人的理论寿命。然而，寿命表也可使用死亡率和发病率数据。

观察事件被分为 $j$ 个离散间隔时间，给定含有 $N$ 个个体的样本，使用以下数据，计算每个间隔期的累计存活率（Lee，1992）：

- 间隔期开始时群体中的存活数 $n_j$
- 间隔期间的观察终检数 $c_j$
- 间隔期的风险动物数 $n_j-c_j/2^*$
- 间隔期的死亡数，$d_j$
- 间隔期的死亡率，$q_j=d_j/\ (n_j-c_j/2)$
- 间隔期的存活率，$p_j=1-q_j$
- 所有间隔期的累积存活率，$P_j=p_0\times p_1\times\cdots\times p_{j-1}=P_{j-1}\times p_{j-1}$

表 4.5 是兽医门诊 86 只患糖尿病犬的寿命表。

到 1 个月：

$n_0=86$

$c_0=1$

$n_0-c_0/2=86-0.5=85.5$

$d_0=5$

$q_0=d_0\ (n_0-c_0/2)\ =5/85.5=0.058$

$p_0=1-q_0=1-0.058=0.942$

$P_0=1.000$（在观察期开始时所有动物均存活）。

到第 2 个月，$P_1=p_0$

$=0.094\ 2$

到第 3 个月，$P_2=p_0\times p_1$

$=0.942\times0.963$

---

* 停止数的一半，$c_j/2$，用于假设时间间隔中点停止的平均数（Elandt-Johnson，1977）。

$=0.907$

到第 4 个月，$P_3=p_0\times p_1\times p_2$

$=0.942\times 0.963\times 0.974$

$=0.883$

依次类推。

分析结果显示，患糖尿病的犬确诊后，存活 18 个月的相当普遍（累积存活率＝0.725），5 年存活率低于 25%。

表 4.5　86 只患糖尿病犬的寿命表

| 诊断时间（月，$j$） | 存活数（$n$） | 终检数（$c_j$） | 风险动物数（$n_j-c_j/2$） | 死亡数（$d_j$） | 死亡率（$q_j$） | 存活率（$p_j$） | 区间累计存活率（$P_j$） |
|---|---|---|---|---|---|---|---|
| 0～1 | 86 | 1 | 85.5 | 5 | 0.058 | 0.942 | 1.000 |
| >1～2 | 80 | 0 | 80.0 | 3 | 0.038 | 0.963 | 0.942 |
| >2～3 | 77 | 0 | 77.0 | 2 | 0.026 | 0.974 | 0.907 |
| >3～4 | 75 | 1 | 74.5 | 3 | 0.040 | 0.960 | 0.883 |
| >4～5 | 71 | 1 | 70.5 | 3 | 0.043 | 0.957 | 0.847 |
| >5～6 | 67 | 0 | 67.0 | 2 | 0.030 | 0.970 | 0.811 |
| >6～12 | 65 | 3 | 63.5 | 5 | 0.079 | 0.921 | 0.787 |
| >12～18 | 57 | 3 | 55.5 | 6 | 0.108 | 0.892 | 0.725 |
| >18～24 | 48 | 7 | 44.5 | 6 | 0.135 | 0.965 | 0.647 |
| >24～30 | 35 | 4 | 33.0 | 2 | 0.061 | 0.939 | 0.559 |
| >30～36 | 29 | 5 | 26.5 | 2 | 0.075 | 0.925 | 0.525 |
| >36～42 | 22 | 5 | 19.5 | 3 | 0.154 | 0.846 | 0.486 |
| >42～48 | 14 | 5 | 11.5 | 3 | 0.261 | 0.739 | 0.411 |
| >48～54 | 6 | 1 | 5.5 | 1 | 0.182 | 0.818 | 0.304 |
| >54～60 | 4 | 2 | 3.0 | 0 | 0.000 | 1.000 | 0.249 |
| >60 | 2 | 1 | 1.5 | 1 | 1.000* | 0.000 | 0.083 |

注：* 从逻辑上讲，超过 5 年死亡的概率等于 1。

来源：引自 Peter Graham 和 Andrew Nash，格拉斯哥大学兽医学院。

另一种常见的生存分析方法是 Kaplan-Meier 分析（Kaplan 和 Meier，1958）。表 4.6 列出了用 Kaplan-Meier 法估计患乳腺癌的猫手术切除肿瘤后 1 年的存活率，估计时与预后因素（指标）进行了关联。结果也可通过图 4.3 显示，以帮助临床医生判断预后。因此，如果淋巴结不会继发肿瘤，猫确诊乳腺癌后存活 1 年的概率大（存活率约等于 60%），如继发淋巴结肿瘤，则预后很差（存活率约等于 20%）。

癌症研究中也采用其他测量存活情况的方法（Misdorp，1987）。也能估计无肿瘤（无病）存活情况，但需定期检查局部复发或转移情况。复发百分比或非复发百分比可用来描述局部治疗成功的概率，完全缓解或部分缓解的百分比可用来评估系统治疗（如化疗）效果。

**表 4.6 不同影响预后的因素致猫患乳腺癌 1 年期存活情况**

| 预后因素 | 猫的数量 | 存活率 |
|---|---|---|
| 无肿瘤+ve 淋巴结 | 107 | 0.58 |
| 肿瘤+ve 淋巴结 | 43 | 0.22 |
| 原发肿瘤的直径 | | |
| 1cm | 27 | 0.72 |
| 2cm | 31 | 0.41 |
| 3～5cm | 98 | 0.40 |
| ≥6cm | 44 | 0.23 |

来源：Weijer 和 Hart，1983。

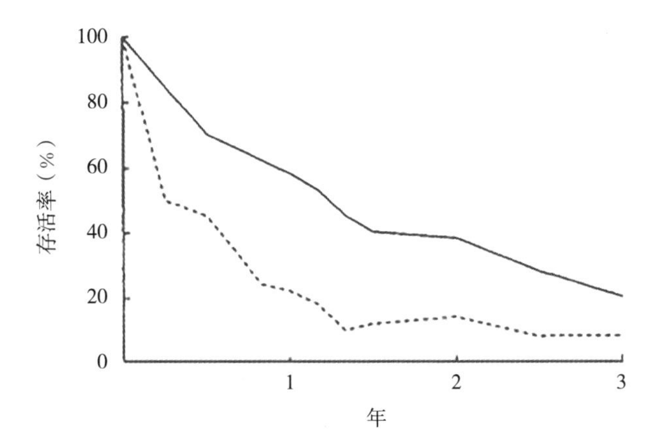


图 4.3 患乳腺癌猫的存活率曲线。存活率的计算以 3 个月为间隔，用直线连接各点。——淋巴结无肿瘤；……继发淋巴结肿瘤。来源：Weijer 和 Hart，1983

存活分析也可应用于健康动物的寿命研究（Chiang，1984），见表 4.7 示例。

**表 4.7 动物寿命研究**

| 种类/品种 | 来源 |
|---|---|
| 圈养哺乳动物 | Comfort（1957） |
| 猫 | Comfort（1955）；Hayashidani 等（1989） |
| 犬 | Comfort（1960）；Hayashidani 等（1988）；Reid 和 Peterson（2000） |
| 伯尔尼山犬，拳击犬，比熊犬 | Moe 等（2001） |
| 爱尔兰狼犬 | Comfort（1956） |
| 马 | Comfort（1958）；King（1696） |
| 哺乳类 | Flower（1931） |
| 家禽 | Pease（1947） |
| 羊 | Carter（1939） |

## 流行率、发病率、死亡率、病死率、存活率计算示例

假设兽医调查了一种牛疾病，预后表现为康复或死亡。2003 年 7 月 1 日，调查牛群时已出现病例。观察期为 1 年，在此期间畜群规模保持不变（无终检），结果如下：

2003 年 7 月 1 日动物总数：600

2003 年 7 月 1 日临床发病数：20

2003 年 7 月 1 日至 2004 年 7 月 1 日临床发病总数：80

2003 年 7 月 1 日至 2004 年 7 月 1 日临床死亡总数：30

2003 年 7 月 1 日的流行率＝20/600＝0.03

2003 年 7 月 1 日至 2004 年 7 月 1 日累计发病率＝80/580＝0.14

发病率＝80/［(580＋500)/2］＝0.15 风险动物-年

2003 年 7 月 1 日至 2004 年 7 月 1 日累积死亡率＝30/600＝0.05

死亡率＝30/［(600＋570)/2］＝0.05 风险动物-年

2003 年 7 月 1 日至 2004 年 7 月 1 日病死率＝30/100＝0.30

2003 年 7 月 1 日至 2004 年 7 月 1 日存活率＝70/100＝0.70

（注意：发病率和死亡率的近似计算用易感动物总数作为分母。真实发病率和死亡率的计算要求观察每个动物，因此，发病开始的时间、死亡出现的时间需要一一陈述，单位为风险动物-月，见表 4.4。）

## 比、比例和率

本章前面对疫病发生的比例（proportions）和率（rates）进行了描述。这两个术语和另外一个术语比（ratios）在兽医学和医学中有时使用得并不恰当，需要进一步讨论。

比是一个数除以另一个数的值。例如，雄性与雌性的比为 3∶2，前面的数为分子，后面的数为分母。比例是比的一种特殊情况，分子是分母的一部分。因此，流行率、累积发病率、病死率和存活率都是比例。流行病学中，比的分子通常不包含在分母中。例如：

$$胎儿死亡率=\frac{胎儿死亡数}{出生存活数}$$

率是一种数量（分子）与另一种数量（分母）的比，用于表达变化。“时间”通常是分母，如速度（如 10m/s）。流行病学中真正意义上的率，时间常是分母的一部分，如流行病学中最常用的发病率。

然而，有时流行病学中比和率使用并不恰当，分子往往是分母的子集（如比例）。因此，“流行率”“累积发病率”“病死率”和“存活率”并不是真正意义上的率。

表 4.8 列出了常见的流行病学比和率。大部分例子中，率是比例，而不是真正意义上的率，但表中大部分术语仍保持原有的意思。

比例和率以 3 种主要的形式呈现：粗率、专率、标准化率。

**表 4.8　常用的率和比（通常指特定群体的动物观察 1 年）***

| 名称 | 释义 |
| --- | --- |
| **率** | |
| 第 $n$ 天不反弹率 | $\frac{繁殖后第\ n\ 天不反弹动物数}{繁殖动物数}\times 10^{a+}$ |
| 第 $n$ 天怀孕率 | $\frac{繁殖后第\ n\ 天怀孕动物数}{繁殖动物数}\times 10^{a}$ |

（续）

| 名称 | 释义 |
|---|---|
| 粗出生存活率 | $\frac{\text{新出生动物数}}{\text{繁殖动物数}} \times 10^a$ |
| 正常生育率 | $\frac{\text{新出生动物数}}{\text{繁殖期平均雌性动物数}} \times 10^a$ |
| 粗死亡率 | $\frac{\text{死亡动物数}}{\text{群体平均数}} \times 10^a$ |
| 特定年龄死亡率 | $\frac{\text{特定年龄组死亡动物数}}{\text{特定年龄组动物数}} \times 10^a$ |
| 小动物（羔羊、乳猪、幼犬等）死亡率 | $\frac{\text{特定年龄死亡动物数}^{**}}{\text{出生活动物数}} \times 10^a$ |
| 新生（小牛、羔羊）死亡率 | $\frac{\text{特定年龄死亡动物数}^{**}}{\text{出生活动物数}} \times 10^a$ |
| 胎儿死亡率（也叫死胎率） | $\frac{\text{胎儿死亡数}}{\text{新出生存活和死亡数之和}} \times 10^a$ |
| 特因死亡率 | $\frac{\text{特因死亡数}}{\text{群体平均数}} \times 10^a$ |
| 成比例流行率 | $\frac{\text{特因发病数}}{\text{发病动物总数}} \times 10^a$ |
| 成比例死亡率 | $\frac{\text{特因死亡数}}{\text{死亡总数}} \times 10^a$ |
| **比** | |
| 胎儿死亡率（也叫死胎率） | $\frac{\text{胎儿死亡数}}{\text{新生存活数}} \times 10^a$ |
| 母体死亡率 | $\frac{\text{因分娩死亡数}}{\text{新生存活数}} \times 10^a$ |
| 传染病发病率（ZIR） | $\frac{\text{规定时期内某区域动物种群中新发传染病数}}{\text{同一时期同一区域平均人口} \times \text{时间}} \times 10^a$ |
| 区域发病率（AIR） | $\frac{\text{规定时期内新发病例数}}{\text{观察的单位地理区域} \times \text{时间}} \times 10^a$ |

注：* 所有率均可用其他特定时间段。

** 兽医学中对新生儿年龄的限制没有一致的标准。

+a＝整数，通常在 2～6 之间，例如，$a=3$，那么 $10^a = 10^3 = 1000$。

来源：Schwabe 等人修订并扩展，1997。

## 粗率

粗流行率、发病率和死亡率表达的是群整体发病和死亡的情况，而没有考虑感染群的结构。例如，两个实验室样本鼠群的粗死亡率分别为每天 10/1 000 和 20/1 000。结果想表明，第二个鼠群的疾病问题是第一个的 2 倍，但实际上粗率的差异可能仅仅由于年龄结构的差异。鼠的寿命约 2 年，因此如果第二个鼠群比第一个的年龄大寿命长，那么即使没有发生疾病，第二个的动物死亡率预期要高于第一个的预期。虽然粗率可表示疾病的流行和发病情况，但它未考虑年龄等宿主特性，而这些特性可严重影响群体中疫病的发生。

## 专率

专率用来描述特定分类群体疫病的发生，如年龄、性别、品种、饲养方式，对于人，如种族、职业、社会经济群体。与粗率相比，专率可表达更多的疫病模式信息，也可表明特定风险动物的类别，并为寻找病因提供证据。

专率与粗率计算方式类似，但分子分母中包含一个或多个类别群体中宿主的特性信息，如计算特定群中不同年龄宿主的发病率。

肠道疾病，如沙门氏菌和大肠杆菌病的发病率，幼龄动物比老龄动物更高。雌性糖尿病的发病率比雄性高。牛眼鳞状细胞癌的粗流行率是93/100 000，而Herefords和Herefords crosses牛的流行专率为403 /100 000，表明Herefords的眼鳞状细胞癌流行率最高。宠物鸟虎皮鹦鹉甲状腺肿的流行率比饲养鸟高（Blackmore，1963）。同样地，澳大利亚职业人群患Q热的流行率调查表明，肉类加工者染病风险最高（Scott，1981）。

表4.9a显示，去势犬睾丸瘤的粗发病率（12.67/1 000风险犬-年）比特定年龄的发病专率值低。同样，表4.9b显示，地区专率间存在差异，提示发病存在地域差异，特定区域的犬更易发病。

年龄发病专率的计算为寻找疯牛病起因提供了进一步的线索（见第2章和第3章）。疫病潜伏期为4～5年，2岁动物很少发病。反刍动物源性蛋白（肉和骨粉）疑为感染来源，1988年7月相关禁令发布。2年后的调查显示，禁令发布后出生的2岁动物没有感染（Wilesmithand Ryan，1992）。这一发现增加了肉和骨粉是感染来源的可信度。

**表4.9 患隐睾的犬睾丸瘤发病率**

| (a) 特因年龄发病率 | | | | |
|---|---|---|---|---|
| 年龄 | 犬数量 | 犬-风险年 | 肿瘤数量 | 特因年龄发病率/1 000动物-年 |
| ≤2 | 262 | 411.3 | 0 | 0.00 |
| 2～3 | 153 | 288.8 | 0 | 0.00 |
| 4～5 | 93 | 199.4 | 0 | 0.00 |
| 6～7 | 49 | 103.0 | 7 | 67.96 |
| 8～9 | 31 | 59.2 | 4 | 67.57 |
| ≥10 | 21 | 43.3 | 3 | 69.28 |
| (b) 特因区域发病率 | | | | |
| 地点 | 犬数量 | 犬-风险年 | 肿瘤数量 | 特因年龄发病率/1 000动物-年 |
| 双侧阴囊（对照组） | 329 | 680.0 | 0 | 0.00 |
| 腹部阴囊 | 210 | 392.8 | 5 | 12.73 |
| 腹股沟阴囊 | 188 | 372.2 | 9 | 24.18 |
| 双侧腹部 | 54 | 96.8 | 0 | 0.00 |
| 双侧腹股沟 | 27 | 52.5 | 0 | 0.00 |
| 腹部腹股沟 | 16 | 30.5 | 0 | 0.00 |
| 隐睾未知 | 114 | 160.2 | 0 | 0.00 |

来源：Reif等，1979。

## 标准化率

如果两个群体所有与疾病发生有关的特性都一致，可用两个群体的粗率进行比较。如果群体的这些特性不一致，就会因一些特性成为混杂因素，得出错误结论（见第 3 章）。

如表 4.10a 列出了格拉斯哥和爱丁堡两个城市中未免疫犬钩端螺旋体抗体流行率抽样调查的结果。格拉斯哥的粗血清流行率比爱丁堡高 3%（0.27 比 0.24），假设抗体下降率是常数（持续血清阳性），则数据表明格拉斯哥钩端螺旋体感染比爱丁堡高（原因可能是前者感染的野生动物比后者多）。

然而，地域之外的其他因素也会影响血清流行率。如雄犬因性行为，尤其是舔雌犬外阴，会接触含菌的尿液，感染风险高于雌性。其他研究也表明，雄犬钩端螺旋体血清阳性率高于雌犬（Stuart，1946；Cunningham 等，1957；Arimitsu 等，1989）。

通过直接或间接标准化可去除性别混杂效应。如果潜在混杂因素在两个研究群体中分布类似，可通过标准化粗率得到预期值。

直接标准化

直接标准化需要每个群体的特定值。表 4.10b 中列出了不同性别的血清阳性率。注意：雄性的血清阳性率比雌性高；粗率是雄性和雌性流行率的平均加权，权重是雄性和雌性动物的数量。

格拉斯哥：

$$\text{粗血清阳性率}=\frac{0.31\times 48+0.22\times 212}{48+212}=0.24$$

爱丁堡：

$$\text{粗血清阳性率}=\frac{0.29\times 180+0.23\times 71}{180+71}=0.27$$

**表 4.10　1986—1988 年格拉斯哥和爱丁堡市犬钩端螺旋体凝集试验抗体检测滴度≥1∶10 的数量及比例**

(a) 粗血清阳性率

| 城市 | 滴度阳性犬数 | 抽样犬数 | 血清阳性率 |
|---|---|---|---|
| 格拉斯哥 | 61 | 260 | 0.24 |
| 爱丁堡 | 69 | 251 | 0.27 |
| 合计 | 130 | 511 | |

(b) 血清阳性专率

| 城市 | 滴度阳性犬数 | | | 抽样犬数 | | | 血清阳性率 | |
|---|---|---|---|---|---|---|---|---|
| | 雄性 | 雌性 | 小计 | 雄性 | 雌性 | 小计 | 雄性 | 雌性 |
| 格拉斯哥 | 15 | 46 | 61 | 48 | 212 | 260 | 0.31 | 0.22 |
| 爱丁堡 | 53 | 16 | 69 | 180 | 71 | 251 | 0.29 | 0.23 |
| 合计 | 68 | 60 | 130 | 228 | 283 | 511 | | |

来源：van den Broek 等，1991。

直接标准化需要选择一个标准群，在该群中，特性频率（在本例中是性别）是已知的。标准群是任意选择的，但它应具有现实性，且和研究群相关。因此，可从公开的畜牧业统计数据中选择一个大群作为标准群，与一组或两组的合计值进行比较。在本例子中，使用两组的合计值，即 228 只雄性犬和 283 只雌性犬。

各组中的值以标准群的特性频率为权重加权：

$$直接标准化值=sr_1 \times s_1/N+sr_2 \times s_2/N$$

此处：

$sr$＝研究群的值；

$s$＝标准群的特性频率；

$N$＝标准群总数（$s_1+s_2=N$）。

爱丁堡：

$sr_1$（雄）＝0.31

$s_1$＝228

$sr_2$（雌）＝0.22

$s_2$＝283

$N$＝511

$$\begin{aligned}调整后的值&=0.31\times(228/511)+0.22\times(283/511)\\&=0.138+0.122\\&=0.26\end{aligned}$$

格拉斯哥

$sr_1$（雄）＝0.29

$s_1$＝228

$sr_2$（雌）＝0.23

$s_2$＝283

$N$＝511

$$\begin{aligned}调整后的值&=0.29\times(228/511)+0.23\times(283/511)\\&=0.129+0.127\\&=0.26\end{aligned}$$

标准化值相等表明，性别因素是爱丁堡和格拉斯哥血清阳性率间差异的原因。如果是其他特性（如位置或年龄）造成的差异，标准化值会有差异。

在兽医学中，直接标准化可用于年龄、性别、品种等疑似混杂因素的识别。然而，尽管特定值是“事实”；但组成加权平均数的各特定值仅仅是不同组间比较合计值的方式之一。

#### 间接标准化

如果缺少一个或两个研究群的特定值，或每个特性值很小，以致少数病例出现与否会导致发病和死亡值出现较大波动时，可使用间接标准化方法。

间接标准化只需要两个研究群的粗率，但两个研究群中要标准化的特性频率必须是已知的。此外，还需已知标准群的特定值。首先，使用标准群的特定值计算每个研究群预期值：

$$预期值=sr_1 \times s_1/n+sr_2 \times s_2/n$$

式中，$sr$=标准群的特定值；$s$=研究群的特性频率；$n$=研究群总数（$s_1+s_2=n$）。

在比较的每个研究群中，粗值与预期值的比被称为标准化的发病率比（如间接标准化死亡率则称为标准化死亡率比，SMR）。标准比表示两个群之间的相对比较，与标准群的粗率相乘，就得到每个群的间接标准化值。

不同年龄的SMR以百分比表示，在人类医学中常用于职业人群与一般人群死亡率的比较（HMSO，1958年）。20～64岁成年人群的率标准化常以5年为间隔期。

Fleiss等（2003）、Kahn和Sempos（1989）等对标准化的优点、缺点和误区进行了详细讨论。

## 发病、死亡和养殖数据的表述

发病、死亡和养殖等数据的记录方式应能立即显示出它们的特点，如值的波动。表述的方式包括表格、柱状图、趋势图和时间轴等。

### 表格

表格是一种常用的数值性数据表述方法，在行和列（表4.3）中列出的数值。

### 柱状图

柱状图用竖条来表示变量，竖条的高度与变量值成比例（图4.4）。柱形图用于描述离散型的变量，包含整数，如病例数（连续数据的频率分布－定义见第9章－可以以类似的方式描述，称为直方图，不同的是竖条间无空隙，示例见图12.1）。柱形图能明确地显示出表格中不易发现的数据差异（图4.4）。

### 时间趋势图

时间趋势图中，点的垂直位置代表病例数，水平位置代表记录时段中点的时间。如图4.5中，每个点的纵坐标是新的炭疽病例数，横坐标是每周病例报告的中点。流行病就可以这种方式绘制流行曲线（图4.1和第8章）。

### 时间轴

时间轴勾勒出疾病及相关事件（如控制计划的执行），水平线代表时间进程。这是一个简单而有用的描述关键事件的方法（图4.6）。

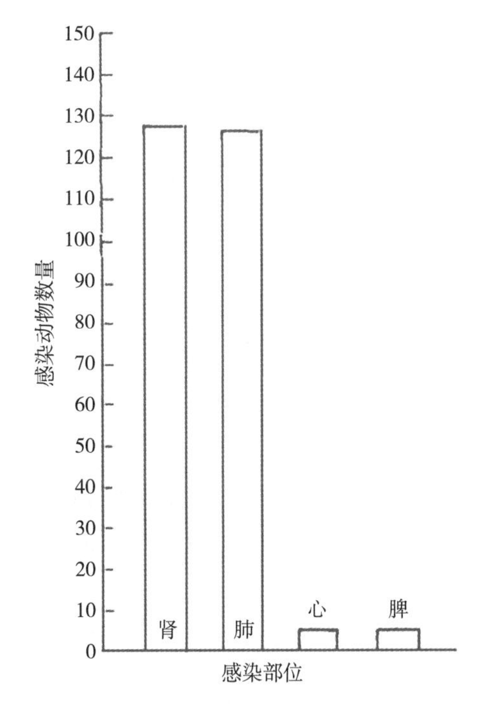


图4.4 科威特765头Somalian牛中，包虫囊肿在不同器官的分布柱形图示例。来源：Behbehani和Hassounah修订，1976

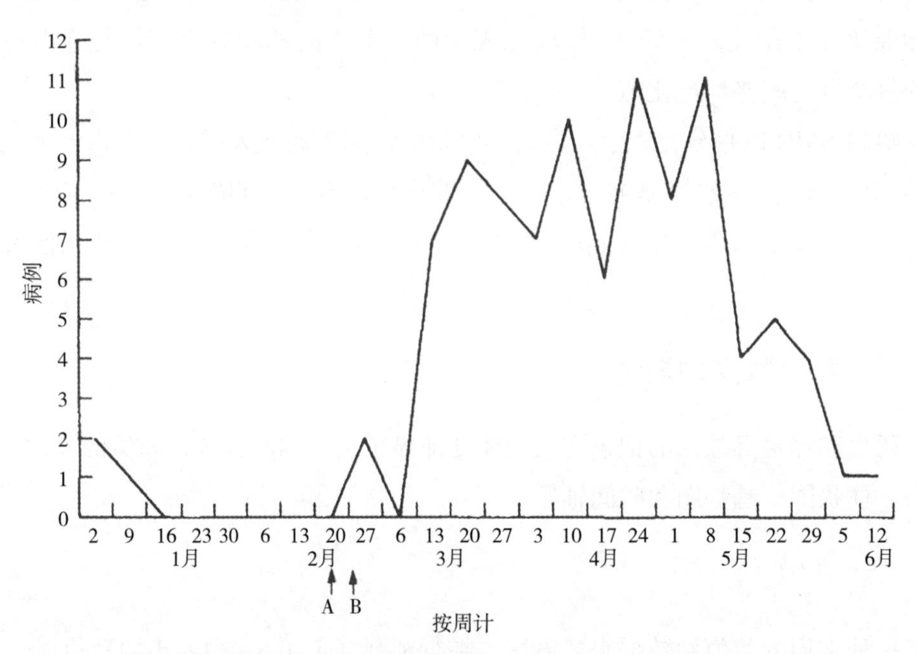


图 4.5　英国一起与牛饲料有关的牛炭疽暴发（1977 年 1 月 1 日至 6 月 12 日）。A=饲料运抵码头时间；B=饲料运抵牛场时间。来源：MAFF 修订，1977

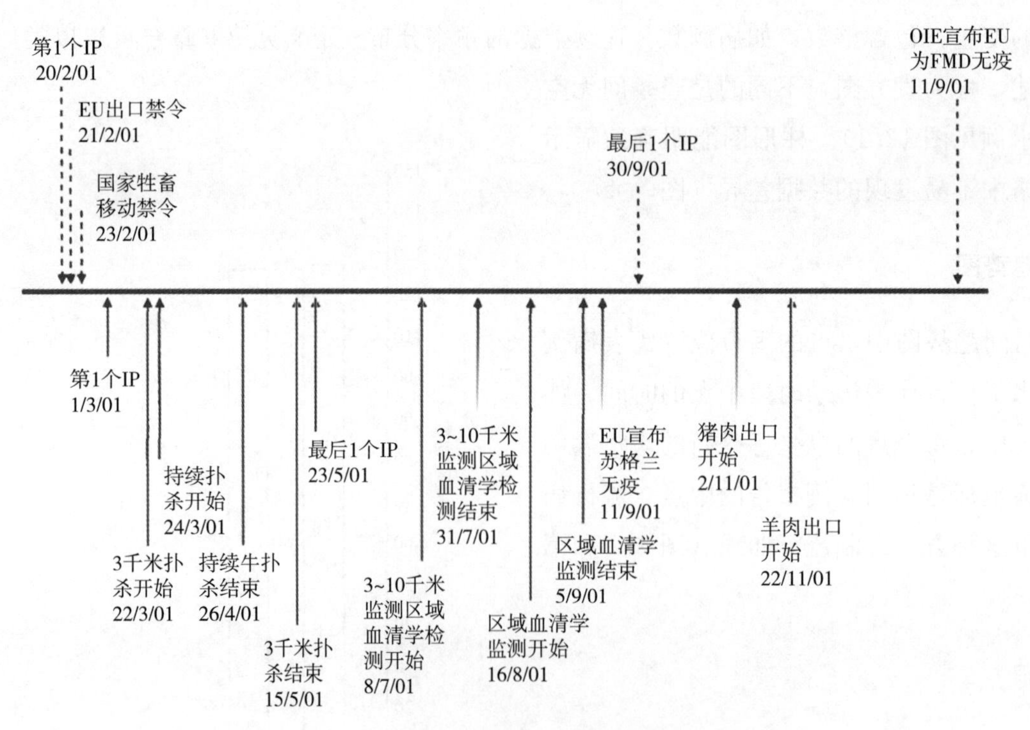


图 4.6　2001 年苏格兰 Dumfries 和 Galloway 地区口蹄疫流行期间主要事件。来源：Thrusfield 等，2005a

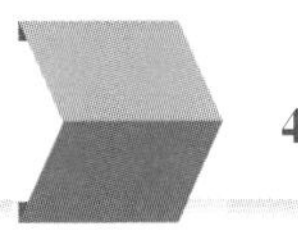



## 绘图

绘制地图（制图）是显示疾病及相关因素地理（空间）分布的常用方法。这种方法不仅记录了疾病存在的区域，还探索了疫病传播的模式和方向。如 1967 年，英国暴发口蹄疫，病例的空间分布显示疾病可能通过风传播（Smith 和 Hugh-Jones，1969）。后续的调查支持了这一假设（Hugh-Jones 和 Wright，1970，Sellers 和 Gloster，1980）。

地图还可提示未知病因疾病的发生原因。地图表明，约克郡羊患肿瘤（特别是下巴）病例集中的地方都有蕨菜分布（McCrea 和 Head，1978），因此，形成蕨菜是肿瘤病因的假设。随后，该假设被实验性研究证实（McCrea 和 Head，1981）。同样，比较低血铜患牛分布图（Leech 等，1982）和地质化学地图（Webb 等，1978），形成了在英格兰和威尔士地区，牛铜缺乏症可能是由于食入过量钼所导致的假设。

最简单的图是定性的，仅标记疾病发生地点，而不显示病例数量。当然，也可绘制定量的地图，标记病例数（比例、率和比的分子）、风险群（分母）以及流行率和发病率（即包括分子和分母）。

#### 图库

地图可由一个国家或地区的形状来组成，这就是地理学图库。或者绘制地图来代表群体集中程度，称之为人口统计学图库（Forster，1966），图中还标出与群规模有关的发病和死亡信息。人口统计学图需要准确的发病率和死亡率相关信息，包括分子和分母数据，但兽医实践中这些信息常常是缺失的，因而，兽医中不常用这种类型的图。

### 地理学地图

图 4.7 是一幅常见大不列颠地图，作为地理学地图的例子，显示了国家的形状。大多数地图册包括地理地图。有多种地理地图，每种具有不同的用途，显示不同详细程度的信息。

#### 点（点或位置）分布图

这类图通过圆形、方形、点或其他符号说明疾病暴发的位置。图 4.8 就是一个例子，与实心圆相邻的名称表明蓝舌病发生的地点在葡萄牙。点分布图是定性的，不表示暴发的程度，不涉及动物的数量。点分布图可使用箭头来表示疾病传播的方向。疾病暴发不同时间的系列点图，也可描述疾病的传播方向。此外，点地图可设定图例（如果有数据），通过改变点的密度来反应疾病的数量（图 4.9）。

#### 分布图

分布图显示的是疾病发生区域。图 4.10 给出一个例子，说明澳大利亚东南部是不断出现

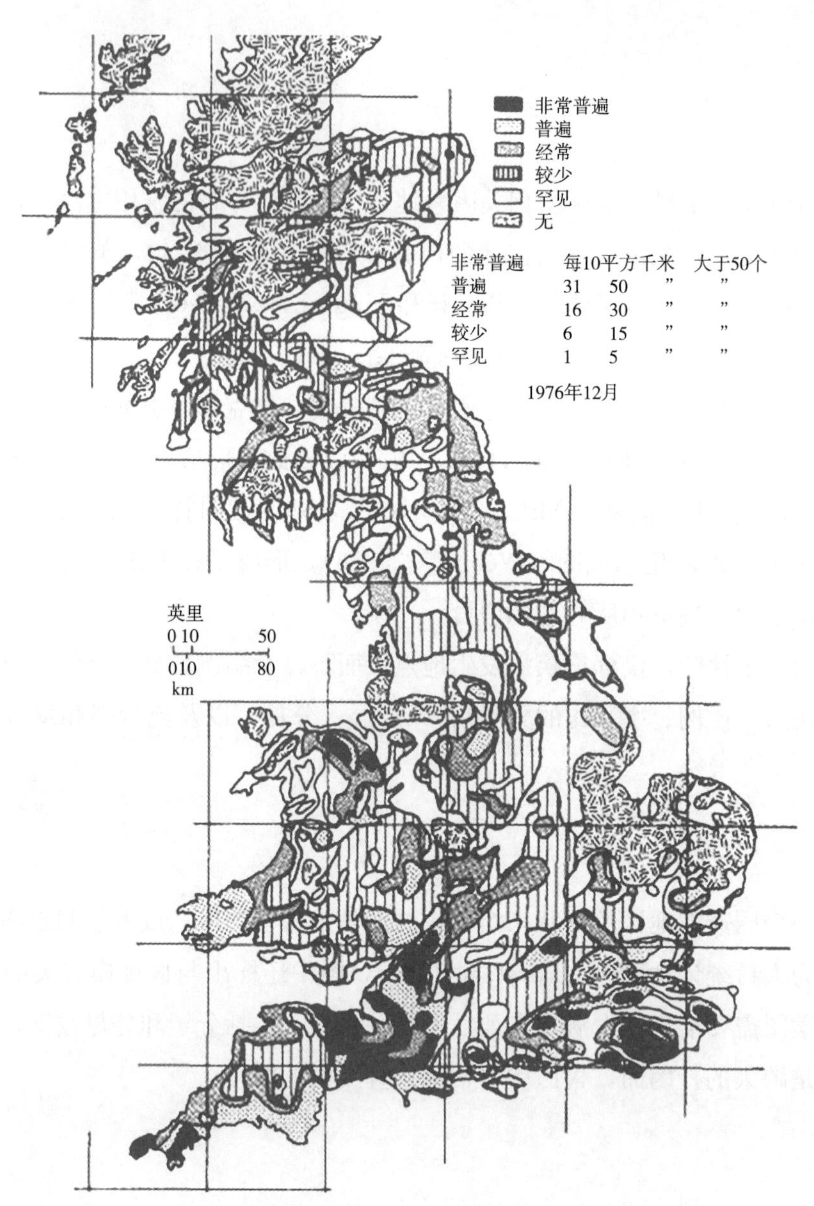


图* 4.7 英国獾洞分布密度。等值线地图示例（地理学地图）。
来源：Zrckerman，1980

吸虫病的地区（流行地区）和那些只在潮湿年份出现病例的地区。Odend'hal 给出了另外的例子，显示出了世界分布重大动物病毒病（1983）。

### 比例饼形图

用面积与发病数或死亡数成比例的圆点，可以描述发病率和死亡率（图 4.11）。如果大值绝对大于小值，该值可以代表的比例与球体的体积所描绘的字符的大小成正比（阴影给人的印象是球体上的二维映射图）。

### 等值区域图

另外，也可以以显示定量信息作为离散阴影单位面积的强度，分级代表变异的映射数据。

* 本书的地图系英文原版插附地图。

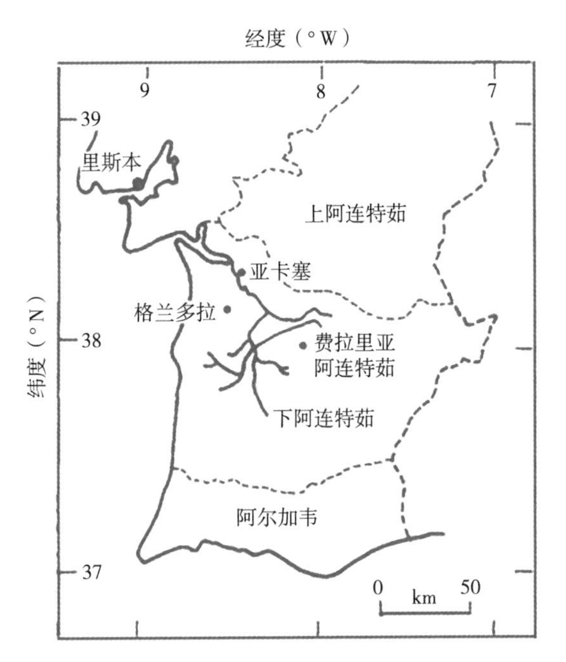


图 4.8 葡萄牙一起蓝舌病暴发（1956 年 7 月）。点图示例。来源：Sellers 等，1978

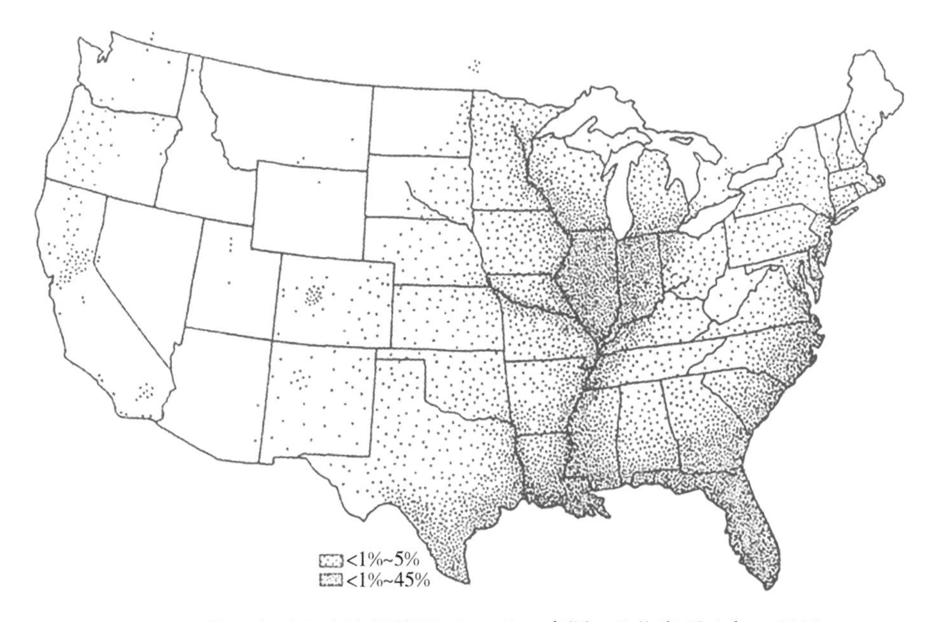


图 4.9 美国犬恶丝虫流行情况（1995）。来源：Soll 和 Knight，1995

网格线可以形成单元，但通常是如区、郡、县的行政区域或状态。地图描绘信息在这样的等值区域图上的人口。图 4.12 是一个例子。等值区域图显示量化的数据，但不同记录值之间的边界是人造的。他们是不实际的界限，例如，高和低流行，它们仅仅是行政边界地区显示的平均值。

## 等值线图

将数值相等的各点连成线可以描述不同值之间的边界，例如将连接高度相等的点制成等高线图。用这种方式制成的图就是等值线图（isoplethic）。相同发病率代表的点所连成的线是 isomorbs，相同死亡率所代表的点连成的线是 isomorts。如果要绘制这些等值线，需要准确估计整个研究区域的发病数（分子）和易感群体的规模（分母）。

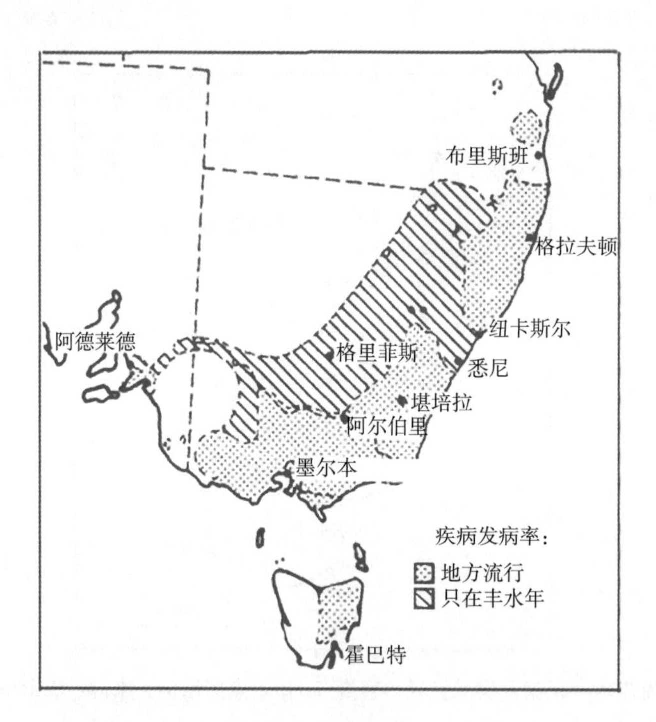


图 4.10　澳大利亚肝片吸虫病。分布图示例。来源：Barger 等，1978

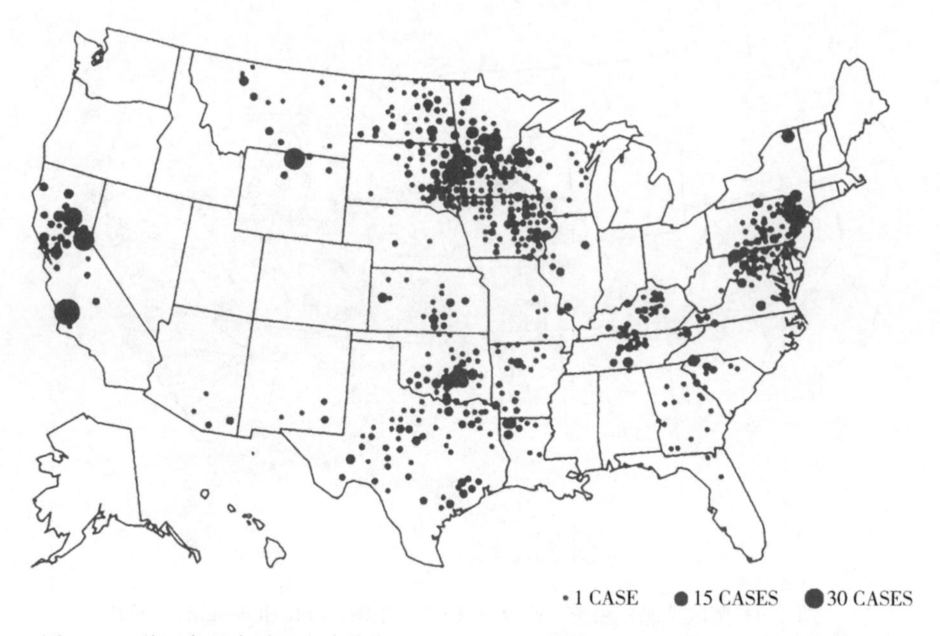


图 4.11　美国各县臭鼬狂犬病分布（1990）。比例圆饼图示例。圆面积与病例数成比例。来源：Uhas 等，1992

等值线图 4.7 显示獾在英国的密度分布情况，用以分析与牛肺结核的关系。在这个例子中，“等高线”是不同的獾密度范围之间的边界。

克利夫和哈格特（1988）对医学地图进行了详细的讨论。

## 地理信息系统

疾病的分布情况可以利用地理信息系统（GIS）进行绘制和分析（马圭尔，1991 年）。GIS 是一套收集、存储、管理、查询和显示空间数据的电脑化系统。该系统拥有一系列强大的功能，包括简单绘制地图，以及基于空间位置的图像分析，统计分析和建模等。

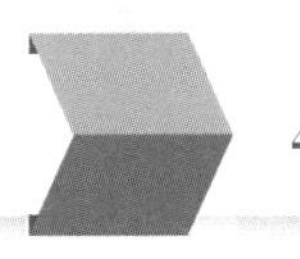



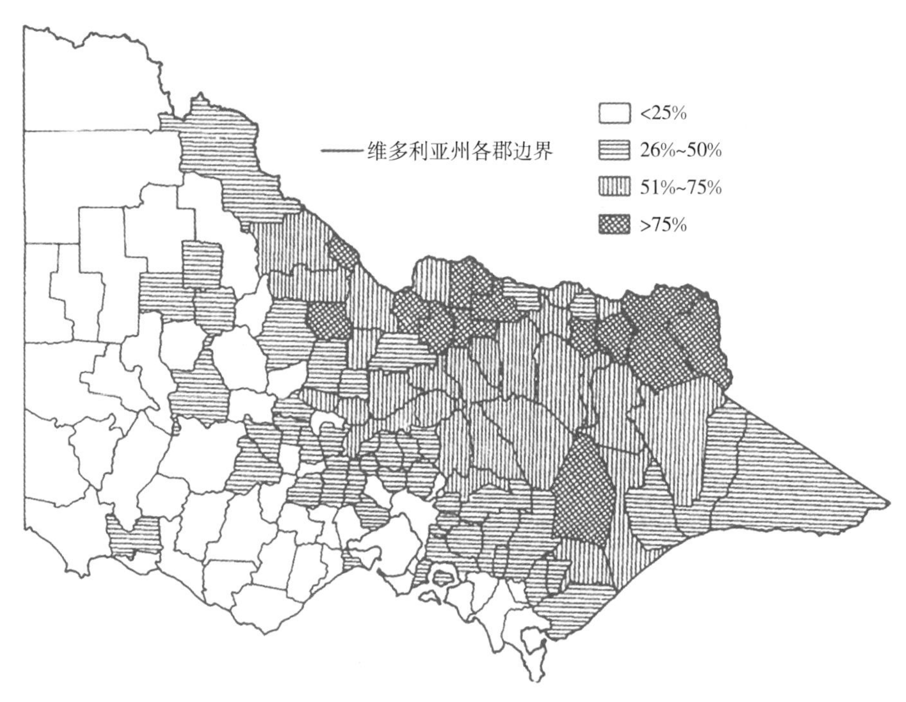


图 4.12 澳大利亚维多利亚州各郡肝片吸虫流行情况（1977—1978）。等值区域图示例。来源：Watt，1980

## 地理信息系统的结构

输入的数据，可以是描绘某些特征地理位置的制图数据，也可以是用文本描述的属性数据等。这些类型的数据可以是原始或二手的。原始数据可以直接在现场进行描述、访谈和测量。或者可以用遥感技术（Hay 等，2000），即不直接与该对象接触便可获得信息（例如，照相机）。气象卫星用于检测蜱、蚊子、吸虫（Hugo-Jones，1989）和采采蝇的栖息地（Rogers，1991）。

地理信息系统存储的这些地理参考数据在数据库管理系统中的形式，可以进行图形化的查询和总结。

制图数据必须以数字形式存储于电脑上。数字地图以两种基本格式存储：栅格（光栅）和矢量。

在基于栅格的系统中，信息统一存储在形成栅格的每个单元格（图 4.13）。在基于矢量的系统，用点和线（弧）来表示地理特征，由直线段围成的闭合区域（例如，农场）称为多边形。数字化板将地图转换为数字格式以便于矢量化存储。这是一个电子板和指针，准确将地图转录为数字格式。扫描仪用于栅格数据存储。

栅格系统可以方便地存储和处理区域和遥感数据，但高分辨率的数据处理较为缓慢。相比之下，基于矢量的系统处理速度快，但实现起来更复杂。当前多数系统既可以分析矢量数据也可以分析栅格数据。

## 地理信息系统的应用

地理信息系统的应用包括：

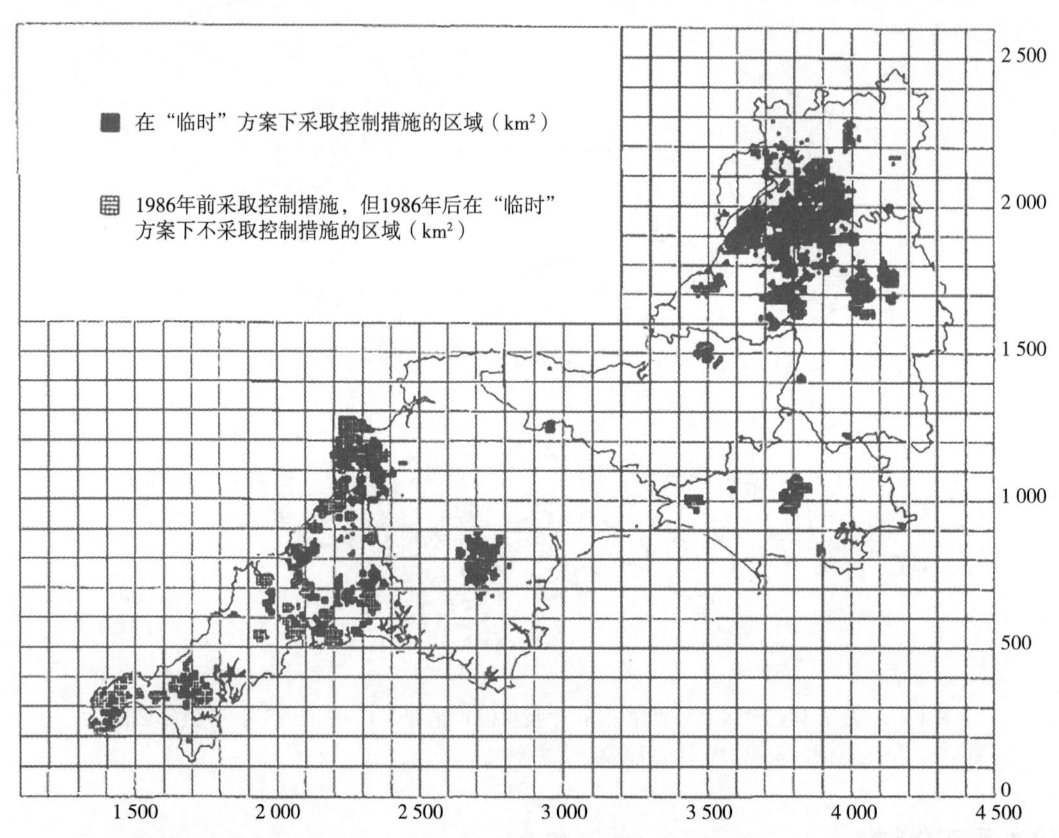


图 4.13　英国西南部法定獾控制区。GIS 系统生成的栅格图示例。獾是该地区结核分枝杆菌的贮存宿主。法定控制区实施于 1975 年，区域依据公路等的物理边界划定，牛及邻近的畜群被纳入其中。该计划花费较高，1986 年，被“临时性”方案所取代，新的方案要求一旦发现疑似因獾感染结核的牛群，将移除该区域的獾。在 GIS 的帮助下，新方案得以顺利执行。来源：Clifton-Hadley，1993

• 制图，相比传统技术，可以快速地生成和更新专用地图；

• 邻域分析，它允许调查者列出所有符合条件的功能［例如，2001 年英国发生口蹄疫疫情期间，一些地区在对疫点周边 10km 小反刍动物进行血清学调查后，对疫点周边 3km 半径范围内所有农场的羊进行了扑杀（见第 22 章），以减少疫病扩散的风险：图 4.14］；

• 生成某些特征周围的缓冲区（例如，定义在给定距离内的所有感染风险的农场或受感染动物污染路径的所有属性）；

• 叠加分析是将两个或更多的数据集叠加到另一个数据集上，对交叉特征进行叠加分析与识别（例如，将地形、植被和浇水点的位置叠加，以找出召集动物进行结核菌素试验的区域 1986）；

• 网络分析允许最佳路线跟随网络的线性特征；

• 三维表面建模（例如，构建等值线地图显示疾病的发病率或其他特性：图 4.15）。

地理信息系统连接图形和非图形数据的功能利于分析疾病及相关因素的空间分布情况。这些系统正被越来越多地应用于动物疫病，成为兽医决策支持系统的有机组成部分（见第 11 章）。表 4.11 列出一些 GIS 应用，地理信息系统的价值和遥感技术（Hugh-Jones，1991a，b；Hay 等，2000）。Paterson（1995）概括了 GIS 应用于兽医流行病学实践中的相关问题，对新用户尤其适用。

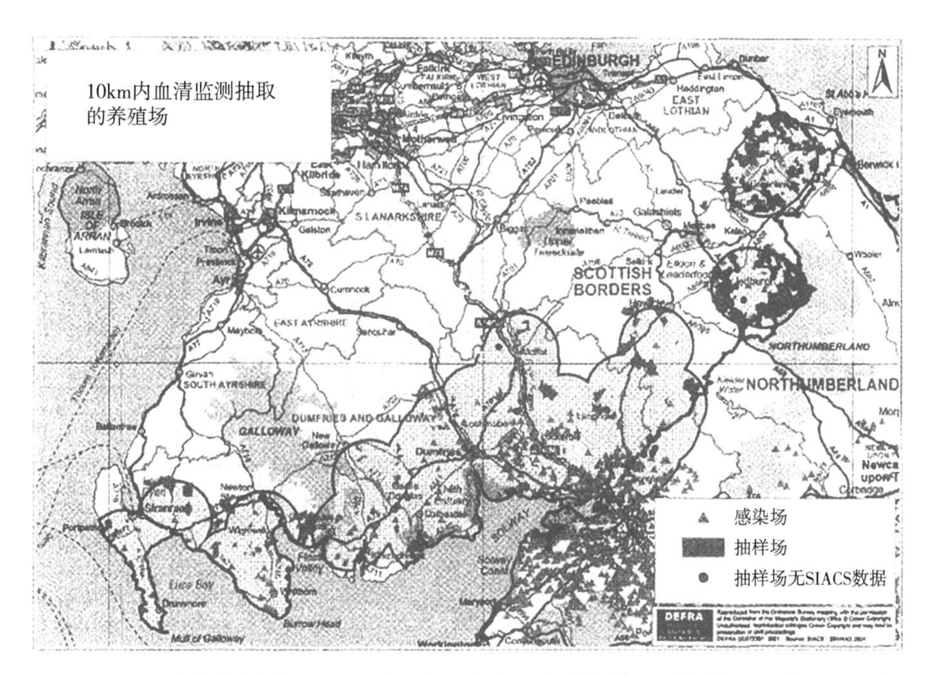


图 4.14 口蹄疫疫点周边 10km 范围内所有小反刍动物单元（抽样框），为证明无疫抽样做准备。GIS 邻域分析示例。因为采取 3km 扑杀措施，所以疫点周边 3km 范围内无易感畜群。来源：Stringer 和 Thrusfield，2001

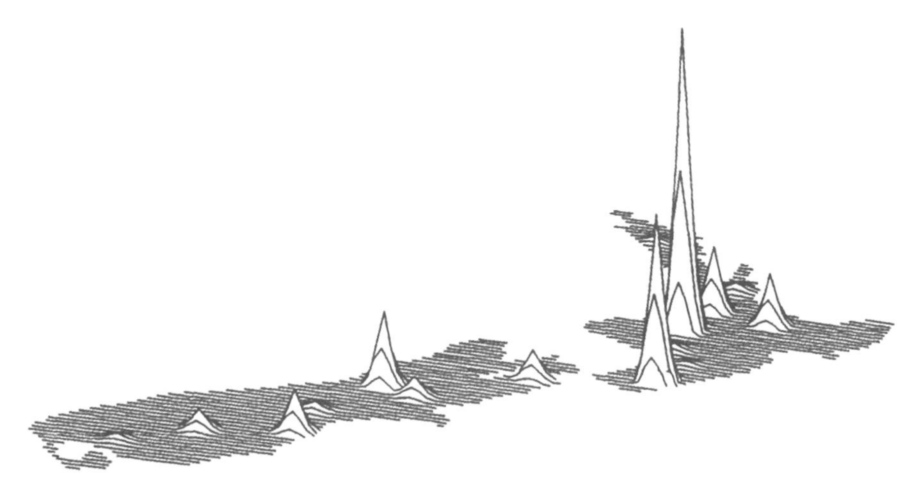

图 4.15 新西兰结核阳性空间分布（1988—1989）。GIS 三维建模示例。峰代表结核阳性数量，平面为新西兰地域。来源：OIE 科学技术评论，10（1），1991 年 3 月

**表 4.11 地理信息系统和遥感技术在兽医及相关领域的一些应用**

| 应用范围 | 国家/州 | 来源 |
|---|---|---|
| 抗生素耐药 | 美国 | Singer 等（1998） |
| 奥耶斯基氏病 | 美国 | Marsh 等（1991） |
| | 匈牙利 | Solymosi 等（2004） |
| 牛结核病 | 爱尔兰 | Hammond 和 Lynch（1992） |
| | 新西兰 | Sanson 等（1991a） |
| | 英国 | Clifton-Hadley（1993） |
| 丽蝇皮肤蝇蛆病 | 澳大利亚 | Ward 和 Armstrong（2000） |
| 犬癌症分布 | 美国 | O'Brien 等（1999） |
| 棒状杆菌属伪结核病感染（马） | 美国 | Doherr 等（1999） |

（续）

| 应用范围 | 国家/州 | 来源 |
| --- | --- | --- |
| 疫病控制 | 非洲 | Paterson 等（2000） |
| 库蠓属的分布（蓝舌病） | 伊比利亚 | Rawlings 等（1997） |
| | 摩洛哥 | Baylis 和 Rawlings（1998） |
| | 南非 | Baylis 等（1999） |
| | 地中海地区 | Baylis 等（2001） |
| | 欧洲和北非 | Tatem 等（2003） |
| 麦地那龙线虫病 | 西非 | Cl arke 等（1991） |
| 马运动神经元病 | 美国 | De La Rua-Domenech 等（1995） |
| 包虫病 | 德国 | Staubach 等（1998） |
| 肝片吸虫病 | 埃塞俄比亚 | Yilma 和 Malone（1998） |
| 口蹄疫 | 巴西 | Arambulo 和 Astudillo（1991） |
| | 新西兰 | Sanson 等（1991b） |
| | 中国台湾 | Yamane 等（1997） |
| 胃癌 | 英国 | Matthews（1989） |
| 农场地理参考 | 英国 | Durr 和 Froggatt（2002） |
| 福寿螺栖息地（肝片吸虫的中间宿主） | 美国 | Zukowski 等（1991） |
| 流行病学数据处理 | 美国 | Campbell（1989） |
| 人类人口增长与采蝇灭绝的关系 | 非洲 | Reid 等（2000） |
| 家畜生产和卫生图集 | 全球 | Clements 等（2002） |
| 蚊子种群动态 | 美国 | Wood 等（1991） |
| 绵羊发情暴发的预测 | 纳米比亚 | Flasse 等（1998） |
| 养鱼场选址 | 加纳 | Kapetsky 等（1991） |
| 立克次氏体 | 意大利 | Mannell i 等（2001） |
| 泰勒焦虫病 | 非洲 | Lessard 等（1988，1990） |
| 蜱虫栖息地： | | |
| 彩饰钝眼蜱 | 圣卢西亚 | Hugh-Jones（1991c） |
| | | Hugh-Jones 和 O'Neil（1986） |
| | 瓜德罗普岛 | Hugh-Jones 等（1992） |
| 莱姆病蜱的分布 | 美国 | Kitron 等（1991） |
| 附加扇头蜱 | 捷克斯洛伐克 | Daniel 和 Kolar（1990） |
| | 非洲 | Lessard 等（1990） |
| | | Perry 等（1990） |
| | | R and olph（1994） |
| 锥体虫病 | 布基纳法索 | Michel 等（2002） |
| 采蝇控制 | 博茨瓦纳 | Allsopp（1998） |
| 创伤弧菌（霍乱模型） | 美国 | Hugh-Jones 等（1996） |
| 野生动物管理 | 非洲、新西兰、英国 | Pfeiffer 和 Hugh-Jones（2002） |

# 5 疾病发生的决定因素

第 3 章介绍了多因素致病的概念。这些因素都是疫病的决定因素，能够影响群体健康的特性。例如，饮食是牛低镁血症的一个决定因素：采食量下降、饲草长得过快和镁含量下降会增加该病的发病（见图 3.6）。对决定因素的了解有利于识别风险动物群，是预防疾病的先决条件，也有助于鉴别诊断。本章将讨论疾病发生决定因素的类型及相互作用。

## 决定因素的分类

决定因素的分类方式有 3 种：

- 主要因素和次要因素；
- 内在因素和外在因素；
- 与宿主、致病因子和环境相关的因素。

### 主要因素和次要因素

主要因素是对疾病发生起主要作用的因素。通常情况下，主要因素是必要因素（第 3 章）。如接触犬瘟热病毒是发生犬瘟热的一个主要因素。

次要因素是对疾病发生起诱导、促进和加强作用的因素。例如，性别是犬心脏瓣膜关闭不全的一个次要因素，公犬比母犬更容易发生该病（Buchanan，1977；Thrusfield 等，1985）。主要因素可能是基因，如瓣膜的老化可能与品种有关。常见的主要因素和次要因素见表 5.1。

### 内在因素和外在因素

表 5.1 列举了一些与宿主有关的内在决定因素（包括主要因素和次要因素），如基因异常（这是基因变异的主要原因）在内的基因结构、物种、品种和性别。这些决定因素是内在的，也称为内源性。相反，有些决定因素是外在的，例如，运输可能导致胴体瘀

斑（Jarvis和Cockram，1994）。这样的决定因素是外在的，也被称为外源性（外在的）。

表5.2中说明了犬皮肤瘙痒的分类方案，在小动物临床上，这是比较常见的一个问题。

**表5.1 主要决定因素和次要决定因素**

| 主要决定因素 | | | | | |
|---|---|---|---|---|---|
| 内在因素 | 外在因素 | | | | |
| | 有生命的 | | 无生命的 | | |
| | 内部寄生 | 外部寄生 | 物理 | 化学 | 过敏 |
| 基因组成<br>新陈代谢<br>行为 | 病毒<br>细菌<br>真菌<br>原生动物<br>后生动物 | 节肢动物 | 创伤<br>气候<br>辐射<br>压力 | 过量<br>不足<br>不平衡<br>毒力<br>光敏剂 | 过敏原 |
| 次要决定因素 | | | | | |
| 内在因素 | | | 外在因素 | | |
| 基因组成（包括性别、物种和品种）<br>年龄<br>大小和形态<br>激素状态<br>营养状态<br>免疫状态<br>功能状态（如：怀孕、泌乳）<br>行为 | | | 位置<br>气候<br>饲养（住所、饮食、日常管理、役用）<br>创伤<br>并发病<br>免疫状态<br>压力 | | |

**表5.2 犬皮肤瘙痒的一些决定因素**

| 内在因素 | | 外在因素 | | | | |
|---|---|---|---|---|---|---|
| 宿主特性 | 内在疫病 | 化学 | 环境 | 饮食 | 寄生虫 | 细菌、真菌和酵母 |
| 品种<br>年龄 | ◆肿瘤：<br>肥大细胞<br>肿瘤霉菌病<br>肉芽肿<br><br>◆免疫介导紊乱：<br>系统性全身性<br>红斑狼疮<br><br>◆激素： 过敏症 | 刺激性接触<br>性皮炎<br><br>皮肤钙化 | 日光性皮炎 | 有害食物反应 | 钩虫皮炎<br>泥线虫性皮炎<br>血吸虫病<br>恶丝虫病<br>疥疮<br>虱病<br>毛囊虫症<br>黄萎病<br>恙螨病<br>姬螯螨病 | 细菌性毛囊炎<br>深脓皮病<br>脚癣<br>霉菌性皮肤炎 |

来源：Logas，2003；Mason，1995。

## 与宿主、病原和环境相关的决定因素

很多疾病的充分病因中包含传染性病原。大多数传染性病原感染与环境有关（见图2.1），胎儿感染也可能是“环境”所致。然而，在微生物革命早期，微生物被认为是疾病的主要因素，独立于其他如管理、创伤和有毒物质等环境因素之外。因此，病因通常分为与宿主、病原或环境相关的因素。这三组因素有时也被称为“三角模型”（图5.1）。有的学者（Schwabe，1984）认为集约化养殖企业的饲养管理十分重要，将其从环境中单独分出来，作为第四个大组。

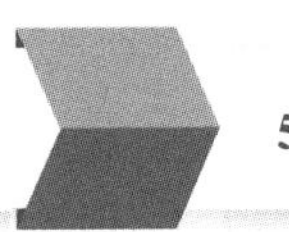



对有些疾病而言，传染性病原是主要病因，宿主和环境因素相对次要。这类疾病看起来很“简单”，主要动物瘟疫，如口蹄疫和牛瘟都属于这类疫病，多因素性并不明显。其他一些“复杂疾病”，多因素性质占主导地位，且在宿主、病原和环境之间存在明显的相互作用。

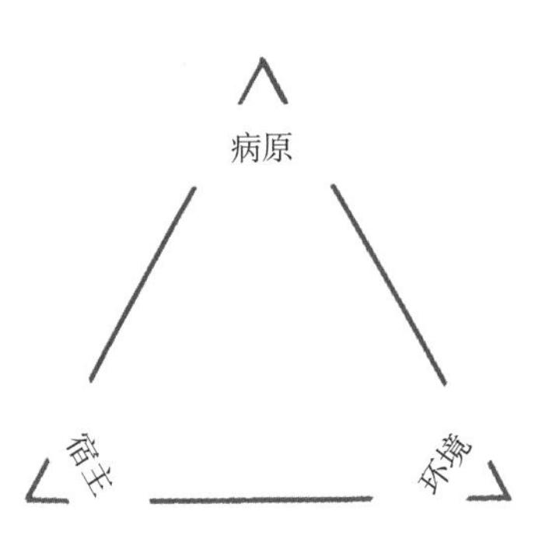


图 5.1 疾病三角模型

因此，“环境性”乳腺炎可归因于大肠杆菌或乳房链球菌、挤奶器问题及恶劣的环境卫生等（Blowey 和 Edmondson，1995）。此外，奶牛（宿主）在哺乳早期最易感。同样，有报道称，朊病毒蛋白结合铜、锰（在土壤中发现微量元素）可影响羊痒病以及其他传染性海绵状脑病的发生（Purdey，2000）。

多因素疾病的复杂性取决于疾病定义。对大多数“疾病”而言，兽医最初关心的是饲养者描述的临床表现。犬皮肤瘙痒症描述的是临床症状，但该病病因不同，引起的病变也不同。图 9.3b 和 9.3c 描述了该病的不同病因所致的不同临床表现和病理损伤。当疾病定义中含有与畜群生产力下降有关的表述时，病因网络可能会变得非常复杂。猪群“繁殖障碍”说明猪群在特定时间内出生的仔猪数量很少，病因可能是公猪或母猪的生育能力下降、孕期母猪代谢紊乱或胎儿感染等。图 5.2 将引起猪繁殖障碍的主要因素分为 6 类：基因结构、营养、感染、有毒药剂、环境和管理，这些因素可归为病原、宿主和环境相关因素的子因素，Wrathall（1975）详细讨论了这 6 个方面。

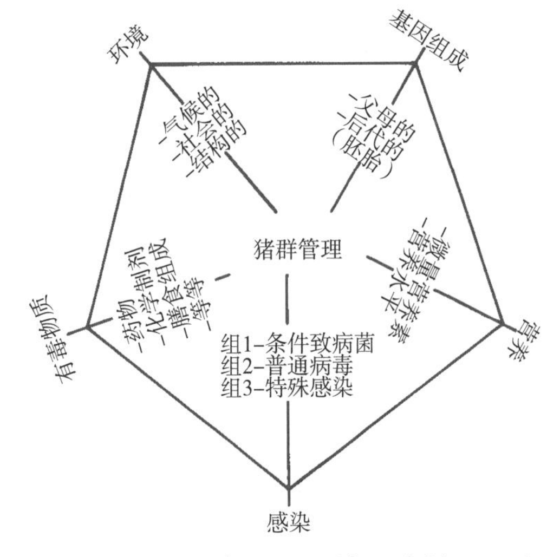


图 5.2 猪群繁殖障碍原因图解。来源：Pritchard 等，1985

遗传因素包括影响父母（如生殖器或配子异常）和后代（如畸形和遗传）的遗传性缺陷。

微量元素（维生素、矿物质和微量元素）不足会导致产仔数减少，胚胎死亡和发情延迟。营养水平也可影响生产性能。限制饮食能延缓发情期。相比之下，在排卵前几天进行“冲洗”（增加饲喂量），可增加后备母猪排卵数。

感染分为三类：

- 条件致病菌；
- 常见病毒；
- 特定传染病。

第 1 组病原普遍存在，通常是内生性的。当宿主抵抗力降低时，偶尔会致病。例如葡萄球菌和李斯特菌感染能够引起胎儿死亡和流产。值得注意的是，在分属于第 2 组的猪细小病毒，也称 SMEDI 病毒，可致影响生产性能的死胎、木乃伊胎、胚胎死亡和不孕不育。第 3 组包括布鲁氏菌病、钩端螺旋体病、弓形虫病和猪瘟等外源性病原引起的感染，可导致怀孕率低和流产。

有毒物质包括通过食物摄入的毒素（如霉菌毒素可以导致外阴阴道炎和发情紊乱）和环境污染物，如会导致流产的木材防腐剂。

外界环境通过气候、社会和结构性的组分影响繁殖。例如高温可致公畜不育。

重要的管理因素包括猪群年龄（年轻母畜可能排卵率低，因此产仔数少）、公母猪比例、公猪管理、感温探测效率和妊娠诊断、繁殖计划及记录保存等。

决定因素的三角不是相互排斥的，它们只是探寻多因素疾病病因的三种不同途径。决定因素可通过三角模型来描述：宿主、病原或环境。Schwabe 等（1977）、Martin 等（1987）和 Smith（2005）在动物疾病的决定因素，以及 Reif（1983）在犬和猫疾病决定因素的系列讨论中都遵循了该模型。

## 宿主因素

### 基因型

宿主的基因组成就是它的基因型。有些疾病几乎完全由遗传因素导致：即基因结构的变化是疾病的主因，可遗传给后代。A 和 B 型犬血友病就是一个例子，异常基因是该病的主要因素，传统上称为遗传性疾病。其他疾病，如“简单”传染病则很少或根本没有遗传因素。然而，许多疾病的病因是上述两者皆有；如牛腐蹄病（Peterse 和 Antonisse，1981）和乳腺炎（Wilton 等，1972）。

遗传性疾病一般分属于以下三个类别（Nicholas，1987，2003）：

- 染色体异常；
- 孟德尔（简单遗传）遗传病[①]；
- 多因素遗传病。

分属前两类的疾病发生几乎完全由遗传因素所致。分属第三类的疾病有可变而复杂的遗传因素。从现有研究看，第三类疾病比前两类更为常见，因此本章将重点讨论它们的遗传模式。

#### 多因素遗传病

许多简单的遗传病是定性的，具有“全或无”的特点。

相反，一些特性是定量的，会连续变异，如肌肉质量和某些疾病的严重程度（例如，髋关节发育不良：Morgan 等，2000）。这类性状是由于染色体几个位点（轨迹）上的多个基因变异的累积（通常是添加的）造成的，这就是多基因遗传病。此外，这类缺陷的多遗传性病因常与环境因素相关。例如，犬髋关节发育不仅与支持髋关节活动的肌肉基因缺陷有关，还与幼年时的生活环境有关。将患有该病的幼崽饲养在限制活动的笼子里，弯曲后肢并绑定，可阻止该病的发生。过多的能量摄入也会加重该病（Fires 和 Remedios，1995）。因此，幼龄动物的管理与营养是影响该病的一个非遗传性因素。基因上联系并不紧密的不同品种

① 然而，分子生物学发展使得经典的孟德尔遗传模式被重新评估。

大型犬都会发生髋关节发育不良，支持了大型、肌肉不发达的品种（这些性状是由基因决定的）发生该病风险大的假说。此外，幼龄犬不同程度地患有该病，提示该病病因是多基因的。

有些疾病，如先天性心脏病，不表现连续变异，但是与多因素遗传病的定义一致。个体遗传了“正确”的基因数量和组合，但所处的环境因素超过了阈值，也会发生该病（Falconer 和 Mackay，1996）。图 5.3 对此进行了解释。横轴是“疾病因素”，“＋”表明正常基因和环境因素增加，“－”则表明减少。竖轴是在群体中疾病因素的出现频率。例如，先天性心脏缺陷、动脉导管关闭是多因素遗传，在第 18 章比较流行病学中有更详细地讨论。

亲缘关系越远，遗传致病基因组的可能性越小，遗传致病基因的数量也会减少。

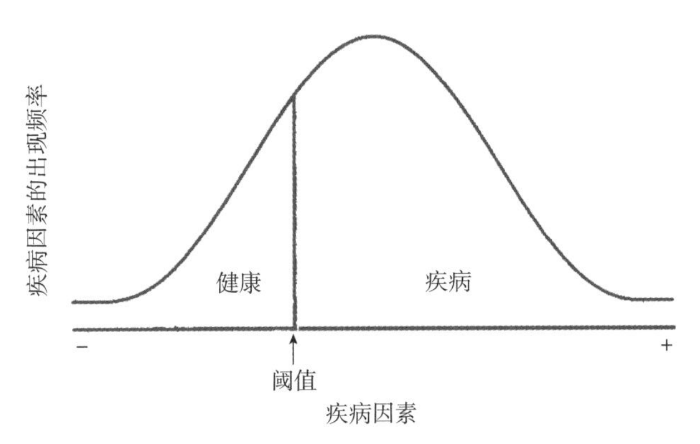


图 5.3　表示多因素的疾病遗传模型（基因组合的数量与环境因素的关系超过阈值时疾病发生）

起初，单一和多基因的遗传方式被认为是互相排斥的。但现在明确，按照孟德尔方式遗传的多基因叠加效应适用于连续性状的多基因模型。相反，无论动物的性状值是否高于或低于某一阈值，一个单基因模型都可通过二分法应用于定量性状。此外，环境因素对单一性状和单个基因性状也会造成影响（例如，人的苯丙酮尿症）。

虽然目前认为很多常见病有遗传因素，但不清楚这是多因素（多基因）还是单个染色体位点受环境因素影响变异所致。在缺少不同群组基因数据的情况下，也很难推断疫病的发生是否与基因组分有关（品种，父本和母本）的原因。

Foley 等（1979）详细描述了伴侣动物和家畜的遗传病，Ackerman（1999）报告了犬遗传性疾病。鉴别假定基因或绘制相关基因图谱（“链接标记”）是控制遗传病的重要内容（见第 22 章）。

## 年龄

很多疾病的发生与年龄显著相关。如与成年动物相比，幼龄动物更易感染和死于细菌病和病毒病。这或许因为后天获得性免疫缺乏，或许因为宿主非免疫性抵抗力低。相反，原生动物和立克次氏体感染幼龄动物时较温和。

群体中不同年龄组的动物比例不同，因此病例数不能作为特定年龄段动物疾病严重程度的指标。如图 5.4 所示，犬和猫的年龄分布呈金字塔型（雌雄分开）。因此，特定年龄的率（第 4 章）提供了最有价值的年龄发病信息，发病率和死亡率统一了风险群体的大小。图

5.5 显示了不同年龄犬肿瘤发病率，提示在老年动物中该病更为常见（但有例外，如犬骨肉瘤和淋巴肉瘤，7～10 岁是高发期：Reif，1983）。

## 性别

疫病发生的性别差异可能是由激素水平、职业、社会行为和遗传因素等导致。

### 激素因素

性激素可影响动物发病。母犬比公犬更易患糖尿病（Marmor 等，1982），常见于发情期，可能与发情期对胰岛素需求的增加有关。同样，绝育母犬患乳腺癌的风险低（Schneider 等，1969），可能与雌激素有关（见第 18 章）。

### 职业因素

与性别相关的职业病，常见于人，偶见于动物。如，公犬比母犬患犬丝虫病的风险大，可能是由于公犬常用于狩猎，接触蚊虫的概率高。

### 社会因素和行为因素

行为模式可以解释咬伤脓肿多见于雄性猫科动物。行为也可以影响疾病跨物种传播的可能性。在新西兰，负鼠的领地与牛活动范围重合，增加了感染结核的负鼠通过气溶胶将疾病传播给牛的概率（第 6 章）。相反，在英国，獾遇到恐吓行为会立即撤退，因此患结核病的獾通过气溶胶传播疾病的可能性较小（Benham 和 Broom，1989）。

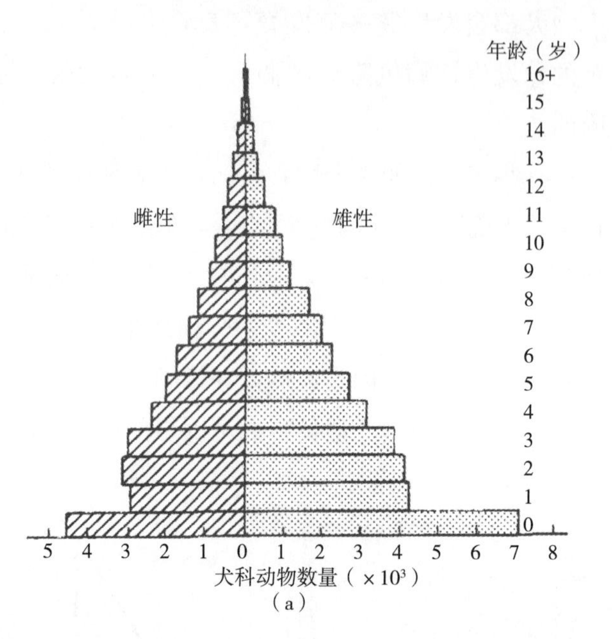


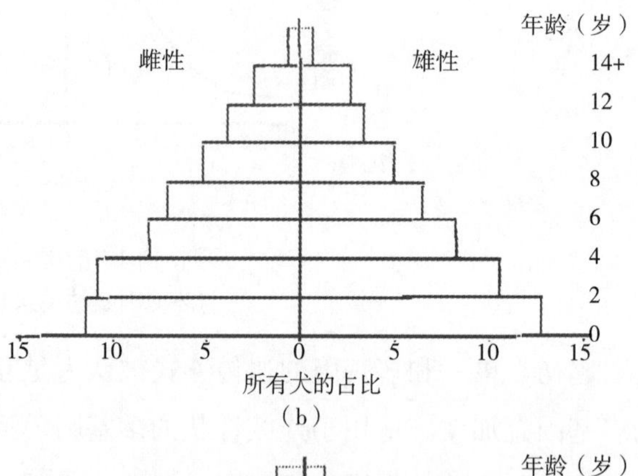


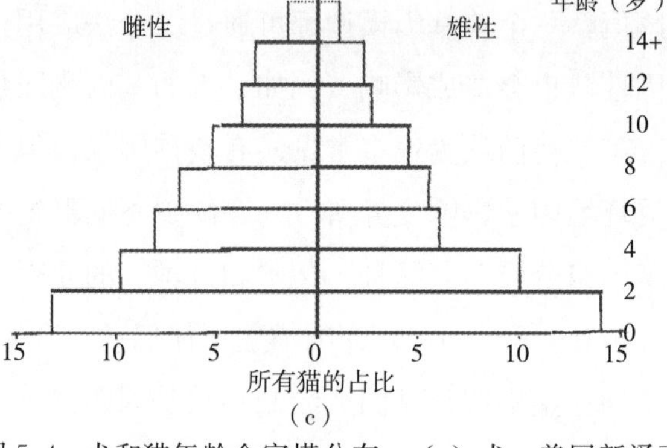


图 5.4　犬和猫年龄金字塔分布。（a）犬：美国新泽西州，1957；（b）犬：英国，1986；（c）猫：英国，1986。来源：（a）Cohen 等，1959；（b）和（c）Thrusfield，1989

### 遗传因素

发病率差异的遗传方式包括性联遗传、单一性别遗传或伴性遗传。性联遗传通常遵循孟德尔遗传规律，与疾病有关的 DNA 在 X 或 Y 染色体上。例如，A 和 B 型犬血友病是 X 染色体隐性遗传，只有雄性犬发病（Patterson 和 Medway，1966）。单一性别遗传时，与疾病有关的DNA不在性染色体上，但疾病只在某一性别的动物身上发生，如犬隐睾症。伴性遗传表现在发病率受性别影响（基于图5.3多因子基因模型），一类性别的发病率高于另一类，如犬动脉导管关闭不全（第18章）。

对许多疾病而言，一类性别动物的发病率高于另一类，但要么与疾病有关的基因尚未明确，要么遗传方式尚不清楚，如主要在雄犬中发生的癫痫（Bielfelt等，1971）、黑色素瘤和纤维肉瘤（Cohen等，1964）等。

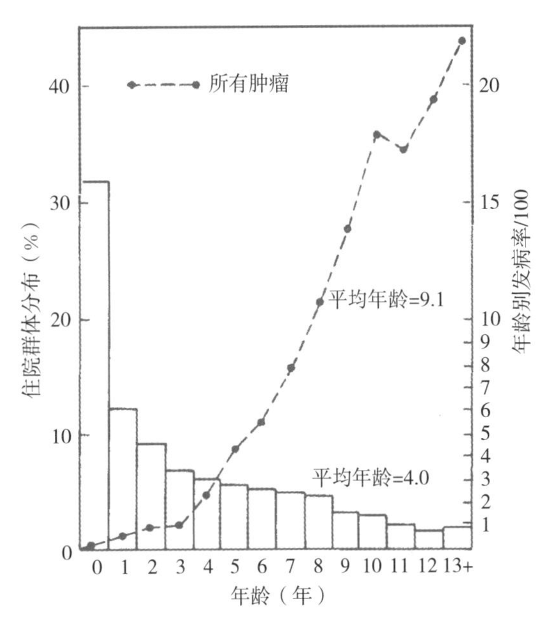

图5.5 犬住院年龄分布（条形图）和不同年龄犬肿瘤发病率（曲线图）。宾夕法尼亚州大学，1952—1964。来源：Reif，1983

有些疾病可能看起来与性别相关，但实际上只是与性别相关的因素有关。如雄性犊牛的死亡率升高表面上与性别相关，但真正相关的是饲养管理（Schwabe等，1977）。比较而言，雄性犊牛的价值较低，而对价值较高的雌性犊牛的管理更为到位，（这种情况下饲养管理是混杂因素：见第3章）。

## 物种和品种

不同种类和品种的动物对传染性病原的易感性和抵抗力差别很大，因此物种和品种在疾病的传播过程中起重要作用。如犬不会患心水病。猪比牛羊更难通过呼吸道感染口蹄疫病毒（Sellers，1971；Donaldson和Alexandersen，2001）。牛对气溶胶传播病毒的易感性极高，且一次性换气量大，因此牛通过农场间空气传播感染的风险很高（Donaldson等，1982；Donaldson，1987）。猪不仅对气溶胶传播病毒易感性低，一次性换气量小且饲养于室内，因此很难吸入足够数量的病毒致病。但是，由于猪饲养规模通常很大，一旦猪发生感染，将排出大量的气溶胶病毒（一头猪相当于3 000头牛），在疾病流行期间将成为气溶胶病毒的重要来源（第6章）。

罗威纳犬和杜宾犬感染细小病毒后，肠炎比其他品种更严重（Glickman等，1985），拳击犬比其他品种更易感染真菌，如球孢子菌（Maddy，1958）（真菌分布见图7.2）。不同品种家禽对病毒的易感性差异很大（Bumstead，1998；Hassan等，2004）。

物种影响疾病易感性的原因甚多，目前尚不完全清楚。免疫机制的效率可能是重要原因。人类通常不容易感染巴贝斯虫病，但脾切除者易感。不同物种的细胞表面上有不同的传染性病原体受体。这对病毒来说很重要，它必须进入宿主细胞。猴子不易感染脊髓灰质炎病毒，因为它们不具有“正确”的细胞受体。如果病毒第一次进入猴细胞，将脱掉病毒衣壳裂解细胞。易感性在同一物种范围内也有所不同。因此，只有拥有K88抗原的猪易感大肠杆菌，因为易感性由一个或多个基因表达的肠道受体决定（Vogeli等，1992）。

系统发育相关的动物常易感同一病原，但症状不同。疱疹病毒B可致灵长类动物唇部水疱，对人却是致死性脑炎。然而，系统发育相关的病原却通常感染不同物种的动物，如麻疹、犬瘟热和牛瘟都是副粘病毒，但通常感染不同的物种：人、犬和牛。

显然，将某一物种或品种置于新的生态系统（见第7章），已与原有地方品种形成平衡的病原会再次暴发，导致新疾病的发生。在这种情况下，当地动物常呈隐性感染（本章稍后讨论），但是外来动物会表现临床症状。南非报道，欧洲品种绵羊同时感染蓝舌病毒，本地羊无临床症状，但引进的美利奴羊发病严重。同样，早期到西非的欧洲游客感染疟疾会产生严重的临床症状，但是当地居民却有耐受性。本地瘤牛比欧洲牛对牛蜱的抵抗力强（Brossard，1998）。引进到西非的欧洲牛加重了嗜皮菌病。

非传染病的发生也与物种和品种有关。如英国羊比细毛羊更易患肠癌，海福特牛比其他品种更易患眼鳞状细胞癌（见第4章），犬科动物和猫科动物患皮肤瘤的风险不同（Goldschmidt和Schoferoldschmidt，1994）。

许多疾病与家族或品种等遗传因素有直接的关联（Ubbink等，1998b）。Patterson（1980）描述了犬的100多种此类疾病。纯种动物比杂种动物的发病率高，遗传因素很可能是主要原因。如犬先天性心血管缺陷（Patterson，1968）和心脏瓣膜病（Thrusfield等，1985）。

疾病存在于某一些品种中，可能是因为这些品种之间有基因关联。波士顿犬和牛头梗患肥大细胞瘤风险高，这可能与它们的共同血缘有关（Peters，1969）。与此相反，特定品种发病的风险可能因国家而异，说明这些品种有不同的基因“池”（或不同环境或管理方法）。Das和Tashjian（1965）发现北美可卡犬心脏瓣膜病的风险高于其他犬，然而在苏格兰，Thrusfield等（1985）没有发现该品种的风险比其他犬更高。与此相反，苏格兰骑士查理王猎犬比澳大利亚（Malik等，1992）的心脏瓣膜病普遍（Thrusfield等，1985）。高夫和托马斯（2003）整理了犬和猫与品种有关的疾病资料。

## 其他宿主因素

### 大小和结构

除了品种因素，体型大小也是疾病的决定因素。髋关节发育不良和骨肉瘤多见于大型犬（Tjalma，1966）。有趣的是，骨肉瘤也多见于年龄较大的孩子（Fraumeni，1967）。动物的身体结构同样可以增加一些疾病的风险。如与体型大小相关，小骨盆出口的母牛（例如，Chianina和Belgian blue）易出现难产。结构有时也会间接影响疾病。有的小牛因大的球状乳头吸奶困难（Logan等，1974），导致小牛患低丙球蛋白血症，增加了感染致命性大肠杆菌病的风险。

### 皮毛颜色

某些疾病与毛色有关，这是遗传性的，可作为疾病风险指标。例如，白猫缺乏保护皮肤免受阳光紫外线辐射致癌的色素，患皮肤鳞状细胞癌的风险高（Dorn等，1971）。而犬恶性黑色素瘤主要发生在深色动物（Brodey，1970）。白猫常有与耳聋相关的基因缺陷（Bergsma和Brown，1971）。皮毛白色与斑点犬先天性耳聋有关（Anderson等，1968）。

# 病原因素

## 毒力和致病性

不同传染性病原在动物中的感染和致病能力差异很大[①]。感染能力与宿主固有的易感性及是否免疫有关。致病能力的术语是毒力和致病性。毒力指传染性病原致病的能力，对特定宿主而言，用严重程度[②]来表示。有时也用临床病例数和感染动物数的比来定量表示（Last，2001）。当死亡是疾病的唯一结果时，病死率就是毒力的指标。致病性有时被误用为毒力的代名词，毒力是指致病的多样性——包括感染同一动物不同菌株的潜力。而“致病性”指诱发疾病的能力（Stedman，1989）。双鞭阿米巴原虫在温暖的季节对人有致病性，但在寒冷、潮湿的季节则不会。致病性也可用临床感染数量与暴露于感染的数量来量化（Last，2001）。

致病性和毒力无论是表型还是基因型，都是传染性病原固有的特性。表型变化是暂时的，几代后消失。如鸡胚尿囊液培养的新城疫病毒比胎牛肾细胞培养的毒力更强。基因型变化导致微生物基因组（病原全基因组）DNA 变化（RNA，RNA 病毒）。大多数致病菌只有进入宿主时才表达毒力基因，宿主环境有时会促进这些基因的表达。

致病性和毒力由宿主和病原特性共同决定。细菌的毒力和致病力由相关因素决定（“共同主题”），包括产生的毒素和黏附素、侵入宿主机制及抵抗宿主清除和防御的机制（Finlay 和 Falkow，1997）等。病原通过改变抗原性，减弱宿主的抵抗力或免疫抗性，增强毒力和致病性。然而，抗原性改变并不总是引起致病性的改变，可能仅仅是抑制、毒性或其他物质(如外毒素和内毒素)，以及随之而来的免疫介导损伤（Biberstein，1999）。基因型的变化也可改变细菌对抗生素的敏感性。

### 基因变化类型

传染性病原会发生不同类型的基因变化（表 5.3），主要包括突变、重组、共轭、转导和转型。

**表 5.3　细菌和病毒遗传变异的潜在来源**

| 细菌 | 病毒 |
|---|---|
| **基因突变**：每碱基对的突变率为 $10^{-9}$～$10^{-6}$。点突变、缺失、插入、染色体转位会造成致病因子的巨大变化（如黏附力和毒力）。抗原漂移可以让细菌病原体“隐藏”在哺乳动物免疫系统中<br>**换位**：DNA 片段的转座子可形成相同或不同 DNA 分子的新位点。共轭转座子是可以促进自身从一个细菌细胞转移到另一个的元素<br>**基因转型**：吸收和整合到细菌染色体的外源性 DNA<br>**质粒交换**：细菌细胞之间的质粒交换<br>**共轭**：细菌细胞之间质粒介导染色体转移<br>**溶源性**：通过噬菌体基因整合到细菌基因<br>**转导**：噬菌体介导转移细菌 DNA 的一小部分 | **基因突变**：RNA 病毒比 DNA 病毒和细菌的突变率更高，是因为 RNA 分子更不稳定，且 RNA 复制酶错误率更高。点突变可以快速产生抗原变异<br>**病毒间重组**：某些 RNA 和 DNA 病毒可见种内和种间重组<br>**宿主基因间重组**：重组可以发生在 DNA 病毒整合到宿主染色体或逆转录病毒复制的原病毒阶段。如果宿主染色体此前包含病毒 DNA 片段，重组会导致宿主和病毒基因植入病毒遗传物质<br>**病毒片段重组**：后代 RNA 病毒的基因片段（如流感病毒）快速重组会导致群体间高水平的遗传变异 |

来源：修订自 Trends in Ecology and Evolution，10，Schrag S. J. 和 Wiener P.，新发病：生态学与进化论的相对角色是什么?，319-324 © (1995)，经 Elsevier 允许。

① 对植物病理也适用（Mills 等，1995）。

② 传统观念认为，寄生虫在杀死宿主过程中演变成毒力较低的物质，致命的寄生虫好像“做错事”一样。然而，最新研究（Ebert 和 Mangin，1995）表明，寄生虫进化过程中致病性和传输率之间存在微妙的平衡关系。

突变是指细胞或病毒颗粒基因组氨基酸核酸序列发生改变。可以是碱基的点突变、密码子错误编码，也可以是缺失突变，如整个基因片段缺失。由于缺失突变不需要基因材料支持，所以更易发生。频繁突变可产生抗原差异，导致群体缺乏免疫力而暴发疫病。在同一机体内，突变率因不同的遗传标记而差异很大。频繁变异的基因组称为“热点”。如果这些热点恰好是传染性病原的毒力位点和抗原位点，那么病原的致病性和抗原性就会经常发生改变。但如果突变不是发生在毒力位点和抗原位点，那么致病性和抗原性发生改变的概率会很低。有时一到两个突变就足以使细菌或病毒的致病性变强（Rosqvist 等，1988）。

毒力有无有时是可逆的，称为相变异。有时这种变化发生频率很高，如百日咳杆菌的变化概率约为 $1/10^6$（儿童百日咳的病原）。相变异表现为克隆特性的改变，如支气管败血波氏杆菌是犬“犬舍咳”的病原（Thrusfield，1992），感染范围从隐性感染到有明显的临床症状（Bemis 等，1977；McKiernan 等，1984；见下文“梯度感染”）。

重组是两种微生物交换遗传物质时，基因组片段发生重排。A 型流感病毒颗粒的基因组有 8 个 RNA 片段。流感病毒的分型基于两个主要抗原：血凝素和神经氨酸酶（表 17.6）。目前，人和禽流感毒株（可能在猪）间的基因重组可产生新的血凝素和神经氨酸酶（Webster 等，1992）。大的变化称为“转移”，小的变化称为“漂移”。大的变化会定期发生，如人的大流感约 10 年就有一次大的变化（Kaplan，1982；Webster，1993）。注意，锥虫也发生抗原漂移，在细胞膜表面出现新的抗原[①]，但机制完全不同。不过流行病学的结果是类似的：群体对有新抗原的锥虫部分或全部易感。环状病毒也会发生重组（如非洲马瘟和蓝舌病），确切机制尚不清楚，现用“基因重组”来表述（Gorman 等，1979）。

共轭（Clewell，1993）是指基因物质（通常以质粒[②]的形式）通过性纤毛[③]在细菌间传输。共轭最大的实际效果是使细菌具有耐药性，从而导致疾病新发或复发（McCormick，1998），如金黄色葡萄球菌具备庆大霉素抗性（Schaberg 等，1985），导致医院感染问题[④]。当感染发生时，共轭导致的耐药性将是治疗有效性变化的一个重要因素，越来越多的证据表明，家畜中分离到的人畜共患细菌的耐药性在不断进化[⑤]（Fey 等，2000；Willems 等，2000）。许多细菌，如支气管炎博德特氏菌、大肠杆菌和梭状芽孢杆菌、巴氏杆菌、变形杆菌、沙门氏菌、志贺氏菌和链球菌属等都有共轭现象。

转导（Snyder 和 Champness，1997）是指一小部分基因组通过噬菌体[⑥]“偶然”从一个细菌转移到另一个细菌。耐药性基因与表面抗原基因都可通过转导方式实现细菌间的转移。志贺菌、假单胞菌和变形杆菌属都会发生这种情况。

转化（Snyder 和 Champness，1997）是指一个细菌释放的 DNA 进入同菌属其他细菌的细

---

① 非洲锥虫可在哺乳宿主动物的血液中存在很长一段时间，研究人员认为，这是虫体在利用畜主免疫系统调节群体数量。非洲锥虫主要的免疫原性蛋白是多种表面糖蛋白（VSG）。锥虫通过从 1 000 个基因中的保留基因来表达 VSG 基因，以逃避抗体介导的免疫（Barry 和 McCulloch，2001；Gibson，2001；Vanhamme 等，2001；Barry 和 Carrington，2004）。

② 质粒很小，在细菌细胞中自主复制。

③ 质粒也可以不通过性纤毛转移（Storrs 等，1988）。

④ 医院感染是在医院或诊所的感染。人类和动物医院最常见的是手术部位肺炎和菌血症引发的尿道感染（Emori 和 Gaynes，1993；Greene，1998b）。

⑤ 当随后经口摄入抗生素禁止后，也有证据表明这一过程是可逆的。

⑥ 有两种类型的转导：广义的和狭义的。前者，可以转移细菌 DNA 的任何区域；然而后者，只有靠近噬菌体结合位点的特定基因可以转移。

胞。奈瑟氏菌属细菌会自发的转化，但其他菌属要发生此情况，必须在实验室提前释放 DNA（这一类型的转化不能与肿瘤细胞体外试验相混淆，尽管它也称为转化）。

除了这 5 个基因变化的方法外，感染多种病毒粒子也会致病。这种感染方式严格意义上不涉及病毒基因组的变化，而是种互补的方式，也会导致非致病性病毒颗粒致病。一些植物病毒感染会出现类似的情况，每个病毒颗粒只携带总基因组的一部分，不具备感染能力，数个病毒一起释放包裹在不同病毒颗粒中的基因组，形成完整的感染单位。如烟草脆裂病毒有两个病毒颗粒：一个包含促进基因，另一个包含复制基因和成熟基因。这 3 个基因和 2 种病毒粒子是感染所必需的。在动物上，劳斯氏肉瘤病毒的衣壳蛋白由辅助病毒基因表达。类似的，一些腺病毒相关的病毒感染时，需要腺病毒的辅助。人 B 型肝炎的不同颗粒也具有双重感染的特点。

感染免疫抑制病毒会加剧其他感染（如感染牛瘟加剧了变形血原虫感染）。相反，一种病毒感染可能会阻止其他病毒感染或减少其毒力，这是由于第一种病毒会诱导宿主释放抑制物，即所谓的干扰素。

第 6 章将详细讨论毒力和致病性是如何影响感染的传播和维持。

### 遗传变异与微生物分类学

起初，微生物按照理化性质进行分类，例如利用浮力密度和对热的敏感性来区分病毒，如口蹄疫病毒从属的小 RNA 病毒。随后，核酸测序技术和其他微生物学特性被用于微生物分类，这些技术能更为准确地反映微生物的致病性和毒力。根据感染的耐受性和对其他血清型的免疫反应，将口蹄疫病毒分为 7 个血清型，包括 A 型、O 型、C 型、SAT1、SAT2、SAT3 和亚洲 Ⅰ 型。血清型的抗原变异主要由遗传决定（特别是 A 型和 O 型[①]），且与毒力有关。

微生物的遗传变异为了解疾病的起源提供了有价值的线索。例如 O 型口蹄疫病毒在遗传和地理上显示出不同的进化类型（Samuel 和 Knowles，2001）。以 15%遗传差异作为上限，将 O 型病毒分为 8 类：欧洲/南美系（Euro-SA）、中东/南亚系（ME-SA）、东南亚系（SEA）、中国系、东非系（EA）、西非系（WA）、印尼系 1 型（ISA1 型）和印尼系 2 型（ISA2 型）。2001 年，英国口蹄疫由泛亚毒株引起，这类病毒属于 ME-SA 系，从亚洲传播到中东、南非和南欧前，1990 年印度报道发现该病毒（Kitching，1998）。病毒的鉴定结果支持了该病起因可能是远东非法进口肉类这一假设。

## 感染梯度

“感染梯度”指动物感染病毒后的不同反应（图 5.6），是病毒的致病性、毒力和宿主的易感性、病理损伤及临床反应的综合表现。这些反应会对病毒致病因子进一步感染其他易感动物造成影响，也会影响兽医发现、治疗和控制疫病。如果动物对病毒有耐受性和免疫力，则病原感染和增殖将不会频繁发生，动物不再是感染传播的重要因素。

---

① 变化很大，以至于每一个都是唯一的。

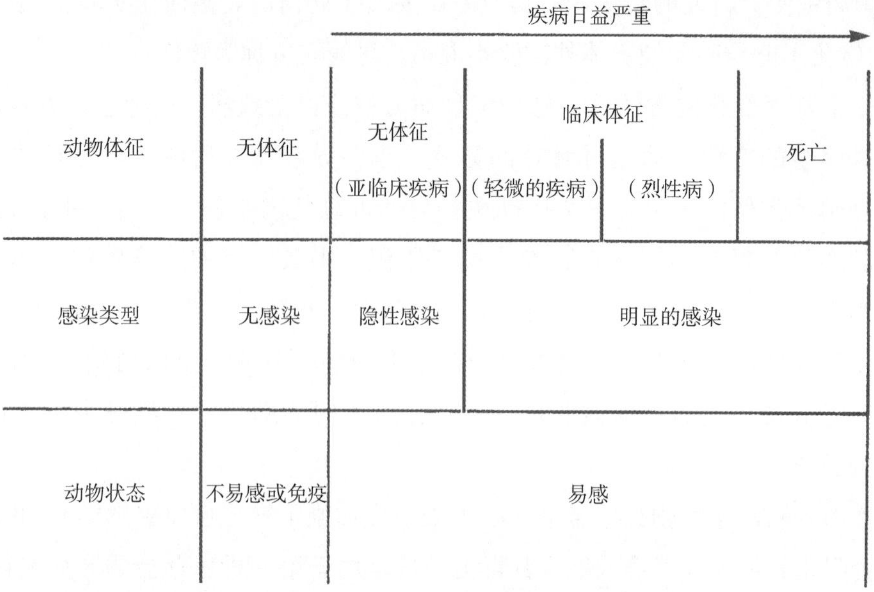

疾病日益严重 →

| | | | | | |
|---|---|---|---|---|---|
| 动物体征 | 无体征 | 无体征（亚临床疾病） | 临床体征（轻微的疾病） | （烈性病） | 死亡 |
| 感染类型 | 无感染 | 隐性感染 | 明显的感染 | | |
| 动物状态 | 不易感或免疫 | 易感 | | | |

图 5.6　感染梯度：动物对病原体的不同反应

## 非显性（沉默）感染

这种感染是指染病宿主没有临床表现①，但有与临床表现宿主相类似的病原复制和排出的过程。在疾病控制方面，隐性感染是个大问题，没有抗原和血清学检测方法辅助，就很难发现疫病。如绵羊感染口蹄疫后（Kitching 和 Hughes，2002）不表现或只表现短暂的临床症状，但仍排出病毒（Sharma，1978）。因此，推荐采用血清学方法检测羊是否感染（Donaldson，2000 年）。

亚临床感染指没有明显临床症状的感染。有些学者认为亚临床感染与隐性感染同义。这里，亚临床感染与隐性感染的区别是会造成生产力的损失。“亚临床感染”也可应用于非感染性疾病，如低镁血症就没有临床症状。

## 临床感染

临床感染会表现出临床症状。疾病可能是轻微的。如果这种疾病过于温和，无法进行临床诊断，则称为无效反应。绵羊感染口蹄疫后仅有轻微的临床表现（Bolton，1968；Kitching 和 Hughes，2002），很难通过症状明确诊断（Ayres 等，2001；De la Rua 等，2001）。因此，为了避免对羊感染的误判②，需要进行实验室诊断（也许是必要的）。

疾病的严重程度是分等级的，当临床表现足以诊断时称为直接临床反应。当绵羊处于分娩等应激状态时，感染口蹄疫有明显的临床症状（Brown，2002；Reid，2002；Tyson，2002）。

动物对疾病最严重的反应是死亡。自相矛盾的是，死亡是一些病原感染的逻辑高峰，因为只有动物死亡才能释放病原感染其他动物。如只有通过食肉，才能感染旋毛虫。

隐性感染和温和型感染提示宿主与寄生虫间相互适应的古老历史，如蓝舌病病毒与南非本

---

① 一些作者使用同义术语“Unapparent”（Sutmoller 和 Olascoaga，2002）。

② 这很重要，仅根据临床表现诊断疫病很容易误判（假阳性，见第 17 章），导致错误的扑杀。

地绵羊的关系。

## 感染的结果

临床疾病的预后包括长期的慢性感染、康复或死亡。慢性感染病例是传染性病原的潜在来源。死亡通常会移除感染源，但也有例外，如感染旋毛虫、炭疽的动物尸体会污染土壤。康复是畜主对病原产生有效反应形成无菌性免疫后的结果，所有的传染性病原都被排除。无菌免疫的动物不会对易感群体造成威胁。

然而，有 2 种状态是重要的决定因素：

- 带菌状态；
- 潜伏感染。

### 带菌状态

**“带菌”**适用范围广泛。从广义上讲，带菌是指动物携带病原但不表现临床症状。因此，隐性感染或亚临床感染的动物都可以是带菌者，连续地或间歇地扩散病原。动物带菌的时间各不相同，很少终身带菌，但在这期间，带菌动物是重要的传染源。

**潜伏期带菌**是动物在发病的潜伏期向体外排出病原菌。例如患狂犬病的犬在表现出临床症状之前 5d，唾液中会连续排出病毒（Fox，1958 年）。有报道称可在前 14d 检出病毒（Fekadu 和 Baer，1980）。因此，世界卫生组织建议在狂犬病流行的国家，咬了人的犬和猫应隔离 10d，以确定被咬的人是否感染了狂犬病病毒。

**恢复期带菌**指动物在康复阶段排出病原，可持续很长一段时间。

**口蹄疫的带菌状态。**口蹄疫病毒的带菌状态可准确定义为，感染 28d 以后，从通过咽喉探杯采集的唾液样本中分离到病毒（Salt，1994）。牛羊临床和亚临床感染口蹄疫后会发生此种状态，羊通常呈低滴度的感染状态，而牛常有局部免疫（Sutmoller 等，1968），这种现象常见于口蹄疫呈地方流行的地区。免疫的牛感染后也会呈带菌状态。牛口、咽是病毒复制的主要部位，而对羊来说，病原主要分离自扁桃体。然而，带菌状态下动物体内的病毒滴度低，并会持续下降，直至不再能传播疫病（Donaldson 和 Kitching，1989）。

不同动物的带菌时间不同。绵羊和山羊携带口蹄疫病毒的时间约 9 个月，牛为 3 年，非洲水牛至少为 5 年，而猪不会带菌。自然情况下，发展为带菌状态的概率与物种有关。口蹄疫流行后，高达 50%的牛会带毒 6 个月（Sutmoller 和 Gaggero，1965），绵羊和山羊则少有带毒现象（Anderson 等，1976；Hancock 和 Prado，1993；Donaldson，2000）。

尽管有的实验证明带菌动物的口咽液能感染牛和猪（Van Bekkum，1973），但也有很多实验是失败的（Davies，2002；Sutmollerand Olascoaga，2002）。同样，少有带菌动物能传播感染的现场证据。如津巴布韦的非洲水牛感染 SAT 血清型口蹄疫，传播的间接证据只是家畜感染了 SAT2 血清型病毒（Thomson，1996）。

总的来说，尽管带菌状态是明确存在的现象，但其在感染和维持方面的作用仍不明确。

### 潜伏感染

潜伏感染指病原持续存在于动物体内，但不表现明显的临床症状，因此很难区分潜伏感染、慢性感染和带菌状态。潜伏感染可能会传染，也可能不会。持续的细菌感染（如肺结核）时，病原与宿主达到一个平衡，病原在复制，但病情在很长一段时间内不会加剧。病毒和立克次氏体感染时，除非病原被重新激活，感染的持续性与病原的复制往往无关联性。病毒和立克次氏体潜伏感染的例证有很多，但除了少数感染，如牛感染腹泻病毒（Lindberg，2003）外，潜伏感染在群中的作用仍不清楚。

持续感染不仅与病原特性和宿主种类有关，而且与宿主感染时的年龄有关。例如所有胎盘期感染猫白血病毒的猫都会终生感染（Jarrett，1985）。但是从 8 周龄开始抗感染的比例增加：4～6 月龄时只有 15%自然感染的猫终生感染。猫潜伏感染不会水平传播（除了母猫通过乳汁感染小猫）。

未识别的潜伏感染给疾病防治造成了困难。如造成猪痢疾的猪螺旋体（痢疾螺旋体、梅毒螺旋体）能够潜伏性地感染猪。1960—1979 年，德国图里根地区猪痢疾控制失败的原因是只治疗了有临床症状的猪，潜伏感染的猪维持了感染。然而，通过检测胚胎期细菌感染来鉴定潜伏感染群体，并实施疾病控制措施，发病即呈下降趋势（图 5.7）。随后，结肠黏膜检查作为检测方法来监测无病状态。

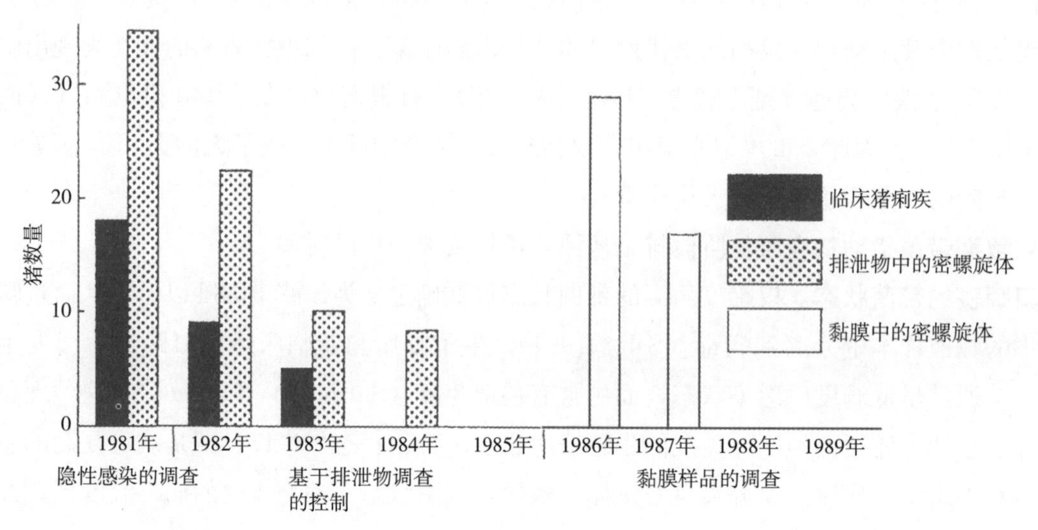


图 5.7　猪痢疾的控制和消灭（Thuringia，Germany，1981—1989）。来源：Modified from Blaha，1992

## 宿主的微生物寄生

传染性病原体可在宿主出生时随时感染宿主。有些是垂直传播的（见第 6 章），在出生前宿主就被感染。感染可能立即导致发病也可能不发病。

### 外源性和内源性病原

之前包括造成猪繁殖障碍在内微生物的描述，表明传染性病原可分类为：内源性和外源性（Dubos，1965）。

宿主中不常见到外源性病原。一般情况下，它们在体外存活时间不长（土壤、水等），不会与宿主形成稳定的关系。外源性病原常通过感染动物传播，且具有明显的临床症状和病理变化，如犬瘟热、猪瘟和一些常见的动物疫病。

内源性病原常在健康个体的胃肠道和呼吸道中发现，除非宿主处于应激状态，一般不会致病。如小牛肠道中的大肠杆菌，当未吮吸初乳造成免疫缺陷时，才会致病（Isaacson 等，1978）。

这种二分法较为简单，有的病原体同时具有两种特点。如沙门氏菌感染动物时会产生明显的临床症状。然而，有些动物终生携带并间歇性排出病原，但没有明显的临床症状。病菌除了直接接触感染外，还可通过污染的食物等途径传播。

### 条件致病菌

有些生物只有在宿主抵抗力下降时才会染病，如药物治疗和感染其他疾病时。此类病原是条件性的，在任何时间都可能寄生宿主，可能是内源性的，也可能是外源性的。之前描述的主要是内源性病原，它们能造成猪死胎和流产。

## 环境决定因素

环境包括位置、气候和饲养管理。采取非自然条件下的集约化生产企业，特别重视畜群的环境因素（如排笼鸡舍）。人类医学中，社会和职业暴露是可能的致病因素（如吸烟与肺癌的关系：表 3.2）。此外，被捕获野生动物的健康和福利也会受环境影响（Kirkwood，2003）。

### 地理位置

当地的地质构造、植被和气候会影响动物和疾病的空间分布。第 4 章提到，绵羊颌骨肿瘤的发病率与蕨菜的分布有关，说明了地图在确定病因中的价值。美国的研究表明，中老年犬的非特异慢性肺病与居住城市有关（Reif 和 Cohen，1970），城市的大气污染较重（见第 18 章）。城市/农村犬肺疾病梯度调查支持这个结论（Reif 和 Cohen，1979）：应用共变法推断病因的例子（见第 3 章）。牲畜对石油和天然气站的影响是模棱两可的（Waldner 等，2001a，b；Scott 等，2003a，b）。

噪声与地理位置相关，也被认为与“职业”和养殖管理有关。关于噪声对人健康影响的调查较多（Kryter，1985；Butler 等，1999），但对动物健康影响的研究较少。大多数研究的对象是人和实验动物，除了导致暂时或永久性耳聋外，已证明噪声可导致伴随肾上腺皮质激素分泌改变的应激（在本章后面讨论）。在噪声对动物健康的影响综述中，Algers 等（1978）描述了白细胞减少（可能与免疫抑制有关）、产奶量下降、少精症、流产率上升等影响。对马的研究表明，脉冲噪声（音爆）对动物的健康或行为无影响（Ewbank 和 Cullinan，1984）。

不同地域的不同季节气候不同，因此疾病的时间分布也受地理位置的影响。这些影响和确定它们的方法在第 8 章中讨论。

### 气候

气候可分为两种类型：大气候和小气候。

## 大气候

大气候包括动物暴露的常规气候：降雨、温度、太阳辐射、湿度和风速，它们都可影响健康（Webster，1981）。温度可能是主要因素，例如低温可导致动物（尤其是刚出生的动物）患低体温症。风和雨会加剧动物的热量损失。冷应激可导致动物发病，如消化不良，进一步发展为传染性肠炎。风可长距离携带传染性病原体（如口蹄疫病毒）和媒介节肢动物（如感染蓝舌病病毒的库蠓）（见第6章）。

太阳辐射也可是主要病因：之前皮肤鳞状细胞癌的描述中就提到了紫外线辐射的致癌作用。太阳辐射也是牛角膜结膜炎的充分病因，感染莫拉氏菌（Hughes等，1965）是主要病因，紫外线辐射使角膜上皮“松动”，促进了细菌在角膜的定植（George，1993）。如只有细菌感染仅会有轻微的临床症状，典型病例只在高紫外线辐射水平的情况下发生。因此，发病往往是季节性的，主要发生在夏季，偶在冬季（紫外线通过雪辐射）（Hubbert和Hermann，1970）。目前平流层臭氧减少，紫外线辐射增加，可能导致该病和其他疾病的发病率增加，如犬Uberreiter氏综合征（慢性浅表性角膜炎）及鱼类白内障和皮肤损伤（Mayer，1992）。

大气候是影响传染性病原稳定性的次要因素。湿度低时，牛传染性鼻气管炎病毒易存活，而鼻病毒在湿度高的环境中易存活。猪传染性胃肠炎病毒对紫外线辐射敏感，因此与冬天相比，夏天病毒更易灭活。冷湿天气与呼吸系统疾病存在统计学关联，原因不是宿主应激抵抗力下降，而是病原在这类环境中更易存活（Webster，1981）。

干旱的影响比较复杂。1976年夏天，在英国和威尔士，干旱不仅与牛产奶量和体重下降、羊皮蝇危害增加有关，而且与肝片吸虫病和寄生支气管炎降低有关（SVS，1982）。

气候变化也能导致大范围的疾病变化。例如，1997—1998年厄尔尼诺现象[①]导致东非降雨量增加，传播媒介蚊子数量增多，该地区裂谷热疫情呈流行状态（Brown和Bolin，2000）。

气候影响可通过几种方式测量。常用的方法是计算风寒指数，综合考量温度和风速的影响。零度以下时，风对热传递影响很大，该方法显得更为重要。标准环境温度（McArthur，1991）与温度、风速和湿度因素有关，与实际空气温度相比，能更好地评估生理效应。

结合地质特点，大气候决定植被、宿主和媒介的分布，从而影响疾病的空间分布（见第7章）。因此，大气候变化可能会改变许多疾病的频率和分布。因二氧化碳排放量增多，“温室效应”增加，引发全球气候变暖，可能成为21世纪的重要病因（Aitken，1993）。例如，如果在此期间欧洲平均温度上升2～4℃，英国将延长生长季节，降雨模式也会发生改变。放牧季节延长会使牛低镁血症的发病率增加（见图3.6），造成羔羊硒和钴缺乏。随之而来的是，茂盛的牧场更多，牧草更为“柔软”，这可能增加羊的牙齿问题。

生物媒介的分布也可能改变，导致媒介传播疾病的分布变化；例如篦子硬蜱活动模式的改变，会使跳跃病、莱姆病和蜱媒热更为常见。此外，寄生虫在环境和冷血媒介宿主中发育时温度改变，肝片形吸虫病、细颈毛样线虫病和血矛线虫病等的分布也会改变。同样，蓝舌病媒介imicola库蠓的分布正向北部和西部延伸，库蠓属的其他种类也可能成为该病毒的载体

① 厄尔尼诺是指热带太平洋的海洋-天气系统毁坏（Philander，1990）。

(DEFRA，2002d)。

Patz等（1996，2000）、McMichael和Haines（1997）、Patz和Lindsay（1999）、Kiska（2000）、Wittmann和Baylis（2000）、Epstein（2001）、McCarthy等（2001）、Alitzer等（2002年）和Hunter（2003）深入讨论了气候变化对传染病和媒介分布的影响。

## 小气候

小气候是指小的、特定空间的气候，可以小到几毫米的植物或动物表面，可大如一个猪场或牛棚。前者可是陆生的（如叶子的表面）或生物的（如宿主体表）小气候。陆生小气候能影响节肢动物和蠕虫的发展。生物小气候可在疫病传播阶段发生改变，促进疾病的扩散。如人感染疟疾出汗，增加了人体表面的湿度，吸引更多的蚊子，帮助原虫传播。

动物集约化饲养单元的小气候是疾病发生的重要因素。马厩灰尘与呼吸道过敏和非过敏性肺病有关，还可携带微生物（Collins和Algers，1986）。高浓度氨与母鸡角膜炎（Charles和Payne，1966）和猪鼻甲骨萎缩（Drummond等，1981）有关。换气差与马慢性呼吸系统疾病（Clarke，1987）有关。因此，建议加强人类和动物居住的建筑的通风，去除污浊的空气、微生物气溶胶和灰尘，降低湿度（Wathes等，1983；Wathes，1989），减少尘埃和有害气体的接触（表5.4）。虽然还不清楚空气中高浓度非致病菌对牲畜的影响，但有证据（Pritchard等，1981）表明，减少空气中的细菌含量可降低临床和亚临床呼吸系统疾病的发病率。

家庭小气候也可能是致病因素，如房间湿度高会增加犬螨过敏程度（Randall等，2003）。

**表5.4 职业人群接触畜舍中气体和灰尘限值**

| | 职业因素暴露范围 | | 动物暴露范围（最大持续） |
|---|---|---|---|
| | 长期（平均超过8h） | 短期（10min） | |
| 气体（ppm*） | | | |
| 氨，$NH_3$ | 25 | 35 | 20 |
| 二氧化碳，$CO_2$ | 5 000 | 15 000 | 3 000 |
| 一氧化碳，CO | 50 | 300 | 10 |
| 甲醛，HCHO | 20 | 30 | |
| 硫化氢，$H_2S$ | 10 | 15 | 0.5 |
| 甲烷，$CH_4$ | 窒息剂 | | |
| 二氧化氮，$NO_2$ | 3 | 5 | |
| 灰尘（$mg/m^3$） | | | |
| 谷粉* | | | |
| 总可吸入比例 | 10 | | |
| 非特异性灰尘 | | | |
| 总可吸入比例 | 10 | | 3.4+ |
| 可呼吸比例 | 5 | | 1.7+ |

注：* 最大暴露时间。
+24h平均。
来源：修改自Wathes，1994。

* ppm为我国非法定计量单位，1ppm表示百万分之几。——译者注

## 饲养管理

### 畜舍

上文已经提到，设计动物圈舍时保证通风良好很重要。铺垫材料和表面结构也是致病因素。与饲养在钢材、混凝土或土壤上的猪相比，饲养于铝合金板上的蹄病更为常见且严重（Fritschen，1979）。饲养于混凝土上的猪比饲养于沥青上的肢体损伤更为常见（Kovacs 和 Beer，1979）。蹄部损伤和外阴咬伤（与侵略有关）常见于分栏饲养的母猪中（Kroneman 等，1993）。Smith（1981）认为，地面坡度过大造成的重力作用增强会导致猪的直肠下垂。

### 饮食

饮食中的蛋白质、维生素和矿物质匮乏对发病有显著的影响。有时对影响的定义不太明确。有证据表明，增加膳食中的维生素可减少母猪蹄部病变的发病率（Penny 等，1980）。然而，没有证据表明，维生素缺乏与蹄部病变发病率增加有关。

饲喂方式也可能是致病因素，如分栏饲养母猪的胃扭转与一天一喂有关联，与一天两喂无关联，提示一次性摄入过多食物是致病因素（Crossman，1978）。

### 管理（包括动物用途）

管理决定饲养密度和生产制度。饲养密度增加，感染病原微生物的可能性也随之增加。采取自繁自养（即保持“封闭”群体：见第 4 章）的养殖企业比那些购入动物企业的发病可能性要低。

动物的用途（“职业”）可影响疾病的发生。猎人的马常见肢体受伤。与非役用牛相比，役用瘤牛更易发生“驼峰疮”（隆突骨）。之前描述了疾病的发生与性别有关的真正原因是动物的用途。

## 应激

目前，还未有普遍接受的应激概念（Moberg，1985；Moberg 和 Mench，2000），对相关生理反应的诠释存在争议和冲突（Bedker，1987）。在人类医学中，应激被用于描述情感冲突和不满。在兽医学中，往往认为应激是由断奶、拥挤、运输、饮食和环境变化等因素引起的反应。然而，在此情况下，应激可能只是方便描述兴趣领域、特定管理条件的术语，会掩盖对基本原则和机制的理解（Rushen，1986）。人类医学中也存在类似的情况（Stansfield，2002）。

最初认为应激是生理上的“逃或战”反应（Cannon，1914），如体力消耗、恐惧刺激、肾上腺髓质分泌儿茶酚胺等。通过这些反应促进血液向肌肉分布，增强肌肉力量，使动物“逃逸”或“战斗”的反应成为可能。

Selye（1946）提出了较为全面的应激理论，描述了伤害性刺激（如冷、热、宰前麻昏和严重感染）对实验动物的影响。这些刺激称为应激子，动物的反应称为全身适应综合征，分为

3 个阶段：

- 一般的警惕反应；
- 抵抗阶段（适应阶段）；
- 反应阶段。

最初反应包括肝脏、淋巴结、脾和胸腺变小，然后出现消化道糜烂。约 48h 后抵抗阶段开始，肾上腺出现肿大。如果承受不了刺激，最后将以死亡告终。

Selye 认为，对所有应激子的非特异性反应是比较类似的，都会有肾上腺反应（如血液皮质醇分泌增多）。然而，随后的研究（Mason 等，1968）表明，肾上腺反应与精神刺激密切相关，没有心理压力时，外界刺激（如禁食）不会引起肾上腺反应，无非特异性应激反应（Mason，1971）。因此，应明确引起反应的应激子，在研究对象（如运输）包含几个应激因素时尤为重要。不同精神刺激可引起反应（如血浆皮质醇等）量的变化，有的被认为是消极的，有的被认为是积极的。应对应激子的生理反应能避免伤害。然而，当反应持续太久或太严重，某些生理反应会受到影响，动物会受到伤害，如繁殖能力下降、免疫功能受损，进而导致易染病和行为异常（Moberg，1985）。

动物对应激子的反应差异很大。有的对刺激有反应，有的没有。对同一应激子刺激，不同动物的反应完全不同。受经验、遗传和“应对方式”等因素影响动物对应激子的反应，包括是否反应及反应类型（Moberg，1985）。

应激是致病因素的例证通常与特定管理条件有关，而少与生理反应有关。这在前文中已有表述。

应激可是主要致病因素。一个典型的例子是被捕获的动物会产生应激，产生捕获肌病综合征。在南非野生动物中发现该病（Basson 和 Hofmeyer，1973），表现为瘫痪、共济失调、褐色尿、不对称肌肉和心肌病变。类似的疾病还见于捕获的红鹿（McCallum，1985）。

应激也是猪应激综合征的主要病因。易感猪不能承受与日常管理相关的环境刺激（如阉割、疫苗接种、运动和高温环境），在几分钟内即会发生该病。该病在人、犬、猫、马和猪的表现与人恶性高热（暴发型）相似，先出现肌肉和尾部震颤，随后出现呼吸困难、发绀、体温升高和酸中毒等症状，最后表现为衰竭、肌肉强直、高热和死亡。发病猪代谢异常，肌肉中的能量使用开关错误导致猪从有氧代谢转变为无氧代谢。该病通过常染色体隐性基因遗传，外显率很高，甚至完全显现。通过氟烷麻醉后是否出现恶性高热，或检测特定的血型连锁基因可检出易感猪（Archibald 和 Imlah，1985）。

对恶性病来说，应激可能是次要病因。应激能抑制免疫系统（Dohms 和 Metz，1991）。尽管类似的免疫抑制对促进动物感染疾病的机理仍不清楚，但流行病学研究表明，它们是有关联的。牛败血症（见第 1 章）与运输、去角、去势和冬季气候相关，鹿患鼠疫耶尔森菌病和恶性卡他热可能与长时间处于寒冷和低营养水平有关。

## 交互作用

宿主、病原和环境因素单一作用时不会发病，但交互作用时却能诱发疾病。“交互作用”

是指相互依存的因素造成（或阻止）影响（Last，2001）。造成镁的摄入量减少的因素网络与增加体内镁损失的因素网络共同作用导致低镁血症（见图 3.6）。蛋白质营养摄入和胃肠道寄生虫间存在交互作用，胃肠道寄生虫会增加消化道氨基酸的需求，引起蛋白质不足，导致对蛋白质供应敏感的免疫力低下（Sykes 和 Coop，2001）。牛消化道乳头状瘤由乳头状瘤病毒（致病因子）引起，在蕨菜（环境）常见的地方会转变为癌症，提示致病因子和环境（Jarrett，1980）之间存在交互作用。基因（宿主）和应激子（环境）间的交互作用导致猪应激综合征的发生。

## 混合感染

病原间交互作用的重要例证是混合感染，即一种以上病原同时感染。集约化养殖中发生的主要传染病包括：肠道系统疾病、呼吸系统疾病和乳腺炎等。这些疾病是通常混合感染引起的，可分为 2 类（Rutter，1982）：

- 尽管是混合感染，但临床表现与单一病原感染相同；
- 必须两种或两种以上微生物共同致病。

表 5.5 中列出了一些示例。Ⅰ类病原包括大肠杆菌、轮状病毒、杯状病毒、隐孢子虫属，它们都可以引起腹泻。Ⅱ类病原引用小牛肺炎的例子，包括 5 种病毒、4 种支原体和 19 种细菌，交互作用的致病机理还不清楚，但对小鼠的研究（Jakab，1977）表明，病毒抑制了巨噬细胞的细胞内杀菌机制，增加了感染细胞对细菌的黏附性，促进细菌进入肺细胞。

同样，牛呼吸道疾病常与曼氏杆菌、牛呼吸道合胞体病毒、副流感 3 型病毒、牛病毒性腹泻病毒（Fulton 等，2000）混合感染有关。虽然前 2 个病原在单独作用时也可诱发呼吸系统疾病，但牛病毒性腹泻病毒能与它们和曼氏杆菌发生交互作用抑制宿主的免疫能力（Yates，1982；见图 3.5）。

羊腐蹄病也是交互作用的例证。有 4 种微生物与此有关，包括化脓性棒状杆菌、坏死细梭杆菌、节瘤类杆菌和非致病性能动梭形菌。4 种细菌的每一种致病性都很低，但混合感染后发生交互作用，就能突破宿主的防御机制，形成并维持感染（Roberts，1969）。

其他经实验证实的交互作用的例证还有：鸡肠道球虫病与产气荚膜梭菌共感染会导致坏死性肠炎（Shane 等，1985）；出血性肠炎病毒感染增加了火鸡对大肠杆菌的易感性（Larsen 等，1985）。Woolcock（1991）对微生物相互作用进行了详细讨论。

除了一般意义上的交互作用，还有 2 个有争议的与交互作用有关的特定术语：生物互动和统计互动（Rothman 和 Greenland，1998）。

**表 5.5　混合感染致病的例证**

| 疫病 | 分类* | 病原 |
|---|---|---|
| 肠道疾病（大部分物种） | Ⅰ（?Ⅱ） | 产肠毒素大肠杆菌<br>轮状病毒<br>冠状病毒<br>杯状病毒<br>隐孢子虫 |

（续）

| 疫病 | 分类* | 病原 |
| --- | --- | --- |
| 呼吸系统疾病（牛） | Ⅰ | 巴氏杆菌<br>牛呼吸道合胞体病毒<br>副流感病毒-3<br>牛病毒性腹泻病毒 |
| 萎缩性鼻炎（猪） | Ⅰ | 支气管炎博德特菌<br>多杀巴氏杆菌 |
| 蹄腐烂（绵羊） | Ⅱ | 化脓棒杆菌<br>坏死梭杆菌<br>节瘤偶蹄形菌<br>运动型梭菌属 |
| 肺炎（绵羊） | Ⅱ | 副流感病毒-3<br>曼氏杆菌属 |
| 猪痢疾（猪） | Ⅱ | 密螺旋体<br>肠道厌氧菌 |
| 杆菌败血症（鸡） | Ⅱ | 大肠杆菌<br>传染性支气管炎病毒 |
| 呼吸疾病（牛） | ？Ⅱ | 牛支原体<br>殊异支原体<br>副流行性感冒<br>呼吸道合胞体病毒<br>牛传染性鼻气管炎病毒<br>巴氏杆菌<br>其他细菌 |
| 夏季乳腺炎（牛） | ？Ⅱ | 化脓棒状杆菌<br>细球菌<br>停乳链球菌<br>微嗜气球菌 |

注：* Ⅰ＝单个病原可产生临床症状，但是常发于混合感染。
Ⅱ＝交互作用时混合感染是基础。
？＝明确分类证据不足。
来源：Rutter，1982。

## 生物互动

生物互动是指两个因素基于潜在理化联系和反应的交互作用，也称“机械性互动”（Rothman 和 Greenland，1998）。如本章前面所述，大肠杆菌 K88 抗原（致病因子）和猪（宿主）肠道受体的化学性互动，导致细菌对猪有致病性。前面也提到过物理性互动，细菌和畜舍通风不畅共同造成牛呼吸系统疾病，当然，该病与空气中细菌的密度也有关。Ⅱ类混合致病因子也存在类似的生物互动。生物互动在因果途径识别阶段，代表了许多已知的定性相互作用。

两个或两个以上因素间的生物互动比单独一个因素产生的影响要大，这就是协同作用，如抗生素联合使用效果比单独使用好。同样，上述4种微生物共同引发的绵羊腐蹄病也是协同作用的结果。

“协同作用”应该被用来描述生物学机制。然而在流行病学文献中，协同作用也被用来描述某些类型的统计互动，这导致了一些概念上的混淆（Kleinbaum 等，1982）。下文中讨论“协同作用”在统计互动中的应用。

## 统计互动

统计互动是指两个或两个以上因素的定量影响。疾病的发生通常不仅仅取决于某个因素存在与否，疾病发生频率的变化还与因素的数量和强度有关（例如，奶牛感染钩端螺旋体的频率，表3.1）。未考虑相关因素时，疾病的频率称为“背景”频率。当加入两个或两个以上因素后，疾病的频率可能与单因素致病频率成比例（即单因素致病频率减去“背景”频率）。实际发生频率可能大于或小于预期的综合效果，这就是统计互动。例如，Willeberg（1976）在猫泌尿系统综合征（FUS）的研究中发现，去势和摄入过量干猫粮同时出现时，FUS的发生频率高于预期的两因素联合效果，提示这两个因素间存在统计互动。

当几个致病因素同时存在时，它们的联合作用可用2种因果模型定量地解释：加法模型和非加法模型（Kupper 和 Hogan，1978）。当有两个或两个以上因素时，加法模型认为总发病等于每个因素致病的和。如果不存在交互作用，那么：

当 $X$ 和 $Y$ 都不存在，假设“背景”发病数$=\gamma$；

当 $X$ 单独存在时，发病$=2+\gamma$；

当 $Y$ 单独存在时，发病$=5+\gamma$；

当 $X$ 和 $Y$ 同时存在时，发病$=7+\gamma$。

如果发生正交互作用，$X$ 和 $Y$ 同时存在时，发病将大于 $7+\gamma$。

最常见的非加法模型是乘法模型。当两个或两个以上因素同时存在时，疾病发生是每个因素致病的乘积。如果不存在交互作用，那么：

当 $X$ 和 $Y$ 都不存在，假设“背景”发病$=\delta$；

当 $X$ 单独存在时，发病$=2\delta$；

当 $Y$ 单独存在时，发病$=5\delta$；

当 $X$ 和 $Y$ 同时存在时，发病$=10\delta$。

如果发生正交互作用，则 $X$ 和 $Y$ 同时存在时，发病将大于 $10\delta$。

疾病的发生可用发病（率）或其他衡量发病风险的方式测量（见第15章）。模型类型取决于测量疫病发生的方式，例如，采用Log转换发病测量结果，乘法模型可成为加法模型。

流行病学中，加法模型常用于评估某因素对群疫病发生的影响，而乘法模型主要用于阐明病因（Kleinbaum 等，1982）。如加法模型结果显示因素有交互作用，有时用协同作用一词来描述模型。然而，交互作用和协同作用间还存在争议（Blot 和 Day，1979）。正统计互动不一定有因果关系。但是，如果可以推断某些因素是总原因的一部分，那么可以说发生了协同作用（MacMahon，1972）。在统计上，如果因素间存在因果关系，协同作用通常被认为是正统计互动。因此，去势和摄入过量干猫粮（通常与摄入太多，饮水不足有关）对FUS是协同作用：

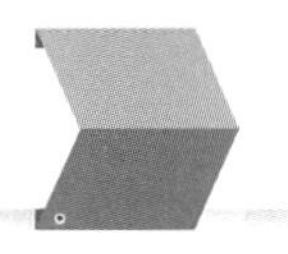



都会导致活动减少，肾脏血流量减少，肾功能损伤，并因此促进尿液变化，形成尿路结石。

评估统计互动的价值在于可衡量不同致病因素的度，使得通过改变致病因素预测某病发病率的下降程度成为可能。因此，互动的价值往往取决于预测结果的能力，而不取决于解释生物交互作用的能力（Kupper 和 Hogan，1978）。统计互动的量化见第 15 章。

## 癌症的病因

癌症病因体现了宿主、病原和环境因素间的交互作用。异常、无限增殖的细胞形成肿瘤，如生长受到限制，肿瘤可能是良性的，在体内不会扩散；如生长过程没有限制，则可能是恶性的，在体内会扩散（转移）。通常称恶性肿瘤为癌症，英文名 Cancer 源自黄道星座的巨蟹座，因为恶性肿瘤向外扩散犹如螃蟹的四肢。

### 癌症的诱因

大量癌细胞组成的恶性肿瘤，起源于单个发生了根本性转变的正常细胞。转变有几个异常特征，如过度依赖无氧代谢、有不常见的肿瘤抗原，及无视正常边界，这是癌症最明显的特征。细胞的这些复杂改变仅源于有限组的基因变化（Weinberg，1983）。因此，将体外用多瘤病毒感染细胞致其转变为癌细胞，再将其注入实验动物体内可诱发癌症。

之前的流行病学调查表明，除病毒外，化学和物理因素也能诱发癌症。烟尘中的碳氢化合物是第一个被发现有致癌作用的化学物质。1775 年，伦敦的一名外科医生 Percival Pott 记录了烟囱清洁工阴囊上皮瘤的发病率增加。从那时起，陆续发现了一系列的化学致癌物（Coombs，1980），包括烃类、芳香胺（与染料工人膀胱癌有关）、*N*-亚硝基化合物（与鱼类、鸟类和哺乳动物肝癌有关）、类固醇激素（如雌甾酮，诱发小鼠乳腺癌）、无机产品，如石棉（与人皮瘤有关，见第 18 章）、其他天然化合物（如黄曲霉毒素是花生油的污染物，与接触污染食品的人和鱼类肝癌发生有关）等。

癌症发病机理有完善的分子基础（Cullen 等，2002）。有证据表明，肿瘤诱导（致瘤）病毒、化学和物理致癌物质和 DNA 自发突变的细胞等都能导致遗传物质改变而致癌（Coop 和 Ellis，2003）。关键基因分为 2 类：原癌基因和抑癌基因（Lee 和 Yeilding，2003）。原癌基因编码的物质能促进细胞增殖或抑制细胞死亡（有时）。这些物质构成一组细胞调控因子，包括生长因子、生长因子受体、GTP-结合蛋白、酪氨酸和丝氨酸激酶，以及转录因子。这些分子对细胞保持正常至关重要。一旦发生改变，如因化学致癌物质或电离辐射的交互作用而突变，就可能导致癌变。原癌基因的这些改变被称为致癌。病毒在宿主细胞逗留期间，很多动物反转录病毒中都还有这些致癌基因，可能是在感染宿主细胞内获得。

抑癌基因有抑制生长的特点。与原癌基因相比，这类基因在生理细胞调节方面发挥着重要作用。其中一个（成视网膜细胞瘤易感基因，RB-1）调节细胞的复制周期。另一个（P53）停滞细胞循环，启动 DNA 修复，阻止基因毒性伤害。其他可通过黏附因子，调节从细胞到细胞或从基质到细胞的信号通路，根据组织内的细胞密度来调节细胞行为和增殖。通常因基因突变或丢失染色体的基因片段，癌变发生时这些基因保持沉默。正常的二倍体细胞含有每个抑癌基因的两个副本，两者必须都失活，被识别为癌的表型才能显现。然而，失活并不一定同时发生，可因连续暴露于致癌物质而一个接一个地失活，也可一个失活，另一个通过复制而失活。动物遗传有缺陷的抑癌基因，显然接触环境致癌物时发生癌症的风险高。几种知名的人遗传性癌症易感综合征（如家族成视网膜细胞瘤、家族性结肠息肉病）就是上述原因所致。有趣的是，有几种动物 DNA 病毒（如组病毒、乳头瘤病毒、腺病毒）基因需结合内源性抑癌基因产物后才能改变。

许多肿瘤的年龄发病率呈急剧上升的态势（Armitage 和 Doll，1954；Peto，1977；见图 5.5）。致癌需多个独立事件的假设可解释这一现象。将不同具有活性的原癌基因插入正常细胞的实验室重建证实了这一观点，从正常细胞到肿瘤细胞的全面转型需要多个变化才能实现。因此，并不奇怪大多数已知的癌症可以包含多个原癌基因和抑癌基因的改变。多阶段致癌概念也包括致病因子间的相互作用，上述原癌基因和抑癌基因的改变不会造成 DNA 结构的永久性变化。早期化学致癌物的实验（Bedker，1981）将致癌过程划分为 2 阶段：启动和促进。

启动，无论是由致癌病毒、电离辐射、化学致癌物，还是遗传或自发所致基因的变化，都假定会引起部分不可逆的细胞 DNA 改变。

单纯启动不足以致癌，但产生恶性细胞的风险增高。进一步促进就可能产生恶性肿瘤。促进是可逆的，但有证据表明，当细胞变化到达一定阶段后，会不可逆地转化为癌（Peraino 等，1977）。已确定一些化学试剂具有促进作用，如巴豆油促进皮肤肿瘤。巴豆油中的活性成分是一种酯，能模拟内源性细胞调节因子，但对其生化基础仍知之甚少。许多化学致癌物同时具备启动和促进作用（完整致癌物）。

“辅助致癌物”是指促进致癌物质进一步发挥作用的因素，如慢性炎症或化学促进因素。鳞状细胞癌主要发生在澳大利亚北部羊的耳朵上，流行率随纬度降低而增加。太阳紫外线辐射被认为是该病的物理致癌物。一种通过耳标传播的传染性病原可能是辅助致癌物，这能解释为什么耳朵病变比其他部位更常见。

### 癌症病因调查

通过动物试验和组织培养，生化学家、病毒学家和分子生物学家已确定了启动和促进因素。在生物层次结构的顶层，流行病学家已通过观察性研究识别了风险因素。以下两组因素是确定的（Gopal，1977）：

- 特定致病因子；
- 修饰因子。

已确定的特定致病因子包括紫外线和电离辐射（后者可诱发犬甲状腺肿瘤和白血病），慢性刺激（与印度牛角癌相关：Somvanshi，1991）和寄生虫（如血红旋毛线虫与犬食管肉瘤和纤维肉瘤相关）。已描述过的特定化学和生物启动因素，如病毒。修饰因子包括辅助致癌物，与启动无关，但有时影响癌症的发病率。宿主的遗传组成是最重要的修饰因子，与存在适当的原癌基因有关。有的癌症可遗传，如猪淋巴肉瘤（McTaggart 等，1979）。

体外试验证实，化学致癌物与致癌病毒的交互作用能增强致癌效果。一个著名的例证是上述的蕨菜和牛乳头状瘤病毒感染间的交互作用。有报道称，一些非致癌病毒能与化学致癌物产生交互作用（Martin，1964）。感染水痘病毒的鸡和感染流感病毒的小鼠比未感染的更易受化学致癌物的影响。Doll（1977）争辩说，大多数癌症都是环境启动或促进的。

癌症病因调查需要多学科的合作，包括生物化学、病理学、分子生物学和流行病学等，已尝试结合分子生物学和流行病学研究做出了概念模型（Moolgavar，1986）。不过，Rothman和Greenland（1998）评论：

“为什么发生此类交互作用却没有立即用于与流行病学观察相关的精确预测。一个原因是假如提出的机制能够解释观察到的所有病例，或所有已测量或未测量风险因素的影响，未说明效果和交互作用的背景“噪声”就会被研究人员以各种方式轻松的移除。”

因此，不同的学科能为“癌症拼图”提供不同的碎片。

Meuten（2002）综述了家畜癌症及其原因。家畜也可作为人类癌症的生物模型（Pierrepoint，1985），进一步讨论见第18章。

# 6 感染的传播与维持

致病微生物侵入宿主造成感染。无论是否致病，病原持续存活的关键在于它能成功传播到易感宿主，进入宿主复制并维持感染循环。感染宿主的整个循环即病原的生活史（生命周期）。只有了解传染性病原的生活史，才能选择最适用的防治技术（见第22章）。病原生活史包括：

- 感染传播与维持的模式；
- 有利于病原生存和传播的生态条件。

本章关注第一个内容，第二个内容将在第7章中讨论。

传播可能是水平的（横向），也可能是垂直的。水平传播是指病原从群体的一部分传到另一部分。例如，马流感病毒从一匹马传到同群的另一匹马。垂直传播是指病原通过胚胎、子宫（哺乳动物）或卵（鸟类、爬行类、两栖类、鱼类和节肢动物）中的胎儿传播给下一代。一些病原通过哺乳传播给下一代也被认为是垂直传播。

## 水平传播

水平传播可分为直接接触传播和间接接触传播（图6.1）。直接接触传播是指易感宿主通过接触感染动物，包括接触身体或接触排泄物感染病原（如犬瘟热通过粪尿传播）。间接接触传播是指易感动物通过接触病原感染或污染的有生命或无生命的媒介工具感染病原。通常将这些媒介工具称为“媒介”，但受日常用词的影响，媒介一词常用于携带病原的生命体（见下文的“媒介”）。间接接触传播中会涉及与感染动物有关的不同种属的媒介，因此，传染性病原的生活史会变得很复杂，可能有几个不同的宿主。本章不详细陈述病原生活史，但会提到兽医微生物学和寄生虫学的一些基本知识。

有些传染性病原能通过空气远距离传播。尽管这种传播方式没有媒介介入，符合直接接触传播的定义，但一般认为它是间接接触传播。

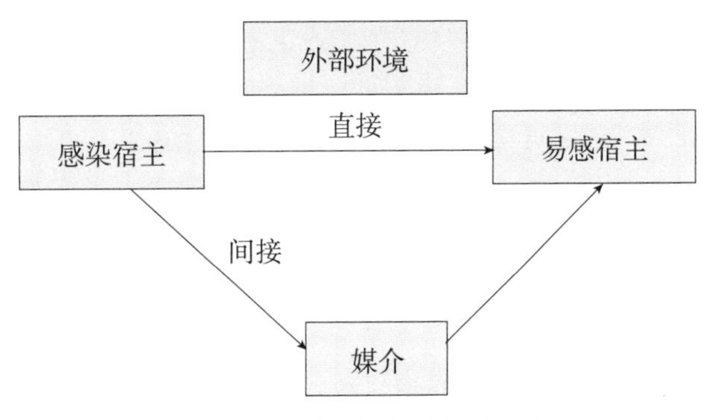


图 6.1 病原传播的基本机制

## 宿主和媒介的类型

流行病学家、原生动物学家、昆虫学家和微生物学家使用不同术语描述宿主与寄生虫的关系。每一术语都有其自身的学科特点，但通常具有相同的含义。如在疾病生活史的描述中，寄生虫学使用“中间宿主”一词，而昆虫学使用“生物媒介”（见下文）。

### 宿主

*宿主* 植物、动物或节肢动物能被传染性病原感染，并维持病原的存活。病原通常在宿主体内复制和增殖。

*终宿主* 寄生虫学术语，生物体在这类宿主中进行有性繁殖（例如，犬是豆状带绦虫的终宿主，蚊子是疟原虫的终宿主）。

*终末宿主* 与终宿主同义，但应用更广（可用于所有传染性病原）。“终末”和“终”都意味着“线的终点”。换言之，是动态过程的终止。

*第一（自然）宿主* 在即将发生流行的地区，维持感染的动物（如感染犬瘟热病毒的犬）。通常病原依靠第一宿主才能长期存在，所以又称维持宿主。

*第二（异常）宿主* 病原生活史中额外涉及的物种，尤其是在流行区之外的区域（如口蹄疫感染牛的毒株通常会在水牛中循环）。第二宿主有时扮演维持宿主①的角色。

*旁栖宿主* 机械传播病原的宿主，病原不会在其中增殖（如被大鱼吃的鱼中有裂头绦虫幼虫）。寄生虫学专用术语，可理解为机械性媒介的同义词。

*中间宿主* 病原在体内进行无性繁殖的宿主（如家兔和野兔中的猪囊尾蚴）。这一术语起源于寄生虫学。

*放大宿主* 因种群的动态变化，易感宿主突然增多的情况下，可使传染性病原数量突然增加的动物既是放大宿主。这个术语常用于病毒病。如刚产下的感染日本脑炎病毒的仔猪（图 6.2）。

*储存宿主* 病原存在于体内，但通常不复制，处于“假死”状态的宿主（如感染西部、东部或日本脑炎病毒的冬眠的蛇）。

*偶见（临时）宿主* 通常不将体内病原传给其他动物的宿主（如布鲁氏菌感染的公牛）。

---

① 第一宿主和第二宿主的主要区别是在微生物进化中的重要性。例如，尽管流感病毒能感染大多数鸟类和哺乳动物，第一宿主是野生水禽、沙禽和海鸥。流感病毒在第一宿主的进化率较低，在哺乳、鸟类、鸭子的进化率较高（Suarez，2000）。哺乳动物进化率升高是病毒适应变异宿主的结果。

“终”和“终末”可生动地体现这类宿主特性。

链接宿主　在不同物种的宿主间搭建桥梁的宿主，如苍鹭是猪将日本脑炎病毒传给人的链接宿主（图 6.2）。

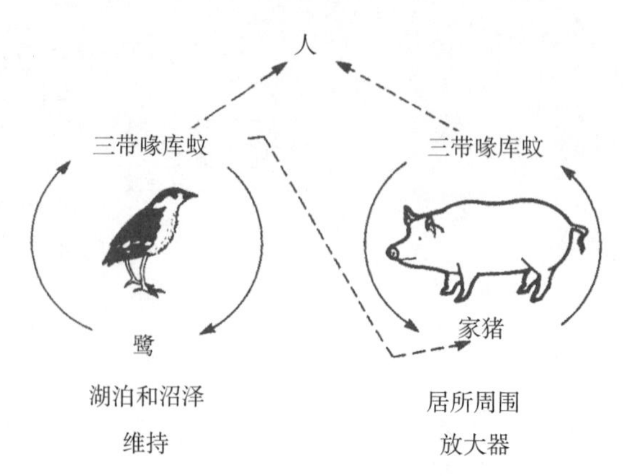


图 6.2　在日本，日本脑炎病毒的维持和放大宿主，媒介是库蚊。来源：引自 Gordon Smith，1976，基于 Buescher 等（1959）和 Scherer 等（1959）的研究

储存宿主　常作为“宿主”的同义词或前缀的术语。病原在存储宿主体内生存和繁殖，是其他动物感染的来源，通常存储宿主是第一宿主。例如，在肯尼亚，水牛和羚羊是牛流行热病毒的存储宿主，是牛感染的病毒来源（Davies 等，1975）。同样，在热带，牛是蓝舌病病毒的储存宿主，是绵羊感染的病毒来源（Hourrigan 和 Klingsporn，1975）。动物是人类疾病病原的重要储存宿主。在塞拉利昂，多乳鼠是拉沙热（一种病毒病，对人具有高致死率）的第一宿主和储存宿主（Monath 等，1974）。鼠在房屋和田野中都能生存，在农村与人类接触较多。特别是在潮湿的多雨季节，鼠会到房屋中躲避，并将疾病传播给人。同样，鸟类是东部马脑炎的储存宿主，因此可将农场饲养的鸟作为“哨兵动物”（见第 10 章）。储存宿主可以是第一宿主或第二宿主。

“储存宿主”也被用来指一些常见的传染来源（如土壤是炭疽孢子的一个来源）。

媒介　有生命的传染性病原传播介质。通常情况下，媒介是指能传播病原的无脊椎节肢动物。字典中将媒介定义为可自行运动的，也就是活的传播媒介。无生命的媒介（如沙门氏菌污染的动物饲料）通常称为“污染物”。

机械性媒介　动物（通常是节肢动物）携带传染性病原传播给第一宿主或第二宿主（如蚊子和跳蚤在兔群中传播多发性黏液瘤病毒）。传染性病原在机械媒介中既不繁殖也生长。

生物媒介　生物媒介是病原生活史的一部分。病原在传播给自然宿主或第二宿主前，须在生物媒介（通常是节肢动物）中繁殖。

生物性传播有 3 种类型：

Ⅰ发育传播：病原发育的必要阶段在媒介中完成（如蚊子传播犬恶丝虫）；

Ⅱ繁殖传播：病原在媒介中繁殖（如蜱传播跳跃病）；

Ⅲ循环繁殖传播：Ⅰ和Ⅱ的组合（如蜱传播巴贝斯虫）。

发育传播涉及病原体的迁移。因此，在锥虫属原生动物的生活史中，有 2 种类型的传播方式（Maudlin 等，2004）。非洲锥虫寄生于感染动物的血液和组织，舌蝇叮咬感染动物摄取了锥虫，锥虫在舌蝇体内完成发育，具有感染性的虫从中肠转移至唾液腺，然后经唾液传播给其他易感动物，这就是唾窦锥虫的传播模式。相反，克氏锥虫（南美洲人查加斯病的病原，犬、猫和野生动物是该病的储存宿主）被猎蝽摄入，具有感染性的虫体经粪便排出，人伤口和眼睛接触污染物发生感染，这是粪锥虫的传播模式。

生物媒介通常是终宿主或中间宿主。如蚊子是生物媒介，也是疟原虫的终宿主（疟疾的病原）。

## 感染传播的相关因素

感染传播有 3 个重要因素（Gordon Smith，1982）：

- 宿主特性；
- 病原特性；
- 有效接触。

### 宿主特性

宿主的易感性和传染性决定了其传播感染的能力。易感性通常是针对单一物种或相关几个物种而言，例如只有马属动物容易感染马鼻肺炎病毒。但有些疫病的感染谱相当广泛，如所有哺乳类动物都对狂犬病易感。

同一物种动物的易感性也有较大差异，可能与动物暴露后的基因抗性选择有关。例如，将兔暴露于标准剂量的多发性黏液瘤病毒，7 年内兔的死亡率从 90%下降至 25%（Fenner 和 Ratcliffe，1965）。

"传染性"（Infectiousness）是指：

- 动物感染的持续时间；
- 感染动物传播的病原数量。

从感染到排出病毒前，动物是非传染性的，这一阶段在寄生虫学中称为潜隐期（prepatent period），在病毒学中称为隐晦期（eclipse phase），在细菌学中称为潜伏期[①]（latent period）。相反，潜伏期（incubation period）是指从感染至表现临床症状间的阶段。因此，隐性感染有潜隐期，没有潜伏期。世代时间（generation times）是指从感染至最大传染性的阶段。一些学者（Last，2001）认为它是连续间期（serial interval）的同义词，类似于传染病在（如出现系列临床症状的感染）动物间传播的沉默阶段。这些时间只是对特定的病原和宿主而言，对具体的动物而言可能是有差异的。潜伏期（incubation period）的频度分布符合对数正态分布（见图 12.4，Sartwell，1950，1966）。

图 6.3 显示了一组人工感染牛瘟的牛的病毒排出情况。在出现明显临床症状之前牛就会排出病毒，经鼻分泌物排出是最常见的方式。对这一组动物而言，出现临床症状（发热）后的第 4d 达到最大传染性。

潜伏期短的疾病从出现临床症状到康复或死亡的时间相对较快。因此，病原维持生活史需要较高的宿主密度（图 6.4）。犬感染犬瘟热病毒的潜伏期为 4～5d，而城市犬的饲养密度高，因此该病在城市呈地方性流行。相反，潜伏期长的传染病可以在不同动物密度下维持生活史（图 6.4），如狂犬病。

传染性病原感染节肢动物媒介到具备传播能力的阶段称为外潜伏期（extrinsic incubation period）。

传染性病原在脊椎动物宿主中只有达到一定浓度，才能在脊椎动物宿主和节肢动物媒介之间

① "潜伏期"也用于常见传染病的时间间隔。对不具有传染性的疾病，指从暴露到出现临床症状的时间。如，犬膀胱癌的潜伏期约 4 年（见第 18 章）。

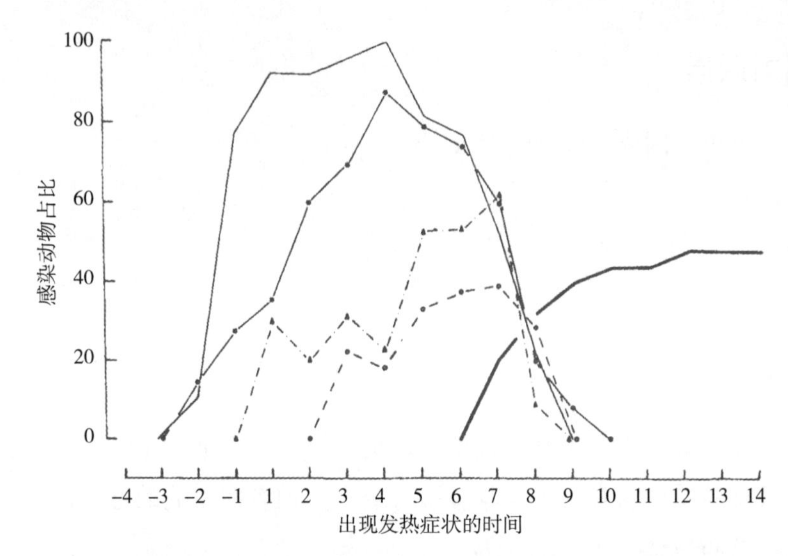


图 6.3 实验牛感染牛瘟病毒（RGK/1 株）出现病毒血症与病毒排出的相关性：____病毒血症；●——●病毒经鼻腔排出；▲—·—·—·—▲ 病毒经尿排出；●– – – –●病毒经粪便排出；——死亡率。来源：Liess 和 Plowright，1964

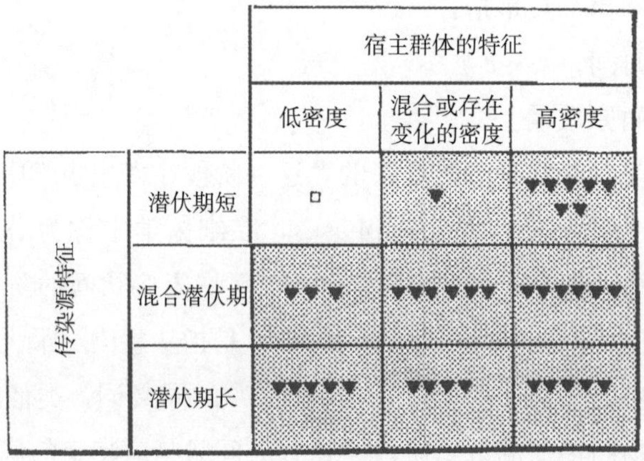

| 传染源特征 | | 宿主群体的特征 | | |
| --- | --- | --- | --- | --- |
| | | 低密度 | 混合或存在变化的密度 | 高密度 |
| | 潜伏期短 | □ | ▼ | ▼▼▼▼▼▼▼ |
| | 混合潜伏期 | ▼▼▼ | ▼▼▼▼▼▼ | ▼▼▼▼▼▼ |
| | 潜伏期长 | ▼▼▼▼▼ | ▼▼▼▼ | ▼▼▼▼▼ |

图 6.4 病原潜伏期、宿主密度和群体中潜在病原菌的存在直接的关系。□：条件不利于病原的存在；▼：条件有利于病原的存在；三角形的数量表示相对条件是有利的。来源：修改自 Macdonald 和 Bacon，1980

传播，这个浓度称为阈值。有的脊椎动物宿主可感染病原，但因为没有达到阈值，无法传给节肢动物，因此被称为“终”宿主（dead end hosts）。如图 6.5 所示，哥伦比亚地松鼠是科罗拉多蜱热的偶见（终）宿主（incidental host）。然而，病毒可感染金色长毛地松鼠，在其体内复制达到阈值，并传播给媒介安氏革蜱，因此，称金色地松鼠为维持宿主（maintenance host）。

**病原特性**

影响传染性病原传播的 3 个重要特性是：传染性、毒力和稳定性。

传染性与启动传播所需的病原数量有关。不同病原的传染性有很大差别。例如，组织培养的噬菌体数量与传染性（引起感染所需的病毒数量）比大约是 1∶1，提示具有高度传染性。动物病毒传染性较低，比值在 10∶1 和 100∶1 之间。植物病毒传染性更低，比值约为 1 000∶1。同一病原不同毒株的传染性也会不同，取决于传染途径、宿主的年龄和先天抵抗力。

有些病原能感染多种动物，但对不同宿主的传染性差异较大。比如，从鸡体内分离到的空

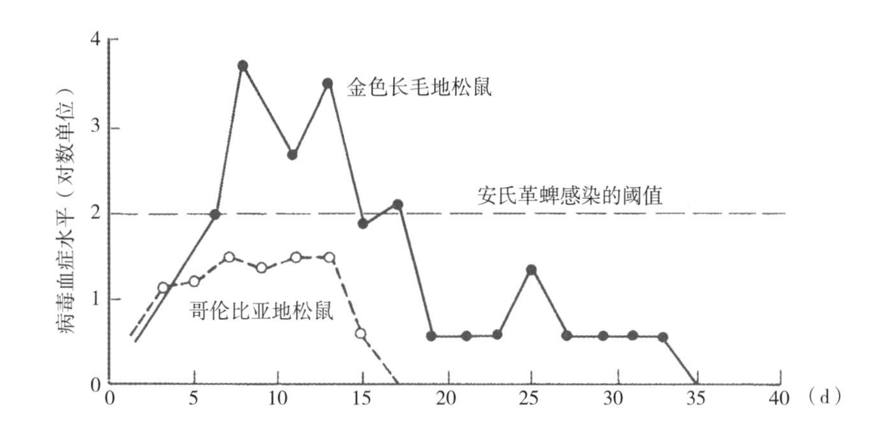


图 6.5 科罗拉多壁虱热：维持宿主（金色长毛地松鼠）、临时宿主（哥伦布地松鼠）病毒血症和节肢动物为维持宿主（安氏革蜱）感染的阈值。来源：引自 Gordon Smith，1976，after Burgdorfer，1960

肠弯曲菌菌株，对鸡的感染剂量只有 500 个细菌，而从海鸥体内分离的菌株，对鸡的感染剂量超过 $10^7$。这个例子说明，不能离开宿主确定病原的传染性。

毒力（见第 5 章）也影响病原传播能力，并会发生变化。在同一种动物中连续传代可提升病原对该种动物的毒力，但同时会降低对自然宿主的致病性。因此，罗斯河病毒在乳鼠中连续传代后会增加对小鼠的致病性（Taylor 和 Marshall，1975），但在小鼠和埃及伊蚊（*Aedes aegypti*）中的传代不会改变毒力。与此相反，Edwards（1928）将分离自牛的牛瘟病毒通过几百只山羊传代，显著降低了病毒对牛的毒力，由此生产出第一种兽医弱毒疫苗。

病原在宿主体外保持传染性的时间长短即是病原的稳定性。有些病原存活时间短，表明它们不稳定（如干燥环境中的钩端螺旋体），而有的病原较为稳定（表 6.1）。保护性被膜，如细菌孢子的外膜（炭疽芽孢杆菌）能提高稳定性。环境对传染性病原的危害和提高病原稳定性的技术将在后文讨论。

**表 6.1 温度和 pH 使 90% 口蹄疫病毒失活的时间**

| 温度影响（pH=7.5） | | pH 影响（4℃） | |
|---|---|---|---|
| 温度 | 失活时间（90%） | pH | 失活时间（90%） |
| 61℃ | 30s | 10.0 | 14h |
| 55℃ | 2min | 9.0 | 1 周 |
| 49℃ | 1h | 8.0 | 3 周 |
| 43℃ | 7h | 7.0～7.5 | >5 周 |
| 37℃ | 21h | 6.5 | 14h |
| 20℃ | 11d | 6.0 | 1min |
| 4℃ | 18 周 | 5.0 | 1s |

来源：Pharo，2002。

### 有效接触

有效接触描述的是感染条件。对特定的感染而言，有效接触依赖于病原的稳定性和病原离开感染宿主，进入易感宿主的路径。

有效接触时间可能很短（如，季节性传播和媒介传播疾病），也可能持续多年（如土壤中的炭疽孢子：Dragon 和 Rennie，1995)。传染的持续时间决定了一个感染动物感染易感动物的数量。上呼吸道感染（如犬的犬舍咳）的传染期仅有几天，而感染牛结核病的牛可在牛奶中排出细菌数年。

动物感染期间行为发生改变[①]，也会影响有效接触的可能性。天性害羞的野生动物感染狂犬病后，会进入住宅，增加了人类感染的可能性。感染丝虫的人会喜欢到河流中放松患肢，这有利于病变部位寄生虫的释放，感染他人。感染绦虫的刺鱼游动缓慢，易被捕食鸟捕获，从而完成生活史。

疾病的发病机制也会增加传播的可能性，例如，呼吸系统疾病会诱发咳嗽和喷嚏，从而向邻近动物传播。

## 感染途径

传染性病原体侵入（图 6.6）和离开宿主的位置（表 6.2），是致病因子的感染途径。

### 经口传播

经口感染是病原常见的侵入途径之一，特别是肠道病原，往往是通过感染动物的粪便“逃离”宿主。轮状病毒、沙门氏菌和胃肠道寄生虫等病原污染水源和食品，形成污染物。摄入的病原通过粪便排出体外，形成粪-口传播循环。

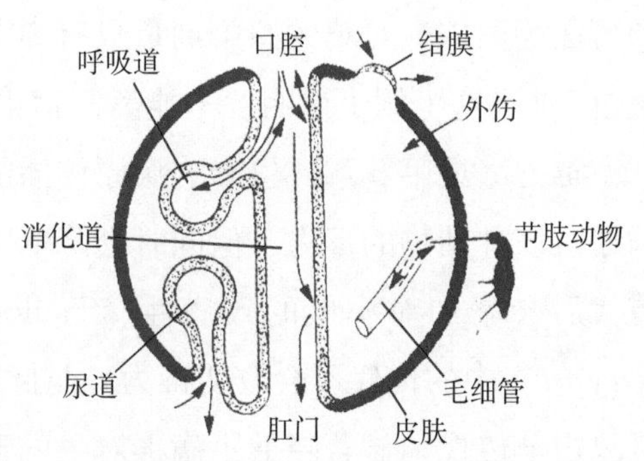


图 6.6　水平传播和病原排出位点。来源：修改自 Mims 等，2000

除了经粪便散播外，经口传播病原的散播途径还有很多。布鲁氏菌通常经口感染牛，而通过牛奶和子宫排出体外。反刍动物感染引发 Q 热的立克次氏体的情形与此类似。这类病原可通过口和其他途径再传播。对大部分经口传播的病原而言，低 pH 的胃分泌物是有效的屏障。

### 经呼吸道传播

经呼吸道传播也是许多传染性病原的常见传播方式，有些传播不仅限于呼吸道（如鼠伤寒沙门氏菌：Wathes 等，1988)。传染性病原很少以单个颗粒的形式传播，通常与其有机物一起形成小滴或微粒。这种复合粒子的性质和尺寸会影响其扩散和稳定性。直径 5nm 或更大的颗粒不能到达肺泡，因此最初只引起上呼吸道感染。

经呼吸道传播的感染更易发生在人口密度高和通风不良的区域。集约化饲养的猪易患地方流行性肺炎，肉类工人因职业易感染布鲁氏菌。极端环境下，疾病很少通过呼吸道途径传播。同样，钝缘蜱是非洲猪瘟病毒的媒介，在贪吃的小猪中经口传播的速度很快。在拥挤而贫困的生活条件下，肺鼠疫的主要传播途径是人与人之间直接接触，而不是跳蚤的叮咬，经后者传播的腺鼠疫并不严重。

---

① 动物界动物感染后，宿主，也包括中间宿主，行为会发生很大的变化（Poulin，1995)。例如，Leucochloridium 寄生虫，鸟类是终末宿主，蜗牛是中间宿主。感染的蜗牛触须大小、形状、颜色、对光的反应发生改变（Kagan，1951)，从而吸引终末宿主。寄生虫对宿主行为的影响与脊椎动物和非脊椎动物类似。寄生虫中，线虫造成的行为变化最大（Poulin，1994)。

表6.2 动物病原体脱落途径的例子

| 受感染的组织或体液 | | 病原 | 疾病 | 宿主 |
|---|---|---|---|---|
| 体表 | 头发 | 犬小孢子菌 | 癣 | 犬，人，等等 |
| | 病变痂 | 痘病毒 | 牛痘 | 牛，羊，等等 |
| | 渗出液（例如，脓） | 金黄色葡萄球菌 | 脓肿 | |
| 鼻子 | 分泌物 | 副黏病毒属 | 犬瘟热 | 犬 |
| | 渗出液（血迹） | 正黏病毒属 | 流感 | 猪，马，鸟类 |
| | | 炭疽芽孢杆菌 | 炭疽热 | 牛，羊 |
| 口 | 唾液 | 口蹄疫病毒 | 口蹄疫 | 牛，羊 |
| | | 狂犬病病毒属 | 狂犬病 | 犬 |
| | 痰 | 结核分枝杆菌 | 结核病（肺） | 牛，人 |
| | 扁桃体 | 猪丹毒杆菌 | 丹毒 | 猪 |
| 乳腺 | 乳 | 无乳链球菌 | 乳腺炎 | 牛 |
| 肛门 | 大便 | 结核分枝杆菌 | 副结核病 | 牛，羊 |
| | | 轮状病毒属 | 肠炎 | 猪 |
| | | 沙门氏菌属 | 肠炎，败血症 | 牛 |
| 泌尿生殖道 | 尿液，精液 | 犬钩端螺旋体 | 钩端螺旋体病 | 犬 |
| | | 胎儿弯曲菌 | 不育症 | 牛 |
| | 卵子 | 鸡白痢沙门氏菌 | 鸡白痢 | 家禽 |
| 眼睛 | 眼泪 | 流感嗜血杆菌 | 红眼病（新森林疾病） | 牛 |
| 伤口（传染媒介蜱） | 血 | 伯纳特立克次氏体 | Q热 | 牛 |

来源：修改自Wathes，1994。

## 经皮肤、角膜和黏膜感染

通过皮肤传播即经皮传播（percutaneous），一些病原只经皮肤感染，通过与另一感染动物或污染物直接接触传播。例如“癣”和外寄生虫感染。此类感染的发病率受易感宿主群体密度的影响较大。完好的皮肤是大多数传染性病原的有效屏障，但一些不成熟阶段的线虫和吸虫可穿透这道屏障，引发感染。如血吸虫（日本血吸虫属）和钩虫（钩虫属）感染，后者是人畜共患病，是人皮肤幼虫移行症的病因。

如果皮肤损伤，会有多种病原侵入，造成局部皮肤感染（如葡萄球菌和人皮肤型炭疽）。一些病原，如钩端螺旋体和猪水疱病病毒，可经皮肤进入，造成全身感染。

经皮肤感染的另一种重要形式是脊椎动物和节肢动物的叮咬。动物唾液中含有病原（病毒，如狂犬病病毒和淋巴细胞性脉络丛脑膜炎病毒；细菌，如念珠状链杆菌）通过叮咬传播疾病。节肢动物媒介的分类见前述内容（宿主与媒介）。

经角膜感染可能是局部性的，如莫拉克什杆菌引起牛角膜结膜炎。此外，经角膜感染也可能蔓延到其他部位，如禽鸟经角膜感染新城疫病毒。

虽然少有疾病通过完好的皮肤传播，但有些病原会通过完好的黏膜传播。其中重要的一类病原在外环境不稳定，只能通过交配经泌尿生殖道传播，如引发马媾疫的锥虫。

## 传播方式

已确定的传染性病原的传播方式主要有6种：

- 摄入；
- 空气传播；
- 接触；
- 接种；
- 医源性传播；
- 交配。

### 摄入

通过摄入污染物（如被污染的水），或食入中间宿主（如有绦虫囊肿的肉）发生感染。摄入性病原通常随粪便排出，形成粪-口传播循环。有的病原因定植于肠道（如牛副结核杆菌），只随粪便中排出。有些能进入血液的病原会通过其他方式排出，如随尿液排出（沙门氏菌等）。另外，一些病原也可随呼吸排出（如呼肠孤病毒和牛瘟病毒）。

### 空气传播

病原体可通过污染的空气传播，如耐寒的真菌孢子和部分细菌伴随呼吸从发病动物传播给易感动物。

直径不超过5nm的小滴会形成液态或固态的准稳定悬浮物，能在空气中飘浮一段时间。呼出的液滴大小在15～100 nm，即使最小液滴也会迅速地沉积（3s内），因此传播距离很短。通过呼出飞沫传播的范围有限（“呼气锥”）。通过接触食槽和吸气方式形成局部的飞沫传播。

气溶胶传播是典型的空气传播，气溶胶是指：①大小近似胶体的雾状液滴（1～100 nm）；②病毒颗粒悬浮或飘浮在空气中。因此，准稳定悬浮物和呼出的液滴都参与气溶胶传播。

有些不主要感染呼吸道的病原也可能随污染空气，随空气传播。如水疱破裂，排出口蹄疫病毒（也可见下文“远距离传播”）。类似的还有，一些沙门氏菌通过空气传播，经结膜感染动物（Moore，1957）。

表6.3列出了在猪和家禽中，一些常见的、经空气传播的病原。

**表6.3　猪和家禽中常见的经空气传播的病原**

| 细菌 | |
|---|---|
| 支气管败血波氏杆菌 | 结核分枝杆菌 |
| 布鲁氏菌病 | 鸡毒支原体 |
| 白喉棒状杆菌 | 支原体 |
| 红斑丹毒丝菌 | 豚肺炎支原体 |

（续）

| | |
|---|---|
| **细菌** | |
| 大肠杆菌 | 多杀性巴氏杆菌 |
| 嗜血杆菌 | 假结核杆菌 |
| 副猪嗜血杆菌 | 鸡白痢沙门氏菌 |
| 嗜血杆菌胸膜肺炎 | 鼠伤寒沙门氏菌 |
| 单核细胞增生李氏杆菌 | 金黄色葡萄球菌 |
| 波蒙纳钩端螺旋体 | 猪链球菌 2 型 |
| 结核分枝杆菌 | |
| **真菌** | |
| 黄曲霉 | 粗球孢子菌 |
| 烟曲霉 | 新型隐球菌 |
| 构巢曲霉 | 组织胞浆菌 |
| 黑曲霉 | 鼻孢子菌 |
| **立克次氏体** | |
| 贝氏柯克斯体 | |
| **原生动物** | |
| 弓形虫 | |
| **病毒** | |
| 非洲猪瘟 | 禽传染性肾病 |
| 禽脑脊髓炎 | 猪感染 |
| 禽白血病 | 脑脊髓炎 |
| 手足口病 | 马立克氏病 |
| 鸡瘟 | 鸡新城疫 |
| 猪霍乱 | 鸟疫 |
| 包涵体鼻炎 | 猪肠道病毒 |
| 鸡传染性支气管炎 | 猪流感 |
| 鸡传染性喉气管炎 | 猪传染性肠胃炎 |

来源：Wathes，1987。

## 接触

接触传播无传播因子（如机械性媒介），也没有外部媒介的参与。对从体表排出的病原而言，接触传播尤为重要，如水疱病毒等病原可通过体表侵入。仅通过接触传播的病原很少，必须有一定程度、哪怕是很微小的损伤。病原可通过叮咬（如狂犬病、鼠咬热）或由抓伤（如猫抓热）传播。

接触传播的疾病可用“传染性”（contagious）（拉丁语：contagio＝紧密接触）一词进行描述，但现在这一术语用的较从前少。

## 接种

接种（inoculation）是指通过穿刺皮肤或伤口将病原注入。

虽然在这里进行了分类，但接种与接触传播是紧密相关的（如，被患狂犬病的犬咬伤）。作为媒介的节肢动物可通过叮咬将病原注入血液（如，感染锥虫的采采蝇，唾液腺、肠和口器中都有病原）。

#### 医源性传播

医源性的字面意思是“由医生所致”。因此，医源性传播发生在手术和医疗实践过程中。主要有 2 种类型，包括：

• 通过不卫生的仪器（如非无菌手术和纹身时）或污染的体表传播病原；

• 通过污染的避孕或治疗药剂（如，干奶期乳内治疗用抗生素药剂中含有铜绿假单胞菌：Nicholls 等，1981；注射针内的猪繁殖与呼吸综合征病毒：Otake 等，2002；无形体病疫苗中含结节性皮肤病病原；羊跳跃病疫苗中含痒病病原；血清制剂或血液中含人乙型肝炎病毒和艾滋病毒/获得性免疫缺陷综合征[1]）传播病原，通过器官移植传播（例如，角膜移植传播狂犬病病毒）较为少见。

#### 交配

一些病原可通过交配传播。有些疫病只通过交配传播，称为性病（venereal diseases）。人类医学称为性传播疾病（STDs）。不仅脊椎动物，节肢动物间也会通过性传播疫病。如，雄性与雌性钝缘蜱之间通过性传播非洲猪瘟病毒（Plowright 等，1974）。

病原的传播方式通常决定疫病的流行形式。经粪-口和空气传播的疫病常呈暴发性流行，而性传播疫病传播速度较慢。

### 远距离传播

由于感染动物、微生物、寄生虫、媒介和污染物的移动，传染病可通过上述传播方式远距离传播。

#### 宿主流动性

此前，动物海运时须进行一段时间的隔离，然而流行病仍有发生。例如，1880 年意大利殖民者偶然引进了几头感染牛瘟的牛至索马里，导致该病在撒哈拉以南，从索马里到开普敦的大流行（Scott，1964）。

现在，航空运输动物越来越多，导致处于潜伏期的感染动物在表现临床症状之前就已抵达目的地。与销售、繁育和竞赛有关的马的流动，导致了马病在大陆间的传播，如马传染性子宫炎、马传染性贫血病、焦虫病和流感等（Powell，1985）。活畜的国际贸易是疾病传播明显的风险因素，如地方流行性牛白血病、牛支原体病、睡眠嗜血杆菌病和牛传染性鼻气管炎可能就是通过该途径传入英国的（Scudamore，1984）。用于垂钓和食品的养殖鱼转运也存在类似的风险（Cable 和 Harris，2003），疫病在放养动物和捕获的野生动物之间传播可能是因为这两种动物的移动（表 6.4）。

带有白氏金蝇幼虫的引进动物将疾病从乌拉圭传到了利比亚；北美的片形吸虫传到欧洲的驼鹿；引进感染的观赏水禽野鸭和野鹅将鸭瘟传入北美（Leighton，2002）。心水病传入美国

---

[1] 疫苗（未被病原污染）和慢性免疫介导性疾病类似（Hogenesch 等，1999；Dodds，2001），也会造成严重的过敏反应（Tizard，1990）。

与从非洲进口被蜱虫感染的爬行动物和野味，以及从加勒比进口受感染的牲畜有关（Burridge 等，2002）。

有时疾病传播会涉及多个方面，克里米亚-刚果出血热病毒感染节肢动物媒介是璃眼蜱，候鸟将感染的蜱从克里米亚带到非洲，引发疫情（Hoogstraal，1979）。

**表 6.4 运动的物种之间的自由放养的野生动物种群和圈养加剧了疾病的蔓延**

| 疫病 | 涉及物种 | 传播 | 参考文献 |
|---|---|---|---|
| 犬瘟热 | 黑足鼬 | 野生动物圈养 | Thorne 和 Williams（1988） |
| 血液寄生虫（鼠疟原虫）感染 | 野生火鸡 | 野生动物到野生动物 | Castle 和 Christensen（1990） |
| 肺蠕虫（蚤）感染 | 南非大羚羊，跳羚 | 野生动物到野生动物 | Verster 等（1975 ） |
| 支原体感染 | 小田鼠和沙漠陆龟 | 圈养野生动物 | Jacobson（1994） |
| | | 野生动物 | Jacobson 等（1995） |
| 细小病毒感染 | 浣熊 | 野生动物到野生动物 | Woodford（1993） |
| 狂犬病 | 浣熊、臭鼬 | 野生动物到野生动物 | Jenkins 等（1988） |
| 牛瘟 | 偶蹄类偶蹄动物（例如，非洲大羚、非洲旋角大羚羊、水牛） | 国内野生<br>野生动物到野生动物 | Lowe（1942）；Thomas 和 Reid（1944）；Sinclair 和 Norton-Griffiths（1979）；Scott（1981） |
| 肺结核 | 阿拉伯大羚羊 | 圈养野生动物 | Kock 和 Woodford（1988） |
| 牛皮蝇，鼻孔苍蝇 | 驯鹿 | 圈养野生动物 | Woodford（1993） |
| “回旋病” | 虹鳟 | 圈养野生动物 | Trust（1986） |

来源：修改自 Cleaveland 等（2002），The role of pathogens in biological conservation. In：The Ecology of Wildlife Diseases，Edited by Hudson，P. J. 等，By permission of Oxford University Press。

人们担心，在巴布亚新几内亚流行的旋蝇蛆病会通过国际航班或托雷斯海峡群岛间的动物流动（见第 20 章）传播到澳大利亚。通过飞机乘客，人类疫病可以在全球传播（Prothro，1977）①。虽然全球已根除天花（见第 22 章），但仍有病毒被某些未经认可的机构留存②（Henderson，1998），如果有人故意散播病毒，该病将会通过航空散布到各地（Grais 等，2003）。

动物移动也可能造成人类疫病的流行。例如，动物锥虫病分布于所有有采采蝇的地区，而人锥虫病（昏睡病）只在非洲的某些地区流行。牛是人锥虫的储存宿主，感染牛的移动（如，到市场）与无疫区出现人锥虫菌株有关（Hide 等，1996；Hide，2003）。

## 空气（大气）传播

空气传播（大气传播）是长距离传播的特定类别。呼出的飞沫会快速沉积，并不能远程传播疫病（见上文）。因此，间接经空气长距传播（大气传播）的，呼吸和水疱的感染会受多种因素影响。液滴水分蒸发（液滴无论在空气中或在地面上都会发生）会产生飞沫核，直径 2～10nm 不等。这些微滴核相对稳定，可借助风远距离传播。飞沫核形成的概率取决于温度和相对湿度。下雨可使这些飞沫核沉降。

*口蹄疫* 口蹄疫的空气传播备受关注。1967—1968 年，口蹄疫在英国流行，疫情发生后，

① 还有其他与飞行相关的卫生风险，如引发静脉血栓、肺部疾病等（Buik，2004）。

② 国际认可的天花病毒储存点是俄罗斯联邦新西伯利亚州科尔索沃国家病毒和生物技术研究中心，以及美国佐治亚州亚特兰大疾病控制和预防中心。

二次暴发接踵而至（图 6.7）。起初，人们以为引进的感染羔羊是疫情元凶，因为在二次暴发的疫点和首次发生疫情的 Bryn 农场间没有人员和车辆的往来。然而，已建立的复杂气象模型（Tinline，1970，1972）提示，疫情的二次暴发是由于病毒粒子随气流垂直摆动，就像从山上滚下，传播至另一农场而致。这种气象称为背风波（lee wave）（图 6.7b）①。

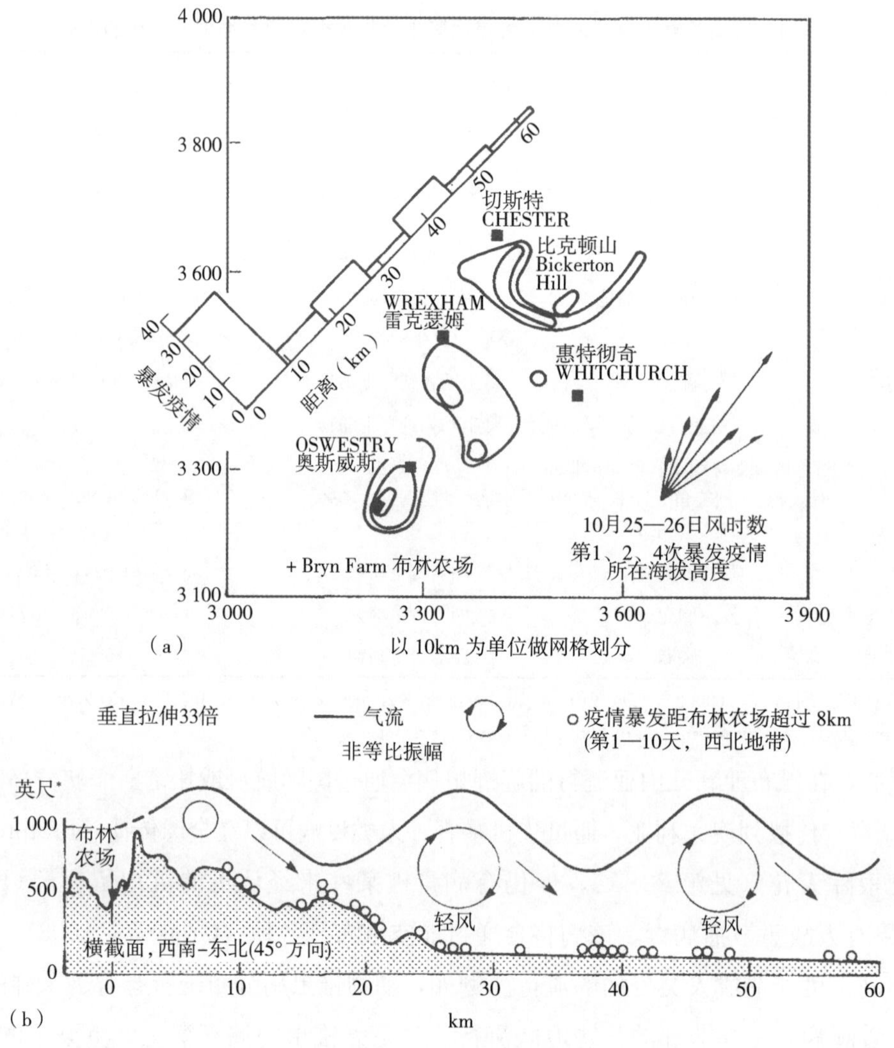


图 6.7　1967—1968 年英国口蹄疫的流行。(a) 疫情暴发第 1～10 天；(b) 以布林农场为例解释空气传播病毒的背风波假说。来源：Reprinted by permission from Nature, Vol. 227, pp. 860-862. Copyright © 1970 Macmillan Journals Limited

此外，研究口蹄疫病毒空气传播更为常见的模型是气象高斯烟羽模型（Hanna 等，1982），这是散布计算的基本模型。该模型可预测水平椭圆传播，根据风速、与感染源的顺风距离和大气稳定度，预测携带病毒的烟流形状。最近构建的模型包括最初用来预测化工厂有毒气体散布的 ALOHA（有害气体定位，Aerial Location of Hazardous Atmospheres）系统（Casal 等，1997），和 Rimpuf 模型（Sorensen 等，2000），这个模型包含了地形和影响病毒生存的因素（如相对湿度），通过分解成独立的、三维浓度区域（一阵一阵地吹）来模拟烟流，

* 英尺（feet）为我国非法定计量单位，1feet＝0.304 8m。——译者注

① 背风波的进一步解释见 Casswell（1966）和 Bradbury（1989）。最新研究（Gloster 等，2005）表明，背风波的作用被夸大了。

传播依赖于大气的稳定性。该模型基于动物种类和感染动物数量，预测风险区域（表 6.5）[①]。风险区域的范围还取决于毒株：口蹄疫 C Noville 菌株（表 6.5a）感染动物产生的病毒数量是 PanAsia 菌株感染动物产生病毒数量的 300 倍以上（表 6.5b）。

**表6.5 风险情况下，不同物种顺风排出口蹄疫病毒的动物数和物种的影响**

| 排出病毒的物种 | 易感动物顺风的距离 | | |
|---|---|---|---|
| | 牛 | 羊 | 猪 |
| (a) C Noville 菌株 | | | |
| 1 000 头感染动物 | | | |
| 猪 | 300 | 90 | 20 |
| 牛 | 3 | 0.5 | <0.1 |
| 羊 | 3 | 0.5 | <0.1 |
| 100 头感染动物 | | | |
| 猪 | 120 | 15 | 5 |
| 牛 | 0.7 | <0.1 | <0.1 |
| 羊 | 0.7 | <0.1 | <0.1 |
| 10 头感染动物 | | | |
| 猪 | 30 | 4 | 1 |
| 牛 | <0.1 | <0.1 | <0.1 |
| 羊 | <0.1 | <0.1 | <0.1 |
| 1 头感染动物 | | | |
| 猪 | 5 | 1 | 0.3 |
| 牛 | <0.1 | <0.1 | <0.1 |
| 羊 | <0.1 | <0.1 | <0.1 |
| (b) PanAsia 菌株 | | | |
| 1 000 头感染动物 | | | |
| 猪 | 6 | 2 | <0.2 |
| 牛 | 0.7 | 0.2 | <0.1 |
| 羊 | 0.7 | 0.2 | <0.1 |
| 100 头感染动物 | | | |
| 猪 | 2 | 0.4 | <0.1 |
| 牛 | 0.2 | <0.1 | <0.1 |
| 羊 | 0.2 | <0.1 | <0.1 |
| 10 头感染动物 | | | |
| 猪 | 0.5 | 0.1 | <0.1 |
| 牛 | <0.1 | <0.1 | <0.1 |
| 羊 | <0.1 | <0.1 | <0.1 |
| 1 头感染动物 | | | |
| 猪 | <0.1 | <0.1 | <0.1 |
| 牛 | <0.1 | <0.1 | <0.1 |
| 羊 | <0.1 | <0.1 | <0.1 |

来源：(a) 引自 Srensen 等，2000；(b) 引自 Donaldson 等，2001。

① 模型模拟的感染发生于群间，通常认为感染群的大小影响疫病的传播能力（Willeberg 等，1994；Van Nes 等，1998）。群内感染的传播与此相反，传播能力取决于易感动物的密度，而非群体大小（Bouma 等，1995；De Jong 等，1995）（见第 8 章）。

具备以下几个条件时，口蹄疫病毒最有可能发生远距离传播：

• 感染动物排出大量病毒：猪感染后排出的病毒量大（见第 5 章），且猪多为集约化饲养，因而是空气传播病毒的重要来源（Donaldson 等，1982；Donaldson，1987）；

• 风向保持不变，易感动物暴露时间可达几个小时；

• 相对湿度大于 60%，病毒大量存活（Donaldson 等，1982）；但暴雨会洗净空气中的病毒；

• 地势平坦、大气湍流处于较低水平、表层空气相对稳定（特别是水面上）和微风等因素存在时，病毒的分散度低（Gloster 等，1982）。

然而，大范围的风媒传播并不常见，可能是由于所有因素并存的概率很小[①]。田间数据分析显示，最常见的空气传播模式是病毒从疫源地的猪顺风传至牛（Henderson，1969；Hugh-Jones 和 Wright，1970；Sellers，1971；Sellers 和 Forman，1973；Donaldson 等，1982；Gloster 等，1982）。1967 年至 1968 年，口蹄疫在英国奶牛最集中地区流行。在最初的 3 周，约有 350 次独立的暴发，疫情发生 9 个月后，约有 2000 多个农场受波及（图 4.1a）。疫情规模归因于疫病开始的暴发性，病原初始感染猪场后，即发生了大范围的空气传播（HMSO，1969）。2001 年的疫病流行（图 4.1b）的方式也很类似，从猪场通过空气传播至邻近的牛场和羊场（DEFRA，2002b；见第 4 章）。

*其他疾病* 对分离到的伪狂犬病病毒的分子流行病学分析提示，该病毒也会经空气远距离传播（Christensen 等，1990，1993），散布模型也支持这一结论（Gloster 等，1984；Grant 等，1994）。同样，对水疱性口炎暴发的核苷酸指纹和风轨迹分析提示，风携带病原将该病从墨西哥传到美国（Sellers 和 Maarouf，1990）。也有证据表明新城疫病毒（Smith，1964）和猪繁殖与呼吸综合征病毒（Beilage 等，1991；Mortensen 和 Madsen，1992）都能通过空气传播。

风也可以远距离传送节肢动物带菌者（Pedgley，1983）。1956 年，葡萄牙暴发蓝舌病可能是因为风将非洲库蠓从北非[②]带入葡萄牙，这类库蠓现已在葡萄牙定植（Mellor 等，1985）。风是疫病传入塞浦路斯（Polydorou，1980）、以色列（Braverman 和 Chechik，1993）和巴利阿里群岛（Alba 等，2004）的主要风险因素。非洲马瘟也可以类似的方式传播。

## 垂直传播

### 垂直传播的类型和方法

垂直传播有 2 种类型：遗传性（hereditary）和先天性（congenital）。

遗传性传染病由父母任何一方的基因组携带。宿主的基因组中带有反转录病毒的 DNA 副本，将该病遗传给下一代。

先天性传染病从字面意义上来理解就是出生时就有。从严谨的语法讲，遗传性传染病也属于先天性传染病的。然而，现在“先天”一般是指在子宫或卵内发病，而不是遗传的。

---

① 有些人认为病毒可通过吸入焚烧感染动物尸体产生的烟灰传播，这种担心是无稽之谈（Gloster 等，2001；Jones 等，2004a）。

② 风可使蚊子作为“空气浮游生物”传播到 700km 外（Witmann 和 Baylis，2000）。

传播可以发生在胚胎发育的不同阶段，可能会引起流产或畸胎（字面意思是“怪物”）。另外，感染可以是隐性的，或者是在动物出生后持续发病（先天感染 innate infection）。

#### 种胚传播

种胚传播（Germinative transmission）包括卵巢的表层感染或卵本身的感染。如鸡白血病病毒、小鼠自发淋巴白血病（Gross，1955）、小鼠淋巴细胞性脉络丛脑膜炎和鸟类沙门氏菌。

#### 传播到胚胎

传播到胚胎指经胎盘或胎循环传播，可以通过胎盘传给胎儿。例如，猫瘟病毒可经胎盘感染小猫（Csiza 等，1971）。病毒体积小，与比较大的微生物相比更容易穿过胎盘。然而，胎循环能携带大多数的微生物。胎盘的感染并不总造成胎儿感染。例如，可在牛胎盘中发现大量 Q 热病毒，但犊牛并不感染。

#### 上行性感染

上行性感染（Ascending infection 等）从生殖道下部到羊膜和胎盘的感染（如葡萄球菌和链球菌感染）。

#### 分娩感染

分娩感染指胎儿出生时在下生殖道感染（例如，人单纯疱疹病毒感染）。

### 免疫状况和垂直传播

垂直传播时，胎儿的免疫状况很重要。胎儿对抗原微生物产生免疫耐受的影响很大，因为将“非自我”的抗原识别为“自我”的组成，将导致缺乏保护性免疫反应。有时，这种带毒状态的发展会对其他易感动物造成危害，如猫的传染性粒细胞缺乏症。然而，当免疫反应导致临床和病理反应时，胎儿的免疫耐受是好事。如淋巴脉络丛脑膜炎（LCM）感染小鼠（Old stone，1998），T 淋巴细胞浸润反应会导致脑死亡，产前感染诱导 LCM 病毒抗原耐受；成年后就不会发生淋巴细胞浸润，也不会发生临床疾病。

### 节肢动物经卵巢和发育期的传播

有的节肢动物，特别是蜱和螨虫，通过卵传播细菌、病毒和原虫，即经卵传播（transovarial）。这样的例子有：牛边虫病（热带和亚热带地区引起牛贫血的原虫病，通过几代蜱传播）和犬巴贝斯虫病（另外一种引起犬贫血的原虫病，通过革蜱和血蜱传播）。

与此相反，有的节肢动物只能从一个发育阶段到另一个发育阶段（如蜱从幼虫到若虫，若虫到成虫）传播感染，即经发育期传播（trans-stadial）。例如，见于牛、绵羊和山羊的焦虫病，由泰勒原虫引起，通过扇头蜱传播。

有的感染既经卵传播又经发育期传播。例如，内罗毕羊病，病毒通过棕色的具尾扇头蜱传播。对经蜱传播疾病的调查显示，以往认为许多只有一种传播方式的感染，实际上的传播方式有两种。

节肢动物中，有些感染有经卵传播、经发育期传播和性传播等 3 种方式。在非洲，非洲猪瘟病毒在毛白钝缘蜱中通过这三种方式传播（图 6.8）。疣猪因蜱叮咬而感染，但它们间既无垂直传播也无水平传播发生，只有很少比例的蜱若虫在病毒血症期间叮咬疣猪才会持续感染。

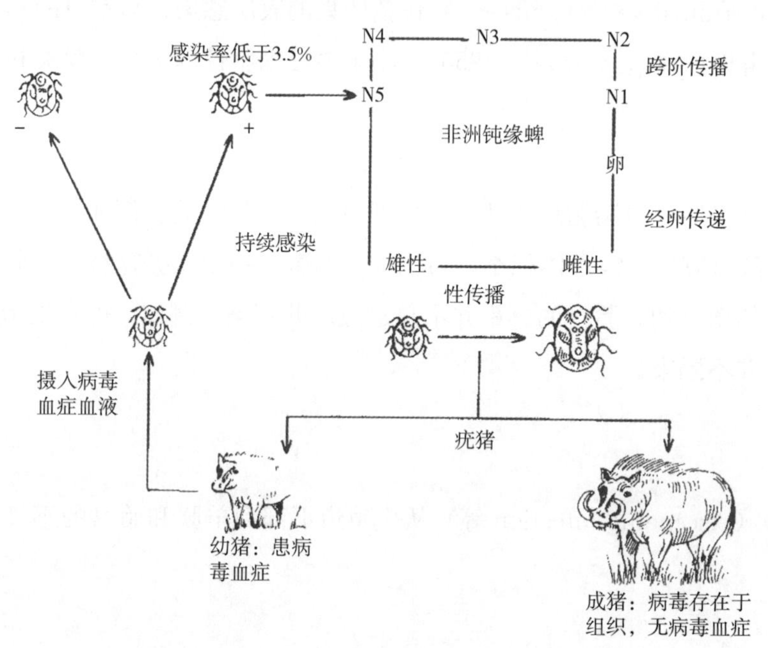


图 6.8　非洲猪瘟病毒的传染周期。N＝幼虫阶段。来源：Wikinson，1984

## 感染的维持

### 对传染性病原的危害

感染的传播发生在不同地方：有的病原存在于宿主体内，而其他病原存在于外环境、媒介或两者中（图 6.1）。无论是内环境还是外环境都会对传染性病原体有危害。

#### 宿主内环境

宿主有天然防御机制：表面活性物质、特定应答细胞、吞噬细胞和体液抗体。寄生虫在必须能全部或部分逃避这些机制，并避免与其他能在小生境（见第 7 章）感染类似宿主病原的竞争，才能成功地感染宿主。寄生虫不断进化以抵抗宿主的保护机制，如蠕虫耐酸角质层（抗胃酸）和细胞内生活的模式（避免体液抗体）。有的细菌具有被膜，保护它们免受细胞吞噬，例如，肺炎双球菌属（图 6.9）。与自由生活的同类相比，许多寄生线虫有更强的繁殖能

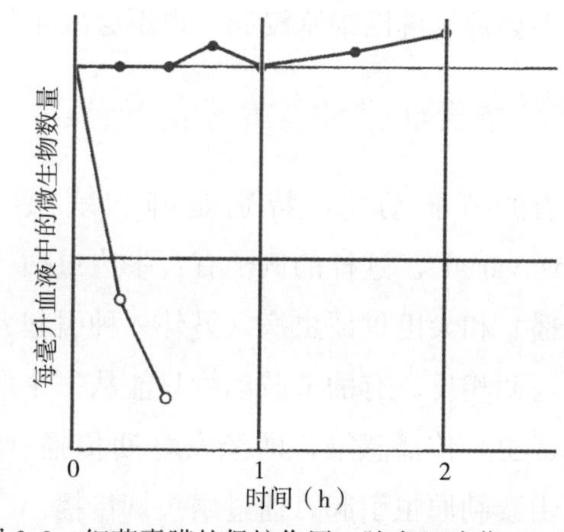


图 6.9　细菌囊膜的保护作用。肺炎双球菌（•）有囊膜，（○）无囊膜。静脉注射小鼠，每 15min 抽血一次。来源：Boycott，1971

力（表 6.6），以确保有一些后代在宿主的免疫反应和外环境的致命威胁下存活。

**表 6.6　扁形动物和线形动物繁殖力的比较**

| 物种 | 繁殖力 | 宿主 |
|---|---|---|
| Free-living species 独立生存物种 | （年轻/成年/繁殖季节） | |
| Turbellaria 涡虫纲 | | |
| *Polycelis nigra* 多目涡虫 | 2.5 | |
| *P. tenuis* 细小拟圆涡虫 | 1.0 | |
| *Dugesia polychroa* 多色乌贼 | 0.8～1.7 | |
| *Planaria torva* 三肠涡虫 | 4.9～15.2 | |
| *Dendrocoelom lacteum* 乳白涡虫 | 4.9～10.3 | |
| *Bdellocephala punctata* 斑点叉尾涡虫 | 16.0 | |
| Parasitic species 寄生生存物种 | 卵或虫/d | |
| Digenea 复殖亚纲 | | |
| *Schistosoma mansoni* 曼氏裂体吸虫 | 100 | 仓鼠 |
| Cestoda 多节绦虫亚纲 | | |
| *Echinococcus rganulosus* 细粒棘球绦虫 | 600 | 犬 |
| *Hymenolepis Diminuta* 长膜壳绦虫 | 200 000 | 鼠 |
| *Taenia saginata* 牛肉绦虫 | 720 000 | 人 |
| Acanthocephala 棘头纲 | 5 000 | 鼠 |
| *Moniliformis moniliformis* 念珠棘虫属 | 200 000 | 猪 |
| Nematoda 线虫纲 | | |
| *Ascans lumbricodes* 人蛔虫 | 11 000 | 人 |
| *Enterobius vermicularis* 蠕形住肠蛲虫 | 12 500 | 人 |
| *Wuchereia bancrofti* 班氏丝虫 | 12 500 | 人 |

来源：Dobson 等，1992。

## 外部环境

对病原而言，外部环境有 2 个主要的危害：干燥和紫外线。干燥通常不致命，但常抑制增殖；低温通常也不会致命，但能抑制增殖；温带的高温有可能不致命，但在热带的高温常是致命的。许多病原为免受干燥的影响，随粪尿排出。它们可能因被排进适宜的环境而长期留存，如钩端螺旋体在稻田比半干旱地区生存的时间更长。有些病毒在水分丢失变干燥后数月或数年仍保持活力。其他病毒（如痘病毒）对干燥有抵抗力，在干燥的结痂中能生活很长时间。有的病原可在无机环境（污染物）中存活。例如，沙门氏菌污染的动物饲料。口蹄疫病毒在各种污染物可存活数周（表 6.7），因此这些场所在疫情发生后须进行彻底的清洗和消毒（Quinn，1991）[①]。

① 下述在 2001 年苏格兰口蹄疫流行中采用的清洗和消毒程序，是有效清除环境中病毒污染的例证，同时也表明了清除病毒要付出的努力和难度。首先，通常在扑杀感染动物时，农场的清洗和消毒由 6 人小组完成：2 人用高压清洗器在门口清洗离去的车辆，4 人负责焚烧的材料、尸体的移动和农场的喷雾消毒。通常还需要有水车。所有疑似动物接触的地区（尤其是扑杀区域）都应喷洒消毒药。如果不能立即移动动物尸体，这些尸体也应被喷洒消毒药消毒，直至拖走。所有尸体存放地在移走尸体后应再次喷洒消毒药。然后，这些农场应经特别训练的清洗和消毒官员评估后，采取进一步的措施。工作记录表明大约有 800 个农场完全执行了该程序。粪便集中加热后，喷洒消毒药。粪水在原地处理，加入氢氧化钠调整 pH 至 11，然后撒到田里。有 193 个农场进行了这种处理。塔中粪水留存至少 90d。一些凹坑中的粪水在局部处理后移除，以便放入冲洗用水。有些粪水在留存至少 150d 后才处理。大约 150 个农场不仅采用了上述留存措施，农场主还在其中加入了氢氧化钠消毒。所有与疑似动物接触的区域都用水进行冲洗。清洗中使用了脱脂剂用以清除脂肪和粪便。这些区域再次进行了冲洗，不干净的地方再次进行了脱脂和冲洗。肮脏的屋顶用水或吸尘器清洗。清洗后的地方进行喷洒消毒。最后，扑杀 7d 后，再次进行消毒。此外，3km 范围内执行扑杀空栏措施的大约 800 个农场（见图 4.6，图 4.14 和第 22 章）必须对所有活畜生产区域进行喷洒消毒。

表 6.7　动物产品和常见污染物中口蹄疫病毒的存活时间

| 产品/材料 | 存活时间 |
|---|---|
| 4℃淋巴和血液节点 | 120d |
| 4℃骨髓 | 210d |
| 4℃（pH<6）骨骼肌 | 2d |
| 冰冻的尸体（死后不僵直） | 6 个月 |
| 4℃牛奶 pH=2.0 | 1min |
| 4℃牛奶 pH=5.8 | 18h |
| 4℃牛奶 pH=7.0 | 15d |
| 干酪素 | 2 月 |
| 奶酪（原料奶生产）pH=6.0 | 30d |
| 奶酪（原料奶生产）>2℃加工 | 120d |
| 冷冻或液体肥料 | >6 月 |
| 羊毛 | 14d |
| 牛的头发 | 4～6 周 |
| 家蝇 | 10 周 |
| 污染的鞋子 | 11～14 周 |
| 木材、干草、稻草、饲料袋等 | 15 周 |

来源：Sanson，1994；Pharo，2002。

## 维持策略

病原维持的方法称为维持策略，有 5 种主要的策略：

• 逃避外部环境；

• 发展抵抗形式；

• “速进速出”策略；

• 存留在宿主中；

• 扩展宿主范围。

### 逃避外部环境

有的病原传播时不经外环境，主要有 4 种方式：

• 垂直传播；

• 性传输；

• 媒介传播；

• 食肉（sarcophagia）传播。例如，旋毛虫寄生在猪、鼠和其他动物的肌肉中，食肉、食腐动物或人食用这些动物会造成感染；“鲑鱼肉中毒”是另一个此种类型传播的例子（见图 7.9）。

### 发展抵抗形式

外壳能抵抗外部高温、干燥的环境。有的细菌能形成这样的外壳（孢子）。例如，梭状芽

孢杆菌和杆菌属的成员能在沸水、甚至火焰中短时间存活，能在外环境存活数十年。真菌也产生孢子，但抵抗力通常不如细菌孢子。一些蠕虫和原虫长有包囊，以抵抗宿主的防御机制。如，弓形虫可以在宿主体内形成包囊并生存多年，直至被吃掉。厚壳蠕虫卵可以抵抗外部环境，在牧场过冬。

### “速进速出”策略

有些病原侵入宿主，在宿主免疫应答或死亡之前，就已完成复制并离开。许多上呼吸道病毒可在24h内完成整个侵袭过程。这种策略需要持续有易感宿主存在。这可能是呼吸道和肠道感染（如人普通感冒病毒）在人口密度低的原始社会不会出现，在小史前社会也不会出现的原因（Brothwell和Sandison，1967；Black，1975）[①]。

### 存留在宿主中

传染性病原可在宿主体内存留一段时间，有时甚至是终生。这是因为宿主的防御机制无法去除病原。可能是微生物适应了宿主的吞噬细胞，或是规避宿主的免疫反应（Mims等，2000），后者包括免疫抑制（immunosuppression）和免疫耐受（tolerance）两种情况。

免疫抑制使病原在宿主中存留时间差异很大。免疫抑制可是一般性的，也可是抗原特异性的。一些病毒（如牛瘟）和原虫（如弓形虫）已证实，一般性的免疫抑制有利于它们和其他宿主体内病原菌的共存。而抗原特异性的免疫抑制只针对感染的微生物，不影响其他病原。人麻风病和结核病就引起这类免疫抑制。

耐受是由于宿主缺乏对刺激的反应能力，而不是主动抑制。这种情形可能发生在产前，如本章前面提到LCM的例子。当有大量的循环抗原或抗原－抗体复合物也会出现这样的情况，例如，人类利什曼病和隐球菌病。当抗原与宿主正常抗原相似（例如，鼠感染类杆菌属）时，也可见耐受性。这表明，尽管没有确凿的证据，但“分子拟态（molecular mimicry）”与耐受性有关。

其他避免宿主免疫反应的方式有抗原变异（见第5章）、胞内寄生（见第7章）、在免疫反应无法到达的地方繁殖（如小鼠乳腺瘤病毒，感染乳腺腔面）和诱导产生无效抗体（如水貂阿留申病病毒）等。

其他持续性感染的例子有肠道结核分枝杆菌、绦虫感染，组织中的旋毛虫。特定类型的持续性感染（潜在感染和慢性感染，带菌状态）已经在第5章中讨论。

病原在宿主中存留与长潜伏（隐）期相关。有的病毒病被称为“慢病毒病”就是因为潜伏期长。如梅迪/维斯纳是一种羊的慢病毒病，造成神经和呼吸道病变，潜伏期2～8年。类似的还有造成神经系统病变的羊痒病，潜伏期为1～5年。病原在宿主体内长期留存，增加了垂直传播和水平传播的可能性。

病原菌的潜隐期较短，但病原的排出可持续很长时间（感染周期长）。有时病原呈间歇性排出，例如，沙门氏菌感染会导致间歇性的临床发病或亚临床感染，即与细菌间歇性排出有

---

① Grenfell等（2004）详细讨论了感染动力学的进化模式。

关。有些感染也可持续排出病原。如牛感染钩端螺旋体，尿液中持续排出细菌 12～24 个月。一旦群内动物感染此类病原，因新生动物的定期出现，整个群都是易感群。有些内源性病原（见第 5 章）会在宿主体内持续增殖。

不仅脊椎动物宿主，媒介节肢动物也会持续感染病原。例如，非洲猪瘟病毒，在蜱体内长达 8 个月之久（Haresnape 和 Wilkinson，1989）。表 6.8 列出了跳蚤对感染不同微生物的持续时间。值得注意的是，某些病原（如鼠型斑疹伤寒）在跳蚤体内能持续一生——在未进食的跳蚤体内存留 500 多天。此外，跳蚤还可长时间排出病原，如鼠型斑疹伤寒可持续 9 年多（Smith，1973）。

**表 6.8 跳蚤作为载体和病原菌在宿主和寄生虫之间的特性**

| 疫病和病原 | 跳蚤病原位点 | 跳蚤病原复制 | 跳蚤病原的持续时间 | 跳蚤致病力 |
| --- | --- | --- | --- | --- |
| 黏液瘤病<br>纤维瘤病毒 | 消化道 | 否 | 直到 100d | 是 |
| 土拉菌病<br>土拉热弗朗西斯菌 | 消化道 | 否 | 几天 | 否 |
| 鼠型斑疹伤寒<br>莫氏立克次氏体 | 消化道 | 是 | 一生 | 否 |
| 小鼠锥虫病<br>路氏锥虫 | 消化道 | 是 | 一生 | 否 |
| 沙门氏菌病<br>肠炎沙门氏菌 | 消化道 | 是 | 最多 40d | 是 |
| 瘟疫<br>鼠疫耶尔森菌 | 消化道 | 是 | 几个月到 1 年 | 是 |

来源：Bibzkova，1977。

## 扩大宿主范围

很多病原能感染多种宿主。事实上，其数量超过只感染一种宿主的病原。例如，人类对超过 80%的动物传染性病原易感。兽医的一个重要职责是控制这些人畜共患传染病（如结核和犬蛔虫感染）。有些宿主感染的临床症状不明显，增加了防控的难度。如，伯氏疏螺旋体经蜱传播，可引起人类和其他动物的莱姆病，但在野生、家养的哺乳动物和鸟类不表现症状，此病在欧洲和美国持续存在（Anderson，1988）。表 6.9 列出了一些野生动物作为维持宿主的家畜传染病。

扩大宿主范围，在同一区域有多种宿主促进了感染的维持。然而，如果某一病原存在于同一地区的不同物种中，也不能认为它们之间就会相互传播。在南非 18 个野生物种中发现了口蹄疫病毒抗体（Condy 等，1969；Keet 等，1996），但只有野生水牛被证明是维持宿主（Condy 等，1985），病原偶尔感染牛（Thomson，1996）和部分偶蹄动物（Bastos 等，2000）。有的野生动物，如大象，作为终末宿主，无法将病毒传染给其他动物（Brooksby，1972）。

**表6.9 由野生动物传播到家畜的传染病**

| 疫病和病原 | 维持宿主 | 受影响的家畜 | 流行力 |
|---|---|---|---|
| 口蹄疫（口蹄疫病毒） | 非洲水牛和牛 | 牛、猪、绵羊和山羊 | 高级 |
| 锥体虫病 | 大象、野生反刍动物和野猪 | 牛、马、猪、绵羊、山羊和犬 | 中等 |
| 非洲猪瘟 | 蜱虫、犹猪 | 本国猪 | 主要 |
| 泰勒虫病 | 非洲水牛 | 牛 | 中等 |
| 心水病 | 易感水牛、偶蹄动物、龟和鹌鹑 | 牛、绵羊和山羊 | 中等 |
| 非洲马瘟（环状病毒） | 斑马 | 马和猴子 | 中等 |
| 蓝舌病（环状病毒） | 各种偶蹄动物（不确定） | 绵羊和牛 | 中等 |
| 牛结节性皮肤病（羊痘） | 不确定 | 牛 | 中等 |
| 恶性卡他热 | 牛羚 | 牛 | 有限（季节性） |
| 新城疫 | 野鸟、异国宠物鸟 | 家禽 | 主要 |
| 传统猪瘟 | 野猪 | 猪 | 主要 |

来源：Bengis 等，2002。

# 7　疾病生态学

研究群体疾病需要了解生物体（宿主和病原）与它们所处环境的关系。这些关系决定了疾病的空间及时间分布。例如，气候影响生物所需植物的生长，进而直接或间接地影响宿主、病原和媒介的分布。与此类似，植物的类型可影响矿物质和微量元素的可利用性，一旦这些化合物不足、过量或者不均衡，就会发生疾病。例如，白三叶草吸收少量的硒，而细弱剪股颖草会吸收大量的硒（Davies 和 Watkison，1966）。若在草场撒硒盐来预防动物的硒缺乏症，而草场主要生长着后者的话，动物的硒中毒风险就会加大。

生态学①（ecology，希腊语）是指从习性及地域的角度研究动物和植物。起初，生态学的主要研究对象是动植物，但现已将微生物等纳入研究范畴（Altas 和 Bartha，1998）。与流行病学相似（Dodson 等，1998），生态学具有定性及定量研究框架。因此对动物疫病来说，生态学研究范围从肾小管中钩端螺旋体的分布到非洲大草原上口蹄疫宿主的分布及动态变化。因此，疾病生态学（也称疾病自然史）常是流行病学调查的一部分。调查疾病生态学有两个理由：

- 有利于了解传染性病原的致病性，分布及传播；
- 有利于预测疾病发生的时间地点，进而制定合适的控制措施。

本章介绍疾病生态学的基本概念，及其在流行病学中的应用。

## 生态学基本概念

决定疫病发生与否的 2 个主要因素是动物群体的分布和规模。食物的分布决定动物群体的分布；食物、配偶的分布与种群的繁育潜能决定动物群体的规模。

① 生态学最早由 Ernst Haeckel 在 1866 年出版的《General Morphology》一书中使用，用以支持达尔文在 7 年前《物种起源》一书中提出的观点。

## 种群分布

### 植被带（vegetational zones）

植物学家是最早提出将地球划分为不同植被带的人之一。在一些地方，这种区分非常明确，如地球北部的森林和苔原之间的边界，高山上随着高度上升出现的不同类型森林之间的边界。在其他地方这种变化则显得较为缓和，如荒漠到草原的转变。18 世纪早期的自然学家认为，世界可划分为几个不连续的植被带，如苔原、草原和荒漠，他们据此绘制了线条简洁但错误的地图。

De Candolle（1874）第一个认真尝试了解释明显的植物带划分，他认为气候，尤其是温度影响了植被分布。他依据等温线绘制了第一张植被分布图，雨林由高温植物（megatherms）组成，落叶林由中温植物（mesotherms）组成，荒漠由旱生植物（xerophiles）组成。20 世纪初期，Koppen 以 De Candolle 分类法为基础，建立了现代分类系统（表 7.1），将气候和植被带很好地联系起来。气候对植物带划分的影响，不仅仅是通过地面温度变化和降雨影响，而是以更复杂的方式进行。然而，人造卫星对气象的研究，以及对热空气流的长期研究，都表明气流锋面的平均位置与植被类型大致重叠。

表 7.1 Koppen 根据 De Candolle 的植被群做出的气候分类系统

| DeCandolle 分类 | 植被的环境要求 | 形式 | Koppen 气候分类 |
|---|---|---|---|
| 高温植物（最热） | 持续高温高湿 | 热带雨林 | A（多雨无冬季） |
| 旱生植物（喜干） | 耐寒，需要高温季节 | 炎热沙漠 | B（干燥） |
| 中温植物（中热） | 中等温度及湿度 | 温带落叶林 | C（多雨，冬季温和） |
| 低温植物（少热） | 少量热量及湿度，适应长冬季 | 北方针叶林 | D（多雨，冬季严寒） |
| 耐寒植物（最少热量） | 适应极地苔原气候 | 苔原 | E（极地气候） |

来源：Colinvaux，1973。

### 生物群落

19 世纪，生物学家认为地球不同区域的动物分布也与植物带划分类似。因为有些区域之间不直接相连（例如，非洲和南美洲），但一些动物显示出相似的特性，尤其是鸟类。这使进化论者更加坚信“集群进化（convergent evolution）”理论，这一理论认为来自不同祖先的动物进化出类似的特性以适应相似的环境。

生物学家试图依据不同的动植物分布将世界划分为不同的地区，因为动物的分布似乎与植物分布相关。美国人 Merriam 研究了北美山区不同高度的动植物分布后，将北美划分为不同的生物区（图 7.1）：

- 北区，包括加拿大、赫德森生物带和北极高山；
- 转变区，包括北极生物带和索诺兰沙漠的动植物；
- 索诺区（以墨西哥西北地区一个州），包括北部和南部；
- 热带区。

在图 7.1 中还标注了较小的第五个区（加利福尼亚州南部）。

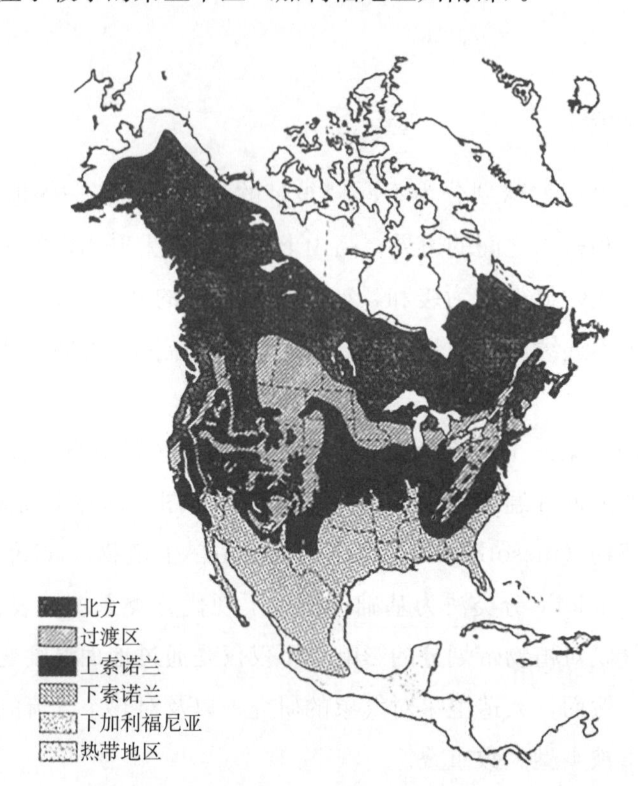


图 7.1　北美生态圈。来源：Merriam，1983

人们常以对当地植物的第一印象来定义一个生物区的植被分布，例如北生物区以松柏类植物为主。然而，需要指出的是不同区域之间是逐渐过渡的。在生物区地图上，制图者标注出明确的界限。依据气候、植被及农业利用潜力，Pratt 等（1966）、White（1983）和 FAO（1999）分别划定了非洲生态区域。

Merriam 和 De Candolle 一样，认为温度决定动物的分布。他认为，在北半球一种动物活动的北部边界是由极限温度决定的，低于极限温度，动物就不可能繁衍；同样，这种动物分布的南部边界由另一温度阈值决定，它们无法忍受更高的温度。尽管 Merriam 花了大量时间测量平均温度，但他从未能将等温线与生物带界限相匹配。尽管从一个生物带到另一个生物带过渡的原因尚不清楚，但这些生物带是确定无疑存在的，现在通常称之为生物群落。因此，热带雨林、热带草原和苔原区是指有特定植物和动物的生物群落（北极生物群落被通俗称为“云杉一驼鹿”生物群落）。

因此，由生物群落决定的传染性病原及其媒介的分布，会受到这个生物群落的环境条件限制。例如，裂谷热（一种绵羊和牛的病毒病）的分布与多雨的非洲生态区相关，可能与这些地区有大量的蚊子有关（Davies，1975）。类似地，一种可感染人、犬、牛和猪，并引起人、犬呼吸症状为主疾病的球孢子菌，局限于索兰诺生物带南部并呈地方性流行（图 7.2：Schmelzer 和 Tabershaw，1968）。这一地区的特点是夏季炎热，冬季温和，植被稀疏，年降水量 6～8in*（15～20cm），土壤 pH 为碱性，常年刮风，有利于真菌的生存及传播（Egeberg，1954）。尽管该病在 100 年前就有报道（Deresinski，1980），但近期感染人数却急剧上升。该病对患免疫抑

* in（英寸）为我国非法定计量单位，1in＝2.54cm。——译者注

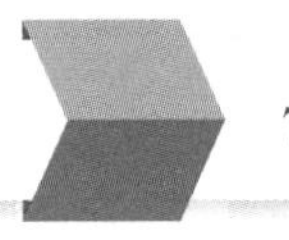

制疾病的人危害严重，例如 HIV 感染者（Kirkland 和 Fierer，1996）。

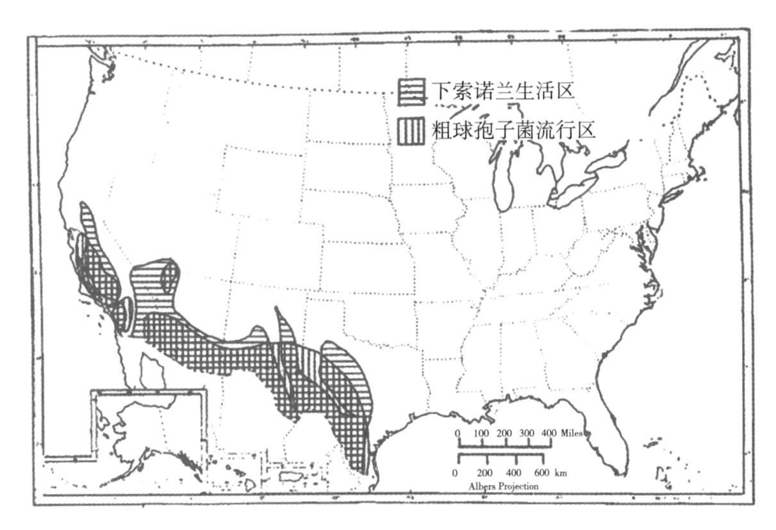


图 7.2　下北美生物带和美国粗球霉菌流行区（疫源地）。来源：Schmelzer 和 Tabershaw，1968

在加利福尼亚州，犬恶丝虫病的流行率与植物气候带有关（图 7.3）。7 个带是依据昼夜平均温度划分的。在每个区内，犬恶丝虫在蚊子体内由微丝蚴生长为感染性的 $L_3$ 期幼虫所需要的时间不一样，这就限制了传染“窗口”。内山谷地区该病的高流行率可能与当地有较多的水稻田有关，因为水稻田可以增加蚊子的繁殖数量（Hill 和 Cambouranc，1941）[①]。

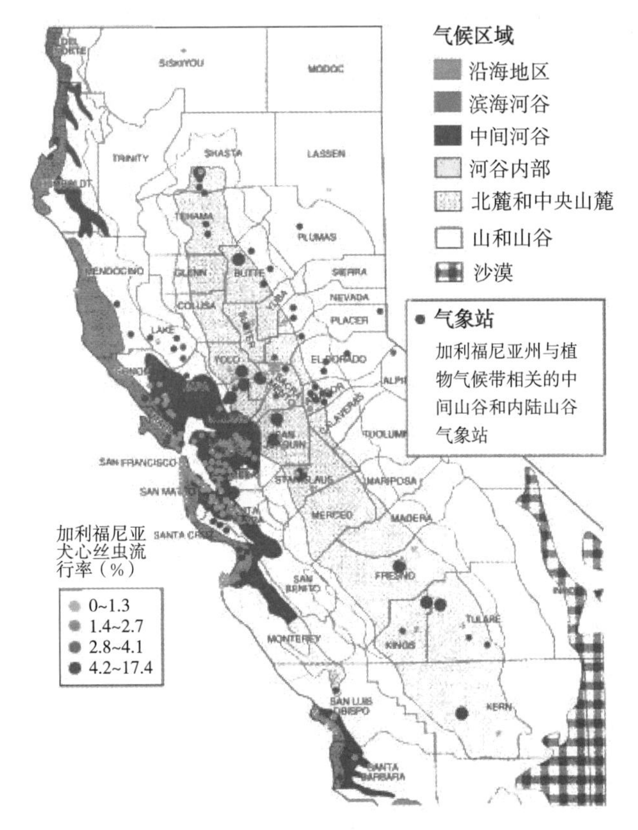


图 7.3　加利福尼亚犬恶丝虫病流行区。来源：Theis 等，1998

生态区的特性对动物养殖有较大影响，这点也可影响流行率和死亡率（Carles，1992）。例如，全球牧场养殖的动物都经历了显著的气候和营养变化（例如，在饲料类型及供给方面），所

① Service（1989）很好地论述了疟疾和水稻种植间的关系。

以出现营养不足的问题。生育力对于动物体的营养储备水平十分敏感，所以生育力不足也是牧场的一个常见问题（Carles，1986）。迁徙轮牧会带来额外的应激，所以那些由应激作为原因之一的疾病也是牧场面临的问题（如巴氏杆菌病；见图 3.5b）。当地环境，如夜间围栏和饮水点，是微生物重污染区。在一些非洲农牧系统中，这些微生物可以引起新生儿和小羊羔的败血症。牧场家畜中流行率较高的布鲁氏菌病可能与流产胎儿处理不当有关。因此，在绵羊和山羊养殖密集的非洲、印度及澳大利亚热带牧场，断奶前后羊羔的病死率非常高，通常超过 30%。

## 群体规模的调节

### 自然的平衡（balance of nature）

早期的生物学家对动植物群体规模的稳定性印象深刻。群体数量增加，达到一定规模便停止，出生率和死亡率一致，稳定而平衡。

### 竞争控制群体规模

有两种假设来解释自然的平衡。Chapman（1928）认为存在环境限制（environmental resistance）。动物群体有其固有的增长率，但同时环境条件会限制增长率。这个理论很有道理，但缺乏证据支持。目前被广泛接受的理论是种群通过竞争栖息地的资源来保持平衡，最常见的资源就是食物。因此，竞争与群体密度相关。

为了验证这一假设，就必须进行限制食物供应的实验。Gause（1943）曾做过此种实验，限定草履虫的食物供应。这种原生动物的生长曲线呈 S 形（图 7.4），类似于一种称为“逻辑方程”的数学方程式（也见第 15 章）。

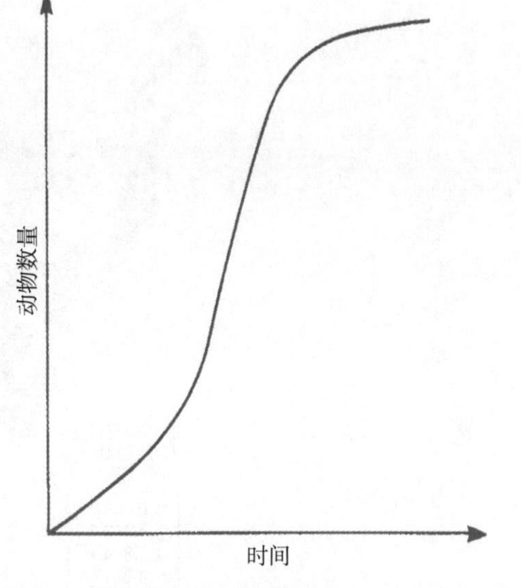

图 7.4 在限制食物供应的情况下，简单生物种群的 S 形生长曲线

逻辑方程是这样的：若 $R$ 为观测增长率，$r$ 为固有增长率，$N$ 为动物数量，那么曲线的斜率为：

$$R=rN$$

如果 $K$ 为饱和数量，随着竞争的增加，当 $N=K$，$R=0$。

$S$ 曲线的完整公式为：

$$R=rN(1-N/K)$$

在生长早期，食物充足，种群增长很快，$N$ 很小；因此 $N/K$ 很小：

$$1-N/K\cong 1$$

且 $R$ 约等于 $rN$。

随后，当增长减缓时（由于食物不足）：

$$\frac{N}{K}\cong\frac{K}{K}=1$$

因此，$1-N/K \simeq 0$

此时，$R=rN\times0=0$

实验支持了食物竞争制约密度的假设。寄生虫的群体数量也适用于这一调控机制。例如，蛔虫的繁殖受到环境限制影响（Croll 等，1982）。但是，以其他昆虫，最明显的是黑粉虫进行的实验表明，密度制约的其他因素（而不是食物供给）控制群体规模，如排泄物的增加和拥挤导致生育力下降。总之，竞争模型是一个有助于理解调控机理的理论①，但在现实世界里，密度制约现象绝不是单一因素作用的结果：不同因素可在不同的时间调控群体规模。

### 散布

一些地方可能存在剧烈的季节性气候变化。一种澳大利亚的蚱蜢在卵里过冬，春季卵孵化。一旦天气潮湿，长大的成虫便开始产卵。一场干旱会杀死所有成虫。这种情况不是密度制约的，它早在竞争现象出现之前就发生了。这种昆虫散布区域广泛，总有区域的气候潮湿适合生存和延续种群。这种现象使 Andrewartha 和 Birch（1954）认为大动物也受气候制约，而不是食物竞争。他们强调，逻辑模型过度简化了实际情况。

### 天敌

天敌对于控制群体规模具有重要作用，但大部分证据显示，此理论不适用于大动物，因为天敌只能捕获病弱及年幼的个体。若年幼个体因其他原因死亡的情况不多（少数死亡可能会发生，如在迁徙中溺水），则天敌可在一定程度上影响对群体规模。然而，也存在一些相反的证据。在非洲的塞伦盖蒂地区有大约 200 000 头牛羚，但狮子每年只吃掉 12 000～18 000 头，数字很小且大部分是新生动物。

然而，小型天敌，尤其是昆虫，对制约群体规模有显著作用。天敌已经被用于控制害虫，如利用瓢虫来控制棉铃虫。

### 传染病

显然，高致死率的大流行疫病，如黑死病和牛瘟（见第 4 章）对群体有巨大影响。然而，传染病在宏观层面上决定及调控着动物群体数量这一观点逐渐引起人们重视（Anderson 和 May，1986，1991）。有很多证据支持这一理论，例如，森林鳞翅昆虫数量的十年周期波动是由传染病引起的（Myers，1988），而且对脊椎动物可能也是如此；一种由蛙壶菌引起的真菌病可能造成了澳大利亚和巴拿马的热带雨林青蛙数量减少（Berger 等，1999）；国际上流行的兔出血热病毒似乎有效地控制了兔子的数量，兔黏液瘤病也有同样的调节作用（Ross 等，1989）。而且，跨种传播的传染性病原对于濒危物种是主要威胁（McCallum 和 Dobson，1995），例如 70%的珍稀野生黑足雪貂死于犬瘟热（见表 6.4）。

根据繁殖动力学特性，传染性病原可分为两种：微寄生物和大寄生物（May 和 Anderson，1979）。考虑到寄生虫对宿主数量的影响，这种分类很有意义。微寄生物进入宿主后直接开始

① “种群调节”和“自然平衡”是借喻表达，意味着存在有目的的主动控制。然而，生态学家用它们来描述影响群体规模动态变化的过程，并不存在特定的目的。

繁殖，增加寄生物感染水平，包括病毒、细菌和原虫。相反，大寄生物不会增加寄生物感染水平：它们在宿主体内生长，但是产生具有感染性的幼虫，排出宿主体外后感染新宿主，包括蠕虫及节肢动物。

大寄生物感染呈大流行或地方流行时，如宿主病死率较高，则可显著地减少宿主数量。这种效应通常是短暂的，但同天敌的作用一样，它们是宏观调控宿主数量的一种潜在因素。

如果寄生虫可以调控群体数量，就一定会影响一个群体的固有增长率，这种影响大小取决于宿主的生存和繁育能力。微寄生物通常是高致病性病原微生物。因此，它们的调控潜能依赖于它们杀死宿主的能力，但它们还有间接作用，例如增加宿主的易感性，降低其在同类中的竞争力等。

当然，微寄生物要在特定的试验及理论条件下才能调控宿主群体规模（Anderson，1981）。疫病致死率必须高于无疫病时的群体增长率。高致病性和高毒力的作用往往会被短感染期所中和，因为只有少量个体会被感染。而且，康复个体的免疫力会阻止疾病复发。因此，后面这两种因素减弱了病毒和细菌感染对脊椎动物的调控作用。(非脊椎动物不能获得被动免疫，病菌和病毒对于非脊椎动物的调控作用已被大致说明)。早期的流行病学研究表明，AIDS可以导致人口负增长（Anderson 和 May，1988），近期的证据支持了这一观点（Whiteside，1998；Barnett 和 Whiteside，2002）。因为，这一疾病的特点是病毒具有高致病性、宿主缺乏免疫应答（最终定会死亡）、长期感染和可以垂直传播。

大寄生物感染在动物中十分普遍，尤其是蠕虫类（表 7.2）。因此，尽管不如微寄生物那样明显，它们仍可对动物群体规模产生调节作用。蠕虫类不仅可以显著降低一种动物的生长率，还可以降低宿主的生存及繁殖能力。例如，绵羊病死率与肝片吸虫的感染强度有关（Smith，1984）；红松鸡感染东方毛圆线虫后产蛋减少（Hudson，1986）。

疾病还能增加宿主被捕食的可能（Anderson，1979）。因此与群体中感染鱼的比例相比，鸬鹚会不成比例地捕到更多感染了带虫和长舌绦虫的斜齿鳊（Dobben，1952）。

微寄生物和大寄生物被认为是控制引入大洋岛屿上的鼠、犬、猫和山羊数量的理想候选；寄生线虫和低致病力的病毒是最佳选择（Dobson，1988）。目前公认，通过基因工程手段表达编码配子蛋白的基因，使脊椎动物害虫绝育，这样微寄生虫可以间接地控制其数量，这被称为“免疫灭菌”（Tyndale-Biscoe，1994）。

Nokes（1992）和 Bulmer（1994）论述过微寄生物的群体动力学，Dobson（1992）等论述过大寄生物的群体动力学。

**表 7.2　北美哺乳动物平均寄生虫数量*** 

| | 每个个体平均含虫数量（个） | 每个群体含有寄生虫种类数量（种） |
|---|---|---|
| 吸虫类 | 108 | 1.8 |
| 绦虫类 | 140 | 2.8 |
| 线虫类 | 117 | 5.3 |
| 棘头虫类 | 1 | 0.3 |
| 寄生虫 | 3 | 10 |

注：* 数据来源于 76 种哺乳动物，包括 10 种兔属动物、22 种啮齿类、35 种肉食动物和 11 种偶蹄动物。食肉动物含有的寄生虫种类最多，兔属动物含有的寄生虫种类最少。群居动物的个体含虫量最多。

来源：Dobson 等，1992。

### 活动范围（home range）

特定的动物有自然的活动区域，这就是它们的活动范围。例如，北极鸟类在食物缺乏时，活动范围会变大。这提示控制群体数量，会影响传染病的传播；感染动物在其活动范围内传染病原，不会超出活动范围。例如，大鼠是一种立克次氏体病（恙虫病）的维持宿主，羌螨是传播媒介，寄生在哺乳动物和鸟类身上。大鼠在小范围活动，结果羌螨的生活史就限制在被称为"羌螨岛"的区域（Audy，1961）。当羌螨感染了立克次氏体，有"羌螨岛"的地方就会成为恙虫病的疫区。疫病仅仅通过传染性羌螨随机感染大范围活动的宿主进行传播，例如感染鸟和人类，并在这些宿主上引发严重疾病。

### 地域性（territoriality）

在一个动物的活动范围中，对入侵者极力防护的，那就是它的领地。这种行为学反应就是地域性，这种现象在鸟类表现的最明显。它的优点是在寻找食物时可以节省活动量。地域性也可以控制群体数量，因为领地都有最小的范围和固定的空间，因此只有有限的动物可以在领地中生活。有领地的群体是否比无领地的群体拥有更多优势，可能依赖于"经济学"策略（Brown，1964）。如果一种资源（食物）稀缺、分散，或随着季节波动，那么防卫领地的成本就显得过高。这些因素交互作用，决定了领地的大小（Carpenter 等，1983）。

### 社会优势

1920 年，一种名为"啄食顺序"的社会等级现象在鸟类中被发现。一些群居物种，尤其是啮齿类动物面临过于拥挤的环境时，社会等级低的动物将被迫离开群体。这可能是一种群体控制机制。

### 韦恩-爱德华假设（Wynne-Edwards hypothesis）

群体控制可能只是地域性和社会等级行为的一个副产物。英国阿伯丁的动物学家，Wynne-Edward 认为群体控制是集体行为的主要目的。这种集体行为有时候会产生生理压力（见第 5 章）。鼠之间的拥挤会导致集体打斗、吃食同类和繁殖力降低现象。实验条件下或自然条件下处于生理压力的鼠（如栖息于下水道的鼠）一般肾上腺较其他鼠更大，这是一般适应综合征的指标（见第 5 章）。

在每年特定时间，即使没有明显的空间限制，动物也会聚集在一起（如鹿在发情季节）。Wynne-Edward 认为这种"总头数"以反馈的方式诱导一般适应综合征，控制繁殖。这个理论存在两个问题：一是进化更倾向选择个体，而不是群体；二是该理论认为出生控制是有利的，但是进化通常的目的是选择出高效生产者。现在这一理论已经不再流行。

不管因为何种原因动物聚集在一起，接触增加都会有利于传染病的传播，而且可以增加疾病的季节性发展趋势（见第 8 章）。例如，北美某种青蛙在冬天的聚集，会导致 Luckér's 蛙病毒的季节性传播。

很难建立一个通用的群体控制理论。食物供给很重要，能量供应限制了支持性的生物基质

（见下述“营养水平间的能量分布”），传染病也可能扮演重要角色。

然而，不同的机制可能只在特定的环境下适用。

**群体的分布和控制对疾病发生影响的应用**

动物活动范围、分布，以及其他病原宿主的行为，都会影响病原传播。狐狸狂犬病就是个例子：感染现象在欧洲的狐狸中持续存在（Wachendorfer 和 Frost，1992）。狐狸一年中的行为改变了狐狸间的联系。狐狸有可能独居、成对居住或以家庭单位居住。同样，感染狐狸的行为表现受感染狂犬病类型的影响：患有早瘫型狂犬病的狐狸可能独居，而狂怒型狂犬病的狐狸可能更愿意接近其他狐狸。图 7.5 展示了这些不同的行为是如何影响狂犬病病毒在狐狸间的存在和传播的。活动范围的扩大可能会增加病毒传播。因此，在夏季，狂犬病可能发生在北部苔原区和加拿大森林的狐狸中，但在冬季，当食物匮乏时，感染的狐狸可能侵入南方地区，并将狂犬病传播到这些地区。

| | | 狐狸分组 | | | | |
|---|---|---|---|---|---|---|
| | | 独居 | 一对 | 家庭式 | 社交群组 | 混居 |
| 感染狂犬病狐狸的行为 | 哑的 | □□□□ | ▼ | ▼▼ | ▼▼▼ | ▼▼ |
| | 暴躁的 | ▼ | ▼▼ | ▼▼▼ | ▼▼▼▼ | ▼▼▼ |
| | 上述症状均有 | ▼ | ▼▼ | ▼▼▼▼▼ | ▼▼▼▼▼▼▼ | ▼▼▼▼▼ |

图 7.5　社群行为和感染狂犬病狐狸的行为是影响狐狸之间狂犬病病毒存在与传播的决定因素 。□：不利于狂犬病病毒存在的条件；方块数表示不利条件的相对程度 ；▼有利于狂犬病病毒存在的条件，三角形的数量表示条件相对有利的程度。来源：Macdonald 和 Bacon，1980

## 小生境

本章之前提到的 Gause 对草履虫的研究是一个种内竞争（intraspecific competition）的例子，即同种动物内部成员之间的竞争。当两个物种生活在同一环境中时，种间竞争就会发生，结果是共存或只有一种存活。

美国人 Lotka（1925）和意大利人 Volterra（Chapman，1931）同时独立地建立了每个物种合适的群体规模的逻辑方程（数学意义上），因此方程被称为 Lotka-Volterra 方程。它们可对不同的竞争程度进行推导。方程的推导结果是生态学的基础，即两个竞争激烈的物种是不能共存的，共存只发生在轻微竞争的物种间。Gause 将两种草履虫放在同一试管内培养，结果支持了这一理论。他发现哪方获胜依赖于环境的组成。这产生了竞争排他（competitive exclusion）原则：竞争将会使除了处于特定位置以外的物种灭绝，这个位置是由动物的进食习惯、生理特性、机能特性和行为决定的。这个位置称为动物的小生境（Elton，1927）。因此，竞争排他原则可归纳为“一个物种，一个小生境”（这提示，达尔文的“适者生存”理论应该改为“回避了竞争的物种生存”）。

虽然比较少，但世界上仍有一些因激烈竞争导致物种灭绝的例子。有记录的、最好的一个例子可能是阿宾顿的海龟。阿宾顿是南太平洋的一个岛屿，上面有一种濒危的海龟。19 世纪，水手们将山羊引入到岛上。山羊和海龟的食物相同，因此二者产生了激烈的竞争，这将导致其中的一方灭绝。根据 Lotka-Volterra 方程预测，灭绝的将是海龟。病毒在细胞水平的感染也存在竞争排他（Domingo 等，1999）。

竞争排他已被用来作为疾病控制的一种方法。光滑双脐螺，血吸虫的中间宿主已经被另一种更具竞争力的大羊角螺取代，而后者不是中间宿主（Lord，1983）。大羊角螺繁育后被放入光滑双脐螺栖息的河流和池塘，并在几个月内成为优势物种，导致后者灭绝。这为控制家禽的沙门氏菌、弯曲杆菌和大肠杆菌感染以及猪的大肠杆菌感染提供了参考（Genovese 等，2000）（第 22 章）。有证据表明，土狼可以将狐狸赶出领地（Voigt 和 Earle，1983；Sargeant 等，1987；Harrison 等，1989），因此，有人建议用土狼驱逐狂犬病的中间宿主狐狸，以控制狂犬病。

然而，现实世界复杂多样，动物有很多机会找到自己的小生境，避免竞争。有时候这种机制不是很明显，如海洋浮游生物都是滤食动物，但它们过滤颗粒的大小不同，从而避免竞争。

避免竞争的行为常发生在同地域的物种之间，即同一个国家或地区的物种间。长颈鹿、汤普森瞪羚和牛羚共同生活在东非。瞪羚采食地上的草叶，牛羚采食旁侧灌木；长颈鹿有较长的颈部采食上方的食物；食物不同让它们有效地避免了竞争。英国有两种鸬鹚：普通鸬鹚和绿鸬鹚。二者不仅看起来很像，也生活在同一片海岸线，同是水下觅食，同在悬崖筑巢，种群数量也相近。看起来它们拥有同样的小生境，但其实不然。普通鸬鹚食性较杂，但不捕食砂鳗和鲱。它们出海捕鱼，并在高处宽阔平台筑巢。相反，绿鸬鹚主要以砂鳗和鲱为食，在浅滩觅食并在峭壁较低处或浅滩平台上筑巢。

还有很多其他类似的例子，从占据不同潮下区的鸡心螺到占据树木不同位置的刺嘴莺。生存期较短的动物，例如存在同一个小生境中的昆虫，会通过不同季节中不同的活动来避免竞争。

当存在种间竞争时，疾病可以影响同区域物种间的关系（De Leo 等，2002）。寄生虫可以间接地改变物种间竞争的平衡，使一种宿主物种将另一种赶出潜在的共同领地。例如，一种脑膜寄生虫（链格孢菌线虫）阻止了驼鹿和北美驯鹿在美国东部的共存，减轻了白尾鹿的竞争压力（Schmitz 和 Nudds，1993）。

尽管同地域物种间可以避免竞争，但它们间不可避免地接触也给疫病传播提供了机会。这可能包括濒危物种，其种群数量会持续下降（表 7.3）。

Gause 在实验中发现了一种避免竞争的机制。他在用两种草履虫进行实验时，发现二者可以共存于同一个试管中。一种草履虫改变生活习性迁移到试管上层生活，而另一种草履虫迁移到试管底部生活，这样就避免了竞争。达尔文提出的“性状分化”（divergence of character）解释了这种现象。性状分化是指当相关物种紧密生活在同区域时，不管是在试管或草原，性状都会发生分化。19 世纪 50 年代出现了同义术语“性状漂移”（character displacement）。

人们希望出现更多的漂移而不是灭绝，因为世界提供了小生境发生微妙变化的多种路径。取代也是一种增加物种多样性的机制。例如，生活在希腊、土耳其和亚洲其他地区的两种五子雀：波斯鳾与岩鳾。希腊的波斯鳾和中亚的岩鳾外观相似，但生活区域不重叠。然而，在伊朗，两种鸟生活在同一区域，外观却不同。这种外表差异可能是一种避免竞争的方式。

表7.3 同域传染导致的哺乳动物种群减少

| 受威胁动物 | 传染病 | 自然宿主 | 参考文献 |
|---|---|---|---|
| 埃塞俄比亚狼 | 狂犬病、犬瘟热 | 家养犬 | Sillero-Zubiri（1996）；Laurenson 等（1998） |
| 非洲野犬 | 狂犬病、犬瘟热 | 家养犬 | Alexander 等（1993，1996）；Gascoyne 等（1993）；Alexander 和 Appel（1994）；Kat 等（1995） |
| 贝加尔海豹 | 犬瘟热 | 家养犬 | Mamaev 等（1995） |
| 里海海豹 | 犬瘟热 | 可能的陆生食肉动物 | Forsyth 等（1998） |
| 黑足雪貂 | 犬瘟热 | 野生肉食动物 | Williams 等（1988） |
| 北极狐 | 耳痒病 | 家养犬 | Goltsman 等（1996） |
| 黑猩猩 | 脊髓灰质炎 | 人 | Van Lawick-Goodall（1971） |
| 大角羊 | 巴氏杆菌病 | 家养绵羊 | Foreyt 和 Jessup（1982）；Foreyt（1989） |
| 岩羚羊 | 传染性角膜炎 | 家养绵羊 | Degiorgis 等（2000） |
| 僧海豹 | 麻疹病毒属 | 可能是海豚 | Osterhau 等（1998） |
| 山地大猩猩 | 麻疹 | 人 | Hastings 等（1991） |
| 雨林蟾蜍 | 壶菌 | 甘蔗蟾蜍 | Berger 等（1998） |

来源：改编自 Cleaveland 等，2002。

## 一些与疾病有关的小生境案例

### 虱子侵扰

虱子有特定宿主。猪虱不能在人或犬身上生存，反之亦然。这样，不同品种的虱子避免了竞争：它们有各自的小生境。寄生人的虱子也表现出性状漂移。两种不同的虱子都寄生在人身上：头虱和体虱。但就像 Gause 试验中的草履虫分别生活在试管的两端一样，它们分别寄生在人体的不同部位。

### 内寄生

一个动物是由相互关联的各种器官系统组成的。每个系统都是具有复杂生活史的内寄生虫的可能寄生场所。基础小生境是指寄生虫可以占据的范围，而实际小生境是指实际占据的位置（Poulin，1998）。若没有其他物种的竞争，实际小生境可能是一种寄生虫在基础小生境中的最佳位置。反之，若存在潜在的竞争，实际小生境可能是为了避免竞争的寄生部位，这种“内部生态位分离”（Holmes，1973）有现实的依据。例如，鹧鸪肠道内寄生有多种蛔虫，但是总体来讲，它们寄生在肠道的不同部位（图 7.6）。

### 胞内寄生

胞内寄生虫包括各种病毒、某些细菌（如布鲁氏菌、结核杆菌、立克次氏体、埃利希氏体、柯克斯氏体和衣原体）和一些原虫（如巴贝斯虫）。它们占据细胞中不同的小生境，如胞浆、胞内体、溶酶体和囊泡。这样能躲避抗体和避免同胞外病原的竞争。然而，胞内环境是严酷的，因为胞内寄生病原比胞外寄生病原的代次时间长。胞内环境比宏观极端环境，如雪地和盐湖具有共同特点（表 7.4）。

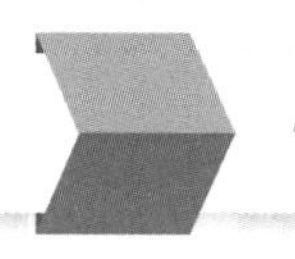

因此，胞内寄生虫进化出不同的机制来躲避宿主细胞的防御（Hackstadt，1998）。这些机制包括逃避吞噬泡（立克次氏体属）、阻止核内体成熟（分枝杆菌和埃利希氏体）以及适应溶酶体环境（柯克斯体）。

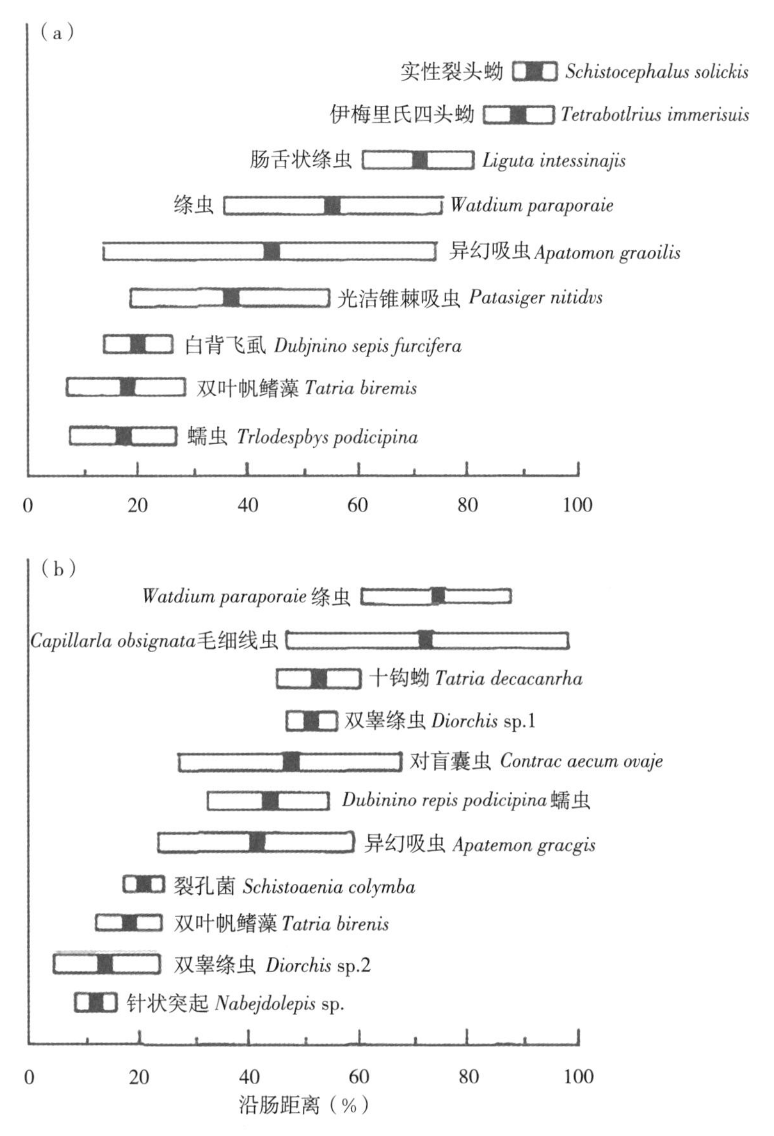


图 7.6 两种水鸟肠道寄生虫分布：(a) 北美鸊鷉和 (b) 黑颈鸊鷉。■ 均值；□标准差。来源：Poulin，1998；数据引自 Stock 和 Holmes，1988

**表 7.4 胞内环境与陆生极端气候比较**

| | 陆生极端环境（例如荒漠，盐湖，热泉和雪地） | 细胞 |
|---|---|---|
| 内部物种多样性低 | + | + |
| 优势物种进化出适应特性 | + | + |
| 优势物种依靠的限制因素 | 非生物性因素，如热、盐度和干燥 | 生物性因素：细胞 |

来源：Moulder，1974。

## 流行病学干扰

在印度的研究表明（Bang，1975），一旦社区中存在一种呼吸道腺病毒，可以阻止其他类型腺病毒感染，尽管后者在环境中很常见。这是因为一种腺病毒占据了小生境（下呼吸道）后会排斥其他腺病毒。这种现象被称为流行病学干扰（epidemiological interference）。

同样，有证据表明，实验动物和家畜感染一种血清类型（生活区域相同，但抗原不同的群体：WHO，1978）锥虫后，可以延迟其他血清类型锥虫的感染。（Dwingler 等，1986）。

干扰可以影响疾病发生的时间。一种疫病的流行可以抑制其他类似病原引发疾病的流行。在北美洲和南亚印度，这种现象常见于呼吸道感染、麻疹和百日咳感染。一些疾病在青年人中很普遍，但早期感染的其他病原，造成这些疾病推迟发生，改变了年龄特定发病率。有证据显示，人类的某些特定病毒感染也存在这种现象（Bang，1975）。

干扰现象还可以影响自然免疫率。如果病原持续高浓度存在，且感染会引起免疫，通常这种疾病在老年人中的发病率会下降。在年轻时期受到其他因素的干扰会导致年轻人易感疾病发生在老年人群中，从而改变特定年龄段的发病率。例如，有证据显示，其他肠道病毒的干扰会延迟脊髓灰质炎病毒的自然免疫（Bang，1975）。

流行病学干扰或许很常见，但可能由于缺乏长期的发病率观察，人们很晚才发现这一现象。这个现象对疾病进化有重要意义：它阻止了年轻个体发生大规模的、多重的和可能致死的感染。第 22 章中给出采用流行病学感染控制肠道疾病的一个例证。

## 同种类动植物间的关系

一个典型的生物群落中有不同种类的动植物，一些很常见，一些很少见，一些很大，一些很小。生态学研究解释了这些差异的原因。

动物习惯于集体移动，很难同时对它们进行研究。因此，生态学家为观察方便，常选择一种动物进行细致研究。Charles Elton（1927）选择靠近熊岛群岛的熊岛上的北极狐，观察它们的进食。熊岛基本是个苔原生态系统，易于观察。

### 食物链

Elton 记录了狐狸在冬夏季节的食物。夏天，狐狸捕食鸟类（如松鸡、鹬）。鸟类吃草莓、苔藓、树叶和昆虫。昆虫也吃叶子，这就构成了一条食物链：苔藓-昆虫-鸟类-狐狸。另外，狐狸也吃海鸟，海鸟吃小型海洋动物，海洋动物吃海洋植物，这样又有了一条食物链：海洋植物-海洋动物-海鸟-狐狸。

冬季，海鸟迁徙到南方。当地只剩下北极熊粪便和北极熊吃剩的海豹尸体。冬季食物链变为：海洋动物-海豹-北极熊粪便-狐狸。这样在动物世界里，食物链将动物们连接在一起，进化出一个复杂的系统。

### 动物个体大小和食物网

Elton 观察到不同动物在食物链的不同层次上采食，他将这些层次命名为营养级（trophic levels）。他还发现不同营养级的动物体型大小不一样。狐狸体型最大，鸟类体型较小（下一级）。类似地，金字塔底端的动物更小（如昆虫）。而且，食物链越靠下，动物的个体数量越多。鸟类的数量比狐狸多，昆虫的数量比鸟类多。图 7.7a 中显示了动物个体大小与数量的关系。如果将纵轴移到中间，将柱子对称迁移，就能形成一个金字塔状

(图 7.7b)，这就是 Elton 的数量金字塔（pyramid of numbers)。动物个体越大，数量就越少，活动空间越大。因此，如果它们感染了某种传染病，传播范围比小型动物要大。这样，尽管刺猬也能感染口蹄疫（McLaughlan 和 Henderson，1947)，但其活动区域很小，在疫病传播中的作用可能就很有限。

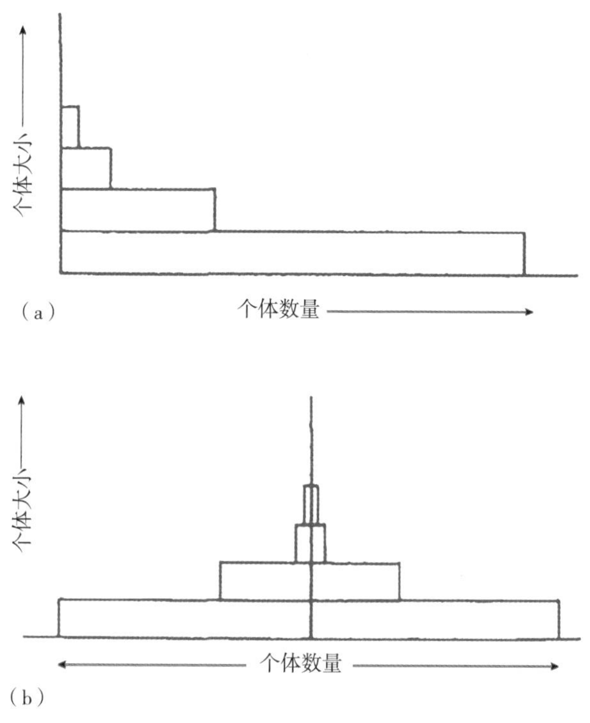


图 7.7　(a) 动物数量和群体大小之间的关系；(b) Eltonian 的数量金字塔

食物链是观察动物和其食物之间关系的一种简单的视角。现实中，一种动物通常食性很杂，所以食物链会向外辐射与其他多个食物链相连，从低级的植物营养级到食草动物，再到顶级肉食动物，形成食物网络（图 7.8)。另外，还可以确定寄生食物网络，小寄生虫在食物网络中占据比其宿主高一级的位置[①]。

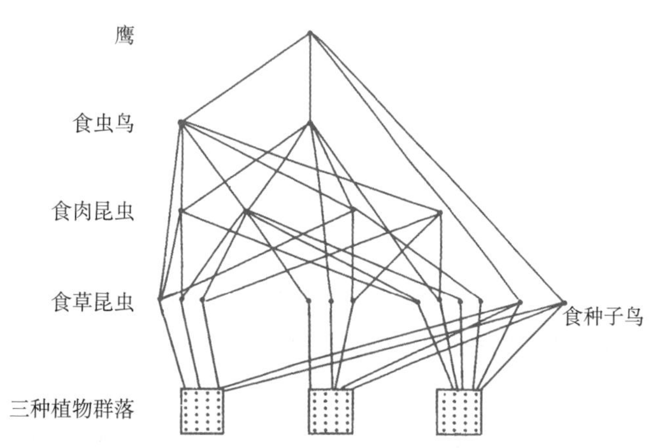


图 7.8　假想食物网络，包括食肉、食虫和食草鸟类、食肉昆虫、食草昆虫和植物

早期生态学研究突出了食物网络的复杂性，但最近的研究认为，所有食物网络都遵循相对

① 一些复杂的海洋食物网络也会包含寄生虫（Poulin 和 Chappell，2002)。

简单的法则，包括食物链长度、营养级的相似性和连接度[①]（Williams 和 Martinez，2000）。

一种动物的采食习性及其在营养级的位置决定了它的生活方式。这使得 Elton 将小生境定义为：一种动物在生物环境中的位置；与食物和天敌的联系。

### 疾病传播中食物网的重要性

一种动物的食物网可以决定它是否是经口传播病原的宿主，以及何种食源性毒素对它有威胁。例如肉食动物面临被食物中微生物感染的风险。被捕获的猛禽（其中一些是濒危动物）可能因饲喂家禽感染致死性的病毒（Forbes 等，1997；Rideout 等，1997）。因此，有人建议，这些将要放归野生环境的捕获猛禽应饲喂啮齿类、兔子或者其他小型哺乳动物，以降低它们将疫病扩散至其他野生动物的风险（Hoffle 等，2002）。

有中间宿主和终末宿主的蠕虫病常常通过食物网传播。例如绦虫（棘球蚴）的中间宿主是绵羊，终末宿主是犬。犬吃羊下水就会感染寄生在中间宿主肝脏和肺部的囊泡。因此，应禁止饲喂羊下水给犬。

图 7.9 诠释了新立克次氏体复杂的生活史[②]。这种立克次氏体可以导致犬和狐狸的伤寒病。这种病也被称为"鲑中毒病"，因为这种病常常因为饲喂鲑给犬引起。它的生命周期展示了一个寄生食物链：最小的立克次氏体寄生在扁形吸虫上，后者寄生在蜗牛上，蜗牛排出的感染性毛蚴寄生在鲑上，将鲑喂犬，病原就会传播给犬，引起发病。

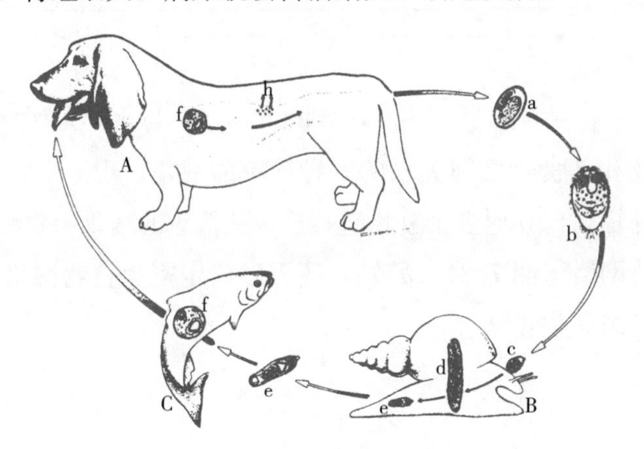


图 7.9 鲑隐孔吸虫生活史。A. 犬（终宿主）；B. 蜗牛（第一中间宿主）；C. 鲑（第二中间宿主）；a. 犬粪中的虫卵；b. 毛蚴；c. 经皮肤进入蜗牛的毛蚴；d. 雷蚴；e，尾蚴：f. 犬食用生鲑肉摄入在鲑肉中有包囊的吸虫；g. 在十二指肠中发育为成虫；h. 犬全身感染。来源：Booth 等，1984

摄食中间形态的寄生虫有时会控制感染而不是传播疾病。例如，狸藻属植物能摄食曼氏血吸虫的尾蚴和毛蚴（Gibson 和 Warren，1970）。有研究（Lord，1983）认为，这可能是古巴

① "连接性"或"连接"是指不同组件的网络交互程度。它是网络结构的外部衍生的一部分。网络在现代科学中广泛存在（例如电网、互联网、细胞内的和代谢的路径：Strogatz，2001）。连接性与疫病传播有关。不同易感动物之间的连接性是疫病传播过程中的一个重要参数（May 和 Lloyd，2001；Webb 和 Sauter-Louis，2002；Christley 和 French，2003；Weber 等，2004）。

② 复杂的生活史与不同线虫有广泛而遥远的联系（Adamson，1986）。最简单的解释是最初在脊椎动物只有单一宿主循环，而后才有中间宿主介入（起初，转续宿主，见第 6 章）。中间宿主的存在使寄生虫免于环境的威胁，且在食物链中提供了新的宿主（Anderson，1984）。这种多宿主交替为寄生虫的进化提供了更为合适的环境，一种宿主作为食物，而另一种作为传播途径（Morand，1996）。证据是，与终末宿主（传播模式）相比，蠕虫在中间宿主（食物基地）中的毒力更大（Ewald，1995）。此外，对共同区域绦虫的研究表明，生活史中有 2 个宿主的绦虫比只有 1 个的数量多（Robert 等，1988；Morand 等，1995）。

没有血吸虫病的原因，那儿有 17 种狸藻属植物。

寄生食物链可用于控制其他蠕虫寄生病（Waller，1992）。一些微生物可以有效控制植物线虫寄生（Tribe，1980）。食肉真菌可以用来控制家畜线虫病；例如，嗜线虫真菌可以困住并杀灭自由生长阶段的毛圆线虫幼虫（Larsen，1999）。类似地，少孢节丛孢菌，一种捕食牛奥斯特线虫幼虫的真菌，被用于牛粪堆后可减少牛的线虫寄生（Gronvold 等，1989，1993），而且口食也有一定的效果（Hashmi 和 Connan，1989）。

### 营养级间的能量分配

Elton 的理论解释了为什么动物在营养级上具有不同的分布，但是没有解释为何金字塔顶端的动物这么少。这可能是由于几何学的限制：在固定空间内，一些小的动物可以更好地拥挤在一起。但是海洋非常广阔，却也只有很少的顶级捕食者（如鲨鱼）。

林德曼（1942）通过食物链而不是具体的食物来解释不同营养级的群体密度，术语叫热能量流（calorific energy flow）。根据热力学第二定律，能量从一个阶段到另一个阶段传递时有浪费，也就是说能量不是百分之百传递的。这样能量从 Elton 金字塔一层向上一层传递时，都有浪费，只有有限的原生质能够供更高层级利用。因此，即使不同营养级的动物大小相同，更高层级的动物数量也较少。因为通常等级越高的动物越大，而可供利用的原生质只能产生更少的个体。

由于底层能量供给易于获取，有蹄动物通常比其肉食性天敌更大。体型最大的动物通常是以等级很低的动植物为食（如滤食动物蓝鲸），因为它们更容易获取能量。当人类文明开始后，人类不再是捕猎者或采集者，人类开始种植作物，他下到金字塔底端，汲取更多能量。这就是人类文明摇篮，早期埃及人口增加的原因，也是园艺学和畜牧业兴起的原因（见第 1 章）。

### 捕食分析

在食物链中，捕食者和被捕食者间的关系是相互作用的特别案例。很多数据模型被用来分析二者间的相互作用。这里介绍由 Lotka 和 Volterra（Lotka，1925；Chapman，1931）分别独立设计的模型。他们认为捕食者和被捕食者之间的关系类似于相互竞争的物种间关系，并以此对模型进行了调整。

这个模型有 3 个假设：

- 捕食者和被捕食者的种群波动是周期性的，周期取决于生长系数；
- 生长系数固定的情况下，两种动物最终个体数量均值不受起始值的影响；
- 如果将二者数量等比例减少，被捕食者数量恢复潜力更大；相反，如果加强对被捕食者的保护，包括减少来自捕食者的风险，两个物种数量都会增加。

图 7.10　鼠群密度与狐狸狂犬病流行的关联。来源：Sinnecker，1976

根据这个模型的第一个预测认为，狐狸中狂犬病的流行率与狐狸（捕食者）和鼠（被捕食者）的密度相关。图 7.10 中用德国种群统计数据和疾病流行率数据来说明这种关系。

捕食者与被捕食者之间的关系和寄生虫与宿主之间关系也有相似性。例如，麻疹及其他儿科疾病（Yorke 和 London，1973）的循环与 Lotka-Volterra 循环相同，因为感染个体产生免疫对于寄生群体来说，相当于减少被捕食者对捕食者数量的影响。

## 生态系统

在特定地区，食物链中动物间的相互关系决定了动物多样性。同样，气候和植被决定了植物的分布和以此为食的动物的分布。这些地区的特点由当地的动植物分布、物理及气候特点决定。这个独特的、相互作用的复合体被称为生态系统（Tansley，1935）。一个生态系统的组成可以被相互独立地看待，而且生态系统可大可小。许多术语被用来描述这些组成（Schwabe，1984），包括小生境（biotope）和生物群落（biocenosis）。

## 群落生境

一个群落生境就是给生命提供均一环境的一个最小空间单位。因此，一个生物的群落生境描述了它的地理位置。这与小生境的概念不同，小生境描述的是一种生物在一个群体中的功能位置。群落生境可大可小。例如，对球虫来讲，它可能是鸡的盲肠；对牛肝片吸虫来讲，它可能是一片积水的区域。

### 生物群落

生物群落是一个群落生境内的所有生物的集合。这里的生物包含植物、动物和微生物。有时，生物圈（biotic community）也表达相同意思。其他时候，生物圈指的是一个较大的生物群落。主要的生物圈都是生物群落。

## 生态系统类型

根据各自起源，生态系统分为 3 种：大地生态系统、人造生态系统和伴生生态系统。

### 大地生态系统（Autochthonous ecosystems）

Autochthonous 一词源于希腊语中的形容词 autos，意思是“自己、自我”，希腊语名词 chthon 表示“地球或大地”；形容词后缀-ous 表示“来自于”。这样，原地生态系统就是指“来自大地的生态系统”。例如，群落生境中的热带雨林和沙漠。

### 人造生态系统（Anthropurgic ecosystems）

Anthropurgic 源于希腊语中的名词 anthropos，意思是“人”；希腊语动词词根 erg，表示“工作、创作、制造”；这样人造生态系统就是指人类创造的生态系统（严格来讲，也指创造人类的生态系统）。例子有人工草地和城镇。一些学者也使用“anthropogenic”一词（希腊语：gen-＝制造）。

### 伴生生态系统（Synanthropic ecosystems）

Synanthropic 源于希腊语的介词 syn，表示“伴随着”；希腊语名词 anthropos 表示“人类”。这样，伴生生态系统就是指与人类关联的生态系统。例如垃圾填埋场，那里有很多种寄生虫。同样，一些伴生生态系统，如垃圾场是人造生态系统。

伴生生态系统易致人畜共患病从低等级动物宿主传染给人类。例如，一种棕色鼠（褐家鼠）以垃圾为食物，可隐性感染巴鲁莫血清型钩端螺旋体。靠近垃圾场居住的人可能会因家里进入了褐家鼠而感染该病。

### 生态极期（An ecological climax）

传统上，生态极期是指植物、动物、微生物、土壤和微气候（见第 5 章）进化形成稳定平衡关系时的状态[①]。

有代表性的是，当感染出现时，一般处于稳定状态，因此常呈地方性流行。而且，宿主和寄生者之间的平衡常会导致隐性感染。通常会因人类的介入而失衡，造成疫病流行。例如，蓝舌病是在 19 世纪末期（Netiz，1948），欧洲的羊被引种到非洲以后被发现的。然而这种病毒早在非洲的羊群中出现，只是处于生态极期中，只有隐性感染，外来的羊打破了平衡。

生态极期中，如传染性病原呈地方流行，意味着当地存在所有维持和传播病原的因素。有时，当地的生态会因寄生虫改变，导致疫病发病率升高。例如，在南美洲，季发性口蹄疫可能是由于从疫源地季节性地引进牛育肥，易感牛的数量所致（Rosenberg 等，1980）。

### 生态界面（Ecological interfaces）

生态界面是两个生态系统的交叉点。传染病可以通过这些生态界面传播。人虫媒病黄热病的传播就是个例子。这种病毒在非洲原始森林树冠生态系统的猩猩中循环（图 7.11）。树冠栖息的蚊子（Aedesafricanus）将病毒传染给黑猩猩。另一种蚊子（*A. simpsoni*）将原始森林生态系统和人造草原生态系统桥连起来。这种蚊子维持了疾病在种植园内的循环，人类和猩猩都可能被感染。最终，一种城市蚊子（*A. aegypti*）导致病毒传染给城市居民。进入森林的人类

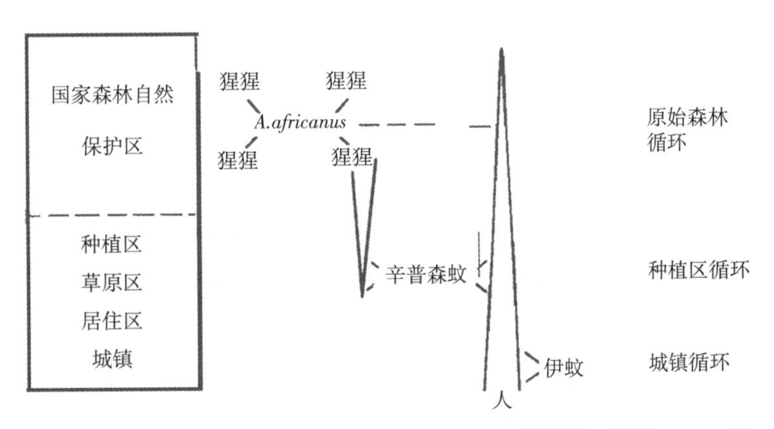


图 7.11　黄热病在猩猩（原生宿主）和人（第二宿主）之间的传播。来源：Sinnecker，1976

① 在一些生态系统（如热带雨林），生态极期只与植物和节肢动物有关（Janzen，1971；Way，1977）。

也会因接触感染的非洲伊蚊而被感染。

野生动物生态系统和农场家畜间的生态界面可孕育出一些疫病（Bengis 等，2002；见表 6.9）。森林中的疫源地可能是家畜中疾病控制的一个长期难题（如鼬獾中的结核病，见第 2 章），也是伴侣动物疫病增加的一个重要因素（如浣熊的狂犬病流行与家猫的发病增加相关，Gordon 等，2004）。

### 生态马赛克（Ecological mosaics）

生态马赛克是指在一个达到生态极期的生态系统内，被人类改变植被类型的一块土地。这种环境可能导致疫病从野生动物传染给人类。例如罗阿丝虫由节肢动物传染给在树林间开荒的人类和在树梢上生活的猴子（Schwabe，1984）。同样，森林树冠的清理会使种子落满地面，容易招来鼠，鼠身上的螨虫可能感染恙虫病病原，形成螨虫岛，导致恙虫病在局部地区暴发（Audy，1961）。

然而，有时由于缺乏合适的传播媒介，在马赛克区域并不会发生疾病传播。例如在马来亚半岛，和感染了疟原虫的猴子生活在同一马赛克区域的人们并没有感染疟原虫。猴子之所以没有传染给人类的原因就是没有传播媒介。

## 环境流行病学（landscape epidemiology）

研究疾病和它所处生态系统关系的学科被称为环境流行病学。同样含义的词语还有“医学生态学”（mecical ecology）、“水平流行病学”（horizontal epidemiology，Ferris，1967）和“医学地理学”（medical geography）。调查多为定性研究，包括影响疾病发生的生态学因素、传染病维持和传播的因素。这与第 14、15、18 和 19 章讲述的假定因素与疾病间关系的定量研究不同。地域流行病学由俄国人 Pavlovsky（1964）开创，后来由 Audy（1958、1960、1962）和 Galuzo（1975）进一步发展。这一学科在疾病研究中应用了上述的生态学概念。

### 疫源地（Nidality）

俄罗斯大草原是诸如牛瘟之类的瘟疫发源地。很多人为造成的传染发生在这片草原地带，但仅仅局限在一些特定地区。疫源地是这些疾病的家园。疫源地的出现是因特定生态系统的限制。一个地区具有引发疫病的生态学、社会学和环境条件，就被认为是一个疫源地。疫区（nosoarea）就是一种特定疫病流行的疫源地。英国是狂犬病和口蹄疫疫源的疫源地，但不是这些疾病的疫区，因为通过进口动物的隔离检疫，将病原阻挡在外。在一个或几个生态系统中，有严格地理边界的疾病是巢穴式的，因为它们被限定在一个特定的疫源地。沙门氏菌在世界很多地方流行，是因为很多脊椎动物和无脊椎动物都是各种沙门氏菌的宿主（见表 6.8）。狂犬病在北半球大部分区域流行，因为这些区域狐狸的种群密度比较大。球孢子虫病的疫区在本章前面有描述（图 7.2）。

虫媒病通常局限于固定的地理区域。因为它的生态系统必须同时满足宿主和媒介的生存要求。落基山斑点热，一种经蜱虫传播的立克次氏体病，就像疾病的名称一样，只局限于北美洲的个别地区。

与分布广泛的疾病相对应的是一些在小的限定区域流行的疫病，如在一个城镇或农场。一丛孤立的树木可作为八哥的栖息地。八哥可能是周边大片区域内组织胞浆菌病的唯一宿主。这种鸟的粪便是这种菌理想的生活和繁殖环境（Di Salvo 和 Johnson，1979）。还有更小的疫源地。例如，感染热带犬的血红扁头蜱，在伦敦的一所房子中被发现（Fox 和 Sykes，1985）。房间内温暖的环境给这种蜱虫提供了良好的生存环境。感染的犬不是进口来的，但是可能因在隔离犬舍待过而感染。

人类对生态系统的影响可能逐步改变了疾病的传播方式，导致传染病的发生（表 7.5）。这些改变代表了导致疾病发生和传播的一类因素（表 7.6）。

**表 7.5 新发传染病可能的生态学因素**

| | 引发出现的因素 |
|---|---|
| **病毒** | |
| 阿根廷，玻利维亚出血热 | 农业方式改变导致啮齿动物增加 |
| 登革热 | 城镇化，有利于蚊子繁殖的因素 |
| 鸭瘟 | 湖水利用方式改变 |
| 汉坦病毒 | 生态环境的改变增加了啮齿类的接触 |
| 流感 | 可能是猪-鸭的农业方式，使得禽流感和人流感重组加速 |
| 拉沙热 | 城镇化吸引了啮齿类，增加了暴露（通常是在家里的暴露） |
| 美国，狂犬病 | 非法引入浣熊 |
| 裂谷热 | 筑坝，农业，灌溉，可能的毒力变化 |
| **细菌** | |
| 野生雀的支原体结膜炎 | 售卖或运输鸟类 |
| 莱姆病 | 居住地附近造林或者其他吸引跳蚤和鹿的环境 |
| 瘟疫 | 不卫生的农村地区 |
| **寄生虫** | |
| 血吸虫病 | 建设水坝 |

**表 7.6 一些传染病的可能相关因素**

| 因素 | 因素举例 | 疾病举例 |
|---|---|---|
| 生态环境改变（包括由于经济发展和土地利用导致的改变） | 农业、大坝，水生态改变，毁林或造林，洪水或干旱，饥荒，气候改变 | 血吸虫（大坝）；裂谷热（大坝，灌溉）；阿根廷出血热（农业）；汉坦（韩国出血热）（农业）；汉坦病毒肺综合征，美国西南部，1993（气候异常）； |
| 人口统计学，行为 | 社会事件，人口增长及迁徙（从乡村到城市），战争或内部冲突，城市退化，性行为，注射毒品，使用大规模设备 | 艾滋病引入；登革热扩散；艾滋病等性传播疾病的扩散 |
| 全球旅行及贸易 | 商品、动物和人全球流通，飞行旅行 | 机场疟疾；媒介蚊子扩散；鼠源汉坦病毒；南美霍乱的引入；弧形霍乱菌 O139 的传播 |

（续）

| 因素 | 因素举例 | 疾病举例 |
|---|---|---|
| 故意引入 | 在合法或非法的控制项目中引入自然的或基因改造的病原，或恐怖行为 | 兔杯状病毒 |
| 技术及工业化 | 食品供应链的全球化，食品加工包装的工艺改变，器官或组织的运输，药物引发的免疫抑制，抗生素的广泛使用 | 尿毒症（汉堡肉中污染了大肠杆菌）；疯牛病；输血导致的肝炎（乙肝和丙肝）；免疫抑制病人的机会感染；人生长激素中污染了克雅氏病 |
| 微生物适应及改变 | 由于环境选择的微生物进化 | 耐药菌；流感病毒抗药性 |
| 公共卫生措施消失 | 控制强度的减弱，卫生及媒介控制措施不足 | 美国布鲁氏菌病的复发；非洲难民营霍乱；苏联白喉病复发 |

来源：Morse，1995；Whittington，2003。

## 环境流行病学的目标

如果疾病的区域性是由生态学因素决定的，那么研究生态学可预测疾病的发生和传播，并有利于制定合适的控制措施，这就是创立环境流行病学的意义。有 3 个例子可以说明这一观点。

### 细螺旋体病

已知细螺旋体病在棕鼠中的流行率与鼠的密度相关，估计鼠的密度可以预测布鲁姆型螺旋体病感染的流行率（Blackmore 和 Hathaway，1980；图 7.12）。从一个地区鼠洞的数量可以很好地推测出该地区鼠的数量。鼠洞一般很少距离采食地 100m 以外，很少深于 40cm（Pisano 和 Storer，1948）。这样，如果发现一个地区有大量鼠洞和鼠的活动痕迹，这个地区很可能是螺旋体病的自然存留地。相反，如果垃圾管理规范，周围地区土堆规则，很少有鼠居住的洞穴，当地的鼠数量可能就很少，即使有鼠，也不太可能使细螺旋体病一直存在。

### 土拉菌病

1967 年，土拉菌病在瑞典的发生流行，导致 2 000 多人感染，野兔大量死亡（Borg 和 Hugoson，1980）。这次流行与在森林里小面积开荒有关。开荒导致野兔和啮齿动物的数量突然增加。考虑到这个地方的生态，该案例提示此类地区居住的人类会因处理野兔尸体或被感染的蚊子叮咬而发病。

### 科萨努尔森林病

科萨努尔森林病是由虫媒病毒引起的，症状包括头痛、发热、背部和四肢疼痛、呕吐、腹泻和肠道出血。未经治疗的病例会因脱水而死亡。该病只在印度迈索尔州的一个 600 英里$^2$ 的地区流行。在当地的热带雨林，该病呈地方流行，一些小型哺乳动物，如大鼠和鼩鼱隐性感染。病毒由几种蜱传播（Singh 等，1964），但只有其中的一种，长角血蜱会将病毒传染给人类。这种蜱的常见宿主是牛。因此，当人制造生态马赛克种植大米时，饲养的牛会到周围的雨

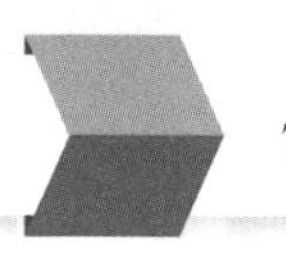

林，从而携带感染病毒的蜱。这种蜱随之在村庄周围大量繁殖，一旦蜱感染，极易传染人类（Hoogstraal，1966）。

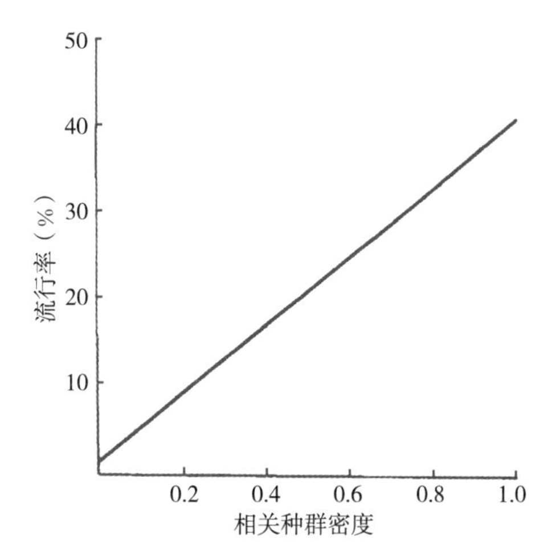


图 7.12　相关种群密度与棕鼠布鲁姆型螺旋体病流行率的关系。来源：Blackmore 和 Hathaway，1980

# 8 疾病发生模式

第 4 章讲述了疾病时空分布的描述方法。本章讨论当疾病分布已知时，这些疾病的发生模式。现有很多解释疾病模式的数学理论（Bailey，1975）。虽然这其中的大多数数学理论已超出了本书范围，但本章会对它们进行简单介绍。此外，应用数学方法建立预测模型及其实际应用价值见第 19 章。

## 流行曲线（epidemic curves）

纵轴表示新发病例数，横轴表示发生时间，将病例坐标用曲线连接，形成的就是流行曲线，这是最为常见的疫病发生情况的描述方法。图 8.1 描述了流行曲线的各部分。为了便于说明，将其简化为对称形状。图 4.1 给出了口蹄疫的流行曲线，新暴发的疫情起数大致反映出新发病例数（附录Ⅰ）。需要注意的是顶点（峰值）偏左，即曲线是正偏态的。

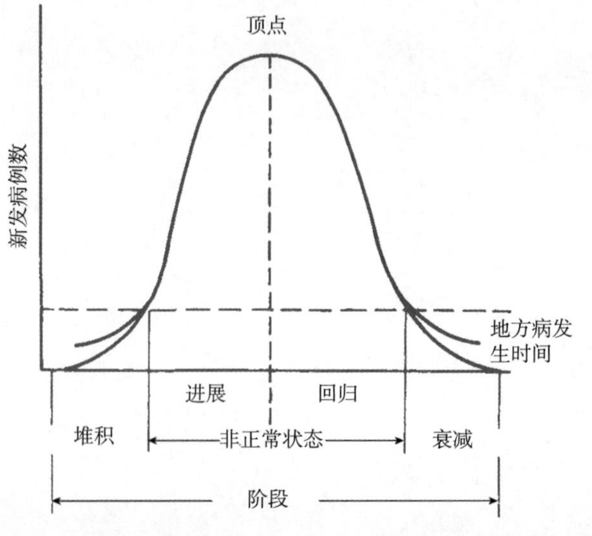


图 8.1 流行病学曲线的组成。水平虚线指新病例的均值。来源：Sinnecker，1976

### 影响该曲线的形状因子

该曲线的形状和时间尺度取决于：

- 本病的潜伏期；
- 病原的感染性；
- 易感动物的比例；
- 动物之间的距离（即动物密度）。

因此，一个潜伏期短的、高度传染性的病原体感染一个有大比例易感动物，且动物密度较大的动物群体时，产生的流行曲线是一个陡峭的且时间范围较窄的曲线，说明该病在此种动物中的传播速度较快。

通过接触传播的疫病发生需要易感动物的达到一个允许的最小密度。这就是所谓的阈值水平，由 Kendall 阈值定理计算（和 Battlett 的讨论，1957）。图 8.2 说明了该定理在狐狸狂犬病的应用。易感动物密度固定的情况下，一个受感染的狐狸感染不止一个易感狐狸，则疾病可能流行；狐狸群体密度越大，流行曲线的斜率越陡。几个有关动物疾病的阈值是已知的。Wierup（1983）估计，犬细小病毒疫情流行的最小密度是每平方千米 12 条犬。

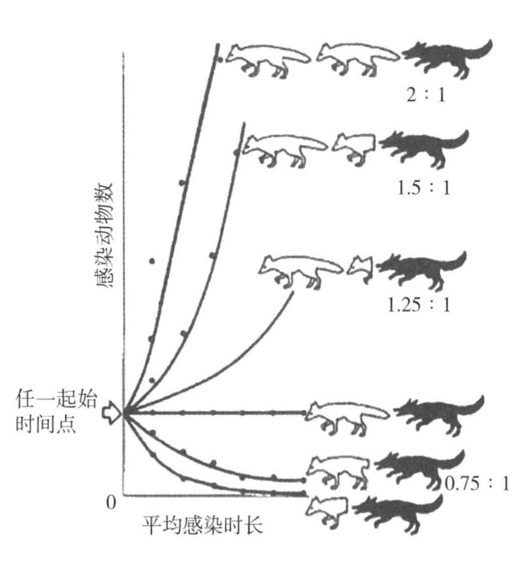


图 8.2　采用 Kendall 定理预测狐狸狂犬病发病趋势，如果一只感染狐狸在死前感染超过一只易感狐狸，发病数将以指数递增，如果一只感染狐狸在死前感染少于一只易感狐狸，发病数将以指数递减。白色指易感狐狸；黑色指感染狐狸。数字表示接触率：一个感染动物感染易感动物数。来源：Macdonald 和 Bacon，1980

阈值被更普遍地定义为基本再生数（基本再生比；基本繁殖率）R0：一个典型病例在其整个感染期传染的平均继发病例数（Diekmann 等，1990）。

对于微小病原性疾病（见第 7 章）：

$$R_0=\beta\times d$$

其中：$\beta$＝单位时间内接触次数×每次接触的传染概率；$d$＝传染持续时间。

如果 $R_0>1$，感染会传入群体；而如果 $R_0<1$，则不能。

基本再生数不是某种特定微生物的指标。它是一个特定的微生物种群在一个特定的宿主群体上，特定时间点的特性。$\beta$ 的值是受某些条件的影响，在这些条件下可以发生有效的接触（见第 6 章）。例如，在口蹄疫流行期间，山区绵羊的接触率很可能比圈养绵羊低。因此直接估计 $R_0$ 很难（Dietz，1993）[①]。

基本再生数也可以应用于寄生虫病，这种情况下，基本再生数指平均每个成熟的寄生虫在整个生命期产生的后代数量（Anderson 和 May，1991）；只有在 $R_0>1$ 时，寄生虫才能在宿主中建立种群。

作为一种流行病进程，由于感染死亡或者产生免疫，易感动物数不断下降（图 8.3）。最终，因为没有足够的易感动物，疫情不能继续。例如，在犬细小病毒的例子中，当易感犬的密度低于每平方千米 6 只，该病的流行就会停止（Wierup，1983）。在下次疫情来临前需要一段时间来补充易感动物，这就解释了一些流行病的周期性。

兽医学常关注疫病在畜群水平的发展。传播率（DR）是感染扩散到其他群体的倾向（Miller，1976）[②]。它表示平均每个感染群将传染性病原传给的健康群体的数量。

DR 取决于以下几个因素：

- 环境（地理，牛群密度和天气）；

---

① 如果传播是均衡的，可使用间接法（如平均一个感染动物感染一个一个动物时），详见 Halloran（1998）描述。

② 群体水平的参数很有意义，因为一个有生物安全防护的群体通常与其他群体间只有间接接触（如通过污染物）。均匀分布的动物群体内随机有效接触的概念是简单流行病学模型的基础（如随后的 Feed-Frost 模型），但在此是不适用的。

- 养殖企业类型（牲畜品种，通过污染物传播的机会）；
- 动物流动（例如，市场销售，从牧场转入冬季棚舍）；
- 养殖户的行为（“生物安全”，人员进出）；
- 疾病控制策略（隔离检疫，调运限制）；
- 宿主因素（免疫，并发疾病，年龄，品种，怀孕与否）。

家养牲畜的流行病（如口蹄疫）感染通常是由于DR的下降而减缓，而不是仅仅由于缺乏易感动物。疫情减少可能是由于疾病控制策略的实施，牧主防护意识提升，以及其他最初利于传播的因素不复存在（例如，混合和拥挤着大量动物的市场被关闭）。

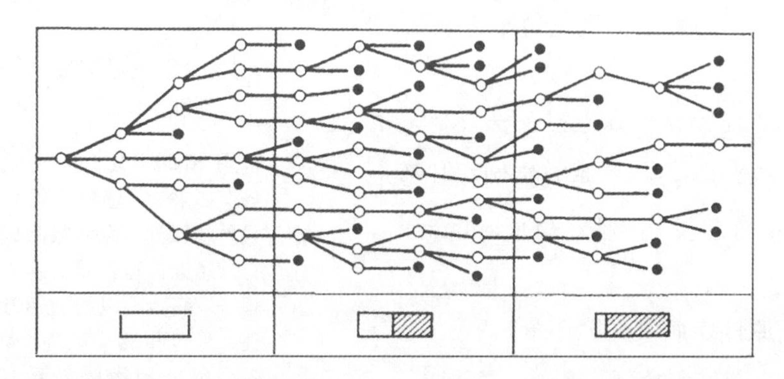

图 8.3　典型的传染病在群内流行进程。一个点表示一次感染，连接线表示病原从一个病例传播到另一个。黑色点表示感染个体未能感染易感动物。三个阶段中第一个阶段里所有群内动物都是易感动物，第二个阶段是感染的高峰期，第三个阶段群内多数动物产生免疫力。图中下方的矩形表示易感动物（白色）和免疫动物（斜线）的比例。来源：Burnet 和 White，1972

决定DR值因素的复杂性，使得精确预测疫情变的不可行。因此，在流行期间，估计的传播速率（EDR）可以从观察到的暴发数量来计算。这代表疫情增长速度。口蹄疫疫情经常使用7d的数据绘制：EDR为用群体内7d期间的疾病暴发数量除以该群体前7d期间的疾病暴发数量的数值（Gibbens等，2001b）。EDR>1表明患病数量越来越多，而EDR<1表明患病数量下降。图8.4描绘了2001年口蹄疫在英国流行期间，在Dumfries和Gallouay的EDR。该EDR在3月21日跌破1，其后在3月底和4月初有短暂的高于1的情况。然而，最后这两个

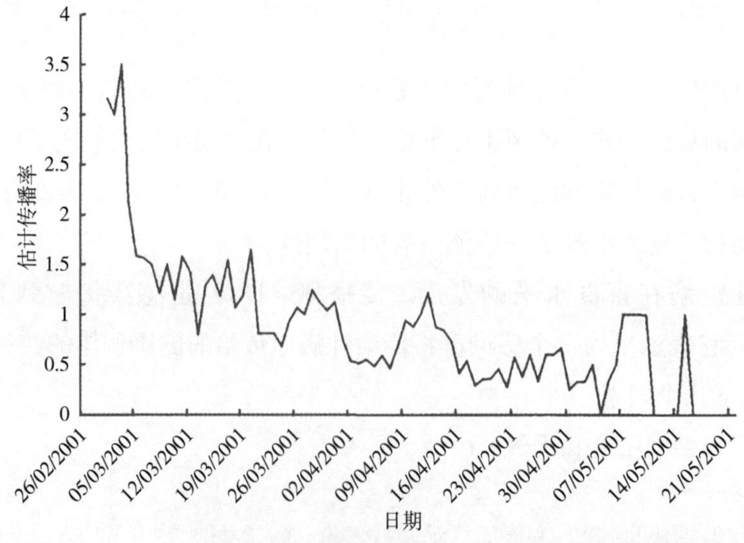


图 8.4　2001年英国敦夫里斯郡和加洛韦口蹄疫每日估计传播速率。
来源：Thrusfield等，2005b

峰值不应该被解释为疾病控制的失败。它们是由于疾病侵入到 Dumfries 西北部及 Dalbeattie 南部及东南，而不是在该地区东南最初的地点复发（见图 4.14）。这强调需要把疾病的发生时间和空间结合起来分析的重要性，和在疫情期间收集和分析基础数据的重要性。

### 点源传播和增殖传播

一个共同来源疫情是指所有病例都由同一个来源感染。如果暴露的周期很短暂，那么一个共同来源疫情是点源的流行。单个批次的污染食品导致食品中毒是一个典型的点源疫情。图 8.5 表示 1955 年在苏联发生的一个点源人钩端螺旋体病暴发事件。这起疫情与供水被感染犬的尿液污染有关。感染钩端螺旋体的犬的尿液排到田间。一场大暴雨将被污染的土壤冲进抽水站，导致水源被污染，引发疫情。

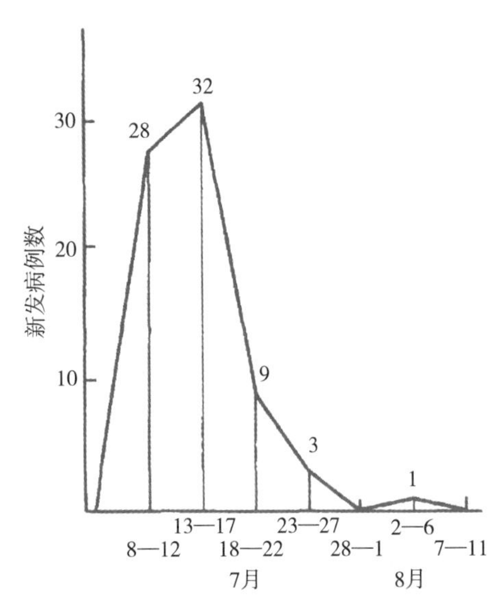


图 8.5　点源流行病。1955 年苏联罗斯托夫地区水源污染导致的人细螺旋体病。来源：Ianovitch 等，1957

增殖流行是由一种传染性病原体的初始病例排泄出病原，感染了群体中的易感个体，构成继发性病例。口蹄疫的流行就是这样的例子（见图 4.1）。其中的一个初始病例通常就是指示病例，也就是调查员注意到的第一个病例。

存在时间聚集性的继发病例峰值间的时间间隔，将初始病例和继发病例区分开来，反映了感染的潜伏期。通常情况下，点源暴露的流行中，所有病例在致病病源的一个潜伏期内发生。因此，如果后续期间峰值之间的间隔小于最常见的潜伏期，就难以区分继发流行和一系列的点源流行。Sartwell（1950，1966）基于潜伏期的统计分布，提出了一种合适的区分方法。

## Reed-Frost 模型

群体中增殖流行的曲线可以通过数学方法来模拟（Bailey，1975）。一个常用模型是 Reed-Frost 模型（Abbey，1952；Frost，1976）。在这个模型的经典简单式中，群体被分为三组，包括：

- 感染动物（病例）；
- 易感动物；
- 免疫动物。

每组中的个体数目决定了流行曲线的形状及群体免疫模式。

假设感染动物的传染期是短暂的，且潜伏期是恒定的，那么，从单个病例开始（或几个同时感染病例），新病例将在一系列阶段中产生。每个阶段的病例发生与否都应该符合二项分布（见第 12 章），这取决于前一阶段的易感动物数和感染动物数。由此可以得到一个二项式分布的公式，因此这种模式也被称为“链式二项分布模型”。该模型假设所有受感染的动物都发生疾病，并在下一个阶段具有传染性，然后产生免疫力。

模型公式如下：

$$C_{t+1} = S_t \ (1-q^{Ct})$$

其中：

$T$=时间周期：通常被定义为潜伏期或感染的潜伏期

（理想情况下是系列感染的间隔期：第 6 章）

$C_{t+1}$=在 $t+1$ 时间周期内的被感染病例数

$S_t$=在 $t$ 时间内易感动物的数量

$q$=个体无效接触的概率（见第 12 章）

其中 $q=1-p$，$p$=单个个体有效接触的概率。这种接触如果发生在易感个体和感染性个体之间，将导致传染。

术语（$1-q^{C_t}$）的产生是因为它所表示 $C_t$时，至少一个感染性个体与易感个体发生有效接触的概率。$P$ 值的范围是个概率问题，受到一系列因素的影响，这在第六章里有描述。$P$ 值通常以实际的疫病流行来进行估计（Bailey，1975）。

如果在 $t$ 时间（流行病的开始），有 100 个易感动物，没有免疫的动物，只有一个病例，则 $S_t=100$ 和 $C_t=1$。

如果 $P=0.06$

则 $q=1-0.06=0.94$

在 $t+1$ 时间：$C_t+1=100\ (1-0.94)\ =6$

且：$S_t+1=100-6=94$

在 $t+2$ 时间：$C_t+2=94\ (1-0.946)\ =29$

且：$S_t+2=94-29=65$

在 $t+3$ 时间：$C_t+3=65\ (1-0.9429)\ =54$

且：$S_t+3=65-54=11$

以此类推。

在任何时间段免疫的动物数量是感染过程中累积的感染动物总数。因而，在时间 $t+1$，免疫动物的数量为 $I_t+1=1$（$t=0$ 时有 1 个病例），在时刻 $t+2$，$I_t+2=1+6=7$；在时间 $t+3$，$I_t+3=7+29=36$，以此类推。

表 8.1 给出了 Reed-Frost 模型的结果。使用上述参数，模拟疫情的完整过程。该结果也用图 8.6 表示。需要注意的是流行只能 $p \times S_t > 1$ 时发生，当 $p \times S_t < 1$ 时下降或不能发生。因此，流行病发生的可能性，及该流行曲线的形状，是有效接触概率和易感动物数的函数。

**表 8.1 应用经典 Reed-Frost 模型模拟流行病**

| 时间（$t$） | 病例数（$C_t$） | 易感动物数（$S_t$） | 有免疫力的动物数（$I_t$） | 总数 | 有效接触率（$p$） | $pS_t$ |
|---|---|---|---|---|---|---|
| 0 | 1 | 100 | 0 | 101 | 0.06 | 6.00 |
| 1 | 6 | 94 | 1 | 101 | 0.06 | 5.64 |
| 2 | 29 | 65 | 7 | 101 | 0.06 | 3.90 |
| 3 | 54 | 11 | 36 | 101 | 0.06 | 0.66 |
| 4 | 11 | 0 | 90 | 101 | 0.06 | 0.00 |
| 5 | 0 | 0 | 101 | 101 | 0.06 | 0.00 |

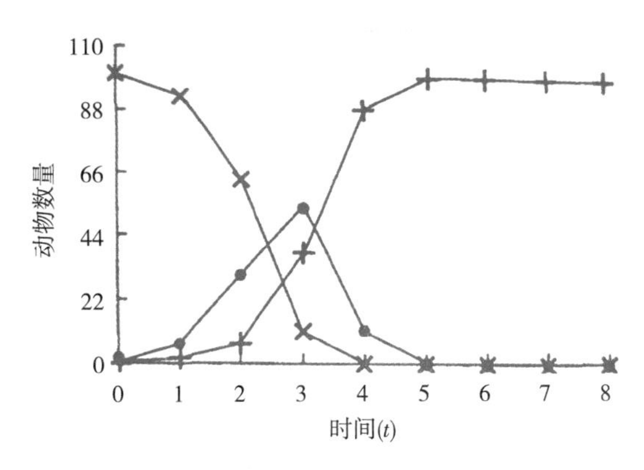


图 8.6 流行曲线，经典 Reed-Frost 模型模拟易感动物与免疫动物数量。—●—病例；—+—免疫动物；—×—易感动物。数据源自表 8.1

一个群体中易感动物的比例经常被用来作为疫病是否传播的大概指标。通常，至少易感动物占比达到 20%～30%才能流行。如果免疫动物占比为 70%～80%，疫病不会蔓延。虽然免疫动物占比高可阻止疫情暴发，但如果有足够的易感动物使得 $p \times S_t$ 大于 1，疫病仍会流行。

图 8.7 使用不同的 $P$ 值、易感数和免疫动物数模拟产生流行病曲线。开始时如果免疫动物较多，疫情幅度小，峰值低。

在基础的 Reed-Frost 模型中可以加入控制因素，如不同的免疫保护期（Carpenter，1988），和不同的传染期（Bailey，1975）[①]。

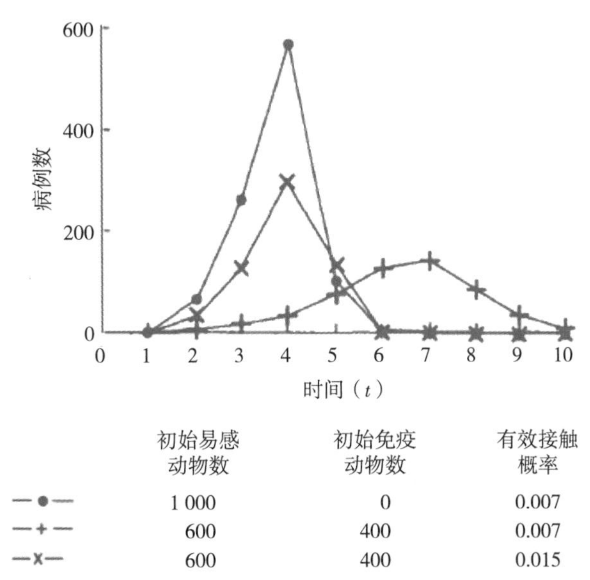


图 8.7 经典 Reed-Frost 模型模拟的流行病学曲线。群体规模为 1 000，起始时 1 个动物感染

## Kendall 曲线

一些流行病（特别是病毒引起的流行病）的系列暴发可被认为系列流行曲线：一个波列。Kendall 认为三种类型的曲线可代表一个连续的特定阶段（1957），这就是 Kendall 曲线（图

① 一些癌症年龄分布模型与 Feed-Frost 模型有着惊人的相似（Burch，1966），这反映了生物学的相似性。一个感染动物与一个易感动物的接触和环境致癌物影响一个细胞相似；易感动物感染与正常细胞癌变相似（见第 5 章）。

8.8)。它们之间有 3 个主要区别（Cliff 和 Haggett，1988）：

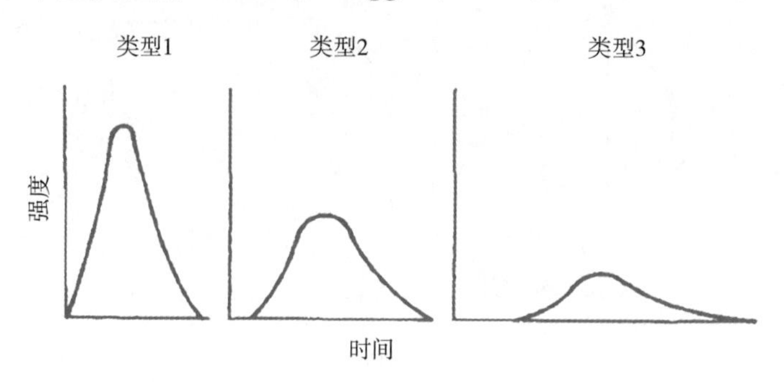


图 8.8　随时间变化的 Kendall 曲线。来源：Cliff 和 Haggett，1988

- 幅度，1 型到 3 型不断变小；
- 峰度（病例集中度），从 1 型至 3 型呈下降趋势；
- 偏态，类型 1 较明显，其他的偏态低。

在特定的时间和地点，群体中易感动物数为 $S$ 的条件下，曲线列中每个曲线的形状取决于感染率 $\beta$ 和去除率 $\mu$。动物可以因为死亡、隔离、康复和免疫而被去除。这两个参数产生另一个参数 $S_c$：相对去除率。

$$S_c = \mu / \beta$$

相对去除率定义了易感群体大小的阈值，其与 $S$ 的比值决定了曲线的形状。当 $S$ 比 $S_c$ 大得多时，呈现 1 型曲线。当易感动物数量少时，曲线为 3 型，此时 $S$ 仅稍大作 $S_c$，曲线的特点是振幅低、时间长。2 型曲线介于 1 和 3 型之间。

曲线的形状随着流行病的时空间变化而变化。这里以 1970—1971 年在英格兰和威尔士发生的新城疫为例来说明，图 8.9 和图 8.10。感染由活禽、其他动物、污染物、家禽产品和空气媒介传播（Calnek，1991）。虽然这种疾病可以通过接种疫苗预防，但上次疫情发生在 6 年

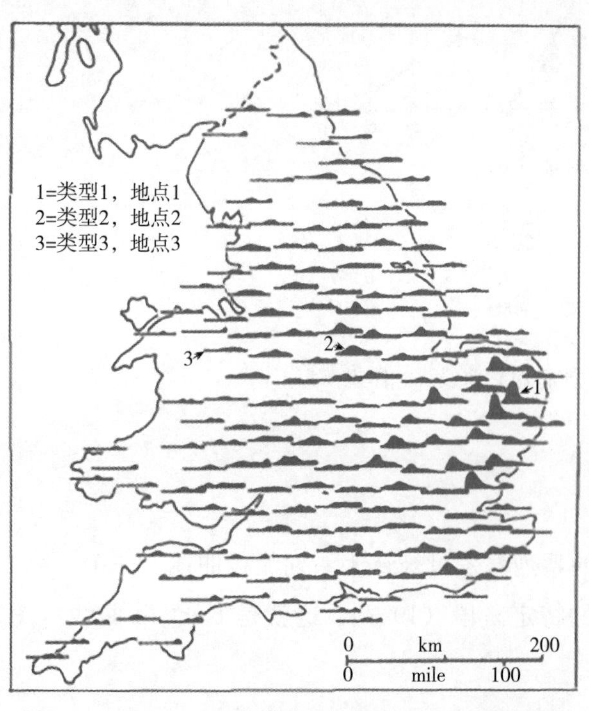


图 8.9　1970—1971 年英格兰和威尔士新城疫流行情况。来源：Cliff 和 Haggett，1988

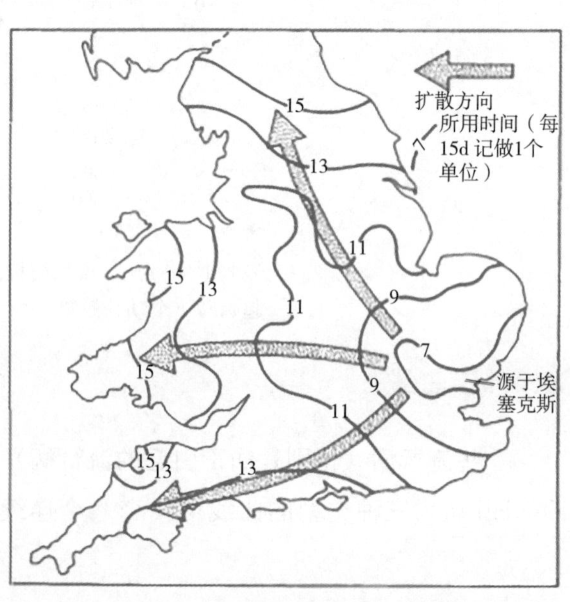


图 8.10　1970—1971 年英格兰和威尔士新城疫由东到西流行情况。来源：Cliff 和 Haggett，1988

前，人们放松了警惕，种群免疫率低于 75%。疫情在英格兰东部发生，并向西蔓延。最初，流行曲线幅度很大，但随后由于时空变化，曲线由 1 型向 3 型转变。图 8.9 中的地点 1、2、3 对应的 Kendall 的 1、2、3 型曲线。图 8.10 中的形状是以 15d 为单位间隔的形状（15d 是一个大概的平均潜伏期，范围 3～10d）。因此，该值为 9 时的形状，代表了第 135 天的疫情。这些形状表明疫情向西移动的过程中，“速度”暂时降低。

这些曲线形状的变化，应该是由 $S/S_c$ 随时空变化的降低引起的。这可能是因为 $S$ 减少和/或 $S_c$ 增加。后者的增加可能因为去除率 $\mu$ 的增加，但有些特定疾病可能不会如此。另外，感染速率 $\beta$ 可以增加，但这同样是不可能的，因为这需要病原毒力或病原体的传染性发生变化。因此，最有可能的原因是 $S$ 的减小。这可能因为实施动物隔离和免疫造成 $S$ 的减小。这与此次新城疫疫情相一致。增加疫苗接种，强制性限制家禽调运，均降低了 $S$ 的值。

## 时间分布趋势

疾病的时空变化和波动可分为（图 8.11）：

- 短期；
- 周期（包括季节性）；
- 长期（多年）。

### 短期趋势

短期趋势（图 8.11b）是之前讨论过的典型流行模式。

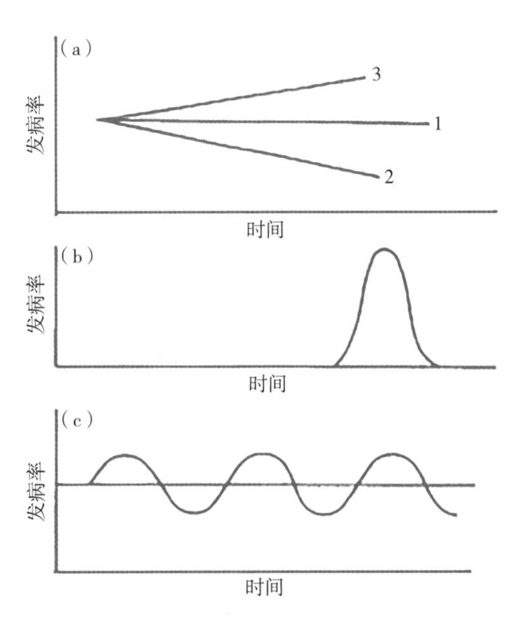


图 8.11 疫病发生的时间趋势。(a) 长期趋势：(1) 病原和宿主平衡；(2) 基于宿主的宿主/病原间的相互作用；(3) 基于病原的宿主/病原间的相互作用；(b) 短期趋势；(c) 周期性趋势。来源：Sinncker，1976

### 周期性趋势

周期性趋势（图 8.11c）与疾病发生的经常性和一段时间的波动强度有关。它与易感群体数量的周期性变化和/或有效接触有关，可能导致反复流行或脉动式流行（可预测波动周期）。因此，口蹄疫在巴拉圭每 3～4 年的流行一次（图 8.17），英国狐狸狂犬病每 4 年流行一次（有效接触率为 1.9）（见图 19.4a），流行时间段可能与动物群体中易感动物达到阈值所需要的时间有关。

#### 季节性趋势

季节性趋势是周期性趋势的一个特例。疾病发病的周期性波动与特定的季节有关。波动可能与宿主密度、饲养管理、病原存活，媒介动态以及其他生态因素的变化有关。因此，牛瘟被根除前，更常在非洲干旱季节流行，因为那时动物聚集在饮水点，种群密度较大。

多乳鼠中拉沙病毒的流行率（见第 6 章）与密度相关的死亡率、与其他啮齿类动物的竞争及季节性因素有关。在雨季鼠可能到居民家中寻求庇护，这可能是雨季人间病例增加的部分原因。

鼠疫是季节性疫病。鼠疫的流行与该病的媒介跳蚤有关，而跳蚤又受气候影响。此外，鼠数量也在疫病间歇期增加，从而凸显了该病的季节性流行趋势（Pollitzer 和 Meyer，1961）。

在英国低洼地区的兔中的多发性黏液瘤疫情，在一年中有两个高峰。秋季高峰在 8—12 月发生，次峰发生在 2 月（图 8.12）。产生两个波峰的生态原因是：跳蚤群的活动，兔群的季节性活动变化（Ross 等，1989）。在西班牙，临床上多发性黏液瘤发生在冬季和春季，因为这个时间段里有很多易感的小兔子出生（Calvete 等，2002）。

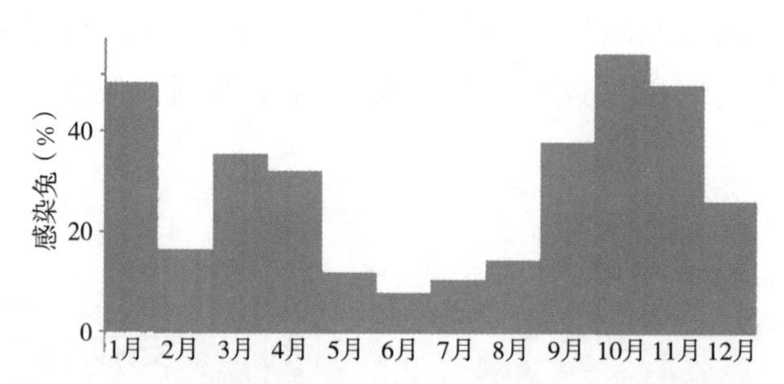


图 8.12　英国汉普郡 1971—1978 年感染黏液瘤病的圈养兔的月百分比。来源：Redrawn from Ross 等，1989

在温带地区，钩端螺旋体病在夏季和秋初的流行（图 8.13），因为温暖潮湿的环境更有利于病原体生存（Diesch 和 Ellinghausen，1975；Ward，2002）。

相比之下，猪传染性胃肠炎经常在冬季流行（图 8.14）。这可能是因为夏天紫外线强、温度高，病毒存活时间短（Haelterman，1963）。

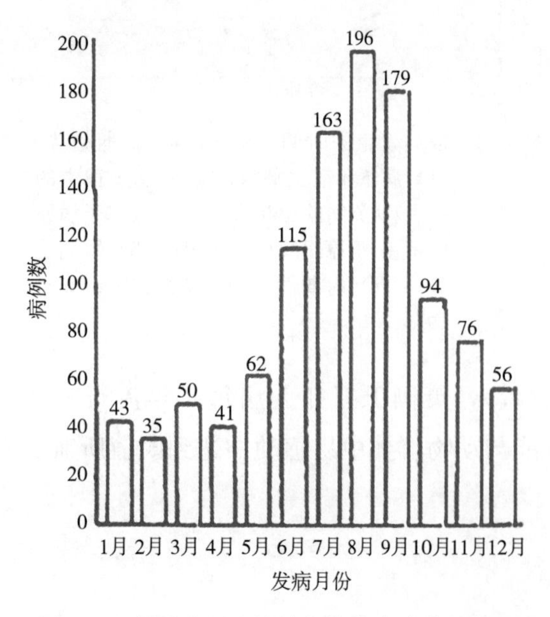


图 8.13　描述美国人钩端螺旋体病季节性发生的条形图。来源：Diesch 和 Ellinghausen，1975

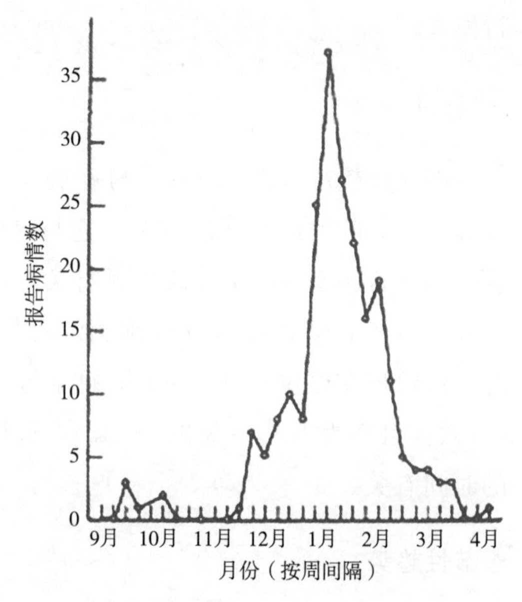


图 8.14　猪传染性肠胃炎季节性趋势，伊利诺伊州 1968—1969 年报告数据。来源：Ferris，1971

在美国，猫患有白细胞减少症的数量在 8、9 月达到高峰（Reif，1976）。这一现象与很多猫在 6 月出生有关，种群数量的增加伴随着群体中易感动物数量的增加。猫出生前两月受到母源抗体保护，因此感染高峰比出生高峰推迟 2 个月。这种季节性波动在犬中表现得不明显，因为犬的出生的季节性不像猫这么明显（Tedor 和 Reif，1978）。

一些非感染性疾病也可能显示出季节性。例如，牛低镁血症在春季常见，因为春季快速生长的牧草中镁元素含量较低（见图 3.6）。

有时候，季节与疾病发生无明显关系。例如，犬糖尿病，在冬天比夏天常见（Marmor 等，1982）。

## 长期趋势

长期趋势（图 8.11）指的是一个较长时期的趋势，代表了宿主和寄生者之间长期的相互作用。如果两者关系平衡，则疾病的流行水平保持稳定（图 8.11a 的曲线 1），如果宿主占优，疾病的发生逐渐减少（曲线 2）；如果寄生者占优势，疾病的发生逐渐增加（曲线 3）。

图 8.15 展示了美国野生动物狂犬病数量长期增长的趋势。虽然由于人为控制，狂犬病在犬群体中的流行正在下降，但总数却保持长期增加，分析原因如下：

长期呈现增长的趋势，可能是因为人类的干预或者习惯的改变。伴随着人类所谓的“文明疾病”（如冠心病），以及动物集约化养殖导致的疾病，可能出现增长趋势。长期的下降趋势可能是因为预防产品的产生（例如，疫苗接种）。死亡率由于治疗技术改善而呈现长期减少的趋势。

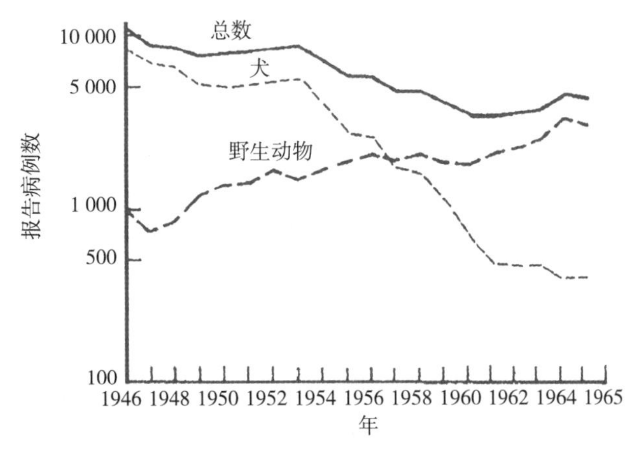


图 8.15　长期趋势示例：1946—1965 美国狂犬病报告病例数。来源：West，1972

## 流行率和死亡率的真假变化

历史记录的流行率和死亡率在时间上的变化可能是真的，也可能是假的。与人医相比，兽医很少记录死亡率，因为死亡动物的记录不是强制性的。因此，动物的死亡率因为缺乏资料而难以计算。

发病率涉及的常用指标有：流行率、累积发病率和发病率。计算方法是分子（病例数）除以分母（前两个指标的分母是风险动物数，第三个指标的分母是风险动物年数，或者一个合适的近似值，见第 4 章）。任何分子或分母的变化都可能是真的或者假的（表 8.2）。风险和发病率的真实变化可以影响这些测量和流行率的记录。另外，疾病持续时间的变化可以影响流行率（见第 4 章）。

表8.2 从分子（病例数）和分母（风险动物年/易感群体）的变化看发病率和流行率时间变化的真假原因

| **真变化** |
|---|
| 发病率：发病率变化 |
| 流行率：(a) 发病率变化；(b) 疾病持续时间变化 |
| **假变化** |
| 流行率和发病率： |
| 1. 分子易出现的错误；(a) 疾病认知的变化；(b) 疾病分类的变化 |
| 2. 分母易出现的错误： |
| “计算风险动物年/易感群体”时容易出现错误 |

假的变化的一个主要原因是疾病的识别和报告不一致。因此，1946年到1965年美国野生动物狂犬病长期增长的趋势可能是因为疫病识别和报告方式的改进导致的（图8.15），而不是因为发病数量真正增长。

在美国，猫心丝虫症的报道逐年增加（Guerrero等，1992），但不能确定增加的原因是因为意识提高、诊断改进或疾病发病率真正上升。同样，在丹麦屠宰场顶叶慢性胸膜炎的增加，可解释为提高诊断的敏感性导致了检出率提高（Enoe等，2003）。

通过采样记录的动物发病率也受限于样本自身的变化（见第12章），所以应进行适当的统计分析（见第13章）。

因此，导致结果变化的原因应该将人为因素考虑在内。

## 发现时间趋势：时间序列分析

短期的、季节性的和长期的变化可以同时发生，在这种情况下，各种变化可以通过统计调查来确定。用于解释时间变化趋势的时间序列分析法最初只在商业领域应用，现在也应用于流行病学分析。

时间序列事件是发生在一段时间内的事件按时间顺序记录，病例就是典型的按时间序列记录事件。这些事件被绘制为曲线图上的点，时间表示水平轴。例如表8.3，记录了苏格兰屠宰场每月因为肺炎或胸膜炎造成的羊肺衰竭检疫不合格的百分比。图8.16a记录了月度值。虽然点的位置有很大变化，但是可以看出1979年至1983年的流行率轻微增加的年周期变化趋势。以下三个方法可以帮助发现数据变化趋势：

- 手绘图；
- 滚动（移动）的平均值计算；
- 回归分析。

这三种办法的目的在去除随机变化、季节性和长期趋势的情况下，识别变化趋势。

表8.3 每月因肺炎和胸膜炎导致的羊肺衰竭百分比，平均每月和每年的羊肺衰竭率

| | 1月 | 2月 | 3月 | 4月 | 5月 | 6月 | 7月 | 8月 | 9月 | 10月 | 11月 | 12月 | 年度死亡率（%） |
|---|---|---|---|---|---|---|---|---|---|---|---|---|---|
| 1979 | 0.33 | 0.24 | 0.46 | 0.57 | 0.65 | 0.23 | 0.27 | 0.37 | 0.14 | 0.30 | 0.24 | 0.14 | 0.33 |
| 1980 | 0.40 | 0.38 | 0.39 | 0.65 | 0.58 | 0.49 | 0.49 | 0.19 | 0.27 | 0.34 | 0.30 | 0.44 | 0.41 |

（续）

| | 1月 | 2月 | 3月 | 4月 | 5月 | 6月 | 7月 | 8月 | 9月 | 10月 | 11月 | 12月 | 年度死亡率（%） |
|---|---|---|---|---|---|---|---|---|---|---|---|---|---|
| 1981 | 0.48 | 0.58 | 0.62 | 0.75 | 0.51 | 0.44 | 0.21 | 0.17 | 0.18 | 0.21 | 0.35 | 0.27 | 0.40 |
| 1982 | 0.72 | 0.71* | 0.75* | 0.85 | 0.45 | 0.34 | 0.26 | 0.43 | 0.95 | 0.60 | 1.41 | 0.63 | 0.68 |
| 1983 | 0.71 | 0.64 | 0.48 | 0.84 | 0.38 | 0.48 | 0.69 | 0.80 | 1.09 | 0.76 | 1.25 | 0.97 | 0.76 |
| 月度死亡率（%） | 0.53 | 0.51 | 0.54 | 0.73 | 0.51 | 0.40 | 0.38 | 0.39 | 0.53 | 0.44 | 0.71 | 0.49 | |

注：* 估计值。
来源：Simmons 和 Cuthbertson，1985。

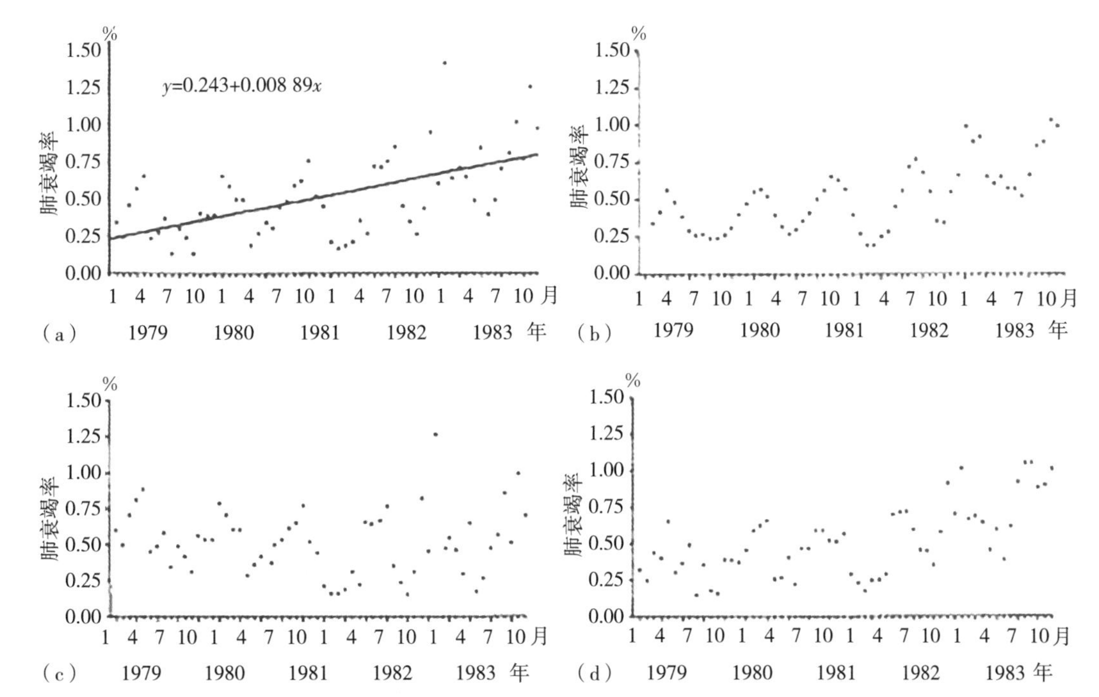


图 8.16 苏格兰屠宰场每月因肺炎和胸膜炎而死亡的羊百分比，以及每月和每年的平均死亡百分比。(a) 每月因肺炎和胸膜炎所致羊肺衰竭百分比的回归线（数据源自表 8.3）；(b) 因肺炎和胸膜炎所致羊肺衰竭的 3 个月滑动平均百分比（数据来自表 8.4）；(c) 每月因肺炎和胸膜炎所致羊肺衰竭的百分比（去除长期趋势）；(d) 每月因肺炎和胸膜炎所致羊肺衰竭的百分比（去除季节趋势）。来源：Simmons 和 Cuthbertson，1985

### 手绘图

绘图是个简单的趋势确定方法。但是，这个方法容易受到主观因素影响和不能消除随机因素影响。

### 滚动（移动）平均值的计算

滚动平均值是连续测量结果的算术平均值。因此，为了得到数据表 8.3 中月度数据的每 3 个月滚动平均值，计算连续 3 个月的平均值。例如，1979 年 2 月的滚动平均值是将 1～3 月的值求和后除以 3 得到的：

3 个月滚动平均值（1979 年 2 月）

＝ (0.33＋ 0.24＋ 0.46)/3＝0.34。

1979年3月的3个月滚动平均值与此类似，是以2月至4月的和除以3。表8.4中利用表8.3的数据计算了3个月滚动平均值，图8.16b用图将这些平均值表示。这种方法可减少随机变化因素影响，因此可以揭示潜在趋势；图8.16b清晰地显示了每年的变化趋势。

在这个例子中，尚不能解释季节性趋势。然而，已知的是非典型肺炎的流行率随着放养密度的增加和羊饲养位置海拔高度的降低而增加。(Jones和Gilmour，1983)。因此，低地，高密度饲养的羊都比山羊更有可能患病。低洼地区饲养的羔羊常在春天屠宰，山区绵羊常在夏末及秋季屠宰，这个原因可以解释季节性趋势。

滚动平均值的两个缺点：一是数据集的首尾两个数据不能被平均（表8.4中1979年1月和1983年12月），二是平均值可以被极端值影响。

**表8.4　一家苏格兰屠宰场由肺炎和胸膜炎所致死亡率的3个月滑动平均值**

| | 1月 (%) | 2月 (%) | 3月 (%) | 4月 (%) | 5月 (%) | 6月 (%) | 7月 (%) | 8月 (%) | 9月 (%) | 10月 (%) | 11月 (%) | 12月 (%) |
|---|---|---|---|---|---|---|---|---|---|---|---|---|
| 1979 | | 0.34 | 0.42 | 0.56 | 0.48 | 0.38 | 0.29 | 0.26 | 0.27 | 0.23 | 0.23 | 0.26 |
| 1980 | 0.31 | 0.39 | 0.47 | 0.54 | 0.57 | 0.52 | 0.39 | 0.32 | 0.27 | 0.30 | 0.36 | 0.41 |
| 1981 | 0.50 | 0.56 | 0.65 | 0.63 | 0.57 | 0.39 | 0.27 | 0.19 | 0.19 | 0.25 | 0.28 | 0.45 |
| 1982 | 0.56 | 0.72 | 0.77 | 0.68 | 0.55 | 0.35 | 0.34 | 0.55 | 0.66 | 0.99 | 0.88 | 0.92 |
| 1983 | 0.66 | 0.61 | 0.65 | 0.57 | 0.57 | 0.52 | 0.66 | 0.86 | 0.88 | 1.03 | 0.99 | |

注：数据来自表8.3。

## 回归分析

回归分析是调查两个或多个变量之间的关系的统计技术。它需要统计的知识，所以不熟悉基本统计知识的读者应先阅读第12章和第14章。

回归与相关（后者在第14章描述）是相联系的。然而，二者有个主要差别：如果两个或所有变量具有随机变化范围，可以估计出相关系数。但是回归是在选择一个或多个指标（自变量）条件下，记录其他变量（因变量）；因此自变量应该没有随机变化范围。这里只讨论一个自变量和一个因变量的情况。

当在固定的时间间隔中观测，这些选定的时间间隔作为自变量 $x$，这是为什么选用回归的方法，来检测事件和时间之间的关联。该方法可以被应用到表8.3的数据上。

一张显示 $y$ 的平均值随 $x$ 的变化的曲线图显示了 $y$ 与 $x$ 带有随机变异的实际相关性。如果对应的每个 $x$ 值，$y$ 的值位于一条直线上，这就是线性回归。该直线的斜率被称为 $y$ 在 $x$ 上的回归系数。回归系数可能是正数、负数或为零，如果 $x$ 和 $y$ 是无关联的。回归系数和与垂直轴截距的估计，以及这些值的解释估计，被称为回归分析。如果关系不是线性的，需要对 $x$ 或 $y$ 或两者进行合适的变换，如他们的平方或对数来转换到线性的关系。假设真实的回归方程是：

$$y=\alpha+\beta x,$$

其中 $\beta$ 是回归系数，$\alpha$ 是回归直线与 $y$ 轴的截距。一组观测 $n$ 个点（$x$，$y$）可用来评价这条线。回归系数 $\beta$ 的估计：

$$b=\frac{\sum(x-\bar{x})(y-\bar{y})}{\sum(x-\bar{x})^2}$$

$$=\frac{\sum(xy)-(\sum x)(\sum y)/n}{\sum x^2-\sum x^2/n}$$

截距 $\alpha$ 的估计：$\alpha=\bar{y}-b\bar{x}$

使用表 8.3 中的数据，$x$ 的值是从 1～60 的整数（即 5 年内每月的间隔），y 的值是对应每月的不合格率：

$$\sum x=1830.0 \qquad \sum y=30.820$$

$$(\sum x)^2=3.348\ 900 \qquad \sum x^2=73\ 810$$

$$\sum(xy)=1\ 100.0 \qquad n=60$$

$$x=30.500 \qquad \bar{y}=0.513\ 67$$

因此：

$$b=\frac{1\ 100.0-(1\ 830.0\times30.820)/60}{73\ 810-3\ 348\ 900/60}=0.008\ 89$$

且：

$$\alpha=0.513\ 67-(0.008\ 89\times30.500)=0.242\ 5。$$

$x$ 的值从 1～60 替换，可以绘制回归曲线，以确定 $y$ 的相应值（图 8.16a）。

因此，当 $x=1$（1979 年 1 月）

$$y=0.242\ 5+0.008\ 89\times1$$
$$=0.251\ 4;$$

当 $x=2$（1979 年 2 月）

$y=0.242\ 5+0.008\ 89\times2$

$=0.260\ 3$;

以此类推。

注意，在这个例子中，$x$ 和 $y$ 之间的关系是线性的。

长期趋势的影响可以通过从每一个 $y$ 值中减去 $b(x-\bar{x})$ 来移除。因此，对于 1979 年 7 月，$x=7$：

$$b(x-\bar{x})=0.008\ 89\times(7-30.500)$$
$$=0.008\ 89\times(-23.500)$$
$$=-0.208\ 9;$$

消除长期趋势后的 $y$ 值是：

$$0.27-(-0.208\ 9)=0.478\ 9。$$

去除长期趋势后的 60 个月期间的结果见图 8.16c。

在这个例子中，季节的影响可以通过计算每月的“季节指数”来除去。一年中每个月的 $y$ 值，可以被认为是当年 $y$ 值总数的一部分，这些部分被分配到研究期间（这里是 5 年）的每个月，得到每个月的季节指数。将每个 $y$ 值除以对应的月度指数乘以 12，可以将结果去除季节因素。因此，对于 1979 年 7 月，7 月对 $y$ 的总量的占比为：

0.27/（0.33+0.24+0.46+0.57+0.65+0.23+

0.27+0.37+0.14+0.30+0.24+0.14）

=0.27/3.95=0.068 4。

1980—1983 年 7 月的占比分别为：0.099 5，0.044 0，0.032 0 和 0.075 9，因此，7 月季节性指数为：

（0.068 4+0.099 5+0.044 0+0.032 0+0.075 9）/5

=0.319 9/10=0.064 0，

1979 年 7 月结果除去季节性因素的结果是：

0.27 /（0.064 0 ×12）=0.352。

图 8.16d 中给出的是研究期间去除季节性因素的结果。

请注意，去除长期及季节性的趋势以后，仍存在相当多的随机变异（图 8.16c 和 d）；这些随机变异往往掩盖了在图 8.16c 中的季节性趋势和图 8.16d 中的长期趋势。在这种情况下，计算滚动平均值是减少随机变化的快速途径。增加样本量也能减少这种变化的影响。当随机变异较大时，应进行严格的显著性检验。Freund 和 Wilson（1998）描述了如何选择一个合适的检测方法、估计标准误差及计算 $\beta$ 的置信区间。

图 8.17 显示了巴拉圭口蹄疫的时间序列分析结果（Peralta 等，1982）。该疾病具有一个 3～4 年的循环周期（在 1972 年、1975—1976 年和 1979 年达到峰值），由 O 型病毒引起。1974 年的小高峰，由 C 型病毒零星暴发引起的，与其流行与暴发周期不一致。暴发周期与易感牛群的占比周期性变化相关，3～4 年是易感牛数量再次增加至阈值水平所需要的时间。当发现这种时间规律时，应特别注意提前防范。

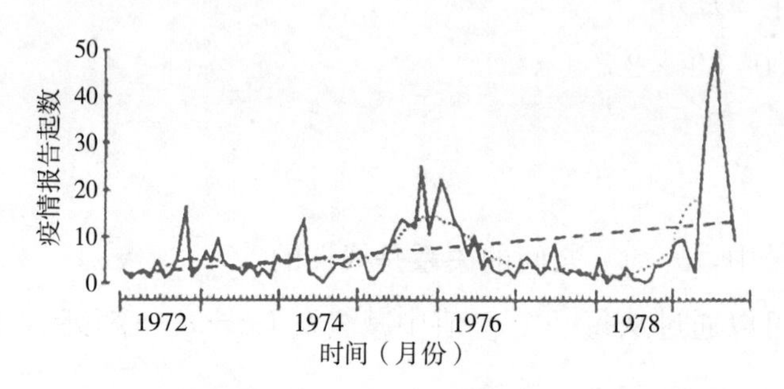


图 8.17　1972—1979 年巴拉圭每月报告的口蹄疫疫情，12 个月滚动平均值和趋势。——原始数据；……12 个月滚动平均值；- - - - 趋势。来源：Peralta 等，1982

类似的，图 8.18 描述的是智利狂犬病的时间序列分析。它是实施控制前后疾病的时间分布规律（Ernst 和 Fabrega，1989）。1950—1960 年狂犬病有一个轻微的，但在统计学上显著的长期增加趋势，因为没有进行及时控制，犬的病例明显增加（图 8.18a）。1961 年开始了一个国家控制项目，包括人类和犬的疫苗接种，使得 1961—1970 年狂犬病发病率大幅下降（图 8.18b）。1971—1986 年狂犬病病例数持续下降（图 8.18c）。在 1982 年无病例报告，但 1985 年新发现了森林中食虫蝙蝠的周期性疫情，会导致犬和猫的狂犬病感染（图 8.18c）。这项研究还揭示了季节性趋势和 5 年的周期性趋势，可能与易感犬的数量波动有关。

回归在标准的基础统计论文里有讨论，如 Petrie 和 Watson（1999）。Shumway 和 Stoffer

(2000) 在时间序列分析中也有介绍。

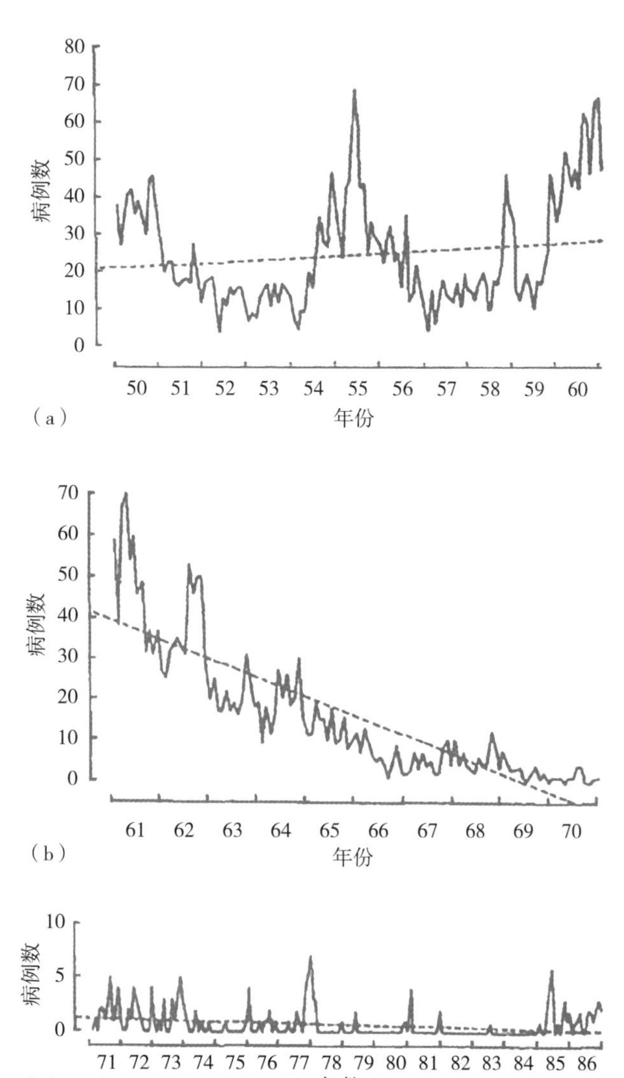


图 8.18 1950—1986 年智利按月份和趋势报告的经实验室确认的狂犬病病例总数。(a) 1950—1960 年；(b) 1961—1970 年；(c) 1971—1986 年。——原始数据；- - - - 趋势。来源：Ernst 和 Fabrega，1989

## 疾病的空间和时间分布规律

### 疾病的空间分布

疫病的流行不仅指病例在时间上的聚集，也包括在特定地区的聚集。与随机散发病例不同，一个群体内扩散的传染病，可以呈现空间蔓延的特点。这两种模式可与正常的病例空间分布来比较（图 8.19）。在一般的意义上说，“传染性”也可以适用疾病的空间聚集，无论它是否是传染病（生态学家有时会使用“超过分散的分布”来指这种类型的动物病例的空间聚集，而“低于分散的分布”指的是更正常的空间分布）。

各种统计分布（见第 12 章）可作为事件空间分布的模型（Southwood，1978）。泊松分布应用广泛。一组数据是否符合泊松分布，可以通过观察数据和预测数据的卡方检验来验证。标准统计文章提供了详细描述，如 Bland（2000）。如果差异小于平均值，它意味着分布比泊松分布更加正态的分布。如果差异大于比平均，它意味着存在“传染性”分布。

空间聚集的识别可以帮助确定疾病原因（Rothman 和 Greenland，1998）。因此，基因无关的猫之间出现猫白血病聚集病例，初步显示了该病呈现水平传播，从而揭示了本病为传染性疾病（Brodey 等，1970）。空间聚集识别也提示了应进一步调查的区域。例如，发生在北美洲、南美洲、欧洲和亚洲部分地区的马运动神经元病是一个退行性疾病，其疾病原因未知，但是在美国，维生素 E 缺乏症似乎是该疾病的引发原因之一（de la Rúa-Domènech 等，1997；Polack 等，2000）。该疾病在美国呈现明显的空间聚类，在东北部发病率最高（图 8.20）。报道的风险因素（年龄分布、繁殖）和其他潜在的混杂因素（性别、月诊断）在地理上的分布并不能解释这种聚集性（de la Rúa-Domènech 等，1995），这表明饲养管理上的区域差异可能是本病的原因。

Pfeiffer（2000）、Cliff 和 Ord（1981）阐述了确定不同空间分布模式的方法。

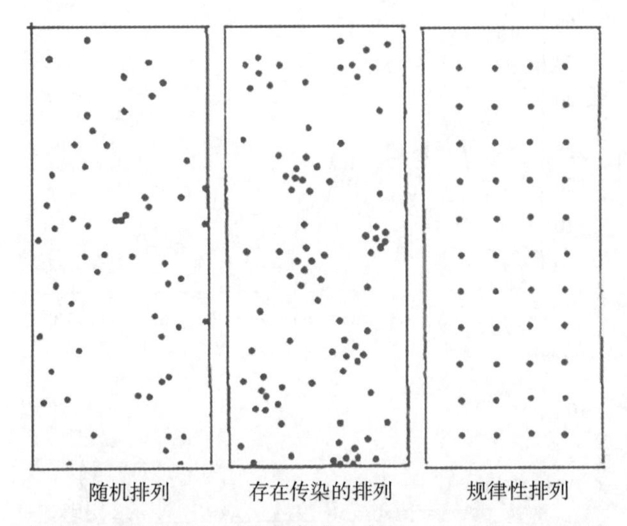


图 8.19　疾病的空间分布模式。来源：Sonthwood，1978

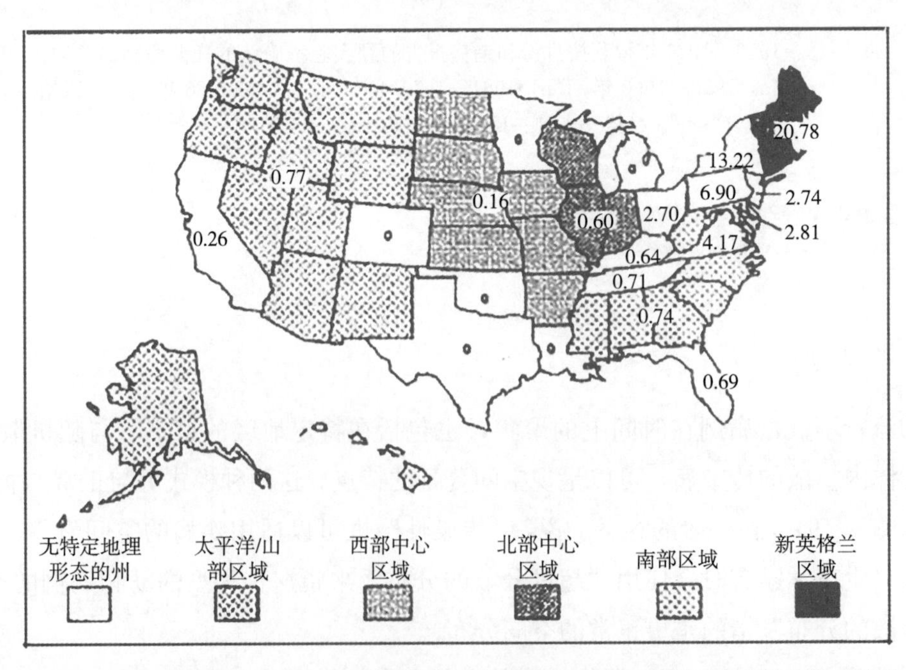


图 8.20　1985 年 1 月至 1995 年 1 月美国 21 个特定州或特定地理区域马运动神经元病的发生率（每 100 万匹马-年病例数）。来源：de la Rúa-Domènech 等，1995

## 时空聚类

时空聚类是发病空间和发病时间之间的相互作用。空间上接近的动物更有可能同时发病。泊松分布有时适用于这种相互作用，尤其是当样本量较大时（David 和 Barton，1966）。检测时空集群的技术超出了本书的范围。Knox（1964），David 和 Barton（1966），Mantel（1967）、Pike、Smith（1968）对此内容有描述。Williams（1984）、Schukken 等（1990）、Pfeiffer（2000）、Ward 和 Carpenter（2000a，b）对此内容作了综述。

# 9 数据属性

流行病学专家收集动物群体中疾病发生频率和分布情况的数据调查（有时也收集如生产性能等其他数据。这些数据可来自临床症状、治疗、剖检和实验室检查等。如果调查是前瞻性的，流行病学家须事先确定收集哪些数据。如果调查是回顾性的，则可用兽医、屠宰场、实验室、诊所和其他组织收集的数据（见第 10 章）。因此，一个特定的调查须提前确定需要收集的数据类型。

进行病因推断时，要将群体分为有病例的发病组和没有病例的对照组，然后寻找两个群体间的差异，再分析可能的病因，这是观察性研究的基础（见第 2 章、第 15 章）。被分入发病组的动物都具有某些临床特征，这些特征通常被用于判断是否患病或命名疾病。掌握疾病特征是进行疾病分类的基础。

有一些数据是很容易被观察到的，如腹泻记录；另外一些数据需要从观测结果中分析得到，如对一系列临床症状、病变和实验室结果的分析。有时可能因为错误地将部分动物归为发病动物，则从该研究中得出的可能病因和疾病之间的联系是错误的。

现在流行病学家经常会将数据存储在计算机中。

## 数据分类

数据可分为定性和定量两类（图 9.1）。

定性数据描述动物的属性，例如表示动物所属群体或类别。因此，这样的数据也被称为分类数据。如动物的品种和性别等。

定量数据与数量有关，而不仅仅表示类别，如流行率、发病率、体重、产奶量、温度、抗体滴度等。此类数据可进一步划分为离散型和连续型数据。

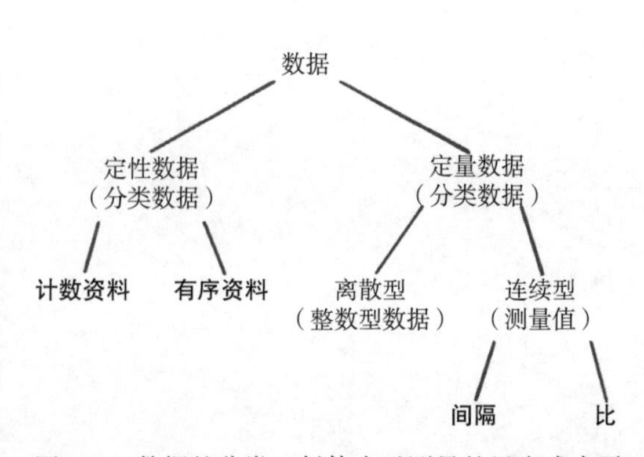


图 9.1 数据的分类（斜体表示测量的尺度或水平）

离散型数据只能是指定集合中的一个数

(如整数 1、2、7、9 等),如母猪奶头的数量。离散数据产生计数。因此,定性(分类)数据的集合是数字(例如,公犬或黑白花奶牛的总数)。

连续型数据可能是定义范围内的任何值(范围可以是无限的)。例如,一头牛的长度和体重。连续数据通常是与一个固定单位的定量比较,也就是说,它们是基于标准的。因此,连续数据通常是测量值。

## 测量的尺度(标准)

虽然测量方法仅用于严格的定量和连续数据收集,测量标准也常用于描述定性和定量数据的"强度"。主要测量尺度(标准)有 4 个(Stevens,1946):名义、顺序、间隔和比(图 9.1),有时也用直观模拟标度尺。

### 名义(分类)尺度

这个尺度包括使用数字(或其他符号)对目标进行分类。例如:雄和雌可以分别编码为 1 和 2。一个非兽医的例子是飞机或汽车车牌号码上使用的数字或字母可以表明它们的产地。名义尺度的属性是等价的:同类成员具有相同的属性。

分类尺度唯一可进行的变换就是编码转换。例如,如果糖尿病的数值编码为 671,那么对所有糖尿病患者而言,这个值可以被转变或变更为 932。尺度是一个"弱"形式的"测量"。

### 顺序(排序)标度

顺序标度(ordinal/ranking scale)表示这个群体与其他群体之间的关系。最常见的是,这种关系表示为等于、大于或者小于。例如,羊(Russel,1991)、牛(DEFRA,2001)、马(Henneke 等,1983)、犬和猫(Lund 等,1999)的身体状况指数和疫病临床严重程度的分级,如猪跛行(表 9.1)。

所以名义尺度和顺序标度之间的差异是顺序标度不仅包含等于,还包含"大于""小于"的属性。

在顺序标度中,任何转变必须保留次序。只要与其他类别的关系是不变,什么数字表示哪个类并不重要。因此,胴体条件得分尺度可以为 5= "好"和 1= "差",同样可为 1= "好"和 5= "差",1 和 5 之间的数字,只要保持相同的顺序排名就行。虽然比名义尺度"更强",顺序标度仍然是一个相对较"弱"形式的"测量"。

表 9.1 猪跛行评分方案

| 跛行分数 | 见到人类的第一反应 | 打开门后猪的反应 | 群体内的个体行为 | 站立姿势 | 步态 |
|---|---|---|---|---|---|
| 0 | 欢快、警觉并且敏感(迅速地起来并好奇地接近) | 好奇,暂时地离开围栏 | 自由地参加群体活动 | 四条腿直立地站立 | **大步幅迈步**。当走动时尾部轻微的摇摆。能够迅速地加速和改变方向 |
| 1 | 同上 | 同上 | 同上 | 同上 | **步幅异常**(不容易识别)。**运动不像以前那样流利**——显得僵硬。猪仍然能够加速和改变方向 |

（续）

| 跛行分数 | 见到人类的第一反应 | 打开门后猪的反应 | 群体内的个体行为 | 站立姿势 | 步态 |
|---|---|---|---|---|---|
| 2 | 同上 | 同上 | 可能对喧闹的猪表现出轻度的恐惧 | **不均衡的姿势** | 步幅缩短。发现跛行。当走动时尾部大幅摆动。敏捷性没有障碍 |
| 3 | 欢快地但较少回应（可能依然卧着不动，或者站起来前呈“犬坐”姿势） | 常常最后离开围栏 | 对喧闹的猪感到恐惧（经常远离群体的活动） | **不均衡的姿势。受影响的腿不能负重**（表现出脚趾不能站立） | 步幅缩短，受影响的腿减小负重，走动时尾部大幅摆动，仍然可以小跑和快跑 |
| 4 | 迟钝（只有强烈的刺激才起来） | **不愿意离开熟悉的环境** | 尽量独立于群体之外 | **受影响的腿离开地面抬起** | **移动时受影响的腿不接触地面** |
| 5 | **迟钝，无反应** | 无反应 | 表现很痛苦，无法做出回应 | 不能站立 | **不能移动** |

注：黑体表示评分时必须依据的定义标准。
来源：Main 等，2000。

## 区间尺度

在区间尺度（interval scale）中，相邻值间的距离已知并具有一定的准确性。体温就是一个很好的例子。两个温度的间隔尺度通常使用摄氏或华氏度，每个都包含同样的信息量。间隔的比值（本例中的温度差异）是独立的零点（0℃＝32℉），等于在其他间隔尺度上的差值比。例如：

37℃＝99℉（近似）

22℃＝72℉（近似）

6℃＝43℉（近似）

因此（℃）$\frac{37-22}{22-6}=\frac{15}{16}=0.9375$

（℉）$\frac{99-72}{72-43}=\frac{27}{29}=0.931030344\cdots\cdots$

即比例大致相同（0.9）。

因此间隔尺度包括等值、大于和区间的比值。因为比值独立于零点，因此算术计算，仅能计算数字上的差别。间隔尺度是（实际）测量中一个相对“强”的形式。

## 比例尺度

比例尺度（ratio scale）是一个具有真正零点的区间尺度。重量是一个比例尺度。重量的比例尺度可以千克、克、磅或盎司为单位，但它们都开始于相同的零点。这意味着不仅可以执行比值差异的算术运算，对数字本身也可以。注意，一个比例尺度并不是要与比值有必然的联系，其中有许多是数的比值（例如，流行率，见第 4 章）。例如，重量是一个比例尺度而不是一个比值。

## 直观模拟标度尺

直观模拟标度尺（visual analogue scale）通常使用一根 10cm 长的直线，两端标有垂直线。

两端有文字描述极端的测量变量；图 9.2 这个例子就是利用 VAS 记录跛行羊的严重程度。观察者根据“严重”程度在相对应的位置做标记，用尺子从零点开始位置测量（通常为精确至 1mm）。VAS 在人类医学方面常用于疼痛评估，并同样已应用于兽医学（Reid 和 Nolan，1991；Lascelles 等，1997；Holton 等，1998；Thornton 和 Waterson-Pearson，1999；Kent 等，2004）[1]。

图 9.2 视觉模拟标度尺的一个例子：羊跛行的严重程度。来源：Welsh 等，1993

名义尺度和直观模拟标度尺相对简单，采用非损伤性的方式记录病变和临床症状的严重程度。因此，这两种尺度在记录患者在临床试验中的状态变化（见第 16 章）等方面是优先选择。但是，这两个尺度都是主观的。例如，猪跛行评分系统（表 9.1），以及类似的家禽（Kestin 等，1992）、牛（Manson 和 Leaver，1988）、羊（Welsh 等，1993）跛行评分系统，都是根据观察进行后续分类（表 9.1 中的“大步幅迈步”和“运动不灵活”）。同样，记录马胃部病变可能包含“轻度角质化”“中度角质化”（Murray 等，1996）、“表面的”和“深层的”（MacAllister 等，1997）等指标。一些评分可能特别复杂，例如犬髋关节发育不良（Gibbs，1997）和应激（Maria 等，2004）。因此不同的观察者对于他们所看到的可能有不同的解释。因此，这些尺度的精度和可重复性（见下文）较低，易受观察者经验的影响（Kent 等，2001）。可重复性顺着 VAS 的长度（Dixon 和 Bird，1981）和名义尺度（Main 等，2000）可能有所不同，在极端情况下更容易出现逻辑相关性[2]。Welsh 等（1993）在评估跛足羊时，在相同的动物之间重复测量，证明两者之间表现出良好的相关性。Main 等（2000）也发现当熟悉的观察人员承担这个工作，表 9.1 中可重复性的定序评分方案得分高。

鉴于在确定合适统计方法方面的重要性，对这些测量尺度进行了详细描述。大多数统计检验可以使用间隔和比例尺度。然而，并非所有的检验都可应用于分类、排序和 VAS，这点在将在第 14 章中展开叙述。

## 综合测量尺度

到目前为止，测量的描述由目的、单值（例如体重）或基于定性标准的主观值（如表 9.1 的跛行评分方案）组成。尺度也可以通过分类、排序、间隔和比的数据结合来设计，称为综合测量尺度（composite measurement scales，CMS）。

表 9.2 总结了羔羊阉割和断尾后急性疼痛的综合测量尺度（CMS）组分，这个尺度称为 REQ 得分（从它的第一个到最后一个组分的首字母命名），合计一段时间内（通常为 30～60min）观察到的各种行为特征的频率。

CMS 因为没有将一些特性纳入评估内容可能不够全面，尤其是：一是内容效度：是否注

---

① 疼痛的评估很复杂，兽医学和人医学间存在差异（因为对疼痛的定义不同），具体见 Molongy（1997）和 IASP（1979）。如前述，评估必须是在观察的基础上开展，因此，对后者而言包括感染个体的主观评估和情感反应（Melzack，1983，1987）。然而，婴儿的评估和动物相似，两者都不具语言、生理和行为指标（Anand 和 Craig，1996；Hardie，2000；Holton 等，2001）。

② 注意，这类的相关不等同于一致（见第 17 章）。

意到待评估对象所有特性（如疼痛）；二是构成效度：是否能够充分反映特性的特点①。评估CMS的这些特征和可靠性十分复杂（Coste等，1995）。例如，REQ CMS的有效性判断，是基于对不同治疗组羔羊的疾病严重程度评分范围的评估（如同时阉割和断尾比单独阉割引起的疼痛多）。此CMS有效性的评价很高，可用于不同阉割和断尾技术的评估（Kent等，2004）。基于观察到的行为改变，如果该用于评价疼痛的CMS有效，它们将比那些VAS更有优势。VAS需要发展更多的评估技术（Firth和Haldane，1999），这其中有很多还未进行可靠性评估（Holton等，1998）。

**表9.2　评估羔羊疼痛的REQ得分**

| 行为 | 描述 |
| --- | --- |
| 坐立不安 | 小羊羔站起来和躺下的次数，每一单元的得分包括站起来和躺下两种行为，羔羊的站立直到膝盖站起来才被记分 |
| 滚动 | 羔羊从躺着的一侧滚到另一侧而没有起来，也包括羔羊转到它的后面然后又转回到躺着的一侧 |
| 跳跃 | 羔羊使用后肢做出“兔子跳”动作向前移动 |
| 跺脚和踢腿 | 当站立时任一前肢或后肢（通常是后肢）抬起而有力地放置在地面上，或在站立或躺下时踢腿，记录一个动作 |
| 放松 | 前肢和后肢，包括肩和后躯比跺脚和踢腿力度较小的移动时记录这一动作，也包括腿部肌肉紧绷，这一分类中向前伸展的前腿和后肢分别记录 |

即使针对同一问题开展的研究，因测量尺度不同也很难比较，尤其是Meta分析（第16章）。表9.3列出了评估猪接种支原体肺炎疫苗后疗效的测量尺度，肺部病变作为疗效的主要指标（无论是现场还是实验性研究）。表9.3列举的不同研究中，即使测量尺度（无论是在个别动物或畜群的水平）都有一个百分比（如从0到100）和一个名义分类，也很难匹配一个次序得分。

**表9.3　猪肺炎支原体免疫试验中记录肺病变的尺度**

| 测量尺度 | 参考文献 |
| --- | --- |
| 顺序的：肺病变得分 | Dawson等（2002） |
| 持续的：最大程度肺病变的猪的比例 | Petersen等（1992） |
| 名义上的：“持续的”“治愈的”“健康的” | Wallgren等（1998） |
| 持续的：肺实变的比例 | Ristow等（2002） |
| 持续的：猪肺损伤的比例 | Pommier等（2000） |

## 数据元素

### 疾病的命名和分类

与疾病有关的名义数据常包括疾病名称。疾病名称与疫病分类密切相关。疾病定义与以下3个方面有关（图9.3a）：

① 这些术语的正式定义是：内容效度（content validity）是指测量方法涵盖研究现象的范围；结构效度（construct validity）是指测量与研究现象的理论概念（结构）联系的程度（Last，2001）。

• 特定病因；
• 病变或功能紊乱；
• 临床表现。

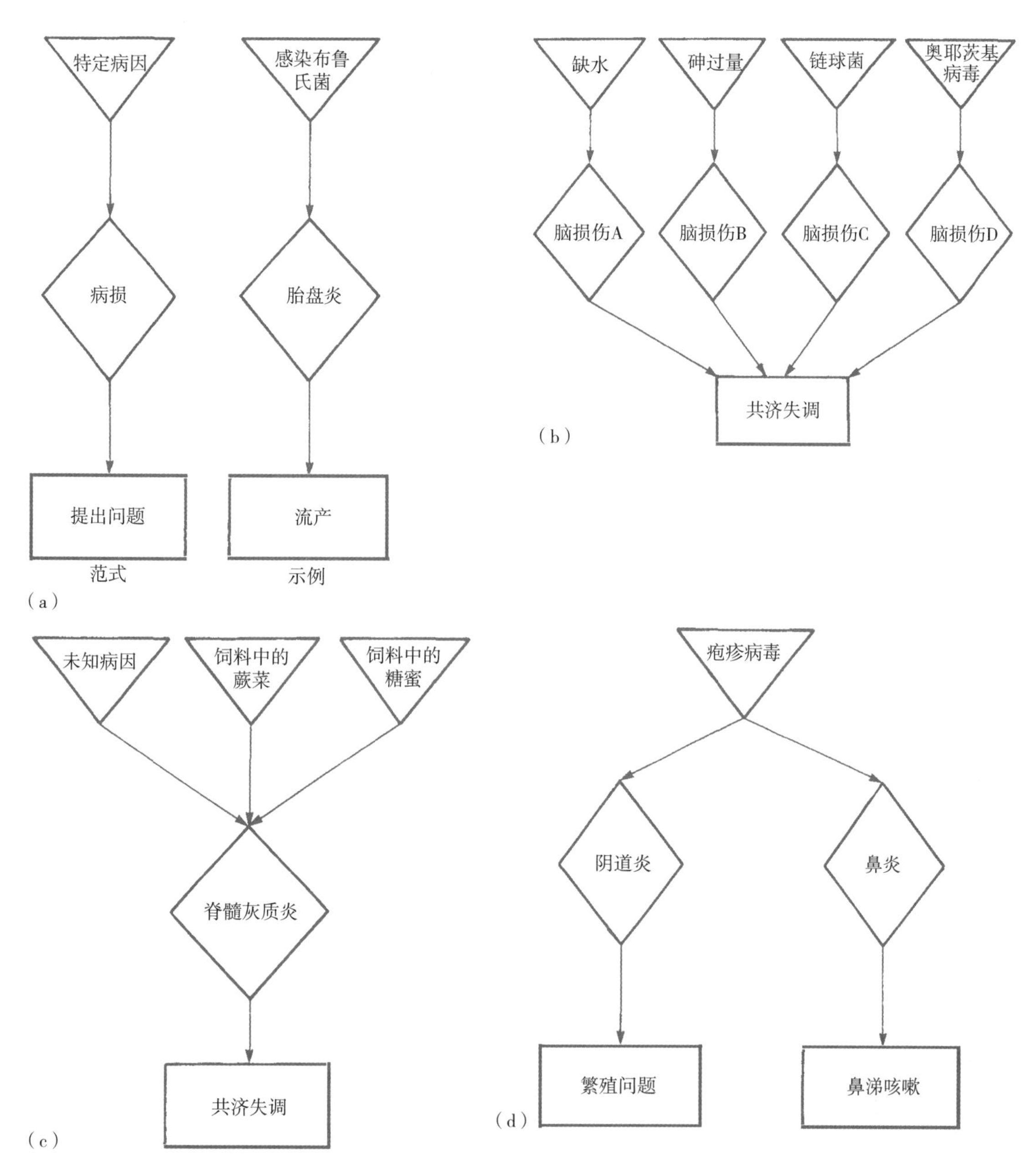


图 9.3 (a) 疫病分类的三个层次；(b) 呈现的问题为多组病变和具体原因所共有；(c) 呈现的问题和病变为多个具体的原因所共有；(d) 具体的原因呈现出不同的病变和问题。就因果模型 1（见第 3 章）而言，一个具体原因表示了一个充分原因的重要组成部分。来源：(a) 修订自 Hall，1978；(b)、(c) 和 (d) 引自 Hall，1978

疫病一般是根据这三个方面的特征之一命名的，如细小病毒感染（病因）、肝炎（病变）及共济失调（临床表现）。第 4 种方法是使用人名或地名命名，如 Rubarth 氏病和新城疫。

形势常常更为复杂，因为可能不止一组病变和特定原因引起疾病（图 9.3b 和图 9.3c）。同样地，一个特定病因可能会产生一个以上的病变和一个以上的临床表现（图 9.3d）。

兽医经常需要结合病因、病变和临床表现定义（记录）疾病。因为病因不清，猫的瞳孔综合征（猫神经失调）就根据病变和临床表现来命名（Gaskell，1983）。最初这种病叫 Key-Gaskell 综合征。

### 流行病学调查中疫病命名和分类的意义

不同的兽医专业需要不同类型的信息。病理学家的主要兴趣在病变。当发生需申报的传染病时，管理者按照法律规定的疫病分类采取措施，将疫病的影响降到最小。流行病学家只调查发病情况，而不涉及病因假设的检验时，会忽略疾病的类别或命名方式。但在病因调查中，疾病的分类方法很重要。

图 9.3 中所示的分类可以被简化为 2 种方法：

- 根据表现，即症状和病变；
- 根据病因。

流行病学病因调查试图发现风险因素和疾病之间的关联。因此，要开展一个或多个未知风险因素的调查。在这种情况下，经常根据正在研究的表现命名这种疾病。如图 9.3b 中所示，如果所研究的疾病被定义为共济失调，那么动物发病可能有 4 个独立的充分原因。这将使病因推断比常见的单一病因致病的推断困难。同样在图 9.3c 中，如果疾病被定义为脑脊髓灰质软化（表现的一种病变），那么该病变也可能是多种原因引起的。图 9.3a 中的病因分类有助于病原推断，因为引发该类疾病的常见充分病因已知。

通常，只有不太理想的临床（往往只是体征）数据是可用的，在使用这些数据时，必须要充分考虑它们的不足，或者开展进一步的调查获取更多的信息。例如，1982 年 Russell 等意识到英国存栏奶牛的跛行（依据呈现的症状、常见病变和原因定义疾病）是个问题，并以此作为调查的起点，他们试图在制定合适的控制策略前，以问卷获取信息，了解相关的病变和原因。

## 诊断标准

可以使用下述 4 个标准中的一个或多个来诊断疾病：

- 临床体征和症状[①]；
- 发现特定的病原；
- 诊断试验的结果；
- 病变识别。

### 观察性数据和解释性数据

与 4 个诊断标准相关的记录可能是观察值或者是解释值（Leech，1980）。观察值重叠通常意味着与正常值的比较，这种比较本身也是判断的一部分。例如，观察和记录到一头牛腹泻，意味着它的粪便不如其他同群牛的粪便硬。判断是否为腹泻，需要了解这头牛是否是产奶高峰的奶牛，因为这种牛被饲喂了太多精料而粪便柔软。

临床表现可能代表一个观察值，例如鼻涕。诊断是对一个或几个观测值的解释。例如，犬瘟热是一个诊断结果，含有几个症状的解释，如鼻涕、腹泻、咳嗽等。

---

① 体征是指观察到的病人的不正常表现，症状在人类医学中是指病人描述的主观不适。

特定的病原可被观察到，如通过血涂片发现巴贝斯虫。另外，可解释性地记录存在的病原，例如，腹泻动物粪便中有大肠杆菌，可记录为“不具临床意义”。

试验结果可被观察到，例如记录血清学试验结果（抗体滴度）。结果也可为解释性记录，例如结核菌素试验的结果可能被记录为“不确定的”。

病理变化可被观察到，如可给出皮肤肿瘤的组织学描述。此类描述可作为诊断的内容，如通过一个皮肤肿瘤诊断马结节病。

解释涉及目前公认诊断标准的应用。上面提到的“犬瘟热”的记录，假设了一个特定的病毒和几个症状之间的因果联系。根据之前的试验结果和现场观测，这种假设已经被接受多年。同样，根据现有的知识，大肠杆菌的记录在一些腹泻病例诊断标准中是“没有临床意义”的。

但是，有时难以确定诊断标准。比如，肿瘤的组织学外观可能有很大的不同（马结节病：Ragland 等，1970）。另外，标准可能是复杂而变化的。马的舟状骨慢性炎症历来有几个诊断标准，包括足跟痛、脚掌神经阻滞、椎间孔扩大的放射学证据和边缘有骨赘形成改变了正常骨的形状（McClure，1988）。然而，脚掌神经阻滞可阻断许多情况下的足跟痛，用放射学方法检查发现，临床感染动物和没有跛行史动物患有舟状骨慢性炎症的频率没有差异（Turner 等，1987）。

很容易完整记录一个观察性数据。然而，很难完整记录一个解释性数据；它不仅需要解释（如诊断），还需要记录解释的标准。在许多情况下，这个标准是隐性的，如犬瘟热的例子中就没有明确的记录。在其他案例中，如诊断标准非常复杂（如舟状骨疾病），应列出标准，否则案例（过去、现在和未来）间就无法比较。

观察性数据和解释性数据用途不同。兽医管理人员需组织开展全国的疫病控制，常需解释性数据来辅助决策。例如，一个动物的未来取决于筛检的检测结果，是“阴性”“未知”还是“阳性”。

流行病学调查，特别是病因不明疾病的调查所需的数据是非常明确的，如饮食习惯，是否暴露于可能的病原，疾病不同阶段的发病机制等。在此背景下，解释性数据可能会产生误导。比如，调查肥胖症，对动物的体重和食物摄取的大致估计，好于主观（解释性）印象，如重量为“重”或“轻”，食物的摄入量为“一点点”或“很多”，因为不同的人对这些表述所代表的不同权重和食物数量有不同的认知。观察性研究还需要一个明确的、统一的病例定义，这样才能确定用于区分动物患病或健康的标准。

## 敏感性和特异性

错误事件有可能被记录为正确的。例如一只犬被错误的诊断为糖尿病，就形成了假阳性的记录，这描述了诊断的不准确性。只根据几个临床表现进行推理，如没有生化证据支持的多食和烦渴，就会形成此种情形下的错误结论。另外，有些糖尿病患者可能没有被诊断出来，这构成了假阴性的记录。这样的错误必然导致“患病”和“非患病”动物的误判。当采用临床症状，特定病原检测和诊断检测结果作为诊断标准时，就可能发生这些错误。

可通过与能形成独立有效标准的方法比较来量化这些错误。例如（表 9.4），通过与剖检肠道确定绦虫（独立有效的标准）的结果比较，确定粪便离心/漂浮技术诊断马绦虫病的有效性。

诊断方法的敏感性是指用这种方法检测出的真阳性比例。诊断方法的特异性是指用这种方法检测出的真阴性比例。敏感性和特异性在 0 到 1 之间，或用百分数表示。例如，离心/漂浮技术的敏感性和特异性分别为 0.61 和 0.98（表 9.4），也可表示为 61%和 98%。

在开展疾病防控工作中确定诊断方法的临界值（见第 17 章）和观察性研究中将动物进行分类时（见第 15 章），诊断试验的敏感性和特异性十分重要。

**表 9.4　以离心/漂浮技术应用于已知的马绦虫为例说明可能的诊断试验结果**

| 测试状态 | 真实状态 | | 合计 |
|---|---|---|---|
| | 阳性 | 阴性 | |
| 漂浮阳性 | 22 | 1 | 23 |
| 漂浮阴性 | 14 | 43 | 57 |
| 合计 | 36 | 44 | |
| 敏感性＝$a/(a+c)$＝22/36＝0.61（61%） | | | |
| 特异性＝$d/(b+d)$＝43/44＝0.98（98%） | | | |

来源：Proudman 和 Edwards，1992。

## 准确、精确、精度、可靠性和有效性

这些术语可用于相关的定性数据（如描述一种疾病）和定量测量（如流行率和重量）。

### 准确性

准确性（accuracy）是指一个调查或测量符合事实的程度。如果数据记录动物的体重为 15kg，并且这是动物的实际重量，则这个测量是准确的。

### 精确性

一个数据的详细程度就是其精确性（refinement）。例如，13kg 和 13.781kg 都代表一个动物的准确重量，相比第一个，第二个记录更加精确。同样，外科技术描述方面，“整形外科”不如“电镀骨”精确。在图 9.4 中，“外耳炎”不如“由细菌引起的外耳炎”或“由假单胞菌引起的外耳炎”的诊断精确。用胶片类比，不那么精确的定义就如同是“粗纹理”，更加精确的定义就如同“细纹理”（Cimino，1998）。特异性有时与精确性是同义的。

提高描述性诊断数据的精确性，可以提升它们的流行病学价值，因为它通常以特别充分病因来定义病例（见第 3 章），而一个不太明确的病例定义包括多个病候（图 9.3c）。

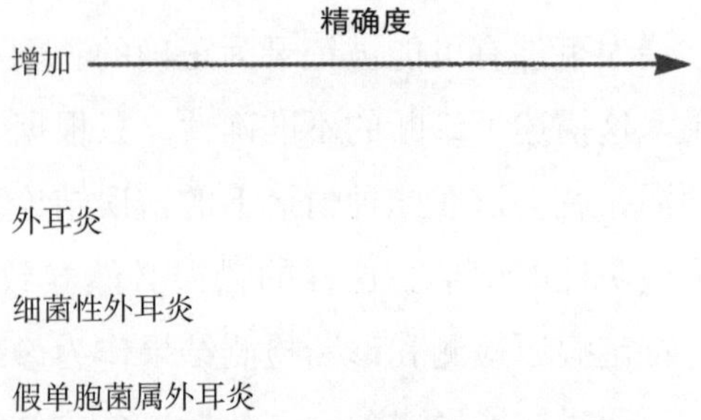

辅助检测可以增加诊断的精确性。例如，体检可能有助于诊断外耳炎，但假单胞菌感染引发的外耳炎需要使用更精细的微生物学技术。辅助技术的精确性也不尽相同。例如，补体结合试验可以检测 A 型流感病毒的类型，

精确度

增加 →

外耳炎

细菌性外耳炎

假单胞菌属外耳炎

图 9.4　诊断越来越精确的例子

但不能检测哪种亚型。后者的鉴定需要更精细的测试，如血凝素和神经氨酸酶抑制试验。

### 精度

精度（precision）有两层含义。首先，它和精确是同义词。其次，在统计上用于表示系列测量值的一致性。例如，对一个群体重复抽样，得出估计流行率为40%±2%，或者估计为40%±5%。第一个就比第二个的精度高。精度的第二个含义会在第12章中进一步讨论。

### 可靠性

如果一种诊断技术能重复产生相似的结果，那么它就是可靠的。因此，可重复性（reliability）是一个可靠技术的特性。它表示相同观察者观察相同的动物之间的一致性（见第17章）。再现性与之相反，表示不同的观察者对相同动物的观察的一致性 BSI（1979）[①]。

### 有效性

如果一种诊断技术能够达到检测的目的，那它就是有效的。有效性（validity）是一项技术的长期特征，敏感性和特异性也是。技术的有效性取决于被调查的疾病和诊断的方法。例如，股骨中端骨折，只通过身体检查就能非常准确地诊断（图9.5）：这种损伤很少误诊，因此身体检查作为一种诊断技术，在这种情况下是非常有效的。然而，仅通过身体检查来诊断糖尿病是不充分的，很有可能错误诊断。生化检查，在这种情况下尿液分析可减少错误，空腹血糖检查可以进一步减小错误。使用辅助诊断工具，如生化、放射性和微生物的调查，是通过选择有效性更高的诊断技术，提高诊断准确性的简单途径。

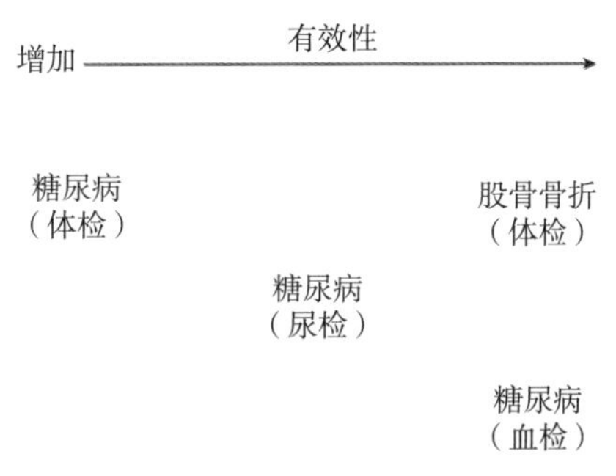


图9.5 与所研究疾病相关的诊断技术的有效性

通过可靠性和有效性判断诊断方法的价值。可以利用目标射击作为例子（图9.6）。标靶A中每次射击都是精确的（接近靶心，它代表真值），因此有效性和可重复性高。标靶B中没有一次射击是精确的，但结果是可重复的。标靶D中没有一次是精确的，而且可靠性也低，因为这些射击点彼此间都不一致。标靶C说明，单次射击的精度低，但有可能获得高的有效性。因此，有效性高代表击中靶心，可靠性高对应射击的环数相似。

虽然这五个术语的使用较为模糊（Last，2001），但准确性被认为是一个诊断试验的最好

① Everitt（1995）给出了全面的定义，可靠性是指同一研究人员用相同的试验材料，同样的设备、仪器和/或试剂在较短的时间内得出的结果是封闭的；可重复性是指在用不同的试剂、试验条件、操作人员、仪器、实验室等情形下，同一试验材料得出的结果是封闭的。然而，在本学科，这两个术语的使用是变化的。如Last（2001）认为这两个术语无差异。

特性（即击中靶心），而有效性应作为诊断技术的一个长期特征（即几次射击的平均结果）。

在第17章中将进一步讨论敏感性、特异性和可靠性。

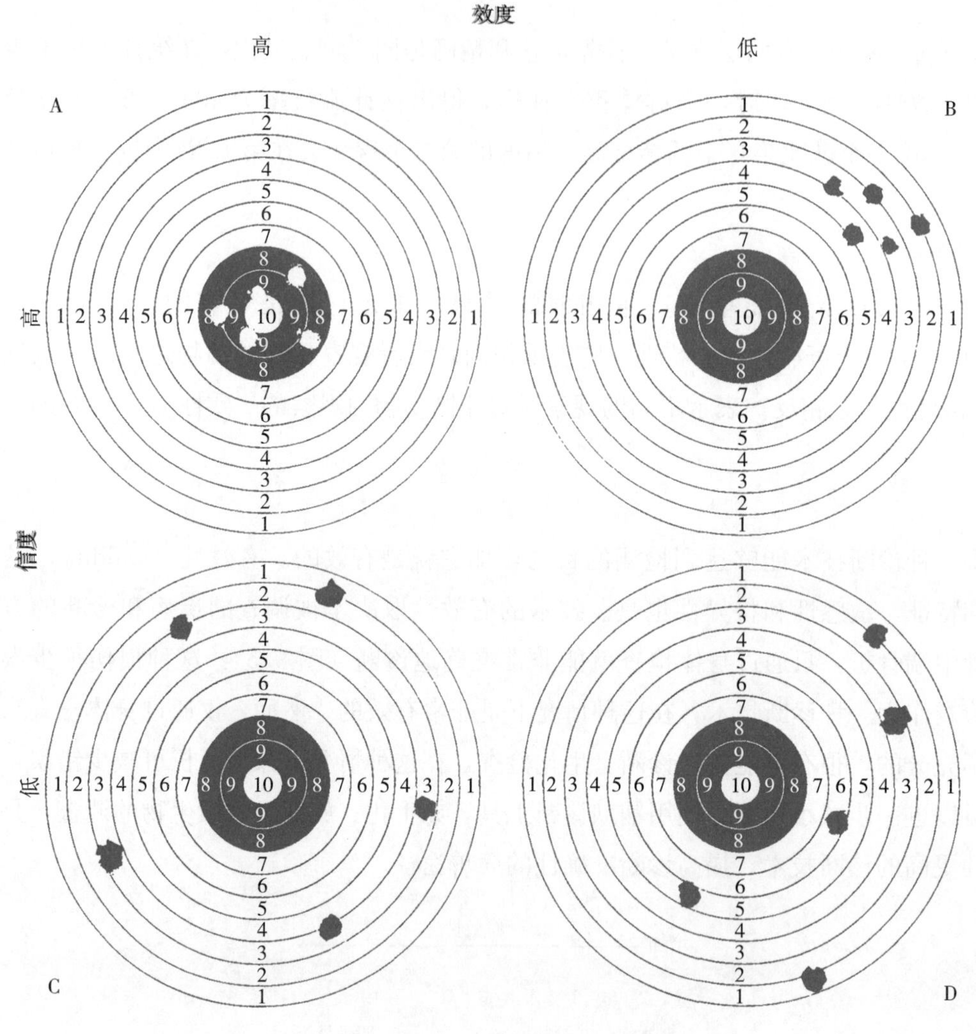


图 9.6　以射击目标类比诊断测试的可靠性和有效性

## 偏倚

图9.6中标靶B中的射击不准确，但是可重复的，因此结果是可靠的，但有效性低。在这个例子中，这种结果可能发生的原因是枪上的准星偏向中心目标的右边。类似的偏倚会发生在诊断试验和流行病学研究中。偏倚（bias）是指在一项研究的设计、执行或分析中出现的系统（而不是随机）错误，使结果无效。

可识别的偏倚有几种类型（Last，2001），主要是：

• 混杂导致的偏倚（见第3章）；

• 访问者偏倚，采访者的观点可能会影响数据的准确性；

• 测量偏倚，包括不准确的测量、发病动物和非发病动物的错误分类（例如，敏感性和特异性小于100%）；

• 选择偏倚，研究动物与非研究动物间有系统不同的特点。例如，屠宰场的动物通常没有临床疾病，而一般的群体会有一些临床患病个体。

偏倚的影响是长期的。标靶 B 中任何一次单独射击的结果都可能与标靶 C 和 D 中的一个相同。只有当所有射击都完成后，才能检测到偏倚。因此，对群体中一个动物的观察不可能产生偏倚。同样，如果有许多样本重复不准确的结果，那么根据样本推断总体就会产生偏倚。

如果知道偏倚的范围，可以纠正偏倚。调整枪的准星可以消除偏差，然后射击就准了。同样，测试的特异性和敏感性低于 100%，如果知道敏感性和特异性，估计流行率的偏倚可进行修正（见第 17 章）。

## 数据表示：编码

数据通常由文字和数字表示，但也可以使用编码。这是一种用标准化的文字和数字的表示方式，通常用缩写形式。医疗信息的编码已经跨越了两个世纪，它起源于 18 世纪的 John Grant 疾病分类系统（见第 1 章和第 19 章）、Francois Bossier de Lacrois 疾病分类学和 Willian Cullen 疾病分类学概要（Gantner，1977）。在 20 世纪 60 年代和 70 年代，计算机的普及使得编码在疾病研究中广泛应用。用计算机处理代码比文本更容易、更经济，且计算机还有记录系统的优势（见第 11 章）。例如，与手写“牛传染性胸膜肺炎”相比，记录代码 274 更简单、快捷。最近，软件和计算机存储容量方面的进步使得代码效率不再是关键。但是，数据编码仍有价值，例如统计软件包只能处理数字编码值。

### 代码结构

动物相关数据可分为两组，任何编码系统必须与这两个组相匹配。第一组包括物种、品种、出生日期和性别等分类数据。这些数据被称为“墓碑数据”，因为它们在整个动物的生命中都保持不变。第二组包括生活中的不同事件，如事件发生的日期、病变、检测结果、体征和诊断数据。这些数据被称为描述类或说明类数据。其他数据可以从这些数据衍生而来，如疾病发生时动物的年龄。

#### 组分

疾病定义的数据可只包括一个成分，称为坐标轴，例如“支气管炎”。定义也可被细分为几个部分。在有病变的情况下，两个坐标轴分别表示潜在的病理过程和病变部位（局部解剖学）。在双轴体系（两轴）中，支气管炎可记为“炎症”和“支气管”。同样，外科手术可以双轴编码，由进程和位置组成，如“髓内扎钉”和“股骨”。因此，可通过不同坐标轴上的基本组成建立疾病定义。

### 数字代码

数字代码（Numeric codes）是指用数字代替文字。例如皮脂溢性皮炎=6327。大多数早期的兽医和医疗代码系统都是数字的。北美基于医学的疾病和操作标准命名系统（SNDO：Thompson 和 Hayden，1961），开发了一个兽医用的动物疾病和操作标准命名系统（Standard Nomenclature of Veterinary Diseases and Operations，SNVDO：Priester，1964，1971），这套系统双轴编码疾病和操作（治疗）：疾病通过病变部位和病因或损伤编码，操作通过病变部位和程序编码。例如：

诊断：35303900.0＝过敏引起的支气管炎，

治疗：72352＝输尿管吻合术。

在这些例子中，诊断包括病变部位（3 530＝支气管）和病因（3 900.0＝过敏）。同样的，治疗的定义由病变部位（723）和程序（52）组成。

### 连续代码和分层代码

连续代码是指以连续的数字来表示数据，例如 001＝犬瘟热、002＝传染性肝炎、003＝急性膀胱炎。

也可用一个分层结构的代码列表，也就是说，初始位数代表大类，后面的数字表示更精确的类别；使用的位数越多，定义越精确。表 9.5 给出了一个例子，其分层结构，类似于树根，如图 9.7 所示。单独使用的初始数字产生“粗粮”的定义，使用后面附加的数字产生“精粮”（即更详细）的定义。

表 9.5　分层数字代码

| | 代码 | 含义 |
|---|---|---|
| 治疗 | 100 | 一般药物治疗 |
| | 110 | 抗生素 |
| | 112 | 土霉素 |
| | 120 | 驱虫剂 |
| | 122 | 噻苯达唑 |
| 物种和品种 | 100 | 马 |
| | 110 | 矮种马 |
| | 111 | 威尔士山区矮种马 |
| | 120 | 温血动物 |
| | 121 | 英国纯血马 |
| | 200 | 犬 |
| | 300 | 猫 |
| | 400 | 奶牛 |
| | 410 | 黑白花奶牛 |

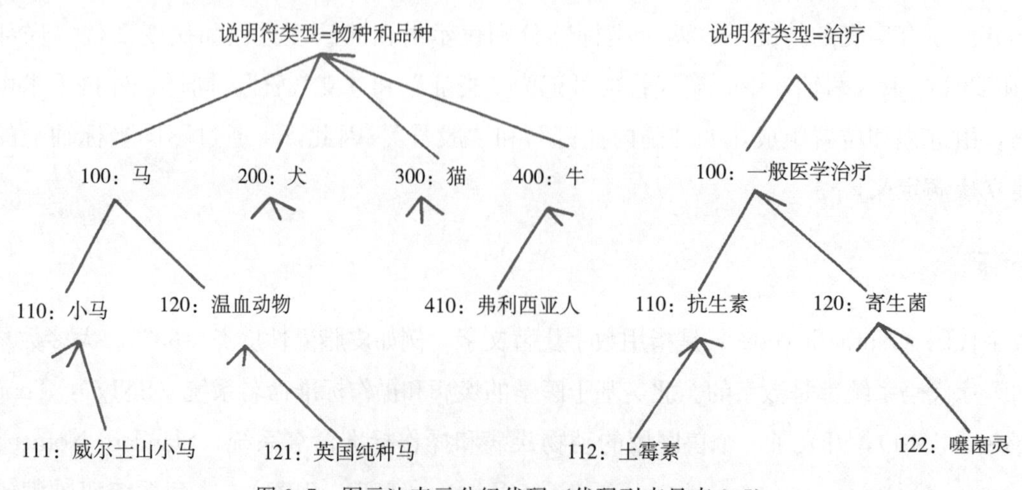


图 9.7　图示法表示分级代码（代码列表见表 9.5）

分层代码有 3 个优点。首先，如果没有精确的辅助诊断技术，就无法定义精确诊断，那么就可用一个“粗粮”代码。其次，数据收集者的个人兴趣可以得到满足。例如，有人对化疗感兴趣，可记录一种特定抗生素的使用，而其他人只对使用的抗生素感兴趣，可记录得更粗略。第三，大多数计算机记录系统允许使用“通配符”在各级层次结构中灵活查询。当指向指定代码的右侧时，用一个字符表明代码指定在它的左侧，即选中右侧所有的代码。例如，如果“%”是通配符，对表 9.5 中代码进行查询，那么：

'Select 1%'

将选中这一层次中所有记录（所有抗生素、驱虫剂等）。相反，如果指定“12%”，只选中全部驱虫剂。

除了记录定性数据，也可用代码记录定量数据，比如试验结果。精度与使用结果本身相比有一定的损耗，因为编码常常涉及单个值范围的分组。例如，表 9.6 说明从粪便中分离的寄生虫卵数字范围的数字代码。一些试验结果已经被屏蔽，这种屏蔽通常是由于表达形式造成的。例如，血清学检测 1∶1 024 是阳性，意味着 1∶1 025 也是阴性，下一次稀释产生阴性结果很可能是 1∶2 048。区间和比数据很难转换为定序数据，须考虑选择统计方法来分析编码数据（见第 14 章）。

**表 9.6 数字编码量化数据的例子：寄生虫数据报表中使用的每克粪便中寄生虫虫卵数量的频率编码**

| 编码 | EPG | 编码 | EPG |
|---|---|---|---|
| 004 | 1～500 | 014 | 5 001～5 500 |
| 005 | 501～1 000 | 015 | 5 501～6 000 |
| 006 | 1 001～1 500 | 016 | 6 001～6 500 |
| 007 | 1 501～2 000 | 017 | 6 501～7 000 |
| 008 | 2 001～2 500 | 018 | 7 001～7 500 |
| 009 | 2 501～3 000 | 019 | 7 501～8 000 |
| 010 | 3 001～3 500 | 020 | 8 001～8 500 |
| 011 | 3 501～4 000 | 021 | 8 501～9 000 |
| 012 | 4 001～4 500 | 022 | 9 001～9 500 |
| 013 | 4 501～5 000 | 023 | 9 501～10 000 |

来源：Slocombe，1975。

## 阿尔法代码

阿尔法代码（alpha codes）指用字母缩写或首字母代表纯文本，例如：FN=阉割的雌性，M=雄性。

表 9.7 列出了用于诊断的分层阿尔法编码系统的一些组分。它有两个轴：位置和异常。因此，皱胃异位的编码是 DA PD，胎衣不下的编码是 GL PR，肝炎的编码是 DH B。

**表 9.7 分层的阿尔法诊断代码的例子**（2 轴）

| 轴 1：定位 | | 轴 2：异常 | |
|---|---|---|---|
| 代码 | 含义 | 代码 | 含义 |
| D | 消化系统 | B | 炎症反应 |
| DA | 皱胃 | E | 分泌物 |
| DE | 食管 | EBH | 出血 |

（续）

| 轴 1：定位 | | 轴 2：异常 | |
|---|---|---|---|
| 代码 | 含义 | 代码 | 含义 |
| DH | 肝脏 | | |
| | | P | 位置 |
| G | 生殖系统 | PD | 位移 |
| GO | 卵巢 | PL | 脱臼 |
| GU | 子宫 | PR | 滞留 |
| GL | 胎盘 | PP | 脱垂 |
| GS | 阴囊 | | |

来源：Williams 和 Ward，1989a。

## 字母数字代码

与数字代码相比，字母数字代码（alphanumeric codes）是近来发明的。如表 9.8 所示，疾病用 3 轴表示：疫病名称、位置和病因。第一轴根据疾病的名称分类。表中的第一个例子，第一列的第一部分（字母）为范围较大的疾病类别（皱胃炎），第二部分（数字）“细粮”描述（真菌皱胃炎）；因此，这是一个简单的层次。第二轴根据疾病影响的解剖系统分类（UOIG=上消化系统）。第三轴根据疾病的原因分类（MYCO=霉菌病）。

符号也可以用作字母数字的编码。表 9.9 举例说明了症状的一个分层字母数字代码。

**表 9.8　字母数字诊断代码的例子（3 轴）**

| 代码 | 轴 1：疾病名称 | 轴 2：涉及的解剖系统 | 轴 3：病因或其他表明的原因 |
|---|---|---|---|
| ABO10 | 皱胃炎，霉菌性 | UDIG（上消化道） | MYCO（霉菌性） |
| BRA10 | 短颌 | BOJOS（骨头、关节等） | CONGEN（先天性） |
| ENC45 | 脑脊髓炎，马，西方 | NERVO（神经） | VIRO（病毒性） |
| EPI10 | 表皮炎，猪，渗出性 | SKAP（皮肤及附属物） | BACTE（细菌性） |
| TOX64 | 植物中毒（包括生物碱中毒） | LIVBIP（肝脏和胆囊） | TOXO（中毒） |

来源：Stephen，1980。

**表 9.9　分层的字母数字代码症状的例子**

| 听觉症状 |
|---|
| A00 耳聋 |
| 　　A01 完全耳聋 |
| 　　A02 部分耳聋 |
| A10 耳朵流出物 |
| 　　A11 耳朵流出血液 |
| 　　A12 耳朵流出脓性分泌物 |
| A20 耳朵有过多的耳蜡/耵聍 |
| A30 耳朵大小异常 |
| A40 耳朵可涉及的其他异常 |
| 　　A41 耳螨，寄生虫，污垢 |
| 　　A42 气味难闻 |
| 　　A43 冰冷 |

（续）

| 听觉症状 |
| --- |
| 消化系统症状 |
| D00 食欲异常 |
| D01 食欲减少 |
| D02 多食症——过度的食欲 |
| D03 厌食症——食欲不振 |
| D04 异食癖——食欲不良 |
| D10 很难抓住，不能将食物送到嘴里 |
| D20 咀嚼困难 |
| D30 颌的症状 |
| D31 颌无力 |
| D32 颌无法闭合 |
| D33 颌无法张开 |
| D34 颌变形 |
| D40 口腔呼出的气味 |
| D50 可涉及的口腔黏膜症状 |
| D51 口腔黏膜出血 |
| D52 口腔黏膜瘀斑 |
| D53 口腔黏膜出血点 |
| D54 口腔黏膜干燥 |
| D55 口腔黏膜寒冷 |

来源：White 和 Vellake，1980。

## 医学分类命名法

最广泛使用的多轴国际编码系统是人医和兽医学系统术语（Systematized Nomenclature of Human and Veterinary Medicine，2004），它是 20 世纪 60 年代中期从美国引进的一个专门的医疗系统（Systematized Nomenclature of Pathology，SNOP）；一种早期版本经修改用于兽医（Cordes 等，1981）和系统化的兽医学术语（Systematized Nomenclature of Veterinary，SNOVET），随后演变为采用六轴：位置、形态、病因、功能、疾病和程序（Pilchard，1985）。它结合了 SNOMED，并做了适当的修改。尽管仍有不足，但在兽医调查，短语、术语和概念的编码方面仍被认为是较好的系统（Case，1994；Klimczak，1994）。例如，表 9.10 中给出的 SNOMED Ⅲ编码层次占据九轴（位置、形态、功能、生物体、化学品、药品和生物制品、身体因素、活动和力量、职业、社会环境和修改坐标轴内容）。

**表 9.10　SNOMEO 代码的例子**

| 轴 | 第一级代码 | 第二级代码 | 第三级代码 |
| --- | --- | --- | --- |
| 分布（T） | | | |
| | T01 皮肤及附属组织 | | |
| | | T010-012 皮肤附属组织 | |
| | | | T01 100 表皮 |
| | | | T01 110 角质层 |
| | | | T01 120 透明层 |

（续）

| 轴 | 第一级代码 | 第二级代码 | 第三级代码 |
| --- | --- | --- | --- |
| | | T013 皮肤附属组织 | |
| | | T017 动物皮肤组织与附属组织 | |
| | | | T01705V 脊状体 |
| | | | T01706V 垂肉 |
| 形态（M） | | | |
| | | M017-018 出疹 | |
| | | | M01720 斑丘疹 |
| | | | M01780 红疹 |
| | | | M01790 红斑性斑块 |
| 活病原（L） | | | |
| | L1-2 细菌和立克次氏体 | | |
| | | L107 放线杆菌 | |
| | | | L10801 牛放线杆菌 |
| | | | L10807 猪放线杆菌 |

根据器官、病理变化、致病因子和功能障碍来确定疾病。例如：

结核病：

肺：T28000

肉芽肿：M44060

结核杆菌：E2001

发热：F03003

现在 SNOMED 已成为国际标准（Campbell 等，1997），2000 年推出的 SNOMED RT（SNOMED 参考术语系统）已成为全球电子健康记录的基础，2002 年通过国际合作推出了 SNOMED CT（SNOMED 临床术语）。

## 符号

符号可被用作代码。因此，↑和↓经常用来表示体温的升高和降低。符号也可以由字母组成，例如分别用 D+和 D−表示腹泻的存在和不存在。表 9.11 列出了 OIE 国际兽医疾病报告系统中使用符号代码的一些例子（见第 11 章）。这些可能会出现非常模糊的描述。然而，它们反映了许多国家对疾病发病率的了解程度，无法获得可靠、准确和定量的数据。正如 19 世纪著名的医学流行病学家 William Farr 指出，这些一般条款的价值在于“拒绝承认这些条款意味着鼓励鲁莽猜想的一种明显趋势”。

**表 9.11　符号编码的例子**

| 代码 | 发生疫病 |
| --- | --- |
| — | 未报道过的 |
| ? | 疑似但还未确诊 |
| （+） | 异常的发生 |

（续）

| 代码 | 发生疫病 |
| --- | --- |
| + | 低散发性发生 |
| ++ | 地方流行病 |
| +++ | 高发生率 |
| +? | 血清学证据和/或隔离病原体，无临床病例 |
| +.. | 疫病存在、分布和共同出现不明 |
| () | 局限于某些地区 |
| )( | 无处不在 |
| ! | 国家第一次出现 |
| <= | 只出现在进口动物中（隔离） |
| … | 没有可用的信息 |

来源：FAD-WHO-OIE，1997。

## 选择一种代码

代码的选择在一定程度上是主观的。有些人觉得数字更容易处理，有些人更乐于处理字母。但是数字代码和阿尔法代码都有各自明确的优点和缺点。

如果使用首字母缩写或缩写（例如 ABO 代表皱胃），与数字代码相比。它们可能更容易与文本数据联系而被记住（Williams 和 Ward，1989a）。

在某些情况下，为便于缩写，阿尔法代码可能需要比对应的数字代码更多的字符，每个阿尔法字符有 26 个字母或 36 个字母数字可选择。在计算机系统中，空间一直是个重要的、须考虑的因素，在任何情况下，数字所占的空间都比字母或字母数字字符串小。然而，随着计算机存储量的扩增，比较而言空间已不再那么重要。

比阿尔法代码相比，数字代码录入计算机的速度更快。大多数电脑键盘有一个 9 位数的数字小键盘，比字母打字机式键盘录入速度快，特别是在用户不会打字的情况下。

如果使用连续的数字代码，应确保它足够长，以容纳一个类型的所有组分。4 位数代码（如 0 000～9 999），可容纳 10 000 个数据（1 000，如果最后一位是“校验位”，见下文），然后就“满了”。如果要求超过 10 000，必须使用一个 5 位数的代码。

如果需对一个“谷物”变量编码，分层编码是最合适的。虽然数字代码比较常见，但也可用阿尔法代码。数字代码在层次结构中的每一层有十类（0—9）。基于罗马字母的阿尔法代码，在层次结构中的每一层有 26 类（A—Z）。

数字代码不受语言差异影响。但是，如果是首字母缩写的阿尔法代码，可能需要根据用户语言的不同而调整。

当所有这些优点都考虑到后，主观评价仍然是一个主要因素，因为选择余地较大，且没有一个被普遍接受的代码。

## 错误检测

在不同数据与现有数据的结合处理的过程中，必须验证数据。一般情况下，应尽可能地检查每个数据，检查的标准应与已建立的标准一致。当数据来源不同，或采集标准不同时，验证数据的标准很重要。

### 一致性

首先应该检查代码的可识别性，然后要检查内部一致性。例如，体温记录同时升高和降低是不合理的。将事件放入已知的动物生活史中，可发现其他不合理的数据。例如，当一个动物现有的记录表明它是雄性且未发育成熟，那前一段时间做过“卵巢子宫切除术”“难产”的记录就是不合理的。这些矛盾表明该动物被错误识别。

如果使用的是连续代码，关于代码识别性的检查就很简单：给定的代码既不小于最低也不大于最高代码。字母数字代码需要对电脑列表包含的所有代码进行检查。一些代码（表 9.8）使用的代码元素组合来自不同的列表，例如代表器官、病理过程和原因。必须对照相应的列表识别和核对每个元素；有必要开展进一步的检查，确保器官、病理过程和病因间任何特定组合是可用的，对定量数据而言，极端值须是合理的。

### “手指麻烦”

键盘输入（计算机系统录入数据的一种常见形式，见第 13 章）的数据一般会出现 4 种类型的错误，共同和通俗地称为“手指麻烦”。这些错误是：

- 插入：错误添加多余的字符；
- 删除：漏掉字符；
- 替代：输入错误的字符；
- 换位：字符顺序错误。

危险的是错误版本的代码可能被当作合法的，这意味着与预期代码得到的东西完全不同。如果代码的字符数相同，插入和删除是很容易被发现的，因为录入的错误代码长度不对。可通过增加代码的“冗余度”来降低输入错误代码的概率，也就是说，增加代码的字符。不幸的是，字符高度冗余的代码需要很多按键，本身就会增加出错的机会。须在这些相互冲突间寻求平衡。

电子传输的数据在传输过程中可能被传输介质的“噪声”破坏，例如通过电话或网络连接的计算机间的数据传输（见第 11 章），尽管改进的电磁传输（尤其是数字传输）已经降低了这种错误的频率。有几种方法可以保护数据不受破坏，包括数字代码的“校验数位”等，但这增加了冗余度。

### 校验数位（check digits）

校验数位是代码前几位数的数学函数，例如：

5029＝贫血

前 3 个数字（502）是一个连续排列的代码，代指贫血，第 4 个数字（9）是校验数位，这是代码数字的一个功能。在这种情形下，校验数位通过公式计算：

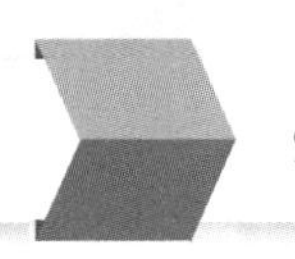


$$（第一个数字\times2）+第二个数字-\frac{第3个数字}{3}=校验数位$$

计算机将不会接受 5028 或 5020，因为最后一个数字不是 502 的正确函数。同样也不会接受 5019 或 5039，这代表了两种完全不同的诊断结果。因此，这是针对错误代码的一个有用的验证检查。（当然，4229 和 4109 用上述公式产生的校验数位与本例中的一致，但是它们与 5028 和 5020 差异很大。）

# 10 监　　测

记录疾病发生情况的能力是能否有效制定疾病控制和消灭策略的基础①，因此监测是疾病控制的必要组成部分。本章概述了监测的基本原则，数据收集、信息系统设计、调查以及诊断试验的应用等部分内容见第11、13和17章。暴发重大疫情（如猪瘟和口蹄疫）时，需迅速开展监测，配合及时的控制措施，确保疫情得到迅速控制。这些内容在第22章中有介绍（“疫情调查”部分）。

## 基本定义和原则

### 监测的定义

监测在最初应用于个体的时候，主要是针对严重传染病（如肺鼠疫），对疾病初始症状的发展进行密切观察（Langmuir，1971）。渐渐地，它被扩大到包含各种疾病及相关的因素，导致目前没有标准的定义②（表10.1）。有些定义会从监视③（monitoring）的角度来描述它，一些权威人士将“监视”（monitoring）和“监测”（surveillance）同义互换（Acheson等，1976）。然而，当代已形成共识，虽然两个术语都有着紧密的联系（Weatherall和Haskey，1976），但有各自的含义。

监视是对疾病、生产性能及群体中与之相关信息的常规性采集。例如，在英国1990—2000年的十年间，从提交给区域兽医诊断实验室的反刍动物标本中分离支原体，定期记录牛分枝杆菌，并于1995年初步确定了犬支原体（Ayling等，2004）。因此，监视以William Farr

---

① 该程序并非新出现的，而是源于疾病暴发报告（见第1章）。在18世纪的英国，调查委员会在关注牛瘟疫情时建议使用疾病的强制通报（Spinage，2003）。在19世纪的法国，健康委员会建议当局应立刻得到口蹄疫疫情暴发的相关通报（Reynal，1873）。20世纪初，英国对非法定疾病的监测得到扩大（英国农业、渔业及食品部，1873）。并且，随着1924年国际兽疫局的成立，国际上对于监测的关注开始增加（见第11章）。

② “监测（Surveillance）”一词来源于法语的survcillcr，意为“观察或监视一个人”（牛津英语词典，1971）；该词的英文意思自19世纪开始形成。

③ “监视”（To monitor）指“保持观察，尤其是以管理、记录和控制为目的”（拉丁语：monere，意为警告、建议和告诫：“牛津英语词典”，1971）。它于20世纪初被引入录音调节领域，现在一般用于表示对任何连续过程的定期测量。

发起的生命统计数据记录为重要基础（见第一章及 Langmuir，1976）。

与监视相比，监测采用更加密集的数据记录方式，包含 3 个不同元素：

- 收集、记录和分析数据；
- 将信息传播给相关方；
- 采取行动控制疾病。

因此，监测经常被比作一个神经细胞，有一个接收数据的传入神经臂、一个分析数据的细胞体和一个采取适当行动的传出神经臂（Thacker 和 Birkhead，2002）。

表 10.1　监测的一些定义

| 定义 | 来源 |
| --- | --- |
| 个体监测：在不妨碍（监测对象）活动自由的前提下，对其进行密切观察，以发现早期感染迹象 | Langmuir（1963） |
| 疾病监测：通过对发病率和死亡率报告及其他相关数据的搜集、整理和评估，对发病率的分布和趋势保持持续的警觉 | Langmuir（1963） |
| ……一个（比监控）更加主动的系统，也就意味着一旦数据显示某疾病等级超过了一定的标准，它会采取一些形式的直接行动 | Martin 等（1987） |
| 连续分析、解释和系统收集的数据反馈方法，一般是根据其实用性、一致性和快速性来区分，而不是根据其准确性和完整性 | Eylenbosch 和 Noah（1988） |
| 数据的收集、整理、分析和传播；是一种在特定人群中对疾病发生进行持续监控的观察性研究 | Stedman（1989） |
| 对一个群体或群落的状态维持持续的观察 | |
| 对健康数据进行系统而持续的搜集、分析和解释（通常用于检测特定疾病的出现），从而让流行病学家随时随地跟进健康数据和一些特定群体中与疾病相关的风险因素，来进行疾病控制措施的规划、实施和评估 | Abramson 和 Abramson（1999） |
| 对一个既定动物种群的准确信息进行的，关于疾病和/或感染的持续系统的搜集、整理、分析和解释，并将相关信息及时传播给采取防控措施的有关方 | Toma 等（1999） |
| 疾病监测：对疾病的发生和传播有效控制方面进行持续的监察 | Last（2001） |
| ……监控是利用获得的信息，在相关病情超出了特定的阈值时采取措施。（疾病监测）是对监控的特定扩展，因此是疾病控制项目的一部分 | Noordhuizen 和 Dufour（2001） |
| 对那些对公共卫生实践的规划、实施和评价至关重要的特定结果数据进行收集、分析和解释，并紧密结合将信息及时传播给需要知道的相关方 | 美国疾病控制中心［Centers for Disease Control and Prevention，US，Thacker 和 Birkhead（2002）］ |
| ……对一特定群体进行持续的调查，检测疾病的发生以对其进行控制，可能会涉及对一部分群体的测试 | 世界动物卫生组织［Office International des Epizooties：OIE（2002）］ |

## 监测的目的

兽医监测的目标一般遵循兽医的目标，即维护高标准的动物健康和福利，以及保护公众健康（通过控制人畜共患病和食源性感染）。可分解为下述目的：

- 疾病暴发的快速检测；
- 疾病的早期识别（流行区与非流行区）；
- 特定群体健康状况评估；
- 对疾病防控重点的定义；
- 疾病控制方案评估；
- 为计划和开展调研提供信息；
- 对特殊病不存在的确认。

## 监测的种类

根据功能和方法的不同，可将监测分为以下几类。

### 疾病监测

疾病监测记录列入疾病控制名录的疾病的发生和蔓延。这样，在口蹄疫暴发期间，必须追踪、隔离和清除感染源。因此疾病监测比一般监测更加有针对性，会包括病原和媒介分布，以及既往感染的血清“印迹”的记录。

### 流行病学监测

流行病学监测是对监测更全面的描述，表 10.1 中有几个不同的定义。一些学者（Toma 等，1999）则将其与监控一词紧密联系。

### 哨点监测

监测可以覆盖整个国家的畜群（如对牛结核病的监测），也可以选取一些农场、屠宰场、兽医门诊或实验室，作为“哨点”单位，“监视”一种疾病[①]。作为哨点的马场可用来调查水疱性口炎病毒的存留情况，并将其既往病史作为选种标准（McCluskey 等，2002）。国家虫媒病毒监控项目（The National Arbovirus Monitoring Program，NAMP，2004）也是利用哨点牧群来描述虫媒病毒在澳大利亚的分布。

另外，通常将重点放在一个物种上，如将马作为委内瑞拉马脑炎病毒感染的哨点（Dickerman 和 Scherer，1983），将流浪犬作为犬细小病毒感染（Gordon 和 Angrick，1985）的哨点，通过血清学确定感染。同样易受到传染性病原体感染的其他种类动物，也可以作为主要种群感染的哨点。例如，野生鸟类可以用来监控圣路易斯脑炎病毒，它们可以在鸟类感染率很低，不足以立即威胁人类的时候，提供一些病毒活动的早期信息。东部马脑炎（一种由蚊子传播的病毒病）可以传染给马和人在内的其他脊椎动物，也可感染鸟类。因此，对此类感染的监测包括定期对哨点鸡群或户外的雉鸡进行血清检测，结合对捕获的蚊子进行病毒培养的结果，以及对东部马的脑炎病例的兽医监测（Thacker 和 Birkhead，2002）。同样，美国用一种综合的方法来监测 1999 年出现在西半球的西尼罗河病毒（Nash 等，2001），包括对人、马、犬、猫、野鸟（尤其是死乌鸦）、蚊（媒介）和哨点鸡的监测（USGS，2004）。家畜也可以作为致癌物质和杀虫剂这些人类环境健康危害的监测哨点；具体见第 18 章。因此，“哨点”既可以指一个特定的观察单位，也可以指一种动物。

### 血清学监测

血清学监测是通过血清试验来识别当前和过去的感染模式（见第 17 章）。例如，欧盟在宣布一个区域无口蹄疫并解除移动限制之前，会根据精确统计抽样协议（precise statistical sampling

① 起源于意大利语：“sentinella”“sentry：看守”。

protocol，见第13章），抽取受感染场所半径3km内小反刍动物的血清样本。有时会进行更大范围的抽样，英国在2001年的疫情中就将血清监测范围扩大至半径10km（图4.14）。

### 被动监测与主动监测

被动监测与主动监测的含义不同。第一，被动监测被定义为只对特定疾病的临床病例进行检查；而主动监测则包括采集群体中动物的样本（包括剖检），因此对了解亚临床疾病，以及以携带病原为主导的疾病有重要作用（Blood和Studdert，2002）。

第二，在兽医学中，被动监测最为常见的描述是对调查动物群体疾病状态的持续性监视，并根据收集数据的分析结果辅助决策（Scudamore，2000），如实验室诊断报告、日常肉类检疫结果和法定疾病通报。因此，被动监测实质上是以对监测结果采取行动为目的的监视。相反，主动监测涉及兽医部门，通常是通过调查特定疫病收集信息。

被动和主动监测各有利弊（Meah和Lewis，2000；Scydamore，2000）。被动监测的数据可能会有偏差（如自愿向诊断实验室送样），缺乏分母值（见第4章），所以难以得出疾病频数的无偏估计。与之相反，主动监测是基于设计精准的调查进行的，可以得到无偏差的结果。被动监测还有可能会低估疾病频数，例如肯尼亚用被动监测的方式仅从每10万只犬中检测出12个狂犬病病例，而主动监测检测出860个病例（Kitala等，2000）。然而，被动监测是识别新发疾病的第一步，这是主动监测无法做到的（设计时未确定目标）；相关的例子包括疯牛病和猪繁殖与呼吸综合征的初步鉴定（表1.6和表1.7）。此外，在被动监测中，向实验室提供样品并将结果反馈给农户和兽医，可以建立良好的关系并加强对动物健康的“非正式”了解。被动监测的成本更低。因此，被动和主动监测都是国家监测体系的监测程序中必要组成部分：美国国家动物健康监测系统（US's National Animal Health Monitoring System）就是一个很好的例子（见第11章）。

### 目标监测和筛检

正如上文所述，“被动”的缺点在于无法充分地体现监测功能。此外，该词还会给人留下“不科学”的印象，有时会依赖于机会，可能意味着不采取行动（比如，它会被归为监视）。另外，目前的主动监测包括了调查以外的活动（如暴发调查）。因此，一个新的词汇正逐渐取代“主动”和“被动”。

目标监测（targeted surveillance）收集指定疾病的具体信息，确定其在特定种群中的流行程度，监控疾病的控制进程。它通常根据统计抽样原则，重点针对感染风险增加的群体，以提高检测效率。如疯牛病监测以病死牲畜为重点（Doherr等，2000），以及医源性沙门氏菌监测以腹痛马为重点（Kim等，2001）。

筛检（全球）监测是指对地方性流行病进行持续地观察。因此，在苏格兰向兽医分发调查问卷可了解牛肺炎和肠炎的区域分布（Gunn和Stott，1996），发现意料之外的变化。如果筛检监测高频率发现相似的未诊断病例（如呼吸系统疾病），则可开展进一步的新疾病发生可能性调查；这就是症状监测①。

---

① 该词来源于“综合征（syndrome）”：与疾病相关的迹象，可用来描述一种疾病（希腊语：syn＝一起，dromos＝运转）。

## 一些总体思考

### 数据属性

一些来源的数据会因其准确性问题而不适合使用。此外，准确性会随时间而变（如随疾病诊断能力的改变而变化），导致疾病发展趋势的伪变化（见第 8 章）。

数据也可能出现类型错误。例如，记录中的“残疾”在评估牛蹄病的流行情况时有用，但在不同机能障碍及其造成残疾的原因研究时价值很低。分层编码系统可记录精度不同的数据（“颗粒度”）（见第 9 章），可依据详细的诊断信息记录疾病特性（Stark 等，1996）。

此外，兽医数据的来源可能会有偏倚（见第 9 章）；选择偏倚中常见的一类。描述数据时，数据来源的偏倚在下文中列出。

### 合作

缺乏合作会给监测和其他流行病学调查带来问题。人们不愿意提供数据常有以下几个原因。

潜在的数据提供者不清楚采集数据的原因，缺乏提供数据的动力。因此，应向所有涉及人员清楚地解释采集数据的目标。当数据采集是疾病控制计划的一部分时，合作就显得更为重要。例如，苏丹的农民在血吸虫病致死率的调查中非常配合，原因是该调查是一种血吸虫病新疫苗应用经济可行性研究的一部分（McCauley 等，1983a，b）。然而，在海地开展的无动物健康项目配套的调查，受到了当地畜主的抵触（Perry 和 McCauley，1984）。

长期的数据采集中，提供数据的动机是很难维持的。这不仅出现在监测中，前瞻性流行病学研究（如队列研究：见第 15 章）中也会出现。例如，在为期 5 年的母犬尿失禁研究中，尽管参与的兽医在最初表现出热情并签订了协议，且调查者定期与其联系，但最终仅有 7%的兽医反馈了全部调查问卷（Thrusfield 等，1998）。

数据采集有时会涉及敏感信息，例如收集被调查对象的财务数据，也会影响合作。

如果数据的采集需要花费过多的劳力或时间，如调查问卷复杂且冗长（见第 11 章）时，很难让涉及人员合作。因此，数据采集的方式应在满足计划的前提下尽量从简。

### 数据采集成本

采集数据通常会有成本，尤其是主动监测，包括实验室检测费用、问卷邮寄费用等（见第 11 章）。因此，活动成本核算中应纳入对数据价值的评估。在大多数国家，国家重点疾病的信息采集通常由政府资助。同样，很多国家也会资助对经济有严重影响的家畜疾病的研究。然而，对于宠物疾病的调查，尤其是那些对公共卫生没有明确意义的，要依靠来自福利社会和慈善的、有限的资助。因此，伴侣动物数据的采集会受资金限制。

### 可追溯性

可追溯性（traceability）是一新词，指通过标识追溯历史、应用或位置的能力（美国环境保护署，1998)。在过去 20 年中，动物和畜产品的可追溯性受到越来越多的关注。在欧洲，因为疯牛病、口蹄疫和二噁英饲料污染等危机（Vallat，2001）[①]，追溯系统[②]成为国家和国际兽医机构关注的重点。

追溯系统的起始点是动物标识（图 10.1），随着“微芯片”植入物的发展，无论是在家畜还是宠物中（见第 4 章），瘤胃丸剂、电子耳标（Fallon，2001；Ribó 等，2001）和遗传标记（Cunningham 和 Meghen，2001）都提升了标识的精密性。包括诊断检测、调运和养殖等的个体动物档案（如动物护照：见第 4 章）是动物过去和当前位置记录系统的基础。例如，加利福尼亚州的法律要求所有的长尾小鹦鹉都要佩戴印有详细出生年份和育种机构名称的标记环（Schachter 等人，1978），该措施促进了该州对长尾小鹦鹉衣原体病的控制。相反，英国 *Vetnet Tracing and Verification system* 显示，在 2001 年口蹄疫疫情中，所有潜在受感染羊的有效追踪是不充分的，因为只能对它们按批次追踪，同一批次的羊分开后很难追踪（Gibbens 等，2001b）。同样，在加拿大，动物标识的缺乏阻碍了牛结核病的根除，以及追踪潜在感染羊痒病的羊。(Greenwood，2004)。

(a)

(b)

图 10.1　动物标识的例子。英国家畜耳标：(a) 耳标图例（地理标识符如图可见）；(b) 根据标签上的地理标识符的前两个数字确定的被标识动物的位置

国家追溯追踪系统的例子有北爱尔兰（Houston，2001）和加拿大（Stanford 等，2001）建立的牛群追溯追踪系统。

世界贸易的增加也意味着对动物健康最低标准的需求，包括对国家间动物及其产品的追踪（Wilson 和 Beers，2001)。这是因为在贸易中，动物健康状态和所处位置相关（如有些国家有一些经认可的无病农场，饲养的动物无须再进行无病验证），因此，需了解动物的来源和它们所停留过的地方。欧盟的 ANIMO（动物移动）是一个连接兽医机构的电脑网络（EUROPA，2004)，提供欧盟内贸易、进口或中转的活畜、精子和胚胎信息，以及哺乳动物废弃物交易和特定畜产品进口等信息。将 ANIMO 和 SHIFT（兽药进口程序电脑网络）合并为欧洲贸易管制专家系统（TRAde Control and Expert System，TRACES）方面已取得进步，但在家畜标识和注册方面还存在着不足（Auditors，2004)。

---

① 这并不是一个新概念：动物盖印被记录在古巴比伦亚莫利王朝的第 6 个国王（公元前 18 世纪）汉谟拉比法典中，动物起源的书面证明由普鲁士国王弗雷德里克·威廉于 1716 年引入，并作为控制牛瘟的一部分（Tornor，1927)。Blancou 最早书写了动物及其产品可追踪性的详细历史。

② Caporale 等（2001）准确地区分了追踪系统（tracing system）和追溯系统（traceability system)。前者是特别为了疾病控制（如追踪结核病的阳性反应者的来源）而进行的，而后者是为了记录一个产品在产业链中产品历史的（从牧场到餐桌：见第 1 章)。

## 数据来源

下述 OIE 等组织和团体的名单意味着监测和其他类型流行病学调查的可用资源。在不同的国家，名单会有所区别。在一些国家，尤其是发达国家，已建立了能推进潜在和实际数据采集的兽医基础设施。发展中国家可能只建立了其中的一部分。一些机构会进行日常数据记录和储存，结构性数据（数据库）和信息系统可为监测活动和开展其他流行病学研究提供参考（见第 11 章）。

### 官方兽医机构

大多数国家建有官方兽医机构。这些机构开展国家重点疾病调查，尤其是那些强制报告的传染性疾病（须通报疾病）。很多国家建立了官方诊断实验室。定期或不定期地出版报告，如英国诊断实验室的诊断记录（Hall 等，1980）。执业兽医经常性地向诊断实验室自愿提交的报告，反映出其兴趣和动机，会导致选择性偏倚。同样，须通报疾病的报告也取决于观测者的责任心。

整理各种官方信息形成的定期出版物也可以找到。但有些常规报告属于机密文件，很难获得。OIE 出版了一个覆盖了世界上大多数国家的国际动物疾病公报（OIE：Blajan 和 Chillaud，1991），基于 OIE 成员的定期报告，提供疾病的流行情况（见第 11 章）。

有时会整合多种来源的数据来开展调查。1954—1955 年开展的北爱尔兰家畜疾病调查（Gracey，1960）就是一个很好的例子。调查包括了牛、羊和猪生产、传染性和非传染性疾病的数据，其中全国 70%农场的数据来自基层官员和屠宰场。

### 兽医诊疗实践

在有执业兽医的国家（尤其是发达国家），诊疗人员与农场和宠物保持着不同程度的联系。农场兽医与奶牛接触最频繁，其次是猪和肉牛，接触最少的是羊。反刍动物的问题有季节性，常和分娩有关。

伴侣动物的主人通常会前往私人诊所。因此，诊所兽医是小动物和马相关数据的潜在来源，在横断面调查中，他们提供的数据可以较好地代表相关的动物群体。

在伴侣动物诊疗实践中，因为治疗费用的原因，穷人不会送患病的伴侣动物到诊所，会造成选择性偏倚。

在大型动物诊疗实践中，动物患轻微疾病和不治之症时，农场主通常不会请兽医诊治，会导致数据的代表性不够。

即便数据可以任意获取，诊疗实践数据通常是以独立累积的形式存在的，因此可能难以进行数据的收集和比较。可以使用调查问卷（见第 11 章），但很耗时。一些持续监测项目鼓励使用兽医诊疗数据，如从美国明尼苏达州的几次兽医诊疗实践采集的数据（Diesch，1979）（图 11.2）。然而，在监测中，兽医诊疗数据仍很少被使用。

#### 电子化诊疗记录

然而，现代计算机技术的发展提升了数据的可用性（见第 11 章），利用日常搜集的兽医诊疗数据进行监测和流行病学研究的可能性正在显现。数个由兽医诊疗机构、政府机关和大学运作，能记录家畜健康和生产性能的计算机系统已经建立（见图 11.2 和第 21 章），它们有助于推进集约化生产体系记录总体发病率（Whitaker 等，2004），开展特定的流行病学研究和调查，如牛蹄病（Russell 等，1982a；Whitaker 等，1983）和生育率（Esslemont，1993a）研究。小动物数据的电子化尝试仍未开展（Thrusfield，1991）。然而，互联网（见第 11 章）是可不断扩展的资源，而且已被用于小动物监测数据的搜集（Gobar 等，1998）。

人们乐于使用现有数据，因为这些数据既能广泛到代表某一时点的动物全体，又比为特定目的采集数据花费更少。然而，电子化的常规采集数据也存在问题。第一，一些数据对于特定目标研究来说不够精细；第二，不同系统的数据分类和精细化程度不同，较难统一和比较。例如，一个计算机系统记录牛蹄部的病变非常详尽（如 Russell 等，1982），而另一个系统可能只记录了跛行（Smith 等，1983）；第三，研究者无法控制这些数据的质量，这就可能导致数据不准确（如按错键：见第 9 章）、不完整、选择性偏倚、误分类和混杂[①]；第四，这些数据难以转换为适合分析的形式（Mulder 等，1994）。

### 屠宰场

红肉屠宰场会宰杀大量动物，供人类消费，在肉品检验过程中会发现一些疾病。通常只有临床健康的动物才会被屠宰，因此大多数在肉品检验中被发现的疾病是亚临床的。大多数报告与寄生虫，以及类似肝脓肿的内部损伤有关。

肉品检验的目的是保护人类的健康，防止出售明显不适宜人类消费的肉类和内脏。因此，大多数情况下仅采用剖检；经验表明，这种方法是适用的。

肉品检验的另一个目的是记录发现的异常情况，因为这些发现可能具有流行病学意义，例如建立人群暴发疫病与动物感染间的联系（Watson，1982）。如在巴巴多斯，屠宰场牛结核病损伤的流行率增加是人结核病流行的第一指征（Wilson 和 Howes，1980）。

因此，在其他诊断条件不具备时，屠宰场是疫病监测数据的重要来源。例如，在欧洲，牛传染性胸膜肺炎的临床表现很难作为疫病指征，而抗体流行率很低使得血清学筛检难以实施，因此，瑞士将屠宰场牛肺部检验纳入该病监测系统中（Stärk 等，1994）。

流行病学调查是屠宰场肉品检疫必要的附加目标，如为特定调查或研究采集血、唾液、淋巴结和其他组织进行检验。在爱尔兰，采集屠宰场牛肾样品进行电子显微镜检查发现损伤的特点（Monaghan 和 Hannan，1983）。这是一个使用附加手段提高诊断精度的例子。同样，英国已开展一项羊囊尾蚴感染的调查（Stallbaumer，1983）。这项调查非常必要，因为该项在常规监测中没有单独列出，只是包含在粗纹理的“其他”一栏中。

肉品检验时检查的动物不是源于屠宰场，它们只是被运到这里。因此，如果发现疫病，应追溯至动物的来源场或来源地。在市场体系较为简单的国家，追溯相对容易。例如，在丹麦，猪从产地直接运至合约屠宰场，依据屠宰场的记录就能迅速开展追溯和疫病监测（Willeberg，1980a；Willeberg 等，1984）。

即使可从屠宰场追溯，在一些国家因采用不合适的内脏样品诊断而导致问题。通过耳标或

---

① 数据质量评估也见于 Canner 等（1983），Neaton 等（1990），Roos 等（1989）和 Willeberg（1986）的报告。

纹身可辨识胴体，但有病变的内脏可能标记不清，难以辨清来源。

一些国家，如澳大利亚、塞浦路斯、丹麦、印度、卢森堡、新西兰、尼日利亚、挪威、英国和美国等发布了日常肉品检疫报告。其中的数据来源于大型的屠宰场（如丹麦）、指定屠宰场（如英国，Blamire 等，1970，1980），或某个屠宰场（如印度，Prabhakaran 等，1980）。流行病学调查已经采用这些来源的数据，如苏格兰屠宰场羊受谴责原因的调查，以及英国屠宰场动物疫病的调查（Blamire 等，1970，1980）。

在屠宰场开展的调查也可用来发现养殖环节缺陷。在布达佩斯屠宰场开展的母猪蹄部和脚垫损伤调查，帮助确定了圈舍地板结构的缺陷（Kovacs 和 Beer，1979）。

### 禽屠宰场

在一些国家，家禽在单独的禽屠宰场进行屠宰。这些场所的检验结果是另一信息来源。绝大多数有临床表现的病禽和死禽在宰前已被排除。

### 废畜处理场

在一些国家，不适宜人类消费的病死畜会被送到专门场所处理。这些场所被称作废畜处理场（Knacker yards）。病死畜尸体可用来喂动物。在欧洲，猎犬吃的肉常来自这些场所。在不食马肉的国家，废畜处理场也会处理一些马。

和屠宰场的数据不同，来自废畜处理场的数据会有偏差：废畜处理场的动物通常是死亡或生病的，而非健康有活力的；数据获取的难度大、成本高；来源复杂，且需进行兽医检查才能保证准确性。

### 档案室

一个档案室（Registries）就是一份参考列表（该词常用于描述保存表单的处所）。医学疾病档案（特别是肿瘤）中，一直用医院和死亡证明数据作为分子，普查数据作为分母计算发病率和死亡率。现在也有一些动物肿瘤疾病的档案，但通常缺少普查数据，无响应会导致分母偏倚。例如，基于注册的犬或接种疫苗犬数量推断种群规模时（Cohen 等，1959），分母常被低估，因为只有较少的公众响应犬的注册和免疫。在英国，强制性要求屠宰场对所有牛的肿瘤进行报告（血管瘤和乳突状瘤除外），加上屠宰场的生产记录，即可计算肿瘤发病率。

为降低无响应所致的偏倚，一些登记开展了选定地区的人口统计学调查。加利福尼亚州的一份肿瘤档案（Dorn，1966）以家庭调查方式获取的“兽医用”参考群作为分母。塔尔萨（美国）犬猫肿瘤档案室（MacVean 等，1978）以“兽医用”参考群为分母，数据来自塔尔萨地区的动物诊疗档案，不仅包括生病动物，还包括进行常规体检、免疫和选择性外科手术的健康动物。分子是注册病理学家对兽医提交样本的诊断数据。尽管这些档案降低了特定群（例如临床病例）固有的选择性偏倚，但可能忽略真正的风险群。在之前的例子中，无法纳入未诊疗的动物，而有的动物会诊治不止一次，在分母中会被计算两次。这些偏倚的程度难以评估，但可能较小。

## 制药和农产品销售

制药公司的销售记录提供了一个间接评估疾病数量的方法，这同时也是监控药物使用的途径。如抗生素的销售情况可以粗略反映出细菌性疾病的流行率，但以此类信息开展的评估结果可能会不准确。在未分离出细菌的情况下，甚至不知是不是细菌病的情况下，就有可能使用抗生素。抗生素也会被用于预防；如术后的常规应用。同样，它们可能会被用于不同于初衷的其他目的：例如，一些小动物兽医有时候会用牛乳房内用抗生素治疗外耳炎。不合理和不正常用药的程度很难估算。

药品销售记录可与其他数据来源相联系。如在丹麦，抗菌化合物总重量的95%由药房提供，VETSTAT监测系统整合了来自药房、兽医和饲料加工厂的数据，来了解农场的用药状况，在耐药菌存在的情形下促进谨慎用药（Stege等，2003）。

## 动物园

大多数动物园存有动物及其疾病的详细记录（Griner，1980；Pugsley，1981）。一些动物园会将数据传送到日内瓦作为动物园动物国际兽医档案的一部分（Roth等，1973）。有一些记录特定物种的计算机系统（Bailey等，2003）。就需要记录系统对圈养物种进行疾病监测而言，现在已形成普遍共识（Cook等，1993b；Munson和Cook，1993）。

## 农业组织

有很多与畜牧业相关的农业团体会记录动物产品信息，如增重、料肉（蛋）比和牛奶产量等。尽管这些数据并不直接与疾病相关，但可以提供种群组成和分布的信息，这些信息可在确定研究种群中发挥作用。例如，在奶牛淘汰原因的调查中，就使用了英国国家牛奶生产记录来定位黑白花奶牛群（Young等，1983）。

## 商业化养殖企业

第1章提到的畜牧业密集导致商业化养殖企业的成立，尤其是猪及家禽业，大型企业很常见（见表1.11）。很多这些企业有自己的记录系统，虽然可能有一些数据是保密的，但很多调查都使用了这些资源；如澳大利亚肉仔鸡死亡率（Reece和Beddome，1983），养兔企业损失、断奶仔猪消瘦病（Jackson和Baker，1981）和与断奶幼畜移动相关的损伤（Walters，1978）。

## 非兽医政府部门

一些非兽医政府部门会收集与动物有关的数据，如经济和统计部门。统计部门记录了英国动物的数量和分布，使绘出牛、羊和猪在英国和威尔士的等值区域密度地图成为可能（MAFF/ ADAS，1976a,b,c）。

## 农场记录

许多农场主，尤其是饲养奶牛和猪的农场主会有日常生产记录。其中一些记录与疾病有关。这些数据有些是电子化化的，由政府、大学和兽医诊疗机构推动的电子化方案见上文（“兽医诊疗实践”）。

### 兽医学院

兽医学院有临床教学，会记录诊疗结果。且很多已经建立了数据库，利用计算机技术快速获取数据，如佛罗里达（Burridge 和 McCarthy，1979）、爱丁堡（Stone 和 Thrusfield，1989），利物浦（Williams 和 Ward，1989b）和格拉斯哥（Knox 等，1996）等的学院。一些兽医学院会收集信息构建综合数据库（如，美国兽医医疗数据库：见第 11 章）。研究群体常存在偏倚，尤其是当临床医生有特定的兴趣领域时，会导致大量相关病例的出现。

### 野生动物组织

野生动物和动物保护组织、害虫防治中心都会收集野生动物数据，尤其是种群数量数据。野生动物可是家畜和人的重要传染源，如狂犬病（美国的臭鼬和欧洲的狐狸），也可成为潜在传染源（如，英国的野兔感染猪布鲁氏菌）。在这些动物中开展常规疾病监视的成本很高，即便他们已日渐成为哨点监测的重点（见上文）。不过，可开展专门的调查。种群数据在调查实际和潜在的感染扩散时也同样有价值（见第 19 章，英国狐狸狂犬病的例子）。

### 研究实验室

研究实验室会记录灵长类、兔类、啮齿类和豚鼠类等实验动物的数据，这些数据专业性很强，仅有少数人知晓，因此会有明显的偏差。

### 宠物食品生产商

宠物食品的生产商在开展市场调研时，会收集动物种群数据（Anderson，1983），但商业利益或许会阻碍数据的交流。

### 认证计划

无病认证计划带有强制性，要求对相关养殖场的动物进行定期检测，能够提供一些疾病的发病率数据。例如，英国兽医协会/养犬俱乐部的眼检查计划要求，在犬的一生中应每年检测一次，获取年度犬无遗传性眼病证书。这一计划可以保证对犬进行定期检查，有助于估算犬白内障发病率（Curtis 和 Barnett，1989）。

### 宠物店

宠物店是幼畜信息的潜在来源，如先天性病变（Ruble 和 Hird，1993）。但是追溯（如基因研究）难度大，甚至几乎不可能。

### 繁育协会

宠物和家畜繁育协会有不同品种家畜的数量和分布信息。然而，合作的程度会有所区别。

如果调查会凸显某一特定品种的问题，那么相关协会可能会不合作。这种担心是真实存在的，即便它来源于错误的概念，认为调查只能产生出发病数据。事实上，调查的主要目标是发现原因，以制定有效预防策略。

## 血清库

血清库是“按计划采集的血清组成的分类随机样品库，能最大限度地代表群特性，可保持样品的免疫和生化特性”（Moorhouse 和 Hugh-Jones，1981；Timbs，1980）。控制或消灭运动中，如采用血清学方法进行诊断检测，会定期采集血清样品（例如，英国在消灭布鲁氏菌病时，血清样品也会用于检测牛皮蝇和流行性牛白血病）。样品也可能来自专项调查。例如，英格兰和威尔士在牛皮蝇感染的血清学调查中，搜集了 3 000 多家农场的 74 000 余个血清学样品。目前的技术只需很少量的血清就能诊断，剩余的很多血清就丢弃了。

*血清库的应用*　血清样本可提供有用的传染病流行病学信息，包括：

- 识别主要健康问题；
- 确定疫苗优先接种；
- 确定疾病分布；
- 新发病调查；
- 了解流行周期；
- 理解疾病病因；
- 评估免疫计划；
- 评估疾病损失。

*血清来源*　表 10.2 列出了血清的潜在来源和部分特性，说明了不同来源的优缺点。依据血清库形成的结论的有效性取决于：

Ⅰ检测方法的敏感性和特异性（见第 9 章和第 17 章）；

Ⅱ调查设计的质量；

Ⅲ存储血清的质量。

**表 10.2　血清库样本的潜在资源及其部分特征**

| 资源 | 潜在样本数 | 种群研究中的选择性偏倚 | 血清库成本 | 收集难度 | 文档标准 |
|---|---|---|---|---|---|
| 一对一领域访问 | 高 | 低 | 高 | 低 | 高 |
| 其他领域访问 | 高 | 低-高 | 低 | 高 | 中-高 |
| 屠宰场 | 高 | 高 | 低 | 高 | 低 |
| 牲畜营销链 | 高 | 高 | 低-中 | 中 | 低 |
| 兽医诊断实验室 | 低 | 高 | 低 | 高 | 中-高 |
| 私营个人 | 低 | 高 | 低 | 中 | 中-高 |
| 现有的搜集 | 低-高 | 低-高 | 低 | 高 | 低-高 |

来源：Moorhouse 和 Hugh-Jones，1981。

第Ⅰ个因素是检测方法的固有特性。第Ⅱ个因素的关键抽样策略是否合适（见第 13 章）。第Ⅲ个因素与血清的储存方式直接相关。

**血清的收集和储存** 样品应无菌采集，在室温下凝结1～2h后，4℃过夜，然后以2 000～3 000r/min离心10～15min分离血清。血液也可用滤纸盘收集，然后洗脱获得血清，但这种方法获取的血清量少，且只能进行半定量调查。

常用的储存技术有2种：速冻法和冻干法（冷冻干燥）。速冻有4种方式：

- 液相液氮：－196℃；
- 汽相液氮：－110℃；
- 超低温：－90～－70℃；
- 标准速冻：－40～－20℃。

血清在－20℃长期保存可能会导致抗体滴度降低。短期宜保存在4℃。冻干法优于速冻法，但花费较高且技术更为复杂。如采用速冻法，应注意以下几点：

- －20℃保存时，抗体滴度的下降程度取决于血清中免疫球蛋白的种类和数量；与IgG含量高的血清相比，IgM含量高的血清可能会更快地失活（Moorhouse和Hugh-Jones，1983），这在慢性感染中尤为常见（Tizard，2000）。
- 反复冻融会导致血清失活，显然这不是解冻或冷冻过程本身造成的（Cechini等，1992），血清样品中的细菌和酶可能是主要原因（见下文）；因此，样品解冻后应尽快再冷冻。
- 使用冷冻保护剂与/或酶抑制剂可减轻或消除血清失活。
- 在－20℃下保存的样品，2年内比活度下降的很小；然而，还不清楚血清库存储的全部血清的精确有效期。
- 样品必须速冻。
- 保存的样品应无菌。
- 解冻后的样品应立即检测。
- 延迟会导致蛋白质水解率上升。

45年前，就有建立兽医和医疗血清库的建议（WHO，1959），但并没有引起广泛关注，尤其是在兽医领域。已经建立的兽医血清库，一个在加拿大，存储在牛布鲁氏菌病根除运动中收集的血清（Kellar，1983），其他分布在新西兰（Timbs，1980）和美国路易斯安那州（Moorhouse和Hugh-Jones，1981；Hugh-Jones，1986）。后者存有之前研究剩下的血清样本，能提供家养和野生动物的一些疾病信息（马的细螺旋体病和犰狳的麻风病）。

一些国家建有国家医疗血清库。如英国为流感监测建立的血清库（Zambon和Joseph，2001），以及斯堪的纳维亚为记录营养、生化、免疫和其他癌症早期迹象建立的血清库（Jellum等，1995；Tuohimaa等，2004）。然而，世界卫生组织于20世纪80年代末取消了国际医疗血清库资助（Lederberg等，1992）。

WHO的两份技术报告（WHO，1959，1970）中讨论了血清库的建设纲要，作者分别是Moorhouse和Hugh-Jones（1981）。此外，Hugh-Jones还描述了血清库信息存储数据库。

## 监测机制

监测机制主要有6种：

- 主动报告；
- 强制报告；
- 暴发调查；
- 哨点监测；
- 结构化调查；
- 普查。

这些机制及其特征，以英国为例在表 10.3 中呈现。一个监测策略中可使用一个或多个机制。例如，美国对猪布鲁氏菌病的监测包含有强制通报、主动监测、被动监测、暴发调查和哨点监测（NCAHP，2004）。

### 监测网络

监测网络是指监测一种或多种疾病的制度结构和人员的集合（Dufour 和 Audigé，1997）[①]。这些网络通常是集中的（例如，数据在一个特定中心进行管理）。按照监测的目标、范围和机制可将监测网络进行分类（Dufour 和 Audigé，1997），这有助于对当代兽医监测范围的理解：

- 涉及的疾病类型（地方 vs 外来）；
- 涉及的疾病数量（筛检 vs 目标监测）；
- 网络覆盖的地理范围（例如，地方性的或全国性的）；
- 抽样策略（普查 vs 随机抽样/自愿送检/哨点监测）；
- 数据采集方法（被动 vs 主动）；
- 网络的管理（整合的：疾病预防控制中的数据采集活动；vs 独立存在的，如独立发生的）。

目前，全世界有大量的监测网络和系统，其中一些是兽医信息系统的组成部分（见第 11 章）。表 10.4 显示了法国的监测网络。

Blajan（1979）、Davies（1980，1993）、Ellis（1980）、Blajan 和 Welte（1988）、Bernardo 等（1994）、以及 Dufour 和 Audigé（1997）都曾探讨过国家和国际层面的监测。

## 发展中国家的监测：参与式流行病学

在发展中国家，兽医领域的监测和持续疾病控制的主要问题是缺少疾病发生信息。缺乏实验室诊断支持、人力不足、复杂地貌等都会阻碍数据的采集（Broadbent，1979）。还可能存在常规兽医机构不健全（Swift 等，1990）。作为为农村社区提供更好的兽医服务，进行疫病控制的一部分内容，多种替代数据搜集方法应运而生[②]。

---

① 区别有时在于网络和系统的区别（见第 11 章），因为后者以着更广泛的目标为基础（例如，在监测的同时为流行病学研究服务），并且可能会因此包含几个网络。

② 20 世纪五六十年代开始，美国开始重视更广泛的农业场所对于社区参与的需要，那是罗斯福的乡村生活委员会鼓励贫困社区自力更生。

表 10.3 监测机制

| 机制 | 描述 | 优点 | 缺点 | 评论 | 相对成本 |
|---|---|---|---|---|---|
| 主动报告 | 相关疫情的调查（如福利侵犯，罕见的临床症状）将直接或通过定期发布的刊物或其他方式通报给国家兽医部门 | 提供了发现新症状的途径<br>在数据来源能持续更新的情况下更有效（大学中的兽医学院）<br>有利于记录影响有限的罕见事件（如发生在英国的犬巴贝斯虫病） | 可能因瞒报而错过病例<br>难以计算面临风险的种群规模（如发病率计算时分母的确定），使得发展趋势和变化难以测量 | 当被观测疫情被确定为重要的且观测者了解如何通报时，通报得以发出<br>可通过增强意识来取得进步（如通过相关活动），并提供经济奖励，但这会增加成本 | 低 |
| 强制报告 | 观测者负有将相关疫情（如手足口病、沙门氏菌病的暴发）向有关政府部门通报的法律义务 | 适用于较易察觉的临床症状，特别是在人们意识得到提高的情况下（如疯牛病）<br>在国内有通报的统一标准<br>通报有助于迅速开展调查并实施控制<br>通报使针对未能迅速在实验室得到确认的疾病的行动得以实施<br>通报提供地点信息，使种群发病率得以统计，对比得以进行，地理区域得以确定 | 瞒报情况可能存在，除非对相关人员进行临床症状和报告途径的培训，以提高他们的意识<br>特定疫情的瞒报程度通常存在偏差；瞒报的原因有多种，因不同地域或种类的牲畜饲养者的情况而异<br>对与地方性症状具有相同表现的症状敏感性较低（如典型猪瘟疫与猪断奶后多系统衰弱综合征）<br>没有明显迹象的病情可能被忽略（如狂犬病）<br>对牲畜所有者的潜在不利影响可能成为抑制因素，增加瞒报情况（近两年有过羊痒病记录会影响牲畜出口）<br>难以估计疫情波及的种群规模，无法统计流行率 | 当被观测疫情被怀疑或确认为“需要通报的”，且观测者了解如何通报，通报得以发出<br>可通过发放补贴进行奖励的形式取得进步 | 低（当发病率低时） |
| 暴发调查（见第 22 章） | 召集具有相关专业知识的兽医调查罕见疫病症状的爆发；调查因接触动物所产生的人类疫情的相关性 | “综合征监测”为确认新情况提供途径 | 依赖对暴发疫情的清晰定义（见第 4 章），需在干预程度上取得一致（如牛年流产率>1%）<br>依赖初级兽医和牲畜所有者的关系，缺乏此种关系的农场可能被忽略<br>这些农场可能存在高风险（更易存在疫情），因为与兽医接触少，且不愿通报问题 | 不同的观测角度都能催生调查（如来自尸体处理系统的死亡数据，来自公共卫生机构的数据，肉品检查时观测到的病变） | 若干预程度不合适，则高 |

（续）

| 机制 | 描述 | 优点 | 缺点 | 评论 | 相对成本 |
|---|---|---|---|---|---|
| 哨点监测（一手和二手数据来源） | 雇用观测者以提供定期反馈，内容包括被观测的特定疫情的类别，数量和其他细节；重要疫情的识别与确认在不同时期可能不同<br>哨点可提供一手数据（如来自农场主）或二手数据（如兽医） | 经过培训达到目的<br>专业的哨点监测（兽医实践）可提供被调查种群中疫情严重程度的评估<br>灵活性：一旦监测网络建立，所调查疫情和收集的数据可适应变化的需求<br>可提供不需通报的通常情况的数据（同样适用于实验室检测不是常规项目的情况）<br>可估计监测种群的规模，种群发病率得以评估<br>如果哨点具有代表性，其数据可推广至更大的群体<br>可以收集到有助于预测趋势的附加信息<br>可监测实验室试验或其他卫生实践的原因与结果，由此提高对其他监测数据的解读 | 不适用于罕见疫情（成本原因），哨点通常只覆盖被监测种群的少数<br>难以建立有效覆盖相关种群的哨点，检测结果有偏差 | 观测者被雇用于特定的需要被监测和记录的疫情项目<br>诊断特异性可通过与诊断实验室的合作得到提高<br>为取得良好效果，合同需要延续，常规反馈得以提供，以此保证数据源的作用 | 中等或高 |
| 哨点监测（三手数据源） | 数据来源（如实验室诊断）报告了特定疫情的诊断数量，附带多种辅助资料（如被感染的样品、诊断数据、地理位置、样品类别），这些数据被加以整理得出全国性数据，可预测长期趋势以及干预效果 | 为无法被一手和二手数据验证的指标提供高效监测方法（如无明显症状的疫情）<br>适用广，涵盖所有数据，多种指标，能在开始阶段有效检测到罕见却重要的变化（如新疫情的出现）<br>能提供特定指标的相关发病信息（如流产原因等），从而引导设置优先指标<br>若数据可靠，则可提供详细信息，不同区域的病例之间的联系得以确认<br>建立起分析病例的机制，为深入研究之前的疫情提供更多信息（如对于第一例疯牛病的一系列研究）<br>可以提供其他手段所无法提供的关于症状的信息 | 瞒报可能出现（因为依赖于初级与二级数据），难以计算疫情总件数<br>无法广泛运用，实验室分布不均，导致地理盲区<br>在初级和二级水平上易被诊断的病例不会被归入数据中，因为没有必要<br>诊断的频率因参考病例和样本的次数而有偏差，除非相同因素对所有实验组都有影响（如经济状况欠佳，相对发病率依然有效）<br>对某系疫情没有三级诊断的支持（合适的实验室试验） | | 不定 |
| 结构性调查（见第13章） | 在被研究症状出现时，选取研究种群中的一个样本 | 种群对象以及有关信息可以得到明确<br>若取样机制存在，数据必须来自具有代表性的种群对象，以保证对发病率的估计相对准确<br>调查可重复多次进行<br>可以对种群对象进行多重调查以确认疫情的等级和扩散程度（对死牲畜和残废畜的屠宰可用于有疫情风险但无明显症状的动物），这有助于确定可能被忽视的种群对象内的疫情等级<br>可以通过控制评估的精确度以控制成本 | 定向的，只能测量被确认的范围，无法对新信息做出反应，难以对新的或突发疫情做测量<br>在诊断方法上出现的差异可能限制用以测量相同事物的调查的可比较性<br>可能出现无人应答的情况<br>分母数据可能不完整或无效<br>若样本范围大，则成本会很高 | 若症状并非罕见，样本范围较小的调查可以提供有用结果<br>通过屠宰牲畜进行的调查可以测量不同年龄段牲畜中亚临床疾病的等级<br>成本由疫情的特性和调查的精确度决定 | 不定 |

（续）

| 机制 | 描述 | 优点 | 缺点 | 评论 | 相对成本 |
|---|---|---|---|---|---|
| 普查 | 在某一群体内对所有成员进行症状的检测（如对特定年龄的牛进行肺结核测试，或对上市销售的肉品进行检查） | 某一对象的所有成员都为调查提供了信息，真实的流行率得以测量（而非像样本那样提供预测信息） | 需要建立机制以确定被纳入计算的种群中所有成员<br>成本高 | | 高 |

注：图表中所涉及的初级，二级和三级数据源是由受感染动物和与他们相关数据源间的关联程度决定。如农场主与牲畜有直接和经常性接触，所以是初级数据来源；兽医只能接触到部分临床病例，所以是二级数据来源；而诊断实验室只能通过实验室的样品与牲畜建立间接接触，因此是通常认为的低级别初级数据（见第 11 章）。

来源：修订自 DEFRA，2002c。

**表 10.4　法国 1997 年动物流行病学监测网络**

| 网络名称 | 目的 | 监测类型 | 范围 | 样本 /所有种群成员 | 收集 | 运行方式 |
|---|---|---|---|---|---|---|
| 狂犬病 | 发现病例 | 定向 | 全国 | 所有成员 | 被动 | 整体的 |
| 结核病 | 监测疾病控制 | 定向 | 全国 | 所有成员 | 主动 | 整体的 |
| 布鲁氏菌病 | 监测疾病控制 | 定向 | 全国 | 所有成员 | 主动 | 整体的 |
| 牛白血病 | 监测疾病控制 | 定向 | 全国 | 所有成员 | 主动 | 整体的 |
| 牛脑海绵状病 | 发现病例 | 定向 | 全国 | 所有成员 | 被动 | 整体的 |
| 羊痒病 | 评估流行率 | 定向 | 全国 | 所有成员 | 被动 | 整体的 |
| 野生动物监测网络 | 估计死因 | 扫描 | 全国 | 样本（猎人，在自愿的基础上） | 被动 | 自主的 |
| 全国家禽流行病学监测网 | 沙门氏菌对家禽饲养的污染监测 | 定向（沙门氏菌和支原体） | 全国 | 样本（农民，在自愿的基础上） | 主动 | 整体的 |
| 全国家禽生产监测网络 | 家禽饲养中的疾病监测 | 扫描 | 全国 | 样本（兽医，在自愿的基础上） | 主动 | 整体的 |
| 养蜂流行病学监测网络 | 蜂房蜜蜂疾病监测 | 定向（5 种疾病） | 全国 | 代表性样本 | 被动 | 自主的 |
| 贝类卫生监测网络 | 贝类毒物污染监测 | 定向 | 全国 | 代表性样本 | 主动 | 自主的 |
| 贝类微生物监测网络 | 贝类细菌污染监测 | 定向 | 全国 | 代表性样本 | 主动 | 自主的 |

（续）

| 网络名称 | 目的 | 监测类型 | 范围 | 样本 /所有种群成员 | 收集 | 运行方式 |
|---|---|---|---|---|---|---|
| 用于监测牛主要病原菌耐药性的网络 | 肉牛主要细菌性病原体耐药性发展情况监测 | 定向 | 全国 | 样本（实验室，在自愿的基础上） | 被动 | 整体的 |
| 对马传染性子宫炎流行病学监测网络 | 马传染性子宫炎变化监测 | 定向 | 全国 | 样本（饲养员，在自愿的基础上） | 被动 | 整体的 |
| 沙门氏菌网络 | 沙门氏菌血清型变化的监测 | 定向 | 全国 | 样本（实验室，在自愿的基础上） | 被动 | 部分整体、部分自主 |
| 牛沙门氏菌疑似病例流行病学监测网络 | 成年牛沙门氏菌病疑似病例监控 | 定向 | 全国 | 样本（兽医，在自愿的基础上） | 被动 | 部分整体、部分自主 |
| 牛巴氏杆菌病监测网络 | 牛巴氏杆菌病监控 | 定向 | 全国 | 样本（兽医，在自愿的基础上） | 被动 | 自主的 |
| VEGA* | 牛、羊主要病害监测 | 扫描 | 区域 | 样本（兽医，在自愿的基础上） | 主动 | 部分整体、部分自主 |
| VIALINE* | 牛传染性疾病的变化监测（牛传染性鼻气管炎；类结核；李氏杆菌病） | 扫描 | 区域 | 样本（牧民，在自愿的基础上） | 被动 | 整体的 |

注：* 区域网络名称。

来源：根据 Dufour 和 La Vieille（2000）修改。

对强大、迅速、细致且廉价的数据搜集和分析方法的需求，导致系列融合多学科技术的农村快速评估技术不仅出现于农业领域（McCracken 等，1988），也出现于动物卫生领域（Ghirotti，1992）。包括用于定性评估的改进社区数据采集方法，称之为“参与式评估”（Pretty，1995）。最近创造出的“参与式流行病学”一词，用以描述社区参与式的数据搜集和疾病控制（Mariner，1996；Catley 和 Mariner，2001）。需指出的是，这种技术不仅关乎数据采集程序，还是动物疾病干预策略的组成部分，监测只是其中的一部分。社区动物卫生工作人员参与疾病控制，自殖民时期就已开始，如将牧民看作“兽医侦察员”和疫苗接种员（Jack，1961），这意味着此种方式的有效性。

## 数据采集方法

众所周知，参与流行病学（participatory epidemiology）在很大程度上依赖于对当地情况和语言的了解。马赛人首先发现了牛羚与牛恶性卡他热的联系[①]（见第 2 章），游牧的养牛人能够诊断牛瘟（Plowright，1998）。此外，与传统的调查相比，当地的诊断更具优势（Baumann，1990；Edelsten，1995；Mariner 和 Roeder，2003；Catley 等，2004）。因此，在疾病的及时确诊，以及确认是否存在疾病上，地方诊断能够发挥重要作用。

参与式数据采集的两个主要特点是（Mariner，2000）：

- 三角测量：信息来自选定的几个不同方面；
- 灵活性：评估并非事先严格计划好的，执行时会存在偏差；方法和问题可能会在调查中发生变化。

信息采集的主要方法是半结构化访谈，计分排序以及可视化。

### 半结构化访谈

访谈作为一种主要的参与方法，用于无法进行问卷调查的情形（如受访对象不识字）。与在发达国家中结构化设计的访谈不同（见第 11 章），这种访谈只需要基本结构，访谈者应依据受访者的兴趣和回应即兴发挥（Slim 和 Thomson，1994）。访谈者也应做出符合当地文化的身体语言，表达理解、同情或鼓励等信息。

### 计分排序法

矩阵计分（matrix scoring）和按比例堆积（proportional piling）是常用的两种方法。矩阵计分要建立矩阵，横轴表示不同的疾病，纵轴表示疾病的特征（如临床症状）。之后在格子中放入筹码（如石子），通过数量反映关联的大小。如图 10.2 所示，努尔人聚居的南苏丹上尼罗河地区的疾病情况。与慢性消耗病有关的 3 个努尔词汇是 Liei、Maguar 和 Macueny，另 2 个词汇 Dat 和 Doop 已被确认为手足口病和牛肺疫。Dat 和 Doop 症状的矩阵计分（如 2 种疾病表现的咳嗽与流涎症状）表明牧民可以有效监测这些疾病的发生。

其他 3 个词难以确认为何种疫病。在传统实验室调查的支持下，根据假定风险因素（如肝

---

① 马赛族人用同一词语表示“牛羚”和“恶性卡他热”（Barnard 等，1994）。

| | 疾病 | | | | |
|---|---|---|---|---|---|
| 症状 | *Liei* | *Dat* | *Maguar* | *Doop* | *Macueny* |
| 慢性减重 | ●●●●●●●●●● | ● | ●●● | ● | ● |
| 动物找寻阴凉处 | | ●●●●●●●●●●●●●●●●●●●● | | | |
| 腹泻 | ●●●● | | ●●●●●●●●●●● | | ●●●● |
| 产奶减少 | ●● | ●●●●●●●●●●●●● | ●●● | ● | |
| 咳嗽 | | | | ●●●●●●●●●●●●●●●●●●● | |
| 食欲减退 | | ●●●●●●●●●●●●● | | ●●●●● | |
| 尾部脱毛 | ●●●●●●●●●●●●●●●●●●●● | | | | |
| 流泪 | ●●●●●● | ●● | ●●●● | | ●●● |
| 流涎 | ●● | ●●●●●●●●●●●●●● | ●●● | ● | |

图 10.2　南苏丹 Nyal 地区成年牛疾病症状的矩阵计分（努尔语用斜体表示）。来源：Catley，2004

吸虫、暴露于蛇和叮咬人的飞虫）对这些情形进行的进一步矩阵计算表明，Macueny 和 Maguar 带有寄生虫症状，前者中肝片吸虫病症状占主导，后者中胃肠道寄生虫病症状占主导。Liei 更为复杂，表现有肝片吸虫病，胃肠道寄生虫病，锥虫病和血吸虫病的症状。因此，Liei、Macueny 和 Maguar 的地方监测只能得出疾病的大致范围，而非具体的疾病。但是，对于没有特定临床症状的综合征，牧民可以根据季节和致病因素将疾病划归为 3 种“地方病”中的一种，这比兽医倾向于将 Liei 诊断为锥虫病更有意义。

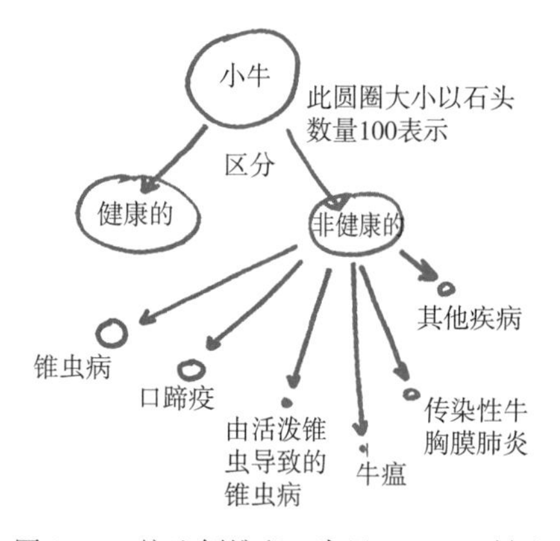


图 10.3　按比例堆积：肯尼亚 Orma 村牛犊发病率估计方法。圆圈的大小表示每堆石头的数量。来源：图片来自 Andrew Catley，非盟/非洲动物资源局，内罗毕，肯尼亚

矩阵计算也是确认受访者语言描述的有效手段（如三角测量）。

按比例堆积法用石子或类似的筹码来表示疾病或与疾病关联特征出现的相对频率。图 10.3 描述了肯尼亚 Orma 社区小牛中不同疾病的相对年发病率。

当不同组别的受访者高度一致时（见第 9、17 章），计分排序法的有效性更能让人信服①。

## 可视化方法

以图像形式描绘事件有多种方法，包括地图、时间轴（见第 4 章）、流程图和季节历等。手绘地图被用于了解当地对疾病和风险因素空间分布的认知。图 10.4 是肯尼亚塔纳河地区一个居

① 在本章节所用例子的学术资料来源中，一致性通过 kendal 调整效应得以量化（见表 14.2），可行性良好。

住着 Orma 牧民的村庄的地图。地图用树枝、树叶和石头在地上绘制，包括河流、学校、寺庙、牧场、农地和水源等主要设施。村民通过地图可知晓家牛与舌蝇大量寄生地区的联系程度，这些信息通过三角测量分析，证实了村民们对锥体虫病传播高危区的感性认识（gandi）。

季节历也采用筹码揭示疾病的发生情况。图 10.5 显示了塔纳河地区的一些疾病与相关因素。由图可知，gandi 多见于热湿季节，Hageiya 与 Bona hageiya（公历的 10 月至来年的 3 月）与舌蝇的时间分布一致。这些信息与另 2 种参与性调查方法进行三角测量分析：①矩阵计算表明，牧民对 gandi 的临床症状和风险因素的描述与兽医近似；②绘图表明牧民能够辨别舌蝇寄生地，且认为这些地区是 gandi 的高危地区。

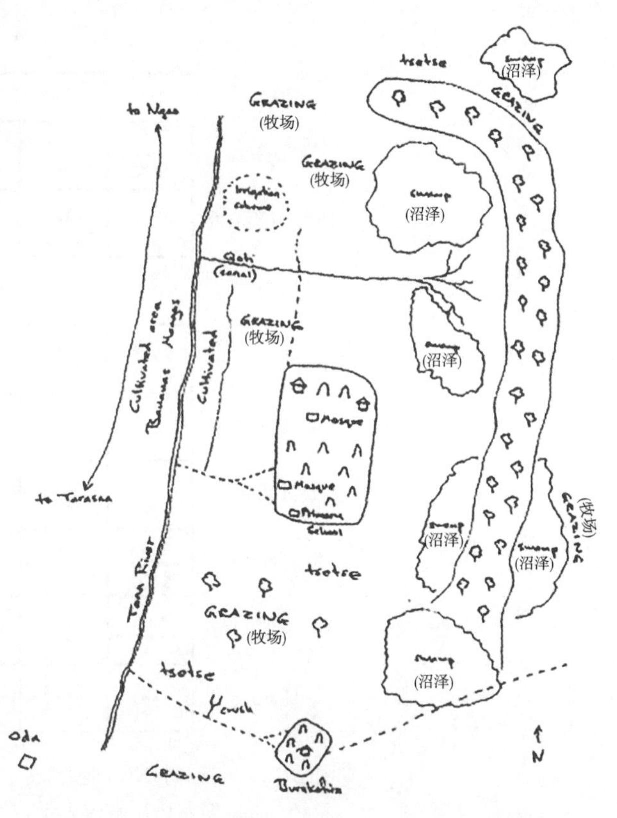


图 10.4　肯尼亚塔纳河地区 Kipao 村的手绘地图。来源：Catley，2004

| | Orma季节 | | | | |
|---|---|---|---|---|---|
| | *Hageiya* | *Bona hageiya* | *Gana* | *Shur-icha* | *Bona adolesa* |
| | *O* *N* *D* | *J* *F* *M* | *A* *M* *J* | *J* | *A* *S* |
| | 公历 | | | | |
| 降雨 | ●●●●● | | ●●●●●●●●●● | ●●●● | |
| 锥虫病 | ●●●●●●●●● | ●●●●●●●●● | ● | ● | ●● |
| 口蹄疫 | ●●●● | ●●●●●●●●● | ●● | ●● | ●●●● |
| 出血性疟原虫病 | ●●●●●●●● | ●●●●●●●●●●●●●●●●●●●● | | ● | ●● |
| 传染性胸膜肺炎 | | ● | ●●●● | ●●●●●● | ●●●●●●●●●● |
| 接触舌蝇 | ●●●●●● | ●●●●●● | ●● | ●●●●● | ●● |
| 接触虻 | ●●●●●●●●●●●●●●● | ●●●● | ●● | | |
| 接触跳蚤 | ●●●●● | ●●●●●●●●●●● | ● | ● | ●● |
| 接触水牛 | ●● | ●●●●●●●●●●● | | | ●●●●●● |

图 10.5　关于肯尼亚塔纳河地区家禽疾病及疾病相关因素的季节历。来源：修改自 Catley 等，2002b

## 参与流行病学的优势与不足

在发展中国家，采用传统的调查方法（尤其是问卷调查）易产生以下几方面的偏倚（Chamber，1983）：

• 空间偏倚：由于路面状况的限制，偏远地区农场的代表性不足（如便捷抽样，见第13章）；

• 项目偏倚：研究人员可能只关注“重要”地区；

• 个人偏倚：只采访影响力大或富裕的人，忽略了穷人以及他们养殖的畜禽的状况；

• 旱季偏倚：旱季易出现营养失调、高发病率和高死亡率，在其他时段开展的调查可能低估了这些问题；

• “外交”偏倚：因“礼貌”和“外交”原因，刻意隐藏了贫困及其伴生问题。

参与流行病学方法（participatory approaches）有助于消除这些偏倚；例如，在远离主干道的地方，访谈不同的人群（富人与穷人）；访问项目范围外的地区；提高对季节性因素的认识（如通过季节历）。在抽样调查受阻的情况下，这些方法或是仅有的选择（Carruthers 和 Chamber，1981）。类似的情形包括调查对象分布于广大的偏远地区、缺乏抽样框，或调查目的是观察难以计算样本量的多种变量（见第13章）。

然而，参与流行病学也有它的不足，部分是由观念造成的（Catley，2000；Mariner，2000）：

• 一些重视定量方法的兽医流行病学家对定性方法持否定态度；

• 调查人员须经过良好训练，以保证活动效果，纠正某些误解（例如问卷调查是参与流行病学方法）；

• 活动成功与否取决于对当地信息的了解；一些方法在牧民中行之有效，但在牲畜较少的社区可能就不太适用。

## 参与流行病学案例

成功案例包括：在俄塞俄比亚、苏丹和乌干达的偏远地区开展牛瘟免疫（Catley 和 Leyland，2001）；鉴别游牧导致的东非温和型牛瘟（Mariner 和 Roeder，2003；OIE，2003）；描述在坦桑尼亚和苏丹发生的传染性牛胸膜肺炎（Mariner 等，2002），及在肯尼亚发生的骆驼锥体虫病（Mochabo 等，2005）；口蹄疫和怕热综合征之间的关联性研究（Catley 等，2004）；以及动物卫生的整体改进（Mugunieri 等，2004）。

Catley（1999）、Mariner（2000）和 Catley 等（2002a）详细描述了参与流行病学方法。

# 11 数据的收集和管理

上一章疾病监测中概述了兽医数据的一些来源。本章围绕数据采集的原理与方法，以及有用信息的存储和传播展开，重点是流行病学研究技术的适用性。还将概述一些临床案例记录的标准方法。最后，会给出一些兽医信息系统的例子。

## 数据采集

### 数据采集方法

有三种主要的数据采集方法：

• 观察（如临床检查、诊断显影和剖检）；

• 填写问卷（直接完成或通过访问完成）；

• 文献检索（如临床记录、诊断试验记录），越来越多地使用其他研究人员提供的数据。

前两种方法采集的是一手数据，第三种方法得到的是二手数据。

观察是临床兽医学实践的核心，在很多流行病学调查中也非常重要（如暴发调查，见第22章）。监测（见第10章）、调查（见第13章）和观察性研究（见第15章）可能会用到二手数据。然而，当所需的信息无法得到时，就必须使用问卷来收集数据。

### 问卷

一张问卷由一系列书面问题组成。填写问卷的人被称作应答者。

#### 问卷的组成

问卷是用来记录信息的：

• 具有标准化的形式；

• 具备校验和编辑已记录数据的方法；

• 以标准化的提问方式；

• 具有编码的格式。

问题可以是开放式的，也可以是闭合式的。

开放式问题　这种问题允许应答者按自己的方式自由回答问题。例如，您对乳房内制剂 X 的看法是什么？开放式问题的主要优点是它允许自由表达。此类问题允许应答者评论，表达意见和对与议题相关的事件进行讨论。缺点是：①回答开放式问题会增加应答者完成问卷的时间；②当问卷设计好后，由于答案的全长是未知的，答案不能被编码（见第 9 章）。一系列的答案很难被分类和编码。连续变量可以被分成区间（如 0.0～1.9kg，2.0～2.9kg），以适于编码。

闭合式问题　闭合式问题具有固定数量的答案选项。答案可能是二元的，也就是说问题有两个可选的答案，比如“你使用乳房内制剂 X 为不产乳的母牛进行治疗吗？（回答是或否）”。相应的，问题也可以有多项答案，比如“你的犬最近一次产仔是什么时候？回答 3 个月内，4～6 个月，7～11 个月，1～5 年”。

闭合式问题对明晰分类的、离散的数据，如生物物种和性别，很有用。因其允许的应答选项有限且固定，所以闭合式问题的分析和编码很方便，这是它的优点。问卷一旦设计好，编码就可以分配完成。闭合式问题应答起来用时也短。主要的缺点是，由于答案选项被固定了，答案选项可能没能包括有重要意义的相关选项。

## 编码

现今，不将问卷结果存储在一个计算机数据库内是不可想象的。因此，问卷经常被编码使得信息能被转录入数据库。每个问题和每个可能的答案都被编码。例如，在问题：

26. 你饲养动物的性别是什么？

雄性输入 1，雌性输入 2，

该问题被编码为 26 号，这个非此即彼的问题的答案选项被编码为 1 或者 2。依据问卷的保密程度，应答者的名字可能需要编码。为转录入计算机系统，需要合理化数值答案。例如，2004 年 3 月 8 号为编码为：

| 0 | 8 | 0 | 3 | 0 | 4 |
|---|---|---|---|---|---|

而不是

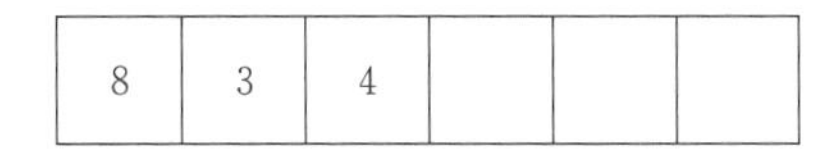

| 8 | 3 | 4 | | | |
|---|---|---|---|---|---|

以对应于一月 31 天，一年 12 个月，一个世纪 100（00—99）年。

很多计算机系统会自动对输入的数据从文本进行编码转换。

## 设计问卷

问卷的成功依靠的是细心的设计。在理想情况下，每个被发到问卷的人都应该完成它。对问卷做出应答的人的比例称为应答率（通常以百分数的形式表示），未应答率即是 100－应答率（%）；例如，应答率为 70%，则未应答率为 30%。未应答的问卷可能有下面两种情况，全部的或部分的。全部的是指问卷没有被回收；部分的是指有一些问题应答者没有做出回答但问卷得到了回收。好的问卷设计会降低这两种情况的出现概率。

*初步介绍* 问卷的题目应该简洁精确。邮寄问卷的信件应当礼貌，问卷起始需要解释这份问卷出现的原因，完成后所能产生的价值（图 11.1）。信中包含有邮资已付的回邮信封会增大应答率。问卷开始的一些问题应该特别有趣，以便能立刻引起应答者热情。

*措辞* 问卷措辞应当清晰明了、简洁、礼貌、不带感情、不含专业术语。如果含有一些专业术语，则需要增加定义，力求定义简单易懂。通常情况下，问卷设计者需要避免下面这些模棱两可的短语：经常、偶尔、严重的、轻微的、重的、轻的。双重否定不能出现。每个问题应该只包含一个意思。敏感的、带感情的、情绪化的问题需要避免[①]。问卷在获取必须信息的情况下，应当尽可能简短。在发展中国家，简洁特别重要（Gill，1993），且需要特别注意文字的翻译（Lee 等，1999）。

*问题顺序* 相关的问题可能需要被分隔开来，因为对某个问题给出的答案可能会影响接下来问题的回答，以致出现“残留”的现象。一般性问题应该放在前面，偏细节的问题放在后面。从一个问题跳到另一个问题的回答方式会使问卷变得更加有趣。例如，“如果你对问题二给出的答案为是，那请跳到第八个问题继续回答”。但在这种情况下，在完成研究目标的前提下，问题越少越好。

研究的资助者是英国防止虐待动物协会及
苏格兰爱护动物协会

皇家（迪克）兽医研究学院
爱丁堡大学
盛夏厅
爱丁堡邮编 EH19 1QH

**猫、犬的非事故性损伤**

亲爱的同行：

**请您帮助我们完成这次调查。**

**本研究是关于什么的？**

本研究研究的是犬和猫的非事故性损伤（NAI）。非事故性损伤有时也被称作躯体虐待。如果发生在儿童身上，被称作“受虐儿童综合征”，您可能对此有所耳闻。因此该现象发生在猫、犬身上，可以被称作“受虐宠物综合征”。

**为什么要研究非事故性损伤？**

首先，尽管大部分人都知道非事故性损伤会发生在宠物身上，兽医们对其识别和诊断仍然非常困难。目前为止，没有任何出版刊物对“受虐宠物”所处的境遇、临床症状和病理学有过全面的记述。对于 30 多年前就已得到承认的儿童身体虐待，识别其症状以及帮助区分事故性和非事故性损伤的指导性材料已经成文。例如，无法解释的脑硬膜下血肿和视网膜出血很有可能是非事故性损伤所致，撕裂的系带则几乎可以确诊为非事故性损伤。

---

① 敏感的主题，有时候也可以出现。例如，Munro 和 Thrusfield（2001d）使用问卷研究过动物的性虐待（这是一个敏感的议题），问卷中包括闭合式和开放式问题。问卷发放给了英国的普通兽医执业者。问题没有特别针对这个议题，只是与有嫌疑的非事故性受伤的类型以及发生地点这些纯粹的事实相关。只是在问卷被回收后，在整理分析过程中，才凸显出性侵犯这个议题，主要是根据受伤地点的特征和受伤类型进行判断（闭合式问卷部分给出的信息），根据应答者的评论进行判断（开放式回答）。

回答问卷的兽医们的经验会帮助我们在临床实践中，确认他们所观察到的猫、犬非事故性损伤的范围，以形成区分事故和非事故性损伤的指导性材料。

其次，非事故性损伤的诊断是很重要的。因为有证据显示，如果对动物进行躯体虐待，则该施虐者有可能也会对其家庭成员，比如孩子，施行同样的虐待。可以把此种行为看作施虐者未来暴力行为的预警器。

**问卷会是匿名的吗?**

是的，我们不需要您填写姓名和地址信息。

问卷结构　闭合式问题必须是互斥且详尽的。例如，询问动物年龄的问题可以做如下表述：

年龄（请打勾）：不足 6 月龄□

6～12 月龄□

大于 12 月龄□

在这样的表述下，各年龄选项没有重叠的部分（它们是互相排斥的），且所有的可能年龄都包括其中（选项是详尽的）。为确保全面性，选项中需要包括非类选项，即除了列出的特定选项之外，涵盖了所有剩下的可能选项。例如，在下述问题中，“其他”就是一个非类选项：

您家的犬接种过下面何种疫病的疫苗（请打勾）：

犬瘟热□　　犬细小病毒病□　　犬肝炎□　　犬钩端螺旋体病□　　其他□

保密性的缺失可能会降低问卷的应答率。完全匿名（图 11.1）确保了保密性，但丧失了追踪信息的可能性。通过防止大部分数据处理人员对应答者进行身份识别，一定程度的保密能够得到保证。下面三种方法可以做到：

• 用另一张纸记录应答者的姓名和地址，在问卷上对这些信息用编码识别；
• 在问卷一侧贴上能被分拆的编好码的纸条；
• 使用渗碳纸（无碳复写纸），在复写纸上复制应答者填写的问卷内容，但屏蔽个人信息。

图 11.2 和图 11.3 是两个问卷的例子。第一个例子（对已注射疫苗的牛群的副结核病调查）中，下面的概念得到了演示：

• 闭合式问题（如问题 2）；
• 开放式问题（如问题 19）；
• 互斥且详尽（如问题 17）；
• 清晰的标题，对保密性的声明；
• 礼貌的陈述（如问卷的最后部分感谢了应答者的配合）。

在第二个例子（牛肢跛瘸调查）中，下述附加的概念也得到了演示：

• 非类选项（在调查牛的种类的问题中，包含非类选项“6. 其他”）；
• 对兽医业和兽医（2 个数位）和农场（3 个数位）的保密编码；
• 对使用术语的清晰描述和定义（本例中：损伤发生部位及其性质）。

问卷既可以送达到应答者手中（通常邮寄）以让他们完成，也可以由一位访问者向应答者口头提问（可以面对面，也可以通过电话），然后由访问者在问卷上记录下应答者的答案。应答者还可以直接通过因特网完成问卷（Gobar 等，1998），在这种情况下，计算机会自动记录和储存结果，避免了转录错误。

Arkow，p.（1994）Child abuse，animal abuse and the veterinarian.

Journal of the American Veterinary Medical Association，204，1004-1007

图 11.1　一封对猫、犬的非事故性损伤问卷进行介绍的信。来源：Munro 和 Thrusfield，2002a,b,c,d

**对已注射疫苗牛群的副结核病调查**

由英国萨里郡威布里治市中央兽医研究所流行病学部门完成。

请注意所有信息都将被严格保密。

1. 牧主________　　群代码________　　地址________

2. 现有的牧群种类：奶牛□　　肉牛□　　混群□

3. 置换策略：完全家养。请回答是或否________
4. 成年牛所占比例（%）________
5. 现有成年牛群的大小________
6. 冬季窝棚体系：牛棚□　小隔间□　放任□　放牧越冬□
7. 草场的使用方式：集约型□　粗放型□
8. 所使用草场的批准日期________/________/________
9. 接种疫苗的起始年：________
10. 如果接种疫苗是间断的，请您在下面的横线上填写没有接种疫苗的年份或是只有那些被保留下来育种的牛接受疫苗注射的年份________
11. 哪一年开始不再接种疫苗：________　如果仍然在接种，请填写 NA ________
12. 在接种疫苗前，每年平均的副结核病临床发生病例________例
13. 开始接种疫苗时，成年牛群的大小是________
14. 每年自接种疫苗后，出现的临床副结核病例数：

| 距离疫苗注射已过去年数 | 出现临床病例数 | 距离疫苗注射已过去年数 | 出现临床病例数 |
|---|---|---|---|
| 1 | | 5 | |
| 2 | | 6 | |
| 3 | | 7 | |
| 4 | | 8 | |

如果临床病例在疫苗注射 9 年后才出现，请您在下面的横线上填写具体出现年份________
15. 在注射完疫苗之后，牧群育种的情况有没有发生比较大的变化？请填写是或否________
如果您填的是"是"，请填写具体的变化日期从________到________
16. 在注射完疫苗之后，您所饲养的畜群品种有没有发生变化？请填写是或否________
如果您填的是"是"，请填写具体的变化日期从________到________
17. 您是否尝试过对潜在感染牛进行识别？请填写是或否________
如果您填的是"是"，请对您采用的诊断方法打钩：CFT□　副结核菌素□　显微镜检查□　粪便培养□
是否能检测出阳性：总是□　有时□　从来没有□
18. 您的农场正在施行下列哪些控制措施，请选择：

请填写是或否

(a) 对于已确诊临床病例，执行即刻移出策略　________
(b) 接生小牛时，仅适用提桶（奶牛群）　________
(c) 成年牛和小牛之间有足够的隔离空间（奶牛群）　________
(d) 及时移出感染母牛产下的小牛　________
(e) 对饲养动物提供的食物和水卫生水平达标　________
(f) 在草场时，对牛群提供自来水　________
(g) 对池塘和沟渠的入口有防范措施　________
(h) 小牛有独立于成年牛的放牧草场区　________
19. 为控制疫病，请问您在管理措施上有没有进行改革？

______________________________________________

20. 请问您认为注射疫苗对控制副结核病的效果大不大？请回答是或否________
您的意见：

非常感谢您的配合！
请将完成后的问卷邮寄到
J. W. Wilesmith，B. V. Sc.，M. R. C. V. S. 流行病学部，中央兽医研究所，威布里治市，英国萨里郡 KT14 3NB.

图 11.2　在英国进行的一次对已注射疫苗牛群的副结核病（约内式病）问卷调查。
来源：问卷由英国中央兽医研究所的 J. W. Wilesmith 编制，1997

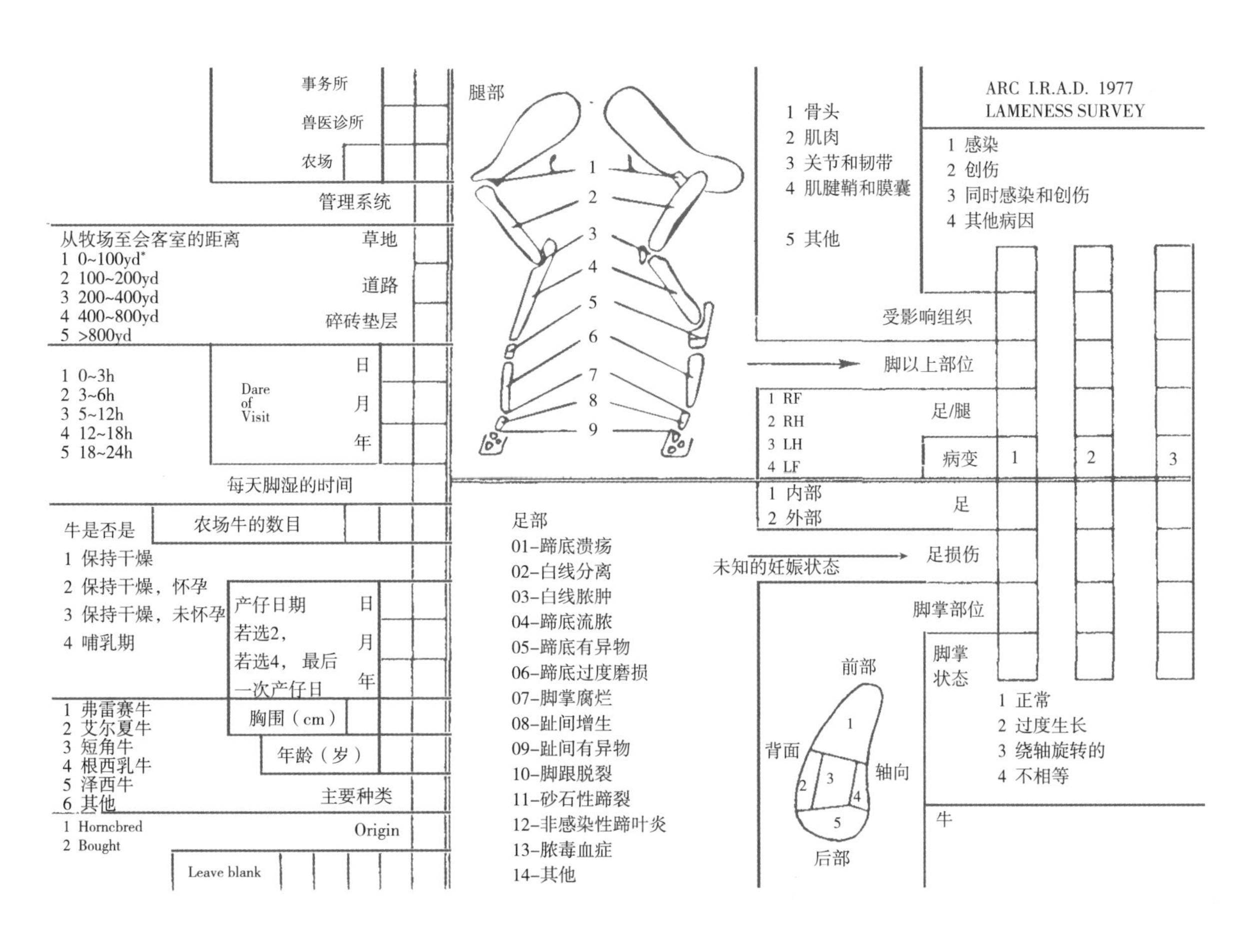


| 代号 | 术语 | 描述 |
| --- | --- | --- |
| 01 | 蹄底溃疡 | 后蹄底部关节处的局部皮炎，角质缺损和消失，有或无肉芽组织 |
| 02 | 白线分离 | 白线外皮的撕裂，通常是在背面，伴随有异物向裂缝压进 |
| 03 | 白线脓肿 | 白线外皮的撕裂，通常是在背面，伴有足壁脓毒性蹄叶炎 |
| 04 | 蹄底流脓 | 太阳角处外伤穿透，伴有推板感染或脓液产生 |
| 05 | 蹄底有异物 | 顾名思义 |
| 06 | 蹄底过度磨损 | 足底柔韧度明显，角处厚度通常不超过 3mm，伴随有由于出血擦伤造成的薄膜褪色 |
| 07 | 脚掌腐烂 | 趾间坏死，表皮和/或皮下组织受损 |
| 08 | 趾间增生 | 趾间外皮叠层严重，局部压迫性坏死或溃烂通常是其第二特征 |
| 09 | 趾间有异物 | 顾名思义 |
| 10 | 脚跟脱裂 | 脚跟角向脚后跟交接处轴向分离，通常伴有一些内皮暴露和感光包膜感染，踵角糜烂 |
| 11 | 砂石性蹄裂 | 蹄冠或更内处的壁角垂直分裂，包括敏感组织 |
| 12 | 非感染性蹄叶炎 | 所有趾间疼痛发热，这些症状通常不局限于单足，外皮无撕裂 |
| 13 | 脓毒血症 | 顾名思义 |
| 14 | 其他 | |

图 11.3 在英国进行的一次对牛肢跛瘸的问卷调查，应答者被要求回答：在他的农场，问卷中列出的哪一类疫病状况是相符的。来源：Russeu 等，1982

* yd（码）为我国非法定计量单位，1yd=0.91m。——译者注

## 邮寄问卷或由应答者自己完成的问卷

对邮寄问卷或应答者自己完成的问卷的主要要求是：

• 列出符合样本框的应答者身份（见第 13 章）（如注册兽医）；

• 清晰明确：因为如果碰到任何问题，没有人会在一旁帮助解释；

• 附信需礼貌说明发送问卷的理由（图 11.1）。

优点　这类问卷的主要优点是：

• 相对来说成本较低，且潜在覆盖面较广；

• 组织起来迅速简单；

• 避免了访问员导致的偏倚；

• 允许积极性高的应答者仔细回答问卷；

• 应答者可以匿名回复，可能会提高应答率。

缺点　这类问卷的缺点是：

• 问题的清晰性可能得不到保障；

• 此类问卷无法阻止应答者对问题的回顾，这或许会导致对前面已回答问题的不良改动。

应答率　对于邮寄问卷和应答者自行完成的问卷，应答率一般很低，50%并不少见，甚至会低至 10%（Edward，1990）。发放更多的问卷或者催促回信一般并不能显著地提升问答率（Thrusfield 等，1998；Barnett，2003）。

影响应答率的因素有：

• 发起者。有威信的发起者可能获得更高的应答率（图 11.1）。

• 应答者群体中，受教育程度高的群体比起受教育程度低的群体，应答率可能会较高，类似地，对问卷议题有特殊兴趣的群体给出的应答率也相对较高。

• 研究的主题和目的。如果研究议题和应答者之间存在显著的相关性，对应答者有价值，那么应答者应答的可能性较高（如应答者是牧羊人，他们对以绿头苍蝇导致的皮肤蝇蛆病为议题的问卷应答率会相当高；Ward，2000）。

• 问卷的形式和长度。如果问卷设计得很吸引人且措辞简洁，应答率应该很好。

• 保密度。

当应答率低于 70%时，对于问卷结果需要谨慎对待，因为这时，在那些应答者和未应答者之间可能会出现系统差异（应答偏差）。例如，在英国进行的一次羊瘙痒病问卷调查中，那些应答的养羊户所拥有的平均羊群规模大于那些未应答的养羊户（Wooldridge 等，1992）。

## 访问

面谈能够克服一些邮寄和问答者自行完成类问卷的缺点，当很多问题都是开放式的时候尤其有用，因为在邮寄和问答者自行完成问卷的情况下，应答者的文化程度很重要。但访问者的声调可能会对应答者的回答造成影响，比如在进行提问时，声调可能不自觉地暗示了其中的一个选项（访问者偏差）。在访问的情形下，问卷可以比由应答者自行完成的问卷稍长，有时高达90%的应答率也是可以达到的（Edwards，1990）。然而，面谈比较费时费钱，包括组织活动、对访问者的培训费、访问者车旅费、访问者报酬等。

电话访问（Groves等，1988；Frey，1989）的应答率也比较高，相较面谈访问和邮寄问卷获取结果更快、花费更少。但是，为尽可能缩短通话时间，电话访问的问题必须尽量简短。对那些在邮寄和由应答者自行完成的问卷调查中未应答的群体，可以采用电话访问进行跟访，以尝试降低应答群体造成的偏差。

Oppenheim（1992）和Kvale（1996）对访问技巧做了简介。Ruppanner（1972）对兽医领域的访谈的应用进行了讨论。Perry和McCauley（1984）讨论了兽医领域访谈在发展中国家的应用，如在苏丹进行的血吸虫病调查（McCauley等，1983b），在洪都拉斯进行的猪瘟调查（McCauley，1985），在赞比亚进行的牛科动物健康状况和生育能力调查（Perry等，1984a），在新西兰进行的羊病调查（Simpson和Wright，1980）。

### 调查问卷的测试

每份问卷的草稿通常都需要经历下面的测试阶段。通常有两个测试阶段：非正式测试和正式测试。

非正式测试　非正式测试一般由同事负责。他们通常会检查出问卷设计中存在的琐碎、意思表达不清晰以及缺陷的问题。

正式测试　从调查针对的最终样本群中随机抽取一个小的随机群体，对问卷的正式测试在这个小随机样本中进行。这次测试被称作试验调查。根据计算样本大小的指导手册，决定试验调查的样本大小（见第13章）。试验调查有助于进一步暴露问卷设计的缺陷。但这次调查不能被视作整个调查的一个部分，并且参与试验调查的应答者不能再次出现在正式调查中。

### 调查问卷的成功标准

决定问卷是否成功的两个主要标准是可靠性和有效性（见第9章）。

可靠性　就像一份诊断试验一样，如果一份问卷给出的是前后一致的结果，那就是可靠的（见图9.6）。可靠性可以通过对同一个应答者多次询问相同的问题，看应答者给出的答案有无变化得到验证（French等，1992；Slater等，1992；Reeves等，1996a）。评估的方法取决于衡量的规模（见第9章和第17章）。Slater（1997）对衡量问卷可靠性的方法进行了综述。

有效性　有效性是对回答的平均值接近真实性程度的量度（见图9.6）。因此可以通过用一个独立的可靠标准比较问卷结果来得到有效性，如Selby等（1973，1976）在调查猪的先天异常情况时，就使用了从农场记录和日记中找出的信息来比较一次邮寄问卷的结果。Perry等（1983）在赞比亚一次针对几种动物疫病进行的调查中，就对比了从农场主获取的访问调查结果和对定点牛群的调查结果。Slater针对犬节食和运动的议题，比较了电话调查的结果和书面饮食记录（Slater等，1991）。Deen对生猪生产的访问调查结果和生产记录进行了比较（Deen等，1995）。Cetinkaya把牧场主对副结核病的诊断与兽医师和诊断实验室给出的诊断结果进行比较（Cetinkaya 等，1998）。敏感性和特异性（见第 9 章和第 17 章）可以通过已给出阳性/阴性（是/否）的结果被计算出来，连续变量和名义变量的数据需要其他技术支持（Maclure 和 Willett，1987）。

不可靠经常意味着无效。但是，可靠的问题也并不总是有效的（见图 9. 6b）。

关于兽医学问卷的更多细节可以在下述文献中找到：Waltner-Toews（1983），Edwards（1990）和 Vaillancourt 等（1991）。Pfeiffer（1996）探讨了在发展中国家兽医学问卷和面谈访问的应用情况。

## 数据的质量控制

“质量控制”指的是在数据收集前后的核对工作，以确保获取的数据是准确的。

### 数据来源

有几种保持原始数据源质量的方法。如果观测值是由数据分析师记录的，那他或她应该确保对获取的数据进行了仔细谨慎的记录。如果观测值是由其他人记录、由应答者自行完成的问卷记录或在访谈中记录，那么评估问卷成功的标准，即上面已经提到的标准，是能提供数据的质量控制的指导原则。

二手数据或许更难评估。如果文档是最近编制的，那可以通过发放问卷或进行一次访谈对文档所有的数据进行交叉检查。例如，英国 2001 年暴发口蹄疫疫情时，兽医师通过对每一个受感染农场的访问，记录下了牛群的位置这个细节信息。但有时因为是在紧张的情势下记录的数据，所以细节信息不够充分。因此，对于受感染牧场的牧场主，可以先发放一份可能并不完美的邮寄问卷，这些缺陷可由随之的个人访问得到纠正；如果需要的话，还可以再进行一次电话访问（Thrusfield 等，2005a）。

如果是很多年以前的文本源，那么进行验证可能是相当困难的，甚至是不可能的。

### 数据录入

理想状态下，数据录入需要 2 个人，以降低转录错误发生的可能性。对数据的编码工作也需要使用应用软件检测出矛盾值、“非法”值及人工录入造成的可能错误（见第 9 章）。而当只有一个人负责数据录入工作时，这些应用软件更是不可缺少的。在数据集其他值的参照下，有些数值可能看起来有些异常，可能也没有办法验证它们的真实性。Armitage 等（2002）对如何探究和处理这部分数据做了介绍。

### 数据缺失

数据缺失很常见。例如，问卷中经常会出现部分问题并没有得到应答者的回答。有两种方法解决这个问题。第一种，尝试补缺（如可以打电话给应答者），可以看出这是个质量控制的问题。第二种，录入不完整的数据，在数据分析阶段解决这个问题。有两种方法，第一种，把所有不够完备的数据从数据群中删除，只分析完整数据，这被称为对完整客体的分析。这是个简单的方法，但只有在所有研究数据中完整数据是随机抽样的情况下才适用（Little 和 Rubin，

2002)。然而，数据信息会出现丢失（特别是在很多数据都是不完整的情况下），并且满足该方法有效性的情境是不多见的。第二种，不完整的记录可以包含在数据分析中。解决不完整数据记录分析有两种主要的方法：①依据完整记录问卷中的格式对缺失数据进行预测；②对缺失数据赋予权重（Little 和 Rubin，2002）。应当注意的是，以后续分析为目的而为缺失的变量创建类别是无效的（Vach 和 BIettner，1991；Greenland 和 Finkle，1995）。

## 数据储存

在收集完数据后，需要把它们储存在一个数据库中。数据库是数据结构化的集合，是一个有组织的数据存储和检索系统的基础。

### 数据库模型

一个数据库应该包括不同类型的数据，涵盖记录的不同部分。数据涉及不同类型（说明符类型），这些类型用于表征动物（类）的属性（特点），如品种、性别、年龄和临床症状。有些是永久性属性，因此可以作为指代案例的属性，如品种和出生日期。其他，如诊断结果和迹象，因为每次会诊给出的结果都不一样（会诊的记录），所以随记录而变化的属性。

每条记录不同部分之间的联系可以从不同角度进行观察，依数据的储存方式而定，由此产生四种数据库模型。

#### 记录模型

记录模型是构建数据的传统方式。中心组件是单元记录，包括标志案例特征和记录特征的数据。这对主要关注个体病例护理的临床兽医是一个有用的研究途径。但是，该方法对各记录之间的说明符类型进行关联比较困难。相关联在流行病学研究中很有用，如品种、年龄和性别与疾病之间的关联。

#### 分层模型

分层模型和接下来的两个模型都是用来解释数据在计算机系统里是如何被存储和处理的。在分层模型中，数据组件存储在树状结构分布的节点中（图 11.4）。该分层结构的最上一层只有一个节点，称作根节点。除根节点之外，其余各节点都有一个更上层节点与其相连，后者称作前者的父节点。每个组件都有且只有一个父节点（根节点除外）。对每个组件，与其有联系的下一级组件可以有不止一个，后者被称作子节点。分支的末端节点（即没有子节点的节点）称作叶节点。图 11.4 给出了一个 4 层模型。举例如下，一个只有两层的分层模型：“兽医实践”为根节点；“兽医手术”为子节点。

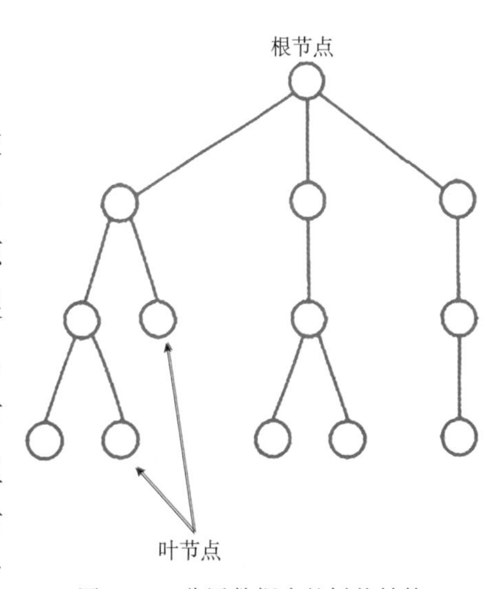

图 11.4 分层数据库的树状结构

### 网络模型[①]

使用树状结构的术语，如果在一个数据关系中某个子节点有不止一个父节点，那该结构关系就不能被称作是严格分层的。在这种情况下，该结构被称作网络。因此网络模型不但涵盖了分层模型，它还是分层模型的扩展。图 11.5 给出了网络模型的一个例子。该模型允许数据组件之间存在联系，因此有相当重要的流行病学价值。因为在流行病学中，不同决定因素（比如年龄和性别）相互关联后和疫病发生之间的联系是存在的，当然这是在决定因素和疫病都是以网络组件方式存储的条件下。

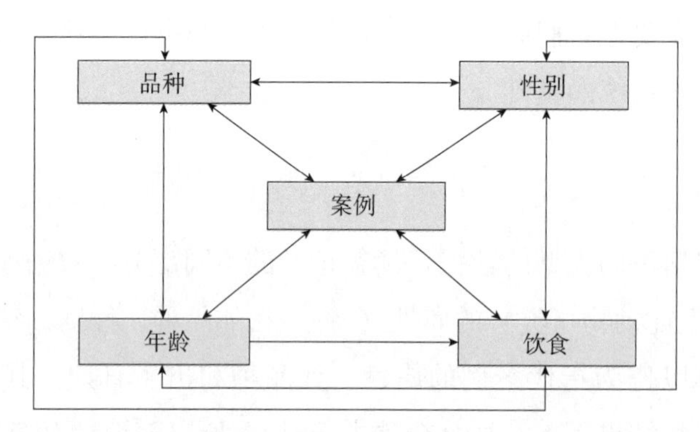


图 11.5　一个简易网络模型数据库中可能的联系。来源：Thrusfield，1983a

### 相关模型

在相关模型中，所有的数据都由二维表表示，这些二维表的特征如下：

- 表中各条目都是单一值，重复组和数列被排除在外；
- 各列的录入条目种类必须相同（如一列表示动物性别，另一列表示动物年龄）；
- 每列都有一个唯一的名称，列与列之间可随意调换；
- 表格的每一行都有一个唯一的名称，行与行之间可随意调换。

表 11.1 给出了一个实例。

**表 11.1　一个简单相关模型数据库中的数据组件结构**

| 动物名字 | 年龄 | 性别 |
| --- | --- | --- |
| Patch | 7 | 雄性 |
| Sally | 5 | 雌性 |
| Thor | 13 | 雄性 |
| ⋮ | | |
| Arthur | 4 | 雄性 |
| Liz | 15 | 雌性 |
| Brenda | 9 | 雌性 |
| ⋮ | | |

相关模型和分层模型、网络模型都不一样。主要不同在于，在分层模型和网络模型中，数

① 网络模型在本语境内和第 19 章中描述的传染病的数学网络模型不是一个概念，也不能和本章随后介绍的传播网络相混淆。

据之间的关系是被明确表示出来的，且经过了事先定义。在相关模型中，基本数据结构被事先定义好了，但数据关系在使用时才会进行定义。这种动态反应数据相关性的能力，与相关模型的简便性一起，使得相关模型相较其他模型更加灵活。相关模型的主要缺点是它与其他模型之间的联系缺乏效率，因为尽管该模型很简单，但在计算机上运行却很复杂。然而，计算机技术的日趋精尖已使得该模型成为大多数计算机数据库的基础模型。

## 非计算机记录技巧

### 手写记录技巧

在平常的兽医实践中，在没有条件进行计算机存储的地区，手写记录数据仍然广泛存在。

*日志* 日志是手写记录方式中存在时间比较久的一种方式。这是一种对一天中检查案例的“开放式”记录，也就是，无论什么数据类型，无论什么记录方式，在日志中都是“开放”记录的，通常是叙事描述的形式。该种记录由于数量巨大，而且不具备将所研究动物之前的诊断快速定位查询的功能，也没有不同记录之间的相关联系功能，因此对流行病学研究的价值较小。

*记录卡片* 保存在抽屉或盒子里的卡片，是存储临床记录的一种普遍方式，在一些兽医实践中仍被广泛应用。类似于数据库的一种“记录”模型，每张卡片通常情况下记录的是一只动物的信息，经常是按牧场主名字的字母顺序排列的。记录的数据在每张卡片上以时间顺序存储，提供了该病畜的完整病史。卡片可能是有空白的，在这种情况下它们可以被用来记录“开放式”的信息。另一种情况下，卡片也可以打印成“闭合式”记录形式，也就是，选项已被限定（见上面的“问卷”内容），这些选项通常情况下包括类型说明的细节信息，如品种、性别和出生日期。它们通常是半闭合的，有闭合的内容部分，也有一些空白区域被用来记录一些额外的细节。

*形式样表* 形式样表是半闭合记录的扩展版。它主要是闭合式的记录，包括对许多特征的核查列表（图 11.6）。这可以提供细致的观察和解释数据。然而，在获取这种数据前，数据的优点需要与临床兽医的配合意愿进行权衡考虑，但忙碌的临床兽医很多情况下是不愿意这么做的，数据的价值也需要考虑。记录所有组件的完成，特别是管理一家诊所或实验室的“有命令意味的”部分也得到完全填写的情况下，能迅速导致系统会做出拒绝的反应（Drake，1982）。形式样表必须有一个开放区域，以记录一些未包含在闭合部分的重要细节。闭合部分可以被编码，从而能方便地录入计算机。

**皇家（迪克）兽医研究学院**

**爱丁堡大学** 100006

| 主人 | 姓氏<br>先生<br>夫人 **Campell，Mrs**<br>小姐 | 姓名首字母<br>**H.** | 地址<br>**建利尔路 42 号** | |
|---|---|---|---|---|
| | 家庭电话<br>公司电话 | 临床医师<br>**A. B. Jones** | 职业 | 动物名字<br>**Petra** |

<table>
<tr><td>动物</td><td>物种<br>犬</td><td>品种<br>谢德兰牧羊犬</td><td>性别<br>雌性</td><td>年龄<br>4岁</td><td>颜色<br>香槟色/白色</td><td>体重<br>9kg</td></tr>
<tr><td>看病情况</td><td colspan="2">日期 1977.6.1<br>时分</td><td>是否住院<br>是□ 否□</td><td>是否已出院<br>是□ 否□</td><td colspan="2">日期<br>时分</td></tr>
<tr><td rowspan="2">初期症状</td><td colspan="6">皮肤瘙痒</td></tr>
<tr><td colspan="6"></td></tr>
<tr><td rowspan="2">介绍人</td><td>姓名</td><td colspan="2">回复地址</td><td colspan="3">接收医生</td></tr>
<tr><td>地址</td><td colspan="2">电话号码</td><td colspan="3">护理医生</td></tr>
<tr><td colspan="7">既往病史</td></tr>
<tr><td colspan="7">免疫情况：免疫年份，无或？起始年 C.D. C.V.H</td></tr>
<tr><td colspan="7">重复年 C.D. C.V.H</td></tr>
<tr><td colspan="7">起始年 Lep. can/ict. 其他</td></tr>
<tr><td colspan="7">重复年 Lep. can/ict.</td></tr>
<tr><td colspan="7">旧伤，外伤或手术（给出细节＋手术年份，没有写无）</td></tr>
<tr><td colspan="7"></td></tr>
<tr><td colspan="7">病程：1个月 历时：4年</td></tr>
<tr><td colspan="6">进食情况：厌食 挑食 一般 好√ 过量 暴食</td><td>持续时间</td></tr>
<tr><td colspan="6">饮水情况：正常√ 较少 较多 过量</td><td></td></tr>
<tr><td colspan="6">呼吸状况：正常√ 较浅 气喘 腹腔呼吸 呼吸疼痛</td><td></td></tr>
<tr><td colspan="6">喷嚏： 流鼻涕（自然的） 分泌唾液（自然的）</td><td></td></tr>
<tr><td colspan="6">咳嗽：不咳 干咳 咳痰 持续咳 间歇咳</td><td></td></tr>
<tr><td colspan="6">呕吐：从不 有时 经常 持续 呕血 只干呕</td><td></td></tr>
<tr><td colspan="6">呕吐物特征： 何时呕吐：</td><td></td></tr>
<tr><td colspan="6">排泄物：未留意 正常√ 潮湿（未成形） 流状 血性 黏液 其他</td><td></td></tr>
<tr><td colspan="6">通便情况：正常√ 困难 疼痛 频率： 颜色：</td><td></td></tr>
<tr><td colspan="6">排尿情况：未留意 正常√ 频繁 困难 疼痛 失禁 血尿</td><td></td></tr>
<tr><td colspan="6">尿量：正常√ 渐多 渐少 颜色：</td><td></td></tr>
<tr><td colspan="6">脾气：正常 躁动 消沉 坏脾气 焦躁 亢奋√ 神经质</td><td></td></tr>
<tr><td colspan="6">神经：正常√ 激动 歇斯底里 惊厥 多动 眼球震颤 运动失调 半身不遂 瘫痪（请说明）</td><td></td></tr>
<tr><td colspan="6">皮肤：正常 发炎 瘙痒√ 掉毛 秃顶 色斑 角化过度 喜欢舔自己 过度擦伤</td><td></td></tr>
<tr><td colspan="6">咬伤（身体部位） 外寄生物：</td><td></td></tr>
<tr><td colspan="6">伤口（身体部位）</td><td></td></tr>
<tr><td colspan="6">肿瘤（身体部位） 其他损伤：</td><td></td></tr>
<tr><td colspan="6">肌骨：正常√ 跛的 外伤（身体部位）：</td><td></td></tr>
<tr><td colspan="6">肿伤（身体部位）： 变形（身体部位）：</td><td></td></tr>
<tr><td colspan="6">性功能：生育能力：正常 不育 未知</td><td></td></tr>
</table>

| 性欲：正常　缺乏　过度　未知 | |
|---|---|
| 发情：发情年龄　　上一次发情：正常　不正常（请说明） | |
| 间隔期　　假孕　　上次产仔　产仔数量 | |
| 有无流产（请说明） | |
| 眼球：正常√　　　流脓（请说明）　盲的　其他损伤 | |
| 耳朵：正常√ 摩擦耳　抖　有异味　流脓　其他 | |
| 饮食：日进食量：肉（请具体说明种类）　　鱼 | |
| 碳水化合物　　蔬菜　　其他 | |
| 其余相关信息：人造纤维窝棚 | |

图 11.6　一个临床案例的形式样表例子。来源：Thrusfield，1983a

## 打孔卡片记录技术

记录卡片可以通过卡片上所打的圆孔或方孔对它们所记录的条目和特征进行编码。这样体现了特征和类目之间的联系。主要有两种打孔卡片：类目卡片和特征卡片（Jolley，1968）。

类目卡片　每张类目卡片代表一只动物。病例的特征（属性）与卡片边缘的圆形孔相对应。当某类目有相关特征时，孔变换成刻痕。例如，对于一只公犬，在犬的类目卡片上对应于“雄性”的孔就要转换成刻痕。为搜寻具有某一特征的所有类目，所有卡片都要被登记在册，在相关孔之间有一根针穿过。具有某一类目特征的卡片需要在该类目上做上刻痕标记，以便当针被举起来的时候，有刻痕的卡片从卡片堆中掉落下来。含有 80 条类目的、与相关特征对应的孔是方形的卡片，由于其能被早期计算机“读取”，在 20 世纪 60 和 70 年代较为普遍。

特征卡片　在特征卡片系统中，每张卡片与单个特征有关。对于所有具有该特征的病例，每一个都会被分配一个独有的参考数字，这些数字是一个被印在卡片上的矩阵所包含数字的一部分。当该病例具有某特征时，对应数字在卡片中间被打上孔。通过在一个照明屏幕上平铺卡片完成搜寻工作。包含 80 个类目的卡片也被改换成特征卡片的形式。

兽医学校、政府诊断实验室（Hugh-Jones 等，1969）和动物园（Griner，1980）曾用打孔卡片记录技术对兽医数据进行存储和回溯，但现今人们对它的研究只限于历史兴趣了，因为计算机记录技术取代了它。

## 计算机记录技术

计算机不仅是一种有效、普遍（正向全球化迈进）的数据储存、分析和回溯的工具，还能进行复杂计算。硅芯片的发明及其随后的发展减小了计算机的所占空间，降低了它的价格，因此很多人都可以享受到它所带来的方便快捷，兽医执业者也不例外。尽管对兽医执业者来说，一开始使用电脑或许仅仅是为了方便管理（Pinney，1981），但计算机也可以用于高效处理临床数据。

有两种类型的计算机：数字式的和模拟式的。它们都允许有不止一个选项，例如这和那，两者择一。数字式计算机以离散方式存储数据，通常依照的是二进制法则（如 0 或 1；开或关）。模拟式计算机允许数量被表示成无穷可变的物理量，更像是一个计算尺。大多数现代计算机都是数字式的。

**计算机硬件**

计算机的物理组件称作硬件。这包括外围部件和中央处理器（CPU）。外围部件包括输入组件和输出组件。

数据通过输入组件进入系统。如果是文本或数字数据，可以用键盘输入。其余情况下，使用扫描仪是一个办法，这和复印机打印文件的功能类似。标记读出文档阅读器用于解读已完成问卷上的标记。绘图信息（如地图）可以通过数字转换器或绘图板转换成二进制的形式输入电脑。通常情况下，鼠标也可以用于输入图像信息。

数据通过输出设备输出计算机。输出设备可以是视频显示器（一种阴极射线管，越来越多的情况是使用平板技术），绘图机，或者打印机。

CPU 包括：

• 一个存储（记忆）组件，记录指令（程序）和数据；

• 运算器，从存储组件中选取程序，进行数据运算（加法、乘法、比较等）；

• 控制组件，循序地检查存储组件的指令，并对它们进行解读。

计算机的数据库容量一方面由记忆组件的大小决定，它能直接访问数据；另一方面也与辅助存储器（外存）的大小有关，它主要存储能被主记忆库兼容的数据。

处理能力　计算机的存储和处理能力是以比特与字节衡量的。比特表示基本的二进制位，0 或 1。字节由比特组成。连续的字节组成字（通常是二或四字节，依计算机的不同而不同）。一个字可以用来存储一个简单的整数或一个实数（对于后者，如果是二字节的字，则需要 2 个字）。因此，复杂的数字要么需要 4 个二字节的字，或者 2 个四字节的字。为了在辅助存储器中存储数据，并完成在辅助存储器和 CPU 记忆组件之间的数据转换，字被转换成数据块。数据块的大小由计算机系统决定。小功率的计算机，一般是一个数据块 500 字节（可以是，250 个二字节的字）。两个这样的数据块构成一个千字节，缩写成 1Kb。1 000 个千字节构成一个兆字节（Mb），1 000 个兆字节构成一个十亿字节（Gb）。

辅助储存器　有几种类型的辅助储存器（外存）。有些普通的是磁带式的、固定的或可移动的硬磁光盘、3.5 寸“软”磁盘、激光盘、小容量卡片和记忆棒（早期还有打孔纸质磁带、卡带、磁鼓和 5.25 寸的软盘，这些现在都过时了）。

存储技术的高速发展不断扩大着存储容量。例如，读写方面，140Gb 的硬盘在计算机中已相当普遍，外带硬盘更是达到 500Gb，4Gb 的记忆棒也可以买到，软盘（存储量只有 2 兆）基本淘汰了。磁带现在只用来“存档”，或者对数据进行安全备份。

存储在辅助储存器中的数据是具有永久性的（在关闭电脑后仍然存在），这和存储在电脑记忆组件中的数据不同，它们是“不稳定的”（关闭电脑即丢失）。

## 电脑种类

现今主要有三种类型的电脑。以前分类主要依据的是计算机的体积，但随着小型化趋势的推进，这已不再是一个可靠的分类标准。现在对计算机的区分更多的是与能同时使用该计算机的用户数量有关。

大型计算机　有一个或更多的大容量 CPU 以及一个辅助储存器。它可以同时被很多用户使用，用户数经常是大于 100 的，也可以同时运行很多程序。CPU 通常和很多输入和输出组件相距较远，它们之间由电缆或光缆连接。大型机使用硬盘和磁带作为辅助存储器。

小型计算机　与大型计算机类似，但只可以被少数用户同时使用。辅助存储器也与大型计算机的类似。

微型计算机　是一种独立装置，自带 CPU 和输入输出组件（通常是键盘和视频显示器），见图 11.7。现今由于其相对低廉的价格和日渐强大的功能，微型计算机在兽医学领域已得到了非常广泛的使用，日常实践中也常见它的身影。它的功能有时用输入数据输出数据的 RAM（随机存取存储）来代表，RAM 类似于大型机的即时存储器。另外，它还有 ROM（只读记忆），保存的是固定信息（如当微型计算机被开启时应该运行的指令序列）。软盘、硬盘、CD、记忆卡和记忆棒都可以用于辅助储存。一个“猫”设备（调制解调器）把计算机中的数字信息转换成模拟信号，以把这些信息通过电话线传输到其他相连的计算机上，可以是专门传输声音的“音频带宽”，也可以是通过电话线、电缆网络或卫星传输的、拥有高速传输速度的“宽带”。

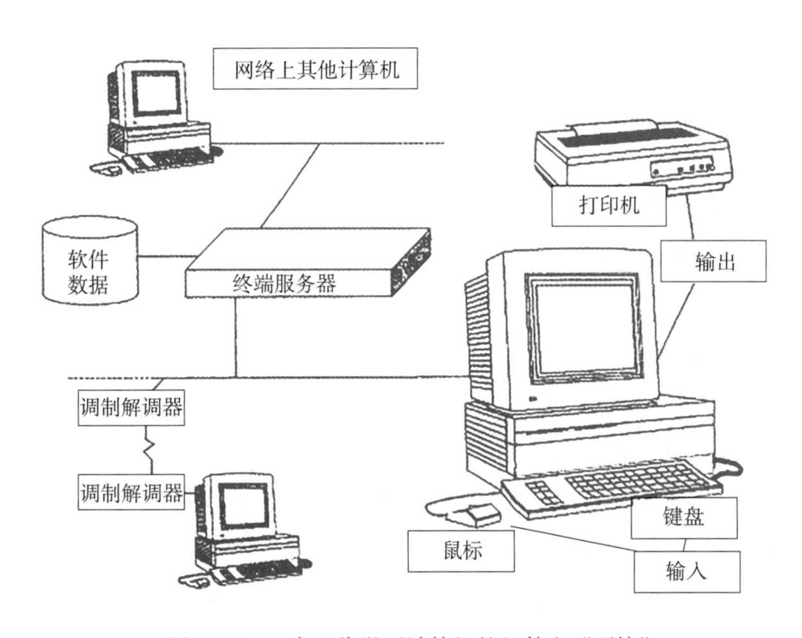


图 11.7　一台现代微型计算机的组件和“环境”

## 软件

计算机缺少智能化功能，无法主动学习。因此，必须还配有一套完整明确的指令，以便或多或少智能化运行。指令集合称作程序。程序构成计算机的软件（对应于硬件）。问题必须被分解为计算机可以处理的形式，通常是通过形成一个清晰明确、按部就班的规则序列，由计算机按步骤去执行。一套完整的解决某个问题的规则称作算法。这是计算机程序的基础。

语言程序必须用机器可读的语言编写。最基本的语言，与二进制编码类似，称为机器代码。为了避免人读写二进制代码的困难，很多计算机使用一种和机器代码类似的基本语言系统，但是以助记符或首字母缩略词代表二进制符号，数字用十进制计数法表示。这样指令被理解起来就更加简便。这种类型的语言是低级程序语言，一个常见的例子是汇编语言。

然而，为了更快速地编写程序，含有更智能和更强大的语法结构的语言被设计了出来。它们被称作高级程序语言。允许它们中有一些普通句子出现。这些语言必须被转译成机器代码才能被计算机识别，所以必须有被称作编译程序或翻译程序的转译程序的配合。执行时，编译程序对程序进行逐行翻译，因此该程序运行较慢，每次程序运行时，翻译都被执行。编译程序一次性地把整个程序编译完毕，当需要时，机器代码能被很快调运并运行。

有几类高级程序语言，很多是为特定应用设计的。例如，FORTRAN90，科学家和数学家用得比较多；可视化 BASIC 语言，很多家庭计算机使用它；HTML 语言，用来标记因特网浏览器中显示的数据（见下面“因特网”）；多功能语言——C 语言和 Java 语言。

操作系统　通过一个常驻程序与计算机进行交流是必需的，该程序称为操作系统，主要进行“内务”工作，如记住数据的地址和对程序的安装和运行进行安排，该程序能够访问相应的输入和输出组件。操作系统包括：

• 用户界面，允许用户与计算机进行“交流”，可以通过键盘输入简单的命令或使用鼠标来完成；

• 文件系统，以在存储设备上记录信息（文件），并对它们进行命名；

• 语言系统，使用上面所述的一些语言。

现今常见的微型计算机操作系统是微软公司开发的视窗 XP 系统。其他的，还有 UNIX 和 VMS，在大型机、小型机和一些微型机上用得比较多。

应用软件　为用户执行任务的应用软件（与组成操作系统和指导计算机运行的程序相反）和很多为专门任务设计好的程序，现在都可以找到。软件包，目标受众群是缺乏计算机语言知识的普通用户。例如，地理信息系统（见第 4 章），文字处理软件包，网络和相关数据库管理系统（DBMSs），图形软件包，专家系统（见第 2 章）和统计软件包。

一些现有软件包合并了不同的任务（如统计、文字处理和图形软件包），为用户提供完整的数据分析和数据展示工具。一些软件包被设计成数据可以从该软件简便“输出”，且能很容易地“输入”到其他软件包的形式。针对特定用户群，或许可以对软件包进行裁剪（如在本章末给出大致框架的兽医数据库和信息系统）。

附录Ⅲ列出了一些在流行病学研究中，对数据储存和分析有用的软件包。

# 数据管理

需要对储存数据进行管理。这包括有效查询数据库、分享信息的方法。这些任务与计算机技术一起，在最近三十多年来得到了快速发展。

## 改变计算的方式

20 世纪 50 年代以来，也就是计算机被发明以来，计算机内数据储存、处理的方式及获取数据的方式，都已改变。

### 数据的储存和处理

一开始，程序是为了某一特定目的而编写（例如，从数据库中提取所有关于海福特牛的数据）；程序（应用）被认为是系统的核心，而数据只是以方便的形式在应用中得到使用（图 11.8a）。这种“系统分析”方法有几个缺点，其中主要缺点是这样设计的程序有些僵化。如果需要一个新的应用（例如，从数据库中提取所有关于夏洛来牛的数据），那就必须重新编写一个新的程序。这意味着不一样的关联需要新的程序来支持。

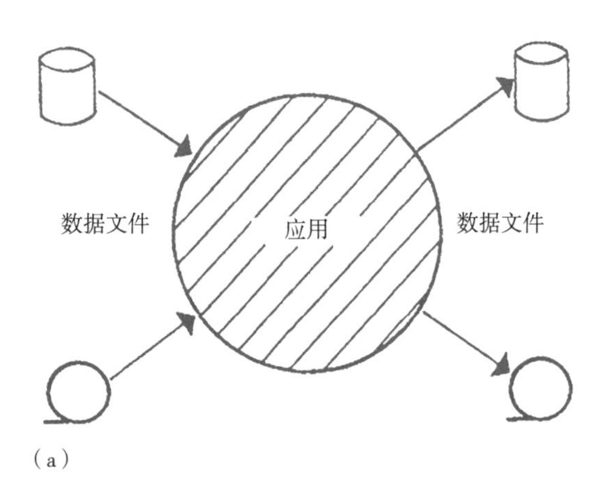


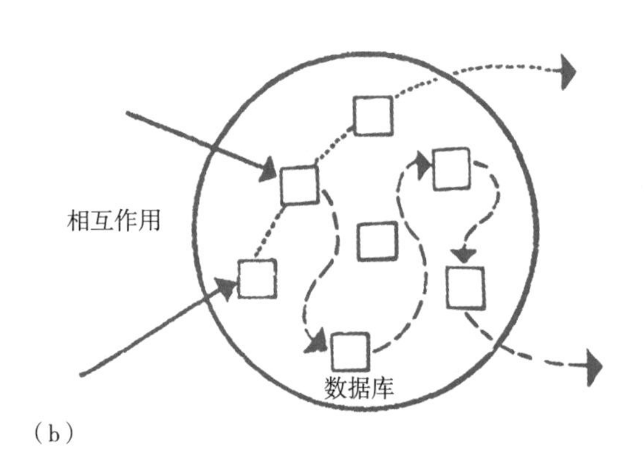


图 11.8　数据存储和处理的方法。(a)“系统分析”法；(b)“数据库”法。来源：Thrusfield，1983a

目前采用的方法，“数据库”方法更加灵活。数据被认为是系统的核心，应用可以随其改变（图 11.8b）。这使得灵活的数据查询和数据关联成为可能。该方法被运用于构建关系计算机数据库。这些构建的通常自带特殊数据查询语言的数据库管理系统（如 SQL），在大型计算机和微型计算机上都已得到了使用。大多数数据库管理系统在促进数据的存储和访问的同时也促进了应用的设计。在相互连接的计算机上使用的数据库语言和软件的标准化使得对存储在大型计算机或小型计算机上的数据通过微型计算机可轻松地进行本地访问。

### 计算机数据访问

图 11.9 展示了计算方法的历史发展，以及这些发展对数据访问的影响。在 20 世纪 60 年代，数据访问工作在大型计算机上进行，通常是通过输入大量纸带或打孔卡片的方法进行数据的输入工作，以批量作业的方式持续运算。响应能力不理想（也就是运行缓慢），用户也很难进行数据和资源的共享。

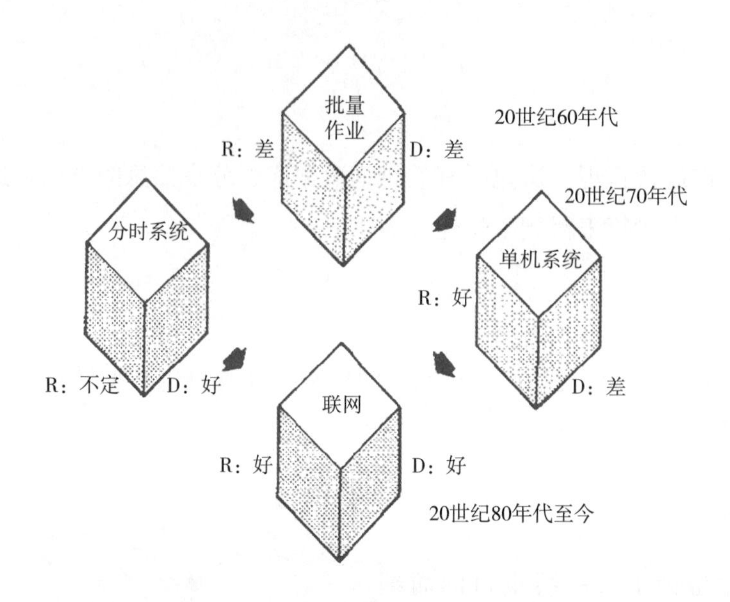


图 11.9　计算机数据访问的路径改变。D. 资源共享；R. 响应能力。来源：Thrusfield，1983b

到了 20 世纪 70 年代，计算机出现了分化。大型计算机用户们开始在计算机上共享，尽管响应情况会因用户数量和任意时间段内执行的任务数量而不同，但资源和数据的共享有了可能。在这个时期开始出现的独立的“单机”微型计算机系统具有良好的响应效果，但数据和资源仍然不能进行共享，因为各系统之间未能相互连接。

20 世纪 80 年代，通信技术的发展允许用户对不同地点的数据进行快速访问。通过传统的电话、手机传递的音频信号，计算机之间有了联系。但是，这时的数据传输率还很低。现在，通过通信“网络”、直接电缆、光纤和卫星线路之间的连接，以每秒一亿个字符的传播速度，计算机（大型机和微型机）之间的连接成为现实。因此，在日本，对传染病暴发的突发事件报道，以及常规报道，都是通过电子传送的方式，从地方动物健康中心传递到日本中央数据库（Tanaka，1992）。本章随后介绍的许多兽医信息系统也是通过类似的网络进行数据的共享。

联网需要一个额外的被称作网卡的硬件。计算机也需要一些额外的软件以能够在网络上进行通信交流。现在，很多系统都自带该软件作为操作系统的一部分。很多大型组织机构也通过取得软件供应方的许可提供网络软件。使用“公共领域”软件也是可能的。但既然这部分软件是免费的，它们就可能不像商业软件那样有全面的功能支持，或许也没有文件证书。

## 因特网

数据和资源的共享在因特网中得到了最大的体现。因特网始于 20 世纪 50 年代。当时美国国防部为促进科学和技术的进步成立了高级研究计划局。这直接导致了 20 世纪 60 年代末阿帕网络 ARPANET 的出现，它连接了美国的几所大学。1973 年计算机的第一次国际链接标志着网络计算机国际联网的发展，随后出现了计算机浪潮（图 11.9）。这最终发展成因特网，并在 20 世纪 90 年代早期代替了阿帕网络。现今的因特网由数以千计的国家、地方政府、学院和商业网络组成，它们之间相互连接形成了一个全球网络。它一开始是教育和研究型为主导的网络，但现在已向商业方向发展。

### 联网

联网有两个方法：要么是永久的，要么通过拨号设备。大型组织机构通常拥有一个永久的联网设备，在所有时段都可以访问网络。对于需要在家里访问网络的用户，可以通过一个调制解调器或拨号设备（暂时的）或宽带（永久的）和商业网络服务提供者（ISPs）进行连接，现在很多这样的功能都是免费的。

### 因特网上的数据传输

所有网络都遵守国际互联网协议，这是一套允许联网计算机之间进行互相通信交流的规则，无论这些联网计算机所使用的操作系统是相同还是不同的。只要遵守该协议，任何网络都可以加入因特网。没有人能够控制因特网，它的成功靠的就是这些小网络之间的互相合作。

有很多在网络上传输信息的方法。文件传输协议（FTP）和远程登录（Telnet）分别是文件传输和远程登录的基本工具。万维网（WWW）现在已经成为最受欢迎的信息检索工具。它是：

• 分散的：可以访问的信息分散在世界各地的数以万计的网络服务器上；

• 多媒体的：网络对格式化文档和图片很友好，并越来越多地用于传输动画、声音和视频文件；

• 超文本：在文档中以某种方式高亮的文字能够被检索以获取该话题的更多信息。这些扩展信息可以来自因特网的任何其他地方。

任何连接到万维网的用户都可以拷贝文档或其他网络客体（如图像或声音文件）到他们自己的计算机。为了做到这点，用户的计算机必须知道如何发出该拷贝请求，如何表达该请求，以及如何在用户计算机上展示或“渲染”该文档。用户软件（或机器）称为用户，被请求获取该文件的计算机称为服务器。可以访问万维网且展示文件的用户软件称为浏览器。通常使用的浏览器有网景浏览器（Netscape™）和 IE 浏览器。当用户点击一个超文本链接时，浏览器就会从该链接提取服务器的地址信息，对该服务器提出访问请求，以及告知该服务器应该在其文件空间的哪处寻找该文档。该链接还包含此信息：告知浏览器应该以何种能使服务器领会的方式表达访问请求。当服务器响应时，由客户软件决定展示文档或其他从服务器所获取信息的方式。服务器通过提供原始文档的拷贝满足世界各地的用户提出的访问请求。这意味着用户无法对储存在服务器上的原始文档进行修改。

除了提供以万维网为基础的信息访问，万维网用户还可以获得其他因特网服务，如文件传输服务（FTP）和电子邮件（E-mail）。

### 网络地址

网络资源使用标准地址格式进行定位，称为统一资源定位符（URL）。该术语有以下几个意思：

• 访问方式；

• 服务器的地址；

• 服务器。

以 URL http：//www. edinburgh. ac. uk/index. html 为例，可以拆分成以下几个组件：

http=进入访问的方式（超文本传输协议，表明这是一个万维网服务器）；

：//=从 URL 的本地部分中分离出的服务类别；

www. edinburgh. ac. uk=定位地址：服务器的唯一名称（ac. uk 表明该地址是英国的一家学术机构）；

index. html=待访问的文件（html 是用来编写万维网文档的语言）。

其他 URL 可以以 ftp（而不是 http）起头，表明 FTP 是访问的方式。

当不知晓 URL，但要对网络进行搜索时，可以使用搜索引擎（如 Google™）。搜索引擎是通过输入关键词，在整个因特网中完成搜索的软件。例如，对关键词“兽医流行病学”的搜索就会定位至很多含有兽医流行病学信息的服务器。

关于万维网的其他信息可以点击下面的 URL：http：//www. w3. org 进行了解。

#### 兽医流行病学和因特网

兽医专家从因特网获益良多，因特网促进了计算机化学习的发展（Short，2002），以及专业信息的普遍共享。另外，更具体地说，现今，兽医流行病学家可以共享数据、统计软件、研究和疫病监测的结果（如通过世界动物卫生组织的通报系统）。一些具有兽医流行病学价值的网络资源的 URL 地址已被列在附录Ⅳ中。

## 兽医数据记录方案

### 记录规模

Hugh-Jones 给出了（1975）兽医数据记录方案的分类：

• 小规模方案（图 11. 10a）关注的是分散在不同群体的疫病的内部问题，比如农场或研究中心；

• 中规模方案（图 11. 10b）关注的是范围更大一些的疾病问题，如在屠宰场、诊断实验室和诊所的数据收集；

• 大规模方案（图 11. 10c）的目的是获取一个国际或全国范围内的某疫病的数据。

#### 小规模方案

在小规模方案中，数据从农场传送到兽医实践或咨询组织，数据在这些地方进行分析，分析结果必须反馈回农场，以促进动物健康。通过一个“驻场”软件系统，可以在不离开农场的情况下对数据进行实时处理分析。畜群健康和繁育方案是典型的小规模方案。从方案本质上讲，他们会记录动物个体和畜群的表现以及生产状况、疫病发生情况，把生产状况和疫病的发

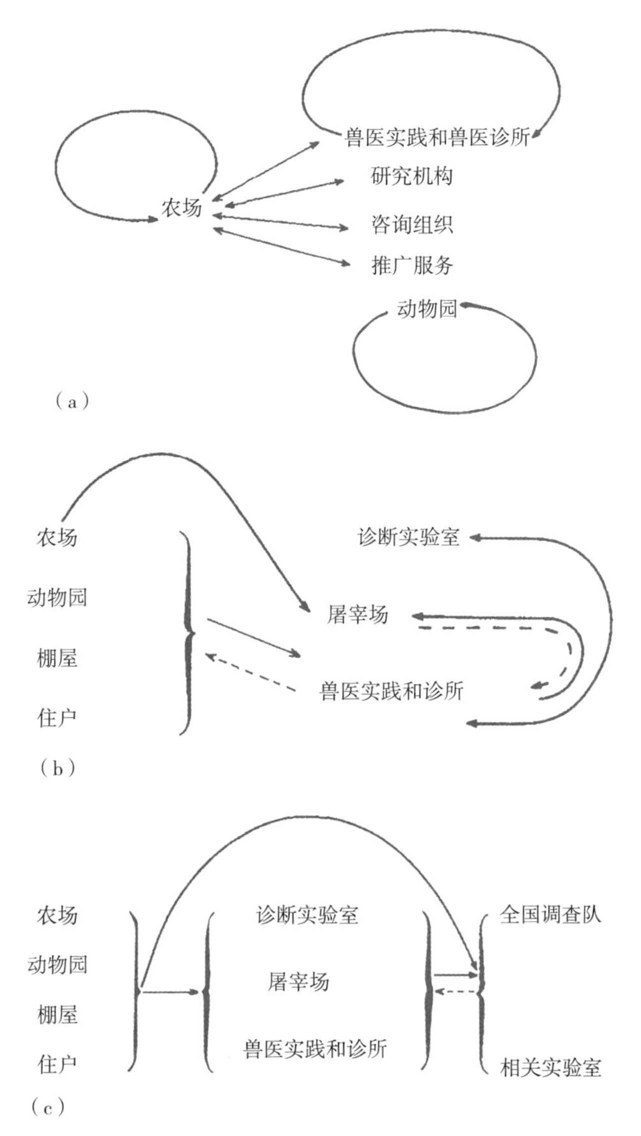


图 11.10 根据数据量定义的兽医数据记录方案。(a) 小规模方案；(b) 中规模方案；(c) 大规模方案。实线箭头表示数据的主要流向；虚线箭头表明数据流向很小或没有。来源：Thrusfield，1983b，Hugh-Jones，1975

生联系起来看，以尝试提升畜群的生产状况。这些内容在第 21 章将得到更详细的讨论。

### 中规模方案

在中规模方案中，数据从源头传送到负责分析的组织。一般来说，这些数据对分析机构追溯数据的产生源头更加有价值。因此，数据的反馈是系统中不太重要的步骤（虽然仍然是需要的）。小动物的实践记录就是中规模方案的一个例子。

### 大规模方案

大规模方案是为获取一个全球性的、全局区域性的、全国的或全国区域性的全景情况而设计的，并非是为某一特定动物单元设计的。回溯到源头的数据也很少。全国和全世界的检测和监测项目是大规模方案的典型例子。

现今一些记录项目是大规模、中规模和小规模的不同组合。例如，加拿大动物生产能力和健康信息网络，简称为 APHIN，包括记录农场畜群健康和生产力状况（小规模方案）的驻场微型计算机，这些计算机也同时连接到一个能提供关于动物健康的区域性图景（大规模方案）的中央数据库。

这个三重分类法为记录方案的总体目标、数据流和一般的地理范围提供了一个有用的焦点。

## 兽医信息系统

数据库本身的价值并不大。只有当数据转换成信息时，它的最大价值才能实现。数据和信息并非同义词，当它们被误认为意思一样时，就会混淆相似的词组，比如信息处理和数据处理。信息包括已针对某特定目的进行过处理和组织的数据，这样我们就能发掘其中的意义。一个系统一般被定义为由至少两个相关组件构成的实体（Ackoff，1971）。对信息系统进行精确定义很难（Avgerou 和 Cornford，1993），但是，在实际的兽医实践中，可以被认为是与疫病相关的数据的集合，整合起来后以满足用户（如农民、兽医执业者、流行病学家和管理者）对信息的需求。区分简单数据库和信息系统的边界模糊不清，因为储存好的数据，即使在被处理之前，也可以拥有有价值的信息。然而，信息系统的一个重要特征是它处理大型复杂问题的能力（如对流行病的全国性控制）。图 11.11 提供的是一个全国兽医信息系统。在该系统中，数据是从自农场的数据源头流向科学/兽医中心以及其他社会科学部门。当数据在信息系统中传递时被加工处理以提炼出有用信息。

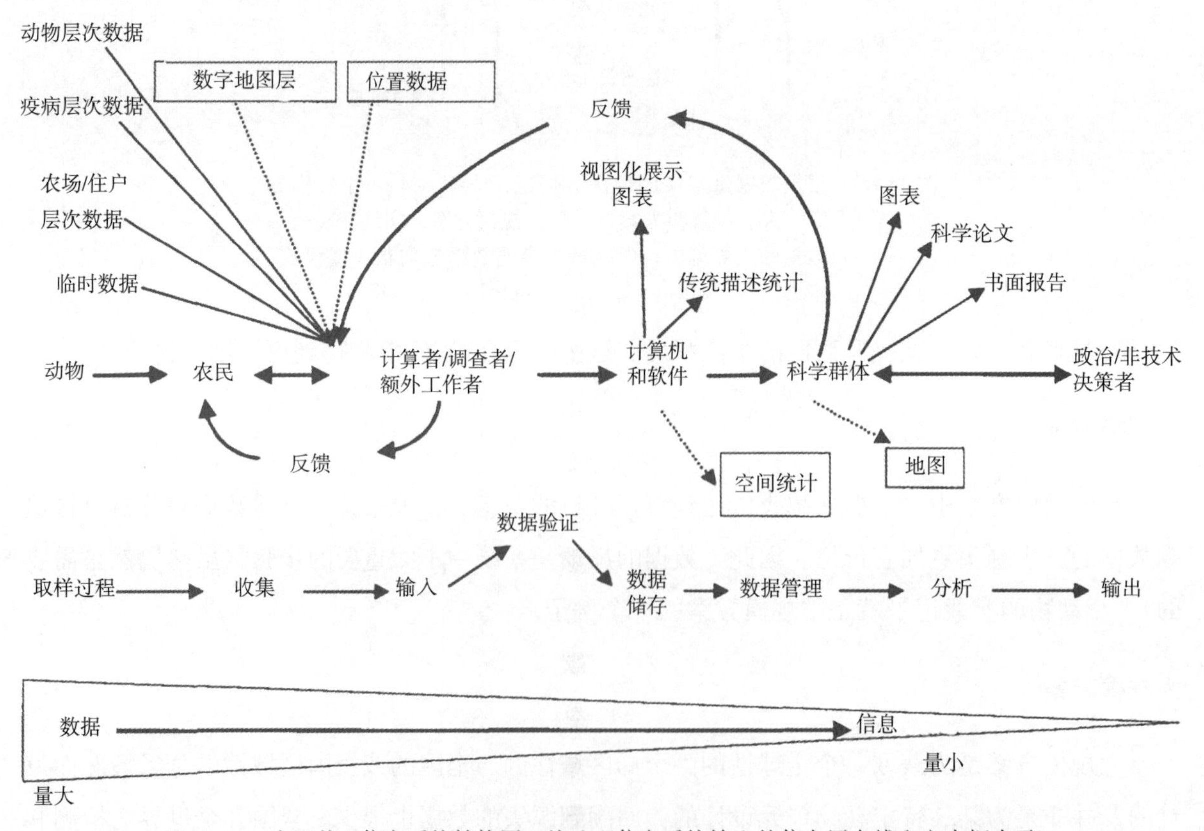


图 11.11　全国兽医信息系统结构图（从地理信息系统输入的信息用点线和文本框表示）

对信息系统进行扩展，可得到决策支持系统（Sprague 和 Carlson，1982）。该系统的两个关键部分是：

• 在政策和实施两个层面都聚焦于决策者，而不是只看重系统本身；

• 对系统所有组件进行无缝整合，以便可以通过单个用户界面对所有特征进行访问，而不用考虑是由系统的哪个组件提供的答案。这展现了简单数据库符合逻辑的发展，在此数据分析和数据录入、数据储存分开处理，甚至可以不在同一台计算机上进行。

决策支持系统有如下特征（Morris 等，1993）：

• 它们倾向于解决相对松散的、无明确定义的问题；

• 它们把模型、分析技术与传统的数据储存和回溯功能结合起来；

• 它们对那些只有很少计算机知识的用户很友好，专注于那些能使得计算机易于使用的特征；

• 它们强调对周围变化环境的灵活性和适应性（如决策的方式改变），因此，它们可以成为国家动物健康信息系统的有价值部件。

决策支持系统自身不能提供明确的答案，但能够对需要纵观他人意见的决策者起指导作用。该系统还提供对政策有用的审核。

### 数据收集

数据收集可以主动，也可以被动（见第 10 章）。被动收集的数据会有选择偏向（见第 9 章和第 10 章）。然而，使用被动收集的数据只需一点点额外的花费；主动收集的数据是之前数据集中没有的，为满足信息系统的需求而特意收集的，花费一般较大。因此，主动收集数据的技术和经济可行性需要被考虑。

很多流行病学研究需要有风险群体和感染动物的详细信息（如用于计算发病率和死亡率数值）。因此，普查数据可能也是信息系统的一个重要组成部分。这些数据在很多国家都会例行收集，因此在信息系统中是属于可以访问使用的被动数据。然而，在使用前需要评估这些数据的精确性。

### 收集数据的价值

需要根据信息系统的目的对所收集数据的价值进行判断。Finagle 总结了一些不恰当的数据收集陷阱的“法则”（Opit，1987）：

• 拥有的信息不是想要的；

• 想要的信息不是需要的；

• 需要的信息没法获得；

• 能获得的信息成本高于预期。

因此，在进行系统设计和主动的数据收集前，应当对信息系统的目的进行清晰的定义。这需要在设计前与系统所有的潜在使用者进行必要的讨论。

### 目的

一个综合的信息系统有以下几个目的：

• 对地方疫病进行监测；

• 完成国际报告的需要；

• 监控生产力；

• 识别新症状；

• 支持和监控控制项目的技术效能；

• 管理实验室数据；

• 为疫病的经济评估并对其控制提供信息。

这些目的可以在三个层次来实现：农场、国家及国际层次。各个层次所需求的信息需要被分层识别，识别后信息系统中的信息流即能被定义。

*农场层次* 包括单个生产者、生产群体（如农场合作者）以及产品处理方法。单个生产者普遍需要他们农场的疫病记录以及生产能力的详细信息（如乳品生产效率和繁殖效率）。出于对单个农场疫病问题保密的谨慎考虑，对生产群体而言，需要的是和单个生产者类似的与生产能力有关的信息。产品处理方法需要的是像人畜共患病、残留物（例如，对乳品处理方来说，需要知晓牛奶传播病原微生物和抗生素污染的细节）等危害方面的详细信息。

*国家层次* 在这个层次，不同机构部门有不同的信息要求。农业部门利用的是农场生产能力方面的整合数据信息。兽医服务机构需要的是全国性的动物疫病信息，包括对人畜共患病的监测，以及兽医活动的日志记录。农业生产部门需要产品销售的细节信息。银行在准予贷款前可能需要生产潜能方面的信息，保险公司也需要这方面的信息。

*国际层次* 各种各样的区域和国际机构都需要利用有关动物健康和生产力的信息。区域性机构有欧盟、泛美卫生组织（PAHO）、南亚区域合作联盟（SAARC）以及亚洲动物生产及健康委员会（APHCA）。国际机构包括世界卫生组织（WHO）和联合国粮食与农业组织（FAO）。部分上述机构的因特网网址（URL）在附录Ⅳ中可以找到。

联合国还有一些区域性和全球性的机构。这些机构专注于资助发展中国家的农业项目。因此，对于这些机构，有关动物健康和生产能力的信息很有价值。这些机构包括世界银行、国际农业开发基金会（IFAD）、联合国拉丁美洲和加勒比经济委员会（ECLAC）、联合国开发计划署（UNDP）和美洲开发银行（IDB）。

## 信息系统的实施

一个信息系统的实施由以下几个步骤构成：

• 对数据需求和信息流的定义；

• 对某些区域进行识别，在这些区域被动和主动的数据收集都是可行的；

• 对某些区域进行识别，在这些区域计算机化程度十分理想，并有与其他集成系统进行数据交流的标准；

• 确立工作计划，包括推进计算机化的渐进步骤（例如，首先是全国中心，再是地方中心）、满足信息需求的渐进步骤（如国际需求可能需要首先满足，要在全国或地方需求之前进行考虑）；

• 培训；
• 进展评估；
• 在必要的情况下对系统的改进。

每个步骤必须在现有数据收集程序所产生数据的可用性与实施该系统的国家或地区的环境结合起来的背景下进行考虑。例如，一个发展中国家在人力、财力和技术资源上，比起发达国家可能有更大的限制。

对信息系统，应当注意选择合适的软硬件。硬件的服务和维护应该在当地就可以解决。信息系统需要有足够大的随机存储器（RAM）和辅助内存，以能够运行软件和储存预期量的数据。另外，发展中国家的信息系统需要有不间断电源（UPS），以防止电源波动或中断对硬件的损伤和发生数据损失现象。

各种类型的软件可能都是需要的，而且要确保有供应商良好的技术支持。数据库管理系统（DBMS）适合数据的储存、处理和提取，也适合生成报告。在对数据进行分析时，可能需要用到统计软件包（附录Ⅲ）；文字处理软件包在制作报告和其他信息时是必不可少的；地理信息系统软件（见第 4 章）也可能是有用的。文件在软件包之间的兼容性是一个重要的考量。因此，在选择软件包时不应该单独考虑，而需要考虑它们之间的联系。在理想状态下，所有的组件应该是“无缝连接”的。最后，数据应该定期备份（如在辅助储存设备或服务器上存有额外的拷贝）。

## 一些兽医数据库和信息系统的例子

计算机化的兽医信息系统可以追溯到 20 世纪 60 年代中期（Tjalma 等，1964；Hutton 和 Seaton，1966；Griner 和 Hutton，1968；Hutton，1969）。表 11.2 列出了一些兽医数据库和信息系统的例子。对部分数据库和信息系统给出了一个简略的框架，展示了它们的管理范围以及在使用和更新中所包含的技术。

### 世界动物卫生组织的国际疾病通报系统

总部在巴黎的世界动物卫生组织（OIE）是一个国际性组织，关注全球的动物疫病控制。1920 年比利时暴发的牛瘟促成了该组织于 1924 年在巴黎的建立。它拥有一个大规模的通报系统，记录全球范围内的重大动物传染病数据。

OIE 的目标有：

• 对有传染病威胁的国家给予提醒；
• 加强动物疫病控制方面的国际合作；
• 促进国际贸易。

因此有必要知道与贸易相关的疫病的自然病史，传染风险以及引入该病原后的生物和经济后果。目前 OIE 对两类疫病[①]给出了下列定义（OIE，1987）：

---

① A 类和 B 类疫病可能要被整合成一类疫病，主要的判断标准是是否有全球传播的危险，其他判断标准包括在国内和畜群中导致重大疫病传播的可能。整合成一类疫病的目的是和世界卫生组织的卫生与动植物检疫措施相符合，把疫病区分为特定程度的危害，并赋予所有纳入此类的疫病在国际贸易中拥有相同的重要度。

表 11.2　过去和现在的一些兽医数据库和信息系统

| 大规模 | 中规模 | 小规模*+ |
| --- | --- | --- |
| ANADIS（Roe，1980；Andrews，1988；Cannon，1993） | Australian slaughter check scheme（Pointon 和 Hueston，1990） | APHIN [cattle，pigs]（Dohoo，1988，1992） |
| APHIN（Dohoo，1988，1992） | Danish pig health and production surveillance system（Christensen 等，1994） | Australian slaughter check scheme [pigs]（pointon 和 Hueston，1990） |
| Australian national animal health information system（Garner 和 Nunn，1995） | Danish swine slaughter inspection bank（Willeberg，1979） | Bristol sheep health and productivity scheme [sheep]（Morgan 和 Tuppen，1988） |
| Australian State animal disease information systems（Andrews，1988） | Edinburgh SAPTU clinical record summary system（Stone 和 Thrusfield，1989） | Checkmate [dairy cattle]（Booth 和 Warren，1984） |
| BENCHMARK（Martin 等，1990） | FAHRMX（Bartlett 等，1982，1985，1986；FAHRMX，1984） | CHESS [pigs]（Huirne and Dijkhuizen，1994） |
| Californian turkey flock monitoring system（Hird 和 Christiansen，1991） | Florida teaching hospital data retrieval system（Burridge 和 McCarthy，1979） | COSREEL [cattle，sheep，pigs]（Russell 和 Rowlands，1983） |
| Danish pig health and production surveillance system（Christensen 等，1994） | Liverpool clinical recording and herd health system（Williams and Ward，1989b） | DairyCHAMP [dairy cattle]（Udomprasert 和 Williamson，1990） |
| Danish pig health scheme（Willeberg 等，1984；Mousing，1988；Willeberg，1992） | Minnesota disease recording system（Diesch，1979） | Danish pig efficiency control system [pigs]（Herlov 和 Vedel，1992） |
| Danish swine slaughter inspection data bank（Willeberg，1979；Willeberg 等，1984） | Parasitology diagnostic data program（Slocombe，1975） | Danish pig health and production surveillance system [pigsl（Christensen 等，1994） |
| Japanese disease reporting system（Tanaka，1992） | Queensland veterinary diagnostic data recording system（Elder，1976） | DAISY [dairy cattle]（Pharo，1983；Esslemont 等，1991；Esslemont，1993b） |
| Management and disease information retrieval system for broiler chickens in Northern Ireland（Mcilroy 等，1988；Goodall 等，1997） | Slovakian Veterinary Service management system（Haladej 和 Hurcik，1988） | DairyCHAMP [dairy cattle]（Marsh 等，1993） |
| Management and disease information retrieval system for farmed Atlantic salmon in Northern Ireland（Menzies 等，1992） | Veterinary Recording of Zoo Animals（Roth 等，1973） | Edinburgh DHHPS [dairy cattle]（Kelly 和 Whitaker，2001） |
| NAHIS（Morley，1988） | VIDA Ⅱ（Hall 等，1980） | FAHRMX [dairy cattle]（Bartlett 等，1982，1985，1986；FAHRMX，1984） |
| NAHMS（King，1985；Glosser，1988；Curtis and Farrar，1990；Bush and Gardner，1995；Wineland and Dargatz，1998） | VMDBNMDP（Priester，1975；Warble，1994；VMDB，2004） | InterHerd [dairy and beef cattle，and mixed enterprises]（InterAGRI，2004） |
| Namibian veterinary information system（Biggs and Hare，1994；Hare and Biggs，1996） | | Liverpool clinical recording and herd health system [dairy cattle]（Williams 和 Ward，1989b） |
| New South Wales animal disease information system（Rolfe，1986） | | Ontario dairy monitoring and analysis program [dairy cattle]（Kelton 等，1992） |
| New Zealand national livestock database（Ryan and Yates，1994） | | PigCHAMP [pigs]（Stein，1988；PigCHAMP，2004a） |
| New Zealand laboratory management and disease surveillance information system（Christiansen，1980） | | SIRO [dairy cattle]（Goodall 等，1984） |
| Nigerian animal health information system（Ogundipe 等，1989） | | VAMP [dairy cattle]（Noordhuizen 和 Buurman，1984） |
| Northern Ireland Animal and Public Health Information System（Houston，2001） | | VIRUS [dairy cattle]（Martin 等，1982a） |
| OIE international disease reporting system（Blajan and Chillaud，1991） | | |
| Ontario dairy monitoring and analysis program（Kelton 等，1992） | | |
| Slovakian Veterinary Service management system（Haladej and Hurcik，1988） | | |
| Swiss national animal health information system（Riggenbach，1988） | | |
| Taiwanese disease reporting system（Sung，1992） | | |

注：* 这些系统是关于健康和繁育力的。它们也可能成为中规模或大规模的系统。

+方括号中记录了每个系统的畜群类型。

1. A 类　具有传染性的疫病，传播速度快，后果严重，能跨越国界，能导致严重的社会经济或公共健康后果，在动物和动物产品的国际贸易市场上影响巨大（如非洲马瘟、口蹄疫、高致病性禽流感、新城疫、牛瘟、羊痘和猪水疱病)。

2.B类 具有传染性的疫病,会导致社会经济方面的后果以及/或者威胁到国内公众健康,在动物和动物产品的国际贸易上有重要影响(如炭疽、马传染性子宫炎、禽痘、鼻疽病、副结核病、细螺旋体病和狂犬病)。

合作国被要求提交关于A类疫病、特别重要的B类疫病和一些未列出的疫病暴发的警报信息。这些信息包括:

• 事件的先发报告(表格SR1);
• 事件和控制措施的附加信息(表格SR2)。

合作国还需要提供标准的月报(表格SR3)和年报。OIE官方发布了国际动物健康代码,试图标准化通报程序(OIE,1992)。另外,OIE还根据贸易合作国的要求定义了最低健康标准,以避免传播动物疫病的风险。

**NAHMS**

NAHMS(国家动物卫生监测系统)是一个大型系统,其设计目的是为监测美国家畜的发病率、流行率和与健康有关事件的成本,识别现代化生产系统中与疫病有关的决定因素。它的出现和发展是为响应美国监测家畜疫病流行情况的全国监测系统的号召,该系统起始于20世纪20年代,在60年代和70年代得到发展(Poppensiek等,1966;Hutton和Halvorson,1974)。

NAHMS监测的一个重要条件是农业企业是随机选择的,因此得到的是具有代表性的无偏差的结果(见第13章)。NAHMS的前身是一个被称为NADS(全国动物疫病监测系统)的试点项目,该项目根据早期的随机选择方案(如明尼苏达疫病记录系统,见表11.2)于1983年在俄亥俄州和田纳西州开始实施,现在NAHMS已经推广到美国全境,且覆盖了所有牲畜品种。与疫病发生、人口学和成本相关的数据(如预防措施的成本)从被选中农场中进行收集。血样、排泄物、饲料和水在一些参加本研究项目的农场中采样,以验证临床诊断和生产者的观察结果。在本地数据的收集和分析完成后,这些数据记录被提交到一个全国协调中心进行整合,并做区域和全国性的分析。NAHMS也提供关于个体生产者和各州的总结报告。

**APHIN**

20世纪80年代末,动物生产力和健康信息网络(APHIN)在加拿大爱德华王子岛的大西洋兽医学院建立,以便为爱德华王子岛上饲养猪、牛和生产乳产品的农场提供信息,以提高生产效率。该网络包括设立在农场、兽医实践机构、加工工业、政府农业实验室和兽医学院的微型计算机。小型的健康和生产力软件包(见表11.2中的PigCHAMP)记录的是单个农场的数据。其他的在不同阶段整合进APHIN网络的数据源,包括屠宰场数据、诊断和营养实验室记录及奶质量数据。

这些单独的微型计算机通常是独立运作的,向地方使用者提供他们所需要的信息。另外,相关数据通过软盘拷入(或电子传输)中央数据库,在该数据库上数据得到整理、分析和总结，为参与农场提供有用的信息。

**丹麦生猪屠宰检验数据库**

本数据库由从屠宰场收集的所有宰后猪的信息组成。大部分的丹麦育肥猪都被登记在该数据库中，因此该数据库不仅可以作为一个中规模的项目，还能作为一个全国性的大规模监测项目。

**VMDB**

兽医学数据库（VMDB）是一个互相合作的中等规模的数据库，涵盖大多数北美兽医学院。该数据库位于普渡大学兽医学院，拥有 3 个二级数据库：马眼登记基金会（不受主要遗传性眼病影响的马群登记和研究数据库）；犬眼登记基金会（不受主要遗传性眼病传染的纯种犬登记和研究数据库）和 DNA（通过渐进性视网膜萎缩或犬白细胞黏附缺陷 DNA 测试的爱尔兰雪达犬登记数据库）。数据曾使用 SNVDO 代码进行编码，但现在使用的是 SNVMED 代码（见第 9 章）（Folk 等，2002）。与很多其他被描述的数据库一样（见第 10 章），VMDB 数据源对入选数据的选择都有一定偏差，但是数据库（这可以追溯到 1964 年，包括好几百万条的记录）提供了相当数量的实质的或流行病学的调查，包括观察性研究（见第 15 章）。

**VIDA Ⅱ**

兽医调查诊断分析（VIDA Ⅱ）是一个涵盖了所有提交给英国兽医调查实验室的样本记录的中型数据库。这些样本记录都是自愿提交的，包括一部分动物宰后和实验室样本信息。单个实验室对诊断数据进行编码，然后把电子版提交至中央服务器，以在相关数据库中存储。

**DairyCHAMP**

DairyCHAMP 是一个计算机化的关于奶牛健康和生产力的项目，目的是协助奶牛的日常管理，对奶牛群表现进行监测并对出现的问题进行分析。因此，它被归类为小规模项目。单个奶牛出现的与生产、哺乳期和健康有关的情况都会被记录下来（如服务记录、怀孕诊断和乳腺炎情况）。DairyCHAMP 还有针对牛的记录和与农场相关的数据记录，如棚屋类型、喂食量、药剂量和使用情况。DairyCHAMP 能产生三类报告：管理辅助报告、表现监测报告（如受胎率和母牛生长图表）及用于与表现监测结合起来研究的问题分析报告，以检测出过繁受孕等类似问题。

DairyCHAMP 可以和决策支持系统 DairyORACLE（Marsh 等，1987）进行全面整合。在奶牛健康和生产力项目与决策支持系统之间（如 Esslemont，1993b；Williams 和 Esslemont，1993），猪群健康和生产力项目（PigCHAMP）、针对猪育种公司的决策支持系统（PigORACLE）、用于评估育种表现的经济专家系统 CHESS（计算机化的母猪群评估系统，Huirne 等，1992），用于对群扑杀和替换策略进行评估的专家系统 PorkCHOP（Dijkhuizen 等，1986；Huirne 等，1991）之间，接近于“无缝”的整合也是有可能达到的。

## EpiMAN

EpiMAN（Morris 等，1992，1993；Stark 等，1998；Sanson 等，1999）是一个针对需要国家控制措施或根除程序的疫病控制决策支持系统。它产生于新西兰，开始是针对外来疾病进行控制。该系统安装在通过通信网络连接的微型计算机上，且易于携带，因此可以很方便地被转移到所需地点。例如，2001 年英国口蹄疫疫情暴发时该系统就被转移至现场（Morris 等，2001）。

以口蹄疫控制为例，EpiMAN 的主要组件在图 11.12 中已被展示出来。关于感染区域的空间和文本数据存储在一个相关的数据库管理系统中。空间数据由地理信息系统进行处理。规定在一个国家的所有能够运行该系统的农场都要储存数据（农场基地，Sanson 和 Pearson，1997）。蒙特卡洛模型（见第 19 章）模拟疫病在单个农场的传播；空气传播通过高斯羽流扩散进行模拟（见第 6 章）；第三个模型预测农场之间的传播，使用的参数有被感染区域的面积、有关联的屠宰场和“环形”免疫（在包围感染区的环形区域对动物进行免疫）。

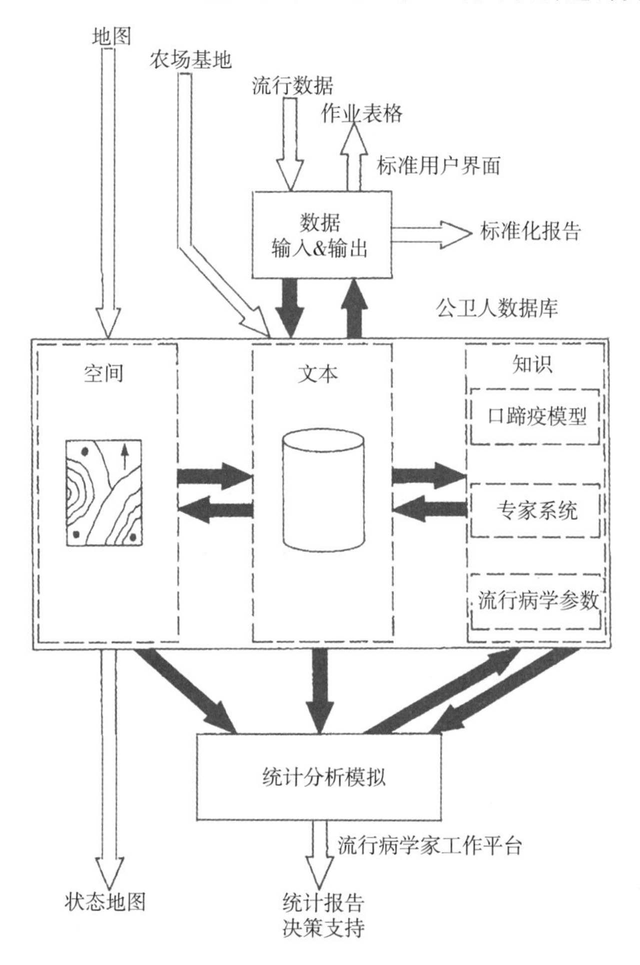


图 11.12　流行病决策支持系统的结构示意。来源：改编自 Morris 等，1993

最后，“进入感染区的动物和人的追踪”排在“疾病诊断”与“未感染农场的疫病风险”之前，被专家系统进行优先赋值，以据此制定巡逻计划。

## DCS

疫病控制系统（DCS）（图 11.13）是一个可通过网络访问的数据库，是对英国暴发须申报疫病（即法律要求申报的疫病）的疫情时起协助作用的一个系统，比较著名的例子是应用于2001年的口蹄疫暴发。它由英国政府的环境、食品和农村事务部（DEFRA）管理，记录的数据包括疫病状态、流动限制和在疫病的所有阶段内进行的访问。

另外，该系统还要求记录血液和组织样本采集的细节、动物宰杀和处理程序、屋棚和设施的清扫、补栏程序。该系统和Vetnet[①]、DEFRA全国地理信息系统（GIS）都有连接，并能从现有系统（如农业占有地和普查记录）中获取数据。

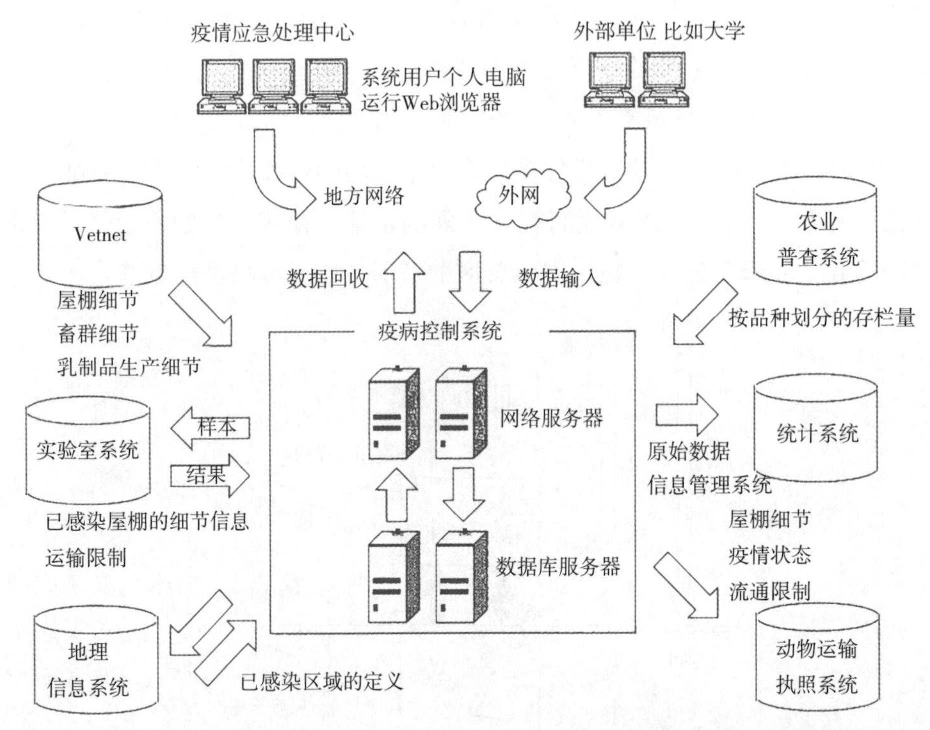


图11.13　疫病控制系统的结构示意。来源：改编自英国环境、食品和农村事务部（DEFRA）的R. Muggeridge教授所绘制的图表

访问该系统需要有一个网络浏览器，该网址在现有的因特网（内联网）可以找到，使在为控制疫情而设立的疫情暴发控制中心工作的大量员工都能够同时使用该系统，而不需要在微型计算机上安装和管理任何专业软件。多个网络和数据库服务器被用来防止故障及分散处理过程，避免出现系统瓶颈问题。

关于疫情暴发的具体数据，比如关于疑似病例和确诊病例的细节信息、屋棚情况的文件记录、访问记录、动物宰杀和尸体处理的情况，这些信息都统统记录在DCS数据库中。数据输入屏幕和一个范围大且多样的预先定义报告以及搜索请求允许这些有关疫情暴发的数据以不同的形式导入其他DEFRA系统中。在DCS和GISs之间的数据交换使得疫情暴发的数据能够被绘制成图。感染区和危险区的定义因疫病的传播和根除工作的进展而变化。DEFRA实验室系统之间的数据交换能够结合样本测试的结果即时更新DCS数据；数据输出到金融系统可保证补偿金的分发。

DCS数据库包括40多万的农业占有地和其他相关商业用地数据。其中8万多地址有更进

① Vetnet是英国主要的动物健康信息技术系统。它包含一个追踪和验证系统（VTVS），用于一般的动物追踪，使用户能够有能力追踪某只牛（通常与肺结核有关）或对其他动物（绵羊、山羊和猪）的整个/部分畜群/群次/批次进行追踪。

一步的细节信息，包括租用地、普通放牧地和各产地之间的联系，比如对市场的一般拥有权也记录在案。

2001 年疫情暴发时 DCS 的使用是一个有价值的例子，说明了在经验的积累下，持续修正信息系统的重要性。例如，Vetnet 的追踪和验证系统（VTVS）只能够有效追踪牛群（所有牛都有耳标），而对羊（没有耳标）的追踪只能通过批次，当羊群散开时，追踪难度加大。另外，一开始，运输工具和人员也都没有办法进行追踪（例证了 Finagle 定律的第三条：需要的信息没法获取），但追踪仍然是暴发调查和控制的关键组件（见第 22 章）。

还有，2001 年疫情暴发开始的时候，DCS 和 VTVS 都只是刚起步，前者在 2000 年英国猪瘟疫情暴发之后仍然在摸索发展中。尽管针对 DCS 使用的培训在疫情暴发的相对早期就开始了，但由于疫情[①]导致的正式管理人员的工作强度过于巨大，要使整个系统中涉及的所有人员都能够参与到培训计划中还是很困难的。因此，在信息系统能够有效运行之前，仍然需要强调充足的培训和人员的增补。

① 所需的正式员工必要时可由临时员工代替（见图 22.1）。

# 12 描述数字资料

流行病学家利用动物群体中收集的数据做出推论。这些数据通常是定量的，包括数字资料。定量生物数据的基本特征是其固有的变异性。例如，100 头黑白花奶牛的体重不会是完全相同的一个数，而是一组一定范围内变动的数值。如果这 100 头奶牛是从一个更大的群体（比如全国的牛群）中随机抽取的一个样本，那么从全国的牛群这一相同的总体中抽取 100 头不同的样本，几乎一定有一组不同的体重值。

在两种情况下，可变性对流行病学家具有重要意义：当抽取样本与不同群组动物进行比较时。在第一种情况下，有必要评估样本值在多大的程度上代表总体。这与调查有关，将在下一章讨论。在第二种情况下，常常有必要决定两组之间的差异是否可以归因于某个特定的因素。流行病学经常涉及疾病和假设的因果因素之间的关联的检测，这将在第 14 章和第 15 章中讨论。例如，调查酮症对牛奶产量的影响，那么可以就两组奶牛的牛奶产量进行比较，即有酮症的奶牛实验组和没有酮症的奶牛对照组。

检测到的牛奶产量差异可能是由于：

• 酮症的影响；

• 两组奶牛之间牛奶产量固有的自然差异；

• 对照实验中混杂了如奶牛品种等的混杂变量：不同品种的奶牛在每一组中以不同的比例存在，而不同品种的奶牛的牛奶产量不一样。

在这个例子中，第二个与第三个原因通过将牛奶产量的差异，归因于奶牛自身的产奶量差异，从而混淆调查结果。

统计方法的存在是为了将拟调查因素的影响从随机变异和混淆的因素中分离出来。从本质上来说，这涉及估计事件发生的概率。概率是取值于 0 与 1 之间的数值测度。不可能事件的发生概率为 0，必然事件发生的概率为 1。概率也可以被认为是某一特定事件相对于总的事件发生的频率。因此，抛掷一枚硬币正面朝上的概率是 50％（0.5）。类似的，流行率也是概率的一种衡量方式。有一种特定的流行率称为条件概率，如 30％的雄性特定流行率，在动物是雄性的条件下，在任意时间点随机抽取任意一只雄性动物，其患病的概率是 0.3。

本章将讨论数值显示的方法和数字资料的概率分布。概率分布是很多统计检验的基础（一些统计检验将会在第 13 章中讨论)。本书中的统计内容并不全面，本书的目的是让读者掌握一些关于统计概念和技术的基础知识。对于基本数学概念不熟悉的读者需要先翻阅附录Ⅱ。

## 一些基本定义

*变量* 任何可以观察到的变化的事件均为变量。变量可以是连续的，也可以是离散的（见第 9 章)。例如动物的体重是连续变量，疫病的病例数是离散变量。在某些情况下，变量的数值称为随机变量。

*研究变量* 任何在调查中被考虑的变量称为研究变量。

*响应变量和解释变量* 响应变量是指受其他变量（解释变量）影响的变量。例如动物的体重是响应变量，食物摄入量是解释变量，因为可以假定动物的重量取决于食物的消耗量。在流行病学调查中，疾病通常被认为是响应变量。例如，研究干猫粮（解释变量）对猫尿路结石发病率的影响时，猫尿路结石的发病率即是响应变量。也有疾病作为解释变量的情形，如研究疾病对体重的影响时，疾病为解释变量。响应变量也称为因变量，解释变量称为自变量。

*参数* 参数即在不同的情况下有所不同的数量，但当纳入考虑时是常数值。参数在一个数学公式或模型中可以是常数。例如，一项以发现疫病为目的的调查设计，最低检出流行率的设定，比如 20%。虽然流行率能改变，但是最低检出流行率，被定义为调查目标后，作为单个值不变。因此流行率作为调查的一个参数，被纳入相应的公式，以检测特定最小流行率（见第 3 章)。

参数也可以是总体的一个可测特征，如一群奶牛的产奶量。

*数据集* 数据的一种集合。

*原始数据* 形成分析基础的初步测量的数据。

## 一些描述性统计

表 12.1 列出了两组（A 组和 B 组）3 周龄断奶的仔猪的体重。两组仔猪可以被视为从一个更大的 3 周龄断奶的仔猪总体中抽取的随机样本。数据的可变性是明显的。体重在确定的区间内的仔猪数量被记录在表 12.2 中，并表示在图 12.1 中。

**表 12.1 A、B 两组 3 周龄断奶仔猪体重（kg）样本**

| A组 | | | | |
|---|---|---|---|---|
| 4.2 | 5.3 | 5.6 | 6.0 | 6.4 |
| 4.6 | 5.3 | 5.7 | 6.0 | 6.4 |
| 4.7 | 5.4 | 5.7 | 6.1 | 6.4 |
| 4.8 | 5.4** | 5.7 | 6.1 | 6.5 |
| 4.9 | 5.4 | 5.9* | 6.1 | 6.5 |
| 5.1 | 5.4 | 5.9 | 6.1 | 6.5 |
| 5.2 | 5.4 | 5.9 | 6.1** | 6.8 |
| 5.2 | 5.5 | 5.9 | 6.2 | 6.8 |
| 5.2 | 5.5 | 6.0 | 6.3 | 6.8 |

（续）

| | | | | |
|---|---|---|---|---|
| 5.3 | 5.5 | 6.0 | 6.4 | |
| $n=49$，$\bar{x}=5.76$kg，$s=0.60$kg，$Q_2=5.9$kg，$SIR=0.35$kg | | | | |
| B组 | | | | |
| 2.6 | 4.3 | 4.6 | 4.8 | 5.3 |
| 3.4 | 4.3 | 4.6 | 5.0 | 5.5 |
| 3.6 | 4.3** | 4.6 | 5.0 | 5.5 |
| 3.8 | 4.4 | 4.6 | 5.0 | 5.6 |
| 3.9 | 4.4 | 4.7* | 5.0 | 5.6 |
| 4.0 | 4.4 | 4.7 | 5.1 | 5.6 |
| 4.0 | 4.4 | 4.7 | 5.1** | 5.6 |
| 4.1 | 4.5 | 4.8 | 5.2 | 5.7 |
| 4.1 | 4.5 | 4.8 | 5.2 | 6.3 |
| 4.2 | 4.5 | 4.8 | 5.2 | |
| $n=49$，$\bar{x}=4.69$kg，$s=0.67$kg，$Q_2=4.7$kg，$SIR=0.40$kg | | | | |

注：* 中位数；** 四分位数。

**表 12.2　B组中3周龄断奶仔猪体重分组频率分布**

| 体重（kg） | 仔猪数量（头） |
|---|---|
| 2.6～3.0 | 1 |
| 3.1～3.5 | 1 |
| 3.6～4.0 | 5 |
| 4.1～4.5 | 13 |
| 4.6～5.0 | 15 |
| 5.1～5.5 | 8 |
| 5.6～6.0 | 5 |
| 6.1～6.5 | 1 |

像这类简要表述数据数值特征的图像称为直方图。图12.1在横轴（X轴）上的组距间隔0.5kg。各区间内的仔猪数量与所在的竖直矩形条面积成正比。若各区间在横轴上组距相等，如本例所示，那么各区间内的仔猪数量也与所在的竖直矩形条高度成正比。或者，可以将垂直绘图区和水平间隔的中点连接起来，而不是构造竖直矩形条，在这种情况下频数多边图就构造出来了。这些数据可以通过使用描述性统计进一步被概述，这些统计量包括分位数和变异指标。

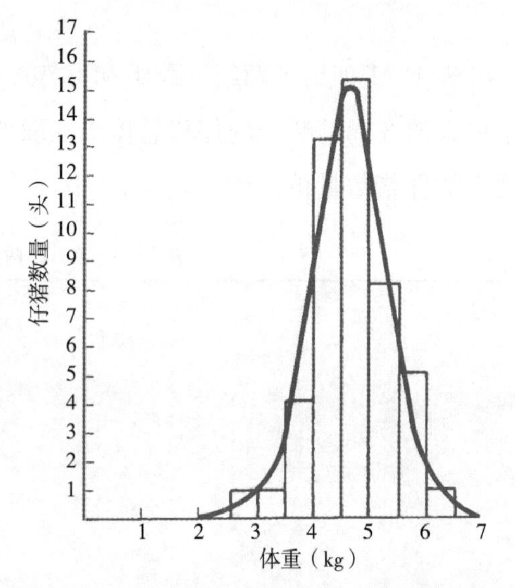


图 12.1　B组中仔猪体重分布直方图及拟合的正态曲线（光滑曲线）（数据来自表12.1）

## 分位数

常采用的分位数有样本平均值（数），用 $\bar{x}$ 表示（读作"$x$ 拔"）。它的计算方式如下：

$$\bar{x}=\frac{\sum x}{n}$$

$n$ 表示的是样本数量。在表 12.1 中，各组中的 $n=49$，在 A 组中 $\bar{x}=5.76$kg，在 B 组中 $\bar{x}=4.69$kg。

每组样本都默认为是从一个更大的群体中随机抽取的，因此，样本均值仅是对总体均值 $\mu$ 的一个估计。当只有对总体进行普查时，参数 $\mu$ 才能真正确定。当样本容量增加时，$\bar{x}$ 将是 $\mu$ 的一个更好的估计；此时，$\bar{x}$ 作为 $\mu$ 的一个估计值，精确度提高了。

样本中位数，记为 $Q_2$，是另一种分位数。中位数是处于样本数据集中间位置的观察值，大于样本中一半的数值，小于另一半的数值。它将样本数据集分为两个等量的有序的子群，也称为分位数。分位数将分布分为一百份的称为百分位数。因此中位数也是第 50 百分位数。

表 12.1 中 A、B 两组的中位数分别用星号“*”标记出来。同样，样本中位数是总体中位数的一个估计。

数据集中处于最小值与中位数中间的数值称作较小四分位数（第一四分位数），记为$Q_1$；处于中位数与最大值中间的数值称作较大四分位数（第三四分位数），记为$Q_3$。在 A、B 两组中它们被用两个星号“**”标记出来。因此，数据集中 25%的数值小于$Q_1$，75%的数值大于$Q_1$，因而$Q_1$也被称作第 25 分位数。类似的，数据集中 75%的数值小于 $Q_3$，25%的数值大于 $Q_3$，因而 $Q_3$ 也被称作第 75 分位数。

当数据集中数据的个数是奇数时，四分位数位于两个数之间。当数据集中数据的个数是偶数时，需要使用插值的方法计算四分位数。如果有 $n$ 个观测值，第一四分位数（$Q_1$）处于 $(n+1)/4$ 的位置；第二四分位数（中位数 $Q_2$）处于 $2(n+1)/4$ 的位置；第三四分位数（$Q_3$）处于 $3(n+1)/4$ 的位置。例如，假设 $n=10$。那么 $(10+1)/4=2.75$，$Q_1$ 处于第 2 与第 3 个观察值（第 2 与第 3 个观察值记为 $x_2$ 和 $x_3$）间四分之三处左右。因此，$Q_1=x_2+0.75(x_3-x_2)$。类似的，$(10+1)/2=5.5$，$Q_2$ 处于第 5 与第 6 个观察值中间。因此，$Q_2=x_5+0.5(x_6-x_5)$。而 $3(10+1)/4=8.25$，$Q_3=x_8+0.25(x_9-x_8)$，$x_8$ 和 $x_9$ 是第8、第 9 观测值。

考虑由六个观测值 9、12、16、22、27、31 所组成的数据集。

第一四分位数（$Q_1$）位于 $(n+1)/4=7/4=1.75$ 处。$Q_1$ 位于第 1 与第 2 个观察值四分之三处：

$$9+0.75(12-9)=9+2.25=11.25$$

中位数（$Q_2$）位于 $2(n+1)/4=14/4=3.5$ 处。$Q_2$ 位于第 3 与第 4 个观察值二分之一处：

$$16+0.5(22-16)=16+3=19$$

第三四分位数（$Q_3$）位于 $3(n+1)/4=21/4=5.25$ 处。$Q_3$ 位于第 5 与第 6 个观察值四分之一处：

$$27+0.25(31-27)=27+1=28$$

## 变异指标

变异指标的计算比分位数稍微难一点。两个简单变异指标的例子是样本个体与均值间绝对偏差的范围和平均值。然而，这两种变异指标不能区分不同的数据集。

常使用的变异指标有样本方差，$s^2$，计算方法如下：

$$s^2=\frac{\sum (x-\bar{x})^2}{n-1}$$

这个公式能转换为另一种用小型计算器易于计算的形式，即：

$$s^2=\frac{\sum x^2-[(\sum x^2)/n]}{n-1}$$

样本方差的平方根称为样本标准差。将表 12.1 中 B 组数据带入上述公式，得到样本标准差 $s$，如下：

$$s=\sqrt{\frac{\sum x^2-(\sum x^2/n)}{n-1}}$$

$$=\sqrt{\frac{1\,100.27-(229.8^2/49)}{48}}$$

$$=\sqrt{21.62/48}$$

$$=0.67\text{kg}$$

正如样本均值是总体均值的估计一样，样本方差和样本标准差分别是总体方差 $\sigma^2$ 和总体标准差 $\sigma$ 的估计。

当描述概括统计量时，也要一同描述样本标准差和样本均值，以反映总体中个体的可变性。

常常伴随中位数出现的变异指标是半四分位距（semi-interquartile range，SIR）。即 $Q_1$ 和 $Q_3$ 间差距的一半：

$$SIR=\frac{Q_3-Q_1}{2}$$

样本半四分位距是总体半四分位距的估计。

另外，样本越来越多地被最小值、较小四分位数、中位数、较大四分位数、最大值所组成的 5 个特征值所概述。

## 统计分布

### 正态分布

如果测量体重的仔猪数量加大，其数量远超表 12.1 中 49 只的数目，则图 12.1 中的组距进一步减小，竖形条变得越来越窄。最终，相应的频率分布折线图会变成一条光滑曲线。在图 12.1 中，利用表 12.1 中的体重数据，通过使用计算机绘制出这样一条曲线与竖形条相拟合。这样的曲线在中间有一个峰值，且是对称的。这种钟形曲线是一条典型的正态分布的曲线。正态分布又称为高斯分布。正态分布具有两个参数：均值（期望）$\mu$ 与标准差 $\sigma$。

如图 12.1 所示，正态分布曲线可以被看作是对基于样本值的直方图的平滑近似；或者可以被看作是具有可变性的总体的分布的范式。后者可以使用数学语言通过密度函数（Samels，

1989）描述出来；也可以作为密度曲线被绘制出来（图 12.2），曲线下区域的面积即表示事件出现的概率。所有的正态分布曲线可以通过变量变换缩放横轴变得一样。变换变量记为 $z$，被称为标准正态离差：

$$z=\frac{x-\mu}{\sigma}$$

$z=0$，1，2，3 分别对应于 $x=\mu$，$\mu+\sigma$，$\mu+2\sigma$，$\mu+3\sigma$，也即是：

若 $x=\mu$，$z=\frac{\mu-\mu}{\sigma}=0$；

若 $x=\mu+\sigma$，$z=\frac{\mu+\sigma-\mu}{\sigma}=\sigma/\sigma=1$；

若 $x=\mu+2\sigma$，$z=\frac{\mu+2\sigma-\mu}{\sigma}=2\sigma/\sigma=2$；

若 $x=\mu+3\sigma$，$z=\frac{\mu+3\sigma-\mu}{\sigma}=3\sigma/\sigma=3$。

$z$ 变换可用于确定落在特定的范围内的观测值的比例。正态分布约 68%的值落于总体均值 1 个方差的范围内（$\mu-\sigma$ 到 $\mu+\sigma$；$z=-1$ 到 $z=1$）。95%的值落于总体均值 2 个方差的范围内（$\mu-2\sigma$ 到 $\mu+2\sigma$；$z=-2$ 到 $z=2$）（图 12.2）。

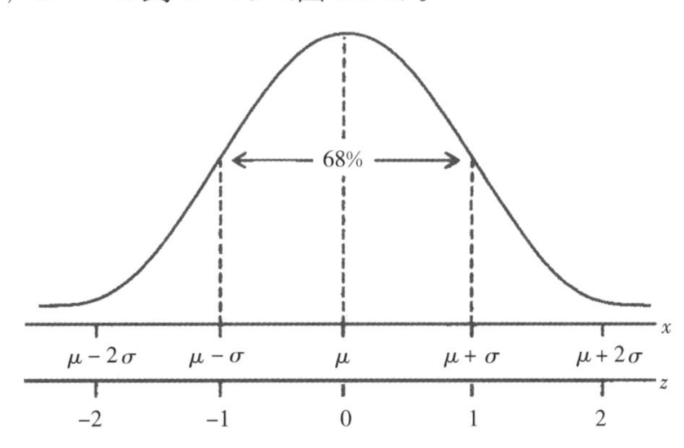


图 12.2　正态密度曲线展示 $\mu$、$\sigma$、$z$ 和呈正态分布的观测数据的比例的关系

在许多情况下，正态分布为生物变量提供了一个有效的近似分布。因此正态分布是一个十分重要的分布。正态分布并不对所有变量都适用。正态分布不适用的测度有很多（虽然大样本时可作正态近似），这些测度是只有少量分组的普通数据。视觉模拟测度也不呈正态分布。

## 二项分布

二项分布是离散概率分布，每次试验有且只有两个结果；例如，小牛出生时的性别只能是雄性或雌性。表 12.3 给出了一个二项分布的例子。两个结果可以是任何种类的，但是为了方便，这里统称为“成功”和“失败”。在 $n$ 次试验中，$r$ 次试验成功的概率 $Pr$（$r$）的计算公式如下：

**表 12.3　三胎连续单胎妊娠的牛犊出生的可能结果**

| 第一胎 | 第二胎 | 第三胎 | 雄性总数 | 雌性总数 |
| --- | --- | --- | --- | --- |
| M | M | M | 3 | 0 |

（续）

| 第一胎 | 第二胎 | 第三胎 | 雄性总数 | 雌性总数 |
|---|---|---|---|---|
| M | M | F | 2 | 1 |
| M | F | M | 2 | 1 |
| M | F | F | 1 | 2 |
| F | M | M | 2 | 1 |
| F | M | F | 1 | 2 |
| F | F | M | 1 | 2 |
| F | F | F | 0 | 3 |

注：M为雄性；F为雌性。

$$Pr(r)=\frac{n!}{r!\ (n-r)!}p^r\ (1-p)^{n-r}\qquad [r=0，1，2，\cdots，n；0<p<1]$$

式中，$p$ 是一次试验成功的概率，且假设不同试验发生结果之间没有关联。在本例中，假设第一胎小牛的性别不影响未来牛犊的性别，且产下小公牛（试验成功）的概率 $p=0.52$，那么三次妊娠（试验，$n=3$）产下两只公牛（结果，$r=2$）的概率计算如下：

$$Pr(2)=\frac{3!}{2!\ 1!}(0.52)^2(0.48)\qquad [注意，n-r=1]$$

$p$ 的值介于0与1之间，且不同试验的 $p$ 值可以有很大不同。例如，在遗传性疾病中，幼崽出生患病的概率 $p$ 就可以很小。

## 泊松分布

泊松分布关注的是试验（事件）的计数，适用于发生在空间或时间段的随机事件。常见的例子有：血细胞计数器中血细胞个数的分布和在组织培养中感染细胞的病毒的个数的分布。泊松分布在流行病学中很重要，因为它涉及疾病的时间与空间的分布。在单位时间或单位面积内发生的疫病病例数遵循泊松分布。疫病对泊松分布的明显偏离意味着从时间和空间上对随机性的明显偏离（见第8章）。

泊松分布具有一个参数 $\lambda$：即表示单位面积或单位时间内的平均值。

$r=0，1，2，3，4$ 等，计数的概率由下式给出：

$$Pr(r)=\frac{e^{-\lambda}\lambda^r}{r!}\qquad [\lambda>0，r=0，1，2，\cdots]$$

式中，e是一个常数，是自然对数的底数，$e\approx2.718\ 28$。$e^{-\lambda}$ 的值可以在很多已出版的数学表格中找到，也可以由计算机算出。

例如，假设有已感染病毒的组织培养单层细胞，共有 $1\times10^6$ 个细胞，感染病毒数为 $3\times10^6$。那么每个细胞受平均感染病毒数为3，即 $\lambda=3$。在所有细胞中只感染两个病毒的细胞占总细胞数的比例（概率）可以通过上面的公式求出，这时 $\lambda=3$，$r=2$：

$$Pr(r)=e^{-3}\ 3^2/2!$$

查表或由计算机计算可得，$e^{-3}=0.049\ 8$。

因而：$Pr(r)=0.049\ 8\times3^2/2!\ =0.224\ 1$。

这意味着在总的细胞中只感染两个病毒的细胞的概率为22.41%。

## 其他分布

除上述统计分布外，还有许多其他统计分布。其中一些分布为非正态分布，图 12.3 给出了一些例子。当随机变量的分布对称时，随机变量的均值和中位数相等，且均值和标准差为分位数和变异指标提供了很好的测度。但当随机变量的分布为非正态分布时，上述结论不能成立。因此，一个正偏的频率（概率）分布，其均值位于分布峰值的右侧。在这种情况下，中位数和半四分位距是对分位数和位置更好的测度。有些分布既不是正态分布，也不是二项分布和泊松分布。图 12.4 比较了两种非正态分布。当分析数据时发现可疑的不寻常分布，应该咨询统计专家的意见。

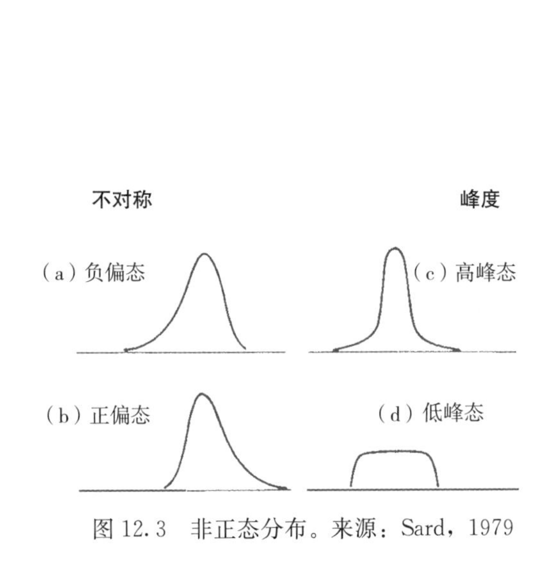


图 12.3 非正态分布。来源：Sard，1979

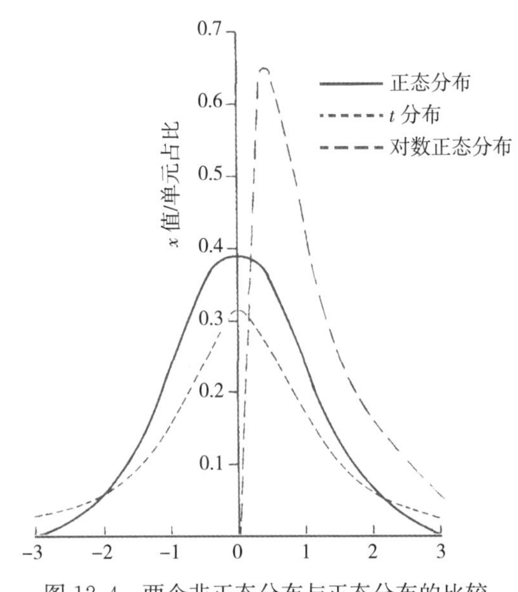


图 12.4 两个非正态分布与正态分布的比较

## 变换

自然标度下的数据的测度并不总是最易于分析和解释的，因为它们可能会产生非正态分布。然而，有时可以通过变换随机变量的表示方式，得到近似的正态分布——通常是将随机变量简单平移或对其做对数变换。对数据做对数变换后所得的正态分布称为对数正态分布。这类分布常出现在生物界。此类分布的特征是具有一个类似图 12.3b 的正偏态，但不必然与图 12.3b 所示分布相同。图 12.5 给出了一个对数正态分布的例子，展示了在已免疫禽中新城疫病毒抗体滴度的频率分布，横轴标度为对数标度。在该例中，对随机变量的转换是通过在滴定前以对数形式稀释样本血清完成的，起初以 10（1/10）为底数，然后以 2（1/20、1/40、1/80 等）为底数。

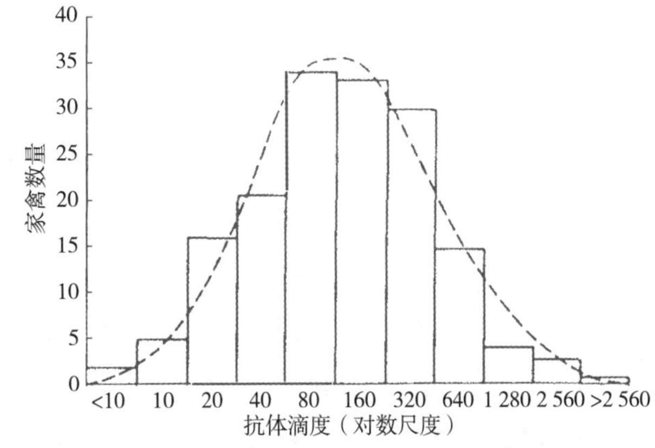


图 12.5 变换后为对数正态分布的示例。一组 165 只接种单剂量的灭活新城疫病毒疫苗的禽 6 周后的血凝抑制抗体滴度的分布。虚线表示的是与结果拟合的正态曲线。来源：Herbert，1970

第17章讨论了对数标度在血清学调查中的应用。疫病流行曲线（见第8章）和潜伏期通常是呈对数正态分布的（Sartwell，1950，1966；Armenian 和 Lilienfeld，1974）。在研究疫病流行曲线时，数据（新发病例数）是离散的，但被视为连续的测度，因为新发病例数常常很大。

### 二项分布与泊松分布的正态近似

在样本数很大，$p$ 既不很靠近0也不太接近1的情况下，二项分布近似于正态分布。正态分布适用于连续性的数据，当连续性校正应用于离散的二项式分布数据时，正态近似会更好。同样的，当样本数很大时，正态分布能很好地近似于泊松分布。因此，用于正态分布分析的方法有时也可以用于二项式分布和泊松分布。这些方法被称为渐进（大样本）方法，样本值越大越精确。

## 置信区间的估计

### 平均值

样本平均值给出了总体参数 $\mu$ 的一个单一估计，因此被称为点估计。从总体中反复抽样会产生不同的样本均值，可作为总体均值的估计。样本均值也有一个概率分布，该分布的均值（期望）与总体均值相等，但方差为 $\sigma^2/n$，即总体方差除以样本量。样本均值的方差的平方根称为均值标准误（standard error of mean，s. e. m）。为避免与样本标准差相混淆，计算公式如下：

$$\text{s. e. m}=\sigma/\sqrt{n}$$

均值标准误可以用估计均值标准误（estimated standard error of mean，e. s. e. m）来估计，用 $s$ 替换 $\sigma$ 得下式：

$$\text{e. s. e. m}=s/\sqrt{n}$$

估计均值标准误用于反映样本估计总体均值的精度（见第9章）：估计均值标准误越小，精度越高。

有时也会用一个包含有总体均值的可信范围来对总体进行估计，这是十分有用的。这个可信范围称为置信区间。置信区间既包含位置测度（平均值），也包含分布测度（均值标准误）。例如，从正态分布的总体中反复抽样，在95%的样本中，置信区间为 $\bar{x}\pm1.96$s. e. m。置信区间包含真正的总体均值。对单个样本来说，区间 $\bar{x}\pm1.96$s. e. m 称为置信度为95%的置信区间。区间的左右端点称为置信上下限。

当使用估计均值标准误（e. s. e. m）来估算均值标准误（s. e. m）时（几乎总是如此），要考虑抽样变异性，用适当的值去替换乘数1.96。替换值能由查表得到（如 $t$ 分布，附录Ⅴ）。替换值取决于置信度、样本量和自由度的相关数值。若一个样本有 $n$ 个独立观测值组成（任意两个观察值之间无相互影响），那么从某种程度上说，样本含有 $n$ 重独立信息。计算样本均值仅用1重信息，剩下的 $n-1$ 重信息用于计算方差。这是因为剩下的观察值可由已知的 $n-1$ 重信息和均值确定。$n-1$ 即是自由度。

使用表 12.1B 组中的数据：

$$\begin{aligned} \text{e.s.e.m} &= s/\sqrt{n} \\ &= \frac{0.67}{\sqrt{49}} \\ &= 0.096 \end{aligned}$$

在附录Ⅴ中为 95%的置信区间选择合适的乘数，选择列首为“0.05”（1－95%）的一列。样本自由度为 48（49－1）。表中没有 48 这个数，那么就查找不大于 48 的最大的数值，选择 40。因此近似的乘数是 2.021。置信度为 95%的置信区间如下：

$$\begin{aligned} \bar{x} \pm 2.02\text{e.s.e.m} &= 4.69 \pm 0.194\text{kg} \\ &= 4.496,\ 4.884\text{kg} \end{aligned}$$

假设本例中 3 周龄断奶仔猪的体重分布符合正态分布（常用逗号分隔上下限表示置信区间。）

其他置信区间也能估计。

在附录Ⅴ中为 90%的置信区间选择合适的乘数，选择列首为“0.10”（1－90%）的一列，合适的乘数为 1.684。置信度为 95%的置信区间如下：

$$\begin{aligned} \bar{x} \pm 1.68\text{e.s.e.m} &= 4.69 \pm 0.161\text{kg} \\ &= 4.529,\ 4.851\text{kg} \end{aligned}$$

置信度为 99%的置信区间的适宜的乘数是 2.704［选择列首为“0.01”（1－99%）的一列］。

需要注意的是，对于一个给定的数据集，置信度越高，置信区间越宽。

当样本量很大时，正态分布能为 $t$ 分布提供很好的近似分布，因而适用于正态分布的方法也适用于 $t$ 分布。同样的，样本量越大，精度越高。用于计算对应正态分布的渐进置信区间的乘数见附录Ⅵ（类似于附录Ⅴ中 1.96 对应 95%，2.576 对应 99%）。这些值对应于自由度为无穷的 $t$ 分布（附录Ⅴ中最后一行）。

## 中位数

中位数近似的 95%置信度的置信区间计算公式如下：

$$r = \frac{n}{2} - \left(1.96 \times \frac{\sqrt{n}}{2}\right) \text{ 和 } s = 1 + \frac{n}{2} + \left(1.96 \times \frac{\sqrt{n}}{2}\right)$$

式中，$r$ 是对应于置信下限的顺序观察值，$s$ 是对应于置信上限的顺序观察值，$n$ 为样本量（Altman 等，2000）。

使用表 12.1B 组的数据，$n=49$：

$$r = \frac{49}{2} - \left(1.96 \times \frac{\sqrt{49}}{2}\right) \text{ 和 } s = 1 + \frac{49}{2} + \left(1.96 \times \frac{\sqrt{49}}{2}\right)$$

式中，$r=24.5-6.86$，$s=1+24.5+6.86$。

也就是 $r=17.6$，$s=32.4$。

距 17.6 最近的观察值是 18，即 4.5kg；距 32.4 最近的观察值是 32，即 5.0kg。因而中位数近似的 95%置信度的置信区间为 4.5，5.0kg。注意这与均值的 95%置信度的置信区间类似，这是因为 B 组中的值是对称分布的，从而均值与中位数接近。

如果需要估计其他的置信区间，适宜的乘数可从附录Ⅵ中查找。

这种乘数近似方法对大多数样本都适用（Hill，1987）。Altman 等（2000）给出了精确方法，并且还讨论了其他分位数的区间估计。然而，Conver（1999）注意到，当数据有捆绑观察值（如观察数据有相同值）时，置信范围会受其影响。

## 比例

使用上面在二项分布中讨论的符号，在单个样本中估计比例 $p$，$\hat{p}=r/n$，其中 $r$ 是 $n$ 次观察（试验）中成功的次数（注意 $p$ 上的“帽子”表示这是对真正的 $p$ 值的估计）。该样本比例有一个分布，分布的均值等于 $p$，方差为 $p(1-p)/n$。该分布的标准误差称为标准误，如下：

$$\sqrt{\frac{p(1-p)}{n}}$$

也可由下式估计：

$$\sqrt{\frac{\frac{r}{n}(1-\frac{r}{n})}{n}}$$

当样本量较大时（如 $n>30$），该分布近似于正态分布。类似的，在 $p$ 既不太靠近 0 也不太接近 1 的情况下，比例 $p$ 的近似的 95%置信度的置信区间计算公式如下：

$$\frac{r}{n}\pm 1.96\sqrt{\frac{\frac{r}{n}(1-\frac{r}{n})}{n}}$$

需要估计其他的置信区间时，适宜的乘数可从附录Ⅵ中查找。

对于小样本来说，计算更为复杂。但需要的置信区间能从表中直接查到（附录Ⅶ）。例如，产下 12（$n$）头小牛，5（$r$）头雄性，7 头雌性，$\hat{p}=5/12=0.4167$。查找附录Ⅶ（其中 $r$ 定义为 $x$），有 $x=5$，$n=12$，$n-x=7$，置信度为 95%的置信区间为 0.151，0.723。小样本量需注意置信区间宽度（即不精确的估计）。

## 泊松分布

表 12.4 列出了观察到的 400 份血细胞计数器中酵母菌个数的分布（列 2），以及根据泊松分布求得的各期望数（列 3）。使用上面在泊松分布中讨论的符号，$\lambda$ 可由表 12.4 中第 2 列中观察频数的均值估计，$\bar{x}=(1\times20+2\times43+3\times53+\cdots+12\times2)/n=4.68$。当 $\lambda$ 较大时，泊松分布近似于正态分布；当 $\lambda$ 较小但样本量较大时，$\bar{x}$ 近似于正态分布。若 $n\bar{x}>30$（如本例），标准误估计如下：

$$\sqrt{\frac{\bar{x}}{n}}$$

则 $\lambda$ 的近似的 95%置信度的置信区间估计如下：

$$\bar{x} \pm 1.96\sqrt{\frac{\bar{x}}{n}}$$

即（$4.68 \pm 1.96\sqrt{\frac{4.68}{400}} = 4.68 \pm 0.11 = 4.46, 4.90$）。如果需要估计其他的置信区间，适宜的乘数可从附录Ⅵ中查找。

若样本量较小，置信区间可查表得到（附录Ⅷ）。

**表 12.4 血细胞计数器中酵母菌个数的分布**

| 方格内的细胞数（$x$） | 方格个数（$s$） | 方格的期望数 |
|---|---|---|
| 0 | 0 | 3.7 |
| 1 | 20 | 17.4 |
| 2 | 43 | 40.6 |
| 3 | 53 | 63.4 |
| 4 | 86 | 74.2 |
| 5 | 70 | 69.4 |
| 6 | 54 | 54.2 |
| 7 | 37 | 36.2 |
| 8 | 18 | 21.2 |
| 9 | 10 | 11.0 |
| 10 | 5 | 5.2 |
| 11 | 2 | 2.2 |
| 12 | 2 | 0.9 |
| >12 | 0 | 0.4 |
| 总数（$n$） | 400 | 400.00 |

来源：Bailey，1995。

## 一些流行病学参数

### 比例：流行率、死亡率、累积发病率和生存率

流行率、死亡率、累积发病率和生存率（没有删失观察值）都是简单的比例；这些比例的分布服从二项分布。因此，置信区间的估计可以使用适合二项式分布的计算方法。该专题将结合调查（见第 13 章）和诊断试验（见第 17 章）详细讨论。

### 多项式比例

有时，一个样品可能包含几个离散的类，如不同品种的动物。在这种情况下，可以基于多项式分布，针对每一类的比例估计置信区间（Quesenberry 和 Hurst，1964）。

表 12.5 列出了去兽医诊所的 2 岁以上的袖珍型、小型、中型、大型和巨型犬的数量，代表了在英国的全体犬（Thrusfield，1989）。样本分为 5 类。为了计算每一类的置信区间，需要 3 个值：

表 12.5　在小型动物实践中不同大小犬的数量记录，及小型犬总体置信范围的计算演示

| 犬种类 | [*1*] | [*2*] | [*3*] | [*4*] | [*5*] | [*6*] | [*7*] | [*8*] | [*9*] | [*10*] | [*11*] |
|---|---|---|---|---|---|---|---|---|---|---|---|
| | $n$ | $N-n$ | $4n\ (N-n)$ | [3] /$N$ | $x^2(x^2+[4])$ | $\sqrt{[5]}$ | $x^2+2n$ | [7] − [6] | [7] + [6] | $\frac{[8]}{2(N+x^2)}$ | $\frac{[9]}{2(N+x^2)}$ |
| 袖珍型 | 295 | | | | | | | | | 0.471 7 | 0.066 8 |
| 小型 | 1 634 | 3 616 | 2 364 176 | 4 501.7 | 42 802.6 | 206.887 | 3 277.488 | 3 070.60 | 3 484 | 0.291 9 | 0.331 2 |
| 中型 | 2 241 | | | | | | | | | 0.168 65 | 0.201 6 |
| 大型 | 111 | | | | | | | | | 0.405 9 | 0.447 9 |
| 巨型 | 5 250 | | | | | | | | | 0.051 8 | 0.028 1 |
| 总数（$N$） | | | | | | | | | | | |

数据来源：自爱丁堡大学小型动物实践教学单位数据库；Stone 和 Thrusfield，1989。

- 每一类犬的数量（$n$）；
- 所有犬的总数（$N$）；
- $x^2$ 的适宜的值（见第 14 章）。

$x^2$ 的值的选择取决于自由度（相应类别犬的数量−1，如本例）和所需的显著水平。95%置信度的置信区间对应 5%的显著水平（$P=0.05$）。90%置信度的置信区间等价于 $P=0.10$，99%置信度的置信区间等价于 $P=0.01$，以此类推。

对 95%的置信区间，$P=0.05$，自由度为 4（即 5−1），查找附录Ⅸ可得 $x^2=9.488$。

表 12.5 给出了用于计算的公式，并且所计算的每个类别置信区间的置信度为 95%。在前面列算出并用于随后列计算的数值在方括号中斜体标识。然而，表中只给出小型犬类别的中间计算阶段的数值（读者可自行完成其他行）。

小型犬的比例，以百分比表示如下：

$$\frac{1\ 634}{5\ 250}=31.1\%$$

表 12.5 的列 10 和列 11 以概率的形式给出了置信度为 95%的置信下（上）限：0.291 9，0.331 2。因此，总体中小型犬的置信区间估计为 29.2%、33.1%。

**发病率**

发病率置信区间的计算需要另一种方法，因为分母包括复杂的单位——风险动物时。有一个基于泊松分布的合适的方法。发病率的样本估计的分子（即患病动物数），仅被用于计算。

如果病例数大于 100，95%置信度的置信区间计算如下：

$$下限\ \lambda_L=\left(\frac{1.96}{2}-\sqrt{x}\right)^2$$

$$上限\ \lambda_U=\left(\frac{1.96}{2}+\sqrt{x}\right)^2$$

其中 $x$ = 观测到的病例数（Altman 等，2000）。

例如，如果样本每 757 只-月风险动物中有 108 个病例数，则发病率如下：

$$\lambda_L = \left(\frac{1.96}{2} - \sqrt{108}\right)^2$$
$$= (0.98 - 10.39)^2$$
$$= 88.6$$
$$\lambda_U = \left(\frac{1.96}{2} + \sqrt{108}\right)^2$$
$$= (0.98 + 10.39)^2$$
$$= 129.3$$

因此可得每动物年发病数的点估计（108/757）×12=1.71 例/动物-年。95%置信度的置信区间估计为（88.6/757）×12，（129.3/757）×12=1.41，2.05 例/动物-年。

如果需要估计其他的置信区间，适宜的乘数可从附录Ⅵ中查找。

如果病例数小于 100，那么就需查找附录Ⅸ。

## 其他参数

对于许多参数的点估计值已在第 4 章进行了讨论，同样也可以对它们进行置信区间的估计，包括存活分析和调整中的存活数计算（Altman 等，2000）。其他参数的置信区间估计将在后续章节中进行讨论。

## Bootstrap（自助）估计

计算总体参数或属性的置信区间的标准方法基于样本的分布。大样本一般能保证估计的分布是呈正态的。然而，小样本需要其他分布的前提假设；例如，当计算均值和标准误差的置信区间时，从呈正态分布的总体中抽取的样本会遵循 $t$ 分布。然而，在不是这样的情况下，对均值的置信区间估计将是不准确的。通过计算机使用 Bootstrap 估计可以克服此类问题。

Bootstrap 估计基于这样一种原则：单一样本能够提供总体分布的信息。使用软件反复从样本集中抽取单个数据，取出后再放回以便在下次仍然能随机抽取到该数据（即“放回抽样”，见第 13 章），直到产生一个与原样本有相同数目的观测样本为止。这个过程可能重复许多次（对于均值的区间估计可能需要重复 50～200 次，某些参数可能需要重复 1 000 次以上）。多次抽取的样本间的可变性能反映从总体中多次抽样得到的标准误差。因此，如果拟估计均值的置信区间并重复抽取 200 个样本，则可产生 200 个样本均值。使用百分位数法：先将 200 个样本均值排序，从而 95%置信度的置信区间的下限是第 2.5 百分位数（200 个均值中的第 5 个），上限是第 97.5 百分位数（200 个均值中的第 195 个值）。类似的，90%置信度的置信区间的下限是第 5 百分位数（200 个均值中的第 10 个），上限是第 95 百分位数（200 个均值中的第 190 个值）。在实践中，百分位数法会产生偏倚，但可以被估计和修正。Bootstrap 估计的精度取决于原始样本反映总体分布的信息的程度。如果原始样本不具有代表性，反复抽取次数的增加并不能提高 Bootstrap 估计的精度（Good，1993）。

Efron 和 Tibshirani（1993）、Davison 和 Hinckley（1997）给出了 Bootstrap 估计的详细讨论。

## 描述数字资料

数据应该以一种易于详细解释和分析的形式表示。本节会展示一些关于数据及其分布的有趣的事实。一些展示数据的必要的方法已讨论（见第 4 章），包括表格、条形图、曲线图和频率折线图。另外，还有直方图，如图 12.1。直方图适用于连续随机变量，条形图适用于离散随机变量。

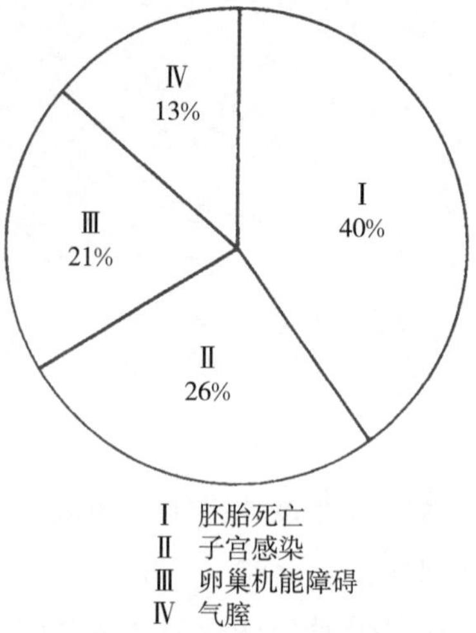

Ⅳ
13%
Ⅰ
40%
Ⅲ
21%
Ⅱ
26%
Ⅰ 胚胎死亡
Ⅱ 子宫感染
Ⅲ 卵巢机能障碍
Ⅳ 气膣

图 12.6 饼图：在报告和提交的超过 100 份的临床病例中母马不孕的主要原因的比例。来源：Fraser，1976

### 饼图

饼图是一个圆（“饼”），圆中的“切片”代表相应的数据系列，“切片”的角度与数据系列的频率成正比。图 12.6 给出一个饼图的例子。现代计算机软件能便利地帮助绘制三维饼图（图 12.7）。

兽医评估的
危险接触
5%
优先屠宰
2%
追溯
5%
巡查
16%
报告病例
72%

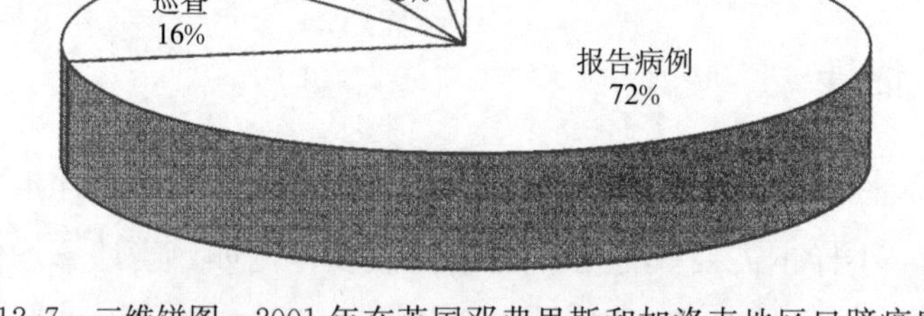

图 12.7 三维饼图：2001 年在英国邓弗里斯和加洛韦地区口蹄疫感染农场的鉴别。来源：Thrusfield 等，2005b

### 箱线（形）图

频率分布可以使用基于 5 个数据结点的箱线图直观地进行比较（Tukey，1977；Erickson 和 Nosanchuk，1979）。图 12.8 给出了一个箱线图的例子，使用的是表 12.1 的数据。中央水平线表示中位数；垂直线（胡须）的上端和下端表示该数据集的最大和最小值；大矩形（箱子）的水平边表示四分位数。

体重（kg）
7
6
5
4
3
2
1
A
B

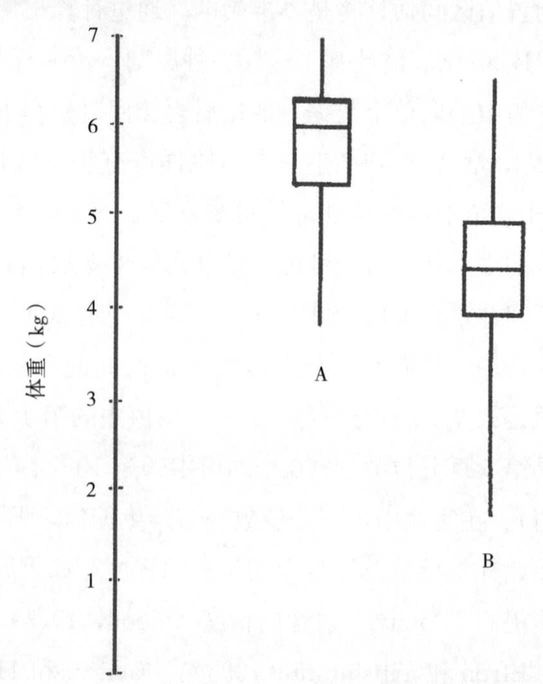

图 12.8 A、B 两组 3 周龄断奶仔猪体重的箱线图（数据来自表 12.1）

## 监控性能：控制图

有时需要监视家畜生产的各个方面，如猪群中平均产仔数，以便在预定义的标准或可接受的范围中，任何显著负面的或不希望出现的偏差都可以被检测到。然后可以采取适当的补救措施。当数据以表格的形式记录时，往往很难了解数据的全部意义或它们之间的显著区别。当数据顺次累积时，适宜监测数据的方法是使用控制图，控制图是生产过程中绘制的一系列连续结果的图。这些图表在现代统计过程控制方法中很重要（Owen，1989）。运用这些图表可以评估变化的重要性，尽早采取纠正措施，确保平稳的生产水平。

### 休哈特图

通过绘制在方格图纸上（现在更可能的是利用计算机软件显示数据），一段时间内变量的变化很容易被监测到，休哈特图的横轴表示时间。这项技术是休哈特（Shewhart，1931）为了控制产品质量而开发的。图 12.9 给出了一个休哈特图的例子，绘制了一个猪群在两年中每月产仔的平均数（Wrathall 和 Hebert，1982）。

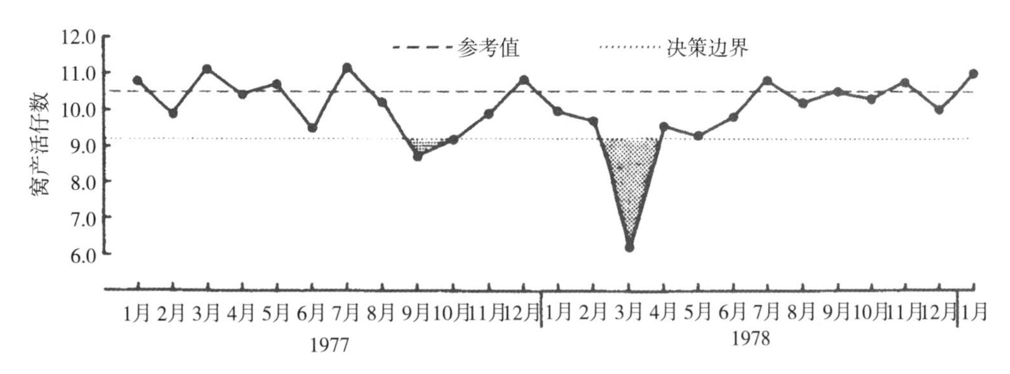


图 12.9　休哈特图：1977、1978 两年里一个猪群月均产仔数。来源：Wrathall 和 Hebert，1982；数据来自表 12.6

在绘制结果之前，图中的一条水平线规定为标准值或参考值。这一数值是之前对畜群所绘制的变量，（理想情况下，至少 100 个）的观测值的平均值。另外，也可以使用在全国总体的类似畜群的复合值。

决策边界（也称为行动水平线或干预水平线，见第 2 章）也绘制在图上，如果变量值超过这些界限就要立刻采取补救措施。决策边界基于典型样本的估计平均标准误由数学公式推导出来。不仅需要知道参考值的标准误差，也要知道平均批次大小。在一些应用中，在目标水平上下各采用两条决策边界。内部的两条发出“警告”，外面的两条表示该采取“行动”。Goulden（1952）讨论了如何选择决策边界。

在图 12.9（只有一对决策边界）中决策边界设置在 2 倍估计均值标准误的位置（这里 2 是对 1.96 的近似；视觉上的微小差别不会引起大的后果）。1977 年 9 月检测到一个问题，6 个月以后出现一个更严重的问题。这一严重问题可能由母猪的生殖系统疾病引起，接下来的微生物检测确证了木乃伊胎中的细小病毒。

如果被选择 2 倍标准误差，可以预见总体观察值有 2.5%的概率越出各边界。因而，当变量没有得到及时纠正时，将会有 2.5%的概率采取补救措施。类似的，如果选择 2.33 倍标准误差作为决策边界，将会有 2%的概率可能采取行动；如果选择 3 倍标准误差作为决策边界，将会有 0.28%的概率可能采取行动。虽然 3 倍标准误差区间可能看起来更有吸引力，但需要的时候更可能选取小一些的标准误差。

虽然基于估计平均标准误的决策边界是有价值的，但严格遵守这样的界线并不总是有效，因为批量大小会随时间改变而改变，因此估计的平均标准误会发生改变。平均批次大小可用于计算估计平均标准误，这种方法比任意的选择边界水平更具价值。

应当注意的是，性能监控休哈特图只适用于平稳过程或控制过程。

### 累积和图

休哈特图监测变量大幅改变或突然暴发很有效。然而，休哈特图对于监测一段时间内变量轻微的改变，或参考线上的轻度漂移不是很有效。“累积和”方法对于监测这些轻微趋势更为敏感。“累积和”方法结合控制图称为累积和图法（Woodward 和 Goldsmith，1964）。累积和图法在监测平均水平上的变化、确定这些变化的起始点、获得当前平均值的可靠估计、开展未来的平均水平的短期预测等方面很有用。

累积和图由监测变量的累积值偏离参考值 $k$ 的偏差的连续线块（通常与时间相关）构成。表 12.6 列出一个猪群 2 年中的月平均产仔数。选择的参考值为 10.5（从农场前面的生产数据获得）。

表 12.6　1977 年 1 月至 1978 年 12 月一个有 125 头母猪的猪群月均产仔数

| $j$ | | 月 | 月均产仔数（$x_j$） | $x_j-k$ | $C_j$ |
|---|---|---|---|---|---|
| 1 | 1977 年 | 1 | 10.9 | 0.4 | 0.4 |
| 2 | | 2 | 9.9 | −0.6 | −0.2 |
| 3 | | 3 | 11.1 | 0.6 | 0.4 |
| 4 | | 4 | 10.5 | 0.0 | 0.4 |
| 5 | | 5 | 10.7 | 0.2 | −0.6 |
| 6 | | 6 | 9.4 | −1.1 | −0.5 |
| 7 | | 7 | 11.0 | 0.5 | 0.0 |
| 8 | | 8 | 10.3 | −0.2 | −0.2 |
| 9 | | 9 | 8.7 | −1.8 | −2.0 |
| 10 | | 10 | 9.2 | −1.3 | −3.3 |
| 11 | | 11 | 9.9 | −0.6 | −3.9 |
| 12 | | 12 | 10.7 | 0.2 | −3.7 |
| 13 | 1978 年 | 1 | 9.8 | −0.7 | −4.4 |
| 14 | | 2 | 9.6 | −0.9 | −5.3 |
| 15 | | 3 | 6.5 | −4.0 | −9.3 |
| 16 | | 4 | 9.4 | −1.1 | −10.4 |
| 17 | | 5 | 9.3 | −1.2 | −11.6 |
| 18 | | 6 | 9.6 | −0.9 | −12.5 |
| 19 | | 7 | 10.7 | 0.2 | −12.3 |
| 20 | | 8 | 10.1 | −0.4 | −12.7 |
| 21 | | 9 | 10.5 | 0.0 | −12.7 |
| 22 | | 10 | 10.3 | −0.2 | −12.9 |
| 23 | | 11 | 10.7 | 0.2 | −12.7 |
| 24 | | 12 | 10.1 | −0.4 | −13.1 |

来源：Wrathall 和 Hebert，1982。

在随后的时间段中，当每批平均产仔数 $x_1$，$x_2$，……已知时，累积和 $C_1$，$C_2$，……的计算公式如下：

时间段 1：$C_1 = x_1 - k$

$= 10.9 - 10.5$

$= 0.4$

时间段 2：$C_2 = (x_1 - k) + (x_2 - k)$

$= C_1 + (x_2 - k)$

$= 0.4 - 0.6$

$= -0.2$

时间段 3：$C_3 = C_2 + (x_3 - k)$

$= -0.2 + 0.6$

$= 0.4$

以此类推，见表 12.6 最后一列。

累积和图见图 12.10。只要一系列批次的均值保持接近参考值 $k$，一些累计和值将是正的，一些是负的，它们将趋向于相互抵消。那么累积和线将基本保持水平，表明监测变量处于可控状态。

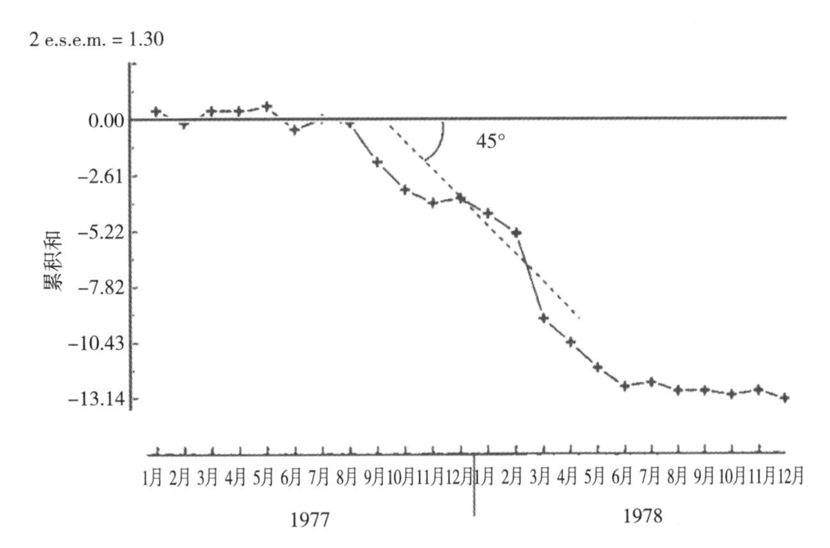


图 12.10　1977 年 1 月至 1978 年 12 月一个有 125 头母猪的猪群月均产仔数累积和图（数据来自表 12.6）

累积和图异常的重要指标是绘制线条的方向和坡度的变化。因此横轴和纵轴的标度应当慎重选择。如果 1 单位时间等于横轴上 1 单位刻度，累积和的估计平均标准误（估计平均标准误可由前面的生产数据得到）的 2 倍等于纵轴上 1 单位刻度，那么坡度大于等于 45°意味着超出 2.5%水平的显著变化（见第 14 章）。通常，经过 10 个时间点来检查线的坡度（Owen，1989）。因此（图 12.10），在 1977 年 7 月至 1978 年 5 月的 10 个月中，线的坡度接近 45°。因此，累积和分析表明变量对参考值 $k$ 的偏离。如果对小变化感兴趣，这是很可能发生的，那么可以采用 V-mask 方法（Barnard，1959）和区间决策方案（Wetherill，1969）。Page（1961）、Davies 和 Goldsmith（1972）、Wrathall 和 Hebert（1982）详细讨论了这些问题。

累积和图不能监测稳定趋势和规律的周期性变化。这些可以通过其他技术如时间序列分析（见第 8 章）完成。

# 13 调　查

通过调查能够获得疾病及相关事件的信息（见第 2 章），包括观察单位成员数以及测量它们的特性。特性的测量包括测定体重、产奶量等连续变量或患病动物数等离散变量。在流行病学中，调查的一个重要作用是通过样本评估疾病的流行率、感染率或血清阳性动物数。

流行率调查包括：

- 一个样本，评估流行率或者是评估疾病在动物群中是否存在；
- 两个样本，比较流行率差别；
- 两个以上样本。

第一种情况在流行病学调查中比较普遍且是这章主要介绍的部分。统计学方法主要用于计算比例[①]。对于两个样本的比较在下一章节中介绍。

**普查和抽样调查**

如果调查涉及一个群体中的所有动物，这种调查方式称为普查。许多国家定期对动物和人口进行普查以获得人口、动物规模和组成数据。获得变量在群体中准确分布规律的唯一方法就是普查。一些“几乎”是普查的流行率调查已被采用。例如，Jasper 等（1979）调查了加利福尼亚州 2 800 个农场中的 2 400 个，以评估奶牛支原体乳腺炎的流行率。普查花费巨大且难以实施。如果一个调查计划得很好，能够通过检测群体中部分动物来评估变量，也就是一次抽样。这包括分析变量值在一个群体中的内在变异，它能通过样本体现出来，也就是不同的样本结果以及群体特性值的不同（抽样误差）。

## 抽样：一些基本概念

抽样理论的有效性是基于假设：一个总的观察单位能被分为有代表性的亚单位，且总体特性能从亚单位中估计得到。

① 这里不介绍对于连续变量的调查；适当的方法一般列在书本调查方法章节的最后。决定动物群体规模的类似调查也不讨论，Levy 和 Lemeshow（1999）给出了合适的公式。

## 一些定义

目标群体是所需数据来源的所有群体。理想情况下，目标群体应为风险群体。研究群体是样本所来自的群体。目标群体和研究群体应该是一致的。然而，由于实际的某些原因，很难实现。例如，为了在马尔济斯㹴类犬中进行一项关于牙周炎的调查，理想情况下，所有的马尔济斯㹴类犬（目标群体）都应被抽样，但是只可能调查赛犬和被送到兽医院看病的犬（研究群体）。如果研究群体不能代表目标群体，结果不应外推至研究群体以外。

研究群体包括基本单位，这是不能再分的单位。在兽医学调查中，这常常是个体动物。

一些基本单位，根据共同特性分组而来，为一个层。一个奶牛场就是一个层，由奶牛个体组成。

在抽样前，必须建立研究群体中抽样单元的目录，这称为抽样框。例如，在一项狩猎野猪与非洲猪瘟防控的调查中，可利用狩猎证收据作为抽样框，来确认可抽样的猎人（Degner 等，1983）。兽医登记能为抽样的兽医实践提供抽样框。

在电话非常普及的地区，抽样框能通过一系列的通讯录和号码簿来构建。或者所有可能的数字均可用于抽样。第二种方法采用随机数字拨号（Waksberg，1978），优于第一种方法，因为该方法能包括未列入清单的号码，减少选择偏倚（Roslow 和 Roslow，1972）。这在宠物群体调查中是一个很好的抽样方法（例如，Lengerich 等，1992；Teclaw 等，1992；Slater，1996）。

抽样比是样本大小与研究群体大小的比值。如果从 1000 个动物中抽取 10 个动物，抽样比就是 1%。

兽医抽样框包括屠宰场、农场和兽医院，且能从第 10 章中提到的其他一些来源获得数据。抽样的目的是对群体测量变量进行无偏估计。许多兽医抽样框（如屠宰场）本身与总的动物群体的有偏划分有关，因此外推结果到其他抽样框（如农场）时应小心谨慎。然而，在以下情况抽样框内也会产生有偏估计：

- 框架内的个体清单不完整；
- 信息是过时的；
- 没有明显的分组依据；
- 框架内的一些个体间缺少协作；
- 抽样过程不随机（见“抽样分类”）。

抽样偏倚来源是非补偿误差，这些误差不能通过增加样本量来减小。这是大多数非抽样误差的一部分（Groves，1989），例如，调查者误差和对问卷低应答（见第 11 章），虽然很难评估，但是能对总体误差产生很大影响（Zarkovich，1966）。

## 抽样单位的性质

抽样单位可以是个体（如基本单位），或者为一个群体（如一个畜群，农场或行政区域），流行率能根据这些不同的单位计算出来。这样，个体动物流行率（感染动物的比例）可能被引证，或者种群流行率（感染畜群的比例）可能被引用[①]。

当处理传染病时，区分流行病学单位和抽样单位是很重要的（Tyler，1991）。流行病学单位是在传播、维持感染以及疾病控制方面具有流行病学意义的动物群体。如果这两个单位完全一致就很方便。这样，山坡上的羊群[②]以及独立管理的大群，构成不同的流行病学单位，可能被认为是独立的抽样单位。相反的，在发展中国家，一些小村庄连在一起且共同放牧的畜群构成一个流行病学单位，村庄将被认为是抽样单位。

## 抽样分类

有 2 种主要的抽样分类：

• 非概率抽样，对于样本的抽取由调查者决定；

• 概率抽样，对于样本的抽取采用成熟的、无偏倚方法，这样每个群体的抽样单位都有相同的可能被抽取；这是随机抽样的基础。

#### 随机样本抽取

随机样本的抽取有几种方法。例如，在研究群体中的每个动物都能在预测编号的纸张上呈现。根据样本量设计的编号，与样本量相对应，可用来抽取抽样框的每个样本。这种方法假设样本抽取是随机的，但不适合研究样本量较大的群体。一个更方便且减少偶然性的方法是使用随机数，可从随机数表中挑出随机数。附录Ⅹ列出了一个随机数表，并举了一个随机数抽样的例子。

随机数能通过袖珍计算器和电脑生成。计算器能产生 0～1 的随机数字。这些数字能根据研究群体的大小来相乘，以产生需要的数字。例如，要从 2 000 个动物中随机抽取 50 个动物，计算机随机产生数字：

0.969，0.519，0.670，0.164，…

当乘以 2 000，生成数字：

1 938，1 038，1 340，328，…

直到 50 个动物被选取完。

### 非概率抽样方法

#### 便利抽样

便利抽样是指抽取方便得到的样本单位。当方便是选取样本的主要标准时，用样本代表研究群体是不可能的，并会导致估计错误。例如，一项牛跛行流行率的调查，如果样本是选取首先进入挤奶室 100 头牛中的前 10 头，样本的流行率很可能低估了，因为首先进入挤奶室的牛

---

① 特殊情况下，畜群可能为抽样单位，但是可以预测出个体动物流行率：Hartmann 等（1997），用 ELISA 检验散装牛奶样本来预测群内牛疱疹病毒 1 流行率。Cowling 等（1999）讨论了用合并样本计算个体动物流行率的方法，该方法容易获得合适的软件的支持（动物健康服务，2004）。

② 居住在宽广的丘陵或山上的羊，羊群通常位于一个局部区域内，不需要栅栏。

跛行的可能性和后进入的牛相比较小。在其他例子中，可能选择偏倚不会像这个例子这么明显，但是偏倚还是会产生。

### 目的抽样

目的抽样是指选取一个定量数据均数（如体重）或者定性数据分布（如性别）与目标群体相似的样本。抽样目的是选取和目标群体均衡的样本。例如，一个在几个畜群调查肺结核的兽医可能会需要从"有代表性的"样本提取血液样本来进行细菌的抗体滴定。目的为抽取所谓的"平均"样本，能产生个体和总体均数相差不大的样本。这个样本将只对与总体均数相差不大的抽样单位具有代表性。这个样本不能代表从总体中提取的所有样本，因为一些样本的均数与总体均数相差很大。因此，总体的变异性可能被低估。除此之外，经验和实验证据证实有意识地选取"代表性"样本总会出现偏倚。Yates（1981）详细讨论了目的抽样的局限性。

## 概率抽样方法

### 简单随机抽样

简单随机抽样是列出研究群体的所有动物或相关抽样单位（如畜群）的清单，然后如上文所述，随机选取抽样单位。

### 系统抽样

系统抽样是等间隔的选取抽样单位，第一个动物随机选取。例如，在每 100 个动物里选取 1 个，第一个动物从第 100 个动物里随机选取。如果是 63 号动物，样本将会包含 63、163、263、363 号等动物。系统抽样在工业质量管理中经常用到，如在传送带上选取货物样本。

### 简单抽样对比系统抽样

系统抽样不需要知道研究群体的规模大小，而简单抽样需要知道研究群体中所有的动物清单。如果能得到清单来构成抽样框（如农场清单），那么获取随机样本将会非常简单。然而，如果得不到清单，那么简单抽样将会很难进行，甚至不可能。

系统抽样样本往往分布更均匀，但是在实际中，与简单随机抽样结果相似（Armitage 等，2002）。然而，当抽样具有周期性时，该抽样方法是不可靠的。例如，如果一个农民只在周二的时候送他的动物去屠宰场，屠宰样本只在周三抽取，那么，该农民的动物就不可能在样本中。

### 分层抽样

分层抽样是把研究群体分为独特的组（层），然后从不同的层中随机选取抽样单位。层可能会根据群体规模或地理区域不同而有变化。地理区域的变化需要详细查询地形和牲畜分布来确定。例如，位于喜马拉雅山的不丹王国，有 3 个主要的被巨大的支脉分隔的牲畜移动路线。根据这 3 个路线，简易地将不丹王国的牲畜移动区域划分为 A、B、C 3 个区域。这提示 3 个区域 A、B 和 C 应被作为不同的层。

分层可以提高抽样的准确性，因为这减少了简单随机抽样的过分呈现或难以呈现一些抽样范围节段的趋势。这样，如果简单随机抽取一个国家所有畜群的动物，很有可能很小的畜群的动物没有被抽取。分层确保了每一个群体都能被抽取，克服了这一问题。

从每个层抽取的样本数可通过几种方法决定。最常见的为按比例分配法，抽取的单位数和每层中的单位数成比例。例如，如果要按区域在英国乳畜群抽取奶牛样本，从每个区域抽取的奶牛数将会与每个区域的奶牛数成比例，确保有大量奶牛的区域可以足量地被抽取。表 13.1 解释了在 5%抽样比例上抽样的方法。

表 13.1　分层的例子：在 5%抽样比例上从英国不同区域抽取的所有牛（147 000）分层随机样本

| 区域 | 牛数（头） | 样本数（头） |
|---|---|---|
| 德文郡和康沃尔 | 302 647 | 302 647×0.05=15 132 |
| 英国西南部除去德文郡和康沃尔 | 469 486 | 469 486×0.05=23 474 |
| 英国南部 | 271 225 | 271 225×0.05=13 561 |
| 英国东部 | 119 835 | 119 835×0.05=5 992 |
| 东密德兰 | 189 817 | 189 817×0.05=9 491 |
| 西密德兰 | 462 826 | 462 826×0.05=23 141 |
| 威尔士 | 342 346 | 342 346×0.05=17 117 |
| 约克郡/兰开郡 | 255 626 | 255 626×0.05=12 781 |
| 英国北部 | 273 838 | 273 838×0.05=13 692 |
| 苏格兰 | 260 366 | 260 366×0.05=13 018 |
| 总计 | 2 948 012 | 147 399 |

数据来源：Wilson 等，1983。

当从每个层抽样花费都一样时，按比例分配是最有效的方法。如果这个假设不成立，那么就需要使用其他的更复杂的分配方法（Levy 和 Lemeshow，1999）。

## 整群抽样

有时，根据地理位置，如不同的国家、郡、教区和村庄来确定层。或者根据其他类别，如兽医诊所或样本提取的时间段来确定。这个层在这里称为群。从这些群中抽样是费时费钱的。这个局限性可通过选取少量群，且只选取这些群中动物作为样本来克服。例如，一个小村庄或小畜群中的动物可作为样本。这就是整群抽样。通常，抽取的群中所有动物都作为样本，这是一阶段整群抽样。

一个样本可能从不同级抽取。这样，提取群样本，然后在这些群中二阶段抽样抽取一些动物（与一阶段整群抽样抽取所有动物相反）。这称为两阶段抽样。这个群是主要单位，二阶段抽样抽取的动物是次级单位。

如果次级单位是研究群体的独立个体，继续下去就没意义了。然而，如果次级单位包括了群体个体组合，则它们所有构成个体都能作为样本或能进行更进一步抽样分级，与渐进的较高级的次级抽样一致；例如，分区域抽样，然后是每个区域的奶牛场抽样，接着是选取的奶牛场奶牛抽样。这被称为多阶段抽样。每一阶段的抽样方式常是简单随机抽样。

整群抽样有时用于群体动物列表不完整时：主要单位的列表是必需的，但是只需要被抽取的主要单位的次级单位的清单。这一方法较方便且相对便宜，因为资源能聚集于全部研究范围的某一局部。但是，与系统抽样或简单随机抽样相比，整群抽样信息精确度不高，因为疾病流行更倾向于在组间变化而不是组内，尤其是传染性疾病，畜群往往具有高或者低感染率。

有时由于得不到可靠的资料，导致建立抽样框是不可能的，在这种情况下，可根据地图网格的坐标轴定义群。网格需要在地图上添加，且以文字确定的网格线需要标上数字。图 13.1 是一个示例。随机选取（如用随机数字表）坐标 37（纬度）和 34（经度）。如果要选取畜群，那么在选取坐标的指定半径内的所有畜群都应作为样本，半径是根据畜群密度确定的。如果在半径范围内没有畜群，那么就没有动物作为样本。离选取坐标最近的畜群不应作为唯一的选取样本，这会导致从密度较低区域抽取过多畜群，而密度较高区域抽取过少畜群的偏倚。

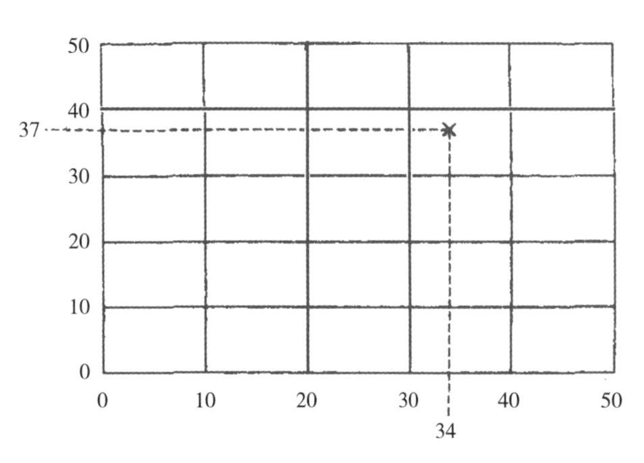

图 13.1　用地图网格抽样例子

## 样本量计算

在所有的抽样调查中都会遇到的问题是“应该调查多少动物?”这需要考虑研究目的和调查环境。

样本量确定要根据非统计性和统计性因素来考虑。前者包括可用的人力资源及可获得的抽样框。后者为需要评估的流行率的精确性和疾病的预期流行率。

### 流行率评估的精确性

以样本的统计量去估计总体参数的能力（统计量精确性）可以理解为可忍受的估计误差的范围。误差可以是绝对性的，也可以是相对性的。例如，可接受绝对误差为±2%，流行率为40%，那么可接受范围为 38%～42%。相对误差为±2%，流行率为 40%，等于绝对误差为40%的 2%，也就是（40±0.8），可接受范围是 39.2%～40.8%。

### 预期流行率

在进行一些调查前，需要知道疾病的流行率，这可能是比较矛盾的，因为调查的目的就是了解流行率。然而，大致的了解是必需的，如果流行率接近 0 或者 100%的话，那么和流行率接近 50%相比，对于给定样本量的置信区间将会非常窄（表 13.2），也就是，要达到规定的置信区间宽度，样本量将会减少。流行率的信息可以从其他的类似调查中获得。然而，这些信息通常不容易获得，因此只能估计，这仅仅是已知情况下的猜测。

表 13.2　确定置信区间下大群体流行率估计所需的近似样本量

| 预期流行率 | 90%置信区间 | | | 95%置信区间 | | | 99%置信区间 | | |
|---|---|---|---|---|---|---|---|---|---|
| | 设定的绝对精度 | | | 设定的绝对精度 | | | 设定的绝对精度 | | |
| | 10% | 5% | 1% | 10% | 5% | 1% | 10% | 5% | 1% |
| 10% | 24 | 97 | 2 435 | 35 | 138 | 3 457 | 60 | 239 | 5 971 |
| 20% | 43 | 173 | 4 329 | 61 | 246 | 6 147 | 106 | 425 | 10 616 |
| 30% | 57 | 227 | 5 682 | 81 | 323 | 8 067 | 139 | 557 | 13 933 |
| 40% | 65 | 260 | 6 494 | 92 | 369 | 9 220 | 159 | 637 | 15 923 |
| 50% | 68 | 271 | 6 764 | 96 | 384 | 9 604 | 166 | 663 | 16 587 |
| 60% | 65 | 260 | 6 494 | 92 | 369 | 9 220 | 159 | 637 | 15 923 |
| 70% | 57 | 227 | 5 682 | 81 | 323 | 8 067 | 139 | 557 | 13 933 |
| 80% | 43 | 173 | 4 329 | 61 | 246 | 6 147 | 106 | 425 | 10 616 |
| 90% | 24 | 97 | 2 435 | 35 | 138 | 3 457 | 60 | 239 | 5 971 |

来源：Cannon 和 Roe，1982。

## 疾病流行率的估计

### 简单随机抽样

评估一个大群体（理论上是无限大）的疾病流行率大致所需的样本量能通过给定的精确度和置信水平来确定。区间的范围表示指定的界限，估计值将会在给定的置信区间下位于该界限中。95%置信区间下的相关公式为：

$$n=\frac{1.96^2 P_{exp}\ (1-P_{exp})}{d^2}$$

式中，$n$ 为所需样本含量；$P_{exp}$为预期流行率；$d$ 为设定的绝对精确度。

例如，如果预期流行率为30%，设定的绝对精确度为±5%（也就是95%置信区间为25%和35%），那么：

$P_{exp}=0.30$，　$d=0.05$

把这些值带入公式得：

$$n=\frac{1.96^2\times 0.30\times\ (1-0.30)}{0.05^2}=\frac{3.84\times 0.21}{0.002\ 5}=323$$

如果为其他的置信区间，那么应用适当的数替换 1.96（附录Ⅵ）。

同样可用表 13.2 来估计样本量。该表列出了预期流行率和设定的绝对精确度为±10%、5%和1%在 90%、95%、99%三个置信区间下的样本量。如果在 95%置信区间下，预期流行率为 30%，设定的绝对精确度为±5%，则需要 323 个动物，与公式计算得到的样本量一致。

在这个例子中，使用30%的流行率是基于以前的证据。在其他的情况下，流行率可能是未知的。如果需要的话，一个适当的方法为选择流行率为50%来确定一个最大的样本量，或者选择20%，多做几次抽样。

附表Ⅺ同样也可以用于估计样本量。该表给出了在95%和99%置信区间下不同流行率以及不同精确度的样本量。使用预期流行率为30%，绝对精确度为±5%这一同样的例子，用附录Ⅺ中的图4可得到同样的结果，在95%置信水平下样本量大约为400（通过眼睛观察）。

公式和表13.2是基于二项分布的近似正态分布（见第12章）得到。当研究群体相对样本来说数量足够大时，是适用的。然而，当样本量对于研究群体而言取值过大时，研究群体的平均估计量变异将会减小，置信区间将会相应变窄。因此，在相对小的群体中，最好是选取较小的样本量以得到相同的精确度。

所需的样本含量$n_{adj}$，通过公式获得：

$$n_{adj}=\frac{N\times n}{N+n}$$

式中，$n$为基于无限大群体获得的样本量（根据前面提到的公式或表13.2获得）；$N$为研究群体的规模大小。

例如，如果流行率和前面提到的例子一样，但是在一个较小的群体中，大约为900只动物，那么：

$n=323$　　$N=900$

因此：

$$n_{adj}=\frac{900\times 323}{900+323}=\frac{290\ 700}{1\ 223}=238$$

这样，在与上面例子（基于无限大的群体）一样的流行率和绝对精确度的情况下，所需要的样本量为238。

对于这个公式的使用，很难给出一个严格的规则。这个公式总是能给出正确的样本量，但是如果调整不是必须的话，$n_{adj}$将会非常接近$n$。一般方法是当$n$大于等于$N$的5%时，计算$n_{adj}$。

这个方法一般情况下能满足需要，但是，当需要更复杂、准确的方法时，请参考Levy和Lemeshow（1999）的描述。

有瑕疵的试验　通常，调查利用诊断试验来诊断疾病，但是这样的诊断试验是不“完美”的。也就是，诊断试验敏感性和特异性都低于100%（见第9章和第17章），因此，能产生假阴性和假阳性结果，得到的就是试验的表观流行率，而不是真实流行率。

在95%置信区间下，根据实验的缺陷性，计算大群体样本量的相关公式为：

$$n=\left(\frac{1.96}{d}\right)^2\times\frac{[(Se\times P_{exp})+(1-Sp)(1-P_{exp})][(1-Se\times P_{exp})-(1-Sp)(1-P_{exp})]}{(Se+Sp-1)^2}$$

式中，$n$、$P_{exp}$、$d$与前面的定义一样；$Se$为敏感性；$Sp$为特异性。

例如，在预期流行率为30%，绝对精确度为±5%，置信区间为95%，敏感性和特异性分别为90%和80%的情况下：

$$P_{exp}=0.30，d=0.05，Se=0.90，Sp=0.80$$

那么：

$$N=\left(\frac{1.96}{0.05}\right)^2\times\frac{[(0.90\times0.30)+(1-0.80)\times(1-0.30)]\times[(1-0.90\times0.30)-(1-0.80)\times(1-0.30)]}{(0.90+0.80-1)^2}$$

$$=1\ 536.64\times\frac{(0.27+0.14)\times(0.73-0.14)}{0.49}=1\ 536.64\times\frac{0.41\times0.59}{0.49}$$

$$=1\ 536.64\times\frac{0.241\ 9}{0.49}=758.6$$

也就是需要 759 只动物。

需要注意的是，在试验有瑕疵的情况下，需要的样本量比试验在完美情况下（仅需 323 只动物）多，且样本量会随着敏感性和特异性的降低而增加。

同样的，在相对小的群体中，需要同样较小的样本量$n_{adj}$，用上面提到的公式计算可得。

在试验不完美情况下所使用的样本量公式同样适用于抽样单位是动物群体（畜群）的情况下。这在下文“发现疫病”会提及，相关的统计理论也会提到。

### 系统抽样

如果假设系统抽样和简单随机抽样一样具有代表性，那么可以使用上述同样的公式计算样本量。然而，如果抽样框内出现周期性，应使用更加复杂的公式（Levy 和 Lemeshow，1999）。

### 分层抽样

按比例分配分层抽样的样本量的计算可使用简单随机抽样的公式。然而，当我们使用更复杂的分层方法时，应使用其他公式（Levy 和 Lemeshow，1999）。

### 整群抽样

简单随机抽样的样本量计算公式不能应用于整群抽样，因为这些公式没考虑群间潜在的巨大变异，因此需要用其他方法。

类间方差成分指标 $V_c$，指的是如果群中的所有动物都被选为样本（也就是群内没有抽样变异），群间的期望变异。如果先前的整群抽样资料是可得到的，那么，类间方差可以近似计算：

$$V_c=c\left\{\frac{K_1cV}{T^2(c-1)}-\frac{K_2\hat{P}(1-\hat{P})}{T}\right\}$$

式中，$c$ 为样本所含的群数；$T$ 为样本总共所含动物数。$K_1=(C-c)/C$，C 为研究群体中所含的群数。$K_2=(N-T)/N$，$N$ 为研究群体中所含的所有动物数。$V=\hat{P}^2(\sum n^2)-2\hat{P}(\sum nm)+(\sum m^2)$，$\hat{P}$ 为样本估计的总流行率，$n$ 为每个群所抽取的动物数，$m$ 为每个群所抽取的患病动物数。

表 13.3 列出了从 865 个农场所抽取的 14 个作为群的农场信息，每个群的所有动物都被抽为样本（也就是一阶段整群抽样）。如果这样的资料可得到，那么就可以计算类间方差，以确定后续的整群抽样的样本量。

表 13.3　整群抽样例子：从 865 个农场抽取 14 个农场调查，所抽取农场的所有动物都调查

| 农场 | 总动物数 | 患病动物数 | 各场流行率 |
|---|---|---|---|
| 1 | 272 | 17 | 0.063 |
| 2 | 87 | 15 | 0.172 |
| 3 | 322 | 71 | 0.221 |
| 4 | 176 | 17 | 0.097 |
| 5 | 94 | 9 | 0.096 |
| 6 | 387 | 23 | 0.059 |
| 7 | 279 | 78 | 0.28 |
| 8 | 194 | 59 | 0.304 |
| 9 | 65 | 37 | 0.569 |
| 10 | 110 | 34 | 0.309 |
| 11 | 266 | 23 | 0.087 |
| 12 | 397 | 57 | 0.144 |
| 13 | 152 | 19 | 0.125 |
| 14 | 231 | 17 | 0.074 |
| 合计 | 3 032 | 476 | |

样本估计的总体流行率 $\hat{P}$ 为 476/3 032＝0.157。（这很可能会错算为取每个群的流行率的平均值，在这个例子中，会错算为 0.186，也就是［0.063＋0.172＋…＋0.074］/14，比真实的总体流行率要高。）

在这个例子中，$C=865$，$c=14$。这样，$K_1$ 接近为 1，在后续的计算中就能省去。相同的，$N$ 与 $T$ 比，假设为很大，$K_2$ 也接近为 1，也能从计算中省去。

$V$ 的计算为：

$$\sum n^2 = 272^2 + 87^2 + \cdots + 231^2 = 811\ 450$$

$$\sum nm = (272\times17) + (87\times15) + \cdots (231\times17) = 116\ 445$$

$$\sum m^2 = 17^2 + 15^2 + \cdots + 17^2 = 22\ 972$$

那么：

$$V = (0.157^2 \times 811\ 450) - \{(2\times0.157)\times116\ 445\} + 22\ 972 = 20\ 001 - 36\ 564 + 22\ 972 = 6\ 409$$

把 $c=14$，$T=3\ 032$，$V=6\ 409$ 带入公式：

$$V_c = 14\left\{\frac{14\times6\ 409}{3\ 032^2\times13} - \frac{0.157\times(1-0.157)}{3\ 032}\right\} = 14\times0.000\ 707 = 0.009\ 90$$

如果后面的预期流行率 $P_{exp}$ 与前面样本估计的总体流行率 $\hat{P}$（15.7%）一样，$V_c$ 可用来确定后面的整群抽样的样本量。但是，如果不一样，则需要做调整：

$$V_{c,\ adj} = \frac{V_c P_{exp}(1-P_{exp})}{\hat{P}(1-\hat{P})}$$

例如，如果预期流行率为 30%，那么 $P_{exp}=0.30$，$\hat{P}=0.157$，得出：

$$V_{c,\mathrm{adj}}=\frac{0.009\,90\times0.30\times(1-0.30)}{0.157\times(1-0.157)}=0.015\,7$$

（注意这个值仅仅是碰巧等于 $1/10\hat{P}$ ），这个值可用于计算 $V_c$ 。

一阶段整群抽样　在一阶段整群抽样中，决定样本量的第一步应为预测每个群中的平均动物数。在 95%置信区间下计算公式为：

$$g=\frac{1.96^2\{nV_c+P_{\exp}(1-P_{\exp})\}}{nd^2}$$

式中，$g$ 为抽取的群数；$n$ 为每个群预测的平均动物数；$P_{\exp}$为预期流行率；$d$ 为设定的绝对精确度；$V_c$ 为类间方差。

例如，如果预期流行率为 30%，设定精确度为±5%，每个群预测的平均动物数为 20，那么：

$$n=20,\ P_{\exp}=0.30,\ d=0.05,\ V_c=0.015\,7$$

可得到：

$$g=\frac{1.96^2\times\{20\times0.015\,7+0.30\times(1-0.30)\}}{20\times0.05^2}=40.3$$

因此，需要抽取 41 个群。

如果要抽取样本的群数较少，公式则调整为：

$$g_{\mathrm{adj}}=\frac{G\times g}{G+g}$$

$G$ 为研究群体中总的群数。

例如，如果要从仅有 150 个群的研究群体中抽取样本，$g=40.3$，$G=150$，那么：

$$g_{\mathrm{adj}}=\frac{150\times40.3}{150+40.3}=31.8$$

因此，需要抽取 32 个群。

如果后面的抽样结果所得的每个群的平均动物数少于预测值 $n$，那么需要抽取更多的群，直到达到 $gn$。

如果需要其他的置信区间，可以用其他适当值代替 1.96（附录Ⅵ）。

二阶段整群抽样　二阶段整群抽样的样本量取决于是否：

总样本量已经固定，需要知道抽取的群数；或群数已固定，需要知道抽取的动物数。

（如果群数或总样本量都没确定，那么最佳样本量只能通过从不同群抽样和在群内抽取动物的花费比较来决定。相关方法见 Levy 和 Lemeshow，1999。）

（1）总样本量固定时，抽取的群数：如果总群数与所需要抽取的群数相比很大，且总的动物数很大（通常情况下都是如此），那么 95%置信区间下的公式为：

$$g=\frac{1.96^2T_sV_c}{d^2T_s-1.96^2P_{\exp}\ (1-P_{\exp})}$$

式中，$g$ 为抽取的群数；$P_{\exp}$为预期流行率；$d$ 为设定的绝对精确度；$T_s$为抽取的总动物数；$V_c$为类间方差。

例如，如果预期流行率为 30%，设定精确度为±5%，抽取动物数为 1 000，类间方差设为0.015 7（从前面表13.3中整群抽样资料中估计得到且调整了之前的整群抽样的流行率与计划抽样的预期流行率之间的差值）：$P_{exp}$=0.30，$d$=0.05，$T_s$=1 000，$V_c$=0.015 7。

此时：

$$g=\frac{1.96^2\times 1\,000\times 0.015\,7}{(0.05^2\times 1\,000)-1.96^2\times 0.30\times(1-0.30)}$$

$$=35.6$$

那么，需要抽取36个群。每个群样本理想上应包括28只动物（36×28≈1 000= $T_s$）。除非有很大的差异，否则从每个群抽取的动物数不一样不会影响结果。但是，如果平均抽取的动物数少于28（也就是 $T_s$<1 000），可能得不到所设想的精确度。

如果抽取的群数是负的，那么即使群数很大，也不可能得到设想的精确度。此时，需要增大总的样本量 $T_s$ 或者降低精确度（也就是增大 $d$ 值）。如果 $g$ 虚高，可以通过增大 $d$ 或 $T_s$ 来降低g，然后重新计算g。

如果要抽取样本的群数很小，应采用调整公式 $Gg/(G+g)$。

这样，如果上面设计的整群抽样研究群体包含群数仅为100群，$G$=100，$g$=35.6，那么：

$$g_{adj}=\frac{100\times 35.6}{100+35.6}$$

$$=26.3$$

因此，需要抽取27个群。每个群样本应包含将近37个动物。

如果研究群体所包含的总动物数 $N$ 与 $T_s$ 相比不大，那么，在95%置信区间下，群数计算公式为：

$$g=\frac{1.96^2 N T_s V_c}{d^2 N T_s-1.96^2(N-T_s)P_{exp}(1-P_{exp})}$$

式中，$N$ 为总动物数；$P_{exp}$、g、d、$T_s$ 与前述含义一样。

例如，如果要从10 000只动物的群体中抽取1 000只动物，流行率为30%，绝对精确度为±5%，那么 $N$=10 000，$T_s$ =1 000，$d$=0.05，在95%置信区间下：

$$g=\frac{1.96^2\times 10\,000\times 1\,000\times 0.015\,7}{0.05^2\times 10\,000\times 1\,000-1.96^2(10\,000-1\,000)\times 0.30(1-0.30)}$$

$$=\frac{60\,3131}{25\,000-7\,261}$$

$$=34.0$$

因此，需要抽取34个群，每个群应平均包含30个动物。

如果总的动物数和群数都很小，需要用上面提到的 $g_{adj}$ 公式调整 $g$ 值。那么，在含有10 000只动物的100个群中，$G$=100，$g$=34，且：

$$g=\frac{100\times 34.0}{100+34.0}=25.4$$

因此，需要抽取26个群，每个群应平均包含39只动物。

同样的，如果要用其他置信区间，需根据附表Ⅵ使用合适的数。

（2）总群数固定时，抽取的动物数：当群数固定时，要求得需抽取的动物数，在95%置信区间下的公式为：

$$T_s=\frac{1.96^2 gP_{\exp}(1-P_{\exp})}{g\,d^2-1.96^2\,V_c}$$

如果总的群数 $G$ 与 $g$ 相比不大的话，那么：

$$T_s=\frac{1.96^2 Gg\,P_{\exp}(1-P_{\exp})}{Gg\,d^2-1.96^2\,V_c(G-g)}$$

如果总的动物数 $N$ 与 $T_s$ 相比不大，那么调整的 $T_s$ 应该为：

$$T_{s,\text{adj}}=\frac{N\times T_s}{N+T_s}$$

例如，如果 $V_c=0.015\,7$，$P_{\exp}=0.30$，$g=30$，$d=0.05$，总群数与 $g$ 相比很大的话，那么：

$$T_s=\frac{1.96^2\times 30\times 0.30\times 0.70}{30\times 0.05^2-1.96^2\times 0.015\,7}=1\,648$$

也就是，要从每个群抽取 55 只动物。

如果，研究群体总共只有 50 个群，那么：

$$T_s=\frac{1.96^2\times 50\times 30\times 0.30\times 0.70}{50\times 30\times 0.05^2-1.96^2\times 0.015\,7\times(50-30)}=476$$

也就是，从每个群抽取 16 只动物。

如果总群体中只有 2 000 只动物，但是群数很大，那么：

$$T_{s,\text{adj}}=\frac{2\,000\times 1\,648}{2\,000+1\,648}=904$$

也就是，从每个群抽取 30 只动物。

如果只有 2 000 只动物和 50 个群，那么：

$$T_{s,\text{adj}}=\frac{2\,000\times 476}{2\,000+476}=385$$

如果抽取的动物数是负的，需要降低精确度（也就是增加 $d$ 值）或从更多的群抽取样本。如果 $T_s$ 虚高，可以通过增大 $d$ 或 $g$ 值来降低 $T_s$，然后重新计算 $T_s$。

以前整群抽样的信息往往是不可得到的，在这种情况下，在实施研究前，可以实施一个小规模的整群随机抽样来获得类间方差的大致值，或者可以猜测类间方差成分。这通过猜测标准差（每个群流行率与总平均群流行率间的平均差）更易得到，然后通过对标准差平方来获得类间方差成分。这样，如果预期的总平均群流行率为 0.30，标准偏差假设为 0.09，类间方差成分为 $0.09^2=0.008\,1$。如果群间的变异比猜测的大，在确定最佳样本量时可能会出现误差。因此，应谨慎地假设一个较大的标准差，如 20%，类间方差成分为 0.04（$0.2^2$）。

对于多阶段整群抽样，没有简单的公式来确定样本量。如果使用简单随机抽样公式，很可能为保守估计。（一些机构推荐使用简单随机抽样公式，对于所有类型的整群抽样，将估计的样本量乘以 2～4 间的数。这种方法是经验主义，不准确的。）

Bennett 等（1991）和 Otte 和 Gumm（1997）进一步讨论了整群抽样。

## 发现疫病的存在

如果一个调查者仅仅想知道疾病在一群动物中是否存在（而不是确定流行率），可用以下公式得到合适的样本量：

$$n=\{1-(1-p_1)^{1/d}\}\{N-d/2\}+1$$

式中，$N$ 为研究群体大小；$d$ 为群体中预期的最少患病动物数；$n$ 为需要的样本量；$p_1$ 为在样本中发现至少一个病例的概率。

例如，在泛非牛瘟防治行动中，在血清学检测阶段，需要在畜群抽样来确定未接种疫苗动物是否有血清转化（暴露于自然感染）①。在感染的畜群中，不可能只有一小部分动物有血清转化，那么假设有 5%动物呈现血清学阳性，为感染的畜群中假设的最小血清阳性数②。因此，抽样设计就需要检测至少 5%的血清阳性率。那么，如果设定 $p_1$ 为 0.95，在畜群抽取 200 只动物，把这些值带入公式：

$$N=200,\ d=10\ (200 的 5\%),\ p_1=0.95$$

那么：

$$\begin{aligned} n &=\{1-(1-0.95)^{1/10}\}\{200-10/2\}+1 \\ &=(1-0.05^{1/10})\times 195+1 \\ &=(1-0.741\,13)\times 195+1 \\ &=0.258\,9\times 195+1 \\ &=50+1 \\ &=51 \end{aligned}$$

那么，如果血清阳性率为 5%，在 0.95 的概率下，需要抽取 51 只动物才能检测到至少 1 只血清阳性动物。漏检的可能性为 1－0.95＝0.05。通俗地讲，“在 95%概率下”，在抽取的 51 只动物中不可能检测不到血清学阳性动物③。注意，对于一个敏感性和特异性都为 100%的试验来说，$p_1$ 也为总的敏感性（见第 17 章），因为它也为感染动物被检出的比例。因此，上述公式同样能用于计算需得到设定的总敏感性所需的样本量。当敏感性和特异性不为 100%时，需用到更复杂的公式（见下文“有瑕疵的试验”）。

**表 13.4　(i) 当至少有一个病例的概率为 0.95 条件下的样本量；(ii) 病例数 95% 可信限上限**

| 规模 ($N$) | (i) 群体中患病动物比例 ($d/N$) 或 (ii) 样本无病比例 ($n/N$) | | | | | | | | | | | |
|---|---|---|---|---|---|---|---|---|---|---|---|---|
| | 50% | 40% | 30% | 25% | 20% | 15% | 10% | 5% | 2% | 1% | 0.5% | 0.1% |
| 10 | 4 | 5 | 6 | 7 | 8 | 10 | 10 | 10 | 10 | 10 | 10 | 10 |
| 20 | 4 | 6 | 7 | 9 | 10 | 12 | 16 | 19 | 20 | 20 | 20 | 20 |
| 30 | 4 | 6 | 8 | 9 | 11 | 14 | 19 | 26 | 30 | 30 | 30 | 30 |

① 血清学试验常用于证明无感染。这是由于抗体比临床症状持续时间更久，因此比临床症状的流行率更高，从而需要更小的样本量。

② 对于不是高度传染性的疾病通常调查疾病最大的容忍量（可接受下限）。因此，可以用同样的公式，但是需指定最大的流行率。

③ 这种表示可能更易理解，但是不应与置信区间混淆，置信区间表示总体参数的范围（见第 12 章）。

（续）

| 规模（$N$） | （i）群体中患病动物比例（$d/N$）<br>或<br>（ii）样本无病比例（$n/N$） | | | | | | | | | | | |
|---|---|---|---|---|---|---|---|---|---|---|---|---|
| | 50% | 40% | 30% | 25% | 20% | 15% | 10% | 5% | 2% | 1% | 0.5% | 0.1% |
| 40 | 5 | 6 | 8 | 10 | 12 | 15 | 21 | 31 | 40 | 40 | 40 | 40 |
| 50 | 5 | 6 | 8 | 10 | 12 | 16 | 22 | 35 | 48 | 50 | 50 | 50 |
| 60 | 5 | 6 | 8 | 10 | 12 | 16 | 23 | 38 | 55 | 60 | 60 | 60 |
| 70 | 5 | 6 | 8 | 10 | 13 | 17 | 24 | 40 | 62 | 70 | 70 | 70 |
| 80 | 5 | 6 | 8 | 10 | 13 | 17 | 24 | 42 | 68 | 79 | 80 | 80 |
| 90 | 5 | 6 | 8 | 10 | 13 | 17 | 25 | 43 | 73 | 87 | 90 | 90 |
| 100 | 5 | 6 | 9 | 10 | 13 | 17 | 25 | 45 | 78 | 96 | 100 | 100 |
| 120 | 5 | 6 | 9 | 10 | 13 | 18 | 26 | 47 | 86 | 111 | 120 | 120 |
| 140 | 5 | 6 | 9 | 11 | 13 | 18 | 26 | 48 | 92 | 124 | 139 | 140 |
| 160 | 5 | 6 | 9 | 11 | 13 | 18 | 27 | 49 | 97 | 136 | 157 | 160 |
| 180 | 5 | 6 | 9 | 11 | 13 | 18 | 27 | 50 | 101 | 146 | 174 | 180 |
| 200 | 5 | 6 | 9 | 11 | 13 | 18 | 27 | 51 | 105 | 155 | 190 | 200 |
| 250 | 5 | 6 | 9 | 11 | 14 | 18 | 27 | 53 | 112 | 175 | 228 | 250 |
| 300 | 5 | 6 | 9 | 11 | 14 | 18 | 28 | 54 | 117 | 189 | 260 | 300 |
| 350 | 5 | 6 | 9 | 11 | 14 | 18 | 28 | 54 | 121 | 201 | 287 | 350 |
| 400 | 5 | 6 | 9 | 11 | 14 | 19 | 28 | 55 | 124 | 211 | 311 | 400 |
| 450 | 5 | 6 | 9 | 11 | 14 | 19 | 28 | 55 | 127 | 218 | 331 | 450 |
| 500 | 5 | 6 | 9 | 11 | 14 | 19 | 28 | 56 | 129 | 225 | 349 | 500 |
| 600 | 5 | 6 | 9 | 11 | 14 | 19 | 28 | 56 | 132 | 235 | 379 | 597 |
| 700 | 5 | 6 | 9 | 11 | 14 | 19 | 28 | 57 | 134 | 243 | 402 | 691 |
| 800 | 5 | 6 | 9 | 11 | 14 | 19 | 28 | 57 | 136 | 249 | 421 | 782 |
| 900 | 5 | 6 | 9 | 11 | 14 | 19 | 28 | 57 | 137 | 254 | 437 | 868 |
| 1 000 | 5 | 6 | 9 | 11 | 14 | 19 | 29 | 57 | 138 | 258 | 450 | 950 |
| 1 200 | 5 | 6 | 9 | 11 | 14 | 19 | 29 | 57 | 140 | 264 | 471 | 1 102 |
| 1 400 | 5 | 6 | 9 | 11 | 14 | 19 | 29 | 58 | 141 | 269 | 487 | 1 236 |
| 1 600 | 5 | 6 | 9 | 11 | 14 | 19 | 29 | 58 | 142 | 272 | 499 | 1 354 |
| 1 800 | 5 | 6 | 9 | 11 | 14 | 19 | 29 | 58 | 143 | 275 | 509 | 1 459 |
| 2 000 | 5 | 6 | 9 | 11 | 14 | 19 | 29 | 58 | 143 | 277 | 517 | 1 553 |
| 3 000 | 5 | 6 | 9 | 11 | 14 | 19 | 29 | 58 | 145 | 284 | 542 | 1 895 |
| 4 000 | 5 | 6 | 9 | 11 | 14 | 19 | 29 | 58 | 146 | 268 | 556 | 2 108 |
| 5 000 | 5 | 6 | 9 | 11 | 14 | 19 | 29 | 59 | 147 | 290 | 564 | 2 253 |
| 6 000 | 5 | 6 | 9 | 11 | 14 | 19 | 29 | 59 | 147 | 291 | 569 | 2 358 |
| 7 000 | 5 | 6 | 9 | 11 | 14 | 19 | 29 | 59 | 147 | 292 | 573 | 2 437 |
| 8 000 | 5 | 6 | 9 | 11 | 14 | 19 | 29 | 59 | 147 | 293 | 576 | 2 498 |
| 9 000 | 5 | 6 | 9 | 11 | 14 | 19 | 29 | 59 | 148 | 294 | 579 | 2 548 |
| 10 000 | 5 | 6 | 9 | 11 | 14 | 19 | 29 | 59 | 148 | 294 | 581 | 2 588 |
| ∞ | 5 | 6 | 9 | 11 | 14 | 19 | 29 | 59 | 149 | 299 | 598 | 2 995 |

来源：Cannon 和 Roe，1982。

表 13.4 同样可以用来计算样本量。表列出了 $p_1$ 在 0.95 情况下，要检测出至少一例病例，在不同的流行率和群体规模下所需的样本量，与公式相比，提供了一个迅速确定样本量的方法。例如，如果预期的流行率为 25%，群体规模为 120，那么在 0.95 概率下，需要抽取 10 只动物来检测出至少一个病例。

一些抽样方案包括多阶段抽样。例如，在 2001 年英国口蹄疫流行期过后，需要提供无疫证明，证明要求在先前检测到的感染场方圆 10km 监测区域内，如果预期的群血清阳性率为 2%，从尽可能多的小反刍动物农场提取样本，在 0.95 的概率下，来检测出至少一个感染场（欧洲委员会决议 2001/295/EC）。在 0.95 的概率下，对抽取的场进行二阶段抽样来检测最小的群内流行率（动物血清阳性率），也就是 5%[①]。

如果已经从总群体 $N$ 中抽取了样本 $n$，且没有检测出疾病，那么 $100\xi\%$ 置信界限的上限，可能出现的病例数 $u$，可被估计为：

$$u=\{1-(1-\xi)^{1/n}\}\{N-n/2\}+1$$

例如，如果 $N=400$，$n=50$，$\xi=0.95$，那么 95%置信区间的上限 $u=23$。

同样的，也能利用表 13.4 进行估计。例如，如果在 1 400 只动物中抽取 25%作为样本，且未检出疾病，那么患病动物 95%置信区间的上限为 11。在 Cannon 和 Roe（1982）的研究中，列出了 90%和 99%置信区间的值。

在附录Ⅻ中，列出了不同样本范围内，检出至少 1 只阳性动物的概率。附录Ⅷ给出了不同样本量和流行率下，不能检出阳性动物的概率。

### 有瑕疵的试验

上述的公式假设诊断试验的敏感性和特异性都为 100%[②]。这种情况下，没有考虑样本所测得的血清学阳性动物为假阳性（特异性不为 100%情况下出现），那么，群体可能真的是无疫病。相似的，诊断阴性的动物可能为假阴性（敏感性不为 100%情况下出现），这种情况下，疾病可能被漏诊。这样的错误结果可能很严重：首先，一个健康的畜群可能被屠宰；其次，一个感染的群体可能未被检出，仍可以感染其他畜群。

敏感性和特异性能包括在疾病检测的样本量计算的公式中，形成对样本阳性结果的更正式的解释（Cameron 和 Baldock，1998a），且能用于阶段级抽样方案（Cameron 和 Baldock，1998b）。公式（包括不重复抽样）很复杂，但是并入了软件中（Freecalc：见附录Ⅲ）。

- 计算所需参数为：
- 如果疾病存在，预期最小的流行率；
- 在最小流行率条件下，检出疾病的概率，$p_1$；
- 当疾病不存在时，错误的诊断疾病存在的概率，$p_0$；
- 群体规模大小。

输出为：

---

① 重要的羊群可作为独立的流行病学单位，抽样步骤是针对每个单位。

② 更进一步的假设为抽取的动物“可替换”，也就是抽样后马上用畜群替换，因此可能在抽样时再次选取该替换样本。在实际中，通常不是这样，而是“不替换”抽样（见附录Ⅹ）。然而，实际中违反这一假设常常无结果。

• 需要抽取的动物数；

• 在样本中能检出的阳性动物上限数，同时猜测在最小的流行率下，疾病不存在（假设检出的阳性动物数包含假阳性动物类）。

表 13.5 列出了在 $p_1$ 为 0.95，在不同的流行率和 $p_0$ 条件下的样本量和上限值；假设诊断试验的敏感性和特异性都为 98%。例如，假设最小流行率为 5%，$p_0$ 为 0.10 的情况下，在 300 只动物中需抽取 121 只动物，且多达 4 只动物能被诊断为阳性，则仍能做出结论：在“95%置信区间”和特定的最小的流行率下，疾病在群体中不存在。同样的，有 $1-p_1$（0.05）的概率漏诊。这个概率为在流行率为 5%的 300 只动物群体中抽取 121 只动物检出 4 只或以下阳性动物数的概率，同样，$p_1$ 也是总敏感性。

**表 13.5 在概率 $p_1$ 为 0.95 条件下，发现疫病所需样本量以及阳性动物上限数（小括号中），根据流行率，健康群体被错误地推论为患病的概率（方括号内），敏感性和特异性都为 98%**

| 群体大小 | 流行率 | | | | | | | | | | | |
|---|---|---|---|---|---|---|---|---|---|---|---|---|
| | 10% | | | 5% | | | 2% | | | 1% | | |
| | [0.10] | [0.05] | [0.01] | [0.10] | [0.05] | [0.01] | [0.10] | [0.05] | [0.01] | [0.10] | [0.05] | [0.01] |
| 30 | 26(1) | 30(2) | * | * | * | * | * | * | * | * | * | * |
| 50 | 39(2) | 39(2) | 45(3) | 48(1) | * | * | * | * | * | * | * | * |
| 100 | 45(2) | 55(3) | 64(4) | 85(3) | * | * | * | * | * | * | * | * |
| 150 | 48(2) | 58(3) | 78(5) | 105(4) | 119(5) | * | * | * | * | * | * | * |
| 200 | 49(2) | 60(3) | 80(5) | 115(4) | 131(5) | 173(8) | * | * | * | * | * | * |
| 300 | 50(2) | 62(3) | 83(5) | 121(4) | 155(6) | 202(9) | * | * | * | * | * | * |
| 500 | 51(2) | 63(3) | 85(5) | 144(5) | 162(6) | 229(10) | 469(13) | * | * | * | * | * |
| 1 000 | 52(2) | 64(3) | 87(5) | 148(5) | 185(7) | 238(10) | 555(15) | 693(20) | 931(29) | * | * | * |
| 5 000 | 52(2) | 65(3) | 88(5) | 151(5) | 190(7) | 263(11) | 640(17) | 788(22) | 1 133(34) | 2 100(50) | 2 575(63) | — |
| 10 000 | 53(2) | 65(3) | 88(5) | 152(5) | 191(7) | 265(11) | 677(18) | 827(23) | 1 178(35) | 2 244(53) | 2 841(69) | — |

注：* 表示即使抽查群体所有个体，仍不能获得所需要的精确度。

“—”表示数字太大，无法计算。

对于 $p_0$，我们用样本中检出的阳性动物数和作为结果的 $p_1$ 来解释更好理解。首先，可能会超过限值。例如，在 121 只动物样本中可能检出 5 只阳性动物。使用适当的公式（Cameron 和 Baldock，1998a）可计算出 $p_1$ 为 0.88。在这种情况下，当疾病存在时，做出疾病不存在的结论的概率（$1-p_1$）上升至 0.12：也就是，在 5%最小流行率的条件下，只有“88%可能”疾病不存在。$p_0$ 计算出为 0.10，这是从无疾病群体中抽取 121 只动物，检出 5 只以上阳性数的概率。（在样本量计算中设 $p_0$ 为 0.10，如果上限超过 1，所获得的值）。这样，有“90%可能”群体患病。此外，由于 $p_0$ 是错误把患病群体归为不患病的概率，$1-p_0$（0.90）为正确地把健康群体归为健康的概率；也就是总敏感性（见第 17 章）。

其次，可能诊断出比限值更少的阳性数。这样，如果在 121 只动物样本中仅监测到 3 个阳性动物，$p_1$ 和 $p_0$ 分别为 0.98 和 0.44。因此，在 5%流行率和增大的 0.98 概率（“98%可能”）下，可以推断出疾病不存在。只有“56%可能”推断出疾病存在。（大的 $p_1$ 和小的 $p_0$ 提示群体处于患病状态，但是流行率比预期的要低。）

在样本量计算中，$p_1$ 表示总敏感性和宣布无疫的置信水平（$p_1$ 越大表示可信度越大）；而 $p_0$ 表示总特异性和宣布患病的置信水平（$p_0$ 越小表示可信度越大）。这些值根据调查目的来确定。如果在扑灭计划中一个畜群被宣布无疫，$p_1$ 应该设得较高（通常为0.95）。但是 $p_0$ 可以较小，因为隔离了假阳性畜群的后果较小。较高的 $p_1$ 和较低的 $p_0$ 则需要较大样本量。表13.5和附录XIV中列出了对于不同 $p_1$、$p_0$、群体规模和流行率的样本量大小和限值。可根据这些来寻找 $p_1$、$p_0$ 的最佳组合。

## 总水平（畜群）流行率调查的样本量计算

用有瑕疵的诊断试验检测疾病存在的样本量计算方法已经在上文中给出。该方法与畜群或其他动物群作为抽样单位的流行率调查样本量计算有关。

由于试验的不完美性，样本量的计算是两阶段的，包括确定抽取的动物群数，以及从每个动物群抽取的动物数。

首先，使用估计流行率的样本量计算公式计算要抽取的畜群数，但是该公式中，诊断试验敏感性和特异性应替换为总敏感性（$Se_{agg}$）和特异性（$Sp_{agg}$），调查者应事先指定。

$$n=\left(\frac{1.96}{d}\right)^2\times\frac{[(Se_{agg}\times P_{\exp})+(1-Sp_{agg})(1-P_{\exp})]\times[(1-Se_{agg}\times P_{\exp})-(1-Sp_{agg})(1-P_{\exp})]}{(Se_{agg}+Sp_{agg}-1)^2}$$

式中，$n$ 为需要抽取的畜群数；$P_{\exp}$ 为预期的畜群流行率；$d$ 为设定的绝对精确度。

例如，如果预期的畜群流行率为20%，设定的绝对精确度为±5%，总敏感性和特异性指定为95%和90%，那么：

$$P_{\exp}=0.20,$$
$$d=0.05,$$
$$Se_{agg}=0.95,$$
$$Sp_{agg}=0.90$$

那么：

$$n=\left(\frac{1.96}{0.05}\right)^2\times\frac{[(0.95\times0.20)+(1-0.90)\times(1-0.20)]\times[(1-0.95\times0.20)-(1-0.90)\times(1-0.20)]}{(0.95+0.90-1)^2}$$

=419畜群[①]

其次，计算要达到指定的总敏感性和特异性所要抽取的每个群的动物数。$Se_{agg}$ 通过个体动物敏感性、每个群抽取的动物数、该群内疾病流行率来决定。$Sp_{agg}$ 通过个体动物特异性、每个群抽取的动物数来决定（见第17章）。因此需要假定群内可能的疾病最小的流行率，以及估计个体动物的敏感性和特异性。

例如，如果个体动物的敏感性和特异性都估计为98%，最小的群内流行率为10%，$Se_{agg}$、$Sp_{agg}$ 事先指定为95%和90%。表13.5可用来计算需抽取的动物数。该表给出了 $Se_{agg}$ 为0.95（$p_1$ 为0.95），对应各种 $Sp_{agg}$（1－$p_0$，$p_0$ 在方括号内给出）的样本量。这样，要确定需从200只动物的畜群中抽取多少只动物，列标［0.10］代表 $Sp_{agg}$（1－$p_0$）＝0.90（也就是 $p_0$ －

① 同样的，如果抽取样本的畜群规模不大，则需要调整。

0.10)，需抽取 49 只动物。如果阳性数超过限值（2），那么就认为畜群患病；如果没有超过限值，那么认为畜群无感染。

附录XIV（或 Freecalc 软件）能用于其他敏感性、特异性、$p_1$ 、$p_0$ 条件下的样本量计算。

对于事先指定的 $Se_{agg}$ 和 $Sp_{agg}$ ，其应注意，其值越大，所需抽取的畜群数越小。然而，仔细检查表 13.5 和附录XIV可以发现，$Se_{agg}$ 和 $Sp_{agg}$ 值越大，需要从每个群抽取的动物数越多，那么在一些小型群中，动物数可能不够。这样，在每个群内的动物数（ $Se_{agg}$ 和 $Sp_{agg}$ ）和选取的群数间可能需要进行协调。高精确度和置信区间的群流行率估计需要很大的畜群数，尤其当个体动物的敏感性和特异性很低时[①]（表 13.6）。

**表 13.6 在确定的置信区间宽度、不同总敏感性和总特异性下，估计总水平（畜群）流行率为10%的群体所需畜群数（一种计算畜群流行率调查的样本量的实用方法）**

| 预期绝对精度（%） | 置信水平（%） | 总特异性（%） | 总敏感性（%） | | | |
|---|---|---|---|---|---|---|
| | | | 55 | 70 | 85 | 90 |
| 5 | 95 | 55 | 38 169 | 6 131 | 2 400 | 1 897 |
| 5 | 95 | 70 | 5 394 | 2 156 | 1 164 | 984 |
| 5 | 95 | 85 | 1 479 | 828 | 539 | 477 |
| 5 | 95 | 90 | 941 | 574 | 395 | 355 |
| 5 | 90 | 55 | 26 883 | 4 319 | 1 691 | 1 336 |
| 5 | 90 | 70 | 3 799 | 1 518 | 820 | 693 |
| 5 | 90 | 85 | 1041 | 584 | 379 | 336 |
| 5 | 90 | 90 | 663 | 405 | 278 | 250 |
| 7.5 | 95 | 55 | 16 964 | 2 725 | 1 067 | 844 |
| 7.5 | 95 | 70 | 2 398 | 958 | 517 | 438 |
| 7.5 | 95 | 85 | 657 | 368 | 240 | 212 |
| 7.5 | 95 | 90 | 419 | 255 | 176 | 158 |
| 7.5 | 90 | 55 | 11 948 | 1 920 | 752 | 594 |
| 7.5 | 90 | 70 | 1 689 | 675 | 365 | 308 |
| 7.5 | 90 | 85 | 463 | 260 | 169 | 150 |
| 7.5 | 90 | 90 | 295 | 180 | 124 | 111 |

Audige 等（2001）、Cannon（2001）、Humphry 等（2004）及 Huzurbazar 等（2004）进一步讨论了有瑕疵的诊断试验的调查设计。

## 调查成本

对于研究群体抽样需要投入成本。比如，对奶牛群抽样，通过细菌学检查方法检测牛奶样本，推测乳腺炎流行率需要考虑实验室成本。在确定的精度下，能确定最经济的样本量。或者，如果调查成本已经确定了，那么可在最大的精确度下确定样本量。Scheaffer 等（1979）和 Levy、Lemeshow（1999）描述了简单随机抽样、分层抽样、系统抽样和整群抽样的样本量确定方法，该方法考虑了成本函数。Wilson 等（1983）给出了在确定的成本下，在英国进行

① 例如，报道的副结核病（类结核）个体动物敏感性低至 35%（Whitlock 等，2000）。

英国全国奶牛群体牛乳腺炎调查，确定最佳样本量的例子。

## 置信区间的计算

在某些情况下，样本量大小是事先已决定好的（如通过可获得的动物数）。然而，即使在调查进行前已经确定了合适的样本量，流行率也不可能和预期的一模一样、抽取动物数也可能与确定的不一样。在这种情况下，就需要计算样本的置信区间。

### 简单随机抽样

根据第12章提到的二项分布的近似正态分布，利用简单随机抽样给定的样本量 $n$ 和估计的流行率 $\hat{P}$，我们可以用计算比例的置信区间的公式计算95%置信区间，在这一章中用 $\hat{P}$ 表示为：

$$\hat{P}-1.96\sqrt{\frac{\hat{P}(1-\hat{P})}{n}},\ \hat{P}+1.96\sqrt{\frac{\hat{P}(1-\hat{P})}{n}}$$

例如，如果要抽取200只动物，发现80只患病，那么估计的流行率为40%：

$$\hat{P}=0.4,\ n=200$$

95%置信区间为：

$$0.40-1.96\times\sqrt{\frac{0.40\times(1-0.40)}{200}},\ 0.40+1.96\times\sqrt{\frac{0.40\times(1-0.40)}{200}}$$

$=0.40-0.068,\ 0.40+0.068$

$=0.332,\ 0.468$

也就是33.2%和46.8%

如果要计算其他置信区间值，那么根据附录Ⅵ用其他值代替1.96进行计算。

这个公式假设样本所来自群体是非常大的，因此抽样比 $f$ 非常小，通常情况下都是这样。然而，如果抽样比较大（大于10%），那么分子 $\hat{P}(1-\hat{P})$ 需要乘以 $1-f$。这样，如果要从含有1 000只动物的群体中抽取200只动物，$f=0.2$，$1-f=0.8$，那么置信区间为：

$$0.40-1.96\times\sqrt{\frac{0.80\times(1-0.40)}{200}},\ 0.40+1.96\times\sqrt{\frac{0.80\times(1-0.40)}{200}}$$

$=0.40-0.061,\ 0.40+0.061$

$=0.339,\ 0.461$

也就是33.9%，46.1%（比基于大群体公式的置信区间窄，更精确）。

该公式同样基于假设：

$P\geqslant0.05$ 且 $\leqslant0.95$，

$nP$ 和 $n(1-P)\geqslant5$，

$n$ 为样本量，$P$ 为研究群体的流行率。

在上面的例子中，用样本估计的 $\hat{P}$ 来替换 $P$：

$$\hat{P}=0.40$$

$$n\hat{P} = 200 \times 0.40 = 80$$

$$n(1-\hat{P}) = 200 \times (1-0.4) = 120$$

公式是适用的。

如果 $P<0.05$ 或者 $P>0.95$（基本上不可能），第 17 章介绍了合适的公式（“敏感性和特异性的置信区间”）。

*小样本量* 如果仅能得到小的样本量，那么 $nP$ 和 $n(1-P)$ 可能会小于 5。这时需要根据二项分布来计算精确的置信区间（Altman 等，2000）。附录Ⅶ给出了便于查询的置信区间值。

*低流行率疾病* 一些疾病是罕见的（如肿瘤）。如果使用二项分布的近似正态分布，那么需要很大的样本量去精确计算置信区间。此外，通过附录Ⅶ仅能查到流行率大于 0.02%的置信区间值。因此，如果估计的流行率低于 0.02%，应使用泊松分布（见第 12 章）。例如，在一个 2 000 只犬的样本中可能发现 2 例骨肉瘤。每 100 000 只动物流行率的点估计值为 2/2 000×100 000=100/100 000。为了求得 95%置信区间，查询附录Ⅷ的第 4 和第 5 列。从 $x_L$ 可获得 2 例（$x=2$）的下限值 0.242，那么 0.242/2 000×100 000=12/100 000。上限由 $x_U=7.225$ 的值得出，那么 7.225/2 000×100 000=361/100 000。

有瑕疵的试验 如果用已知敏感性和特异性的诊断试验来估计流行率，真实流行率 $P$ 的修正公式为：

$$P=\frac{P^T+\text{specificity}-1}{\text{sensitivity}+\text{specificity}-1}$$

$P^T$ 为表观流行率（Rogan 和 Gladen，1978）。（如果参数是百分比，用 100 来代替 1。）

例如，如果 $P^T=0.20$，敏感性为 0.90，特异性为 0.95，那么：

$$P=\frac{0.20+0.95-1}{0.90+0.95-1}=0.1765$$

真实流行率的 95%置信区间的计算公式为：

$$\hat{P}-1.96\sqrt{\text{var}\hat{P}},\ \hat{P}+1.96\sqrt{\text{var}\hat{P}}$$

变量 $\hat{P}$ =真实流行率的变异 $=\dfrac{\hat{P}^T(1-\hat{P}^T)}{n(Se+Sp-1)^2}$

$n$ 为样本量。

如果上述表观流行率是用含 400 只动物的样本计算出的，$n=400$，则

$$\text{var}\,\hat{P}=\frac{0.20\times(1-0.20)}{400\times(0.90+0.95-1)^2}=\frac{0.20\times0.80}{400\times0.85^2}=0.00055363$$

真实流行率的 95%置信区间为：

$$0.1765-1.96\times\sqrt{0.00055363},\ 0.1765+1.96\times\sqrt{0.00055363}$$

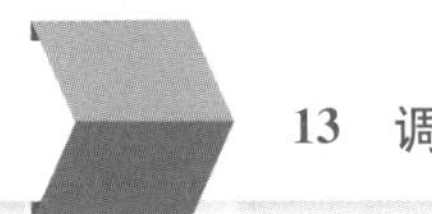


$$=0.1765-0.0461,\ 0.1765+0.0461$$
$$=0.1304,\ 0.2226$$

也就是13.0%和22.3%。

如果要计算其他的置信区间，可根据附录Ⅵ用其他值替代1.96。

如果抽样比 $f$ 很大（大于10%），那么流行率变异公式的分子 $\hat{P}^T(1-\hat{P}^T)$ 同样需要乘以 $(1-f)$。

当抽样单位是畜群（不是单位个体）时该公式同样适用。在这种情况下，用总的敏感性和特异性来替换敏感性和特异性（见第17章和上文提到的“发现疾病的存在：有瑕疵的试验”）。

### 系统抽样

对于系统抽样，假设样本没有周期性，同样可以用简单随机抽样的流行率置信区间计算公式。如果有周期性，那么需要用到更复杂的公式（Levy 和 Lemeshow，1999）。

### 分层抽样

对于按比例分配的分层抽样，简单随机抽样的流行率置信区间计算公式同样适用。如果是其他的分配方法，则需要更复杂的公式（Levy 和 Lemeshow，1999）。

### 整群抽样

由于要考虑整群抽样群内的组间变异性，整群抽样流行率置信区间计算公式与简单随机抽样的不一样。

再次使用表13.3的数据来说明置信区间的计算。在前面的整群抽样样本量计算中已求得样本估计 $\hat{P}$ 为0.157。

95%置信区间的计算公式[①]为：

$$\hat{P}-1.96\left\{\frac{c}{T}\sqrt{\frac{V}{c(c-1)}}\right\},\ \hat{P}+1.96\left\{\frac{c}{T}\sqrt{\frac{V}{c(c-1)}}\right\}$$

式中，$c$ 为抽取的群数；$T$ 为抽取的总动物数。

$$V=\hat{P}^2\left(\sum n^2\right)-2\hat{P}\left(\sum nm\right)+\left(\sum m^2\right)$$

式中，$n$ 为每个群抽取的动物数；$m$ 为每个群抽取的患病动物数。

现在，把 $c=14$，$T=3032$，$V=6409$（在前面的整群抽样样本量计算中获得）带入公式：

$$0.157-1.96\times\left\{\frac{14}{3032}\times\sqrt{\frac{6409}{14\times(14-1)}}\right\},\ 0.157+1.96\times\left\{\frac{14}{3032}\times\sqrt{\frac{6409}{14\times(14-1)}}\right\}$$

$$=0.157-(1.96\times0.0046\times\sqrt{35.214}),\ 0.157+(1.96\times0.0046\times\sqrt{35.214})$$

$$=(0.157-0.0535),\ (0.157-0.0535)$$

---

① 同样，该公式假设抽样比很小（小于10%）。如果抽样比不小，$\frac{V}{c(c-1)}$ 需要乘以 $1-f$。本例中，$f=14/865=0.016$；因此，$1-f$ 很小，可以从公式中略去。

=0.103 5，0.210 5

也就是 10.35%和 21.05%。

同样，如果要计算其他的置信区间值，查附录Ⅵ以获得合适值。

注意，用该公式求得的置信区间比错误地用简单随机抽样置信区间公式求得的要宽（95%置信区间为 14%，17.0%），也就是，对于给定样本量，整群抽样往往比简单随机抽样精确度低[①]。

该公式适用于一阶段和二阶段整群抽样。在一阶段抽样中，$n$ 为每个群中的所有动物数，在二阶段抽样中，$n$ 为每个群中抽取的动物数。

该近似正态公式用于计算置信区间不存在简单规则。这是因为存在两个方差成分（群间方差和群内方差），整群抽样的比例分布是很复杂的[②]。该方法的有效性能通过绘制每个群流行率的频率分布图获得。如果分布图是光滑曲线，对称分布，该近似正态法很有可能有效。

否则，计算出的置信区间值很可能只是近似值，尤其是抽取的群数很少的时候。根据表 13.3 中值画出的每个群流行率分布图不是一条光滑曲线，所得出的置信区间应看作是近似值。在这种情况下，一个可供选择的来呈现精确度的方法是简单地指出整群抽样总流行率的标准误差（也就是用前面样本计算得到的值乘以 1.96，为 0.027 3）。有精确计算置信区间的更复杂的方法（Thomas，1989），但是需用到电脑程序。

计算多阶段整群抽样需要更复杂的计算公式（Levy 和 Lemeshow，1999）。

---

① 这是由于当群间有变异时，整群抽样流行率的变异（比例标准误的平方，见第 12 章）比简单随机抽样变异大。比值定义为设计影响（其他决定设计影响的方法见 Donner 和 Klar，2000）。

② 当中心极限定理存在时，这是不确定的。定理证明，随着观察单位的增多，最终任何分布的均数都是倾向于正态分布，只要它的变异是有限的。（见第 12 章“二项分布、泊松分布近似正态分布”。）要完全正确使用正态近似法应当有中心极限定理。在整群抽样中，群数和动物数越大，定理越可能存在。

# 14 关联的证明

探讨疾病和假设致病因素之间统计学上的关联是识别疾病病因的重要一步。这是埃文斯假说中前三条内容（见第 3 章）的基础。

## 一些基本原则

关联的论证可以用三种方法进行：

• 在两种不同的情况下，可以推断变量一系列取值的概率分布均值之间的差异。如果两种情况的均值间有显著性差异，那不同的情况可用来解释因果关联。例如，一组猪出生后有腹泻，另一组没有，就可以推断两组猪的体重。可以通过分析两组猪体重平均值的差，来反应腹泻对于体重的影响。当比较中位数时，可用相似的方法。

• 对变量进行分类，寻找不同变量间有意义的关联。这样，母犬可根据是否有生理尿失禁或是否绝育来进行分类。然后可以寻找生理尿失禁和绝育间关联的证据。

• 可以寻找变量间的相关性。例如，牛群中跛行的发生率与降水量两个变量，可用于研究降水量的增加是否与跛行发生率增加有显著性关联。

虽然本章节介绍的方法 1 和 2 为因果关系研究，但它们也可用于任何情况下的两组间比较。

采用这三种方法的一些统计分析技术也在农业科学中应用。在本书中，仅介绍它们在流行病调查中的使用。它们也可用于实验性和观察性的生物和社会性研究，可在综合的统计学参考书上查阅到。

### 显著性检验原则

正态分布（见图 12.1）的钟形分布显示，虽然可能性很小，但是观察性事件仍有可能发生在分布的极端尾部。这种分布不仅可用于描述正态分布的连续变量的频率分布，还可以描述从该群体（为参考群体）中重复抽样的样本均数。这也包括其他近似正态分布的参数均值，如二项分布。因此，样本均值有很大可能性处于峰值以下，靠近尾端的概率很小。如果均值靠近尾部，那么这个样本不大可能从参考群体中抽到，或者更有可能是从具有其他均值的群体中抽到。

需要确定何时样本均数不大可能来自参考群体。假设样本来自参考群体，当获得的样本均数的值至少和观测值一样极端时所获得的 $P$ 值小于相应有显著性水平的值便可确定。该水平用概率值 $\alpha$ 表示。一般情况下，在生物学中，$\alpha$ 取值为 0.05，代表 5%显著性水平。当 $P<0.05$ 时，结果解释为具有显著性，$P<0.05$，支持样本不来自参考群体这一说法。通常情况下是取 5%显著性水平。如果需要更严谨的推测差异，那么可以取 1%（$P<0.01$）或者 0.1%（$P<0.001$）显著性水平。一些报告用*、**和***分别代表在 5%、1%和 0.01%临界水平上有显著性意义。这个决策步骤体现了显著性检验原则。

显著性检验最初是结合表格进行的，表格仅展示有限的显著性水平，包括临界值，现在仍然很常用。然而，许多统计学软件包（见附录Ⅲ）能计算出精确的 $P$ 值，且比相关的临界水平更好。

## 零假设

在先前的讨论中，显著性检验是在样本来自均数与参考群体均数一样的群体的基础上进行的，这就是零假设。零假设为没有区别的假设。有显著性意义的结果表示拒绝零假设，支持样本来自与参考群体不一样的群体假设。证明有显著性差异就是拒绝零假设。

注意，置信区间（见第 12 章）和显著性检验结果是紧密联系的。例如，建立一个特定值来自正态分布均值的零假设。抽取的样本在 5%置信水平上拒绝零假设。相应的 95%置信区间将不会包括零假设指定的均值。相反的，如果显著性检验在 5%置信水平上不拒绝零假设，相应的 95%置信区间将会包括零假设指定的均值。

## 推断错误

来自参考群体的 5%的样本在区域内将会在 5%置信水平上拒绝零假设。如果拒绝了零假设，那么有可能是在零假设为真的情况下错误地拒绝了零假设。这种错误称为Ⅰ类错误，即拒绝了真实的零假设。Ⅰ类错误的概率就是上边讨论过的显著性水平[①]。

Ⅱ类错误为当零假设不成立时接受了零假设。这类错误的概率为 $\beta$。理想情况下，在研究开始前，研究者应该知道 $\alpha$、$\beta$ 值。

基于备择假设，$\beta$ 值可能是不确定的。在先前的讨论中，如果备择假设指定了样本来自群体的均数，$\beta$ 可根据设定的 $\alpha$ 和样本量来确定。然而，如果备择假设只假设均数为样本来自群体的几个值中的一个，那么 $\beta$ 值无法计算。$\beta$ 可以通过增大样本量或 $\alpha$ 来减小。当样本量增大时，Ⅰ类和Ⅱ类错误概率 $\alpha$、$\beta$ 都会减小。对于给定的样本量，Ⅰ类错误概率越大，Ⅱ类错误概率就越小，反之亦然。

还有两个正确的结论可供选择。即在零假设正确的情况下不拒绝零假设；当零假设错误的情况下拒绝零假设（有显著性差异）。后者发生的概率称为检验效能，为 $1-\beta$。

大多数检验都是通过规定置信水平 $\alpha$ 和检验效能 $1-\beta$ 来标准化。

① Ⅰ类错误概率和 $P$ 值间有轻微的差异，在一般的引导性文献中，通常不提及，这是由于基本统计学实践通常不受差异的影响。此外，这里介绍的统计学方法主要集中于错误概率和“统计频率论”；试图总结出单个研究假设的真实性。一些统计学家倾向于定义基于理想群体的概率，基于贝叶斯方法（见第 3 章），从原理上讲，这有不确定的重复测量，倾向于关注未知概率分布。在第 17 章介绍了贝叶斯方法的预测值和似然比。要知道详细信息，包括归纳和推断论证的统计学推理，见 Hacking（1975）、Casella 和 Berger（1987）以及 Goodman（1999a,b）。

## 单侧和双侧检验

先前的讨论集中于论证样本和参考群体间的差异，不考虑差异的“方向性”；也就是没注意样本与参考群体的差异是由于样本来自总体均值分布在参考群体均值分布的左边或右边的群体。在这种情况下，研究者应聚焦于对于分布的两侧任一侧的显著性偏离。考虑这种偏离的检验为双侧检验。

有时，调查者明确知道显著性偏离只发生在一个方向上。例如，要调查腹泻使猪体重减轻或增加（后者明显不可能）。这时调查就需要单侧检验。双侧检验的 5％显著性水平近似代表均数任意一边的两个标准误。如果把两个标准误相同的标准用于单侧检验，那么置信区间仅为 2.5％（相当于调查者关注的那一侧）。因此，在单侧检验 5％显著性水平上拒绝零假设的误差相当于在双侧检验 10％水平上拒绝零假设的误差。

显著性检验也包括其他的分布，并且在大样本情况下，这些分布的近似正态法都是有效的，经常计算标准化正态离差 $Z$ 值（见第 12 章）。然后用这些值与零假设指定的平均数和方差的表值做比较（附录 XV）。后面会给出一些例子。

## 独立和相关样本

要比较的样本组可能是相关的，也可能是独立的，在不同的情况下，要使用不同的统计学方法。独立样本要使用不配对的检验，而相关样本要使用配对检验。

出现下列情况时，样本定义为相关样本：

- 对于相同个体重复测量资料的比较；
- 它们与其他的变量匹配。

第一种情况的例子为：每周对每头小牛体重的测量。同样的，由同一受访者回答的两份相似问卷也为相关样本。

匹配是一些观察性研究（见第 15 章）和临床试验（见第 16 章）的特点。

配对能去除变异来源，因此比不配对的样本更具敏感性。

## 参数和非参数方法

### 参数检验

一些检验是就均数而言的，该均数为正态分布的一个参数，此类检验为参数检验。参数检验用于下列资料：

- 分布为正态分布；
- 变量是按一定间隔或比例测量的，也就是它们是连续性的（见第 9 章）[①]。

此外：

- 一些检验要求要比较的两个总体具有方差齐性，如果方差不齐，那么需要用修正法。

① 虽然视觉模拟测量是主观的，为了便于分析，也可把资料当作连续变量。

表 14.1 列出了一些常用的参数技术，即对与均数相关的假设进行检验。这章主要比较两个总体（比如，两样本方法）的差异性和相关性。

**表 14.1　与正态分布均数资料有关的参数检验方法总结**

| 测量水平 | 方差 | 参数检验：单样本 | 两样本：配对样本 | 两样本：独立样本 | 两个以上样本：配对样本 | 两个以上样本：独立样本 | 相关的参数测量 |
|---|---|---|---|---|---|---|---|
| 区间和比例 | 已知 | 正态性检验 | 正态性检验 | 正态性检验 | | | 相关系数 $P^*$ |
| 区间和比例 | 未知 | $t$ 检验 | $t$ 检验 | $t$ 检验*（方差齐）<br>Welch $t$ 检验*（方差不齐） | $F$ 检验（方差齐）<br>Welch $F$ 检验（方差不齐） | $F$ 检验（方差齐）<br>Welch $F$ 检验（方差不齐） | 相关系数 $P^*$ |

注：* 表示该方法在本书中提到。

## 非参数检验

如果参数检验的假设不成立，可以用非参数法。非参数法适用于名义资料和有序资料，还有区间资料和比例资料。这些检验大部分是不受分布限制的，也就是说，它们不需要假定是正态分布，但确实需要假定是对称的。

表 14.2 列出了一些常用的非参数法。Siegel 和 Castellan（1988）更详细地描述了这些方法。

**表 14.2　非参数检验方法总结**

| 测量水平 | 非参数检验：单样本 | 两样本：配对样本 | 两样本：独立样本 | 两个以上样本：配对样本 | 两个以上样本：独立样本 | 相关的非参数测量 |
|---|---|---|---|---|---|---|
| 名义 | 二项检验 | McNemar 变化检验 | 2×2 列联表 Fisher 精确检验* | Cochran $Q$ 检验 | r×$k$ 表卡方检验 | Cramer 系数，$C$<br>Phi 系数$r_\phi$<br>Kappa 系数,$K^*$ |
| | 卡方拟合优度检验 | | 2×2 列联表*<br>r×2 列联表卡方检验 | | | lambda 统计量，$L_B$ |
| 有序 | K-S 单样本检验 $D_{mn}$ | 符号检验 | 中位数检验 | | 中位数扩展检验 | Spearman 相关系数，$r_s$ |
| | 单样本运行检验 | Wilcoxon 符号秩和检验，$T^{+*}$ | Wilcoxon-Mann-Whitney 检验，$W_x^*$ | Friedman 双侧检验，$F_r$ | K-W 单侧检验，$KW$ | Kendall 相关系数 $T$ |
| | 变点试验 | | Robust 秩次检验，$U$ | Page 定序选择检验，$L$ | Jonckheere 定序选择检验，$J$ | Kendall 相关系数，$T_{xy,z}$ |
| | | | K-S 两样本检验，$D_{m,n}$<br>Siegel-Tukey 量表差异检验 | | | Kendall 一致相关系数，$W$<br>Kendall 一致系数，$U$<br>$K$ 和标准间相关性，$T_c$ |
| 区间和比例 | 分布对称性检验 | 配对样本排列检验 | 两独立样本的排列检验 | | | Gamma 统计量，$G$ |
| | | | Moses rank-like 量表差异检验 | | | 非对称性 Somer 指数，$d_{BA}$ |

注：每一列累积向下，检验对相应的测量水平都是适用的。例如，在两个以上样本列，当变量为有序变量时，Friedman 双侧检验和 Cochran $Q$ 检验都适用。

* 表示相关检验在本书中提及。

来源：Siegel S. and Castellan N. J.，Nonparametric Statistics for the Behavioral Sciences，2nd edn，稍有修改。

如果分布假设有效，参数法比非参数法更有说服力。也就是，在检验给定样本量的显著性差异时参数法比非参数法需要更少的样本量。此外，参数检验对于偏离正态的差异比非参数法偏离对称的差异更合理。

## 假设检验对比估计

通常是用一个合适的显著性检验检验零假设来进行比较。然而，这类检验在确定的精度下，不能说明比较的组间差异的大小。有可能差异的大小才是研究者感兴趣的（如当评估临床试验用化合物预防性或者治疗性影响时）。一个可选择的方法为在确定精度下评估差异大小，因此就可传达更多信息，并且广受欢迎（Altman 等，2000）。这包括计算所需参数的置信区间。两种方法都会在本章中描述。

## 样本量确定

在进行调查前，确定一个合适的样本量的重要性在之前介绍与调查有关的内容时已提及（见第 13 章）。在进行两个群体间的比较时，也需要确定样本量的大小。这确保了研究能根据指定参数得到结果。样本量确定根据：

- 可接受Ⅰ类错误的水平，$\alpha$（在组间无差异的情况下，错判有差异的概率）；
- 检验效能 $1-\beta$（正确得出差异结果的概率）；
- 要检测的差异的大小（均值、中位数或者比值的差异）；
- 对于备择假设的选择：单侧或双侧检验。

此外，对于有序、间隔和比例应变量，还需知道：

- 两组间应变量的变异性。

通常情况下，$\alpha$ 设为 0.05，$\beta$ 设为 0.20（检验效能为 0.80）。但是根据检验要求，可取其他值。使用双侧检验估计样本量是明智的，除非有强有力证据显示单侧检验是合理的。因为对于给定的 $\alpha$ 值、检验效能和要检测的差异的大小，双侧检验需要更大的样本量。

## 统计学显著性对比临床（生物）显著性

统计学显著性检验能给出观察到的组间差异可能来源于偶然的概率。而临床（生物）显著性主要关注与临床兽医实践有关的发现。由于统计学显著性是部分依赖于样本量，因此对于小的差异和临床上不重要的差异可能会有统计学显著性。也有可能研究样本量太小得不出可靠的结论，临床上重要的结果被忽视。例如，比较两组犬的饮食对胆红素水平影响的临床研究中，在样本量足够大的情况下，当组间均数差异为 2μmol/L 时能得出统计学显著性。然而，研究者可能认为 2μmol/L 的变化没有临床相关性。相反，如果研究者认为 1μmol/L 的改变都对健康很重要，则样本量可能不足够大到推论出差异有显著性。在这种情况下，存在认识不到真实的饮食影响的严重风险。这就是为什么前瞻性研究需要调整样本量的原因（Lipsey，1990）。

# 间隔和比例数据：比较均值

## 假设检验

### 独立样本：$t$ 检验

$t$ 检验为参数检验法，通常用于小样本。$t$ 检验需要计算检验统计量 $t$ 值，$t$ 值可测量对零假设指定均数的偏离。检验统计量 $t$ 值的分布为 $t$ 分布（图 12.4）——根据检验命名。

$t$ 检验可用于来自不同总体的样本量计算，且零假设为资料来自正态分布总体，且总体均数 $\mu_1$、$\mu_2$ 间差异是已知的 $\mu_1-\mu_2=\delta$，该总体方差 $\sigma^2$ 通常未知。如果 $n_1$，$\bar{x}_1$，$s_1^2$ 为第一个总体的样本量、样本均数和样本方差。$n_2$，$\bar{x}_2$，$s_2^2$ 为第二个总体的。那么 $\sigma^2$ 的估计值为：

$$\sigma^2=\{(n_1-1)\ s_1^2+\ (n_2-1)\ s_2^2\}/\ (n_1+n_2-1)$$

检验统计量 $t$ 值为：

$$t=\ (\bar{x}_1-\bar{x}_2-\delta)\ /\sqrt{\{s^2\ (1/n_1+1/n_2)\}}$$

自由度为 $n_1+n_2-2$（见第 12 章）。（在样本量为 $n_1$、$n_2$ 的两样本检验中，要测量两个均数，因此有 $n_1+n_2-2$ “个”信息用于计算方差。）

用表 12.1 的资料来说明：

$$n_1=49;\ \bar{x}_1=5.76\text{kg};\ s_1=0.60\text{kg}$$

$$n_2=49;\ \bar{x}_2=4.69\text{kg};\ s_2=0.67\text{kg};$$

要验证的假设为两组猪 3 周龄断奶的体重没有差别，$\delta=0$。

$$\begin{aligned}s^2&=\{(48\times0.60^2)\ +\ (48\times0.67^2)\}/96\\&=\ (17.280+21.547)\ /96\\&=0.404\end{aligned}$$

$$\begin{aligned}t&=\ (5.76-4.69-0)\ /\sqrt{\{0.404\times\ (1/49+1/49)\}}\\&=1.07/\sqrt{0.0165}=8.33\end{aligned}$$

自由度为 96（49+49−2）。查询附录Ⅴ，没有行对应自由度为 96，因此选择比 96 小的自由度最大的行，为 60。这是一个保守的方法。0.1%水平下自由度 60 的值为 3.460，小于 8.33。因此，在这个例子中，两组猪均值间差异在 0.1%水平上有显著性。这是从附录Ⅴ直接得到的双侧检验结果。如果是单侧检验，应该把概率减半（数字超出某一个端 $t$ 值的可能性是超出任一端 $t$ 值可能性的一半）。

通常，当样本量很大时，样本的标准误、均值和方差认为是总体的。$t$ 检验的自由度认为是无穷大。此时，$t$ 检验变成了两样本的 $z$ 检验。

如果两样本的方差不等，那么修正检验为 Welch $t$ 检验，该内容在第 17 章中会提及。

### 配对样本：$t$ 检验

$t$ 检验也可用于比较两配对样本[①]。该检验假设每对样本间的差值服从正态分布。该分布有均数 $\delta$（通常为 0），以及未知的方差 $\sigma^2$。

如果 $\bar{d}$ 和 $s^2$ 分别表示样本均数和方差，检验统计量 $t$ 为：

$$t=\ (\bar{d}-\delta)\ /\sqrt{s^2/n}$$

式中，$n$ 为样本量；自由度为 $n-1$。

---

① 注意，使用多重 $t$ 检验评估同样个体连续测量间差异（如多次记录的进食后血糖浓度）是不正确的，应使用其他方法（Matthews 等，1990）。

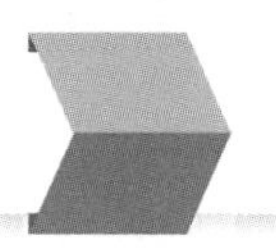



## 置信区间的计算

### 独立样本

对于独立样本真实总体均数间差异$\mu_1-\mu_2$的置信区间是可计算的。如果资料为近似正态分布，同样使用 $t$ 分布。

首先，计算共同的标准差 $s$：

$$s=\sqrt{\frac{(n_1-1)\ s_1^2+\ (n_2-1)\ s_2^2}{n_1+n_2-2}}$$

两组样本均数间的标准误 $SE_{diff}$ 为：

$$SE_{diff}=s\sqrt{1/n_1+1/n_2}$$

使用表 12.1 的资料：

$$\begin{aligned}s&=\sqrt{\frac{(49-1)\times 0.60^2+(49-1)\times 0.67^2}{49+49-2}}\\&=\sqrt{0.404}\\&=0.636\end{aligned}$$

因此：

$$\begin{aligned}SE_{diff}&=0.636\times\sqrt{1/49+1/49}\\&=0.128\end{aligned}$$

则 95%置信区间为：

$$\bar{x}_1-\bar{x}_2\pm\ (t_{v(0.95)}\times SE_{diff})$$

$t_{v(0.95)}$是在 $v$ 自由度下的 $t$ 分布 95%点取值。这也可以表示为$t_{v(1-\alpha)}$，$\alpha$ 为置信水平。查询附录Ⅴ，自由度为 96，再次保守选择 60。$t_{v(0.95)}$在 0.05（$\alpha=0.05$）这一列，也就是在自由度 60 情况下为 2.000。

$$\bar{x}_1=5.76$$

$$\bar{x}_2=4.69$$

95%置信区间为：

$$(5.76-4.6)\ \pm\ (2.000\times 0.128)\ =1.07\pm 0.256=0.81,\ 1.33$$

如果 95%置信区间包括了 0，那么在 5%水平上，两个均数没有显著性差异。在本例中，置信区间未包括 0，因此可以在 5%水平上推出有显著性差异。这个结果和 $t$ 检验的结果：在 1%水平上有显著性差异一致。

90%、99%和 99.9%置信区间（相当于 $\alpha$ 为 0.10、0.01 和 0.001 水平）可利用$t_v$值 1.671、2.660 和 3.460 来计算。

注意，通过置信区间可以比 $t$ 检验获得更多信息。置信区间可获知两个总体均数的差异大小的精确度。

当两个样本标准差差异相当大时，此方法不可用，应使用更为复杂的方法（Armitage 等，2002）。

### 配对样本

配对样本置信区间的计算与单个样本的计算方法（见第 12 章）一样，但是此时，$\bar{x}$ 和 $s$ 是个体均数和标准差，在配对样本和单个样本中不一样（Altman 等，2000）。

## 样本量的选取

在 $\alpha$ 置信水平上，用双侧检验方法检验两个总体真实均值间差异所需要的样本量为：

$$n=\left\{\frac{\sigma\ (M_{\alpha/2}+M_{\beta})}{\mu_1-\mu_2}\right\}^2$$

$n$ 为每个总体的样本量，$\mu_1$为总体 1 的真实均值，$\mu_2$为总体 2 的真实均值，$\sigma$ 为两总体共同的标准差，$M_{\alpha/2}$为在 $\alpha$ 置信水平上的相关取值，$M_{\beta}$为在 $\beta$ 水平上的相关取值。

例如，假设研究者想确定在不同的平均天数下，瘦肉型猪在两种管理体制下送去屠宰时体重有差异，并且差异为 5d。（也就是备择假设为双侧检验。）在第一个管理体制下，需要对平均天数进行估计：为 160d。然后，需要对标准差进行估计。先前的生产资料显示这大约为 7d，因此使用该值来估计共同的标准差 $\sigma$。这些估计值将应用于公式中。

$M_{\alpha/2}$和$M_{\beta}$从附录ⅩⅤ中得到。如果设定置信水平为 5%，$\alpha=0.05$。$P$ 值为 0.025 对应的 $z$ 值为 1.96，这作为$M_{\alpha/2}$。如果调查者希望有 80%信息检测出差异，检验效能 $1-\beta$ 为 0.80，$\beta$ 为 0.20[①]。再次查询附表，概率 0.20 对应的 $Z$ 值为 0.84，这便是$M_{\beta}$。

因此：

$$\begin{aligned} n &=2\ \{7\times(1.96+0.84)/(160-165)\}^2 \\ &=2\ \{7\times2.80/(-5)\}^2\beta=2\times15.37 \\ &=30.7 \end{aligned}$$

在规定的误差下，需要 62 只猪，在每个管理体制下需要 31 只。

如果希望一个指定组在另 5 天的平均天数里增加，那么备择假设为单侧检验。$M_{\alpha/2}$此时应用$M_{\alpha}$来替换。那么，查询附录ⅩⅤ，$Z$ 为 1.64，$M_{\alpha}$为 1.64。这时需要 50 只猪，每个管理体制下需要 25 只。这显示了双侧检验比单侧检验需要更大的样本量。

注意，除去备择假设的特性外，样本量由两组均数间差异决定，而不是它们的绝对值：需要检验的差异越小，需要的样本量越大。此外，共同标准差越大（提示两组间相当大的变异性），需要的样本量越大。

对于独立样本，该公式将会稍微低估样本量；对于配对样本，该公式则会高估样本量。

---

① 回想一下，$\beta$ 通常情况下都设为 4 倍 $\alpha$ 值。

# 有序资料：比较中位数

## 假设检验

### 独立样本：Wilcoxon-Mann-Whitney 检验

Wilcoxon-Mann-Whitney 检验常用于比较研究变量至少用到有序测量的两独立样本。也可用于区间变量和比例变量不是正态分布的情况。

表 14.3a 列出了从美国马里兰海岸亚萨提格岛两组小型马总体中，抽取的样本夏天身体状况得分值。一组生活在岛的北边，另一组生活在南边。两个样本的中位数分别为 2.5 和 3.5。问题为：南边小型马与北边小型马的身体状况得分值有显著性差别吗？(研究为双侧检验)。身体状况得分值为有序变量，两组小型马为独立的，因此可用 Wilcoxon-Mann-whitney 检验。

检验应对得分排序，零假设为每一组的中位数是相等的，备择假设则为：一组的中位数比另一组大或者小（双侧检验）；或者某一指定组的中位数比另一组的大（单侧检验）。

首先，选取规模 $m$ 最小的组 $X$。如果两组都具有相同的样本量，如例所示，那么可以选取任意一组（这里选取北边小型马）。检验中用到的统计量$W_x$为组内的秩次和。

将 $X$ 组和规模为 $n$ 的 $Y$ 组的得分从小到大排列，保持它们的一致性。得分比较缺乏精度的方法，通常有一个有限的范围，因此样本中可能有 2 个或以上个体有相同得分值。得分一样称为同秩。同秩的秩次是相关秩次的平均值，如果得分略有不同，可以指定。例如，如果有 3 个个体是最小的得分值，那么，它们每个的秩次都被指定 2，也就是（1+2+3）/3，下一个个体的秩次则为 4。

如果是 2 个个体有最小的得分，那么它们的秩次为 1.5([1+2]/2)，下一个个体的秩次为 3。

小型马的得分和秩次为：

| 得分： | 1 | 2 | 2.5 | 2.5 | 3 | 3 | 3.5 | 3.5 | 4 | 4 |
|---|---|---|---|---|---|---|---|---|---|---|
| 组别： | $X$ | $Y$ | $X$ | $X$ | $X$ | $Y$ | $Y$ | $Y$ | $X$ | $Y$ |
| 秩次： | 1 | 2 | 3.5 | 3.5 | 5.5 | 5.5 | 7.5 | 7.5 | 9.5 | 9.5 |

第一组总秩次和为：

$$W_x = 1 + 3.5 + 3.5 + 5.5 + 9.5 = 23$$

第二组总秩次和为：

$$W_y = 2 + 5.5 + 7.5 + 7.5 + 9.5 = 32$$

总的样本量 $N = m + n = 10$

表 14.3 夏天南北小型马身体状况得分，1988

| (a) 10 匹小型马得分 | |
|---|---|
| 北边小型马得分 | 南边小型马得分 |
| 1 | 2 |
| 2.5 | 3.5 |
| 3 | 4 |

（续）

| 北边小型马 | | 南边小型马 | |
|---|---|---|---|
| 2.5 | | 3.5 | |
| 4 | | 3 | |

(b) 44 匹小型马得分和秩次

| 北边小型马 | | 南边小型马 | |
|---|---|---|---|
| 得分 | 秩次 | 得分 | 秩次 |
| 3 | 35 | 4 | 44 |
| 3 | 35 | 3 | 35 |
| 2.5 | 22 | 3 | 35 |
| 2.5 | 22 | 3.5 | 43 |
| 1 | 2.5 | 1 | 2.5 |
| 2.5 | 22 | 3 | 35 |
| 2 | 11 | 1 | 2.5 |
| 2 | 11 | 3 | 35 |
| 2 | 11 | 3 | 35 |
| 2.5 | 22 | 3 | 35 |
| 2.5 | 22 | 2.5 | 22 |
| 2 | 11 | 2 | 11 |
| 2 | 11 | 3 | 35 |
| 2 | 11 | 2 | 11 |
| 2.5 | 22 | 3 | 35 |
| 2 | 11 | 2 | 11 |
| 1.5 | 5 | 3 | 35 |
| 3 | 35 | 3 | 35 |
| 2 | 11 | 1 | 2.5 |
| 3 | 35 | 3 | 35 |
| | | 3 | 35 |
| | | 2.5 | 22 |
| | | 2.5 | 22 |
| | | 2 | 11 |
| | | 2.5 | 22 |
| | | 2.5 | 22 |
| 总计 $W_x=367.5$ | | $W_y=622.5$ | |

**来源：**Rudman 和 Keiper，1991。

如果两组间无差异，那么每组的平均秩次应该大体一样。如果有差异，那么平均秩次则不会一样。在本例中，X 组平均秩次为 23/5＝4.6，Y 组的平均秩次为 32/5＝6.4，因此，初步怀疑有差异。

在零假设条件下$W_x$的样本分布在附录ⅩⅥ中列出。可用$W_x$，$n$，$m$ 来决定是否有显著性。下限用于观察分布的左端。这个表选取了 $m=5$，$n=5$，当零假设成立的情况下，观察到$W_x<23$的概率分布在较低限值$c_L$的右边，对应相应的$W_x$（23）。单侧检验概率为 0.210 3。那么，双

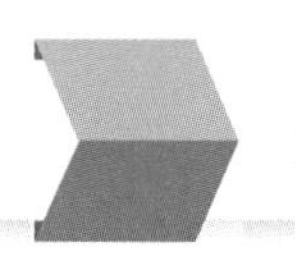


侧检验（本例中）的概率加倍（0.420）；这比 0.05 大，因此认为结果在 5%水平上不具有显著性。

如果选择$W_y$来确定结果的显著性，那么用较大限值来观测分布的右端。$W_y>32$ 的概率为 0.210 3，与上面的结果一样。

大样本　附录ⅩⅥ仅用于 $m$ 和 $n$ 小于 11（如果 $m=3$ 或 4，$n<13$）的情况，对于更大的 $m$ 和 $n$，$W_x$样本分布接近正态分布。因此可用附录ⅩⅤ来评估大样本间的显著性。

标准正态偏离 $z$ 用下式计算：

$$z=\frac{W_x+0.5-m\ (N+1)\ /2}{\sqrt{mn\ (N+1)\ /12}}$$

当考虑分布左端时，需加上 0.5，但是考虑右端时，则要减去 0.5。

表 14.3b 比表 14.3a 列出了更多的亚萨提格岛小型马得分。北边和南边小型马得分的中位数为 2.5 和 3.0，因此可以用于估计样本是否有显著性差异。样本量太大，不能用附录ⅩⅥ来估计，因此用附录ⅩⅤ，样本中有同秩存在，在表中已经排列好。

北边小型马的平均秩次为 367.5/20=18.4，南边小型马的平均秩次为 25.9，因此猜想南边小型马在夏天的状况比北边小型马好。

$$W_x=367.5$$

$$m\text{（北边小型马）}=20$$

$$n\text{（南边小型马）}=24$$

$$N=m+n=44$$

把这些值带入公式，加上 0.5（因为$W_x$与较小样本量组的平均秩次有关，因此需要考虑分布的左端），备择假设为双侧的：

$$z=\frac{367.5+0.5-20\times\ (44+1)\ /2}{\sqrt{20\times 24\times\ (44+1)\ /12}}$$

$$=\frac{367.5+0.5-450}{\sqrt{1\ 800}}$$

$$=-1.93$$

对应正态分布左端计算出的 $z$ 值是负的。附录ⅩⅤ只有右端的值，因此忽略负号。值 1.93 对应单位的 $P$ 值0.026 8（双侧 $P$ 值为0.053 6），这表示在 5%的水平上，这两组间的差异不具有显著性（$P>0.05$）。注意，推断结论应小心，因为 $P$ 值很接近 5%置信水平。

### 配对样本：Wilcoxon 符号秩和检验

配对样本间的比较能用 Wilcoxon 符号秩和检验，这种检验与上文提到的不配对样本有相似的假设。

表 14.4a 列出了 7 只羊分别在夏天和冬天测得的身体状况得分。因此，这两组数据为配对样本。夏天和冬天得分的中位数分别为 4.0 和 3.5，因此假设夏天的得分比冬天的得分高，反推不成立，因此备择假设为单侧的。用 Wilcoxon 符号秩和检验来计算两样本的差异性，需要计算配对对子的差，然后对它们的差进行排秩，不考虑符号。如果一个对子没有差异，那么它

们的差就为0（如表14.4a的5号羊）。在进一步的分析中，就把这个对子去掉。如果对子差异相等，也就是前面提到的结果，处理方法与Wilcoxon-Mann-Whitney检验一样，然后再把符号（+或−）加回秩次前。接下来，计算正秩次和$T^+$。表14.4a列出了得分差异的秩次：$T^+=5.5+2+4+2+5.5=19$。

查询附录XVII。得出$T^+$对应的单侧检验置信水平和对子差不为0的样本量$N$。在本例中，N=6，$T^+=19$，最后得出的值为0.0469，小于0.05，说明夏天和冬天羊身体状况得分中位数有显著性差异（如果为双侧检验，显著性水平为0.094，那么在5%水平上就无显著性差异）。

**表14.4 冬天和夏天羊身体状况得分（假设的资料）**

| 羊编号 | 冬天得分 | 夏天得分 | 得分差值（夏天−冬天） | 秩次 |
|---|---|---|---|---|
| (a) 7只羊得分和秩次 | | | | |
| 1 | 3.5 | 5 | 1.5 | 5.5 |
| 2 | 3.5 | 4 | 0.5 | 2 |
| 3 | 3 | 4 | 1 | 4 |
| 4 | 3.5 | 4 | 0.5 | 2 |
| 5 | 3.5 | 3.5 | 0 | — |
| 6 | 3.5 | 3 | −0.5 | −2 |
| 7 | 3.5 | 5 | 1.5 | 2.5 |
| (b) 25只羊得分和秩次 | | | | |
| 1 | 4.5 | 3 | −1.5 | −19 |
| 2 | 4 | 3.5 | −0.5 | −6.5 |
| 3 | 2.5 | 3.5 | 1 | 15 |
| 4 | 3 | 3.5 | 0.5 | 6.5 |
| 5 | 3 | 3 | 0 | — |
| 6 | 3 | 3.5 | −0.5 | −6.5 |
| 7 | 5 | 4 | −1 | −15 |
| 8 | 4.5 | 5 | 0.5 | 6.5 |
| 9 | 2 | 2.5 | 0.5 | 6.5 |
| 10 | 4.5 | 5 | 0.5 | 6.5 |
| 11 | 2 | 3.5 | 1.5 | 19 |
| 12 | 2.5 | 3 | 0.5 | 6.5 |
| 13 | 4 | 4.5 | 0.5 | 6.5 |
| 14 | 4 | 4 | 0 | — |
| 15 | 2.5 | 3.5 | 1 | 15 |
| 16 | 3 | 3.5 | 0.5 | 615 |
| 17 | 2 | 4.5 | 2.5 | 22 |
| 18 | 2.5 | 2.5 | 0 | — |

（续）

| 羊编号 | 冬天得分 | 夏天得分 | 得分差值（夏天－冬天） | 秩次 |
|---|---|---|---|---|
| 19 | 3.5 | 4.5 | 2 | 21 |
| 20 | 4 | 4.5 | 0.5 | 6.5 |
| 21 | 3.5 | 4.5 | 1 | 15 |
| 22 | 2.5 | 4.5 | 2 | 21 |
| 23 | 4 | 4.5 | 0.5 | 6.5 |
| 24 | 3 | 4.5 | 1.5 | 19 |
| 25 | 3.5 | 4 | 0.5 | 6.5 |
| | | | $T^+=212.0$ | |

大样本　当 $N$ 大于 15 时附录ⅩⅦ不能使用，但是$T^+$样本分布近似正态分布，并且：

$$z=\frac{T^+-N(N+1)/4}{\sqrt{N(N+1)(2N+1)/24}}$$

表 14.4b 列出了 25 只羊的夏天和冬天身状况得分，中位数分别为 3.0 和 4.0，第 5、14 和 18 号羊夏天和冬天身体状况得分无差异，因此在进一步分析中剔除。此时，$N=22$，$T^+=212.0$：

$$z=\frac{212.0-22\times(22+1)/4}{\sqrt{22\times(22+1)\times(2\times22+1)/24}}$$

$$=\frac{85.5}{\sqrt{948.75}}=2.78$$

查询附录ⅩⅤ，备择假设为单侧的。在零假设为真的情况下，2.78 所对应的概率值为 0.0027。因此，认为夏天和冬天羊身体状况得分中位数有显著性差异。

## 置信区间的计算

假设两组样本的频数分布形状一样，位置不同，可以计算两组中位数差值的置信区间。

### 独立样本

如果两个样本中分别有$n_1$和$n_2$个观察个体，首先应估计两个样本中位数的差值，中位数差值有$n_1\times n_2$种可能。表 14.3a 中数据的差值列在表 14.5 中。差值排序为：

−3　−2.5　−2.5　−2　−1.5　−1.5　−1　−1　−1　−1　−1　−1　−0.5

−0.5　−0.5　−0.5　0　0　0.5　0.5　0.5　0.5　1　1　2

中位数的点估计值为−0.5。

计算 Wilcoxon-Mann-Whitney 检验的统计量 $K$ 值（Altman 等，2000）。附录ⅩⅧ中给出了样本量在 5～25 间的 95％置信限的值。$n_1=5$，$n_2=5$ 时的 $K$ 值为 3。95％置信限分别为第三小和第三大的差异：−2.5 和 1。因此，95％置信区间包括了 0，在 5％水平上认为两组得分间无显著性差异。这与 Wilcoxon-Mann-Whitney 检验结果一致。

Altman 等（2000）给出了在 90%和 99%置信区间下的 $K$ 值。

**表 14.5　两组小型马身体状况得分差异（根据表 14.3 数据制表）**

| 北边小型马 | 南边小型马 | | | | |
|---|---|---|---|---|---|
| | 1 | 2.5 | 2.5 | 3 | 4 |
| 2 | −1 | 0.5 | 0.5 | 1 | 2 |
| 3 | −2 | −0.5 | −0.5 | 0 | 1 |
| 3.5 | −2.5 | −1 | −1 | −0.5 | 0.5 |
| 4 | −3 | −1.5 | −1.5 | −1 | 0 |

大样本　当每个样本量都大于 25 时，基于近似正态法计算 95%置信区间下的 $K$ 值为：

$$K=\frac{n_1n_2}{2}-\left\{1.96\sqrt{\frac{n_1n_2(n_1+n_2+1)}{12}}\right\}$$

若 $K$ 为分数，调整 $K$ 为最接近的整数。

### 配对样本

配对样本置信区间的计算与独立样本类似。如果对于所有的对子有 $n$ 个差值，就计算所有差值的平均值，包括与它自身的差值。例如，在表 14.4b 中，1 号羊自身的平均差值为（−1.5−1.5）/2=−1.5；1 号羊与 2 号羊的平均差值为（−1.5−0.5）/2=−1；依次类推。

| 变化 | 变化 | | | |
|---|---|---|---|---|
| | −1.5 | −0.5 | 1 | 0.5 |
| −1.5 | −1.5 | −1 | −0.25 | −0.5 |
| −0.5 | | −0.5 | 0.25 | 0 |
| 1 | | | 1 | 0.75 |
| 0.5 | | | | 0.5 |

对于差值同样要进行排序以确定中位数的点估计值。基于 Wilcoxon 符号秩和检验计算参数 $K^*$。在附录ⅩⅨ中给出了在 95%置信区间下，样本量为 6～50 的 $K^*$ 值。$K^*$ 值的应用与 $K$ 一样。Altman 等（2000）给出了在 90%和 99%置信区间下的 $K^*$ 值。

大样本　当每个样本量都超过 50 时，在 95%置信区间下，$K^*$ 的近似值为：

$$K^*=\frac{n(n+1)}{4}-\left\{1.96\sqrt{\frac{n(n+1)(2n+1)}{24}}\right\}$$

若 $K^*$ 为分数，则调整为最接近的整数。

## 样本量计算

对于有序资料样本量的计算比较复杂（Campbell 等，1995）。接下来会给出一个在实际应用中简化的方法。

首先，需要知道每组样本得分的频数分布。这需要从先前的研究中获得数据（如试点研究）。在表 14.3b 中的独立样本的值将会在下面的例子中用到。

一个样本量足够大、分类足够多的资料能看成近似正态分布。因此，样本量计算能用组间均数比较的样本量公式，但是与 $t$ 检验相比较，要增大样本量来弥补 Wilcoxon-Mann-Whitney 检验的不足（$3/\pi$，也就是 95%：Lehmann 和 D'Abrera，1975）。表 14.3b 南边小型马和北边小型马的直方图显示数据近似正态分布。用本章中前面提到的两样本均数差值样本量计算公式，带入 $\mu_2=2.275$，$\mu_2=2.583$：

$$\sigma=\sqrt{\frac{0.525^2+0.761^2}{2}}=0.654$$

标准差是基于方差的平均值计算出的，$\alpha=5\%$，检验效能为 80%，每组需要的样本量为 73。73 乘以 $\pi/3$，弥补 Wilcoxon-Mann-Whitney 检验的不足，也就是每组需要 77 只动物。

其次，更精确的方法是考虑两组样本之间的相对差异而不是绝对差异（Campbell 等，1995；Julious 和 Campbell，1998）。然而，计算需更详细，且不适用于所有资料类型（计算可使用适当的软件，如 nQuery Advisor，见附录Ⅲ[①]）。

## 名义数据：比较比例

名义变量的计数是比较比例的基础，在观察性研究中经常会碰到名义变量。本章将会介绍一些基本检验方法。其他的尤其是对于观察性研究的方法将会在下一章中提及。

### 假设检验

#### 独立样本：$\chi^2$ 检验

表 14.6 给出了母犬生理性尿失禁（PUI）的观察结果。一个问题为“生理性尿失禁和卵巢切除之间是否有联系?”，调查者把母犬分为生理性尿失禁卵巢切除组和卵巢未切除组，以及无生理性尿失禁卵巢切除组和卵巢未切除组。对于这 4 种分类，我们可以建立有 4 个单元格的双向表，即为 2×2 列联表。

**表 14.6　6 月龄以上切除卵巢的母犬和完整母犬生理性尿失禁(除去先天性的)累计发生率(观察周期为 7 年;每个单元格的数字显示无尿失禁犬和尿失禁犬,切除卵巢犬和完整犬在样本源群中的比例)(假想资料)**

| | 尿失禁 | 无尿失禁 | 合计 |
|---|---|---|---|
| 切除卵巢的 | 34 ($a$) | 757 ($b$) | 791 ($a+b$) |
| 完整的（未切除卵巢的） | 7 ($c$) | 2427 ($d$) | 2434 ($c+d$) |
| 合计 | 41 ($a+c$) | 3184 ($b+d$) | 3225 ($n$) |

评估表中的数值。一个简单的评估方法是把每一行单元格的值表达为占该行的百分比。如果每一行的比例相似，这很有可能意味着行分类因素不影响列分类，也就是两个分类无联系。这样的推理很合理，但是需要很大的样本量，否则抽样误差将会影响结果。在表 14.6 中，有

① 事实上，大多数样本量计算都能用软件进行。一些统计学软件包提供有限的样本量选择（见附录Ⅲ），一些专用的软件包，诸如 nQuery Advisor，提供更综合的方法。在许多研究（诸如临床试验：见第 16 章）中，建议使用软件。

卵巢切除和生理性尿失禁的动物所占的比例为 4.3%（34/791）；有生理性尿失禁但是没有切除卵巢的动物所占比例为 0.3%（7/2 434）。这种差异可能是有统计学意义的，但是也有可能仅仅是抽取了风险总体的相对小样本所导致的偏倚。

对这种资料进行处理的常用办法为计算独立样本非参数统计量$\chi^2$。

对于该统计量的分布，我们称为$\chi^2$分布。$\chi^2$表示单元格中观察值与如果行与列分类无联系时的期望值间差异。可查询$\chi^2$分布表来判定观察值是否比预测值大，零假设为分类间无联系。

本例中仅为 2×2 列联表，下面给出的为简化了的$\chi^2$计算方程，仅适用于 2×2 列联表。$\chi^2$检验也可用于有多行多列（也就是有多分类）的列联表（Bailey，1995）。

$\chi^2$计算公式如下：

$$\chi^2=\frac{n\ (|ad-bc|-n/2)^2}{(a+b)(c+d)(a+c)(b+d)}$$

$n/2$ 为 2×2 列联表的校正系数，因为$\chi^2$为连续性分布，但是资料类型（动物数）是离散型的，因此检验统计量为离散的。竖线｜｜为模，表示 ad－bc 的绝对值。也就是一直用差的正值。

把表 14.6 的值带入公式：

$$\chi^2=\frac{3\ 225\ \{|82\ 518-5\ 299|-\ (32\ 55/2)\}^2}{791\times2\ 434\times41\times3\ 184}=73.35$$

附录Ⅸ给出了不同置信区间和自由度的$\chi^2$的百分点值。通常，自由度的计算为：$\upsilon$=（行数－1）（列数－1）

在本例中，为：

$$(2-1)\times(2-1)=1$$

在 2×2 列联表中，当行合计和列合计都知道时，知道四个单元格中一个单元格的值就能知道其他三个单元格的值。对于 $r$ 行 $k$ 列的表也是大致一样的，当知道行合计和列合计时，知道 $rk$ 个单元格中（$r$－1）（$k$－1）个单元格的值时，就能推出其他的。这就是列联表自由度的含义，也就是当行合计和列合计确定时，自由度决定列联表单元格值的个数。

查询附录Ⅸ的第一行（自由度 1），观察值为 73.35，在 5%置信水平上比列表值（3.841）大，因此可以推出切除卵巢和生理性尿失禁间有关联。注意，本例中，在 1%和 0.1%置信水平上结果也是有联系的。

**独立样本：Fisher 精确检验**

一些情况下样本量很小，导致 2×2 列联表中某些单元格的值也很小，假设比较组间无差异，一个单元格的期望值小于 5，$\chi^2$检验是不可靠的，此时需用 Fisher 精确检验（当所有单元格期望值大于 5 时，一些单元格的观察值小于 5，也可用$\chi^2$检验）。

表 14.7 列出了表 14.6 中的相同疾病/因素关系，但是使用的是更小的样本量。假设组间没有关系，考虑到合计数，计算出期望值。患生理性尿失禁动物的比例为：

$$(a+c)/n=\frac{9}{772}=0.011\ 7$$

该比例值可分别用于估计每行的期望值。对于切除卵巢的动物，患生理性尿失禁的期望动物数为 0.011 7×128=1.5。

对于未切除卵巢的动物，患有生理性尿失禁的期望动物数为 0.011 7×644=7.5。

第一个的期望值小于 5，那么$\chi^2$检验在这里是不可靠的，因此要使用 Fisher 精确检验。

Fisher 精确检验计算与由观察值组成的列联表相关的 $P$ 值，这一列联表基于两总体占比没有差异的假设而建立。在四格表周边合计（$r_1$，$r_2$，$n_1$，$n_2$）不变的情况下，计算当前观察值表格的概率及更极端情形的概率之和。这是一个单侧检验的计算方法。

**表 14.7 6 月龄以上切除卵巢的母犬和未切除卵巢母犬生理性尿失禁累积发生率**
**（除去先天性的）（观察周期为 7 年）（假想资料）**

| | 尿失禁 | 无尿失禁 | 合计 |
|---|---|---|---|
| 切除卵巢母犬 | 7（$a$） | 121（$b$） | 128（$a+b=r_1$） |
| 未切除卵巢母犬 | 2（$c$） | 642（$d$） | 644（$c+d=r_2$） |
| 合计 | 9（$a+c=n_1$） | 763（$b+d=n_2$） | 772（$n$） |

首先，选取 4 个单元格中最小的单元格，$c^*$。在本例中，$c^*=c=2$，$P$ 为：

$$\sum_{c=0}^{c^*}\left\{\frac{r_1!\ r_2!\ n_1!\ n_2!}{n_1!\ a!\ b!\ c!\ d!}\right\}$$

当 $a$、$b$ 或 $d$ 为最小时，方法类似。

$c^*$ 取值可为 0～2，此时，其他值为：

| $c^*$ | $a$ | $b$ | $d$ |
|---|---|---|---|
| 2 | $a+c-2$ | $b-c+2$ | $c+d-2$ |
| 1 | $a+c-1$ | $b-c+2$ | $c+d-1$ |
| 0 | $a+c$ | $b-c$ | $c+d$ |

那么，当 $c^*$ 取值为 2 时，$P$ 分布为：

$$\frac{(7+121)!\ (2+642)!\ (7+2)!\ (121+642)!}{772!\ \times 7!\ \times 121!\ \times 2!\ \times 642!}$$

大多数的袖珍计算器只能算到 70!，对于更大的数值（如本例中），用对数计算更好。附录XX给出了对数到 999! 的值。从附录中可得：

$$\begin{aligned}&(\log 128!+\log 644!+\log 9!+\log 763!)-(\log 772!+\log 7!+\log 121!+\log 2!+\log 642!)\\&=(215.586\,16+1\,531.040\,44+5.559\,76+1\,869.839\,94)\\&\quad-(1\,895.808\,16+3.702\,43+200.908\,18+0.301\,03+1\,525.423\,34)\\&=36\,220\,263-3\,626.143\,14\\&=-4.116\,84\end{aligned}$$

此时，$P$ 分布=逆对数[①]−4.116 84=0.000 076。

当 $c^*=1$ 时，$P$ 分布为：

① 反对数函数可用袖珍计算器计算。反 $\log_{10}x=10^x$。大多数的袖珍计算器都有 $10^x$ 这一键，因此能计算以 10 为底的反对数函数。因此反 $\log_{10}-4.116\,84=10^{-4.116\,84}=0.000\,076\,41$。

$$\frac{(7+121)!(2+642)!(7+2)!(121+642)!}{772!\times 8!\times 120!\times 1!\times 643!}=0.000\,003\,6$$

当 $c^*=0$ 时，$P$ 分布为：

$$\frac{(7+121)!(2+642)!(7+2)!(121+642)!}{772!\times 9!\times 119!\times 0!\times 644!}=0.000\,000\,074$$

因此，$P$ 值为：

$$0.000\,076+0.000\,003\,6+0.000\,000\,074=0.000\,079\,7$$

在 0.01%水平上，结果有显著性意义（$P<0.000\,1$）。推出切除卵巢和生理性尿失禁间有关联。

Fisher 精确检验也有双侧检验法（Siegel 和 Castellan，1988），但是许多学者提倡把单侧检验 $P$ 值翻倍（Armitage 等，2002）。检验能被推广到多行多列列联表的计算（Mehta 和 Patel，1983）。

### 配对样本：McNemar 检验

McNemar 检验能用于配对样本。表 14.8 总结了两个配对样本的可能结果。“+”表示特征的存在，“−”表示不存在。这个表能通过以下方法产生：例如，根据品种和年龄将切除卵巢的犬（样本 1）和未切除卵巢的犬（样本 2）进行匹配，然后计算生理性尿失禁的累计发生率。两个样本就构成了匹配的犬对。

McNemar 检验$\chi^2$公式使用的值和前两个检验不一样，它使用的是不一致对子的值：

$$\chi^2=\frac{(|s+t|-1)^2}{s+t}$$

自由度为 1。$\chi^2$值可查询附录Ⅸ得到。

## 置信区间的计算

### 独立样本

可以计算两个不相关比例值的差值的置信区间，计算方式和上文提到的两个均数、中位数差值的置信区间相似。

首先，计算差值的标准误$SE_{diff}$：

$$SE_{diff}=\sqrt{\frac{\hat{p}_1(1-\hat{p}_1)}{n_1}+\frac{\hat{p}_2(1-\hat{p}_2)}{n_2}}$$

$\hat{p}_1$为第一组有特征的估计比例；$\hat{p}_2$为第二组有特征的估计比例；$n_1$为第一组的个体数，$n_2$为第二组的个体数。

把表 4.10a 与格拉斯哥和爱丁堡犬样本的钩端螺旋体血清阳性有关数据代入公式：

$$\begin{aligned}\hat{p}_1&=\text{估计的格拉斯哥阳性犬比例}\\&=69/251\\&=0.275\end{aligned}$$

$$\hat{p}_2 = \text{估计的爱丁堡阳性犬比例} = 61/260 = 0.235$$

$$n_1 = 251$$

$$n_2 = 260$$

此时：

$$\hat{p}_1 - \hat{p}_2 = 0.275 - 0.235 = 0.04$$

$$SE_{diff} = \sqrt{\frac{0.275 \times (1-0.275)}{251} + \frac{0.235 \times (1-0.235)}{260}}$$

$$= \sqrt{0.000\,79 + 0.000\,69}$$

$$= 0.038$$

95%置信区间为：

$$(\hat{p}_1 - \hat{p}_2) \pm 1.96 \times SE_{diff}$$

$$= 0.04 \pm 1.96 \times 0.038$$

$$= -0.034，0.115$$

该置信区间包括了 0，那么在 5%置信水平上没有显著性差异。

该公式为二项分布的近似正态分布公式，只能计算出每组样本量小于 30，并且 $P$ 大于 0.9 或小于 0.1 时的近似值（因此，该公式不能用于计算表 14.6 的资料，因为该资料的 $P$ 值分别为 0.043 和 0.003）。如果需要精确的置信区间值，应用更复杂公式（Armitage 等，2002）。

## 配对样本

用表 14.8 的字符，计算配对样本置信区间：

第一个样本的阳性率 $\hat{p}_1 = (r+s)/n$

第二个样本的阳性率 $\hat{p}_2 = (r+t)/n$

$\hat{p}_1$ 与 $\hat{p}_2$ 间差异为 $(s-t)/n$。

差异的标准误为：

$$SE_{diff} = \frac{1}{n}\sqrt{s+t-\frac{(s-t)^2}{n}}$$

95%置信区间为：

$$(\hat{p}_1 - \hat{p}_2) \pm 1.96 \times SE_{diff}$$

如果样本量小，应使用精确法（Rrmitage 等，2002）。

**表 14.8 两配对样本可能结果：（+）特性存在；（−）特性不存在**

| 样本 1 | 样本 2 | 个体数 |
| --- | --- | --- |
| + | + | $r$ |
| + | − | $s$ |

（续）

| 样本 1 | 样本 2 | 个体数 |
| --- | --- | --- |
| － | ＋ | $t$ |
| － | － | $u$ |
| 合计 | | $n$ |

## 样本量计算

要比较两个比例的差异，样本量计算公式为：

$$n=\frac{\left\{M_{\alpha/2}\sqrt{2p(1-p)}+M_{\beta}\sqrt{\hat{p}_1(1-\hat{p}_1)+\hat{p}_2(1-\hat{p}_2)}\right\}^2}{(\hat{p}_1-\hat{p}_2)^2}$$

$n$ 为每个群体的样本量，$p_1$ 为群体 1 的真实比例，$p_2$ 为群体 2 的真实比例，$p=(p_1+p_2)/2$，$M_{\alpha/2}$ 为在 $\alpha$ 置信水平下的相关参数，$M_\beta$ 为Ⅱ类错误概率 $\beta$ 的相关参数。

一般的单侧检验是为了证明指定的一组比另一组响应好。例如，接种疫苗组与未接种疫苗组比较。假设羊群腐蹄病的年流行率预计大约为 20%，调查者想验证新研发的疫苗能把流行率降低 5%。把一群羊分为 2 组，一组接种疫苗，一组不接种疫苗。因此 $p_1=0.20$，$p_2=0.15$（如果流行率降低 5%的期望流行率）。置信水平设为 5%，$\alpha=0.05$，查询附录ⅩⅤ，$M_\alpha=1.64$（假设是单侧），如果观察者设检验效能 $(1-\beta)=0.80$，$\beta=0.20$，$M_\beta=0.84$。

因此

$$p=(0.20+0.15)/2=0.175$$

$$n=\frac{\left\{1.64\times\sqrt{2\times0.175\times(1-0.175)}+0.84\times\sqrt{0.20\times(1-0.20)+0.15\times(1-0.15)}\right\}^2}{(0.15-0.20)^2}$$

$$=\frac{(1.64\times\sqrt{0.289}+0.84\times\sqrt{0.16+0.128})^2}{-0.05^2}$$

$$=710.8$$

那么，需要抽取 1 422 只动物，每组 711 只。

样本量的大小取决于想要检测的差值的大小；差值越大，所需的样本量越小。因此，每组 711 只动物的样本量能检出两组间 5%的年流行率差异或更大的差异。

对于独立样本，该公式会略微低估样本量；对于配对样本，会高估样本量。

## $\chi^2$ 趋势检验

有时，假设的病因可能有一些有序分类。比如，畜群规模为考虑的因素，根据其规模大小，可以将畜群分为很多类。在这种情况下，能用“伴随变异法”（见第 3 章）来推断出关联。评估关联的统计学显著性的适宜方法是 $\chi^2$ 趋势检验（Mantel，1963）。$\chi^2$ 趋势检验能产生自由度为 1 的 $\chi^2$ 值，能检验出有序分类的线性趋势。分类可用每一类中间点的数字表示（例如，用“150”代表“100～200 只动物”这个畜群规模），也可以用数据变换形式表示，如对数，或者不严谨但是有序的任意数值表示，如 0，1，2…

检验统计量为：

$$\chi^2 = \frac{T^2(T-1)\left\{\sum x(a-E)\right\}^2}{M_1 M_0\left\{T\sum x^2 N - \left(\sum xN\right)^2\right\}}$$

式中，$T$ 为所有分类数的总个体数；$x$ 为计分值；$a$ 为每个分类中观察的感染动物数；$M_1$为感染动物总数；$M_0$为未感染动物总数；$N$ 为每个分类的个体数；$E$ 为每个分类中的期望感染动物数 $NM_1/T$。

表 14.9 列出了在北爱尔兰进行的疯牛病（BSE）调查的结果。发现畜群规模越大，感染的概率越大。$\chi^2$趋势检验能检验这种趋势是否有显著性意义（注意，这里提到的畜群是关注单位，不是单个动物①）。

**表 14.9 北爱尔兰不同畜群规模的每日感染疯牛病的畜群数（1988—1990）**

| 畜群规模（成年牛数） | 感染畜群数 | 风险畜群数 | 感染率 |
|---|---|---|---|
| 1～49 | 47 | 4 802 | 1 |
| 50～99 | 49 | 1 627 | 3 |
| 100～199 | 24 | 346 | 6.9 |
| ≥2 200 | 5 | 28 | 17.9 |
| 合计 | 125 | 6 803 | |

来源：Denny 等，1992，Crown Copyright 1992，Produced by the Central Veterinary Laboratory。

畜群规模 1～49，50～99，100～199（$x_1$，…，$x_3$）以中点数 25，75 和 150 来计数。畜群规模大于 200（$x_4$）的统一标为 250。

$$T=6\ 803$$

$$M_1=125$$

$$M_0=6\ 803-125$$
$$=6\ 678$$

对于$x_1$，期望的感染个体数为$E_1=4\ 802\times125/6\ 803=88.23$

$x_2$，…，$x_4$的期望值$E_2$，…，$E_4$分别为 29.90、6.36 和 0.52。

$$T^2\ (T-1)\ =6\ 803^2\times6\ 802$$
$$=3.15\times10^{11}$$

$$\left\{\sum x(a-E)\right\}^2 = \{25\times(47-88.23)+75\times(49-29.90)+150\times(24-6.36)+250\times(5-0.52)\}^2$$
$$=(-1030.75+1432.50+2646.00+1120.00)^2$$
$$=4167.75^2$$
$$=1.74\times10^7$$

$$T\sum x^2N=6\ 803\ \{(25^2\times4\ 802)+(75^2\times1\ 627)+(150^2\times346)+(250^2\times28)\}$$
$$=6\ 803\ (3.00\times10^6+9.15\times10^6+7.79\times10^6+1.75\times10^6)$$
$$=6\ 803\times2.17\times10^7$$
$$=1.48\times10^{11}$$

① 更多畜群水平分析的例子，见 Martin 等（1997），他评估了牛结核状态和畜群距獾洞距离之间的关系。

$$\left(\sum xN\right)^2 = \{(25\times 4\ 802)+(75\times 1\ 627)+(150\times 346)+(250\times 28)\}^2$$
$$=(1.20\times 10^5+1.22\times 10^5+5.19\times 10^4+7\ 000)^2$$
$$=(3.01\times 10^5)^2$$
$$=9.06\times 10^{10}$$

$$\chi^2=\frac{(3.15\times 10^{11})\times(1.74\times 10^7)}{(125\times 6\ 678)\times(1.48\times 10^{11}-9.06\times 10^{10})}$$
$$=\frac{5.48\times 10^{18}}{4.79\times 10^{16}}$$
$$=114.4$$

查询附录Ⅸ，第一行（自由度为1）观察值114.4在0.1%置信水平上大于列表值。因此推出畜群规模和感染率间有线性趋势。有证据显示疯牛病通过肉骨粉传播（见第2、3、4章），因此这种趋势可以解释为规模更大的畜群处于风险中的动物更多，有更大的可能性采食污染食物。

如果 $x$ 分值是相隔一个单位的（如0、1、2等），需要连续校正：用 $\{\sum x\ (a-E)\ -1/2\}^2$ 替代 $\{\sum x\ (a-E)\}^2$。

使用该检验时需谨慎，因为即使数据没有表现出在有序分类上的规律，也有可能会有拟合趋势且可能有统计学显著性意义。因此该检验只有当线性关系假设合理时（如本例），才适用。

## 相关

表14.10记录了英国西南部农场一年时间内降水量与牛跛行数有关的资料。要解答的问题为“降水量对跛行的发生率有影响吗？”这是一个合理的问题，蹄湿为牛跛行的一个病因。用表14.10的值绘成图14.1，每一个点代表一个跛行-降水量对。$x$ 轴代表跛行数，$y$ 轴代表降水量。

如果降水量（解释变量）和跛行（应变量）间有正相关关系，那么大多数点应从图的左下到右上呈一条直线。如果没有相关关系，散点会随意分布在图上。从图可见，结果大致呈对角线分布，但仍需证明该分布是否有显著性。

**表14.10　英国西南部农场一年内每2周降水量与牛跛行数的联合分布（1977）**

| 2周 | 跛行数（$x$） | 2周降水总量（mm）（$y$） |
|---|---|---|
| 1 | 40 | 37.2 |
| 2 | 38 | 48.8 |
| 3 | 55 | 72 |
| 4 | 38 | 76.8 |
| 5 | 45 | 14.8 |
| 6 | 42 | 53.2 |
| 7 | 51 | 23.9 |
| 8 | 45 | 11 |
| 9 | 41 | 79.9 |

（续）

| 2周 | 跛行数（$x$） | 2周降水总量（mm）（$y$） |
|---|---|---|
| 10 | 23 | 21 |
| 11 | 10 | 2.3 |
| 12 | 29 | 81.1 |
| 13 | 19 | 7.4 |
| 14 | 11 | 31.5 |
| 15 | 11 | 33.2 |
| 16 | 19 | 31.1 |
| 17 | 33 | 109.2 |
| 18 | 47 | 25 |
| 19 | 42 | 1.9 |
| 20 | 34 | 28.8 |
| 21 | 17 | 24.4 |
| 22 | 30 | 51.3 |
| 23 | 48 | 38.2 |
| 24 | 59 | 18 |
| 25 | 41 | 57.2 |
| 26 | 26 | 33.2 |

资料来源：美国动物疾病研究协会。

当连续观察值间相互独立且 $x$ 和 $y$ 变量符合参数分布时，进行线性关系测量要测量相关系数 $p$。$p$ 的取值范围为$-1$～$+1$。$+1$ 表示完全正相关，$-1$ 表示完全负相关。

本例中，由于跛行非常普遍，故认为跛行发生为正态分布（如果罕见，更有可能为泊松分布）。同样的，由于跛行的发生非常多，故认为资料为连续性的，但实际上，是离散型的。同时，认为间隔2周记录一次降水量是独立的，也就是前面2个周的降水量不影响后2个周的降水量。

相关系数 $\rho$（rho）是对总体而言的，从样本值所得出的结果只能计算样本相关系数 $r$。对于 $r$ 的计算，首先要计算两变量均值，然后计算 $r$，公式如下：

$$\sum(x-\bar{x})(y-\bar{y})\sqrt{\left\{\sum(x-\bar{x})^2\sum(y-\bar{y})^2\right\}}$$

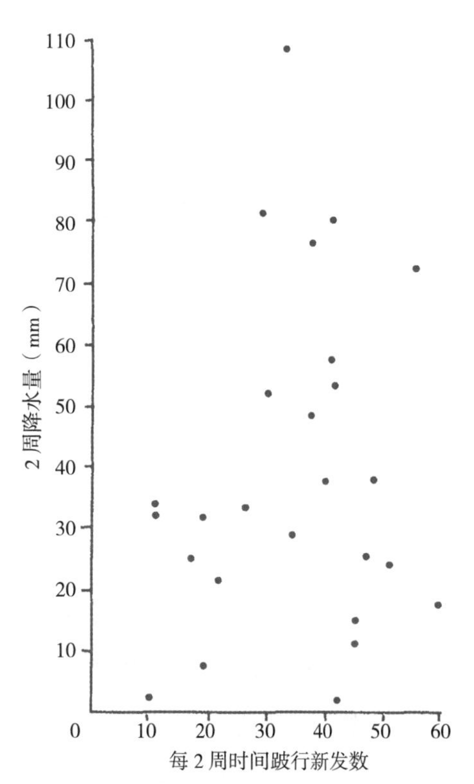


图14.1　英国西南部农场一年内每2周降水量与牛跛行数的相关散点图（1977）

也可以写成如下形式：

$$r=\left\{\sum xy-(\sum x)(\sum y)/n\right\}\sqrt{\left[\sum x^2-\left\{(\sum x^2)/n\right\}\right]\left[\sum y^2-\left\{(\sum y^2)/n\right\}\right]}$$

用表 14.10 中的数据得出：

$$\sum x=894;\sum y=1012.4;\sum x^2=35\ 592;\sum y^2=57\ 880.04;\sum xy=36\ 307.5;n=26$$

$$\left\{\sum xy-\left(\sum x\right)\left(\sum y\right)/n\right\}=36\ 307.5-(894)(1\ 012.4)/26=1\ 496.52$$

$$\sum x^2-\left\{\left(\sum x^2\right)/n\right\}=35\ 592-894^2/26=4\ 852.15$$

$$\sum y^2-\left\{\left(\sum y^2\right)/n\right\}=57\ 880.04-1\ 012.4^2/26=18\ 458.742$$

那么：

$$r=\frac{1\ 496.52}{\sqrt{4\ 852.15\times 18\ 458.742}}=\frac{1\ 496.52}{9\ 463.86}=0.158$$

查询附录XXI可以得出该值。如果该值绝对值（忽略正负号）大于表界值，那么，在确定置信水平下，变量间有显著性关系。本例中，在5%置信水平上，计算值（0.158）小于表界值0.381。表界值是在自由度为 $n-2=24$ 基础上查询到的。这比预期自由度小1，是由于相关系数的计算多用了1个自由度。因此最合适的行自由度应为25。本例中，在通常的置信水平上，认为跛行和降水量间无相关性（$P>0.05$）。$r$ 的置信区间也可计算出来（Altman 等，2000）。

如果资料不符合参数分布，相关性的计算可用非参数法（表 14.2）。

## 多元分析

前面介绍的分析法主要用于分析两变量间关系。在某些情况下，需要分析一个应变量和许多解释变量间的关系。这就需要多元变量分析法，称为多元分析，包括聚类分析、因子分析、路径分析、判别分析、主成分分析和多元回归分析。在下面的章节中将会介绍，更详细内容请查阅其他参考书目（如 Everitt 和 Dunn，2001）。

## 统计软件包

目前，有很多可用于统计学计算的软件包。它们能进行均数、中位数、标准差和标准误、置信区间的计算，能进行相关性检验、样本量估计、时间序列分析、多元分析和其他与流行病学有关的分析。附录Ⅲ中列出了一些软件。

这些软件能让人们更快更精确地处理资料。然而，使用它们也是有一定风险的。它们能使资料更方便的处理，因此资料收集者收集资料时就没有明确目的。在不知道检验原理的情况下，可以使用一系列的检验方法。这些软件也适合已内置简单检验的袖珍计算器使用。

因此，统计学专家建议我们应一直抱着怀疑的态度，怀疑调查中使用的统计学方法是否有问题。这个建议应该在调查开始前实施，而不是调查完成后；否则，将花费大量时间收集的数据最终无法用于所需解决的问题。

# 15 观察性研究

观察性研究用于识别风险因素，并估计导致疾病发生的各种因素的定量效应。调查以分析群体中疫病的发生情况为基础，通过比较不同群组[①]间疾病的发生和对假定危险因素的暴露完成。

观察性研究不同于实验性研究。观察性研究中，调查对象不是随机分组，而是需要根据疫病和假定风险因素来分组，而在实验性研究中，调查对象是随机分组的。

风险因素可以是分类型（例如品种和性别），也可以是数值型，如连续数值（重量、年龄和降水）。连续数值型的数据也可以转换成分类型数据（例如年龄区间）。观察性研究的风险因素主要是数值型。

## 观察性研究的类型

### 队列研究，病例对照研究和横断面研究

观察性研究主要有三种类型：队列研究、病例对照研究和横断面研究。每个类型的研究动物均可分为有病和无病，暴露和非暴露于假定风险因素。因此，每个研究类型都可以形成 2×2 表格（表 15.1）。但是，不同类型的研究生成的方法不同。

#### 队列研究

在队列研究中，把研究动物分成两组，一组暴露于假定风险因素，一组不暴露于假定风险因素，然后观察记录两组动物病情发展。例如，假定切除卵巢是母犬尿失禁（PUI）的风险因素，准确的队列研究应包括切除卵巢（“暴露”）犬和正常（“未暴露”）犬，每组都监测 PUI 的发展，从而测定 PUI 发病率情况。$a+b$ 和 $c+d$ 在表 15.1 中设定如下。

① 观察性研究的抽样单元中，个体是普遍的，不是唯一的。畜群或其他集合都可以被研究。

表 15.1 观察性研究中的 2×2 表

| | 发病动物 | 未发病动物 | 合计 |
|---|---|---|---|
| 暴露组 | $a$ | $b$ | $a+b$ |
| 非暴露组 | $c$ | $d$ | $c+d$ |
| 合计 | $a+c$ | $b+d$ | $a+b+c+d=n$ |

注：在队列研究中（$a+b$）和（$c+d$）是预先设定的。
在病例对照研究中（$a+c$）和（$b+d$）是预先设定的。
在横截面研究中仅有 $n$ 是预先设定的。

### 病例对照研究

在病例对照研究中，选出患病动物组（病例组）和非患病动物组（对照组），比较两组中风险因素的发生情况。因此 PUI 的病例对照研究中，包括 PUI 病例和对照的选取，然后比较病例组和对照组的卵巢切除情况。其中，$a+c$ 和 $b+d$ 的是预先设定的。病例对照研究可使用新发病例或现患病例，因此可以使用发病率或流行率。

### 横断面研究

横断面研究是从大的群体中选择 $n$ 个体组成样本，然后判定每个个体是否患病和是否具有某些假定风险因素，记录流行率。例如，在 PUI 的横截面研究中，选择母犬样品，根据性别和是否尿失禁进行分类。在横断面研究开始时，只有动物总数（表 15.1）是预先确定的，患病动物和健康动物的数量，是否存在风险因素等均不知。

### 命名法

各种备选名称已应用于病例对照研究和队列研究。这些研究需要考虑两个因素：暴露于假定风险因素和疫病的发展，这两个因素在一段时间内被单独考虑。正因为两个因素在时间上的分离，每一个研究认为是纵向的。

病例对照研究将患病动物(患病组)与未患病动物(对照组)进行比较，因此也称为病例-比较、病例-同类、病例-历史研究。此研究根据动物是否患病进行分组，并追溯可能的原因，因此，它是一项回顾性研究（从效果来看）。

队列研究根据是否暴露于假定风险因素分组，然后观察各组中疾病的发展。因此，它有时也被称为前瞻性研究（从原因到影响）。表 15.2 列出了观察性研究的类型和它们的同义词。

表 15.2 观察性研究术语

| 横断面研究 | 纵向研究 | |
|---|---|---|
| | 病例对照研究 | 队列研究 |
| 同义词 | 同义词： | 同义词： |
| 流行率 | 回顾性研究 | 前瞻性研究 |
| | 病例-对象研究 | 发病率 |
| | 病例-比较研究 | 纵向的 |

（续）

| 横断面研究 | 纵向研究 | |
|---|---|---|
| | 病例对照研究 | 队列研究 |
| | 病例-同类研究 | 随后的 |
| | 病例-历史研究 | |

选择组处于“暴露”和“非暴露”下观察一段时间，以确定病例，这样的队列研究认为是并发研究（图 15.1）。另外，如果关于暴露有可靠的记录（例如，通过收养记录跟踪猫、犬等动物家庭/住所：Spain 等，2004a，b），然后根据之前是否暴露，并追踪到现在以确定疾病状态，这就构成了非并发研究。

有的研究者用“回顾性研究”指那些记录过去数据的研究，用“前瞻性研究”指代收集未来数据的研究。因此，非并发队列研究从时间上命名为回顾性队列研究。同样，并发性的队列研究也可称为前瞻性队列研究（图 15.1）。

一些研究显示三种主要类型中至少一种的特性。诸如“杂交”研究及其命名，由 Kleinbaum 等人描述（1982）。

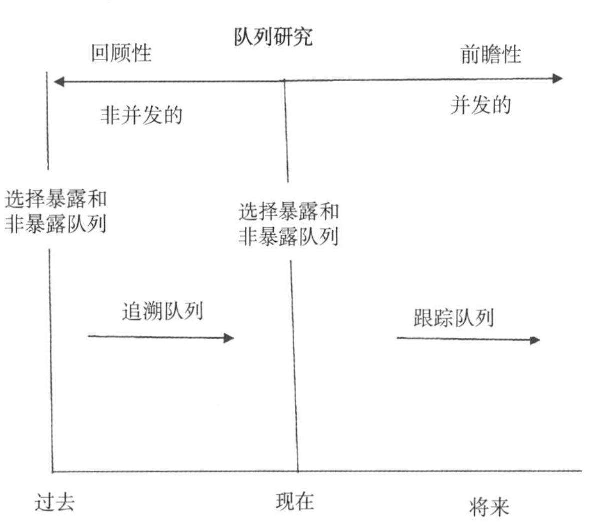


图 15.1　同时和非同时发生队列研究的选择（回顾性和前瞻性用于时间上）。来源：修订自 Lilienfeld 和 Lilienfeld，1980

## 因果推断

三种类型的研究均可通过应用埃文斯假设（见第 3 章假设 1 和 3，这里用“流行率”和“发病率”在其定义中改写）来发现病因：

• 暴露于风险因素的群体的疫病流行率应明显高于非暴露群体的流行率（由横断面研究可知）；

• 在其他风险因素不变的情况下，病例组暴露于某风险因素比对照组更常见（由病例对照研究可知）；

• 对于某风险因素，暴露组疾病的发病率应明显高于非暴露组（由队列研究可知）。

完善埃文斯其他假设可加强病因的公信力。因此，Jarrett（1980）对暴露于蕨菜对牛肠癌发展的论证更具可信性，因为从蕨菜中分离到一种致癌物质（Wang 等，1976）（埃文斯假设 10）。

因果推论是，如果在不同的情况下都可发现关联（见第 3 章），那么也可加强因果推断。因此，在苏格兰可卡犬保育阶段可发现不孕与母犬 PUI 的关联，在英格兰（Holt 和 Thrusfield，1993）西南部得出参考病例。随后在英国再次在队列研究中有所表明（Thrusfield 等，1998）这在正常犬群体中加强了这一关联的推断。相反，北美可卡犬有患心脏瓣膜病的倾向，但苏格兰可卡犬没有，表明品种的倾向不是普遍的。

### 研究类型的比较

队列研究、病例对照研究和横断面研究的比较见表 15.3。

表 15.3　队列研究、病例对照研究和横断面研究的比较

| | 优势 | 劣势 |
|---|---|---|
| 队列研究 | 1. 可计算暴露组和非暴露组的发病率<br>2. 系统记录选择变量允许一定的灵活性 | 1. 目标群体中暴露和非暴露的比例未知<br>2. 研究罕见病需要的样本量大<br>3. 随访时间长<br>4. 持续跟进比较困难<br>5. 消耗财力较多<br>6. 外来变量不易控制 |
| 病例对照研究 | 1. 适于罕见病的研究或具有较长潜伏期的疾病<br>2. 实施快捷<br>3. 便宜<br>4. 需要指标少<br>5. 偶尔使用现有记录<br>6. 对研究对象无损害<br>7. 允许研究某种疾病的多个可能病因<br>8. 可研究基因和环境的相互作用 | 1. 目标群体中暴露和非暴露的比例未知<br>2. 基于过去信息的召回和记录<br>3. 信息确认比较困难<br>4. 外来变量不易控制<br>5. 对照组不易选择<br>6. 暴露和非暴露个体的发病率未知 |
| 横断面研究 | 1. 在总体中进行随机抽样，那么可计算暴露组和非暴露组的比例<br>2. 实施快捷<br>3. 便宜<br>4. 偶尔使用现有记录<br>5. 对研究对象无损害<br>6. 允许研究某种疾病的多个可能病因 | 1. 不适于罕见病的研究<br>2. 不适于研究潜伏期短的疾病<br>3. 外来变量不易控制<br>4. 暴露和非暴露个体的发病率未知<br>5. 暴露和疾病的时序无法确定 |

病例对照研究容易组织实施，适于探索病因。相比之下，队列研究有较长的随访期（特别是有较长潜伏期的疾病，如癌症），而且往往是针对特定的风险因素。

队列研究的设计，类似于实验研究，能够确认暴露和疾病的先后顺序。横断面研究和病例对照研究不能确认暴露和疾病的先后顺序。例如，通过横断面研究调查不孕和母犬 PUI 之间的关系（不孕作为假定风险因素），发现不孕犬有 PUI。然而，在一些病例中，不孕前就已经发生了 PUI，因此，在这些动物中不孕就不是 PUI 的发病原因。因此，与其他两个类型的研究相比，队列研究测量发病率，可以很好地评估风险因素和识别病因。

## 生态学研究

在刚刚描述的三种类型的研究中，必须要知道每个个体的暴露和疾病状态，但这些信息有时是不准确的。以群体为观察和分析单位的研究，称为生态学研究①。例如，在荷兰，1969—1984 年间，肺癌死亡率最高的地方是北布拉班特地区。宠物鸟饲养者和鸟类俱乐部也设在该地区。此外，养鸟

① 有的作者在评估死亡率的空间变量和假定解释变量的关联时，从地区水平测量，使用地理变化这一概念。

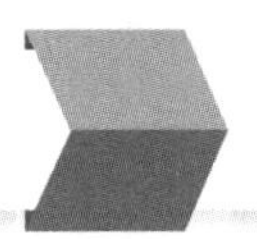


的人由于吸入过敏原和灰尘颗粒，会损害肺巨噬细胞，减少支气管上皮细胞的保护（Voisin 等，1983）。因此，推测养鸟对肺癌是一个危险因素，尽管个体是否暴露和疾病状态未知。这种推断在逻辑上是有缺陷的，因为它基于错误的假设，即群体和个体特性都是一样的，这种逻辑错误即所谓的生态学谬误（Selvin，1958）。同一群体中，群体（即生态）之间的关系通常不同于个体之间的关系（Robinson，1950）。虽然养鸟为主地区的肺癌死亡率最高，但也可能发生在不养鸟的人身上。

因此，应谨慎理解生态学研究，但其对需进一步检验的病因假设来讲，可提供初步指示。随后有病例对照研究证明了养鸟和肺癌之间的关联（Holst 等，1988），从个体水平支持了因果假说。

Piantadosi（1988）和 Kleinbaum（1982）等人详细讨论了生态学谬误，在生态学研究中描述了加强因果推论的方法。

## 关联测量

疫病和风险因素之间的关联假设可使用 $\chi^2$ 检验（见第 14 章），但 $\chi^2$ 检验不能用于测量关联强度。这是因为，$\chi^2$ 是计算表格中每个格子的比例函数总样本量函数，而关联强度仅仅是计算每个格子的比例函数。样本量大小在检验显著性方面可发挥作用，但决定不了关联强度。在疫病发生的影响因素方面，可提供更多的信息。可通过测定两个比例的差来估计的暴露组和非暴露组发病率的绝对差值来表示（见随后的“归因风险”），或者，可计算两组疫病发生率的比。这个比是相对数，广泛应用的有两种：相对危险度和比值比。

### 相对危险度

相对危险度（RR），是暴露组动物发病率除以非暴露组动物发病率[①]。见表 15.1。

暴露组发病率 $=a/(a+b)$；

非暴露组发病率 $=c/(c+d)$；

因此，$RR=[a/(a+b)]/[c/(c+d)]$。

RR>1，表示暴露和疫病之间是正相关。例如，RR＝2 表明暴露组动物的发病风险是非暴露组动物的 2 倍。RR<1，表明暴露和疫病之间是负相关，这一暴露因素对疫病具有保护作用。RR＝1 表明无统计学关联。

RR 可由累计发病率计算得出，故有时称为危险度比（risk ratio），也可由发病密度得出，称为率比（rate ratio）。RR 只能在队列研究中直接估计。

*基于对数法* 基于 RR 自然对数变化的限制（Katz 等，1978），可计算大样本 RR 的 95% 置信区间。使用表 14.6 中与 PUI 有关的数据；第一个样品（点）的 RR 估计如下：

$$\begin{aligned}\widehat{RR}&=[a/(a+b)]/[c/(c+d)]\\&=(34/791)/(7/2\,434)\\&=14.95\end{aligned}$$

① 在暴露组动物中命名为相对风险。

$\log_e \widehat{RR}$方差约等于：

$$[(b/a)/(a+b)]+[(d/c)/(c+d)]$$
$$=[(757/34)/(34+757)]+[(2\,427/7)/(7+2\,427)]$$
$$=0.028+0.142$$
$$=0.170$$

95%的置信区间为：

$$\widehat{RR}\exp(-1.96\sqrt{var}),\ \widehat{RR}\exp(+1.96\sqrt{var})$$
$$=14.95\exp(-0.808\,1),\ 14.95\exp(0.808\,1)$$
$$=14.95\times 2.72^{-0.808\,1},\ 14.95\times 2.72^{0.808\,1}$$
$$=14.95\times 1/2.72^{0.808\,1},\ 14.95\times 2.72^{0.808\,1}$$
$$=14.95\times 0.45,\ 14.95\times 2.24$$
$$=6.73,\ 33.49$$

*基于试验法*　利用恰当的统计学检验计算 RR 的 95%置信区间：$\chi^2$。

RR 的 95%置信区间可得出：

$\widehat{RR}^{1\pm 1.96/\chi}$

（请注意，使用 $\chi$ 而不是 $\chi^2$）

使用的数据见表 14.6：

估计 RR=14.95。

$\chi^2$值由 438 页得出，为 73.35*

因此，$\chi=\sqrt{73.35}=8.564$

95%的置信区间为：

$14.95^{1-1.96/8.564}$，$14.95^{1+1.96/8.564}$

$=14.95^{0.771}$，$14.95^{1.229}$

$=8.05$，$27.80$

与此近似对数相比，6.73 和 33.49 精确度较低。

可以使用适当的乘数来构建其他置信区间（附录Ⅵ）。

可计算精确的空间①，也可计算基于动物（人）-年风险的点估计和区间估计（Kahn 和 Sempos，1989）。观察个体的时间不同时（例如，动物被招募且被设限观察时），这种发病率的估计是合适的。

## 比值比

比值比（OR），是基于发生比的另一种相关测量，某一事件发生的概率除以不发生的概

---

* 这个值用计算机连续校正。能否得到应用尚有争议，有的学者建议用 $\chi^2$－恒塞尔 $\chi^2$ 的衍生计算置信区间（见 Sahai 和 Kurshid 的讨论）。对于大样本，差异是微不足道的。

① 当确切的方法被证明为太冗长，计算机的使用推动了计算参数和 $P$ 值的置信区间的交错方法。主要方法包括引导估计（见第 12 章）或蒙特卡罗模拟（见第 19 章）。一个方法并不完全优于另一个，各有利弊，这取决于需要解决的问题。考虑到这些方法超出本文的范围，完整的讨论可参考 Efron and Tibshirani（1993）和 StatXact（见附录Ⅲ）的使用手册。

率。因此，投掷硬币显示头像的概率为 1/2（即 0.5），而比值比是 1∶1 [0.5/（1－0.5）]。同样，抛六面骰子显示某一数值的概率是 1/6（0.167），而比值比是 1∶5 [0.167/（1－0.167）]。需要注意的是比值比大于概率。

在队列研究中，该值是暴露个体发病的比值除以非暴露个体发病的比值（表 15.4）。可简化为 $ad/bc$，叉积率是比值比的代名词。

在病例对照研究中，该值是病例组暴露于风险因素下的比值除以对照组暴露于风险因素下的比值。可简化为 $ad/bc$。

**表 15.4 观察性研究中比值比的衍生**

| |
|---|
| 队列研究 |
| 暴露组发病概率＝$a/(a+b)$ |
| 暴露组不发病概率＝$b/(a+b)$ |
| 暴露组发病比值＝ $[a/(a+b)]/[b/(a+b)]$ |
| $(a+b)$ 从分子、分母中移除，剩下 $a/b$。 |
| 非暴露组发病概率＝$c/(c+d)$ |
| 非暴露组不发病概率＝$d/(c+d)$ |
| 非暴露组发病比值＝ $[c/(c+d)]/[d/(c+d)]$ |
| $(c+d)$ 从分子、分母中移除，剩下 $c/d$。 |
| 发病比值比（$\psi_d$），是暴露情况下发病比值除以不暴露情况下发病比值，即：$(a/b)/(c/d)=ad/bc$ |
| 病例对照研究 |
| 病例组暴露概率＝$a/(a+c)$ |
| 病例组不暴露概率＝$c/(a+c)$ |
| 病例组暴露比值＝ $[a/(a+c)]/[c/(a+c)]$ |
| $(a+c)$ 从分子、分母中移除，剩下 $a/c$。 |
| 对照组暴露概率＝$b/(b+d)$ |
| 对照组不暴露概率＝$d/(b+d)$ |
| 对照组暴露比值＝ $[b/(b+d)]/[d/(b+d)]$ |
| $(b+d)$ 从分子、分母中移除，剩下 $b/d$。 |
| 暴露比值比是病例组暴露比值除以对照组暴露比值 |
| 横断面研究 |
| 发病比值比（基于流行率）和暴露比值比都等于 $ad/bc$ |
| （流行率比值比） |

在横断面研究中，流行率的比值比也可简化为 $ad/bc$。

在队列研究中，若是罕见病，暴露组动物疫病发病率约等于疫病比值比，因为 $a$ 相对于 $b$ 特别小，因此 $a/(a+b)\approx a/b$。同样，$c/(c+d)\approx c/d$。因此，比值比和相对危险度近似。此外，既然暴露比值比、发病比值比和流行比值比是相等的（$ad/bc$），病例对照研究和横断面研究得出的比值比给出了相对危险度的间接估计（Cornfield，1951）。另外，恰当的采样策略可从病例对照研究中得到相对危险度值，无须假设罕见病（Rodrigues 和 Kirkwood，1990）[①]。

① 严格来说，病例对照研究和横断面研究对正在发病的“相对风险”进行估计，而队列研究对即将发病进行相对风险估计。前者称为流行率更恰当（Kleinbaum 等，1982）。也可用同样的公式在横断面研究中对相关风险的点估计和区间估计进行直接计算。横断面研究也可计算群体流行率，也称为群体相对风险。$RR_{pop}=[(a+c)/n]/[c/(c+d)]$。在群体中，调整标准流行率（相对风险）为风险因素流行率（Martin 等，1987）。群体比值比（$RR_{pop}$）可用于横断面和病例对照研究中（如果研究群体中对照组是非发病动物的代表），同样可理解为 $\psi_{pop}=[d/(a+c)]/[c/(b+d)]$（Martin 等，1987）。

## 置信区间的计算

*基于对数法* 基于 $\psi$ 自然对数的转换，可计算比值比的近似 95%置信区间（Woolf，1955)。

这一方法可通过表 15.5a 关于猪群通风设施的类型和呼吸系统疾病（特别是猪地方性肺炎）之间关系的例子来证明。例子中，把群作为抽样单元，而非个体。“病例”定义为猪地方性肺炎流行率较高的群（平均 3 年>5%)，“对照”为流行率较低的群。

首先，$\psi$ 的抽样估计如下：

$$\begin{aligned}\hat{\psi} &= ad/bc \\ &= (91\times60)/(73\times25) \\ &= 2.99\end{aligned}$$

$\hat{\psi}$ 自然对数的方差约等于：

$$\begin{aligned}&(1/a+1/b+1/c+1/d) \\ &= 0.010\,99+0.013\,70+0.040\,00+0.016\,67 \\ &= 0.081\,37\end{aligned}$$

95%的置信区间为：

$$\begin{aligned}&\hat{\psi}\text{esp}\ (-1.96\sqrt{\text{var}}),\ \hat{\psi}\exp\ (+1.96\sqrt{\text{var}}) \\ &= 2.99\exp^{(-0.559\,1)},\ 2.99\exp^{(0.559\,1)} \\ &= 2.99\times2.72^{(-0.559\,1)},\ 2.99\times2.72^{(0.559\,1)} \\ &= 2.99\times1/2.72^{(0.559\,1)},\ 2.99\times2.72^{(0.559\,1)} \\ &= 2.99\times0.572,\ 2.99\times1.749 \\ &= 1.71,\ 5.23\end{aligned}$$

在 5%的水平上比值比显著大于 1，根据这些原始数据可得到风扇通风和猪地方性肺炎之间有关联的启示。

Cornfield（1956）描述了更精确的估算置信区间的方法，但在大规模研究中，此法与 Woolf 方法的差异很小。

**表 15.5 通风设施与猪地方性肺炎之间的关系**

(a) 未分层时的关系

| | 病例组*（畜群数量） | 对照组**（畜群数量） | 合计 |
|---|---|---|---|
| 有通风设施 | 91 (a) | 73 (b) | 164 |
| 无通风设施 | 25 (c) | 60 (d) | 85 |
| 合计 | 116 | 133 | 249 |

(b) 根据畜群规模分层后的关系

| | 畜群规模 | | | | | | | | | |
|---|---|---|---|---|---|---|---|---|---|---|
| | ≤200 | | 201～300 | | 301～400 | | 401～500 | | >500 | |
| | + | − | + | − | + | − | + | − | + | − |
| 有通风设施 | 2 | 7 | 15 | 30 | 13 | 19 | 7 | 5 | 54 | 12 |
| 无通风设施 | 4 | 27 | 8 | 18 | 7 | 10 | 2 | 4 | 4 | 1 |

（续）

<table>
<tr><td></td><td colspan="10">畜群规模</td></tr>
<tr><td></td><td colspan="2">≤200</td><td colspan="2">201～300</td><td colspan="2">301～400</td><td colspan="2">401～500</td><td colspan="2">>500</td></tr>
<tr><td></td><td>+</td><td>−</td><td>+</td><td>−</td><td>+</td><td>−</td><td>+</td><td>−</td><td>+</td><td>−</td></tr>
<tr><td></td><td colspan="10">“+”＝猪地方性肺炎流行率较高的群（疫病“存在”）</td></tr>
<tr><td></td><td colspan="10">“−”＝猪地方性肺炎流行率较低的群（疫病“缺失”）</td></tr>
<tr><td></td><td colspan="2">$\hat{\psi}_i=1.93$</td><td colspan="2">$\hat{\psi}_i=1.13$</td><td colspan="2">$\hat{\psi}_i=0.98$</td><td colspan="2">$\hat{\psi}_i=2.80$</td><td colspan="2">$\hat{\psi}_i=1.12$</td></tr>
<tr><td></td><td colspan="2">$n_i=40$</td><td colspan="2">$n_i=71$</td><td colspan="2">$n_i=49$</td><td colspan="2">$n_i=18$</td><td colspan="2">$n_i=71$</td></tr>
<tr><td></td><td colspan="2">$w_i=0.70$</td><td colspan="2">$w_i=3.38$</td><td colspan="2">$w_i=2.71$</td><td colspan="2">$w_i=0.56$</td><td colspan="2">$w_i=0.68$</td></tr>
<tr><td></td><td colspan="2">$v_i=0.93$</td><td colspan="2">$v_i=0.28$</td><td colspan="2">$v_i=0.37$</td><td colspan="2">$v_i=0.45$</td><td colspan="2">$v_i=1.35$</td></tr>
<tr><td></td><td colspan="2">$w_i^2=0.49$</td><td colspan="2">$w_i^2=11.42$</td><td colspan="2">$w_i^2=7.34$</td><td colspan="2">$w_i^2=0.31$</td><td colspan="2">$w_i^2=0.46$</td></tr>
<tr><td></td><td colspan="2">$w_i^2v_i=0.46$</td><td colspan="2">$w_i^2v_i=3.20$</td><td colspan="2">$w_i^2v_i=2.72$</td><td colspan="2">$w_i^2v_i=0.14$</td><td colspan="2">$w_i^2v_i=0.62$</td></tr>
</table>

注：* 猪地方性肺炎流行率较高的群。

** 猪地方性肺炎流行率较低的群。

数据来源：Willeberg，1980b。

*基于试验法* 近似95%置信区间公式可简化为：

$$\hat{\psi}^{1\pm1.96/\chi}$$

可计算准确的置信区间（Mehta等，1985），但该方法需借助电脑程序完成。

当列联表表格中出现0时，则不能计算出比值比。可在计算比值比和相关置信区间前通过每个格子增加1/2的值来解决这个问题（Fleiss等，2003）。然而，如果一项涉及四格表的研究的合计为0，或者合计小到增加1/2可以明显影响计算结果，那么这项研究的精确度有可能太低以至于识别不到。另外，如果有一个格子值为0，那么可用$\chi^2$检验，或者计算两个比例不同的置信区间。

## 归因风险

“归因危险度”和“归因危险度百分比”用于陈述不同的概念。前者描述绝对差值，后者描述相对差值。这两个概念要么与暴露于危险因素的动物群体有关，要么与动物群总体有关。

### 归因危险度（暴露）

表14.6说明了尽管切除卵巢（暴露组）犬尿失禁的发病率$a/(a+b)$，比健康犬（非暴露组）的发病率$c/(c+d)$高，但与$c/(c+d)$相比，切除卵巢的犬更易于暴露于风险因素下。从另一方面说，如果切除卵巢的犬未绝育，还是健康犬，依旧会得尿失禁。关于尿失禁的风险在暴露动物中为归因危险度（危险度或归因率）。暴露动物发病率与非暴露动物发病率的不同：

$$\delta_{\mathrm{exp}}=a/(a+b)-c/(c+d)$$

本例中：

$$\begin{aligned}\delta_{\mathrm{exp}}&=(34/791)-(7/2\,434)\\&=0.043-0.003\\&=0.040\end{aligned}$$

这表示在观察期内，每100只犬中因卵巢切除而发生尿失禁的犬有4只。归因危险度表明，假定风险因素是病因，在暴露动物中如果未暴露于风险因素条件下，发病率将降低。

归因危险度可用相对危险度的方式来表达：

$$\delta_{exp}=a/(a+b)-c/(c+d)$$
$$=\{[a/(a+b)/c/(c+d)]-1\}\times[c/(c+d)]$$

既然$[a/(a+b)]/[c/(c+d)]=RR$，那么$\delta_{exp}=(RR-1)\times[c/(c+d)]$。

注意：非暴露动物发病率需要计算$\delta_{exp}$。

因为非暴露动物中流行率是已知的，而归因危险度基于流行率，因此在横断面研究中可计算。然而，在病例对照研究中未知，因此$\delta_{exp}$在这种类型的研究中计算不出来，除非其他信息表明基线发病率是可用的。

很明显，尽管发病率完全不同，$[a/(a+b)]/[c/(c+d)]$在0.02/0.01和0.000 2/0.000 1得出的是相同的相对危险度。归因危险度包括基线发病率，因此在群体病因的影响大小中具有指示作用。归因危险度比相对危险度在消除风险因素的预防性活动中指示作用更强（MacMahon和Trichopoulos，1996）。前面术语"归因于"暗示了一种因果联系，因此比较危险，但参数仅仅基于统计学关联。在降低疫病发病率的实际应用方面依据风险因素和疫病的因果联系，这需要其他方法来确定（见第3章）。

相对危险度的主要优点是根据经验发现特定疫病或风险因素的相对危险度与大范围群体是一致的（Elwood，1998）。相反，归因危险度是独立于背景发病率的。一致性使相对危险度比归因危险度在评价相关性是否是因果关系方面更有价值。此外，相对危险度或近似值可从任何主要类型的研究中推导出来。

$\delta_{exp}$近似置信区间可通过公式从两个不相关比例的差值计算出来（见第14章）。Rothman和Greenland（1998）基于发病率给出了一个公式（他们对归因危险度和归因率是否分别使用累积发病率或发病率也有争议）。

### 群归因危险度

群归因危险度：是指总群体发病率归因于暴露的部分；群归因危险度百分比是指群归因危险度占总群体全部发病（或死亡）的百分比。

$$\delta_{pop}=(a+c)/n-c/(c+d)$$
$$=[(a+c)/n]\times\delta_{exp}$$

直接表明了总群体中因危险因素发生疫病的数量。

利用表14.6中的数据：

$$\delta_{pop}=(41/322\ 5)-(7/243\ 4)$$
$$=0.013-0.003$$
$$=0.010$$

因此，观察期内总体中因切除卵巢患尿失禁的发病率是每100只犬中有1例。如果母犬未切除卵巢，预计100只总体中的发病率将小于1例。

只有当总体死亡率已知时，群体归因危险度可计算得出。

另外，群体归因危险度基于流行率，在横断面研究中可直接计算得出。

Kahn 和 Sempos（1989）描述了计算 $\delta_{pop}$ 置信区间的方法。

## 归因危险度百分比

### 归因危险度百分比（暴露）

归因危险度百分比（暴露），$\lambda_{exp}$（Elwood，1998），也称为病因分值（暴露）（Last，2001）、归因分值（暴露）（Martin 等，1987）、归因危险度（暴露）（Kahn 和 Sempos，1989），是暴露动物因暴露于风险因素条件下的发病比例。

$$\lambda_{exp}=(RR-1)/RR$$

用表 14.6 中的数据：

$$\lambda_{exp}=(14.95-1)/14.95$$
$$=0.93$$

也就是说，假设切除卵巢是病因，切除卵巢的母犬中 93%的尿失禁病例是由于切除卵巢引起的。

$$\lambda_{exp}=(发病率_{暴露}-发病率_{非暴露})/发病率_{暴露}$$
$$=[a/(a+b)]-[c/(c+d)]/[a/(a+b)]$$

在队列研究中可直接计算，在病例对照研究中可使用比值比近似相对危险度来间接计算：

$$\lambda_{exp}=(\psi-1)/\psi$$

### 群归因危险度百分比

群归因危险度百分比，$\lambda_{pop}$（Elwood，1998），也称为群病因分值（Schlesselman，1982）、病因分值（Last，2001）、归因分值（Ouelett 等，1979）、群归因分值（Martin 等，1987）、归因危险度（Lilienfeld 和 Lilienfeld，1980）、归因危险度百分比（Cole 和 MacMahon，1971）。群归因危险度百分比（Kahn 和 Sempos，1989）是因暴露于风险因素条件下群体发病的比例。代表了如果群组暴露的致病因素被排除，那么疫病发生的比例会降低到非暴露群体的水平。

$$\lambda_{pop}=[(RR-1)/RR]\times f$$

$f$ 是个体暴露于风险因素条件下发病的比例，$a/(a+c)$。

利用表 14.6 中的数据：

$$RR=14.95$$
$$f=34/41=0.829$$

于是：$\lambda_{pop}=[(14.95-1)/14.95]\times 0.829=0.77$

因此，如果切除卵巢是原因，群体中 77%尿失禁病例是由于切除卵巢。

群体归因危险度百分比类似于群体归因危险度，表明移除风险因素将降低群体发病率[①]。在因果关系 1 中（第 3 章），所有病因的群体归因危险度百分比之和为 1（100%）。

其他计算 $\lambda_{pop}$ 的公式：

---

① 例如，已应用于评价疫病死亡率的地方性蠕虫感染，蠕虫控制将提高社区健康（Booth，1998）。

$$\lambda_{pop}=（发病率_{群体}-发病率_{非暴露}）/发病率_{群体}$$

如：$\delta_{总体}/发病率_{总体}$

$$=[(a+c)/n]-[c/(c+d)]/[(a+c)/n]$$

$$\lambda_{pop}=[p(RR-1)]/[p(RR-1)+1]$$

$p$ 为暴露群比例，$(a+b)/n$

$$\lambda_{pop}=\delta_{总体}/[(a+c)/n]$$

$$\lambda_{pop}(RR_{总体}-1)/Rr_{总体}$$

群体归因危险度百分比只有当总群体死亡率已知时可计算。然而，在病例对照研究中也可间接计算（如果健康群体中对照组具有代表性）：

$$\lambda_{pop}=1-\{[c(b+d)]/[d(a+c)]\}$$

另外，$\lambda_{pop}$值基于流行率，在横断面研究中可直接计算。

Kahn 和 Sempos（1989）描述了$\lambda_{exp}$和$\lambda_{pop}$置信区间的延伸。

Forrow 等(1992)和 Bucher 等(1994) 讨论了临床决策中引用参数类型的影响（绝对与相对）。

## 相互作用

第 5 章介绍了相互作用，用于分析两个或多个因素之间的关系。如果有合理的生物学机制的相互作用，当发病率超过预期值时表示发生协同作用；当发病率低于预期值时，表示发生拮抗作用。

第 5 章还介绍了两种模型的相互作用：加法和乘法。模型的选择取决于发病率的测量。通常，在揭示发病率相互影响的作用方面加法模型是最合适的（Kleinbaum 等，1982）[①]。加法模型、乘法模型的细节由 Kleinbaum 等（1982）和 Schlesselman（1982）提出，其中加法模型是基于过剩风险的可加性。

### 加法模型

考虑 2 个因素，$x$ 和 $y$。如果 $p_{00}$是没有影响因素的发病率，$p_{10}$是当 $x$ 单独存在的发病率，$p_{01}$是当 $y$ 单独存在的发病率，$p_{11}$是两个因素都存在的发病率，那么：

$$p_{10}-p_{00}=x\ 风险,$$

$$p_{01}-p_{00}=y\ 风险,$$

如果 $x$ 和 $y$ 的综合效果等于每个效果的总和，那么：

$$(p_{11}-p_{00})=(p_{10}-p_{00})+(p_{01}-p_{00})$$

并且不存在交互。

缺乏交互意味着过量的相对危险度，通过除以上述公式中的 $p_{00}$：

$$(p_{11}/p_{00}-1)=(p_{01}/p_{00}-1)+(p_{01}/p_{00}-1)$$

两个因素都出现时，相对危险度是通过 $RR_{xy}=p_{11}/p_{00}$来表示，当 $x$ 或 $y$ 单独出现时相对

① 加法和乘法模型的进一步讨论见 Thompson（1991）。

危险度通过$RR_x = p_{10}/p_{00}$和$RR_y = p_{01}/p_{00}$分别表示。

因此，$(RR_{xy}-1)=(RR_x-1)+(RR_y-1)$

即，$RR_{xy}=1+(RR_x-1)+(RR_y-1)$

如果有两个以上的因素，比如说$j$，就要把它所代表的相对危险度考虑在内，$RR_m$，就可以用下面的公式表示：

$$RR_m = 1+\sum_{i=1}^{j}(RR_i - 1)$$

$RR_1 \cdots\cdots RR_j$指个体相对危险度。

在表15.7中给出了基于加法模型的良性互动的例子，利用了表15.6的猫科泌尿系统综合征（Willeberg，1976）中的原始数据。

公猫的假定风险因素包括高级别的干猫粮、去势和较低水平的户外活动。背景风险（$RR=1$），代表全部雄猫消耗干猫粮水平低、户外活动水平较高。

考虑两个因素：较低水平的户外活动和高级别的干猫粮摄入。较低的户外活动和较低的干猫粮摄入量，估计的相对危险度在全部雄猫为3.43（表15.6a）。高级别的干猫粮和高水平的户外活动，相对危险度是4.36（表15.6b）。因此，这两个因素（表15.7）适用加法模型：

$$\widehat{RR}_{\mathrm{m}} = 1+(3.43-1)+(4.36-1)$$
$$=6.79(\text{见表 } 15.7\ \text{c})$$

估计合并这两个因素的相对风险为6.00（表15.6d和表15.7d）。

因此，高级别的干猫粮和低水平的户外活动之间无相互作用，因为估计合并的相对危险度（6.00）与预期相结合的相对危险度类似，即假设没有相互作用（6.79）。同样，去势和低水平的户外活动之间也无相互作用。但是，去势与高级别的干猫粮之间，去势、高级别的干猫粮与低水平的户外活动之间有相互作用：使用加法模型，使每种情况下估计的联合相对危险度高于预期的联合相对危险度。

**表15.6 猫科动物泌尿系统综合征和控制，以及组合不同风险、性别、饮食和活动类别内估计的相对风险值的数量**

| 性别 | 种类 | | 猫的数量 | | 相对危险度 |
|---|---|---|---|---|---|
| | 干猫粮水平 | 户外活动水平 | 病例 | 对照 | ($\widehat{RR}^{+}$) |
| 未去势雄性猫 | 低 | 高 | 1 | 12 | 1 |
| | 低 | 低 | 2 | 7 | 3.43 (a) |
| | 高 | 高 | 4 | 11 | 4.36 (b) |
| | 高 | 低 | 2 | 4 | 6.00 (d) |
| 去势的雄性猫 | 低 | 高 | 5 | 12 | 5.00 |
| | 低 | 低 | 3 | 5 | 7.20 |
| | 高 | 高 | 14 | 5 | 33.60*** |
| | 高 | 低 | 28 | 2 | 168.00*** |
| 总数 | | | 59 | 58 | 12.2** |

注：**显著性差异1%；***显著性差异0.1%，通过$\chi^2$检验。

+OR近似值，相对于非暴露组，即高水平户外活动和低水平干猫粮的未去势猫。

来源：Willeberg，1976。

表 15.7 基于互动加法模型，对公猫多个高风险猫科动物泌尿系统综合征的类别组合进行的相对危险度估计值和预期值的比较

| 性状态 | 类别 | | 估计相对危险度（$\widehat{RR}$） | 基于加法模型的预期相对危险度（$\widehat{RR}_m$） |
|---|---|---|---|---|
| | 干猫粮水平 | 户外活动水平 | | |
| 正常 | 高 | 低 | 6.00 (d) | 6.79 (c) |
| 去势 | 低 | 低 | 7.20 | 7.43 |
| 去势 | 高 | 高 | 33.60 | 8.36 |
| 去势 | 高 | 低 | 168.00 | 10.67 |

来源：改编自 Willeberg，1976。

提出生物机制具有互动性的假定似乎是合理的，也就是说，协同作用是可以解释的。因此，去势和高级别干猫粮的摄入（通常与过度喂食有关）都可能抑制动物活动，因此减少血液流入肾脏，损害肾功能，从而使尿液发生变化，形成结石。

Hosmer 和 Lemeshow（1992）讨论了协同作用的估计置信区间。

## 偏倚

观察性研究中有很多类型的偏倚（见第 9 章）（Sackett，1979），但主要有 3 种：①选择偏倚；②错分偏倚；③混杂偏倚。

### 选择偏倚

选择偏倚源于研究群体和目标群体特性的系统差异。多数观察性研究通过便利抽样收集样本，如兽医诊所、屠宰场，特别是养殖场。例如，Willeberg 在丹麦利用学校兽医诊所收集的数据对猫科动物泌尿系统综合征进行调查（Willeberg，1977）。理想状态下，应该从全部目标群体中（该例应选取丹麦所有的猫）选择样品，但这很难实现。第 13 章提到，如果想选定目标群体，需要做出谨慎的选择，不然可能失之偏颇。应该考虑疾病和正在调查的风险因素相关联的研究群体。以下情况不属于选择偏倚：

- 研究群体中暴露于风险因素情况下并未提高发病的可能性；
- 研究群体中包含的病例组和对照组具有相关性。

例如，Darke 等（1985）在兽医诊所研究了断尾（假设致病因素）和尾部受伤（疾病）之间存在的关联，来确定断尾是否减少尾部受伤的风险。在兽医诊所应用断尾或其他方式是不可能的，所以在这项研究中不存在选择偏倚。

### 错分偏倚

错分偏倚是测量偏倚的一种，当患病动物被列为未患病，或未患病动物被列为患病动物时会出现。错分偏倚发生的可能性取决于疾病的频率、假设致病因素下暴露的频率，以及在研究中使用的诊断标准的敏感性和特异性（见表 9.4 和图 9.5）。例如，Thrusfield 等（1985）研究了犬的品种、性别与退行性心脏瓣膜病之间的联系。当动物有心脏杂音或充血性心脏衰竭的迹象时，被归类为患病。然而，受伤可致心脏瓣膜受损而非心脏瓣膜机能不全，如心肌受伤和贫血。

因此，为了防止心肌受伤和贫血等被错误地归类为心脏瓣膜机能不全（在这种情况下它们将构成“假阳性”），动物的病例记录会被详细审查，以确定杂音的确切性质。同样的，早期的退行性心脏瓣膜病可能不会产生杂音，临床兽医也可能错过杂音，这些情况下动物将被错认为是无病的（即“假阴性”）。

错分偏倚有两种类型：无差别的错分偏倚和有差别的错分偏倚。进行比较的两组如果发生错分的程度与方向相似（如：病例与对照，暴露与非暴露），则为无差别的错分偏倚。无差别的错分产生的转变在估计相对危险度 RR 和优势比 OR 时接近于 0，分别在图 15.2a 和图 15.2b 有所描述。图 15.2a 表明：在估计相对危险度时，特异性比敏感性确定更重要。即使敏感性和特异性都可以接受（分别为 90%和 96%，在图 15.2a 例证），相对危险度也会严重偏倚。然而，敏感性作为偏倚的来源，在估计比值比方面也扮演了更加重要的角色（图 15.2b）。

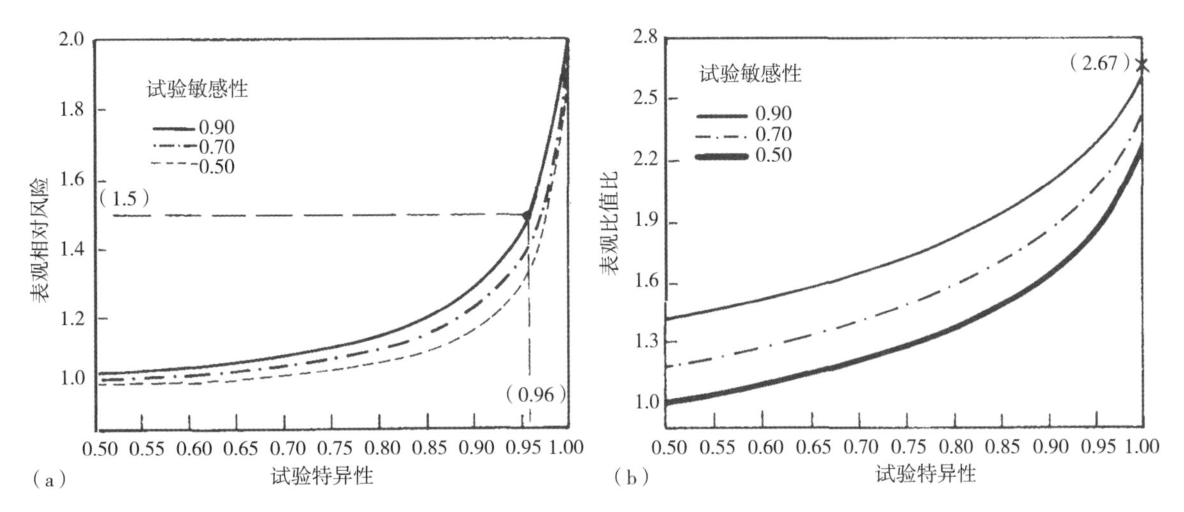


图 15.2 (a) 队列研究：以敏感性和特异性为函数估计相对危险度的偏倚。暴露组和非暴露组疫病发病率分别为 0.10 和 0.05。真实相对危险度等于 2.0。(b) 病例对照研究：以敏感性和特异性为函数估计比值比的偏倚。病例组和对照组暴露率分别为 40%和 20%。真实比值比为 2.67。来源：Copeland 等，1977

当进行比较的两组发生错分的程度与方向不同时，会产生有差别的错分偏倚。在这种情况下，比值比和相对危险度在任一方向都可能存在偏倚（见 Copeland 等，1977，数字的例子）。因此，错分偏倚可能削弱也可能加强表面的关联。

如果简单、有效的（即高特异性和敏感性）测试不可用，在缺乏严格定义时定义一个病例非常困难。例如，在研究牛白血病（EBL）和人类白血病关系的调查中（Donham 等，1980），如果尸检发现淋巴肉瘤，那么牛被定义为接触牛白血病病毒，但这种病变可能未接触病毒，接触病毒也不一定就会产生淋巴肉瘤。

动物暴露的假定风险因素也很难定义和量化。例如，针对“不足量的饲喂”这个假定风险因素，调查员只能基于业主描述的饮食，不能根据营养师计算的结果。

## 混杂偏倚

第 3 章介绍的混杂偏倚，其因果关联的推理便是很好的例证。重复性方面，混杂变量可以是与疾病相关的任何积极或消极因素。例如，对猪呼吸道疾病而言，群体大小是一个混杂变量（见图 3.4b）。例如在研究中，将风扇通风视为一项因素，风扇通风、大样本群体中存在呼吸系统疾病（可致发病），和风扇不通风、小样本群体不存在呼吸系统疾病（发病概率很低）。每组大小样本群的比例不均，会混杂风扇通风和疾病之间的关联，并扭曲比值比和相对危险度。

病例对照研究中混杂特别重要，因为动物是根据疾病的有无选择的，因此这些病例存在一定范围的共性，其中一些可能存在因果关系，另一些可能因为混杂因素有统计学显著但无因果关系。

混杂不是“全部或全不”事件，但发生在不同程度上，可以伴随着相互作用，应区分。对于“混杂”一词形象性的描述，是由 Rothman（1975）提出的。Miettinen（1972），Ejigou 和 McHugh（1977），Breslow 和 Day（1980），Kleinbaum（1982），Schlesselman（1982），Rothman 和 Greenland（1998）等分别对识别“混杂”及其相互作用进行了讨论，随后也进行了简要介绍（见“Mantel-Haenszel 程序”）。

歪曲现实的三种偏倚（选择偏倚、错分偏倚和混杂偏倚）不应孤立考虑，而应综合起来全面考虑。

## 偏倚的控制

### 选择偏倚

选择偏倚往往无法控制，这是由研究群体的特性决定的。

在调查设计或分析过程中可试图控制。设计阶段，通过从不会产生偏倚的群体中选择动物来避免偏倚。这取决于研究者对潜在偏倚的认识程度，可行性不高。

分析阶段，通过研究群体和目标群体对概率选择的认识来控制。Kleinbaum 等（1982）提供了校正的公式。

### 错分偏倚

Barron（1977）、Greenland 和 Kleinbaum（1983）分别对无差别的错分偏倚和有差别的错分偏倚进行了描述。实际上是在分析过程中通过代数操作来控制。这种方法不如使用高敏感性和特异性测验。

### 混杂偏倚

有 2 个简单的方法处理混杂偏倚：

• 分析过程中调整混杂变量。例如，对混杂因素使用特定的调整率（见第 4 章），或对每个混杂因素产生的比值比合并为一个总的比值比（Mantel 和 Haenszel，1959）；

• 设计研究过程中“匹配”两个组。

此外，可以采用更复杂的多变量方法（见下文）。混杂因素的控制主要在本章的病例对照研究中有所讨论。Breslow 和 Day（1987）在队列研究中讨论了控制方法。

#### Mantel-Haenszel 程序

该程序汇总的比值比是通过对潜在混杂变量个体比值比加权得出的，以表 15.5 中的数据举例。已计算出比值比的大概估计（2.99）。95%的置信区间为 1.71，5.23，表明风扇通风和肺炎之间有关联。然而，畜群大小与肺炎流行率和通风类型相关（Aalund 等，1976）。因此，原始数据（表 15.5a）群大小会混淆风扇通风和肺炎之间的关联。调整潜在混杂因素的第一步是按群大小构建一系列子表（表 15.5b）。

Mantel—Haenszel 总优势比（$\psi_{mh}$）由下式给出：

$$\psi_{mh}=\{\sum(a_id_i/n_i)\}/\{\sum(b_ic_i/n_i)\}$$

其中，$a$、$b$、$c$、$d$ 和 $n$ 如表 15.1 所示。

每层分别相加 $ad/n$ 和 $bc/n$，得出 $\sum(a_id_i/n_i)$ 和 $\sum(b_ic_i/n_i)$。因此，若群大小≤200，$a_id_i/n_i=$（2×27）/40=1.35，$b_ic_i/n_i=$（7×4）/40=0.70，每层特定的 $\psi_i$ 为 1.93，依此类推。

$$\hat{\psi}_{mh}=\frac{1.35+3.80+2.65+1.56+0.76}{0.70+3.38+2.71+0.56+0.68}$$
$$=10.12/8.03$$
$$=1.26$$

近似 95%置信区间为：

$$\hat{\psi}\ \exp\ (-1.96\sqrt{\text{var}}),\ \hat{\psi}\ \exp\ (+1.96\sqrt{\text{var}})$$

这里，var=$\log_e$，$\hat{\psi}_{mh}$ 的方差

$$\sum(w_i^2v_i)/(\sum w_i)^2$$
$$w_i=b_ic_i/n_i$$
$$v_i=(a_i+c_i)/a_ic_i+(b_i+d_i)/b_id_i$$

因此，当群大小=200 时，

$$w_i=(7\times4)/40$$
$$=0.70$$
$$v_i=(2+4)/(2\times4)+(7+27)/(7\times27)$$
$$=0.75+0.180$$
$$=0.93$$

以此类推。

$$\sum(w_i^2v_i)=0.46+3.20+2.72+0.14+0.62$$
$$=7.14$$
$$\sum(w_i)^2=(0.70+3.38+2.71+0.56+0.68)^2$$
$$=8.03^2$$
$$=64.48$$

$\log_e\hat{\psi}_{mh}$ 的方差=7.14/64.48

=0.110 7

因此，

$$\hat{\psi}\ \exp(-1.96\sqrt{\text{var}}),\ \hat{\psi}\ \exp(+1.96\sqrt{\text{var}})$$
$$=1.26\exp(-0.652\ 1),\ 1.26\exp(+0.652\ 1)$$
$$=1.26\times0.521,\ 1.26\times1.920$$

$=0.66, 2.42$

调整后的比值比 1.26 比粗比值比 2.99 小得多，表明可发生混杂。

调整的总比值比的计算意味着可以充分描述数据，也就是说比值比在不同层是类似的（齐次的）。如果特定层的值存在差异，同向或反向（例如部分值比某值大，其他明显小），那么就不能使用 Mantel-Haenszel 程序。总的统计值会掩饰重要的真实值，表明存在关联，也就是说，潜在混杂因素修饰了假定病因的效应[①]。这表明了关联的生物学机理（如：协同作用，见上面猫科动物泌尿系统综合征的例子），故可识别、量化、报告及解释。因此需要一些区分混杂和交互的方法，可通过层比值比同质性检验实现。一个简单的方法[②]，可通过 Woolf's 检验（Woolf，1955）实现：

$$\sum_{i=1}^{k}\left[\frac{\{\log_e(\hat{\psi}_i)-\log_e(\hat{\psi})\}^2}{\mathrm{var}\{\log_e(\hat{\psi}_i)\}}\right]$$

$\hat{\psi}_i$=第 $i$ 层比值比

$\hat{\psi}$=比值比汇总=$\hat{\psi}_{mh}$

$\log_e$（$\hat{\psi}_i$）的方差=$v_i$

故而，第一层（群大小≤200），

$$\begin{aligned}&\frac{\{\log_e(\hat{\psi}_{i=1})-\log_e(\hat{\psi})\}^2}{\mathrm{var}\{\log_e(\hat{\psi}_{i=1})\}}\\&=\frac{(\log_e 1.93-\log_e 1.26)^2}{0.93}\\&=\frac{(0.6575-0.2311)^2}{0.93}\\&=\frac{0.1818}{0.93}\\&=0.196\end{aligned}$$

从第 2 到第 5 层，分别为 0.042，0.055，1.417，0.009。

因此，

$$\sum_{i=1}^{k}\left[\frac{\{\log_e(\hat{\psi}_i)-\log_e(\hat{\psi})\}^2}{\mathrm{var}\{\log_e(\hat{\psi}_i)\}}\right]$$

$$=0.196+0.042+0.055+1.417+0.009=1.719$$

Woolf's 统计有 $\chi^2$ 分布，自由度为 $k-1$，$k$=层数量。若有 5 层，参考附录Ⅸ第 4 行，值为 1.719，比 $P=0.05$ 时的值 9.488 小。因此，不足以证明在 5%区间范围内差异性显著[③]，特定层比值比不均匀，得出原比值比与调整后的比值比的不同源于群大小这一混杂因素的影响，而不是关联。子表可能产生调整后的总比值比。

调整比值比的置信区间（0.66，2.42），表明当混杂因素群大小移除后，风扇通风与肺炎之间不存在显著性关联。

---

① 修饰的影响有时也用于描述因素间的关联（Miettinen，1974）。

② 该方法是在估计汇总的比值比“逻辑方法”背景下设计的（本书未描述，详见 Sahai 和 Kurshid，1995），但其他估计方法也可接受。

③ 同源性检验效果低，因此部分学者倡导保守解释，即 10%的显著性水平。

同质性检验用袖珍计算器难以处理，广泛使用的是替代方法，Breslow-Day 检验（Breslow 和 Day，1980）。幸运的是，可应用统计包处理（例如 WINEPISCOPE，附录Ⅲ）。Breslow-Day 统计有 $\chi^2$ 分布，自由度为 $k-1$。利用适当的软件，Breslow-Day 统计值 1.02，比 Woolf's 检验统计值低点。参考附录Ⅸ，得出同样的结论：$P>0.05$，采纳总比值比。

总之，混杂评估包括以下几步：

- 计算原始比值比；
- 计算调整的比值比；
- 确定原始比值比与调整的比值比差异是否大（有点武断），如果是，那么存在混杂因素，采用调整的比值比，反之无关联；
- 评估特定层比值比是否分布一致（通过 Woolf's 统计或 Breslow-Day 统计），若不一致，存在关联，子表不合并。

Mantel-Haenszel 程序对 3 种类型研究的总比值比估计是可行的，在队列研究中，基于动物-（人）-年风险来矫正总的相对危险度估计（Kahn 和 Sempos，1989）。

**匹配**

匹配是对潜在混杂因素分组进行比较的过程。在病例-对照研究和队列研究中使用，主要有 2 种方式：

- 频数匹配。为了包括同样比例的混杂变量，抽样的组被分开。例如，病例组中雄性是雌性的 4 倍，对照组雄性也应是雌性的 4 倍，这是一种分层技术（见第 13 章）。
- 个体匹配。这是一种更精确的匹配。对于变量，每个病例对应一个对照。例如，6 岁膀胱癌的犬对应 6 岁无膀胱癌的犬（年龄匹配）。

当潜在混杂因素测量或定义比较困难时，匹配很有用（例如农场环境）。另外，可确保收集信息的一致性。然而，匹配太多的混杂变量会比较复杂，通常匹配最主要的方面，如年龄、性别和品种（通常决定因素见第 5 章）。一般地，如果混杂变量在群体中分布不均匀（慢性肾炎中的年龄分布），研究设计时最好匹配病例组和对照组，而不是在分析中调整（某种意义上，考虑慢性肾炎所有年轻对照动物都是无用的）。还要注意避免不必要的匹配（Miettinen，1970）。如果某一因素的影响是不确定的，最好不匹配，而是在随后的分析中加以控制。当某一因素被匹配了，就不会单独研究了。

队列研究中匹配是为了避免混杂。然而，病例对照研究中，匹配的主要价值是为了在随后的分层分析中加强控制混杂因素的效能（Rothman 和 Greenland，1998）。（病例对照研究中，匹配是自身混杂因素的来源，尤其是当匹配的因素与暴露因素相关时。）

最简单的匹配是 1∶1 匹配，每个病例选择一个匹配的对照（表 15.8）。两组的匹配结果相关，因此可用 McNemar 的变化检验（见第 14 章）来评估病例组和对照组暴露的差异显著性。采用的比值比公式不整对：

$$\hat{\psi}=s/t$$

$\log_e\hat{\psi}$ 的方差近似等于 $(1/s+1/t)$，大样本的 95%置信区间为：

$$\hat{\psi}\exp(-1.96\sqrt{\mathrm{var}}),\ \hat{\psi}\exp(+1.96\sqrt{\mathrm{var}})$$

准确区间的计算见 Schlesselman（1982）。

匹配比不是 1∶1 时，需进一步分层分析，也更为复杂（Elwood，1998）。

表 15.8　1∶1 匹配病例对照研究格式：配对数量

| | 对照暴露 | 对照非暴露 |
|---|---|---|
| 病例暴露 | $r$ | $s$ |
| 病例非暴露 | $t$ | $u$ |

## 样本量大小的选择

队列研究和病例对照研究可确定适当的样品量。决定样本量大小的原则在第 14 章有所阐述。下列 2 个例子基于双侧检验。

### 队列研究

队列研究中最佳样本量的确定需明确 4 个值：

- 预期的显著性水平（α：Ⅰ型错误的概率——当暴露与疾病无关时认为存在关联）；
- 检验效能（1－β：正确判断暴露与疾病相关的概率，β 是Ⅱ型错误的概率）；
- 目标群体中未暴露动物的预期发病率[①]；
- 从动物群体健康的角度考虑，假定的相对危险度是非常重要的。

这个公式适用于非匹配的队列研究，暴露组和非暴露组有相同的样本量，并且是进行保守的双侧检验，公式为：

$$n=\frac{(p_1q_1+p_2q_2)K}{(p_1-p_2)^2}$$

$n$＝每个队列中要求的数量；

$p_1$＝非暴露动物预期发病率；

$q_1=1-p_1$；

$p_2$＝检测暴露动物的最小发病率；

$q_2=1-p_2$；

$K=(M_{\alpha/2}-M_\beta)^2$，$M_{\alpha/2}$ 和 $M_\beta$ 与 $\alpha$ 和 $\beta$ 具有乘法关联。

例如：如果要检测三个或更多的相关风险，那么在研究期间未暴露动物的预期发病率是 1%，并且显著性水平与把握度分别设置为 0.05 和 0.80（β＝0.20），那么

$p_1=0.01$，

$q_1=0.99$，

$p_2=0.03$（因为相关风险设置为 3），

$q_2=0.97$。

从附录ⅩⅤ中查找，

$M_{\alpha/2}=1.96$，

① 必须详细说明累计发病率。利用发病率没有计算样本量大小的简单方法（基于存在风险的动物-年）。

$M_\beta=0.84$

因此，

$$K = (1.96+0.84)^2$$
$$=7.84$$

故而

$$n=\frac{(0.01\times0.99+0.03\times0.97)\times7.84}{(0.01-0.03)^2}$$
$$=0.306/0.0004$$
$$=765$$

因此，总计需要 1 530 个动物进行研究。

如果这种病比较稀有，那么队列研究在非暴露组和暴露组中需要大量的动物来发现它们之间的显著性差异，尤其是相对危险度很小时。

如果群大小不同，那么需要一个相匹配的研究，或者混杂因素，对所需要的公式进行处理、修饰再应用（Breslow 和 Day，1987；Elwood，1998）。

## 病例对照研究

病例对照研究中最佳样本量的确定需明确 4 个值：

- 预期的显著性水平；
- 检验的把握度；
- 暴露于风险因素条件下对照的比例；
- 从动物群体健康的角度考虑假定比值比。

下面这个公式是用来确定队列样本大小的，但是

$p_1$代表暴露于风险因素条件下发病的比例；

$p_2$代表暴露于风险因素条件下对照的比例。

$p_1$的值来自 $p_2$，给出明确的比值比。

$$p_1=\frac{p_2\times\psi}{1+p_2(\psi-1)}$$

例如，如果要检测 4 个或更多的比值比，暴露于风险因素条件下预期的对照比例为 0.05（5%），并且显著性水平与把握度分别设置为 0.05 和 0.80，首先估计 $P_1$（双侧检验）：

$$p_1=\frac{0.05\times4}{1+0.05\times(4-1)}$$
$$=0.2/1.15$$
$$=0.174$$

当 $K=7.84$ 时，

$$n=\frac{(0.174\times0.826+0.05\times0.95)\times7.84}{(0.174-0.05)^2}$$
$$=1.499/0.015$$
$$=100$$

因此，总计需要 200 个动物进行研究。

如果目标群中暴露的风险因素是罕见的，那么病例对照研究在病例组和对照组需要有相当数量的动物来检测差异的显著性，尤其是当比值比比较小时。

如果病例组和对照组数量不同，设计研究时，需要一个相匹配的研究，或者混杂因素，对所需要的公式进行处理、修饰再应用（Breslow 和 Day，1987；Elwood，1998）。匹配条件和层大小见 Greenland（1981）等人的讨论。

对于特定参数的不同值，见 Walter（1977）最小和最大可检测相对危险度及比值比中的表格。样本量估算包括 Pike 和 Casagrande（1979）描述的成本函数。

## 把握度的计算

在一项研究中可能包含的可用动物数量有限（例如，财政限制，可用性或时效性）。此外，研究可能无法检测到风险因素和疾病之间的显著关联。在这种情况下，调查可能没有足够的把握，在检测不断增加风险的不同水平的把握度值方面可能是有用的。

首先，可计算出适用于该研究的 $M$ 值。对于同等大小的病例对照研究，双侧检验：

$$M_\beta=\sqrt{\frac{(p_1-p_2)^2 n}{p_1 q_1+p_2 q_2}}-M_{\alpha/2}$$

$p_1$、$q_1$、$p_2$、$q_2$的注释与病例对照研究中样本量的计算公式相同，$n$=每组研究中的动物数量。

例如，假设病例对照研究进行了尿失禁与母犬卵巢切除之间关联的调查，每组 50 只犬。如果 40%的对照犬卵巢切除，那么 $p_2=0.40$。如果检测到卵巢切除犬的双倍风险，那么，$\psi=2$，

$$\begin{aligned}p_1&=\frac{p_2\times\psi}{1+p_2(\psi-1)}\\&=\frac{0.40\times 2}{1+0.40\times(2-1)}\\&=0.80/1.40\\&=0.57\end{aligned}$$

因此，$q_1=1-0.57=0.43$

$q_2=1-0.40=0.60$

$n=50$

如果显著性水平是 0.05，$M_{\alpha/2}=1.96$，那么

$$M_\beta=\sqrt{\frac{(0.57-0.40)^2\times 50}{0.57\times 0.43+0.40\times 0.60}}-1.96$$

$$=\sqrt{\frac{1.455}{0.481}}-1.96=1.73-1.96=-0.23$$

参考附录ⅩⅤ。应该注意的是本例中 $M_\beta$ 为负值[①]，为简便起见，附录中 $\beta$ 列对应的是 $M_\beta$ 的正值。由于负的 $M_\beta$值对应的 β 等于 1 减去正的 $M_\beta$列对应的$\beta$ 值，因此该附录依旧可用。因

① $M_\beta$为负值，代表把握度小于 0.5；如果是正值，代表把握度大于 0.5。

此，当$M_\beta$为负值时，直接利用正值的$M_\beta$作为把握度（把握度=1−$\beta$）。$M_\beta$对应的$\beta$值为0.23到0.409 0，即把握度。目标群的比值比为2，由50个病例组和50个对照组构成的研究有41%的概率发现样本估计显著性（$\alpha$=0.05）。

当病例组和对照组数量不等时，Schlesselman（1982）对确定把握度提出了一个恰当的公式。

基于累积发病率，队列研究计算把握度的公式类似：

$p_1$=非暴露动物中预期发病率；

$p_2$=暴露动物中检测到的最小发病率。

当结果以比例的形式测量时，该公式也可用于临床试验中把握度的计算（参见第16章）。

Elwood（1998）给出了队列研究中暴露组和非暴露组大小不一样时，相应的计算公式。

如果发病率用于计算相对危险度，那么通过双侧检验的假设把握度计算如下（Thrusfield等，1998）：

$$M_\beta=\frac{(N_2\times RR\times p_1)-(N_1\times p_1)-(M_{\alpha/2}\times\sqrt{N_1\times p_1})-1}{\sqrt{N_2\times RR\times p_1}}$$

这里：

$p_1$=队列研究中非暴露组动物发病率；

$N_1$=队列研究中非暴露组基于风险的动物时；

$N_2$=队列研究中暴露组基于风险的动物时；

$RR$=检测的相对危险度；

$M_{\alpha/2}$和$M_\beta$同上。

Lipsey（1990）谈论了连续反应变量的把握度计算。

## 置信区间上限的计算

有些作者认为，已完成的研究的把握度计算信息提供不全面，因为它不使用在研究过程中获得的信息（注意，相对危险度/比值比的估计及其方差），并可能令人误解（Smith和Bates，1992；Goodman和Berlin，1994）。

考虑病例对照研究孕酮治疗和犬子宫积脓之间的关系的结果（表15.9）。在5%水平未检测到显著性关联（$P>0.05$），因此，比值比在95%的置信区间包含1。随后研究把握度的计算（如上所述）表明比值比为1和2时的把握度分别为0.41和0.83，（$\alpha$=0.05）。然而，这并不包括已收集到的比值比的可能值，显示抽样估计1.36。因此，当比值比为3时计算的把握度更低。

**表15.9　芬兰未经产犬孕酮治疗与子宫积脓之间的关系：比值比（$\hat{\psi}$）及其95%置信区间**

| | 病例组 | 对照组 | 比值比（$\hat{\psi}$） | 95%置信区间 |
|---|---|---|---|---|
| 孕酮治疗 | 6 | 47 | 1.36 | 0.47，3.20 |
| 不治疗 | 925 | 9 865 | | |

注：$p$=0.457（费歇尔双侧检验）；

$\alpha$=0.05；

$\psi$=2，把握度=0.41，相关度=0.19；

$\psi$=3，把握度=0.83，相关度=0.04。

另一种方法涉及计算置信区间的上限，只是“触及”感兴趣的值，实际的比值比可能超过此值。使用下面的公式：

$$\hat{z}_{\alpha}=\frac{-\log_{e}(U/\hat{\psi})}{\text{var}^{1/2}}$$

其中：

$\hat{z}_{\alpha}$=标准正态偏离的估计值；

$U$=感兴趣的比值比的值；

$\hat{\psi}$=比值比的研究估计值；

var=自然对数的方差估计。

例如，考虑表 15.9 中的数据：

$\hat{\psi}$=1.36

var=1/6+1/47+1/925+1/9 865=0.189 1

感兴趣的比值比为 2，$U$=2，则

$$\hat{z}_{\alpha}=\frac{-\log_{e}(2/1.36)}{0.189\,1^{1/2}}$$

$$=\frac{0.385\,7}{0.434\,9}$$

$$=-0.886\,9$$

参考附录ⅩⅤ。忽略负值[①]。表中最近的 $z_{\alpha}$ 值为 0.89。相关 $P$ 值为 0.186 7。相对应的置信区间为｛1－（2×0.186 7）｝%（因为表中的概率是单侧的），即 62.66%的置信区间。因此，62.66%的上限刚好触及比值比为 2。区间是对称的，比值比超过 2 的可能为（1－0.626 6）/2=0.186 7。（注：$\hat{z}_{\alpha}$ 负值可直接从表中 $P$ 值读出。）

如果重复 $U$=3，可能性为 0.035 1。

尽管研究中比值比大于等于 2 的把握度为 0.41（近 50%），但比值比大于等于 2 的可能性为 0.19（19%）。更显著地，发现比值比大于等于 3 的把握度为 0.83，但是比值比那么高的可能性很低（0.04）。

队列研究中可应用同样的公式，用相对危险度替代比值比。

## 多元技术

在病例对照研究中，如果匹配用于调整混杂，有可能是多个 2×2 列联表，例如不同组合的年龄、性别、品种和饲养管理方式。每个单元格中的动物的数目可能比较小（甚至为零），从而导致不可估量或大的置信区间在统计上不显著。同样，如果每列联表的比值比之间有很大的差别，那么总的调整的比值比的计算是不合适的。克服这些问题可以通过使用多元技术，它可以同时考虑个别和连带的多个因素的影响，数量是巨大的（Dohoo 等，1996）。这些技术（主要是数学模型）还提供通过抑制由不重要的变量引起的因素的影响的“平滑的”估计。常

① 如果 $\hat{z}_{\alpha}$ 为正值，1 减去列表值的概率为：负值的可能性小于 0.05，正值给出大于 0.05，但附录ⅩⅤ只给出了负的 $P$ 值。

见的方法是使用逻辑模型计算离散和连续变量，使用线性回归模型计算离散变量和分层连续数据（Schiesselman，1982）。前者模型适用于队列研究和病例对照研究，用相对危险度和比值比容易说明。然而，这比上面提到的分析方法更复杂，因此需要更认真的研究。实际上，适当的计算机程序通常需要根据数据“调整”模型。下文用一个例子正式地提出。建立模型的详细描述在本章结尾有所陈述，包括交互作用和混杂的识别。

## 回归模型

回归模型的名称来源于其使用的自然对数（$\log_e$），它基于数学函数，可以用来描述生物现象，包括生长曲线（见图 7.4）和生物试验的剂量-反应关系。

它被认为是一个线性回归模型（见第 8 章），可以表示疾病的概率和一个或多个风险因素（单独或联合）之间有无关系。然而，这样的模型预测值可能会超出允许的范围（0～1）。此外，当使用嵌合线性回归模型时，反应变量的方差被假定为恒定的，独立的解释变量的值。这种情况并非疾病存在或不存在二元反应变量，在这个背景下，方差为 $P(1-P)$，其中 $P$ 为疾病的概率，是真实的，但未知。

通过使用对数转换[①]，来克服这些问题。假设 $P$ 是疾病发生的概率（$0<P<1$）。对数转换的 $P$ 值定义为 $\log_e\{P/(1-P)\}$，其中 $P/(1-P)$ 是疾病发展的 odds 值。转换变量的定义为 $y$，所以说 $y=\log_e\{P/(1-P)\}$。当 $P=0$ 时，这个转变变量可以取值到“负无穷”，当$P=1$（即，它是不受限制的），则可取到“正无穷”。那么线性回归方法可以应用到这个转换变量中。函数 $\log_e\{P/(1-P)\}$ 被称为 $P$ 的逻辑函数。一旦 $y$ 值被预测，对应的 $P$ 值为 $P=\exp(y)/\{1+\exp(y)\}$。(注意，这需要值介于 0～1。)

现在考虑简单的 2×2 列联表（表 15.1）。假设队列研究中，$p$ 为研究初始暴露动物的比例。$P_0$记为暴露动物患病的概率，$P_1$为非暴露动物的相应概率。分别设 $Q_0$为 $1-P_0$；$Q_1$为 $1-P_1$；$q=1-p$。列联表中对应的数值详见表 15.10。

**表 15.10 观察性研究中预期动物比例在 2×2 列联表的构建，给出 $P_0$（$P_1$）为暴露（非暴露）动物，$p$ 为研究起始暴露动物的比例**

| | 发病动物 | 健康动物 | 总体 |
|---|---|---|---|
| 动物暴露于风险因素 | $pP_0$ | $pQ_0$ | $p$ |
| 动物不暴露于风险因素 | $qP_1$ | $qQ_1$ | $q$ |
| 总体 | $pP_0+qP_1$ | $pQ_0+qQ_1$ | 1 |

比值比 $\psi=(P_1\times Q_0)/(P_0\times Q_1)$

比值比的对数 β，表示如下：

$$\beta=\log_e\psi$$
$$=\text{logit}(P_0)-\text{logit}(P_1)$$

这一公式应用于队列研究中，然而同样的模型也可应用于病例对照研究中，对参数 $\beta_i$ 的理解本质上是一样的。

---

① 建议的其他转换为概率转换（Finney，1971）和互补的双对数转换（Collett，2003）。

**逻辑回归模型拓展示例：犬传染性支气管炎（犬咳嗽）疫苗有效性的病例对照研究**

犬咳嗽是一种多因素疾病，涉及多种传染性病原体（表 15.11）。疫苗可降低犬感染支气管败血波氏杆菌病、CPIV、CAV-1、CAV-2 及 CDV 的概率。但是，特定病原体的分离很少是合理的，在田间通常是不切实际的，因此单个疫苗有效性的直接评估是不可能的。然而，可通过比较接种多种疫苗和未接种疫苗动物的发病情况来间接评估。因此，可同时考虑多个解释变量（疫苗）。

表 15.11 引起犬咳嗽的微生物

| 主要微生物 | 次要微生物 |
|---|---|
| 支气管败血波氏杆菌 | 杆菌属 |
| 犬流行性感冒病毒（CPIV） | 犬腺病毒 |
| | CAV-1 |
| | CAV-2 |
| | 犬瘟热病毒（CDV） |
| | 化脓棒状杆菌 |
| | 支原体 |
| | 巴氏杆菌 |
| | 葡萄球菌 |
| | 链球菌 |

来源：修订自 Thrusfield，1992。

一个合适的做法是通过问卷调查收集数据进行病例对照研究，（Thrusfield 等，1989a）。在这种情况下，未接种疫苗构成了犬咳嗽的一个风险因素。因此，疫苗的有效性是指估计相对危险度（通过 $\psi_e$ 估计，因为这是病例对照研究①）。

疫苗状态，$x$，是二分变量，编码“0”表示不注射疫苗（暴露），“1”表示注射疫苗（不暴露）。这种类型的变量被称为“虚拟”或“指示”的变量，因为它没有数字意义。

因此，如果疫苗状态是 $x$，令 $P(x)$ 为犬发生咳嗽的概率，那么，

$$P(1)=P_1,$$

$$P(0)=P_0。$$

$$r(x)=\frac{P(x)Q_0}{p_0Q(x)}$$

那么 $\log_e r(x)=\log_e\{P(x)/Q(x)\}-\log_e(p_0/Q_0)$

$$\text{logit}\{P(x)\}=\text{logit}(P_0)+\log_e\{r(x)\}$$

令 $\alpha=\text{logit}(P_0)$

那么 $\text{logit}\{P(x)\}=\alpha+\log_e\{r(x)\}$

① 在逻辑回归中对相对风险比值比转换的讨论见 Beaudeau 和 Fourichon（1998）；计算群体归因比例见 Bruzzi 等（1985）。

当 $x=0$,定义 $\text{logit}\{P(x)\}=\text{logit}\{P(0)\}=\alpha$

那么 $=\log_e\{r(0)\}=0$

令 $\beta=\log_e\{r(1)\}$

那么 logit $\{P(x)\}$ 的线性形式可写成 $\alpha+\beta x$，其中 $x$ 为虚拟变量值 0（暴露）和 1（非暴露）。

因此：logit $\{P(x)\}=\alpha+\beta x$，

简单的线性回归模型由此得出。有一个解释变量，值为 0（暴露，即未接种疫苗）或 1（非暴露，即接种疫苗）。

模型中的两个参数 $\alpha$ 和 $\beta$，对应的两个风险因素如下：

$$P_1=P(1)$$
$$=\exp(\alpha+\beta)/1\{1+\exp(\alpha+\beta)\};$$
$$P_0=\exp(\alpha)/\{1+\exp(\alpha)\}。$$

在这个例子中，$\beta$ 小于 0。$\beta$ 为负值，表明未注射疫苗的犬比注射疫苗的犬有较高的风险患咳嗽。

该公式也可拓展为两种疫苗的情况。根据犬疫苗状态 $i$ 定义二分类“虚拟”变量 $x_i$ 为 1 和 0，$i$ 根据 2 种可能的疫苗也可取值 1 或 2。因此，$x_1=1$ 表明犬注射疫苗 1；$x_1=0$ 表明犬未注射疫苗 1；$x_2=1$ 表明犬注射疫苗 2；$x_2=0$ 表明犬未注射疫苗 2；（$x_1$，$x_2$）表明犬注射疫苗 1 和 2。

定义 $P(x_1, x_2)$ 为疫苗状态（$x_1$，$x_2$）相应疫病发生的概率，$r$（$x_1$，$x_2$）为 $P$（$x_1$，$x_2$）关于暴露（不注射疫苗）分类 $x_1=x_2=0$ 的比值比。（这表示观察性研究中正常比例的倒数，相对危险度和比值比与非暴露相关，因为暴露作为一项风险因素，通常是存在的。召回暴露定义为未注射疫苗。）相当于比值比和概率可用如下模型表示：

$$\log_e\{r(x_1, x_2)\}=(\beta_1 x_1)+(\beta_2 x_2)+(r x_1 x_2)$$

或：

$$\text{logit}\{P(x_1, x_2)\}=\alpha+(\beta_1 x_1)+(\beta_2 x_2)+(r x_1 x_2) \qquad (公式 1)$$

本例中有 4 个参数，$\alpha$、$\beta_1$、$\beta_2$、$r$ 来描述 4 个概率 $P(0, 0)$、$P(0, 1)$、$P(1, 0)$、$P(1, 1)$ [总结见 $P(x_1, x_2$]。因此该模型被称为“饱和”模型，并没有假设疾病状态和暴露状态之间的关联。个体暴露的 log 比值比如下：

$$\beta_1=\log_e\{r(1,0)\}$$
$$\beta_2=\log_e\{r(0,1)\}$$
$$r=\log_e[\{r(1,1)\}/\{r(1,0)\times r(0,1)\}]$$
$$=\text{logit}\{P(1,1)\}-\text{logit}\{P(1,0)\}-\text{logit}\{P(0_1,1)\}+\text{logit}\{P(0,0)\}$$

参数 $r$ 是一个交叉参数，$r$ 的函数 exp（$r$）表明因素之间的统计学关联。模型中，交叉是乘法的，表明该比值比为那些接种两种疫苗的动物，不同于那些只注射个别疫苗的比值比。如果 $r>0$，具有正关联，注射两种疫苗降低犬发生咳嗽的风险不如通过单独注射一种疫苗测量相关比值比的简单乘法效应高（$r<0$，则相反）。如果 $r=0$（无关联），那么降低犬发生咳嗽的风险与单独注射一种疫苗测量相关比值比的简单乘法效应一样。

当给定数据 $r=0$ 时，验证假设是可行的。如果假设不被拒绝，那么适应简化模型，排除了关联参数：

$$\text{logit}\{P(x_1,x_2)\}=\alpha+(\beta_1 x_1)+(\beta_2 x_2) \quad \text{（公式 2）}$$

这种情况下，$\beta_1$ 以 $\log_e\psi$ 代替疫苗 1，相当于没有注射疫苗 1，不管是否注射了疫苗 2。与饱和模型（公式 1）的解释不同。在饱和模型中，$\beta_1$ 代表了当疫苗 2 水平为 0 时疫苗 1 的 $\log_e\psi$，然而在简化模型中 $\beta_1$ 代表了独立于疫苗 2 水平的疫苗 1 的 $\log_e\psi$。在简化模型中验证假设 $\beta_1=0$，等价于检验假设疫苗 1 对风险无效，但不依赖于疫苗 2。

这种方法可以简单地概括为合并两种以上疫苗的效果。因此，对于 5 种疫苗，简化模型可延伸为：

$$\text{logit}\{P(x_1,x_2,x_3,x_4,x_5)\}=\alpha+(\beta_1 x_1)+(\beta_2 x_2)+(\beta_3 x_3)+(\beta_4 x_4)+(\beta_5 x_5)$$

如果包含一些交互作用项的模型拟合得更好，很有必要评估交互作用的显著性。

病例对照研究的结果如表 15.12 所示。基础风险［相当于 $\alpha=\text{logit}(P_0)$］表示犬注射了抗 CDV 的疫苗，因为研究中所有犬都注射了抗该病毒的疫苗，因此不考虑 CDV 疫苗效果。

该模型适用于统计包的数据（GUM：推广线性互动模型，见附录Ⅲ），最适用于包含几个交互作用项的情况。模型中多种疫苗联合的参数估计值及其标准误见表 15.12。

**表 15.12　关于犬咳嗽的 5 种疫苗的估计值及相关比值比 log 值* 的标准误，以及与只注射 CDV 疫苗的关联**

| 疫苗 | 估计比值比的 log 值（$\log_e$）$\hat{\psi}$ | （$\log_e$）$\hat{\psi}$ 的标准误 |
|---|---|---|
| 支气管败血波氏杆菌 | −0.3 | 0.48 |
| CPIV | −2.0 | 0.53 |
| CAV-1（灭活苗） | −0.7 | 0.21 |
| CAV-1（活苗） | −2.8 | 0.84 |
| CAV-2 | −0.2 | 0.26 |
| 支气管败血波氏杆菌＋CPIV | 1.3 | 0.42 |
| 支气管败血波氏杆菌＋CAV-1（灭活苗） | 0.8 | 0.55 |
| 支气管败血波氏杆菌＋CAV-1（活苗） | −2.2 | 0.78 |
| CPIV＋CAV-1（灭活苗） | 2.7 | 0.69 |
| CPIV＋CAV-1（活苗） | 3.8 | 0.99 |
| 支气管败血波氏杆菌＋CAV-2 | −1.5 | 0.56 |
| CPIV＋CAV-2 | 1.1 | 0.57 |

注：* 负值表降低，正值表升高。

来源：Thrusfield 等，1989a。

模型适用于

$$\text{logit}\{P(x_1,x_2,x_3,x_4,x_5)\}$$

$$=-0.3x_1-2.0x_2-0.7x_3-2.8x_4-0.2x_5+1.3x_1x_2-0.8x_1x_3-2.2x_1x_4+2.7x_2x_3+3.8x_2x_4-1.5x_1x_5+1.1x_2x_5$$

$x_1$，……$x_5$ 的定义见表 15.13。

表 15.13 “虚拟”变量与疫苗状态的关联

| “虚拟”变量 | “虚拟”变量值 | 疫苗状态 |
|---|---|---|
| $x_1$ | 1 | 注射支气管败血症疫苗 |
| | 0 | 不注射支气管败血症疫苗 |
| $x_2$ | 1 | 注射 CPIV 疫苗 |
| | 0 | 不注射 CPIV 疫苗 |
| $x_3$ | 1 | 注射 CAV-1 疫苗（灭活苗） |
| | 0 | 不注射 CAV-1 疫苗（灭活苗） |
| $x_4$ | 1 | 注射 CAV-1 疫苗（活苗） |
| | 0 | 不注射 CAV-1 疫苗（活苗） |
| $x_5$ | 1 | 注射 CAV-2 疫苗 |
| | 0 | 不注射 CAV-2 疫苗 |

来源：Thrusfield 等，1989a。

该模型用于预测多种疫苗联合使用效果的评价。例如，犬注射 CDV 疫苗、支气管败血症疫苗、CAV-2 疫苗（$x_1=1$，$x_2=x_3=x_4=0$，$x_5=1$）的 $\log_e\psi$ 的计算可通过表 15.12，故而 $-0.3-0.2-1.5=-2.0$

这一计算包括单个疫苗的主要效果（前 2 位）及其交互作用（第 3 位）。

表 15.14 表示疫苗普通联合的结果。例如，支气管败血症疫苗和 CPIV 疫苗之间的交互作用是存在的。生物学上可通过 CPIV 感染支气管败血症隐性感染犬的强化效应来解释（Wagener 等，1984）。这会导致两种感染均存在时 CPIV 感染的临床表现更明显，也因此解释了为什么支气管败血症疫苗对 CPIV 引发的咳嗽有保护作用。然而，同样的，也可造成两种疫苗的混合接种，增加感染的风险。例如，有选择地对犬舍中的犬接种抗这两种微生物感染的疫苗，这种情况可以预言性地解释交互作用。

表 15.14 关于犬咳嗽的 5 种疫苗的估计值及相关比值比 log 值* 的标准误，以及与只注射 CDV 疫苗的关联

| 疫苗组合 | 估计比值比的 log 值 $\log_e\hat{\psi}$ | $\log_e\hat{\psi}$ 的标准误 |
|---|---|---|
| CDV+CAV-1（灭活苗）+支气管败血症疫苗 | −1.8 | 0.33 |
| CDV+CAV-1（灭活苗）+CPIV | −0.1 | 0.50 |
| CDV+CAV-1（灭活苗）+支气管败血症疫苗+CPIV | 0.1 | 0.61 |
| CDV+CAV-1（活苗）+支气管败血症疫苗 | −5.3 | 1.04 |
| CDV+CAV-1（活苗）+CPIV | −1.0 | 0.27 |
| CDV+CAV-1（活苗）+支气管败血症疫苗+CPIV | −2.3 | 0.45 |
| CDV+CAV-2+支气管败血症疫苗 | −2.0 | 0.32 |
| CDV+CAV-2+CPIV | −1.2 | 0.24 |
| CDV+CAV-2+支气管败血症疫苗+CPIV | −1.7 | 0.85 |

注：* 负值表降低，正值表升高。
来源：Thrusfield 等，1989a。

通过逆对数可以将比值比的 log 值转化为比值比。因此，通过 CDV、CAV-1（活疫苗）和支气管败血症疫苗的组合，$\log_e\psi$ 为 −5.3，−5.3 的逆对数为 0.005。

$\log_e\psi$ 的相关标准误为 1.04，$\log_e\psi$ 的 95%置信区间可用正态估计来表示：

$$-5.3\pm(1.96\times1.04)$$
$$=-5.3\pm2.04$$
$$=-7.34，-3.26$$

因此，比值比的95%置信区间$=e^{-7.43}$，$e^{-3.26}=0.000\ 65$，0.038。这一区间明显排除1，几种疫苗联合使用对犬咳嗽风险的降低在5%水平上具有统计学显著性。因此，这一多元模型可用于识别疫苗的哪种联合预测了现场犬舍咳嗽风险最大限度的降低。

对观察性研究这些方法的应用全方位的讨论见Breslowand Day（1980，1987），Kleinbaum等（1982），Schlesselman（1982），Hosmer和Lemeshow（2000）。

观察性研究的其他例子，包括简单分析和多元化分析，见附录XXII。

# 16 临床试验

一些治疗措施的效果十分显著，例如，静脉注射钙制剂治疗急性牛低钙血症，效果很显著。然而，许多预防和治疗程序并非如此。例如，一种新药可能在一个很小的方面比已有药物更有优势。此外，个别兽医的观测并不能为确定疗效提供充分的证据①。在过去，治疗通常是基于信仰的，从没有被科学评估过，轶事或未经证实的治疗进入了兽医和医学文献。事实上，据估计只有约 20%的人的医疗程序被正确评估（Konner，1993），许多兽医程序的评价依然很差（Shott，1985；Smith，1988；Bording，1990；Elbers 和 Schukken，1995）②。通过临床试验可以为疗效提供确凿的证据。

临床试验最早可以追溯到 18 世纪，当时它们为疾病提供了线索③。为英国水手提供柑橘类水果可以预防坏血病（后来证明是维生素 C 缺乏症），表明疾病是由于缺乏这方面的营养所致（Lind，1753）。同样，在 20 世纪初，通过改善美国一些孤儿院和收容所的饮食来预防和治疗糙皮病，并提出引起这种疾病的原因是缺乏营养，之前这种病一直被认为是一种传染病（Goldberger 等，1923）。

## 临床试验的定义

临床试验是在物种，或特定类别的物种中进行的一项系统研究，目的是建立预防或治疗效果的一个过程。在兽医方面，效果可能包括生产工艺的改进以及临床疾病的改善。该过程可以是外科手术技术，改变管理（如饮食），或预防或治疗性给药。如果是评估预防或治疗药物，临床试验也包括吸收、代谢、分布和活性物质排泄的研究。

有了这些目标，药物的评估根据评估的目的可以按时间顺序分为四类（Friedman 等，

---

① 注意 effectiveness 和 efficacy 的区别，前者倾向于程序的收益实践或者日常事务，后者倾向于在理想状态下产生有益的结果。一个程序可能是有好的效果，但若没有广泛使用也是无效的。

② 详见 Wynne（1998）和 Verdier 等（2003）关于评估兽医顺势疗法的讨论。

③ 在比较中指定医学推断更古老。最早的记录可能是公元前 6 世纪在巴比伦对俘虏犹太儿童饮食的研究。巴比伦占星术的统治者让他的太监送些俘虏儿童到他的宫廷里，这些儿童拒绝吃肉，只吃些蔬菜。10d 以后，与其他年轻人相比，他们看起来更健康。

1996)：

Ⅰ. 药理和毒性试验，通常在目标物种或实验动物上进行药物的安全性研究；

Ⅱ. 疗效和安全性的初步试验，通常在受控环境中（例如研究机构）选择一个小规模的目标物种进行，并且通常选用那些潜在疗效最好的作为目标；

Ⅲ. 疗效的临床评价，在大范围内进行临床试验，在操作条件下，管理和环境会影响试验的结果；

Ⅳ. 药物授权后的监测批准，监测药物不良反应。

本章重点介绍第Ⅲ类试验：现场疗效的评估，在这种情况下长期现场试验的评估是常用的。

迄今，一些作者区分了现场试验和临床试验，因为前者具有两个特点：

Ⅰ. 它在操作条件下进行；

Ⅱ. 它常常是预防性的，因此依赖于自然挑战的治疗评估（例如，细菌性肺炎疫苗效力的评估将依靠接种疫苗的动物在试用期间自然暴露感染有关的细菌）。

然而，这些特性只代表何种情况下可以进行相关临床试验（Ⅱ为Ⅰ的必然结果），所以在这些基础上区分临床试验和现场试验之间的区别是没有必要的。

一些学者（例如，Rothman 和 Greenland，1998）在此基础上更有力地指出了它们的区别，临床试验在病人身上进行，因此总是治疗性的（这可能包括预防后遗症，见第 22 章：二级和三级预防），而现场试验总是在健康个体上进行以确定预防效果。这种明显的区别也没有出现这一章中。此外，为了简便起见，所有类型的程序均被描述为“治疗”。

## 随机对照临床试验

临床试验可对患病动物治疗前后的临床状况进行比较，这被称为开放的试验（Toma 等，1999）。然而，解释这种不受控制的试验很难，因为任何观察到的变化可能是治疗导致的，也可能是疾病自然进展的结果。因此，精心设计的临床试验的一个基本特征是一组接收治疗和对照组不接受治疗，然后进行比较，这是一个受控的临床试验。

对照组可从同时接受治疗的人选出（平行对照组），也可利用历史数据生成（历史对照组）。早期的临床试验，如 Lister 对无菌手术的评估（Lister，1870），采用历史对照，但是这种方法容易受到批判，因为与治疗无关的各种因素可以在一段时间内产生观察差异（例如，改善饲养条件，改变诊断标准、疾病分类及选择的动物，传染性病原体毒力的改变，疾病严重程度的降低）。这些问题的最终结果是，历史对照研究往往夸大了新治疗方法的价值（Pocock，1983）。因此，通常提倡平行对照组①。

对照组可能会接受标准治疗，与第一次治疗比较（阳性对照组），也可能是无治疗（有时称为阴性对照组）或者与安慰剂（表面上看一种无效的物质与试验过程中的治疗相似，但不能区别哪些实施治疗和哪些接受无治疗和安慰剂）效应进行比较②。

---

① 使用并发对照最有名的例子是 Pasteur 在羊身上使用炭疽疫苗的试验。

② 最早的安慰剂对照试验发生在 18 世纪末，由英国内科医生开展。那时对很多疾病都是用金属杆治疗，称为帕金斯的牵引机，通过金属的电磁效应消除症状。Haygarth 模仿做了一个木质的牵引机，发现有一样的效果。这就是安慰剂效应。

在治疗组或对照组研究对象有优先分配，或对各组进行不同的管理，或对各组进行不同的评估，都会产生偏倚（见第9章）。例如，兽医将可能有很好预后的研究动物分到治疗组。临床试验的主旨是，将研究对象随机分配到治疗组和对照组（见第13章），以降低由于优先分配导致的偏倚。随机化的过程也应平衡其他可能与结果相关的变量（如年龄）的分布，并保证在试验分析中使用统计检验方法的准确性（Altman，1991b）。

因此，随机对照临床试验中采用的试验方法（见第2章）与队列研究非常相似（见第15章）[①]。

## 验证试验和探索试验

试验可被归类为验证性的或探索性的（EAEMP，2001）。前者包括随机对照临床试验和对照试验，以确定药物的合适剂量水平，两者都需要严格的协议（在本章后面讨论）。在探索性试验之前，允许初始性质不太严格的协议，该协议可能作为分析进行修改，但是探索性试验不能作为药物功效证明的唯一基础。同时具有探索性和验证性的试验是一个复合试验[②]。

## 社区试验

社区试验表示试验的单元（见下文）是整个社区。已在人类医学中开展社区试验，如在公共供水中加氟预防龋齿（Lennon，2003）。

## 多中心试验

药理和毒性试验，疗效及安全性的初步试验和探索性试验通常是在一个实验室或单一地点进行。但是，验证性现场试验，往往在几个地点进行，遵循标准协议。进行这种多中心试验的原因有两个：

- 这可能是在合理时间内积累足够动物的唯一方法；
- 让暴露于治疗的动物群体具有广泛代表性的横断面，增加了试验的有效性（见下文：实验群体）。

## 优效，等效和非劣效性试验

优效性试验的目的是检测治疗组与对照组之间的差异。在这种试验中功效是有说服力的。然而，有时两种治疗的比较都没有展示优势目标（例如，一种便宜的新药和一种昂贵的药物比较，以前者取代后者为目标）。这可能需要证明每种治疗的效果是相同的（等效性试验）。等效性研究的一个特别的种类是生物等效性研究。它评估新的物质相对于基准物质的药理动力学（例如，一种活性物质到达组织及其组织浓度的程度）。这是得出制剂治疗等效结论的基础。等效性试验中，如果两种疗效是完全相同的，可以称为“完全等效性试验”。

---

① 在英国，20世纪40年代引入随机对照试验。第一个试验是测试百日咳疫苗的效果，第二个试验是测试链霉素治疗肺结核的效果。

② 如果没有知情同意，一种治疗方法应用于整个社区会引起伦理问题。

等效性试验的一个特殊情况是非劣效性试验，它的目标是要证明一种疗法不会比一个已建立的疗法更差。这在治疗效果的最初试验中很常见，通常需要证明一个新药物的效果不会比一个已有的制剂更差，虽然它也可以是同等的或更好的。

## 设计、实施和分析

### 试验方案

临床试验的目的和设计应记录在试验方案中。试验方案是必需的，负责评估所推荐试验的价值和有效性，并且还提供了要求参加试验的兽医和业主的背景资料。协议的主要成分列于表 16.1[①]。

**表 16.1 临床试验协议组成**

| |
|---|
| 一般信息 |
| 试验标题 |
| 调查人员的姓名和住址 |
| 赞助者的名称和地址 |
| 试验地点 |
| 合理性和目标 |
| 开展试验的原因 |
| 测试的主要假设 |
| 最主要的目的 |
| 测试的次要假设 |
| 设计 |
| 反应变量： |
| 反应变量的特性（测量尺度） |
| 评分系统（顺序变量） |
| 有效性定义（治疗组和对照组间检测差异的大小） |
| 持续时间： |
| 开始日期 |
| 结束日期 |
| 研究中疫病持续时间 |
| 病例更新的周期 |
| 治疗持续时间 |
| 停药期（食用动物） |
| 终止试验的决策规则 |
| 试验数量： |
| 试验单元 |

① 以一个相似的协议为基础，评估动物医学临床试验。

（续）

| |
|---|
| 构成（例如：年龄，性别，品种） |
| 入选/排除标准 |
| 准入后退出标准 |
| 病例定义/诊断标准 |
| 病例识别 |
| 对照的选择 |
| 样本量的确定 |
| 知情同意书 |
| 治疗或预防程序： |
| 剂量 |
| 产品配方和标识 |
| 空白对照剂/标准治疗的配方和识别 |
| 给药途径 |
| 操作者的安全防护 |
| 阶段的定义 |
| 盲法技术 |
| 顺从监测 |
| 试验类型： |
| 随机 |
| 分层变量 |
| 分配过程实施性 |
| 数据收集： |
| 需要收集的数据 |
| 数据收集的频率 |
| 记录药物不良反应的方法 |
| 试验单元的识别 |
| 培训/标准化的数据收集和记录 |
| 保密原则 |
| 参与者之间的交流 |
| 数据分析： |
| “破盲”技术 |
| 统计方法的描述 |
| 显著性水平/置信区间的解释 |
| 退出的方法和动物“未能随访” |

## 主要假设

撰写临床试验方案的第一步是确定它的主要目的，以便可以论述它的首要假设。比如，一个首要假设可能是“夜来香油对犬的特异反应有益处”（Scarff 和 Lloyd，1992）。反应的几个主要标准可能被评估，但如果一个特定的反应变量可以被确定为测试首要假设的主要标准，它是有用的；这是主要的目标。确定这个目标，下列主题必须解决：

- 临床上和经济上的哪个目标是最重要的?
- 这些中的哪一个可以以合理的方式来衡量?
- 存在什么样的实际限制（如预算限制）?

因此，夜来香油试验的主要目标可能是皮肤瘙痒的程度。其他目标可能包括水肿和红斑的程度，这些都构成次要目标。

用来测量目标（主要和次要目标变量）的反应变量应该充分代表正在研究中的试验效果，并能解决首要假设（结构效度和内容效度：见第 9 章）。例如，血浆中必需脂肪酸的水平和炎症反应之间的关系（Horrobin，1990），据此可以监控血浆磷脂水平变化，但是这些与实际的临床体征相比不具备临床相关性，因此，为确保结构效度需要更适当的反应变量。然而，临床症状往往通过顺序尺度和视觉模拟尺度主观地测量（见第 9 章），而脂肪酸水平可以通过比例尺度来衡量。因此，强度的测量和相关性之间的妥协（建构效度）是必要的。如果使用复杂的或主观的测量，应评估其可靠性（见第 9 章）。

在探索性试验中，可能需要使用多于一个的初级目标变量，以涵盖治疗效果的潜在范围，其中之一可随后选择进行验证性试验。

## 定义功效

主要目标定义了评估的结果，因此，试验的反应变量（表 16.2）的特性和有效性由治疗组和对照组之间的差异来确定。这些差异的测量可以是绝对的或相对的（例如，通过相对危险度 RR）[①]。

表 16.2 临床试验中反应变量的评估

| 反应变量 | | 效力 | |
|---|---|---|---|
| 测量尺度 | 例子 | 定义 | 方法的描述和样本量的确定 |
| 定类 | 死亡率<br>发病率<br>流行率 | 两个比率间的区别<br>相对风险 | 第 14 章<br>第 15 章 |
| 定序 | 临床严重程度得分<br>状况得分 | 两个中位数的区别 | 第 14 章 |
| 区间、比率和视觉模拟比例 | 活体增重<br>牛奶细胞计数<br>临床严重程度的视觉模拟评估 | 平均值的区别（如果变量呈正态分布） | 第 14 章 |

此外，疫苗功效的一个有用的测量方法是归因危险度百分比（暴露），$\lambda_{exp}$（见第 15 章），其中未接种疫苗的动物被定义为“暴露”于风险因素。表 16.3 显示了结瘤拟杆菌疫苗对绵羊腐蹄病效力的临床试验结果。在这项试验中，流行率代替发病率。因此：

① 在临床试验中使用 OR 值时要注意，OR 是对 RR 的高估计。如果疾病不是罕见的，这个高估计可以接受。在临床试验中，感兴趣的结果不少见，这种情况下，OR 会过高估计治疗的效果。

$$\lambda_{\text{exp}}=(\text{流行率}_{\text{暴露的}}-\text{流行率}_{\text{未暴露的}})/(\text{流行率}_{\text{暴露的}})$$
$$=(94/422-21/317)/(94/422)$$
$$=0.157/0.223$$
$$=0.704$$

因此，70.4%未免疫的绵羊患腐蹄病是由于未接种疫苗，这是疫苗预防接种防止疫病发生的百分比。

**表 16.3 结瘤拟杆菌疫苗对腐蹄病的功效（免疫后 84d）**

| | 患腐蹄病 | 未患腐蹄病 | 合计 |
|---|---|---|---|
| 未免疫的绵羊 | 94 | 328 | 422 |
| 免疫的绵羊 | 21 | 296 | 317 |

可接受的治疗效果或疗效并没有一个固定的标准。例如，欧盟一个兽药产品的治疗效果通常被理解为：有关监管机构受“制造商的许诺”的影响（Beechinor，1993）。欧洲监管机构尝试定义体外寄生虫制剂（CVMP，1993）的功效：

$$\text{功效}\%=\frac{C-T}{C}\times 100,$$

其中，$C$=体外寄生虫的平均数[①]/对照组动物数量；$T$=体外寄生虫的平均数/治疗组动物数量。

一个近似的置信区间可以通过计算 $C$ 和 $T$（如在第 14 章中所述）这两个数之间的差异来估算，然后通过 $C$ 来区分每个界限。(注意：这个近似方法没有赋予分母 $C$ 抽样差异。)

疗效的目标水平，包括如“约 100%”跳蚤和虱子侵扰；“80%～100%（最好是 90%以上）”双翅目的侵袭，以及“超过 90%”蜱的侵染。但是请注意，疗效的价值最终在于其临床影响和经济影响。

## 实验单元

实验单元是为治疗随机分配的最小独立单元。它可能是基本单元（通常是动物个体）或聚集体（如畜群）。大部分动物和人类临床试验一般是分配给个体。相比之下，一些牲畜试验可能涉及分配给治疗组（如 Gill，1987）。但当评估局部使用的乳房内制剂时，试验单元可以是四分之一乳房，那么基本单元就是四分之一乳房，而不是动物。

因为事件在个体层面无法衡量，实验单元可能是一个群。例如，研究化合物饲喂家禽和猪对体重增加的影响的试验中，无论是吃的量或是体重增加的量，个体的圈舍和围栏都不被记录。这通常是因为它对确定个体动物的重量无作用。因此，每个圈舍或围栏内动物的体重增加量是反应变量。而且，当动物被围栏围在一起时，外部因素（例如，农场卫生）可能影响这个群体，且这种“群体效应”不能与个体的治疗影响分开，所以这个群体必须确定为实验单元（Donner，1993；Speare 等，1995）。

例如，将一个群体分到几个围栏，每个围栏包含指定数目的动物，用来评估猪群饲喂抗生

① 这个平均数可能是算数均数、几何均数或其他转换后的数。但是转换后的数可能没有实际临床意义。

素药物降低链球菌脑膜炎发生的功效（Johnston 等，1992）。然后随机挑选围栏进行治疗，药和“空白对照剂”分别提供给治疗组和对照组进行饲喂。在这种情况下，在确定样本量的实验中每个围栏的贡献值只有 1，因为只能合理地评估围栏之间的变化而不是个体之间的变化。

实验中总会出现具体问题，如传染病。如果治疗能够减少传染性病原的排泄（例如，禽舍的禽群免疫或农场的驱虫试验），然后治疗组和对照组的动物不应该放在一起，因为任何感染“压力”的下降都对治疗组和对照组动物有利；同样，治疗组动物可能将疾病传给对照组动物，这可能导致两组有类似的结果（Thurber 等，1977）。因此，当正在评估免疫群体或免疫组时各组动物混合的做法是不正确的。这种情况下，必须明确适当的独立单元。因此，一个密集的家禽企业应该使用独立的圈舍，养鱼场应该使用单独的贮水池。相反，奶牛场通常都有连续生产策略与动物的混合，所以奶牛群可能成为试验单元。

## 实验群体

实验群体是指进行实验的能够代表目标群体的群体（参见第 13 章）。实验群体和目标群体之间的差异，可能会导致通过实验群体无法对目标群体做出公正的推论（外部有效的）。例如，在纯种马中进行麻醉药物的试验结果不适用于一般的马，因为纯种马和其他的马之间健康程度不同（Short，1987）。外部有效性与内部有效性的对比表明，实验群体中治疗组和对照组之间观察到的差异可以合理地归因于治疗。通过良好的试验设计（例如，随机化）获得内部有效性。外部有效性的评估需要比评估内部有效性更多的信息。

预防性试验需要选择一个有很高风险发展成为这种疾病的实验群体，这样才能预料试验期间的自然挑战。关于疾病可能的试验地点的原有知识可能足以识别候选群体（Johnston 等，1992）。然而，自然挑战期间可能会发生变化，这反映感染的复杂模式。许多感染是季节性的（见图 8.14），其他人可能不好预测（Clemens 等，1993）。

## 准入标准和排除标准

试验中动物的标准（准入标准和合格标准）必须被定义，且应该列入试验方案，包括：

- 正在被评估的治疗方法的条件的精确定义；
- 条件的诊断标准。

例如，在夜来香油治疗犬瘙痒症疗效的试验中，长期瘙痒的犬只包含符合诊断标准（Willemse，1986）及相关皮试试验呈阳性反应的。同样，特殊类型的乳腺炎可能需要通过牛乳腺炎临床试验加以界定；其他准入标准可包括胎次和泌乳阶段。

排除标准是准入标准的必然结果。因此，对跳蚤过敏原有阳性反应的犬被排除在外。如果奶牛之前在哺乳期间治疗过乳腺炎，或有多个乳腺感染，或者它们患有其他疾病，均应在乳腺炎试验中被排除。用糖皮质激素治疗的动物不能出现在非甾体抗炎药的试验中。然而，应避免太多的排除标准，否则外部有效性可能会受到影响。在分层设计实验或分析中调整因素可能是明智的。

试验应做好知情同意，试验目标和大纲应当向实验动物的所有者解释，得到允许后再记录结果。

## 盲法

盲法（掩蔽）是减少偏差的一种手段。在该技术中，那些负责测量或临床评估的人都不应该知道每个组的治疗方法。基于所有者、参与者（人类医学的病人）或调查者是否是“不知情的”，将盲法分为单盲或双盲（表 16.4）。“研究者”可以是多个类别的人，例如，兽医从业人员和主要调查人员参与分析结果（这种情况下主张使用“三盲”这一术语）。

**表 16.4　治疗任务中盲法类型概要**

| 盲法的类型 | 知晓治疗任务 | |
|---|---|---|
| | 所有者 | 调查者 |
| 非盲 | 是 | 是 |
| 单盲 | 否 | 是 |
| 双盲（全盲） | 否 | 否 |

盲法应该尽可能使用，并且在对照组使用空白对照剂。然而，有时盲法是不可行的。例如，对完全不同的两种治疗方法进行比较（如比较用局部麻醉和无血阉割器来减少羔羊阉割和断尾的疼痛：Kent 等，2004），或制定外观相同的“试验”和“标准”药物时，就不能使用盲法。这样的非盲研究有时被称为开放性试验（Everitt，1995）。开放性试验可以通过否认人员参与临床评估获得治疗细节的部分盲法来避免。如果全盲法是不可行的，那些不知情的人（保荐人、研究者、业主）应记录清楚，任何有意的或无意地对盲法的破坏也应当记录。

## 随机化

### 简单随机

简单随机是随机的最基本类型。掷硬币是一个基本的方法。然而，利用随机数提前进行随机化通常更严格（附录Ⅹ），奇数字分为一组，偶数字分为另一组。符合条件的单位被确定后应适用于随机。

当比较新治疗方法和已经建立的一种方法时，并且有证据表明新方法是优秀的，就可以比已经建立的治疗方法多分配两倍的实验单元数量（Peto，1978）。这可以增加参与动物的福利。例如，如果预期一个新的治疗方法能降低 50%死亡率，2∶1 的随机化预计两组将产生同等数量的死亡数。这个随机化率可以通过为新的治疗方法随机分配两倍动物数量而得到。没有必要进一步提高这一比率，因为由此产生的损失统计量只能抵消增加的总样本量。

### 区组随机

简单随机在进行小试验时每个组会产生极不均匀的合计。这个问题可以使用区组（限制）随机化来解决。这将随机化限制在单位区组，并确保一个区组内相同的数量被分配到每个治疗方法。例如，如果随机化仅限于每个单位 4 个动物，接受 A 治疗或 B 治疗，数字 1～6 是附加到分配在一个区组的 6 种治疗可能：AABB、ABBA、ABAB、BBAA、BAAB 和 BABA。然后，从随机数表中选择其中的一个数字用于下一个进入试验的区组，并给予治疗分配。

### 分层

已知的一些因素（如年龄、胎次或疾病的严重程度），如果在治疗组和对照组之间的分布是不均匀的，就可能影响试验的结果，并使结果产生偏差。这时可以考虑在最初设计时，进行分层随机化（即匹配）。然后实验单元被分配到层内的治疗组和对照组，使用简单随机化或区组随机化。最极端的情况是个体的匹配（见第 15 章），配对的受试者被随机分配到治疗组和对照组。

分层产生了相关样本，因此，减少了所需要的发现治疗组和对照组之间特定差异（见第 14 章）的单位数。

Zelen 详细叙述了随机化的其他方法（1974）。

### 随机化的替代方法

随机化的一些替代方法包括根据进入试验的日期（例如，在奇数天治疗，偶数天给空白对照剂），诊疗记录编号，主人的愿望和预期的结果分配实验单元。最后一个方法的一个例子是“play-the-winner”的方法（Zelen，1969）：如果治疗方法是成功的，那么接下来的实验单元接受同样的治疗；如果失败，接下来的实验单元接受替代治疗，这限制了接受较差治疗的动物数量。所有这些技术都有缺点，并且不应该认为是随机化的可接受替代方法（Bulpitt，1983）。

## 试验设计

主要有 4 种主要的试验设计：

- 平行组（标准）；
- 交叉；
- 连续；
- 析因。

### 平行组设计（标准）试验

平行组（标准）的设计通常用于验证试验。使用简单或区组随机化将实验单元随机分配为单一治疗组，并且每组接受单一的治疗。指定数目的单元进入试验，并随访一个已经决定的时间段，随后停止治疗。基础设计可以通过分层细化来完成。

涉及两个不分层组的平行试验采用的分析方法列于表 16.2。参数估计与假设检验相关的置信区间是首选。置信区间也应该引用阴性以及阳性结果。

复杂的多元分层分析方法的细节由 Meinert、Tonascia（1986）和 Kleinbaum（1982）所述。但这些很少用于兽医产品的开发。

### 交叉设计试验

在一个交叉试验中，受试者连续地暴露在多于一种的治疗方法中，每个治疗方案都经过随机选择（Hills 和 Armitage，1979）。实验单元因此作为自身对照，治疗组和对照组因此匹配。

当治疗旨在缓解某种状况，而不是产生疗效时，这个设计是有用的，以便当第一种治疗方法退出后，受试者可接受第二种治疗方法。比如比较治疗关节炎的抗炎药和治疗糖尿病的降血糖药。此外，对同一个体的比较可能比主体之间的比较更精确，因为这个反应是成对的（见第14章）。因此，如果实验单元的数量是有限的，那么交叉试验是有价值的。然而，如果治疗效果延续到下一个治疗周期，结果的分析是非常复杂的。如果治疗效果不延续到随后的治疗周期，可以使用第14章中的相关样品的分析描述技术。但是没有滞后效应可能难以证明。如果有任何疑问，结论应当仅基于第一周期中，使用独立样品的分析。另外，可以应用更复杂的方法确定治疗效果和疗程之间的相互作用。

### 连续设计试验

一个连续试验是指试验任何阶段的行为均取决于迄今为止获得的结果（Armitage，1975）。通常是两种治疗方法的比较，实验单元（通常是个体）成对的进入试验，一个个体给予一种治疗方法，另一个体给予其他的治疗方法。然后，根据成对的结局连续地分析结果，划定界限，明确标准，获得期望水平的具有统计学意义的指定差异。当达到这些水平后试验可能就被终止。如果没有达到所需的水平，研究者可以增加样本量直到达到，这种是开放[①]的试验。如果通过一定的阶段没有达到指定的区别，试验可能终止，这种是封闭的试验。

连续试验需要很少的试点单元，就可以早发现有益的治疗效果。但因最初不知道它们的持续时间，故很难计划。如果治疗反应时间很长，则不适合连续试验，因为治疗反应需要快速分析，以便可以招募更多的受试者。因此连续试验的一个关键特征是反复进行显著性检验以积累数据。这往往会增加整体的显著性水平（Armitage等，1969）。例如，进行5个中期分析，至少有一个分析显示治疗的差异在5%水平（$\alpha=0.05$）的机会增加到0.23（$1-[1-\alpha]^5$）；如果进行20个中期分析，它会增加至0.64（$1-[1-\alpha]^{20}$）。如果任何单一的中期分析，$\alpha=0.05$作为实验中终止的条件，那么整体的Ⅰ型错误会增加。如果数据分析足够频繁，不管是否有治疗作用，$P<0.05$是有可能的。

可以通过为每个重复试验选择一个更严格的名义上的显著性水平来克服这个问题，从而使总体显著性水平保持在一个合理的值，比如0.05或0.01（Pocock，1983）。在双侧检验条件下表16.5可以用于这一目的。举例来说，如果整体显著性水平设定为$\alpha=0.05$，而预期最多3个分析，$P<0.022$被用于每一次治疗差异分析的终止规则。类似地，如果预期最多5个分析，$P<0.016$被使用。Demets和Ware（1980）给出了单向测试合适的值。因此，如果计划不止一个显著性检验（Wittes，2002），样本量的计算应修改。

**表16.5 名义显著水平要求利用总体显著水平重复进行显著性检验，当α=0.05或0.01，不同N值时需要测试的最大值**

| $N$ | $\alpha=0.05$ | $\alpha=0.01$ |
|---|---|---|
| 2 | 0.029 4 | 0.005 6 |
| 3 | 0.022 1 | 0.004 1 |

① 这种开放无对照的试验，使用相同的动物在治疗前后进行比较。

（续）

| $N$ | $\alpha=0.05$ | $\alpha=0.01$ |
|---|---|---|
| 4 | 0.018 2 | 0.003 3 |
| 5 | 0.015 8 | 0.002 8 |
| 6 | 0.014 2 | 0.002 5 |
| 7 | 0.013 0 | 0.002 3 |
| 8 | 0.012 0 | 0.002 1 |
| 9 | 0.011 2 | 0.001 9 |
| 10 | 0.010 6 | 0.001 8 |
| 15 | 0.008 6 | 0.001 5 |
| 20 | 0.007 5 | 0.001 3 |

Armitage（1975）和 Ellenberg 等（2002）对连续试验有细致深入的研究。

### 析因设计试验

如果经调查 A 和 B 两种因素分别处于 $a$ 水平和 $b$ 水平，这就产生了 $ab$ 试验条件，对应于两个因素水平的所有可能组合，这是一个完整的 $a\times b$ 析因设计研究。因此，在一个 2×2 析因设计中，其中的一个因素缺乏或存在 A 治疗（$a=2$），而另一个因素缺乏或存在 B 治疗（$b=2$），动物被随机分配到两种治疗的四种组合中的一个中去：单独使用 A，单独使用 B，A 和 B 一起使用，既不用 A 也不用 B。这是一个有效的方法，使用相同的实验单元来测试同一研究中两个因素间的影响。它可以用来探索两种治疗方法之间发生的任何相互作用，并且在缺乏相互作用的情况下，使组与组之间联合来提高检测 A 疗效和 B 疗效的能力。这种方法可以扩展到任意数量的因素，每个因素都有不同数量的水平。

## 应该选择多大的样本量?

### 优效性试验

优效性试验中应使用在前面章节中介绍的技术来确定治疗组和对照组的实验单元数量（表 16.2）。总之，应考虑下面这些参数：

• Ⅰ型误差的可接受水平，$\alpha$（错误地推断治疗组和对照组之间存在差异的概率）；

• 检验功效，$1-\beta$（正确地推断治疗组和对照组之间差异的可能性），$\beta=$ Ⅱ型误差的概率（错误地漏掉治疗组和对照组之间真实差异的概率）；

• 治疗效果的大小（即，比例、中位数或平均数之间的差异）；

• 另一种假设的选择："单侧"或"双侧"。

没有规则来定义参数 1～3。Ⅰ型误差传统上设为 0.05，如果试验是独一无二的，其结果在未来也不太可能被重复，值低至 0.01 也是合理的。功效可以有很大的不同（人类临床试验已引用 0.5 和 0.95 之间的值，当 $\alpha=0.05$ 时常用 0.8，$\alpha=0.01$ 时用 0.96：见第 14 章）。治疗效果的大小取决于其临床意义和经济意义。

（治疗组和对照组相匹配的临床试验中，前面章节中列出的样本量大小的公式往往会高估

所需的实验单元数量。）

如果对照组使用安慰剂或不进行治疗，因此与对照组相比有直观的证据表明治疗能引起改变，可以使用单侧检验（见第 14 章），并且样本大小可以随之确定。然而，使用安慰剂或阴性对照组现在存在伦理争议，因此，许多同一时期的临床试验使用一个阳性对照组，所以谨慎的做法是假设双侧条件（即，试验下的治疗可能比标准治疗更好或者更坏）。此外，治疗组和阳性对照组之间的差异可能很小，因此可以指定大的样本量。这在实际中可能是做不到的。然而，对鉴别试验中实验单元的数量导致的推理局限性来说，决定样本量的知识是需要的。

Wittes（2002）对临床试验中样本量的计算进行了一般性讨论，Machin 等（1997）制作了样本量大小表格。Senn（1993）讨论了交叉试验中样本量的确定。Armitage（1975）讨论了连续试验中样本量的确定，对于一个给定的Ⅰ型和Ⅱ型错误，估计的样本量小于非连续试验的样本量。一般准则是由 Shuster（1992）提供的。Hallstrom 和 Trobaugh（1985）提供的公式纳入了诊断的敏感性和特异性（见第 9 章和第 17 章）。

## 等效性和非劣效性试验

确定样本量以证明等效性可接受的最大差异——称为临床等效的临界值（M）。这是临床上可以接受的最大差异，更大的差异将不被接受。例如，相对于一种特定的药物，一种新的低血糖症诱发平均血糖水平的差异，使得糖尿病有复发的迹象。所以，通常情况下展现了非劣效性。

因此，对于二元反应变量，常用样本量计算公式来展示两个比例之间的差异，但是 $p_1-p_2$是现在临床耐受性的临界值，而不是要被检测的差异。此外，$\alpha$ 和 $\beta$ 的值是相反的，因为此时注意力集中在比较任何可能出现的检测差异上。

例如，将一种新的腐蹄病疫苗与表 16.3 中列出的疫苗相比，表中疫苗保护率达 93%，能使 317 只羊中的 296 只受到保护。为确定两种疫苗的等效性，当未检测到的差值≤5%或不利于已有的疫苗时，则认为两种疫苗是等效的，但若差值>5%，认为是非等效的，因此，$M=5\%$。注意，这是单侧的情况，因为如果不相等则表明新的疫苗与已有的疫苗相比是低劣的——非劣质或优越。

假设这两种疫苗是等效的，免疫羊发病的比例是 0.07（即 100%-93%：对已有疫苗的估计）。因此，$p_1=0.07$。如果 $M=5\%$，$p_2=0.07+0.05=0.12$，$(p_1+p_2)/2=(0.07+0.12)/2=0.095=p$。设定 $\beta$ 为 0.05，$\alpha$ 为 0.2；因此，根据附录ⅩⅤ，$M_\beta=1.64$，$M_\alpha=0.84$（单侧假设）。每个免疫组需要的动物数量 $n$ 将由此而得：$n=421$。

$$n=\frac{\left[M_\alpha\sqrt{2p(1-p)}+M_\beta\sqrt{p_1(1-p_1)+p_2(1-p_2)}\right]^2}{(p_2-p_1)^2}$$

$$=\frac{(0.84\sqrt{0.19\times0.905}+1.64\sqrt{0.07\times0.93+0.12\times0.88})^2}{(0.12-0.07)^2}$$

$$=[(0.3483+0.6776)^2]/0.0025=421$$

因此，这个试验由接种已有疫苗的 421 个动物和接种新疫苗的 421 个动物组成，将检测这两种疫苗性能之间的任何差别是否大于 5%。

如果要求证明一种新疫苗既不是劣，也不优越于一个已有的，即评估完全等价。在这种情况下，$M_\beta$从附录XV中获得，$\beta$值的获得通过设置$1-2\beta$等于所需进行的两个单侧检验的总值。例如，如果总值是0.95，$M_\beta$应基于$\beta$等于0.025（即，$M_\beta=1.96$）。

同样的方法可以采用顺序变量，使用确定样本量的相关公式确定两种手段或两组序数排列之间的差异（见第14章）。

## 失访

因为失访，一些实验单元的试验结果可能不被记录。如有的可能搬家或拒绝继续试验。失访的程度需要评估，这主要依靠调查者的经验。样本量因此需要增加，通过样本量乘以$1/(1-d)$，其中$d$为预期丢失的实验单元。例如，如$d=10/100$，样本量需要乘以1.11（1/0.9）进行补偿，失访不能包含在后续分析中。

## 依从性

试验的成功取决于参与者是否按照设计者的指令进行，也就是依从治疗。例如，参与者可能决定将试验中的治疗转变为替代治疗。依从性差会降低试验的统计效力，因为观察到治疗组和对照组之间结果的差异将会减少，但群体之间不会产生假的差异。

依从性差的原因包括：

- 不清楚指令；
- 健忘；
- 不方便参与；
- 参与的成本；
- 偏爱替代程序；
- 对结果失望；
- 副作用。

不能强制参与者依从，所以应保持与他们经常接触，鼓励他们依从，并且定期评估依从程度。例如，如果一个治疗使用的是片剂，剩余的药片可由兽医定期计数。评估可能很困难（例如，饲喂投药），不过还是应该尝试。提高依从性的其他方法包括：

- 招收积极的参与者；
- 评估参与者的遵守意愿；
- 提供奖励（例如，免费治疗）；
- 提供简单、明确的指示；
- 限制试验的持续时间。

如果有大量不依从的情况，所需的样本量就像调整失访的样本量一样再次被修改。如果失访和不依从都能预先知道，那就必须要有合成的$d$值。

## 终止试验

试验设计过程中对于进入试验的实验单元数量和治疗持续时间是有规定的，因此，试验通常会持续尽可能长的时间直至最后一个实验单元完成试验。不过，有时候可能需要提前终止一个试验（特别是长期的试验），如果治疗组出现严重的副反应，这样的决策规则应该写进试验协议中。连续试验中，另一个决策规则可能是当检测到规定的差异达到预期的显著性水平时（见上文）终止试验。

对于决策规则，以及早期和晚期终止试验的优点，Bulpitt（1983）进行了详细论述。

## 结果解释

在第14章，讨论了使用统计假设检验这种方法来解释数据。然而，这种方法越来越多地被估测取代——特别是估算置信区间（见第12章中介绍）。显著性检验和置信区间的估测是解释相同数据的两种方式。然而，置信区间的一个优点是，它们鼓励调查者表达任何治疗效果或差异大小的结果。因此，下面的讨论将特别强调对置信区间的解释。

### 优效性试验

优效性试验的目的是检测治疗的动物和对照组之间的差异。在5%的显著性水平，提供差异的证据。95%的置信区间，治疗效果之间的差异将排除空值（0表示差异；1代表比率测量，比如相对危险度、比值比和几何平均值的比率）。这点在图16.1a中有详细说明。95%置信区间的下限明显高于空值，并且一个相关的 $P$ 值显著低于0.05，这为说明治疗组优于对照组提供了强有力的证据。95%置信区间的下限接近空值（$P=0.05$），在5%的显著性水平，为优效性提供了充分的证据。与此相反，如果95%置信区间包括空值（$P>0.05$），就没有足够的证据来证明优越性。

### 等效性和非劣效试验

一个完整的等效性试验是为了确认治疗之间不存在临床相关的差异。这最好用置信区间进行探讨。首先，选定临床等效的界限 $M$。在试验开始前选择这个界限以防止偏差，因此，在试验开始前要确定样本量计算方法（见上文）。如果95%的置信区间[①]完全位于 $-M$ 和 $+M$ 这个区间（图16.1b），两种治疗方法（对照和新的治疗）被认为是相等的。

非劣效试验的目的是证明新的治疗方法并不比（即不劣于）已有的制剂效果差，尽管也有可能是同等或更好。因此，只关心一个方向的差异。因此，只有置信区间全部在 $-M$ 右边（图16.1c），才认为新制剂不比已有制剂逊色。例如，一种新的腐蹄病疫苗和已有的疫苗相比较，两组之间偏好使用已有疫苗，$M$ 设定为病羊的比例有5%的差异（与接种新疫苗的羊相比，接种已有疫苗的羊，不到5%的羊发病）。如果95%置信区间，该差异为−7%，−3%，那么它会越过 $-M$ 界限（即没有全部在−5%的左边），所以不能得出新疫苗不比已有疫苗差的结论。有时，比较的目的可以从一个非劣效试验切换到优效性试验，或反之亦然。然后必须谨慎解释结果（EAEMP，2000）。

---

① 涉及药物动力学的生物等效性试验，90%的间隔是可接受的标准。

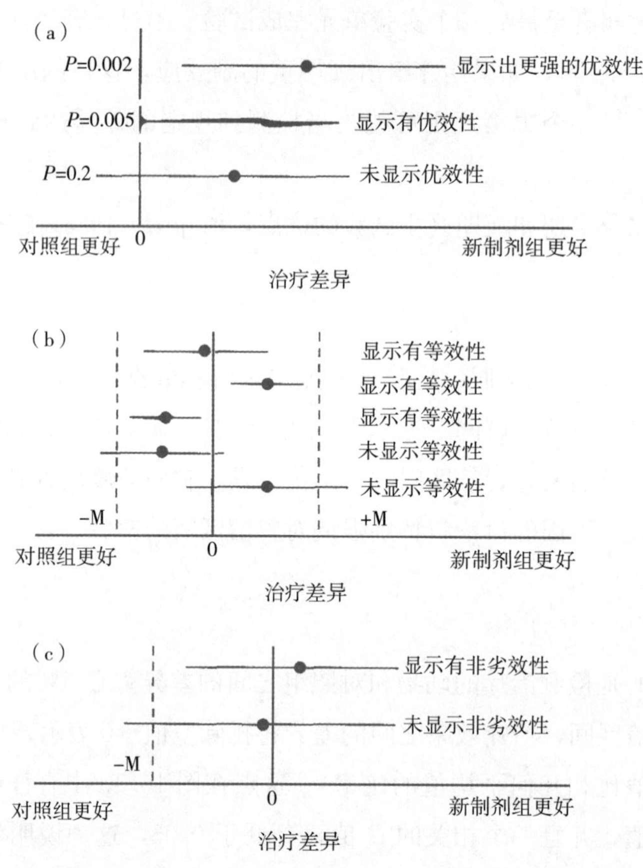


图 16.1 临床试验中的显著性水平和置信区间。治疗组动物和对照组动物之间治疗差异的空值＝0。•：治疗差异的点估计值；—：95％置信区间治疗差异的估计值。(a) 优效性试验；(b) 等效性试验；(c) 非劣效试验

## Meta 分析

Meta 分析是整合多项研究数据结果的统计分析①。该技术起源于教育研究（Glass，1976），并已广泛应用于社会科学，可见于 Wolf（1986）和 Hunter and Schmidt（1989）发表的文章。它被用于经济学（van den Bergh 等，1997）和生物学（如调查寄生虫，包括其行为变化，Poulin，1994）。在人类医学和兽医学，Meta 分析已经应用于若干领域（Stangle 和 Berry，2000），包括诊断测试评估（如 Greiner 等，1997），观察性研究（如 Willeberg，1993；Fourichon 等，2000），诊断技术和治疗成本效益分析，以及健康问题严重程度评估（如 Chesney，2001；Dohoo 等，2003；Trotz-Williams 和 Trees，2003）。它已用于最广泛的临床试验领域（如 Srinand 等，1995；Peters 等，2000），因此在本章进行讨论。

### Meta 分析的目标

Meta 分析的目的（Sacks 等，1987；Dickersin 和 Berlin，1992；Marubini 和 Valsecchi，1995）：

① Meta 这个术语来自希腊介词，“与…一起”的意思，也有“之后”的意思。因此，Meta 分析可以是和正序分析一起进行，也可以在正序分析之后。也可以称为“overreviews”。

- 提高对主要目标的统计效能；
- 如果结果有矛盾，解决不确定性；
- 提高对治疗效果的预测并提高精确度[①]；
- 回答个体试验最初没有提出的问题；
- 给出“最先进的”文献综述；
- 当个体的分析效能低时使亚群的分析变得容易；
- 引导科研人员规划新试验；
- 为一般性治疗提供严格的支持（即外部效度）；
- 平衡“积极性溢出”，这可能与单一有益报告后的新程序引入同时发生。

因此，正确地进行 Meta 分析能为治疗效果提供有力证据（表 16.6），使用的统计程序也适用于多中心试验分析[②]。

表 16.6　有关治疗效果证据强度的层次

| |
|---|
| 1. 零星的病例报告 |
| 2. 案例系列没有对照 |
| 3. 系列参考文献对照 |
| 4. 利用计算机数据库分析 |
| 5. 病例对照观察性研究 |
| 6. 基于历史的对照组系列 |
| 7. 单一的随机对照临床试验 |
| 8. 随机对照临床试验的 Meta 分析 |

但是，该技术也有缺点和优点（表 16.7）。主要缺点也许是结合几个小试验来代替一个精心设计的大试验的迷惑性概念。

表 16.7　Meta 分析的优点和缺点

| |
|---|
| 优点： |
| 作为一个评价工具重点关注试验 |
| 增加了试验对临床实践的影响 |
| 鼓励良好的试验设计和报告 |
| 缺点： |
| 当前流行的 Meta 分析可能阻碍大型权威试验 |
| 倾向在不知不觉中混合不同的试验，而忽略差异 |
| Meta 分析者和最初的试验执行者之间可能关系紧张 |

在本节中，对与 Meta 分析相关的主要问题进行了概述。对于具体统计程序的详细信息，读者可直接参考前面提到的标准文本，并且 Abramson（1991）、Dickersin 和 Berlin（1992）做

---

① 这不仅包括独立研究中揭示有益效应，也包括验证假阳性结果：Meta 分析不是产生阳性结果，而是产生更准确的结果。

② 在目前财政支持短缺，产出压力大的学术环境中，Meta 分析很受欢迎。

了非常好的评述。

## Meta 分析的构成要素

Meta 分析由定性和定量部分组成，下面方案中列出了临床试验的 Meta 分析（Naylor，1989）：

- 根据入选标准和排除标准进行试验的选择；
- 临床试验质量的评价；
- 关键试验特点和数据的提取；
- 设计的相似性分析，执行和分析报告，以及试验之间差异的探索；
- 数据汇总，各种组合的检验和解释；
- 给出谨慎的结论。

注意，传统的定性的综述性文章已经作为汇总研究数据的普遍方法被接受——通常通过列出几个研究的个别结果，但缺少客观性和严谨的分析。相反，一个正确设计的 Meta 分析不止于此，同时采用定量分析程序接受不同来源的结果，得出一个总的结论。

## 数据的来源

Meta 分析的数据通常是从公布的资料上获得，其中大部分呈现在权威期刊上。优点是保证（至少在理论上）研究单元的设计、实施和分析的最低标准。然而，阳性结果的文章更容易发表（Easterbrook 等，1991）。这构成了发表偏倚。不过，未发表的结果可能比发表的显示出更大的影响（Detsky 等，1987）。因此对所有潜在数据的质量进行评估是可取的，以便有用的材料不会被分析者忽视。

多种方法可用于处理发表偏倚。一种简单的方法（Rosenthal，1979）是从研究构成要素的 $P$ 值计算出整体 $P$ 值，然后计算一个“易得性偏差”：没有统计学显著性的研究的数量，如果补充说，这将增加 $P$ 值到临界阈值水平（例如，0.05）。

### 来源的相似性

实验单元的一个关键特征是其结果的可变性（异质性）。通常是由于研究的不同设计、实施或分析导致的（Horwitz，1987）。另外，不同的试验可能在不同尺度上检测到不同反应变量(例如，中位数或视觉模拟测量)。旧的和最近的研究之间的差异可以归因于与尚未定论的理论无关的潜在的健康趋势——有点类似于运用历史对照。如果 Meta 分析打算解决一般政策或一类药物疗效的问题，那么合并具有明显差异的试验是可以的。然而，一个具体的问题需要选择一组相对同质的试验。

包含在分析中的不同研究之间的差异妨碍了对精确汇集估计值的解释[①]，因此 99%的置信区间可能会比传统的 95%的限制更为谨慎。

① 置信区间是依据试验已经做的内容，而不是未来的试验。

## 数据分析

分析技术将每个合并的临床试验作为一个层。每个试验中都要估计单一治疗效果，然后结合起来产生一个适当的总结加权的处理作用。加权的方法根据解决研究结果的不同而不同。然而，应当避免将试验结果简单汇总、计算平均效应的做法。这可能是危险误导性的。例如，并没有处理试验之间样本量的不同，从这些试验的一系列独立死亡率计算出来的平均死亡率，因此每个试验的估计值有不同的精度。

用于分类数据的一种常见方法是提供一个加权估计，例如，比值比（OR 值）或相对危险度 RR 值。标准方法包括 Mantel-Haenszel 程序（见第 15 章）。Westwood 等人列举了一个关于莫能菌素治疗奶牛跛行效果的例子。更复杂的程序允许已调整混杂的参数的集中（Greenland，1987）。

连续的解释变量需要不同的程序。常用的指标是效应值。这是指治疗组和对照组平均值的差除以对照组的标准差（或两组联合的）（Glass 等，1981）。这可以参照与正态分布（附录 XV）的上尾有关的概率表来解释。例如，2.9 的效应值意味着 99.8%的对照都低于治疗个体值的平均数。查阅附录 XV，这一百分比是通过识别单侧概率 $P$ 得到的，表中效应值等于 $Z$。百分比则等于（$1-P$）×100。因此，如果效应值=2.9，$P$=0.001 9，（$1-P$）×100=（1−0.001 9）×100=99.81%。类似地，对于 1.0 的效应值，相应的比例是 84%（{1−0.158 7}×100）。

效应值没有单位，因此允许不同的单位表示的结果进行组合。然而，因为它不仅依赖于效应自身的差异，而且依赖于标准偏差的差异，因此应当谨慎解释。因此，如果样本量较小，使用效应值是有问题的。

### 异质性

研究之间的异质性必须解决。通常，同质性检验中，分类数据（Schlesselman，1982）和连续型数据（Fleiss，1986）分别基于 $\chi^2$ 或 $F$ 检验。通常在 10%水平上自由解释，因为这些检验的功效相对较低（Breslow 和 Day，1980）。敏感性分析（见第 19 章）也可以确定是否排除一个或多个影响异质性的试验。如果异质性较大，结果是值得怀疑的，应对异质性的原因应加以探讨[①]。然而，请注意，一个高的 $P$ 值不一定代表结果是同质的，也要用其他手段进行探讨，如图形表示。为了便于点估计值周围值的比较，实例包括结果（例如，比值比，相对危险度[②]或效应值）的 95%和 70%置信区间的一个垂直双重图（Pocock 和 Hughes，1990）。“漏斗显示”图的结果针对测量的精度（如样本量大小和方差的倒数）；如果所有的研究都估计出相似的值，随着精度的增加，结果的分布变得狭窄，形成漏斗状（Greenland，1987）。

---

① 例如，不同的剂量水平（类似的，不同的暴露水平）均易产生异质性。

② OR 值和 RR 值最好绘制对数刻度。

### 固定效应和随机效应模型

Meta 分析中使用的大多数分析方法都基于固定效应模型，该模型假定 Meta 分析中所有的临床试验异质性很小。另一种方法基于随机效应模型（例如，DerSimonian 和 Laird，1986），假定治疗效果可能不同，而且每个研究代表一个（理论上是无限的）随机样本的研究。然后研究之间的变化就是分析中不可分割的一部分（Bailey，1987），并且观察治疗效果的变化可以来自两个来源：一是每个研究中的抽样变化（研究内差异）；二是真正的研究效果的变化（研究间差异）。相对于固定效应评价，这种分析的最终结果是：治疗效果的区间估计通常会扩大，尤其是如果研究（Dickersin 和 Berlin，1992）之间存在明显的异质性。

事实上，研究是否都假定有相同的治疗效果尚不清楚。因此，测试结果的同质性通常形成确定适当模型的基础。如果测试的结果是不显著，通常采用固定效应模型；然而显著的结果提示使用随机效应模型。一些统计学家认为，总是采用随机效应模型是审慎的，因为研究之间的一些差异不可避免。

虽然随机效应模型可能引人注目，但它需要谨慎解释（Marubini 和 Valsecchi，1995）。首先，异质性的程度可以是一个随机效应模型，这极大改变了由固定效应模型做出的推论。这将使两个模型的汇总统计都无效，然后需要进一步调查这种变化。其次，随机效应模型的具体统计分布不能被经验或临床推理证明是合理的。最后，随机效应模型不能在目标群体水平进行有意义地解释，它仅仅是引起效应的分布的平均值。因此，随机效应模型“为结果的虚拟分布交换一个可疑的同质性假设”(Greenland，1987)。

关于固定效应和随机效应方法优缺点的争论还在持续。通过排除一些设计不好的试验及相关的结果（有密切关系的未发表的研究结果）来减少偏差。有了这个目标，Meinert (1989) 建议，Meta 分析应进行前瞻性设计，在一开始的时候就将此列入 Meta 分析的试验元素中，而不是进行回顾性的识别。这种做法可以促进良好的个人试验设计，因此获得始终如一的质量。此外，累积 Meta 分析可能允许固定效应和随机效应模型来证明估计的异质性存在的效力①。

### 结果说明

任何合并的结果，以及每个研究的结果，应报告 95％置信区间，并以图表的方式呈现。图 16.2 就是一个例子。个人研究的结果显示出相当大的变化，有些结果（图 16.2a：研究 3、4、5、7、8、9、11 和 13）没有提供治疗效果的证据（95％的置信区间的比值比大于 1）。这种变化被累积数据的分析所掩盖（图 16.2b），它始终显示一个有益的效果。在这个例子中，随机效应模型合并的结果和累计数据的最终分析，产生了比值比相似的点和区间估计，显示了显著的治疗效果。

Meta 分析在人医中的运用比兽医方面更加先进，但也是一个有争议的问题。对超过 3 000 个人类怀孕和分娩的预防性护理的随机对照临床试验的 Meta 分析，从描述它为“自从

① 在序贯试验中，Ⅰ型错误的风险会增加。Yusuf 等（1991）建议，在这种情况下，调整显著性水平。

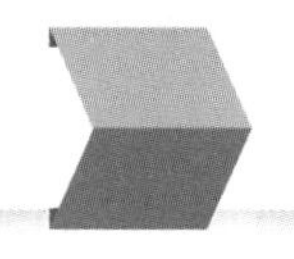

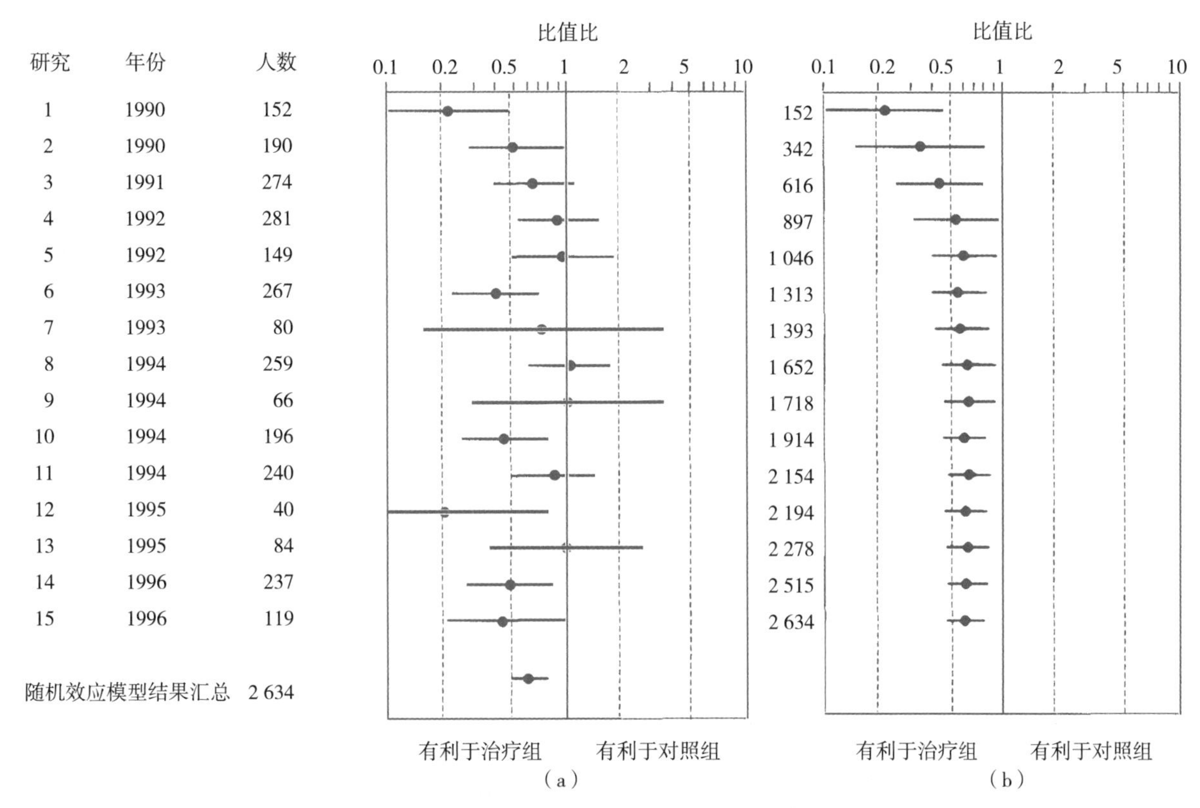


图 16.2　一个典型的 Meta 分析。(a) 应用随机效应模型分析个人结果和合并的结果；(b) 累计数据的顺序分析结果；•：比值比的点估计值；—：比值比 95%的置信区间估计值

William Smellie (1752) 撰写的论述助产学的理论和实践以来，可以说是最重要的产科出版物”到描述为“一个 Baader-Meinhof 产科帮”。无论如何，Meta 分析是一个功能强大的技术，很可能会在兽医科学领域应用的更多。

# 17 诊断试验

目前用于传染性和非传染性疾病的诊断技术繁多，包括临床和病理检查，微生物学、生物化学和免疫学的检测，以及诊断成像（例如，X 线和超声）技术。可以使用这些技术诊断动物个体或群体，进行疾病调查。本章重点主要放在当这些技术用于群体诊断时的评估和诊断性能评价①。本章首先介绍血清学方法，然后讨论其他的一些诊断方法。

## 血清流行病学

*血清流行病学* 是通过测量血清中存在的变量来调查群体中的疾病或感染情况。血清中的一系列成分可以被测量，包括矿物质、微量元素、酶和激素。其中主要的成分是特定抗体的效价的测定，其被称为抗体调查。抗体的检测方法是“滴定”和“化验”。抗体可以为当前是否接触病原提供依据。抗体的检测在兽医学中通常作为一种相对高效和廉价的手段，应用于动物个体和群体的检测。

跟其他血清学检测一样，对血清学抗体检测的结果也有一个正常的参考范围，如酶及矿物质的检测。通常包括：①从一个正常群体中选择平均值±2 标准偏差的正态分布的数据；②从那些不是正态分布的数据中选择中间 95%的范围（例如从 2.5%至 97.5%：见第 12 章）（Hutchison 等，1991）。虽然已经有已发表的可参考的值（例如，Kaneko 等，1997），但每个实验室应建立自己的规范。如果该值是正态分布，或可以转化为正态，则可以应用单样本 $t$-检验（见表 14.1）来比较样本统计量和总体参数值，否则需要使用单样本非参数法（见表 14.2）。

基于血清学方法的疾病检测方法是一种可用于检测目前和以前是否接触过传染源的方法。此方法与其他方法共同列于表 17.1。在过去 100 年，一系列的检测抗原/抗体反应的方法被开发，并且越来越多的方法正加入其中。这些技术在《标准免疫学检测》一书中有详细的介绍（例如，Hudson 和 Hay，1989；Paraf 和 Peltre，1991；Roitt，1994；Tizard，2000）。目前，感染的检测侧重于应用病原学方法，而不是血清学方法。

① Sackett 等（1991）对诊断试验应用于临床实践中做了详细讨论。

表 17.1 传染病的诊断方法

| |
|---|
| 目前感染的证据 |
| 分离到抗原 |
| 检测到抗原的基因（分子流行病学） |
| 临床症状 |
| 病理学变化 |
| 生化指标变化 |
| 免疫反应的证据：检测到抗原或者抗体（血清流行病学） |
| 以往感染的证据 |
| 历史临床数据 |
| 病理学变化 |
| 免疫反应的数据：检测到抗体 |

# 测定抗体

## 抗体表达量的检测方法

抗体的浓度表示为滴度，即发生免疫反应的最高血清稀释倍数。这样，如果发生免疫反应的最高稀释度是 32 倍，则滴度为 1/32。与之对应，同样的抗体滴度为 1/32，未稀释的血清中含有 32 倍的用于反应的抗体。检测有抗体滴度的动物为阳性；无抗体滴度的动物为阴性。动物由抗体阴性转为阳性即为阳转。然而，判断动物是否为阳性往往基于一个临界滴度（见下文：诊断试验的评价）。例如，动物抗体滴度＞1/32 被归类为阳性，而动物的抗体滴度≤1/32 可以被归类为阴性。

### 滴度的对数变换

血清通常是稀释至一个几何级数，即用连续稀释液之间的固定比率。该常见的比率是 2。因此，血清稀释 1/2、1/4、1/8、1/16、1/32 等。这表明，滴度应在对数刻度来测量。有这两个原因的测量：

• 滴度的频率分布通常是接近正态分布（参见图 12.5），所以通常假定是数据是正态的，并加以分析；

• 几何稀释系列均匀地分布在对数刻度，因此血清可能会被按几何级数 1/2、1/4、1/8、1/16 等进行稀释，对应以 2 为基数的对数转换，各自的倒数以 2 为基数的对数值，分别为 1、2、3、4 等；稀释可被编码为以 2 为底的对数值（表 17.2）。

在某些情况下，高浓度的血清为避免非特异性反应，最初以 $\log_{10}$ 稀释，然后继续以 $\log_2$ 稀释，因此表示为：1/10、1/20、1/40、1/80 倍比稀释。

表 17.2 用稀释倍数及其对数表示的抗体滴度

| 稀释倍数 | 对数滴度 |
|---|---|
| 1（未稀释血清） | 0 |
| 2 | 1 |

（续）

| 稀释倍数 | 对数滴度 |
| --- | --- |
| 4 | 2 |
| 8 | 3 |
| 16 | 4 |

### 平均滴度

如果对数（如 $\log_2$）滴度已知，其算术平均值可以根据这些数值计算出来，即对数滴度之和除以样本数。例如，如果滴度分别为1/2、1/4、1/2、1/8 和1/4，与之对应，对数滴度分别为 1、2、1、3 和 2。因此算术平均值是（1+2+1+3+2）/5=1.8。

几何平均滴度（*GMT*）可以通过以下方式计算。例如，如果几个被测滴度的算术平均值是 1.8，$\log_2 GMT=1.8$，因此 $GMT=2^{1.8}=3.5$。

如果血清先进行 $\log_{10}$ 稀释，再进行 $\log_2$ 稀释，例如，1/10、1/20、1/40、1/80 稀释，那么先将稀释倍数除以 10，再以 2 为底对数编码为 0、1、2、3，则得到的平均值为 1.5。然后：$GMT/10=2^{1.5}=2.8$。因此，$GMT=28$。零的对数无法表示，因为其为“负无穷”。因此，计算血清滴度时，血清阴性的动物必须排除在外，因为其倒数滴度为零，不在计算范围内；只有阳性个体的抗体水平可以用平均滴度表示。因此，当比较两个群体抗体滴度时，必须考虑以上情况：血清阳性动物的相对比例、无关的滴定度、血清阳性群体的几何平均滴度。例如，可能会发现两个钩端螺旋体阳性率为 20% 的奶牛场，一个牛场的 *GMT* 为 40，而另一个牛场的 *GMT* 是 640。这种情况可能表明在第二个牛群近期流行该病，而另一个牛场处于持续期或恢复期。相反，在一项针对两个屠宰场工人的血清学调查中，几何平均滴度大体相同，但各场员工血清阳性的，一个屠宰场工人为 30%，而另一个屠宰场为 3%，这个结果表明前一个厂的工人感染率更高，尽管两个场的 *GMT* 大体相同。

## 定量检测

定量检测用以检验“全或无的反应”，如凝集或不凝集，感染或非感染。两种方法经常被使用：

- 单一连续稀释法；
- 多重连续稀释法。

第一个更常用。这两种方法利用几何（对数）稀释，稀释的范围根据方法的敏感性度确定。这里的灵敏感性的是该方法对抗体和抗原检测的极限数值：较敏感试验在有少量的抗体或抗原存在时就可以检测到。这有时被称为分析敏感性，为避免与敏感性混淆，诊断试验的效度参数被称为诊断敏感性（Stites 等，1997）。

### 单一连续稀释法

单一连续稀释法，每个稀释度检测一次。例如，病毒血凝抑制试验，最高稀释度的病毒液，在测试板上抑制红细胞凝集，即为抗原血凝抑制滴度。此法准确性较差。如果滴度 1/32，意味着 1/33 就不会产生效果。然而，下一个稀释度是 1/64 是对介于 1/63 和 1/32 稀释度进行检测。因此，这种类型的滴定，仅测试稀释间隔，实际上是划分稀释范围。当稀释度表示为“大于”“小于”某个滴度（如<1/8 或> 1/256）时，不准确性更显著。因此，该数据本质上是序数（见第 9 章）。

### 多重连续稀释法

多重连续稀释法中，每个稀释度均进行若干次重复（至少 5 次）。这样做是为了得到更加准确的数据。滴定终点是该物质确定的稀释指定数，即一定数量的个体显示一个确定稀释指数的效果，例如死亡或疾病。最常使用的与统计学有用的终点是 50%（Gaddum，1933）。因此，在药理学中，药物的毒性可以表示为 $LD_{50}$（半数致死量）：药物能杀死 50%试验动物的剂量。因此，一些药物可表示为含有多少半数致死量的药物。

50%终点滴定法也可用于估计抗体浓度，抗体滴度可表达为阻止 50%组织或个体感染的血清稀释度，被滴定抗体产生的原因是致病因子产生的作用。例如，防止用标准病毒浓度培养的单层细胞 50%感染的血清稀释度可被估计为：一个“有效剂量 50”（$ED_{50}$）。下列几种方法可用于估算 50%滴定终点，包括 Reed-Muench 法、Spearman-Karbermethods 法及移动平均值法。我们不推荐使用 The Reed-Muench 法，因为精度无法评估，没有有效性检验，且相对于其他方法，该法效率较低（Finney，1978）。本章结合例子对 Spearman-Karbermethods 法（Spearman，1908；Karber，1931）进行简单介绍。

*Spearman-Karber 法滴定的例子*　抗体滴度必须是针对某种特定抗原的。测定方法是抗体抑制单层细胞培养中的 50%数量的细胞产生细胞病变（CPE）。5 个单层细胞培养组均接种固定致死剂量的病毒液，然后加入 1/10 毫升的不同稀释度的抗体，最后在某一段时间观察细胞病变。表 17.3 表示的是计算过程：血清稀释度的终点是防止 50%的单层细胞出现 CPE（注意，这是一个统计估计）。

**表 17.3　50%终点滴定法示例（Spearman-Karbermethods 法）**

| 血清稀释 | $\log_{10}$稀释 | 单层细胞病变 | 发生病变数 | 比例（$P$） | $1-P$ |
|---|---|---|---|---|---|
| 1/1 | 0.0 | 0 | 5 | 1.00 | 0.00 |
| 1/2 | −0.3 | 0 | 5 | 1.00 | 0.00 |
| 1/4 | −0.6 | 0 | 5 | 1.00 | 0.00 |
| 1/8 | −0.9 | 1 | 4 | 0.80 | 0.20 |
| 1/16 | −1.2 | 1 | 4 | 0.80 | 0.20 |
| 1/32 | −1.5 | 3 | 2 | 0.40 | 0.60 |
| 1/64 | −1.8 | 4 | 1 | 0.20 | 0.80 |
| 1/128 | −2.1 | 5 | 0 | 0.00 | 1.00 |

根据 Spearman-Karber 公式：

$$\log ED_{50} = L - d(\sum P - 0.5)$$

在此公式中：

$L$＝可使所有单层细胞存活的最高稀释度；

$d$=log of 稀释梯度；

$\sum P$ =从出现一个阳性结果到所有结果都呈现阳性的稀释度总和。

在表 17.3 中：

$L=-0.6$

$d=\log_{10}2$

$=0.3$

$$\sum P = 0.20+0.40+0.80+0.80+1.00$$
$$=3.2$$

所以：

$$\begin{aligned}\log_{10} ED_{50} &= -0.6-0.3\times(3.2-0.5)\\ &= -0.6-(0.3\times 2.7)\\ &= -0.6-0.8\\ &= -1.4\end{aligned}$$

因此，$ED_{50}$=antilog（−1.4）

=1/antilog 1.4

=1/25.1

因此 0.1mL 血清中含有 25.1 个 $ED_{50}$，即 1mL 血清中含有 251 个 $ED_{50}$。

估计的标准误差（e. s. e.）为：

$$\text{e. s. e. }(\log_{10} ED_{50}) = d\sqrt{\sum\{P(1-P)\}/(n-1)}$$

在这里 $n$=每组动物数量

将表 17.3 数据代入公式

$$\begin{aligned}\log_{10} ED_{50} &= 0.3\sqrt{(0.2\times0.8+0.4\times0.6+0.8\times0.2)/(5-1)}\\ &= 0.3\sqrt{(0.16+0.24+0.16+0.16)/4}\\ &= 0.13\end{aligned}$$

多重系列稀释法，现在已不大常用，因为相对于单一连续稀释法和用于酶联免疫吸附试验（ELISA）的单一稀释法，其试验速度较慢且成本较高。然而，此法依然在评价疫苗效力中应用。

## 血清学估计和群体比较

### 抗体普查

在动物体内可以检测到抗体表明，此动物或其免疫系统已经暴露于抗原或病原体。在没有进一步抗原刺激的情况下，抗体水平会有所下降。通常以抗体半衰期（抗体减少一半的时间）来表示该抗体水平下降速度。一些抗体滴度持续时间很长，因为抗体具有长半衰期、有持续感染或反复感染。长半衰期解释了为什么一些个体免疫疫苗后可以产生终身免疫。抗体的半衰期，也是评价疫苗效力的一个重要方面（见第 16 章），仔畜被动获得性免疫也起重要作用。自然感染后抗体也有半衰期，但很少被评估。

如果不特别考虑抗体滴度的频率分布，只把动物归类为“阳性”或“阴性”，并检测群体的抗体流行率（即血清流行率），可以用第 13 章所描述的方法来估计在置信区间内的动物抗体阳性率。基于滴度的分界点，低于分界点该动物被认为是阴性，高于分界点该动物被归类为阳性（见下文）。

抗体的阳性率决定于感染率、抗体衰减速度和二者的有效时间。因此，抗体阳性率高并不代表感染率高，可能是抗体的损失较少。回顾第 4 章，$P$ 代表感染率，$I$ 代表发病率，$D$ 代表持续时间，

$$P \propto I \times D$$

因此抗体的阳性率不仅取决于可以检测到的阳性个体数，而且取决于与抗体半衰期有关的抗体滴度。

如果需要检测抗体的频率分布，并且衡量标准“很强大”（如 $ED_{50}$），可以引用平均数和标准差，也可以计算置信区间（见第 12 章）。

单系列稀释测定法更为普遍，它将滴度定义为能产生反应和有序数据的最高稀释度；当大部分滴度被表示为低于或高于特定稀释度时尤其明显。如果没有任何“小于”或“大于”的滴度，但滴度合理分布，那么对数滴度可以看作粗略的正态分布，平均值、标准差和置信区间等概念可以对其进行描述。如果这些条件均不满足，可以用中位数和四分位数间距等概念进行描述。中位数的置信区间也可以计算（参照第 12 章）。

## 血清转阳率

如果一个群体在出生时就易受感染，抗体在感染后持续终生，并且感染造成的死亡率是可忽略不计，用简单的数学模型就可描述不同的血清转化的抗体年龄分布（Lilienfeld 和 Lilienfeld，1980）。

如果 $p$＝在一年内感染的概率；$y$＝年龄；$(1-p)^y$＝若干年没有被感染的可能性；$P_y$＝群体在若干年后感染的比例，那么：

$$P_y = 1-(1-p)^y$$

也可以估计出与年龄相关的血清转阳率，通过以下公式：

$$\log(1-p) = \{\log(1-P_y)\}/y$$

所以：

$$(1-p) = \text{antilog}[\{\log(1-P_y)\}/y]$$

和：

$$p = 1-\text{antilog}[\{\log(1-P_y)\}/y]$$

一系列不同年龄群体血清阳性率的值因此可以用血清转化率来评估，这些改变可以提供一个畜群感染模式和效力的信息。表 17.4 列出了不同年龄肉牛白血病病毒抗体随机血清阳性率值，其表明在 10 岁之前，血清阳性率随着年龄缓慢增长而上升。此病毒造成了慢性持续性感

染，因此可以计算出血清转化率。

所以，对 1 岁的动物（$y=1$）：

$$
\begin{aligned}
p &= 1 - \text{antilog}[\{\log(1-0.15)\}/1] \\
&= 1 - \text{antilog}(0.0706/1) \\
&= 1 - 0.850 \\
&= 0.150
\end{aligned}
$$

对 2 岁的动物（$y=2$）

$$
\begin{aligned}
p &= 1 - \text{antilog}[\{\log(1-0.21)\}/1] \\
&= 1 - \text{antilog}(-0.1024/1) \\
&= 1 - 0.889 \\
&= 0.111
\end{aligned}
$$

直到 10 岁前，该群体的血清转化率相对稳定，这表明这种疾病对群体几乎没有任何影响。然而，如果从 6 岁将阳性动物挑出，则可以预计血清转化率会随之下降。12～23 月龄相对较高的血清转阳率可能是由于年轻母牛或持续被动免疫的缘故。大于 10 岁的动物，其血清流行率或转化率较低可能是由于淘汰了阳性个体。

Houe 和 Meyling（1991）和 Houe 等（1995），进一步证实了牛病毒性腹泻病毒感染与血清转化率之间的关系。

应用于抗体水平下降等更复杂情况的数学模型请参考 Muench（1959）等的综述。

**表 17.4　路易斯安那肉牛样本中特定年龄肉牛腹泻病毒血清阳性率和年平均血清转化率（1982—1984）**

| 年龄 | 被检测牛的数量 | 血清阳性率（$P_y$） | 平均血清转化率（$p$） |
|---|---|---|---|
| 1 | 67 | 0.15 | 0.150 |
| 2 | 191 | 0.21 | 0.111 |
| 3 | 105 | 0.23 | 0.083 |
| 4 | 143 | 0.39 | 0.116 |
| 5 | 167 | 0.40 | 0.097 |
| 6 | 137 | 0.47 | 0.100 |
| 7 | 98 | 0.53 | 0.102 |
| 8 | 92 | 0.55 | 0.095 |
| 9 | 32 | 0.63 | 0.105 |
| 10 | 53 | 0.60 | 0.088 |
| >10* | 19 | 0.37 | 0.036 |

注：* 平均年龄用于计算 $p=12.5$。

来源：修订自 Hugh-Jones and Hubbert，1988。

## 抗体水平的比较

### 两个不同群体的比较

$\chi^2$ 检验可被用于比较两个群体之间是否有某种抗体（例阳性或阴性动物）；或者，可以计

算两个独立样本的置信区间（见第 14 章）。

如果将两群体中抗体的频数分布相比较，并且样本量是“庞大”的，应用参数检验是比较合适的。另外，由于抗体滴度一般是呈对数分布的，因此可以使用假设正态性的标准试验。

在多重连续稀释试验中被计算的 $ED_{50}$是比较重要的指标。下面这个例子采用表 17.5 中的数据，数据分为两个组，每组 5 只犬，分别进行免疫，一组免疫猪细胞源灭活疫苗，另外一组免疫猫细胞源灭活疫苗。在免疫 60d 后，对每组的抗体滴度进行比较。用对数形式表示抗体滴度。这一转换使数据服从正态分布。假设方差未知，样本数少于 30 的独立样本，可以用 Student's*t*-检验。以下与第 14 章应用相同的表示方法：

$$n_1=5,\ \bar{x}_1=2.354,\ s_1=0.083,$$

$$n_2=5,\ \bar{x}_2=1.288,\ s_2=0.342$$

假设不同组的犬分别免疫猪细胞源狂犬病灭活疫苗和猫细胞源狂犬病灭活疫苗后，没有产生差异。

假设 $\mu_1$和 $\mu_2$分别作为两组 60d 的平均滴度，同时假设 $\delta=\mu_1-\mu_2$。然后，假设写作 $\delta=0$。

首先必须估算出总体方差 $s_1^2$和 $s_2^2$。这用于计算两组之间的变异系数，其中分子为数值较大者。在一定的自由度下，这个比值是与 $F$ 分布的某一个点相对应的（附录XXIII），第一个少于样品量的数据作为分子，第二个少于样本量的数据作为分母。在这种情况下：

$$s_2^2/s_1^2=17.0$$

自由度为（4，4）。

1%对应的 $F$ 分布值是 15.98。样本数值是 17，比此数值大。因此，样本值在 1%的水平是有意义的，有力证据证明 60d 抗体滴度的 $\log_{10}$变异在两组之间存在差异。

在这种情况下，$t$ 值通过以下公式计算：

$$t=(\bar{x}_1-\bar{x}_2-\delta)/\sqrt{(\frac{s_1^2}{n_1})+(\frac{s_2^2}{n_2})}$$

自由度的计算公式是：

$$v=(v_1+v_2)^2/\{v_1{}^2/(n_1-1)+v_2{}^2/(n_2-1)\}$$

不等方差的计算公式（Snedecor 和 Cochran，1989）是：

$$v_1=s_1^2/\ n_1$$

和

$$v_2=s_2^2/\ n_2$$

在这个例子中：

$$t=(2.354-1.288-0)/\sqrt{\left(\frac{0.083^2}{5}\right)+\left(\frac{0.342^2}{5}\right)}$$

$$=1.066/\sqrt{0.001\,38+0.023\,39}$$

$$=6.773$$

所以：

$$v=(0.001\,37+0.023\,41)^2/(0.000\,000\,466+0.000\,37)$$

$$=4.47$$

采用 $t$ 表（附录Ⅴ）时自由度只有 4，因为差异显著，所以将其四舍五入到最接近的整数。从附录Ⅴ查到，以 4 为自由度，95%置信区间的值是 2.776，小于 6.773。因此，两组数据在 95%置信区间具有显著差异。需要注意的是，在 98%和 99%的置信区间内，二者间的差异也是显著的。

表 17.5　血清抗体滴度，两种狂犬病疫苗免疫后 60d 内的 $SN_{50}$（$SN_{50}$：血清中和效价$_{50}$）

| 疫苗 | 犬标号 | 免疫之前滴度 | | 免疫之后滴度 | |
|---|---|---|---|---|---|
| | | 倒数 | $log_{10}$ | 倒数 | $log_{10}$ |
| 猫细胞源灭活疫苗 | A653 | 3 | 0.48 | 214 | 2.33 |
| | A616 | 3 | 0.48 | 182 | 2.26 |
| | 2C10 | 2 | 0.30 | 180 | 2.45 |
| | 2B39 | 2 | 0.30 | 267 | 2.43 |
| | 2B47 | 2 | 0.30 | 198 | 2.30 |
| 平均值 | | 2.4 | 0.372 | 228 | 2.354 |
| $\sum x_1 = 11.77$；$n_1 = 5$；$\sum x_1^2 = 27.7339$；$\bar{x}_1 = 2.354$；$s_1 = 0.083$ | | | | | |
| 猪细胞源灭活疫苗 | A603 | 3 | 0.48 | 10 | 1.00 |
| | A654 | 2 | 0.30 | 51 | 1.71 |
| | A618 | 2 | 0.30 | 9 | 0.95 |
| | 2C16 | 2 | 0.30 | 16 | 1.20 |
| | 2C3 | 2 | 0.30 | 38 | 1.58 |
| 平均值 | | 2.2 | 0.366 | 25 | 1.288 |
| $\sum x_2 = 6.44$；$n_2 = 5$；$\sum x_2^2 = 8.763$；$\bar{x}_2 = 1.288$；$s_2 = 0.342$ | | | | | |

另一种方法是估计两个独立样本平均数差的置信区间，并注意方差（因此使用标准差）不同（见第 14 章）。

单一连续稀释试验给如何选择统计方法提出了难题，因为滴度是有序的。如果没有“大于”或“小于”某滴度这样的表述方式，且滴度分布合理，这样对数滴度可视为近似正态分布，因此 $t$-检验也适用于这样的样本，否则采用非参数的 Wilcoxon-Mann-Whitney 检验法，或者计算两样本中位数的置信区间（见第 14 章）。

### 同一群体不同估计值比较

如果某一群体在一段时间内进行了两次采样，且动物群体已被分为阴性或阳性两组，则可用 McNemar 的转换检验进行比较（见第 14 章）。如果要比较抗体的频率分布，那么假设抗体的 LOG 值符合正态分布，可以对相关样本应用 $t$-检验（见第 14 章）。这部分内容在标准的统计学文献中有相关描述。Wilcoxon 符号秩检验是与此相对应的适合的非参数方法（见第 14 章），两组平均数或中位数的置信区间可以被计算出来（见第 14 章）。

## 解释血清学试验

### 纯化

传染原有多种抗原在其表面或内部。此外，在病毒感染的早期阶段，可检出非结构蛋白的抗体。

一些抗原为几个群的毒株所共有，其为划分不同群的基础。其他抗原为某些群特有的抗原。举例来说，A 型流感病毒与 B 型和 C 型流感病毒的区别在于它们的核心核蛋白和基质蛋白。A 型流感病毒根据血凝素和神经氨酸酶抗原的不同，分为不同的亚型（表 17.6）。同样，可以根据血凝素和神经氨酸酶抗原的比较，将同一亚型的不同毒株分为不同的亚群（表 17.6）。这种细化的抗原划分也被称为特异性，有时也被称为特异性分析（Stites 等，1997）。为了避免与诊断试验的特异性所混淆，称为诊断的特异性（见下文）。

**表 17.6 一些 A 型流感病毒的分类**

| 血凝素和神经氨酸酶 | 毒株 |
| --- | --- |
| H1N1 | PR/8/34 |
| H1N1 | Sw/la/15/30 |
| H2N2 | Sing/1/57 |
| H3N2 | HK/1/68 |
| H3N2 | Sw/Taiwan/70 |
| H3N8 | Eq/Miami/1/63 |
| H3N8 | A/Eq-2/Suffolk/89 |
| H3N8 | A/Eq-2/Newmarket2/93 |
| H3N8 | A/Eq-2/Newmarket2/95 |
| H4N6 | Dk/Cz/56 |
| H5N3 | Tem/S. A. /61 |
| H6N2 | Ty/Mass/3740/65 |
| H7N7 | Eq/Prague/1/56 |
| H7N7 | A/Burv/1239/94 |

来源：Murphy 和 Webster，1990；Zambon，1998。

血清学试验的流行病学价值，在于确定某一感染的源头及扩散范围。分子诊断技术在这方面有独特的作用（见第 2 章）。

血清学试验的差异体现在检测微小抗原能力的差异。表 17.7 表示的是检测 A 型流感病毒的血清学试验的精度的差异。补体结合试验（CFT），将从鸡胚绒毛尿囊膜中提取的病毒作为抗原，检测针对病毒核衣壳蛋白的抗体，因此只特定于病毒型的水平。但是，因为可以检测血凝素（HA）和神经氨酸酶（NA）的特定亚型，因此在对亚型有效的补体结合试验中应用全病毒作为抗原。如果用认真挑选的毒株作为抗原，识别特定的毒株是可能的。当抗体直接作用于特定毒株的抗原时，抗体的 HA 和 NA 滴度是最高的。需要强调的是，对所有的抗原抗体反应来说，一种试验类型并不总是比另外的更精确（例如，免疫扩散与补体结合试验），因为精度还决定于在检验中用的抗原的性质。

**表 17.7 A 型流感病毒血清学检测总结**

| 检测方法 | 试验抗原 | 抗体检测 | 推荐使用$^{\theta}$ | |
| --- | --- | --- | --- | --- |
| | | | 血清学调查 | 血清学诊断 |
| HI | 全病毒 | HA$^{\xi}$ | ++++ | ++++ |
| NI | 全病毒 | NA$^{\xi}$ | ++++ | |
| CF | CAM 提取物 | NP | | ++ |
| | 全病毒 | HA，NA | | +++ |

（续）

| 检测方法 | 试验抗原 | 抗体检测 | 推荐使用[θ] | |
|---|---|---|---|---|
| | | | 血清学调查 | 血清学诊断 |
| SRD | 全病毒* | HA，NA | +++ | ++++ |
| | 破裂的病毒* | NP，MP | | +++ |
| IDD | 破裂的病毒* | HA，NA | + | ++ |
| | 破裂的病毒* | NP，MP | + | ++ |
| N-IHA | NA | NA | ++++ | |

注：HI=血凝抑制；NI=神经氨酸酶抑制；CF=补体结合；IDD=单项免疫扩散；N-IHA=神经氨酸酶-间接血凝；HA=血凝素；NA=神经氨酸酶；NP=核蛋白；MP=基质蛋白；CAM=绒毛尿囊膜；[θ] 检测方法的实用性由+（至少有用）到++++（最有用）；[ξ] 当含有高浓度抗体的血清滴定低稀释度第二表面抗原（HA 或 NA）时可能会产生抑制；* 通过选择特定的病毒或重组病毒抗原组合实现检测的特异性。

来源：Stuart-Harris 和 Schild，1976。

## 精确度

同其他诊断试验一样，“假阳性”和“假阴性”可能发生（见第 9 章）。表 17.8 列出了血清学试验结果“假阳性”和“假阴性”的原因。

**表 17.8　血清学试验结果“假阳性”和“假阴性”的原因**

| 阳性结果 | |
|---|---|
| 确实感染 | 真阳性 |
| 交叉反应<br>无特定的抑制剂<br>无特定的凝集素 | 假阳性 |
| **阴性结果** | |
| 未感染 | 真阴性 |
| 天然或诱发的耐受<br>时机不当<br>检测方法不当<br>无特定抑制剂（如抗补体的）<br>血清、培养物含有毒物质<br>抗生素引起的免疫抑制<br>不完整或阻断性抗体<br>检测不敏感 | 假阴性 |

来源：Stites 等，1982。

### 阳性结果

一个真正的阳性结果反映的是真实的感染。假阳性结果的发生有多种原因。不同生物体类似的抗原抗体之间可以发生交叉反应。例如，感染耶尔森菌 O:9 产生的抗体可以与流产布鲁氏菌抗原发生交叉反应（Kittelberger 等，1995）。同样，副结核病哺乳动物和禽可呈现结核菌素阳性反应（Körmendy，1988）。

血清中存在的非特异的抑制剂可能会抑制通常与抗体非特异性结合的完整抗原的活动有关的反应。因此，在没有抗体的情况下，这些抑制剂会模仿抗体的作用。一个典型的例子是在血凝试验中的非特异性结合。抗原凝集素可以被非特异性凝集素抗体凝集。

### 阴性结果

一个真正的阴性结果表明没有感染。

假阴性结果可能有几个原因。一些动物天然的或诱导的对抗原缺乏免疫性，当有抗原感染时不产生抗体。例如，牛胎儿在母牛体内感染牛病毒性腹泻病毒后，当再次用病毒性腹泻病毒攻毒时不能产生可检测到的抗体（Coria 和 McClurkin，1978）。

检测时机不对可能会造成检测结果的失败。一些牛在流产之前用补体结合试验检测不到布鲁氏菌病的抗体，因为可检测到的抗体在流产之前还没有产生（Robertson，1971）。

某些检测可能不适用于检测感染。对于感染非洲猪瘟病毒的猪不能用血清中和试验检测抗体，通过免疫荧光方法可检测到抗体（De Boer，1967）。

一些非特异性抑制剂因为它们的作用模式会产生阴性结果（包括上述产生假阳性结果）。一些血清特别是被污染了的或溶血的血清有抗补体，那么补体在补体结合试验中就不被结合，因此，即使抗体存在，也会出现假阴性。这种情况存在于布鲁氏菌病检测中（Worthington，1982）。同样的，一些病毒会模仿没有中和抗体的病毒，造成其不能产生中和抗体的假象。

有一些抗体是不完整的，不能用于抗原/抗体检测反应。常见的犬自身免疫性溶血性贫血疾病以红细胞上不完整的抗体为特点，因此只能利用抗球蛋白试验检测（Halliwell，1978）。当用补体结合试验检测牛布鲁氏菌病时，也可能偶尔发生封闭抗体阻止抗原/抗体反应（Plackett 和 Alton，1975）。因为过量表达的 $IgG_1$ 阻断 $IgG_2$（后者负责补体结合），称为“前带”效应。

最后，血清学检测可能是对抗体检测太不敏感。这里所说的敏感性是指检测大量抗体或抗原的能力。表 17.9 列出了一些常见的血清学试验及其相对敏感性分析。一些新的分子技术（如聚合酶链式反应）在分析上是极敏感的（Belak 和 Ballagi Pordany，1993），因此在检测感染方面毫不逊色于血清学试验。

**表 17.9 测定抗原和抗体的常见血清学试验及其相对敏感性分析**

| 技术 | 近似敏感性 |
|---|---|
| 全血清蛋白（通过缩二脲或屈光度） | 100mg/dL |
| 血清蛋白电泳（区带电泳） | 100mg/dL |
| 超速离心技术 | 100mg/dL |
| 免疫电泳 | 5～10mg/dL |
| 免疫固定 | 5～10mg/dL |
| 单向辐射状扩散 | <1～2mg/dL |
| 琼脂双向扩散 | <1mg/dL |
| 电泳免疫扩散（火箭电泳） | <0.5mg/dL |
| 单向双免疫电泳（对流免疫电泳） | <0.1mg/dL |
| 散射比浊法 | 0.1mg/dL |
| 补体结合试验 | 1μg/dL |

（续）

| 技术 | 近似敏感性 |
|---|---|
| 凝集试验 | 1μg/dL |
| 酶联免疫吸附试验（ELISA） | <1μg/dL |
| 定量免疫荧光 | <1pg/dL |
| 放射免疫 | <1pg/dL |

来源：Stites 等，1997。

## 诊断试验的评价与解释

本章的第二部分描述的方法，用于评估一般的诊断试验，并使试验性能与不同的试验策略的性能有关。

### 敏感性和特异性

诊断的敏感性和诊断的特异性作为诊断有效性的指标，在第 9 章分别有所介绍。为了简便起见，其被称为“敏感性”或“特异性”。本章后续部分将继续阐述。尽管讨论的主要是血清学调查，但对其他类型的诊断试验方法及其实用性，以及调查问卷的评估均有所涉及。注意：一种诊断方法的敏感性是检测到的真阳性的比例，该方法的特异性为检测到的真阴性的比例。

#### 连续和有序试验变量

用名义和二分类方法测量变量的试验可以计算敏感性和特异性，如绦虫的有无（见表 9.4）。然而，在许多试验中，试验变量是连续的（例如，α-甘露糖苷酶的水平：见第 22 章），或等级分类的（例如，单一的系列稀释的抗体效价）。这种测试方法可用于评估（例如，估计试验测量和有效标准测量差值的平均值和标准差：Bland 和 Altman，1986），它通常的做法是将测量二分类为“阳性”或“阴性”。这就需要定义一个分界点。

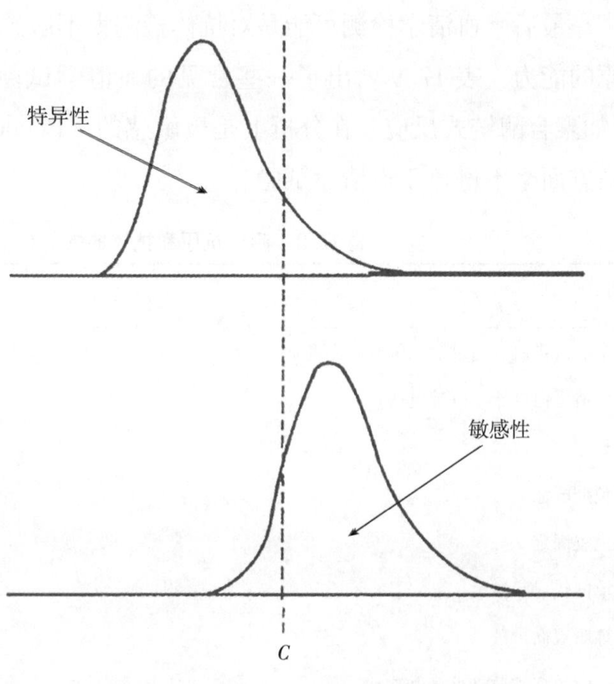


图 17.1　敏感性和特异性在连续试验变量中的关系（在文本中查看释义）。上图＝健康群体中某一变量的频率分布；下图＝患病群体中此变量的频率分布；C＝临界点为个体健康和患病的分界线

当分界点确定时，敏感性和特异性就成明显的反比关系。在图 17.1 中，上图曲线表示一个变量在一个健康群体的频率分布，下图表示其在患病群体的频率分布。

对于个体来说，这个变量的值在临界

点的右端，被列为试验阳性；在临界值的左端被列为阴性。变量的值在上图临界点 *C* 的右侧是假阳性，在下图临界值的左侧是假阴性。如果在每个区域曲线表示为 100%，则分界点右边的标记区域对应试验的敏感性，而分界点左边的标记区域对应的是试验的特异性。如果要得到更少的假阳性，*C* 要向右移动：特异性升高且敏感性下降。但是，如果要得到较少的假阴性，*C* 要向左移动：敏感性升高且特异性下降。

表 17.10 还阐明了采用 ELISA 检测牛布鲁氏菌抗体时敏感性和特异性的相反的关系。当分界点值（正阈值）增大时，敏感性下降且特异性升高。

定义分界点　分界点有几种方式来确定。它们被武断地定义为比不受影响个体的测试值均数大的两个（Coker-Vann 等，1984）或三个（Gottstein，1984）标准差。可以挑选出使错误诊断的总数或者总成本降到最小的值。最佳的分界点还取决于测试变量在健康的群体和患病群体的频数分布，但这可能是很复杂的。Weinstein 和 Fineberg（1980）和 Vizard 等（1990）对这个主题有详细的讨论。尽管可通过一些复杂的方法找到精确的分界点，但通常选择一些简单的方法来找分界点。其中相似比和 ROC 曲线将在下文中介绍。

当进行大规模的群体检测时，往往是为了升高特异性而降低敏感性。这是因为最初的测试不是为了确诊，而是为了测量更多的样本。因此，假阳性（来源于升高的敏感性）没有假阴性（来源于升高的特异性）重要，这种情况下，临界点需要相应地移动。

**表 17.10　用于检测牛布鲁氏菌抗体的酶联免疫吸附试验（ELISA）血清学诊断的阳性阈值，对实验参数的影响**

| 正阈值 | 敏感性 | 特异性 | | 发病率 | 预测值 | | |
|---|---|---|---|---|---|---|---|
| | | | | | +ve | | −ve |
| | | 未免疫牛 | 免疫牛 | | 未免疫牛 | 免疫牛 | Either |
| ≥0.220 | 0.960 | 0.990 | 0.852 | 10 | 0.92 | 0.42 | 1.00 |
| | | | | 1 | 0.50 | 0.06 | 1.00 |
| | | | | 0.1 | 0.09 | 0.01 | 1.00 |
| ≥0.260 | 0.943 | 0.995 | 0.930 | 10 | 0.95 | 0.60 | 0.99 |
| | | | | 1 | 0.64 | 0.12 | 1.00 |
| | | | | 0.1 | 0.15 | 0.01 | 1.00 |
| ≥0.300 | 0.937 | 0.998 | 0.948 | 10 | 0.98 | 0.67 | 0.99 |
| | | | | 1 | 0.84 | 0.15 | 1.00 |
| | | | | 0.1 | 0.34 | 0.02 | 1.00 |
| ≥0.340 | 0.920 | 0.999 | 0.969 | 10 | 0.99 | 0.77 | 0.99 |
| | | | | 1 | 0.90 | 0.23 | 1.00 |
| | | | | 0.1 | 0.48 | 0.03 | 1.00 |

## 探知真相

敏感性和特异性的计算需要独立有效的标准，也被称为“黄金标准”，以此来定义动物真实的疾病状态。因此，当评估采用分离离心与浮选技术诊断马绦虫病时（见表 9.4），剖检病马的肠道是所谓的黄金标准。同样地，在评估采用 ELISA 检测布鲁氏菌病时，我们常通过细菌培养来判断是否为阳性，而从已知无布鲁氏菌的畜群选择阴性动物。对于布鲁氏菌病的诊断，许多试验或许也可以作为黄金标准，即动物如果在一系列的试验中都呈阳性的话，也可以判断为阳性，如果动物在这些测试中都呈阴性的话，那么可以判定为阴性。有时，可以采用几个标准。例如，尾鳍结核菌素试验的敏感性已经估计为 80.4%～84.4%，可选四个标准中的一个或更多个：单纯的细菌培养为阳性；单纯的组织学检查为阳性；细菌培养和组织学检查均为阳性；细菌培养和组织学检查有一个为阳性（Whipple 等，1995）。

黄金标准适用的动物群体必须是具有代表性的患病动物或健康动物，因此要在一般的群体中做筛选试验，并且黄金标准适用于从该总体中抽取的患病动物和健康动物样本。与此相反，临床诊断试验需适用于已有证据证实可能患病的动物，并且试验需要将“患病”和那些与患病动物相似的动物进行区分（这些因此构成了“健康”的动物）。由此可见，当它被作为一种筛选试验用在兽医诊所的诊断试验中时，试验的敏感性和特异性可以不同。Martin 和 Bonnett（1987）描述了在临床上的敏感性和特异性的推导。

### 敏感性和特异性的置信区间

敏感性和特异性的置信区间可以使用比例区间估计的公式来计算（见第 12 章）。但是回想一下（见第 13 章），如果比例值非常低（<5%），或非常高（>95%），这将不再适用。敏感性和特异性值可能超过 95%，应用这个公式可能会导致异常（例如，一个置信上限大于 100%）。在这种情况下，如果样本量较小，可以使用附录Ⅶ。然而，现在一般建议威尔逊法（Wilson，1927）。

这涉及计算三个值（A、B 和 C），其中，对于 95%的间距：

$$A=2r+1.96^2;$$

$$B=1.96\sqrt{1.96^2+4r(1-P)}$$

$$C=2\ (n+1.96^2);$$

其中，$r$＝具有相关特点的个体数；

$n$＝样本数量；

$P$＝观察到的比例。

置信区间是 $(A-B)/C$，$(A+B)/C$。

例如，如果对已知阴性的 130 只动物进行检测，128 只检测为阴性（$d$，见表 17.11），特异性的点估计值＝$d/b+d$＝128/130＝98.5%，95%的置信区间通过以下计算得出：

**表 17.11　诊断测试的可能结果**

| 测试状态 | 真实状态 | | 共计 |
|---|---|---|---|
| | 患病 | 未患病 | |
| 患病 | $a$ | $b$ | $a+b$ |
| 未患病 | $c$ | $d$ | $c+d$ |
| 共计 | $a+c$ | $b+d$ | $a+b+c+d$ |

$$\begin{aligned}A&=2\times128+1.96^2\\&=256+3.84\\&=259.84\end{aligned}$$

$$B = 1.96\sqrt{1.96^2 + 4 \times 128(1-0.985)}$$
$$= 1.96\sqrt{3.84 + (512 \times 0.015)}$$
$$= 196\sqrt{11.52}$$
$$= 6.65;$$
$$C = 2\ (130 + 1.96^2)$$
$$= 267.68$$

所以 $(A\text{-}B)/C=(259.84-6.65)/267.68$
$=0.946$

和 $(A+B)/C=(259.84+6.65)/267.68$
$=0.996$

即 95%置信区间=94.6%，99.6%。（请注意，不当的使用第 12 章中所述的置信区间的估算公式将可能得到 96.3%的置信区间下限，但也会得到一个不可能存在的 100.6%的置信区间上限。）

如果需要其他的置信区间，那么 1.96 将被替换为合适的乘数（附录Ⅵ）。

另一种用来估计敏感性和特异性精度的方法是，利用从几个研究中获得的一系列点估计值而获得最可能的平均数、最小和最大值，再用这些值进行建模。一种常见的方法是使用 β-Pert 分布①。例如，Jones 等提出（2004b）的有关牛布鲁氏菌病的诊断试验。或者，利用两个极端百分位数和中位数建模（Johnson，1997）。

**约登指数**

约登指数，$J$，结合敏感性和特异性试验中的单个值：$J$=敏感性+特异性−1，或者，使用表 17.11 中的符号：

$$J = \frac{a}{a+c} + \frac{d}{b+d} - 1$$

它可以在 1（当敏感性和特异性都等于 100%）和−1（当敏感性和特异性都等于 0：一个不太可能的情况）之间取值。近似的 95%的置信区间为：

$$J - 1.96\sqrt{\frac{ac}{(a+c)^3} + \frac{bd}{(b+d)^3}}$$

$$J + 1.96\sqrt{\frac{ac}{(a+c)^3} + \frac{bd}{(b+d)^3}}$$

该指数假设敏感性和特异性均具有同等的重要性，但正如已经指出的那样，事实却通常不是这样。因此用这些值来评估疾病控制计划的试验价值是存在局限性的。

## 预测值

当采用血清学或其他筛选试验，确定疾病在动物群体中是否存在时，重要的是要知道依据

① β 分布是一种基础分布，Pert 是几个单词的首字母缩写，这个模型用来评估概率分布。

这些试验能否真正判断该动物是否为真的阳性或真的阴性。这些概率是试验的预测值。最经常被引用作为试验预测值的参数是一个阳性的预测值（相对于阴性）。

该预测值取决于特异性、敏感性和流行率。敏感性和特异性对于一个给定的群体来说，是固有性质，并且是相对稳定的[①]，但被检测群体中疾病的流行率将影响试验阳性的动物的比例，$P^T$是真实的患病。$P^T$有两个组成部分：一是真阳性；二是假阳性。

患病动物的比例是：

$$\{P \times 敏感性\} + \{(1-P) \times (1-特异性)\}$$

例如，如果 $P=0.01$，敏感性$=0.99$，特异性$=0.99$，那么

$$P^T = (0.01 \times 0.99) + \{(1-0.01) \times (1-0.99)\}$$
$$= 0.02$$

这表示100%的高估（实际的流行率是0.01，而估计的流行率是0.02）。较小的流行率，较大的估计值，即，较低的预测值（阳性测试结果）。

该预测值（阳性检测结果）由以下公式计算：

$$\frac{P \times 敏感性}{(P \times 敏感性) + [(1-P) \times (1-特异性)]}$$

预测值（阴性检测结果）可由下面的公式计算：

$$\frac{(1-P) \times 敏感性}{[(1-P) \times 特异性] + [P \times (1-敏感性)]}$$

可替换地，可用以下公式简单地进行计算：

敏感性$=a/(a+c)$

特异性$=d/(b+d)$

阳性预测值$=a/(a+b)$

阴性预测值$=d/(c+d)$

预测值是个比例，因此敏感性和特异性的置信区间可以以类似的方式计算。

5个筛选试验（或其改进试验）可用于检测布鲁氏菌病：试管凝集试验（TAT）、补体结合试验、布鲁尔卡试验、酶联免疫吸附试验和乳环试验。可用足够的数据来估计前4个试验的敏感性和特异性（MAF，1977；加拿大农业部，1984）。这些数据总结在表17.12中。

**表17.12　四种牛布鲁氏菌病筛查试验的敏感性和特异性**

| | 敏感性（%） | 特异性（%） |
|---|---|---|
| 试管凝集试验 | 62.0 | 99.5 |
| 补体结合试验 | 97.5 | 99.0 |
| 布鲁尔卡试验 | 95.2 | 98.5 |
| 酶联免疫吸附试验* | 96.0 | 99.0 |

注：* 阳性临界点≥0.220；未免疫牛的特异性见表17.10。

假定试管凝集试验将应用于三种不同的地区的100 000头牛，其中布鲁氏菌病的发病率分

① 敏感性和特异性是会发生变化的，如他们可能与损伤程度和机体的状态有关。试验通常基于潜在的连续特性，这些特性的分布在群体之间不同，因此，与分界点有关的这些特性的分布也不同。由于分布决定流行率，当个体的值接近分界点时更易产生错分，因此敏感性和特异性也随流行率变化。疾病谱偏倚用来描述随着特性分布变化的敏感性和特异性的变化。

别为3%、0.1%和0.01%。通过表17.12的数据，可计算出这三个地区牛群试验的敏感性、特异性及预测值（阳性结果）。

结果分别列于表17.13的 $a$、$b$ 和 $c$ 中。由于牛流行率降低，检测的预测值也会相应地降低，这可能会导致健康牛的比例有所上升。表17.10说明的就是这种情况。

在流行率较低时，即使是相对“好”的检测（敏感性=99%，特异性=99%），也具有较低的预测值（图17.2）。如果在疫病根除计划中使用0.990的敏感性（99%）和0.999的特异性（99.9%）的试验，如果流行率为0.1（10%），对1 000万只牛进行单项检测，将有990 000的真阳性结果和9 000的假阳性结果。因此，在疫病根除计划实施初期，这样的检测是可以接受的。但是随着计划的进行，牛的流行率会逐渐下降。当流行率降低到0.0001（0.01%），会有9 900的真阳性结果和9 990的假阳性结果。疫病被根除后，假阳性动物数量将保持不变。因此，可接受敏感性和特异性的水平，依赖于控制或根除计划的早期阶段。理想情况下，在疫病消灭计划的晚期，如果结果仅仅依赖单一的血清学试验，那么需要提高检测的敏感性和特异性。实际上，可以使用其他技术，比如联合试验（见下文），被感染农场的隔离，以及无疫区的维持。

**表17.13 对三个流行率水平不同的地区的牛布鲁氏菌病的试管凝集试验预测值**
**（敏感性=62%；特异性=99.5%）**

| 测试状态 | 真实状态 | | 共计 |
|---|---|---|---|
| | 患布鲁氏菌病 | 未患布鲁氏菌病 | |
| (a) 布鲁氏菌病的流行率：3% | | | |
| 患布鲁氏菌病 | 1160 ($a$) | 485 ($b$) | 2 345 |
| 未患布鲁氏菌病 | 1140 ($c$) | 96 515 ($d$) | 97 655 |
| 共计 | 3 000 | 97 000 | 10 000 |
| 预测值（阳性结果）$=a/(a+b)=79.3\%$ | | | |
| (b) 布鲁氏菌病的流行率：1% | | | |
| 患布鲁氏菌病 | 62 | 500 | 562 |
| 未患布鲁氏菌病 | 38 | 99 400 | 99 438 |
| 共计 | 100 | 99 900 | 10 000 |
| 预测值（阳性结果）=11.0% | | | |
| (c) 布鲁氏菌病的流行率：0.01% | | | |
| 患布鲁氏菌病 | 6 | 500 | 506 |
| 未患布鲁氏菌病 | 4 | 99 490 | 99 494 |
| 共计 | 10 | 99 990 | 10 000 |
| 预测值（阳性结果）=1.2% | | | |

在某些疾病的检测中不存在假阳性的情况，例如，利用血涂片的显微镜检来识别血液寄生虫。Waltner-Toews（1986c）等讨论了在这种情况下实际流行率是如何估算的。

Vecchio（1966），Galen和Gambino（1975），Rogan和Gladen（1978）等进一步讨论了血清学方法和其他诊断试验的预测值。

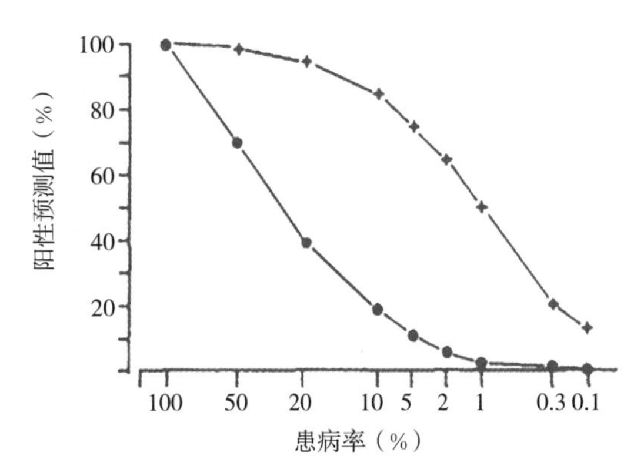

图17.2 流行率与阳性预测值之间的关系。+：敏感性=99%，特异性=99%；•：敏感性=70%，特异性=70%

## 似然比

当对某一群体进行检测时，预测值对流行

率的依赖是最大的缺点。似然比是一种很好的测定方法，因为其与流行率是相独立的。它根据检测的结果，比较患病动物和不患病动物的比例。

阳性似然比（$LR+$）指的是检测结果为阳性的感染动物比例与检测结果为阳性的健康动物比例的比值。使用表 17.13a 的数据计算的公式为：

$$LR+=[a/(a+c)]/[b/(b+d)]$$
$$=(0\ 860/3\ 000)/(485/97\ 000)$$
$$=0.620\ 00/0.005\ 00$$
$$=124$$

因此，从检测结果看，呈现阳性的动物是感染动物的可能性是非感染动物的可能性的 124 倍。因此，$LR+$是阳性结果可靠性的定量指标。完善的诊断试验 $LR+$等于无穷大（所有检测为真阳性，不产生假阳性），因此，判断某种疾病最好的诊断方法即为具有最大 $LR+$值的方法。

注意上面的公式 $a/(a+c)$，即敏感性（真阳性率）；$b/(b+d)$，也就是 1－特异性（假阳性率）。因此，也可以表示为：

$$LR+=敏感性/(1-特异性)$$

阴性似然比（$LR-$）为检测呈阴性的动物中，感染动物与健康动物的比例，即：

$$LR-=[c/(a+c)]/[d/(b+d)]$$
$$=(1\ 140/3\ 000)/(96\ 515/97\ 000)$$
$$=0.380\ 00/0.995\ 00$$
$$=0.382$$

因此，从感染布鲁氏菌病的动物检测为阴性结果的可能性，只有从健康动物中检测到的 0.4 倍。完善的诊断试验将是一个 $LR-$等于零的方法（不产生假阴性，且检测所有的真阴性），因此最好的排除检测是 $LR-$值为 0 的试验。

同样注意，上述式包括 $c/(a+c)$，即 1－敏感性（假阴性率）；$d/(b+d)$，即特异性（真阴性率）。因此，也可以表示为：

$$LR-=(1-敏感性)/特异性$$

$LR+$和 $LR-$只与敏感性和特异性参数有关。正是由于这个原因，$LR+$和 $LR-$是相对稳定的。

似然比为两个比例之比，其近似的置信区间可以以累积发病率为基础，通过使用计算相对危险度的近似置信区间的公式进行对数转换来计算（参见第 15 章）。该公式中 $a$ 或者 $b$ 的值均不能为 0。Altman 等（2000）推荐为了便于计算，$a$ 和 $b$ 均加 0.5。Nam（1995）描述了一个更复杂的方法，其计算的效果比之前的方法好。

**似然比和概率的关系**

当在概率的背景下考虑参数时，可以探索似然比更深层的特性：事件发生的概率与不发生概率的比值（在第 15 章中有讨论）。下面介绍 4 个新的术语，用表 17.13a 中的数据举例说明。

首先，疾病的验前概率（pre-test probability，贝叶斯“先验概率”：见第 3 章）是在检测

前动物患某种疾病的比例，这就是流行率（0.03）。

其次，疾病的验后概率（post-test probability，贝叶斯“后验概率”）经检测呈阳性的患病动物所占比例。这在前面已经作为阳性测试结果（0.793）的预测值介绍过。

再次，疾病的验前机率（pre-test odds of disease）为患病的验前概率与未患病的验前概率的比值。

$$
\begin{aligned}
&(3\,000/100\,000)/(97\,000/100\,000)\\
&=0.030\,0/0.970\,0\\
&=0.030\,93
\end{aligned}
$$

最后，疾病的验后机率（post-test odds of disease）为疾病的验后概率与未患病的验后概率之间的比值：

$$
\begin{aligned}
&(1\,860/2\,345)/(485/2\,345)\\
&=0.793\,2/0.206\,8\\
&=3.835\,6
\end{aligned}
$$

$LR+$也是疾病的验后机率（post-test odds of disease）与疾病的验前机率（pre-test odds of disease）之比，也就是说，3.8356/0.03093=124。

因此，疾病的验前机率（odds）和疾病的验后机率（odds）通过$LR+$相关联：

疾病的验前机率×$LR+$=疾病的验后机率

但是，概率是更为人们熟知的概念，因此可能被认为是更“方便使用的”工具。二者可以通过下列公式相联系：

$$\frac{\text{验前概率}}{1-\text{验前概率}}=\text{验前机率}$$

和

$$\frac{\text{验前机率}}{\text{验前机率}+1}=\text{验前概率}$$

例如，使用表 17.13a 的数据：

验前概率（pre-test probability，即流行率）=0.03，$LR+=124$。因此，验前机率（pre-test odds）=0.03/（1−0.03）=0.03093，验后机率（post-test odds）=0.03093 ×124=3.84，验后概率（post-test probability）=3.84/（3.84+1）=0.793（即阳性预测值）。

这些计算可以通过使用列线图避免[①]（图 17.3）。例如，如果验前概率为 0.30（30%），并在 $LR+$是 20，左手边垂线通过 0.3 的点，而中间线通过 20。因此右手边线可以确定验后概率为 0.9（90%）。

**临床实践中的似然比**

与敏感性和特异性相比，似然比的一个主要优点是可以用来计算连续型或有序检测结果值的不同范围。这对于兽医门诊对个别病例的协助诊断特别有益[②]。

① 列线图是两个变量以上关系的图形化表示。
② 临床环境中的变量可能包括很多测量尺度，如临床症状和疾病史的集合。

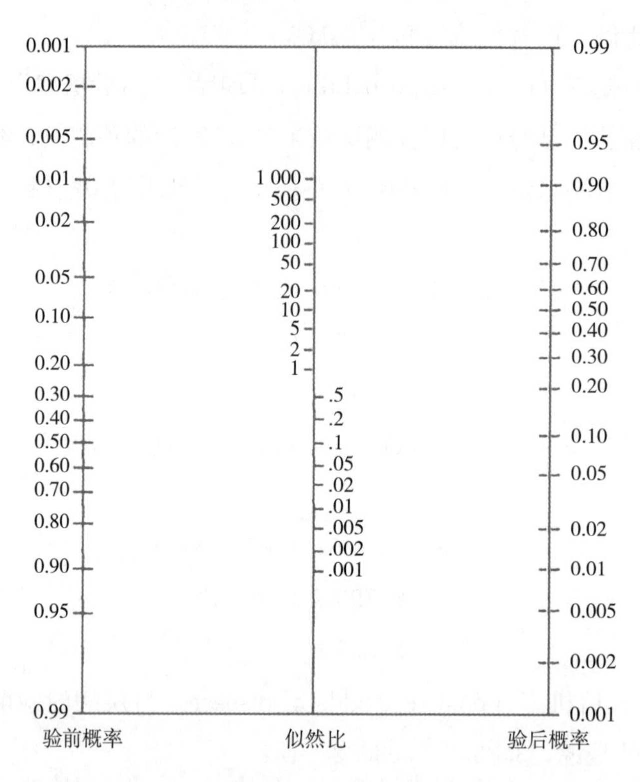


图 17.3 列线图描绘了疫病的验前概率、似然比和验后概率。来源：修订自 Fagan，1975

表 17.14 列出了在犬髋关节发育不良的检测中，阳性结果的似然比。诊断试验包括犬的臀部 X 光片和根据股骨头和髋臼之间重叠的百分比记录的背侧半脱位评分（DLS）。受影响的犬更可能得到一个低得分。尸检结果已经证实了发育不良的存在。

**表 17.14 犬髋关节发育不良阳性测试结果（*LR*＋）似然比，使用了背侧半脱位评分（DLS）**

| DLS | 髋关节发育不良阳性 | 髋关节发育不良阴性 | 不同临界值的 *LR*＋ | | 不同区段的 *LR*＋ | |
|---|---|---|---|---|---|---|
| | | | DLS 临界值 | *LR*＋ | DLS 范围 | *LR*＋ |
| ＜45 | 14 | 6 | ＜45 | 8.0 | ＜45 | 8.0 |
| 45～55 | 6 | 8 | ≤55 | 4.9 | 45～55 | 2.6 |
| ＞55 | 4 | 68 | | | ＞55 | 0.2 |
| 共计 | 24 | 82 | | | | |

数据来源：Lust 等，2001。

针对两个临界值（＜45 和＞55）计算似然比。因此，对于≤55，真阳性率＝（14＋6）/24＝0.833 3；假阳性率＝（6＋8）/82＝0.170 7；*LR*＋＝0.833 3/0.170 7＝4.9。还计算了 DLS 评分的三个“区段”。对于 45～55 这一区段，真阳性率＝6/24＝0.250 0；假阳性率＝8/82＝0.097 6；*LR*＋＝0.250 0/0.097 6＝2.6。单独使用≤55（*LR*＋＝4.9）的临界值不能描述出整个范围结果的检测性能，结果是明显变化的（＜45：*LR*＋＝8.0；45～55：*LR*＋＝2.6）。同样的，选择＜45 作为临界值（值≥45 的感染动物因此被分到健康一类）忽略了在 45～55（*LR*＋＝2.6）区段的阳性结果的力度。

以全面的检测结果计算的似然比值可以帮助临床兽医判断诊断结果。首先，需要指出疾病的验前概率（pre-test probability）。这完全不同于当诊断试验用于筛检总群体时获得的值，因为在总群体中大多数的动物被假定是健康的（表 17.13），而且总群体中这一概率仅仅是群体中疾病的流行率。在兽医诊所的动物是有临床病史和症状的，且是被其主人送检的群体的非常有限的一部分。在这种情况下，验前概率（pre-test probability）是给定条件下的概率，通常基于临床兽医的判断。如果临床兽医考虑到动物感染的可能性和没感染一样，那么验前概率即为0.5。因此，如果犬髋关节发育不良只是假定的情况，DLS在45和55之间，*LR*＋是2.6，那么验后概率通过查表可以得出，其接近于0.75（75%）。相反，如果DLS<45，*LR*＋值是8.0，那么验后概率会增加到0.9（90%）。（这额外的值可以用公式计算，以上内容均可由概率转变为比，且可相互转换。）

因此，有序或连续试验变量的全部区间的似然比，和特定患畜中变量值的测量一起，是缩小患畜诊断范围的强大帮手。

## ROC曲线

对于连续或者有序试验变量的不同临界值的*LR*＋值，可以通过绘制受试者工作特征（ROC）曲线（图17.4）[①]形象地表示出来。ROC曲线描述了一系列临界值成对的真阳性率（敏感性）和假阳性率（1－特异性）的关系，纵坐标表示敏感性，横坐标表示特异性。有效的检验将患病动物和健康动物完全区分开来，将会形成一个恰好落在图的左上角的“曲线”。相反，一个无效检验，将会产生一条从左下角到右上角的直线。因此，具有最大限度地落在左上角的ROC曲线的试验是较好的试验。依据分类动物的极小化比例［比如，产生（敏感性＋特异性）/2的最大值］，给定试验最好的分界点在ROC离左边拐角最近的一个点。此外，当流行率是50%，这个结果在动物数量最小时，可能会产生错误的分类。

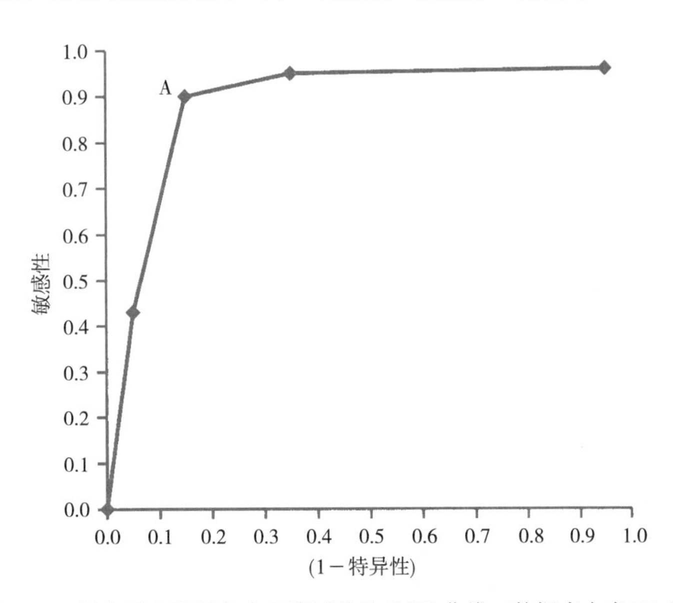


图17.4　新孢子虫酶联免疫吸附试验的ROC曲线（数据来自表17.16）

在许多国家，新孢子虫是引起牛流产的一个主要感染性原因（表17.15），图17.4中描述的ROC曲线是根据检测新孢子虫的ELISA结果绘制的。这个ELISA值表示为“%阳性（PP）”的形式[②]，5个分界点的值在表格中也有所体现。因此PP>20%的动物被判断为感染：

① ROC曲线是在20世纪50年代发展起来的，用于评估雷达信号，在80年代逐步在医学领域使用。

② 与其他ELISA一样，通过与参考血清比较，试验会产生一个ELISA值，这可能导致PP值超过100%。

$$敏感性=\frac{4+5+98}{114}=0.938\ 6$$

$$特异性=\frac{170+18+2}{199}=0.954\ 8$$

其他临界值也同样计算。

每一个临界值的似然比也可以计算。因此，大于 PP>20%点：

$$\begin{aligned} LR+ &= 敏感性/(1-特异性) \\ &= 0.9386/(1-0.9548) \\ &= 21 \\ LR- &= (1-敏感性)/特异性 \\ &= (1-0.9386)/0.9548 \\ &= 0.06 \end{aligned}$$

其他临界值也同样计算。

**表 17.15 评价敏感性、特异性和似然比，对不同群体的 ELISA 检测新孢子虫感染在奶牛中的百分比阳性值**

| %阳性 | 已知阳性 | 已知阴性 | cut-off | 敏感性 | 特异性 | *LR*+ | *LR*− |
|---|---|---|---|---|---|---|---|
| 0~10 | 0 | 170 | — | — | — | — | — |
| >10~15 | 3 | 18 | >10 | 1.000 | 0.854 3 | 6.9 | 0.00 |
| >15~20 | 4 | 2 | >15 | 0.973 7 | 0.944 7 | 18 | 0.03 |
| >20~25 | 4 | 3 | >20 | 0.938 6 | 0.954 8 | 21 | 0.06 |
| >25~30 | 5 | 0 | >25 | 0.903 5 | 0.964 8 | 30 | 0.10 |
| >30~107 | 98 | 6 | >30 | 0.859 6 | 0.964 8 | 29.9 | 0.15 |
| 共计 | 114 | 199 | | | | | |

注：*LR*+=阳性检测结果相似率；*LR*−=阴性检测结果相似率。

来源：Study reported in Davison 等，1999；raw data supplied by Helen Davison，Veterinary Laboratories Agency，New Haw，UK。

曲线接近左上角那一点，表明检测是好的。另外，使敏感性和特异性最大化的 PP 临界点>15（{敏感性+特异性}/2=0.9592，可从表 17.15 中获得的最大值）。

Altman 等（2000）描述了 ROC 曲线置信区间的估算。

#### 17.4.4.1 曲线下面积

曲线下面积（AUC）也称为诊断精确度，是对检测性能的整体估计。这个区域等于患病随机个体比健康随机个体检测变量值高的概率（如果检测变量值在患病个体中升高的话）。因此，一个有效的检验产生值为 1 的 AUC，而没有借鉴意义的检测的值为 0.5。

AUC 的计算涉及 MannWhitney 统计学（见第 14 章），此法基于已知阳性和已知阴性群体中个体的每个比较结果。每个分数都来源于每个比较对子：当已知阳性的值比已知阴性的值大时，得分为1；当两个值相等（“平分”）时，得分为 0.5；当已知阳性的值小于已知阴性的值时，得分为 0。然后把得分汇总，并除以比较的对子数。

这个计算在表 17.16 中用表 17.15 中的数据进行了举例说明。在大于 10~15PP 级别中，3

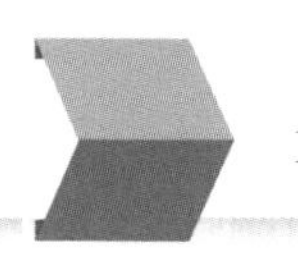


只已知阳性动物的值大于170只已知阴性动物的值（PP值为0～10的），因此有3×170个这样的比较，每个得分为1，总得分值为510。此外，在此分类中，有3个已知阳性的动物和18个已知阴性的动物，组成3×18个平分，每个分值是0.5，那就是（3×18）×0.5=27。因此，此类的总分就是510+27=537。其他分类也同样计算。最后的总分是22 232，有22 686对比较（114只已知阳性的动物乘以199只已知阴性的动物）。因此AUC就是22 332/22 686=0.984。这个值是高的（完美检测值为1），再次证明了ELISA检测值很准确。

可以计算AUC的置信区间AUC（Altman等，2000）。

Greiner等（2000）对ROC曲线进行了更全面的讨论。

**表17.16　在ROC曲线下的计算（数据来自表17.15）**

| %阳性 | 已知阳性值>已知阴性值的次数 | 总分：已知阳性值>已知阴性值（A）的次数 | 阴阳性值相等的次数 | 总分：相等（阴阳性值相等的次数×0.5）：B | 总分（A+B） |
|---|---|---|---|---|---|
| 0～10 | 0×170 | — | 0 | — | — |
| >10～15 | 3×179 | 510 | 3×18 | 27 | 537 |
| >15～20 | （4×170）+（4×18） | 752 | 4×2 | 4 | 756 |
| >20～25 | （4×170）+（4×18）+（4×2） | 760 | 4×3 | 6 | 766 |
| >25～30 | （5×170）+（5×18）+（5×3） | 965 | 0 | — | 965 |
| >30～107 | （98×170）+（98×18）+（98×3） | 18914 | 98×6 | 294 | 19 208 |
| 共计 | 21 901 | | | 331 | 22 232 |

## 群水平的检测

可以对一群动物（例如，圈和群）进行检测是患病还是健康，而不是单独的个体。如果有来自各个群体的生物样品（例如，大批牛奶样本或是池化的粪便样本），可以应用上文介绍过的计算敏感性、特异性和预测值的公式。如果检测为阳性的动物的真实情况可以使用金标准快速确定，群情况的估计也不复杂。然而，如果每个群只检测一个样本，群体水平的敏感性和特异性不仅受到个体水平敏感性和特异性的影响，也受样本量的影响。对于在个体水平定义的敏感性和特异性的整体效应就是，随着样本量的增加，群水平敏感性增加了，而群水平特异性下降。

**群敏感性**，$Se_{agg}$（检测为阳性的群体比例），取决于动物个体敏感性、特异性、流行率和抽样动物数：

$$Se_{agg}=1-(1-P^{T})^{n}$$

$P^{T}$=检测流行率

$n$=动物样本数量

例，如果真实流行率$P$在几个群中分别是0.25，敏感性=0.97，特异性=0.98，每个群体中选择4只动物，得：

$$P^{T}=(P\times\text{敏感性})+[(1-P)\times(1-\text{特异性})]$$

$$=(0.25\times0.97)+[(1-0.25)\times(1-0.98)]$$

$$=0.2575$$

因此：$Se_{agg}=1-(1-0.2575)^4$

$$=1-0.7425^4$$

$$=1-0.3039$$

$$=0.70$$

这说明每一个畜群检测的 4 只动物样本中，有 1 只及 1 只以上动物检测为阳性的占全部感染群 70%，或者说，30%的感染群是不能被检测出来的。

群特异性，$Sp_{agg}$（检测为阴性的未感染群体的比例），取决于每个动物个体的特异性和动物样本的数量：

$$Sp_{agg}=(\text{特异性})^n$$

例如，如果检测的特异性为 0.98，运用到 4 只动物的群体中，那么：

$$Sp_{agg}=0.98^4$$

$$=0.92$$

因此，每一个畜群检测的 4 只动物样本检测均为阴性的占全部未感染群的 92%，或者说，8%的未感染群将作为感染群检测出来。对于 $Se_{agg}$ 和 $Sp_{agg}$ 的公式，只能用于各自群体抽样率不高于 5%的情况。

Martin（1988）、Jordan 和 McEwen（1998）详细讨论过这个问题。

## 多重检测

多重检测不仅仅使用一种检测方法，一般用于临床诊断和群体检测。两个主要途径可以被接受（Fletcher 等，1982）：并联试验和串联试验（表 17.17）。

表 17.17　并联试验和串联试验对两种检测方法（A 和 B）的敏感性、特异性和预测值的影响

| 检测 | 敏感性（%） | 特异性（%） | 预测值 | |
|---|---|---|---|---|
| | | | 阳性结果（%）* | 阴性结果（%）* |
| A | 80 | 60 | 33 | 92 |
| B | 90 | 90 | 69 | 97 |
| A 和 B（并联） | 98 | 54 | 35 | 99 |
| A 和 B（串联） | 72 | 96 | 82 | 93 |

注：* 针对 20%流行率的群体。

### 并联试验

并联试验是在同一时间，进行两个或更多的检测，如果在任何一种检测方法中，动物被检出是阳性的，那么即认为这个动物已感染。例如，在英国消灭布鲁氏菌病计划的实施过程中，流产的牛在乳环试验、平板凝集试验或细菌培养试验中，任何一个试验呈现阳性，即被认为这头奶牛已感染。在临床检测过程中，因为需要快速诊断，所以需要采取平行试验。平行试验增加了敏感性和阴性预测值，但是减少了特异性和阳性预测值。因此疾病很少被漏检；然而，更可能出现假阳性诊断。平行试验可有效地验证动物是否健康。

应用于并联试验中的两种检测方法（A 和 B）的敏感性，通过下式计算：

$$1-[(1-Se_A)\times(1-Se_B)]$$

$Se_A$＝检测 A 的敏感性

$Se_B$＝检测 B 的敏感性

并联的特异性由此推导：

$$Sp_A \times Sp_B$$

$Sp_A$＝检测 A 的敏感性

$Sp_B$＝检测 B 的敏感性

并联值的导出可通过一个数字的例子更好地理解。考虑两个检测 A 和 B，应用于疾病流行率为 0.20（20％）的群体。

A 检测测出 80％，遗留 20％未检测到（敏感性为 0.80）。

B 检测测出遗留 20％的 90％＝18％（敏感性 0.90）。

因此，并联敏感性（两者中任一个检测呈阳性的比例）＝80％＋18％＝98％

应用适当的公式：

$$\begin{aligned}并联敏感性&=1-[(1-Se_A)\times(1-Se_B)]\\&=1-[(1-0.80)\times(1-0.90)]\\&=1-(0.20\times0.19)\\&=0.98(98\%)\end{aligned}$$

A 检测将 60％的真阴性值分类为阴性（特异性＝0.60）。

B 检测将 90％作为阴性（特异性＝0.90）。

因此，并联特异性（两个检测均为阴性的比例）＝90％×60％＝54％

运用合适的公式：

$$\begin{aligned}并联特异性&=Sp_A\times Sp_B\\&=0.90\times0.60\\&=0.54(54\%)\end{aligned}$$

这些并联值可以用于完成列联表和计算出预测值（表 17.18）。

阳性预测值＝19.6/56.4

　　　　　＝35％

阴性预测值＝43.2/43.6

　　　　　＝99％

**表 17.18　并联试验中检测值和真值的关系（根据表 17.17）**

| | 真阳性（%） | 真阴性（%） | 合计（%） |
|---|---|---|---|
| 检测阳性（两者任一为阳性） | 19.6 | 36.8 | 56.4 |
| 检测阴性（两者都为阴性） | 0.4 | 43.2 | 43.6 |
| 合计 | 20 | 80 | 100 |

## 串联试验

在串联试验中，检测是基于之前检测的结果，连续进行的。

按照惯例，只有那些在初次检测中呈现阳性的动物才会被再次进行检测；因此只有所有检测均呈现阳性的动物才被认为是感染。猪痢疾蛇形螺旋体感染（见第5章）最初的诊断是通过免疫荧光抗体试验；然后通过细菌培养来确认阳性动物状态。串联试验具有最大特异性和阳性动物预测值，但是降低了敏感性和阴性预测值。需要更多的证据证明阳性结果，但是这样疾病会有被漏诊的风险。串联试验有效地使动物证明自身受正在调查的条件的影响。应该首先使用有最高特异性的检测，以减少再次被检测的动物数量。

串联试验中，两个检测A和B的敏感性和特异性，计算如下：

敏感性 $Se_A \times Se_B$

特异性 $1-[(1-Sp_A)\times(1-Sp_B)]$

同上文所用的符号一样。

利用表17.17的值：

A检测发现80%

B检测规定剩下的90%作为阳性

因此，串联试验敏感性（二者检测均为阳性的比例）=80%×90%=72%

就是，$Se_A \times Se_B = 80\% \times 90\% = 0.72(72\%)$

A检测将60%的真阴性值正确分类，留下40%

B检测将剩下的90%分类为阴性=90%×40%=36%

因此，串联试验特异性（任一检验为阴性的比例）=60%+36%=96%

即 $1-[(1-Sp_A)\times(1-Sp_B)] = 1-[(1-0.60)\times(1-0.90)]$

$= 1-0.4\times0.10 = 0.96\ (96\%)$

这些串联值可被再一次用于完成列联表和预测值的计算（表17.19）。

阳性预测值=14.4/17.6=82%

阴性预测值=76.8/82.4=93%

串联试验是动物疫病消灭，扑杀阳性个体时需开展的重要检测。如果在粗筛试验[①]中动物呈现阳性，则需要进一步的检测，以确保动物不被误诊。

并联试验和串联试验中，计算敏感性和特异性的公式均假设试验是独立进行的，也就是说，需测定疾病的不同表现（如抗体效价或显微镜鉴定微生物的存在）。如果检测是不独立的（如抗体检测的两种变化），则并联试验和串联试验的敏感性数据只能凭经验获得的。

**表17.19　串联试验中检测结果和真实结果的关系（根据表17.17）**

| | 真阳性（%） | 真阴性（%） | 合计（%） |
|---|---|---|---|
| 检测阳性（两者都为阳性） | 14.4 | 3.2 | 17.6 |
| 检测阴性（两者中任一为阴性） | 5.6 | 76.8 | 82.4 |
| 合计 | 20 | 80 | 100 |

### 阴性牛群的复检

检测可以只针对初检为阴性的动物。这通常适用于畜群水平，包含初检阴性畜群使用相同

① 理想条件下，第一次试验应该检测所有病例。

检测方法的周期性复检。

阴性牛群的进一步检测是动物疫病消灭计划的重要组成部分，其提高了敏感性，也就是说，它消除了在疫病感染的早期，不能检测到抗体的可能性（例如，抗体尚未产生的情况）。因此，这要求牛群“证明”不受正在被调查的条件的影响。例如，英国在消灭牛结核时，通过比较皮内试验发现的感染动物被扑杀，没有被确诊为阳性的动物继续观察42～60d，通常最多可以接受两次复验。如果牛尸体剖检中发现可见的结核损伤，或者实验室检测淋巴结发现一个阳性的结果，那么，整个牛群需要相隔60d进行两次短间隔检测。如果尸检没有发现可见的病理损伤，实验室检测也呈阴性，那么只需要进行一个为期60d的检测。如果短间隔检测结果很明显，需要对牛群隔离，并在6个月内进行进一步的检测。如果检测结果还是很明显，那么需要继续隔离12个月，并进行检测。如果后来的检测结果是明显的，牛群会回到一个为期4年的检测周期，或者回到该地区的常规检测间隔①。

表17.20列出了多重检测策略的重要特征，Smith（2005）对多重检测进行了更详细的讨论。

**表17.20 联合试验策略的特点**

| 考虑因素 | 检测方法 | | |
|---|---|---|---|
| | 并联试验 | 串联试验 | 阴性畜群复检 |
| 方法的影响 | 增加敏感性 | 增加特异性 | 增加群体敏感性 |
| 最大预测值 | 阴性检测结果 | 阳性检测结果 | 群体阴性检测结果 |
| 目的 | 排除疾病 | 确定疾病 | 排除疾病 |
| 应用设置 | 个别紧急情况下的快速评估 | 不是至关重要时采用的诊断方法，检测与排除程序 | 检测与排除程序 |
| 评论 | 控制误判的一种重要实用方法（如假阴性） | 控制假阳性引起误判的一种重要实用方法 | 控制误判的一种重要实用方法（如假阴性） |

来源：Smith，1995。

## 输入风险评估诊断测试

已知检测的敏感性和特异性，可做出有关引进感染动物或动物产品的风险预测。通过某种检测方法对进口动物进行检测，如果这种方法的敏感性是95%，那么就会有5%的概率导致感染动物不能被检出。回想一下，一个诊断检测的预测值还取决于疾病的流行率。那么，阳性动物被检出是阴性的概率，$p_n$：

$$\frac{P(1-Se)}{P(1-Se)+(1-P)\times Sp}$$

其中，$P$ 为真实流行率，$Se$＝敏感性，$Sp$＝特异性（Marchevsky 等，1989）。

如果动物被隔离，则不必关心其是否被排除为假阳性动物，因此特异性可以假设为1。表17.21列出了敏感性为0.95时，不同 $P$ 值对应的 $p_n$ 值。当源群体流行率增加时，阴性动物感染的概率会增加。

此外，给定流行率后，随着动物样本量的增加，$p_c$ 也会随之增加（Marchevsky 等，1989）：

① 在英国英格兰和威尔士，有些疾病水平很高，以至于能满足2年一个检测周期。

表 17.21 动物实际感染但检测为阴性（敏感性=0.95，特异性=1）的概率

| 流行率 | 概率（$p_n$） |
|---|---|
| 0.01 | $5.05\times10^{-4}$ |
| 0.05 | $2.63\times10^{-3}$ |
| 0.10 | $5.52\times10^{-3}$ |
| 0.20 | $1.23\times10^{-2}$ |

来源：MacDiarmid，1991。

$$p_c=1-\left\{\frac{(1-P)\times Sp}{(1-P)\times Sp+P(1-Se)}\right\}^n$$

其中，$n$ 为样本容量。

如果检测阳性结果仅仅表示反应阳性的不合格的动物个体，则与这种方法相关的风险为 $p_n$（表 17.21）和 $p_c$（表 17.22）。或者，任何一个动物检测为阳性结果可能会导致整组检测结果无效（例如，OIE 列表 A 类疾病的检测：见第 11 章）。在这种情况下，由于流行率和/或组大小的增加，致使不符合条件的感染组概率随之增加。一个感染组 $\beta$ 至少有一个检测阳性的动物，会增加检测失败的概率，从而确定这个组为感染组，可以用以下公式（MacDiarmid，1987）计算：

$$\beta=[1-(t\times Se)/n]^{pn}$$

其中，$t$=检测组动物数量，$n$=组的大小，$p$=组的流行率。

因此，这两者之间的风险差异可以进行比较（表 17.23）。只要有 1 只动物被检为阳性，那么整群动物都会被剔除，而不仅仅是剔除阳性个体，那么引进阳性动物的概率会大大降低。

表 17.22 检测呈阴性，而感染的动物与进口动物分在一组，阳性动物除外（流行率=0.01，敏感性=0.95，特异性=1）

| 组的大小 | 概率（$p_c$） |
|---|---|
| 10 | $5.04\times10^{-1}$ |
| 20 | $1.00\times10^{-2}$ |
| 30 | $1.50\times10^{-2}$ |
| 50 | $2.49\times10^{-2}$ |
| 100 | $4.92\times10^{-2}$ |
| 500 | $2.23\times10^{-1}$ |

来源：MacDiarmid，1991。

表 17.23 动物感染（感染的动物与进口目的地的动物分在一组，流行率=0.01，敏感性=0.95，特异性=1，整组检测）检测为阴性的概率

| 组的大小 | 概率（仅阳性反应动物可以排除）（$p_c$） | 概率（如果单个反应动物使畜群不合格）没有检测阳性（$\beta$）的概率 |
|---|---|---|
| 100 | $4.92\times10^{-2}$ | $5.00\times10^{-2}$ |
| 200 | $9.61\times10^{-2}$ | $2.50\times10^{-1}$ |
| 300 | $1.41\times10^{-1}$ | $1.25\times10^{-4}$ |
| 400 | $1.83\times10^{-1}$ | $6.25\times10^{-6}$ |
| 500 | $2.23\times10^{-1}$ | $3.13\times10^{-7}$ |

来源：修改自 OIE Scientific 和 Technical Review，12（4），December 1993。

Jones等（2004b）发展了串联检测方法的策略，在此背景下，对爱尔兰出口到英国的牛进行布鲁氏菌检测，包括在出口国检测感染情况，初步筛选试验选用血清凝集试验（英国北爱尔兰）或微凝集试验（爱尔兰共和国），检测阳性的，再采用补体结合试验证实。

Murray（2002）和OIE（2004）对进口动物风险进行了评估。

## 确诊检测指南

全面的试验报告是确诊检测的一个重要组成部分，表17.24做了归纳总结。Jacobson（2000）建议至少分别有300个真阳性和1 000真阴性的结果，用以确定检测的敏感性与特异性。两个参数的检测精度，通过采用适当的样本数量，用预定公式评估，调整变化样品检测的精度（见第13章：估计疾病发病率：简单随机抽样）。Obuchowski（1998）阐述了确定影响检测样本大小数量的各种诊断检测参数。

表17.24 确诊检测指南

| |
|---|
| **概要** |
| 检测的目的和分析单元的描述 |
| 试验报告的充分描述 |
| **参考试验（黄金标准）** |
| 参考试验的选择是合理的（一个必要条件是，它应该比被评估的检测方法更准确）；该方法的充分描述或引用 |
| **参考群体的选择** |
| 参考群体充分说明（时间、地点和动物的特征，如品种、年龄和性别） |
| 参考群体应反映目标群体（见第13章），而且包括一个适当疾病范围和其他条件范围 |
| 抽样框架应是参考群体的无偏代表（见第13章） |
| 选择标准必须指出，应该反映试验情况 |
| **参考群体的抽样** |
| 抽样程序的详细描述 |
| 排除或纳入标准（如果有的话）的描述（见第16章） |
| 样本大小必须说明，应该能反映所需的统计精确度 |
| 随机和系统抽样是首选的选项（参见第13章） |
| **检测性能与参考检测** |
| 检测协议的充分描述（包括阴性和阳性结果的定义） |
| 检测和参考检测结果的独立评估（盲评）（参见第16章） |
| **结果说明** |
| 通过公式解释估计参数的方法；样本量和置信区间一起呈现的估计值（精确置信区间优于近似置信区间）；通常需要敏感性和特异性，额外的参数根据需要呈现；用于生成估计值的2×2表必须列出 |
| 在有序或连续尺度上测量的检测结果应提交ROC分析 |
| 中间结果和不能被解释的（如果有的话）结果的数量以及已知缺失数据的原因 |
| **结果的讨论** |
| 应讨论与研究设计和检测的预期或当前用途有关的检测性能参数；若黄金标准是不完美的，应该对研究结果的影响进行讨论 |

来源：修改自预防兽医学，45，Greiner，M. 和Gardner，I. D. 流行病学问题在兽医确诊检测部分3-22. ©(2000)，Elsevier许可。

## 检测方法的一致性

### kappa 统计

没有一个黄金标准，也未必可以轻松地评估检测方法的有效性（即敏感性和特异性）[①]，在这种情况下，对不同检测方法的评估应保持一致，而不是臆断哪种一个检测方法是最好的[②]。有一种逻辑认为检测方法的一致性是有效性的证据，而检测方法间的差异表明检测方法是不可靠的（尽管连续的错误可能会导致这种一致性）。

表 17.25 给出了检测的结果。对猪的头部采用两种技术识别萎缩性鼻炎：横截面和纵向检查。两种检测方法所观察到的结果一致的比例 $OP=(a+d)/n$，其中 $n=(a+b+c+d)$。

代入表 17.25 中数值：$OP=(8+223)/248=0.932$。

**表 17.25　对 248 头猪鼻骨的横截面和纵向检查，显示为萎缩性鼻炎猪的头数**

| 纵向检查 | 横截面检查 | |
|---|---|---|
| | 萎缩 | 萎缩消失 |
| 萎缩 | 8 ($a$) | 1 ($b$) |
| 萎缩消失 | 16 ($c$) | 223 ($d$) |

数据来源：Visser 等，1988。

然而，这种比较没有考虑由于偶然机会造成检测结果的一致，更严格的比较可以通过计算统计量实现 kappa（见表 14.2）实现。首先，偶然一致性比例的预期 $EP$ 的计算。阳性结果、阴性结果一致性的比例，这是一个简单的预期比例的总和。

预计偶然引起结果一致比例（双阳性）

$$\begin{aligned}EP+&=[(a+b)/n]\times[(a+c)/n]\\&=[(8+1)/248]\times[(8+16)/248]\\&=0.036\ 3\times0.096\ 8\\&=0.003\ 51\end{aligned}$$

预计偶然引起结果一致比例（双阴性）

$$\begin{aligned}EP-&=[(c+d)/n]\times[(b+d)/n]\\&=[(16+223)]\times[(1+223)/248]\\&=0.964\times0.903\\&=0.8704\ 9\end{aligned}$$

因此

$$\begin{aligned}EP&=(EP+)+(EP-)\\&=0.003\ 51+0.870\ 49\\&=0.874\end{aligned}$$

① 当只有一个不完美的参考检测是可用的情况，一些复杂的方法已发展到评估的有效性（Hui 和 Zhou，1998；Enoe 等，2000；Pouillot 和 Gerbier，2001；Pouillot 等，2002；Frossling 等，2003），并且通过适当的软件评估是非常方便的（AFSSA，2000）。

② 在两种或两种以上不同检测方法所得结果保持一致性的比例（Smith，2005）。

考虑偶然机会之外引起结果一致性

$$OA=OP-EP=0.932-0.874=0.058$$

偶然性之外引起结果一致性的最大可能

$MA=1-EP=1-0.874=0.126$

kappa 是非偶然性的观测一致性与非偶然性的最大可能一致性的比值，也就是：

$$\begin{aligned} kappa &= OA/MA \\ &= 0.058/0.126 \\ &= 0.46 \end{aligned}$$

*kappa* 值的范围从 1（非偶然性完全一致）到 0（一致性等于偶然性预期），而负值表示一致性低于偶然性预期。推荐参照 *kappa* 值进行任意的实验室评估。Fleiss 等（2003）提出≥0.75表示一致性好，而≤0.40 指示一致性差。Everitt（1989）建议> 0.81：几乎完全一致；0.61～0.80：高度一致；0.41～0.60：中度程度的一致；0.21～0.40：一般一致性；0～0.20：略微一致；0：较差的一致。Altman（1991 年）建议：>0.80：很好的一致性；0.61～0.80：良好的一致性；0.41～0.60：中度一致性；0.21～0.40：一般一致性；小于等于 0.2：较差一致性。因此，*kappa* 值 0.46，在评估猪的头部检查的两种方法之间指示中度一致性的评估值。

同样的方法也可以用来评估临床一致性；当比较不同临床兽医对相同动物的诊断结果时，*kappa* 值预期在 0.5 和 0.6 之间。

置信区间可以用来计算一致性的观测比例（Samsa，1996）和 *kappa*（Everitt，1989），在这种情况，至少在合适的一致性被推断出来以前，置信下限应高于 0.40（Basu 和 Basu，1995）。Sim 和 Wright（2005）讨论了样本大小。

*kappa* 统计也可以推广到包括受试者的多等级二分类名义数据的多项研究，推广到多分类名义数据（Fleiss 等，2003），推广到有序数据（Cicchetti 和 Allison，1971）。然而，它不适合评估基于连续型数据的检测方法之间的一致性（Bland 和 Altman，1986；Maclure 和 Willett，1987；Bland，2000），而其他方法更合适。在一致性和相关性的背景下，*kappa* 也可能有不同的定义（Bloc 和 Kraemer，1989）。还应当注意，相关系数（见第 14 章）不是两个检测或测量方法之间一致性的有效指标（Bland 和 Altman，1986）。如果点沿着任意一条直线分布，两种方法之间将存在完全相关；而只有点沿着直线平均分布，完全一致性才可获得。

*kappa* 值需要谨慎的解释。例如，低 *kappa* 值可能表明只有一个检测是好的，或是两个检测结果差，或者两种检测都好，但这两个检测呈负相关（可以用抗原和抗体的反应检测）。此外，*kappa* 值取决于流行率的范围（Sargeant 和 Martin，1998）。Byrt 等（1993）、Lantz 和 Nebenzahl（1996）等讨论了在计算 *kappa* 值时发生的误差及其纠正方法。

## 可靠性

诊断检测的价值也通过可靠性来判断（见图 9.6），即结果稳定的程度。这可通过在相同实验室条件、利用相同样本进行两次及两次以上检测，并评估结果的可重复性来探索（见第 9 章）。在多个实验室使用的检测方法（例如，那些公认的国际标准）同样需要确定再现性（见第 9 章）。

评估可重复性和重现性的统计程序基于检测结果的一致性。因此，*kappa* 的计算对于名义和有序数据是适合的。例如，单个临床兽医在不同条件下对相同动物进行诊断，有可能产生的 *kappa* 值在 0.6 和 0.8 之间。再次强调：连续型数据必须有适当的方法（Bland，2000）。

血清学检测　血清学检测的重复性取决于多种因素，包括试验试剂的标准化程度和检测人员的专业知识；同样的，在不同的实验室，不同的技术员，对同一血清样品进行分析，重复性可能会受到影响。因此，不同的时间、同一动物样本之间的抗体滴度的 2 倍差异，可能反映了效价的真实变化，也可能反映了与低重复性或再现性有关的相似滴度。

一般来说，几何抗体滴定度发生 4 倍的变化（例如，从 1/16 至 1/64），被认为是发生了抗体滴度的显著变化，而两倍的改变不被认为是显著的。表 17.26 说明了其原因。下表显示 100 个个体重复 2 次的实验结果。同一个样本 2 次的读数应该是完全一致的。然而，该表显示只有 62 个样本的读数完全一致，其余的 38 个样本中，34 个发生了 2 倍的变化，4 个发生了 4 倍的变化。

发生这种改变是因为读数的可重复性并非 100%。还应注意，读数的 4 倍变化发生在高稀释倍数区域。因此，在动物群体中有 4%的动物血清水平发生了 4 倍的改变，这种变化并不意味着真实的改变。因为第一次采样检测和第二次采样检测，均可能会产生或高或低的检测结果，可以预计 2%的动物抗体滴度会发生 4 倍的增加，这个误差是可以接受的。

**表 17.26　100 个个体检测 2 次的血清抗体标准滴度**

| 第一次读数（滴度的倒数） | 第二次读数（滴度的倒数） | 频率 |
|---|---|---|
| <8 | <8 | 24 |
| <8 | 8 | 2 |
| 8 | 16 | 2 |
| 16 | 8 | 2 |
| 16 | 32 | 3 |
| 32 | 16 | 3 |
| 32 | 32 | 8 |
| 32 | 64 | 6 |
| 64 | 32 | 4 |
| 64 | 64 | 16 |
| 64 | 128 | 1 |
| 128 | 64 | 3 |
| 128 | 128 | 6 |
| 128 | 256 | 2 |
| 128 | 512 | 2 |
| 256 | 128 | 4 |
| 256 | 256 | 6 |
| 256 | 1024 | 2 |
| 512 | 256 | 2 |
| 512 | 512 | 2 |

来源：Paul 和 White，1973。

## 诊断试验的实际应用

诊断试验可应用于特定疫病背景下的特定动物群体（特别是牛群和羊群）。因此，在检测策略制定以前或结果可以有意义地解释以前，应该事先了解每种疾病的特点。例如，新孢子虫的终身感染与抗体滴度的消长（Dannat，1997）有关，感染动物检测结果，有时阳性，有时阴性。因此有必要对动物进行多次检测，以确定其感染的状态。类似地，副结核病的抗体在中晚期才会产生，因此限制了其在检疫方面应用的价值。

表17.27列出了一些疾病在什么条件下可以被检测出，以及合适的诊断方法，以此来强调在诊断某种疾病和清楚认识诊断结果之前，必须对疾病的相关知识有所了解。

**表17.27 在不同情况下检测牛疫病的推荐实验方法**

| 情况 | 疫病 | 方法 |
| --- | --- | --- |
| **筛选牛群** | 牛病毒性腹泻 | 选取5～10只动物组成样本检测感染情况；如果：①母体的免疫机能下降；②样本中的个体已共处很久，如果有持续感染的动物存在，血清阳性率会很高 |
| | 牛副结核病 | 所有动物均需检测，因为分枝杆菌传播很慢。ELISA敏感性小于50%，因此检测到的感染率水平会偏低 |
| **对加入畜群的动物进行检测** | 牛病毒性腹泻 | 检测抗原。如果血清发生改变，则感染动物需隔离1个月，并对接触的动物注射疫苗 |
| | 牛疱疹病毒1型感染 | 抗体阳性的动物会终生潜在感染，因此要排除在“干净”畜群之外 |
| | 钩端螺旋体感染 | 如果凝集抗体滴度可能已经低于检测水平，最好选用ELISA，如果初次检查抗体滴度不确定，在1个月后重复检测 |
| 诊断试验的缺点及感染动物的潜伏期，使得隔离和检测也不会降低感染风险。因此动物应该从认证过的畜群中购买。如果买不到认证过的，那么进口的动物应该隔离3周 | 牛副结核病 | 低敏感性和传播慢使得2岁以下动物测试结果呈阴性。建议采集粪便培养，但需4个月的时间才能得到阴性结果。因此检疫筛查是不可行的，但ELISA和粪便培养为检测提供了很好的前景 |
| | 新孢子虫病 | 测试小母牛进入畜群，并产犊（感染动物在分娩时最易检测呈现阳性） |
| | 沙门氏菌感染 | 不常用血清学试验。一般每隔14d，培养3次粪便样本 |
| | 结核分枝杆菌感染 | 如果动物来自有结核分枝杆菌感染的区域，应该采取结核菌素试验，但有时动物会在感染6周后才有反应 |
| | 弯曲杆菌感染 | 血清学试验没有价值，细菌学培养敏感性低，故检测很难。对于公牛，可以在包皮内灌注抗生素验证 |
| **监测进展**<br>如果在散装牛奶中检测到抗体，则进行3个月的试验，或者监测血清反应阴性的动物。检测有特殊症状（如腹泻、消瘦）的动物检测 | | |

# 18 比较流行病学

某种动物的疾病调查可以为另一物种的疾病病因和发病机理提供有价值的信息，这也是比较医学的重要组成部分。这些调查研究经常使用动物作为人类疾病的生物学模型。

## 生物学模型类型

4 种传统的生物学模型类型（Frenkel，1969）[①]：

Ⅰ实验模型（诱导型）；

Ⅱ阴性模型（无反应型）；

Ⅲ独孤模型；

Ⅳ自发模型（自然型）。

### 实验模型（诱导型）

许多模型都是试图重现实验。在一种动物中的疾病，其病理条件和功能损伤也能发生在其他物种上，尤其是在人类。例如，通过利用香烟烟雾经鼻导管给予驴的研究来探讨长期吸烟对支气管纤毛活动的影响（Albert 等，1971）；切除卵巢的羊被用于研究针对绝经后骨质疏松症新疗法的反应（Turner，2002）。另外，药理学模型也已发展成为一种从动物反应推断到人身上的外部推断法（Travis，1987）[②]，当因果关系因素可以很容易地被操纵时，这种方法显得特别有意义，比如针对营养不足和过量、内分泌失调，以及一些微生物疾病的指导治疗试验（Reeve-Johnson，1998；Zak 和 Sande，1999）。然而，如果发病机制取决于几个因素，或因果关系很“弱”，则动物和人之间的结果可能会有所不同。例如，致畸缺陷可能取决于母体在怀孕的一个短暂关键期内对病毒感染或吸收化学物的敏感性，许多动物物种可能需要在发现一个合适的模型之前先经过检测。

---

① 最近，基因工程与胚胎工程的发展已经发展到第Ⅴ类：转基因疾病模型（Wilson，1996）。

② 在兽医药中的情况更为复杂，有时需要从实验动物推断到几种不同的动物（Nebbia，2001）。

### 阴性模型（无反应型）

一个阴性模型代表了相对应的一个诱导模型，用于研究疾病为什么不发生。因此，正常水貂被用来研究为什么能抵抗引起水貂阿留申病的病毒的致病作用。这样的“非模型”是比较罕见的。

### 独孤模型

独孤模型是指动物疾病目前在人类中没有已知的天然类似物，但随后可能被证明对人类疾病的研究是有价值的。一个典型的例子是鸡的劳斯肉瘤病毒（参见第1章），它彻底改变了对癌症病因的思考。

### 自发模型（自然型）

自发模型利用自然发生的动物疾病来增加对人类疾病的认识。例如，针对绵羊牙周炎有和无的比较放射学、组织学和血清学调查显示了与人类牙周炎迅速破坏方式相似的特点，这表明对于相似的人类疾病，绵羊可能是一个合适的模型（Lsmaiel 等，1989）。同样，对于遗传性肌肉萎缩症，已确定小鼠作为人类杜氏肌肉萎缩症的一种合适的动物模型（Bulfield 等，1984；Wells 和 Wells，2002）。自发模型也基于流行病学调查（值得注意的是对伴侣动物疾病的观察研究）和构成比较流行病学，这是本章的主题。

### 自发模型与实验模型

相较于实验模型，伴侣动物自发性疾病模型有一些优点。第一，伴侣动物与人类有相似的环境，而不是生活在受保护的实验室环境中。第二，它们的疾病发生在自然情况下，各种各样的因素都可能相互影响，疾病诱导实验可能不适应这样的相互作用。第三，伴侣动物比在实验室中常用的物种（大鼠、小鼠等[①]）与人类更密切相关。第四，针对一些具有人类特征的偶然因素（例如，有毒剂和致癌物质），伴侣动物比自交系的实验动物更容易显示出不同反应（Calabrese，1986）。第五，针对动物实验的伦理异议也不能驳斥对自然发生疾病的研究。

比较流行病学研究的价值既可能来自主要针对改善动物健康调查的凑巧结果，也可能来源于作为人类替代物的动物的使用（Schwabe，1984）。这也是一些相关领域研究经常使用的替代方法。

## 癌症

癌症的研究是比较流行病学的一个主要领域。犬和猫的癌症比实验动物肿瘤性疾病更接近人类癌症。另外，相对于病人的大小和细胞动力学，在肿瘤大小方面也具有类似性，而且在治疗试验中，通过适度的调整，犬的重量和表面积足以允许推断到人身上（Gillette，1982；

① 然而，大约80%的鼠基因组结构类似于人类基因组，因此鼠仍然作为遗传学研究的一种重要动物，尤其是针对影响人类特征的DNA片段的位置的研究（Copeland 等，1993）；酒精中毒就是一个例子（Grisel，2000）。

Hahn 等，1994)[①]。此外，如果小动物存活时间足够长，还可以确定治疗的潜在延迟效应（Withrow，2001)。

兽医数据库的建立，特别是兽医医学数据库的建立（VMDB：见第 11 章）和加利福尼亚动物肿瘤的登记，提供了许多用于比较流行病学研究的数据，而且在这些数据库建立后不久就发挥出了应用研究价值（Tjalma，1968)。自发性肿瘤的发病率（特别是癌症）非常高，尤其是在犬中，足以编译一大套病例用于研究（Gobar 等，1998；Vail 和 MacEwen，2000，表 18.1)。

**表 18.1　癌症在人、牛、马、猫和犬中的发病粗率和寿命调整后等量值***

**（数据来源于美国）**

| 物种 | 恶性肿瘤估计率/100000/年 | |
|---|---|---|
| | 粗率 | 寿命调整后的等量值 |
| 人 | 287.3** | 287.3** |
| 牛 | 177.2 | 53.2 |
| 马 | 256.3 | 117.9 |
| 猫 | 257.4 | 72.1 |
| 犬 | 828.3 | 165.7 |

注：* 调整方法在表 18.5 中列出。

**除皮肤癌（黑色素瘤）之外的所有癌症。比较其他物种，大约还需加上 150 例非黑色素瘤皮肤癌才会更准确。

来源：修改自 Dorn 和 Priester，1987。

## 监测环境致癌物

犬和其他动物的衰老过程比人类更快速（Kirkwood，1985)。肿瘤最频繁出现在 9～11 岁的犬（Dorn 等，1968)，比人类的要早得多。因此，可能的环境致癌物对犬的作用比对人的作用更容易评估。例如，幼犬膀胱癌的潜伏期为 4 年（Hayes，1976)，而人类膀胱癌的潜伏期至少 20 年（Hoover 和 Cole，1973)。

犬类膀胱癌与暴露于杀虫剂存在关联（Glickman 等，1989)，而且工业活动和犬类膀胱癌发病率总体水平呈显著正相关（图 18.1a)，同样，人类膀胱癌死亡率与工业活动呈正相关（图 18.1b)。这些相关性表明了一种因果关系（通过"共变法"推断出；见第 3 章)。同样，犬口咽癌也就是扁桃体鳞状细胞癌的比例在工业污染的地区要比在非工业地区高（Reif 和 Cohen，1971；见表 18.2)。这些结果表明致癌物质，或许是空气，可能出现在工业区，而犬及其所患肿瘤可以作为哨兵模型，促进环境致癌物的早期识别。

阴性结果也可以是有用的。例如，尚未证明犬类肿瘤发病率的升高是在建筑行业使用铀产品的环境暴露后（Reif 等，1983)。这个证据表明，铀废物不构成对犬的健康危害，可能也不会对人类造成危害。

---

① 早期的放射科医生用动物自发性肿瘤作为模型开展研究，为人类提供放射治疗指南（Gillette，1979)。犬肿瘤模型早已被用于评估淋巴瘤的全身照射疗法（Johnson 等，1968a，b)。之后，骨肉瘤、乳腺癌、口腔恶性黑色素瘤、口腔鳞状细胞癌、鼻腔肿瘤、肺癌和软组织肉瘤受到关注，淋巴瘤继续受到关注（MacEwen，1990)；而白血病、淋巴瘤和乳腺肿瘤已成为在猫中调查的主题（Jeglum，1982)。

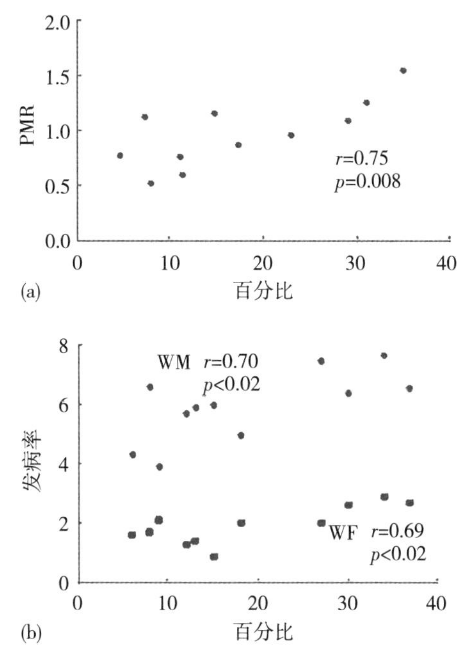


图 18.1 （a）美国兽医诊所 25 英里半径范围内的犬膀胱癌的比例发病率比（PMRS）*，对应有兽医诊所的县的制造业从业人员的百分比。$r$＝相关系数（参见第 14 章）。（b）1970 年，在受访的有兽医诊所的县，白人男性（WM）和白人女性（WF）膀胱癌的年龄调整死亡率/100000（1950—1969），对应制造业从业男性的百分比。$r$＝相关系数（Hayes 等，1981）。* 根据发病率比例得到的标准化率。来源：Hayes 等，1981

**表 18.2 犬口咽癌-扁桃体鳞状细胞癌比例的空间分布**

| 地点 | 年份 | 比例（%） | 病例数 | 总计（所有恶性口咽部肿瘤病例） |
|---|---|---|---|---|
| 英国伦敦 | 1950—1953 | 46 | 35 | 76 |
| 美国非工业区 | 1959 | 6 | 8 | 124 |
| | 1964—1974 | 7 | 31 | 469 |
| 美国费城 | 1952—1958 | 22 | 29 | 130 |
| 英国东南部 | 1978—1981 | 13 | 19 | 152 |
| 澳大利亚墨尔本 | 1978—1981 | 3 | 2 | 75 |

来源：修改自 Bostock 和 Curtis，1984。

## 查明原因

兽医观察性研究可以为人类癌症的发生原因提供线索。例如，暴露于石棉（这是人类间皮瘤的危险因素）和杀虫剂（特别是跳蚤抑制剂）与犬间皮瘤之间存在联系（表 18.3）。一些杀虫剂含有石棉类化合物，因此成为人类间皮瘤和其他肿瘤的危险因素。类似的化合物也在滑石粉中发现，同样也发现女性卵巢癌与使用的化妆品中有滑石粉之间存在联系（Cramer 等，1982）。在职业性暴露于石棉后，人类间皮瘤的潜伏期很长，几乎超过 20 年，大部分病例发生在 30 年后（Selikoff 等，1979）。相反，犬发生间皮瘤的最大风险是在 5～9 岁。因此，患间皮瘤犬可能是研究暴露于石棉的未知人群的一种有用的哨兵。

**表 18.3　犬间皮瘤 2 种危险因素的比值比和 95% 置信区间**

| 危险因素 | 比值比估计值 ($\hat{\psi}$) | 95%置信区间 |
| --- | --- | --- |
| 可能由于主人职业或爱好暴露于石棉 | 8.0 | 1.4，10.6 |
| 暴露于杀虫剂 | 11.0 | 1.5，82.1 |

来源：修改自 Glickman 等，1983。

特定位点的癌症发病率的比较也可以为病因学提供线索。人类主要 6 个癌症位点的发病率至少高于犬和猫的发病率 3 倍：包括消化系统、呼吸系统、泌尿系统、子宫、卵巢和前列腺 (Schneider，1976)。这些差异提供了癌症可能病因的间接证据。例如，人类卵巢癌的发病率可能与正常月经周期相关。雌猫有一个类似于妇女的发情周期（猫是季节性求偶的动物；女性每 3～4 周为 1 个发情周期)，但雌猫卵巢癌的发病率远低于人类，即使算上阉猫的比例。然而，猫比妇女更频繁怀孕，因此，妊娠可能可以预防癌症，这意味着激素的状态可能是一个决定因素。

图 18.2 显示在计算犬年龄相当于人类年龄后（见“年龄比较”，下文)，母犬与女性特定年龄组的乳腺癌发病率的比较。两者的发病率在人类更年期之前很相似，当卵巢活动减少，人类的发病率趋于稳定，表明激素是决定因素。这已经被犬乳腺癌细胞胞浆中固醇激素受体的研究结果得到证明（Martin 等，1984)。在移植到裸鼠后，乳腺癌发病率的增长率通过抗雌激素（他莫西芬）的应用或卵巢切除术降低（Pierrepoint 等，1984)。

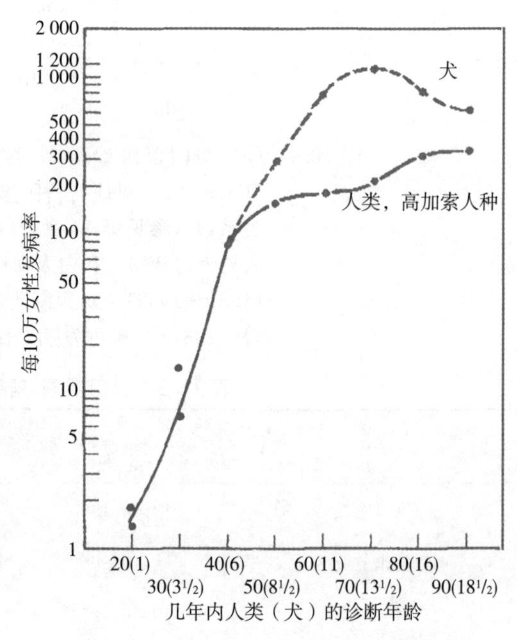


图 18.2　女性（高加索人种）和犬特定年龄组的乳腺癌年发病率。来源：修改自 Schneider，1970

犬和猫的流行病学研究（Misdorp，1991）证明了孕激素治疗与发生乳腺肿瘤之间的剂量依赖关系。一些人类研究也已证实了一个与口服避孕药类似的相互关系（McPherson 等，1987；Miller 等，1989；Olsson 等，1989；UK National-Case-control Study Group，1989)。这表明，伴侣动物和人类中存在相似的疾病因果机制，因此，前者可作为进一步研究的合适模型。

动物没有接触到一些可能是人类研究特有的混杂因素，因此，调查动物种群会避免这些潜在混杂因素的影响。例如，吸烟是人类间皮瘤的一个特有风险因素。犬间皮瘤与暴露于石棉存在显著关联，而与吸烟这一混杂因素无关，因为犬表现为缺乏主动吸烟。

动物中潜在的风险因素也可能会比人类中潜在的风险因素更容易被准确地量化。例如犬的饮食是相对恒定的，特别是消费专有食物时。调查饮食在犬乳腺癌发生中的作用，没有显示高脂饮食和疾病之间的关联，尽管类似的人类研究中，伴随着精确估计脂肪摄入量的困难，已经得出相互矛盾的结果（Sonnenschein 等，1991)。

## 年龄比较

动物的寿命与人类不同（图 18.3)。对人类来说，一个日历年和一个“生物”年是相同的，大多数动物种类在一个日历年中有几个“生物”年，因此，必须经过校正，使动物和人类的发病率和死亡率可以进行更有意义的比较。有两种方法应用于校正（Kirkwood，1985）。第一种方法是可以寻求与年龄相关联的解剖和生理特征（例如，成人脑重，青春期和生殖衰老发生）。第二种方法是不同物种的生存模式可以在数学上基于贡珀茨（Gompertz）定律方程进行比较（Johnson 和 Kotz，1970），它定义了死亡和年龄概率之间的关系。这两种技术方法被结合起来运用（表 18.4）。

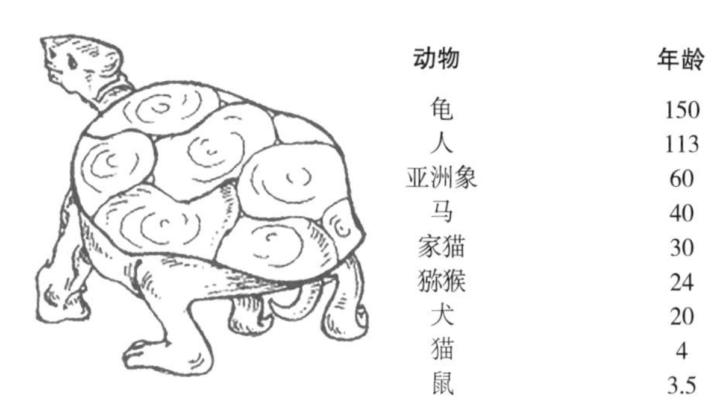


图 18.3 若干种动物的已证明最长寿命

**表 18.4 人类和猫、犬之间年龄的比较**

| 人类年龄（年） | 相当于犬的年龄（年）* | 相当于猫的年龄（年）* |
|---|---|---|
| 24 | 2 | $1\sim1\frac{1}{2}$ |
| 32～35 | 4 | 4 |
| 52～55 | 9 | 10 |
| 72～75 | 14 | 16 |
| >91 | >18 | >21 |

注：* 基于达到成熟和生存的年龄，不包括因为人为原因而被安乐死的动物（例如，不想要动物了，对其进行安乐死）。

来源：Schneider，1976。

Lebeau 的寿命调整方法（1953）也将这两种方法结合起来，如图 18.4 所示。Lebeau 认为，一旦达到成熟，犬和人老化的发生在一个恒定的速率。1 只 1 岁的犬在年龄上相当于 1 个 15 岁的人；一只 2 岁的犬相当于 1 个 24 岁的人；2 岁以上的犬，犬生命的每 1 年相当于人类的 4 年。这样，一只 10 岁的犬相当于一个 56 岁的人（24 岁加上从 3 岁开始后每年加上 4 年）。必要的系数来计算人的年龄对应不同年龄的犬列在表 18.5。Lebeau 的技术被运用在图 18.2。然而，Reif（1983）强调了一个与转换相关联的问题，因为大品种的犬往往比小品种的犬寿命短。

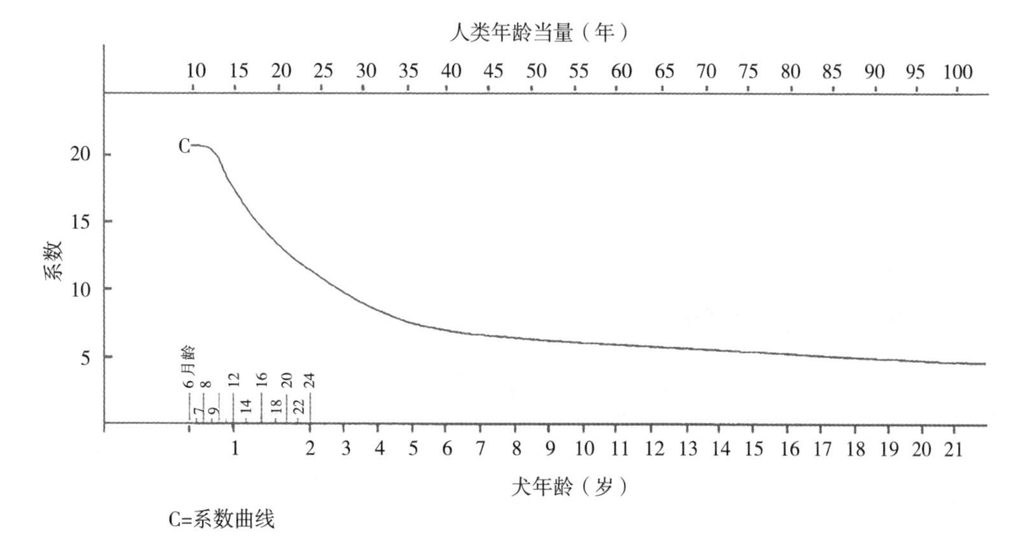


图 18.4 犬年龄相当于人年龄的转换。来源：引自 Lebeau（1953），Anon（1954）重绘

**表 18.5 犬的年龄、当量系数和相当于人的年龄**

| 犬年龄 | 当量系数 | 人的年龄 |
| --- | --- | --- |
| 6月龄 | 20.0 | 10岁 |
| 7月龄 | 20.0 | 11岁8个月 |
| 8月龄 | 19.0 | 12岁8个月 |
| 9月龄 | 18.0 | 13岁6个月 |
| 10月龄 | 17.0 | 14岁2个月 |
| 11月龄 | 16.0 | 14岁8个月 |
| 12月龄（1岁） | 15.0 | 15岁 |
| 14月龄 | 14.5 | 16岁11个月 |
| 16月龄 | 14.0 | 18岁8个月 |
| 18月龄 | 13.5 | 20岁3个月 |
| 20月龄 | 13.0 | 21岁8个月 |
| 22月龄 | 12.5 | 22岁9个月 |
| 24月龄（2岁） | 12.0 | 24岁 |
| 3岁 | 9.3 | 28岁 |
| 4岁 | 8.0 | 32岁 |
| 5岁 | 7.2 | 36岁 |
| 6岁 | 6.6 | 40岁 |
| 7岁 | 6.3 | 44岁 |
| 8岁 | 6.0 | 48岁 |
| 9岁 | 5.8 | 52岁 |
| 10岁 | 5.6 | 56岁 |
| 11岁 | 5.4 | 60岁 |
| 12岁 | 5.3 | 64岁 |
| 13岁 | 5.2 | 68岁 |
| 14岁 | 5.1 | 72岁 |
| 15岁 | 5.06 | 76岁 |
| 16岁 | 5.0 | 80岁 |
| 17岁 | 4.9 | 84岁 |
| 18岁 | 4.87 | 88岁 |
| 19岁 | 4.84 | 92岁 |
| 20岁 | 4.80 | 96岁 |
| 21岁 | 4.76 | 100岁 |

来源：Anon，1954。

年龄等值的其他标准基于人类的平均年龄和在图 18.3 中给出的与动物最长寿命相关的校正因子。因此，使用表 18.6 中的校正因子，表 18.1 中牛癌症估计率（177.2/100 000/年）乘以 0.30 的寿命调整值，经过寿命调整后的值为 53.2/100 000/年。

**表 18.6 根据几种动物的寿命导出的寿命校正因子**

| 物种 | 记录的最长寿命（*RML*） | 校正因子（*RML*/100） |
| --- | --- | --- |
| 人 | 100* | 1 |
| 牛 | 30 | 0.30 |
| 马 | 46 | 0.46 |

（续）

| 物种 | 记录的最长寿命（*RML*） | 校正因子（*RML*/100） |
|---|---|---|
| 猪 | 26 | 0.27 |
| 绵羊 | 20 | 0.20 |
| 犬 | 20 | 0.20 |
| 猫 | 28 | 0.28 |

注：* 泛值。

来源：Dorn 和 Priester，1987。

除寿命校正因子外，还有一个校正因子，即应当比较人类和伴侣动物种群不同年龄个体的不同比例。如果犬群（见图 5.4a 和图 5.4b）与人群相比，犬群金字塔的形状与具有高繁殖力的人群和低比例的老年存活个体的人口金字塔形状相似，如 19 世纪欧洲及北美的人口金字塔和当代发展中国家的人口金字塔（图 18.5a）。与此金字塔形成对比的是具有低繁殖力的人群和高比例的老年存活个体的人口金字塔，如当代发达国家的人口金字塔（图 18.5b）。因为大多数比较研究是在发达国家进行的，所以也应该在比较人群寿命调整后率时调整年龄（见第 4 章）。

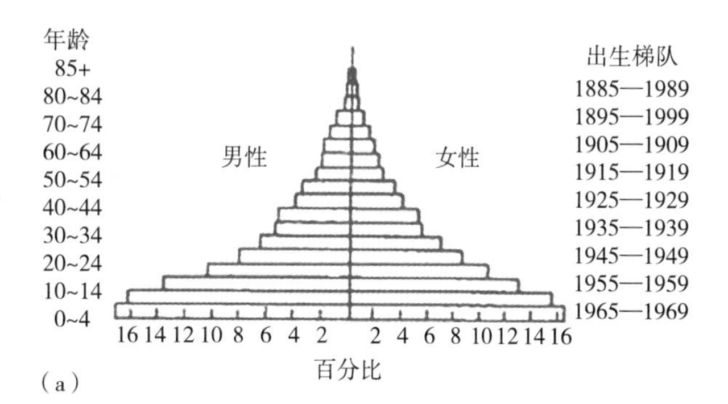


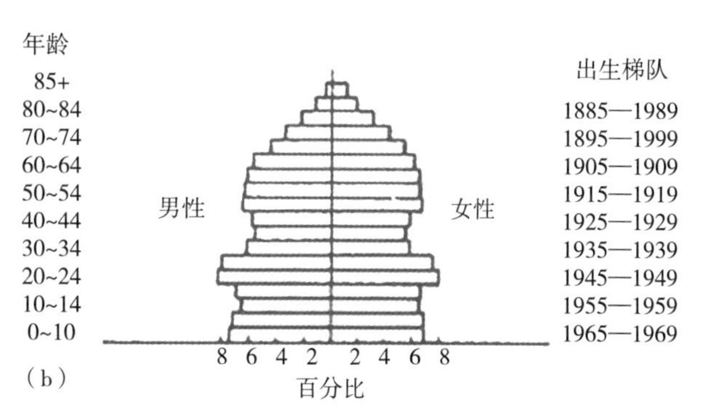


图 18.5　人口金字塔。(a) 墨西哥，1970；(b) 瑞典，1970。来源：Ewbank 和 Wray，1980

图 18.6 显示了母犬与女性乳腺癌的粗率、年龄调整后率和寿命调整后率，表明了粗率和 2 种水平调整率之间的差异。粗率表明，母犬乳腺癌的发病率高于女性。然而，年龄调整后率和寿命调整后率最好地反映了比较发病率，表明女性比犬或猫更容易得癌症。

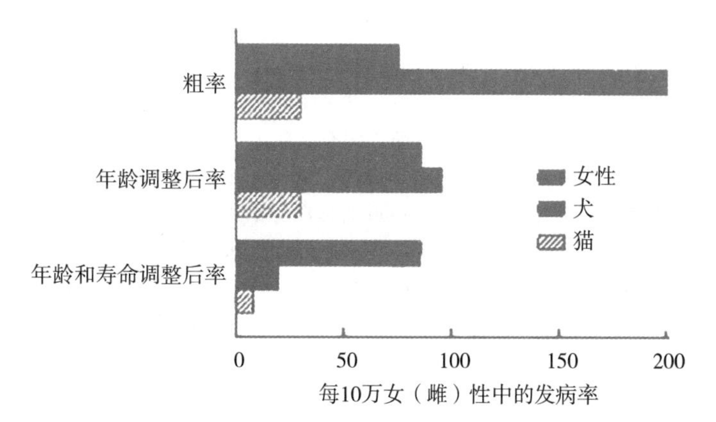


图 18.6　女性、犬和猫乳腺癌的年发病率估计：粗率和 2 种水平调整后率（数据来源于美国）。来源：Dorn 和 Priester，1987

# 其他一些疾病

## 与主要遗传因素有关的疾病

比较研究也为遗传的因果机制提供证据。因此，来自流行病学和遗传研究的证据显示了在人类先天性心脏病的病因学中遗传因素的重要性。对于识别有明显遗传因素的解剖缺陷已经取得了有限的成功，并且可确定潜在的遗传异常的性质和遗传缺陷导致结构异常的途径。目前，对犬的研究已经为这类疾病提供了宝贵的见解。犬动脉导管未闭（PDA）的遗传模式比一个简单的常染色体显性遗传模式更为复杂（Patterson 等，1971）。有证据表明，遗传的条件是多因素的（见第 5 章），表现不太严重的主动脉憩室和完全动脉导管未闭就有不同的阈值模型（图 18.7）。

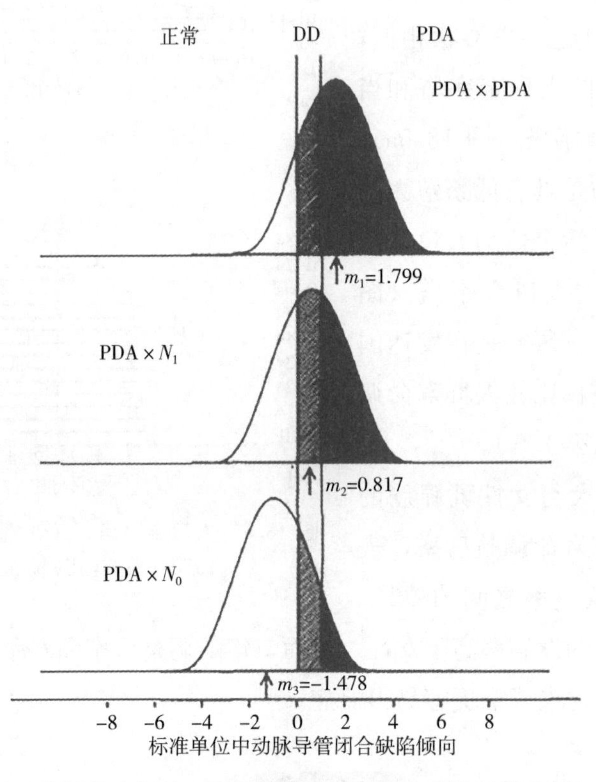


图 18.7　犬遗传性动脉导管未闭的两个阈值模型。PDA：动脉导管未闭；$N_1$：标准一级相关；$N_0$：标准无关的犬；$m$：杂交后代的平均倾向，表示为标准单位下可能的条件发病率（Falconer，1989）。动脉导管闭合缺陷的倾向被描述为一个连续变量，表型的不连续性发生在潜在规模的临界阈值。低于下限阈值，动脉导管全长闭合；介于上下阈值之间，动脉导管关闭在最近的肺动脉的末端，但仍然开放剩余的长度，产生一个导管憩室；超过上限阈值，动脉导管全长保持开放，形成 PDA。阈值曲线下的面积表示观察到的每类表型后代的比例。PDA 犬与正常犬交配的后代的平均倾向（$m_3$）低于两个阈值，但重叠。PDA 犬之间杂交的后代的平均倾向（$m_1$）位于两个阈值之上。PDA 犬与 PDA 标准一级相关犬交配，后代导管闭合缺陷的平均倾向（$m_2$）大约介于其他两种情况之间。来源：改编自 Patterson 等，1971

对一窝窝贵宾犬易感基因 PDA 的组织学研究表明，PDA 是由于非收缩主动脉的血管壁扩张到动脉导管的遗传结果。环境因素的作用（例如，饮食和季节）在本病的病因中尚不清楚，但这些因素影响其他阈值性状（例如，腭裂试验动物）是众所周知的。人类流行病学研究，基于兄弟姐妹和后代受影响个体率在总人口中的发病率的比较（图 18.8），对此犬也有类似的遗传方式（Zetterquist，1972）。

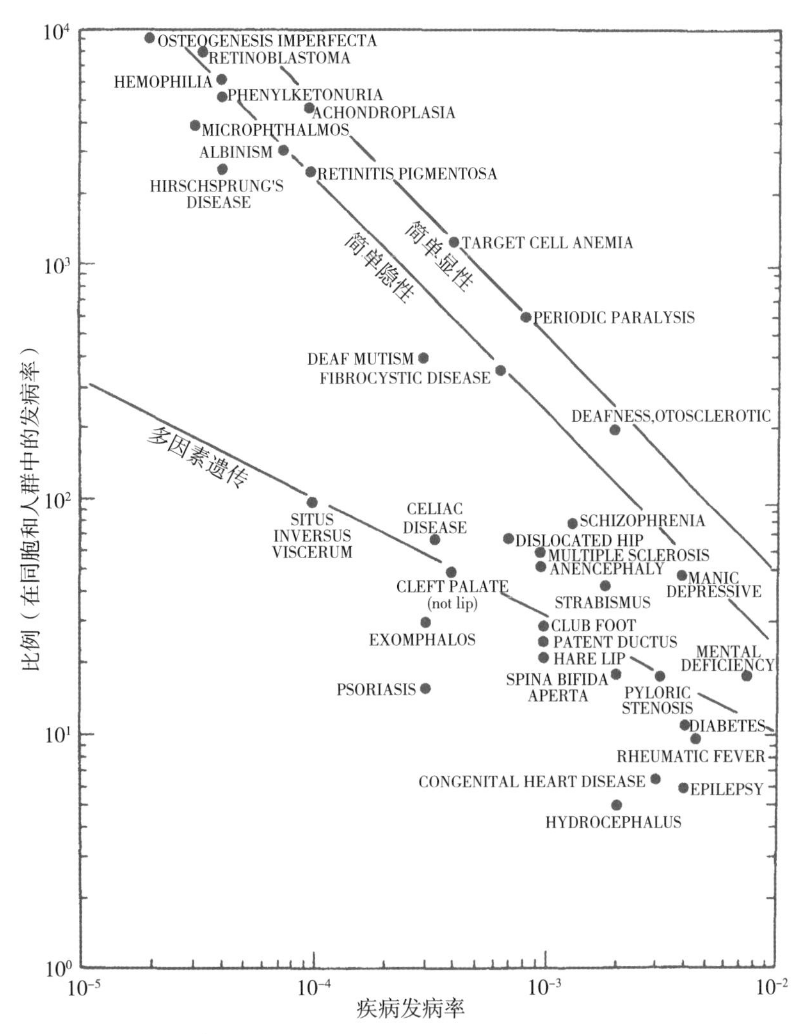


osteogenesis imperfecta：成骨不全　retinoblastoma：视网膜母细胞瘤　hemophilia：血友病
phenylketonuria：苯丙酮尿症　achondroplasia：软骨发育不全　microphthalmia：小眼症
albinism：白化病　hirschsprung's disease：先天性巨结肠　retinitis pigmentosa：色素性视网膜炎
target cell anemia：靶细胞贫血　periodic paralysis：周期性麻痹　deaf mutism：聋哑症
fibrocystic disease：纤维囊性疾病　deafness otosclerotic：耳硬化性耳聋　situs inversus viscerum：内脏转位
celiac disease：乳糜泻　cleft palate：腭裂　exomphalos：脐疝
psoriasis：银屑病　schizophrenia：精神分裂症　dislocated hip：髋关节移位
multiple sclerosis：多发性硬化　anencephaly：无脑畸形　strabismus：斜视
manic depressive：狂躁抑郁症　club foot：畸形足　patent ductus：动脉导管未闭
hare lip：兔唇　spina bifida aperta：开放性脊柱裂　pyloric stenosis：幽门梗阻
diabetes：糖尿病　rheumatic fever：风湿热　congenital heart disease：先天性心脏病
epilepsy：癫痫

图 18.8　比较单因素性状同胞患者和多因素性状同胞患者的发病风险。在对数水平下，根据同胞兄弟姐妹和普通人群的发病率比例绘出每种疾病的发病率。单因素和多因素条件分为两个不同的集群。两个集群效应只是由于降低了遗传所有必要基因的个体在多因素条件下表现疾病的概率所产生的。来源：Newcombe，1964

Patterson 等讨论了适用于其他遗传疾病的伴侣动物模型（1982），包括溶酶体储存疾病和免疫系统障碍病。

## 一些非传染性疾病

已知人类的一些先天性缺陷是由遗传因素决定的。伴侣动物的研究可以支持或反驳相关的因果假设。尿道下裂（尿道发育异常）在人群中是比较常见的，但原因尚不清楚。

它经常与其他发育缺陷同时发生，男性多于女性，与家族和季节性相关。这些特征表明有遗传和环境 2 个决定因素。使用 VMOB 数据，一个易患病的品种已经在波士顿犬中得到证明（Hayes 和 Wilson，1986），为基因作为决定因素增加了可信度。

## 与环境污染有关的疾病

一些环境因素，包括空气污染和职业危害，与人群中各种类型的非肿瘤性慢性肺病（例如支气管炎和肺气肿）有关。慢性肺部病变也在犬中发生。这些病变包括间质纤维化、慢性炎症、肺气肿和胸膜纤维化，统称为慢性肺病（CPD）。

美国已经研究了 CPD 放射学评估流行率与年龄和环境（城市与农村）的相关性（Reif 和 Cohen，1979）。关于伊萨卡岛（农村）以及波士顿和费城（城市）的结果显示，居住在城市的犬比农村地区的犬的流行率高，但不同的是只有年龄超过 7 岁的犬被确认，表明在犬中可能呈现出环境危害的累积效应。在费城，已证实城市/农村 CPD 流行率的差异（图 18.9a）与大气污染相关（图 18.9b）。

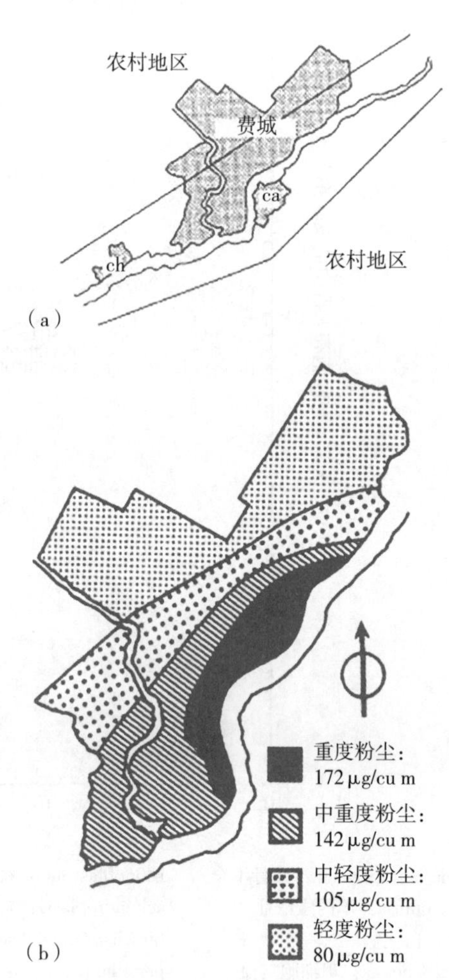


图 18.9　在美国费城，犬慢性肺病（CPD）的流行率与环境区域之间的关系。(a) 7～12 岁犬的 CPD 相对发病率：流行率在两线之间的区域高，在这些线外的区域低。ca=坎布登；ch=切斯特。(b) 大气粉尘浓度。来源：Reif 和 Cohen，1970

在动物中也首次发现了环境有毒物质的影响（Buck，1979）。这些有毒物质包括三氯乙烯（在牛中），氯化萘（在牛中），黄曲霉毒素（在犬、牛和猪中）和有机磷神经毒剂（在羊中）。

动物也可以是环境毒素有效的哨兵。例如，肉牛是氯化烃杀虫剂的哨兵（Salman 等，1990）。同样，清扫海岸线的犬是沿海细菌浮渣中产生的藻青菌毒素的哨兵（Codd 等，1992），可能是因为它们被细菌的气味和味道所吸引。

# 比较研究中的推理

比较研究涉及类比推理，而推理可以是错误的。例如，由 Snow 的结论得出霍乱和黄热病都是通过污染的水传播，因为它们都发生在不卫生的条件下（见第 3 章），对于这样的结论应谨慎对待。

推论也应该被许多疾病是多因素的认识所强化，要么是因为需要几个因素导致一种疾病，或是因为几个因素引起目前无法区分的疾病临床表现（MacMahon，1972）。例如，犬癫痫的发作在某些情况下是由基因决定的，但在其他一些情况下是由环境引起的（Bielfelt 等，1971）。有证据表明，糖尿病是由化学物质、自身免疫反应和病毒感染引起的（Yoon 等，1987）。

在不同物种之间推理是不可靠的，因为在不同的物种之间相似的临床表现可能是不同病理过程的结果。例如，不同的物种都有癫痫和实验性癫痫发作（Biziere 和 Chambon，1987），但是对于人类癫痫，这些条件之间的关系还不清楚。问题的一部分是分类：由临床症状命名的疾病（如癫痫）比那些由一个特定病变命名的疾病更可能是多因素的，因为前者可能由多种病变引起，每一种病变都可能有不同的病因（见图 9.3）。因此，当研究具有类似病变的特定结构时（如上述提到的膀胱癌研究），根据比较研究得出的推理：相同结构上类似的病变可能有类似的病因，这个合理的假设就被强化了。

产生一个令人信服的模型的一个重要标准是它能适用于不止一种情况（Davidson 等，1987）。有一些遗传病的遗传方式在不同物种之间具有相似性（如犬和人的血友病），而且在病因之间以及随后在动物和人类肿瘤的治疗之间都存在着密切的相似之处。这种相似性表明，人类遗传病和肿瘤疾病的动物模型是合理的，特别是当疾病在动物中比在人类中更常见时，使用动物模型就具有实用价值（如犬的骨肉瘤：Brodey，1979）。

# 19 建　　模

建模代表一种物理过程，旨在提高对这一过程的鉴别和理解。在第 3 章，对两个独立因素模型进行了阐述，在第 5 章，对相互作用的两个因素模型进行了阐述。同样，正态分布（参见第 12 章）有时被称为正态可能性分布模型。建模另一层特定的意思是，用定量数学术语对事件发生可能性进行预测的方法。从这种意义上说，建模适用于工程学、农学和医学等多种学科。在流行病学方面，当试验和现场调查行不通时，建模是一种调查疫病的有效手段。建模是为了解释和预测疫病的发生形式，以及采取不同的控制策略可能导致的结果。这种方法已经在第 8 章传染病传播的 Reed-Frost 模型中进行了阐述。准确的模型能指导我们选择最有效的疫病控制技术，增加对致病因子生命周期的理解。本章将通过列举相关传染病实例，来描述模型的主要类型。

建模可追溯到 18 世纪，当年 Daniel Bernoulli 用简单的生命表统计法国人天花数据，结果表明天花接种[①]是有效的，并且人们可获得终身免疫（Bernoulli，1766）。在英国，一个著名的例子是，利用教区记事簿记录的死亡人数，还原了 1665—1666 年德比郡伊姆村鼠疫流行时的情况（Creighton，1965）。此外，还有 John Graunt 关于 17 世纪英国人死亡率的汇集数据，法国皇家医学学会有关 18 世纪动物和人流行病的统计数据的记录，这些已经在第 1 章提到过。成立于 19 世纪早期的英国友好协会，记录了协会成员的疫病和死亡信息（Ratcliffe，1850）。因此，到 19 世纪中期，像天花和鼠疫这些疫病的发病率和死亡率数据一应俱全，医学统计学家就提议利用数学模型来解释死亡率（Greenwood，1943）。William Farr（1840）[②] 根据英国英格兰和威尔士的天花数据绘制了相对应的对数正态曲线（参见第 12 章），并使用类似的方法预测了 1866 年英国牛瘟的流行（Brownlee，1915；Spinage，2003），确切地说，这种方法最早由 De Moivre 在 1733 年使用。

早期的模型，建立了一般理论，描述了人类传染性疫病流行的自然特点。最近 40 年，人们才对动物疫病建模给予了特别的关注。早期的工作中，就有理论法和实践法之分，前者主要针对流行病学理论，后者试图直接采取措施控制疫病。连续模型结合控制技术的作用试图更加

① 天花接种，是用天花患者的水疱液接种给天花易感人群，这是一种过时的方法。

② Farr 使用定量调查的方法研究霍乱，John Snow 采用定性观察法研究霍乱，比较而言，后者比前者更能解释疾病的原因。

贴近实际，如直接使用疫苗和药品，以评估替代疫病控制策略。经济制约和影响的效应必然已成为考虑的因素。许多技术可使用计算机进行模拟，尽管这并不是必需的。

## 模型的类型

### 密度模型和流行率模型

兽医领域的模型已直接用于传染病，未感染的群体也能被模拟。根据致病因子生长动力学特点可将其分为两类：微生物（例如，病毒和细菌）和寄生虫（例如，蠕虫和节肢动物）（见第 7 章），这两种不同的动态模式将它们自己分为两种不同类型的模型。

**密度模型**(density models)考虑的是在每个宿主体内病原体的绝对数量，通常应用于微生物的感染，这时可以估算宿主或环境中的传染性病原体的数量。当微生物数量可以被计数时，可用密度模型对微生物感染进行模拟。**流行率模型**(prevalence models)考虑的是各个主体队列中存不存在感染。例如，年幼和成熟，免疫和易感。这两种模型中，密度模型更精确，因为它可以估算出受威胁宿主体内的病原体数量。

### 确定性模型和随机模型

在许多模型中，输入的参数值是固定的，获得的结果可以不考虑随机变量（即可变性）。这种数学描述就是确定性模型的典型例子。相反，一些模型描述随机变化的进程或事件。另外，这种不确定性可能是由于建模人对可变参数相关知识缺乏了解（见附录XXIV）。可变性和不确定性导致结果是一个概率。这些模型就是随机模型，随机一词来源于希腊语“stochastikos”，意思是“娴熟瞄准，能够猜得到”。随机模型往往将概率分布和置信区间关联起来表示输出的结果。

通常情况下，我们可能并不清楚一种模型是确定性的还是随机的。例如，基本的 Reed-Frost 模型（见表 8.1 和图 8.6、图 8.7）中一个动物传染给另一个动物的概率，预测的结果并没有测量关联的任何变量。因此，这种模型是确定性的。

密度模型和流行率模型，往往可以通过使用确定性模型或随机模型等各种方法建立。

## 建模方法

### 确定性微分建模

微分演算是一种寻找小（理论上无穷的）变化率的数学技术。基于此过程的模型建立的方程通常表示为一定时间内寄生虫数量或宿主数量，或二代宿主的数量。

#### 确定性指数衰减范例

微分模型的最早和最简单的例子是指数衰减（exponential decay）。在群体中的易感个体成为传染性的个体的瞬时速率，用 $\mathrm{d}x/\mathrm{d}t$ 表示（$\mathrm{d}x$ 指在极短时间间隔 $\mathrm{d}t$ 内群体的变化），假定与 $x$ 直接成正比（$x$：群体中易感动物的数量）。

$$\frac{\mathrm{d}x}{\mathrm{d}t}=-\alpha x$$

在这个模型中，$\alpha$ 是一个正数，始终保持不变，因此是模型的一个参数。它前面有负号是因为易感动物减少了，因为有些已成为感染动物。如果输入的条件已知，如在时间为 0 时群体中易感动物数量，可以代入公式求解，结果：

$$x_t=N\mathrm{e}^{-\alpha t}$$

$x_t$ 和 $N$ 分别指在时间 $t$ 和 0 时群体中易感动物的数量，e 指通用指数常量或自然对数 2.718。如果 $t$ 取不同值将 $x_t$ 值绘制成曲线，会发现 $x_t$ 在 $t$ 较小时迅速下降，然后下降逐渐趋缓。

**羊接种疫苗范例**

下面的示例演示了如何能将简单指数衰减模型应用于疫苗免疫中。假设一群羊不断受到致病因子的威胁，感染后通常会导致死亡。再假设动物死亡的速度与受威胁易感动物的数量成正比。假设一定比例的动物出现症状，并且可以用一种疫苗进行紧急免疫，然后这些动物就不会死亡。一旦疫苗的保护作用停止，这些免疫过的动物就会再次成为易感动物并有死亡的风险。该模型用二仓室模型表示，见图 19.1。

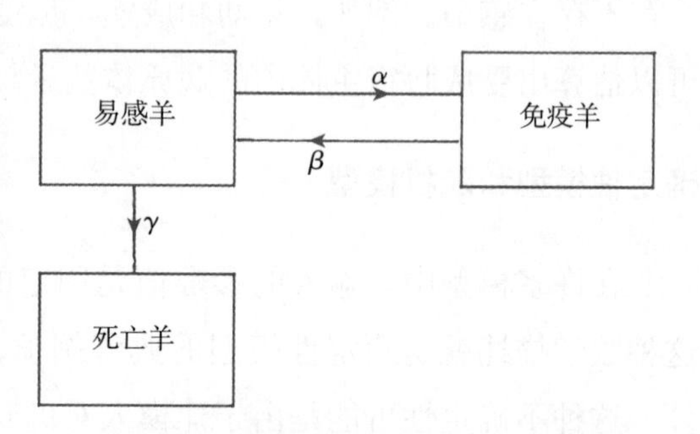


图 19.1　羊疫苗免疫二仓室模型示意图

左上方仓室表示易感羊，其中的动物可能以 $\gamma$ 的死亡率死亡或者经过免疫治疗后以速率 $\alpha$ 转成右侧方框内的免疫羊。当免疫保护停止作用时，这些免疫动物以 $\beta$ 速率又转为易感羊。此模型包括两个方程，一个用于易感动物的变化率，即 $\mathrm{d}x/\mathrm{d}t$，另一个用于免疫动物的变化率，即 $\mathrm{d}y/\mathrm{d}t$：

$$\frac{\mathrm{d}x}{\mathrm{d}t}=-\alpha x-\gamma x+\beta y$$

和

$$\frac{\mathrm{d}y}{\mathrm{d}t}=\alpha x-\beta y$$

$\mathrm{d}x/\mathrm{d}t$ 方程右侧用 $-\alpha x$ 和 $-\gamma x$ 表示因死亡损失的动物数量和疫苗免疫的动物数量占易感动物的比例。但是，免疫动物返回到易感动物，失去免疫保护占免疫组总数的比例，返回易感动物组用 $+\beta y$ 表示。同样，在免疫组中的变化率产生的净结果为增加的 $\alpha x$ 和减少的 $\beta y$。$x$ 和 $y$，与 $t$ 之间的关系方程为：

$$x=\frac{N}{(a-b)}[(\beta-b)\mathrm{e}^{-bt}-(\beta-\alpha)\mathrm{e}^{-at}]$$

和

$$y=\frac{N}{(a-b)}(\mathrm{e}^{-bt}-\mathrm{e}^{-at})$$

此时，

$$a=1/2\ \{\ (\alpha+\beta+\gamma\ )\ +[(\alpha+\beta+\gamma)^2-4\gamma\beta]^2\ \}$$
$$b=1/2\ \{\ (\alpha+\beta+\gamma\ )\ -[(\alpha+\beta+\gamma)^2-4\gamma\beta]^2\ \}$$

此外，$N$ 是指时间为 0 时群的大小。图 19.2 表明了易感动物和免疫动物数量的变化趋势。这些仅为一般的趋势，确切的变化量取决于 $\alpha$ 、$\beta$ 和 $\gamma$ 等参数值的大小。从图中我们可以看出，当免疫动物组的数量上升至峰值并开始下降时，易感动物组数量迅速下降。最后这两组动物的数量都将为 0，因为所有的动物都将死亡，除非采取其他控制措施。

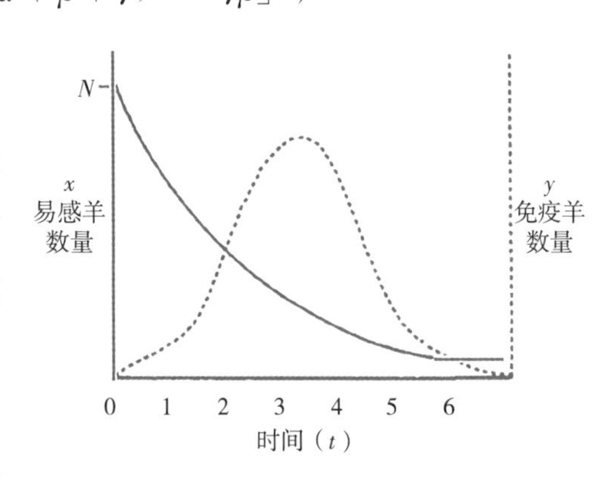


图 19.2　羊群免疫模型范例中易感动物组和免疫动物组数量变化趋势

早期的简单流行病模型是基于微分学方法，通常包含过分单纯化的假定。例如，在疫病流行过程中感染的个体没有从群体中移除。这种假设应用于早期的 Reed-Frost 模型中。虽然这个假定有时应用于人类流行病中，但它在动物流行病中经常不能奏效，因为感染的动物通常会被扑杀淘汰。

早期的模型假设一个特定大小、均匀混合的群中有一个易感个体感染的话，这个群体立即就被感染，即感染没有潜伏期或潜隐期。但大多数的传染病是有潜伏期的，并且在多数情况下，同类的混合是很少见的，而且感染的个体也会得到免疫保护。现在已经开发出考虑这些因素的模型。

另外，只有很少几种疫病在流行期间呈现出没有病例的特征（如英国的狂犬病和口蹄疫）。多数疫病呈现为不同程度地方流行性且周期性的流行病，可能要求有不同的模型。

早期的模型认为流行病是在连续时间内发生的过程，这就是连续时间模型。离散的时间模型已被设计用于描绘固定时间间隔内疫病发生的模式。例如，如果一种疫病开始流行时有一个或几个个体同时感染，然后新病例会在一系列的阶段出现，也就是等于该病潜伏期的时间间隔。较高级的离散时间模型已经考虑到个体在各种状态（多状态模型）下的发生过程，如易感、免疫、感染和死亡。我们将这种个体由一种状态发展到另一种状态的模型称为状态转化模型。这些通常是流行率模型。

## 獾结核病范例

在英国英格兰西南部，牛结核病仍然是一个很大的问题，因为感染的獾被认为是牛的传染源。控制该病可能的一种方法是，减小獾群密度，使其在持续感染的阈值水平以下（见第 8 章）。

早期一种简单的獾结核病动力学模型运用了确定性模型、状态转化模型、微分模型和流行率模型（Trewhella 和 Anderson，1983），其中包括三种状态：易感动物、潜伏期动物和感染动物（图 19.3）。由于獾没有免疫牛结核病，因此不包括免疫动物。这里的参数包括发病密度（取决于獾群大小、自然条件和疫病），死亡率，感染的潜伏期，以及传播速率。

该模型预测流行率随獾密度增加而上升，这个预测值已通过实地观察得以验证，并且发现

18 年为一个反复流行的周期。该模型表明，獾密度高的地区，需要付出相当大的努力，才能控制感染。从那时起，许多其他新的模型已考虑如何最好地控制牛结核病。然而，传播方式仍不清楚，所以这些模型不能被充分利用。

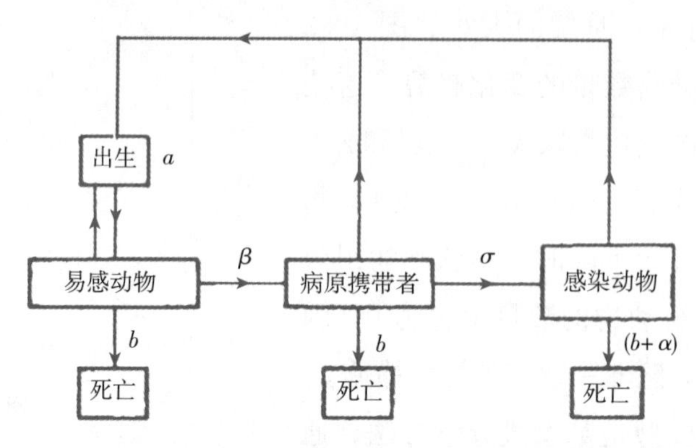


图 19.3　獾结核病的确定性模型

**狐狸狂犬病范例**

在北美和欧洲狐狸是狂犬病的宿主，并成为控制该病的一个严重障碍。在波兰，狐狸在第二次世界大战末期被感染，疫病慢慢向西以每年约 30km 的速度扩散。首选的控制方法是宰杀狐狸，但结果却不尽如人意。1980 年 Macdonald 和 Bacon 提出数学模型控制方法，比扑杀狐狸更加奏效。该模型有两个组成部分：①预测狐狸种群中狂犬病发生的过程；②评价不同的控制策略。

该模型对狐狸种群中狂犬病的宿主及其体内携带的病毒做出了合理的假设。狐狸每年秋季繁殖一次，并且狐狸在冬季的死亡率最高，导致每年狐狸数量的波动。狂犬病病毒潜伏期较长，因此在宿主体内可以生存很长时间，病毒量不断变化并保持低密度水平（见图 6.4）。在过去的情况下，病毒在动物个体内可以生存很长一段时间。

如果狂犬病进入一个狐狸群，病毒和宿主的未来将会受到健康狐狸数量的影响，感染的狐狸会将狂犬病传给健康狐狸，二者之比表示为接触率（contact rate）。如果疫病设定不同的接触率，会有不同的预测结果，如图 19.4a 所示。图中上面的线表示狐狸总数，下方的线表示健康狐狸总数，阴影部分代表患狂犬病的狐狸数量。水平线表示理论上可以带毒的狐狸数量。根据肯德尔的阈值定理（见第 8 章），当接触率为 0.5（一个感染的狐狸传染给 0.5 个健康的狐狸）时，将不足以使感染成立。较高的接触率，导致狐狸种群和患病狐狸数量波动。当接触率为 1.4 时，狂犬病每年显示出稳定的波动。当接触率为 1.9，流行周期为 4 年，狐狸数量将严重下降，甚至下降到不支持感染的水平。当狐狸种群恢复时会再次感染发生疫情。现场流行病学调查表明，在欧洲，狐狸表现出这种周期性。较高的接触率，会导致狐狸群灭绝。

模型第二部分“评价不同的控制策略”涉及三种控制技术（图 19.4b）：①扑杀；②临时消毒；③狐狸群诱饵疫苗接种。

案例 A，当狂犬病在最早的检测呈阳性时，只建立单一的扑杀政策。虽然最初扑杀可以降低疫病的流行率，但流行率很快再次升高，类似于图 19.4a 中接触率为 1.9 时的曲线。

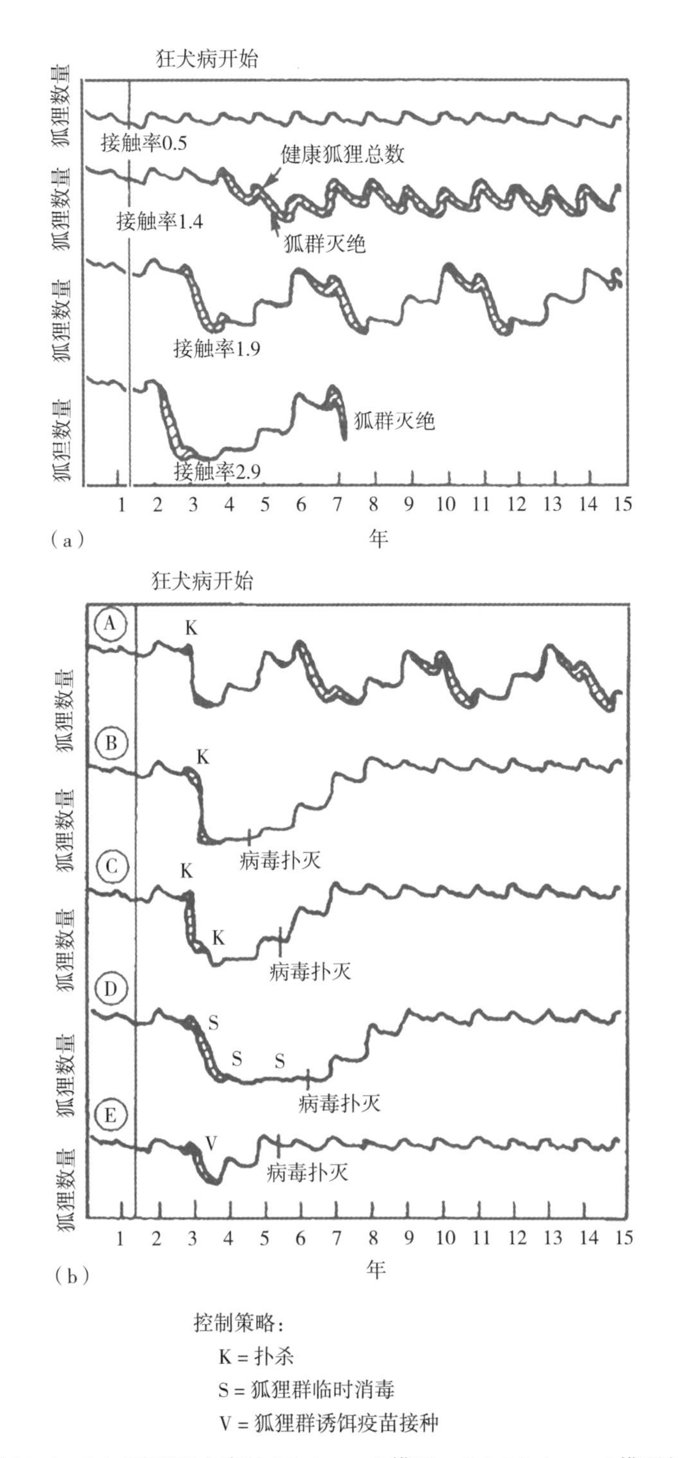


图 19.4 (a) 狐狸狂犬病的 Merlewood 模型；(b) Merlewood 模型的控制狐狸狂犬病的替代控制策略。两个图中，初始的狐狸数量水平是相同的。来源：Macdonald 和 Bacon，1980

案例 B 表示狂犬病呈监测阳性，随后采取扑杀策略。奇怪的是，最初疫病和扑杀同时存在，还是有更多的病例出现，是因为没有被扑杀的狐狸携带狂犬病毒后同样会死。该病毒也因狐狸种群大大减少而灭绝。

案例 C 代表两次扑杀，每次间隔 6 个月。同样，病毒灭绝，但狐狸数量在案例 A 和 B 的水平以下。

案例 D 中主要说明 3 次临时消毒的应用情况。该病毒再次被扑灭，但狐狸数量进一步减少。

案例E中表明使用诱饵疫苗接种狐狸的情况，这种方法效果最好，不但从狐狸群体中清除了病毒，还维持了健康的狐狸数量（免疫的狐狸大约为60%）。

因此，这个模型建议了一种比扑杀更有效且有生态学意义的控制狐狸狂犬病的方法。在欧洲，已成功应用这种类型的口服疫苗（Mülller，1991；Pastoret和Brochier，1998），并且还能通过这种方法控制狐狸数量（Aubert，1994）。在北美，口服疫苗免疫也被应用到其他野生动物中。

有人对基于微分的简单模型持批评意见，他们认为在整个运行期间参数保持不变只是理想的假设。例如，在一个季节内，感染生物的存活率是不变的，而在现实中，气候变化可能会使它们的存活率每天都发生改变。有些模型确实有随时间变化的参数，但是这可能会让人无法获取解决方案的模型，或者让模型获得的控制措施无法执行。这类模型的一大特点是，可以用它们对携带病毒的动物开展长期的研究。群数量可能会灭绝或者无限制的增加，或是达到一个稳定的状态。尽量减少经济损失，虽然对商品动物疫病来说最初进展可能是非常重要的，但人们往往感兴趣的还是是否存在这种稳定状态以及它的性质。

## 随机微分建模

第一个流行病模型认为，在一种疫病流行过程中，必须依赖于易感动物的数量，以及其与感染动物个体的接触率。这是确定性模型的基本假设。在一个确定性模型中，如果最初的易感动物数量和感染个体是已知的，那么未来疫病流行的过程是可以准确预测的（如图8.6和图8.7）。

后来，人们认识到确定性方法并不总是适用的，因为作为流行过程的一部分，必须要考虑易感动物和感染个体之间接触的变化和选择。随机建模（Stochastic modelling）因此演变而来，其中包含了感染的概率。这种方法可以得出诸如均值、方差和概率区间等概率分布的结果。当对一个简单的流行病进行建模时，确定性和随机性的方法可能会产生不同的结果（图19.5），确定性的曲线代表了绝对的点估计，而随机曲线代表所产生的各种概率的所有值的平均值。

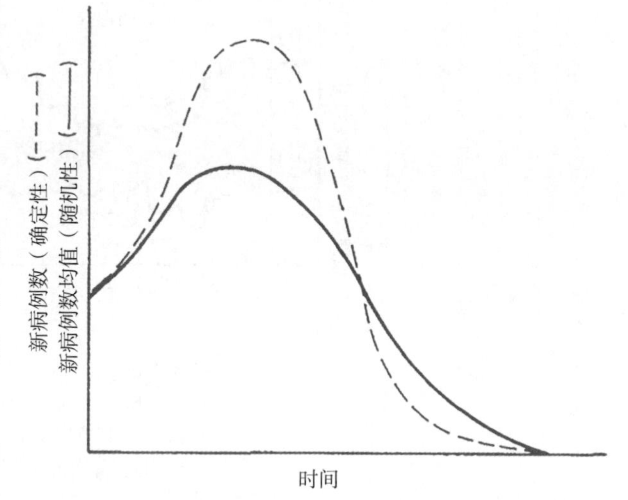


图19.5 简单流行病确定性和随机性的建模。来源：Bailey，1975

### 随机指数衰减范例（Stochastic exponential decay paradigm）

上述的确定性模型可随机模拟动物群体中易感动物数量的变化情况。如前所述，$x_t$表示在时间为$t$时动物群中易感动物的数量，$N$表示时间为0时的数量。现在假设$x_t$是一个随机变量，用$p_r(t)$表示在时间$t$时的$r$易感动物的概率。如同确定性模型中所用的微分方法，可得

出 $p_r(t)$ 的变化率的表达式。变化率 $dp_r(t)/dt$，受流入状态 $r+1$ 和流出状态 $r$ 的影响。对于流入状态 $r+1$ 来说，必然发生两件事件：第一，必须是在时间 $t$ 时有 $r+1$ 易感动物；第二，这些易感动物必须要被移除。这两件事件发生的概率为 $\alpha(r+1)\,p_{r+1}(t)$。对于流出状态 $r$ 来说，必须是在时间 $t$ 时有 $r$ 易感动物。另外，必须要移除易感动物。这两个事件发生的概率为 $\alpha r p_r(t)$。因此，$p_r(t)$ 的瞬时变化率为：

$$\frac{dp_r(t)}{dt}=\alpha(r+1)\,p_{r+1}(t)-\alpha r\,p_r(t)$$

其中，$\alpha$ 为一个参数。

这样一个微分方程可能无法容易地获得答案，但标准方法求解是可以做到的。它们将 $p_r(t)$以时间 $t$ 的形式表达为下式：

$$p_r(t)={}^{N}C_r\,(1-e^{-\alpha t})^{N-r}\,e^{-\alpha tr}$$

其中，${}^{N}C_r$是 $\frac{N!}{r!\,(N-r)!}$ 的数学简化符号。

$p_r(t)$ 的表达式是基于时间关系的二项式概率分布，它可以推断出 $x_t$的均值 $Ne^{-\alpha t}$ 和方差 $Ne^{-\alpha t}(1-e^{-\alpha t})$。将这些值与确定性模型比较，可以看到 $x_t$的均值与它们得到的是完全相同的。这通常是，但不总是真正的确定性模型和随机模型（图 19.5）。然而，确定性模型和随机模型之间一个重要的区别就是后者能够计算方差值。因此，每个时间点易感动物数量的波动范围是可以推断出来的。图 19.6 说明了这一点，图中每个时间点的易感动物数量的均值可以显示 2.5%和 97.5%（参见第 12 章）之间的分布范围。这就是易感动物数量 95%的概率区间。概率区间越广，易感动物数量的观察值偏离均值的范围越大。

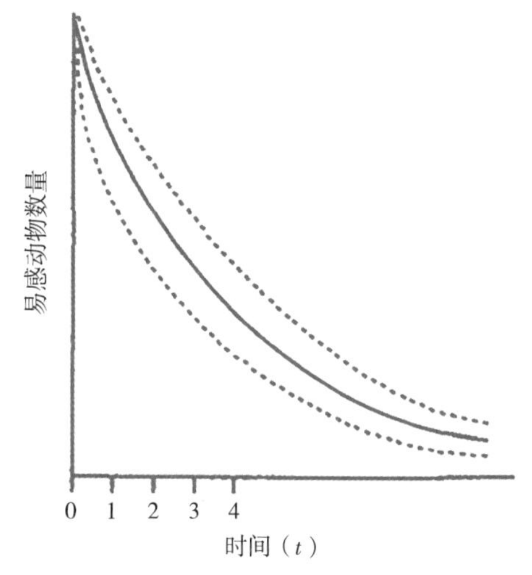


图 19.6 随机指数衰减范例：易感动物数量均值（——）和 95%概率区间（……）

## 实证仿真建模（Empirical simulation modelling）

这种技术的目标是通过改变确定性或随机条件，模拟有关寄生虫或疫病的变化发展。实施仿真模型并不总是需要一台电脑，其功能和成功与计算机技术的进步有着密切的联系。现在进行的许多模拟在 50 年前是不可能做到的。

成功的仿真模型可能会准确预测疫病的发病率。这种预测具有选择适当预防措施的价值，像时间序列分析一样（请参阅第 8 章）。

实证模型利用了分析发病率和所有相关变量之间的关系所取得的指标。常用的一些变量是与气候相关的。严格意义上讲，这些模型不是数学模型，因为它们并没有对寄生虫的生活史进行动态分析，只是简单量化相关的现象。它们有时被作为“黑箱”模型，因为数据输入模型后，不能满意地解释与所产生的结果之间的关系。

### 肝片吸虫病范例

英国已经模拟过肝片吸虫病（Ollerenshaw 和 Rowlands，1959；Ollerenshaw，1966；Gibson，1978）。肝片吸虫（*Fasciola hepatica*）的生活史很复杂，涉及中间宿主、终末宿主体内寄生和体外牧草寄生等不同阶段。寄生虫发育的两个重要气象因素是环境温度大于 10℃和游离水的存在。在 20 世纪 50 年代后期，Ollerenshaw 指出在冬季（太冷）和夏季没有充足水源的月份中（太干旱），肝片吸虫通常不可能完成发育。这就是肝片吸虫病“*Mt*”预测系统的基础理论。*Mt* 是每月湿润指数：

$$(R-p+5)\ n$$

其中，每月：

$R$＝降水量；

$p$＝潜在蒸发量；

$n$＝下雨的天数。

观察表明，寄生虫的发展也是随温度变化的，在 6、7、8 和 9 月，发展的速度相似，但在 5 月和 10 月 *Mt* 指数减半，因此发展速度减少一半。

将 5—10 月之间 6 个月的 *Mt* 值相加，得到季节性 *Mt* 指数和值（$\sum Mt$）。这个和值可以模拟气象条件的改变与疫病发展过程之间的关系，并且可以评估肝片吸虫病带来的损失，以便采取适当的预防措施（表 19.1）。

**表 19.1　英格兰和威尔士肝片吸虫病所致损失与 $\sum Mt$ 值之间的关系**

| $\sum Mt$ | | 损失 |
|---|---|---|
| 英格兰西北部、东南部，威尔士北部 | 英格兰和威尔士的其他地区 | |
| ＜300 | ＜400 | 无损失 |
| 300～450 | 400～500 | 轻度损失 |
| ＞450 | ＞500 | 严重损失 |

数据来源：Ollerenshaw，1966。

这种预测模型是确定性的，因为在建立时没有包含任何随机元素。其方法简单，不需要使用计算机。这一模型在法国（Leimbacher，1978）和英国北爱尔兰（Ross，1978）也同样适用。

## 过程仿真建模

描述寄生虫和宿主种群动力学（即生物过程）的数学模型已经建立。这些更加精细的技术可以对某种疫病的过程进行模拟。这包括预测意外发病率模型（Hope Cawdery 等，1978；Williamson 和 Wilson，1978），口蹄疫空气传播模型（Gloster 等，1981）和牛线虫病发病过程临床模型。

### 牛线虫病范例

根据牧草被感染性牛线虫（*Ostertagia ostertagi*）幼虫污染的程度，可以对牛群的寄生虫卵排放到牧草上的过程进行模拟预测（Gettinby 等，1979）。其中包括应用发展分数（development fractions）估算第一、二、三幼虫阶段的虫卵比例，根据所处温度将寄生虫从一个阶段发育到下一个阶段的数量进行量化。此外，必须包括与幼虫的传染性、繁殖和洄游行为等有关的参数。

因此，假设一只小牛从 4 月 1 日开始在受污染的草地上放牧，这天感染性的牛线虫幼虫摄入的数量（$L$），我们可以根据已知牧场的感染程度和小牛的牧草日摄入量进行估算。不是所有的幼虫都能用这个模型估算。21d 后，即 4 月 22 日犊牛皱胃内蠕虫成虫数（$A$）的预测可以用下式进行建模：

$$A=(K-A_0)(1-e^{-\alpha L})+A_0$$

$A_0$ 指皱胃内存在的蠕虫成虫数。

给定不同的 $L$ 值，$A$ 曲线成反对数曲线，反映幼虫威胁程度与蠕虫成虫之间存在密度依赖关系（请参见图 7.4）。参数 $K$ 和 $\alpha$ 决定了成虫的发育率，即幼虫威胁程度较低时成虫发育比例高，相反，威胁程度高时发育率低。蠕虫成虫从 4 月 1 日开始产卵。根据与产卵有关的实证数据和成虫量，估算 4 月 22 日产卵数（$E$）。这些卵经历发育。开始出现幼虫感染的时间，可以通过计算其不同发育阶段每日温度下的分数，如果 $n$ 天后所有发育阶段完成，将倒数进行相加，即：

$$\frac{1}{D_1}+\frac{1}{D_2}+\cdots+\frac{1}{D_n}=1$$

$D_n$ 指在特定温度条件下完成发育所需的天数。4 月 22 日基础上加 $n$ 天就是最早出现感染性幼虫的时间。不是所有的发育中的卵和幼虫都能存活，因此，未死卵的数量与 4 月 22 日产卵数量的比例为 $p^n$。参数 $p$ 指估计的卵日存活率。如果在牛放牧期间每天的 $n$ 值和 $p^n$ 确定，则牧草上感染性幼虫的总数，以及感染牛体内的蠕虫成虫数就可以估算出来。这种类型的模拟需要迭代计算，它只能用计算机在合理的时间内执行。

图 19.7 显示了 1975 年 5—9 月，某实验牧场上放牧小牛体内幼虫数预测和观测的模拟结果。二者显示出高度的相似性。

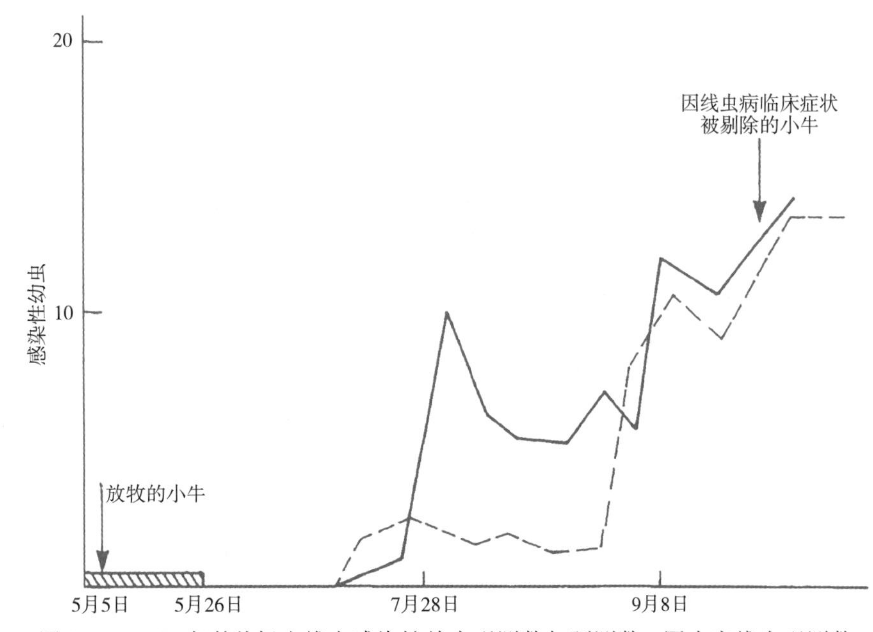


图 19.7 1975 年某牧场牛线虫感染性幼虫观测数与预测数。图中实线为观测数；虚线为预测数；阴影部分为越冬的感染性幼虫。来源：Gettinby 等，1979

使用这种类型的模型模拟预测牧草中感染性幼虫数量，可以帮助我们选用最佳的抗蠕虫药物，或在动物受大量感染性幼虫威胁时将其转移至安全的牧场放牧，从而防止临床病例出现。类似的方法已成功地应用到绵羊胃虫病（Paton 等，1984）和羊蜱虫感染中（Gardiner 和 Gettinby，1983）。

## 蒙特卡罗（Monte Carlo）模拟建模

在很多情况下，对于那些无法通过分析找到解决方案的，或者，找出解决方案极为困难或需要极长时间时，可以用确定性模型和随机模型进行建模。在这种情况下，用模拟的方法变得越来越多。由于模拟研究尝试对物理过程所仿效的模型进行模拟，因此它们内容丰富并且往往是首选的方法。在这些方法中，使用随机数字来模拟随机过程以决定是否采取措施。从某种意义上说，这有点类似于赌博，这就是蒙特卡罗模拟的方式。

### 羊蜱虫病范例

假设要建立一个模型来模拟寄生于羊的成年篦子硬蜱（*Ixodes ricinus*）的数量。特别是，需要知道雌蜱的总数，这就可以对未来蜱的数量进行预计。假设我们做了一个现场调查，并显示在羊个体上找到充血蜱的总数分别为 0、1、2 或 3，概率分别为 0.4、0.3、0.2 和 0.1。同时，现场调查表明雄性和雌性蜱的比例相等。用一个有 10 个相同面的骰子，每个面标上 1～10，再拿一个有相同的两个面的硬币，标 M 的面代表雄性（Male），标 F 的面为雌性（Female）。可以模拟并得到每只羊上成对的雌性蜱的数量。掷出骰子，根据｛1，2，3，4｝、｛5，6，7｝、｛8，9｝和｛10｝的设置和相应的结果，模拟的成年充血蜱分别为 0、1、2 或 3。选用以上的设定是因为发生的概率分别为 0.4、0.3、0.2 和 0.1，与现场研究的结果一致。假设掷出的骰子结果为 10，则模拟的成年充血蜱数为 3，那么硬币将投掷 3 次，每次的结果被用来确定 3 个成年充血蜱的性别。此时，如果 3 个蜱性别相同（即 MMM 或 FFF），将不会有交配过的雌性。其他的结果，在同一只羊，至少有一只为雄性蜱一只为雌性蜱。假设一只雄性蜱仅与一只雌性蜱交配，那么就只有一个交配过的雌性蜱。表 19.2 中列出了通过投掷骰子和硬币得到的各种可能性的组合。

**表 19.2　通过模拟蜱群体吸附和性别分布情况，得到羊身上已交配的雌性篦子硬蜱的数量**

| 一次掷十面骰子的结果 | 模拟羊身上充盈蜱虫数量 | 通过掷硬币模拟得到充盈蜱虫的性别分布 | 已交配雌性蜱虫数量 |
|---|---|---|---|
| ｛1，2，3，4｝ | 0 | — | 0 |
| ｛5，6，7｝ | 1 | M | 0 |
| | | F | 0 |
| ｛8，9｝ | 2 | MM | 0 |
| | | MF | 1 |
| | | FF | 0 |
| | | FM | 1 |
| ｛10｝ | 3 | MMM | 0 |
| | | MMF | 1 |

（续）

| 一次掷十面骰子的结果 | 模拟羊身上充盈蜱虫数量 | 通过掷硬币模拟得到充盈蜱虫的性别分布 | 已交配雌性蜱虫数量 |
|---|---|---|---|
| | | MFM | 1 |
| | | FMM | 1 |
| | | FFF | 0 |
| | | FMF | 1 |
| | | MFF | 1 |
| | | FFM | 1 |

这个过程可以重复不同羊群中的每只羊，并获得一系列反映蜱的系别分布配对的结果，即“0”表示无配对，有配对为“1”。统计模拟结果会显示出有配对和无配对群的比例。如果我们模拟，会发现平均每100只羊中有18只携带1个配对蜱的宿主。此时可以通过敏感性分析[①]来检测不同的假设和成果参数估计的效果。例如，如果雄性和雌性蜱的比例不是1∶1，而是雌性偏多，为1∶2，那么这个实验可以通过更换硬币进行复制，这种硬币带有偏向性，掷出后需能够让“M”出现的概率为0.33（1/3），且“F”出现的概率为0.67（2/3）。这样，结果会变成平均每100只羊中有15只携带1个配对蜱的宿主。比较结果后发现，对于性别分布的变化，这种分析法就不那么敏感了，为准确判断性别比例而进行进一步的实地调查，这是没法保证的。同样，如果一个雄性蜱可以和多个雌性蜱进行交配，那么这个模拟也可以被复制。例如，如果附着在羊身上的一只雄性蜱可以和两只雌性蜱配对，那么这样可以产生两个而不是一个交配过的雌性。

在现代仿真研究中，计算机代替了骰子和硬币的角色。因此，计算机发出随机指令生成1到10的整数，替代抛掷10个面的骰子，来得到这些“彩票”结果。这样会产生大量一系列等比例的数字。

## 羊蜱虫病的防治

可用蒙特卡罗模拟法来调查蜱交配期发病率随机模型的运行状况，这个模型对控制策略有重要意义（Plowright和Paloheimo，1977）。现场调查发现（Milne，1950），蜱虫病的发生呈“斑块状”：有的牧场可能很严重，但是与这个牧场有栅栏相隔的牧场却几乎没有蜱虫病。这表明蜱虫的有效扩散能力有限。原因可能是低密度蜱虫群体数量的增长受其低交配率的制约。模型做了几个假设：一是，如果每个蜱成虫附着在羊体表时，恰好遇到异性个体并与之交配；二是，每个蜱成虫只交配一次；三是，每只蜱成虫附着在羊身上的概率相等；四是，所有的蜱遇到彼此的概率相等。最后两种假设未置可否，但对模型的影响不明显。

应用泊松分布模型（见第12章），可模拟不同密度羊群中交配的蜱虫总数，以及每只羊身上不同数量的蜱虫。表19.3列出了模拟的结果，并演示了随机模型和确定性模型结果之间的差异。该模型通过收集存活率，对不同蜱虫数量等级和不同羊群密度下蜱虫的增长率进行预测。当羊群密度低时，蜱虫的增长率随蜱虫数量变化不敏感，但当羊群密度高时，增长率较敏感。相反，当

① 敏感性分析用来评估输入参数值的变化对输出参数的影响程度。如果输入参数很小的变化能引起输出参数很大的改变，说明模型敏感性很高。反之，说明模型敏感性较低。

蜱数量小时，蜱虫的增长率随羊群数量的变化不敏感，但随蜱虫数量变化敏感。这支持了蜱在一个新牧场很难仅靠自己增殖这一假设。这同时也表明，只通过减少宿主的密度可能不是控制蜱虫病的有效手段，因为蜱群体增长率并不只是取决于羊群的密度。该模型还预测蜱群灭绝只发生在蜱群数量范围很窄的情况下，这就证实了现场观测时蜱的分布为什么是呈“斑块状”的。

表 19.3　各种参数使用确定性模型和随机性模型后的结果比较

| *p* | 蜱虫数量 | 羊的数量 | 交配总数 | |
|---|---|---|---|---|
| | | | 确定性模型 | 随机性模型（600 个重复的均值） |
| 0.05 | 40 | 10 | 3.335 7 | 3.440 0 |
| 0.05 | 40 | 20 | 4.753 2 | 4.783 3 |
| 0.05 | 40 | 40 | 5.127 1 | 5.153 3 |
| 0.05 | 40 | 80 | 3.968 3 | 3.839 5 |
| 0.05 | 40 | 160 | 2.214 3 | 2.211 7 |
| 0.05 | 80 | 10 | 8.959 0 | 9.088 3 |
| 0.05 | 80 | 20 | 13.286 6 | 13.456 7 |
| 0.05 | 80 | 40 | 15.368 6 | 15.573 3 |
| 0.05 | 80 | 80 | 12.648 8 | 12.845 0 |
| 0.05 | 80 | 160 | 7.932 3 | 8.005 0 |
| 0.01 | 40 | 10 | 0.302 1 | 0.293 3 |
| 0.01 | 40 | 20 | 0.552 8 | 0.556 7 |
| 0.01 | 40 | 40 | 0.928 2 | 0.901 7 |
| 0.01 | 40 | 80 | 1.327 9 | 1.273 3 |
| 0.01 | 40 | 160 | 1.434 5 | 1.463 3 |
| 0.01 | 80 | 10 | 1.034 2 | 1.001 7 |
| 0.01 | 80 | 20 | 1.899 3 | 1.948 3 |
| 0.01 | 80 | 40 | 3.227 0 | 3.055 0 |
| 0.01 | 80 | 80 | 4.710 8 | 4.586 7 |
| 0.01 | 80 | 160 | 5.268 3 | 5.336 7 |

注：*p*，一个蜱附着在一只羊身上的可能性。

## 矩阵建模

当 Leslie（1945）首次发表 Leslie 矩阵模型时，使用矩阵模型来描述群体数量变化就很常规了。矩阵模型往往通过矩形阵列的形式，模拟规定的状态或发展阶段，称为状态向量，或者包含宿主或寄生虫不同生长发育状态或阶段的繁殖和存活率，称为过渡矩阵。通过这种方式，就可以系统得到从一个时间点到另一个时间点的各个状态。

### 肝片吸虫病范例

可以制定一个简单的矩阵模型来说明肝片吸虫（*F. hepatica*）的生活史。有关参数已经过现场研究估算。假定成虫产下的卵经过 4 周时间发育成毛蚴，寄生于软体动物宿主的毛蚴经过 8 周发育成为囊蚴，囊蚴在干燥前可存活长达 3 周。成年肝片吸虫、卵、蜗牛内寄生的阶段和囊蚴期的每周存活率分别为 0.95、0.3、0.5 和 0.8。假定每个成虫每周产 2 500 个卵，每个毛蚴寄生于蜗牛的概率为 0.005。简化标注所有的无性阶段以及在蜗牛体内的发展阶段。再假定在软体动物内的最后阶段出现繁殖现象，产卵量为 4.3。进一步简化，每周每个囊蚴发育为成虫的概率为 0.02。

设 $\alpha$ 为成年肝片吸虫数量，$e_i$、$c_i$ 和 $m_i$ 分别为在第 $i$ 周发育的卵、尾蚴和囊蚴的数量。从 $t$ 周至 $t+1$ 周，成年肝片吸虫的数量等于在 $t$ 周存活成虫的数量加上摄入并定殖的囊蚴数量，表达式为：

$$a(t+1)=0.95\alpha(t)+0.02m_1(t)+0.02m_2(t)+0.02m_3(t)$$

卵在发育的第一周，时间为 $t+1$ 时，卵的数量等于前一周成虫排卵数量，即：

$$e_1(t+1)=2\ 500a_1(t)$$

在发育的第二周，时间为 $t+1$ 时，卵的数量等于前一周存活成虫的数量，即：

$$e_2(t+1)=0.3e_1(t)$$

那么所有发育阶段从一周到另一周的变化，用矩阵形式可以很方便地总结出来（表 19.4）。可以简写为：$\underline{x}_{t+1}=\underline{P}\underline{x}_t$

这里的 $\underline{x}_t$ 和 $\underline{x}_{t+1}$ 是状态矢量，对应于时间 $t$ 和 $t+1$。$\underline{P}$ 指转移矩阵。下划线表示一个矩阵。请注意，要检索的第一个方程，状态矢量第一个要素（$a_{t+1}$）与总和相等，在过渡矩阵的第一行在其侧面是开放的，且每个要素乘以在时间 $t+1$ 时状态矢量 $\underline{x}_t$ 对应的要素，即：

$$\begin{aligned}a=&+0.95\times a\\&+0\times e_1\\&+0\\&\ \ 0\\&\ \ \vdots\\&+0.02\times m_3\end{aligned}$$

其他关系同样需要检索。例如，如果需要卵发育第一周时间 $t+1$ 时的囊蚴数量，则这些与转移矩阵行相对应的元素 $\underline{x}_t$ 其一侧开放，相乘得：

$$m_1(t+1)=4.3s_8(t)$$

**表 19.4　肝片吸虫（*Fasciola hepatica*）生活史的矩阵描述**

| $x_{t+1}$ | | | | | | | | | | | | | | | | | | | $x_t$ |
|---|---|---|---|---|---|---|---|---|---|---|---|---|---|---|---|---|---|---|---|
| $a$ | | 0.95 | 0 | 0 | 0 | 0 | 0 | 0 | 0 | 0 | 0 | 0 | 0 | 0 | 0.02 | 0.02 | 0.02 | $a$ |
| $e_1$ | | 2 500 | 0 | 0 | 0 | 0 | 0 | 0 | 0 | 0 | 0 | 0 | 0 | 0 | 0 | 0 | 0 | $e_1$ |
| $e_2$ | | 0 | 0.3 | 0 | . | . | | | | | | | | | | | 0 | $e_2$ |
| $e_3$ | | . | | 0.3 | | | | | | | | | | | | | | $e_3$ |
| $e_4$ | | . | | | 0.3 | | | | | | | | | | | | | $e_4$ |
| $s_1$ | | | | | | 0.002 | | | | | | | | | | | | $s_1$ |
| $s_2$ | | | | | | | 0.5 | | | | | | | | | | | $s_2$ |
| $s_3$ | = | | | | | | | 0.5 | | | | | | | | | | $s_3$ |
| $s_4$ | | | | | | | | | 0.5 | | | | | | | | | $s_4$ |
| $s_5$ | | | | | | | | | | 0.5 | | | | | | | | $s_5$ |
| $s_6$ | | | | | | | | | | | 0.5 | | | | | | | $s_6$ |
| $s_7$ | | | | | | | | | | | | 0.5 | | | | | | $s_7$ |
| $s_8$ | | | | | | | | | | | | | 0.5 | | | | | $s_8$ |
| $m_1$ | | . | | | | | | | | | | | | 4.3 | | | | $m_1$ |
| $m_2$ | | . | | | | | | | | | | | | | 0.8 | | | $m_2$ |
| $m_3$ | $t+1$ | 0 | . | . | | | | | | | | | | | | 0.8 | 0 | $m_3$ |

总之，肝片吸虫生活史矩阵模型与 Leslie（1945）提出的群体数量模型相似。Leslie 建议，群体中的成员可被分成特定的年龄层次，且有固定的时间段，让每个层次中的每一个成员存活和繁殖的概率相同。如果矢量在一定的时间间隔包含了每个层次中的每个成员，矢量乘以 Leslie 矩阵模型中描述的动态群体数量，那么接下来的时间间隔中包含每个层次中每个成员的矢量值就可以获得。例如，如果有 $k$ 个年龄层次：

$$\begin{bmatrix} n_1 \\ n_2 \\ n_3 \\ \vdots \\ \vdots \\ n_{k-1} \\ n_k \end{bmatrix}_{t+1} = \begin{bmatrix} f_1 & f_2 & \cdot & \cdot & f_{k-1} & f_k \\ p_1 & 0 & \cdot & \cdot & 0 & 0 \\ 0 & p_2 & \cdot & \cdot & 0 & 0 \\ \cdot & & & & \cdot & \cdot \\ \cdot & & & & \cdot & \cdot \\ \cdot & & & & \cdot & \cdot \\ 0 & 0 & & & p_{k-1} & 0 \end{bmatrix} \begin{bmatrix} n_1 \\ n_2 \\ n_3 \\ \vdots \\ \vdots \\ n_{k-1} \\ n_k \end{bmatrix}_t$$

式中，$n_i$（$t+1$）是在时间 $t+1$ 的第 $i$ 年龄层次的数量，$f_i$ 和 $p_i$ 分别是在 $i$ 年龄层次的生殖力和存活率。

矩阵方法的优点是，一旦 $\underline{P}$ 和在时间 $t$ 时的状态矢量对应的数值已知，那么在未来任何一个时间点的群体规模就能被预测。例如，4 个单位时间后的总数可以通过连续计算得出，即：

$$\underline{x}_1 = \underline{P}\underline{x}_0$$
$$\underline{x}_2 = \underline{P}\underline{x}_1$$
$$\underline{x}_3 = \underline{P}\underline{x}_2$$
$$\underline{x}_4 = \underline{P}\underline{x}_3$$

上述矩阵方程有许多有趣的特性，可以找出群体的特征。相关细节见 Leslie（1945）发表的文章。

Gettinby 和 McClean（1979）用矩阵模型对肝片吸虫生活史进行了研究。这是一个状态转换模型，包括 5 个阶段：成熟吸虫（羊体内）—卵（草上附着）—雷蚴（蜗牛体内）—囊蚴（草上附着）—不成熟吸虫（羊体内）。所有阶段都存在一定的死亡率，有性繁殖成虫和无性繁殖雷蚴都具有繁殖力。矩阵模型包括从一个阶段过渡到下一个阶段的概率，以及根据现场调查数据得出的繁殖力。模型的第一部分介绍了英国和爱尔兰羊的自然感染。第二部分调查并比较了各种控制策略的效果，如使用特效药、灭螺剂和采取排水措施。有三个结论：一是在早春使用灭螺剂最有效。二是每个月使用特效药可消除感染；每隔 2 个月使用此药一次，可以达到控制水平；如果每年只用一次，最好在 8 月进行。三是良好的排水措施是控制感染的有效方法。同样，该模型只表示可能的结果，没有准确的现场数据支持输入模型的参数值。

## 群体的网络建模

模型运作期间许多其他模型无法应对输入信息的变化，这时可以选择适用寄生虫生命周期分析的典型网络模型来规避这个缺点。

网络模型多被控制工程师广泛开发应用，在生命科学领域很大程度上被忽视了，但也有例外（Pearl，2000）。通常，一个同样的问题用网络模型和矩阵模型法都可以解决。当所建模型的生命周期出现时间延迟特征时，或给定一个值要测量生物系统对应的输出值时，使用网络模型较好。但在连续时间点上，对不同发育阶段的数量特征感兴趣时，用矩阵模型较好。下面展示一些网络模型的典型范例。

### 原虫范例

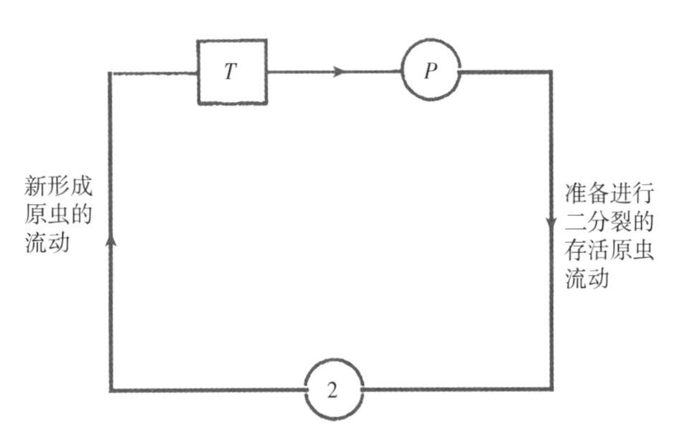

图 19.8 原虫范例中网络模型示意图

假设有一群一定数量的原生动物，繁殖方式为二分裂。发生连续分裂之间的时间单位为 $T$。这时任何一个原虫存活的概率是 $P$。图 19.8 为原虫生活史的网络模型，表示群体中新形成原虫的流动。在延迟 $T$ 时间后，只有 $P$ 比例的原虫能够存活。这导致延迟期的数量会因 $P$ 而缩减。随后由于二分裂使数量增加一倍，并且需要因子 2 进行数量的缩减。通常网络模型时间推迟常用平方表示，而缩减参数用循环数表示。由于分裂产物是新形成的细胞，这时的流动与时间延迟又重新发生关联。这是一个非常简单的网络模型，包括一个循环，没有替代路径。

### 牛线虫病范例

牛线虫病是一种可导致寄生性羊胃肠炎暴发的寄生虫性疫病，Paton 和 Gettinby（1983）构建了环纹奥斯特线虫生命史的网络模型，如图 19.9 所示。时间单位是 1 周。母羊和羔羊在 $i$ 周从放牧的牧场中摄入的虫卵数量，分别用 $X$（$i$）和 $Z$（$i$）表示，在感染性 $L_3$ 幼虫出现前经过了 $\Gamma_1$（伽马）周的时间延迟。幼虫的存活比例是 $\alpha$。在随后的几周内，这些感染性 $L_3$ 幼虫，加上越冬期的感染性幼虫 $Y$（$i$），要么被羊摄入（$c$）发育为成虫，要么继续在牧场累积（$1-c$）。

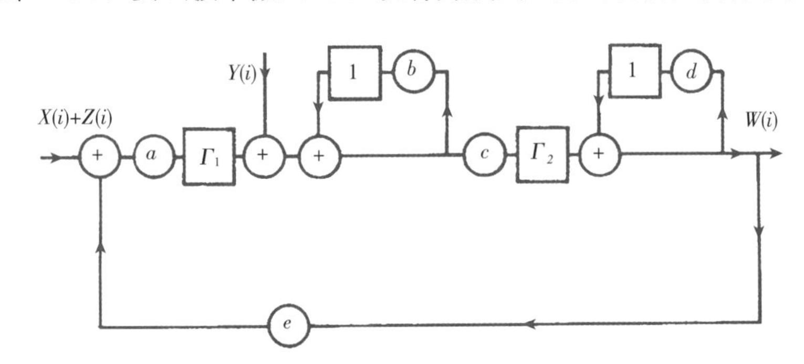

图 19.9 环纹奥斯特线虫生命史的网络模型。来源：Paton 和 Gettinby，1983

在此期间，感染性幼虫累积延时 1 周，增加新的感染性幼虫数量之前的存活率为 $b$。在达到成熟产卵期之前，摄入幼虫量 $L_3$ 延迟了 $\Gamma_2$ 周。这些成虫中一半是雌性，每周产卵率为 $e$。在连续产卵的队列中，雌性成虫的数量将会一周一周地积累。为了方便积累，现有的雌性成虫须进入一个反馈回路，其中每周的存活率为 $d$，并将它们与在羊体内新形成的雌性成虫进行关联。因此，该网络包括一个向前的环路和两个反馈回路。

当操作模型时，可以通过改变网络中影响特定的策略的组件，来调查各种驱虫策略的影响。例如，对羔羊定量给药将减少羔羊的虫卵摄入量，同样对母羊定量给药将减少母羊的虫卵摄入量。模拟结果显示，在羔羊出生 6 个月后每隔 4 周，通过定期定量给药是非常有效的。同样，在7—8月对母羊进行3次定量给药是有效的。对母羊产羔期进行驱虫，是最有效的驱虫策略之一。

### 系统建模

“建模”，目前从广义上讲，包括任何以数学形式表达真实事件的概念。也可以设计模型来评估疫病及其控制成本，其中一些已由Beal和McCallon（1983）及Dykhuizen（1993）回顾。Theodorou和France已制定了家畜饲养模型（2000），Sofensen和Enevoldsen（1992）总结了猪群健康和生产的模型。将这些模型一个接一个地链接在一起，形成了规模较大的系统模型。其中，EpiMAN就是其中一个例子（见第11章）。

Hurd和Kaneene的（1993）提供了有关兽医模型的书目，其中包括对模型分类的讨论。

## 积极疫病控制建模的合理基础

许多兽医模型已用于探索疫病的动态，用来探索控制疫病的手段（例如，Medley，2003）。然而，在疫病真正发生时，这些将会用到的控制方法可能不会接受批判性的测试。在某些情况下，在实际的疫病暴发时它们已经作为一项控制政策在执行。例如，2001年英国流行的口蹄疫，就是采取了对邻近感染场所的牛提前进行扑杀的政策，这是基于模型模拟和预测的一项有效的疫病控制策略（Ferguson等，2001；MAFF，2001）。因此，在模型有效性和在可以判断可行性的条件下，考虑这类已经被描述的模型是必要的知识补充。

### 知识应用与模型功能

一个模型的有效性一方面取决于与疫病自然史有关的流行病学知识，另一方面与疫病有关的数据质量和数量有关（Graat和Frankena，2001；Taylor，2003）。例如，空气传播感染模型（见第6章）需要宿主和易感宿主的（流行病学知识）微生物学信息，以及曲线分布（数据质量和数量）的详细信息，以准确预测传播。

知识水平，可以简单地归为“差”和“好”，这样就可以定义一个应用模型的总体框架（表19.5）。包括了四个主要应用模型：

- 建立假说；
- 假设检验；
- 对过去事件基本解释；
- 对过去事件详细描述，并预测其发展。

**表19.5　在流行病学知识、资料质量和数量的背景下模型的使用**

| 流行病学知识 | 数据质量和数量 | |
|---|---|---|
| | 差 | 好 |
| 差 | 探究假设 | 假设检验 |
| 好 | 对过去事件的简单描述和未来事件的谨慎预测 | 对过去事件的详细描述，并预测未来事件 |

模型的应用范围很广，不仅包括本章列出的模型公式，还包括其他的数值分析程序，如观察性研究（见第15章）。在现实中，学科水平不断发展，所以评估一个模型可能需要有相当的判断力。

### 建立假设

当流行病学知识匮乏，没有好的数据可用时，我们可以假设。例如，采用兽医诊所的追溯数据做病例对照研究，可以不进行验证，但我们可能会用它来探索疫病可能的内在决定因素，如品种、年龄和性别。然后，这些研究可能可以通过控制所收集数据的质量进行前瞻性研究来实现。然而，这是一种少见的建模策略，因为大多数建模通常是从至少一个潜在的假设的基础上开始的。例如，羊接种范例就是基于感染羊的数量呈指数衰减的假设（图19.2）。

### 假设检验

如果获得的数据很好，具有可用性，那么就可以通过拟合有关的观测数据和假设存在的关系进行假设检验。前瞻性观察研究经常采用这种方法，仔细验证日累月积的数据。

### 对过去事件基本解释

如果缺少高质量的数据，想要充分了解疫病的自然史就可能会打折扣。例如前面描述的狐狸狂犬病模型，就包含了疫病传染的主要特征。然而，有关接触率的准确数据通常是不可用的。因此，假设有假定接触率存在的条件下，该模型可能会被用来解释疫病的最初形式。然而，应用这种方法需谨慎，因为缺少该领域当前参数水平的信息。

### 对过去事件详细描述，并预测其发展

高质量数据的可用性与详细地理解系统功能密切相关，能够充分地对过去事件进行准确描述，还能对未来事件的发展进行准确预报。一个与兽医无关的例子，使用飞机飞行模拟器训练飞行员就是很好的范例。然而，这只是物理学科中的例子，受到较少的法律约束，通常没有可表现出巨大可变性的生物系统复杂。尽管归纳推理有不足之处，但绝大多数的科学建立在此基础上（见第3章），虽然可以准确地对过去事件进行模拟，但想要在实践中准确预测未来复杂的生物学事件（包括疫病的发生）还是很困难的。在模型中提到的理论、假设和事实之间的差异，证据和标准的强化，都需要从实际到理论的转化，因此应该提倡。

## 从理论到事实[①]

### 科学理论

理论是用来解释某些事物的假设，它不能从某种意义上证明，但逻辑和数学的命题可以。然而，特定的科学理论比其他的置信度要高。任何特定的科学理论都有置信度，如热力学第二

---

① 这个部分可以认为是第3章的延续，并且它适用于任何领域的流行病学调查。因为与模型相关，所以放在此处。

定律，物质的原子理论，或微生物导致传染病的理论（见第 1 章），这些都建立在很多因素的基础上，包括理论中试验是否好，试验反驳理论频率和严重程度。例如，气象预报，特别是长期预测，与背后的理论经常相悖，从而降低了未来预报的可信度。

“可测性（testedness）”理论难以很好地界定：概念是指更多的不仅仅是大量的重复测试。例如，某人可能会成功进行 10 000 次的太阳观测，但从未观察到日食。那么，有人可能对“月亮的运行轨迹从来没有位于地球和太阳之间[①]”理论不抱任何信心。如果理论能够经得住测试，就该预言在各种不同的情况下应该会发生什么。如果对这些预言通过了条件范围较宽的测试（无论是现场还是在实验阶段），那么可以把理论称为好的测试。

除可测性理论之外，虽然目前还没有一致的解释，理论可以由其他属性进行特征描述。此外，可测性理论已经有了以下 4 个方面的补充（Davies，1973）：

- 通用性：即统一现有的概念，统一性越强，理论就越具“通用性”；
- 简易性：即能很容易地测试一个理论的能力；
- 精确性：即生成精确的预测精度的能力；
- 相悖性：即它与先前的测试，或者其既定数据不一致的程度[②]。

Bertrand Russell 认为“相悖性”要依据“外部确认”，也就是说理论绝不能与经验事实相矛盾。不过这种需求很可能会首先出现，其应用可谓是相当微妙的。它往往是，人为地对事实进行额外的假设来坚持一般的理论基础。这种观点是通过获得的实际经验来对理论进行确认。

理论上，可信性显然取决于这些附加特征的重要性[③]。例如，Karl Popper（见第 3 章）在潜在相悖的情况下，专注于“可测性”。一般在流行病学，重点已放在精度和“相悖性”上，而一些数学模型，还可能会显示一般性（例如，基本再生数见第 8 章）。

这些特征的相对重要性可能也取决于模型的两大功能：战略和战术探索（Holling，1966）。战略模型探索一般问题（如种群内传播疫病的基本原则），而战术模型解决具体问题（例如，一个特定疫病的流行）的实际控制。战略模型牺牲一些细节的通用性（Levins，1966），而战术模型可能更考虑细节，它们变得难以使用和解释（Thulke 等，1999）。此外，战略模型的结构对战术模型并没有任何帮助。因此，理论上讲，应通过上下文中的五个属性（可测性、通用性、简单性、精确性、相悖性）及其功能判断一个数学模型的价值。只有通过这样的判断才能说明模型并不仅仅是一个假设。

### 假设和规律

假设和科学规律是理论的特例。假设是通用性和可测性都很低的理论。因此，许多特定疫病模型的初始解决方案都涉及假设。

科学规律一般认为理论是合理、简单和行之有效的。一些数学模型虽然可能会满足前两个标准（例如，指数衰减范例），但往往不会满足最后一个标准。

---

① 这出自 Russell 的归纳法优越论。

② 一个理论有很多方面，有的可能更适用于纯科学。

③ 规则已经发展为测量这些属性和各种组合对理论价值的影响。

## 事实

事实具有非常高的可信度。理论既不是很一般，也不一定非常精确，如能被很好地验证且具有很好的可信性，也从来不能被驳倒，那么这些就是事实（例如，事实上，地球是圆的）。因此，理论成为事实后，经过许多进一步的测试，被多次证实，但从来没有被驳倒。使用这些标准，目前还没有任何数学模型组成事实。

## 模型构建

模型的建立需要以下几个步骤（图 19.10），见 Dentand Blackie（1979），Martin（1987）和 Taylor（2003）等详述。

第一步，模型的目标必须明确。例如，猪场伪狂犬病风媒传播模型的目标是预测猪场是否暴露于感染病毒的空气飘浮物。

第二步，模型的输入参数包括必要的数据和知识细节。气象变量确定了病毒远距离传输的有利条件，例如，在猪场伪狂犬病传播模型中，需要知道感染猪和易感猪的排毒水平。这将有助于我们启用该模型的核心框架来找出所有参数之间的关系。在建模的初始阶段，建模者与生物学家（例如，微生物学家、现场兽医和流行病学家等）之间的对话是非常重要的[①]。

第三步，模型的制定。例如，使用本章前面所述的一些建模方法。

第四步，模型的验证。通过检查来确认结果与预期的设计是否一致。

第五步，敏感性分析。如果模型相对输入变量的敏感性较高，而其基础数据质量不高，那么敏感性分析就显得特别重要。因为它们可能会导致错误的预测。

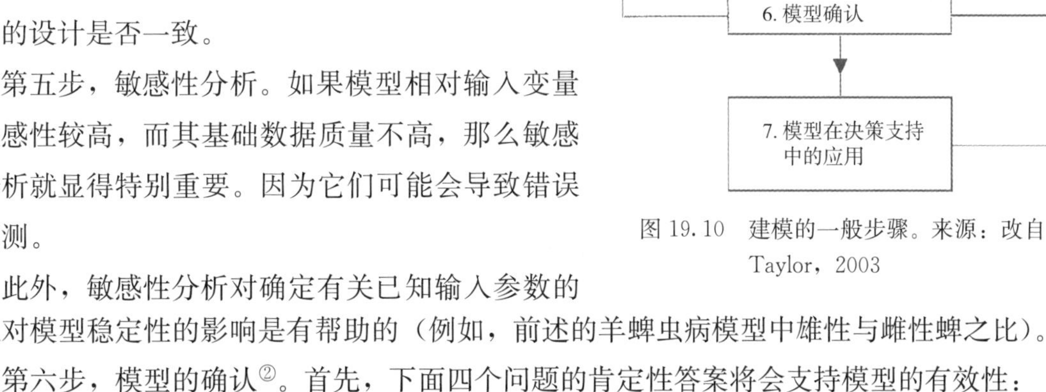


图 19.10　建模的一般步骤。来源：改自 Taylor，2003

此外，敏感性分析对确定有关已知输入参数的变化对模型稳定性的影响是有帮助的（例如，前述的羊蜱虫病模型中雄性与雌性蜱之比）。

第六步，模型的确认[②]。首先，下面四个问题的肯定性答案将会支持模型的有效性：

- 所有已知的影响疫病发生的决定因素是否都已列入？
- 是否可以准确估计这些决定因素的值？
- 模型是否具有生物“常识”？

---

① 许多专家意在对可获得的相关知识达成共识的会议称为 Delphi 会议。现代的 Delphi 会议严格定义了会议的规则。

② 验证很重要，尤其是当模型的结果对社会有很大影响时，比如 2001 年英国流行口蹄疫的情况。

• 模型具有数学上的合理方法吗（即，生物学的相关变量是敏感的吗）？

因此，模型验证包括建立模型的行为，如果模型像实际的生物系统，它被设计成对照。这必须满足两个条件（Spedding，1988）：

• 模型在建立的时候没有使用数据进行评估；

• 模型的精度是预先指定的，并指出，有可能是生物系统的变异行为。

第一个条件可能是难以实现的，尤其是缺乏数据的时候（例如，罕见流行病的建模）。这也将限制其可测性。第二个条件，通过随机制定来缓解，提供置信区间作为误差界限的结果。

最后通过评估模型的实用性来确定其有效性（Green 和 Medley，2002；Salman，2004 年引自 Hugh-Jones），主要特点是使用模型得出的结论比不使用模型得出的结论更准确（Dent 和 Blackie，1979）。

如果模型被认为是足够的，它可以被用来支持决策，或成为一个更大的决策支持系统的一部分，（例如，EpiMAN 见第 1 章），并指出其是否适合特定的应用（表 19.5）。

模型构建解决了理论评估的主要问题：简易、精确、相悖和可测。模型执行这些标准的程度，决定了其可能被合理和广泛应用的范围。

最后，不能单独使用模型来确定有效的控制策略，而应结合与疫病自然史有关的准确现场数据和实验得出的数据进行应用。脱离传统的现场观测而仅仅应用模型，其危险性已在人医流行病学（Snow 对霍乱的经典调查，Cameron 和 Jones，1983）和兽医流行病学（Hugh-Jones，1983）中受到关注。事实上，模型应该纳入兽医知识和经验，并且，应该是一个“兽医大脑集合体”，否则，建模有可能成为一些数学诡辩的练习。

# 20 动物疫病经济学

20 世纪 60 年代以来，经济评估在家畜集约化生产企业中的重要性日益突出，在一定程度上增加了经济学技术在农场、国家和国际层面动物疫病控制中的应用（Morris，1969），并促进了兽医经济学（动物卫生经济学）作为兽医科学的一个特殊领域而出现[①]。曾有观点倾向认为，经济评估是独立的、可选择的，与流行病学调查完全分离的。但这种看法是错误的：经济评估是许多流行病学调查的必备组成部分（见图 2.2），兽医因专业训练更熟悉生物学研究，经济评估则为生物学技术等研究提供了互补。Howe 深入研究了这种互补性（1989，1992）。

其他因素也增加了兽医对经济学的兴趣（McInerney，1988）。第一，在西方国家，随着公共部门预算的缩减，兽医公共服务日益要求证明预算的合理性。第二，由于西方国家农业生产下降较为显著，动物疫病控制的经济合理性越来越受到严密地质疑。第三，农场家畜疫病成为国际贸易壁垒，这个问题已经严重影响了欧盟（该区域内要求商品自由流通）贸易和谐，并阻碍全球通过世界贸易组织（WTO）促进贸易自由化。第四，收入增加和社会价值观的转变，使人们更关注食品生产质量、动物福利和伴侣动物疫病。这就需要用经济学观点来拓展原先相对狭隘的农场家畜疫病评估。

本章介绍了基本的经济学概念和原理，概述了一些与流行病学相关的经济学方法。但因多数兽医并不是执业的经济学从业者，不需要一些专业培训推荐的经济学技术，本章未对详细的经济学分析方法，如计量经济学中实证分析常用的统计学方法等（Gujarati，1999；Dougherty，2002；Greene，2003）进行介绍。有关这些方法的讨论请参见 Morris 和 Dijkhuizen（1997）的文章。

## 常见误解

经济学通常被看作是关注于钱的学科。这种观点在兽医科学中被强化，在公开发表的“经济学”研究中常引用某种疫病的货币损失，如轮状病毒感染（House，1978）和嗜皮菌病

① 因此，曾有一种误导，认为动物疫病经济学是兽医能力范围内的兽医学问题，而不是经济学家提出的经济学问题（McInerney，1996）。另一个相关的误导，是把它看作一个截然不同的学科，这个观点是没有依据的（Howe 和 Christiansen，2004）。

（Edwards，1985）。有时候，这些研究结果显得相当精确（如佐治亚州火鸡禽霍乱的损失为635 645美元：Morris和Fletcher，1988），使得这些研究看起来充满确定性，但实际上可能并不合理[①]。

这种方法通常关注表面经济成本，例如，对某农场主而言，损失计算为一头奶牛健康并有生产力时的货币价值与死亡时的折余值（可能为零）之差。"健康"估价反映了奶牛整个预期的生命周期内潜在的产奶和产犊价值。从经济学的角度看，奶牛的死亡实际上代表了产出损失值（失去的产出）。与此不同的是额外支出，即为了挽救这头奶牛而产生的兽医服务、兽药和管理（疫病控制支出）费用。请注意，"成本"和"损失"这两个术语常常互换使用。这样会导致误解。在这个例子中，经济成本实际上是产出损失和额外支出的总和。

如前所述，经济成本增长只是对单个农场主而言，也就是说，那些是私人成本。但是完整的经济分析要考虑到整个社会的福利，或者社会不同群体（包括农场主）的福利随环境改变（例如，某种疫病暴发）而变化的情况，即谁获益、谁损失的问题。因此，必须考虑社会成本。例如，某动物群体的发病和死亡使人们的消费机会被剥夺，如牛奶、肉、蛋、羊毛的消费或宠物的陪伴。这些例子都是实际的经济损失，换句话说，就是人们被剥夺了因使用动物而产生的经济福利。

货币价值对货币本身并无意义。它们的价值来自价格。在市场经济中，价格是表示人们对所消费产品的估价，前提是必须对各种稀缺资源的多种竞争性的用途做出选择。资源用于生产某种产品后显然就不能用于生产其他产品：对某一个决定而言都有一个机会成本——做某一件事而不做另一件事所损失的效益。成本有各种类型，因此疫病成本这个说法是毫无意义的。当疫病暴发冲击某个庞大的动物群体，而不是单个的畜群或禽群时，产出损失可能很巨大并导致市场价格上升。在计算重大动物疫病暴发的经济损失时，这些变化的估价必须加以考虑。

有时候，货币学方法用于说明经济成本越大就越值得寻求一个解决方案。因此，如果乳腺炎在英国造成的年产出损失是9 000万英镑，而跛行造成的损失是4 400万英镑，那么可能会有争论提出应该首先关注乳腺炎（Booth，1989）。然而，这并没有指出两种情形疫病防控的技术可行性、成本或时间。有关经济效率的考量是，每增加一单位防控支出，产出损失下降的程度。只要边际效益超过边际防控成本，效益就能偿付继续使用更多的资源。最优点位于最后一单位支出正好足以偿付其产出损失。在上述例子中，尽管乳腺炎的损失绝对值可能最高，但根据边际准则，很可能的情况是，跛行是疫病控制的合理选择。边际分析是经济分析中确定最优效率的不可或缺的方法，而且边际准则会因具体内容不同而出现不同的形式。实际上，绝对数值，正如上述所引用的，对于决策导向是毫无意义的。

## 经济学概念和原则

经济学家观察世界的观点基于一系列概念和对自然现象的相互关系的一般抽象（例如，一个理论）。理论的高度简化意味着它适用于解决多种问题，包括动物疫病。

① 回想一下第一章，同样不合理的描述，如"……所有的数字都貌似真实"。

经济学是一门社会科学，阐明人们如何选择配置稀缺资源进行生产、产品分配和消费，以及这些决策如何影响个人收益和社会收益（图 20.1）。动物疫病有生物学影响的同时也有经济学影响，因为它影响到人们的福利。

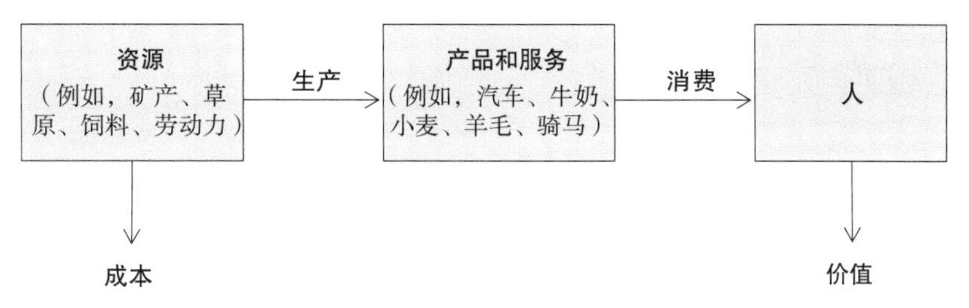


图 20.1 基本的经济模型

如上所述，经济学分析通常要求解总体资源使用的最优产出水平，以及效率最优的资源组合。效率的标准包括经济学和技术的标准。

一般而言，家畜（有时候非家畜）群体中发生的疫病会减少人类可消费的畜产品数量和/或质量（即效益）。这些产品的例子很多，从肉、奶到骑马和宠物陪伴等。更确切地说，疫病会引起一定数量的资源所获得的产量，在数量和/或质量上比不发生疫病时都有所减少。

疫病会从两方面增加成本。首先，由于资源使用无效率，产品生产需要消耗更高的资源成本。如果没有疫病，消耗更少的（或等量的）资源可以获得同样的（或更多的）产出。其次，人们获得福利更低，因为可消费的产品数量更少或者质量更差，也就是说收益减少了。总而言之，疫病会增加支出（生产成本）和减少产出（消费者收益）[①]。

## 生产函数

用于生产投入的资源与构成产出的产品和服务，两者的相互关系称为生产函数（图 20.2）。资源可以是自然的（例如，土地和矿产）或者是人造的（例如，建筑和机器）。通常，这些资源需经过物质转换（例如，铁矿石转化成钢铁，动物饲料转化成动物蛋白）或者促进物质转换过程（例如，人力和管理专家）。经验证据显示，这一关系是典型的非线性关系，因为投入通常是固定的，因此在某一点之后，每增加一单位可变投入[②]所增加的产出小于相应的单位投入，即“边际收益递减规律”（Heady 和 Dillon，1961；Dillon 和 Anderson，1990）。

尽管这一理论乍看起来很奇怪，但技术效率和经济效率很少是同义的。在物质收益递减的正常情况下，两者只有在成本为零的情况下是相同的。例如，从经济效率上讲，只有当奶牛饲料免费时，奶农才会寻求每头奶牛奶产量最大化。如果农场主必须支付饲料费用（这是必然情况），那么可以证明，当每头奶牛的产奶量低于技术上可获得的最高产量时，就能获得最佳的经济效益。此外，总体的经济最优（最大利润）会随着产出和投入品的相对价格等变量以及生产方式的变化而变化。这一观察对于动物疫病而言很重要，因为从经济学的角度看，可以接受的疫病发病率会随着相对价格和生产技术的变化而变化。

---

① 在少数情况下，疫病可能会增加收益。例如，疫病影响害虫。

② 如果一种投入的使用量随产量水平变化而变化，就称为可变投入。

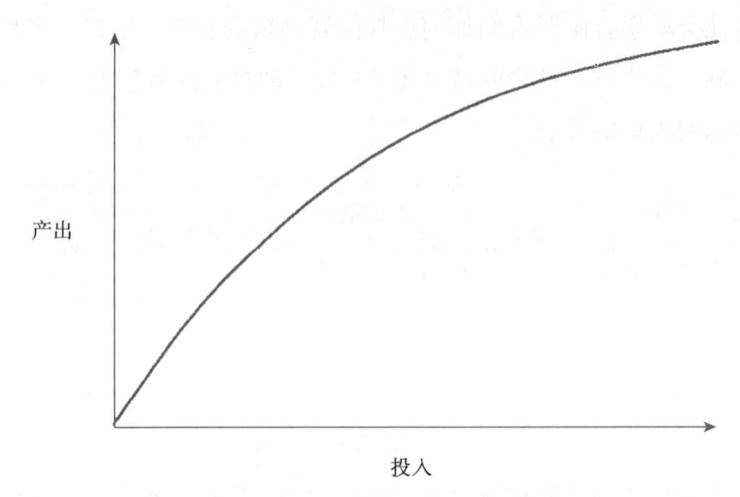


图 20.2　一般生产函数曲线，投入与产出的关系

## 疫病的经济过程

家畜生产是物质转化过程的一个特例（图 20.3）。疫病以多种方式对这一过程造成损害（McInerney，1996）：

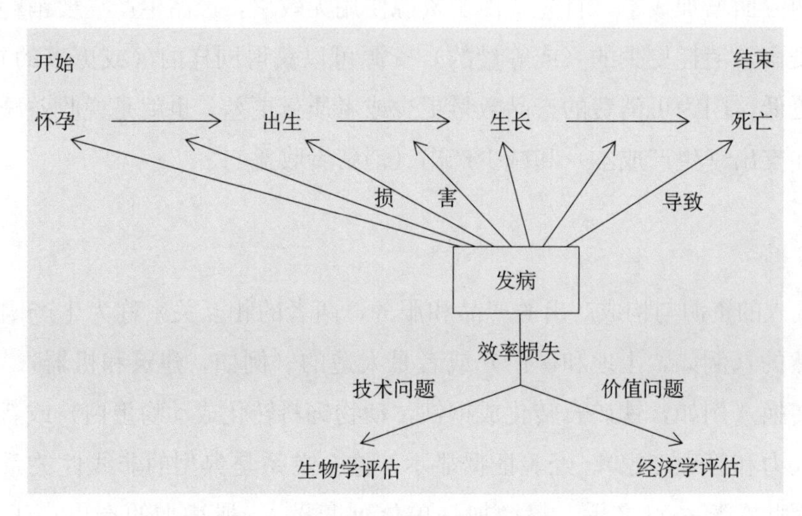


图 20.3　与家畜生产有关的物质转换过程

- 破坏基本资源（种用动物和生产性动物死亡）；
- 减少生产过程的物质产出或单位价值（例如，降低奶产量或质量）；
- 降低生产效率和所用资源的生产力（例如，生长率或饲料转化率下降）。

此外，还有更广泛的影响，包括：

- 降低家畜产品对加工要求的适宜性，或者在分销链中产生额外成本（例如，皮蝇幼虫对兽皮的损坏，药物残留）；
- 直接影响人类福利（例如人兽共患病，如沙门氏菌病和布鲁氏菌病）；
- 产生更多扩散性的经济效应，使家畜的社会价值减少（例如，贸易和旅游限制，对食品质量和动物福利的关注）。

因此，效率的损失，包括技术和经济问题两个方面。图 20.4 描述了“健康”动物与“发病”动物之间生产函数的差异，即技术效率损失。疫病的作用相当于一个“负的投入”，而且投入和产出之间的关系向下移动，说明发病动物和健康动物相比，既定的投入得到更低的产出。因此，效率损失的概念是一种关系，而不是一个数字，而且在低投入、低产出的生产系统下，该数值比集约生产系统的数值低。由此得出，疫病的潜在经济影响在不同农场、地区和国家间各不相同，因此适用于某一情形的控制措施并不一定适用于另一情形。

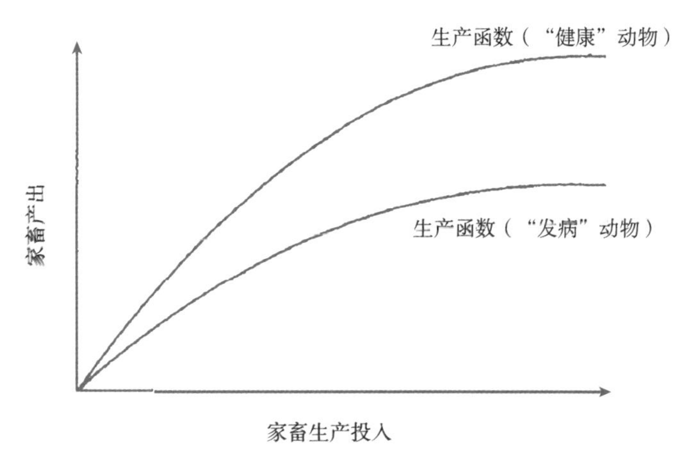


图 20.4 “健康”和“发病”动物的一般生产函数

如果我们的目标是恢复技术效率，相应的经济目的就是要找到成本最小的方法来恢复健康和生产力。图 20.5 显示了可选方案，该情形只考虑一种产出，即日增重。对于任意值的非兽医可变投入，假定为 $x_1$，而且动物数量为固定值，点 $G_1$ 表示“健康”动物的日增重（曲线1）；点 $G_2$ 表示“发病”动物的日增重（曲线 2）。因此，$G_1-G_2$ 就是技术效率损失。一个可选方案是只用兽医干预方法来控制疫病，即从 $G_2$ 恢复到 $G_1$。然而，通常的做法并非仅仅依靠兽医服务和药物来减少疫病。经济学家认为这些只是投入品的特殊类型，还有一些替代品，如更高级的管理技能，使用更多的土地来降低载畜量等，这些替代投入都可以减少疫病。用额外的非兽医投入 $x_2-x_1$，同样可以从 $G_2$ 恢复到 $G_1$。在实践中，最常采用的方案是一种类似的移动到中间的曲线，如曲线 3。此时，产量是通过两个部分从 $G_2$ 提升到 $G_1$ 的。$G_1-G_2$ 的第一部分 $RS$ 是通过兽医支出获得的，而其余部分（从 $S$ 爬升到 $T$）是通过将非兽医投入从 $x_1$ 增加到 $x_3$ 来获得的。经济评估的主要目标是确认到 $RST$ 的相应路径，使得 $G_1$，而不是 $G_2$，可以用最低成本来获得；也就是说，确认兽医和其他投入的组合可以使恢复成本最小化。

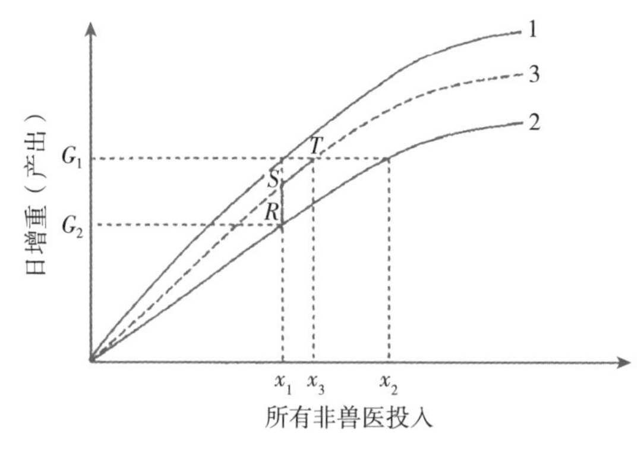


图 20.5 使用兽医和非兽医投入的产出恢复。
来源：根据 Howe，1985

## 动物疫病经济损失评估

疫病的总经济损失可以用产出损失（output losses）和控制支出（control expenditures）之和来度量。产出减少是一种损失，因为这是一种被剥夺的（例如，当牛奶中有抗生素残留时就要强制丢弃）或者无法实现的（例如，牛奶产量减少）收益。相反地，支出表现为投入的增加，通常与疫病控制有关。控制支出的例子有兽医干预和增加农业劳动力，两者都可以用来治疗或者预防疫病。经济成本远不止是经济费用的总和，而且要注意不能将两者混淆，这一点很重要。一种充分的经济评估要涉及福利经济学的领域，这超出了本章概述的范围。Ebel 等（1992），Howe（1992）和 Kristjanson 等（1999）阐述了动物卫生经济学的基本原理和他们的应用实践。

## 控制策略优化

图 20.4 和图 20.5 运用了生产函数的基本经济模型来说明疫病的含义及其对技术和经济效率的控制。有一种方法，即一条曲线，可以用来探索控制支出和产出损失之间的一般关系，并再次证明边际效益递减规律（图 20.6）。如果曲线界定了任何水平的控制支出都可以实现最低的疫病损失，或者最小的可能支出能把损失限制在某个特定水平，那么该曲线就是一个“效率边界”（efficiency frontier）[①]。曲线“西南”部分的产出损失（$L$）与控制支出（$E$）的组合是不可获得的，而曲线“东北”部分的组合是家畜生产管理中技术失效的结果。图中可以看到两种控制方案，$A$ 和 $B$。从方案 $A$ 变化到方案 $B$，包含了控制支出的增长 $\delta_E = E_B - E_A$，和产出损失的减少 $\delta_L = L_A - L_B$。增加控制支出 $\delta_E$ 是值得的，因为 $\delta_L$ 大于 $\delta_E$。但是，它使产出损失减少的单位成本变得越来越昂贵。

最优控制策略可用图 20.7 中的点 $C$ 来确定。在这一点，总成本 $T_C = (L_C + E_C)$ 是可获得的最低成本（即，可避免的损失 = 0 英镑）。在点 $C$ 的左边，1 英镑的控制支出能减少的产出损失大于 1 英镑；在该点的右边，1 英镑的控制支出能减少的产出损失小于 1 英镑。这是**边际分析**的图示说明。要特别指出的是，资源应该用尽，使之能实现最后一单位资源支出正好能获得追加收益的补偿。

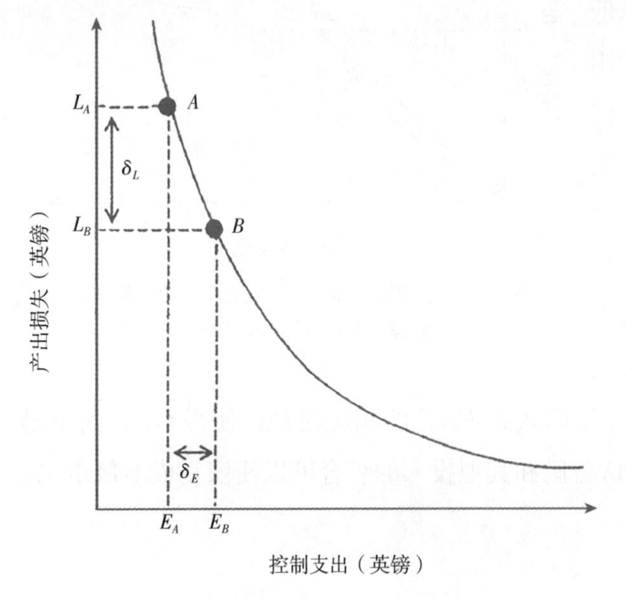


图 20.6　产出损失与控制支出之间的一般关系。
来源：Schepers，1990

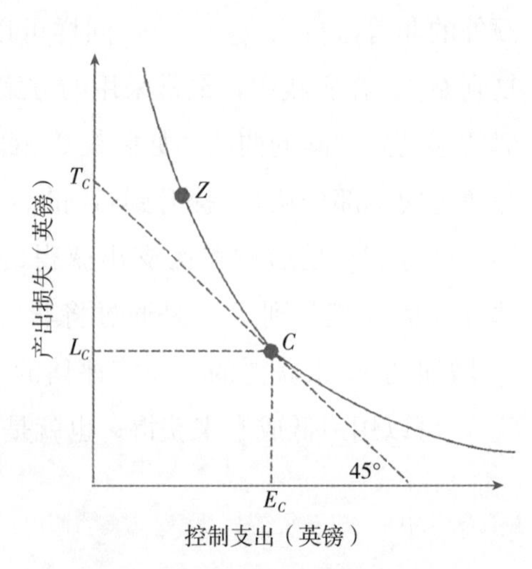


图 20.7　控制计划的经济最优界定。
来源：Schepers，1990

① 这个曲线适用于持续的或周期的情况，如牛乳腺炎。如果疾病能够消除，前沿就会插入横轴（$E$ 轴）。

**确定最优控制策略的案例：英国牛亚临床乳腺炎（Mclnerney 等，1992）**

牛乳腺炎被认为是在许多发达国家影响奶牛的最重要的一种疫病。英国 1977 年开展的一次全国乳腺炎调查，提供了 500 多个奶牛场关于亚临床乳腺炎流行率和控制措施的详细信息（Wilson 和 Richards，1980；Wilsonet 等，1983）。

控制措施包括：

- 乳头药浴（teat dipping）和喷雾；
- 干乳期治疗；
- 挤奶器年度检测。

亚临床乳腺炎造成的损失包括：

- 奶产量下降；
- 牛奶成分变化；
- 牛奶质量下降（例如，抗生素残留）；
- 加速母牛淘汰更新。

有时候有些损失会抵消并节省投入支出，如感染奶牛因为食欲下降而减少饲料摄入量。

控制支出与三种控制技术有关，而且有足够的公开发表的信息可用于计算支出和损失。流行率，用乳区的百分数（percentage of quarters）来表示每天亚临床感染的数量，估计年发病率的假设是亚临床感染平均持续时间为 0.6 年（Dodd 和 Neave，1970）。

表 20.1 列出了各种控制策略组合下的疫病预期发病率和经济损失情况。可获得的最低成本是控制策略 1（全年乳头药浴，对所有适合治疗的奶牛采取干乳期治疗，以及每年检测挤奶器），总成本为每 100 头奶牛每年 3 006 英镑。控制支出和产出损失的具体关系如图 20.8 所示，与通常情况一致（图 20.7）。曲线从技术角度确定了一系列“最可行”点，因此相应的经济最优一定在曲线上的某一点。

**表 20.1　英国 1977 年奶牛乳腺炎调查的奶牛场运用 18 种控制策略的乳腺炎预期发病率和经济损失**

| 控制方法 | | | 组号 | 对发病率的影响 | | 损失/支出 | | |
|---|---|---|---|---|---|---|---|---|
| 乳头药浴/喷雾治疗（时间） | 干乳期治疗（母牛） | 挤奶器检测 | | 预期发病率（每 100 头奶牛每年） | 发病率下降（与没有控制相比较） | 控制支出［英镑/（每 100 头奶牛每年）］（$E$） | 产出损失［英镑/（每 100 头奶牛每年）］（$L$） | 总经济成本（$C$） |
| 全年 | 全部 | 是 | 1 | 18.5 | 24.8 | 710 | 2 296 | 3 006 |
| | | 否 | 2 | 22.3 | 21.0 | 670 | 2 770 | 3 440 |
| | 部分 | 是 | 3 | 23.4 | 19.9 | 490 | 2 899 | 3 389 |
| | | 否 | 4 | 27.2 | 16.1 | 450 | 3 373 | 3 823 |
| | 无 | 是 | 5 | 27.8 | 15.5 | 270 | 3 446 | 3 716 |
| | | 否 | 6 | 31.6 | 11.7 | 230 | 3 923 | 4 153 |
| 1 年内部分时间 | 全部 | 是 | 7 | 33.7 | 9.6 | 615 | 4 148 | 4 799 |
| | | 否 | 8 | 37.6 | 5.7 | 575 | 4 657 | 5 232 |
| | 部分 | 是 | 9 | 38.6 | 4.7 | 395 | 4 786 | 5 181 |
| | | 否 | 10 | 42.4 | 0.9 | 355 | 5 260 | 5 615 |
| | 无 | 是 | 11 | 43.0 | 0.3 | 175 | 5 333 | 5 508 |
| | | 否 | 12 | 46.8 | −3.5 | 135 | 5 807 | 5 942 |

（续）

| 控制方法 | | | | 对发病率的影响 | | 损失/支出 | | |
|---|---|---|---|---|---|---|---|---|
| 乳头药浴/喷雾治疗（时间） | 干乳期治疗（母牛） | 挤奶器检测 | 组号 | 预期发病率（每100头奶牛每年） | 发病率下降（与没有控制相比较） | 控制支出［英镑/（每100头奶牛每年）］（$E$） | 产出损失［英镑/（每100头奶牛每年）］（$L$） | 总经济成本（$C$） |
| 未使用 | 全部 | 是 | 13 | 30.3 | 13.0 | 480 | 3 751 | 4 231 |
| | | 否 | 14 | 34.1 | 9.2 | 440 | 4 225 | 4 665 |
| | 部分 | 是 | 15 | 35.1 | 8.2 | 260 | 4 354 | 4 614 |
| | | 否 | 16 | 38.9 | 4.4 | 220 | 4 827 | 5 047 |
| | 无 | 是 | 17 | 39.5 | 3.8 | 40 | 4 900 | 4 940 |
| | | 否 | 18 | 43.3 | 0 | 0 | 5 374 | 5 374 |

来源：据 Mclnerney 等（1992）数据修改。

如果将这些结果推断到全国奶牛群，他们建议如果策略 1 在所有奶牛群实施，全国奶牛乳腺炎总损失将从 17 270 万英镑减少到 15 960 万英镑，在这一水平可避免损失为 0 英镑。正是这些成本与资源配置和疾病控制的决策有关，以零为基准的成本在目前的技术条件下是无法达到的。除非增加投入改进乳腺炎的控制方法，否则无法降低成本。

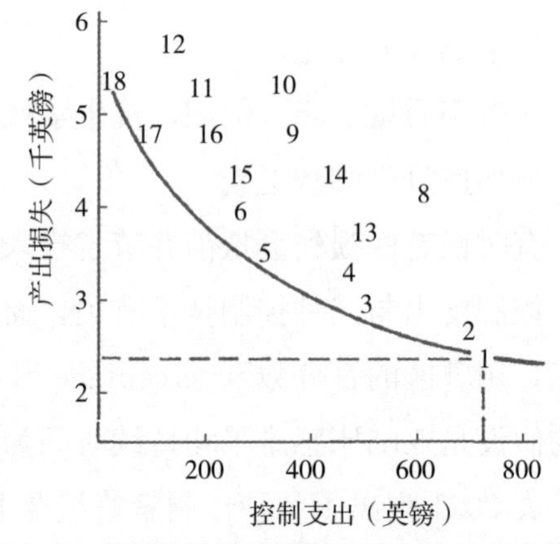


图 20.8　英国奶牛乳腺炎调查的农场的产出损失和控制支出（数据来自表 20.1 所列的控制策略）。来源：Mclnerney 等，1992

## 疫病控制的成本效益分析

疫病控制计划的成本和效益可用多种方法来评估，包括毛利率分析（grossmargin analysis）和部分预算法（Asby 等，1975）。这些方法本质上就是会计学方法，而社会成本-效益分析（Pearce，1971；Mishan，1976；Sugden 和 WIlhams，1978；Campbell 和 Brown，2003）实际上是一种特定技术的应用，它考虑的不仅仅是简单的财务数值，而是成本和收益通常随时间而变化。如果仅仅要以成本最小化为目的，那么可以应用成本-效益研究。本章的其余部分将介绍部分预算法和社会成本-效益分析。

### 农场部分预算法

农场部分预算法用于评估单个农场控制策略（尤其是控制地方流行病，如乳腺炎和体内寄生虫病）的可行性。部分预算是简单描述农场经营管理中某些特定变化，其中包括疫病控制计划，对经济结果造成的影响。"部分"意味着评估只限于经营管理变化可能引起收益变化的几个因素。

主要包括四个部分：

- 因变化实现的额外收益，$r_1$；
- 因变化引起的成本减少，$c_1$；
- 变化导致的成本增加，$r_2$；

• 实施变化的成本，$c_2$ 。

如果 $(r_1+c_1)>(r_2+c_2)$ ，那么变化是值得的。

例如（Erb，1984），如果一个新的亚临床乳腺炎控制计划包括挤奶器维护、例行的乳腺干乳期治疗和药浴，那么：

• $r_1$ =牛奶产量增加而增加的销售量；

• $c_1$ =需要治疗的乳腺炎临床病例减少而节约的成本；

• $r_2$ =因奶产量增加而增加的饲料成本；

• $c_2$ =实施成本（消毒，干乳期奶牛的乳腺内治疗准备）。

对于该计划，一年期的农场部分预算得到的计算结果为 $r_1$=397 英镑，$c_1$=18 英镑，$r_2$=77 英镑，$c_2$=246 英镑。因此：

$$r_1+c_1=415\text{ 英镑}$$

$$r_1+c_2=323\text{ 英镑}$$

因此，净现值是 92 英镑，说明农场如果投资该项控制计划，就可以增加该数值的年度利润。

## 社会成本-效益分析（CBA）

社会成本-效益分析是用来评估大规模投资政策的一种方法。它由公共部门发展而来，用来辅助市场缺失地区的资源配置，这些地区没有清晰的“市场信号”指导投资的规模和方向，而且政府负责确定服务的类型（Burchell，1983）。它被广泛用于兽医领域，用来评估全国动物疫病控制计划，例如，猪瘟控制计划（Ellis 等，1977），牛瘟控制计划（Felton 和 Ellis，1978；Tambi 等 1999），狂犬病控制计划（Aubert，1999），牛病毒性腹泻控制计划（Valle 等，2000）和口蹄疫控制计划（Berentsen 等，1992a，b；James 和 Rushton，2002）。

### 成本-效益分析原则

社会成本-效益分析试图用普通的货币单位来量化某一政策带来的社会获利和损失。例如，修筑一条公路会带来社会成本，这些成本来自资源支出用于建设工程和维护，以及一些不适宜的负效应，如污染、噪声水平增加和风景的破坏。效益包括旅行时间的节约，交通拥挤的减少，以及城镇噪声水平的降低（如果公路是旁道）。有些成本和效益（例如，工程费用——成本）是很容易用货币价值来表示的。然而，其他的成本或效益（例如，减少的噪声水平——一种效益）却很难转换成货币价值，这些被称为无形价值。只有用货币单位量化，才有可能对获利和损失进行核计，作为实际意义上的收益和成本，从而引起社会的兴趣，换句话说，就是增加或减少人们对福利的感觉。因此，所有的重要因素要尽可能地用货币单位量化，这一点很重要。任何有问题的地方都要说明清楚，特别是无形价值被主观估计或根本不估计时。

如果一项疫病控制计划已经开始，成本应包括人力、药物、疫苗、检疫设施、扑杀补偿、交通和培训项目。效益应包括生产力的增加、动物和人发病的减少、贸易增加、发病率下降带来的心理福利。成本-效益分析名称中的前缀“社会”常常被省略，但是它很重要。它强调了成本-效益分析应该使**社会**净效益最大化，而不是使私人效益最大化（Pearce 和 Sturmey，1966）。

### 成本和效益的内部性和外部性

内部性（私人成本和效益）是指对一个投资项目直接产生的成本和效益。对项目之外的其他事物产生的成本和效益称为外部性。通常，主要是外部性不在价格机制中反映（因此不能从社会的角度指导正确的投资）。例如，一个农场乳腺炎控制计划，包括干乳期奶牛抗生素治疗（一种成本）和增加的奶产量（一种效益），两种都是农场预算的部分内容，因此是内部的。但是，牛奶中的抗生素残留可能会对不知情的消费者产生不适宜的负效应。如果他们认识到这些风险，他们会支付更低的价格购买牛奶（如果他们真的想买的话，实际上根本不会买）。为了保护消费者，并且使外部效应“内部化”，有必要通过立法限制使用抗生素和销售受影响的牛奶，而不是依赖一个有缺陷的价格机制。类似地，在英国口蹄疫控制计划中，农场主扑杀动物的损失是一种内部成本，而移动控制带来的是一种外部成本。

### 贴现

控制计划可能要实施很多年。现在手中一笔钱的价值，要大于一段时间后同样数量的钱的价值。这是因为，人们认为现在能够消费比等到将来消费要更好，或者因为现在投资一笔钱会在将来因利息产生更大一笔钱。如果年利率为 5%，那么现在的 100 英镑在 1 年之后就值 105 英镑，在 2 年之后值 110.25 英镑，依此类推。如果要比较若干年内发生的成本和效益，那么必须把它们调整为现值。这个调整的过程与复利计算相反，称为贴现。Gittinger（1972）、Little 和 Mirrlees（1974）描述了贴现的计算公式。这个计算公式使用的贴现率通常是政府制定的，例如世界银行利率（World Bank Rate）和英国的国库券利率（Treasury Rate）。成本-效益分析运用实际利率，这意味着计算中使用的利率被调整，排除了价格通胀效应。

### 影子价格

效益的社会价值可能不一定总是市场价格。例如，农场主用市场价格来确定 1 升牛奶的价值。但是，当政府用贸易壁垒来提高国内生产者的产品价格时，就会出现牛奶过剩，例如欧盟在引入产量配额之前就有这样的情况。那么，过度供给的那部分过剩产品，对社会而言的实际经济价值一定小于其（支持的）市场价格。一个国家疫病控制计划的结果会导致牛奶生产过剩，因此将过剩牛奶的价值称为影子价格，才能更好地评估其真实的社会经济价值。如果过剩产品销售到国际市场，影子价格就是国际市场价格。

### 不确定性

任何项目都具有不确定性。控制计划的结果无法明确得知，但是有必要弄清楚结果可能是什么。有两种方法解决不确定性问题。一种方法是，如果构建了模型，可以界定“最可能结果”，敏感性分析（见第 19 章）可用来确定模型参数的变化是否会导致结果的重大变化。另外一种方法是，运用概率论判断各种结果的可能性（Reutlinger，1970）。

### 选择标准

用于选择控制计划的 3 个重要的经济效率度量指标是：

• 净现值（$NPV$）；

• 效益成本比（$B/C$）；

• 内部收益率（$IRR$）。

净现值（$NPV$）是指 $n$ 时期内贴现的效益现金流减去贴现的损失现金流。公式为：

$$NPV=\frac{B_0-C_0}{(1+r)^0}+\frac{B_1-C_1}{(1+r)^1}+\cdots+\frac{B_n-C_n}{(1+r)^n}$$
$$=\sum_{t=0}^{n}\frac{B_t-C_t}{(1+r)^t}$$

其中：

$C_t$=时期 $t$ 发生的成本价值；

$B_t$=时期 $t$ 获得的效益价值；

$r$=贴现率；

$n$=项目周期。

如果 $NPV$ 是正数，项目被认为是有价值的。

效益成本比（$B/C$）是指效益现值与成本现值之比。公式为：

$$B/C=\sum_{t=0}^{n}\{B_t/(1+r)^t\}/\{C_t(1+r)^t\}$$
$$=\sum_{t=0}^{n}\frac{B_t}{C_t}$$

如果比值大于或等于 1，项目是有价值的。

内部收益率（$IRR$）是指使成本现值等于效益现值的贴现率。通过下列公式求解 $r$：

$$NPV=\sum_{t=0}^{n}\frac{B_t-C_t}{(1+r)^t}=0$$

如果一个投资项目的内部收益率大于实际利率，该项目在经济上是可行的。

**成本-效益分析案例：澳大利亚倍氏金蝇（*Chrysomyia bezziana*）虫害预防、控制、消灭的备选政策（Cason 和 Geering，1980）**

倍氏金蝇，又称旧世界螺旋锥蝇（Old World screw-worm fly，SWF），在非洲、亚洲和巴布亚新几内亚对家畜生产造成严重的经济损失。穴居的幼虫引起危害，幼年动物的病死率高达 50%，并且能导致成年家畜掉膘，偶发死亡、不育。澳大利亚没有该病，但是如果倍氏金蝇进入澳大利亚，每年潜在的损失估计在 1 亿美元左右。最可能的传入方式是，感染家畜从巴布亚新几内亚穿过托雷斯海峡进入澳大利亚，尽管传入也可能通过倍氏金蝇直接飞进来或者通过候鸟和飞机把其带进来。

SWF 传入并定植澳大利亚的防范策略包括：

• 改进检疫监测，包括对当地居民的培训和教育计划；

• 改善危险地区的家畜控制，可能包括托雷斯海峡岛屿家畜全部清群、禁养，尽管这可能对岛屿居民而言难以接受；

• 建立 SWF 监视系统，用一种特定的化学诱饵（Swormlure）诱捕；

• 建造托雷斯海峡诊所，阉割犬和猫（SWF 的潜在宿主）；

• 巴布亚新几内亚消灭 SWF。

澳大利亚控制和消灭 SWF 暴发的主要策略是对倍氏金蝇的地面控制，包括限制家畜移动，浸渍和喷洒杀虫剂，用释放不孕昆虫的方法，使不育雄蝇与可育雄蝇竞争每一个交配雌蝇，并且使用螺旋锥蝇幼虫成年抑制系统（screw-worm adult suppression，SWASS），该系统用飞机在苍蝇成群出现的地区释放毒诱饵。如果提前建立不育 SWF 设施，可对 SWF 虫害暴发做出最快反应，但是在暴发发生之前不会起作用。

表 20.2 显示了为期 20 年的各种策略的效益成本比，假定虫害发生在 1 年、10 年或 20 年之后。在所有情形中，效益成本比都大于 1，说明所有技术都是经济可行的。

在这个案例中，效益并不产生于增加的产量，而是来自虫害风险的降低。尽管效益成本比很高，仍需要权衡考虑，当某一政策可能被采纳也可能不采纳时，虫害发生的可能性。作者在研究报告中对这些问题和其他考量进行了讨论。

**表 20.2 澳大利亚倍氏金蝇（*Chrysomyia bezziana*）虫害预防、控制和消灭成本-效益分析（分析为 20 年期的现值，假定预防措施避免澳大利亚全国损失的开始时间为第 1 年，第 10 年和第 20 年；贴现率为 9.5%）**

| 预防措施 | 预防虫害发生的年份 | | | | | |
|---|---|---|---|---|---|---|
| | 1 | | 10 | | 20 | |
| | 效益：389 百万美元 | | 效益：164 百万美元 | | 效益：69 百万美元 | |
| | 成本（$000） | 效益成本比 | 成本（$000） | 效益成本比 | 成本（$000） | 效益成本比 |
| 巴布亚新几内亚消灭策略 | 2 962 | 131 | 11 734 | 14 | 16 123 | 4 |
| 暂时关闭工厂和维护聚居地 | 1 394 | 279 | 1 670 | 98 | 1 809 | 38 |
| 地面控制* | 2 532 | 154 | 1065 | 154 | 449 | 155 |
| 托雷斯海峡岛屿禁养家畜 | 657 | 592 | 776 | 212 | 836 | 83 |
| 改进检疫 | 124 | 3 137 | 417 | 394 | 563 | 123 |
| “Swormlure”诱捕和蝇蛆病监测 | 30 | 12 966 | 171 | 961 | 241 | 288 |
| 培训 | 26 | 14 961 | 69 | 2 383 | 91 | 763 |
| 推广 | 13 | 29 923 | 83 | 1 980 | 119 | 583 |
| 托雷斯海峡诊所 | 7 | 55 571 | 40 | 4 110 | 56 | 1 239 |

注：* 包括 SWASS 技术（见正文）。
来源：根据 Cason 和 Geering（1980）数据修改。

## 相关问题

成本-效益分析还有若干相关问题。该技术假定社会的偏好和优先权是已知的，这可能不一定总是对的。该技术应该用当前的社会偏好，而不是将来的偏好。另外，正如前面所述，成本和效益的外部性和无形价值可能难以评估。

疫病控制政策构想方面还有一些特殊的问题（Schepers，1990）。成本-效益分析，只是针对控制支出和产出损失的一种组合。因此，图 20.7 中的点 $Z$ 代表效益成本比大于 1，更确切地说，减少的产出损失超过控制支出。实际上，支出和损失的组合在曲线最左边达到最高的效益成本比，这样会诱导得出谬论，效益成本比越高，控制技术就越经济高效。然而，经济上最优的控制计划是点 $C$，这一点，只有当成本-效益分析碰巧考虑评估代表点 $C$ 的一项控制政策时，才会被成本-效益分析识别。

此外，成本-效益分析是一种相对复杂的技术，但可以在缺乏准确的基础数据的情况下应用，特别是在发展中国家应用（Grindle，1980，1986）。例如，家畜数量、疫病发病率(morbidity)、疫病的实际经济影响等信息可能不足。也可以预测未来市场价格（例如，牛肉和牛奶价格），分析中需包含这一部分。经济学技术的娴熟技巧需要与可获得的流行病数据质量相权衡。但是，尽管成本-效益分析技术和其他的项目评估技术类似（Gittinger，1972），它们仍在经济评估中起到了有益作用。尽管有其局限性，但成本-效益分析仍是用于项目评估的一种严密的方法，它的应用可以提供更好的、基于信息的决策支持，有助于在疫病控制计划中有效率地利用稀缺资源。

# 21 健康策略

## 个体健康和生产促进计划

兽医的传统角色是当动物生病时，动物所有者要求兽医去参加对病畜的诊断，通常被称为“救火部队”。这种方法针对由单一病因引起或对单一疗程有反应的大多数经典流行病有效。然而，20 世纪 60 年代以来，随着发达国家畜牧业的集约化发展，个体动物的价值相对减少，许多疫病的多因素性导致了兽医管理部门态度的转变（见第 1 章）。首先，同时控制与病原、宿主和环境相关的所有决定性因素，使疫病防控变得很清晰。兽医的目标应转向预防，而不是治疗。其次，有必要考虑导致畜群生产性能（也就是收益率）下降的疫病[①]。

第一个变化刺激了 20 世纪 60 年代早期预防医学的发展，第二个变化导致了畜群健康和生产促进计划的综合性转变，包括预防医学和生产性能评估（Blood 等，1978；Cannon 等，1978；Ekesbo 等，1994）。这些项目和方案可能由一个或多个从业者运行，数据由从业者自己保存（“公司”的方式），或者，完全由农场管理（Etherington 等，1995）。所有数据都关注个体农场的问题，因此它们又称为个体方案。

### 个体健康和生产促进计划的结构

#### 目的

健康和生产促进计划的目标最初由 Blood（1976）概述。包括：

• 确定疫病和生产力约束条件及农场面临的问题；

• 参考科技和经济标准来评估问题的重要性顺序[②]；

• 制订合适的控制技术并且评估它们的成功率，不仅从技术上，而且要考虑到国家和农场水平上资源利用的经济效率，从而指示哪一种技术应该加强，哪一种技术应该简化。

---

① 完成-相关诊断在第 1 章就已介绍，图 5.2 也给出了多因致病的例子。可是“虚弱”群体并不仅限制于兽医药学。流行病学家也在搜索“虚弱”群体的特点。

② 生产性疾病的经济影响可以用相关的健康指数测量。

由兽医提供一个全面深入的健康和生产促进计划服务的范围（Grunsell 等，1969；Ribble，1989），包括：

• 主要流行病的诊断和预防；

• 动物个体的紧急服务；

• 提供药物；

• 提供关于环境因素（营养、饲养和管理）的建议；

• 提供关于畜牧业生产技术和一般政策的建议。

这个范围很广泛，要求兽医不仅要有疫病的临床诊断和治疗知识，还要懂得其他更多知识。在许多情况下，兽医可能需要进一步争取营养师、建筑顾问以及对农场经济有一定了解的管理专家的帮助。

## 组成部分

适用于不同物种的健康和生产促进计划之间存在差异，但原则上是相同的。计划的主要组件包括：

• 农场资料的记录：包括动物数量、建筑物、喂料系统、放养密度、营养、日常管理措施、疫病状态和目前生产水平的详细信息；

• 识别生产缺陷；

• 监控生产过程中各个环节；

• 识别重大疫病问题；

• 针对重大疫病风险的常规预防；

• 生产目标的定义，生产目标要适合特定畜牧业的管理操作系统和农民预期；

• 对管理和养殖提出建议，实现预定目标；

• 检测生产中不可接受的缺陷（盈利能力）；

• 消除与病原、宿主和环境相关的缺陷，或根据经验调整生产目标，改正不足；

• 识别农民对动物健康、生殖力及营养方面看法的优缺点。

定期走访养殖场是健康和生产促进计划的重要组成部分，制订的计划应包含一年内应遵循程序的详细信息（例如：常规治疗和疫苗接种）。健康和生产促进计划要求保持准确的记录。早期的计划使用普通的记录，但现代的数据存储在计算机系统上，可对数据进行快速分析。最早的计算机系统通过大型主机运行，并由中央咨询办公室组织。现在，在支持农民畜群管理的微机上安装完整的决策支持系统（见第 11 章），已成为一种趋势。例如，CHESS（母猪群计算机评价系统）包含一个评估哺乳猪群性能的决策支持系统和能在经济方面找出企业农场长处和短处的三个专家系统（Huirne 和 Dijkhuizen，1994）。所有这些系统在本质上都是微模型（见表 11.2）。

## 目标

用于确定生产目标的变量将在下面针对不同的动物品种进行描述。目标通常被定义为元素的测量（如空怀期母猪的平均年龄）或上下限的测量（例如奶牛最大的空怀期或最小的第一胎妊娠率）。元素的测量不能表明畜群中值的离散度，并且可能被误导；离散趋势测量，例如标准差（变量为正态分布时）或半四分位数更加准确（见第 12 章）。因此，如果农民将犊牛很快育肥（少于 35d），那么元素的测量会减小，而离散趋势测量会增加。这将减少养殖者认为它们所带来的经济利益，因为大多数奶牛产犊间隔期接近 365 天，这些利益很大程度上不存在。

某些被用作生产指标的变量经常属于偏态分布，在这种情况下，平均值可能离峰值较远。例如，产犊间隔频率分布肯定是偏态的，那么中位数值可能比平均值小 10d。用中位数和半四分位数分别进行位置和离差的度量更合适。可应用对数变换值（见第 12 章），因为可能将偏态分布转为正态分布。Morant（1984）举例论证了关于奶牛生产性能的合适度量方法。事实上，通常使用平均值，因为其更容易理解。这种方法很有用，它也认同离散度的概念。

因为农场类型和管理方法不同，生产性能也随之变化，设定生产目标没有一套单一的标准（Kay，1986）。根据农场的历史数据（过去 3 年以上）可以设定内部标准。此外，诸如畜群平均性能（含相关标准差）的外部标准，应该详细规定。举例说明，关于生猪养殖存栏（Baltussen 等，1988）和奶牛存栏（Whitaker 等，2000，2004）的标准已经分别在荷兰和英国颁布。

#### 测量生产中的缺陷

通过干预水平（也称为干扰水平）来定义生产缺陷。相对于目标而言，记录的生产变量变得不可接受。根据经济标准，干预水平往往由经验确定，或者被定义为超越了不可接受的经济损失的水平。当一段时间记录的一个变量（通常为平均值）的位置测度超过了干预水平，将采取措施进行改正。此方法不用考虑随机变化的影响。可以通过定义干预水平作为目标水平的统计参数，标准差是正态分布数据的一个合适参数。适用于连续数据的分析技术是累计总值和休哈特图（见第 12 章）。

#### 合理

畜群的健康和生产促进计划在经济上必须是合理的。计划的经济合理性应有据可查（Williamson，1980，1987，1993）。Pharo 等（1984）推断，在英国，一个超过 5 年的电子计算机化的奶牛健康和生产促进计划的效益成本比大概为 3∶1，在美国也大概如此（Williamson，1987）[①]。同样地，Brand 等（1996）也证明，在荷兰，畜群健康计划提高了农场的经济效益[②]。

下面给出的关于不同物种计划的详细信息仅仅是示例，不是系统的全面描述。Eddy（1992）对这些计划做了简要的介绍，Rueg（2001）做了详细的描述。

### 奶牛健康和生产促进计划

奶牛健康和生产促进计划发展于 20 世纪 50 年代，从那以后受到了广泛的关注。其主要目的是，在农场特定的系统管理下，通过健康、产奶量和奶的品质最大化来改善福利和生产率。

---

① 对畜群的利益需求分析结果显示，这个收益成本比可能更大。Chamberlain 和 Wassell（1995）提示，对大多数变量，评估畜群表现的精度可以通过一个样本实现。但有的变量不能实现，如每年扑杀率，这需要对整个畜群进行检测得到。

② 尽管兽医得到了些经济优势和利益，但农牧民的摄取却很慢。在 20 世纪 90 年代，英国 1/3 的奶制品实践都有医疗计划，但可能是因为对新技术的怀疑，很少的奶制品客户使用它。

最佳的产奶量和品质需要通过以下方法获得：

- 高效繁殖；
- 减少重大疫病的发生，特别是乳腺炎和跛行；
- 最佳饲养，要同时考虑到营养和经济。

## 指标

表 21.1 列出了英国奶牛企业关于高效繁殖的一些建议指标。Fetrow 等（1997）给出了北美的指标。通常，推荐的产犊到受孕平均间隔时间为 85d。按照推荐的指标开展饲养管理的奶牛企业，每年 365d 的繁殖周期（因为奶牛妊娠期约为 280d）、产犊间隔（牛两次产犊之间的间隔）和产犊指数（所有奶牛的平均产犊间隔）具有相似的值。

**表 21.1 英国奶牛生产性能指标**

| 变量指数 | 指标 | 干扰水平 |
|---|---|---|
| 产犊到受孕平均间隔时间（d） | 85 | 95 |
| 产犊到第一次配种平均间隔时间（d） | 65 | 70 |
| 第一次配种到受孕平均间隔时间（d） | 20 | 25 |
| 第一次配种妊娠率（%） | 60 | 50 |
| 所有配种的妊娠率（%） | 60 | 50 |
| 总体淘汰率（%） | <18 | >23 |
| 产犊奶牛配种百分数 | 95 | <90 |
| 产犊奶牛受孕百分数 | 85 | <80 |
| 配种母牛受孕百分数 | 95 | <90 |
| 两次配种间隔 18～24d 的百分数 | 60 | 45 |
| 两次配种间隔<18d 的百分数 | 8 | 12 |
| 提前交配率*（%） | 90 | <75 |

注：* 提前交配率指的是 21d 内配种的母牛或小母牛数量的百分比，或是表示在规定的最早配种日期前配种的母牛或小母牛数量的百分比。

来源：修改自 Eddy，1 992。

该指标变量用于测定繁殖性能很复杂，需要小心解读（Eddy，1992）。例如：产犊到受孕的时间间隔，与产犊到第一次配种的时间间隔和第一次配种到受孕的时间间隔有关。产犊到第一次配种的时间间隔，取决于卵巢功能和子宫的恢复、发情检测及农场交配政策，而第一次配种到受孕的时间间隔主要受发情检测效率和妊娠率的影响。此外，没有单一的指数被用作繁殖效率指标。因此，空怀期与淘汰率应该联系起来，因为它们是负相关的，生育淘汰率下降将导致产犊到受孕的时间间隔增加，反之亦然（Eddy，1992）。一些权威人士建议使用单一的经济指标来评估生产性能，这些经济指标结合了产犊间隔、未能受孕的淘汰率和妊娠率（Esslemont，1993a）。这可能很难转化为适当的行动，因为它首先必须确定哪些参数是有缺陷的。

根据一个已有数据的“头等”畜群的性能，来定义更大范围内的问题和生产参数的目标（表 21.2）。

表 21.2 英国奶牛的一些疫病和生产力指标（由 42 个畜群中挑取 10 个头等畜群计算得出）

| 变量指数 | 指标 |
|---|---|
| 双胞胎（例/100 头母牛） | 2.5 |
| 犊牛死亡率（例/100 头初生的牛犊） | 4.4 |
| 产犊时需要帮助（例/100 头母牛） | 3.9 |
| 胎衣不下（例/100 头母牛） | 2.2 |
| 产乳热（例/100 头母牛） | 2.2 |
| 阴道脱垂包括子宫内膜异位症 | |
| （a）受影响牛的百分数（最初病例/100 头牛） | 5.7 |
| （b）每群感染牛的平均发病数 | 1.3 |
| （c）每 100 头牛中的总体病例（$a\times b$） | 7.4 |
| （d）每 100 头牛中的额外病例（$c-a$） | 1.7 |
| 没有观察到发情 | |
| （a）受影响牛的百分数（最初病例/100 头牛） | 15.6 |
| （b）每群感染牛的平均发病数 | 1.3 |
| （c）每 100 头牛中的总体病例（$a\times b$） | 20.3 |
| （d）每 100 头牛中的额外病例（$c-a$） | 4.7 |
| 乳腺炎 | |
| （a）受影响牛的百分数（最初病例/100 头牛） | 14.1 |
| （b）每群感染牛的平均发病数 | 1.2 |
| （c）每 100 头牛中的总体病例（$a\times b$） | 17.3 |
| （d）每 100 头牛中的额外病例（$c-a$） | 3.2 |
| 跛行 | |
| （a）受影响牛的百分数（最初病例/100 头牛） | 6.0 |
| （b）每群感染牛的平均发病数 | 1.4 |
| （c）每 100 头牛中的总体病例（$a\times b$） | 8.4 |
| （d）每 100 头牛中的额外病例（$c-a$） | 2.4 |

### 例行访问

要得到繁殖指标需要定期到牧场进行访问（Morrow，1980）。De Kruif（1980）建议观察：

• 3～6 周前产犊和分娩及产后早期有过异常历史的牛；

• 产后 50～70d 没有发情的牛；

• 异常排卵或发情周期不规则的牛；

• 人工授精 3 次或 3 次以上没有受孕的牛；

• 35～60d 前配种的牛（妊娠诊断）。

在英国，预期每隔 1～2 周（取决于繁殖季节）访问一次，且在产后 42d 不见发情时访问。此外，还包括一个附加项，即观察：

• 产后 63d 还没有第一次配种的母牛；

• 配种后 30d 进行妊娠诊断。

一些兽医仅仅对母牛进行妊娠诊断，而忽略了治疗，以致影响了最佳发情时机和受孕率。

由牛奶购买商引入的质量保证体系（NDFAS，2004）要求畜群健康计划要包括疫病发生率和趋势记录，以及书面行动计划等，这在改善动物健康、福利和生产力方面提供了更多的机会。

### 减少重要动物疫病

乳腺炎是产奶量损失的一个主要原因（Kossaibati 和 Esslemont，1997；Kossaibati 等，1998）。认识到导致这种疫病的不同原因，Kingwill 等（1970）推荐了 5 点控制方案，包括：

- 挤奶后用合适的消毒剂擦洗乳头；
- 用抗生素治疗临床病例；
- 对所有干奶期牛采用抗生素疗法；
- 扑杀复发病例；
- 改进一般饲养管理，包括挤奶机的维护。

这仍然是一个有用和有效的方案，并在此基础上衍生了很多细节（Brand 等，1996；Blowey 和 Edmondson，2000a；Erskine，2001）。

跛行也是减产的一个重要原因，尤其是慢性跛行（Kossaibati 和 Esslemont，1997）。它是一种由蹄糜烂、白线病、啼底创伤、蹄底溃疡、砂裂、无菌蹄叶炎、脚趾皮炎、足腐烂和趾间增生等一系列病变而导致的疫病。其病因与宿主、病原和环境相关。例如，脚趾皮炎取决于感染的存在；蹄皮炎与公畜遗传相关（Peterse 和 Antonisse，1981），因此通过对公畜进行遗传选择可控制该病。蹄叶炎、白线病和蹄底溃疡主要由舒适躺卧的时间不足引起。因此，控制跛行要基于对主要病变和构成原因的鉴定。第 11 章（见图 11.3）所进行的调查，意在辨别与跛行相关的病变及其重要性。Greenough 和 Weaver（1997）描述了蹄跛行及其控制方法。

### 最佳饲养

最佳营养平衡在保持最佳产奶量、奶品质和生育力方面至关重要。营养不足或不平衡可通过饲料分析进行理论上的评估，但牛群个别食物摄入的不确定变量限制了评估结论的价值。血液分析在诊断某些矿物质（例如，镁、硒、铜）缺乏症方面很有价值，但在评价膳食纤维含量、摄入量和血药浓度关系时可能会导致错误的结论。

20 世纪 70 年代，代谢分析是评估奶牛营养均衡的普遍手段（Payne 等，1970）。它涉及对血液组分水平的估算，而这些血液成分与产奶量、健康和生育能力密切相关。它还包括一些矿物质、蛋白质的代谢物和能量均衡的测定。

自最初使用奶牛代谢图谱以来，我们已学到了很多东西。很明显，必须根据饲养条件变化和产仔模式进行有计划的采血分析，从中挑取的“典型”牛必须精心护理。生化结果的解释仅能应用在对奶牛的性能、哺乳和饮食阶段背景信息都清楚的牧场。有了这些说明，一些作者总结认为，可以通过动物营养状态获得实践方面的重要信息（Whitaker，2000；Kelly 和 Whitaker，2001）。

## 猪健康和生产促进计划

集约化养猪场饲养密度大，有时一个畜群超过 100 头母猪（见表 1.11）。

有 4 个方面值得关注：

- 空怀期母猪的繁殖；
- 哺乳母猪的生产；
- 生长猪的性能；
- 种公猪的性能。

在每个方面都有不同的约束。空怀期母猪的繁殖潜力受配种程序（繁殖率）、母猪的生产力（繁殖效率）和疫病影响。哺乳母猪的生产力是一个关于产仔率、活仔猪出生数、仔猪死亡率、母猪疫病和哺乳仔猪生长率的函数。生长猪的性能受饲料类型、饲料成本、饲料转化效率、疫病和死亡率的影响。种公猪生产性能影响母猪的繁殖力，受种公猪年龄、公母比例、交配频率、公猪分散度低[①]等因素的影响。

表 21.3 列出了养猪场需要记录的生产和定期更新概况的基本变量。

**表 21.3 猪群中需要记录的推荐变量**

| 种猪群要记录的数据： |
| --- |
| 母猪的身份 |
| 出生日期或者进场日期 |
| 配种日期和使用的公猪 |
| 流产日期 |
| 产仔日期 |
| 新生仔猪存活数 |
| 新生仔猪死亡数 |
| 木乃伊仔猪数 |
| 出生时总窝重 |
| 仔猪死亡数（发生时记录） |
| 断奶日期和断奶数量 |
| 断奶时体重（总窝或个体体重） |
| 断奶仔猪死亡数（发生时记录） |
| 母猪淘汰日期 |
| 能繁母猪和保育猪的饲料消耗 |
| 育肥猪需记录的数据： |
| 群体的身份 |
| 保育、育肥、出栏的日期或体重达到 30kg 的日期 |
| 入场时群体的体重 |
| 农场售出日期 |
| 出售时体重 |
| 以饲料总消耗量来确定饲料转化率 |
| 死亡损失（发生时记录） |

来源：Deen 等，2001。

① 分散度低是指小于等于 8。

## 指标

表 21.4 列出了集约化饲养的猪群中空怀期母猪、哺乳仔猪、育肥猪和种公猪的指标和干预水平（后者根据经验）。另外，可参考一些畜群的性能概况（表 21.5）和与其他生产商相比有竞争优势的对象来设置指标。Deen 等（2001）详细论述了性能监控和指标水平。

表 21.4 英格兰东北部一个集约化养猪场的建议指标和干预水平

| 变量指标 | 目标 | 干预水平 | 变量指标 | 目标 | 干预水平 |
|---|---|---|---|---|---|
| (a) 空怀期母猪 | | | 仔猪死亡率（%） | | |
| 畜群中母猪平均数 | 已确定的 | 目标水平 30%上下浮动 | 压死 | 5 | 7 |
| | | | 先天性缺陷 | 0.5 | 1.5 |
| 平均年龄（月龄） | 24 | 30 | 低存活力 | 1.5 | 3 |
| 后备母猪与经产母猪的比率 | 1∶15 | | 饿死 | 1 | 3 |
| | | | 腹泻 | 0.5 | 2 |
| 服务计划 | 已确定的 | 大于 10%的变化 | 混杂的原因 | 3 | 5 |
| | | | 养育的猪/（母猪·年） | 21 | 19 |
| 断奶至配种的平均间隔(d) | 7 | 9 | 母猪饲养（t/年） | 1.1 | 1.2 |
| 正常的重复配种（%） | 5 | 8 | (c) 育肥猪 | | |
| 不正常的重复配种（%） | 3 | 4 | 死亡率（%） | 2.5 | 3.5 |
| 流产（%） | 1 | 2.5 | 断奶后饲料转化率： | | |
| 母猪不孕（%） | <2 | 5 | 猪肉用途（60kg） | 2.7 | 2.9 |
| 母猪死亡（%） | 2 | 3 | 用于分割肉（80kg） | 2.9 | 3.2 |
| | | | 用于制作培根（90kg） | 2.9 | 3.2 |
| 因疫病淘汰的母猪（%） | <2 | 4 | 重的（115kg） | 3.6 | 3.8 |
| 产仔率（%） | 85～90 | 80 | 饲料成本（每千克增重） | 饲料成本变量 | 数字对比 |
| * 窝/（母猪·年） | 2.25 | 2.0 | (d) 种公猪 | | |
| (b) 产仔/哺乳仔猪 | | | 公猪母猪比 | 1∶20 | 1∶30 |
| 每窝存活的仔猪数 | 10.9 | 10 | 交配次数/周 | 4 | 5 |
| 新生仔猪死亡数（%） | 5 | 7 | 交配次数/母猪 | 2 | 3 |
| 木乃伊仔猪数（%） | 0.5 | 1 | 交配时间间隔 | 12h(可变的) | — |
| 断奶仔猪数/窝 | 9.6 | 9 | 公猪分窝（%） | 15 | 25 |
| 直到断奶的死亡率（%） | 8～12 | 13 | 一窝产仔数 | 9.8～10.8 | 公猪间比较获得 |
| ** 分窝（%） | 10 | 18 | 首次配种怀孕（%） | >90 | 85 |

注：* 假定 5 周断奶。
** 产仔数为 8 或更少（定义见文本）。

表 21.5 美国 2003 年 PigCHAMP 软件中种猪群的汇总数据

| 变量指标 | 平均值 | 前 25%的值 | 前 10%的值 | 前 1%的值 |
|---|---|---|---|---|
| 繁殖性能 | | | | |
| 重复配种（%） | 14.0 | 9.6 | 7.1 | 3.9 |
| 多元杂交（%） | 88.7 | 97.6 | 99.4 | 99.8 |
| 入场到配种时间间隔（d） | 36.5 | 14.0 | 0.8 | 0.4 |
| 母猪断奶后 7d 配种率（%） | 84.2 | 89.9 | 93.2 | 94.7 |

（续）

| 变量指标 | 平均值 | 前 25%的值 | 前 10%的值 | 前 1%的值 |
| --- | --- | --- | --- | --- |
| 断奶到第一次配种间隔时间 | 7.6 | 6.2 | 5.6 | 5.1 |
| 平均非生产天数 | 81.8 | 59.8 | 49.1 | 35.8 |
| 产仔性能 | | | | |
| 经产母猪平均产次 | 3.3 | 3.9 | 4.2 | 4.1 |
| 产仔间隔 | 146 | 142 | 140 | 138 |
| 产仔率（%） | 74.8 | 81.4 | 84.8 | 88.8 |
| 每窝平均总头数 | 11.2 | 11.7 | 12.0 | 12.5 |
| 平均新生存活仔猪数/窝 | 10.1 | 10.5 | 10.8 | 11.3 |
| 平均死胎数 | 1.2 | 0.7 | 0.6 | 0.5 |
| 平均每窝木乃伊胎 | 0.4 | 0.1 | 0.1 | 0.1 |
| <7 个活仔数的百分比 | 12.2 | 9.5 | 8.0 | 6.2 |
| 断奶前死亡率 | 13.2 | 10.6 | 9.0 | 7.9 |
| 每年经产母猪的窝数 | 2.3 | 2.4 | 2.5 | 2.74 |
| 每年初产母猪的窝数 | 2.1 | 2.3 | 2.4 | 2.51 |
| 窝/产仔栏/年 | 10.3 | 15.3 | 17.2 | 17.3 |
| 断奶性能 | | | | |
| 每窝断奶时断奶仔猪数 | 9.0 | 9.4 | 9.7 | 10.3 |
| 每头母猪的断奶仔猪数 | 8.8 | 9.2 | 9.5 | 10.0 |
| 21d 时一窝的重量（lb*） | 123.6 | 135 | 145.2 | 154.1 |
| 断奶时平均年龄（日龄） | 18.0 | 19.3 | 21.1 | 21.0 |
| 断奶仔猪数/（经产母猪・年） | 20.4 | 22.1 | 23.3 | 25.1 |
| 断奶仔猪数/（初产母猪・年） | 19.0 | 20.9 | 22.2 | 24.6 |
| 断奶仔猪数/终生 | 29.3 | 38 | 43 | 48 |
| 断奶仔猪数/（产仔栏・年） | 91.4 | 136 | 154.5 | 171.9 |
| 总体 | | | | |
| 平均母猪存栏量（AFI） | 1 046.4 | 1 335.8 | 2 467.2 | 1 681 |
| AFI/产仔栏 | 7.0 | 7.3 | 8.6 | 7.5 |
| 平均后备母猪存栏量 | 67.4 | 87.0 | 169.3 | 255.9 |
| 平均产次 | 2.5 | 3.0 | 3.5 | 3.2 |
| 替代率（%） | 65.4 | 42.9 | 32.1 | 39.0 |
| 淘汰率（%） | 43.1 | 30.9 | 18.5 | 12.1 |
| 死亡率（%） | 7.8 | 4.9 | 3.0 | 3.1 |
| 淘汰母猪的平均产次 | 3.5 | 4.4 | 5.1 | 5.3 |

来源：PigCHAMP，2004。

## 例行访问

Muirhead（1980）推荐对猪群开展定期探访计划。表 21.6 列出了每月对存栏 150～300 头母猪猪场的探访内容。探访包括一个标准程序和专题讨论。标准程序包括：

* lb（磅）为我国非法定计量单位，1lb=453.59g。——译者注

• 探访前的准备，即对此前的报道、目前的调查及临床问题进行研究；
• 对繁殖配种区、空怀期母猪、分娩及断奶区、育肥猪进行临床检查；
• 与养殖户讨论。

Goodwin（1971）和 Muirhead（1978）描述了如何对猪群进行广泛深入的检查。Douglas（1984）对常规预防措施进行了描述。

表 21.6 一个对 150～300 头母猪群开展 12 个月的预防医学计划的探访内容

| 探访编号 | 特定主题 |
|---|---|
| （1）标准程序 | 畜群安全 |
| （2）标准程序 | 畜主介绍；基因移动的方法；畜群替换政策；后备母猪的选择要求 |
| （3）标准程序 | 畜群的经济损失；饲料的成本和利用率 |
| （4）标准程序 | 体外/体内寄生虫；害虫控制；疫苗接种计划 |
| （5）标准程序 | 生育能力；公猪管理 |
| （6）标准程序 | 畜群安全检查；经产母猪疫病；分娩、乳腺炎等 |
| （7）标准程序 | 小猪问题 |
| （8）标准程序 | 断奶仔猪和育肥猪的疫病、死亡率和管理 |
| （9）标准程序 | 圈舍利用率；改建；相关疫病 |
| （10）标准程序 | 人的管理、疫病和生产能力 |
| （11）标准程序 | 屠宰场监测；病理检查 |
| （12）标准程序 | 12 个月的评价和分析 |

## 羊健康和生产促进计划

与其他物种类似，羊健康计划所关注的主要领域是繁殖效率、由于疫病导致的损失和生产欠佳（可能由某些亚临床疫病导致）。

羊健康计划主要为低地羊群设计。例如，英国（Hindson，1982；Holland，1984；Morgan 和 Tuppen，1988；Clarkson 和 Winter，1997；Scott，2001）、澳大利亚西部（Bell，1980）、澳大利亚西南部（Morley 等，1983），新西兰（McNeil 等，1984）和荷兰（Konig，1985）的羊健康计划。

进行首次探访，应该掌握农场的大体情况，包括：

• 农场的位置；
• 海拔（平原，山地）；
• 土壤类型；
• 农场规划；
• 牲畜概况（表 21.7）。

有关管理办法和发病率水平的详细历史信息也应记录在案。

表 21.7　一份信息表记录一个农场的概况，并在一项低地羊群健康计划中列出的一些记录变量

| 信息表 |
| --- |
| (1) 公羊品种 |
| -公羊 |
| -公羊羔 |
| (2) 母羊品种 |
| -母羊 |
| -母羊羔 |
| (3) 母羊放入公羊中 |
| 数量和日期 |
| (4) 母羊产羔 |
| (5) 羔羊出生 |
| -存活 |
| -死亡 |
| (6) 出生和断奶之间死亡的羔羊 |
| (7) 产羔开始 |
| -日期 |
| (8) 产羔完成 |
| -日期 |
| (9) 安置母羊/安置在产羔房/没有安置 |
| (10) 饮料 |
| (a) 母羊 |
| (b) 羔羊 |
| (c) 羔羊育肥 |
| (11) 羔羊销售 |
| (a) 开始 |
| (b) 完成 |
| (12) 评论 |
| (a) 结果 |
| (b) 有问题领域 |
| (13) 母羊乳腺炎的评论 |
| (a) 今年已知病例 |
| (b) 以前淘汰的比例 |
| (14) 完全精通并理解状况评分? |

## 指标

了解羊群性能的历史记录，有利于制订合适的生产指标。表 21.8 列出了这些指标示例。与其他健康计划相同，羊的健康计划也要求必须保持准确的记录，因此，如果发现缺陷，可对其生产力进行评估，并采取纠正措施。

表 21.8 羊群生产目标的建议

| 变量指标 | 目标 |
| --- | --- |
| **产羔率** | |
| 每个繁殖期出生的羔羊数 | 1.5～2.0（随羊的品种和用途不同而不同） |
| **发情循环指数** | |
| 繁殖期的前 17d 母羊发情百分比 | 100% |
| **繁殖指数** | |
| 每个繁殖期母羊发情百分比 | 100% |
| **繁殖期的长度** | 35d |
| **公羊与母羊比例**［取决于公羊的年龄、养殖环境（围栏或田间）、公羊的行为和是否同步发情］ | |
| • 公羊羔 | 1∶20 |
| • 1 岁的公羊 | 1∶（25～30） |
| • 成熟的公羊 | 1∶40 |
| **受孕率** | |
| 每个繁殖期母羊怀孕率 | 98% |
| **流产率** | |
| 母羊流产的百分比 | <2% |
| **断奶率** | |
| 每个繁殖期断奶的羔羊数 | 1.5～1.7 |
| **母羊给羔羊断奶** | |
| 至少使一个羊羔断奶的母羊的百分比 | 95% |
| **平均日采食量** | |
| 测量从出生到断奶期间的平均日采食量，并调整了性别和多胞胎因素 | 0.3～0.5kg/d（取决于羊群的品种和管理） |
| **第一次产羔的年龄** | |
| 集约化养殖体系 | 7～12 月龄 |
| **粗放型养殖体系** | 18 月龄 |
| **淘汰率** | |
| 淘汰的原因一般是年龄，而不是慢性病（如乳腺炎和腐蹄病） | 20% |
| **母羊死亡率** | |
| 每年母羊死亡的百分比 | <2% |
| **羔羊围产期死亡率** | |
| 从出生到断奶羔羊死亡的百分比 | <5% |
| **死胎率** | |
| 羔羊出生死亡的百分比 | <2% |

## 例行探访

探访是绵羊管理的重要阶段。在英国，建议每年进行 3～6 次探访（表 21.9）。

表 21.9 探访计划检测羊群保健情况

| 探访 | 时间 | 内容 |
|---|---|---|
| 探访 1* | 配种前 2 个月 | 1 公羊（所有的）：<br>体况评分，检查生育能力和蹄。确保农民/牧羊人能够对公羊和母羊进行体况打分<br>2 母羊（选择 100 头）：<br>体况评分，观察了解（牙齿、年龄、乳房）<br>3 肥育羔羊（可选项）：<br>体况评分<br>4 采集血液和粪便样本，检查铜、维生素 $B_{12}$、硒、吸虫和蠕虫及流产（弓形虫感染和地方流行性疫病）<br>5 检查干草和青贮饲料，并采取样品进行纤维素、蛋白质和能量的估测<br>6 视察牧场，检查钉螺孳生地<br>7 检查并讨论农场问卷（发送并希望提前返回问卷）<br>8 讨论"干净放牧"<br>9 讨论农民的目标和可能的生产指标 |
| 根据这次探访准备方案草案，接收实验室结果 | | |
| 探访 2 | 约 1 个月后 | 与农民讨论方案草案并落实 |
| 探访 3* | 产羔前 6 周 | 对 100 头母羊进行体况评分<br>对饲养给出建议（包括微量元素）<br>治疗临床病例 |
| 探访 4 | 产羔前 2 周 | 对 100 头母羊进行体况评分<br>对房屋设施、初乳、产羔和记录等方面提出建议<br>治疗临床病例 |
| 探访 5* | 产羔高峰期 | 临床事件<br>羔羊记录<br>对低体温症、绝食，大肠杆菌、球虫和蠕虫等情况给予建议 |
| 探访 6+ | 产羔后 12 周 | 检查增长率 |

注：* 随后几年的探访。
+ 当多个羊群产羔日期相差较大时，探访回应超过 6 次。除计划中的 6 次探访外，还可通过电话咨询。

体况评分，对乳房、口、蹄和腿的检查及对生育力的评估是羊健康计划的重要组成部分。对公羊的生殖性能进行评估，以便确定其符合公认标准的程度（Boundy，1998）。对于所有类型的羊，其生产各个阶段（保养、受孕、妊娠、哺乳、羊毛生长和产肉）的营养都是至关重要的（Freer 和 Dove，2002），根据丁酸盐测试的代谢分析也很有价值。

在探访期间，应鉴定特殊的疫病问题（Hindson 和 Winter，1998）。在英国，这些问题疫病包括感染羊痘、蹄腐病、传染性流产、乳腺炎、脊柱前凸、妊娠毒血症、矿物质和微量元素缺乏症、外生和内生的寄生虫病等（Martin 和 Aitken，1999）。梭状芽孢杆菌感染，现在通过常规免疫接种已被有效控制。

## 肉牛健康和生产促进计划

肉牛产业由一系列的生产系统组成，包括养殖（母牛-小牛；哺乳）和育肥（饲养场）企业，分别在不同的条件下进行管理。例如，在美国，养殖企业往往利用草场放牧，要不这些草场就只能用于娱乐和生长野生动物。与此相反，在英国，肉牛在哪里饲养是可以选择的[①]。

① 奶制品和牛肉的混合生产企业很常见，但现在趋向于更专门的企业。

在欧洲，肉牛产业经济已经变得很差，以至于肉牛健康和生产促进计划几乎不存在。兽医在肉牛受孕失败时通常只限于调查可能的生产力限制条件，从而导致不可接受的成年牛的淘汰率。营养原因很常见，通过对妊娠晚期和产犊后不久的代谢水平进行监测，可以尽早地采取预防措施（Whitaker，2000）。因此，虽然经济利润很小，但维持和提高效率的方案是有用的。

## 指标

肉牛健康和生产促进计划的目的是达到最佳繁殖效率和减少育肥畜群的发病率和死亡率。传统上，饲养的小牛数量是衡量生产力的唯一指标。肉牛饲养的生产指标是每年每头母牛繁殖一头小牛。这个指标多少有点理想化，因为它需要每年有一个 6～9 周的限制繁殖期，95%的妊娠率和 100%的获犊率，而以上任何一种情况都不会经常出现。事实上，在英国，9～12 周的繁殖期被认为是合理的指标。

指标取决于生产系统的类型。表 21.10 列出了适合北美母牛-小牛企业的繁殖和生产指标及目标水平的一些变量，而表 21.11 列出了英国两种生产系统类型的变量。

**表 21.10 美国肉牛企业推荐的牛群繁殖性能和生产指标**

| 变量指数 | 指标 | 干扰水平 |
|---|---|---|
| **繁殖** | | |
| 获犊率（%） | >90 | <85 |
| 60d 妊娠率（%） | >95 | <90 |
| 前 20d 妊娠率（%） | >65 | <50 |
| **畜群** | | |
| 平均奶牛年龄（年） | 5～6 | <4，>7 |
| 体况评分 | | |
| 妊娠中期 | 4.5～6.0 | <4 |
| 产犊期 | 5～6 | <4.5 |
| 成年牛难产（%） | <5 | >8 |
| 小母牛难产（%） | <15 | >25 |
| 妊娠期间的损失（%） | <2 | >3 |
| 围产期损失（%） | <5 | >10 |
| 每年奶牛损失（%） | <2 | >5 |
| 淘汰率（%） | 15～20 | <10，>25 |

**表 21.11 英国哺乳肉牛群的指标**

| 变量指数 | 指标：高地/低地的牛群 | | 指标：山上的牛群 | |
|---|---|---|---|---|
| | 秋季产犊 | 春季产犊 | 秋季产犊 | 春季产犊 |
| 产犊期（最长天数） | 90 | 85 | 100 | 90 |
| 断奶犊牛健壮/100 头母牛 | 92 | 92 | 90 | 90 |
| 犊牛死亡率 | <5% | <5% | <5% | <5% |
| 不繁殖的母牛 | <6% | <6% | <8% | <8% |
| 小牛断奶重（kg） | 330 | 250 | 270 | 225 |

**例行探访**

例行探访要与重大事件相一致。Chenoweth 和 Sanderson（2001）建议，在北美，为了春季产犊，种畜群的繁殖年度应该分为四个时期：

- 晚冬早春季节；
- 晚春早夏季节；
- 晚夏早秋季节；
- 晚秋早冬季节。

每一时期都给出了相关的管理程序和预防措施建议。例如，在晚冬早春季节，小母牛要进行驱虫和疫苗接种，公牛要检查弧菌；而在晚春早夏季节，奶牛、小母牛及公牛要控制外在寄生虫病，小牛要进行阉割、去角和疫苗接种。

Caldow（1984）评价了肉牛健康计划，Chenoweth 、Sanderson（2001）和 Smith 等（2001）对其进行了详细的讨论。

## 国家计划

有些计划要在国家层面上进行操作，并可能会被立法（Rees 和 Davies，1992）。它们是国家疫病控制和根除计划（见第 22 章）的一部分，用于农民不能单独控制的疫病（如结核病和布鲁氏菌病），或相比动物健康对人类意义更大的人畜共患传染病（如鸡的沙门氏菌病）。因此，它们与在个体农场，由养殖户自己就能控制（如牛乳腺炎）的私有计划形成对比。

### 官方认可的/经证明无疫的畜群

牛群或羊群被认定没有某种特定疫病，它们被称为官方认可的或经检验证明无疫的畜群。畜群无疫认证计划包括一些动物检测和维持无疫状态的规则。例如，在英国，鹿群健康计划提供了大量的鹿群结核病健康状况证明（ADAS，1989）。鹿群必须通过三个连续的结核菌素测试才能被认为是无结核病鹿群，在那之后，鹿要入群时必须经过隔离和检测。通过定期检测和鹿死亡后进行尸检等措施来检测疫病状态。该计划的参与者必须识别所有动物，保持经检验的畜群记录并记录畜群的所有动态。也必须保持足够的安全性（例如，边界栅栏和围墙）。

在斯堪的纳维亚半岛，通过血清学检测、牛奶检测及根除持续感染动物等措施，牛群被证实为无牛病毒性腹泻畜群，从那以后，要求有良好的生物安全措施防止再感染（Lindberg 和 Alemus，1999）。疫苗接种也是控制策略的一部分[①]。

畜群无疫认证计划是疫病根除计划的一部分，例如，在斯堪的纳维亚半岛，根除牛病毒性腹泻的第一步就是牛群认证（Lindberg，2003）。这些计划往往是通过强制检验和屠宰来实现的（通常当疫病发生时，80%～90%的畜群被处理）。例如，在英国，1935 年推出的第一个牛

① 是否使用疫苗控制牛的病毒性腹泻取决于牛的密度和感染的血清阳性率（Greiser-Wilke 等，2003）。

群认证计划，被作为国家结核病根除计划的初始阶段。随后，在英国（MAFF，1983）和美国（Ragan，2002）采取了相似的方法消灭布鲁氏菌病。经常提出激励措施来增加参与的积极性（例如，参与奶牛畜群根除计划的，有牛奶分红）。

## 健康计划

国家健康计划，不仅建立了大量的经认证健康状态的牛群和羊群，而且对一个或多个特定的疫病的防控有指导意义，而这些疫病对畜牧业有重要的经济意义，但目前还没有根除。另外，总体目标是改善畜群健康和生产力。结果是增强了国内和国际动物贸易的市场潜力。国家健康计划往往由政府兽医服务机构和私人从业者合作开展。前者提供现场咨询和诊断设施，而后者具有灵活性，以满足个别从业者的要求。

英国于 1987 年推出了四项国家计划，即针对猪、牛、绵羊和山羊及家禽的计划，是由早期健康计划修改而成的。

猪健康计划旨在提高猪群的健康和生产力水平，其范畴是两个层次的。政府兽医和私人从业者每季度要探访所有参与的畜群，在“较高”的健康状态范畴内，在屠宰场监测肺及鼻拭子来分别检测流行性肺炎和萎缩性鼻炎。近来，又新加了一个范畴，即猪群保险计划，它在药物、福利及沙门氏菌感染方面给生猪购买者以保障，并在“有益健康”和无残留食品加工方面帮助食品生产者（Lomas，1993）。

牛健康计划中，要检测牛群牛地方性白血病（EBL）并使牛群成为无 EBL 牛群。另外，还要监测牛群传染性鼻气管炎。计划中还包含钩端螺旋体病控制程序，根据牛群中发现的风险因素，获得可控制、官方疫苗接种或无疫等状态的认可。

羊健康计划使得有关梅迪/维斯纳病和山羊关节炎-脑炎的无疫认证成为可能。另外，还要进一步对羊群进行地方性流产、绵羊慢性进行性肺炎及痒病的监测。

家禽健康计划，确保鸡群没有鸡白痢沙门氏菌和肠球菌感染，还包括对其他疫病的监测。在预防肠炎沙门氏菌污染鸡蛋方面也有指导方案。

在苏格兰，牛健康计划侧重于牛副结核、牛病毒性腹泻[①]及牛传染性鼻气管炎的控制和消灭。

# 伴侣动物计划

伴侣动物健康计划主要关注个体动物而不是群体的疫病预防（尽管一些个体可能包含在犬舍和马厩里），生产与伴侣动物计划没有相关性。（赛马和赛犬的赛跑技能被宽松地描述为“生产”，但通常这些动物的商业性质要大于陪伴性质）计划包括：

- 动物常规检查（Jones，2000）；
- 预防措施，如疫苗接种（Greene，1998a）；
- 常规治疗，包括驱虫药剂量（Moore，1999）；

---

① 到 1997 年，设得兰群岛（Shetland）的牛病毒性腹泻已经被消灭。

• 食宿相关管理的建议（Kelly 和 Wills，1996；Hand 等，2000；Morris 等，2005）。

表 21.12 列出了美国犬健康计划。这些计划在其他国家可能需要修改（例如，在没有心丝虫病及狂犬病发生的地区，就没有必要进行心丝虫病预防及狂犬病疫苗接种）。现在，伴侣动物也可能被植入身份微晶片（见第 4 章）。Glickman（1980）和 Lawler（1998a）给出了“稳定”和“瞬态”犬舍（例如，繁殖犬舍和寄宿犬舍）的预防医学计划。计划包括营养建议，疫苗接种，体外和体内寄生虫病控制，繁殖和常见疾病的管理。建议保持系统记录，提供犬舍的概况，以方便当正常繁殖性能、预期发病率和死亡率模式发生偏离时进行检测。

表 21.13 列出了美国猫健康计划。这些计划也需要修改，以适应当地的条件（例如，在无狂犬病的国家可以不用常规狂犬病疫苗接种）。猫舍也有预防医学计划（Lawler，1998b）。

马的健康计划侧重于疫苗接种、寄生虫控制、牙齿和蹄的护理及最佳的营养条件（Anon.，1989；DiPietro，1992；Pilliner，1992；Williamson，1995）。马厩卫生也是至关重要的，因为感染可通过水桶、马嚼子、车辆及服装等非生物媒介快速扩散（Timoney 等，1988）。表 21.14 列出了美国马健康计划。Fraser（1969），Owen（1985），Loving 和 Johnston（1995）描述了在英国马的健康计划，Verberne 和 Mirck（1976）列出了用于荷兰的一些计划。同样，这些计划可能也需要修改，以适应当地的管理实践及兽医和动物所有者的喜好。

有关兔（Antinoff，1999）、鹦鹉（Romagnano，1999）及雪貂（Ivey 和 Morrisey，1999）的预防医学计划也有描述。

**表 21.12 美国实行的犬健康计划的大纲**

| Ⅰ首次正式探访（通常在 6 周龄） | Ⅱ第二次正式探访（通常在 9 周龄） |
|---|---|
| A 进行一般体格检查并记录体重 | A 进行一般体格检查并记录体重 |
| B 检查外部寄生虫和皮肤癣病，并适当治疗 | B 检查外部寄生虫和皮肤癣病，并适当治疗 |
| 1 跳蚤，壁虱和耳螨（耳痒螨属） | 1 跳蚤，壁虱和耳螨（耳痒螨属） |
| 2 痒螨，尤其是犬蠕形螨和疥螨 | 2 痒螨，尤其是犬蠕形螨和疥螨 |
| 3 癣菌，尤其是小孢子菌属和须癣毛癣菌 | 3 癣菌，尤其是小孢子菌属和须癣毛癣菌 |
| C 通过直接涂片和浮选对粪便进行检查 | C 通过直接涂片和浮选对粪便进行检查 |
| D 进行心丝虫病的预防管理 | D 根据体重调整心丝虫病预防用药的剂量 |
| E 给予钩虫和蛔虫驱虫药，如果有绦虫，给予吡喹酮和益扑西酮 | E 给予钩虫和蛔虫驱虫药，如果有绦虫，给予吡喹酮和益扑西酮 |
| F 接种犬瘟热/犬传染性肝炎/钩端螺旋体病/犬副流感病毒/犬细小病毒/犬冠状病毒疫苗，可能的话，接种犬窝咳（支气管败血波氏杆菌）、犬莱姆病和贾地鞭毛虫疫苗 | F 接种犬瘟热/犬传染性肝炎/钩端螺旋体病/犬副流感病毒/犬细小病毒/犬冠状病毒疫苗，可能的话，接种犬窝咳（支气管败血波氏杆菌）、犬莱姆病和贾地鞭毛虫疫苗 |
| G 就营养和日常洗刷给予建议 | G 根据健康需要调整营养，如果需要，更改日常洗刷程序 |
| H 给犬主提供教育小册子，内容如下所示： | H 给犬主提供教育小册子，内容如下所示： |
| 1 跳蚤、蜱和耳螨的识别、治疗及控制 | 1 跳蚤、蜱和耳螨的识别、治疗及控制 |
| 2 心丝虫病预防管理的好处 | 2 心丝虫病预防管理的好处 |
| 3 正常和异常的幼犬行为习惯的管理 | 3 牙齿、皮肤、指甲和耳朵的护理 |
| 4 皮肤、指甲和耳朵的护理 | 4 如何洗刷和给予营养 |
| 5 如何洗刷和给予营养 | 5 正常和异常的幼犬行为习惯的管理 |
| I 为犬主完善幼犬的健康记录 | I 为犬主完善幼犬的健康记录 |

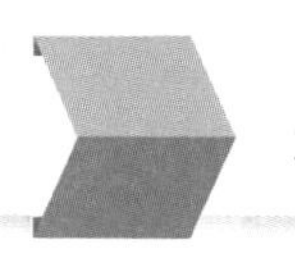



（续）

| Ⅲ第三次正式探访（通常在12周龄） | Ⅳ随后的探访（通常每年一次） |
| --- | --- |
| A进行一般体格检查并记录体重<br>B检查外部寄生虫和皮肤癣病，并适当治疗<br>1跳蚤，壁虱和耳螨（耳痒螨属）<br>2痒螨，尤其是犬蠕形螨和疥螨<br>3癣菌，尤其是小孢子菌属和须癣毛癣菌<br>C通过直接涂片和浮选对粪便进行检查<br>D根据体重调整心丝虫病预防用药的剂量<br>E给予钩虫和蛔虫驱虫药,如果有绦虫,给予吡喹酮和益扑西酮<br>F接种犬瘟热/犬传染性肝炎/钩端螺旋体病/犬副流感病毒/犬细小病毒/犬冠状病毒疫苗，可能的话，接种犬窝咳（支气管败血波氏杆菌）、犬莱姆病和贾地鞭毛虫疫苗<br>G根据健康需要调整营养，如果需要，更改日常洗刷程序<br>H给犬主提供教育小册子，内容如下所示：<br>1跳蚤、蜱和耳螨的识别、治疗及控制<br>2牙齿、皮肤、指甲和耳朵的护理<br>3如何洗刷和给予营养<br>4正常和异常的幼犬行为习惯的管理<br>5建议切除卵巢和阉割<br>6运动及其重要性<br>I为犬主完善幼犬的健康记录 | A进行一般体格检查并记录体重<br>B检查外部寄生虫和皮肤癣病，并适当治疗<br>1跳蚤，壁虱和耳螨（耳痒螨属）<br>2痒螨，尤其是犬蠕形螨和疥螨<br>3癣菌，尤其是小孢子菌属和须癣毛癣菌<br>C进行粪便浮选和犬恶丝虫检查，或针对肠道和犬恶丝虫感染的所有检查<br>D根据体重调整心丝虫病预防用药的剂量<br>E根据粪便检查结果给予驱虫剂<br>F接种犬瘟热/犬传染性肝炎/钩端螺旋体病/犬副流感病毒/犬细小病毒/犬冠状病毒疫苗，可能的话，接种犬窝咳（支气管败血波氏杆菌）、犬莱姆病和贾地鞭毛虫疫苗<br>G根据健康需要调整营养，如果需要，更改日常洗刷程序<br>H给犬主提供教育小册子，内容如下所示：<br>1跳蚤、蜱和耳螨的识别、治疗及控制<br>2牙齿、皮肤、指甲和耳朵的护理<br>3如何洗刷和给予营养<br>4正常和异常的幼犬行为习惯的管理<br>5运动及其重要性<br>I为犬主完善幼犬的健康记录 |

**表21.13　美国实行的猫健康计划的大纲**

| Ⅰ首次正式探访（通常在8～10周龄） | |
| --- | --- |
| A进行一般体格检查并记录体重<br>B检查外部寄生虫和皮肤癣病，并适当治疗<br>1跳蚤和耳螨（耳痒螨属）<br>2疥螨，尤其是背肛螨、蠕形螨和姬螯螨属<br>3癣菌，尤其是小孢子菌属和须癣毛癣菌<br>C通过直接涂片和浮选对粪便进行检查<br>D给予钩虫和蛔虫驱虫药噻嘧啶，如果有绦虫，给予吡喹酮和益扑西酮<br>E接种猫病毒性关节炎/猫杯状病毒/猫泛白细胞减少症/衣原体/猫白血病/猫传染性腹膜炎/败血波氏杆菌/贾地鞭毛虫疫苗<br>F就营养和日常洗刷给予建议<br>G给养猫者提供教育小册子，内容如下所示：<br>1跳蚤、蜱和耳螨的识别、治疗及控制<br>2接种猫白血病疫苗的好处<br>3正常和异常的猫行为习惯的管理<br>4如何洗刷和给予营养<br>H为养猫者完善猫的健康记录<br>Ⅱ第二次正式探访（通常在12～14周龄）<br>A进行一般体格检查并记录体重<br>B检查外部寄生虫和皮肤癣病，并适当治疗<br>1跳蚤和耳螨（耳痒螨属）<br>2疥螨，尤其是背肛螨、蠕形螨和姬螯螨属<br>3癣菌，尤其是小孢子菌属和须癣毛癣菌<br>C通过直接涂片和浮选对粪便进行检查<br>D给予钩虫和蛔虫驱虫药噻嘧啶，如果有绦虫，给予吡喹酮和益扑西酮<br>E接种猫病毒性关节炎/猫杯状病毒/猫泛白细胞减少症/衣原体/猫白血病/猫传染性腹膜炎/败血波氏杆菌/贾地鞭毛虫疫苗 | F就营养和日常洗刷给予建议<br>G给养猫者提供教育小册子，内容如下所示：<br>1跳蚤、蜱和耳螨的识别、治疗及控制<br>2接种猫白血病疫苗的好处<br>3牙齿、皮肤、指甲和耳朵的护理<br>4正常和异常的猫行为习惯的管理<br>5运动及其重要性<br>6建议切除卵巢和阉割<br>H为养猫者完善猫的健康记录<br>Ⅲ随后的探访（通常每年一次）<br>A进行一般体格检查并记录体重<br>B检查外部寄生虫和皮肤癣病，并适当治疗<br>1跳蚤和耳螨（耳痒螨属）<br>2疥螨，尤其是背肛螨、蠕形螨和姬螯螨属<br>3癣菌，尤其是小孢子菌属和须癣毛癣菌<br>C进行粪便检查（粪便浮选）<br>D根据粪便检查结果给予驱虫药<br>E接种猫病毒性关节炎/猫杯状病毒/猫泛白细胞减少症/衣原体/猫白血病/猫传染性腹膜炎/败血波氏杆菌/贾地鞭毛虫/狂犬病疫苗<br>F调整营养和洗刷程序<br>G给养猫者提供教育小册子，内容如下所示：<br>1跳蚤、蜱和耳螨的识别、治疗及控制<br>2接种猫白血病疫苗的好处<br>3牙齿、皮肤、指甲和耳朵的护理<br>4正常和异常的猫行为习惯的管理<br>5运动及其重要性<br>6建议切除卵巢和阉割<br>H为养猫者完善猫的健康记录 |

表 21.14　美国实行的马健康计划的大纲

| 第一季度：1月至3月 |
|---|
| **所有马**<br>至少每 8 周驱虫一次。注意妊娠晚期驱虫剂的选择。幼驹在 2 月龄时开始驱虫。每 6 周进行一次修蹄。幼驹需要频繁地进行肢体检查。牙齿：根据需要每年检查 2 次浮动的牙齿；拔去 2、3、4 岁纯种马的狼牙并保留牙冠。呼吸系统疫病，如流感、马腺疫和鼻肺炎的疫苗接种。在美国东南部还应免疫接种马脑炎疫苗<br>**种马**<br>进行全面的繁殖性能检查。繁殖初期种马应保持光照<br>**怀孕的母马**<br>免疫破伤风菌苗，产前 30d 进行开放式缝合。设置初乳罐。第 9 天繁殖只适合于产驹史和生殖系统均正常的母马。清洗哺乳母马的乳房<br>**未怀孕的母马**<br>繁殖早期要保持光照。进行日常诱导发情。发情期进行生殖系统检查。母马不应该养得太肥，但在繁殖季节应单独饲喂<br>**新生马驹**<br>消毒剂浸洗肚脐。马驹出生时小心地灌肠清洁。如过去可能感染破伤风，给予破伤风预防措施。12～24h 进行免疫球蛋白检测 |
| 第二季度：4月至6月 |
| **所有马**<br>至少每 8 周驱虫一次。每 6 周进行一次修蹄。不要忘记幼驹和 1 周岁的马驹。牙齿：检查牙齿，如有需要，拔除浮动的牙齿。免疫马脑脊髓炎疫苗。采用合适的疫苗助推器<br>**种马**<br>保持锻炼。监测精液质量<br>**繁殖母马**<br>在繁殖成功后的 21、42 和 60d 进行触诊 |
| 第三季度：7月至9月 |
| **所有马**<br>至少每 8 周驱虫一次。对牧场进行修整和大扫除。每 6 周进行一次修蹄。适当调整马驹配料。牙齿：检查牙齿，如有需要，拔除浮动的牙齿<br>**种马**<br>保持锻炼<br>**繁殖母马**<br>根据产品使用要求，对怀孕的母马接种鼻肺炎疫苗。对幼驹和 1 岁马驹采用鼻肺炎疫苗加强免疫一次。断奶时检查母马的乳房状况，减少饲料喂量，直到奶量减少<br>**幼驹**<br>进行所有合适的免疫接种。提供自由选择的矿物质。在给幼驹补食的低矮栅栏里保持蛋白质的补充供给 |
| 第四季度：10月至12月 |
| **所有马**<br>至少每 8 周驱虫一次。选择适合季节的驱虫药。每 6 周进行一次修蹄。适当调整马驹配料。牙齿：检查牙齿，如有需要，拔除浮动的牙齿<br>**种马**<br>保持锻炼。检查免疫状况。进行繁殖检查<br>**繁殖母马**<br>确定是否妊娠。开始治疗未孕的母马。检查免疫状况 |

# 22 控制和消灭疫病

之前的章节已经讲述了兽医流行病学的研究内容，即：流行病学研究的是疫病和影响疫病在群体中分布的各种因素。通过以下三种技术开展研究和分析：

- 观察和记录自然发生的特定疫病及其影响因素，对观察记录进行描述；
- 观测的统计分析；
- 建模。

使用这三种技术结合临床、病理和实验检测（有时候需要）：估计疫病的发病率和死亡率；阐明疫病的原因；了解疫病的生态环境；评估控制策略的有效性。

最后一章将阐述如何利用流行病学调查结果来控制和消灭疫病。

## “控制”和“根除”的定义

### 控制

“控制”是减少疫病的发病率和死亡率，它是一个总称，包括一切旨在干扰与防治疫病的措施（Done，1985），这是一个持续的过程（Last，2001）。

治疗患病动物，从而降低流行率；预防疫病，从而降低发病率和流行率。这都可以达到控制疫病的目的。兽医学，就如同医学，是从个体治疗开始发展起来的，关心的是如何治愈动物个体，并且随着医药和外科技术的进步，仍在不断发展。然而疫病的预防日益重要，尤其在人道和经济学方面，比治疗个体更加有益。

### 根除

在19世纪，“根除”首次出现，指在某区域消灭动物传染病。比如，美国的得克萨斯牛瘟，欧洲的胸膜肺炎、鼻疽和动物狂犬病。从那以后，在四个不同的情景下已应用了该术语。

第一，它已被用来指传染性病原体的消除（Cockburn，1963），如果在任何一个地方存在这种病原体，那这种疫病就不能被称为根除。根据这个定义，很少有疫病可以被称为根除，但人类天花（Fenner 等，1988）是一个根除的例子。

第二，根除也被定义为在指定区域内的水平传播不会发生（Andrews 和 Langmuir，1963），传染性疾病的流行率降低。例如，在尼日利亚北部的局部地区，锥虫病可通过杀灭河网地区的媒介昆虫（舌蝇）根除[①]。

第三，根除还被定义为传染性疾病流行率的降低，虽然疫病还在一定程度的传播，但已不是该地动物或人类健康的大敌（Maslakov，1968）。

第四，根除这个概念常常指的是在某一区域消灭某种病原体。例如，由于口蹄疫已在英国被根除，除专业实验室外，在英国的任何地方都不存在口蹄疫病毒，但是被根除的疫病可能再次进入该国（例如，口蹄疫在 2001 年进入欧洲国家：见表 1.1），这种情况下，一般该国会再次实施根除的策略，而维持其根除的状态（Yekutiel，1980）。

**消除**　消除这个中间概念也时常被提及（拉丁语：*ex*＝阈限，*liminis*＝阈值），是指控制传染病在一定的水平以下。因此，即使病原依然存在，但是病例很少或没有病例。（Payne，1963；Spinu 和 Biberi-Moroianu，1969）。

## 控制和消灭策略

### 什么也不做

在某些情况下，某些疫病可能在什么都不做的情况下，自然减少。这不是严格意义上的疫病控制策略，但说明疫病的流行率可通过媒介或宿主的变化，而发生变化，而无须人的干预。例如，蓝舌病在塞浦路斯的冬季不会发生，因为库蠓无法在这种条件下生存。同样，发生在尼日利亚萨瓦娜地区的旱季的锥虫病会减少，因为那时舌蝇无法生存。

### 隔离检疫

隔离指的是对受感染或怀疑受感染的动物，或处于危险中的未感染动物进行隔离。隔离是一个古老的疫病控制方法（见第 1 章），但非常有效。当进口国家有地方性流行的外来病时，需要将动物进行隔离检疫。例如，动物园里被强制隔离的犬、猫和其他动物[②]。也可隔离检疫怀疑受感染的动物，直到被证实感染或通过临床检查及实验室检测证实被感染（例如，奶牛被怀疑感染布鲁氏菌）。同样，当传染性病原体没有在牛群或羊群扩散蔓延时，对动物进行隔离检疫可以作为预防性手段。最终，可逐步清除感染动物，达到根除。例如，1978 年英国出现牛地方性白血病。英国（MAFF，1981）实施群内隔离血清阳性牛（这些牛随后在经济上允许时被扑杀）等政策，疫病于 1996 年被消灭。在医学上，隔离检疫通常指的是在疫病流行期对怀疑有某种传染病的疑似病例进行隔离。

---

① 有时这样区分预防的三个等级（Caplan 和 Grunebaum，1967）：一级，控制疾病发生因素，以防止或推迟疾病的新发病例，以此降低发病率。二级，检测和及时治疗疾病，缩短病程或延长生命。三级，治疗长期病例，减少功能障碍或延长生命。在这本书中，预防与一级预防的概念相同，而治疗包括二级和三级预防。

② 一些地区为了让动物自由移动，不实行检疫。因此，在欧盟，犬和猫可以在国家间跨境活动，用微型芯片跟踪，注射狂犬病疫苗，采血清测抗体，治疗寄生虫病，以减少动物源性疾病的传播（宠物活动项目，Fooks 等，2002；Feeney，2004）。

隔离检疫[①]的时间取决于病原的潜伏期、检验确诊所需时间以及感染动物传染性消失所需要的时间（无论治疗与否）。

## 屠宰

通常，如果动物患慢性病，生产力会下降。如果疫病有传染性，感染动物可以将疫病传染给其他动物。在这种情况下，从经济上和技术上考虑，可将患病动物进行屠宰。例如，牛乳腺炎可导致奶牛的产奶量下降15%（Parsons，1982），一个产奶期发病3次以上的牛通常会被扑杀。

疫病根除过程中，受感染的动物被屠宰，从而消除感染源。因此，在一些国家，感染群中所有偶蹄类动物在口蹄疫流行时都会被扑杀。

根除畜群的某种疫病经常使用“检测和扑杀”策略。对所有的动物进行检测，扑杀阳性的动物，例如牛结核病（见第17章）和猪繁殖与呼吸综合征（Dee等，2000）。

### 优先扑杀

在疫病流行期间，扑杀受感染的动物，往往同时屠宰未发病的暴露动物，因为它们具有发病的风险。例如，某些动物接触了与感染动物接触过的人和车辆。虽然这些动物可能不存在临床症状，但这些动物在发病前被扑杀，可以降低疫病扩散的风险。

地毯式扑杀动物是指在动物出现临床症状之前，将感染场周边的所有动物群体进行扑杀，它可以有效降低疫病传播的风险。然而，这是一个有争议的政策（Kitching等，2005）：虽然有时数学模型可以解释其合理性［例如，控制口蹄疫的策略（Ferguson等，2001）］，但是田间研究并不能证明其是否有益（Honhold等，2004；Thrusfield等，2005）。它被形容为“钝器”（Andson，2002），因为这可能屠杀大量的健康动物。

为了降低疫病传播的风险，在实施扑杀策略的同时，一般会配合其他的策略（例如，消毒并焚烧或掩埋动物尸体），这被称为“扑灭”（见附录Ⅰ和Geering等，2001）。这些方法可能非常的费时费力，并伴随着巨大的经济损失（见第6章，英国对疯牛病病例的扑杀），而且存在很多技术性问题（例如，不能在用作水源的地下水层之上掩埋动物：Thrusfield等，2005）。

## 接种疫苗

接种疫苗可以保护动物免于多种病毒、细菌及寄生虫的感染，其被广泛地用于预防疫病，如犬瘟热疫苗接种。

### 免疫策略

策略性免疫。在发生疫情时，为了防止疫病从疫区传入及疫情的扩散，可以对动物进行策略性免疫接种，这被称为紧急免疫（Barnettet等，2002）。在不同的条件下，有几个不同的策略。第一，在感染区域的周边对动物接种疫苗，防止病原的扩散，这被称为环形免疫。例如，20世纪50年代和60年代，牛瘟在乌干达东北部卡拉莫贾地区流行，但其他全国各地没有。为了防止扩散，对此区域周边20英里内的牛均接种了疫苗，构成了一个环状免疫带。如果欧

① 这个词来自意大利语“quaranta”，意思是40：以前人类被隔离的时间。

盟发生了口蹄疫疫情，同样可以在感染区域周边构建一个环状的免疫带（Donaldson 和 Doel，1992；Toma 等，2002）。第二，可通过免疫接种形成一个屏障，不是全面环绕受感染的区域。例如，为了防止口蹄疫从亚洲传入，在保加利亚和希腊与土耳其接壤的部分地区对动物接种疫苗形成了一个免疫屏障。第三，免疫接种可在疫病暴发的地区或其周边区域开展。这些免疫策略（包括环形免疫）均是为了抑制疫病的传播。例如，2001 年荷兰暴发口蹄疫时，这些策略都得以应用。

这些策略都是在非常规免疫的国家实施。此外，在常规免疫的国家，为了加强免疫，或者应对新型的病原，也可以实施策略性免疫（Forman 和 Garland，2002）。

紧急免疫所用疫苗一般比常规疫苗具有更高效价，且需要进行疫苗储备（Forman 和 Garland，2002）。

*灭活疫苗和活疫苗*

疫苗可以是灭活苗（例如烷化剂，使细菌和病毒的核酸无法复制，Dermer 和 Ham，1969），或者是弱毒苗。每种类型的疫苗的优点和缺点见表 22.1。相比活疫苗，灭活疫苗更加安全，而且当新型的病毒或病毒亚型产生时，灭活苗可以更快地被制备出来。但其成本比活疫苗高，且不能像活疫苗一样迅速和有效地刺激黏膜免疫和细胞免疫，因此，经常需要加强免疫。另外，活疫苗有毒力返强的风险。此外，很难区分血清抗体是由感染造成的，还是由于感染活疫苗毒株造成的（如口蹄疫的感染，Sorensen 等，1998；Clavijo 等，2004）。

**表 22.1 活苗和灭活苗的优缺点比较**

| | 优点 | 缺点 |
|---|---|---|
| 活疫苗 | 作用方式类似自然感染；<br>在宿主内增殖；<br>诱导一系列免疫应答；<br>免疫持续期一般较长；<br>无针对外源蛋白的副反应 | 有毒力返强的可能；<br>可能含有其他病毒；<br>受其他试剂和母源抗体干扰；<br>存储问题；<br>可能造成潜伏感染；<br>可能造成流产 |
| 灭活苗 | 比较稳定；<br>易于生产 | 需要大量抗原/如果有分泌蛋白，其中可能不含有保护性抗原；<br>可能针对外源蛋白或佐剂反应；<br>免疫持续期短；需要多次免疫；<br>不产生局部免疫；<br>病原可能灭活不完全；<br>可能含有对灭活剂耐受的其他病原；<br>可能引发畸变疾病 |

来源：修改自 The Veterinary Journal，164，Babiuk，L. A. Vaccination：a management tool in veterinary medicine，188-201. © （2002），经 Elsevier 许可。

*自然免疫*

当动物低水平暴露于某种病原体时，其可能会产生自然免疫。用猪粪便喂怀孕的母猪，这种技术被称为“返饲”。母猪针对某些病原（例如猪传染性胃肠炎病毒和细小病毒）的抵抗力可能会增加（Stein 等，1982），然后仔猪通过母源抗体获得免疫力。虽然在没有更好的措施时，这种方法对疫病的控制有一定的价值，但是方法本身存在风险，例如大肠杆菌在活体内传代可以增强毒力。

新型疫苗技术

抗原递呈和宿主识别在现代生物技术发展的背景下，得以进一步改进和提高（Wray 和 Woodward，1990；Biggs，1993；Bourne，1993；Pastoret 等，1997；Schultz，1999）。前者包括 T 细胞特异性识别抗原的某一小块区域，或者针对传染源的某一部分蛋白进行刺激产生免疫反应。后者包括删除某些病原的毒力基因（如猪伪狂犬病疫苗，敲除了胸苷激酶编码基因），使得抗原的毒力减弱，或携带其他病原体的抗原蛋白制成载体疫苗。正在开发的载体包括牛痘病毒、禽痘病毒、腺病毒、大肠杆菌和沙门氏菌以及编码副结核分枝杆菌抗原的 DNA 质粒。合成的抗原表位疫苗（包括多肽及合成的病毒颗粒等），将来很可能会替代传统的灭活疫苗。

Biggs（1982）等详细讨论了用免疫策略作为疾病控制策略的成效。Smith（1999）等详细讨论了使用疫苗控制寄生虫病（如东海岸热、肝片吸虫病、包虫病、血矛线虫病和锥虫病）的控制策略。

## 治疗和预防用的化学合成制剂

抗生素、驱虫药、其他药物、高免血清（治疗用）等可用于治疗疫病，或在危险期预防疫病，提高动物生产性能。例如术前和术后使用抗生素，以防止细菌感染。这些做法可能有不良的后果，比如，在大量使用抗生素后会产生某些具有抗药性的菌株。此外，细菌的耐药性可以传播转移到其他细菌（见第 5 章）。

有时候，化学疗法可用于消灭疫病，例如英国使用“牛皮蝇幼虫杀灭剂”消灭牛皮蝇[①]（MAFF，1987）。

## 宿主动物移动

可以将动物从高风险区移走。这种措施在热带过程会加以采用，如在某个季节，某些传染源会出现，动物将会从这个区域移走。西非富拉尼族有放牧传统：他们会在潮湿的季节将牲畜从南方迁移到北方。同样的，在夏天，为了防止库蠓传播非洲马瘟，他们会把马迁移到室内（Chalmers，1968）。

## 宿主移动的限制

为了防止疫病的流行和传播，往往会限制动物的移动。例如，在英国口蹄疫流行时期，在疫点周围 3km 的范围内动物的活动被限制（被称为“保护区”）。为了控制疫病的传播，控制捕猎等措施也被采用（见表 6.7）。

在极少数情况下，为了防止疫情的扩散可以禁止动物的调运，但是这样的措施不应轻易使用，因为这么做会影响贸易及动物福利。英国在疫情流行期实施动物禁运是合理的，因为疫点不是仅仅局限在一个地方。

---

① 皮蝇蛆病，在 20 世纪 70 年代没有被消灭之前，英国英格兰和威尔士 40%的牛，苏格兰 20%的牛的生殖能力受到了影响。

限制动物在国家间移动是保证一个国家对某种疫病保持无疫状态的重要保证（例如禁止从口蹄疫流行国家进口活畜及其产品）。

### 混合、交替和有序放牧

混合、交替和有序放牧可以显著降低线虫的感染水平。与对寄生虫有抵抗力的畜群一起放牧可以降低牧草的污染水平。因此，成年牛（有免疫力）可以和小牛（易感）一起放牧。类似的是，牛可以和羊在一起放牧，因为牛对环纹奥斯特线虫有抵抗力。

不同品种的动物轮流放牧，可以降低牧草的污染。例如，每年冬天过后，在挪威，牛和羊每年轮流放牧可以使得牧场的线虫载量降低到羊可以感染的水平以下。

不同品种的易感动物在不同的时间有序放牧可以降低牧草的污染。例如，当夏末和秋天，干净的牧草不易获得的时候，将肉牛转移到奶牛的牧场饲养可以显著降低线虫的感染率，因为奶牛对线虫有抵抗力，而肉牛对线虫易感（Burger，1976）。

Barger 等详细讨论了控制线虫的策略。这些策略，如接种疫苗和生物控制的其他方法（例如利用捕食性真菌：请参阅第 7 章提供的蠕虫控制的手段），不会像使用驱虫药那样带来风险。

### 控制传播媒介

消灭中间宿主，可以控制生物媒介传播引发的疫病。病媒昆虫可以通过使用杀虫剂及破坏其栖息地等方法杀死，例如，通过排水，减少肝片吸虫的中间宿主蜗牛。另外，可以将与中间宿主竞争的动物引入栖息地，例如，血吸虫病传播媒介蜗牛可以用引入天敌的方法消除（见第 7 章）。可以利用现代生物技术改造中间宿主，使得病原体对其没有感染力，或者使得病原体不能通过中间宿主感染宿主。例如，利用 DNA 重组技术将外源基因插入到中间宿主，使得其不能将病原体向宿主传播（Beaty，2000；Aksoy 等，2001）。

### 物理媒介的控制

可以通过消毒和杀灭的方法，来控制和消灭传播疫病的物理媒介。可以通过灭虫的方法，消灭传播细菌的跳蚤。人类也可能成为传播疫病的物理媒介，因此处理过疫情后，一定要注意对自身的消毒，防止将病原带出。

### 消除非生物媒介

对于非生物媒介（见第 6 章），可以通过消毒来防止传染性病原体的传播。非生物媒介包括农场设备、车辆、手术器械等，有时是药物本身（见第 6 章）。食品进行加热处理（例如巴氏杀菌奶）的方法，可破坏微生物及其热敏感毒素，以防止食物传播性疫病。

### 生物安全

“生物安全”是一个新的名词，但代表比较老的概念。它指的是应用管理方法减少传染性病原体的入侵或在群体内扩散的机会（Andson 等，1998，1999）。生物安全也被扩展到国家层面，目的是为了防止病原体或有害昆虫的入侵。在疫情期间，生物安全也指防止通过动物调运在农场间扩散疫病。

生物安全包括清洁[①]、消毒、减少暴露[②]、规范人员管理，使得动物及产品可追溯。一些动物，特别是有可能感染的动物，在引入前一定要进行检疫。因此，生物安全，本质上，是应用了一些公共的常识。Van Schaik 等详细讨论了生物安全的经济学影响。

### 改善畜牧业饲养环境

集中生产的动物（特别是牛和猪）的疫病，是当前疫病防控中遇到的主要问题。通过流行病学的方法，可以找到在养殖管理中存在的不足。在冬天，由于牛被局限在一个小的空间内，乳腺炎发生的概率增高，但这并不是牛场设计的问题。因此可以通过改善管理的方法，来降低疫病的发生率。

### 遗传改良

家畜和伴侣动物的许多疾病是可遗传的（Foley 等，1979；Ackerman，1999）。这些疾病主要取决于动物的基因遗传。如犬的中性粒细胞减少症，是由一个单一常染色体的隐形致死基因异常表达引起的。另外，有些病是多个因素决定的，其中只有一个因素是遗传因素，如犬髋关节发育不良，其他因素包括生长率、身体类型和骨盆肌肉重量。早期检测并使犬主人自愿放弃以该犬繁育，可以减少此类疾病的发生率。现有的技术，如 X 线检查可以确诊髋关节发育不良。

通过基因的筛查，有助于确定基因状况和变异倾向。基因筛查可以针对全体风险动物或者针对与某疾病有关的部分个体。在兽医学中，经常要用到后面这种方法，因为动物的群体会非常大，大部分基因"优秀"的动物集中在用来繁育的"核心群"。而在人群中经常利用这种方法来识别遗传性的饮食缺陷（如氨基酸尿，以辅助控制饮食）和在产前确定严重遗传疾病，以便考虑是否人工流产。在兽医领域，基因筛查的主要用途是找到致病基因，并力图剔除这种基因或者使其在动物群体中的频率降低。现在相对较短的育种时间和更加成熟的人工繁育技术可以使得以上目的得以实现。在英国的全国痒病计划中，基因筛查根据不同基因型的抗性，确定疾病抗性基因和易感基因（表 22.2）。该计划初步目标是提高 *ARR* 基因（抗性基因）在种群中的比例，同时减少 *VRQ* 基因，并允许一段时间内继续使用带有 *AHQ*、*ARH* 和 *ARQ* 基因的动物进行繁育。

**表 22.2　绵羊基因型及其对羊痒病的抗性**

| 基因型 | 类型 | 抗性/敏感性程度 |
|---|---|---|
| ARR/ARR | 1 | 遗传上对羊痒病最具抵抗的绵羊 |
| ARR/AHQ<br>ARR/ARH<br>ARR/ARQ | 2 | 对羊痒病具有遗传抗性，但用于一步繁殖时需要谨慎选择的绵羊 |

---

① 实验室调查（Alvarez 等，2001）和干预（Gibbens 等，2001a）实验支持清洁。

② 预防动物混合在一起不仅与相邻的畜群相关，而且与野生动物有关。例如，獾去农场偷食牛的饲料，可能把肺结核传播给牛。

（续）

| 基因型 | 类型 | 抗性/敏感性程度 |
|---|---|---|
| AHQ/AHQ<br>AHQ/ARH<br>AHQ/ARQ<br>ARH/ARH<br>ARH/ARQ<br>ARQ/ARQ | 3 | 遗传上对羊痒病抗性较弱的绵羊，在用于进一步繁殖时需要谨慎选择 |
| ARR/VRQ | 4 | 遗传上易患羊痒病的绵羊，除非在经批准的受控育种计划中，否则不应用于育种 |
| AHQ/VRQ<br>ARH/VRQ<br>ARQ/VRQ<br>VRQ/VRQ | 5 | 对羊痒病高度敏感且不应用于育种的绵羊 |

注：A＝丙氨酸；H＝组氨酸；Q＝谷氨酰胺；R＝精氨酸；V＝缬氨酸。

来源：DEFRA，2003。

临床检测可以找到存在缺陷的动物，例如，犬渐进性视网膜萎缩，（PRA）病例（Black，1972）。然而，筛查的主要用途在于检测杂合子，这时疫病呈亚临床特征或被健康动物携带遗传。筛查技术包括杂交试验、细胞遗传学试验（Gustavsson，1969）和生化分析（如牛的甘露糖贮积病：Jolly 等，1973）。目前的热点是利用 DNA 重组技术筛查动物的缺陷基因（Goldspink，1993）。常用的方法有两种：候选基因技术，以及鉴定连锁标记基因。候选基因技术（Kwon 和 Goate，2000）主要是利用已知的人和小鼠基因（有关知识了解得更多）知识，二者基因上的突变可以导致家畜类似的疾病。例如，爱尔兰长毛猎犬的 PRA，类似于小鼠的视网膜色素变性，是由 *RDE* 基因突变造成的。这点有助于确定该基因是 PRA 的致病基因。连锁标记基因是与致病基因密切相关的基因，它们在染色体上紧密联系在一起，80％以上的情况下可以同时遗传给下一代。因此，虽然无法确定具体的致病基因，但是可以大体确定其在染色体的位置（Langston 等，1999）。构建全基因图谱（如犬的基因图谱）的重要内容就是系统列出标记基因（Wayne 和 Ostrander，2004）。

Jolly 等列出了基因筛查项目的具体要求：

• 某种疾病在一个群体内发生频率足够高，使得该病对经济或社会有重要影响；发病群体可以是一个家族，一个畜群，或某地区的一个动物品种。

• 检测方法相对简单且廉价，可以较为准确地确定杂合子；因为大部分生物学检测的敏感性和特异性达不到 100％（见第 17 章），应该有后续检测，可以是补完检测或者是重复原先的检测。

• 利用扑杀杂合子基因动物的方法来控制疾病，不应毁坏自然界中总体基因的多样性，也不能导致繁育群过度减少，达到不经济或不利的水平。

• 方案应该得到动物繁育方的认可，需要提前开展有关教育和公共关系项目。

• 方案应该满足动物繁育方的要求，但不能干扰其他必要疫病预防项目；如有可能，应该与其他动物疫病控制程序结合，简化样本收集工作。

• 提供适当的遗传咨询以及繁育协会或犬类俱乐部条例，确保疾病控制基于筛查检测提供的信息。

表 22.3 展示了牛甘露糖贮积病筛查的经济效益。这种疾病见于安格斯牛和穆雷灰牛，导

致致命的神经综合征。它是隐性遗传的，相关的指标可用生物化学方法检测，因为患病牛只有正常牛 $\alpha$-甘露糖苷酶水平的一半。在新西兰进行了成本效益分析。项目实施前，这种疾病的流行率约为 10%，每年约有 100 万头安格斯牛和穆雷灰牛出生，每年的经济损失为 281 000 美元。该项目有效地降低了牛甘露糖贮积病基因的流行率，疾病发病数也从每年 3 000 头，降低到可忽略的水平（Jolly，2002）。

**表 22.3 新西兰不同杂合程度牛的甘露糖贮积病基因筛查项目成本效益分析**

| 时间范围 | 花费和 10%收益折现率 | 杂合子牛的发病率 | | | |
|---|---|---|---|---|---|
| | | 10% | 7.5% | 5.0% | 2.5% |
| 第一个发生 | 累计花费 | 500 000 美元 | 500 000 美元 | 500 000 美元 | 500 000 美元 |
| 8 年 | 贴现成本 | 333 433 美元 | 333 433 美元 | 333 433 美元 | 333 433 美元 |
| 20 年 | 累计花费 | 3 471 600 美元 | 1 910 800 美元 | 874 300 美元 | 311 100 美元 |
| | 贴现成本 | 963 838 美元 | 530 850 美元 | 243 588 美元 | 58 576 美元 |
| | 效益：性价比 | 2.89 | 1.59 | 0.73 | 0.18 |
| 无限 | 贴现成本 | 1 381 527 美元 | 760 951 美元 | 348 951 美元 | 83 994 美元 |
| | 效益：性价比 | 4.41 | 2.28 | 1.04 | 0.25 |
| 盈亏平衡时间 | 未贴现的收益和成本 | 9 年 | 11 年 | 15 年 | >20 年 |

来源：Jolly 和 Townsley，1980。

对于其他遗传性疾病，如牛原卟啉病、犬的遗传性出血和眼睛缺陷、英国狮子犬的岩藻糖贮积病，也可以进行筛查（乔利等，1981）。优点：在犬髋骨（Swenson 等，1997a）和肘关节（Swenson 等，1997b）发育不良的筛选和控制计划中已经证明成本系数高于 1。

基因型和遗传性疾病的关系也可以给畜主提供有关选择性育种策略的建议（Wood 等，2004）。比如，*PLD* 基因与成年犬患青光眼有关，母犬在生育高峰年龄后会发病。通过选择性育种可使犬青光眼的发病率下降。此外，观察性研究结合祖代病例间的关系，可以评价两分类病证疾病（如冠状突碎裂）的风险大小，这种方法可得到相对风险，不需要知道疾病遗传模式，可以用来选择适合繁育的群体，降低发病率。

选择性的育种也可以降低某些传染性疾病的发病率。例如，已知某些牛具有抗锥虫病的潜力（Gogolin-Ewens 等，1990），有些有抗蠕虫的潜力，可以通过选择性育种，提高后代这些疾病的抗性。已报道的其他有抗性基因的传染性疫病有：牛的口蹄疫和结核病，羊的慢性进行性肺炎和痒病，猪的布鲁氏菌病和钩端螺旋体病，禽的新城疫、传染性支气管炎、马立克氏病、球虫病（Payne，1982），以及猪和禽的沙门氏菌病等（Wigley，2004）。

现在的转基因技术可以将动物的某一基因加以改造，提高其生产性能（Ward 等，1990），或者插入人造基因阻止病原扩增来控制某些疾病（Wells 和 Wells，2002），也具有治疗动物肿瘤性疾病、自身免疫疾病及慢病毒感染（Argyle，1999）[①] 疾病的潜力。

有关利用传统育种方法、标记基因技术和转基因技术来提升疫病抗性的讨论，参见 OIE（1998）和 Axford 等（2000）。

---

① 在人类医学领域，注意力开始关注单基因病，如腺苷脱氨酶缺乏症，但是在动物领域，这些可以通过选择性繁育解决。

## 疫病最小化方法

在规模化饲养场，通过消毒和治疗或淘汰感染动物的方式，可减少动物疫病。可以通过剖腹生产和以未受感染蛋孵化的方法，获得未感染的动物。这些方法的组合被称为“疫病最小化方法”。这些方法目前只用在家禽和猪的养殖过程中。成功案例有：在英国部分猪群中消灭了支原体肺炎。

## 选择适当的技术

控制和根除疫病的技术逐步发展起来，19 世纪，传染病的细菌理论得到足够重视，只有相信传染病理论的人才会去尝试控制传染病。因此，意大利的 Lancisi 通过扑杀策略实施了消灭牛瘟的计划（见第 1 章）。那些相信瘴气理论的人，通过消毒和熏蒸的方法也偶然成功控制了疾病。

以下描述的是通过综合运用多种技术来控制和消灭疾病。例如，使用疫苗，结合大规模检疫和扑杀的方法，在尼日利亚控制了牛的传染性胸膜肺炎（David-West，1980），在英国控制了布鲁氏菌病（MAFF，1983）。在制订疫病消灭和控制计划时，需要考虑技术性和经济性的因素。一个好的策略是花费最少的资金，起到最好的控制和消灭疫病的效果。

表 22.4 列出了一些英国可消灭的疫病及其根除策略。检疫和扑杀由官方兽医机构在全国范围内开展。这些活动常有法律支持。

表 22.4　一些英国可消灭的疫病及其根除策略

| 根除方法 | 牛 | 羊 | 猪 | 家禽 |
|---|---|---|---|---|
| 屠宰受感染和接触的动物 | 外来感染，如口蹄疫 | 外来感染，如口蹄疫 | 外来感染，如口蹄疫、猪瘟 | 外来感染，如新城疫 |
| 识别受感染或遗传易感的动物，并扑杀、隔离、治疗或实施预防性疫苗接种或治疗 | 黄蜂感染、罗氏钩端螺旋体感染、牛源性白血病、副结核病、牛传染性鼻气管炎（种牛） | 副结核病、痒病 | 结核病、伪狂犬病 | 鸡白痢、鸡伤寒、减蛋综合征、禽水痘、鸭肝炎 |
| 改善环境、管理和处理 | 链球菌性乳腺炎、大肠菌性乳腺炎 | 腐蹄病 | 链球菌性脑膜炎 | 慢性呼吸道疾病、火鸡支原体感染 |
| 疾病最小化方法 | | 梅迪/维斯纳 | 地方性肺炎、萎缩性鼻炎 | |

来源：Sellers，1982。

一般在地区水平和养殖场内，会采取接种疫苗、治疗或消毒等方法来控制疾病，针对的通常是个体或群体疾病，如犬瘟热（接种疫苗）和牛羊群的蠕虫病（治疗和管理）。接种疫苗有时会成为国家政策，如针对牛布鲁氏菌病的免疫。

*接种疫苗还是扑杀？*

如何取舍接种疫苗还是扑杀（或者二者结合）是制定疫病控制策略的重点。这可能在长期根除项目中或短期控制暴发疫情中都会遇到。不同的疫病通常应采用不用策略，取决于疫病的特点，是否有疫苗、诊断试剂和花费。两个现有的例子是控制牛结核病和口蹄疫。

牛结核病已通过皮内检测结合淘汰的方法，在许多国家和地区根除。但是在有獾等野生动物宿主的国家，该病很难被消灭。卡介苗（BCG）是目前唯一可用的疫苗，但它应用于牛的疗

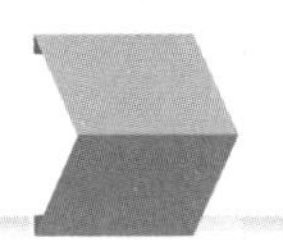


效不确切[①]。此外，它降低了皮内试验的特异性（Francis，1947），从而导致假阳性。因此，检验和屠宰，尽管在一些地方未能取得成功，但目前仍然是首选的方法。不干扰皮内检测反应的新型疫苗正在研制中（Vordermeier 等，2000），有可能用于野生动物（BuddIe 等，2002）。因此，单独接种疫苗也可以成为流行地区一种可行的策略。

口蹄疫通常是通过使用灭活疫苗定期免疫接种进行控制。目前疫苗通常需要在 6 个月后加强免疫（Doel，2003）。无疫国家一旦发生疫情，可以使用单独扑杀的方法或者紧急免疫法控制和消灭口蹄疫，或者二者综合应用。但是，这会产生一个问题，因为免疫虽然可以防止动物发病，但是不能防止其感染。因此，免疫后还带毒的动物可能成为疫病传播的媒介（见第 5 章）。即使可以区分免疫和感染动物（Mackay，1996），免疫动物感染后也不能区分免疫抗体和感染抗体。因此，在欧洲 2001 年口蹄疫流行期间，任何抗体阳性的动物都被认为可能被感染，禁止出口。因此，所有紧急接种疫苗的动物也被扑杀（在荷兰屠宰量超过 20 万头，Bouma 等，2003），然后一个国家才能重新获得“无疫国”地位。

目前已经开发出可区分自然感染和疫苗接种的诊断方法（Sorensen 等，1998）。自然感染诱导产生病毒非结构蛋白（NSPs）抗体，而注射纯化后的灭活疫苗的动物不会产生这种抗体。通过适合的抗体监测技术检测 NSP，可以使接种疫苗的动物免于被扑杀（被称为“免疫保命”）。然而，不同动物 NSP 抗体的滴度有所差异，也并不清楚 NSP 抗体检测的敏感性，因此在进行检测时，需要对一个流行病学单元内所有个体采样（Clavijo 等，2004）。此外，阳性结果证明其感染过病毒，而不一定是携带者。其他新的诊断方法（例如，聚合酶链反应技术：Callens 等，1998）也可以用于检测病毒，从而增加免疫在经济上的可行性，因为不用扑杀免疫动物，没有继续感染的风险，消除了贸易的限制（Bates 等，2003）。此外，高质量的疫苗可以消除动物带毒的状态，从而消除了免疫策略的一个障碍（Barnett 等，2004）。Sutmoller 等（2003）在一篇关于口蹄疫的综述中，对此进行了更为详细的讨论。

## 控制和根除计划中的重要因素

实施控制或根除计划之前，有几个因素必须予以考虑。

包括：

• 有关疫病的病因知识，如果是传染病，它的传播和流行因素包括宿主范围和宿主/寄生者关系等；

• 兽医基础设施；

• 诊断的可行性；

• 监测；

• 控制的可行性；

• 社会条件；

• 疫病的公共卫生意义；

---

① 详见 Suazo 等（2003），BCG 疫苗使用的综述。

- 是否存在合适的立法和赔偿；
- 可能造成的生态后果；
- 经济成本和资金的可用性。

### 对疫病起因，流行和传播的认知

尽管有关疫病自然史的知识，对控制疫病或根除疫病并不总是必要的，但是对找到控制疫病最有效的方法是必需的。当各种疫病的决定因素被确定后（通常经流行病学研究），可以选择一个合适的控制策略，例如，对于集中饲养的猪场，通过改善通风来减少呼吸道疫病。如果是传染病，那么了解它的潜伏期和传播途径，包括生活史和媒介生物的栖息地，有助于疫病的控制。如果潜伏期时间长（如结核病），需要多次重复检测，确定被感染的动物。如果传播速度快（见第 6 章）（如口蹄疫），必须快速诊断和移除感染动物。如果传染病是通过空气传播（如伪狂犬病或口蹄疫），需要控制可能被感染的所有畜群（见 EpiMAN：第 11 章）。相比之下，严格的接触性传染病（如牛传染性胸膜肺炎），可以通过只隔离被感染家畜进行控制。当病原在宿主体外也可以生存时（如猪瘟），需对其污染物仔细消毒。有关传染病宿主范围和宿主/寄生者关系的知识（如下）也是必需的。

### 宿主范围

宿主单一或传播方式单一的传染病，比宿主范围广的疾病更容易控制。全球根除人类的天花是可能的，因为病毒只感染人类；因此，只需要针对人类进行检疫和疫苗接种就可以控制该病。同样，英国牛布鲁氏菌病消灭程序只需要控制牛的感染，因为只有牛可以显著传播流产布鲁氏菌。相反的，之前提到的英国牛结核病控制的一大障碍是存在獾的感染（Krebs，1997）。涉及控制节肢动物感染的疫病更加难控制，因为需要控制节肢动物中的感染。表 22.5 中讨论了几种传染病的有关因素。

表 22.5　影响几种传染性疾病控制的因素

| 疾病 | 潜伏期 | | 宿主范围 | | | 传播途径 | | | | |
|---|---|---|---|---|---|---|---|---|---|---|
| | 长[1] | 短[2] | 单个 | 有限 | 广泛 | 接触 | 污染物 | 携带者 | 空气传播 | 垂直/乳汁 |
| 口蹄疫 | | • | | •* | | • | • | ? | • | |
| 经典猪瘟 | | • | •* | | | •[3] | •[4] | ? | | •[5] |
| 非洲猪瘟 | | • | •* | | | • | • | • | | |
| 猪水疱性疾病 | | • | • | | | • | • | | | |
| 小反刍兽疫 | | • | •* | | | • | | | | |
| 水疱性口炎 | | • | | •* | | • | | • | | |
| 皮肤瘤 | | • | • | | | ? | | ? | | |
| 裂谷热 | | • | | •* | | | | | | |
| 蓝舌病 | | | | •*+ | | • | | • | | |
| 绵羊/山羊痘 | | • | • | | | | | • | | |
| 非洲马瘟 | | • | | • | | • | | | | |
| 捷申病 | | • | • | | | | | • | | |

（续）

| 疾病 | 潜伏期 | | 宿主范围 | | | 传播途径 | | | | |
|---|---|---|---|---|---|---|---|---|---|---|
| | 长[1] | 短[2] | 单个 | 有限 | 广泛 | 接触 | 污染物 | 携带者 | 空气传播 | 垂直/乳汁 |
| 肺结核 | • | | | | •* | • | • | | | |
| 布鲁氏菌病 | • | | •* | | | • | • | | | |
| 牛的接触性传染性胸膜肺炎 | • | | • | | | • | • | | | |
| 绵羊脱髓鞘性脑白质炎 | • | | • | | | •* | | | | • |
| 羊痒病 | • | | • | | | | | | | • |

注：[1]大于4周（平均数）；[2]小于4周（平均数）；[3,4]产后感染；[5]出生前感染；•现有因素的特性；*宿主包括野生动物；+宿主包括人；？可疑因素的特性。

来源：Reesan和Davies，1992。

## 宿主/寄生虫的本质关系

外源性病原（见第5章）过去和现在仍然是引起动物疫病主要的原因（见表1.1）。这种疫病的控制相对简单，根除是可能的。感染动物可以运用临床和实验室诊断被鉴定出来，还能通过屠宰或隔离来移除。

然而，内源性病原的根除是不实际的。根据定义，它们是无处不在的，这需要消除几乎全部动物中的病原，包括表观健康的动物。许多集中饲养的动物感染的是内源性病原。内源性病原引起的疫病最好通过改变其他决定因素进行控制。例如，通过改善环境卫生来预防乳腺炎。

## 兽医基础设施

兽医服务必须要能够实现疫病控制和根除计划。三个要达到的主要标准：①机动的现场服务，包括足够的、训练有素的兽医和兽医助理；②足够的诊断设施；③充足的研究设施。

对于某种经典动物疫病的控制，前两个是重要的。对于由不明原因引起的疫病，需满足第三个要求，因为需要不断改进控制技术，也需要阐明最近新出现疫病（例如规模化饲养动物疫病）的起因，以便采取最合适的控制策略。

许多发达国家具备前两个要求，主要是因为其兽医服务在20世纪初就已经改革，可用于处理常见的瘟疫，如口蹄疫、胸膜肺炎和牛瘟。然而，疫病暴发性流行通常在资源上有较高要求。例如，2001年口蹄疫在英国的流行，需要政府补充大量的兽医从业人员，包括来自普通诊所、海外、大学和研究所的兽医，以及兽医专业的学生和另外的辅助人员（图22.1）。

发展中国家往往缺乏前两个条件。这些国家拥有世界一半以上的牲畜（见表1.8），但只拥有世界20%的兽医。因此在这些国家疫病的控制规划应该包括两个阶段（Mussman等，1980）：①一个短期的计划，包括开展诊断和现场服务，培训人员处理主要的外来疫病，以及相关的控制技术，如预防疫病跨境进入；②一个长期项目，同目前的一些发达国家类似，包括疫病报告系统、田间调查的设施，经济学和流行病学模型。

## 诊断的可行性

只有当一种疫病被识别，控制和根除才能被顺利实施。识别的主要手段是通过：

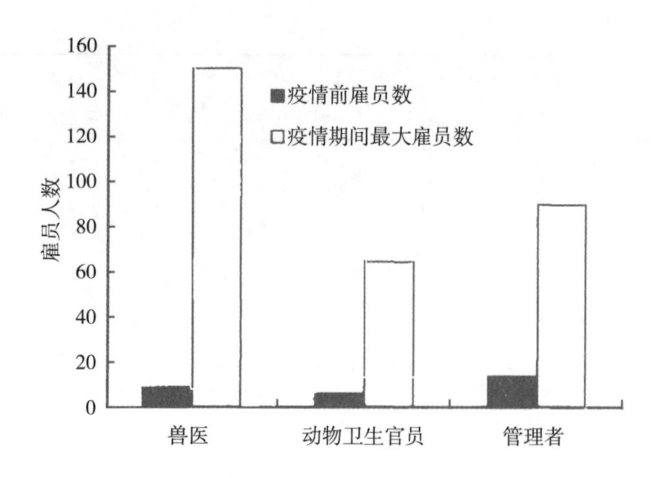


图 22.1　2001 年，口蹄疫在英国流行期间，英国西南部的苏格兰农业部、渔业和食品事务部（现更名为英国环境、食品和农村事务部）的雇员水平

- 临床症状；
- 病理变化；
- 病原分离；
- 免疫学诊断、过敏或生物化学反应，或新的核苷酸序列；
- 从流行病学角度定义一个群体中的某变量的变化。

症状可能会在个别患病动物或其后代中观察到（如先天性异常），对于临床诊断具有不同价值，因为它们可以是病原引发疫病的特征性症状，也可是普通的机能损伤和病因的指示（见图 9.3）。

病理变化的识别可证实临床观察，在缺乏临床症状时可能是有价值的，但同样，这些变化可能有多种原因。

病原的分离是最有价值的识别疾病的手段，但是样品中可能没有病原。

在疫病防控规划中通常包括免疫学诊断。应该注意的是，每个血清学检测方法都有自己固有的敏感性和特异性（见第 17 章），在控制规划中，必须考虑是否可行。同样应该注意的是，检测方法的预测值还取决于疫病的流行率：当控制计划降低了流行率，阳性预测值随之降低，因为假阳性的比例增加，所以必须制订适当的检测策略（见表 17.20）。此外，检测的应用要考虑疫病的自然病史和检测的目标（如筛检还是入群前检测；见表 17.27）。

流行病学诊断包括对群体生产趋势改变的检测，例如通过构造指示哈特图表和累计总和（见第 12 章）。

### 适当的监测

疫病的控制和根除需要有效的监测（见第 10 章）。几种监测和监视系统已在第 11 章介绍了，也描述了收集数据的原理。这里不再讨论。当制定新的国家或国际性疫病控制策略时，监测的目标可能需要重新评估。除了现有的数据采集系统，还可利用新系统主动采集数据（例如国家动物健康监测系统：见第 11 章）。Davies（1993）在欧盟讨论了这两种方法的优点和缺点。突然暴发的传染病需要及时的监测来识别潜在的病源和感染传播，下面给出了一个例子（“疫病暴发的调查研究”）。

### 可用的后备家畜

如果控制或根除计划涉及动物的大量屠宰，应保证有充足的后备家畜，使得生产的损失最小化。这不是关键问题，但当用扑杀来控制或消除发展中国家的牛结核病（FAO/OIE，1967）时，它已经被认为是一个潜在的问题。

### 生产者的意向和合作

畜主的意向会影响控制和根除计划的成功与否。在 20 世纪 40 年代，墨西哥根除口蹄疫的扑杀策略不得不被放弃，因为当地的农民强烈反对这种方法。生产者对控制计划的理解，会影响他们的意向和配合程度。一个重要的步骤是向农民详细解释控制计划的原理。在发达国家，宣传册和视听演示非常有用，如在港口警示将狂犬病带入英国风险的海报。在发展中国家，尤其是在文盲较多的地方，这些方法可能效果不好，需要被替换或辅以更多方法。然而，教育可能不会永远是有效的。例如，荷兰公共卫生部举办了一个意在提高兽医、内科医生和公众有关弓蛔虫病认识的活动，收效甚微（Overgaauw，1996）。

### 公众舆论

在一个合理的疫病控制或根除计划中，社会舆论可能是一个重要的考虑因素。牛布鲁氏菌病和犬瘟热都有一个类似的流行病史。两者都是在单一的宿主物种中传播的：牛传播布鲁氏菌病，犬传播犬瘟热（雪貂和貂被排除在外，因为它们作用不大）。在经济合理的情况下，牛布鲁氏菌病可以通过疫苗接种和扑杀根除。在大多数国家，这种方式能被社会所接受（信奉印度教国家的宗教原因除外）。控制犬瘟热的扑杀活动，即使在技术上可行，但由于社会公众对犬的态度，许多国家还是不会接受的。在一些国家，扑杀伴侣动物可为公众所接受。2001 年在英国流行口蹄疫期间，公众得知有可用的有效疫苗时，他们对大量扑杀有意见，从而推动了“免疫保命”策略的实施。

再次强调，公众教育对公众态度有重要的影响。在过去几个世纪，通过向公众宣讲犬不卫生的风险，在冰岛有效地根除了包虫病。在 19 世纪，控制或根除计划的开始是出版了一个预防感染的小册子（Krabbe，1864）。犬遗传性疾病控制计划在芬兰已经受到犬主（Leppanen 等，2000）和育种者（Leppanen 等，2000b）的支持，这是因为他们意识到了控制计划的益处。

人类学知识可能同样具有重要价值。在新几内亚岛的边境地区，延缓发情的药物被注入乡村的母犬体内来控制犬的数量。这与疫病的控制有关，例如，狂犬病可能从印度尼西亚进入农村。已治疗过的犬应该被附以鲜亮颜色的标签。然而，村民撤掉了标签，给犬穿戴各自的装饰物。因此，已处理过的母犬随后就不能被识别出。

### 公共卫生方面的考虑

超过 70%的已知病原体可以同时感染人类和其他动物。其中许多的人兽共患病在人与动物之间自然传播。人畜共患疫病的控制是兽医公共卫生当局的主要关注点。

疫病的公共卫生意义可能是决定该病是否需要控制的一个主要因素，其情形通常包括对人致命（例如，狂犬病、肺结核或是鼻疽），或是临床上感染比较严重，如农民和屠宰场工人的职业病——钩端螺旋体病、布鲁氏菌病或炭疽病。

在很多情况下，预防人的感染是控制动物感染的次要目标。例如，驱虫药的常规预防性使用，主要是用于有临床和亚临床疾病的犬，但动物主人有时都意识到自身感染的潜在风险（如Woodruff，1976）。控制家畜传染病通常是因为疫病的经济负担，人的发病率下降是一个额外的好处，例如，控制牛布鲁氏菌病可以减少人的发病。

### 立法和赔偿的需求

疫病控制方案受到法律支持时，更加有效。违法相关法律时，可以有相应的处罚措施。例如，在澳大利亚、新西兰、巴布亚新几内亚以及其他没有狂犬病的地区，来自有疫国的动物，未经检疫是禁止入境的。如果违法，将受到严重的处罚（有时引入动物会被销毁）。

消费者往往会认识到农业方面控制疫病的益处。例如，结核病的根除会保证牛奶不被污染。但是，感染牛的扑杀给农民造成了经济损失。因此，许多疫病控制项目的一个重要部分就是对生产者进行补偿。因此，英国从1990年2月起，牛海绵状脑病控制项目中一部分内容就是对农民进行100%的补偿。在有些情况下，可以提供奖金，激励合作。例如，颁发奖金奖励给牛奶中细胞计数（也就是牛乳腺炎的间接测量）低于规定值的农民，而超出标准水平的农民则将被处罚。

### 生态后果

有观点认为，控制，特别是消灭传染性病原体可能会扰乱生态系统的“自然平衡”（见Yekutiel，1980，进行了详细的讨论）。消除传染源可以清空一个小生态，导致另一个更致命的生物进入。

使用杀虫剂消灭节肢动物媒介可以杀死处于同一节肢动物“生态系统”的其他动物。使用杀虫剂来控制害虫，会导致其他动物死亡，如已摄入杀虫剂的鸟类（Carson，1963），但目前为止，这些考虑只在理论上与动物疫病控制相关。

同样，驱虫药的残留可能会扰乱生态系统。例如，有人表达过对阿维菌素类驱虫药的担忧。驱虫后的动物可排出未分解的阿维菌素，这会影响靠牛粪繁育的昆虫，进而影响粪便的分解速度，随后影响土壤构成和蚯蚓数量，对牧场产生更广泛的生态影响（Herd等，1993）。然而，这种副作用并未明确证实。

### 财政支持

疫病的控制和根除项目需要资金支持。伴侣动物疫病的控制容易得到畜主的资金支持，如犬、马和猫的免疫接种项目。家畜疫病防治计划的资金通常全部或部分来源于政府或非政府（Parsons，1982）。通常针对有重大经济影响的外来病的控制，政府会提供全部资金。诊断试验、疫苗、消毒、补偿、检疫设施和兽医人员由政府提供资金。口蹄疫和猪水疱病就是例子。有时，政府只提供部分财政支持。例如，某疫病控制方案最初是自愿的，然后变为强制性的

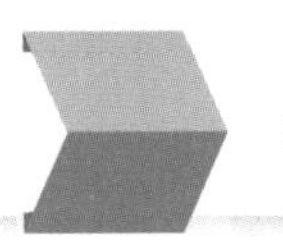



(由政府资助)。例如，英国牛布鲁氏菌病控制方案最初是由农民出资，并将奖励和补偿纳入该计划，后来变为强制性的。或者，成本可能由政府和畜牧产业分担。例如，在英国，羊疥疮放松管制前，这种疫病靠药浴来控制，药物成本由农户提供；兽医监督是由政府提供经费。个别时候，控制项目可以完全由企业资助（例如瑞士牛病毒性腹泻的根除：Greiser-Wilke 等，2003）。

国家财政支持，也可以间接方式提供。例如，通过国家实验室提供诊断服务，以及参与畜群健康计划。制药业通过在治疗和预防药物及疫苗的开发投入，间接提供了非政府的财政支持。在以色列，农险保费的一部分是针对疫病的控制；在德国部分地区，根除牛病毒性腹泻的费用是从公共的动物保险金中支出（Greiser-Wilke 等，2003）。政府支持的程度反映了当前的政治和经济意志。当政府变得不那么“家长式”，当它支持民营企业而非政府控制项目时，政府方面的支持可能会减少。

在任何有财政投入的项目中，必须权衡控制计划的成本和疫病损失。

### 控制或根除？

上面讨论的 10 个因素与疫病控制和根除都有关。然而，对于畜牧业生产来说，政府通常需要确定最终目标：在全国家畜中控制还是根除某种疫病（Rees 和 Davies，1992）。记住，前者是一个持续的过程，需要持续的财政投入，而后者则有时间限制。因此疫病根除更有吸引力，因为它只需要在项目运行期间投入，而它可以持续产生收益。然而，政府在开展一项根除运动前必须确保：

- 所有技术资源（如人力资源）可用；
- 农业界全力支持相关政策，以减少非法走私感染动物的风险；
- 边境地区可以充分“施政”；
- 有足够的诊断设施（见上文）和其他工具（例如，有效的疫苗）。

此外，当有一定把握可以成功时，才能开展疫病根除项目。在根除项目的初始和中间阶段，成本通常大于收益；例如，某传染性疫病根除项目中，开始依靠预防接种，随后依靠检测和扑杀。如果接种疫苗失败（由于感染的动物调运到无疫区），有可能造成持续地高成本低收益情景。

如果不去根除疫病，国家控制方案难以证明其合理性。但从长期来看，疫病控制的收益是大于成本的。当畜牧业愿意支持控制措施（例如，东海岸热病蜱的控制）或者疫病具有公共卫生意义时，疫病控制项目有一定价值（见上文）。

## 暴发调查

无论疫病是单独暴发还是大面积暴发，疫病控制都是一个特别严峻的挑战。疫病暴发可能是由传染性病原引起，也可能是非传染性的；可能在起始的时候就被发现，也可能不被发现。在这两种情况下，临床和流行病学的专业知识都是必需的，其目的是防止进一步的感染，必要时适当治疗感染动物。现在已经有了两个例子：一个是由已知的传染性病原引发的暴发，另一个是由初始未知的非传染性原因引起的暴发。

## 已知病因的暴发：口蹄疫

口蹄疫是一种高度接触性疾病，可以通过动物接触、污染物和空气传播（见第 6 章）。正如本章节之前介绍的那样，在英国，该病确诊后采取全群扑杀策略，附近的动物禁止调运，并提高生物安全措施；这些操作的目的是防止病毒的进一步增殖和传播。对每个感染农场开展详细的暴发调查，寻找病毒的来源（病毒从该来源可能已经传播到其他农场），并评估其他场/户的动物感染的可能性。

## 危险的接触

首要任务是鉴定和评估哪些易感家畜可能已感染。例如，邻近农场可能通过与感染动物发生密切接触或者与携带病原的人员往来感染。如果暴露的风险很高，则动物被归类为"危险的接触者"，应屠宰，以降低疾病发生和传播风险。如果认为不是危险接触，则定期进行临床检查（鉴别逐渐发展起来的疾病），限制调运，并提高生物安全水平，以减少潜在感染风险。

### 追溯追踪

同时，对最近从感染农场进出的动物、人员、车辆进行追溯追踪，以分别确定向其他场传播的潜在可能性，并推定感染来源。这些信息通过入户调查的兽医和田间流行病学专家现场收集。调查从多方面展开，如从牛奶收集公司和饲料公司提供的信息开展收奶罐和送料车的追溯。根据病毒可能会从感染动物扩散出去的时间来确定追溯的窗口期。

*向前（传播）追踪*

向前追踪聚焦在疫病从感染场向其他场的传播。从距离发病日一个最长潜伏期（14d：Garland 和 Donaldson，1990）开始，到开始实施调运限制那天（当疾病被报告和调查时），感染农场的所有动物、人员和车辆流动都要调查。考虑到对 7d 内的发病评估起始日期时，可能会有 1d 的误差（MAFF，1986），实践中的"追踪窗口"定为估计发病日期前的第 15 天（该场感染的最早时间，也是可能扩散到其他场的时间）开始，截至报告疫病和开展调查的当天（当实施紧急措施后，没有感染物可以离开农场）（图 22.2）。在场的动物经评估，或者被列为"危险接触者"（因此被屠杀），或者在适当的限制条件下饲养，并在暴露后的 21d 内接受定期临床检测。

对"窗口期"内不同时段的追踪具有不同的优先级别。最优先的追踪时段是从老病例发病之日起（为了更精确，提前 1d），这个时间很可能开始排毒。中等优先的追溯时段是在最后病例感染日的 5d（本病的平均潜伏期）前，这个时间段内场内可能已经有病毒存在（Gibbens 和 Wilesmith，2002）。

*向后（来源）追溯*

向后追溯是为了确定疫情的假定来源。出现临床症状的动物被认为在发病前 2～14d 时已经感染（2～14d 为口蹄疫潜伏期的范围：Sellers 和 Forman，1973；Garland 和 Donaldson，1990）。因此，"追溯窗口期"开始于第一个病例发病前的 15d；考虑到估计病例病程期的精确

性问题，在 14d 潜伏期前增加 1d（图 22.2）。这个窗口期截止到第一个病例发病前 1d，也是考虑到估计病例病程的精确性问题，在 2d 最小潜伏期中减去 1d，这是可能引入感染的最近时间点。追溯到的所有场的动物都要接受临床检测。在没有临床症状的情况下，不要采取进一步行动。

同样，不同时间段有不同的优先追溯等级。最新病例发病前 5d（平均潜伏期）的时间段应该最优先追溯。

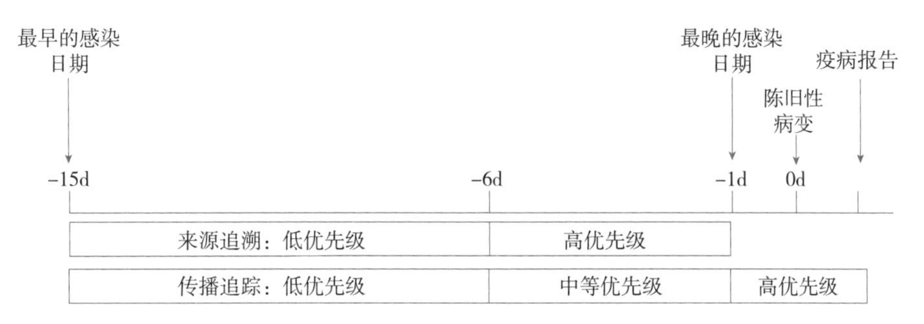


图 22.2　口蹄疫暴发的前后窗口期

如果全面实施追踪的话，应该可以确定疫情来源，并找出所有潜在感染场[①]。如果这个暴发病例是众多暴发中的一个，那么追踪工作量会很大。例如，2001 年英国疫情中，有 2 030 起暴发（见图 4.1b），仅仅对羊而言，大约有 80 000 个羊群作为关联农场，接受检查（DEFRA，2002a）。

Thrusfield 等（2005）更详细地报告了这个案例。

Elbers 等给出了一个猪瘟暴发调查中向前和向后追踪的例子。

## 原因不明的暴发：慢性铜中毒

下面是 20 世纪 80 年代南非克鲁格国家公园附近一个农场的牛慢性铜中毒的例子（Gummow 等，1991）。

最初，收集了发病历。据农场主介绍，当年的 189 头牛中有 39 头在 3 个月内死亡（1989 年），出现溶血症状（图 22.3）。根据临床症状，此地区疫病诊断为昆虫媒介传播的寄生虫病（例如：巴贝斯虫病或边虫病），但是血涂片检测并没有发现寄生虫。私人兽医根据病理学特征诊断为细螺旋体病，并用双氢链霉素进行治疗。然而抗生素治疗后，再免疫接种细螺旋体疫苗也没有缓和病症。

对该案例的流行病学调查记录了疾病在群体中的分布特征，包括发病时间和地点。发现所有死亡牛的年龄都超过 18 月龄，农场内小于 18 月龄的牛无死亡。而且在前一年并未出现过死亡（1988），但 1987 年出现 7 例死亡，此时农场的羊群死亡率也较高。有意思的是，气象学家发现 1988 年的降水量较多，而在 1987 和 1989 降水量却低于平均值。此农场也位于该国富含铜的地区。

综合的调查结果：

---

① 这不包括空气传播的疾病，但可以通过气象病毒扩散模型研究空气传播疾病。

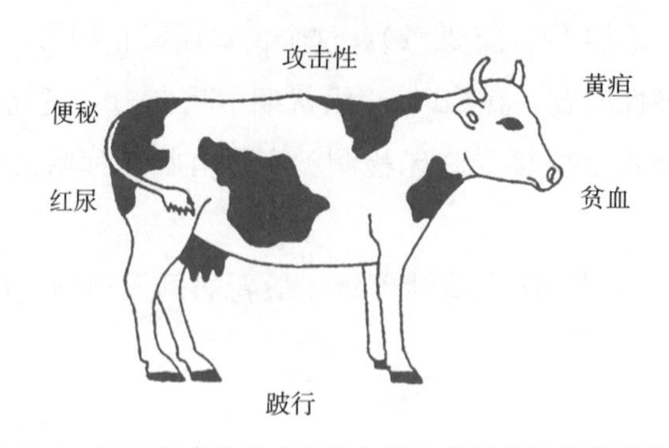


图 22.3 1989 年南非的农场牛与死亡率相关的临床症状

• 溶血的临床症状①；

• 只有年龄大于 18 月龄的牛死亡（较长累计时间）；

• 高病死率，低发病率；

• 溶血性病变：有病理学和组织病理学证明；

• 发生在富含铜的地区；

• 羊群较高的敏感性（在羊死亡率较高的年份，牛却病死的很少）。

这些都与慢性铜中毒一致（Gummow，1996；Roder，2001）。病理学和组织病理学诊断，肝中铜含量达每百万分之 343～600 单位，这些符合中毒的特征。

因此，最终诊断结果为慢性铜中毒，对存活的动物使用硫酸锌和硫黄进行了预防治疗。

另外，需要进一步调查铜的确切来源。在该地区的一项调查发现有一个大型的露天铜矿坐落于发病农场的东南部（图 22.4）。气象记录表明当地多为西北风；偶尔刮东南风（顺着克鲁格国家公园的方向）。因此导致铜慢性中毒的源头可能是空气污染或者土壤污染。随后对土壤和草中铜含量分析发现，二者中铜的含量都超过了可接受水平（每百万分之 10 单位），但是深层土壤的铜含量还是很低的。这就说明污染来自空气，而且水洗后的草样品中铜含量低，说明污染物是附着在草上面的尘土。这也就解释了降水量和死亡率的时序关系：在多雨的年份草上的尘土会被冲洗掉，降低了被牛摄入的概率。

剖检在克鲁格国家公园死亡的野牛和黑斑羚，并检测其器官中铜含量，结果表明，高铜含量的情况只发生在铜矿东南方向（偶尔刮东南风②），再次证明了空气污染的假设。随后，在矿井炉旁边加装了功率更大的静电除尘器，以减少空气污染。

这个成功的暴发调查演示了“流行病学调查”的特点：

• 医学的“侦查工作”（见第 2 章）；

• 描述疾病的时空分布；

• 探究差异的原因（见第 3 章）：在干燥季节问题更严重；

• 记录特定年龄（见第 4 章）；自然累积的慢性中毒的症状只出现在年龄较大的动物上。

这个案例还强调了流行病学调查中，排除疾病和确诊疾病同样重要。降水量少、发病死亡病例少与虫媒病暴发和细螺旋体病发病情况不符；病例年龄分布不符合虫媒病或传染病特征，

① 图 22.3 中的 Aggression，据农民所述，许多牛均表现出一致行为，因此构成了一个“转移话题”。

② 在相对小的范围内，这些物种的毛发内浓度相当。

而且在瘤牛（*Bas indicus*）上发生虫媒病的概率也不大，因为该品种对节肢动物媒介传播疾病具有一定抵抗力。

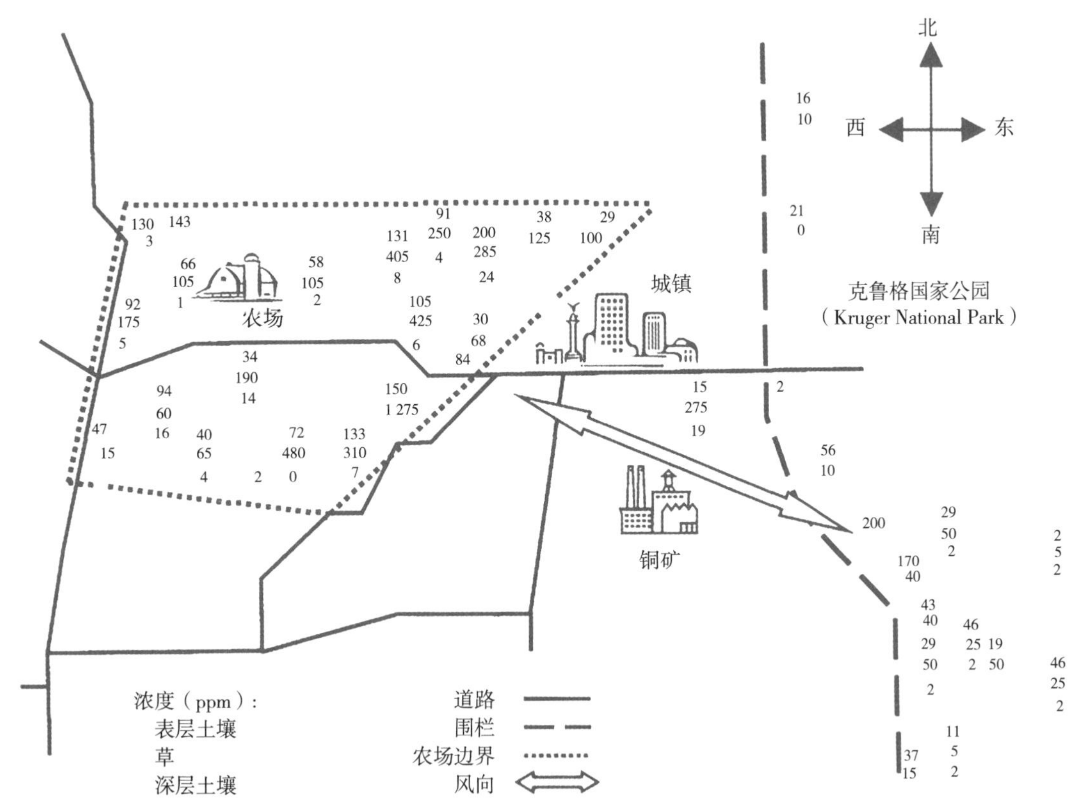


图 22.4　1989 年，南非靠近克鲁格国家公园的土壤和草中铜含量的分布（干物质百万分之一，ppm）。来源：Gummow 等重绘，1991

## 21 世纪的兽医学

第一章介绍了兽医学在其发展历史中面对的诸多挑战。最后一章将设想未来兽医学的方向，并着重强调流行病学可能的贡献。该主题更多细节参见 Henderson（1982），Hugh-Jones（1983），Pritchard（1986，1989），Michell（1993），IAEA（1998），以及 Catanzaro 和 Hall（2002）。

### 家畜医学

在规模化养殖企业中，多因素导致的疾病是主要问题。调查其发病原因不能仅仅关注传染性病原，应关注有关宿主、媒介和环境的多个因素。环境很重要，因为它与动物福利相关（Ekesbo，1992）。观察性研究为规模化养殖企业中疾病的决定因素研究提供了核心框架。流行病学的原理和观念也可以应用在动物福利事物中（McInerney，1991；Willeberg，1991）。

用与疫病和生产相关的变量建立数学模型，将在计算机决策支持系统的支持下，继续发展（见第 11 章）。这些有助于确定最合适的技术和经济变量，并提供新方法评价个体和群体的表现（例如：Huirne 等 1991，1992；Huirne 和 Dijkhuizen，1994）。

在发展中国家，需要提高数据的质量。传染病如牛瘟的流行仍然是个问题。而且在扑灭计划的最后阶段，需要有适当的采样技术（见第 13 章）。参与式流行病学（见第 10 章）可能会很好地达到该目标。另外，由于财政不足，这些国家兽医公共服务效率下降，兽医服务有私有化的趋势（de Hann 和 Umali，1992）。尽管存在阻力，但是这个趋势可能将扩大。

传染病的检测方法越来越精确和灵敏。利用 ELISA、单克隆抗体和新的分子生物学技术（见第 2 章），可以检测出更微量的抗原，并且能区别出毒株间细小的差别。现在这些技术应用在了动物细菌、病毒和寄生虫病的检测上（Ambrosio 和 de Waal，1990；Knowles 和 Gorham，1990；OIE，1993）。然而，这些技术也存在一些缺点，所以原先的技术也非常重要（Wilson，1993）。例如，检测人疟疾的 DNA 探针法同原来的显微镜诊断的敏感性和特异性相似，但前者更加复杂。同样，聚合酶链式反应时常由于样品污染出现假阳性（Pang 等，1992），而且操作耗时。

新技术正被用来研制更加安全的疫苗。例如：亚单位疫苗中只包含病毒衣壳抗原，没有核酸，所以不能致病。针对抗蠕虫肠虫（如牛肺虫）的疫苗不多，但是它有目前使用的驱虫药没有的优点。驱虫药有产生抗药性的风险而且作用时间较短。像胚胎克隆、超数排卵、核移植等对于抗病动物的育种是很重要的技术，因为它们可以加快育种进程。

## 伴侣动物医学

在发达国家，拥有宠物的家庭数量在上升（Singleton，1993），从事宠物医疗的机构随之增加（见图 1.4）。公众期待兽医服务质量进一步提升，在兽医外科技术、药物治疗和诊断方法上有所提高（Leutenegger 等，2003）。这给临床试验（见第 16 章）和诊断试验（见第 17 章）的评价提出了更加严格的要求。已用于人类癌症的治疗基因打靶技术（Kaelin，1999），将会应用于伴侣动物的肿瘤治疗上。然而，总的来说，先进生物技术带来的影响将会比预期的要慢（Nightingale 和 Martin，2004）。

医学流行病学家旨在确保每个人都能拥有较长的寿命①，且在死亡之前较少发病。兽医工作者有同样的目标，而且完成这一目标还需要研究预防性技术，例如疫苗接种、研究慢性病和疑难病（例如：犬的心脏病和皮肤病）的相关因素。观测研究（见第 15 章）也为这种研究提供了核心框架。由于缺少大范围的伴侣动物的分类统计数据和发病数据，这种研究受到了限制（见表 4.2）。然而，电脑的普及和网络的发展，将有助于收集和分享这些数据。

流行病学在家畜和伴侣动物兽医学发展中起到核心作用。它在目标上与古希腊医学有许多相似之处，就如 Hippocrates 在他的流行病书籍的“第二章”中所写：“阐述过去，诊断现在，预言未来”（Jones，1923）。

① 在一些西方国家，增加期望寿命是一个额外的目标（USDHHC，2000）。

# 一般性阅读

## 书目

Blaha，T. Applied Veterinary Epidemiology. 阿姆斯特丹：爱思唯尔出版社，1989.

Campbell，RS. F. A Course Manual in Veterinary Epidemiology. 澳大利亚国际发展项目 .

Dohoo，I.，Martin，M. Stryhn，H. Veterinary Epidemiologic Research. 夏洛特敦：AVC 有限公司，2003.

Elliot，RE. W.，Tattersfield，J. G. Investigating Animal Disease Status. 农渔业部，新西兰惠灵顿，1979.

Halpin，B. Patterns of Animal Disease. 伦敦出版商，1975.

Houe，H.，Ersbol，AK，Toft，N. Introduction to Veterinary Epidemiology. 弗莱德里克堡：Biofolia 出版社，2004.

Hugh-Jones，M. E.，Hubbert，W.，Hagstad，H. V. Zoonoses：Recognition，Control，and Prevention. 阿姆斯：爱荷华立州大学出版社，1995.

Leech，F. B.，Sellers，KC. Statistical Epidemiology in Veterinary Science. 伦敦和海威科姆：格里芬有限公司 .

Lessard，P. R，Perry，B. D. Investigation of disease outbreaks and impaired productivity. The Veterinary Clinics of North America：Food Animal Practice，4（1）.

Martin，S. W.，Meek，A. H.，Willeberg，P. Veterinary Epidemiology：Principles and Methods. 阿姆斯：爱荷华立州大学出版社，1987.

Meek，AH.，Martin，S. W. Epidemiology of infectious disease. In：Microbiology of Animals and Animal Products. 阿姆斯特丹：爱思唯尔出版社，1991.

Noordhuizen，J. P. T. M.，Frankena，K，Thrusfield，M. V.，Graat，E. A. M. Application of Quantitative Methods in Veterinary Epidemiology（修订版）. 瓦赫宁恩：瓦赫宁恩报，2001.

Putt，S. N. H.，Shaw，AP. M.，Woods，AJ.，Tyler，L.，James，A. D. Veterinary Epidemiology and Economics in Africa，国际肝癌协会手册 3 号，亚的斯亚贝巴：非洲国际牲畜中心，1987.

Schwabe，CW. Veterinary Medicine and Human Health（第 3 版）. 伦敦和巴尔的摩：威廉斯威尔金斯出版公司，1984.

Schwabe，CW.，Riemann，H. P.，Franti，CE. Epidemiology in Veterinary Practice. 费城：Lea and Febiger，1977.

Sergeant，E. s. G.，Cameron，A，Baldock，F. C. Epidemiological Problem Solving. 布里斯班：澳大利亚兽医动物卫生部，2004.

Slater，M. R. Veterinary Epidemiology. 圣路易斯：巴特沃斯出版社，2003.

Smith，RD. Veterinary Clinical Epidemiology（第 3 版）. 波卡拉顿：CRC 出版社，2005.

Toma，B.，Dufour，B.，Sanaa，Nm.，Benet，J. J.，Moutou，F.，Louza，A，Ellis，P. Applied Veterinary Epidemiology and the Control of Disease in Populations. 巴黎：AEEMA，1999.

Waltner-Toews，D. Veterinary Epidemiology in the Real World：a Canadian Potpourri. 圭尔夫：安大略兽医学院加拿大兽医流行病学与预防医学协会，1991.

## 论文集

Epidemiology at Work. 兽医进修课程 144 期论文集，北岛半角，1990 年 10 月.

Epidemiology in Animal Health. 英国兽医协会百年纪念大会论文集，1982 年 9 月.

Epidemiological Skills in Animal Health. 兽医进修课程 143 期论文集，悉尼，1990 年 10 月.

荷兰兽医流行病学与经济学协会论文集. 荷兰，1989-（年刊，待续）.

国际兽医流行病学与经济学协会论文集. 1976-（三年刊[①]，待续）.

兽医流行病学与预防医学协会论文集. 1984-（年刊，待续）.

## 期刊

本书所引用文献来自多个期刊。Preventive Veterinary Medicine 为主要期刊[②]。国家兽医学杂志诸如 Acta Veterinary Scandinavica，the American Journal of Veterinary Research、the Australian Veterinary Journal、the Canadian Veterinary Journal、the Journal of the American Veterinary Medical Association、the New Zealand Veterinary Journal、Veterinary Journal（前称为 the British Veterinary Journal）以及 the Veterinary Record；多学科期刊诸如 Cancer Research、the International Journal of Parasitology、the Journal of National Cancer Institute of Parasitology、the Journal of National Cancer Institute 以及 the Journal of Pathology；某物种专业期刊诸如 the Equine Veterinary Journal、the Journal of Small Animal Practice 以及 the Journal of the American Animal Hospitals Association 也发表一些流行病学相关文献。Epidemiology and Infection（前称为剑桥大学的 the Journal of Hygiene）主要刊登传染性疾病。The Bulletin of the Pan American Health Organization、Bulletin of the World Health Organization、Revue Scientifique et Technique-Office International des Epizooties、Tropical

① 来源于 http：//www. sciquest. org. nz/default. asp?pageid=68&pub=10。

② 该期刊 1982 年至 1997 年的内容综述在 1997 年卷 30，181-333 页；1997 年至 2001 年的内容综述在 2001 年卷 50，187-218 页。

Animal Health and Production 以及 the World Animal Review（现已绝版）主要刊登有关发展中国家文献。Emerging Infectious Diseases 刊登新传染病和重要性增长的传染病报告。Animal Health Research Reviews 提供大量的疾病概述。

The American Journal of Epidemiology（前称为 the American Journal of Hygiene）主要偏向于医学领域，偶尔也刊登兽医学领域文献；与 Epidemiology 以及 the International Journal of Epidemiology 也刊登涉及计量方法的文献。这些计量方法同时也刊登于统计学杂志诸如 Applied Statistics、Biometrics、the Journal of the Royal Statistical Society（A、B 系列）、Mathematical Biosciences 以及 Statistics in Medicine。

Evidence-Based Medicine 刊登临床试验（包括 Meta 分析）和过程评估相关文献；虽然该期刊主要偏向于医学领域，但是兽医学读者也能发现一些有价值的方法。

# 附　　录

附录Ⅴ、Ⅸ、ⅩⅪ和ⅩⅩⅢ摘自 Fisher，R. 和 Yates，F. 编著的《生物、农业和医学研究（第 6 版）》（1974 年）的统计表Ⅲ、Ⅳ、Ⅶ和Ⅴ，由朗文集团有限公司出版（前一版由爱丁堡奥利弗和博伊德有限公司出版），已获得作者和出版商的引用许可。

## 附录Ⅰ　术语

该附录对本书中的一些流行病学常见术语做了简要定义，其中一些定义摘自下列书籍：《兽医流行病学词典》（B. Toma，J.-P. Vaillancourt，B. Dufour，M. Eloit，F. Moutou，W. Marsh，J.-J. Benet，M. Sanaa 和 P. Michel，阿姆斯：美国爱荷华州立大学出版社，1999 年）[①]、《流行病学词典》第 4 版（J. M. Last，纽约：牛津大学出版社，2001）[②] 以及《医学统计学剑桥词典》（B. S. Everitt，剑桥：剑桥大学出版社，1995）。

**精确度：**单个测量值代表被测量总体属性真实值的程度：精确度越大，程度越大。

**调整：**参数的概括程序（见附录Ⅱ），例如，在发病率或死亡率比较中，将不同总体构成差异的影响最小化（例如，不同的年龄分布）。两种常见的方法是直接和间接的标准化。

**抗体：**动物免疫系统产生的针对异物（参见抗原）的一种蛋白质。有时产生针对自身蛋白的抗体，引起自身免疫性疾病。抗体对特定抗原有特异性。

**抗原：**一种诱导特异性免疫应答（例如，循环产生抗体）的物质（通常是蛋白质）。

**关联：**一般术语来描述两个变量之间的关系（见附件Ⅱ）。当变量间同时出现频率比预期的随机频率更高时，二者"正相关"，反之，是"负相关"。

**渐近法：**基于近似正态分布或其他概率分布的统计学方法，都随着样本量的增加变得更加准确。

**误差：**与真实值的系统性（与随机相反）偏离。

**二项分布：**一个有关两个相互排斥且二分类结果（例如，出生的动物要么是雄性，要么是雌性）的概率分布，其中每次结局的产生（例如，出生）都是独立的，以恒定的概率发生。

**生物安全：**减少传染性病原体感染动物食品生产单元或在其内传播的管理实践活动。

**载体：**

1. 感染了传染性病原体但无临床症状，可以传染给其他动物的动物；

2. （对口蹄疫病毒而言）感染后 4 周以上，咽部仍然存在病毒的动物；

3. （基因病）由一个正常基因和异常基因杂合的动物，其中异常基因不表达，但可由测试检测到。

**病例：**在动物群体或研究组中确定为具有特定的疾病或其他健康相关事件的动物。

**病例对照研究：**为观察性研究，以是否暴露于假设病因，将一组患病动物（病例组）与一组非患病动物（对照组）相比。

**因果关系：**病因与它们所产生结果间的关系。

**临床试验：**为了确定预防或治疗效果，在某物种上开展有关预防和治疗程序的系统性研究。"田间试验"是一个在现场进行的临床试验，也就是，在现实饲养管理条件下开展的试验。

**队列研究：**观察性研究，以暴露于假设病因的动物为一组，与暴露量不同的一组相比较发

---

① 早期较短的法国兽医流行病学术语，兽医流行病学，有英语/德语/西班牙语/意大利语/葡萄牙语目录（Toma 等，1991）。

② 基于第 1 版（1983）的英-法和法-英字典，于 1988 年由 Fabia 等出版。

病情况。

**共生者：**在皮肤上或身体内发现、通常不会引起疾病（与致病菌相比）的微生物。

**置信区间：**值的范围，参数值（见附录Ⅱ）在一个特定的置信水平上位于该范围内。

**混杂：**从一个给定的数据集所得到的同一结果的两个可能原因，因为两者一起发生，不可分离。

**连续变量：**一个变量（见附录Ⅱ），该变量可以取一个区间的任意值，该区间可有限也可无限。

**相关：**见关联。

**成本效益分析：**见社会成本效益分析。

**叉积比：**见 OR 值。

**横断面研究：**观察性研究，该研究中根据动物在某一时点是否患病以及是否暴露于假设病因分类。

**横断面调查：**在一个特定的时间点进行的一项调查。

**数据库：**数据的结构化集合，这样数据能够很容易地被计算机软件访问。

**决定因素：**一个影响群体健康的因素。

**离散变量：**从变量的某一值到下一个可能值间有特定间隔的变量（见附录Ⅱ）（如疾病病例数：1，2，3……这里间隔为 1）。

**地方流行：**

1. 疾病的发生、感染、抗体等水平在预测水平；

2. 疾病的发生、感染、抗体等普遍存在。

**内源性：**

1. 来自一个动物内部；

2. （特征）动物与生俱来的特性（例如，品种）。

**流行：**病害发生超出预期的频率（也用于形容词）。

**流行曲线：**以新发病例数与发病时间作图，因此，流行曲线图能观测发病率。

**流行病学（兽医）：**对疾病、健康相关事件、动物种群生产的调查，并做出推论，致力于改善总体的健康和生产力。

**循证医学：**在兽医文献中查找相关信息，以解决具体的临床问题，应用科学和常识的简单规则来确定信息的有效性，将信息应用到临床问题的过程；即基于已有最好研究证据的病患护理。

**外源性：**

1. 来自动物体外；

2. （特征）不是天生的特征，而是暴露造成的（如气候，有毒物质和微生物）。

**实验研究：**该研究中，研究者可以分配动物去不同的分组，这样研究者可以控制研究条件。

**外在因素：**见外源性 2。

**外在潜伏期：**从传染性病原体进入节肢动物到节肢动物具传染性的时间间隔。

**现场试验：** 见临床试验。

**非生物媒介：** 无生命的传播媒介（参见载体）。

**健康和生产促进计划：** 记录动物群体（通常指畜群、禽群）疾病和生产力的系统，其目的是改善群体健康和生产力。

**水平（横向）传播：** 从群体中一个个体传染到其他任意个体的感染，但不包括垂直传输。

**假设：** 一个能用于检验的命题，检验后该假设可以被“支持”或“拒绝”。

**隐性感染：** 不产生临床症状的感染。

**发病率：** 在一个特定时间段发生的新病例数。它通常与风险动物数和风险动物经历的时间有关。

**信息学：** 通过计算机媒介提供信息。

**交互作用：**

1.（生物）两个或更多个原因相互依存共同产生一个结果；

2.（统计）流行病学中，定量的两个或两个以上因素的相互依存关系，这样当两个或两个以上因素存在时，疾病的频率要么超过预期各因素的联合效应（正相互作用）要么小于联合效应（负相互作用）。

**内在因素：** 见内源性 2。

**可能性：** 在给定或设定的参数值下（见附录Ⅱ），一组观察值的概率。

**纵向研究：**

1. 队列研究；

2. 队列研究和病例对照研究的一般描述，之所以称为纵向研究，是因为这些研究调查暴露于假设病因以及疾病的发展（效应），此时病因和效应暂时分开考虑。

**纵向调查：** 针对一段时间内事件发生情况的调查。

**错误分类：** 错误地对个体或特征进行分类（例如将患病动物分到非患病组）。

**模型：**

1.（生物）用动物来研究疾病、病理条件以及功能损害的系统；模型可用实验或自然发生条件构造；

2.（数学）以数学形式对一个系统、过程或关系的呈现，以方程来模拟研究的过程或系统的运行过程。

**监测：** 常规收集疾病、生产性能和群体中其他可能与该因素相关的特征信息。

**发病率：** 在一个总体中的疾病数量（通常以新发病例或流行率表示）。

**死亡率：** 在一个总体中死亡数目的量度。

**多因素疾病：** 疾病的发生与几个因素的存在有关。大多数疾病是多因素的，虽然有些可能有一个主要病因（如口蹄疫病毒是口蹄疫的病因），在这种情况下，它们通常被称为“单因子”。

**多因素分析：** 一组统计技术，同时研究几个变量的变异。

**必要病因：** 疾病发生必须存在的病因（例如，结核杆菌是结核病的必要病因）。

**疫源地：** 传染性病原的特征，其发病与特定的地理，气候和生态条件有关。

**发源地：**疾病感染的核心点。

**纳米（nm）：**$10^{-9}$m；相当于以前的毫微米（$\mu$m）。

**正态分布：**连续数据的概率分布，以对称的钟形分布以及其“尾巴”延伸到无穷远为特征。

**观察性研究：**流行病学研究类型之一，该研究中调查员没有办法或不对动物分类，对于疾病的研究正如它“自然”发生。

**比值：**事件发生与不发生的概率比。

**比值比：**两个比值的比：常用于观察性研究。比值的定义根据研究类型不同。在队列研究中：一种疾病比值比估计如下：以暴露组发生疾病的比值除以非暴露组疾病发生的比值（更详尽的资料请参见第15章）（参见相对风险）。

**单尾检验：**统计学显著性检验的一种，此时假设该数据只有单方向变异。

**暴发：**确定的一个或更多动物发病。在发达国家，暴发通过与疾病发生在个别农场或公司同义。这个词有时是指发生源于单一来源的一系列疫情，不论涉及的场所有多少。

**大流行：**一个地域广泛的（有时是全球）流行病（也可用作形容词）。

**参数：**见附录Ⅱ。

**病原：**导致疾病的有机体。

**致病性：**传染性病原体引起疾病的能力。

**点（共同）源流行：**动物暴露于一个共同的病因导致的流行病。

**泊松分布：**一个与事件分布有关的概率分布，各事件无论在空间（区域）或时间上均独立。

**高危群体：**容易受到疾病危害的群体。

**精度：**

1. 一个估计值方差的倒数；

2. 透彻清楚界定的质量。

**流行率：**疾病发生、感染、抗体存在于一个群体中的数量，通常是一个特定的时间点计算，它通常表示处于危险中的动物比例。

**预测值：**

1. 对于阳性结果：动物的检测结果为“阳性”是真“阳性”的概率；

2. 对于阴性结果：动物的检测结果为“阴性”是真“阴性”的概率。

**比例：**分子是分母一部分的比率。

**前瞻性研究：**一种队列研究。

**比率：**表示一个数量相对于一个或多个其他数量随时间变化的比。因此，发病率指在一个规定的时间内在总体中观察到的疾病新发病例的数量（如每100风险动物-年中有10个病例）。

**比：**以一个数量（分子）除以另一个数量（分母）获得的值，例如，每出生一个男性的女性比。比例和比率都是比。

**方法优化：**精确鉴定的质量。因此，一个精确的血清学检测将检测到微生物间细微的抗原差异，而缺乏精确的测试只能识别主要抗原组。

**相对比：**见比值比。

**相对风险**：暴露在一个假设的病因下的个体发病率，与非暴露的个体的发病率之比。这是队列研究中常用的关联度量（参见比值比）。

**可靠性**：在相同的条件下重复测量时的稳定度，可靠性因此可用重复测量验证。

**宿主**：传染性病原体通常寄生的有生命或无生命物体，往往成为传染源。

**回顾性研究**：

1. 病例对照研究（之所以如此命名是因为研究从结果开始，追溯到病因）；

2. 任何收集和利用历史数据的研究。

**风险比**：见相对风险。

**样本**：从总体中挑选出的部分个体。

**抽样误差**：

1. 样本的结果与总体特征间的差异；

2. 由随机抽样引起的参数的总体估计误差。

**抽样变异**：同样样本量的不同样本间变异，由样本中个体的偶然抽取所致。

**筛选**：对于未发病群体或健康群检测疾病。

**敏感性（试验）**：

1. 诊断：由试验检测到的患病动物的比例；

2. 分析：试验检测抗原、酶、酸等的能力，一个灵敏的试验有检测到少量物体的能力。

社会成本效益分析：流行病学中经济评估方法，用以评估疾病和生产损失以及控制它们的收益。

**特异性**：

1. 实验优化程度：特异性越强，则实验优化程度越高；

2. 诊断（试验）：由试验检测到的非患病动物的比例；

3. 分析（试验）：传染性病原体能被检测到的精致度（例如，抗原类型或核酸组成），特异性越高，精致度越大。

**散发**：不规则，不可预知的疾病或感染的发生。

**电子表格**：计算机软件程序包提供的一个大的矩形区域的展示，其中可显示数据表格和执行各种计算。

**“扑杀政策”**：OIE 关于扑杀的定义，为在兽医行政管理部门的主导下实施，确认疾病后采取的动物公共卫生预防措施，包括杀死感染动物或种群中疑似感染动物。在适当情况下，杀死那些在其他种群与感染动物直接接触或通过可能传播途径间接接触的动物。所有易感动物接种或未接种疫苗的，在受感染的场所，应该被杀死并焚烧或掩埋尸体，或以其他任何能阻断感染的方式销毁尸体或被杀动物制品。这项政策应附有经批准的清洗和消毒程序。

“改善的扑杀政策”是根据情况，对上述动物公共卫生预防措施不全面落实的政策。

**研究**：涉及因果假设检验的调查。一项研究可能是实验性或观察性。

**充分病因**：导致疾病的复杂病因组合体。几种不同的充分病因可能会引起同样的疾病。

**监测（兽医）**：持续、系统地收集和整理关于特定动物种群中的疾病、感染、中毒或福利等有用信息，及时分析和解释这些信息，传播相关的结果给需要的群体，包括那些负责制定控制措施的相关方。

**调查**：调查涉及信息的收集，没有进行因果假设的检验（参阅研究）。它可提供研究方向。

**增效作用**：正向的统计学交互作用，可以推断出其中的因果途径（其他作者可能使用不同的术语）。

**临界水平（阈值）**：

1. 引发疫情所需的易感动物的空间密度；

2. 在脊椎动物宿主中能够传播给节肢动物媒介的感染性病原的最小浓度；

3. 从遗传学角度上决定疾病发生的基因数目和组合的临界值。

**双尾检验**：一种统计显著性检验，基于数据从中心值向两边分布的假设。

**有效性**：有多种含义；本书中指诊断试验或调查产生结果的平均准确程度。因此，它是一个试验或调查的总体性质。

**变量**：见附录Ⅱ。

**载体**：携带感染性病原从感染动物到易感动物的活的有机体。

**垂直传播**：从感染个体传染到其子代的传播。

**毒力**：感染性病原在特定宿主中引起发病的能力。

**人畜共患病**：自然界中，人和其他脊椎动物均可感染的疾病。

## 附录Ⅱ　基本数学符号及术语

**变量**

群体中个体之间的特性各不相同，例如，奶牛的体重或猪的品种；这些特性就是变量。变量的值通常用小写罗马字母表示，如 $x$、$y$、$z$ 等。这些字母通常有下标，例如：

三头小牛的体重为 $x_1$，$x_2$，$x_3$

$$x_1=230\text{kg}，x_2=221\text{kg}，x_3=155\text{kg}。$$

**常数**

常数有两种类型：

1. 通用常数有单一值，例如，$\pi=3.141\cdots\cdots$

2. 参数是为特别的研究设定的常数，不同研究的参数可能不同，通常用希腊字母 $\lambda$、$\mu$ 等表示。例如，某寄生虫感染率用 $\lambda$ 表示，$\lambda$ 可能因寄生虫种类不同而改变。

**对数**

对数是一种算术函数，以底数的属性区分。一个数的对数是这个对数的底数变为指数的幂值。

通常使用两个底数：底数 10 和底数 e，e 为通用指数常数，e=2.718 281……，以 10 为底的对数称为常用对数，而以 e 为底的对数（缩写为 $\log_e$或 ln）称为自然对数。另外，有时也使用以 2 为底的对数。

因此 $\log_{10}100=2$（$10^2=100$）

$$\log_e 5=1.609\ (2.718\ 1^{1.609}=5)$$

$$\log_2 8=3\ (2^3=8)$$

（注：不论底数是何值，1 的对数为 0，0 的对数为负无穷大。）

对数变换的倒数是反向对数变换，因此 $\text{antilog}_{10}2=10^2=100$。

**指数函数：exp（*x*）**

指数函数 exp（$x$），可写成 $e^x$，是反向对数变换的特列，与自然对数相关。例如，$x=4$，exp（$x$）$=2.718^4=54.6$。

**总和符号：$\sum$**

$\sum$ 用来表示一组数据的总和。例如：

$$\sum_{i=1}^{6} x_i=x_1+x_2+x_3+x_4+x_5+x_6$$

以上公式表示 $x$ 包括从 $x_1$ 到 $x_6$ 所有值的总和。这个符号具重要价值，如，从一系列值中计算 $x_3$、$x_4$、$x_5$的总和，可以写为：

$$\sum_{i=3}^{5} x_i$$

在生物学计算中，通常不删除系列中的任何值，计算从 $x_1$ 到最后值的所有 $x$ 的值，这样可以写成 $\sum x$，可以计算系列中所有值的总和。

这个符号还可以用于幂值。例如，$\sum x^2$ 表示系列中所有 $x$ 值平方的总和：

$$x_1=2，x_2=3，x_3=2$$

$$\sum x^2 = x_1^2 + x_2^2 + x_3^2 = 4 + 9 + 4 = 17$$

$(\sum x)^2$表示系列中所有 $x$ 值总和的平方。例如：

$$x_1 = 2,\ x_2 = 3,\ x_3 = 2$$

$$(\sum x)^2 = (x_1 + x_2 + x_3)^2 = (2+3+2)^2 = 49$$

**计算顺序**

乘法和除法在加法和减法之前进行。例如：6×3+1=18+1=19

当计算顺序模糊时，使用括号来表明计算的顺序，括号优先于乘法和除法。常用的括号有三种类型：小括号（），花括号｛｝，方括号［］，通常是这种顺序，但并非总是。

因此，3［3+｛6（4+2）｝］可以这样计算

4+2=6

6×6=36

3+36=39

3×39=117

同样 1+6×3=19，

但是（1+6）×3=21

袖珍计算器根据以上计算顺序进行计算。因此，为避免歧义而需要括号的情况下，计算必须清楚。这种情况在一些按键包含括号的计算器就可以避免。

**级符号**

>大于（如 6 > 5）

<小于（如 5 < 6）

≥大于或等于

≤小于或等于

在以上任何符号中划一线表示“否”，如≯表示不大于。

**近似符号**

约等于符号≈用于表示近似值。例如，自然对数的底数 e=2.718 281…，可写成e≈2.72。

**估计符号**

从总体中抽取样本通常需要估计参数。总体参数的估计来自样本。估计可以用ˆ或 * 表示。因此，疾病流行率的样本估计可以用 $\hat{P}$ 或 $P^*$。本书中使用ˆ。

**阶乘符号 *x*!**

$x$! 用来表示从 1 到 $x$ 的所有正整数的连续乘积。例如：

6! =6×5×4×3×2×1=720

2! =2×1=2

1! =1

（注：0! =1）

**绝对值符号｜*x*｜**

垂直线位于数值 $x$ 的两边，表示使用 $x$ 的正值。得到的值称为 $x$ 的绝对值。例如，｜−2｜可读成+2，｜−6+1｜可简写为｜−5｜，读为+5。同样−6+1=−5，但是｜−6｜+1=7。

## 附录Ⅲ　计算机软件

本书列出了兽医流行病学的一些重要的计算机软件。列表并不详尽，重点放在简单的分析软件，而不是多变量分析软件。各种软件描述得详细程度也各不相同。虽然列举有限，但应该有用户适合的软件。

相关的参考资料在软件名称后面的方括号中（不包括包装手册）。

大多数的软件包在 MS Windows 环境下运行。

主要供应商地址已经列出。有些供应商在各国也有办事处。互联网网址可能会改变。如果发生这种情况，大多数互联网搜索引擎（如 GOOGLETM http：//google. com ），搜索软件包名称或其供应商，应该可以找到新的网址。

| 软件包/参考资料 | 功能 | 更多信息/供应商/网址 |
|---|---|---|
| *AGG*<br>[Donald et al.，1994] | Aggregate-level sensitivity and specificity | A. Donald<br>101-5805 Balsam Street<br>Vancouver BC<br>Canada V6M 2 B9 |
| *CIA*<br>[Altman et al. ，2000] | Confidence interval estimation<br>means and their differences<br>medians and their differences<br>proportions and their differences<br>regression and correlation<br>relative risks and odds ratios<br>standardized rates and ratios<br>survival analyses<br>sensitivity and specificity<br>*kappa*<br>likelihood ratios<br>ROC curves<br>clinical trials and meta-analyses | Supplied with *Statistics with Confidence* (Altman et al. ，2000)<br>BMJ Bookshop，BMA House<br>London WC1H 9JR，UK<br>http：//www. bmjbookshop. com |
| *Biostatistical software*<br>(Some parts require SAS software) | Statistical distributions<br>Clinical trials<br>Quality control<br>Environmental and ecological statistics<br>Agreement<br>Regression<br>Time series<br>ROC curves<br>Capture-release-recapture<br>Correlation and contingency tables | Paul Johnson<br>PO Box 4146<br>Davis<br>CA 95617-4146，USA<br>http：//www. biostatsoftware. com |
| *EGRET* | Descriptive statistics<br>Contingency tables (relative risks and odds ratios)，logistic and other types of regression，survival analysis | Cytel Software Corporation<br>675 Massachusetts Avenue<br>Cambridge<br>MA 02139，USA<br>http：//www. cytel. com |
| *Epi Info* | Question naire design<br>Descriptive statistics and graphics<br>Surveys：<br>simple random，stratified and cluster sampling<br>Contingency tables (relative risks and odds ratios)<br>Logistic regression<br>Sample size determination：<br>surveys<br>case-control，cohort and cross-sectional studies<br>Survival analysis<br>Mapping | Centers for Disease Control and Prevention<br>Division of Public Health Surveillance and Informatics，Epidemiology Program Office<br>4770 Buford Highway，Northeast (Mail Stop K-74)<br>Atlanta<br>Georgia 30341-3717，USA<br>http：//www. cdc. gov/epiinfo |

（续）

| 软件包/参考资料 | 功能 | 更多信息/供应商/网址 |
|---|---|---|
| *Freecalc*<br>[Cameron and Baldock, 1998a, b] | Survey sample size, accommodating sensitivity and specificity<br>Survey analysis, accommodating sensitivity and specificity | AusVet Animal Health Services<br>19 Brereton Street, PO Box 3180<br>South Brisbane, QLD4101, Australia<br>Australia/AusVet Animal Health Services<br>PO Box 2321<br>Orange, NSW 2800<br>Australia<br>Australia/AusVet Animal Health Services<br>140 Falls Road<br>Wentworth Falls NSW 2782<br>Australia<br>http://www.ausvel.com.au/content.php?page=res_software |
| *GENSTAT*<br>[McConway et al., 1999] | Comprehensive statistical analyses | NAG Ltd<br>Wilkinson House, Jordan Hill Road<br>Oxford OX2 8DR, UK<br>http://www.nag.co.uk/stats/GDGE_soft.asp |
| *GLIM* | Logistic regression | NAG Ltd<br>Wilkinson House, Jordan Hill Road<br>Oxford OX2 8 DR, UK<br>http://www.nag.co.uk/stats/GDGE_soft.asp |
| *Minitab* | Comprehensive statistical analyses | Minitab Inc.<br>Quality Plaza, 1829 Pine Hall Road<br>State College<br>PA 16801-3008, USA<br>http://www.minitab.com |
| *Model Assist*<br>(Requires RISK) | Training software for risk analysis | Risk Media Ltd<br>Le Bourg<br>24400 Les Leches<br>France<br>http://www.risk-modelling.com |
| *NCSS* | Comprehensive statistical analyses | NCSS<br>329 North 1000 East<br>Kaysville<br>Utah 84037, USA<br>http://www.ncss.com |
| *nQuery Advisor* | Sample size and power<br>means, proportions, non parametric methods, agreement, superiority/equivalence/noninferiority trials, regression, survival | Statistical Solutions<br>Stonehill Corporate Center<br>Suite 104, 999 Broadway<br>Saugus<br>MA 01906, USA<br>http://www.statsolusa.com |
| *PASS* | Sample size and power<br>correlation, diagnostic tests, superiority/equivalence/non-inferiority trials, incidence rates, means, proportions, regression, survival | NCSS<br>329 North 1000 East<br>Kaysville<br>Utah 84037, USA<br>http://www.ncss.com |

（续）

| 软件包/参考资料 | 功能 | 更多信息/供应商/网址 |
|---|---|---|
| *PEPI* | Contingency tables (relative risk, odds ratio)<br>Power and sample size calculations<br>Diagnostic tests (sensitivity, specificity, ROC curves, optimum cut-off points)<br>Random sampling<br>Agreement<br>Survival analysis<br>Life tables | Sagebrush Press, 225 10th Avenue<br>Salt Lake City<br>UT 84103, USA, and<br>12 Hillbury Road, London<br>SW178JT, UK<br>http://www.sagebrushpress.com/pepibook.html |
| *Power and Precision* | Power analyses and confidence interval estimation | Lawrence Erlbaum Associates Inc.<br>10 Industrial Avenue<br>Mahwah<br>NJ 07430-2262, USA<br>http://www.erlbaum.com/software.htm |
| *Powersim Studio* | General simulation modelling | Powersim<br>PO Box 3961 Dreggen<br>N-5835 Bergen, Norway, and<br>Fays Business Centre<br>Bedford Road<br>Guildford GU1 4SJ, UK<br>http://www.powersim.com |
| *@RISK* | Quantitative risk analysis | Palisade Europe<br>The Blue House,<br>Unit1, 30 Calvin Street<br>London E1 6NW, UK<br>http://www.palisade.com |
| *Risk Matrix* | Construction of risk matrices | The MITRE Corporation<br>202 Burlington Road<br>Bedford<br>MA 01730—1420, USA<br>http://www.mitre.org/work/sepo/toolkits/risk/<br>ToolsTechniques/RiskMatrix.html |
| *SCALC*<br>[Tryfos, 1996] | Sampling<br>simple random, stratified, cluster | Supplied with *Sampling Methods for Applied Research*<br>(Tryfos, 1996) |
| *SPSS* | Comprehensive statistical analyses | SPSS Inc<br>233—235 Wacker Drive, 11th Floor<br>Chicago<br>IL 60606, USA<br>http://www.spss.com |
| *Stata* | Comprehensive statistical analyses, notably including surveys | StataCorp LP<br>4905 Lakeway Drive<br>College Station<br>Texas 77845 , USA<br>http://www.stata.com |
| *StatXact* | Exactp-values for contingency tables and non-parametric tests | Cytel Software Corporation<br>675 Massachusetts Avenue<br>Cambridge<br>MA02139, USA<br>http://www.cytel.com |

（续）

| 软件包/参考资料 | 功能 | 更多信息/供应商/网址 |
| --- | --- | --- |
| *Survey Toolbox* | Random sampling<br>Random geographical coordinate sampling<br>Two-stage prevalence survey design and analysis<br>Survival analysis sample size<br>Capture-release-recapture methods | AusVet Animal Health Services<br>19 Brereton Street, PO Box 3180<br>South Brisbane, QLD 4101 , and<br>Australia/AusVet Animal Health Services<br>PO Box 2321<br>Orange, NSW 2800<br>Australia, and<br>Australia/AusVet Animal Health Services<br>140 Falls Road<br>Wentworth Falls NSW 2782<br>Australia<br>http://www. ausvet. com. au/content. php?page=res _ software |
| *Winepiscope*<br>[Thrusfield et al. , 2001] | Diagnostic test parameters<br>point and interval estimates of sensitivity, specificity, predictive value, *Kappa*, area under the ROC curve<br>Sample size determination<br>detection of disease, proportion and their differences, differences between means<br>Observational studies<br>simple, stratified and matched case-control studies, simple and stratified cohort studies (cumulative incidence and incidence rate data)<br>Reed-Frost model (determ inistic) | Veterinary Faculty of the University of Zaragoza (Spain)<br>http://infecepi. unizar. es/pages/ratio/soft _ uk. htm<br>Wageningen Agricultural University (The Netherlands)<br>http://www. zod. wau. nl/qve/home. html<br>Royal (Dick) School of Veterinary Studies, University of Edinburgh (UK)<br>http://www. clive. ed. ac. uk/winepiscope |

## 附录Ⅳ　兽医流行病学网站

本附录列出了一些兽医和兽医流行病学相关的互联网“地址”（统一资源定位符：URL）。网址可能会改变，在这种情况下，用户可能会定向到替代的位置。如果网址不变，用适当的搜索引擎（如 GOOGLE™：google. com）搜索标题应该可以找到任何新的 URL。

| 标题（主题） | 网址 |
| --- | --- |
| *AGRICOLA*（General agricultural bibliographic database） | http://agricola. nal. usda. gov/ |
| *AHEAD ILIAD*<br>（Infectious animal and zoonotic disease surveillance [ProMED-AHEAD]） | http://www. fas. org/ahead. index. html |
| *American College of Veterinary Public Health* | http://www. acvpm. org/cgi-bi n/start/index. htm |
| *Animal Health in Australia* | http://www. aahc. com. au/sitemap. htm |
| *Association for Veterinary Epidemiology and Preventive Medicine* | http://www. cvm. uiuc. edu/atvphpm/ |
| *CABI*<br>（Animal-science bibliographic database） | http://www. cabi-publ ishing. org/AnimalScience. asp/ |
| *Canadian Cooperative Wildlife Health Centre* | http://wildlifel. usask. ca/ccwhc2003/ |
| *Centers for Epidemiology and Animal Health* | http://www. aphis. usda. gov/vs/ceah/ |
| *Cochrane Collaboration*<br>（Reviews of clinical trials and other interventions） | http://www. cochrane. org/index 1. htm |
| Epidemiology and related ‘Supercourses’ | http://www. pighealth. com/Scourse/main/index. htm<br>http://www. pitt. edu/～super 1 /index. htm |
| *Epidemiology Monitor*<br>（Developments and resources for epidemiology） | http://www. epimonitor. net |
| *EpiVetNet*<br>（Repository of information related to veterinary epidemiology, and electronic mailing list *EpiVet-L*） | http://www. vetschools. co. uk/EpiVetNet/ |
| *European College of Veterinary Public Health* | http://www. vu-wien. ac. at/ausland/ECVPH. htm |
| *EXCITE*<br>（*Excellence in Curriculum Integration through Teaching Epidemiology*） | http://www. cdc. gov/excite/ |
| *FOCUS*<br>（Field epidemiology） | http://www. sph. unc. edu/nccphp/focus/index. htm |
| *Food and Agriculture Organization of the United Nations*（*FAO*） | http://www. fao. org/ |
| *International Veterinary Information Service* | http://www. ivis. org |
| *Journals in Epidemiology* | http://www. epidemiology. esmartweb. com/Journals. htm |
| *National Animal Health Monitoring System*（*NAHMS*） | http://www. aphis. usda. gov/vs/ceah/cahm/index. htm |
| *National Centre for Animal Health Surveillance*<br>（Includes link to NAHMS） | http://www. aphis. usda. gov/vs/ceah/ncahs/nsu |
| *Net-Epi*（*Network*-enabled *Epidemiology*）（Free tools for epidemiology and public health） | http://www. netepi. org/ |
| *Office International des Epizooties*（*OIE*） | http://www. oie. int |
| *Pan American Health Organization* | http://www. paho. org/ |
| *Participatory Epidemiology* | http://www. participatoryepidemiology. info/ |
| *ProMED*<br>（Monitoring of emerging disease） | http://www. fas. org/promed/ |

（续）

| 标题（主题） | 网址 |
|---|---|
| *PubMed*<br>(Medical bibl iographic database) | http://www.ncbi.nlm.nih.gov/pubmed/ |
| *Regional International Organization for Animal and Plant Health (OIRSA/Central America)* [In Spanish] | http://nsl.oirsa.org.sv/ |
| *Society for Veterinary Epidemiology and Preventive Medicine* | http://www.svepm.org.uk |
| *SNOMED* | http://www.snomed.org<br>http://www.snomed.vetmed.vt.edu |
| *Statistics Calculators* | http://calculators.stat.ucla.edu |
| *Veterinary Medical Database* | http://www.vmdb.org. |
| *Web-agri*<br>(Agricultural Search Engine) | http://www.web-agri.com/recherche.asp |
| *World Health Organization* (WHO) | http://www.who.int/en/ |
| *WWWeb Epidemiology & Evidence-based Medicine Sources for Veterinarians* (Epidemiology, evidence-based medicine and biostatistics academic resources) | http://www.vetmed.wsu.edu/coursesj-mgay/Epilinks.htm |

# 附录Ⅴ $t$ 分布

| 自由度 | 概率 | | | | | | | | | | | | |
|---|---|---|---|---|---|---|---|---|---|---|---|---|---|
| | *0.9* | *0.8* | *0.7* | *0.6* | *0.5* | *0.4* | *0.3* | *0.2* | *0.1* | *0.05* | *0.02* | *0.01* | *0.001* |
| 1 | 0.158 | 0.325 | 0.510 | 0.727 | 1.000 | 1.376 | 1.963 | 3.078 | 6.314 | 12.706 | 31.821 | 63.657 | 636.619 |
| 2 | 0.142 | 0.289 | 0.445 | 0.617 | 0.816 | 1.061 | 1.386 | 1.886 | 2.920 | 4.303 | 6.965 | 9.925 | 31.598 |
| 3 | 0.137 | 0.277 | 0.424 | 0.584 | 0.765 | 0.978 | 1.250 | 1.638 | 2.353 | 3.182 | 4.541 | 5.841 | 12.924 |
| 4 | 0.134 | 0.271 | 0.414 | 0.569 | 0.741 | 0.941 | 1.190 | 1.533 | 2.132 | 2.776 | 3.747 | 4.604 | 8.610 |
| 5 | 0.132 | 0.267 | 0.408 | 0.559 | 0.727 | 0.920 | 1.156 | 1.476 | 2.015 | 2.571 | 3.365 | 4.032 | 6.869 |
| 6 | 0.131 | 0.265 | 0.404 | 0.553 | 0.718 | 0.906 | 1.134 | 1.440 | 1.943 | 2.447 | 3.143 | 3.707 | 5.959 |
| 7 | 0.130 | 0.263 | 0.402 | 0.549 | 0.711 | 0.896 | 1.119 | 1.415 | 1.895 | 2.365 | 2.998 | 3.499 | 5.408 |
| 8 | 0.130 | 0.262 | 0.399 | 0.546 | 0.706 | 0.889 | 1.108 | 1.397 | 1.860 | 2.306 | 2.896 | 3.355 | 5.041 |
| 9 | 0.129 | 0.261 | 0.398 | 0.543 | 0.703 | 0.883 | 1.100 | 1.383 | 1.833 | 2.262 | 2.821 | 3.250 | 4.781 |
| 10 | 0.129 | 0.260 | 0.397 | 0.542 | 0.700 | 0.879 | 1.093 | 1.372 | 1.812 | 2.228 | 2.764 | 3.169 | 4.587 |
| 11 | 0.129 | 0.260 | 0.396 | 0.540 | 0.697 | 0.876 | 1.088 | 1.363 | 1.796 | 2.201 | 2.718 | 3.106 | 4.437 |
| 12 | 0.128 | 0.259 | 0.395 | 0.539 | 0.695 | 0.873 | 1.083 | 1.356 | 1.782 | 2.179 | 2.681 | 3.055 | 4.318 |
| 13 | 0.128 | 0.259 | 0.394 | 0.538 | 0.694 | 0.870 | 1.079 | 1.350 | 1.771 | 2.160 | 2.650 | 3.012 | 4.221 |
| 14 | 0.128 | 0.258 | 0.393 | 0.537 | 0.692 | 0.868 | 1.076 | 1.345 | 1.761 | 2.145 | 2.624 | 2.977 | 4.140 |
| 15 | 0.128 | 0.258 | 0.393 | 0.536 | 0.691 | 0.866 | 1.074 | 1.341 | 1.753 | 2.131 | 2.602 | 2.947 | 4.073 |
| 16 | 0.128 | 0.258 | 0.392 | 0.535 | 0.690 | 0.865 | 1.071 | 1.337 | 1.746 | 2.120 | 2.583 | 2.921 | 4.015 |
| 17 | 0.128 | 0.257 | 0.392 | 0.534 | 0.689 | 0.863 | 1.069 | 1.333 | 1.740 | 2.110 | 2.567 | 2.898 | 3.965 |
| 18 | 0.127 | 0.257 | 0.392 | 0.534 | 0.688 | 0.862 | 1.067 | 1.330 | 1.734 | 2.101 | 2.552 | 2.878 | 3.922 |
| 19 | 0.127 | 0.257 | 0.391 | 0.533 | 0.688 | 0.861 | 1.066 | 1.328 | 1.729 | 2.093 | 2.539 | 2.861 | 3.883 |
| 20 | 0.127 | 0.257 | 0.391 | 0.533 | 0.687 | 0.860 | 1.064 | 1.325 | 1.725 | 2.086 | 2.528 | 2.845 | 3.850 |
| 21 | 0.127 | 0.257 | 0.391 | 0.532 | 0.686 | 0.859 | 1.063 | 1.323 | 1.721 | 2.080 | 2.518 | 2.831 | 3.819 |
| 22 | 0.127 | 0.256 | 0.390 | 0.532 | 0.686 | 0.858 | 1.061 | 1.321 | 1.717 | 2.074 | 2.508 | 2.819 | 3.792 |
| 23 | 0.127 | 0.256 | 0.390 | 0.532 | 0.685 | 0.858 | 1.060 | 1.319 | 1.714 | 2.069 | 2.500 | 2.807 | 3.767 |
| 24 | 0.127 | 0.256 | 0.390 | 0.531 | 0.685 | 0.857 | 1.059 | 1.318 | 1.711 | 2.064 | 2.492 | 2.797 | 3.745 |
| 25 | 0.127 | 0.256 | 0.390 | 0.531 | 0.684 | 0.856 | 1.058 | 1.316 | 1.708 | 2.060 | 2.485 | 2.787 | 3.725 |
| 26 | 0.127 | 0.256 | 0.390 | 0.531 | 0.684 | 0.856 | 1.058 | 1.315 | 1.706 | 2.056 | 2.479 | 2.779 | 3.707 |
| 27 | 0.127 | 0.256 | 0.389 | 0.531 | 0.684 | 0.855 | 1.057 | 1.314 | 1.703 | 2.052 | 2.473 | 2.771 | 3.690 |
| 28 | 0.127 | 0.256 | 0.389 | 0.530 | 0.683 | 0.855 | 1.056 | 1.313 | 1.701 | 2.048 | 2.467 | 2.763 | 3.674 |
| 29 | 0.127 | 0.256 | 0.389 | 0.530 | 0.683 | 0.854 | 1.055 | 1.311 | 1.699 | 2.045 | 2.462 | 2.756 | 3.659 |
| 30 | 0.127 | 0.256 | 0.389 | 0.530 | 0.683 | 0.854 | 1.055 | 1.310 | 1.697 | 2.042 | 2.457 | 2.750 | 3.646 |
| 40 | 0.126 | 0.255 | 0.388 | 0.529 | 0.681 | 0.851 | 1.050 | 1.303 | 1.684 | 2.021 | 2.423 | 2.704 | 3.551 |
| 60 | 0.126 | 0.254 | 0.387 | 0.527 | 0.679 | 0.848 | 1.046 | 1.296 | 1.671 | 2.000 | 2.390 | 2.660 | 3.460 |
| 120 | 0.126 | 0.254 | 0.386 | 0.526 | 0.677 | 0.845 | 1.041 | 1.289 | 1.658 | 1.980 | 2.358 | 2.617 | 3.373 |
| ∞ | 0.126 | 0.253 | 0.385 | 0.524 | 0.674 | 0.842 | 1.036 | 1.282 | 1.645 | 1.960 | 2.326 | 2.576 | 3.291 |

注：该表给出了显著性检验最常用的百分比和基于 $t$ 分布的置信限值。因此，观测到绝对值大于 3.169（即＜－3.169 或＞+3.169）的具有 10 个自由度的 $t$ 值的概率恰好是 0.01%或 1%。

## 附录Ⅵ　基于正态分布的不同水平置信区间乘数

下列乘数来自附录XV，是基于显著性临界水平的双尾概率。

| 置信区间乘数 | 80% | 90% | 95% | 99% | 99.9% |
|---|---|---|---|---|---|
| | 1.282 | 1.645 | 1.960 | 2.576 | 3.291 |

## 附录Ⅶ 95%置信限的比例值（Beyer，1968）

这些表给出了基于二项分布比例的精确置信限。（$x$）列表示比例的分子，（$n-x$）行表示样本量，$n$ 减去分子 $x$。例如，如果对 14 只动物进行采样，其中 6 中患病，则 $x=6$，$n=14$，且 $n-x=8$。因此，流行率的点估计值为 6/14＝0.428（42.8%）。从该表中还可以得出，区间估计值为 0.177，0.711（17.7%，71.1%）。

| 比例中的分子（$x$） | 分母减去分子（$n-x$） | | | | | | | | |
|---|---|---|---|---|---|---|---|---|---|
| | *1* | *2* | *3* | *4* | *5* | *6* | *7* | *8* | *9* |
| 0 | **975** | **842** | **708** | **602** | **522** | **459** | **410** | **369** | **336** |
| | 000 | 000 | 000 | 000 | 000 | 000 | 000 | 000 | 000 |
| 1 | **987** | **906** | **806** | **716** | **641** | **579** | **527** | **483** | **445** |
| | 013 | 008 | 006 | 005 | 004 | 004 | 003 | 003 | 003 |
| 2 | **992** | **932** | **853** | **777** | **710** | **651** | **600** | **556** | **518** |
| | 094 | 068 | 053 | 043 | 037 | 032 | 028 | 025 | 023 |
| 3 | **994** | **947** | **882** | **816** | **755** | **701** | **652** | **610** | **572** |
| | 194 | 147 | 118 | 099 | 085 | 075 | 067 | 060 | 055 |
| 4 | **995** | **957** | **901** | **843** | **788** | **738** | **692** | **651** | **614** |
| | 284 | 223 | 184 | 157 | 137 | 122 | 109 | 099 | 091 |
| 5 | **996** | **968** | **915** | **863** | **813** | **766** | **723** | **684** | **649** |
| | 359 | 290 | 245 | 212 | 187 | 167 | 151 | 139 | 128 |
| 6 | **996** | **968** | **925** | **878** | **833** | **789** | **749** | **711** | **677** |
| | 421 | 349 | 299 | 262 | 234 | 211 | 192 | 177 | 163 |
| 7 | **997** | **972** | **933** | **891** | **849** | **808** | **770** | **734** | **701** |
| | 473 | 400 | 348 | 308 | 277 | 251 | 230 | 213 | 198 |
| 8 | **997** | **975** | **940** | **901** | **861** | **823** | **787** | **753** | **722** |
| | 517 | 444 | 390 | 349 | 316 | 289 | 266 | 247 | 230 |
| 9 | **997** | **977** | **945** | **909** | **872** | **837** | **802** | **770** | **740** |
| | 555 | 482 | 428 | 386 | 351 | 323 | 299 | 278 | 260 |
| 10 | **998** | **979** | **950** | **916** | **882** | **848** | **816** | **785** | **756** |
| | 587 | 516 | 462 | 419 | 384 | 354 | 329 | 308 | 289 |
| 11 | **998** | **981** | **953** | **922** | **890** | **858** | **827** | **797** | **769** |
| | 615 | 546 | 492 | 449 | 413 | 383 | 357 | 335 | 315 |
| 12 | **998** | **982** | **957** | **927** | **897** | **867** | **837** | **809** | **782** |
| | 640 | 572 | 519 | 476 | 440 | 410 | 384 | 361 | 340 |
| 13 | **998** | **983** | **960** | **932** | **903** | **874** | **846** | **819** | **793** |
| | 661 | 595 | 544 | 501 | 465 | 435 | 408 | 384 | 364 |
| 14 | **998** | **984** | **962** | **936** | **909** | **881** | **854** | **828** | **803** |
| | 681 | 617 | 566 | 524 | 488 | 457 | 430 | 407 | 385 |
| 15 | **998** | **985** | **964** | **939** | **913** | **887** | **861** | **836** | **812** |
| | 698 | 636 | 586 | 544 | 509 | 478 | 451 | 427 | 406 |

（续）

| 比例中的分子（$x$） | 分母减去分子（$n-x$） | | | | | | | | |
|---|---|---|---|---|---|---|---|---|---|
| | 1 | 2 | 3 | 4 | 5 | 6 | 7 | 8 | 9 |
| 16 | **999** | **986** | **966** | **966** | **918** | **893** | **868** | **844** | **820** |
| | 713 | 653 | 604 | 604 | 529 | 498 | 471 | 447 | 425 |
| 17 | **999** | **987** | **968** | **968** | **922** | **898** | **874** | **851** | **828** |
| | 727 | 669 | 621 | 621 | 547 | 516 | 488 | 465 | 443 |
| 18 | **999** | **988** | **970** | **970** | **925** | **902** | **879** | **857** | **835** |
| | 740 | 683 | 637 | 637 | 564 | 533 | 506 | 482 | 460 |
| 19 | **999** | **988** | **971** | **971** | **929** | **906** | **884** | **862** | **841** |
| | 751 | 696 | 651 | 651 | 579 | 549 | 522 | 498 | 476 |
| 20 | **999** | **989** | **972** | **972** | **932** | **910** | **889** | **868** | **847** |
| | 762 | 708 | 664 | 664 | 593 | 564 | 537 | 513 | 492 |
| 22 | **999** | **990** | **975** | **975** | **937** | **917** | **897** | **877** | **858** |
| | 781 | 730 | 688 | 688 | 619 | 590 | 565 | 541 | 519 |
| 24 | **999** | **991** | **976** | **976** | **942** | **923** | **904** | **885** | **867** |
| | 797 | 749 | 708 | 708 | 642 | 614 | 589 | 566 | 545 |
| 26 | **999** | **991** | **978** | **978** | **945** | **928** | **910** | **893** | **875** |
| | 810 | 765 | 726 | 726 | 663 | 636 | 611 | 588 | 567 |
| 28 | **999** | **992** | **980** | **980** | **949** | **932** | **916** | **899** | **882** |
| | 822 | 779 | 743 | 743 | 681 | 655 | 631 | 609 | 588 |
| 30 | **999** | **992** | **981** | **981** | **952** | **936** | **920** | **904** | **889** |
| | 833 | 792 | 757 | 757 | 697 | 672 | 649 | 627 | 607 |
| 35 | **999** | **993** | **983** | **983** | **958** | **944** | **930** | **916** | **902** |
| | 855 | 818 | 786 | 786 | 732 | 708 | 686 | 666 | 647 |
| 40 | **999** | **994** | **985** | **985** | **963** | **951** | **938** | **925** | **912** |
| | 871 | 838 | 809 | 809 | 759 | 737 | 717 | 698 | 679 |
| 45 | **999** | **995** | **987** | **987** | **967** | **956** | **944** | **933** | **921** |
| | 885 | 855 | 828 | 828 | 782 | 761 | 742 | 724 | 707 |
| 50 | **1 000** | **995** | **988** | **988** | **970** | **960** | **949** | **939** | **928** |
| | 896 | 868 | 843 | 843 | 800 | 781 | 763 | 746 | 730 |
| 60 | **1 000** | **996** | **990** | **990** | **975** | **966** | **957** | **948** | **939** |
| | 912 | 888 | 867 | 867 | 830 | 813 | 797 | 782 | 767 |
| 80 | **1 000** | **997** | **992** | **992** | **981** | **974** | **967** | **960** | **953** |
| | 933 | 915 | 898 | 898 | 868 | 855 | 842 | 820 | 816 |
| 100 | **1 000** | **998** | **994** | **994** | **984** | **979** | **973** | **967** | **962** |
| | 946 | 931 | 917 | 917 | 892 | 881 | 870 | 859 | 849 |
| 200 | **1 000** | **999** | **997** | **997** | **992** | **989** | **986** | **983** | **980** |
| | 973 | 965 | 957 | 957 | 944 | 938 | 932 | 926 | 920 |
| 500 | **1 000** | **1 000** | **999** | **999** | **997** | **996** | **995** | **993** | **992** |
| | 989 | 986 | 983 | 983 | 977 | 974 | 972 | 969 | 967 |
| ∞ | **1 000** | **1 000** | **1 000** | **1 000** | **1 000** | **1 000** | **1 000** | **1 000** | **1 000** |
| | 1 000 | 1 000 | 1 000 | 1 000 | 1 000 | 1 000 | 1 000 | 1 000 | 1 000 |

（续）

| 比例中的分子（$x$） | 分母减去分子（$n-x$） | | | | | | | | |
|---|---|---|---|---|---|---|---|---|---|
| | *10* | *11* | *12* | *13* | *14* | *15* | *16* | *17* | *18* |
| 0 | **308** | **285** | **265** | **247** | **232** | **218** | **206** | **195** | **185** |
| | 000 | 000 | 000 | 000 | 000 | 000 | 000 | 000 | 000 |
| 1 | **413** | **385** | **360** | **339** | **319** | **302** | **287** | **273** | **260** |
| | 002 | 002 | 002 | 002 | 002 | 002 | 001 | 001 | 001 |
| 2 | **484** | **454** | **428** | **405** | **383** | **364** | **347** | **331** | **317** |
| | 021 | 019 | 018 | 017 | 016 | 015 | 014 | 013 | 012 |
| 3 | **538** | **508** | **481** | **456** | **434** | **414** | **396** | **379** | **363** |
| | 050 | 047 | 043 | 040 | 038 | 036 | 034 | 032 | 030 |
| 4 | **581** | **551** | **524** | **499** | **476** | **456** | **437** | **419** | **403** |
| | 084 | 078 | 073 | 068 | 064 | 061 | 057 | 054 | 052 |
| 5 | **616** | **587** | **560** | **535** | **512** | **491** | **471** | **453** | **436** |
| | 118 | 110 | 103 | 097 | 091 | 087 | 082 | 078 | 075 |
| 6 | **646** | **617** | **590** | **565** | **543** | **522** | **502** | **484** | **467** |
| | 152 | 142 | 133 | 126 | 119 | 113 | 107 | 102 | 098 |
| 7 | **671** | **643** | **616** | **592** | **570** | **549** | **529** | **512** | **494** |
| | 184 | 173 | 163 | 154 | 146 | 139 | 132 | 126 | 121 |
| 8 | **692** | **665** | **639** | **616** | **593** | **573** | **553** | **535** | **518** |
| | 215 | 203 | 191 | 181 | 172 | 164 | 156 | 149 | 143 |
| 9 | **711** | **685** | **660** | **636** | **615** | **594** | **575** | **557** | **540** |
| | 244 | 231 | 218 | 207 | 197 | 188 | 180 | 172 | 165 |
| 10 | **728** | **702** | **678** | **655** | **634** | **614** | **595** | **577** | **560** |
| | 272 | 257 | 244 | 232 | 221 | 211 | 202 | 194 | 186 |
| 11 | **743** | **718** | **694** | **672** | **651** | **631** | **612** | **594** | **578** |
| | 298 | 282 | 268 | 256 | 244 | 234 | 224 | 215 | 207 |
| 12 | **756** | **732** | **709** | **687** | **666** | **647** | **628** | **611** | **594** |
| | 322 | 306 | 291 | 278 | 266 | 255 | 245 | 235 | 227 |
| 13 | **768** | **744** | **722** | **701** | **680** | **661** | **643** | **626** | **609** |
| | 345 | 328 | 313 | 299 | 287 | 275 | 264 | 255 | 245 |
| 14 | **779** | **756** | **734** | **713** | **694** | **675** | **657** | **640** | **624** |
| | 366 | 349 | 334 | 320 | 306 | 295 | 283 | 273 | 264 |
| 15 | **789** | **766** | **745** | **725** | **705** | **687** | **669** | **653** | **637** |
| | 386 | 369 | 353 | 339 | 325 | 313 | 302 | 291 | 281 |
| 16 | **798** | **776** | **755** | **736** | **717** | **698** | **681** | **665** | **649** |
| | 405 | 388 | 372 | 357 | 343 | 331 | 319 | 308 | 298 |
| 17 | **806** | **785** | **765** | **745** | **727** | **709** | **692** | **676** | **660** |
| | 423 | 406 | 389 | 374 | 360 | 347 | 335 | 324 | 314 |
| 18 | **814** | **793** | **773** | **755** | **736** | **719** | **702** | **686** | **671** |
| | 440 | 422 | 406 | 391 | 376 | 363 | 351 | 340 | 329 |
| 19 | **821** | **801** | **782** | **763** | **745** | **728** | **712** | **696** | **681** |
| | 456 | 439 | 422 | 406 | 392 | 379 | 366 | 355 | 344 |

（续）

| 比例中的分子（$x$） | 分母减去分子（$n-x$） | | | | | | | | |
|---|---|---|---|---|---|---|---|---|---|
| | *10* | *11* | *12* | *13* | *14* | *15* | *16* | *17* | *18* |
| 20 | **827** | **808** | **789** | **771** | **753** | **737** | **720** | **705** | **690** |
| | 472 | 454 | 437 | 421 | 407 | 393 | 381 | 369 | 358 |
| 22 | **839** | **820** | **803** | **785** | **768** | **752** | **737** | **722** | **707** |
| | 500 | 481 | 465 | 449 | 434 | 421 | 408 | 396 | 385 |
| 24 | **849** | **831** | **814** | **798** | **782** | **766** | **751** | **737** | **723** |
| | 525 | 507 | 490 | 475 | 460 | 446 | 433 | 421 | 410 |
| 26 | **858** | **841** | **825** | **809** | **794** | **779** | **764** | **750** | **736** |
| | 548 | 530 | 513 | 497 | 483 | 469 | 456 | 444 | 432 |
| 28 | **866** | **850** | **834** | **819** | **804** | **790** | **776** | **762** | **749** |
| | 569 | 551 | 535 | 519 | 504 | 491 | 478 | 465 | 453 |
| 30 | **873** | **858** | **843** | **828** | **814** | **800** | **786** | **773** | **760** |
| | 588 | 571 | 554 | 539 | 524 | 510 | 498 | 485 | 473 |
| 35 | **888** | **874** | **860** | **847** | **834** | **821** | **809** | **797** | **785** |
| | 628 | 612 | 596 | 581 | 567 | 554 | 541 | 529 | 517 |
| 40 | **900** | **887** | **875** | **862** | **850** | **838** | **827** | **815** | **804** |
| | 662 | 646 | 631 | 616 | 602 | 590 | 578 | 566 | 555 |
| 45 | **909** | **898** | **886** | **875** | **864** | **853** | **842** | **831** | **821** |
| | 690 | 675 | 661 | 647 | 633 | 621 | 609 | 598 | 587 |
| 50 | **917** | **906** | **896** | **885** | **875** | **865** | **854** | **844** | **835** |
| | 714 | 700 | 686 | 673 | 660 | 648 | 636 | 625 | 614 |
| 60 | **929** | **920** | **911** | **902** | **893** | **884** | **874** | **866** | **857** |
| | 752 | 740 | 727 | 715 | 703 | 692 | 681 | 670 | 660 |
| 80 | **945** | **938** | **931** | **923** | **916** | **909** | **901** | **894** | **887** |
| | 804 | 793 | 783 | 773 | 763 | 753 | 744 | 734 | 726 |
| 100 | **955** | **949** | **943** | **937** | **931** | **925** | **919** | **913** | **907** |
| | 838 | 829 | 820 | 811 | 802 | 794 | 786 | 778 | 770 |
| 200 | **977** | **974** | **970** | **967** | **964** | **961** | **957** | **954** | **950** |
| | 914 | 909 | 903 | 898 | 893 | 888 | 883 | 878 | 873 |
| 500 | **991** | **989** | **988** | **986** | **985** | **984** | **982** | **981** | **979** |
| | 964 | 962 | 960 | 957 | 955 | 953 | 950 | 948 | 946 |
| ∞ | **1 000** | **1 000** | **1 000** | **1 000** | **1 000** | **1 000** | **1 000** | **1 000** | **1 000** |
| | 1 000 | 1 000 | 1 000 | 1 000 | 1 000 | 1 000 | 1 000 | 1 000 | 1 000 |

（续）

| 比例中的分子（$x$） | 分母减去分子（$n-x$） | | | | | | | | |
|---|---|---|---|---|---|---|---|---|---|
| | *19* | *20* | *22* | *24* | *26* | *28* | *30* | *35* | *40* |
| 0 | **176** | **168** | **154** | **142** | **132** | **123** | **116** | **100** | **088** |
| | 000 | 000 | 000 | 000 | 000 | 000 | 000 | 000 | 000 |
| 1 | **249** | **238** | **219** | **203** | **190** | **178** | **167** | **145** | **129** |
| | 001 | 001 | 001 | 001 | 001 | 001 | 001 | 001 | 001 |
| 2 | **304** | **292** | **270** | **251** | **235** | **221** | **208** | **182** | **162** |
| | 012 | 011 | 010 | 009 | 009 | 008 | 008 | 007 | 006 |
| 3 | **349** | **336** | **312** | **292** | **274** | **257** | **243** | **214** | **191** |
| | 029 | 028 | 025 | 024 | 022 | 020 | 019 | 017 | 015 |
| 4 | **388** | **374** | **349** | **327** | **307** | **290** | **275** | **242** | **217** |
| | 050 | 047 | 044 | 040 | 038 | 035 | 033 | 029 | 025 |
| 5 | **421** | **407** | **381** | **358** | **337** | **319** | **303** | **268** | **241** |
| | 071 | 068 | 063 | 058 | 055 | 051 | 048 | 042 | 037 |
| 6 | **451** | **436** | **410** | **386** | **364** | **345** | **328** | **292** | **263** |
| | 094 | 090 | 083 | 077 | 072 | 068 | 064 | 056 | 049 |
| 7 | **478** | **463** | **435** | **411** | **389** | **369** | **351** | **314** | **283** |
| | 116 | 111 | 103 | 096 | 090 | 084 | 080 | 070 | 062 |
| 8 | **502** | **487** | **459** | **434** | **412** | **391** | **373** | **334** | **302** |
| | 138 | 132 | 123 | 115 | 107 | 101 | 096 | 084 | 075 |
| 9 | **524** | **508** | **481** | **455** | **433** | **412** | **393** | **353** | **321** |
| | 159 | 153 | 142 | 133 | 125 | 118 | 111 | 098 | 088 |
| 10 | **544** | **528** | **500** | **475** | **452** | **431** | **412** | **372** | **338** |
| | 179 | 173 | 161 | 151 | 142 | 134 | 127 | 112 | 100 |
| 11 | **561** | **546** | **519** | **493** | **470** | **449** | **429** | **388** | **354** |
| | 199 | 192 | 180 | 160 | 159 | 150 | 142 | 126 | 113 |
| 12 | **578** | **563** | **535** | **510** | **487** | **465** | **446** | **404** | **369** |
| | 218 | 211 | 197 | 186 | 175 | 166 | 157 | 140 | 125 |
| 13 | **594** | **579** | **551** | **525** | **503** | **481** | **461** | **419** | **384** |
| | 237 | 229 | 215 | 202 | 191 | 181 | 172 | 153 | 138 |
| 14 | **608** | **593** | **566** | **540** | **517** | **496** | **476** | **433** | **398** |
| | 255 | 247 | 232 | 218 | 206 | 196 | 186 | 166 | 150 |
| 15 | **621** | **607** | **579** | **554** | **531** | **509** | **490** | **446** | **410** |
| | 272 | 263 | 248 | 234 | 221 | 210 | 200 | 179 | 162 |
| 16 | **634** | **619** | **592** | **567** | **544** | **522** | **502** | **459** | **422** |
| | 288 | 280 | 263 | 249 | 236 | 224 | 214 | 191 | 173 |
| 17 | **645** | **631** | **604** | **579** | **556** | **535** | **515** | **471** | **434** |
| | 304 | 295 | 278 | 263 | 250 | 238 | 227 | 203 | 185 |

（续）

| 比例中的分子（$x$） | 分母减去分子（$n-x$） | | | | | | | | |
|---|---|---|---|---|---|---|---|---|---|
| | *19* | *20* | *22* | *24* | *26* | *28* | *30* | *35* | *40* |
| 18 | **656** | **642** | **615** | **590** | **568** | **547** | **527** | **483** | **445** |
| | 319 | 310 | 293 | 277 | 264 | 251 | 240 | 215 | 196 |
| 19 | **666** | **652** | **626** | **601** | **578** | **557** | **538** | **494** | **456** |
| | 334 | 324 | 307 | 291 | 277 | 264 | 252 | 227 | 207 |
| 20 | **676** | **662** | **636** | **612** | **589** | **568** | **548** | **504** | **467** |
| | 348 | 338 | 320 | 304 | 289 | 276 | 264 | 238 | 217 |
| 22 | **693** | **680** | **654** | **631** | **614** | **588** | **568** | **524** | **487** |
| | 374 | 364 | 346 | 329 | 314 | 300 | 287 | 260 | 237 |
| 24 | **709** | **696** | **671** | **648** | **626** | **605** | **586** | **543** | **505** |
| | 399 | 388 | 369 | 352 | 337 | 322 | 309 | 281 | 257 |
| 26 | **723** | **711** | **686** | **663** | **642** | **622** | **603** | **559** | **522** |
| | 422 | 411 | 386 | 374 | 358 | 343 | 330 | 300 | 276 |
| 28 | **736** | **724** | **700** | **678** | **657** | **637** | **618** | **575** | **538** |
| | 443 | 432 | 412 | 395 | 378 | 363 | 349 | 319 | 294 |
| 30 | **748** | **736** | **713** | **691** | **670** | **651** | **632** | **590** | **552** |
| | 462 | 452 | 432 | 414 | 397 | 382 | 368 | 337 | 311 |
| 35 | **773** | **762** | **740** | **719** | **700** | **681** | **663** | **622** | **586** |
| | 506 | 496 | 476 | 457 | 441 | 425 | 410 | 378 | 351 |
| 40 | **793** | **783** | **763** | **743** | **724** | **706** | **689** | **649** | **614** |
| | 544 | 533 | 513 | 495 | 478 | 462 | 448 | 414 | 386 |
| 45 | **811** | **801** | **781** | **763** | **745** | **728** | **711** | **673** | **639** |
| | 576 | 566 | 548 | 528 | 511 | 495 | 480 | 447 | 419 |
| 50 | **825** | **816** | **797** | **780** | **763** | **746** | **731** | **694** | **660** |
| | 604 | 594 | 575 | 557 | 540 | 525 | 510 | 476 | 447 |
| 60 | **848** | **840** | **823** | **807** | **792** | **777** | **763** | **728** | **697** |
| | 650 | 641 | 622 | 605 | 589 | 574 | 559 | 526 | 497 |
| 80 | **880** | **874** | **860** | **846** | **833** | **820** | **808** | **778** | **750** |
| | 717 | 708 | 692 | 676 | 662 | 647 | 634 | 603 | 575 |
| 100 | **901** | **895** | **883** | **872** | **860** | **847** | **838** | **812** | **787** |
| | 762 | 755 | 740 | 726 | 713 | 700 | 687 | 658 | 632 |
| 200 | **947** | **943** | **937** | **930** | **923** | **917** | **910** | **894** | **878** |
| | 868 | 863 | 854 | 845 | 836 | 828 | 819 | 799 | 780 |
| 500 | **978** | **976** | **973** | **970** | **967** | **964** | **961** | **954** | **947** |
| | 944 | 941 | 937 | 933 | 928 | 924 | 920 | 910 | 901 |
| ∞ | **1 000** | **1 000** | **1 000** | **1 000** | **1 000** | **1 000** | **1 000** | **1 000** | **1 000** |
| | 1 000 | 1 000 | 1 000 | 1 000 | 1 000 | 1 000 | 1 000 | 1 000 | 1 000 |

（续）

| 比例中的分子（$x$） | 分母减去分子（$n-x$） | | | | | | | |
|---|---|---|---|---|---|---|---|---|
| | 45 | 50 | 60 | 80 | 100 | 200 | 500 | ∞ |
| 0 | **079** | **071** | **060** | **045** | **036** | **018** | **007** | **000** |
| | 000 | 000 | 000 | 000 | 000 | 000 | 000 | 000 |
| 1 | **115** | **104** | **088** | **067** | **054** | **027** | **011** | **000** |
| | 001 | 001 | 000 | 000 | 000 | 000 | 000 | 000 |
| 2 | **145** | **132** | **112** | **085** | **069** | **035** | **014** | **000** |
| | 005 | 005 | 004 | 003 | 002 | 001 | 000 | 000 |
| 3 | **172** | **157** | **133** | **102** | **083** | **043** | **017** | **000** |
| | 013 | 012 | 010 | 008 | 006 | 003 | 001 | 000 |
| 4 | **196** | **179** | **152** | **118** | **096** | **049** | **020** | **000** |
| | 023 | 021 | 017 | 013 | 011 | 005 | 002 | 000 |
| 5 | **218** | **200** | **170** | **132** | **108** | **056** | **023** | **000** |
| | 033 | 030 | 025 | 019 | 016 | 008 | 003 | 000 |
| 6 | **239** | **219** | **187** | **145** | **119** | **062** | **026** | **000** |
| | 044 | 040 | 034 | 026 | 021 | 011 | 004 | 000 |
| 7 | **258** | **237** | **203** | **158** | **130** | **068** | **028** | **000** |
| | 056 | 051 | 043 | 033 | 027 | 014 | 005 | 000 |
| 8 | **276** | **254** | **218** | **171** | **141** | **074** | **031** | **000** |
| | 067 | 061 | 052 | 040 | 033 | 017 | 007 | 000 |
| 9 | **293** | **270** | **233** | **184** | **151** | **080** | **033** | **000** |
| | 079 | 072 | 061 | 047 | 038 | 020 | 008 | 000 |
| 10 | **310** | **286** | **248** | **196** | **162** | **086** | **036** | **000** |
| | 091 | 083 | 071 | 055 | 045 | 023 | 009 | 000 |
| 11 | **325** | **300** | **260** | **207** | **171** | **091** | **038** | **000** |
| | 102 | 094 | 080 | 062 | 051 | 026 | 011 | 000 |
| 12 | **339** | **314** | **273** | **217** | **180** | **097** | **040** | **000** |
| | 114 | 104 | 089 | 069 | 057 | 030 | 012 | 000 |
| 13 | **353** | **327** | **285** | **227** | **189** | **102** | **043** | **000** |
| | 125 | 115 | 098 | 077 | 063 | 033 | 014 | 000 |
| 14 | **367** | **340** | **297** | **237** | **198** | **107** | **045** | **000** |
| | 136 | 125 | 107 | 084 | 069 | 036 | 015 | 000 |
| 15 | **379** | **352** | **308** | **247** | **206** | **112** | **047** | **000** |
| | 147 | 135 | 116 | 091 | 075 | 039 | 016 | 000 |
| 16 | **391** | **364** | **319** | **256** | **214** | **117** | **050** | **000** |
| | 158 | 146 | 126 | 099 | 081 | 043 | 018 | 000 |
| 17 | **402** | **375** | **330** | **266** | **222** | **122** | **052** | **000** |
| | 169 | 156 | 134 | 106 | 087 | 046 | 019 | 000 |

（续）

| | | 分母减去分子（$n-x$） | | | | | | | |
|---|---|---|---|---|---|---|---|---|---|
| | | *45* | *50* | *60* | *80* | *100* | *200* | *500* | ∞ |
| 比例中的分子（$x$） | 18 | **413** | **386** | **340** | **274** | **230** | **127** | **054** | **000** |
| | | 179 | 165 | 143 | 113 | 093 | 050 | 021 | 000 |
| | 19 | **424** | **396** | **350** | **283** | **238** | **132** | **056** | **000** |
| | | 189 | 175 | 152 | 120 | 099 | 053 | 022 | 000 |
| | 20 | **434** | **406** | **359** | **292** | **245** | **137** | **059** | **000** |
| | | 199 | 184 | 160 | 126 | 105 | 057 | 024 | 000 |
| | 22 | **454** | **425** | **378** | **308** | **260** | **146** | **063** | **000** |
| | | 219 | 203 | 177 | 140 | 117 | 063 | 027 | 000 |
| | 24 | **472** | **443** | **395** | **324** | **274** | **155** | **067** | **000** |
| | | 237 | 220 | 193 | 154 | 128 | 070 | 030 | 000 |
| | 26 | **489** | **460** | **411** | **338** | **287** | **164** | **072** | **000** |
| | | 255 | 237 | 208 | 167 | 140 | 077 | 033 | 000 |
| | 28 | **505** | **475** | **426** | **353** | **300** | **172** | **076** | **000** |
| | | 272 | 254 | 223 | 180 | 153 | 083 | 036 | 000 |
| | 30 | **520** | **490** | **441** | **366** | **313** | **181** | **080** | **000** |
| | | 289 | 269 | 237 | 192 | 162 | 090 | 039 | 000 |
| | 35 | **553** | **524** | **474** | **397** | **342** | **201** | **090** | **000** |
| | | 327 | 306 | 272 | 222 | 188 | 106 | 046 | 000 |
| | 40 | **581** | **553** | **503** | **425** | **368** | **220** | **099** | **000** |
| | | 361 | 340 | 303 | 250 | 213 | 122 | 053 | 000 |
| | 45 | **607** | **579** | **529** | **451** | **392** | **238** | **109** | **000** |
| | | 393 | 370 | 332 | 276 | 236 | 137 | 061 | 000 |
| | 50 | **630** | **602** | **552** | **474** | **415** | **255** | **118** | **000** |
| | | 421 | 398 | 359 | 301 | 259 | 152 | 068 | 000 |
| | 60 | **668** | **641** | **593** | **515** | **455** | **287** | **136** | **000** |
| | | 471 | 448 | 407 | 345 | 300 | 181 | 083 | 000 |
| | 80 | **724** | **699** | **655** | **580** | **520** | **342** | **169** | **000** |
| | | 549 | 526 | 485 | 420 | 370 | 234 | 111 | 000 |
| | 100 | **764** | **741** | **700** | **630** | **571** | **395** | **199** | **000** |
| | | 608 | 585 | 545 | 480 | 429 | 280 | 138 | 000 |
| | 200 | **863** | **848** | **819** | **766** | **720** | **550** | **319** | **000** |
| | | 762 | 745 | 713 | 658 | 605 | 450 | 253 | 000 |
| | 500 | **939** | **932** | **917** | **889** | **862** | **747** | **531** | **000** |
| | | 891 | 882 | 864 | 831 | 801 | 681 | 469 | 000 |
| | ∞ | **1 000** | **1 000** | **1 000** | **1 000** | **1 000** | **1 000** | **1 000** | **—** |
| | | 1 000 | 1 000 | 1 000 | 1 000 | 1 000 | 1 000 | 1 000 | — |

## 附录Ⅷ　90%，95%和99%置信区间内0～100的泊松分布值（Altman等，2000）

假定研究的观察值 $x$ 来自泊松分布，则 $x_L$ 和 $x_U$ 是总体平均值的置信下限和上限。

| $x$ | 90% | | 置信水平 95% | | 99% | |
|---|---|---|---|---|---|---|
| | $x_L$ | $x_U$ | $x_L$ | $x_U$ | $x_L$ | $x_U$ |
| 0 | | 2.996 | 0 | 3.689 | 0 | 5.298 |
| 1 | 0.051 | 4.744 | 0.025 | 5.572 | 0.005 | 7.430 |
| 2 | 0.35 | 6.296 | 0.242 | 7.225 | 0.103 | 9.274 |
| 3 | 0.81 | 7.754 | 0.619 | 8.767 | 0.338 | 10.977 |
| 4 | 1.366 | 9.154 | 1.090 | 10.242 | 0.672 | 12.594 |
| 5 | 1.970 | 10.513 | 1.623 | 11.668 | 1.078 | 14.150 |
| 6 | 2.613 | 11.842 | 2.202 | 13.059 | 1.537 | 15.660 |
| 7 | 3.285 | 13.148 | 2.814 | 14.423 | 2.037 | 17.134 |
| 8 | 3.981 | 14.435 | 3.454 | 15.763 | 2.571 | 18.578 |
| 9 | 4.695 | 15.705 | 4.115 | 17.085 | 3.132 | 19.998 |
| 10 | 5.425 | 16.962 | 4.795 | 18.390 | 3.717 | 21.398 |
| 11 | 6.169 | 18.208 | 5.491 | 19.682 | 4.321 | 22.779 |
| 12 | 6.924 | 19.443 | 6.201 | 20.962 | 4.943 | 24.145 |
| 13 | 7.690 | 20.669 | 6.922 | 22.230 | 5.580 | 25.497 |
| 14 | 8.464 | 21.886 | 7.654 | 23.490 | 6.231 | 26.836 |
| 15 | 9.246 | 23.097 | 8.395 | 24.740 | 6.893 | 28.164 |
| 16 | 10.036 | 24.301 | 9.145 | 25.983 | 7.567 | 29.482 |
| 17 | 10.832 | 25.499 | 9.903 | 27.219 | 8.251 | 30.791 |
| 18 | 11.634 | 26.692 | 10.668 | 28.448 | 8.943 | 32.091 |
| 19 | 12.442 | 27.879 | 11.439 | 29.671 | 9.644 | 33.383 |
| 20 | 13.255 | 29.062 | 12.217 | 30.888 | 10.353 | 34.668 |
| 21 | 14.072 | 30.240 | 12.999 | 32.101 | 11.069 | 35.946 |
| 22 | 14.894 | 31.415 | 13.787 | 33.308 | 11.792 | 37.218 |
| 23 | 15.719 | 32.585 | 14.580 | 34.511 | 12.521 | 38.484 |
| 24 | 16.549 | 33.752 | 15.377 | 35.710 | 13.255 | 39.745 |
| 25 | 17.382 | 34.916 | 16.179 | 36.905 | 13.995 | 41.000 |
| 26 | 18.219 | 36.077 | 16.984 | 38.096 | 14.741 | 42.251 |
| 27 | 19.058 | 37.234 | 17.793 | 39.284 | 15.491 | 43.497 |
| 28 | 19.901 | 38.389 | 18.606 | 40.468 | 16.245 | 44.738 |
| 29 | 20.746 | 39.541 | 19.422 | 41.649 | 17.004 | 45.976 |
| 30 | 21.594 | 40.691 | 20.241 | 42.827 | 17.767 | 47.209 |
| 31 | 22.445 | 41.838 | 21.063 | 44.002 | 18.534 | 48.439 |
| 32 | 23.297 | 42.982 | 21.888 | 45.174 | 19.305 | 49.665 |
| 33 | 24.153 | 44.125 | 22.716 | 46.344 | 20.079 | 50.888 |
| 34 | 25.010 | 45.266 | 23.546 | 47.512 | 20.857 | 52.107 |
| 35 | 25.870 | 46.404 | 24.379 | 48.677 | 21.638 | 53.324 |
| 36 | 26.731 | 47.541 | 25.214 | 49.839 | 22.422 | 54.537 |

（续）

| $x$ | 90% | | 置信水平 95% | | 99% | |
|---|---|---|---|---|---|---|
| | $x_L$ | $x_U$ | $x_L$ | $x_U$ | $x_L$ | $x_U$ |
| 37 | 27. 595 | 48. 675 | 26. 051 | 51. 000 | 23. 208 | 55. 748 |
| 38 | 28. 460 | 49. 808 | 26. 891 | 52. 158 | 23. 998 | 56. 955 |
| 39 | 29. 327 | 50. 940 | 27. 733 | 53. 314 | 24. 791 | 58. 161 |
| 40 | 30. 196 | 52. 069 | 28. 577 | 54. 469 | 25. 586 | 59. 363 |
| 41 | 31. 066 | 53. 197 | 29. 422 | 55. 621 | 26. 384 | 60. 563 |
| 42 | 31. 938 | 54. 324 | 30. 270 | 56. 772 | 27. 184 | 61. 761 |
| 43 | 32. 812 | 55. 449 | 31. 119 | 57. 921 | 27. 986 | 62. 956 |
| 44 | 33. 687 | 56. 573 | 31. 970 | 59. 068 | 28. 791 | 64. 149 |
| 45 | 34. 563 | 57. 695 | 32. 823 | 60. 214 | 29. 598 | 65. 341 |
| 46 | 35. 441 | 58. 816 | 33. 678 | 61. 358 | 30. 407 | 66. 530 |
| 47 | 36. 320 | 59. 935 | 34. 534 | 62. 500 | 31. 218 | 67. 717 |
| 48 | 37. 200 | 61. 054 | 35. 391 | 63. 641 | 32. 032 | 68. 902 |
| 49 | 38. 082 | 62. 171 | 36. 250 | 64. 781 | 32. 847 | 70. 085 |
| 50 | 38. 965 | 63. 287 | 37. 111 | 65. 919 | 33. 664 | 71. 266 |
| 51 | 39. 849 | 64. 402 | 37. 973 | 67. 056 | 34. 483 | 72. 446 |
| 52 | 40. 734 | 65. 516 | 38. 836 | 68. 191 | 35. 303 | 73. 624 |
| 53 | 41. 620 | 66. 628 | 39. 701 | 69. 325 | 36. 125 | 74. 800 |
| 54 | 42. 507 | 67. 740 | 40. 566 | 70. 458 | 36. 949 | 75. 974 |
| 55 | 43. 396 | 68. 851 | 41. 434 | 71. 590 | 37. 775 | 77. 147 |
| 56 | 44. 285 | 69. 960 | 42. 302 | 72. 721 | 38. 602 | 78. 319 |
| 57 | 45. 176 | 71. 069 | 43. 171 | 73. 850 | 39. 431 | 79. 489 |
| 58 | 46. 067 | 72. 177 | 44. 042 | 74. 978 | 40. 261 | 80. 657 |
| 59 | 46. 959 | 73. 284 | 44. 914 | 76. 106 | 41. 093 | 81. 824 |
| 60 | 47. 852 | 74. 390 | 45. 786 | 77. 232 | 41. 926 | 82. 990 |
| 61 | 48. 746 | 75. 495 | 46. 660 | 78. 357 | 42. 760 | 84. 154 |
| 62 | 49. 641 | 76. 599 | 47. 535 | 79. 481 | 43. 596 | 85. 317 |
| 63 | 50. 537 | 77. 702 | 48. 411 | 80. 604 | 44. 433 | 86. 479 |
| 64 | 51. 434 | 78. 805 | 49. 288 | 81. 727 | 45. 272 | 87. 639 |
| 65 | 52. 331 | 79. 907 | 50. 166 | 82. 848 | 46. 111 | 88. 798 |
| 66 | 53. 229 | 81. 008 | 51. 044 | 83. 968 | 46. 952 | 89. 956 |
| 67 | 54. 128 | 82. 108 | 51. 924 | 85. 088 | 47. 794 | 91. 112 |
| 68 | 55. 028 | 83. 208 | 52. 805 | 86. 206 | 48. 637 | 92. 269 |
| 69 | 55. 928 | 84. 306 | 53. 686 | 87. 324 | 49. 482 | 93. 423 |
| 70 | 56. 830 | 85. 405 | 54. 568 | 88. 441 | 50. 327 | 94. 577 |
| 71 | 57. 732 | 86. 502 | 55. 452 | 89. 557 | 51. 174 | 95. 729 |
| 72 | 58. 634 | 87. 599 | 56. 336 | 90. 672 | 52. 022 | 96. 881 |
| 73 | 59. 537 | 88. 695 | 57. 220 | 91. 787 | 52. 871 | 98. 031 |
| 74 | 60. 441 | 89. 790 | 58. 106 | 92. 900 | 53. 720 | 99. 180 |
| 75 | 61. 346 | 90. 885 | 58. 992 | 94. 013 | 54. 571 | 100. 328 |
| 76 | 62. 251 | 91. 979 | 59. 879 | 95. 125 | 55. 423 | 101. 476 |
| 77 | 63. 157 | 93. 073 | 60. 767 | 96. 237 | 56. 276 | 102. 622 |

（续）

| $x$ | 90% | | 置信水平 95% | | 99% | |
|---|---|---|---|---|---|---|
| | $x_L$ | $x_U$ | $x_L$ | $x_U$ | $x_L$ | $x_U$ |
| 78 | 64.063 | 94.166 | 61.656 | 97.348 | 57.129 | 103.767 |
| 79 | 64.970 | 95.258 | 62.545 | 98.458 | 57.984 | 104.912 |
| 80 | 65.878 | 96.350 | 63.435 | 99.567 | 58.840 | 106.056 |
| 81 | 66.786 | 97.441 | 64.326 | 100.676 | 59.696 | 107.198 |
| 82 | 67.965 | 98.532 | 65.217 | 101.784 | 60.553 | 108.340 |
| 83 | 68.604 | 99.622 | 66.109 | 102.891 | 61.412 | 109.481 |
| 84 | 69.514 | 100.712 | 67.002 | 103.998 | 62.271 | 110.621 |
| 85 | 70.425 | 101.801 | 67.895 | 105.104 | 63.131 | 111.761 |
| 86 | 71.336 | 102.889 | 68.789 | 106.209 | 63.991 | 112.899 |
| 87 | 72.247 | 103.977 | 69.683 | 107.314 | 64.853 | 114.037 |
| 88 | 73.159 | 105.065 | 70.579 | 108.418 | 65.715 | 115.174 |
| 89 | 74.071 | 106.152 | 71.474 | 109.522 | 66.578 | 116.310 |
| 90 | 74.984 | 107.239 | 72.371 | 110.625 | 67.442 | 117.445 |
| 91 | 75.898 | 108.325 | 73.268 | 111.728 | 68.307 | 118.580 |
| 92 | 76.812 | 109.410 | 74.165 | 112.830 | 69.172 | 119.714 |
| 93 | 77.726 | 110.495 | 75.063 | 113.931 | 70.038 | 120.847 |
| 94 | 78.641 | 111.580 | 75.962 | 115.032 | 70.905 | 121.980 |
| 95 | 79.556 | 112.664 | 76.861 | 116.133 | 71.773 | 123.112 |
| 96 | 80.472 | 113.748 | 77.760 | 117.232 | 72.641 | 124.243 |
| 97 | 81.388 | 114.832 | 78.660 | 118.332 | 73.510 | 125.373 |
| 98 | 82.305 | 115.915 | 79.561 | 119.431 | 74.379 | 126.503 |
| 99 | 83.222 | 116.997 | 80.462 | 120.529 | 75.250 | 127.632 |
| 100 | 84.139 | 118.079 | 81.364 | 121.627 | 76.120 | 128.761 |

## 附录Ⅸ　卡方分布

| 自由度 | P 值 | | | | |
|---|---|---|---|---|---|
| | 0.99 | 0.95 | 0.05 | 0.01 | 0.001 |
| 1 | 0.000 157 | 0.003 93 | 3.841 | 6.635 | 10.83 |
| 2 | 0.020 1 | 0.103 | 5.991 | 9.210 | 13.82 |
| 3 | 0.115 | 0.352 | 7.815 | 11.34 | 16.27 |
| 4 | 0.297 | 0.711 | 9.488 | 13.28 | 18.47 |
| 5 | 0.554 | 1.145 | 11.07 | 15.09 | 20.51 |
| 6 | 0.872 | 1.635 | 12.59 | 16.81 | 22.46 |
| 7 | 1.239 | 2.167 | 14.07 | 18.48 | 24.32 |
| 8 | 1.646 | 2.733 | 15.51 | 20.09 | 26.13 |
| 9 | 2.088 | 3.325 | 16.92 | 21.67 | 27.88 |
| 10 | 2.558 | 3.940 | 18.31 | 23.21 | 29.59 |
| 11 | 3.053 | 4.575 | 19.68 | 24.72 | 31.26 |
| 12 | 3.571 | 5.226 | 21.03 | 26.22 | 32.91 |
| 13 | 4.107 | 5.892 | 22.36 | 27.69 | 34.53 |
| 14 | 4.660 | 6.571 | 23.68 | 29.14 | 36.12 |
| 15 | 5.229 | 7.261 | 25.00 | 30.58 | 37.70 |
| 16 | 5.812 | 7.962 | 26.30 | 32.00 | 39.25 |
| 17 | 6.408 | 8.672 | 27.59 | 33.41 | 40.79 |
| 18 | 7.015 | 9.390 | 28.87 | 34.81 | 42.31 |
| 19 | 7.633 | 10.12 | 30.14 | 36.19 | 43.82 |
| 20 | 8.260 | 10.85 | 31.41 | 37.57 | 45.31 |
| 21 | 8.897 | 11.59 | 32.67 | 38.93 | 46.80 |
| 22 | 9.542 | 12.34 | 33.92 | 40.29 | 48.27 |
| 23 | 10.20 | 13.09 | 35.17 | 41.64 | 49.73 |
| 24 | 10.86 | 13.85 | 36.42 | 42.98 | 51.18 |
| 25 | 11.52 | 14.61 | 37.65 | 44.31 | 52.62 |
| 26 | 12.20 | 15.38 | 38.89 | 45.64 | 54.05 |
| 27 | 12.88 | 16.15 | 40.11 | 46.96 | 55.48 |
| 28 | 13.56 | 16.93 | 41.34 | 48.28 | 56.89 |
| 29 | 14.26 | 17.71 | 42.56 | 49.59 | 58.30 |
| 30 | 14.95 | 18.49 | 43.77 | 50.89 | 59.70 |

注：此表给出了基于 $\chi^2$ 的显著性检验最常用的百分比。因此，观察到自由度为 5 的 $\chi^2$ 值大于 11.07 的可能性是 0.05 或 5%。同样，观察到自由度为 5 的 $\chi^2$ 值小于 0.554 的可能性是 1−0.99=0.01 或 1%。

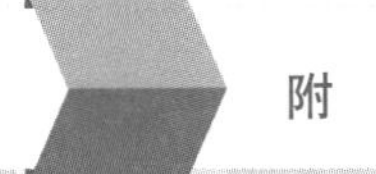


## 附录Ⅹ　简单随机样本的选择

例如：调查者要求从 90 只动物中随机选择 10 只动物。

建立所有动物的抽样框，并从 1 到 90 连续标记。为便于观察，下表中的随机数排成两列（其他表可以有不同数量组合在一起的列）。

（1）任意选择两列，对应十位和个位，以 27 和 28 列为例。

（2）选择任意行，例如第 7 行：89。

（3）从该列往下看：89，97，32，21，60，48，10，98，23，89，08，15，44，68…忽略所有大于 90 的数值。前 10 个数值为：89，32，21，60，48，10，23，89，08，15。

（4）由于选择了两次 89，第二个 89 应去掉，选择下一个可用号码：44。

这 10 个样本量由标记为 89，32，21，60，48，10，23，8，15，44 的动物组成。

如果要多次使用该表，则应改变行和列的起始点。

| 随机数表（摘自 Lindley和 Scott，1984） | | | | | | | | | |
|---|---|---|---|---|---|---|---|---|---|
| 84 42 | 56 53 | 87 75 | 18 91 | 76 66 | 64 83 | 97 11 | 69 41 | 80 92 | 38 75 |
| 28 87 | 77 03 | 57 09 | 85 86 | 46 86 | 40 15 | 31 81 | 78 91 | 30 22 | 88 58 |
| 64 12 | 39 65 | 37 93 | 76 46 | 11 09 | 56 28 | 94 54 | 10 14 | 30 73 | 80 30 |
| 49 41 | 73 76 | 49 64 | 06 70 | 99 37 | 72 60 | 39 16 | 02 26 | 91 90 | 16 54 |
| 06 46 | 69 31 | 24 33 | 52 67 | 85 07 | 01 33 | 16 33 | 43 98 | 17 62 | 52 52 |
| 75 56 | 96 97 | 65 20 | 68 68 | 60 97 | 90 46 | 63 37 | 10 34 | 41 64 | 85 01 |
| 09 35 | 89 97 | 97 10 | 00 76 | 39 82 | 49 94 | 15 89 | 60 65 | 57 03 | 91 68 |
| 73 81 | 11 08 | 52 73 | 64 85 | 22 72 | 85 16 | 15 97 | 76 28 | 41 95 | 00 33 |
| 49 69 | 80 41 | 46 62 | 26 32 | 58 16 | 88 76 | 54 32 | 06 37 | 46 45 | 28 95 |
| 64 60 | 49 70 | 33 73 | 71 57 | 83 26 | 19 25 | 86 21 | 64 60 | 11 01 | 86 70 |
| 93 05 | 36 44 | 59 19 | 99 51 | 54 21 | 37 48 | 18 60 | 22 92 | 68 34 | 39 02 |
| 39 88 | 11 26 | 68 92 | 81 14 | 12 16 | 37 64 | 61 48 | 21 69 | 77 76 | 33 00 |
| 89 34 | 19 12 | 83 76 | 35 11 | 96 53 | 04 76 | 63 10 | 93 68 | 52 42 | 73 20 |
| 77 29 | 03 26 | 45 36 | 15 17 | 27 28 | 79 58 | 38 98 | 73 52 | 63 72 | 48 41 |
| 86 75 | 51 29 | 70 78 | 24 78 | 94 78 | 64 17 | 32 23 | 95 52 | 87 79 | 14 30 |
| 95 98 | 77 51 | 14 65 | 76 49 | 42 36 | 11 33 | 23 89 | 32 01 | 60 48 | 91 44 |
| 22 09 | 01 14 | 04 96 | 97 56 | 92 52 | 83 44 | 45 08 | 72 78 | 10 36 | 26 70 |
| 30 49 | 36 23 | 36 81 | 11 76 | 91 08 | 67 60 | 01 15 | 64 77 | 21 33 | 72 29 |
| 77 59 | 88 92 | 17 75 | 04 47 | 18 02 | 94 84 | 71 44 | 87 63 | 06 04 | 49 33 |
| 03 50 | 80 26 | 74 74 | 18 85 | 92 20 | 64 39 | 98 68 | 29 26 | 90 14 | 77 36 |
| 46 32 | 79 69 | 41 06 | 26 04 | 47 24 | 67 10 | 66 69 | 21 55 | 66 63 | 48 47 |
| 65 73 | 98 08 | 05 96 | 92 27 | 22 86 | 54 87 | 95 87 | 40 27 | 09 97 | 47 21 |
| 68 82 | 77 73 | 08 37 | 28 47 | 73 49 | 10 65 | 53 48 | 87 74 | 02 99 | 52 86 |
| 93 98 | 12 19 | 82 69 | 61 08 | 00 42 | 88 83 | 70 85 | 08 48 | 74 94 | 88 61 |
| 61 27 | 39 16 | 42 17 | 89 81 | 27 44 | 12 33 | 43 24 | 92 41 | 55 13 | 45 01 |
| 54 74 | 04 79 | 72 61 | 21 87 | 23 83 | 96 56 | 97 63 | 67 02 | 67 30 | 36 89 |

（续）

| 随机数表（摘自 Lindley 和 Scott，1984） | | | | | | | | | |
|---|---|---|---|---|---|---|---|---|---|
| 28 00 | 40 86 | 92 97 | 06 22 | 37 37 | 83 00 | 97 17 | 08 06 | 43 95 | 76 84 |
| 61 78 | 71 16 | 41 01 | 69 63 | 35 96 | 60 65 | 09 44 | 93 42 | 72 11 | 22 85 |
| 68 60 | 92 99 | 60 97 | 53 55 | 34 61 | 43 40 | 77 96 | 19 87 | 63 49 | 22 47 |
| 21 76 | 13 39 | 25 89 | 91 38 | 25 19 | 44 33 | 11 36 | 72 21 | 40 90 | 76 95 |
| 73 59 | 53 04 | 35 13 | 12 31 | 88 70 | 05 40 | 43 42 | 47 17 | 03 86 | 14 10 |
| 85 68 | 66 48 | 05 24 | 28 97 | 84 84 | 91 65 | 62 83 | 89 68 | 07 51 | 01 02 |
| 60 30 | 10 46 | 44 34 | 19 56 | 00 83 | 20 53 | 53 05 | 29 03 | 47 55 | 23 26 |
| 44 63 | 80 62 | 80 80 | 99 43 | 33 87 | 70 52 | 51 62 | 02 12 | 02 90 | 44 44 |
| 89 38 | 13 68 | 31 31 | 97 15 | 35 67 | 23 74 | 76 96 | 62 82 | 62 19 | 65 58 |
| 55 20 | 77 12 | 79 81 | 42 15 | 30 67 | 88 83 | 69 08 | 99 82 | 20 39 | 92 40 |
| 67 40 | 42 16 | 46 06 | 60 74 | 61 22 | 95 47 | 24 62 | 81 06 | 19 67 | 15 06 |
| 57 19 | 76 98 | 65 64 | 55 28 | 34 03 | 58 62 | 35 22 | 67 40 | 04 88 | 17 59 |
| 21 72 | 97 04 | 82 62 | 09 54 | 35 17 | 22 73 | 35 72 | 53 65 | 95 48 | 55 12 |
| 46 89 | 95 61 | 31 77 | 14 14 | 24 14 | 91 58 | 76 56 | 19 33 | 98 67 | 09 04 |
| 99 73 | 85 64 | 96 58 | 61 65 | 60 83 | 62 10 | 87 00 | 82 63 | 39 90 | 83 17 |
| 85 52 | 98 27 | 40 33 | 09 59 | 80 17 | 22 06 | 84 03 | 41 48 | 76 07 | 26 69 |
| 50 12 | 17 86 | 50 57 | 91 28 | 42 29 | 83 87 | 00 87 | 93 52 | 53 47 | 08 65 |
| 92 84 | 02 93 | 44 36 | 93 19 | 08 54 | 76 62 | 31 65 | 94 68 | 38 04 | 62 31 |
| 69 74 | 30 25 | 68 65 | 19 77 | 57 05 | 71 56 | 91 30 | 16 66 | 70 48 | 78 65 |
| 51 69 | 76 00 | 20 92 | 58 21 | 24 33 | 74 08 | 66 90 | 61 89 | 56 83 | 39 58 |
| 27 25 | 81 29 | 75 02 | 85 09 | 58 89 | 77 83 | 03 40 | 21 14 | 45 90 | 54 01 |
| 44 03 | 62 96 | 68 65 | 24 57 | 44 43 | 07 72 | 59 16 | 04 94 | 23 36 | 55 85 |
| 40 59 | 49 20 | 48 63 | 35 74 | 33 12 | 96 25 | 59 35 | 07 45 | 80 97 | 19 90 |
| 92 91 | 07 14 | 82 22 | 50 70 | 75 15 | 69 71 | 31 20 | 60 06 | 99 56 | 57 74 |

## 附录Ⅺ　样本量

本附录是根据5%、10%、20%、30%、40%和50%预期流行率和要求的样本量来确定期望的置信区间（图1至图6）（OIE，1973）。例如，如果预期流行率为30%，见图4。样本量为200会产生24%～36%的95%置信区间。样本量为800会产生27%～33%的95%置信区间。

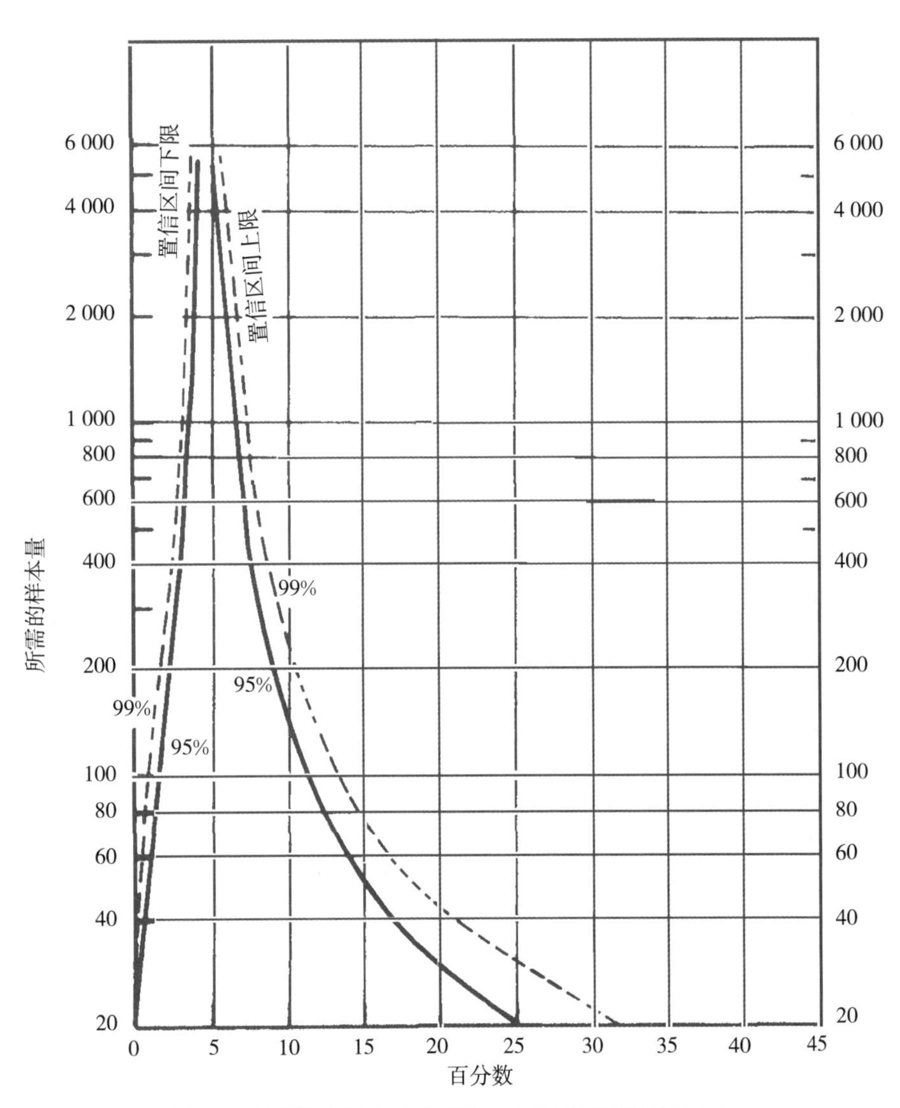


图1　5%预期流行率时达到期望置信区间所需的样本量

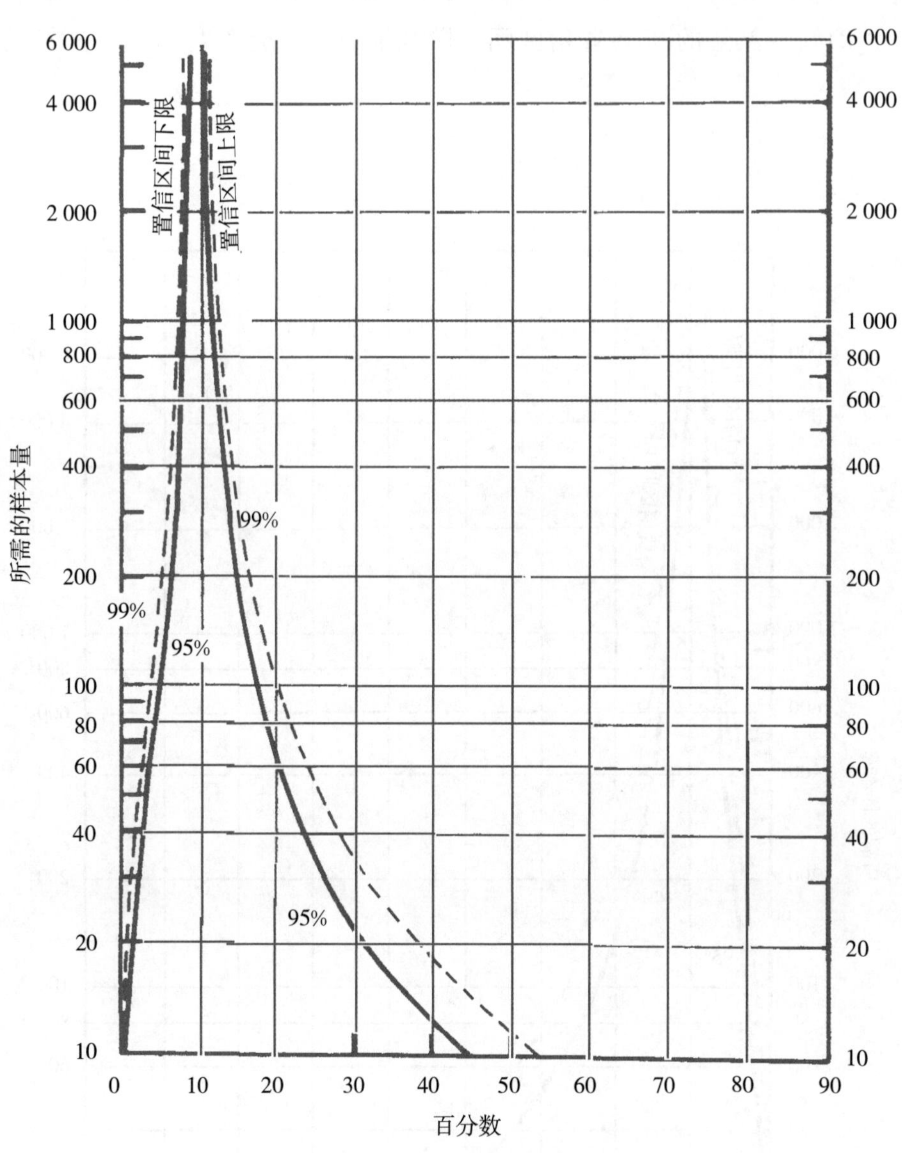


图 2　10%预期流行率时达到期望置信区间所需的样本量

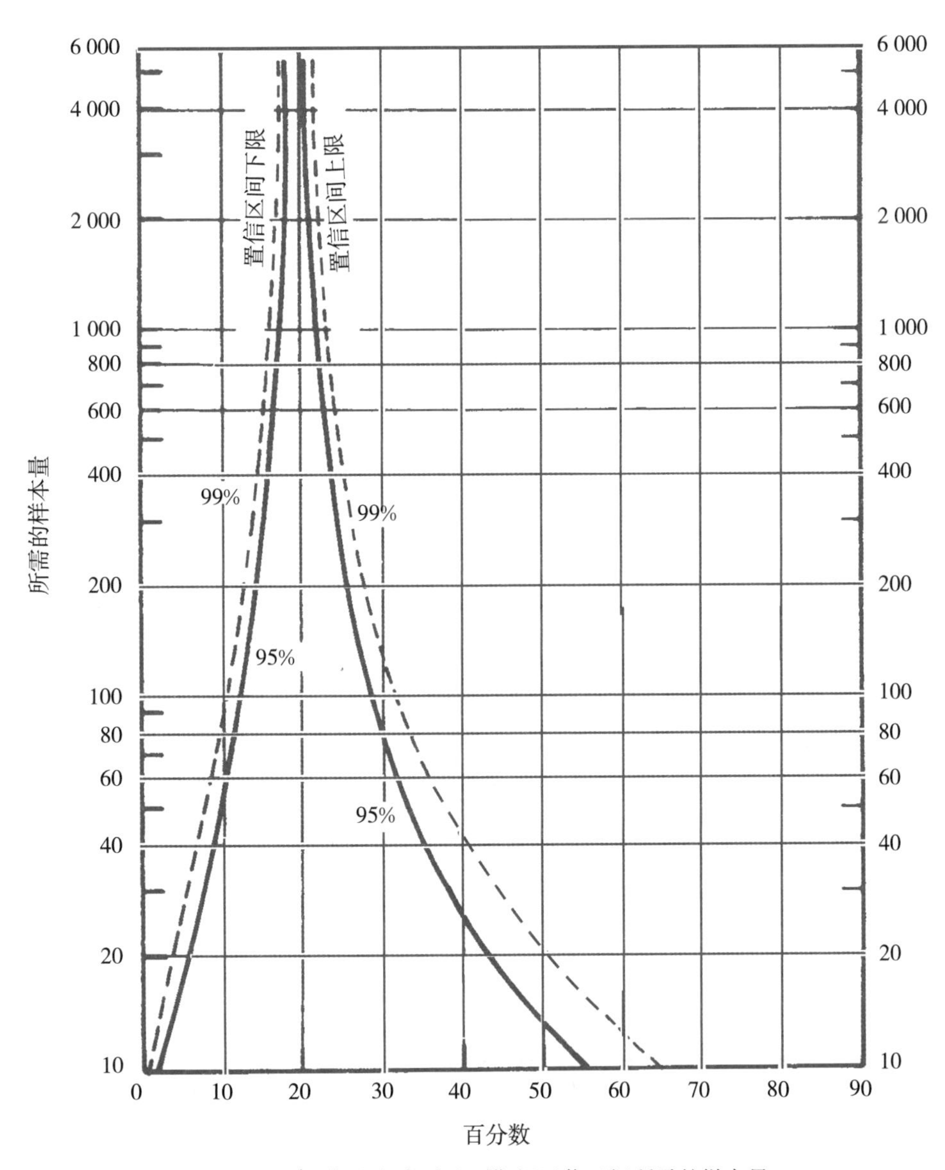


图3　20%预期流行率时达到期望置信区间所需的样本量

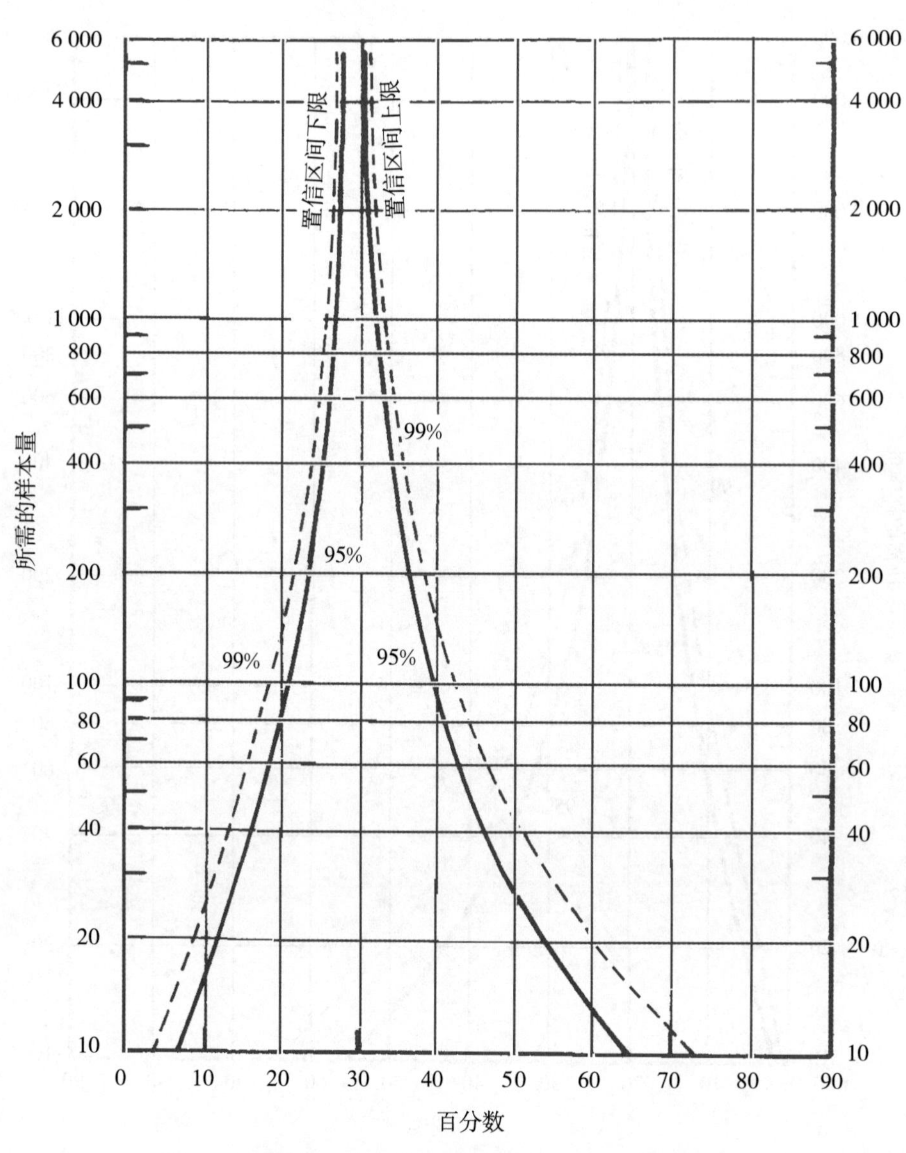


图 4　30%预期流行率时达到期望置信区间所需的样本量

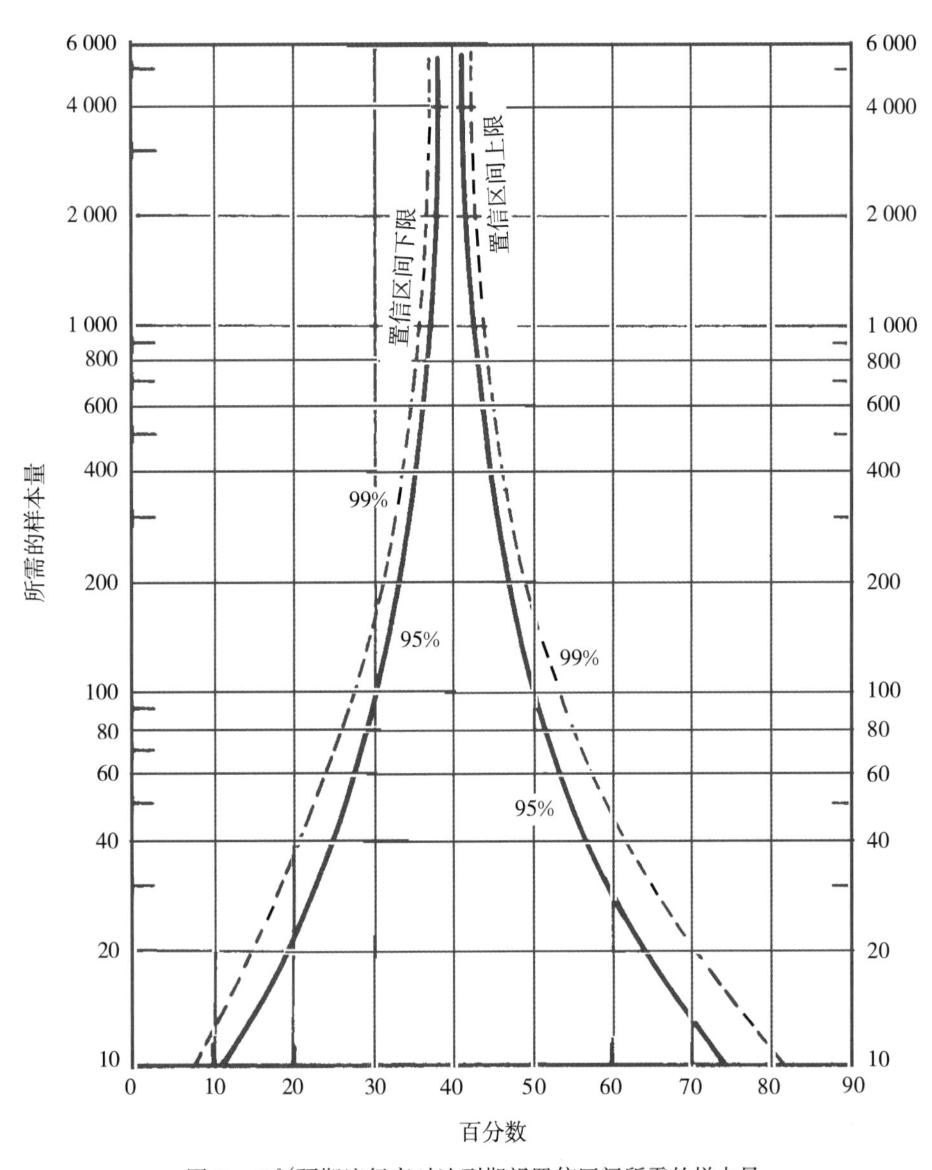


图 5　40%预期流行率时达到期望置信区间所需的样本量

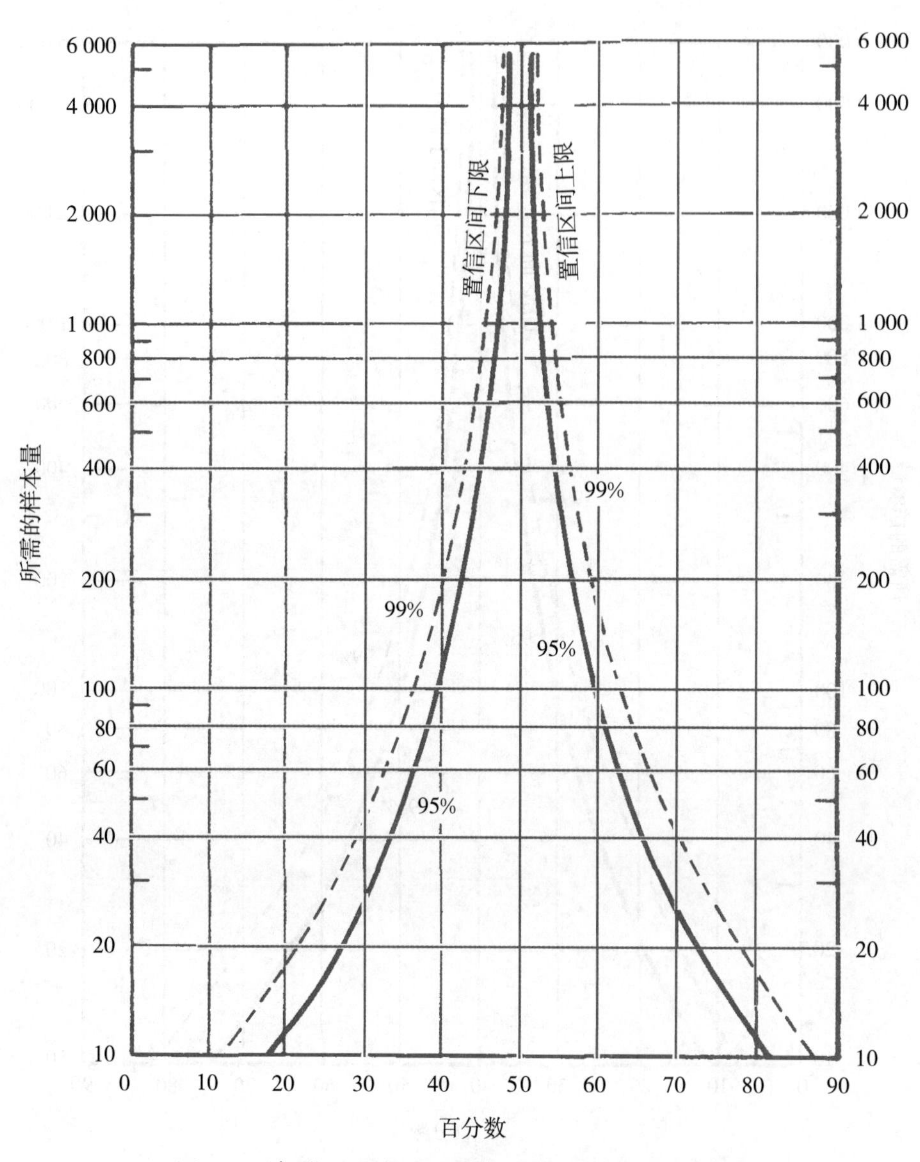


图 6　50％预期流行率时达到期望置信区间所需的样本量

## 附录Ⅻ　群体中检测到少数病例的概率（修改自 Cannon 和 Roe，1982）

这些表格提供了在不同的抽样比和群体中的病例数中，检测到至少一个病例的概率。

例如，从 20 只动物群体中采集 40%的样品，如果羊群中有 6 只阳性，那么采集到至少 1 只阳性的概率为 97.6%。

20%抽样比例

| 群体大小 | 抽样数 | 群体中的阳性数 | | | | | | | |
|---|---|---|---|---|---|---|---|---|---|
| | | 1 | 2 | 3 | 4 | 5 | 6 | 7 | 8 |
| 10 | 2 | 0.200 | 0.378 | 0.533 | 0.667 | 0.778 | 0.867 | 0.933 | 0.978 |
| 20 | 4 | 0.200 | 0.368 | 0.509 | 0.624 | 0.718 | 0.793 | 0.852 | 0.898 |
| 30 | 6 | 0.200 | 0.366 | 0.501 | 0.612 | 0.702 | 0.773 | 0.830 | 0.874 |
| 40 | 8 | 0.200 | 0.364 | 0.498 | 0.607 | 0.694 | 0.764 | 0.819 | 0.863 |
| 50 | 10 | 0.200 | 0.363 | 0.498 | 0.603 | 0.689 | 0.758 | 0.813 | 0.857 |
| 60 | 12 | 0.200 | 0.363 | 0.495 | 0.601 | 0.686 | 0.755 | 0.809 | 0.853 |
| 70 | 14 | 0.200 | 0.362 | 0.494 | 0.599 | 0.684 | 0.752 | 0.807 | 0.850 |
| 80 | 16 | 0.200 | 0.362 | 0.493 | 0.598 | 0.683 | 0.751 | 0.804 | 0.847 |
| 90 | 18 | 0.200 | 0.362 | 0.492 | 0.597 | 0.682 | 0.749 | 0.803 | 0.846 |
| 100 | 20 | 0.200 | 0.362 | 0.492 | 0.597 | 0.681 | 0.748 | 0.802 | 0.844 |
| ∞ | ∞ | 0.200 | 0.360 | 0.486 | 0.590 | 0.672 | 0.738 | 0.790 | 0.832 |

30%抽样比例

| 群体大小 | 抽样数 | 群体中的阳性数 | | | | | | | |
|---|---|---|---|---|---|---|---|---|---|
| | | 1 | 2 | 3 | 4 | 5 | 6 | 7 | 8 |
| 10 | 3 | 0.300 | 0.533 | 0.708 | 0.833 | 0.917 | 0.967 | 0.992 | 1.000 |
| 20 | 6 | 0.300 | 0.521 | 0.681 | 0.793 | 0.871 | 0.923 | 0.956 | 0.976 |
| 30 | 9 | 0.300 | 0.517 | 0.672 | 0.782 | 0.857 | 0.909 | 0.943 | 0.965 |
| 40 | 12 | 0.300 | 0.515 | 0.668 | 0.776 | 0.851 | 0.902 | 0.936 | 0.960 |
| 50 | 15 | 0.300 | 0.514 | 0.666 | 0.773 | 0.847 | 0.898 | 0.933 | 0.956 |
| 60 | 18 | 0.300 | 0.514 | 0.665 | 0.770 | 0.844 | 0.895 | 0.930 | 0.954 |
| 70 | 21 | 0.300 | 0.513 | 0.663 | 0.769 | 0.842 | 0.893 | 0.928 | 0.952 |
| 80 | 24 | 0.300 | 0.513 | 0.663 | 0.768 | 0.841 | 0.892 | 0.927 | 0.951 |
| 90 | 27 | 0.300 | 0.512 | 0.662 | 0.767 | 0.840 | 0.891 | 0.926 | 0.950 |
| 100 | 30 | 0.300 | 0.512 | 0.661 | 0.766 | 0.839 | 0.890 | 0.925 | 0.949 |
| ∞ | ∞ | 0.300 | 0.510 | 0.657 | 0.760 | 0.832 | 0.882 | 0.918 | 0.942 |

40%抽样比例

| 群体大小 | 抽样数 | 群体中的阳性数 | | | | | | | |
|---|---|---|---|---|---|---|---|---|---|
| | | 1 | 2 | 3 | 4 | 5 | 6 | 7 | 8 |
| 10 | 4 | 0.400 | 0.667 | 0.833 | 0.929 | 0.976 | 0.995 | 1.000 | 1.000 |
| 20 | 8 | 0.400 | 0.653 | 0.807 | 0.898 | 0.949 | 0.976 | 0.990 | 0.996 |
| 30 | 12 | 0.400 | 0.648 | 0.799 | 0.888 | 0.940 | 0.969 | 0.984 | 0.993 |
| 40 | 16 | 0.400 | 0.646 | 0.795 | 0.884 | 0.935 | 0.965 | 0.981 | 0.990 |
| 50 | 20 | 0.400 | 0.645 | 0.793 | 0.881 | 0.933 | 0.963 | 0.980 | 0.989 |

（续）

| 群体大小 | 抽样数 | 群体中的阳性数 | | | | | | | |
|---|---|---|---|---|---|---|---|---|---|
| | | 1 | 2 | 3 | 4 | 5 | 6 | 7 | 8 |
| 60 | 24 | 0.400 | 0.644 | 0.791 | 0.879 | 0.931 | 0.961 | 0.978 | 0.988 |
| 70 | 28 | 0.400 | 0.643 | 0.790 | 0.878 | 0.930 | 0.960 | 0.977 | 0.987 |
| 80 | 32 | 0.400 | 0.643 | 0.789 | 0.877 | 0.929 | 0.959 | 0.977 | 0.987 |
| 90 | 36 | 0.400 | 0.643 | 0.789 | 0.876 | 0.928 | 0.959 | 0.976 | 0.987 |
| 100 | 40 | 0.400 | 0.642 | 0.788 | 0.876 | 0.927 | 0.958 | 0.976 | 0.986 |
| ∞ | ∞ | 0.400 | 0.640 | 0.784 | 0.870 | 0.922 | 0.953 | 0.972 | 0.983 |

50%抽样比例

| 群体大小 | 抽样数 | 群体中的阳性数 | | | | | | | |
|---|---|---|---|---|---|---|---|---|---|
| | | 1 | 2 | 3 | 4 | 5 | 6 | 7 | 8 |
| 10 | 5 | 0.500 | 0.778 | 0.917 | 0.976 | 0.996 | 1.000 | 1.000 | 1.000 |
| 20 | 10 | 0.500 | 0.763 | 0.895 | 0.957 | 0.984 | 0.995 | 0.998 | 0.994 |
| 30 | 15 | 0.500 | 0.759 | 0.888 | 0.950 | 0.979 | 0.992 | 0.997 | 0.999 |
| 40 | 20 | 0.500 | 0.756 | 0.885 | 0.947 | 0.976 | 0.990 | 0.996 | 0.998 |
| 50 | 25 | 0.500 | 0.755 | 0.883 | 0.945 | 0.975 | 0.989 | 0.995 | 0.998 |
| 60 | 30 | 0.500 | 0.754 | 0.881 | 0.944 | 0.974 | 0.988 | 0.995 | 0.998 |
| 70 | 35 | 0.500 | 0.754 | 0.880 | 0.943 | 0.973 | 0.988 | 0.994 | 0.998 |
| 80 | 40 | 0.500 | 0.753 | 0.880 | 0.942 | 0.973 | 0.987 | 0.994 | 0.997 |
| 90 | 45 | 0.500 | 0.753 | 0.879 | 0.942 | 0.972 | 0.987 | 0.994 | 0.997 |
| 100 | 50 | 0.500 | 0.753 | 0.879 | 0.941 | 0.972 | 0.987 | 0.994 | 0.997 |
| ∞ | ∞ | 0.500 | 0.750 | 0.875 | 0.937 | 0.969 | 0.984 | 0.992 | 0.996 |

60%抽样比例

| 群体大小 | 抽样数 | 群体中的阳性数 | | | | | | | |
|---|---|---|---|---|---|---|---|---|---|
| | | 1 | 2 | 3 | 4 | 5 | 6 | 7 | 8 |
| 10 | 6 | 0.600 | 0.867 | 0.967 | 0.994 | 1.000 | 1.000 | 1.000 | 1.000 |
| 20 | 12 | 0.600 | 0.853 | 0.951 | 0.986 | 0.994 | 0.997 | 1.000 | 1.000 |
| 30 | 18 | 0.600 | 0.848 | 0.946 | 0.982 | 0.994 | 0.997 | 1.000 | 1.000 |
| 40 | 24 | 0.600 | 0.846 | 0.943 | 0.980 | 0.993 | 0.997 | 0.999 | 1.000 |
| 50 | 30 | 0.600 | 0.845 | 0.942 | 0.979 | 0.993 | 0.997 | 0.999 | 1.000 |
| 60 | 36 | 0.600 | 0.844 | 0.941 | 0.978 | 0.992 | 0.997 | 0.999 | 1.000 |
| 70 | 42 | 0.600 | 0.843 | 0.940 | 0.978 | 0.992 | 0.997 | 0.999 | 1.000 |
| 80 | 48 | 0.600 | 0.843 | 0.940 | 0.977 | 0.992 | 0.997 | 0.999 | 1.000 |
| 90 | 54 | 0.600 | 0.843 | 0.939 | 0.977 | 0.991 | 0.997 | 0.999 | 1.000 |
| 100 | 60 | 0.600 | 0.842 | 0.939 | 0.977 | 0.991 | 0.997 | 0.999 | 1.000 |
| ∞ | ∞ | 0.600 | 0.840 | 0.936 | 0.974 | 0.990 | 0.996 | 0.998 | 1.000 |

## 附录XIII　群体中没有检测到病例的概率（Cannon 和 Roe，1982）

下表给出了从一个有特定阳性比例的“无限”群体中没有检测到患病动物的概率。

例如，从一个阳性率是10%的大群体中，随机采取25只动物进行检测，没有检测到任何阳性动物的概率为7.2%。

| 流行率 | 检测的动物数 | | | | | | | | | |
|---|---|---|---|---|---|---|---|---|---|---|
| | 5 | 10 | 25 | 50 | 75 | 100 | 200 | 250 | 500 | 1 000 |
| 1% | 0.951 | 0.904 | 0.778 | 0.605 | 0.471 | 0.366 | 0.134 | 0.081 | 0.007 | 0.000 |
| 2% | 0.904 | 0.817 | 0.603 | 0.364 | 0.220 | 0.133 | 0.018 | 0.006 | 0.000 | |
| 3% | 0.859 | 0.737 | 0.467 | 0.218 | 0.102 | 0.048 | 0.002 | 0.000 | | |
| 4% | 0.815 | 0.665 | 0.360 | 0.130 | 0.047 | 0.017 | 0.000 | | | |
| 5% | 0.774 | 0.599 | 0.277 | 0.077 | 0.021 | 0.006 | 0.000 | | | |
| 6% | 0.734 | 0.539 | 0.213 | 0.045 | 0.010 | 0.002 | 0.000 | | | |
| 7% | 0.696 | 0.484 | 0.163 | 0.027 | 0.004 | 0.001 | 0.000 | | | |
| 8% | 0.659 | 0.434 | 0.1 24 | 0.015 | 0.002 | 0.000 | | | | |
| 9% | 0.624 | 0.389 | 0.095 | 0.009 | 0.001 | 0.000 | | | | |
| 10% | 0.590 | 0.349 | 0.072 | 0.005 | 0.000 | | | | | |
| 12% | 0.528 | 0.279 | 0.041 | 0.002 | 0.000 | | | | | |
| 14% | 0.470 | 0.221 | 0.023 | 0.001 | 0.000 | | | | | |
| 16% | 0.418 | 0.175 | 0.013 | 0.000 | | | | | | |
| 18% | 0.371 | 0.137 | 0.007 | 0.000 | | | | | | |
| 20% | 0.328 | 0.107 | 0.004 | 0.000 | | | | | | |
| 24% | 0.254 | 0.064 | 0.001 | 0.000 | | | | | | |
| 28% | 0.193 | 0.037 | 0.000 | | | | | | | |
| 32% | 0.145 | 0.021 | 0.000 | | | | | | | |
| 36% | 0.107 | 0.012 | 0.000 | | | | | | | |
| 40% | 0.078 | 0.006 | 0.000 | | | | | | | |
| 50% | 0.031 | 0.001 | 0.000 | | | | | | | |
| 60% | 0.010 | 0.000 | | | | | | | | |

## 附录XIV 发现疾病概率 $p_1$ 和阳性阈值（用括号表示）的样本量（错误地认为健康群体患病的概率，用［ ］表示）

这些表给出了需要采样的动物数，以及可识别样本中检测阳性动物的最高数，还包括没有患病的概率 $p_1$。

示例（参考第一个表）：一个诊断试验的敏感性为 99%，特异性为 99%。如果从 500 只动物群体中抽样 173 只，如果存在疾病，最低流行率为 5%，$p_1$ 为 0.99，样本中最多可以确诊 4 只检测阳性动物。在没有疾病群体中发现 4 只以上阳性动物的概率不高于 0.05。因此，如果样本中确认检测阳性动物超过 4 只，错误地认为健康群体患病的概率不会高于 0.05（可以得出至少有 95%的自信群体是患病的）。

$p_1$=0.99；敏感性=99%；特异性=99%

| 群体大小 | 流行率 | | | | | | | | | | | | | | |
|---|---|---|---|---|---|---|---|---|---|---|---|---|---|---|---|
| | 50% | | | 20% | | | 10% | | | 5% | | | 1% | | |
| | [1.0] | [0.05] | [0.01] | [1.0] | [0.05] | [0.01] | [1.0] | [0.05] | [0.01] | [1.0] | [0.05] | [0.01] | [1.0] | [0.05] | [0.01] |
| 30 | 6(0) | 9(1) | 9(1) | 15(0) | 20(1) | 24(2) | 23(0) | 28(1) | * | 27(0) | * | * | * | * | * |
| 50 | 7(0) | 10(1) | 10(1) | 17(0) | 24(1) | 29(2) | 29(0) | 44(2) | 44(2) | 44(0) | * | * | * | * | * |
| 100 | 7(0) | 10(1) | 10(1) | 19(0) | 26(1) | 33(2) | 34(0) | 58(2) | 67(3) | 55(0) | 96(3) | * | 99(0) | * | * |
| 150 | 7(0) | 10(1) | 10(1) | 19(0) | 27(1) | 35(2) | 36(0) | 63(2) | 74(3) | 59(0) | 113(3) | 126(4) | 123(0) | * | * |
| 200 | 7(0) | 10(1) | 10(1) | 19(0) | 28(1) | 35(2) | 37(0) | 66(2) | 78(3) | 65(0) | 129(3) | 160(5) | 157(0) | * | * |
| 300 | 7(0) | 10(1) | 10(1) | 20(0) | 29(1) | 36(2) | 38(0) | 69(2) | 82(3) | 68(0) | 161(4) | 179(5) | 182(0) | * | * |
| 500 | 7(0) | 11(1) | 11(1) | 20(0) | 29(1) | 37(2) | 39(0) | 71(2) | 98(4) | 71(0) | 173(4) | 215(6) | 202(0) | * | * |
| 1 000 | 7(0) | 11(1) | 11(1) | 20(0) | 29(1) | 37(2) | 40(0) | 73(2) | 101(4) | 74(0) | 183(4) | 229(6) | 217(0) | * | * |
| 5 000 | 7(0) | 11(1) | 11(1) | 20(0) | 30(1) | 38(2) | 41(0) | 75(2) | 103(4) | 76(0) | 191(4) | 264(7) | 228(0) | 2 078(28) | 2 754(40) |
| 10 000 | 7(0) | 11(1) | 11(1) | 20(0) | 30(1) | 38(2) | 41(0) | 75(2) | 104(4) | 76(0) | 193(4) | 267(7) | 230(0) | 2 406(32) | ? |

$p_1$=0.99；敏感性=95%；特异性=99%

| 群体大小 | 流行率 | | | | | | | | | | | | | | |
|---|---|---|---|---|---|---|---|---|---|---|---|---|---|---|---|
| | 50% | | | 20% | | | 10% | | | 5% | | | 1% | | |
| | [1.0] | [0.05] | [0.01] | [1.0] | [0.05] | [0.01] | [1.0] | [0.05] | [0.01] | [1.0] | [0.05] | [0.01] | [1.0] | [0.05] | [0.01] |
| 30 | 7(0) | 10(1) | 10(1) | 16(0) | 21(1) | 25(2) | 24(0) | 30(1) | * | 28(0) | * | * | * | * | * |
| 50 | 7(0) | 10(1) | 10(1) | 18(0) | 25(1) | 30(2) | 30(0) | 46(2) | 46(2) | 46(0) | * | * | * | * | * |
| 100 | 7(0) | 11(1) | 11(1) | 19(0) | 28(1) | 35(2) | 35(0) | 60(2) | 70(3) | 58(0) | 100(3) | * | * | * | * |
| 150 | 7(0) | 11(1) | 11(1) | 20(0) | 29(1) | 36(2) | 38(0) | 66(2) | 77(3) | 61(0) | 118(3) | 143(5) | 128(0) | * | * |
| 200 | 7(0) | 11(1) | 11(1) | 20(0) | 29(1) | 37(2) | 39(0) | 69(2) | 81(3) | 67(0) | 134(3) | 167(5) | 163(0) | * | * |
| 300 | 7(0) | 11(1) | 11(1) | 21(0) | 30(1) | 38(2) | 40(0) | 72(2) | 98(4) | 71(0) | 167(4) | 204(6) | 188(0) | * | * |
| 500 | 7(0) | 11(1) | 11(1) | 21(0) | 30(1) | 39(2) | 41(0) | 74(2) | 102(4) | 74(0) | 180(4) | 223(6) | 208(0) | * | * |
| 1 000 | 8(0) | 11(1) | 11(1) | 21(0) | 31(1) | 39(2) | 42(0) | 76(2) | 105(4) | 76(0) | 190(4) | 260(7) | 222(0) | * | * |
| 5 000 | 8(0) | 11(1) | 11(1) | 21(0) | 31(1) | 39(2) | 42(0) | 78(2) | 107(4) | 78(0) | 198(4) | 273(7) | 232(0) | 2 242(30) | 2 929(42) |
| 10 000 | 8(0) | 11(1) | 11(1) | 21(0) | 31(1) | 40(2) | 42(0) | 78(2) | 108(4) | 79(0) | 226(5) | 276(7) | 235(0) | 2 579(34) | ? |

$p_1$=0.99；敏感性=95%；特异性=95%

| 群体大小 | 流行率 | | | | | | | | | | | | | | |
|---|---|---|---|---|---|---|---|---|---|---|---|---|---|---|---|
| | 50% | | | 20% | | | 10% | | | 5% | | | 1% | | |
| | [1.0] | [0.05] | [0.01] | [1.0] | [0.05] | [0.01] | [1.0] | [0.05] | [0.01] | [1.0] | [0.05] | [0.01] | [1.0] | [0.05] | [0.01] |
| 30 | 6(0) | 12(2) | 14(3) | 14(0) | * | * | 22(0) | * | * | 26(0) | * | * | * | * | * |
| 50 | 7(0) | 13(2) | 15(3) | 16(0) | 37(4) | 45(6) | 25(0) | 48(3) | * | 39(0) | * | * | * | * | * |
| 100 | 7(0) | 13(2) | 16(3) | 17(0) | 47(5) | 57(7) | 28(0) | 94(8) | * | 41(0) | * | * | 69(0) | * | * |
| 150 | 7(0) | 13(2) | 16(3) | 17(0) | 49(5) | 60(7) | 29(0) | 118(10) | 145(14) | 42(0) | * | * | 68(0) | * | * |
| 200 | 7(0) | 13(2) | 16(3) | 17(0) | 50(5) | 66(8) | 30(0) | 124(10) | 161(15) | 44(0) | * | * | 73(0) | * | * |
| 300 | 7(0) | 14(2) | 16(3) | 18(0) | 51(5) | 68(8) | 30(0) | 137(11) | 178(16) | 45(0) | * | * | 74(0) | * | * |
| 500 | 7(0) | 14(2) | 16(3) | 18(0) | 52(5) | 69(8) | 30(0) | 151(12) | 193(17) | 46(0) | 400(27) | * | 75(0) | * | * |
| 1 000 | 7(0) | 14(2) | 17(3) | 18(0) | 53(5) | 70(8) | 31(0) | 154(12) | 107(18) | 46(0) | 465(31) | 604(43) | 76(0) | * | * |
| 5 000 | 7(0) | 14(2) | 17(3) | 18(0) | 53(5) | 71(8) | 31(0) | 166(13) | 220(19) | 46(0) | 504(33) | 687(48) | 76(0) | * | * |
| 10 000 | 7(0) | 14(2) | 17(3) | 18(0) | 53(5) | 71(8) | 31(0) | 167(13) | 221(19) | 47(0) | 520(34) | 705(49) | 76(0) | * | * |

$p_1$=0.95；敏感性=99%；特异性=99%

| 群体大小 | 流行率 | | | | | | | | | | | | | | |
|---|---|---|---|---|---|---|---|---|---|---|---|---|---|---|---|
| | 50% | | | 20% | | | 10% | | | 5% | | | 1% | | |
| | [1.0] | [0.05] | [0.01] | [1.0] | [0.05] | [0.01] | [1.0] | [0.05] | [0.01] | [1.0] | [0.05] | [0.01] | [1.0] | [0.05] | [0.01] |
| 30 | 5(0) | 5(0) | 7(1) | 11(0) | 17(1) | 21(2) | 18(0) | 26(1) | 30(2) | 23(0) | 30(1) | * | * | * | * |
| 50 | 5(0) | 5(0) | 7(1) | 12(0) | 19(1) | 24(2) | 21(0) | 32(1) | 40(2) | 37(0) | 49(1) | * | * | * | * |
| 100 | 5(0) | 5(0) | 8(1) | 13(0) | 20(1) | 26(2) | 24(0) | 48(2) | 57(3) | 41(0) | 77(2) | 99(4) | 89(0) | * | * |
| 150 | 5(0) | 5(0) | 8(1) | 13(0) | 20(1) | 27(2) | 25(0) | 50(2) | 61(3) | 41(0) | 82(2) | 113(4) | 97(0) | * | * |
| 200 | 5(0) | 5(0) | 8(1) | 13(0) | 21(1) | 28(2) | 26(0) | 52(2) | 63(3) | 45(0) | 109(3) | 127(4) | 120(0) | * | * |
| 300 | 5(0) | 5(0) | 8(1) | 13(0) | 21(1) | 28(2) | 26(0) | 53(2) | 66(3) | 46(0) | 116(3) | 154(5) | 130(0) | * | * |
| 500 | 5(0) | 5(0) | 8(1) | 13(0) | 21(1) | 28(2) | 26(0) | 55(2) | 67(3) | 48(0) | 121(3) | 163(5) | 139(0) | * | * |
| 1 000 | 5(0) | 5(0) | 8(1) | 13(0) | 21(1) | 29(2) | 26(0) | 56(2) | 69(3) | 49(0) | 125(3) | 169(5) | 145(0) | * | * |
| 5 000 | 5(0) | 5(0) | 8(1) | 13(0) | 22(1) | 29(2) | 27(0) | 56(2) | 70(3) | 50(0) | 129(3) | 175(5) | 149(0) | 1 487(21) | 2 104(32) |
| 10 000 | 5(0) | 5(0) | 8(1) | 13(0) | 22(1) | 29(2) | 27(0) | 57(2) | 70(3) | 50(0) | 129(3) | 176(5) | 150(0) | 1 641(23) | 2 338(35) |

$p_1$=0.95；敏感性=95%；特异性=99%

| 群体大小 | 流行率 | | | | | | | | | | | | | | |
|---|---|---|---|---|---|---|---|---|---|---|---|---|---|---|---|
| | 50% | | | 20% | | | 10% | | | 5% | | | 1% | | |
| | [1.0] | [0.05] | [0.01] | [1.0] | [0.05] | [0.01] | [1.0] | [0.05] | [0.01] | [1.0] | [0.05] | [0.01] | [1.0] | [0.05] | [0.01] |
| 30 | 5(0) | 5(0) | 8(1) | 12(0) | 18(1) | 22(2) | 19(0) | 27(1) | * | 24(0) | * | * | * | * | * |
| 50 | 5(0) | 5(0) | 8(1) | 12(0) | 19(1) | 25(2) | 22(0) | 33(1) | 41(2) | 39(0) | * | * | * | * | * |
| 100 | 5(0) | 5(0) | 8(1) | 13(0) | 21(1) | 28(2) | 25(0) | 50(2) | 60(3) | 42(0) | 80(2) | * | 93(0) | * | * |
| 150 | 5(0) | 5(0) | 8(1) | 14(0) | 21(1) | 28(2) | 26(0) | 53(2) | 64(3) | 43(0) | 102(3) | 118(4) | 100(0) | * | * |
| 200 | 5(0) | 5(0) | 8(1) | 14(0) | 22(1) | 29(2) | 26(0) | 54(2) | 66(3) | 47(0) | 113(3) | 148(5) | 123(0) | * | * |
| 300 | 5(0) | 5(0) | 8(1) | 14(0) | 22(1) | 29(2) | 27(0) | 56(2) | 68(3) | 48(0) | 120(3) | 160(5) | 134(0) | * | * |
| 500 | 5(0) | 5(0) | 8(1) | 14(0) | 22(1) | 30(2) | 27(0) | 57(2) | 70(3) | 49(0) | 126(3) | 169(5) | 142(0) | * | * |
| 1 000 | 5(0) | 5(0) | 8(1) | 14(0) | 22(1) | 30(2) | 27(0) | 58(2) | 71(3) | 50(0) | 130(3) | 175(5) | 148(0) | * | * |
| 5 000 | 5(0) | 5(0) | 8(1) | 14(0) | 22(1) | 30(2) | 28(0) | 59(2) | 72(3) | 51(0) | 133(3) | 204(6) | 152(0) | 1 636(23) | 2 263(34) |
| 10 000 | 5(0) | 5(0) | 8(1) | 14(0) | 23(1) | 30(2) | 28(0) | 59(2) | 73(3) | 52(0) | 134(3) | 205(6) | 153(0) | 1 735(24) | 2 503(37) |

$p_1$=0.95；敏感性=95%；特异性=95%

| 群体大小 | 流行率 50% | | | 20% | | | 10% | | | 5% | | | 1% | | |
|---|---|---|---|---|---|---|---|---|---|---|---|---|---|---|---|
| | [1.0] | [0.05] | [0.01] | [1.0] | [0.05] | [0.01] | [1.0] | [0.05] | [0.01] | [1.0] | [0.05] | [0.01] | [1.0] | [0.05] | [0.01] |
| 30 | 5(0) | 7(1) | 12(3) | 10(0) | 25(3) | * | 16(0) | * | * | 20(0) | * | * | * | * | * |
| 50 | 5(0) | 10(2) | 13(3) | 11(0) | 28(3) | 36(5) | 18(0) | 49(5) | * | 29(0) | * | * | * | * | * |
| 100 | 5(0) | 10(2) | 13(3) | 11(0) | 35(4) | 45(6) | 19(0) | 79(7) | * | 28(0) | * | * | 47(0) | * | * |
| 150 | 5(0) | 10(2) | 13(3) | 12(0) | 36(4) | 46(6) | 20(0) | 91(8) | 121(12) | 28(0) | * | * | 46(0) | * | * |
| 200 | 5(0) | 11(2) | 13(3) | 12(0) | 36(4) | 47(6) | 20(0) | 94(8) | 132(13) | 29(0) | * | * | 49(0) | * | * |
| 300 | 5(0) | 11(2) | 13(3) | 12(0) | 37(4) | 48(6) | 20(0) | 104(9) | 136(13) | 30(0) | 268(19) | * | 49(0) | * | * |
| 500 | 5(0) | 11(2) | 13(3) | 12(0) | 37(4) | 48(6) | 20(0) | 106(9) | 148(14) | 30(0) | 300(21) | 423(32) | 49(0) | * | * |
| 1 000 | 5(0) | 11(2) | 13(3) | 12(0) | 37(4) | 54(7) | 20(0) | 108(9) | 150(14) | 30(0) | 331(23) | 459(34) | 50(0) | * | * |
| 5 000 | 5(0) | 11(2) | 13(3) | 12(0) | 38(4) | 54(7) | 20(0) | 109(9) | 152(14) | 30(0) | 349(24) | 492(36) | 50(0) | * | * |
| 10 000 | 5(0) | 11(2) | 13(3) | 12(0) | 38(4) | 54(7) | 20(0) | 109(9) | 161(15) | 30(0) | 351(24) | 507(37) | 50(0) | * | * |

$p_1$=0.90；敏感性=99%；特异性=99%

| 群体大小 | 流行率 50% | | | 20% | | | 10% | | | 5% | | | 1% | | |
|---|---|---|---|---|---|---|---|---|---|---|---|---|---|---|---|
| | [1.0] | [0.05] | [0.01] | [1.0] | [0.05] | [0.01] | [1.0] | [0.05] | [0.01] | [1.0] | [0.05] | [0.01] | [1.0] | [0.05] | [0.01] |
| 30 | 4(0) | 4(0) | 6(1) | 9(0) | 15(1) | 15(1) | 15(0) | 24(1) | 29(2) | 20(0) | 29(1) | * | * | * | * |
| 50 | 4(0) | 4(0) | 6(1) | 10(0) | 16(1) | 21(2) | 17(0) | 28(1) | 37(2) | 32(0) | 47(1) | 47(1) | * | * | * |
| 100 | 4(0) | 4(0) | 7(1) | 10(0) | 17(1) | 23(2) | 19(0) | 31(1) | 42(2) | 33(0) | 70(2) | 96(4) | 79(0) | * | * |
| 150 | 4(0) | 4(0) | 7(1) | 10(0) | 17(1) | 24(2) | 19(0) | 32(1) | 42(2) | 33(0) | 73(2) | 105(4) | 80(0) | * | * |
| 200 | 4(0) | 4(0) | 7(1) | 10(0) | 17(1) | 24(2) | 20(0) | 33(1) | 56(3) | 35(0) | 79(2) | 116(4) | 98(0) | * | * |
| 300 | 4(0) | 4(0) | 7(1) | 10(0) | 18(1) | 24(2) | 20(0) | 34(1) | 58(3) | 36(0) | 82(2) | 122(4) | 104(0) | * | * |
| 500 | 4(0) | 4(0) | 7(1) | 10(0) | 18(1) | 24(2) | 20(0) | 34(1) | 59(3) | 37(0) | 106(3) | 127(4) | 109(0) | * | * |
| 1 000 | 4(0) | 4(0) | 7(1) | 10(0) | 18(1) | 24(2) | 20(0) | 35(1) | 60(3) | 38(0) | 109(3) | 151(5) | 112(0) | 981(15) | * |
| 5 000 | 4(0) | 4(0) | 7(1) | 10(0) | 18(1) | 25(2) | 21(0) | 35(1) | 60(3) | 38(0) | 111(3) | 155(5) | 115(0) | 1 226(18) | 1 781(28) |
| 10 000 | 4(0) | 4(0) | 7(1) | 10(0) | 18(1) | 25(2) | 21(0) | 35(1) | 60(3) | 38(0) | 112(3) | 156(5) | 116(0) | 1 305(19) | 1 875(29) |

$p_1$=0.90；敏感性=95%；特异性=99%

| 群体大小 | 流行率 50% | | | 20% | | | 10% | | | 5% | | | 1% | | |
|---|---|---|---|---|---|---|---|---|---|---|---|---|---|---|---|
| | [1.0] | [0.05] | [0.01] | [1.0] | [0.05] | [0.01] | [1.0] | [0.05] | [0.01] | [1.0] | [0.05] | [0.01] | [1.0] | [0.05] | [0.01] |
| 30 | 4(0) | 4(0) | 7(1) | 9(0) | 15(1) | 15(1) | 16(0) | 25(1) | * | 21(0) | 30(1) | * | * | * | * |
| 50 | 4(0) | 4(0) | 7(1) | 10(0) | 17(1) | 22(2) | 18(0) | 29(1) | 38(2) | 33(0) | 49(1) | 49(1) | * | * | * |
| 100 | 4(0) | 4(0) | 7(1) | 10(0) | 18(1) | 24(2) | 20(0) | 33(1) | 44(2) | 34(0) | 73(2) | 100(4) | 82(0) | * | * |
| 150 | 4(0) | 4(0) | 7(1) | 11(0) | 18(1) | 25(2) | 20(0) | 34(1) | 57(3) | 37(0) | 75(2) | 109(4) | 83(0) | * | * |
| 200 | 4(0) | 4(0) | 7(1) | 11(0) | 18(1) | 25(2) | 21(0) | 34(1) | 58(3) | 38(0) | 82(2) | 120(4) | 101(0) | * | * |
| 300 | 4(0) | 4(0) | 7(1) | 11(0) | 18(1) | 25(2) | 21(0) | 35(1) | 60(3) | 39(0) | 106(3) | 126(4) | 107(0) | * | * |
| 500 | 4(0) | 4(0) | 7(1) | 11(0) | 18(1) | 25(2) | 21(0) | 49(2) | 61(3) | 39(0) | 110(3) | 152(5) | 111(0) | * | * |
| 1 000 | 4(0) | 4(0) | 7(1) | 11(0) | 19(1) | 25(2) | 21(0) | 49(2) | 62(3) | 39(0) | 113(3) | 156(5) | 115(0) | * | * |
| 5 000 | 4(0) | 4(0) | 7(1) | 11(0) | 19(1) | 26(2) | 21(0) | 50(2) | 63(3) | 40(0) | 115(3) | 160(5) | 117(0) | 1 310(19) | 1 875(29) |
| 10 000 | 4(0) | 4(0) | 7(1) | 11(0) | 19(1) | 26(2) | 21(0) | 50(2) | 63(3) | 40(0) | 116(3) | 161(5) | 118(0) | 1 391(20) | 2 029(31) |

$p_1$=0.90；敏感性=95%；特异性=95%

| 群体大小 | 流行率 | | | | | | | | | | | | | | |
|---|---|---|---|---|---|---|---|---|---|---|---|---|---|---|---|
| | 50% | | | 20% | | | 10% | | | 5% | | | 1% | | |
| | [1.0] | [0.05] | [0.01] | [1.0] | [0.05] | [0.01] | [1.0] | [0.05] | [0.01] | [1.0] | [0.05] | [0.01] | [1.0] | [0.05] | [0.01] |
| 30 | 4(0) | 6(1) | 9(2) | 8(0) | 23(3) | 30(5) | 13(0) | * | * | 17(0) | * | * | * | * | * |
| 50 | 4(0) | 6(1) | 9(2) | 9(0) | 25(3) | 34(5) | 14(0) | 46(4) | * | 23(0) | * | * | 45(0) | * | * |
| 100 | 4(0) | 7(1) | 9(2) | 9(0) | 26(3) | 36(5) | 15(0) | 66(6) | * | 22(0) | * | * | 37(0) | * | * |
| 150 | 4(0) | 7(1) | 9(2) | 9(0) | 27(3) | 37(5) | 15(0) | 77(7) | 107(11) | 22(0) | * | * | 36(0) | * | * |
| 200 | 4(0) | 7(1) | 9(2) | 9(0) | 27(3) | 37(5) | 15(0) | 78(7) | 109(11) | 23(0) | * | * | 38(0) | * | * |
| 300 | 4(0) | 7(1) | 9(2) | 9(0) | 27(3) | 43(G) | 16(0) | 79(7) | 120(12) | 23(0) | 233(17) | * | 38(0) | * | * |
| 500 | 4(0) | 7(1) | 9(2) | 9(0) | 27(3) | 43(6) | 16(0) | 81(7) | 122(12) | 23(0) | 249(18) | 361(28) | 38(0) | * | * |
| 1 000 | 4(0) | 7(1) | 9(2) | 9(0) | 27(3) | 44(6) | 16(0) | 81(7) | 123(12) | 23(0) | 265(19) | 380(29) | 38(0) | * | * |
| 5 000 | 4(0) | 7(1) | 9(2) | 9(0) | 28(3) | 44(6) | 16(0) | 91(8) | 124(12) | 24(0) | 281(20) | 410(31) | 38(0) | * | * |
| 10 000 | 4(0) | 7(1) | 9(2) | 9(0) | 28(3) | 44(6) | 16(0) | 91(8) | 133(13) | 24(0) | 282(20) | 411(31) | 38(0) | * | * |

注：*=即使对群体中的所有动物进行取样，也无法达到要求的准确度。

?=无法计算（群体规模太大）。

## 附录XV 右尾正态分布概率（Beyer，1981）

下表给出了在零假设条件下，标准正态偏离随机值 $z$ [$(x-\mu)/\sigma$]，的单尾概率 $P$，大于空白处的值。例如，$z\geqslant0.22$ 或 $z\leqslant-0.22$ 的单尾概率是 0.412 9。双尾检验的概率增加一倍。

该表也可以用来计算基于正态分布的置信区间乘数。例如，95%的置信区间的乘数来由双尾显著性水平 0.05，相应的单尾水平 0.025 0 得出，乘数的值为 $z=1.96$。

| z | 0.00 | 0.01 | 0.02 | 0.03 | 0.04 | 0.05 | 0.06 | 0.07 | 0.08 | 0.09 |
|---|---|---|---|---|---|---|---|---|---|---|
| 0.0 | 0.500 0 | 0.496 0 | 0.492 0 | 0.488 0 | 0.484 0 | 0.480 1 | 0.476 1 | 0.472 1 | 0.468 1 | 0.464 1 |
| 0.1 | 0.460 2 | 0.456 2 | 0.452 2 | 0.448 3 | 0.444 3 | 0.440 4 | 0.436 4 | 0.432 5 | 0.428 6 | 0.424 7 |
| 0.2 | 0.420 7 | 0.416 8 | 0.412 9 | 0.409 0 | 0.405 2 | 0.401 3 | 0.397 4 | 0.393 6 | 0.389 7 | 0.385 9 |
| 0.3 | 0.382 1 | 0.378 3 | 0.374 5 | 0.370 7 | 0.366 9 | 0.363 2 | 0.359 4 | 0.355 7 | 0.352 0 | 0.348 3 |
| 0.4 | 0.344 6 | 0.340 9 | 0.337 2 | 0.333 6 | 0.330 0 | 0.326 4 | 0.322 8 | 0.319 2 | 0.315 6 | 0.312 1 |
| 0.5 | 0.308 5 | 0.305 0 | 0.301 5 | 0.298 1 | 0.295 6 | 0.291 2 | 0.287 7 | 0.284 3 | 0.281 0 | 0.277 6 |
| 0.6 | 0.274 3 | 0.270 9 | 0.267 6 | 0.264 3 | 0.261 1 | 0.257 8 | 0.254 6 | 0.251 4 | 0.248 3 | 0.245 1 |
| 0.7 | 0.242 0 | 0.238 9 | 0.235 8 | 0.232 7 | 0.229 6 | 0.226 6 | 0.223 6 | 0.220 6 | 0.217 7 | 0.214 8 |
| 0.8 | 0.211 9 | 0.209 0 | 0.206 1 | 0.203 3 | 0.200 5 | 0.197 7 | 0.194 9 | 0.192 2 | 0.189 4 | 0.186 7 |
| 0.9 | 0.184 1 | 0.181 4 | 0.178 8 | 0.176 2 | 0.173 6 | 0.171 1 | 0.168 5 | 0.166 0 | 0.163 5 | 0.161 1 |
| 1.0 | 0.158 7 | 0.156 2 | 0.153 9 | 0.151 5 | 0.149 2 | 0.146 9 | 0.144 6 | 0.142 3 | 0.140 1 | 0.137 9 |
| 1.1 | 0.135 7 | 0.133 5 | 0.131 4 | 0.129 2 | 0.127 1 | 0.125 1 | 0.123 0 | 0.121 0 | 0.119 0 | 0.117 0 |
| 1.2 | 0.115 1 | 0.113 1 | 0.111 2 | 0.109 3 | 0.107 5 | 0.105 6 | 0.103 8 | 0.102 0 | 0.100 3 | 0.098 5 |
| 1.3 | 0.096 8 | 0.095 1 | 0.093 4 | 0.091 8 | 0.090 1 | 0.088 5 | 0.086 9 | 0.085 3 | 0.083 8 | 0.082 3 |
| 1.4 | 0.080 8 | 0.079 3 | 0.077 8 | 0.076 4 | 0.074 9 | 0.073 5 | 0.072 1 | 0.070 8 | 0.069 4 | 0.068 1 |
| 1.5 | 0.066 8 | 0.065 5 | 0.064 3 | 0.063 0 | 0.061 8 | 0.060 6 | 0.059 4 | 0.058 2 | 0.057 1 | 0.055 9 |
| 1.6 | 0.054 8 | 0.053 7 | 0.052 6 | 0.051 6 | 0.050 5 | 0.049 5 | 0.048 5 | 0.047 5 | 0.046 5 | 0.045 5 |
| 1.7 | 0.044 6 | 0.043 6 | 0.042 7 | 0.041 8 | 0.040 9 | 0.040 1 | 0.039 2 | 0.038 4 | 0.037 5 | 0.036 7 |
| 1.8 | 0.035 9 | 0.035 1 | 0.034 4 | 0.033 6 | 0.032 9 | 0.032 2 | 0.031 4 | 0.030 7 | 0.030 1 | 0.029 4 |
| 1.9 | 0.028 7 | 0.028 1 | 0.027 4 | 0.026 8 | 0.026 2 | 0.025 6 | 0.025 0 | 0.024 4 | 0.023 9 | 0.023 3 |
| 2.0 | 0.022 8 | 0.022 2 | 0.021 7 | 0.021 2 | 0.020 7 | 0.020 2 | 0.019 7 | 0.019 2 | 0.018 8 | 0.018 3 |
| 2.1 | 0.017 9 | 0.017 4 | 0.017 0 | 0.016 6 | 0.016 2 | 0.015 8 | 0.015 4 | 0.015 0 | 0.014 6 | 0.014 3 |
| 2.2 | 0.013 9 | 0.013 6 | 0.013 2 | 0.012 9 | 0.012 5 | 0.012 2 | 0.011 9 | 0.011 6 | 0.011 3 | 0.011 0 |
| 2.3 | 0.010 7 | 0.010 4 | 0.010 2 | 0.009 9 | 0.009 6 | 0.009 4 | 0.009 1 | 0.008 9 | 0.008 7 | 0.008 4 |
| 2.4 | 0.008 2 | 0.008 0 | 0.007 8 | 0.007 5 | 0.007 3 | 0.007 1 | 0.006 9 | 0.006 8 | 0.006 6 | 0.006 4 |
| 2.5 | 0.006 2 | 0.006 0 | 0.005 9 | 0.005 7 | 0.005 5 | 0.005 4 | 0.005 2 | 0.005 1 | 0.004 9 | 0.004 8 |
| 2.6 | 0.004 7 | 0.004 5 | 0.004 4 | 0.004 3 | 0.004 1 | 0.004 0 | 0.003 9 | 0.003 8 | 0.003 7 | 0.003 6 |
| 2.7 | 0.003 5 | 0.003 4 | 0.003 3 | 0.003 2 | 0.003 1 | 0.003 0 | 0.002 9 | 0.002 8 | 0.002 7 | 0.002 6 |
| 2.8 | 0.002 6 | 0.002 5 | 0.002 4 | 0.002 3 | 0.002 3 | 0.002 2 | 0.002 1 | 0.002 1 | 0.002 0 | 0.001 9 |
| 2.9 | 0.001 9 | 0.001 8 | 0.001 8 | 0.001 7 | 0.001 6 | 0.001 6 | 0.001 5 | 0.001 5 | 0.001 4 | 0.001 4 |
| 3.0 | 0.001 3 | 0.001 3 | 0.001 3 | 0.001 2 | 0.001 2 | 0.001 1 | 0.001 1 | 0.001 1 | 0.001 0 | 0.001 0 |
| 3.1 | 0.001 0 | 0.000 9 | 0.000 9 | 0.000 9 | 0.000 8 | 0.000 8 | 0.000 8 | 0.000 8 | 0.000 7 | 0.000 7 |
| 3.2 | 0.000 7 | | | | | | | | | |
| 3.3 | 0.000 5 | | | | | | | | | |
| 3.4 | 0.000 3 | | | | | | | | | |
| 3.5 | 0.000 23 | | | | | | | | | |
| 3.6 | 0.000 16 | | | | | | | | | |
| 3.7 | 0.000 11 | | | | | | | | | |
| 3.8 | 0.000 07 | | | | | | | | | |
| 3.9 | 0.000 05 | | | | | | | | | |
| 4.0 | 0.000 03 | | | | | | | | | |

## 附录XVI　Wilcoxon-Mann-Whitney 秩和统计（$W_x$）左尾和右尾概率（Siegel 和 Castellan，1988）

该表给出了在零假设条件下，$W_x \leqslant c_L$ 和 $W_s \geqslant c_U$ 的单尾概率 $P$ 值；$W_x$ 是较小群体的秩和。

| $m=3$ | | | | | | | | | | | | | | | | | | | | |
|---|---|---|---|---|---|---|---|---|---|---|---|---|---|---|---|---|---|---|---|---|
| $c_L$ | $n=3$ | $c_U$ | $n=4$ | $c_U$ | $n=5$ | $c_U$ | $n=6$ | $c_U$ | $n=7$ | $c_U$ | $n=8$ | $c_U$ | $n=9$ | $c_U$ | $n=10$ | $c_U$ | $n=11$ | $c_U$ | $n=12$ | $c_U$ |
| 6 | 0.050 0 | 15 | 0.028 6 | 18 | 0.017 9 | 21 | 0.011 9 | 24 | 0.008 3 | 27 | 0.006 1 | 30 | 0.004 5 | 33 | 0.003 5 | 36 | 0.002 7 | 39 | 0.002 2 | 42 |
| 7 | 0.100 0 | 14 | 0.057 1 | 17 | 0.035 7 | 20 | 0.023 8 | 23 | 0.016 7 | 26 | 0.012 1 | 29 | 0.009 1 | 32 | 0.007 0 | 35 | 0.005 5 | 38 | 0.004 4 | 41 |
| 8 | 0.200 0 | 13 | 0.114 3 | 16 | 0.071 4 | 19 | 0.047 6 | 22 | 0.033 3 | 25 | 0.024 2 | 28 | 0.018 2 | 31 | 0.014 0 | 34 | 0.011 0 | 37 | 0.008 8 | 40 |
| 9 | 0.350 0 | 12 | 0.200 0 | 15 | 0.125 0 | 18 | 0.083 3 | 21 | 0.058 3 | 24 | 0.042 4 | 27 | 0.031 8 | 30 | 0.024 5 | 33 | 0.019 2 | 36 | 0.015 4 | 39 |
| 10 | 0.500 0 | 11 | 0.314 3 | 14 | 0.196 4 | 17 | 0.131 0 | 20 | 0.091 7 | 23 | 0.066 7 | 26 | 0.050 0 | 29 | 0.038 5 | 32 | 0.030 2 | 35 | 0.024 2 | 38 |
| 11 | 0.650 0 | 10 | 0.428 6 | 13 | 0.285 7 | 16 | 0.190 5 | 19 | 0.133 3 | 22 | 0.097 0 | 25 | 0.072 7 | 28 | 0.055 9 | 31 | 0.044 0 | 34 | 0.035 2 | 37 |
| 12 | 0.800 0 | 9 | 0.571 4 | 12 | 0.392 9 | 15 | 0.273 8 | 18 | 0.191 7 | 21 | 0.139 4 | 24 | 0.104 5 | 27 | 0.080 4 | 30 | 0.063 2 | 33 | 0.050 5 | 36 |
| 13 | 0.900 0 | 8 | 0.685 7 | 11 | 0.500 0 | 14 | 0.357 1 | 17 | 0.258 3 | 20 | 0.187 9 | 23 | 0.140 9 | 26 | 0.108 4 | 29 | 0.085 2 | 32 | 0.068 1 | 35 |
| 14 | 0.950 0 | 7 | 0.800 0 | 10 | 0.607 1 | 13 | 0.452 4 | 16 | 0.333 3 | 19 | 0.248 5 | 22 | 0.186 4 | 25 | 0.143 4 | 28 | 0.112 6 | 31 | 0.090 1 | 34 |
| 15 | 1.000 0 | 6 | 0.885 7 | 9 | 0.714 3 | 12 | 0.547 6 | 15 | 0.416 7 | 18 | 0.315 2 | 21 | 0.240 9 | 24 | 0.185 3 | 27 | 0.145 6 | 30 | 0.116 5 | 33 |
| 16 | | | 0.942 9 | 8 | 0.803 6 | 11 | 0.642 9 | 14 | 0.500 0 | 17 | 0.387 9 | 20 | 0.300 0 | 23 | 0.234 3 | 26 | 0.184 1 | 29 | 0.147 3 | 32 |
| 17 | | | 0.971 4 | 7 | 0.875 0 | 10 | 0.726 2 | 13 | 0.583 3 | 16 | 0.460 6 | 19 | 0.363 6 | 22 | 0.286 7 | 25 | 0.228 0 | 28 | 0.182 4 | 31 |
| 18 | | | 1.000 0 | 6 | 0.928 6 | 9 | 0.809 5 | 12 | 0.666 7 | 15 | 0.539 4 | 18 | 0.431 8 | 21 | 0.346 2 | 24 | 0.277 5 | 27 | 0.224 2 | 30 |
| 19 | | | | | 0.964 3 | 8 | 0.869 0 | 11 | 0.741 7 | 14 | 0.612 1 | 17 | 0.500 0 | 20 | 0.405 6 | 23 | 0.329 7 | 26 | 0.268 1 | 29 |
| 20 | | | | | 0.982 1 | 7 | 0.916 7 | 10 | 0.808 3 | 13 | 0.684 8 | 16 | 0.568 2 | 19 | 0.468 5 | 22 | 0.384 6 | 25 | 0.316 5 | 28 |
| 21 | | | | | 1.000 0 | 6 | 0.952 4 | 9 | 0.866 7 | 12 | 0.751 5 | 15 | 0.636 4 | 18 | 0.531 5 | 21 | 0.442 3 | 24 | 0.367 0 | 27 |
| 22 | | | | | | | 0.976 2 | 8 | 0.908 3 | 11 | 0.812 1 | 14 | 0.700 0 | 17 | 0.594 4 | 20 | 0.500 0 | 23 | 0.419 8 | 26 |
| 23 | | | | | | | 0.988 1 | 7 | 0.941 7 | 10 | 0.860 6 | 13 | 0.759 1 | 16 | 0.653 8 | 19 | 0.557 7 | 22 | 0.472 5 | 25 |
| 24 | | | | | | | 1.000 0 | 6 | 0.966 7 | 9 | 0.903 0 | 12 | 0.813 6 | 15 | 0.713 3 | 18 | 0.615 4 | 21 | 0.527 5 | 24 |

| $m=4$ | | | | | | | | | | | | | | | | | | |
|---|---|---|---|---|---|---|---|---|---|---|---|---|---|---|---|---|---|---|
| $c_L$ | $n=4$ | $c_U$ | $n=5$ | $c_U$ | $n=6$ | $c_U$ | $n=7$ | $c_U$ | $n=8$ | $c_U$ | $n=9$ | $c_U$ | $n=10$ | $c_U$ | $n=11$ | $c_U$ | $n=12$ | $c_U$ |
| 10 | 0.014 3 | 26 | 0.007 9 | 30 | 0.004 8 | 34 | 0.003 0 | 38 | 0.002 0 | 42 | 0.001 4 | 46 | 0.001 0 | 50 | 0.000 7 | 54 | 0.000 5 | 58 |
| 11 | 0.028 6 | 25 | 0.015 9 | 29 | 0.009 5 | 33 | 0.006 1 | 37 | 0.004 0 | 41 | 0.002 8 | 45 | 0.002 0 | 49 | 0.001 5 | 53 | 0.001 1 | 57 |
| 12 | 0.057 1 | 24 | 0.031 7 | 28 | 0.019 0 | 32 | 0.012 1 | 36 | 0.008 1 | 40 | 0.005 6 | 44 | 0.004 0 | 48 | 0.002 9 | 52 | 0.002 2 | 56 |
| 13 | 0.100 0 | 23 | 0.055 6 | 27 | 0.033 3 | 31 | 0.021 2 | 35 | 0.014 1 | 39 | 0.009 8 | 43 | 0.007 0 | 47 | 0.005 1 | 51 | 0.003 8 | 55 |
| 14 | 0.171 4 | 22 | 0.095 2 | 26 | 0.057 1 | 30 | 0.036 4 | 34 | 0.024 2 | 38 | 0.016 8 | 42 | 0.012 0 | 46 | 0.008 8 | 50 | 0.006 6 | 54 |
| 15 | 0.242 9 | 21 | 0.142 9 | 25 | 0.085 7 | 29 | 0.054 5 | 33 | 0.036 4 | 37 | 0.025 2 | 41 | 0.018 0 | 45 | 0.013 2 | 49 | 0.009 9 | 53 |
| 16 | 0.342 9 | 20 | 0.206 3 | 24 | 0.128 6 | 28 | 0.081 8 | 32 | 0.054 5 | 36 | 0.037 8 | 40 | 0.027 0 | 44 | 0.019 8 | 48 | 0.014 8 | 52 |
| 17 | 0.442 9 | 19 | 0.277 8 | 23 | 0.176 2 | 27 | 0.115 2 | 31 | 0.076 8 | 35 | 0.053 1 | 39 | 0.038 0 | 43 | 0.027 8 | 47 | 0.020 9 | 51 |
| 18 | 0.557 1 | 18 | 0.365 1 | 22 | 0.238 1 | 26 | 0.157 6 | 30 | 0.107 1 | 34 | 0.074 1 | 38 | 0.052 9 | 42 | 0.038 8 | 46 | 0.029 1 | 50 |
| 19 | 0.657 1 | 17 | 0.452 4 | 21 | 0.304 8 | 25 | 0.206 1 | 29 | 0.141 4 | 33 | 0.099 3 | 37 | 0.070 9 | 41 | 0.052 0 | 45 | 0.039 0 | 49 |
| 20 | 0.757 1 | 16 | 0.547 6 | 20 | 0.381 0 | 24 | 0.263 6 | 28 | 0.183 8 | 32 | 0.130 1 | 36 | 0.093 9 | 40 | 0.068 9 | 44 | 0.051 6 | 48 |
| 21 | 0.828 6 | 15 | 0.634 9 | 19 | 0.457 1 | 23 | 0.324 2 | 27 | 0.230 3 | 31 | 0.165 0 | 35 | 0.119 9 | 39 | 0.088 6 | 43 | 0.066 5 | 47 |
| 22 | 0.900 0 | 14 | 0.722 2 | 18 | 0.542 9 | 22 | 0.393 9 | 26 | 0.284 8 | 30 | 0.207 0 | 34 | 0.151 8 | 38 | 0.112 8 | 42 | 0.085 2 | 46 |
| 23 | 0.942 9 | 13 | 0.793 7 | 17 | 0.619 0 | 21 | 0.463 6 | 25 | 0.341 4 | 29 | 0.251 7 | 33 | 0.186 8 | 37 | 0.139 9 | 41 | 0.106 0 | 45 |
| 24 | 0.971 4 | 12 | 0.857 1 | 16 | 0.695 2 | 20 | 0.536 4 | 24 | 0.404 0 | 28 | 0.302 1 | 32 | 0.226 8 | 36 | 0.171 4 | 40 | 0.130 8 | 44 |

（续）

| m=4 | | | | | | | | | | | | | | | | | | |
|---|---|---|---|---|---|---|---|---|---|---|---|---|---|---|---|---|---|---|
| $c_L$ | n=4 | $c_U$ | n=5 | $c_U$ | n=6 | $c_U$ | n=7 | $c_U$ | n=8 | $c_U$ | n=9 | $c_U$ | n=10 | $c_U$ | n=11 | $c_U$ | n=12 | $c_U$ |
| 25 | 0.985 7 | 11 | 0.904 8 | 15 | 0.761 9 | 19 | 0.606 1 | 23 | 0.466 7 | 27 | 0.355 2 | 31 | 0.269 7 | 35 | 0.205 9 | 39 | 0.158 2 | 43 |
| 26 | 1.000 0 | 10 | 0.944 4 | 14 | 0.823 8 | 18 | 0.675 8 | 22 | 0.533 3 | 26 | 0.412 6 | 30 | 0.317 7 | 34 | 0.244 7 | 38 | 0.189 6 | 42 |
| 27 | | | 0.968 3 | 13 | 0.871 4 | 17 | 0.736 4 | 21 | 0.596 0 | 25 | 0.469 9 | 29 | 0.366 6 | 33 | 0.285 7 | 37 | 0.223 1 | 41 |
| 28 | | | 0.984 1 | 12 | 0.914 3 | 16 | 0.793 9 | 20 | 0.658 6 | 24 | 0.530 1 | 28 | 0.419 6 | 32 | 0.330 4 | 36 | 0.260 4 | 40 |
| 29 | | | 0.992 1 | 11 | 0.942 9 | 15 | 0.842 4 | 19 | 0.715 2 | 23 | 0.587 4 | 27 | 0.472 5 | 31 | 0.376 6 | 35 | 0.299 5 | 39 |
| 30 | | | 1.000 0 | 10 | 0.966 7 | 14 | 0.884 8 | 18 | 0.769 7 | 22 | 0.644 8 | 26 | 0.527 5 | 30 | 0.425 6 | 34 | 0.341 8 | 38 |
| 31 | | | | | 0.981 0 | 13 | 0.918 2 | 17 | 0.816 2 | 21 | 0.697 9 | 25 | 0.580 4 | 29 | 0.474 7 | 33 | 0.385 2 | 37 |
| 32 | | | | | 0.990 5 | 12 | 0.945 5 | 16 | 0.858 6 | 20 | 0.748 3 | 24 | 0.633 4 | 28 | 0.525 3 | 32 | 0.430 8 | 36 |
| 33 | | | | | 0.995 2 | 11 | 0.963 6 | 15 | 0.892 9 | 19 | 0.793 0 | 23 | 0.682 3 | 27 | 0.574 4 | 31 | 0.476 4 | 35 |
| 34 | | | | | 1.000 0 | 10 | 0.978 8 | 14 | 0.923 2 | 18 | 0.835 0 | 22 | 0.730 3 | 26 | 0.623 4 | 30 | 0.523 6 | 34 |

| m=5 | | | | | | | | | | | | |
|---|---|---|---|---|---|---|---|---|---|---|---|---|
| $c_L$ | n=5 | $c_U$ | n=6 | $c_U$ | n=7 | $c_U$ | n=8 | $c_U$ | n=9 | $c_U$ | n=10 | $c_U$ |
| 15 | 0.004 0 | 40 | 0.002 2 | 45 | 0.001 3 | 50 | 0.000 8 | 55 | 0.000 5 | 60 | 0.000 3 | 65 |
| 16 | 0.007 9 | 39 | 0.004 3 | 44 | 0.002 5 | 49 | 0.001 6 | 54 | 0.001 0 | 59 | 0.000 7 | 64 |
| 17 | 0.015 9 | 38 | 0.008 7 | 43 | 0.005 1 | 48 | 0.003 1 | 53 | 0.002 0 | 58 | 0.001 3 | 63 |
| 18 | 0.027 8 | 37 | 0.015 2 | 42 | 0.008 8 | 47 | 0.005 4 | 52 | 0.003 5 | 57 | 0.002 3 | 62 |
| 19 | 0.047 6 | 36 | 0.026 0 | 41 | 0.015 2 | 46 | 0.009 3 | 51 | 0.006 0 | 56 | 0.004 0 | 61 |
| 20 | 0.075 4 | 35 | 0.041 1 | 40 | 0.024 0 | 45 | 0.014 8 | 50 | 0.009 5 | 55 | 0.006 3 | 60 |
| 21 | 0.111 1 | 34 | 0.062 8 | 39 | 0.036 6 | 44 | 0.022 5 | 49 | 0.014 5 | 54 | 0.009 7 | 59 |
| 22 | 0.154 8 | 33 | 0.088 7 | 38 | 0.053 0 | 43 | 0.032 6 | 48 | 0.021 0 | 53 | 0.014 0 | 58 |
| 23 | 0.210 3 | 32 | 0.123 4 | 37 | 0.074 5 | 42 | 0.046 6 | 47 | 0.030 0 | 52 | 0.020 0 | 57 |
| 24 | 0.273 8 | 31 | 0.164 5 | 36 | 0.101 0 | 41 | 0.063 7 | 46 | 0.041 5 | 51 | 0.027 6 | 56 |
| 25 | 0.345 2 | 30 | 0.214 3 | 35 | 0.133 8 | 40 | 0.085 5 | 45 | 0.055 9 | 50 | 0.037 6 | 55 |
| 26 | 0.420 6 | 29 | 0.268 4 | 34 | 0.171 7 | 39 | 0.111 1 | 44 | 0.073 4 | 49 | 0.049 6 | 54 |
| 27 | 0.500 0 | 28 | 0.331 2 | 33 | 0.215 9 | 38 | 0.142 2 | 43 | 0.094 9 | 48 | 0.064 6 | 53 |
| 28 | 0.579 4 | 27 | 0.396 1 | 32 | 0.265 2 | 37 | 0.177 2 | 42 | 0.119 9 | 47 | 0.082 3 | 52 |
| 29 | 0.654 8 | 26 | 0.465 4 | 31 | 0.319 4 | 36 | 0.217 6 | 41 | 0.148 9 | 46 | 0.103 2 | 51 |
| 30 | 0.726 2 | 25 | 0.534 6 | 30 | 0.377 5 | 35 | 0.261 8 | 40 | 0.181 8 | 45 | 0.127 2 | 50 |
| 31 | 0.789 7 | 24 | 0.603 9 | 29 | 0.438 1 | 34 | 0.310 8 | 39 | 0.218 8 | 44 | 0.154 8 | 49 |
| 32 | 0.845 2 | 23 | 0.668 8 | 28 | 0.500 0 | 33 | 0.362 1 | 38 | 0.259 2 | 43 | 0.185 5 | 48 |
| 33 | 0.888 9 | 22 | 0.731 6 | 27 | 0.561 9 | 32 | 0.416 5 | 37 | 0.303 2 | 42 | 0.219 8 | 47 |
| 34 | 0.924 6 | 21 | 0.785 7 | 26 | 0.622 5 | 31 | 0.471 6 | 36 | 0.349 7 | 41 | 0.256 7 | 46 |
| 35 | 0.952 4 | 20 | 0.835 5 | 25 | 0.680 6 | 30 | 0.528 4 | 35 | 0.398 6 | 40 | 0.297 0 | 45 |
| 36 | 0.972 2 | 19 | 0.876 6 | 24 | 0.734 8 | 29 | 0.583 5 | 34 | 0.449 1 | 39 | 0.339 3 | 44 |
| 37 | 0.984 1 | 18 | 0.911 3 | 23 | 0.784 1 | 28 | 0.637 9 | 33 | 0.500 0 | 38 | 0.383 9 | 43 |
| 38 | 0.992 1 | 17 | 0.937 2 | 22 | 0.828 3 | 27 | 0.689 2 | 32 | 0.550 9 | 37 | 0.429 6 | 42 |
| 39 | 0.996 0 | 16 | 0.958 9 | 21 | 0.866 2 | 26 | 0.738 2 | 31 | 0.601 4 | 36 | 0.476 5 | 41 |
| 40 | 1.000 0 | 15 | 0.974 0 | 20 | 0.899 0 | 25 | 0.782 4 | 30 | 0.650 3 | 35 | 0.523 5 | 40 |

（续）

| m=6 | | | | | | | | | | |
|---|---|---|---|---|---|---|---|---|---|---|
| $c_L$ | n=6 | $c_U$ | n=7 | $c_U$ | n=8 | $c_U$ | n=9 | $c_U$ | n=10 | $c_U$ |
| 21 | 0.001 1 | 57 | 0.000 6 | 63 | 0.000 3 | 69 | 0.000 2 | 75 | 0.000 1 | 81 |
| 22 | 0.002 2 | 56 | 0.001 2 | 62 | 0.000 7 | 68 | 0.000 4 | 74 | 0.000 2 | 80 |
| 23 | 0.004 3 | 55 | 0.002 3 | 61 | 0.001 3 | 67 | 0.000 8 | 73 | 0.000 5 | 79 |
| 24 | 0.007 6 | 54 | 0.004 1 | 60 | 0.002 3 | 66 | 0.001 4 | 72 | 0.000 9 | 78 |
| 25 | 0.013 0 | 53 | 0.007 0 | 59 | 0.004 0 | 65 | 0.002 4 | 71 | 0.001 5 | 77 |
| 26 | 0.020 6 | 52 | 0.011 1 | 58 | 0.006 3 | 64 | 0.003 8 | 70 | 0.002 4 | 76 |
| 27 | 0.032 5 | 51 | 0.017 5 | 57 | 0.010 0 | 63 | 0.006 0 | 69 | 0.003 7 | 75 |
| 28 | 0.046 5 | 50 | 0.025 6 | 56 | 0.014 7 | 62 | 0.008 8 | 68 | 0.005 5 | 74 |
| 29 | 0.066 0 | 49 | 0.036 7 | 55 | 0.021 3 | 61 | 0.012 8 | 67 | 0.008 0 | 73 |
| 30 | 0.089 8 | 48 | 0.050 7 | 54 | 0.029 6 | 60 | 0.018 0 | 66 | 0.011 2 | 72 |
| 31 | 0.120 1 | 47 | 0.068 8 | 53 | 0.040 6 | 59 | 0.024 8 | 65 | 0.015 6 | 71 |
| 32 | 0.154 8 | 46 | 0.090 3 | 52 | 0.053 9 | 58 | 0.033 2 | 64 | 0.021 0 | 70 |
| 33 | 0.197 0 | 45 | 0.117 1 | 51 | 0.070 9 | 57 | 0.044 0 | 63 | 0.028 0 | 69 |
| 34 | 0.242 4 | 44 | 0.147 4 | 50 | 0.090 6 | 56 | 0.056 7 | 62 | 0.036 3 | 68 |
| 35 | 0.294 4 | 43 | 0.183 0 | 49 | 0.114 2 | 55 | 0.072 3 | 61 | 0.046 7 | 67 |
| 36 | 0.349 6 | 42 | 0.222 6 | 48 | 0.141 2 | 54 | 0.090 5 | 60 | 0.058 9 | 66 |
| 37 | 0.409 1 | 41 | 0.266 9 | 47 | 0.172 5 | 53 | 0.111 9 | 59 | 0.073 6 | 65 |
| 38 | 0.468 6 | 40 | 0.314 1 | 46 | 0.206 8 | 52 | 0.136 1 | 58 | 0.090 3 | 64 |
| 39 | 0.531 4 | 39 | 0.365 4 | 45 | 0.245 4 | 51 | 0.163 8 | 57 | 0.109 9 | 63 |
| 40 | 0.590 9 | 38 | 0.417 8 | 44 | 0.286 4 | 50 | 0.194 2 | 56 | 0.131 7 | 62 |
| 41 | 0.650 4 | 37 | 0.472 6 | 43 | 0.331 0 | 49 | 0.228 0 | 55 | 0.156 6 | 61 |
| 42 | 0.705 6 | 36 | 0.527 4 | 42 | 0.377 3 | 48 | 0.264 3 | 54 | 0.183 8 | 60 |
| 43 | 0.757 6 | 35 | 0.582 2 | 41 | 0.425 9 | 47 | 0.303 5 | 53 | 0.213 9 | 59 |
| 44 | 0.803 0 | 34 | 0.634 6 | 40 | 0.474 9 | 46 | 0.344 5 | 52 | 0.246 1 | 58 |
| 45 | 0.845 2 | 33 | 0.685 9 | 39 | 0.525 1 | 45 | 0.387 8 | 51 | 0.281 1 | 57 |
| 46 | 0.879 9 | 32 | 0.733 1 | 38 | 0.574 1 | 44 | 0.432 0 | 50 | 0.317 7 | 56 |
| 47 | 0.910 2 | 31 | 0.777 4 | 37 | 0.622 7 | 43 | 0.477 3 | 49 | 0.356 4 | 55 |
| 48 | 0.934 0 | 30 | 0.817 0 | 36 | 0.669 0 | 42 | 0.522 7 | 48 | 0.396 2 | 54 |
| 49 | 0.953 5 | 29 | 0.852 6 | 35 | 0.713 6 | 41 | 0.568 0 | 47 | 0.437 4 | 53 |
| 50 | 0.967 5 | 28 | 0.882 9 | 34 | 0.754 6 | 40 | 0.612 2 | 46 | 0.478 9 | 52 |
| 51 | 0.979 4 | 27 | 0.909 7 | 33 | 0.793 2 | 39 | 0.655 5 | 45 | 0.521 1 | 51 |

| m=7 | | | | | | | | |
|---|---|---|---|---|---|---|---|---|
| $c_L$ | n=7 | $c_U$ | n=8 | $c_U$ | n=9 | $c_U$ | n=10 | $c_U$ |
| 28 | 0.000 3 | 77 | 0.000 2 | 84 | 0.000 1 | 91 | 0.000 1 | 98 |
| 29 | 0.000 6 | 76 | 0.000 3 | 83 | 0.000 2 | 90 | 0.000 1 | 97 |
| 30 | 0.001 2 | 75 | 0.000 6 | 82 | 0.000 3 | 89 | 0.000 2 | 96 |
| 31 | 0.002 0 | 74 | 0.001 1 | 81 | 0.000 6 | 88 | 0.000 4 | 95 |
| 32 | 0.003 5 | 73 | 0.001 9 | 80 | 0.001 0 | 87 | 0.000 6 | 94 |
| 33 | 0.005 5 | 72 | 0.003 0 | 79 | 0.001 7 | 86 | 0.001 0 | 93 |
| 34 | 0.008 7 | 71 | 0.004 7 | 78 | 0.002 6 | 85 | 0.001 5 | 92 |
| 35 | 0.013 1 | 70 | 0.007 0 | 77 | 0.003 9 | 84 | 0.002 3 | 91 |

（续）

| $m=7$ | | | | | | | | |
|---|---|---|---|---|---|---|---|---|
| $c_L$ | $n=7$ | $c_U$ | $n=8$ | $c_U$ | $n=9$ | $c_U$ | $n=10$ | $c_U$ |
| 36 | 0.018 9 | 69 | 0.010 3 | 76 | 0.005 8 | 83 | 0.003 4 | 90 |
| 37 | 0.026 5 | 68 | 0.014 5 | 75 | 0.008 2 | 82 | 0.004 8 | 89 |
| 38 | 0.036 4 | 67 | 0.020 0 | 74 | 0.011 5 | 81 | 0.006 8 | 88 |
| 39 | 0.048 7 | 66 | 0.027 0 | 73 | 0.015 6 | 80 | 0.009 3 | 87 |
| 40 | 0.064 1 | 65 | 0.036 1 | 72 | 0.020 9 | 79 | 0.012 5 | 86 |
| 41 | 0.082 5 | 64 | 0.046 9 | 71 | 0.027 4 | 78 | 0.016 5 | 85 |
| 42 | 0.104 3 | 63 | 0.060 3 | 70 | 0.035 6 | 77 | 0.021 5 | 84 |
| 43 | 0.129 7 | 62 | 0.076 0 | 69 | 0.045 4 | 76 | 0.027 7 | 83 |
| 44 | 0.158 8 | 61 | 0.094 6 | 68 | 0.057 1 | 75 | 0.035 1 | 82 |
| 45 | 0.191 4 | 60 | 0.115 9 | 67 | 0.070 8 | 74 | 0.043 9 | 81 |
| 46 | 0.227 9 | 59 | 0.140 5 | 66 | 0.086 9 | 73 | 0.054 4 | 80 |
| 47 | 0.267 5 | 58 | 0.167 8 | 65 | 0.105 2 | 72 | 0.066 5 | 79 |
| 48 | 0.310 0 | 57 | 0.198 4 | 64 | 0.126 1 | 71 | 0.080 6 | 78 |
| 49 | 0.355 2 | 56 | 0.231 7 | 63 | 0.149 6 | 70 | 0.096 6 | 77 |
| 50 | 0.402 4 | 55 | 0.267 9 | 62 | 0.175 5 | 69 | 0.114 8 | 76 |
| 51 | 0.450 8 | 54 | 0.306 3 | 61 | 0.203 9 | 68 | 0.134 9 | 75 |
| 52 | 0.500 0 | 53 | 0.347 2 | 60 | 0.234 9 | 67 | 0.157 4 | 74 |
| 53 | 0.549 2 | 52 | 0.389 4 | 59 | 0.268 0 | 66 | 0.181 9 | 73 |
| 54 | 0.597 6 | 51 | 0.433 3 | 58 | 0.303 2 | 65 | 0.208 7 | 72 |
| 55 | 0.644 8 | 50 | 0.477 5 | 57 | 0.340 3 | 64 | 0.237 4 | 71 |
| 56 | 0.690 0 | 49 | 0.522 5 | 56 | 0.378 8 | 63 | 0.268 1 | 70 |
| 57 | 0.732 5 | 48 | 0.566 7 | 55 | 0.418 5 | 62 | 0.300 4 | 69 |
| 58 | 0.772 1 | 47 | 0.610 6 | 54 | 0.459 1 | 61 | 0.334 5 | 68 |
| 59 | 0.808 6 | 46 | 0.652 8 | 53 | 0.500 0 | 60 | 0.369 8 | 67 |
| 60 | 0.841 2 | 45 | 0.693 7 | 52 | 0.540 9 | 59 | 0.406 3 | 66 |
| 61 | 0.870 3 | 44 | 0.732 1 | 51 | 0.581 5 | 58 | 0.443 4 | 65 |
| 62 | 0.895 7 | 43 | 0.768 3 | 50 | 0.621 2 | 57 | 0.481 1 | 64 |
| 63 | 0.917 5 | 42 | 0.801 6 | 49 | 0.659 7 | 56 | 0.518 9 | 63 |

| $m=8$ | | | | | | |
|---|---|---|---|---|---|---|
| $c_L$ | $n=8$ | $c_U$ | $n=9$ | $c_U$ | $n=10$ | $c_U$ |
| 36 | 0.000 1 | 100 | 0.000 0 | 108 | 0.000 0 | 116 |
| 37 | 0.000 2 | 99 | 0.000 1 | 107 | 0.000 0 | 115 |
| 38 | 0.000 3 | 98 | 0.000 2 | 106 | 0.000 1 | 114 |
| 39 | 0.000 5 | 97 | 0.000 3 | 105 | 0.000 2 | 113 |
| 40 | 0.000 9 | 96 | 0.000 5 | 104 | 0.000 3 | 112 |
| 41 | 0.001 5 | 95 | 0.000 8 | 103 | 0.000 4 | 111 |
| 42 | 0.002 3 | 94 | 0.001 2 | 102 | 0.000 7 | 110 |
| 43 | 0.003 5 | 93 | 0.001 9 | 101 | 0.001 0 | 109 |
| 44 | 0.005 2 | 92 | 0.002 8 | 100 | 0.001 5 | 108 |
| 45 | 0.007 4 | 91 | 0.003 9 | 99 | 0.002 2 | 107 |

（续）

| $m=8$ | | | | | | |
|---|---|---|---|---|---|---|
| $c_L$ | $n=8$ | $c_U$ | $n=9$ | $c_U$ | $n=10$ | $c_U$ |
| 46 | 0.010 3 | 90 | 0.005 6 | 98 | 0.003 1 | 106 |
| 47 | 0.014 1 | 89 | 0.007 6 | 97 | 0.004 3 | 105 |
| 48 | 0.019 0 | 88 | 0.010 3 | 96 | 0.065 8 | 104 |
| 49 | 0.024 9 | 87 | 0.013 7 | 95 | 0.007 8 | 103 |
| 50 | 0.032 5 | 86 | 0.018 0 | 94 | 0.010 3 | 102 |
| 51 | 0.041 5 | 85 | 0.023 2 | 93 | 0.013 3 | 101 |
| 52 | 0.052 4 | 84 | 0.029 6 | 92 | 0.017 1 | 100 |
| 53 | 0.065 2 | 83 | 0.037 2 | 91 | 0.021 7 | 99 |
| 54 | 0.080 3 | 82 | 0.046 4 | 90 | 0.027 3 | 98 |
| 55 | 0.097 4 | 81 | 0.057 0 | 89 | 0.033 8 | 97 |
| 56 | 0.117 2 | 80 | 0.069 4 | 88 | 0.041 6 | 96 |
| 57 | 0.139 3 | 79 | 0.083 6 | 87 | 0.050 6 | 95 |
| 58 | 0.164 1 | 78 | 0.099 8 | 86 | 0.061 0 | 94 |
| 59 | 0.191 1 | 77 | 0.117 9 | 85 | 0.072 9 | 93 |
| 60 | 0.220 9 | 76 | 0.138 3 | 84 | 0.086 4 | 92 |
| 61 | 0.252 7 | 75 | 0.160 6 | 83 | 0.101 5 | 91 |
| 62 | 0.286 9 | 74 | 0.185 2 | 82 | 0.118 5 | 90 |
| 63 | 0.322 7 | 73 | 0.211 7 | 81 | 0.137 1 | 89 |
| 64 | 0.360 5 | 72 | 0.240 4 | 80 | 0.157 7 | 88 |
| 65 | 0.399 2 | 71 | 0.270 7 | 79 | 0.180 0 | 87 |
| 66 | 0.439 2 | 70 | 0.302 9 | 78 | 0.204 1 | 86 |
| 67 | 0.479 6 | 69 | 0.336 5 | 77 | 0.229 9 | 85 |
| 68 | 0.520 4 | 68 | 0.371 5 | 76 | 0.257 4 | 84 |
| 69 | 0.560 8 | 67 | 0.407 4 | 75 | 0.286 3 | 83 |
| 70 | 0.600 8 | 66 | 0.444 2 | 74 | 0.316 7 | 82 |
| 71 | 0.639 5 | 65 | 0.481 3 | 73 | 0.348 2 | 81 |
| 72 | 0.677 3 | 64 | 0.518 7 | 72 | 0.380 9 | 80 |
| 73 | 0.713 1 | 63 | 0.555 8 | 71 | 0.414 3 | 79 |
| 74 | 0.747 3 | 62 | 0.592 6 | 70 | 0.448 4 | 78 |
| 75 | 0.779 1 | 61 | 0.628 5 | 69 | 0.482 7 | 77 |
| 76 | 0.808 9 | 60 | 0.663 5 | 68 | 0.517 3 | 76 |

| $m=9$ | | | | | | | | | |
|---|---|---|---|---|---|---|---|---|---|
| $c_L$ | $n=9$ | $c_U$ | $n=10$ | $c_U$ | $c_L$ | $n=9$ (*cont.*) | $c_U$ | $n=10$ (*cont.*) | $c_U$ |
| 45 | 0.000 0 | 126 | 0.000 0 | 135 | 68 | 0.068 0 | 103 | 0.039 4 | 112 |
| 46 | 0.000 0 | 125 | 0.000 0 | 134 | 69 | 0.080 7 | 102 | 0.047 4 | 111 |
| 47 | 0.000 1 | 124 | 0.000 0 | 133 | 70 | 0.095 1 | 101 | 0.056 4 | 110 |
| 48 | 0.000 1 | 123 | 0.000 1 | 132 | 71 | 0.111 2 | 100 | 0.066 7 | 109 |
| 49 | 0.000 2 | 122 | 0.000 1 | 131 | 72 | 0.129 0 | 99 | 0.078 2 | 103 |
| 50 | 0.000 4 | 121 | 0.000 2 | 130 | 73 | 0.148 7 | 98 | 0.091 2 | 107 |
| 51 | 0.000 6 | 120 | 0.000 3 | 129 | 74 | 0.170 1 | 97 | 0.105 5 | 106 |
| 52 | 0.000 9 | 119 | 0.000 5 | 128 | 75 | 0.193 3 | 96 | 0.121 4 | 105 |
| 53 | 0.001 4 | 118 | 0.000 7 | 127 | 76 | 0.218 1 | 95 | 0.138 8 | 104 |

（续）

| $m=9$ | | | | | | | | | |
|---|---|---|---|---|---|---|---|---|---|
| $c_L$ | $n=9$ | $c_U$ | $n=10$ | $c_U$ | $c_L$ | $n=9$ (*cont.*) | $c_U$ | $n=10$ (*cont.*) | $c_U$ |
| 54 | 0.002 0 | 117 | 0.001 1 | 126 | 77 | 0.244 7 | 94 | 0.157 7 | 103 |
| 55 | 0.002 8 | 116 | 0.001 5 | 125 | 78 | 0.272 9 | 93 | 0.178 1 | 102 |
| 56 | 0.003 9 | 115 | 0.002 1 | 124 | 79 | 0.302 4 | 92 | 0.200 1 | 101 |
| 57 | 0.005 3 | 114 | 0.002 8 | 123 | 80 | 0.333 2 | 91 | 0.223 5 | 100 |
| 58 | 0.007 1 | 113 | 0.003 8 | 122 | 81 | 0.365 2 | 90 | 0.248 3 | 99 |
| 59 | 0.009 4 | 112 | 0.005 1 | 121 | 82 | 0.398 1 | 89 | 0.274 5 | 98 |
| 60 | 0.012 2 | 111 | 0.006 6 | 120 | 83 | 0.431 7 | 88 | 0.301 9 | 97 |
| 61 | 0.015 7 | 110 | 0.008 6 | 119 | 84 | 0.465 7 | 87 | 0.330 4 | 96 |
| 62 | 0.020 0 | 109 | 0.011 0 | 118 | 85 | 0.500 0 | 86 | 0.359 8 | 95 |
| 63 | 0.025 2 | 108 | 0.014 0 | 117 | 86 | 0.534 3 | 85 | 0.390 1 | 94 |
| 64 | 0.031 3 | 107 | 0.017 5 | 116 | 87 | 0.568 3 | 84 | 0.421 1 | 93 |
| 65 | 0.038 5 | 106 | 0.021 7 | 115 | 88 | 0.601 9 | 83 | 0.452 4 | 92 |
| 66 | 0.047 0 | 105 | 0.026 7 | 114 | 89 | 0.634 8 | 82 | 0.484 1 | 91 |
| 67 | 0.056 7 | 104 | 0.032 6 | 113 | 90 | 0.666 8 | 81 | 0.666 8 | 90 |

| $m=10$ | | | | | |
|---|---|---|---|---|---|
| $c_L$ | $n=10$ | $c_U$ | $c_L$ | $n=10$ (*cont.*) | $c_U$ |
| 55 | 0.000 0 | 155 | 81 | 0.037 6 | 129 |
| 56 | 0.000 0 | 154 | 82 | 0.044 6 | 128 |
| 57 | 0.000 0 | 153 | 83 | 0.052 6 | 127 |
| 58 | 0.000 0 | 152 | 84 | 0.061 5 | 126 |
| 59 | 0.000 1 | 151 | 85 | 0.071 6 | 125 |
| 60 | 0.000 1 | 150 | 86 | 0.082 7 | 124 |
| 61 | 0.000 2 | 149 | 87 | 0.095 2 | 123 |
| 62 | 0.000 2 | 148 | 88 | 0.108 8 | 122 |
| 63 | 0.000 4 | 147 | 89 | 0.123 7 | 121 |
| 64 | 0.000 5 | 145 | 90 | 0.139 9 | 120 |
| 65 | 0.000 8 | 145 | 91 | 0.157 5 | 119 |
| 66 | 0.001 0 | 144 | 92 | 0.176 3 | 118 |
| 67 | 0.001 4 | 143 | 93 | 0.196 5 | 117 |
| 68 | 0.001 9 | 142 | 94 | 0.217 9 | 116 |
| 69 | 0.002 6 | 141 | 95 | 0.240 6 | 115 |
| 70 | 0.003 4 | 140 | 96 | 0.264 4 | 114 |
| 71 | 0.004 5 | 139 | 97 | 0.289 4 | 113 |
| 72 | 0.005 7 | 138 | 98 | 0.315 3 | 112 |
| 73 | 0.007 3 | 137 | 99 | 0.342 1 | 111 |
| 74 | 0.009 3 | 136 | 100 | 0.369 7 | 110 |
| 75 | 0.011 6 | 135 | 101 | 0.398 0 | 109 |
| 76 | 0.014 4 | 134 | 102 | 0.426 7 | 108 |
| 77 | 0.017 7 | 133 | 103 | 0.455 9 | 107 |
| 78 | 0.021 6 | 132 | 104 | 0.485 3 | 106 |
| 79 | 0.026 2 | 131 | 105 | 0.514 7 | 105 |
| 80 | 0.031 5 | 130 | | | |

## 附录XVII　Wilcoxon 秩和检验 $T^+$ 临界值（Siegel 和 Castellan，1988）

下表主要给出了在零假设下，即 $T^+ \geqslant c$，对于 $N$ 对非零差异的观察的单尾概率 $P$。

| | N | | | | | | | | N | | | | | | |
|---|---|---|---|---|---|---|---|---|---|---|---|---|---|---|---|
| $c$ | 3 | 4 | 5 | 6 | 7 | 8 | 9 | $c$ | 3 | 4 | 5 | 6 | 7 | 8 | 9 |
| 3 | 0.625 0 | | | | | | | 24 | | | | | 0.054 7 | 0.230 5 | 0.455 1 |
| 4 | 0.375 0 | | | | | | | 25 | | | | | 0.039 1 | 0.191 4 | 0.410 2 |
| 5 | 0.250 0 | 0.562 5 | | | | | | 26 | | | | | 0.023 4 | 0.156 3 | 0.367 2 |
| 6 | 0.125 0 | 0.437 5 | | | | | | 27 | | | | | 0.015 6 | 0.125 0 | 0.326 2 |
| 7 | | 0.312 5 | | | | | | 28 | | | | | 0.007 8 | 0.097 7 | 0.285 2 |
| 8 | | 0.187 5 | 0.500 0 | | | | | 29 | | | | | | 0.074 2 | 0.248 0 |
| 9 | | 0.125 0 | 0.406 3 | | | | | 30 | | | | | | 0.054 7 | 0.212 9 |
| 10 | | 0.062 3 | 0.312 5 | | | | | 31 | | | | | | 0.039 1 | 0.179 7 |
| 11 | | | 0.218 8 | 0.500 0 | | | | 32 | | | | | | 0.027 3 | 0.150 4 |
| 12 | | | 0.156 3 | 0.421 9 | | | | 33 | | | | | | 0.019 5 | 0.125 0 |
| 13 | | | 0.093 8 | 0.343 8 | | | | 34 | | | | | | 0.011 7 | 0.1016 |
| 14 | | | 0.062 5 | 0.281 3 | 0.531 3 | | | 35 | | | | | | 0.007 8 | 0.082 0 |
| 15 | | | 0.031 3 | 0.218 8 | 0.468 8 | | | 36 | | | | | | 0.003 9 | 0.064 5 |
| 16 | | | | 0.156 3 | 0.406 3 | | | 37 | | | | | | | 0.048 8 |
| 17 | | | | 0.109 4 | 0.343 8 | | | 38 | | | | | | | 0.037 1 |
| 18 | | | | 0.078 1 | 0.289 1 | 0.527 3 | | 39 | | | | | | | 0.027 3 |
| 19 | | | | 0.046 9 | 0.234 4 | 0.472 7 | | 40 | | | | | | | 0.019 5 |
| 20 | | | | 0.031 3 | 0.187 5 | 0.421 9 | | 41 | | | | | | | 0.013 7 |
| 21 | | | | 0.015 6 | 0.148 4 | 0.371 1 | | 42 | | | | | | | 0.009 8 |
| 22 | | | | | 0.109 4 | 0.320 3 | | 43 | | | | | | | 0.005 9 |
| 23 | | | | | 0.078 1 | 0.273 4 | 0.500 0 | 44 | | | | | | | 0.003 9 |
| | | | | | | | | 45 | | | | | | | 0.002 0 |

| | N | | | | | | | N | | | |
|---|---|---|---|---|---|---|---|---|---|---|---|
| c | 10 | 11 | 12 | 13 | 14 | 15 | c | 12 | 13 | 14 | 15 |
| 28 | 0.500 0 | | | | | | 75 | 0.0012 | 0.019 9 | 0.086 3 | 0.210 6 |
| 29 | 0.460 9 | | | | | | 76 | 0.000 7 | 0.016 4 | 0.076 5 | 0.194 7 |
| 30 | 0.422 9 | | | | | | 77 | 0.000 5 | 0.013 3 | 0.067 6 | 0.179 6 |
| 31 | 0.384 8 | | | | | | 78 | 0.000 2 | 0.010 7 | 0.059 4 | 0.165 1 |
| 32 | 0.347 7 | | | | | | 79 | | 0.008 5 | 0.052 0 | 0.151 4 |
| 33 | 0.312 5 | 0.517 1 | | | | | 80 | | 0.006 7 | 0.045 3 | 0.138 4 |
| 34 | 0.278 3 | 0.482 9 | | | | | 81 | | 0.005 2 | 0.039 2 | 0.126 2 |
| 35 | 0.246 1 | 0.449 2 | | | | | 82 | | 0.004 0 | 0.033 8 | 0.114 7 |
| 36 | 0.215 8 | 0.415 5 | | | | | 83 | | 0.003 1 | 0.029 0 | 0.103 9 |
| 37 | 0.187 5 | 0.382 3 | | | | | 84 | | 0.002 3 | 0.024 7 | 0.093 8 |
| 38 | 0.161 1 | 0.350 1 | | | | | 85 | | 0.001 7 | 0.020 9 | 0.084 4 |
| 39 | 0.137 7 | 0.318 8 | 0.515 1 | | | | 86 | | 0.061 2 | 0.017 6 | 0.075 7 |
| 40 | 0.116 2 | 0.288 6 | 0.484 9 | | | | 87 | | 0.000 9 | 0.014 8 | 0.067 7 |
| 41 | 0.096 7 | 0.259 8 | 0.454 8 | | | | 88 | | 0.000 6 | 0.012 3 | 0.060 3 |
| 42 | 0.080 1 | 0.232 4 | 0.425 0 | | | | 89 | | 0.000 4 | 0.010 1 | 0.053 5 |
| 43 | 0.065 4 | 0.206 5 | 0.395 5 | | | | 90 | | 0.000 2 | 0.008 3 | 0.047 3 |
| 44 | 0.052 7 | 0.182 6 | 0.366 7 | | | | 91 | | 0.000 1 | 0.006 7 | 0.041 6 |
| 45 | 0.042 0 | 0.160 2 | 0.338 6 | | | | 92 | | | 0.005 4 | 0.036 5 |
| 46 | 0.032 2 | 0.139 2 | 0.311 0 | 0.500 0 | | | 93 | | | 0.004 3 | 0.031 9 |
| 47 | 0.024 4 | 0.120 1 | 0.284 7 | 0.473 0 | | | 94 | | | 0.003 4 | 0.027 7 |
| 48 | 0.018 6 | 0.103 0 | 0.259 3 | 0.446 3 | | | 95 | | | 0.002 6 | 0.024 0 |
| 49 | 0.013 7 | 0.087 4 | 0.234 9 | 0.419 7 | | | 96 | | | 0.002 0 | 0.020 6 |
| 50 | 0.009 8 | 0.073 7 | 0.211 9 | 0.393 4 | | | 97 | | | 0.001 5 | 0.017 7 |
| 51 | 0.006 8 | 0.061 5 | 0.190 2 | 0.367 7 | | | 98 | | | 0.001 2 | 0.015 1 |
| 52 | 0.004 9 | 0.050 8 | 0.169 7 | 0.342 4 | | | 99 | | | 0.000 9 | 0.012 8 |
| 53 | 0.002 9 | 0.041 5 | 0.150 6 | 0.317 7 | 0.500 0 | | 100 | | | 0.000 6 | 0.010 8 |
| 54 | 0.002 0 | 0.033 7 | 0.133 1 | 0.293 9 | 0.475 8 | | 101 | | | 0.000 4 | 0.009 0 |
| 55 | 0.001 0 | 0.026 9 | 0.116 7 | 0.270 9 | 0.451 6 | | 102 | | | 0.000 3 | 0.007 5 |
| 56 | | 0.021 0 | 0.101 8 | 0.248 7 | 0.427 6 | | 103 | | | 0.000 2 | 0.006 2 |
| 57 | | 0.016 1 | 0.088 1 | 0.227 4 | 0.403 9 | | 104 | | | 0.000 1 | 0.005 1 |
| 58 | | 0.012 2 | 0.075 7 | 0.207 2 | 0.380 4 | | 105 | | | 0.000 1 | 0.004 2 |
| 59 | | 0.009 3 | 0.064 7 | 0.187 9 | 0.357 4 | | 106 | | | | 0.003 4 |
| 60 | | 0.006 8 | 0.054 9 | 0.169 8 | 0.334 9 | 0.511 0 | 107 | | | | 0.002 7 |
| 61 | | 0.004 9 | 0.046 1 | 0.152 7 | 0.312 9 | 0.489 0 | 108 | | | | 0.002 1 |
| 62 | | 0.003 4 | 0.038 6 | 0.136 7 | 0.291 5 | 0.467 0 | 109 | | | | 0.001 7 |
| 63 | | 0.002 4 | 0.032 0 | 0.121 9 | 0.270 8 | 0.445 2 | 110 | | | | 0.001 3 |
| 64 | | 0.001 5 | 0.026 1 | 0.108 2 | 0.250 8 | 0.423 5 | 111 | | | | 0.001 0 |
| 65 | | 0.001 0 | 0.021 2 | 0.095 5 | 0.231 6 | 0.402 0 | 112 | | | | 0.000 8 |
| 66 | | 0.000 5 | 0.017 1 | 0.083 9 | 0.213 1 | 0.380 8 | 113 | | | | 0.000 6 |
| 67 | | | 0.013 4 | 0.073 2 | 0.195 5 | 0.359 9 | 114 | | | | 0.000 4 |
| 68 | | | 0.010 5 | 0.063 6 | 0.178 8 | 0.339 4 | 115 | | | | 0.000 3 |
| 69 | | | 0.008 1 | 0.054 9 | 0.162 9 | 0.319 3 | 116 | | | | 0.000 2 |
| 70 | | | 0.006 1 | 0.047 1 | 0.147 9 | 0.299 7 | 117 | | | | 0.000 2 |
| 71 | | | 0.004 6 | 0.040 2 | 0.133 8 | 0.280 7 | 118 | | | | 0.000 1 |
| 72 | | | 0.003 4 | 0.034 1 | 0.120 6 | 0.262 2 | 119 | | | | 0.000 1 |
| 73 | | | 0.002 4 | 0.028 7 | 0.108 3 | 0.244 4 | 120 | | | | 0.000 0 |
| 74 | | | 0.001 7 | 0.023 9 | 0.096 9 | 0.227 1 | | | | | |

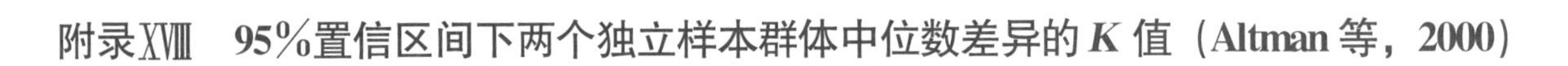

## 附录ⅩⅧ　95%置信区间下两个独立样本群体中位数差异的 *K* 值（Altman 等，2000）

| 样本量（$n_1$，$n_2$） | | 95%置信水平 | | 样本量（$n_1$，$n_2$） | | 95%置信水平 | |
|---|---|---|---|---|---|---|---|
| 最小值 | 最大值 | *K* | 精确水平（%） | 最小值 | 最大值 | *K* | 精确水平(%) |
| 5 | 5 | 3 | 96.8 | 6 | 21 | 30 | 95.1 |
| 5 | 6 | 4 | 97.0 | 6 | 22 | 31 | 95.5 |
| 5 | 7 | 6 | 95.2 | 6 | 23 | 33 | 95.3 |
| 5 | 8 | 7 | 95.5 | 6 | 24 | 34 | 95.6 |
| 5 | 9 | 8 | 95.8 | 6 | 25 | 36 | 95.4 |
| 5 | 10 | 9 | 96.0 | | | | |
| 5 | 11 | 10 | 96.2 | 7 | 7 | 9 | 96.2 |
| 5 | 12 | 12 | 95.2 | 7 | 8 | 11 | 96.0 |
| 5 | 13 | 13 | 95.4 | 7 | 9 | 13 | 95.8 |
| 5 | 14 | 14 | 95.6 | 7 | 10 | 15 | 95.7 |
| 5 | 15 | 15 | 95.8 | 7 | 11 | 17 | 95.6 |
| 5 | 16 | 16 | 96.0 | 7 | 12 | 19 | 95.5 |
| 5 | 17 | 18 | 95.2 | 7 | 13 | 21 | 95.4 |
| 5 | 18 | 19 | 95.4 | 7 | 14 | 23 | 95.4 |
| 5 | 19 | 20 | 95.6 | 7 | 15 | 25 | 95.3 |
| 5 | 20 | 21 | 95.8 | 7 | 16 | 27 | 95.3 |
| 5 | 21 | 23 | 95.1 | 7 | 17 | 29 | 95.3 |
| 5 | 22 | 24 | 95.3 | 7 | 18 | 31 | 95.3 |
| 5 | 23 | 25 | 95.5 | 7 | 19 | 33 | 95.2 |
| 5 | 24 | 26 | 95.6 | 7 | 20 | 35 | 95.2 |
| 5 | 25 | 28 | 95.1 | 7 | 21 | 37 | 95.2 |
| | | | | 7 | 22 | 39 | 95.2 |
| 6 | 6 | 6 | 95.9 | 7 | 23 | 41 | 95.2 |
| 6 | 7 | 7 | 96.5 | 7 | 24 | 43 | 95.2 |
| 6 | 8 | 9 | 95.7 | 7 | 25 | 45 | 95.2 |
| 6 | 9 | 11 | 95.0 | | | | |
| 6 | 10 | 12 | 95.8 | 8 | 8 | 14 | 95.0 |
| 6 | 11 | 14 | 95.2 | 8 | 9 | 16 | 95.4 |
| 6 | 12 | 15 | 95.9 | 8 | 10 | 18 | 95.7 |
| 6 | 13 | 17 | 95.4 | 8 | 11 | 20 | 95.9 |
| 6 | 14 | 18 | 95.9 | 8 | 12 | 23 | 95.3 |
| 6 | 15 | 20 | 95.5 | 8 | 13 | 25 | 95.5 |
| 6 | 16 | 22 | 95.1 | 8 | 14 | 27 | 95.8 |
| 6 | 17 | 23 | 95.6 | 8 | 15 | 30 | 95.3 |
| 6 | 18 | 25 | 95.3 | 8 | 16 | 32 | 95.5 |
| 6 | 19 | 26 | 95.7 | 8 | 17 | 35 | 95.1 |
| 6 | 20 | 28 | 95.4 | 8 | 18 | 37 | 95.3 |

（续）

| 样本量（$n_1$，$n_2$） | | 95%置信水平 | | 样本量（$n_1$，$n_2$） | | 95%置信水平 | |
|---|---|---|---|---|---|---|---|
| 最小值 | 最大值 | $K$ | 精确水平（%） | 最小值 | 最大值 | $K$ | 精确水平(%) |
| 8 | 19 | 39 | 95.5 | 10 | 22 | 62 | 95.3 |
| 8 | 20 | 42 | 95.1 | 10 | 23 | 65 | 95.3 |
| 8 | 21 | 44 | 95.3 | 10 | 24 | 68 | 95.4 |
| 8 | 22 | 46 | 95.5 | 10 | 25 | 72 | 95.0 |
| 8 | 23 | 49 | 95.2 | | | | |
| 8 | 24 | 51 | 95.4 | 11 | 11 | 31 | 95.3 |
| 8 | 25 | 54 | 95.1 | 11 | 12 | 34 | 95.6 |
| | | | | 11 | 13 | 38 | 95.3 |
| 9 | 9 | 18 | 96.0 | 11 | 14 | 41 | 95.6 |
| 9 | 10 | 21 | 95.7 | 11 | 15 | 45 | 95.3 |
| 9 | 11 | 24 | 95.4 | 11 | 16 | 48 | 95.6 |
| 9 | 12 | 27 | 95.1 | 11 | 17 | 52 | 95.3 |
| 9 | 13 | 29 | 95.7 | 11 | 18 | 56 | 95.1 |
| 9 | 14 | 32 | 95.4 | 11 | 19 | 59 | 95.3 |
| 9 | 15 | 35 | 95.2 | 11 | 20 | 63 | 95.1 |
| 9 | 16 | 38 | 95.1 | 11 | 21 | 66 | 95.4 |
| 9 | 17 | 40 | 95.5 | 11 | 22 | 70 | 95.2 |
| 9 | 18 | 43 | 95.4 | 11 | 23 | 74 | 95.0 |
| 9 | 19 | 46 | 95.2 | 11 | 24 | 77 | 95.3 |
| 9 | 20 | 49 | 95.1 | 11 | 25 | 81 | 95.1 |
| 9 | 21 | 51 | 95.5 | | | | |
| 9 | 22 | 54 | 95.4 | 12 | 12 | 38 | 95.5 |
| 9 | 23 | 57 | 95.3 | 12 | 13 | 42 | 95.4 |
| 9 | 24 | 60 | 95.1 | 12 | 14 | 46 | 95.4 |
| 9 | 25 | 63 | 95.0 | 12 | 15 | 50 | 95.3 |
| | | | | 12 | 16 | 54 | 95.3 |
| 10 | 10 | 24 | 95.7 | 12 | 17 | 58 | 95.2 |
| 10 | 11 | 27 | 95.7 | 12 | 18 | 62 | 95.2 |
| 10 | 12 | 30 | 95.7 | 12 | 19 | 66 | 95.2 |
| 10 | 13 | 34 | 95.1 | 12 | 20 | 70 | 95.2 |
| 10 | 14 | 37 | 95.2 | 12 | 21 | 74 | 95.2 |
| 10 | 15 | 40 | 95.2 | 12 | 22 | 78 | 95.2 |
| 10 | 16 | 43 | 95.3 | 12 | 23 | 82 | 95.1 |
| 10 | 17 | 46 | 95.4 | 12 | 24 | 86 | 95.1 |
| 10 | 18 | 49 | 95.5 | 12 | 25 | 90 | 95.1 |
| 10 | 19 | 53 | 95.0 | | | | |
| 10 | 20 | 56 | 95.1 | 13 | 13 | 46 | 95.6 |
| 10 | 21 | 59 | 95.2 | 13 | 14 | 51 | 95.2 |

（续）

| 样本量（$n_1$，$n_2$） | | 95%置信水平 | |
|---|---|---|---|
| 最小值 | 最大值 | $K$ | 精确水平（%） |
| 13 | 15 | 55 | 95.4 |
| 13 | 16 | 60 | 95.0 |
| 13 | 17 | 64 | 95.2 |
| 13 | 18 | 68 | 95.4 |
| 13 | 19 | 73 | 95.1 |
| 13 | 20 | 77 | 95.2 |
| 13 | 21 | 81 | 95.4 |
| 13 | 22 | 86 | 95.1 |
| 13 | 23 | 90 | 95.3 |
| 13 | 24 | 95 | 95.1 |
| 13 | 25 | 99 | 95.2 |
| 14 | 14 | 56 | 95.0 |
| 14 | 15 | 60 | 95.4 |
| 14 | 16 | 65 | 95.3 |
| 14 | 17 | 70 | 95.2 |
| 14 | 18 | 75 | 95.1 |
| 14 | 19 | 79 | 95.4 |
| 14 | 20 | 84 | 95.3 |
| 14 | 21 | 89 | 95.2 |
| 14 | 22 | 94 | 95.1 |
| 14 | 23 | 99 | 95.1 |
| 14 | 24 | 103 | 95.3 |
| 14 | 25 | 108 | 95.3 |
| 15 | 15 | 65 | 95.5 |
| 15 | 16 | 71 | 95.1 |
| 15 | 17 | 76 | 95.1 |
| 15 | 18 | 81 | 95.2 |
| 15 | 19 | 86 | 95.3 |
| 15 | 20 | 91 | 95.4 |
| 15 | 21 | 97 | 95.1 |
| 15 | 22 | 102 | 95.1 |
| 15 | 23 | 107 | 95.2 |
| 15 | 24 | 112 | 95.3 |
| 15 | 25 | 118 | 95.0 |
| 16 | 16 | 76 | 95.3 |
| 16 | 17 | 82 | 95.1 |
| 16 | 18 | 87 | 95.4 |
| 16 | 19 | 93 | 95.2 |
| 16 | 20 | 99 | 95.1 |
| 16 | 21 | 104 | 95.3 |
| 16 | 22 | 110 | 95.2 |
| 16 | 23 | 116 | 95.0 |
| 16 | 24 | 121 | 95.2 |
| 16 | 25 | 127 | 95.1 |
| 17 | 17 | 88 | 95.1 |
| 17 | 18 | 94 | 95.1 |
| 17 | 19 | 100 | 95.1 |
| 17 | 20 | 106 | 95.2 |
| 17 | 21 | 112 | 95.2 |
| 17 | 22 | 118 | 95.2 |
| 17 | 23 | 124 | 95.2 |
| 17 | 24 | 130 | 95.2 |
| 17 | 25 | 136 | 95.2 |
| 18 | 18 | 100 | 95.3 |
| 18 | 19 | 107 | 95.1 |
| 18 | 20 | 113 | 95.2 |
| 18 | 21 | 120 | 95.1 |
| 18 | 22 | 126 | 95.2 |
| 18 | 23 | 133 | 95.0 |
| 18 | 24 | 139 | 95.2 |
| 18 | 25 | 146 | 95.0 |
| 19 | 19 | 114 | 95.0 |
| 19 | 20 | 120 | 95.3 |
| 19 | 21 | 127 | 95.3 |
| 19 | 22 | 134 | 95.2 |
| 19 | 23 | 141 | 95.2 |
| 19 | 24 | 148 | 95.2 |
| 19 | 25 | 155 | 95.1 |
| 20 | 20 | 128 | 95.1 |
| 20 | 21 | 135 | 95.2 |
| 20 | 22 | 142 | 95.3 |
| 20 | 23 | 150 | 95.1 |
| 20 | 24 | 157 | 95.2 |
| 20 | 25 | 164 | 95.3 |

（续）

| 样本量（$n_1$，$n_2$） | | 95%置信水平 | | 样本量（$n_1$，$n_2$） | | 95%置信水平 | |
|---|---|---|---|---|---|---|---|
| 最小值 | 最大值 | $K$ | 精确水平（%） | 最小值 | 最大值 | $K$ | 精确水平(%) |
| 21 | 21 | 143 | 95.1 | 23 | 23 | 176 | 95.0 |
| 21 | 22 | 151 | 95.0 | 23 | 24 | 184 | 95.2 |
| 21 | 23 | 158 | 95.2 | 23 | 25 | 193 | 95.1 |
| 21 | 24 | 166 | 95.2 | | | | |
| 21 | 25 | 174 | 95.1 | 24 | 24 | 193 | 95.2 |
| | | | | 24 | 25 | 202 | 95.2 |
| 22 | 22 | 159 | 95.1 | | | | |
| 22 | 23 | 167 | 95.1 | 25 | 25 | 212 | 95.1 |
| 22 | 24 | 175 | 95.2 | | | | |
| 22 | 25 | 183 | 95.2 | | | | |

## 附录ⅩⅨ　95%置信区间下两个相关样本群体中位数差异的 *K* 值（Altman 等，2000）

| 样本量（$n$） | 95%置信水平 | | 样本量（$n$） | 95%置信水平 | |
|---|---|---|---|---|---|
| | $K^*$ | 精确水平（%） | | $K^*$ | 精确水平（%） |
| 6 | 1 | 96.9 | 29 | 127 | 95.2 |
| 7 | 3 | 95.3 | 30 | 138 | 95.0 |
| 8 | 4 | 96.1 | 31 | 148 | 95.2 |
| 9 | 6 | 96.1 | 32 | 160 | 95.0 |
| 10 | 9 | 95.1 | 33 | 171 | 95.2 |
| 11 | 11 | 95.8 | 34 | 183 | 95.2 |
| 12 | 14 | 95.8 | 35 | 196 | 95.1 |
| 13 | 18 | 95.2 | 36 | 209 | 95.0 |
| 14 | 22 | 95.1 | 37 | 222 | 95.1 |
| 15 | 26 | 95.2 | 38 | 236 | 95.1 |
| 16 | 30 | 95.6 | 39 | 250 | 95.1 |
| 17 | 35 | 95.5 | 40 | 265 | 95.0 |
| 18 | 41 | 95.2 | 41 | 280 | 95.0 |
| 19 | 47 | 95.1 | 42 | 295 | 95.1 |
| 20 | 53 | 95.2 | 43 | 311 | 95.1 |
| 21 | 59 | 95.4 | 44 | 328 | 95.0 |
| 22 | 66 | 95.4 | 45 | 344 | 95.1 |
| 23 | 74 | 95.2 | 46 | 362 | 95.0 |
| 24 | 82 | 95.1 | 47 | 379 | 95.1 |
| 25 | 90 | 95.2 | 48 | 397 | 95.1 |
| 26 | 99 | 95.1 | 49 | 416 | 95.1 |
| 27 | 108 | 95.1 | 50 | 435 | 95.1 |
| 28 | 117 | 95.2 | | | |

## 附录XX　整数 1～999 常见对数（$\log_{10}$）的阶乘（Lentner，1982）

| *n* | 0 | 1 | 2 | 3 | 4 | 5 | 6 | 7 | 8 | 9 |
|---|---|---|---|---|---|---|---|---|---|---|
| **0** | 0.000 00 | 0.000 00 | 0.301 03 | 0.778 15 | 1.380 21 | 2.079 18 | 2.857 33 | 3.702 43 | 4.605 52 | 5.559 76 |
| 10 | 6.559 76 | 7.601 16 | 8.680 34 | 9.794 28 | 10.940 41 | 12.116 50 | 13.320 62 | 14.551 07 | 15.806 34 | 17.085 09 |
| 20 | 18.386 12 | 19.708 34 | 21.050 77 | 22.412 49 | 23.792 71 | 25.190 65 | 26.605 62 | 28.036 98 | 29.484 14 | 30.946 54 |
| 30 | 32.423 66 | 33.915 02 | 35.420 17 | 36.938 69 | 38.470 16 | 40.014 23 | 41.570 54 | 43.138 74 | 44.718 52 | 46.309 59 |
| 40 | 47.911 65 | 49.524 43 | 51.147 68 | 52.781 15 | 54.424 60 | 56.077 81 | 57.740 57 | 59.412 67 | 61.093 91 | 62.784 10 |
| **50** | 64.483 07 | 66.190 64 | 67.906 65 | 69.630 92 | 71.363 32 | 73.103 68 | 74.851 87 | 76.607 74 | 78.371 17 | 80.142 02 |
| 60 | 81.920 17 | 83.705 50 | 85.497 90 | 87.297 24 | 89.103 42 | 90.916 33 | 92.735 87 | 94.561 95 | 96.394 46 | 98.233 31 |
| 70 | 100.078 41 | 101.929 66 | 103.787 00 | 105.650 32 | 107.519 55 | 109.394 61 | 111.275 43 | 113.161 92 | 115.054 01 | 116.951 64 |
| 80 | 118.854 73 | 120.763 21 | 122.677 03 | 124.596 10 | 126.520 38 | 128.449 80 | 130.384 30 | 132.323 82 | 134.268 30 | 136.217 69 |
| 90 | 138.171 94 | 140.130 98 | 142.094 76 | 144.063 25 | 146.036 38 | 148.014 10 | 149.996 37 | 151.983 14 | 153.974 37 | 155.970 00 |
| **100** | 157.970 00 | 159.974 33 | 161.982 93 | 163.995 76 | 166.012 80 | 168.033 98 | 170.059 29 | 172.088 67 | 174.122 10 | 176.15 952 |
| 110 | 178.200 92 | 180.246 24 | 182.295 46 | 184.348 54 | 186.405 44 | 188.466 14 | 190.530 60 | 192.598 78 | 194.670 67 | 196.746 21 |
| 120 | 198.825 39 | 200.908 18 | 202.994 54 | 205.084 44 | 207.177 87 | 209.274 78 | 211.375 15 | 213.478 95 | 215.586 16 | 217.696 75 |
| 130 | 219.810 69 | 221.927 97 | 224.048 54 | 226.172 39 | 228.299 50 | 230.429 83 | 232.563 37 | 234.700 09 | 236.839 97 | 238.982 98 |
| 140 | 241.129 11 | 243.278 33 | 245.430 62 | 247.585 95 | 249.744 32 | 251.905 68 | 254.070 04 | 256.237 35 | 258.407 62 | 260.580 80 |
| **150** | 262.756 89 | 264.935 87 | 267.117 71 | 269.302 40 | 271.489 93 | 273.680 26 | 275.873 38 | 278.069 28 | 280.267 94 | 282.469 33 |
| 160 | 284.673 45 | 286.880 28 | 289.089 80 | 291.301 98 | 293.516 83 | 295.734 31 | 297.954 42 | 300.177 13 | 302.402 44 | 304.630 33 |
| 170 | 306.860 78 | 309.093 78 | 311.329 30 | 313.567 35 | 315.807 90 | 318.050 94 | 320.296 45 | 322.544 42 | 324.794 84 | 327.047 70 |
| 180 | 329.302 97 | 331.560 65 | 333.820 72 | 336.083 17 | 338.347 99 | 340.615 16 | 342.884 67 | 345.156 51 | 347.430 67 | 349.707 13 |
| 190 | 351.985 89 | 354.266 92 | 356.550 22 | 358.835 78 | 361.123 58 | 363.413 62 | 365.705 87 | 368.000 34 | 370.297 00 | 372.595 86 |
| **200** | 374.896 89 | 377.200 08 | 379.505 44 | 381.812 93 | 384.122 56 | 386.434 32 | 388.748 18 | 391.064 15 | 393.382 22 | 395.702 36 |
| 210 | 398.024 58 | 400.348 87 | 402.675 20 | 405.003 58 | 407.334 00 | 409.666 43 | 412.000 89 | 414.337 35 | 416.675 80 | 419.016 25 |
| 220 | 421.358 67 | 423.703 06 | 426.049 42 | 428.397 72 | 430.747 97 | 433.100 15 | 435.454 26 | 437.810 29 | 440.168 22 | 442.528 06 |
| 230 | 444.889 78 | 447.253 40 | 449.618 88 | 451.986 24 | 454.355 46 | 456.726 52 | 459.099 44 | 461.474 18 | 463.850 76 | 466.229 16 |
| 240 | 468.609 37 | 470.991 39 | 473.375 20 | 475.760 81 | 478.148 20 | 480.537 37 | 482.928 30 | 485.321 00 | 487.715 45 | 490.111 65 |
| **250** | 492.509 59 | 494.909 26 | 497.310 66 | 499.713 78 | 502.118 62 | 504.525 16 | 506.933 40 | 509.343 33 | 511.754 95 | 514.168 25 |
| 260 | 516.583 22 | 518.999 86 | 521.418 16 | 523.838 12 | 526.259 72 | 528.682 97 | 531.107 85 | 533.534 36 | 535.962 50 | 538.392 25 |
| 270 | 540.823 61 | 543.256 58 | 545.691 15 | 548.127 31 | 550.565 06 | 553.004 39 | 555.445 30 | 557.887 78 | 560.331 83 | 562.777 43 |
| 280 | 565.224 59 | 567.673 30 | 570.123 54 | 572.575 33 | 575.028 65 | 577.483 49 | 579.939 86 | 582.397 74 | 584.857 13 | 587.318 03 |
| 290 | 589.780 43 | 592.244 32 | 594.709 71 | 597.176 57 | 599.644 92 | 602.114 74 | 604.586 03 | 607.058 79 | 609.533 01 | 612.008 68 |
| **300** | 614.485 80 | 616.964 36 | 619.444 37 | 621.925 81 | 624.408 69 | 626.892 99 | 629.378 71 | 631.865 85 | 634.354 40 | 636.844 36 |
| 310 | 639.335 72 | 641.828 48 | 644.322 63 | 646.818 18 | 649.315 11 | 651.813 42 | 654.313 10 | 656.814 16 | 659.316 59 | 661.820 38 |
| 320 | 664.325 53 | 666.832 04 | 669.339 89 | 671.849 10 | 674.359 64 | 676.871 52 | 679.384 74 | 681.899 29 | 684.415 16 | 686.932 36 |
| 330 | 689.450 87 | 691.970 70 | 694.491 84 | 697.014 28 | 699.538 03 | 702.063 07 | 704.589 41 | 707.117 04 | 709.645 96 | 712.176 16 |
| 340 | 714.707 64 | 717.240 39 | 719.774 42 | 722.309 71 | 724.846 27 | 727.384 09 | 729.923 17 | 732.463 50 | 735.005 08 | 737.547 90 |

（续）

| n | 0 | 1 | 2 | 3 | 4 | 5 | 6 | 7 | 8 | 9 |
|---|---|---|---|---|---|---|---|---|---|---|
| **350** | 740.091 97 | 742.637 28 | 745.183 82 | 747.731 60 | 750.280 60 | 752.830 83 | 755.382 28 | 757.934 95 | 760.488 83 | 763.043 92 |
| 360 | 765.600 23 | 768.157 73 | 770.716 44 | 773.276 35 | 775.837 45 | 778.399 74 | 780.963 23 | 783.527 89 | 786.093 74 | 788.660 77 |
| 370 | 791.228 97 | 793.798 34 | 796.368 88 | 798.940 59 | 801.513 47 | 804.087 50 | 806.662 68 | 809.239 03 | 811.816 52 | 814.395 16 |
| 380 | 816.974 94 | 819.555 87 | 822.137 93 | 824.721 13 | 827.305 46 | 829.890 92 | 832.477 51 | 835.065 22 | 837.654 05 | 840.244 00 |
| 390 | 842.835 07 | 845.427 24 | 848.020 53 | 850.614 92 | 853.210 42 | 855.807 01 | 858.404 71 | 861.003 50 | 863.603 38 | 866.204 36 |
| **400** | 868.806 42 | 871.409 56 | 874.013 79 | 876.619 09 | 879.225 47 | 881.832 93 | 884.441 46 | 887.051 05 | 889.661 71 | 892.273 43 |
| 410 | 894.886 22 | 897.500 06 | 900.114 96 | 902.730 91 | 905.347 91 | 907.965 95 | 910.585 05 | 913.205 18 | 915.826 36 | 918.448 57 |
| 420 | 921.071 82 | 923.696 11 | 926.321 42 | 928.947 76 | 931.575 12 | 934.203 51 | 936.832 92 | 939.463 35 | 942.094 80 | 944.727 25 |
| 430 | 947.360 72 | 949.995 20 | 952.630 68 | 955.267 17 | 957.904 66 | 960.543 15 | 963.182 63 | 965.823 12 | 968.464 59 | 971.107 05 |
| 440 | 973.750 51 | 976.394 95 | 979.040 37 | 981.686 77 | 984.334 15 | 986.982 51 | 989.631 85 | 992.282 16 | 994.933 44 | 997.585 68 |
| **450** | 1 000.238 89 | 1 002.893 07 | 1 005.548 21 | 1 008.204 31 | 1 010.861 36 | 1 013.519 37 | 1 016.178 34 | 1 018.838 25 | 1 021.499 12 | 1 024.160 93 |
| 460 | 1 026.823 69 | 1 029.487 39 | 1 032.152 03 | 1 034.817 61 | 1 037.484 13 | 1 040.151 58 | 1 042.819 97 | 1 045.489 29 | 1 048.159 53 | 1 050.830 71 |
| 470 | 1 053.502 80 | 1 056.175 82 | 1 058.849 77 | 1 061.524 63 | 1 064.200 41 | 1 066.877 10 | 1 069.554 71 | 1 072.233 22 | 1 074.912 65 | 1 077.592 99 |
| 480 | 1 080.274 23 | 1 082.956 37 | 1 085.639 42 | 1 088.323 37 | 1 091.008 21 | 1 093.693 95 | 1 096.380 59 | 1 099.068 12 | 1 101.756 54 | 1 104.445 85 |
| 490 | 1 107.136 04 | 1 109.827 12 | 1 112.519 09 | 1 115.211 94 | 1 117.905 66 | 1 120.600 27 | 1 123.295 75 | 1 125.992 11 | 1 128.689 34 | 1 131.387 44 |
| **500** | 1 134.086 41 | 1 136.786 24 | 1 139.486 95 | 1 142.188 51 | 1 144.890 94 | 1 147.594 24 | 1 150.298 39 | 1 153.003 39 | 1 155.709 26 | 1 158.415 98 |
| 510 | 1 161.123 55 | 1 163.831 97 | 1 166.541 24 | 1 169.251 35 | 1 171.962 32 | 1 174.674 12 | 1 177.386 77 | 1 180.100 26 | 1 182.814 59 | 1 185.52 976 |
| 520 | 1 188.245 76 | 1 190.962 60 | 1 193.680 27 | 1 196.398 77 | 1 199.118 10 | 1 201.838 26 | 1 204.559 25 | 1 207.281 06 | 1 210.003 69 | 1 212.727 15 |
| 530 | 1 215.451 42 | 1 218.176 52 | 1 220.902 43 | 1 223.629 16 | 1 226.356 70 | 1 229.085 05 | 1 231.814 22 | 1 234.544 19 | 1 237.274 97 | 1 240.006 56 |
| 540 | 1 242.738 96 | 1 245.472 15 | 1 248.206 15 | 1 250.940 95 | 1 253.676 55 | 1 256.412 95 | 1 259.150 14 | 1 261.888 13 | 1 264.626 91 | 1 267.366 48 |
| **550** | 1 270.106 84 | 1 272.847 99 | 1 275.589 93 | 1 278.332 66 | 1 281.076 17 | 1 283.820 46 | 1 286.565 54 | 1 289.311 39 | 1 292.058 03 | 1 294.805 44 |
| 560 | 1 297.553 63 | 1 300.302 59 | 1 303.052 32 | 1 305.802 83 | 1 308.554 11 | 1 311.306 16 | 1 314.058 98 | 1 316.812 56 | 1 319.566 91 | 1 322.322 02 |
| 570 | 1 325.077 90 | 1 327.834 53 | 1 330.591 93 | 1 333.350 08 | 1 336.108 99 | 1 338.868 66 | 1 341.629 08 | 1 344.390 26 | 1 347.152 19 | 1 349.914 87 |
| 580 | 1 352.678 29 | 1 355.442 47 | 1 358.207 39 | 1 360.973 06 | 1 363.739 48 | 1 366.506 63 | 1 369.274 53 | 1 372.043 17 | 1 374.812 54 | 1 377.582 66 |
| 590 | 1 380.353 51 | 1 383.125 10 | 1 385.897 42 | 1 388.670 48 | 1 391.444 26 | 1 394.218 78 | 1 396.994 03 | 1 399.770 00 | 1 402.546 70 | 1 405.324 13 |
| **600** | 1 408.102 28 | 1 410.881 15 | 1 413.660 75 | 1 416.441 07 | 1 419.222 10 | 1 421.003 86 | 1 424.786 33 | 1 427.569 52 | 1 430.353 43 | 1 433.138 04 |
| 610 | 1 435.923 37 | 1 438.709 41 | 1 441.496 17 | 1 444.283 63 | 1 447.071 79 | 1 449.860 67 | 1 452.650 25 | 1 455.440 54 | 1 458.231 52 | 1 461.023 22 |
| 620 | 1 463.815 61 | 1 466.608 70 | 1 469.402 49 | 1 472.196 98 | 1 474.992 16 | 1 477.788 04 | 1 480.584 62 | 1 483.381 88 | 1 486.179 84 | 1 488.978 49 |
| 630 | 1 491.777 84 | 1 494.577 87 | 1 497.378 58 | 1 500.179 99 | 1 502.982 08 | 1 505.784 85 | 1 508.588 31 | 1 511.392 45 | 1 514.197 27 | 1 517.002 77 |
| 640 | 1 519.808 95 | 1 522.615 81 | 1 525.423 34 | 1 528.231 55 | 1 531.040 44 | 1 533.850 00 | 1 536.660 23 | 1 539.471 14 | 1 542.282 71 | 1 545.094 96 |
| **650** | 1 547.907 87 | 1 550.721 45 | 1 553.535 70 | 1 556.350 61 | 1 559.166 19 | 1 561.982 43 | 1 564.799 33 | 1 567.616 90 | 1 570.435 13 | 1 573.254 01 |
| 660 | 1 576.073 56 | 1 578.893 76 | 1 581.714 61 | 1 584.536 13 | 1 587.358 30 | 1 590.181 12 | 1 593.004 59 | 1 595.828 72 | 1 598.653 50 | 1 601.478 92 |
| 670 | 1 604.305 00 | 1 607.131 72 | 1 609.959 09 | 1 612.787 10 | 1 615.615 76 | 1 618.445 07 | 1 621.275 01 | 1 624.105 60 | 626.936 83 | 1 629.768 70 |
| 680 | 1 632.601 21 | 1 635.434 36 | 1 638.268 14 | 1 641.102 56 | 1 643.937 62 | 1 646.773 31 | 1 649.609 64 | 1 652.446 59 | 1 655.284 18 | 1 658.122 40 |
| 690 | 1 660.961 25 | 1 663.800 73 | 1 666.640 83 | 1 669.481 57 | 1 672.322 93 | 1 675.164 91 | 1 678.007 52 | 1 680.850 75 | 1 683.694 61 | 1 686.539 09 |

（续）

| n | 0 | 1 | 2 | 3 | 4 | 5 | 6 | 7 | 8 | 9 |
|---|---|---|---|---|---|---|---|---|---|---|
| **700** | 1 689. 384 18 | 1 692. 229 90 | 1 695. 076 24 | 1 697. 923 20 | 1 700. 770 77 | 1 703. 618 96 | 1 706. 467 76 | 1 709. 317 18 | 1 712. 167 21 | 1 715. 017 86 |
| 710 | 1 717. 869 12 | 1 720. 720 99 | 1 723. 573 47 | 1 726. 426 56 | 1 729. 280 26 | 1 732. 134 56 | 1 734. 989 48 | 1 737. 845 00 | 1 740. 701 12 | 1 743. 557 85 |
| 720 | 1 746. 415 18 | 1 749. 273 12 | 1 752. 131 65 | 1 754. 990 79 | 1 757. 850 53 | 1 760. 710 87 | 1 763. 571 81 | 1 766. 433 34 | 1 769. 295 47 | 1 772. 158 20 |
| 730 | 1 775. 021 52 | 1 777. 885 44 | 1 780. 749 95 | 1 783. 615 05 | 1 786. 480 75 | 1 789. 347 04 | 1 792. 213 91 | 1 795. 081 38 | 1 797. 949 44 | 1 800. 818 08 |
| 740 | 1 803. 687 31 | 1 806. 557 13 | 1 809. 427 54 | 1 812. 298 53 | 1 815. 170 10 | 1 818. 042 25 | 1 820. 914 99 | 1 823. 788 31 | 1 826. 662 22 | 1 829. 536 70 |
| **750** | 1 832. 411 76 | 1 835. 287 40 | 1 838. 163 62 | 1 841. 040 41 | 1 843. 917 78 | 1 846. 795 73 | 1 849. 674 25 | 1 852. 553 35 | 1 855. 433 02 | 1 858. 313 26 |
| 760 | 1 861. 194 07 | 1 864. 075 46 | 1 866. 957 41 | 1 869. 839 94 | 1 872. 723 03 | 1 875. 606 69 | 1 878. 490 92 | 1 881. 375 71 | 1 884. 261 08 | 1 887. 147 00 |
| 770 | 1 890. 033 49 | 1 892. 920 55 | 1 895. 808 16 | 1 898. 696 34 | 1 901. 585 08 | 1 904. 474 39 | 1 907. 364 25 | 1 910. 254 67 | 1 913. 145 65 | 1 916. 037 18 |
| 780 | 1 918. 929 28 | 1 921. 821 93 | 1 924. 715 14 | 1 927. 608 90 | 1 930. 503 21 | 1 933. 398 08 | 1 936. 293 51 | 1 939. 189 48 | 1 942. 086 01 | 1 944. 983 08 |
| 790 | 1 947. 880 71 | 1 950. 778 89 | 1 953. 677 61 | 1 956. 576 89 | 1 959. 476 71 | 1 962. 377 07 | 1 965. 277 99 | 1 968. 179 44 | 1 971. 081 45 | 1 973. 983 99 |
| **800** | 1 976. 887 08 | 1 979. 790 72 | 1 982. 694 89 | 1 985. 599 61 | 1 988. 504 86 | 1 991. 410 66 | 1 994. 316 99 | 1 997. 223 87 | 2 000. 131 28 | 2 003. 039 22 |
| 810 | 2 005. 947 71 | 2 008. 856 73 | 2 011. 766 29 | 2 014. 676 38 | 2 017. 587 00 | 2 020. 498 16 | 2 023. 409 85 | 2 026. 322 07 | 2 029. 234 82 | 2 032. 148 11 |
| 820 | 2 035. 061 92 | 2 037. 976 26 | 2 040. 891 14 | 2 043. 806 54 | 2 046. 722 46 | 2 049. 638 92 | 2 052. 555 90 | 2 055. 473 40 | 2 058. 391 43 | 2 061. 309 99 |
| 830 | 2 064. 229 06 | 2 067. 148 67 | 2 070. 068 79 | 2 072. 989 43 | 2 075. 910 60 | 2 078. 832 29 | 2 081. 754 49 | 2 084. 677 22 | 2 087. 600 46 | 2 090. 524 22 |
| 840 | 2 093. 448 50 | 2 096. 373 30 | 2 099. 298 61 | 2 102. 224 44 | 2 105. 150 78 | 2 108. 077 64 | 2 111. 005 01 | 2 113. 932 89 | 2 116. 861 29 | 2 119. 790 19 |
| **850** | 2 122. 719 61 | 2 125. 649 54 | 2 128. 579 98 | 2 131. 510 93 | 2 134. 442 39 | 2 137. 374 35 | 2 140. 306 83 | 2 143. 239 81 | 2 146. 173 30 | 2 149. 107 29 |
| 860 | 2 152. 041 79 | 2 154. 976 79 | 2 157. 912 30 | 2 160. 848 31 | 2 163. 784 82 | 2 166. 721 84 | 2 169. 659 36 | 2 172. 597 37 | 2 175. 535 89 | 2 178. 474 91 |
| 870 | 2 181. 414 43 | 2 184. 354 45 | 2 187. 294 97 | 2 190. 235 98 | 2 193. 177 49 | 2 196. 119 50 | 2 199. 062 00 | 2 202. 005 00 | 2 204. 948 50 | 2 207. 892 49 |
| 880 | 2 210. 836 97 | 2 213. 781 95 | 2 216. 727 41 | 2 219. 673 38 | 2 222. 619 83 | 2 225. 566 77 | 2 228. 514 20 | 2 231. 462 13 | 2 234. 410 54 | 2 237. 359 44 |
| 890 | 2 240. 308 83 | 2 243. 258 71 | 2 246. 209 08 | 2 249. 159 93 | 2 252. 111 26 | 2 255. 063 09 | 2 258. 015 40 | 2 260. 968 19 | 2 263. 921 46 | 2 266. 875 22 |
| **900** | 2 269. 829 47 | 2 272. 784 19 | 2 275. 739 40 | 2 278. 695 09 | 2 281. 651 25 | 2 284. 607 90 | 2 287. 565 03 | 2 290. 522 64 | 2 293. 480 72 | 2 296. 439 29 |
| 910 | 2 299. 398 33 | 2 302. 357 85 | 2 305. 317 84 | 2 308. 278 31 | 2 311. 239 26 | 2 314. 200 68 | 2 317. 162 58 | 2 320. 124 95 | 2 323. 087 79 | 2 326. 051 11 |
| 920 | 2 329. 014 89 | 2 331. 979 15 | 2 334. 943 88 | 2 337. 909 09 | 2 340. 874 76 | 2 343. 840 90 | 2 346. 807 51 | 2 349. 774 59 | 2 352. 742 14 | 2 355. 71 015 |
| 930 | 2 358. 678 64 | 2 361. 647 59 | 2 364. 617 00 | 2 367. 586 88 | 2 370. 557 23 | 2 373. 528 04 | 2 376. 499 32 | 2 379. 471 06 | 2 382. 443 26 | 2 385. 415 93 |
| 940 | 2 388. 389 06 | 2 391. 362 65 | 2 394. 336 70 | 2 397. 311 21 | 2 400. 286 18 | 2 403. 261 61 | 2 406. 237 50 | 2 409. 213 85 | 2 412. 190 66 | 2 415. 167 93 |
| **950** | 2 418. 145 65 | 2 421. 123 83 | 2 424. 102 47 | 2 427. 081 56 | 2 430. 061 11 | 2 433. 041 12 | 2 436. 021 57 | 2 439. 002 49 | 2 441. 983 85 | 2 444. 965 67 |
| 960 | 2 447. 947 94 | 2 450. 930 66 | 2 453. 913 84 | 2 456. 897 47 | 2 459. 881 54 | 2 462. 866 07 | 2 465. 851 05 | 2 468. 836 47 | 2 471. 822 35 | 2 474. 808 67 |
| 970 | 2 477. 795 45 | 2 480. 782 66 | 2 483. 770 33 | 2 486. 758 44 | 2 489. 747 00 | 2 492. 736 01 | 2 495. 725 46 | 2 498. 715 35 | 2 501. 705 69 | 2 504. 696 47 |
| 980 | 2 507. 687 70 | 2 510. 679 37 | 2 513. 671 48 | 2 516. 664 03 | 2 519. 657 03 | 2 522. 650 47 | 2 525. 644 34 | 2 528. 638 66 | 2 531. 633 42 | 2 534. 628 61 |
| 990 | 2 537. 624 25 | 2 540. 620 32 | 2 543. 616 83 | 2 546. 613 78 | 2 549. 611 17 | 2 552. 608 99 | 2 555. 607 25 | 2 558. 605 95 | 2 561. 605 08 | 2 564. 604 64 |

## 附录XXI　相关系数

该表给出了当真实值 $\rho=0$ 时，估计的相关系数 $r$ 分布的百分比。因此，当自由度为 10 时（例如 12 个样本），观察到相关系数 $r$ 绝对值大于 0.576（<−0.576 或>+0.576）的概率是 0.05 或 5%。

| 自由度 | P 值 | | | | |
|---|---|---|---|---|---|
| | 0.10 | 0.05 | 0.02 | 0.01 | 0.001 |
| 1 | 0.987 7 | 0.996 92 | 0.999 51 | 0.999 88 | 0.999 998 8 |
| 2 | 0.900 0 | 0.950 0 | 0.980 0 | 0.990 0 | 0.999 0 |
| 3 | 0.805 | 0.878 | 0.934 3 | 0.958 7 | 0.991 1 |
| 4 | 0.729 | 0.811 | 0.882 | 0.917 2 | 0.974 1 |
| 5 | 0.669 | 0.754 | 0.833 | 0.875 | 0.950 9 |
| 6 | 0.621 | 0.707 | 0.789 | 0.834 | 0.924 9 |
| 7 | 0.582 | 0.666 | 0.750 | 0.798 | 0.898 |
| 8 | 0.549 | 0.632 | 0.715 | 0.765 | 0.872 |
| 9 | 0.521 | 0.602 | 0.685 | 0.735 | 0.847 |
| 10 | 0.497 | 0.576 | 0.658 | 0.708 | 0.823 |
| 11 | 0.476 | 0.553 | 0.634 | 0.684 | 0.801 |
| 12 | 0.457 | 0.532 | 0.612 | 0.661 | 0.780 |
| 13 | 0.441 | 0.514 | 0.592 | 0.641 | 0.760 |
| 14 | 0.426 | 0.497 | 0.574 | 0.623 | 0.742 |
| 15 | 0.412 | 0.482 | 0.558 | 0.606 | 0.725 |
| 16 | 0.400 | 0.468 | 0.543 | 0.590 | 0.708 |
| 17 | 0.389 | 0.456 | 0.529 | 0.575 | 0.693 |
| 18 | 0.378 | 0.444 | 0.516 | 0.561 | 0.679 |
| 19 | 0.369 | 0.433 | 0.503 | 0.549 | 0.665 |
| 20 | 0.360 | 0.423 | 0.492 | 0.537 | 0.652 |
| 25 | 0.323 | 0.381 | 0.445 | 0.487 | 0.597 |
| 30 | 0.296 | 0.349 | 0.409 | 0.449 | 0.554 |
| 35 | 0.275 | 0.325 | 0.381 | 0.418 | 0.519 |
| 40 | 0.257 | 0.304 | 0.358 | 0.393 | 0.490 |
| 45 | 0.243 | 0.288 | 0.338 | 0.372 | 0.465 |
| 50 | 0.231 | 0.273 | 0.322 | 0.354 | 0.443 |
| 60 | 0.211 | 0.250 | 0.295 | 0.325 | 0.408 |
| 70 | 0.195 | 0.232 | 0.274 | 0.302 | 0.380 |
| 80 | 0.183 | 0.217 | 0.257 | 0.283 | 0.357 |
| 90 | 0.173 | 0.205 | 0.242 | 0.267 | 0.338 |
| 100 | 0.164 | 0.195 | 0.230 | 0.254 | 0.321 |

# 附录XXII　一些兽医观察性研究

| 动物种类 | 疾病* | 假设的风险因素 | 来源 |
|---|---|---|---|
| Ox, horse, pig, dog, cat | Congenital defects | Species, institution, for dogs and horses: breed | Priester et al. (1970) |
| Ox, horse, pig, dog, cat | Congenital umbilical and inguinal hernias | Breed, sex | Hayes(1974a) |
| Ox, horse, dog, cat | Congenital ocular defects | Breed, sex | Priester(1972a) |
| Ox, horse, dog, cat | Nervous tissue tumours | Breed, sex, age | Hayes et al. (1975) |
| Ox, horse, dog, cat | Oral and pharyngeal cancer | For dogs: sex, age, size of urban area | Dorn and Priester(1976) |
| Ox, horse, dog, cat | Pancreatic carcinoma | For dogs: breed, sex, age | Priester(1974b) |
| Ox, horse, dog, cat | Skin tumours | Breed, sex, age, annual sunlight | Priester(1973) |
| Ox, horse, dog, cat | Various tumours | Breed, sex, age | Priester and Mantel(1971); Priester and McKay(1980) |
| Horse, dog, cat | Tumours of the nasal passages and paranasal sinuses | Age, for dogs: breed | Madewell et al. (1976) |
| Dog, cat | *Campylobacter* spp., infection | Breed, age, season, management | Sandberg et al. (2002) |
| Dog, cat | Dermatophytosis | Breed, sex, age | Sparkes et al. (1993) |
| Dog, cat | Follicular tumours | Breed, sex, age | Abramo et al. (1999) |
| Dog, cat | Leukaemia-lymphoma | Breed, sex, age | Backgren(1965); Dorn et al. (1967); Priester(1967); Schneider (1983) |
| Dog, cat | Non-accidental injury | Breed | Munro and Thrusfield(2001b) |
| Dog, cat | Pleural and peritoneal effusions | Sex, age, other diseases | Steyn and Wittum(1993) |
| Dog, cat | Surrender to an animal home (shelter) | Breed, sex, age, behaviour, history, owners' attitudes and socio-economic status | Patronek et al. (1996a, b) |
| Dog, cat | Various tumours | Breed, sex, age | Dorn et al. (1968) |
| Badger | Mortality | Sex, age, infection with *Mycobacterium bovis*, ELISA test status to *M. bovis* | Wilesmith and Clifton-Hadley (1991) |
| Camel | Somatic cell counts | Udder infections | Abdurahman et al. (1995) |
| Cat | Blood pressure | Age, concurrent disease | Bodey and Sansom(1998) |
| Cat | *Bordeteffa bronchiseptica* | Sex, age, management history | Binns et al. (1999) |
| Cat | Borna disease | Sex, age, lifestyle | Berg et al. (1998) |
| Cat | *Candidatus* (*Haemobartoneffa*) spp. | Sex, age | Tasker et al. (2003) |
| Cat | *Cryptosporidium* spp. infection | Age, lifestyle(domestic versus feral) | Mtambo et al. (1991) |
| Cat | Cutaneous and oral squamous cell carcinoma | Sex, skin, colour, exposureto sunlight | Dorn et al. (1971) |
| Cat | Diabetes mellitus | Breed, sex, age, body weight | Panciera et al. (1990) |

（续）

| 动物种类 | 疾病* | 假设的风险因素 | 来源 |
|---|---|---|---|
| Cat | Diarrhoea | Verocytotoxigenic *Escherichia coli* | Smith et al. (1998c) |
| Cat | Dystokia | Breed, cranial conformation | Ekstrand and Linde-Forsberg (1994); Gunn-Moore and Thrusfield(1995) |
| Cat | Dysautonomia | *Clostridium botulinum* infection | Nunn et al. (2004) |
| Cat | Feline immunodeficiency virus (serological) | Breed, sex, age, clinical signs | Sukura et al. (1992) |
| Cat | Feline infectious anaemia | Breed, sex, age, prior disease | Hayes and Priester(1973) |
| Cat | Feline leukaemia | Feline infectious anaemia | Priester and Hayes(1973) |
| Cat | Feline leukaemia and feline immunodeficiency virus- induced disease | Breed, sex, age | Hosie et al. (1989) |
| Cat | Fibrosarcoma | Feline leukaemia virus vaccination, rabies vaccination | Kass et al. (1993) |
| | | Age, vaccination site, vaccine type | Hendrick et al. (1994) |
| Cat | Hyperthyroidism | Breed, sex, age, other demographic characteristics, exposure to herbicides, pesticides and other potential trace agents, diet, medical history | Scarlett et al. (1988); Edinboro et al. (2004) |
| Cat | Key-Gaskell syndrome See Dysautonomia | | |
| Cat | Lower urinary tract disease | Breed, sex, age | Lekcharoensuk et al. (2001) |
| Cat | Mortality(in kittens) | Breed, sex, age, source, specific conditions | Cave et al. (2002) |
| Cat | Obesity | Breed, sex, age, diet environment | Robertson(1999); Allan et al. (2000) |
| Cat | Renal failure | Diet, management | Hughes et al. (2002) |
| Cat | Road traffic accidents | Breed, sex, age, management | Rochlitz(2003a, b) |
| Cat | Urolithiasis | Breed, sex, age, neutering, season of year, diet, weight, level of activity, time of diagnosis | Willeberg(1975a, b, c, 1976, 1977, 1981); Willeberg and Priester (1976); Thumchai et al. (1996) |
| Cat | Various conditions | Neutering(early) | Spain et al. (2004a) |
| Dog | Aggression | Environment | Appleby et al. (2002) |
| | | Breed, location, owner characteristics | Bradshaw et al. (1996); Rugbjerg et al. (2003) |
| | (in cocker spaniels) | Personality of owner | Podberscek and Serpell(1997) |
| Dog | Bartonellosis(serological) | Location(rural versus urban), lifestyle (indoors versus outdoors), exposure to horses, cattle and ectoparasites | Pappalardo et al. (1997) |
| Dog | Behavioural characteristics | Breed, sex, age | Bradshaw et al. (1996); Lund et al. (1996) |
| Dog | Bladder cancer | Breed, sex, location(areas of industrial activity), passive smoking, environmental chemicals, insecticides, herbicides, obesity | Hayes(1976); Hayes et al. (1981); Glickman et al. (1989, 2004); Raghavan et al. (2004) |
| Dog | Bone sarcoma | Body size | Tjalma(1966) |
| Dog | Bronchiectasis | Breed, age | Hawkins et al. (2003) |

（续）

| 动物种类 | 疾病* | 假设的风险因素 | 来源 |
| --- | --- | --- | --- |
| Dog | Carcinoma of the nasal cavity and paranasal sinuses | Breed, sex, age, skull type | Hayes et al. (1982) |
| Dog | Cauda equine syndrome | Degenerative disc disease, lumbosacral transitional vertebrae | Morgan et al. (1993) |
| Dog | Chemodectomas | Breed, sex, age | Hayes and Fraumeni(1974); Hayes(1975) |
| Dog | Chronic liver disease | Breed, sex, age | Andersson and Sevelius(1991) |
| Dog | Chronic pulmonary disease | Breed, sex, age, environmental pollution | Reif and Cohen(1979) |
| Dog | Chronic superficial keratitis | Breed, sex, age, location(altitude) | Chavkin et al. (1994) |
| Dog | Congenital heart disease | Breed, sex, other congen ital defects | Mulvihill and Priester(1973); Tidholm(1997) |
| Dog | Congenital portosystemic shunts | Breed, age | Tobias and Rohrbach(2003) |
| Dog | Cranial cruciate ligament rupture | Age, sex, breed, body weight | Whitehair et al. (1993); Duval et al. (1999) |
| Dog | Cryptorchidism | Breed | Pendergrass and Hayes (1975); Yates et al. (2003) |
| Dog | Deafness | Sex, parental deafness | Wood and Lakhani(1997); Famula et al. (2001) |
| | (in Dalmatians) | Sex | Wood and Lakhani(1998) |
| Dog | Diabetes mellitus | Breed, sex, age, obesity | Krook et al. (1960); Marmor et al. (1982); Guptill et al. (2003) |
| Dog | Dysautonomia | Breed, sex, age, season, environment, management | Berghaus et al. (2001) |
| Dog | Dystokia | Litter size | Walett Darvelid and Linde-Forsberg(1994) |
| Dog | Ectopic ureter | Breed | Hayes(1974b, 1984); Holt et al. (2000) |
| Dog | Elbow arthrosis | History of the disease in parents | Grondalen and Lingaas(1991) |
| Dog | Elbow disease(mainly dysplasia) | Breed, sex | Hayes et al. (1979) |
| Dog | Epilepsy(in Labrador retrievers) | Sex, age | Jaggy et al. (1998) |
| Dog | Euthanasia(behaviour related) | Aggressive characteristics, body weight, source | Reisner et al. (1994) |
| Dog | Eyelid neoplasms | Breed | Krehbiel and Langham(1975) |
| Dog | Gastric dilation and dilatation-volvulus | Breed, sex, age, body weight<br>Age, food-particle size *Pneumonyssoides caninum* infection | Glickman et al. (1994)<br>Theyse et al. (1998)<br>Bredal(1998) |
| Dog | Gastro-intestinal ulceration (related to ibuprofen toxicity) | Breed, dosage schedules | Poortinga and Hungerford(1998) |
| Dog | Glaucoma | Ocular characteristics | Wood et al. (2001 a) |
| Dog | Haemangioma and haemangiosarcoma | Breed | Srebernik and Appleby(1991) |
| Dog | Heart valve incompetence | Breed, sex, age | Thrusfield et al. (1985); Häggström et al. (1992) |
| Dog | Heartworm infection | Breed, grouping (e.g., working, sporting, toy), sex, age | Selby et al. (1980); Yoon et al. (2002) |
| Dog | Hepatic angiosarcomas | Breed, sex, age | Priester(1976b) |

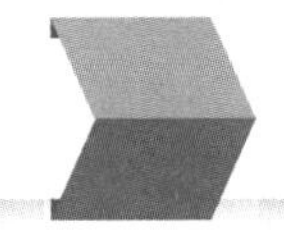


（续）

| 动物种类 | 疾病* | 假设的风险因素 | 来源 |
| --- | --- | --- | --- |
| Dog | Hip dysplasia | Breed, sex, age<br>Sex, lineage<br>Month of birth | Priester and Mulvihill(1972); Keller and Corley(1989); Wood and Lakhani(2003b)<br>Wood et al. (2002)<br>Hanssen(1991); Wood and Lakhani (2003a) |
| Dog | House-dust mites and mite allergens | House and furnishing characteristics, flea prevention | Randall et al. (2003) |
| Dog | Hypospadias | Breed, sex | Hayes and Wilson(1986) |
| Dog | Hypothyroidism | Breed, sex, age, pedigree | Dixon et al. (1999) |
| Dog | Immune-mediated haemolytic anaemia | Breed, sex, blood type, bacteraemia | Miller et al. (2004) |
| Dog | Infectious tracheobronchitis(kennel cough) | Vaccinal status against *Bordetella bronchiseptica*, canine parainfluenza virus and canine adenoviruses | Thrusfield et al. (1989a) |
| Dog | Intervertebral disc disease | Breed, sex, age, site of involvement | Goggin et al. (1970); Priester (1976a) |
| Dog | Leptospirosis | Breed, sex, age, management | Ward et al. (2002a) |
| Dog | Lung cancer | Passive smoking | Reif et al. (1992) |
| Dog | Lymphoma | Magnetic fields | Reif et al. (1995) |
| Dog | Malignant neoplasms | Benign neoplasms | Bender et al. (1982) |
| Dog | *Malassezia pachydermatis* populations | Breed, age, concurrent disease | Bond et al. (1996) |
| Dog | Mammary neoplasia | Breed, sex, age<br>Inbreeding<br>Oestrus irregularity, pseudopregnancy, gestation history<br>Body conformation, weight, diet | Frye et al. (1967); Moulton et al. (1970)<br>Dorn and Schneider(1976)<br>Brodey et al. (1966)<br>Sonnenschein et al. (1987, 1991) |
| Dog | Mastocytoma | Ancestry(breed grouping) | Peters(1969) |
| Dog | Mesothelioma | Domestic and owner's exposure to asbestos, urban residence, management, flea repellents | Glickman et al. (1983) |
| Dog | Multiple primary neoplasia (benign and malignant) involving the reproductive system | Sex, index tumours, for malignant neoplasms: benign neoplasms | Bender et al. (1984) |
| Dog, cat | Obesity | Breed, sex, age | Krook et al. (1960); Edney and Smith(1986) |
| Dog | Oesophageal sarcoma | Infection with *Spirocerca lupi* | Ribelin and Bailey(1958) |
| Dog | Oral and pharyngeal neoplasms | Breed, sex, age | Cohen et al. (1964) |
| Dog | Osteochondritis dissecans | Breed, sex, age | Slater et al. (1991) |
| Dog | Parvovirus enteritis | Breed, sex, neutering | Houston et al. (1996) |
| Dog | Pancreatic islet cell tumours | Breed, sex, age | Priester(1974c) |
| Dog | Pancreatitis(acute) | Breed, sex, age | Cook et al. (1993a); Hess et al. (1999) |
| Dog | Patellar dislocation | Breed, sex, size | Priester(1972b) |
| Dog | Patellar subluxation | Breed, sex, age, other orthopaedic conditions | Hayes et al. (1994) |

（续）

| 动物种类 | 疾病* | 假设的风险因素 | 来源 |
|---|---|---|---|
| Dog | Patent ductus arteriosus | Breed, sex | Eyster et al. (1976) |
| Dog | Perianal adenocarcinoma | Breed, neutering, age, weight | Vail et al. (1990) |
| Dog | Periodontal disease(in poodles) | Age | Hoffman and Gaengler(1996) |
| Dog | Piroplasmosis | Breed, sex, age, ticks, management | Guitián et al. (2003) |
| Dog | Progressive retinal atrophy | Breed, sex, age | Priester(1974a) |
| Dog | Prostatic hyperplasia(benign) | Age | Berry et al. (1986) |
| Dog | Pyometra | Breed<br>Breed, age, obesity<br>Oestrus irregularity, pseudopregnancy, gestation history<br>Breed, age, parity, hormonal therapy | De Troyer and De Schepper(1989)<br>Krook et al. (1960)<br>Fidler et al. (1966)<br>Niskanen and Thrusfield(1998) |
| Dog | Renal tumours | Breed, sex, age | Hayes and Fraumeni(1977) |
| Dog | Respiratory tract neoplasms | Environment(urban versus rural) | Reif and Cohen(1971) |
| Dog | Salivary cyst | Breed, sex, age | Knecht and Phares(1971) |
| Dog | Separation-related behaviour | Sex, household profile<br>Breed, sex, environment, source | Flannigan and Dodman(2001)<br>Bradshaw et al. (2002) |
| Dog | Several diseases | Vaccination | Edwards et al. (2004) |
| Dog | Splenic haemangiosarcoma and haematoma | Breed, sex, age | Prymak et al. (1988) |
| Dog | Status epilepticus | Breed, sex, age, weight, history | Saito et al. (2001) |
| Dog | Tail injuries | Undocked tails | Darke et al. (1985) |
| Dog | Testicular neoplasia | Breed, sex, age, cryptorchidism | Reif and Brodey (1969); Hayes and Pendergrass(1976); Reif et al. (1979); Weaver(1983); Hayes et al. (1985); Thrusfield et al. (1989b) |
| Dog | Thyroid neoplasms | Breed, sex, age | Hayes and Fraumeni(1975) |
| Dog | Transmissible venereal tumour | Breed, sex, age, management, other integumentary and genital diseases | Batamuzi et al. (1992) |
| Dog | Urethral cancer | Breed, sex, age | Wilson et al. (1979) |
| Dog | Urinary incontinence(female) | Breed, size, neutering, docking | Thrusfield(1985c); Holt and Thrusfield (1993); Thrusfield et al. (1998) |
| Dog | Urinary tract infection(female) | Reproductive history, concurrent disease, drug administration, veterinary procedures<br>Transmissible venereal disease | Freshman et al. (1989)<br>Batamuzi and Kristensen(1996) |
| Dog | Urolithiasis | Breed, sex, age<br>Diet | Brown et al. (1977); Bovee and McGuire(1984); Case et al. (1993); Bartges et al. (1994) Lekcharoensuk et al. (2002a, b) |
| Dog | Various conditions | Neutering(early) | Spain et al. (2004b) |
| Dog | Various diseases and mortality | Source | Scarlett et al. (1994) |
| Dog | Various tumours | Breed, sex, age<br>Exposure to uranium mill tailings | Howard and Nielsen(1965); Rahko(1968); Cohen et al. (1974); Kelsey et al. (1998); Richards et al. (2001)<br>Reif et al. (1983) |
| Dog | Vena cava syndrome(*Dirofilaria*-associated) | Sex, age, body size | Ganchi et al. (1992) |

（续）

| 动物种类 | 疾病* | 假设的风险因素 | 来源 |
|---|---|---|---|
| Dog | Viper poisoning | Breed, sex, age, location, time | Aroch and Harrus(1999) |
| Felids (captive wild) | Mammary cancer | Progestin contraception | Harrenstien et al. (1996) |
| Ferret | *Mycobacterium bovis* infection | Opossum abundance | Caley et al. (2001) |
| Hare | Various diseases | Climate | Rattenborg and Agger(1991) |
| Horse | Abortion | Environment<br>Management | Dwyer et al. (2003)<br>Cohen et al. (2003a, b) |
| Horse | Atrioventricular valvular regurgitation | Age, training | Young and Wood(2000) |
| Horse | Azoturia('Monday morning disease', exertional rhabdomyolysis; chronic intermittent rhabdomyolysis) | Sex, age, management | MacLeay et al. (1999) |
| Horse | Basal sesamoidean fractures | Breed | Parente et al. (1993) |
| Horse | Behavioural disorders | Breed, management<br>Stabling | Bachmann et al. (2003)<br>McGreevy et al. (1995) |
| Horse | Behaviours | Breed, sex, management, maternal profile | Waters et al. (2002) |
| Horse | Bone spavin | Sex, age, origin, conformation and gait | Eksell et al. (1998) |
| Horse | *Borellia* and *Ehrlichia* spp. (serological) | Breed, age, sex, exposure to ticks, management | Egenvall et al. (2001) |
| Horse | Chronic endometrial disease | Age, parity | Ricketts and Alonso(1991) |
| Horse | *Clostridium* spp. | Age, date of birth, history | Fosgate et al. (2002) |
| Horse | Colic | Breed, sex, age, weight, history, management, diet, season<br>Breed, sex, age, intestinal parasitism<br>Breed, sex, factors associated with orthopaedic surgery | Sembrat(1975);<br>Pascoe et al. (1983); White and Lessard(1986);<br>Morris et al. (1989); Reeves et al. (1989, 1996b);<br>Cohen et al. (1995a, b); Cohen and Peloso(1996); Kaneene et al. (1997);<br>Tinker et al. (1997);<br>Hillyer et al. (2001, 2002)<br>Leblond et al. (2002)<br>Senior et al. (2004) |
| Horse | *Corynebacterium pseudotuberculosis* | Breed, age, season, management | Doherr et al. (1998) |
| Horse | Coughing | Age, history, endoscopic findings | Christley et al. (1999, 2001) |
| Horse | Cryptorchidism | Breed | Hayes(1986) |
| Horse | Epiglottitis | Breed | Hawkins and Tulleners(1994) |
| Horse | Ehrlichiosis(Potomac fever) | Breed, age, management<br>Age, sex, location, management, transportation<br>Premises, husbandry management, previous history of the syndrome on premises | Atwill et al. (1996)<br>Kiper et al. (1992)<br>Perry et al. (1984b, 1986) |
| Horse | Endoparasitism | Age, type of enterprise, management | Larsen et al. (2002) |
| Horse | Enterolithiasis | Diet, environment | Hassel et al. (2004) |
| Horse | Entrapment of the small intestine | Crib-biting | Archer et al. (2004) |
| Horse | Fatal musculoskel et al injuries | Horseshoe characteristics<br>Exercise schedule Race characteristics | Kane et al. (1996); Parkin et al. (2003)<br>Estberg et al. (1995)<br>Parkin et al. (2004) |

（续）

| 动物种类 | 疾病* | 假设的风险因素 | 来源 |
| --- | --- | --- | --- |
| Horse | Fever(associated with influenza) | Age, vaccinal history, track | Bendixen et al. (1993) |
| Horse | Foal rejection | Mare's behaviour, sire history | Juarbe-Diaz et al. (1998) |
| Horse | Gestation length | Year, sex of fetus, sire, month of conception | Martenuik et al. (1998) |
| Horse | Grass sickness | Sex, age, management, use, diet, worming, parental deafness | Gilmour and Jolly(1974); Wood et al. (1994, 1998) |
| | | *Clostridium botulinum* (serological) | McCarthy et al. (2004a, b) |
| | | Characteristic of premises | Newton et al. (2004) |
| Horse | Hepatic disease | Breed, sex, age | Smith et al. (2003) |
| Horse | Impaired reproductive performance | Age, management | Meyers et al. (1991) |
| Horse | Influenza | Breed, sex, age, vaccinal status, antibody titre, type of barn | Nyaga(1975); Townsend et al. (1991); Morley et al. (2000) |
| | | Vaccinal status | Estola and Neuvonen(1976) |
| Horse | Lameness | Breed, sex, age, management, use | Gaustad et al. (1995); Ross and Kaneene(1996); Ross et al. (1998); Vigre et al. (2002) |
| | | Age, source, management | Axelsson et al. (2001) |
| | | Breed, sex, factors associated with orthopaedic surgery | Landman et al. (2004) |
| Horse | Laminitis | Breed, age, sex | Slater et al. (1995) |
| | | Age, sex, seasonality | Polzer and Slater(1996) |
| | | Breed, sex, castration | Dorn et al. (1975); Alford et al. (2001) |
| | | In cases of duodenitis/proximal jejunitis: weight, haemorrhagic gastric reflux, heparin administration | Cohen et al. (1994) |
| Horse | Laryngeal hemiplegia | Breed, sex, age | Beard and Hayes(1993) |
| Horse | Leptospirosis(serological) | Age, sex, other diseases | Park et al. (1992) |
| | | Age, management, water source, exposure to wildlife and rodents | Barwick et al. (1997) |
| Horse | Mortality during racing | Gender, race characteristics | Wood et al. (2001b) |
| Horse | Mortality(in foals) | Management, sire and mare factors | Haas et al. (1996) |
| Horse | Motor neuron disease | Breed, diet | Mohammed et al. (1993); Divers et al. (1994) |
| Horse | Musculoskeletal injuries | Age, season, factors related to racing history and race-track | Bailey et al. (1997, 1998); Cogger et al. (2003); Verheyen et al. (2003) |
| | | Racing-related factors and results of pre-race inspection | Cohen et al. (1997) |
| | | Racing and training schedules | Estberg et al. (1998) |
| | | Hoof size, shape and balance | Kane et al. (1998) |
| Horse | Navicular disease | Breed, sex, age | Lowe(1974) |
| Horse | Osteochondrosis | Breed, sex, age, weight | Mohammed(1990a) |
| | | Hepatic copper status | van Weeren et al. (2003) |
| Horse | Parturient mortality | Method of delivery | Freeman et al. (1999) |

（续）

| 动物种类 | 疾病* | 假设的风险因素 | 来源 |
| --- | --- | --- | --- |
| Horse | Pericarditis | History, environment | Seahorn et al. (2003) |
| Horse | Perioperative fatality | Breed, sex, age, type, time and duration of surgery, anaesthetic | Johnston(1994) |
| Horse | Pleuropneumonia | Breed, sex, age, occupation, racing and vaccination history | Austin et al. (1995) |
| Horse | Pneumonia(in foals) | Breed, sex, management, farm characteristics | Chaffin et al. (2003a, b, c) |
| Horse | Post-operative ileus | Pre-operative and post-operative clinical variables | Blikslager et al. (1994) |
| Horse | Pregnancy | Mare, sire, management | van Buiten et al. (2003) |
| Horse | Protozoal myeloencephalitis | Age, history, management | Saville et al. (2000) |
| Horse | Potomac fever | see Ehrlichiosis | |
| Horse | Racing characteristics | Sex, age, foaling period | Bailey et al. (1999a) |
| Horse | Racing falls | Racing history, course characteristics | Pinchbeck et al. (2004a) |
| Horse | Racing history and performance (post-operative) | Sex, age, gait, previous racing history<br>Whip use, race progress<br>Race and rider characteristics<br>Lesions in the third carpal bone Synovitis<br>Osteochondrosis dissecans | Physick-Sheard (1986a, b); Physick-Sheard and Russell (1986); Beard et al. (1994)<br>Pinchbeck et al. (2004b)<br>Singer et al. (2003)<br>Uhlhorn and Carlsten(1999)<br>Roneus et al. (1997)<br>Beard et al. (1994) |
| Horse | Racing, eventing and training injuries | Age, track type and condition, environmental conditions, length of race, racing history, season, training methods | Rooney(1982); Hill et al. (1986); Robinson et al. (1988); Mohammed et al. (1991a, 1992a); Peloso et al. (1994); Pinchbeck et al. (2002a, b, 2003); Stephen et al. (2003); Parkin et al. (2003); Murray et al. (2004a, b) |
| Horse | Reproductive failure | Management, caterpillars(*Malacosoma americanum*) | Dwyer et al. (2002) |
| Horse | Respiratory disease | Age, specific bacteria | Newton et al. (2003) |
| Horse | *Salmonella* spp. infection | Breed, sex, presenting complaint, emergency admission, pre-surgical status, procedures (e. g., anaesthesia, antibiotic administration) | Hird et al. (1984, 1986); House et al. (1999) |
| Horse | Sarcoids | Breed, sex, age<br>Age, sarcoid characteristics(for recurrence) | Angelos et al. (1988); Mohammed et al. (1992b); Reid and Gettinby (1994); Reid et al. (1994)<br>Broström(1995) |
| Horse | *Sarcocystitis* spp. (serological) | Management, proximity to opossums | Rossano et al. (2003) |
| Horse | Self-mutilation syndrome | Sex | Dodman et al. (1994) |
| Horse | Strangles | Population size, number of mares served, location, fencing and feeder type, water source, vaccinal status<br>Previous exposure to *Streptococcus equi* | Jorm(1990)<br>Hamlen et al. (1994) |
| Horse | Sweet itch | Breed, sex, age, coat colour, topographical location, rainfall<br>Sex geographical region, country of origin | Braverman et al. (1983)<br>Broström and Larsson(1987) |
| Horse | Training schedule | Injuries | Bailey et al. (1999b) |
| Horse | Upper respiratory tract disease | Age, sex management, immune status | Townsend et al. (1991) |

（续）

| 动物种类 | 疾病* | 假设的风险因素 | 来源 |
|---|---|---|---|
| Horse | Uveitis | Breed | Angelos et al. (1988) |
| Horse(foals) | Various diseases and mortality | Age, management | Cohen(1994); Junwook Chi et al. (2002) |
| Man | Fatal attacks | Breed of dog | Sacks et al. (2000) |
| Opossum | Tuberculosis | Climate, body condition, demographic variables | Pfeiffer et al. (1991) |
| Ox | Abomasal displacement | Serum electrolyte and mineral concentrations | Delgado-Lecaroz et al. (2000) |
| Ox | Abortion | Management and husbandry, genital infection<br>*Neospora caninum*<br>*Neospora caninum*(serological)<br>*Neospora caninum*, other microbes<br>*Bovine herpesvirus*-4(serological)<br>Chlamydia psittaci(serological) | Lemire et al. (1991)<br>Thurmond and Hietala(1997)<br>Jensen et al. (1999)<br>Hassig and Gottstein(2002); Thobokwe and Heuer(2004)<br>Czaplicki and Thiry(1998)<br>Cavirani et al. (2001) |
| Ox | Anaplasmosis | Management practices, herd location(vegetation) | Morley and Hugh-Jones(1989) |
| Ox | Antibiotic milk residues | Management | Kaneene and Willeberg(1988) |
| Ox | Anoestrus | Parity, body condition, housing, nutrition | Pouilly et al. (1994) |
| Ox | Babesiosis(serological) | Management | Solorio-Rivera et al. (1999) |
| Ox | Bladder tumours | Breed, sex, age, location | Seifi et al. (1995) |
| Ox | Bluetongue | Location, climate(relative humidity, temperature, rainfall) | Ward(1991); Ward and Thurmond (1995) |
| Ox | Bovine spongiform encephalopathy | Herd size and type, animal source<br>Maternally associated factors<br>Region, farm characteristics, time | Denny and Hueston(1997)<br>Wilesmith et al. (1997)<br>Stevenson et al. (2000) |
| Ox | Bovine virus diarrhoea virus infection<br>(congenital)<br>(serological) | Country, herd structure and management<br>Breed, age, herd history<br>Herd and dam characteristics<br>Age, serological status against *Campylobacter fetus*, *Haemophilus somnus* and *Leptospira hardjo*<br>Management and husbandry, age of farmer | Houe et al. (1995)<br>Mainar-Jaime et al. (2001)<br>Muñoz-Zanzi et al. (2003)<br>Akhtar et al. (1996)<br>Valle et al. (1999) |
| Ox | Brucellosis | Breed, sex, age<br>Herd size, stabling, registration status, history of previous reactors, ti me of exposure, vaccination level, farm density, herd type, insemination methods, other management factors<br>Breed, sex, age lactation, source | McDermott et al. (1987)<br>Kellar et al. (1976); Pfeiffer et al. (1988); Omer et al. (2000)<br>Bedard et al. (1993) |
| Ox | Caesarian section | Age, gestation length, sex of calf, breed of sire, dry period, previous history of caesarian section | Barkema et al. (1991) |
| Ox | *Campylobacter fetus* infection(serological) | Breed, age, location, antibodies to other organisms | Akhtar et al. (1990) |
| Ox | Conception rate | Bovine viral diarrhoea virus infection | Houe et al. (1993) |
| Ox | Contagious bovine pleuropneumonia | Breed, sex, age | McDermott et al. (1987) |
| Ox | *Cryptosporidium* spp. infection (in calves) | Husbandry, management, typographical location, herd size | Garber et al. (1994) |

（续）

| 动物种类 | 疾病* | 假设的风险因素 | 来源 |
|---|---|---|---|
| Ox | Culling | Various diseases<br>Parity, stage of lactation, production | Martin et al. (1982a); Milian-Suazo et al. (1988, 1989); Oltenacu et al. (1990); Beaudeau et al. (1994); Rhodes et al. (2003)<br>Milian-Suazo et al. (1988, 1989) |
| Ox | Cystic ovaries | Breed, parity, season, previous history of the condition, twinning, milk yield | Emanuelson and Bendixen(1991) |
| Ox | Decreased milk production | *Campylobacter fetus* (serological)<br>Ketosis(subclinical) | Akhtar et al. (1993a)<br>Miettinen and Setälä(1993) |
| Ox | Dermatitis interdigitalis(in dairy calves) | Breed, age, housing, sole haemorrhages, nutrition, management | Frankena et al. (1993) |
| Ox | Diarrhoea(in calves) | Age, season, management<br>Breda virus<br>Rotavirus, coronavirus<br>*Cryptosporidium* spp., *Salmonella* spp., enterotoxigenic *Escherichia coli* | Waltner-Toews et al. (1986a, b);<br>Clement et al. (1995)<br>Hoet et al. (2003)<br>Reynolds et al. (1986); De Verdier and Svensson(1998)<br>Snodgrass et al. (1986) |
| Ox | Digital haemorrhages(in dairy calves) | Breed, age, housing, dermatitis, interdigitalis, nutrition, management | Frankena et al. (1992) |
| Ox | Displaced abomasum | Age, medical history<br>Parity, retained placenta, stillbirth, ketonuria, aciduria, metritis, milk fever | Willeberg et al. (1982)<br>Markusfeld(1986) |
| Ox | Drug residue violations | Management | Carpenter et al. (1995) |
| Ox | Dystokia | Breed, season, management, other diseases<br>Breed, dimension of dam and calf<br>Previous history of dystocia<br>Management, environment | Bendixen et al. (1986a, b)<br>Schwabe and Hall(1989)<br>Rowlands et al. (1986)<br>Mohammed et al. (1991 b) |
| Ox | Endometritis | Previous history of other diseases | Rowlands et al. (1986) |
| Ox | *Escherichia coli* (verocytotoxigenic) infection(shedding) | Age, management | Wilson et al. (1993); Schouten et al. (2001, 2004) |
| Ox | Fever(undifferentiated, in | Management, diet | Garber et al. (1995) |
| | calves) | Various infectious agents(serological) | Booket et al. (1999) |
| Ox | Foot-and-mouth disease | Geographical factors | Rivas et al. (2003) |
| | (vaccine-related) | Vaccine type | Nicod et al. (1991) |
| Ox | Foot health | Housing | Hultgren and Bergsten(2001) |
| Ox | Foot lesions | Housing | Hultgren(2002); Webster(2002) |
| Ox | High milk somatic cell counts | Age, year, season, herd size, stage of lactation, management, environment | Bodoh et al. (1976); Moxley et al. (1978); Lindstrom(1983); Erskine et al. (1987); Hueston et al. (1987, 1990); Osteras and Lund(1988a, b); Hutton et al. (1991) |
| Ox | Hygienic condition of finished cattle | Production factors | Davies et al. (2000) |
| Ox | Hypomagnesaemia | Body condition, feed quantity and quality, location | Harris et al. (1983) |
| Ox | Impaired production | Bovine leukaemia, viral infection | Jacobs et al. (1991) |

（续）

| 动物种类 | 疾病* | 假设的风险因素 | 来源 |
|---|---|---|---|
| Ox | Inactive ovaries | High milk yield after calving, long dry period, low milk yield prior to calving, parity, primary metritis, retained placenta, serum glutamate oxaloacetate transaminase activity, stillbirth, twinning | Markusfeld(1987) |
| Ox | Infectious bovine rhinotracheitis | Herd characteristics | Solis-Calderon et al. (2003) |
| Ox | Infertility(in beefcows) | Calving difficulties, retained placenta, puerperal endometritis | Ducrot et al. (1994) |
| Ox | Infertility(female) | Exposure to high voltage transmission lines<br>Lameness | Algers and Hennichs(1985)<br>Collick et al. (1989) |
| Ox | Interdigital dermatitis | Management | Murray et al. (2002) |
| Ox | Intramammary infection with *Staphylococcus* spp. | Management, environment, hygiene | Dargent-Molina et al. (1988); Hutton et al. (1991); Bartlett et al. (1992); Bartlett and Miller(1993) |
| Ox | Intramammary infection with *Streptococcus* spp. | Management, environment | Dargent-Molina et al. (1988) |
| Ox | Intussusception | Breed, sex, age, season | Constable et al. (1997) |
| Ox | Johne's disease | Environment<br>Breed, age, parity, herd size<br>Calf management, herd size and location<br>Location, management<br>Management, wildlife<br>Soil type | Johnson-Ifearulundu and Kaneene (1999)<br>Jakobsen et al. (2000)<br>Collins et al. (1994)<br>Wells and Wagner(2000)<br>Daniels et al. (2002)<br>Ward and Perez(2004) |
| Ox | Ketosis | Metritis, low milk yield before calving, long dry period<br>Breed, previous history of ketosis and other diseases | Markusfield(1985)<br>Rowlands et al. (1986); Bendixen et al. (1987c) |
| Ox | Lameness | Breed, parity, pedal lesions, stage of lactation, herd size, herd milk production | Frankena et al. (1991a) |
| | | Previous history of lameness | Rowlands et al. (1986) |
| | | Parity, herd size, housing nutrition, bedding | Groehn et al. (1992) |
| | | Physical hoof properties | Tranter et al. (1993) |
| | | Body weight, condition score, pedal anatomy | Wells et al. (1993a) |
| | | Environmental and behavioural factors | Chesterton et al. (1989) |
| | | Season, location, soil type, housing, nutrition, foot care, floor type | Faye and Lescourret(1989) |
| | | Season, herd size, management, veterinary practice | Rowlands et al. (1983); Wells et al. (1993b) |
| | | Farmers' knowledge and training | Mill and Ward(1994) |
| | | Long-term administration of bovine somatotrophin | Wells et al. (1995) |
| | | Breed, parity, season, other diseases, summer grazing, management | Alban(1995) |
| | | Housing | Faull et al. (1996) |
| | | Management, housing, milk yield, prior bouts of lameness | Alban et al. (1996) |

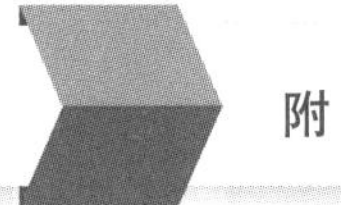


（续）

| 动物种类 | 疾病* | 假设的风险因素 | 来源 |
|---|---|---|---|
| | | Farm-level and animal-level factors | Gitau et al. (1996) |
| Ox | Laminitis(in calves) | Breed, age, management, feeding, housing | Frankena et al. (1991 b) |
| Ox | Leptospirosis | Local geography (e.g., presence of rivers, number of arable hectares), presence of other species of livestock and bulls, management(including rodent control) | Pritchard et al. (1989); Alonso-Andicoberry et al. (2001) |
| Ox | Mammary lesions | Breed, parity, season, milk yield, other diseases | Bendixen et al. (1986a, 1988b) |
| | | Management | Grohn et al. (1988) |
| Ox | Mastitis | Age, herd size, stage of lactation, stage of dry period, season, winter housing | Pearson et al. (1972); Francis et al. (1986); Wilesmith et al. (1986); Rowlands and Booth (1989); Hultgren(2002) |
| | | Breed, manure system, stall and bedding type, lactation number, other diseases | Bendixen et al. (1988a); Oltenacu et al. (1988) |
| | | Udder and teat characteristics | van den Geer et al. (1988) |
| | | Previous history of mastitis | Rowlands et al. (1986) |
| | | Management, environment | Pearson et al. (1972); Agger et al. (1986); Bendixen et al. (1986a); McDougall (2003); Zecconi et al. (2003) |
| | | Retained placenta | Schukken et al. (1988) |
| | | Teat disinfection | Blowey and Collis(1992) |
| | | Bovine virus diarrhoea virus | Waage(2000); |
| | | Somatic cell count | Rupp et al. (2000); Beaudeau et al. (2002); Peeler et al. (2002, 2003) |
| | | Condition of bedding, hygiene | Ward et al. (2002b) |
| Ox | Mastitis caused by mycoplasmata | Herd size, percentage culled, production | Thomas et al. (1981, 1982) |
| Ox | Mastitis caused by *Nocardia* | Breed, herd, size milking management, dry cow therapy, housing | Stark and Anderson(1990); Ferns et al. (1991) |
| | Mastitis caused by *Streptococcus agalactiae* | Herd size, herd location, participation in a dairy herd improvement scheme | Thorburn et al. (1983) |
| | Mastitis(somatic cell counts/subclinical) | Milking characteristics, teat structure | Slettbakk et al. (1990) |
| | | Teat disinfection | Blowey and Collis(1992) |
| | | Teat lesions(presence and position) | Agger and Willeberg(1986) |
| | | Management | Osteras and Lund (1988a, b); Tadich et al. (2003) |
| | | Somatic cell counts | Beaudeau et al. (1998) |
| | | Factors before the dry period | Østerås and Edge(2000) |
| | | Age, condition, type of farm, management | Busato et al. (2000) |
| | | history, biochemical and haematological markers | Barnouin and Chassagne(2001) |
| Ox | Metritis | Diet | Barnouin and Chacornac(1992) |
| | | Demographic and management variables, other diseases, diet | Kaneene and Miller(1995) |

（续）

| 动物种类 | 疾病* | 假设的风险因素 | 来源 |
| --- | --- | --- | --- |
| | | Breed, parity, other diseases, management | Brunn et al. (2002) |
| Ox | Morbidity(in calves) | Maternal dystocia, management | Sanderson and Dargatz(2000) |
| Ox | Mortality(in calves) | Management, husbandry (e. g., corn silage feeding, penning, vaccination) | Martin et al. (1982b); Wells et al. (1996); Losinger and Heinrichs (1996) |
| | | Herd size, environment, management | Lance et al. (1992) |
| | | Individual-animal and maternal factors | Wittum et al. (1994a) |
| Ox | *Mycobacterium paratuberculosis* (see Johne's disease) | | |
| Ox | *Neospora caninum* (serological) | Cattle density, wildlife abundance | Barling et al. (2000b) |
| | | Management | Barling et al. (2001) |
| | | Breed, age, management | Romero et al. (2002) |
| Ox | Ocular squamous cell carcinoma | Corneoscleral pigmentation | Anderson(1963) |
| Ox | Papillomatous digital dermatitis | Demographic, management and production variables | Rodriguez-Lainz et al. (1996) |
| Ox | Parturient paresis(milk fever) | Age, season | Dohoo et al. (1984) |
| | | Breed, age, nutrition | Harris(1981) |
| | | Breed, age, parity, male calves, twinning production, pasture feeding, housing system, previous history of parturient paresis, retained placenta | Ekesbo(1966); Bendixen et al. (1986a, 1987b) |
| | | Diet(in the dry period) | Barnouin(1991) |
| | | Breeding | Mohammed et al. (1991 b) |
| | | Calving season, production potential, exercise, prepartum nutrition, parity | Curtis et al. (1984); Rowlands et al. (1986) |
| | | Prepartum grain feeding | Emery et al. (1969) |
| | | Month, herd size, type of housing, milk recording | Saloniemi and Roine(1981) |
| | | Previous milk production | Dohoo and Martin(1984) |
| Ox | Periparturient and reproductive traits | Serum cholesterol and non-esterified fatty acid levels | Kaneene et al. (1991) |
| | | Previous history of traits | Markusfeld(1990) |
| | | Other periparturient conditions | Peeler et al. (1994) |
| Ox | Physical injuries | Season, cow characteristics, disease, production | Enevoldsen et al. (1990) |
| Ox | Pneumonia(in calves) | Age, season, management | Walter-Toews et al. (1986a, b) |
| Ox | Production efficiency | Antibodies to bluetongue virus and *Mycoplasma bovis* | Uhaa et al. (1990a) |
| | | Sire characteristics, health and management | McDermott et al. (1994a) |
| | | Antibodies to bovine immunodeficiency-like virus | McNab et al. (1994) |
| | | Antibodiesto bovine leukosis virus | Ott et al. (2003) |
| | | Antibodies to *Neospora caninum* | Barling et al. (2000a) |

（续）

| 动物种类 | 疾病* | 假设的风险因素 | 来源 |
|---|---|---|---|
| | | Gas pollution | Scott et al. (2003a,b) |
| | | Natural gas(leaked) | Waldner et al. (1998) |
| Ox | Pruritus, pyrexia, haemorrhagic syndrome | Citrinin(in citrus pulp pellets) | Griffiths and Done(1991) |
| Ox | Rectovaginal injuries | Age, dystocia | Farhoodi et al. (2000) |
| Ox | Reduced survival period(in calves) | Various diseases | Curtis et al. (1989) |
| Ox | Repeat breeder syndrome | Herd characteristics, environment, management, other diseases, milk production | Lafi and Kaneene(1992); Moss et al. (2002) |
| | | Herd profile and production parameters | Gustafsson and Emanuelson(2002) |
| Ox | Reproductive disorders | Other diseases | Saloniemi et al. (1988) |
| | | Parity, milk yield | Grohn et al. (1990) |
| Ox | Reproductive performance | Antibodies to bluetongue virus, *Mycoplasma bovis* and *Campylobacter fetus* | Emanuelson et al. (1992); Akhtar et al. (993b); Uhaa et al. (1990b) |
| | | Bovine leukaemia virus infection | Emanuelson et al. (1992) |
| | | Retained placenta, metritis | Sandals et al. (1979) |
| | | Various diseases | Borsberry and Dobson(1989); Oltenacu et al. (1990) |
| | | Management, nutrition, site-related factors | McDermott et al. (1994b) |
| | | Oestrus synchronization therapy | Xu et al. (1996) |
| | | Periparturient diseases | Mellado and Reyes (1994); McDougall(2001) |
| | | Sole ulcers and claw trimming | Hultgren et al. (2004) |
| Ox | Respiratory disease | Immune status, antibody level to various infectious agents | Pritchard et al. (1983); Caldow et al. (1988); O'Connor et al. (2001a,b) |
| | | Various infectious agents(serological) | Martin et al. (1998,1999) |
| | | Herd size, management | Norstrom et al. (2000) |
| Ox | Retained placenta | Breed, age, parity, other diseases, sex of calf, previous history of the disease | Bendixen et al. (1987a) |
| | | Diet(in the dry period) | Barnouin and Chassagne(1990) |
| Ox | Salmonellosis | Management, environmental and production variables | Bendixen et al. (1986a); Vandegraaf(1980) |
| | | Previous history of retained placenta | Rowlands et al. (1986) |
| | | Diet, feed source | Anderson et al. (1997) |
| | | Management, presence of rodents, exposure to poultry manure | Warnick et al. (2001) |
| | | Management, dogs, cats | Kirk et al. (2002); Veling et al. (2002) |
| | | Management (conventional vs organic farms) | Foosler et al. (2004) |
| Ox | Sarcocystosis | Management, presence of dogs, cats and foxes, carcase disposal | Savini et al. (1994) |
| Ox | Sole haemorrhages and heel horn erosion | Housing | Bergsten and Herlin(1996) |

（续）

| 动物种类 | 疾病* | 假设的风险因素 | 来源 |
|---|---|---|---|
| Ox | Stillbirth and neonatal morbidity and mortality(in beef calves) | Sex, dystokia, twins, age of dam | Wittum et al. (1991) |
| Ox | Stillbirth/perinatal weak-calf syndrome | *Leptospira* infection | Smyth et al. (1999) |
| Ox | Tail-tip necrosis | Management, behaviour | Drolia et al. (1990) |
| Ox | Trypanosomiasis | Several variables relating to host population size, vectors, climate and ecological zones | Habtemariam et al. (1986) |
| Ox | Tuberculosis | Breed, sex, age, location, source | Bedard et al. (1993) |
| | | Husbandry, farm characteristics, | Griffin et al. (1993, 1996); |
| | | environmental factors | Marangon et al. (1998); Kaneene et al. (2002); Shirima et al. (2003) |
| | | Colostrum management | Renteria Evangelista and De Anda (1996) |
| | | Distance of herd from badger set | Martin et al. (1997, 1998); Denny and Wilesmith(1999); Munroe et al. (1999) |
| | | Movement | Abernethy et al. (2000) |
| | | Badger control | Máirtín et al. (1998); Donnelly et al. (2003) |
| | | Opossum control | Caley et al. (1999) |
| Ox | Umbilical hernia(congenital) | Sex, sire, maternal characteristics<br>Sire, umbilical infection | Herrmann et al. (2001)<br>Steenholdt and Hernandez(2004) |
| Ox | Uterine prolapse | Parturition history | Murphy and Dobson(2002) |
| Ox | Variations in oestrus and fertility | Exposure to high-voltage transmission lines | Algers and Hultgren(1987) |
| Ox | Various diseases | Age, other diseases<br>Bovine leukaemia virus infection<br>Management<br>Housing | Bigras-Poulin et al. (1990); Rajala and Gröhn(1998)<br>Emanuelson et al. (1992)<br>Junwook Chi et al. (2002); van Schaik et al. (2002)<br>Valde et al. (1997) |
| | (in calves) | Individual-animal and maternal factors | Wittum et al. (1994a) |
| Ox | Volvulus | Serum electrolyte and mineral concentrations | Delgado-Lecaroz et al. (2000) |
| Ox | Weaning weight | Neonatal health | Wittum et al. (1994b) |
| Ox | Winter dysentery | Age, management, previous outbreaks of the disease | Jactel et al. (1990); Smith et al. (1998a, b) |
| Pig | Adventitious bursitis(hock) | Type of floor, foot lesions<br>Management | Mouttotu et al. (1998)<br>Mouttotu et al. (1999a) |
| Pig | *Ascarissuum* and *Oesophagostomum* spp. | Management | Dangolla et al. (1996) |
| Pig | Atrophic rhinitis | Season, housing | Cowart et al. (1992) |

（续）

| 动物种类 | 疾病* | 假设的风险因素 | 来源 |
|---|---|---|---|
| Pig | Aujeszky's disease | Herd size and type, date of outbreak<br>Husbandry, housing, herd size, clinical signs of pseudorabies and *Actinobacillus pleuropneumoniae* infection, feeding, time since quarantine<br>Biosecurity<br>Topography | Mousing et al. (1991)<br>Anderson et al. (1990)<br>Bech-Nielsen et al. (1995)<br>Solymosi et al. (2004) |
| | (serological) | Management | Rodríguez-Buenfil et al. (2002); Tamba et al. (2002) |
| | (test status) | Herd size and type, location<br>Age, management, vaccination, geographical density of herds<br>Management, husbandry | Cowen et al. (1991); Leontides et al. (1995)<br>Weigel et al. (1992)<br>Austin et al. (1993) |
| Pig | Carcass condemnations | Herd size, management, environment | Tuovinen et al. (1992) |
| Pig | Culling | Management and environment<br>Various diseases | D'Allaire et al. (1989)<br>Stein et al. (1990) |
| Pig | Encephalomyocarditis | Management, other species | Maurice et al. (2002) |
| Pig | Enzootic pneumonia | Sex, age, clinical disease, ventilation, herd size, replacement policy, diarrhoea<br>Season, housing | Aalund et al. (1976); Pointon et al. (1985); Willeberg et al. (1978)<br>Cowart et al. (1992) |
| Pig | Foot abscesses(in neonates) | Birth weight, breed of sire, management, parity and history of illness in the sow, dose of antibiotic | Gardner and Hird(1994) |
| Pig | Foot and skin lesions | Behaviour | Mouttotou and Green(1999) |
| Pig | Forelimb lesions | Management, housing | Mouttotou et al. (1999b) |
| Pig | Gastric lesions | Behaviour | Dybkjæer et al. (1994) |
| Pig | Health and welfare | Housing | Cagienard et al. (2002) |
| Pig | Impaired growth | Respiratory disease, antibodies to *Mycoplasma hyopneumoniae* | Fourichon et al. (1990) |
| Pig | Intestinal lesions associated with *Campylobacter* spp. | Open drains, slatted floors, feed medication | Pointon(1989) |
| Pig | Leg and teat damage | Floor type | Edwards and Lightfoot (1986); Furniss et al. (1986) |
| Pig | Leptospirosis(serological) | Breed, age, management | Boqvist et al. (2002) |
| Pig | Litter size | Previous lactation length and weaning-to-conception interval | Dewey et al. (1994) |
| Pig | Mortality | Herd characteristics, disease and health management | Abiven et al, (1998) |
| Pig | Pale, soft and exudative pork | Pre-slaughter processing factors | Spangler et al. (1991) |
| Pig | Pleuritis | Sex, various infections, management | Mousing et al. (1990); Enøe et al. (2002) |
| Pig | Porcine dermatitis nephropathy syndrome | Age, source of pigs, management | Cook et al. (2001) |
| Pig | Porcine reproductive and respiratory syndrome virus | Animal trade | Mortensen et al. (2002) |
| Pig | Porcine respiratory coronavirus (serological) | Herds, size, location, husbandry and management | Flori et al. (1995) |

（续）

| 动物种类 | 疾病* | 假设的风险因素 | 来源 |
|---|---|---|---|
| Pig | Post-weaning multisystemic wasting syndrome | Age, source of pigs, management Management, microbial load | Cook et al. (2001)<br>Rose et al. (2003) |
| Pig | Productivity | Management | King et al. (1998) |
| Pig | Pulmonary lesions | Management and husbandry | Maes et al. (2001) |
| Pig | Pseudorabies(see Aujeszky's disease) | | |
| Pig | Reproductive failure | Breed, management factors, previous reproductive performance, behaviour<br>Antibodies to *Leptospira interrogans* subgroup *Australis* | Madec(1988)<br>Pritchard et al. (1985) |
| Pig | Reproductive performance | Season<br>Management<br>Bovine virus diarrhoea virus | Xae et al. (1994)<br>Sterning and Lundeheim (1995)<br>Frederiksen et al. (1998) |
| Pig | Respiratory disease | Housing, vermin control, husbandry, management<br>Herd structure, season, management<br>Climate<br>Type of enterprise, management | Hurnik and Dohoo(1991); Vraa-Andersen (1991); Elbers et al (1992)<br>Stärk et al. (1998)<br>Beskow et al. (1998)<br>Hege et al. (2002) |
| Pig | Rotavirus infection | Management | Dewey et al. (2003) |
| Pig | Salmonellosis | Management, diet | Lo Fo Wong et al. (2004) |
| Pig | Sow health | Housing | Hultén et al. (1995) |
| Pig | Stillbirths | Breed, parity, management | Lucia et al. (2002) |
| Pig | Swine fever | Farm characteristics, management, herd size, biosecurity | Elbers et al. (2001a) |
| Pig | Trichinosis(serological) | Management (including access to cats and exposure to wildlife) | Cowen et al. (1990) |
| Pig | Umbilical hernia | Breed, sex, antibiotic administration | Searcy-Bernal et al. (1994) |
| Pig | Various diseases | Breed, previous history of disease<br>Season Herd size, management | Lingaas(1991a)<br>Lingaas and Ronningen (1991)<br>Lingaas(1991b) |
| Pig | Various intestinal pathogens | Management | Stege et al. (2001) |
| Pig | Various lesions(at slaughter) | Environment, management Rearing system, herd size | Flesja et al. (1982)<br>Flesja and Solberg(1981) |
| Poultry | *Campylobacter* spp. infection | Management<br>Season, housing, management<br><br>Age, other animals, management | Evans and Sayers(2000)<br>Refrégier-Petton et al. (2001); Cardinale et al. (2004)<br>Bouwknegt et al. (2004) |
| Poultry | Coccidiosis | Several variables relating to host population density, parasite control, health and management of hosts, and environment | Stallbaumer and Skryznecki (1987); Graat et al. (1996, 1998) |
| Poultry | Feather picking | Management | Green et al. (2000) |
| Poultry | Feather-and vent-pecking | Management | Pötzsch et al. (2001) |
| Poultry | Foot lesions | Management | Martrenchar et al. (2002) |
| Poultry | Hydropericardium syndrome | Location, management, broiler strain | Akhtar et al. (1992) |
| Poultry | Marek's disease and mortality | Strain, flock size, management | Heier and Jarp(2000) |

（续）

| 动物种类 | 疾病* | 假设的风险因素 | 来源 |
|---|---|---|---|
| Poultry | Mortality | Management, housing | Heier et al. (2002) |
| Poultry | *Mycoplasma gallisepticum infection* | Hygiene | Mohammed(1990b) |
| Poultry | Necrotic enteritis | Diet | Kaldhusdal and Skjerve(1996) |
| Poultry | Newcastle disease | Demographic and management variables, prophylactic measures | Akhtar and Zahid(1995) |
| Poultry | Salmonella enteritidis(in eggs) | Management and environmental factors | Henzler et al. (1998) |
| Poultry | Salmonellosis | Geographical region, type of ventilation, flock size, farm type, management and hygiene, source of feed | Graat et al. (1990); Chriél et al. (1999); Rose et al. (1999) |
| Raptors | Pododermatitis(bumblefoot) | Species, age, season, other diseases | Rod říguez-Lainz et al. (1997) |
| Salmon (Salmo salar) | Infectious salmon anaemia | Factors related to potential active and passive transmission, reservoirs and host resistance<br>Management | Vågsholm et al. (1994)<br>Hammell and Dohoo(1999) |
| Seal | Herpesvirus | Species, age | Martina et al. (2002) |
| Sheep+ | Abomasal bloat(in young lambs) | Geographical area, type of floor, diet | Lutnaes and Simensen(1983) |
| Sheep | Blowfly strike | Climate | Ward(2001) |
| Sheep | Brucellosis(serological) | Breed, management, farmer characteristics | Mainar-Jaime and Vázquez-Boland (1999); Reviriego et al. (2000) |
| Sheep | Caseous lymphadenitis | Breed, management | Binns et al. (2002a) |
| Sheep | Congenital entropion | Breed of sire | Green et al. (1995) |
| Sheep | Diarrhoea and faecal soiling (in lambs) | Sex, history, neonatal diarrhoea, wool type Variables related to the ewe and lamb | French et al. (1998)<br>French and Morgan(1996) |
| Sheep | Fetal membrane retention | Management of lambing, lamb status (healthy/stillborn/neonatal death) | Leontides et al. (2000) |
| Sheep | Foot-rot | Management | Wassink et al. (2003) |
| Sheep | Hepatic lesions(especially due to *Cysticercus tenuicollis*) | Spreading of pig slurry, access to grazing land by hunts, infrequent use of canine cestocides | Jepson and Hinton(1986) |
| Sheep | Infectious kerato-conjunctivitis | *Mycoplasma conjunctivae*, *Branhamella ovis*, *Escherichia coli*, *Staphylooccus aureus* | Egwu et al. (1989) |
| Sheep | Interdigitial dermatitis | Farm location, management | Wassink et al. (2004) |
| Sheep | Intestinal adenocarcinoma | Exposure to herbicides | Newell et al. (1984) |
| Sheep | Listeriosis | Housing, feeding of silage<br>Breed, sex, age, management | Wilesmith and Gitter(1986)<br>Nash et al. (1995) |
| Sheep | Maedi-Visna | Breed, age, ewe/lamb relationship Husbandry, management | Houwers(1989)<br>Campbell et al. (1991) |
| Sheep | Mastitis | Non-clinical intramammary infection | Bor et al. (1989) |
| Sheep | Mortality<br>(during marine transportation)<br>(in lambs)<br>(neonatal) | Sex, season, birth weight<br>Age, body condition, season<br>Management<br>Ewe and lamb characteristics | Turkson et al. (2004)<br>Higgs et al. (1991)<br>Binns et al. (2002b)<br>Christley et al. (2003) |
| Sheep | *Mycobacterium paratuberculosis* (serological) | Breed, husbandry and management | Mainar-Jaime and Vázquez-Boland (1998) |
| Sheep | Orf | Age, frequency of the disease, mammary lesions, infected pasture, animal density, nutritional deficiencies, lambing period | Ducrot and Cimarosti(1991) |

（续）

| 动物种类 | 疾病* | 假设的风险因素 | 来源 |
| --- | --- | --- | --- |
| Sheep | Perinatal mortality | Birth weight, supplementation and weight gain of ewes during pregnancy | Mukasa-Mugerwa et al. (1994) |
| Sheep | Poor body condition | Periodontal disease | Orr and Chalmers(1988) |
| Sheep | Preweaning lamb mortality | Breed, sex, litter size, birth weight, causes of death | Yapi et al. (1990) |
| Sheep | Production | Pneumonia | Goodwin et al. (2004) |
| Sheep | Productivity | Lentivirus infection | Keen et al. (1997) |
| Sheep | Scrapie | Management<br>Trace elements | Hopp et al. (2001)<br>Chihota et al. (2004) |
| Sheep | Toxoplasmosis(serological) | Cats (neutered versus intact), kittens' nutrition, pigs, management<br>Geography, management | Waltner-Toews et al. (1991)<br>Skjerve et al. (1998) |
| Shrimp | White spot disease | Production | Turnbull et al. (2003) |
| Trout | Bacterial gill disease | Management and ecological variables, level of production, previous history of disease, other diseases | Bebak et al. (1997) |
| Turkey | Fowl cholera | Management, vaccinal status, previous history of disease, other diseases | Hird et al. (1991) |
| Water buffalo | Osteomalacia | Season, parity, stage of lactation, serum phosphorus level | Heuer et al. (1991) |
| Water buffalo | Redwater | Season, parity, stage of lactation, serum phosphorus level | Heuer et al. (1991) |

注：* 在一些研究中，“疾病”一词宽泛地用来描述反应变量 $t$。

+一些研究包括山羊。

## 附录XXIII 方差比率（*F*）分布

5%

| $f_2$ | $f_1$ | | | | | | | | | | | | | | |
|---|---|---|---|---|---|---|---|---|---|---|---|---|---|---|---|
| | 1 | 2 | 3 | 4 | 5 | 6 | 7 | 8 | 9 | 10 | 12 | 15 | 20 | 30 | ∞ |
| 1 | 161.4 | 199.5 | 215.7 | 224.6 | 230.2 | 234.0 | 236.8 | 238.9 | 240.5 | 241.9 | 143.9 | 245.9 | 248.0 | 250.1 | 254.3 |
| 2 | 18.51 | 19.00 | 19.16 | 19.25 | 19.30 | 19.33 | 19.35 | 19.37 | 19.38 | 19.40 | 19.41 | 19.43 | 19.45 | 19.46 | 19.50 |
| 3 | 10.13 | 9.55 | 9.28 | 9.12 | 9.01 | 8.94 | 8.89 | 8.85 | 8.81 | 8.79 | 8.74 | 8.70 | 8.66 | 8.62 | 8.53 |
| 4 | 7.71 | 6.94 | 6.59 | 6.39 | 6.26 | 6.16 | 6.09 | 6.04 | 6.00 | 5.96 | 5.91 | 5.86 | 5.80 | 5.75 | 5.63 |
| 5 | 6.61 | 5.79 | 5.41 | 5.19 | 5.05 | 4.95 | 4.88 | 4.82 | 4.77 | 4.74 | 4.68 | 4.62 | 4.56 | 4.50 | 4.36 |
| 6 | 5.99 | 5.14 | 4.76 | 4.53 | 4.39 | 4.28 | 4.21 | 4.15 | 4.10 | 4.06 | 4.00 | 3.94 | 3.87 | 3.81 | 3.67 |
| 7 | 5.59 | 4.74 | 4.35 | 4.12 | 3.97 | 3.87 | 3.79 | 3.73 | 3.68 | 3.64 | 3.57 | 3.51 | 3.44 | 3.38 | 3.23 |
| 8 | 5.32 | 4.45 | 4.07 | 3.84 | 3.69 | 3.58 | 3.50 | 3.44 | 3.39 | 3.35 | 3.28 | 3.22 | 3.15 | 3.08 | 2.93 |
| 9 | 5.12 | 4.26 | 3.86 | 3.63 | 3.48 | 3.37 | 3.29 | 3.23 | 3.18 | 3.14 | 3.07 | 3.01 | 2.94 | 2.86 | 2.71 |
| 10 | 4.96 | 4.10 | 3.71 | 3.48 | 3.33 | 3.22 | 3.14 | 3.07 | 3.02 | 2.98 | 2.91 | 2.85 | 2.77 | 2.70 | 2.54 |
| 11 | 4.84 | 3.98 | 3.59 | 3.36 | 3.20 | 3.09 | 3.01 | 2.95 | 2.90 | 2.85 | 2.79 | 2.72 | 2.65 | 2.57 | 2.40 |
| 12 | 4.75 | 3.89 | 3.49 | 3.26 | 3.11 | 3.00 | 2.91 | 2.85 | 2.80 | 2.75 | 2.69 | 2.62 | 2.54 | 2.47 | 2.30 |
| 13 | 4.67 | 3.81 | 3.41 | 3.18 | 3.03 | 2.92 | 2.83 | 2.77 | 2.71 | 2.67 | 2.60 | 2.53 | 2.46 | 2.38 | 2.21 |
| 14 | 4.60 | 3.74 | 3.34 | 3.11 | 2.96 | 2.85 | 2.76 | 2.70 | 2.65 | 2.60 | 2.53 | 2.46 | 2.39 | 2.31 | 2.13 |
| 15 | 4.54 | 3.68 | 3.29 | 3.06 | 2.90 | 2.79 | 2.71 | 2.64 | 2.59 | 2.54 | 2.48 | 2.40 | 2.33 | 2.25 | 2.07 |
| 16 | 4.49 | 3.63 | 3.24 | 3.01 | 2.85 | 2.74 | 2.66 | 2.59 | 2.54 | 2.49 | 2.42 | 2.35 | 2.28 | 2.19 | 2.01 |
| 17 | 4.45 | 3.59 | 3.20 | 2.96 | 2.81 | 2.70 | 2.61 | 2.55 | 2.49 | 2.45 | 2.38 | 2.31 | 2.23 | 2.15 | 1.96 |
| 18 | 4.41 | 3.55 | 3.16 | 2.93 | 2.77 | 2.66 | 2.58 | 2.51 | 2.46 | 2.41 | 2.34 | 2.27 | 2.19 | 2.11 | 1.92 |
| 19 | 4.38 | 3.52 | 3.13 | 2.90 | 2.74 | 2.63 | 2.54 | 2.48 | 2.42 | 2.38 | 2.31 | 2.23 | 2.16 | 2.07 | 1.88 |
| 20 | 4.35 | 3.49 | 3.10 | 2.87 | 2.71 | 2.60 | 2.51 | 2.45 | 2.39 | 2.35 | 2.28 | 2.20 | 2.12 | 2.04 | 1.84 |
| 21 | 4.32 | 3.47 | 3.07 | 2.84 | 2.68 | 2.57 | 2.49 | 2.42 | 2.37 | 2.32 | 2.25 | 2.18 | 2.10 | 2.01 | 1.81 |
| 22 | 4.30 | 3.44 | 3.05 | 2.82 | 2.66 | 2.55 | 2.46 | 2.40 | 2.34 | 2.30 | 2.23 | 2.15 | 2.07 | 1.98 | 1.78 |
| 23 | 4.28 | 3.42 | 3.03 | 2.80 | 2.64 | 2.53 | 2.44 | 2.37 | 2.32 | 2.27 | 2.20 | 2.13 | 2.05 | 1.96 | 1.76 |
| 24 | 4.26 | 3.40 | 3.01 | 2.78 | 2.62 | 2.51 | 2.42 | 2.36 | 2.30 | 2.25 | 2.18 | 2.11 | 2.03 | 1.94 | 1.73 |
| 25 | 4.24 | 3.39 | 2.99 | 2.76 | 2.60 | 2.49 | 2.40 | 2.34 | 2.28 | 2.24 | 2.16 | 2.09 | 2.01 | 1.92 | 1.71 |
| 26 | 4.23 | 3.37 | 2.98 | 2.74 | 2.59 | 2.47 | 2.39 | 2.32 | 2.27 | 2.22 | 2.15 | 2.07 | 1.99 | 1.90 | 1.69 |
| 27 | 4.21 | 3.35 | 2.96 | 2.73 | 2.57 | 2.46 | 2.37 | 2.31 | 2.25 | 2.20 | 2.13 | 2.06 | 1.97 | 1.88 | 1.67 |
| 28 | 4.20 | 3.34 | 2.95 | 2.71 | 2.56 | 2.45 | 2.36 | 2.29 | 2.24 | 2.19 | 2.12 | 2.04 | 1.96 | 1.87 | 1.65 |
| 29 | 4.18 | 3.33 | 2.93 | 2.70 | 2.55 | 2.43 | 2.35 | 2.28 | 2.22 | 2.18 | 2.10 | 2.03 | 1.94 | 1.85 | 1.64 |
| 30 | 4.17 | 3.32 | 2.92 | 2.69 | 2.53 | 2.42 | 2.33 | 2.27 | 2.21 | 2.16 | 2.09 | 2.01 | 1.93 | 1.84 | 1.62 |
| 40 | 4.08 | 3.23 | 2.84 | 2.61 | 2.45 | 2.34 | 2.25 | 2.18 | 1.12 | 2.08 | 2.00 | 1.92 | 1.84 | 1.74 | 1.51 |
| 60 | 4.00 | 3.15 | 2.76 | 2.53 | 2.37 | 2.25 | 2.17 | 2.10 | 2.04 | 1.99 | 1.92 | 1.84 | 1.75 | 1.65 | 1.39 |
| 120 | 3.92 | 3.07 | 2.68 | 2.45 | 2.29 | 2.17 | 2.09 | 2.02 | 1.96 | 1.91 | 1.83 | 1.75 | 1.66 | 1.55 | 1.25 |
| ∞ | 3.84 | 3.00 | 2.60 | 2.37 | 2.21 | 2.10 | 2.01 | 1.94 | 1.88 | 1.83 | 1.75 | 1.67 | 1.57 | 1.46 | 1.00 |

注：该表给出了分位数是0.05时的方差比分布，$F=s_1^2/s_2^2$，其中分子和分母的自由度分别是 $f_1$ 和 $f_2$。因此，如果 $f_1=7$，$f_2=15$，则 $F$ 的观测值大于2.71的概率正好是0.05或5%。

1%

| $f_2$ | $f_1$ | | | | | | | | | | | | | | |
|---|---|---|---|---|---|---|---|---|---|---|---|---|---|---|---|
| | 1 | 2 | 3 | 4 | 5 | 6 | 7 | 8 | 9 | 10 | 12 | 15 | 20 | 30 | ∞ |
| 1 | 4 052 | 4 999 | 5 403 | 5 625 | 5 764 | 5 859 | 5 928 | 5 982 | 6 022 | 6 056 | 6 106 | 6 157 | 6 209 | 6 261 | 6 366 |
| 2 | 98.50 | 99.00 | 99.17 | 99.25 | 99.30 | 99.33 | 99.36 | 99.37 | 99.39 | 99.40 | 99.42 | 99.43 | 99.45 | 99.47 | 99.50 |
| 3 | 34.12 | 30.82 | 29.46 | 28.71 | 28.24 | 27.91 | 27.67 | 27.49 | 27.35 | 27.23 | 27.05 | 26.87 | 26.69 | 26.50 | 26.13 |
| 4 | 21.20 | 18.00 | 16.69 | 15.98 | 15.52 | 15.21 | 14.98 | 14.80 | 14.66 | 14.55 | 14.37 | 14.20 | 14.02 | 13.84 | 13.46 |
| 5 | 16.26 | 13.27 | 12.06 | 11.39 | 10.97 | 10.67 | 10.46 | 10.29 | 10.16 | 10.05 | 9.89 | 9.72 | 9.55 | 9.38 | 9.02 |
| 6 | 13.75 | 10.92 | 9.78 | 9.15 | 8.75 | 8.47 | 8.26 | 8.10 | 7.98 | 7.87 | 7.72 | 7.56 | 7.40 | 7.23 | 6.88 |
| 7 | 12.25 | 9.55 | 8.45 | 7.85 | 7.46 | 7.19 | 6.99 | 6.84 | 6.72 | 6.62 | 6.47 | 6.31 | 6.16 | 5.99 | 5.65 |
| 8 | 11.26 | 8.65 | 7.59 | 7.01 | 6.63 | 6.37 | 6.18 | 6.03 | 5.91 | 5.81 | 5.67 | 5.52 | 5.36 | 5.20 | 4.86 |
| 9 | 10.56 | 8.02 | 6.99 | 6.42 | 6.06 | 5.80 | 5.61 | 5.47 | 5.35 | 5.26 | 5.11 | 4.96 | 4.81 | 4.65 | 4.31 |
| 10 | 10.04 | 7.56 | 6.55 | 5.99 | 5.64 | 5.39 | 5.20 | 5.06 | 4.94 | 4.85 | 4.71 | 4.56 | 4.41 | 4.25 | 3.91 |
| 11 | 9.65 | 7.21 | 6.22 | 5.67 | 5.32 | 5.07 | 4.89 | 4.74 | 4.63 | 4.54 | 4.40 | 4.25 | 4.10 | 3.94 | 3.60 |
| 12 | 9.33 | 6.93 | 5.95 | 5.41 | 5.06 | 4.82 | 4.64 | 4.50 | 4.39 | 4.30 | 4.16 | 4.01 | 3.86 | 3.70 | 3.36 |
| 13 | 9.07 | 6.70 | 5.74 | 5.21 | 4.86 | 4.62 | 4.44 | 4.30 | 4.19 | 4.10 | 3.96 | 3.82 | 3.66 | 3.51 | 3.17 |
| 14 | 8.86 | 6.51 | 5.56 | 5.04 | 4.69 | 4.46 | 4.28 | 4.14 | 4.03 | 3.94 | 3.80 | 3.66 | 3.51 | 3.35 | 3.00 |
| 15 | 8.68 | 6.36 | 5.42 | 4.89 | 4.56 | 4.32 | 4.14 | 4.00 | 3.89 | 3.80 | 3.67 | 3.52 | 3.37 | 3.21 | 2.87 |
| 16 | 8.53 | 6.23 | 5.29 | 4.77 | 4.44 | 4.20 | 4.03 | 3.89 | 3.78 | 3.69 | 3.55 | 3.41 | 3.26 | 3.10 | 2.75 |
| 17 | 8.40 | 6.11 | 5.18 | 4.67 | 4.34 | 4.10 | 3.93 | 3.79 | 3.68 | 3.59 | 3.46 | 3.31 | 3.16 | 3.00 | 2.65 |
| 18 | 8.29 | 6.01 | 5.09 | 4.58 | 4.25 | 4.01 | 3.84 | 3.71 | 3.60 | 3.51 | 3.37 | 3.23 | 3.08 | 2.92 | 2.57 |
| 19 | 8.18 | 5.93 | 5.01 | 4.50 | 4.17 | 3.94 | 3.77 | 3.63 | 3.52 | 3.43 | 3.30 | 3.15 | 3.00 | 2.84 | 2.49 |
| 20 | 8.10 | 5.85 | 4.94 | 4.43 | 4.10 | 3.87 | 3.70 | 3.56 | 3.46 | 3.37 | 3.23 | 3.09 | 2.94 | 2.78 | 2.42 |
| 21 | 8.02 | 5.78 | 4.87 | 4.37 | 4.04 | 3.81 | 3.64 | 3.51 | 3.40 | 3.31 | 3.17 | 3.03 | 2.88 | 2.72 | 2.36 |
| 22 | 7.95 | 5.72 | 4.82 | 4.31 | 3.99 | 3.76 | 3.59 | 3.45 | 3.35 | 3.26 | 3.12 | 2.98 | 2.83 | 2.67 | 2.31 |
| 23 | 7.88 | 5.66 | 4.76 | 4.26 | 3.94 | 3.71 | 3.54 | 3.41 | 3.30 | 3.21 | 3.07 | 2.93 | 2.78 | 2.62 | 2.26 |
| 24 | 7.82 | 5.61 | 4.72 | 4.22 | 3.90 | 3.67 | 3.50 | 3.36 | 3.26 | 3.17 | 3.03 | 2.89 | 2.74 | 2.58 | 2.21 |
| 25 | 7.77 | 5.57 | 4.68 | 4.18 | 3.85 | 3.63 | 3.46 | 3.32 | 3.22 | 3.13 | 2.99 | 2.85 | 2.70 | 2.54 | 2.17 |
| 26 | 7.72 | 5.53 | 4.64 | 4.14 | 3.82 | 3.59 | 3.42 | 3.29 | 3.18 | 3.09 | 2.96 | 2.81 | 2.66 | 2.50 | 2.13 |
| 27 | 7.68 | 5.49 | 4.60 | 4.11 | 3.78 | 3.56 | 3.39 | 3.26 | 3.15 | 3.06 | 2.93 | 2.78 | 2.63 | 2.47 | 2.10 |
| 28 | 7.64 | 5.45 | 4.57 | 4.07 | 3.75 | 3.53 | 3.36 | 3.23 | 3.12 | 3.03 | 2.90 | 2.75 | 2.60 | 2.44 | 2.06 |
| 29 | 7.60 | 5.42 | 4.54 | 4.04 | 3.73 | 3.50 | 3.33 | 3.20 | 3.09 | 3.00 | 2.87 | 2.73 | 2.57 | 2.41 | 2.03 |
| 30 | 7.56 | 5.39 | 4.51 | 4.02 | 3.70 | 3.47 | 3.30 | 3.17 | 3.07 | 2.98 | 2.84 | 2.70 | 2.55 | 2.39 | 2.01 |
| 40 | 7.31 | 5.18 | 4.31 | 3.83 | 3.51 | 3.29 | 3.12 | 2.99 | 2.89 | 2.80 | 2.66 | 2.52 | 2.37 | 2.20 | 1.80 |
| 60 | 7.08 | 4.98 | 4.13 | 3.65 | 3.34 | 3.12 | 2.95 | 2.82 | 2.72 | 2.63 | 2.50 | 2.35 | 2.20 | 2.03 | 1.60 |
| 120 | 6.85 | 4.79 | 3.95 | 3.48 | 3.17 | 2.96 | 2.79 | 2.66 | 2.56 | 2.47 | 2.34 | 2.19 | 2.03 | 1.86 | 1.38 |
| ∞ | 6.63 | 4.61 | 3.78 | 3.32 | 3.02 | 2.80 | 2.64 | 2.51 | 2.41 | 2.32 | 2.18 | 2.04 | 1.88 | 1.70 | 1.00 |

注：该表给出了分位数是 0.01 时的方差比分布，$F=s_1^2/s_2^2$，其中分子和分母的自由度分别是 $f_1$ 和 $f_2$。因此，如果 $f_1=7$，$f_2=15$，则 $F$ 的观测值大于 4.14 的概率正好是 0.01 或 1%。

## 附录XXIV　风险分析

风险分析是考虑效应本质和潜在的暴露危害，以估计不良效应发生在特定群体的可能性及其后果的系统过程。这包括对暴露机会的管控（通常是使其降低）。风险分析被广泛应用于金融学（例如，对于个人或者公司投资失败概率的掌控），环境科学（例如，评估与污染物或其他环境条件相关的危害，因为它们影响暴露人群，动物或生态系统中的部分成分）和工程学（例如，研究核反应堆的安全性）。

风险分析随第二次世界大战之后工业全球化所带来的新的危害而快速发展（例如，新的合成同位素）。这些危害并不为大众所熟知（Rowe，1977）。对于人造风险新的担忧借由媒体被迅速传播后引发了一些观点：人们认为许多风险高得令人难以接受，因而导致了在法庭，投票和监管中的各种对峙。有必要以一种规范、统一的方式解决这些问题（包括一些比较主观的问题如怎样的风险是可接受或不可接受的）。因此正规的风险分析分别在 20 世纪 60 年代的核工业和 70 年代的化工业中兴起。20 世纪的 80 年代，人们意识到有必要去理解和沟通风险，但这一问题始终是风险分析中最不受重视的一部分。

### 风险的定义

风险没有统一的定义（表 1）。风险有两个组成部分：即将发生事件的可能性，以及事件后果的严重程度（即效果，强度或严重性）。后者的范围可以从相对轻微（例如，多数情况下的葡萄球菌食物中毒）到灾难性后果（例如，核事故或海啸）。

风险的定性描述通常是“极低”，“低”，“中等”或“高”。此外，风险亦可被表征为“可忽略的”（通常假定为“低于极低”）或“不可忽略”。同时也可以通过对每个组合中的合并元素进行描述。

一个定量的描述往往聚焦于可能性——即事件（暴露于危险）在特定时间段（因此使用“风险”代指累积发病率，见第 4 章）内发生的概率（见第 12 章）。风险的这一概率学理念（有时也被描述为“客观的”或“真正的”风险）被用于在工程学、毒物学和精算学领域的风险分析（Renn，1992），并构成一个“物质性，技术性”的风险概念，而不同于社会学的观点（Bradbury，19893）。

风险既不指当前的问题，也不指未来的确定性。它指的是未来危害的可能性。因此，它只能被估计，而不能被测量（Gould 等，1988）。

**表 1　风险分析相关术语**

| 术语 | 定义/说明 | 来源 |
|---|---|---|
| 可接受风险 | OIE 成员国判断的风险水平与本国的动物和公共卫生保护相当 | Murray et al.（2004c） |
| 一般风险（指“可能性”） | 通常的数量、范围、比率 | *Oxford English Dictionary*（1971） |
| 关键控制点 | 可对一个或多个因素进行控制的位置、实践、程序或过程，如果受到控制，可将危险降至最低或预防 | Gracey et al.（1999） |

（续）

| 术语 | | 定义/说明 | 来源 |
| --- | --- | --- | --- |
| 极端（指“可能性”） | | 最外层；离中心最远；位于两端；最高或最极端的程度 | *Oxford English Dictionary*（1971） |
| 危害 | | 在产品、系统或工厂的生命周期内可能发生的情况会造成人［或动物］伤害、财产损失，对环境的破坏或经济损失 | The Royal Society（1992） |
| 高（指“可能性”） | | 超出正常或平均水平 | *Oxford English Dictionary*（1971） |
| 不重要(指“可能性”) | | 不重要、微不足道（*c. f.*“重大”） | *Oxford English Dictionary*（1971） |
| 可能性 | | 概率；可能的状态或事实⁺ | *Oxford English Dictionary*（1971） |
| 可能的 | | 可能的；比如说很可能发生或者是真的；合理预期 | OIE（2004） |
| 低（指“可能性”） | | 低于平均水平，低于正常水平 | *Oxford English Dictionary*（1971） |
| 可忽略（指“可能性”） | | 不需要考虑的 | *Oxford English Dictionary*（1971） |
| | | 不重要（*c. f.*“重要”） | *Oxford English Dictionary*（1971） |
| 偏离的 | | 微小的；可能性不大的 | *Oxford English Dictionary*（1971） |
| 风险 | | 有害健康影响的概率和危害后果的严重程度的函数 | The Royal Society（1992） |
| | | 事件发生概率与事件后果严重性的混合 | Cameron and Wade-Gery（1995） |
| | | 事件发生的可能性以及事件对环境和人类［及动物/健康］的严重性 | CEPS（2002） |
| | | 事件产生不必要的负面后果的可能性 | Rowe（1977） |
| 风险分析 | | 由三部分组成：风险评估、风险管理和风险沟通 | Codex Alimentarius Commission（1999） |
| 风险评估 | | 一个基于科学的过程，包括以下步骤：（i）危害识别，（ii）危害特征，（iii）暴露评估，（iv）风险特征 | Codex Alimentarius Commission（1999） |
| | | 一种从统计和科学数据中推断出估计值的工具，人们可以将该值作为特定活动或事件的风险估计值 | UKILGRA（1996） |
| | 定性分析 | 一种基于数据的风险评估，虽然该数据不足以作为风险估计的基础，但当受到专家知识和相关不确定性识别的制约时，允许将风险排序或划分为描述性风险类别 | Codex Alimentarius Commission（1999） |
| | | 一种评估，其中结果的可能性或后果的描述以质量术语表示，如高、中、低或可忽略不计 | Murray et al.（2004c） |
| | 定量分析 | 一种风险评估，提供风险的数值表达式及其不确定性表示 | Codex Alimentarius Commission（1999） |
| 风险特征 | | 根据危害识别、危害特征和暴露评估，确定给定人群中已知或潜在不良健康影响发生概率和严重程度的定性和/或定量评估（包括伴随的不确定性）的过程 | Codex Alimentarius Commission（1999） |
| 风险沟通 | | 风险评估员、风险管理方、消费者和其他相关方之间就风险和风险管理进行信息和意见的互动交流 | Codex Alimentarius Commission（1999） |
| 风险预测 | | 风险特征的描述 | Codex Alimentarius Commission（1999） |
| 风险管理 | | 根据风险评估结果权衡备选方案的过程，如果需要，选择并实施适当的控制方案，包括监管措施 | Murray（2002） |

（续）

| 术语 | 定义/说明 | 来源 |
|---|---|---|
| 安全 | ……对风险可接受性的判断；如果一件事物的风险被判定为可接受的，那么它就是安全的（参见“可接受风险”）（与通常字典中“安全”的定义“不暴露于危险”形成对比） | Lowrance (1976) |
| 重要（指“可能性”） | 值得注意、重要、重要（c. f. “不重要”） | Oxford English Dictionary (1971) |
| 不确定性 | 在构建被评估情景时，由于测量误差或对所需步骤以及从危害到风险的路径缺乏了解，导致缺乏对输入端的准确了解 | Murray et al. (2004c) |
|  | 评估员对所建模物理系统的特征参数缺乏了解（无知程度）（c. f. “可变性”） | Vose (2000) |
| 可变性 | 在某些方面可变的事实或质量；倾向、能力、变异或变化 | Oxford English Dictionary (1971) |
|  | 一种现实世界的复杂性，在这种复杂性中，由于给定种群的自然多样性，每种情况下输入的值都不相同 | Murray et al. (2004c) |
|  | 物理条件下需要测量、分析和适当解释的现象（c. f. “不确定性”） | Cox, quoted by Vose (2000) |

注：+这个宽泛的定义与该术语在风险分析中的使用方式有关。在正式统计中，“likelihood”有特定的含义（见附录Ⅰ和Everitt，1998）。

## 风险分析和“预防原则”

“预防原则”认为如果一种风险及其后果（即因果关系尚未完全建立）具有科学不确定性，那么预防措施，可以在缺乏有关此类风险的证据时给予合理的调整。这一术语产生于20世纪70年代的德国，并在80年代得到了国际上的认可（Cameron和Wad-Gery，1995）。“预防原则”已被主要引用在一些新领域中，如环境污染，转基因食品和其他存在不确定性的食品安全隐患中（CEPS，2002）。

预防措施具有一种实用保护的功能，即对于新的潜在威胁能做出快速反应。它也可能是对于复杂严重问题的唯一的反应，如全球变暖和“生物多样性”的减少，而传统、正规的风险分析是[4]。一种预防措施也可以使政客们和公众放宽心（事实上，可能永远不够的），要知道他们在面对不确定性时总是很难消除疑虑。然而，对于新政策抉择的拖延回应会无限期地限制政治决定（Starr，2003）。相反，风险分析通过知识的积累为决定性的政策提供了操作框架[6]。

## 风险分析在兽医学中的应用

风险分析目前广泛应用于兽医事务（表2）。其中一个主要的领域是进口风险分析。尽管疾病的发生可能处于较低水平，并足以被控制（或根除），从他国进口所致的风险也仍然存在。这类风险只能在完全禁止进口的情况下彻底消除。然而，当前世界范围的政治倾向更倾向于自由贸易的流动。因此，对于输入性疫病尚不能量化的风险，我们还不能将其视为一种贸易壁垒，而这也被一种担忧证实——人们担心关贸总协定（以及由此产生世界贸易组织（WTO）下的贸易自由化可能关系到一些国家对于进口物品实行比国内产品更加严格的标准，从而限制贸易（Scudamore，1995）。

此外，采取一种“零风险”的策略可能是站不住脚的。举例来说，将目标定为牲畜完全没有病原体是不现实的，通过识别这些动物所带来的风险，管理生产过程中关键阶段的风险和卫生保健能够有效控制食源性致病菌（Kühne 和 Lhafi，2005）。

因此，动物卫生风险分析已经发展到尽可能客观地评估与特定疫病有关的风险，而不是仅仅依靠科学家个人或政党的主观的判断（Morley，1993；Murray 等，2004c,d）（这与风险的概率性和技术性解释相符）。如今国际上动物疫病控制政策的各方面内容都是基于风险分析，因此它已成为常规的兽医程序。

兽医风险分析经常提到风险的可能性，但未包括后果严重性方面的内容。这往往是因为严重程度可能很难评估（见后面：“何种水平的风险是可以接受的?”）

**表2　一些兽医学相关的风险分析**

| 主题 | 来源 |
|---|---|
| 与野生动物产品相关的动物健康风险 | Bengis(1997) |
| 源于食用动物的抗药性 | Kelly et al. (2004);Snary et al. (2004);Bartholomew et al. (2005) |
| 与检疫中血清检测呈阳性的进口牲畜相关的生物安全风险 | Pharo(1999) |
| 食用家禽引起的人类弯曲杆菌感染 | Rosenquist et al. (2003);Nørrung(2006) |
| 通过人工授精和胚胎移植传播疾病 | MacDiarmid(1993);Sutmoller and Wrathall(1995,1997);Eaglesome and Garcia(1997);Wrathall(1997) |
| 公众暴露于由牛肉的牛海绵状脑病 | Comer and Huntley(2004) |
| 因埋葬和焚烧感染口蹄疫的牛而使公众接触牛海绵状脑病 | Comer and Huntley(2003) |
| 公众因接触可能被工厂废水污染饮用水而感染牛海绵状脑病 | Gale et al. (1998) |
| 通过种牛将布鲁氏菌病输入英国 | Jones et al. (2004b) |
| 通过进口活动物和动物产品引入动物疾病 | Morley(1993a) |
| 进口走私肉类引入外来传染病 | Wooldridge et al. (2006) |
| 进口南美洲牛肉引入口蹄疫 | Astudillo et al. (1997) |
| 澳大利亚因进口动物饲料输入口蹄疫 | Doyle(1995) |
| 澳大利亚因乳制品进口输入口蹄疫 | Heng and Wilson(1993) |
| 新西兰因旅客行李携带口蹄疫病毒而输入口蹄疫 | Pharo(2002a) |
| 口蹄疫从南非传入英国 | DEFRA(2003a) |
| 狂犬病传入英国 | MAFF(1998);Dye(1999);Laurenson et al. (2002);Jones et al. (2002,2005);Kosmider et al. 2006) |
| 狂犬病传入新西兰 | MacDiarmid and Corrin(1998) |
| 通过游轮垃圾将外来动物疾病引入美国 | McElvaine et al. (1993) |
| 通过进口鲑将外来鱼类疾病引入新西兰 | MacDiarmid(1994) |

（续）

| 主题 | 来源 |
| --- | --- |
| 通过未处理泔水输入种猪外来疫病 | Corso(1997);Horst et al. (1997) |
| 鸡传染性法氏囊病病毒和新城疫病毒的引入 | MAF(2000) |
| 因孵化引种输入新城疫病毒 | Pharo(2001 ) |
| 莱姆病与媒介生境的关系 | Guerra et al. (2002) |
| 牛酮体的微生物污染 | Jordan et al. (1999);Mellor et al. (2004) |
| 家禽生产加工过程中的微生物污染 | Kelly et al. (2003);Cox et al. (2005);Kelly(2005) |
| 与焚烧柴堆有关的口蹄疫新暴发 | Jones et al. (2004a) |
| 在口蹄疫流行期间，与公众进入公厕相关的口蹄疫新暴发 | Taylor(2002) |
| 美国发生牛海绵状脑病的可能性 | Cohen et al. (2001) |
| 进口绵羊和山羊肉的潜在动物健康风险 | MacDiarmid and Thompson(1997);Rapoport and Shimshony(1997) |
| 欧洲高致病性禽流感病毒相关的公共卫生和动物健康风险 | DEFRA(2005);EFSA(2005);Mettenleiter(2005);ECDC(2006) |
| 家禽及鸡蛋的残渣 | Donoghue(2005) |
| 与疫苗生产事故相关的口蹄疫风险 | Cané et al. (1995) |
| 与猎鸟的处理和消费相关的风险和危害 | Coburn et al. (2005) |
| 食用鸡蛋和肉鸡引起的人类沙门氏菌感染 | FAO/WHO(2002) |
| 检测马生殖器泰勒菌(马传染性子宫炎的病因)的拭子技术 | Wood et al. (2005) |
| 通过将污水污泥用于农田将牛海绵状脑病传播给人和牛 | Gale and Stanfield(2001 ) |
| 牛结核病从獾传染给牛 | Gallagher et al. (2003) |
| 口蹄疫病毒在牛奶和乳制品中的传播 | Donaldson(1997) |
| 通过活虾和冷冻虾传播虾病毒 | Lightner et al. (1997) |
| 动物标本剥制过程中人畜共患病的传播 | Thrusfield(2006) |

## 风险分析的组成部分

风险分析的三个主要组成部分是风险评估，风险管理和风险情况交流（图 1）。这些之前，应该定义好风险问题（即将被解决的问题）。

### 风险评估

风险评估包括五个步骤：

- 危害识别；
- 危害特征描述；
- 释放评估；
- 暴露评估；
- 风险特征分析。

它应包括对相关文献的综合审查，并可能包括正式的 Meta 分析（见第 16 章），以及征求专家意见。

危害识别是对危险进行的简要定义（如病原体）。有时很简单，因为有公开发布的信息（例如，OIE 的疫病列表），但常常需要仔细审阅文献，进行专家讨论和那些可能受影响的危险

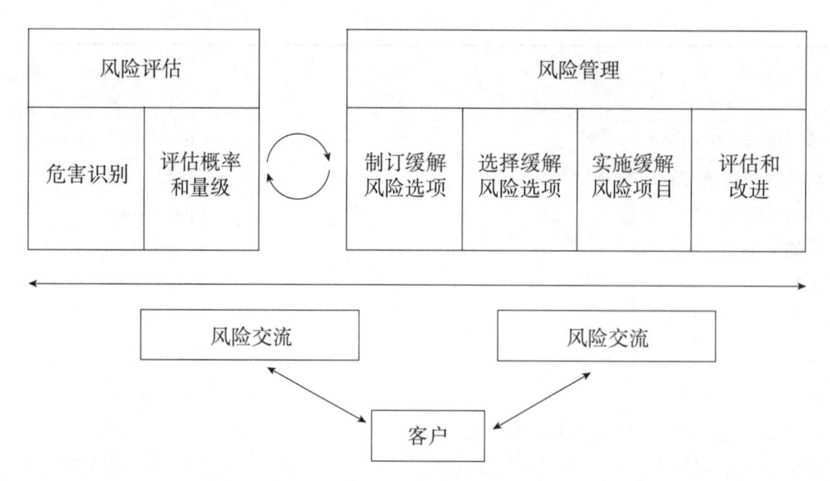


图1　风险评估的组成部分。来源：摘自《OIE科学技术评论》，第12卷（4），1993.12，经许可转载

（例如，与处理和食用野味有关的风险，这将在下面讨论）。

危害特征描述是对与危害相关的不良健康影响的性质进行定性或定量的评估。对于化学制剂，应当进行剂量反应评估。对于生物或物理制剂，剂量反应评估应当在数据是可获取的情况下进行。

释放评估是测定一种商品（例如，一个进口的动物）被污染或感染危害的可能性，并描述该危害进入环境中的途径。病原的生存情况也是微生物释放评估的重要组成部分。通常情况下会以情景树和图片形式描绘释放途径（例如，图2）。

暴露评估是对人或动物暴露于危险途径的强度，频率和持续时间的估计（定性或定量）。在评估中还应说明暴露群体的规模和性质。例如，一项有关进口不受限的动物或动物产品的风险评估会考虑致病菌在源人群中的流行率，致病菌在进口过程中幸存的概率以及进口后致病菌感染当地牲畜的概率。这类例子包括肺腺瘤病，绵羊髓鞘脱落和痒病到新西兰的进境风险（MacDiarmid，1993）。暴露的路径可以图形方式呈现传播过程。以上是风险分析的一个非常

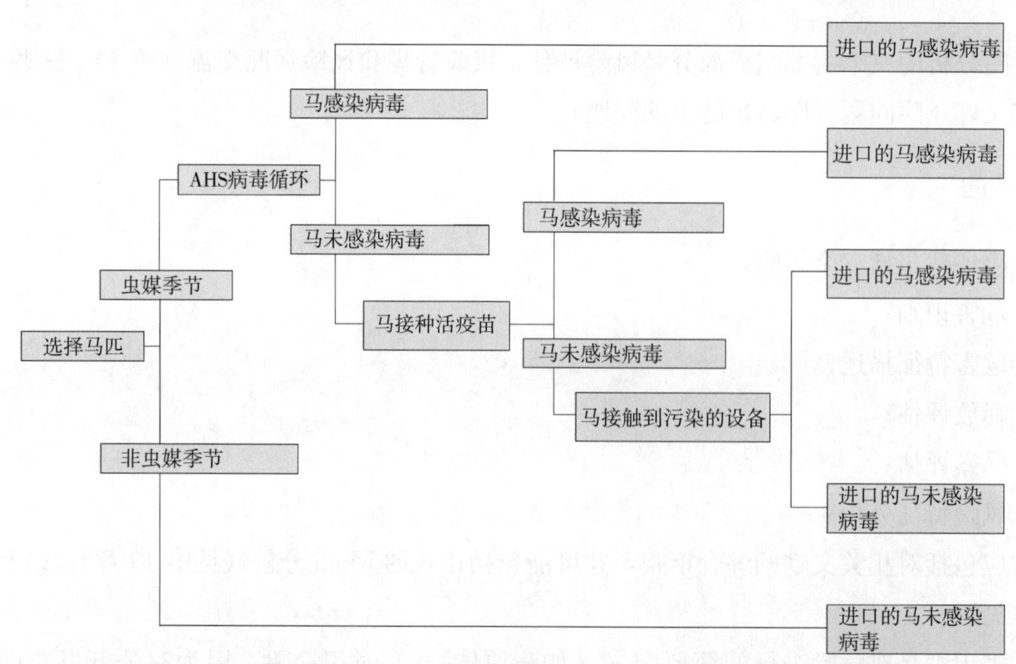


图2　释放评估的情景树示例：马在进口时感染非洲马瘟（AHS）病毒所需的生物学途径。
来源：Murry，2002

好的起点，之后再做风险识别和危害相关问题的定义。

风险特征分析是对风险的性质和严重程度进行描述，这类风险可以是对健康问题也可以是环境问题。该描述是将危害识别，危害特征描述，释放评估和暴露评估相结合的结果。在定量分析中，它包括预测风险的可能性和严重性。

### 变异性和不确定性

风险评估过程伴随着两个特点：变异性和不确定性（表 1）。前者是生物系统中的固有变异，可以通过标准的统计方法，如采用概率分布进行管理（见第 12 章）。后者则相反，意味着无从知晓（例如，缺乏一个国家的疫病状态的知识）。即使有完整的知识（例如，已知在一个国家存在某种疫病，但发病率可能基于一个抽样调查，从而得到发病率的点估计值和置信区间），变异也将存在。因此，不确定性可能会随时间的积累而降低，这是因为更多的数据会被收集同时更多的研究也将完成。相反，变异性不会随着研究的深入而减少，因为它表示的是一个系统中的固有变异。

变异性有时被称作“随机不确定”或“偶然的不确定性”，而不确定性，如上述定义，被称为“认知不确定性”。变异性和不确定性的组合被称为“总不确定度”或“不确定性”（Vose，2000）。

风险评价必须指出变异性和不确定性。

### 主观性

主观性的程度也附加于定性和定量评估之中（Redmill，2002）。在风险分析中被问到的问题涉及到主观的判断力（Kasper，1980）。如果数据较少，可以寻求专家的意见（个人的观点或者采用正式的德尔菲会议，见第 19 章及 Van Der Fels-Klerx 等，2002）。在某些情况下，专家观点可能仅仅是猜测（比如，牛、人物种中的疯牛病屏障：Comer 和 Huntley，2004）。因此，由一个风险分析中获得的结果往往与另一个风险分析结果不同。

因此，应始终完整记录风险分析步骤，包括分析方法的细节，所使用的数据，假设和参考资料。他们最终要受到独立的同行评议。

## 风险管理

风险管理是对风险控制的选择，它要考虑到社会价值，法律的规定和控制成本。风险管理不是指未来的决定，而是指决策的未来，这些决策必须现在做出，也就是说是关于决策结果的（Charette，1989）的投机性或不确定性。

通过构造一个风险矩阵可以进行风险的优先管理，该矩阵根据可能性和后果的严重性（Donoghue，2001）对风险进行排序。图 3 说明了该技术在英国一些动物疫病防控中的应用。请注意，与某些危害（例如，口蹄疫和牛瘟）相关的风险虽然可能性很低但可能是位列较高的，这是由危害暴露后果的严重程度所致。有些软件可以制作风险矩阵（风险矩阵：见附录Ⅲ和 Lansdowne，1999）。

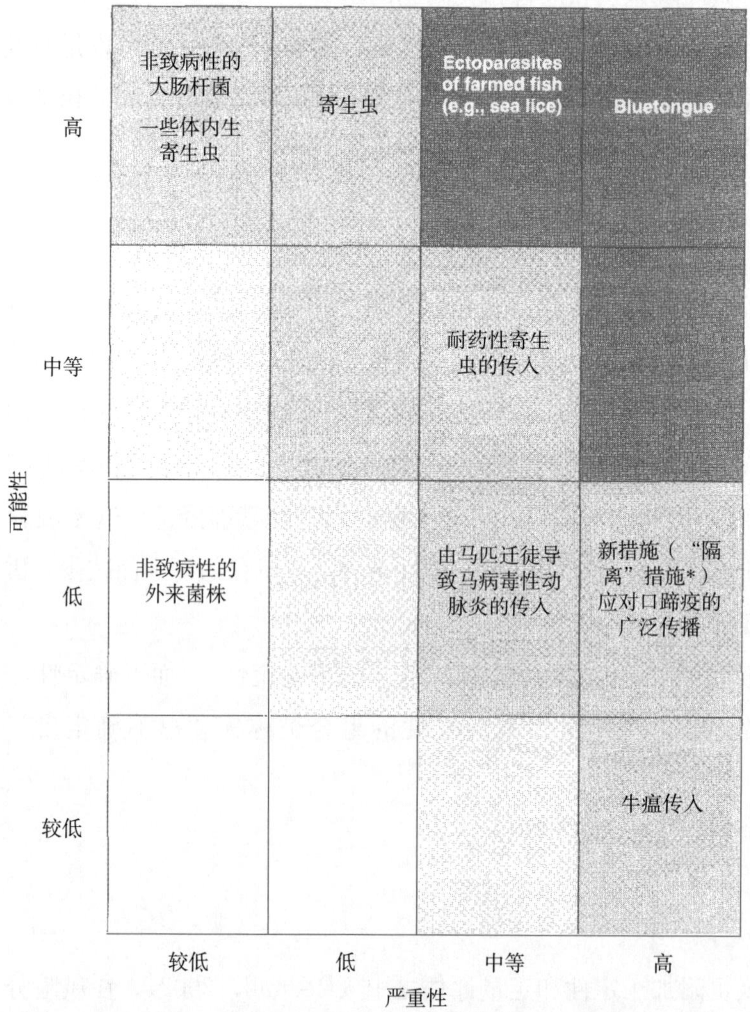

| 可能性 \ 严重性 | 较低 | 低 | 中等 | 高 |
| --- | --- | --- | --- | --- |
| 高 | 非致病性的大肠杆菌<br>一些体内生寄生虫 | 寄生虫 | Ectoparasites of farmed fish (e.g., sea lice) | Bluetongue |
| 中等 | | | 耐药性寄生虫的传入 | |
| 低 | 非致病性的外来菌株 | | 由马匹迁徙导致马病毒性动脉炎的传入 | 新措施（“隔离”措施*）应对口蹄疫的广泛传播 |
| 较低 | | | | 牛瘟传入 |

图3　风险矩阵示例：暴露于英国的一些动物疫病。阴影越深，表示风险水平越高。* 当家畜被转移到农场时，必须经过最短一段时间，才能让任何禽畜离开农场

## 危害分析的关键控制点

危害分析的关键控制点（HACCP）是识别，评估和控制一个过程中特定阶段的危害。在过程中的关键阶段——关键控制点（CCPs）进行控制。因此，危害分析的关键控制点是一个重要的风险管理工具。最初它是20世纪60年代用于美国国家航空和航天局，以确保首次载人航天飞行任务的食品安全。HACCP现在是一个国际公认的确保食品安全的技术（Brown，2000）；一些事件推动其在英国的采用，例如，在20世纪90年代大肠杆菌O157致食物中毒的暴发（Stationery office，1997）。

HACCP的阶段是：

• 识别那些必须阻止，消除或控制的危害；

• 识别关键控制点；

• 建立关键控制点的阈值［用于表明该产品处于一个确定风险的可测量的目标水平（如温度、pH）］，每个CCP必须至少有一个阈值；

• 监控程序确保每个CCP受控；

• 建立所需的任何纠正行为；
• 确认 HACCP 计划是有效的（生效）；
• 确认 HACCP 计划正在被遵循（验证）；
• 采用有效的记录系统记录过程。

因而，关键控制点可以细分（Gracey 等，1999）：

• CCP1：预防或消除危害的控制点；
• CCP2：将危害最小化，降低或推迟的控制点；

或者：

• CCPe：消除危害，且不存在进一步问题的控制点；
• CCPp：阻止危害，但不一定消除的控制点；
• CCPr：可使危害显著降低，最小化或推迟的控制点。

如果在提供红肉的动物屠宰前和屠宰过程中应用了 HACCP，例如，危害将包括生肉的细菌污染（生物危害），消毒剂和清洁剂污染（化学危害），金属，玻璃，塑料，骨头碎片和纤维（物理危害）。关键控制点包括动物脏污、去皮、去内脏、冷藏和储存、分配和运输，以及热水烫脱毛（图 4）。因此，在取出内脏阶段，食源性细菌可由于胃肠破裂而污染尸体（如沙门氏菌），而在控制方面，则包括食管的密封和减少直肠泄漏。同样，在禽肉的接收，储存，切割和运输中，沙门氏菌可因未达到管制温度而滋生，因此控制措施包括家禽肉类要处在 4℃或者以下。

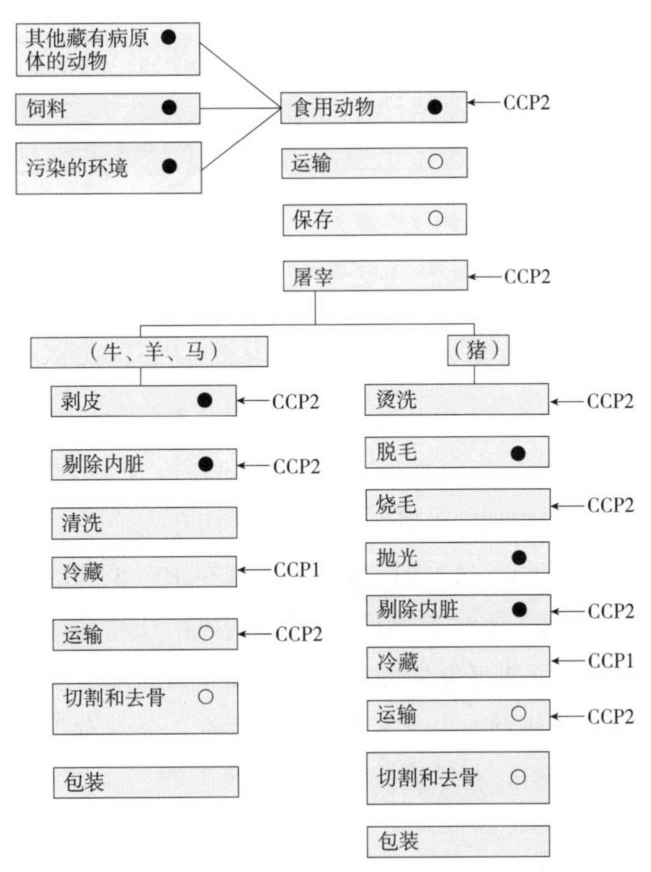


图 4　在屠宰、加工红肉动物之前和过程中污染的来源和严格的控制点。○：次要污染位置；●：主要污染位置；CCP1：有效的；CCP2：效果不完全

图 4 还表明，在动物制品的生产过程中可能发生来自饲料，环境和其他动物的污染。因此，现在多强调在“采样前阶段”就要保证食品安全（Smulders 和 Collins，2002）。HACCP 的方法可以应用于农业改善卫生，主要方法是降低化学，微生物和寄生虫的污染（Edwards，2002），因此与“从农场到餐桌”提高食品质量的方式相关（见第 1 章）。微生物风险评估是估计微生物暴露于生产链各阶段的程度，这在第二章中已经列出。此外，食品制造商在国际上对于 HACCP 的使用可以使国际食品安全法规标准化和减少因食品安全所致贸易壁垒（Caswell 和 Hooker，1996）。

危害分析关键控制点过程还可以更广泛地应用于预防兽医学。表 3 列出了用于控制奶牛乳腺炎一个简单的 HACCP 项目。几种微生物构成的危害，而风险在三个关键控制点（在产犊栏，在烘干环节以及在挤奶厅）控制，这反映了疫病的多因素特性。Noordhuizen、Frankena（1999）和 Johnston（2000）讨论了 HACCP 体系在农场的使用。

HACCP 的关键是知道在关键控制点可以降低的风险。风险只能通过其他外在的污染过程而上升。

**表 3　HACCP 在牛乳腺炎控制中的应用**

| 危害 | 关键控制点 | 活动 | 临界极限 |
| --- | --- | --- | --- |
| 乳房上或乳房内引起乳腺炎的微生物 | 产犊栏 | 适时更换草垫和为围栏消毒 | |
| | 烘干 | 实施五点方案（见第 21 章） | 衬垫使用限制：2 500 次挤奶/6 个月 |
| | 挤奶厅 | 实施五点方案（见第 21 章），外加挤奶前浸泡/喷洒 | 挤奶机标准：14″-16″ mercury（高奶线）；12.5″-13.5″ mercury（低奶线） |
| | | | 牛奶：静置比在 40∶60 至 60∶40 之间 |

## 风险交流

风险交流涉及宣布危害信息和各利益相关群体（例如，畜主，普通公众和政客）的风险，并且鼓励他们之间对话。风险交流显得尤为重要，因为风险分析师对风险的看法往往不同于普通公众。前者可能认为风险应仅由客观的数据来确定，而后者可能会因主观因素使他们的看法变得“不理性”（Schrader-Frechette，1991）。而这些统称为“令人恼怒的因素”（Sandman，1987），这些包括“恐惧”（例如艾滋病和癌症被认为具有比肺气肿更严重的风险，尽管它们都可能致死），风险的“被动性”（在未意识到的情况下暴露于风险被认为比个人能够控制暴露更严重）和“熟悉度”：外来的风险往往被视为比熟知的风险更易引起公众的愤怒（比如食用了可能感染牛海绵状脑病朊病毒的肉制品，和因错误使用家用电器致死：Setbon 等，2005）。因此，由于客观风险的存在，公众对于英国狂犬病的输入可能会过度的关切（MAFF，1998），对于埃博拉出血热风险的反应似乎是不甚合理的（Sokol，2002）。

“令人恼怒的因素”并非由于公众的风险认知扭曲，这些因素正是风险的本质意义。它们可因媒体的大幅报道，公众和各种机构的广泛关注而强化，从而导致风险的“社会放大”效应

(Kasperson 等，2001)。牛海绵状脑病就是一个很好的例子。既然社会普遍反馈更多的愤怒而不认为是“单纯的风险”，风险交流的一个重要内容就是让严重的危害更“令人愤怒”，而弱化对轻微危害的愤怒。政府采用令人悚然的图片强调酒驾和毒驾危险的抵制运动就是增加公众愤怒的例子。公众对风险的接受程度显然与愤怒的程度相关。

风险交流不应在事后才考虑（Covello 等，2001）。对于危害定义、风险问题以及形成整个风险分析的方法时，就应该考虑风险评估结果。否则，所有的步骤将会没有意义。

## 定性还是定量的评估?

在当代社会中可能存有一种趋势，认为定量评估好于定性评估（评判智力的优秀程度依附于对于数字的输出处理）。然而，定性评估对于大多数的风险评估是极为适用的，也是支撑日常决策时最常见的类型。比如，“……一个合理且具有逻辑性的讨论……对于一种危害，它发生和暴露的可能性及其后果的强度都是用非定量的术语如高、中、低或可忽略不计来表达”（Murray，2002）。定量化可能需要更充分地发掘问题，比较控制措施（例如，对于试验阳性进口动物的清除策略，见表 17.23）。这涉及一个数学模型的建立，并伴有在数据质量和可及性方面的困难，以及选择适当的统计分布、假设和验证（见第 19 章）。这类模型也许不容易解释。但应注意“科学中的数学理论很少如此清晰或是如此严格，以至于它的显著性和意义可以被读者（Porter，1995）立即掌握。因此，定量评估可能在一种对抗性的氛围中站不住脚。

## 半定量风险评估

半定量风险评估通常涉及对定性估计值的数值（或者非数字）分配从而产生有序数据（见第 9 章）。例如，在农场的风险评估中，评估副结核病的风险可能包括特定的管理实践分值(VTCHIP，2003)：

在产仔地饲养多种动物：0＝从不；3＝很少；5＝偶尔；7＝频繁；10＝始终；

在产仔地粪便积聚情况：0＝无；3＝最小；5＝中等；7＝可观；10＝广泛。

半定量估计的方法常常被用到，因为要考虑定性方法的主观性以及上文提到的数值更优的原则。但是与分数相关的权重通常较为武断的，因此结果较为主观。半定量风险评估因而产生一种客观和精确的错觉，而这是毫无根据的。如果我们是在一个无争议的背景下(比如：上文所述的农场中的副结核病风险)，这是可以接受的。但是半定量评估在风险的现实估计方面与定性评估相比并没有优势，尤其是对于有争议的问题。因此，半定量评估的方法，通过在定性评估中增加定量的维度，将会增添不必要的复杂度。Murray(2002) 认为，对于“主观性太多”最好的“解药”是彻底的文档记录和同行评审中的定性评估。

半定量评估也适用于一个过程中的定量评估部分；值得注意的是，当只知道风险途径（例如，时间/温度的失活曲线微生物）的很小部分的细节（包括数据和机制）时，就可以采用定量的模型。这对判定和确定关键控制点是极有价值的内容。

# 定性风险分析

## 定性风险评估框架

### 一个定性风险评估案例

野生动物导致的危害和风险这一例子完美地解释了定性风险评估框架。这由 Coburn 等（2003）详细介绍并由 Coburn 等（2005）总结得出。

**风险问题** 定性地回答风险问题就是："在目前的英国法律下，处理和消费野味肉类对人体健康（特别是人感染食源性病原体）的风险是什么，以及最近提出的欧盟卫生政策将会如何影响风险？"

**危害识别** 文献检索结果和专家意见指出相关的危害包括：大肠杆菌 O157、沙门氏菌、空肠弯曲菌、鹦鹉热衣原体、鸟分枝杆菌、肉毒梭菌、铅颗粒、牛分枝杆菌和假结核菌。相关野生动物包括猎鸟、野鸭、野鹿和野生兔类，一些特定的物种是基于打猎的数目（例如，野鸡都包括在内，但松鸡和北欧雷鸟没有）。

表 4 就列出了这些危害。

**表 4　定性风险评估中考虑野生动物物种面临的危险**

| 危害 | 野生动物物种 |
|---|---|
| 大肠杆菌 O157 | 所有 |
| 沙门氏菌 | 所有 |
| 空肠弯曲杆菌 | 所有 |
| 鸟分枝杆菌 | 猎鸟、野鸭、野鹿 |
| 鹦鹉热衣原体 | 猎鸟 |
| 肉毒梭状芽孢杆菌 | 野鸭 |
| 牛结核分枝杆菌 | 野鹿 |
| 假结核耶尔森菌 | 野兔 |
| 铅弹丸 | 猎鸟、野鸭、野兔 |

**危害特征描述** 危害特征描述包括微生物感染性的调查。因此，人类沙门氏菌病只需要少数可增殖的细菌就能引发（D'Aoust，2001）。对于某些微生物，我们可以获取其剂量-反应关系（例如，表 5）。摄取了高或低剂量的含铅食物会导致铅中毒的发生；胃中的代谢铅（例如，铅颗粒）就是一种高剂量的来源（Beers 和 Berkow，1999）。

**表 5　空肠弯曲菌 A3249 株在健康志愿者体内的剂量-反应实验结果**

| 剂量（摄入细菌数量） | 受试人数 | 感染人数 | 感染比例 | 有胃肠症状的人数 | 感染胃肠症状的百分比 |
|---|---|---|---|---|---|
| 800 | 10 | 5 | 50 | 1 | 20 |
| 8 000 | 10 | 6 | 60 | 1 | 17 |
| 90 000 | 13 | 11 | 85 | 6 | 55 |
| 800 000 | 11 | 8 | 73 | 1 | 13 |

（续）

| 剂量（摄入细菌数量） | 受试人数 | 感染人数 | 感染比例 | 有胃肠症状的人数 | 感染胃肠症状的百分比 |
|---|---|---|---|---|---|
| 1 000 000 | 19 | 15 | 79 | 1 | 7 |
| 10 000 000 | 9 | 9 | 100 | 2 | 22 |

**释放评估**　释放评估主要针对尸体释放到环境中造成危害的一种定性的可能性。这取决于活动物的感染率，以及尸体中微生物的存活率。通常流行率的证据很有限（例如，只一个文献报道了在野生鸟类中大肠杆菌O157的流行率0.34%：Rice等，2003）；因此，仍然存在较高的不确定性。然而，在微生物的生存方面，文献信息较多（例如，空肠弯曲菌在冷藏温度生存得最好），而且还有专家的补充意见（比如说，只要尸体是新鲜的，衣原体可存在于已死的鸽子中）。

**暴露评估**　图5显示的是暴露途径。在处理活动物及其尸体时，分配、市场链和消费过程中的任何阶段都可能导致暴露。然而在市场链中，暴露的程度差异较大。例如，在鹿和鸟类运输时条件会发生变化（专家曾概述），有些可能会被储藏，而另一些则会堆积在车厢中。同样，野味储存室的存放模式也会发生变化，比如温度的波动（Barnes等，1973）。由于这些因素会影响交叉污染的可能性，我们需要对交叉污染一定程度的变异有相应的应对措施。

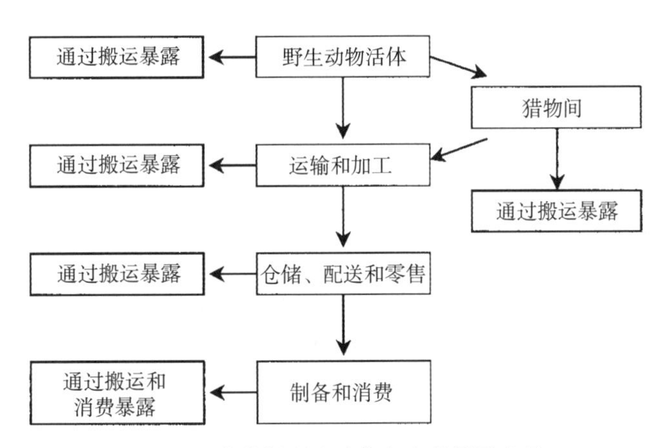


图5　人类接触野生动物危害的暴露途径

**风险评价**　风险评价从定性的角度将风险定义为"可以忽略不计""非常低""低"和"不可忽视"。风险特征的标准包括微生物的感染性和存活量；在储存，配送和零售过程中交叉污染的可能性；不同物种的感染率。因此，考虑到鹿群中极低的感染率，在处置和摄入野生鹿肉时感染沙门氏菌的风险很低。与此相反的是，由于水禽中的流行率较高，摄入野鸭时的空肠弯曲菌风险被认为是不可忽略的（最高等级）。整体风险评估的结果显示在图6。

**风险管理**　在与风险管理有关的风险疑问中，其第二部分指的是欧盟关于卫生的新提案可以在多大程度对风险造成影响？三个层次的建议：

- 培训猎人；
- 使用HACCP准则控制野生动物肉类生产厂家引起的危害；
- 兽医的宰后检验。

风险分析主要关注的是第二和第三个建议，并做出综合后的结论。因此，采用HACCP准则，充分消除和抑制瘤胃内容物对鹿屠体的污染，将减少加工过程中的交叉污染量，从而降低了沙门氏菌的暴露、处置或消费的风险。这样人类健康不利的危害将会减少。同样，兽医宰后

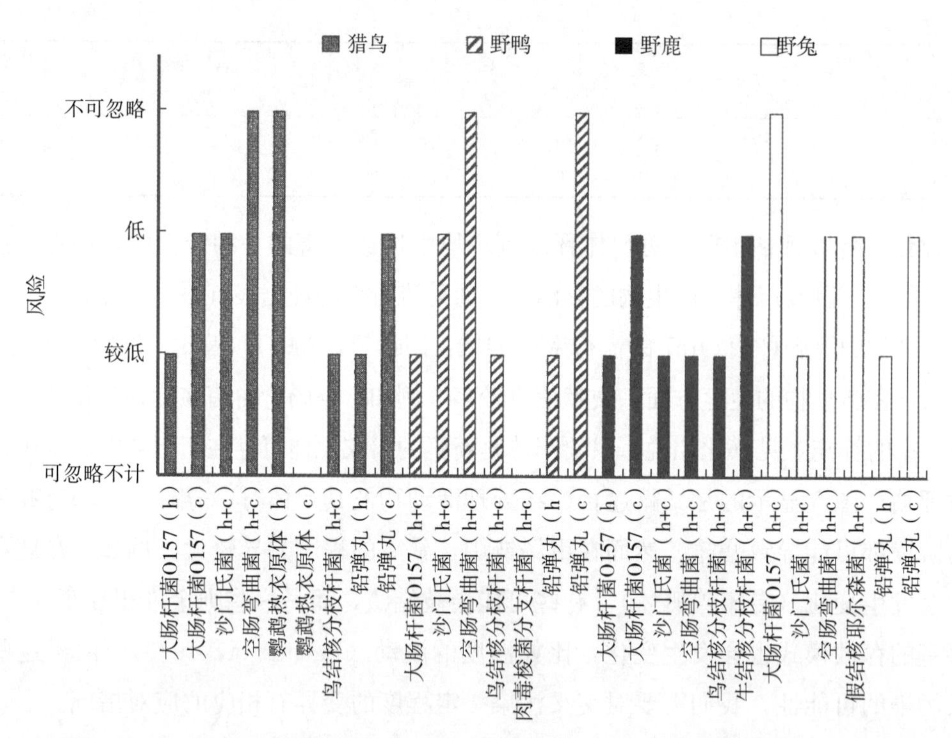


图 6　评估野生动物中已识别的危害对人体健康的风险。(h)：处理猎物；(c)：消费猎物

检验将额外地保证败血症或毒血症尸体的消除，从而进一步降低风险。相比之下，虽然对于空肠弯曲菌感染的鹿应用 HACCP 会减少交叉污染的风险，兽医验尸将不会提供多余的效用，因为感染是由于不可见的病灶导致。

对于感染大肠杆菌 O157、沙门氏菌、空肠弯曲菌、假结核耶尔森菌、污染铅颗粒的小型野生动物（兔子和野兔），它们将因为 HACCP 准则降低了风险而受益（包括去除显然不适宜屠体及残留物检测），但兽医宰后检查不会导致其他的益处。

虽然对于几类危险有着清晰的不确定性，这种分析提供了与野味相关的一个风险概况，并且给予了一个有用的指示：即兽医尸检（市场支付的一个额外费用）什么时候有用，什么时候没有用。

## 流行期间定性风险评估

控制重大传染病（如典型猪瘟和口蹄疫）的重要内容就是鉴别所有可能已经暴露感染的易感家畜。这些动物可能处于潜伏期，也就是说在将来的某天，伴随着病毒的释放和传播，才可能导致临床症状的出现。这种动物被称为“高危接触群体”（参见第 22 章），在与病毒释放有关的临床症状出现前，也就是感染潜伏期进行调运时，它们是有必要用来控制（如降低）感染传播的风险。

这些涉及在感染暴露风险高的地方对易感家畜进行定性的兽医风险评估。首要的是对于相关微生物的特征有足够的了解，最重要的是，它的生存和传播方式。例如口蹄疫病毒，通常是通过感染者和易感动物之间的直接接触传播，并可通过短距离的气溶胶传播。然而，在英国的养殖条件下（Donaldson 等，2001），泛亚毒株与气溶胶传播无明显关联（Sakamoto 和 Yoshida，2002），因为一般气溶胶要求农场间距离少于 100m。而且，该病毒在环境中（见表 6.7）

生存的能力有利于通过鞋袜、服装、车辆和污染物传播，而病毒也可以在大气中传播（见第6章），而这些并不会因为病毒株特性而改变（见表6.5）。因此，潜在的高风险场所包括那些与感染场［称为感染场所（$IP_S$）］相邻的场点，由于牲畜的运输而可能暴露感染者（包括感染和未感染），$IP_S$ 派到其他农场的车辆和人员，和那些处于可能形成的病毒气流下的群体。

## 邻近场户评估的例子

对于成片的养殖场进行动物评估是危险接触评估的重要组成部分。根据不同场动物品种和相对的感染场的位置，具体场具体分析。举个例子，考虑如图7所示的场所和动物。感染场有放牧饲养的200头牛，其中有许多感染了泛亚株口蹄疫。

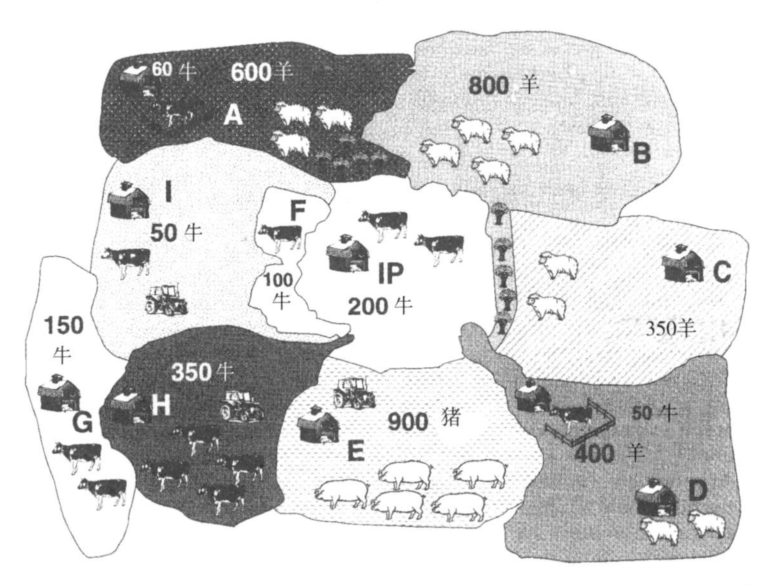


图7　感染口蹄疫（IP）的场所周围动物的位置（类似的阴影表示房屋归共同所有）

**农场A**　在农地A的羊与感染场间有树林，所以不太可能与感染牛直接接触或暴露于短距离的气溶胶。在农地里的牛为舍饲，与感染场保持了一定距离。同理，它们也不太可能接触到感染。因此，在这个农场的动物不会被宣布为危险接触群体。然而，为了管控任何潜在的风险，这些动物应隔离，农场动物禁止调运，并且要接受定期监测（传统疫情的风险管理技术：HMSO，1969）。

**农场B**　在农场B中的羊可能已经与在共同边界上的病牛直接接触，因此被认为是危险的接触群体，将进行预防性屠宰。

**农场C**　农场C中的羊和农场A中的羊相似，与感染场有树林相隔。因此，他们不应该被归类为危险的接触，但应当隔离，农场动物禁止调运，并且要接受定期监测。

**农场D**　农场D中的羊在草地上与感染场有一段距离，该农场的牛都是置于槽中的。因此，在这个农场里的动物也不会被认为是危险的接触群体。

**农场E**　农场E中的猪在牧场上与具有感染场的农场边界有一段距离。虽然可能有一些车辆运动会靠近边界，但处于感染场的牛放牧于距离边界一定的位置。此外，猪是难以通过气溶胶感染的，食物感染是最常见的途径（Donaldson和Alexandersen，2002）。因此，在这个农场的猪是不属于危险接触群体。然而，由于猪一旦被感染可以携带大量病毒，因此需要（Donaldson，1987），兽医定期监督检查和其他传统的疫情风险管理策略（活动限制及动物隔离）均需进行。另外，如果猪死于感染以及产生病毒飘浮物，它们可能被评估为危险接触群体并做预防性屠宰，以尽量减少空气传播病毒的（无法控制的）扩散。

**农场 F** 农场 F 的牛非常接近受感染的动物，因此可能已经隔着栅栏与它们接触。因此，它们应该被列为危险接触群体，并做预防性屠宰（如农场 B）。

**农场 G** 农场 G 和农场 F 有相同的农场主。然而，G 的牲畜与 F 的牲畜没有接触，因此它们不属于危险接触者，但必须接受定期监测。

**农场 H** 农场 H 的牛不吃接近受感染场的牛放牧处的草，而且与感染场有很少的共同边界，因而他们不被列为危险的接触群体是合理的，尽管如此，他们也应该被监控。

**农场 I** 农场 I 也与感染场有很少的共同边界，该农场的牛也摄食距感染场一定距离的草，也包括农场 G 和 H 的草。这表明，这些牛处于低风险，因此不应该列为危险接触群体，但同样也应受到监控。

值得注意的是，逐个病例的兽医风险评估已经显露出了它在确认高风险处所的有效性（Honhold 等，2004a）。这种评估相对于在邻近感染场的所有区域筛选更具有选择性，且不考虑存储位置和人员、车辆的流动细节（见第 12 章）。在这个例子中，有选择的方法筛出了 1 100只动物（包括哪些处于感染场的动物，如果是宰杀农场 F 的猪，应该是 2 000 只），然而若普遍筛选的话会导致 3 860 头动物被宰杀。

# 定量风险分析

## 定量风险评估框架

定量风险评估遵循与定性评估相同的一般框架（事实上，定性的风险评估是定量评估建立的基础）。但数值大小依附于释放和暴露途径的不同阶段；从而产生一个风险估计值。这常常涉及仿真模型的使用，以及提供单一点确定估值的方法或者是随机的以概率分布作为输出的方法。（请参见第 19 章对于模型和建模方面更充分的讨论。）

对于进口动物或动物制品而言，一种与其相关的确定性风险评估会考虑一些输入的参数，比如，病原体在源种群中的流行率、进口过程中尚存在病原体的概率（这一概率是属于释放评估的一部分）、进口之后病原体感染当地的牲畜的概率（这一概率是属于暴露评估部分）。输出值是引入病原体的感染动物或动物制品每年可能性的单点估计。相比之下，随机评估将涉及的进口阶段和进口后感染当地牲畜病这两个时间段的概率分布，从而显示出每年引入病原的概率值范围。

在一般的各类进口规则下，对于进口感染动物风险的确定性预测已在第 17 章详细讨论（“进口风险评估的诊断性测试”）。

### 一个确定性风险评估的例子：从澳大利亚进口未经加工的兽皮引发新西兰的输入性炭疽

新西兰从澳大利亚进口了可能被炭疽污染的未处理（“绿色”）兽皮。因此，要采用一个确定性的风险评估来回答风险问题：“新西兰从澳大利亚进口未处理兽皮导致炭疽输入的概率有多大?”(Cox 和 Ryan，1998)。

通过以下的释放和暴露途径确定：

- 可能被炭疽芽孢污染的未加工的兽皮，被进口到新西兰皮革厂进行加工；
- 在一些皮革厂，废水未经处理即排放；因此，皮革厂下游的河流可能被炭疽芽孢污染；
- 在洪水期间，逸出的芽孢会被冲到牧场从而感染牲畜。

表 6 详细说明了在评估中所使用的数据和计算结果。请注意，某些输入参数是基于专家意见的（如芽孢的存活量，$p_s$），而其他的多是猜测（例如，在洪涝时期处于感染风险的皮革厂中有多少是政府批准企业）。

其他假设包括：

- 在处理、运输和贮存时，除了（有可能）同一天在同一皮革厂处理的其他兽皮，受污染的兽皮不会交叉污染其他皮革；
- 如果在发洪水的当天，芽孢从有风险的皮革厂被冲出，那么新西兰的家畜感染炭疽的概率为 1；
- 在澳大利亚进口的所有兽皮中，感染兽皮是随机分布的；
- 某张兽皮中的芽孢只能是在一个“有风险的皮革厂”加工的当天冲进河流；
- 新西兰所有 23 家皮革场每年加工相同数量的兽皮；
- 每个皮革厂在每个工作日中处理的澳大利亚兽皮数量是一个恒定值。

**表 6　未加工澳大利亚的兽皮中炭疽引入新西兰的确定性定量风险评估**

$p_i$＝兽皮含有炭疽芽孢的可能性

　＝$9.94\times10^{-7}$（澳大利亚炭疽的年最高发病率，估计为 40 例/年；每年屠宰 4 023 万头牛羊；因此 $p_i=40/4.023\times10^7$）；

$p_s$＝炭疽芽孢在新西兰加工过程中存活的概率

　＝0.9（基于炭疽芽孢已知抵抗力的估计）；

$n$＝新西兰每年加工的澳大利亚兽皮数量

　＝$0.92\times10^6$（摘自官方记录）；

$g$＝官方批准的制革厂数量

　＝23（来自农业和渔业部门记录的数据）；

$t$＝在洪水期有可能被污染的官方批准的制革厂数量

　＝5（在没有数据的情况下，约为 $g$ 的 20%，猜测的估计值）；

$d$＝每个制革厂每年的加工天数

　＝235（365 天减去周末和假期）；

$v$＝制革厂下游平均每年发生洪水的天数

　＝25（估计为 20～30d）；

$p_f$＝任何“风险制革厂”在任何一天发生洪水的概率

　＝$v/365$

　＝0.068 5；

$p_a$＝澳大利亚兽皮在新西兰受到污染的可能性

　＝$p_i\times p_s$

　＝$9.94\times10^{-7}\times0.9$

　＝$8.946\times10^{-7}$；

（续）

$h$ = 每家制革厂每天加工的澳大利亚毛皮数量

$= (n/g)/d$

$v = (0.92\times10^6/23)/235$

$=170$；

$p_x$ = 在任何给定的一天，在任何给定的制革厂，都有洪水和至少一张受污染兽皮被处理的概率

$= p_f \times p_1$

其中：$p_1 = [1-(1-p_a)^h]$

$= (1-0.999\ 848)$

$=0.000\ 152$

因此，$p_x = 0.068\ 5\times0.000\ 152$

$=1.041\ 2\times10^{-5}$

$p_E$ = 每年从澳大利亚兽皮中引入炭疽的可能性

$= [1-\exp(-p_x\times t\times d)]^*$

$= [1-\exp(-1.041\ 2\times10^{-5}\times5\times235)]$

$= [1-\exp(-0.012\ 234\ 1)]$

$=1-0.987\ 8$

$=0.012$

$=1.2\times10^{-2}$

注：* 假设每年的洪灾数量（因此当至少处理一张受感染兽皮时的洪灾天数））服从泊松分布（参见第 12 章），其中引入炭疽的年平均数量 $\lambda = p_x\times t\times d$。因此，使用第 12 章中的公式和符号，一年内没有引入炭疽的概率＝e，一年内引入，$p_E$ 是 1 减去没有引入的概率 $=1-e^{-\lambda} = [1-\exp(-p_x\times t\times d)]$。

来源：根据 Cox 和 Ryan，1998，利用来自 MacDiarmid 的参数，1993。

评估的结论是每年从澳大利亚兽皮中输入炭疽的概率为 $1.2\times10^{-2}$，也就是大约每 82 年中有一次。因此，可以推测炭疽每 82 年会暴发一次（或更多）。

一个更加靠近现实的风险分析需要进一步了解澳大利亚疾病模式，以及有关装运中对兽皮的处理，皮张加工和污水的管理。对于芽孢在发洪水时从一个“有风险的皮革厂”冲进河流从而引发感染这样一个假设，还应做进一步研究。

与输入性参数相关的一些详细的变异度和不确定性信息将引出一个随机的方法。因此，该评估可以依附于输入参数的数值变化范围来进一步优化。举例来说，炭疽芽孢在处理过程中的生存概率，可以使用点估计和上、下限值来呈现，从而产生三个最终的风险估计值。然而，这种方法有两个缺点。第一，概率的三个相关值没有赋予权重，虽然点估计可能比限值具有更大的可能性。其次，随着参数的数目增加，分析变得繁琐起来。例如，如果考虑 6 个输入参数，每一个参数都有点估计值和上、下限值，那么将有 729（$3^6$）个输出方案。这些问题可以通过蒙特卡洛模拟模型来处理（见第 19 章）。这个通常采用专用的风险分析软件@ RISK 来分析（见附录Ⅲ）。

## 概率分布

首先需要输入参数的概率分布。如果大量的实证数据是可行的，那么标准的统计方法，如直方图和箱式图的结构（见第 12 章）是可以用来探索分布的。也有通过探索数据的“拟合优度”来定义分布的统计学方法，探索数据来定义分布的“拟合优化”，这些是在标准的统计文

本中给出的。如果数据是稀疏的（但具有代表性的），靴襻法（见第12章）可以用来推导出一个分布。如果数据是罕见或不具代表性，那么可能需要寻求专家的意见（包含随之而来的不确定性）。专家的意见也可以与经验性的数据（Murray，2002）相结合。

在风险分析所应用的一些分布列于表7。其中关键的是二项分布，泊松分布和超几何分布[17]。三角分布（Gupta和Nadaraja，2004）（图8），作为β分布的替代在风险分析中很受欢，虽然β模型在风险分析是一个合适的模型，因为它在打破有限的间隔提供了多种分布形状，但它不易被理解而且它的参数是不易估计（Johnson，1997）。三角分布仅需要某种模式（最常见的一个或多个值）和一个分布（也就是说不要求描述其形状）的终值。它可以很容易地用一个参数的点估计作为其最可能的值，并且用上、下限来定义分布的范围。由于可能得不到可靠的输入值，专家将会依赖于提供上述的模式和两个极值，因而这种方法是具有吸引力的。与上、下限之间的任何范围相关联的概率，可以使用线性内插得到。三角分布被认为是一个很好的例如正态分布的近似分布（见第12章）。然而，当现有的有用信息提示它是一种非三角形的分布时，我们是不能应用三角分布的。

表7　应用于风险分析的一些分布*

| 离散分布 | 连续分布 |
| --- | --- |
| 二项式分布+ | $\beta$分布§ |
| 离散型分布 | 累计分布 |
| 离散型均匀分布 | 指数式分布 |
| 几何分布 | Γ分布 |
| 超几何分布 | 直方图分布 |
| 负二项式分布 | 对数正态分布+ |
| 泊松分布+ | 正态分布+ |
|  | Pert分布§ |
|  | 三角分布 |
|  | 均匀（矩形）分布 |

注：*见Evans等（2000），查看全部细节。

+如第12章所述。

§另见第17章。

来源：修改自Murray等，2004。

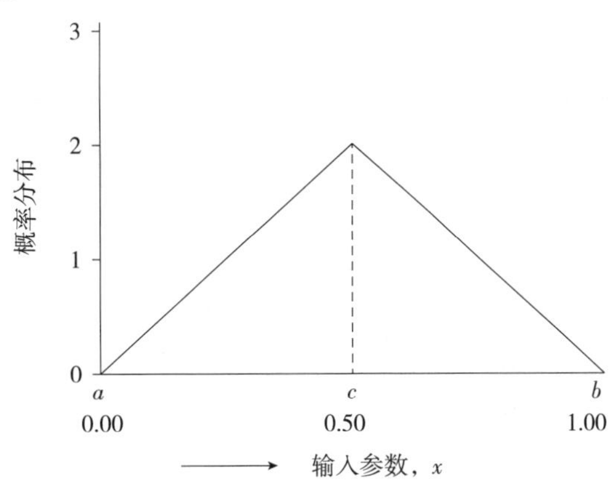


图8　三角分布。a=最小值，b=最大值；c=众数。这种分布可能是不对称的

### 变异性和不确定性

变异性和不确定性都需要在随机模拟中来加以解决。庆幸的是，这两者可以通过蒙特卡洛（Monte Carlo）模拟进行探索，并且它们都应该被单独识别，从而注意到两者的每一个对总不确定性的贡献（Vose，2000）。通过采用分布可以解决变异性，如表 7 所列的未定义参数。与参数输入相关的不确定性比变异性更难解决，但可以通过假设一个分布，或使用各种参数值查看输入值的输出敏感性（即：进行一个敏感性分析，见第 16 章）。

### 一个随机风险评估的例子：英国猫、犬中的输入性狂犬病

在英国，狂犬病的传统预防是基于易感品种的检疫，特别是犬和猫。然而，在 20 世纪 90 年代时，由于欧盟成员国的狂犬病发病率降低、疫苗变得充分可及，传统的政策很明显应当修改。因此，应用一个随机的风险评估来回答风险问题："如果实施许多预防狂犬病毒的政策，那么一只进口的猫、犬发生狂犬病的风险是什么？"（MAFF，1998）。

各种政策选项列于表 8。各个选择所涉及的释放风险，进口犬猫引入的可能路径以及截断点均示于图 9。这样就产生了 8 个可能的途径（在图中带编号的列）。按照 20 世纪 90 年代生效的检疫系统，其最重要的结果是列 1 和列 5 中的黑色方块所示：受感染的动物在检疫中发生狂犬病，或一个非法的动物感染未经检疫感染了狂犬病。

通过每种途径预期进入英国的感染或未感染动物的数量是可以估计的。这需要表 9 中的几个参数。例如，受感染的动物进入途径 1 的数目为：

$$N_l = I_q \ (l - r_q)$$

使用的是表 9 中的符号。

被要求用来估计变量和参数的数据可以从已发表和未发表的资源中获得，范围包括可证实的客观数据和猜测值。因此，通过检疫系统的进口动物数量可以从政府官方记录得到，当控制策略变为免疫而不是检疫结果时，预期进口动物数就是基于猜测。

考虑到风险评估中的变异性和不确定性，使用各种三角形分布模型进行设计，由其结果可知，如果弃用欧盟的动物检疫系统，而采取一种基于动物识别、疫苗和血清学检测的策略，那么英国进口中的狂犬病风险只会微弱增加。因此，这个风险评估提供了证据，支持将政策变化为后者。

**表 8　防止狂犬病输入英国的策略**

| 20 世纪 90 年代的政策［选项（a）］ | 6 个月的检疫 |
|---|---|
| 选项（b） | 缩短隔离期（例如，1 个月） |
| 选项（c） | 在进入英国之前，在固定时间（例如 6 个月）或固定间隔（例如 6～12 个月）为 3 月龄以上的动物接种疫苗；然后进行血清学测试；永久标记以供识别 |
| 选项（d） | 如（c）项所述，但检查（证明书及验血结果）须在入境口岸以外进行 |
| 选项（e） | 至于（c）或（d）项，但未经检疫；不符合销毁或拒绝入境规定的动物 |
| 选项（f） | 至于（e）项，在英国所有犬猫均已接种疫苗的情况下 |

来源：根据 MAFF 修正，1998。

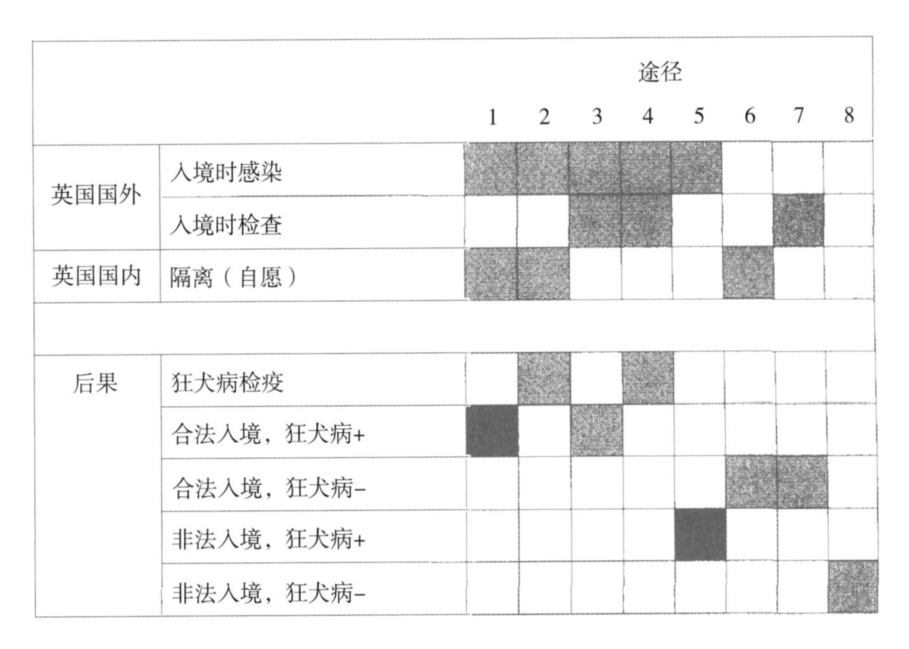


图 9　进口犬猫进入英国的途径不同，控制措施和截获点也不同（根据 MAFF 修正，1998）。□：未被发现的走私动物；▒：被隔离检疫的走私动物；■：大部分患狂犬病动物进入英国的途径。在表的上方标有数字编号，每一个编号的纵列代表事件和结局的一个不同次序，纵列从上到下是按照时间顺序排列的。有 8 个可能的途径，因此有 8 列。考虑英国的猫或犬患狂犬病的风险时，这些途径导致 5 个相关的结局（图的下方区域）

表 9　狂犬病输入英国的随机定量风险评价所需要的参数和变量

| 符号 | 定义 | 值* |
|---|---|---|
| $N_x$ | 每年通过路径 $x$ 进入英国的动物（犬和猫）数量 | 变量；8 914（7 267，12 901）。当前政策下 |
| $I$ | 每年预期进口犬+猫感染狂犬病的数量 | 因原产国而异 |
| $b$ | 狂犬病潜伏期（年）；用于计算进口感染动物的流行率 | 0.115（0.055，0.164） |
| $c$ | 在入境口岸检查的部分动物；不符合有关政策要求的动物被扣押，然后被隔离［备选方案（c）、（d）］、销毁［选项（e）、（f）］或不输入英国（撤回） | 因政策而异 |
| $q$ | 在不遵守规定后自愿或通过强制措施进入检疫的动物比例 | 因策略和合规性而异 |
| $r_q$ | 在检疫过程中受狂犬病病毒感染出现狂犬病的动物的比例；由潜伏期决定；根据检疫期的不同而不同 | 0.9（0.86，0.95）隔离 6 个月；0.5（0.45，0.53）隔离 1 个月 |
| $r_p$ | 在给定的、法定的入境前期间受狂犬病病毒感染出现狂犬病的动物的比例 | 0.9（0.86，0.95）入境前 6 个月；0.95（0.91，1.0）入境前 12 个月 |
| $v$ | 在进入英国之前接种疫苗的动物比例 | 因合规性而异 |
| $s$ | 接种疫苗的动物接受过血液检测的比例 | 0.98（0.8，0.998） |
| $t_+$ | 接种疫苗后检测呈阳性的感染狂犬病病毒动物比例 | 0.95（0.9，0.99） |
| $t_-$ | 接种疫苗后检测呈阳性的未感染动物的比例 | 0.95（0.9，0.99） |
| $p_+$ | 已接种疫苗，未感染、血液检测呈阳性且受保护的部分 | 0.99（0.98，0.999） |
| $p_-$ | 已接种疫苗，未感染、血液检测呈阴性且受保护部分 | 0.5（0.2，0.8） |
| $w$ | 血液检测呈阴性，被撤回的部分 | 0.15（0.05，0.25） |
| $d_q$ | 检疫期限（年） | 0.083［选项（b）］或者 0.5（其他选项） |
| $d_p$ | 接种疫苗到入境的间隔时间（年） | 0.5 或者 1.0 |
| $e$ | 疫苗效力；免疫动物免受感染的比例 $=t_+p_++(1-t_+)p_-$ | 0.966 6（0.902，0.997） |

注：* 这三个值是定义变异性和不确定性分析中使用的三角分布点的最佳值（低、高）。
来源：MAFF，1998。

## 什么级别的风险是可接受的?

风险评估的结果需要进行有意义地解释，以便采取适当的风险管理策略。后者隐性依赖于风险的可以接受水平（更严格地说，选择包含特定水平的风险）。这是在动物和动物产品国际贸易背景下的一个主要考虑，流行性疾病和人畜共患病可能会引入到动物和动物产品中。世界贸易组织（OIE，1997）的卫生和植物检疫（SPS）协定规定，由各参与国指定其合适的保护度或可接受的风险水平。

图10描述了一个概念框架，指出了在进口动物或制品中，与SPS控制措施（例如，检疫）相关的可接受风险水平。

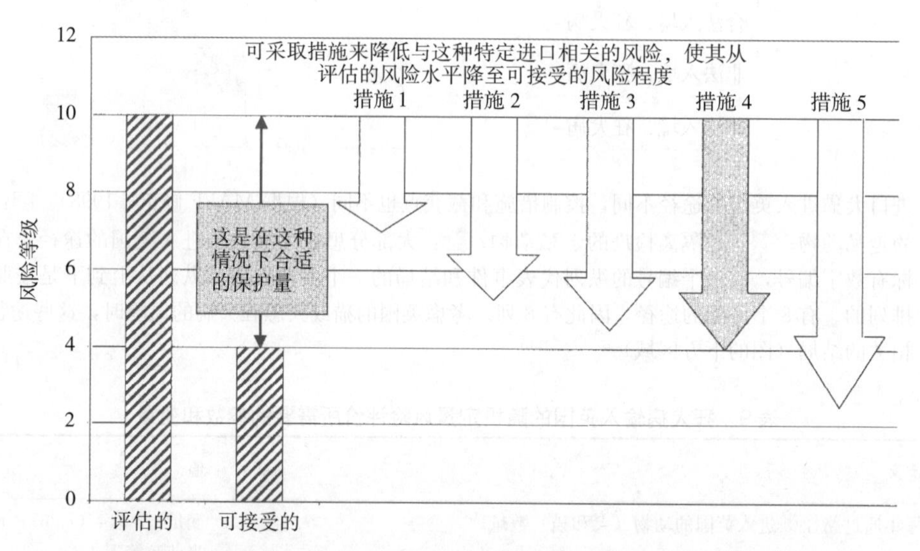


图10 估计风险、可接受风险水平、保护的适度水平与适用于特定商品输入的卫生和动物检疫办法之间的关系。来源：Pharo，2004

风险总是包含两部分，即一个事件发生的概率及其后果的严重性（影响）。在考虑风险组成时最好考虑经济方面影响，因为概率是无量纲的，但疾病的后果所造成的经济影响（例如，疾病的损耗和控制，贸易损失）真实存在。这个框架假定风险可以客观准确地估计（理想化地定量），以及每个国家可以设定其可接受的风险程度。因此，如果当前的疾病风险水平是10，可接受的疾病风险水平为4，措施4包括控制措施的最佳组合。措施1～3尚不够，而措施5有些过度。需要注意的是可接受的风险水平和适当的保护水平是微妙差异的。前者是对国民经济造成可接受的损失，而后者是应用保障措施后避免了的经济损失量。

然而，风险评估的步骤（见上文："风险分析的组成部分"），Pharo（2004）总结道：风险的科学评估以及保障所降低风险的效应均无法如SPS框架预期的那样进行客观估计。例如，进口风险评估中的释放评估，通常会计算一种进口动物受影响的概率。不过，这是基于出口国的感染率，而许多出口的监控系统较差，因而提供的分布数据也不理想。此外，预测贸易量（输入动物的数量）可能很困难。如果进口商品是动物制品，而不是一个活的动物（例如，孵化蛋），暴露途径和感染剂量可能是复杂而难以确定的。如果大宗商品如动物饲料被进口，对于贸易单元大小的选择可能会有些随意，且在产品生产的许多过程中，微生物的失活曲线通常是未知的。诊断试验可以用于估计受影响的试验阴性进口动物的危险性，但对估计值而言，往往缺乏精确度。伴随着相关参数（敏感性）精确度的缺乏，将会反映在其置信区间的宽度上（见第17章）。

考虑到专家意见也不过是一种个人的看法，暴露后果也可能是很难客观评估的。当人畜共患病（例如，人感染高致病性禽流感病毒）的影响不确定时，感染又带来另外一个问题。此外，未知因素也可能是一种混杂的预测。例如，2001年羊口蹄疫疫情在英国的流行（见图4.1）强度取决于亚临床感染羊中病毒的广泛传播（Mansley等，2003）——这一特点无法在疫情之前预测。此外，对于经济影响与控制策略部分相关，该策略可能在将来做出难以预料的调整。因此，英国在2001年修订了一直以来的口蹄疫控制程序，在流行刚开始时就进行了更为积极的扑杀政策，因此会导致远高于预测（Kitching等，2006）的控制成本。

市场反应也可以是极度不可预知的。例如，2003年在加拿大的一例牛海绵状脑病病例，导致出口停滞，加拿大每年价值70亿的牛和牛肉产业遭受了34%的下降（Carter和Hule，2004）。由于加拿大是美国的牛肉出口大国，出口禁令也导致美国牛肉（Hanrahan和Becker，2004）价格的大幅上涨。

总之，通常缺乏定量数据来精确评估概率和进口后果的程度（严重程度）。此外，如果从金钱角度衡量可接受的风险，那么它也许能从经济损失的角度来构建，该损失可因增加国际贸易的利益而被接受。但公众和政治家的感知与反应不可小视。因而，决定进口风险评估中的可接受水平极为复杂，这等同于在一个更广泛背景中的可接受风险，要涉及经济（Starr，1969）和心理（Fischhoff等，1978）因素。这表明，在可接受的风险水平的最终决定中通常涉及社会、经济和政治因素，而不是科学的考虑（Slovic，2000；Sjöberg，2001）。

兽医需要意识到风险分析的局限性，这可能会带来更多难以回答的问题。（事实上，风险分析中的一个重要功能便是识别未知。）风险分析的结果可能是建立在无效的假设之上，并经常有依附于风险评估过程及危害的不确定性（Ballard，1992）。而且，很多时候只做出事件可能性的相关排序而非精确的评估（Ansell，1992），因为数值输出结果往往不精确（Schneiderman，1980）。尽管如此，风险分析在兽医的许多领域发挥着作用，包括识别和管理风险，而不是去试图采取“零风险”的策略，这种策略是经不起新知识、新经济环境和政策要求变化考验的。

参考文献

图书在版编目（CIP）数据

兽医流行病学：第3版/（英）迈克尔·思拉斯菲尔德（Michael Thrusfield）编；王幼明，高璐，徐全刚主译.—北京：中国农业出版社，2021.6
（现代兽医基础研究经典著作）
国家出版基金项目
ISBN 978-7-109-28500-2

Ⅰ.①兽… Ⅱ.①迈… ②王… ③高… ④徐… Ⅲ.①兽医学－流行病学－研究 Ⅳ.①S851.3

中国版本图书馆CIP数据核字（2021）第136047号

Veterinary epidemiology，3rd
By Michael Thrusfield
ISBN：978-1-405-15627-1

合同登记号：图字01-2020-4785号
审图号：GS（2022）2018号

兽医流行病学
SHOUYI LIUXINGBINGXUE

---

中国农业出版社出版
地址：北京市朝阳区麦子店街18号楼
邮编：100125
责任编辑：刘 伟 刘晓婧 王丽萍
版式设计：王 晨 责任校对：刘丽香
印刷：北京通州皇家印刷厂
版次：2021年6月第1版
印次：2021年6月北京第1次印刷
发行：新华书店北京发行所
开本：880mm×1230mm 1/16
印张：37.75
字数：1100千字
定价：260.00元

---